"十三五"国家重点出版物出版规划项目
国家科技基础性工作专项重点项目
国家社会公益研究专项项目
中国农业科学院科技创新工程

中国土壤剖面数据集

·河南卷

主　编　张维理

本卷主编　徐爱国　吴克宁　雷秋良　李兆君

浙江科学技术出版社·杭州

版权所有　侵权必究

图书在版编目（CIP）数据

中国土壤剖面数据集. 河南卷 / 张维理主编 ; 徐爱国等本卷主编. -- 杭州 : 浙江科学技术出版社, 2024. 6. -- ISBN 978-7-5739-1267-1

Ⅰ．S152.2

中国国家版本馆CIP数据核字第20247SS908号

书　　名	中国土壤剖面数据集·河南卷	
主　　编	张维理	
本卷主编	徐爱国　吴克宁　雷秋良　李兆君	
出版发行	浙江科学技术出版社 杭州市拱墅区环城北路177号　邮政编码：310006 办公室电话：0571-85152719 销售部电话：0571-85176040	
排　　版	杭州万方图书有限公司	
印　　刷	浙江新华数码印务有限公司	
经　　销	全国各地新华书店	
开　　本	787mm×1092mm　1/8	印　张　68.5
字　　数	1203千字	
版　　次	2024年6月第1版	印　次　2024年6月第1次印刷
书　　号	ISBN 978-7-5739-1267-1	定　价　540.00元
地图审核号	GS浙（2024）312号	

策划组稿	詹　喜　章建林	责任编辑	赵雷霖　潘黎明		
责任校对	陈宇珊	责任美编	金　晖	责任印务	叶文炀

如发现印、装问题，请与承印厂联系。电话：0571-85155604

《中国土壤剖面数据集》
编委会

主　　任　赵其国

副 主 任　张维理

委　　员（按姓氏笔画排序）

　　　　　毛达如　　史学正　　刘　旭　　刘先林　　刘更另
　　　　　孙　睿　　孙九林　　孙铁珩　　杨　鹏　　张洪江
　　　　　张维理　　周健民　　赵其国　　陶　澍　　黄鸿翔
　　　　　黄德明　　傅伯杰

《中国土壤剖面数据集·河南卷》
编写人员

主　　编　张维理

本卷主编　徐爱国　　吴克宁　　雷秋良　　李兆君

本卷编委（按姓氏笔画排序）

　　　　　申　眺　　田有国　　白由路　　孙笑梅　　杜　君
　　　　　李兆君　　吴克宁　　张认连　　张继宗　　张维理
　　　　　郑　义　　赵华甫　　徐爱国　　黄　勤　　雷秋良
　　　　　冀宏杰

土壤大数据整合与数字制图

设　　计　张维理

制　　作　徐爱国　　张认连　　冀宏杰

程序编制　贾　萌　　吴章生　　严　豪

地图编辑　中国地图出版社集团有限公司

内容提要

本数据集以分县主要土壤类型与土壤剖面点分布图、土壤剖面理化性状表的形式，提供了我国各地详尽的土壤资源与质量的科学数据。全集共 25 卷，收录了全国 2200 多个县（市、区）的分县土壤图和 6 万多个土壤剖面的分层理化性状数据。根据各省级行政区土壤剖面数量和地域关联特征，既有一个省（自治区）的单卷，也有多个省（自治区、直辖市、特别行政区）的合订卷。各卷内容包含分县主要土类说明、主要土壤类型与土壤剖面点分布图、中心区气候特征图表，还含有全国和各卷所涉省级行政区的土壤图、土壤有机质含量图与地势图，以便读者在全国、省级和县级不同视角和尺度上，了解土壤资源与质量状况及其空间分布特征，以及土壤类型、土壤肥力与气候条件、地势、地貌之间的相互关联。

河南省位于我国中东部、黄河中下游，地跨长江、淮河、黄河、海河四大流域，西为黄土高原东侧的山地丘陵区，东为黄河、淮河淤积而成的黄淮海平原区。地势呈望北向南、承东启西之势，西高东低，由平原和盆地、山地、丘陵、水面构成，北、西、南三面由太行山、伏牛山、桐柏山、大别山沿省界呈半环形分布；中、东部为黄淮海冲积平原；西南部为南阳盆地。大部分地处暖温带，南部跨亚热带，属北亚热带向暖温带过渡的大陆性季风气候。全省年平均气温为 10.5—16.7℃，年平均降水量为 407.7—1295.8mm。主要土壤类型有潮土、褐土、黄褐土、砂姜黑土、粗骨土、水稻土、石质土、棕壤、黄棕壤、红黏土、风沙土、紫色土、新积土、碱土等 14 个土类。本卷收录了河南省 115 个县（市、区）2328 个典型土壤剖面的分层理化性状数据，便于读者了解河南省主要土壤类型的分布特征及剖面特征，可作为农业、林业、环境、气象、国土、水利、经济等领域的科研、管理和技术人员的工具书和参考书，也适合高等院校相关专业研究生参考使用。

序

万物土中生，有土斯有粮。土为万物之本，土壤的重要性是怎么强调都不为过的。现在，土壤相关数据已成为农业、林业、环境、气象、国土、水利等各部门、各行业的基础数据。土壤研究最基础、最重要的表现形式是土壤剖面数据，其反映了不同层次的土壤理化性状。然而，长期以来，我国一直缺乏一套完整的系统性表现全国各区域土壤性状的剖面数据。

中华人民共和国成立以来，我国曾开展了两次全国性土壤普查，其中20世纪70年代末开始的全国第二次土壤普查是迄今为止最完整的。当时全国挖掘了550余万个剖面，各地分县完成了大比例尺土壤图，数据完整且可靠性高；然而，限于种种因素，当时仅完成了全国范围小比例尺土壤类型图和养分图的汇总，未及时完成全国土壤剖面库的整理。这些纸质资料散落于各地，并且年代久远，面临丢失、损毁的风险。这些宝贵数据具有时空尺度的唯一性，一旦出现问题，将对国家和社会各层面造成无法挽回的损失。

自2001年起，在国家社会公益研究专项项目资助下，张维理研究员带领团队，在全国范围开始对分散存留各地的土壤调查资料进行抢救性收集和整理。2006年，科技部启动了国家科技基础性工作专项项目，"我国1∶5万土壤图籍编撰及高精度数字土壤构建"项目被列入首批重点项目并连续获得两期资助。该项目由中国农业科学院农业资源与农业区划研究所牵头，全国近20个科研单位（两期）共同承担任务，极大地加快了土壤数据抢救的进程，为编制本数据集奠定了基础。在参与本数据集编制的土壤科技工作者20年的持续努力下，在2019年度国家出版基金的资助下，在中国农业科学院科技创新工程的持续支持下，本数据集终于得以面世。

本数据集以涵盖全国2200多个县的土壤剖面分层数据为主体，首次同时展示了分县土壤图与典型土壤剖面分布图，描述了影响土壤发生的气候特征、主要土类的性状等，内容丰富，兼具专业性和科普性。全集共25卷，既有一个省、自治区的单卷，也有多个省、自治区、直辖市、特别行政区的合订卷。鉴于其数据的完整性、系统性、科学性，本数据集可成为我国资源环境领域的必备工具书之一。

本数据集至少可以应用于以下几个方面：

第一，直接服务于农业生产，保障粮食安全和食品安全。全国分县的不同土壤类型分层养分数据、土壤质地信息，可为科学施肥、土壤培肥与耕作措施的制定提供决策依据。

第二，为水利、环境、建筑、旅游等行业提供便捷、直观的土壤分层次基础信息。信息后标有剖面点经纬度，便于查询获取。

第三，对于土壤质量演变、耕地地力演变、碳储量、面源污染、气候变化等多学科研究具有土壤科学起始点数据意义。

我国疆域辽阔，编制本数据集需要对各地分县完成的大比例尺土壤图和土壤调查资料进行数字化整合，创建覆盖我国全域的高精度数字土壤，再进行分县土壤剖面表的提取与分县土壤图的缩编。本数据集的总数据处理量达到 TB 级且数据来源多而复杂、专业性强、处理难度大，按常规方法，需数万人历时多年方能处理完成。张维理研究员创造性地将数据科学、人工智能与人机交互设计原理引入土壤学范畴，首创土壤大数据方法，以土壤科学需求设计统领其他各层级设计，以智能化、自动化、人机交互式的数据分析流程替代人工流程，高效、精准地完成了土壤大数据的时空整合和表达，这一巨著才得以面世。作为两期项目的专家组组长，我亲历了整个项目的全过程，对张维理研究员勇于创新、踏实、勤奋、务实、敬业、有担当的优秀品质印象深刻，也深感钦佩！

本数据集的完成前后历时 20 年之久，直接参与数据收集、编撰人数近百人，涉及我国各省（自治区、直辖市）的土壤肥料相关单位。正是他们的付出和努力，才使得本数据集得以面世。衷心希望本数据集能在农业、林业、环境、气象、国土、水利以及肥料工业等领域发挥积极作用，更好地服务于我国经济和社会发展。

中国科学院院士　赵其国

2021 年 12 月

前　言

土壤是农业的基础，是陆地生态系统生命过程的基础，也是维持地球上能量与水的交换、生命元素循环的重要基础。《中国土壤剖面数据集》首次以分县土壤图和土壤剖面理化性状表的形式，提供了我国陆域全覆盖的土壤资源与质量的科学数据，为农业、林业、环境、气象、国土、水利等部门和相关行业精准了解各地土壤资源分布与质量状况，科学利用土壤资源，发展绿色农业、特色农业和节水农业，进行耕地保育、科学施肥、面源污染防治和基本农田保护等提供了科学依据；也为农业科学、环境科学及地学、气象、测绘、水利等多个学科领域的科研工作者研究陆地生态系统生产力演变、地球物质循环、气候与环境变化提供了基础数据。

编入本数据集的分县土壤图和土壤剖面理化性状表主要源于对全国第二次土壤普查（以下简称"二普"）调查资料的收集、整理、提取与汇总。二普是我国现代规模最大的以查清土壤资源和土壤肥力为主要目标的土壤资源综合调查，既完成了我国迄今为止最详尽的土壤分类调查，也首次在全国范围进行了较高密度的土壤采样化验，开启了我国用土壤理化性状量化指标描述土壤资源与质量状况的时代。二普地面调查采样实施于1979—1987年，通过550万个土壤剖面观测和采样，分县完成了1∶5万比例尺土壤图绘制和10万余个土壤剖面的分层采样、化验、记录，其中的土壤质量稳定性要素，如土体构造、质地、母质、成土条件、土壤类型等时效性长，CRT值（土壤特性响应时间，characteristic response time）达上千年，可长久使用；土壤有机质含量，氮、磷、钾含量，酸碱度，耕层厚度等土壤质量变化性要素为了解土壤与环境质量演变提供了重要信息。无论从数量还是质量上看，二普获取的土壤科学数据至今都是我国最详尽、最有价值的土壤资源基础数据，其精度与质量超过许多发达国家的土壤资源基础数据。

20世纪末期以来，全球性人口和经济快速增长导致的人均土地资源与水资源紧缺、环境污染、气候变化、粮食安全危机，使科学界对土壤及其形成过程的关注度不断提高，关注重点也从了解土壤与环境质量现状转变为弄清演变趋势、引致变化的内在机理和驱动因素。土壤圈处于地球大气圈、水圈、生物圈和岩石圈的交会处。土壤层中的生物过程和物质循环过程既活跃，又具有一定的稳定性，能较好地反映地球水圈、土壤圈、大气圈、生物圈及岩石圈五大圈层动态交互作用的结果。只要对近年来国际上关于碳足迹、气候变化的研究进展稍加关注，就可知晓具有时空维度的土壤科学数据对于阐明土壤与环境过程并弄清其驱动因素、预测未来土壤与环境质量变化具有无可替代的作用。本数据集编入的土壤质量数据既是我国在全国范围内首次完成的土壤理化性状的科学记载，也是40多年前对我国土壤质量变化性要素的客观记录，能帮助我们了解改革开放以来经济、农业高速发展以及农用化学品投入量高速增长对土壤与环境质量的影响，对了解我国土壤与环境质量时空演变亦具有起始点土壤科学数据的意义。本数据集编入的起始点数据使我们对全国土壤及相关过程的认识延伸了40多年。历史上的土壤调查结果不能被新的调查结果替代，这一不可替代性使得本数据集将成为我国农业与环境领域最具影响力的工具书和参考书之一。

本数据集既是我国老一辈土壤与农业科研工作者在全国土壤普查工作中取得的成果，也是数据集编制人员长期以来默默耕耘的结晶。二普完成的大比例尺土壤图件和土壤剖面理化性状主要为手绘纸质图件和非正式出版的铅印或油印资料，份数少且由各地自行保存。二普结束后，随着各地机构调整与人员变动，土壤调查资料被损毁或丢失严重，难以发挥作用。在我国多位知名科学家的倡议和推动下，"十一五"期间，"我国1∶5万土壤图籍编撰及高精度数字土壤构建"项目（2006—2017）被列为国家科技基础性工作专项重点项目。其目的是对各地宝贵的土壤科学数据进行抢救性收集、数字化和整合，提升我国科学研究与管理基础数据的条件。为实现这一目标，项目组研究人员首先对各地分散存留的纸质分县土壤调查资料进行了全面的收集、修复和整理。针对国际范围内缺少对异源、异质、异构、异形土壤大数据的提取、整合方法的难题，项目组研究人员积极探索、勇于创新，融合应用土壤学、地理信息系统技术、数据科学、人工智能、人机交互设计方法，创建了土壤大数据方法，以层级化的流程设计实现土壤科学层面的需求设计统领体系架构、数据流程及模块设计，以独立于数据流程的监控设计实现土壤科学家对全流程的掌控和人工干预，以智能化、人机交互式数据流程替代人工流程，优质、高效地完成了对各地异源土壤资料的审核、提取、过滤、分类、整合与表达，完成了覆盖我国全陆域的1∶5万比例尺土壤图绘制与土壤剖面点空间数据库建设工作。为满足各行各业准确了解我国各地土壤资源与质量状况的广泛需求，编者通过对1∶5万比例尺土壤图数据的缩编表达与10万余个土壤剖面理化性状数据的进一步提取，最终完成了本数据集的编制。

本数据集共25卷，收录了全国2200多个县（市、区）的分县土壤图和6万多个土壤剖面的理化性状数据。根据各省级行政区土壤剖面数量的多寡和地域关联特征，既有一个省（自治区）的单卷，也有多个省（自治区、直辖市、特别行政区）的合订卷。为便于读者了解全国及各省级行政区土壤资源与质量的分布特征，特别编制了全国及各省级行政区土壤图、土壤有机质含量图与地势图三个序图，读者可以方便地查询全国及各省级行政区任何地区拥有的主要土壤类型，了解其土壤有机质含量及地势、地貌特征。在各分卷中，分县土壤资源与质量性状由主要土类说明、中心区气候特征图表、分县主要土壤类型与土壤剖面点分布图以及土壤剖面理化性状表共同呈现。

本数据集既可作为工具书、参考书，供农业、林业、环境、气象、国土、水利、经济等领域的管理人员和技术人员使用，也适合高等院校相关专业研究生参考使用。

我国幅员辽阔，从收集、整理全国分县土壤调查资料，到完成覆盖我国全境的1:5万比例尺土壤图籍，再到完成本数据集的编制，来自全国近20家研究机构的科研人员组成项目组，辛苦工作了20多年。其间，本项工作得到了国家社会公益研究专项项目、国家科技基础性工作专项重点项目的长期、连续资助和在项目实施年限上给予的充分理解，同时得到了中国农业科学院科技创新工程的资助，全国50多家国家级及省级土壤、测绘、农业科研与管理机构的大力支持以及我国老一辈土壤科学家自始至终的关心和鼓励。在整个项目实施期间，有9位院士和7位长期从事土壤科学、农业资源环境研究的专家给予了直接和全程的指导。近20年间，项目组研究人员一方面要承担艰难而繁重的科研任务，另一方面要顶着多年没有科研产出的压力，没有他们的坚持和付出，就没有本数据集的面世。在此，谨向所有参加数据集编制的科研人员及对本项工作给予支持的部门和人员一并表示衷心的感谢！

由于本数据集包含的数据量庞大，且不限于土壤学本身，尽管我们在编撰过程中极尽斟酌，仍难免存在不足之处，敬请读者批评指正，以便今后修订完善。

中国农业科学院研究员　张维理
2021 年 12 月

目 录

第一编　编制说明与序图

编制说明

编制目的 ………………………………………………………………… 002

土壤数据基础知识 ……………………………………………………… 002

数据集内容 ……………………………………………………………… 005

土壤数据来源 …………………………………………………………… 005

编制方法——土壤大数据方法 ………………………………………… 006

中国土壤图、中国土壤有机质含量图与中国地势图编制 …………… 007

分省土壤图、分省土壤有机质含量图与分省地势图编制 …………… 009

县域中心区气候特征图表编制 ………………………………………… 011

分县主要土壤类型与土壤剖面点分布图编制 ………………………… 012

分县土壤剖面理化性状表编制 ………………………………………… 012

土壤专题图与土壤剖面数据可靠性检验 ……………………………… 017

参编单位 ………………………………………………………………… 019

序　　图

中国土壤图 ……………………………………………………………… 020

中国土壤有机质含量图 ………………………………………………… 022

中国地势图 ……………………………………………………………… 024

河南省土壤图 …………………………………………………………… 026

河南省土壤有机质含量图 ……………………………………………… 028

河南省地势图 …………………………………………………………… 030

第二编　分县土壤图与土壤剖面数据

郑　州　市

中牟县 …………………… 034　　新密市 …………………… 046
巩义市 …………………… 037　　新郑市 …………………… 051
荥阳市 …………………… 042　　登封市 …………………… 055

开　封　市

祥符区 …………………… 059　　尉氏县 …………………… 072
杞县 ……………………… 064　　兰考县 …………………… 076
通许县 …………………… 068

洛　阳　市

市辖区 …………………… 080　　嵩县 ……………………… 103
偃师区 …………………… 083　　汝阳县 …………………… 109
孟津区 …………………… 087　　宜阳县 …………………… 113
新安县 …………………… 091　　洛宁县 …………………… 118
栾川县 …………………… 096　　伊川县 …………………… 121

平　顶　山　市

宝丰县 …………………… 126　　郏县 ……………………… 140
叶县 ……………………… 129　　舞钢市 …………………… 145
鲁山县 …………………… 133　　汝州市 …………………… 148

安　阳　市

市辖区 …………………… 152　　内黄县 …………………… 164
汤阴县 …………………… 156　　林州市 …………………… 167
滑县 ……………………… 160

鹤 壁 市

市辖区	172	淇县	182
浚县	175		

新 乡 市

市辖区	185	封丘县	204
新乡县	188	卫辉市	210
获嘉县	191	辉县市	216
原阳县	195	长垣市	219
延津县	200		

焦 作 市

市辖区	224	温县	238
修武县	227	沁阳市	241
博爱县	231	孟州市	245
武陟县	234		

濮 阳 市

清丰县	249	台前县	260
南乐县	253	濮阳县	263
范县	256		

许 昌 市

市辖区	267	禹州市	279
鄢陵县	271	长葛市	283
襄城县	275		

漯 河 市

市辖区	287	临颍县	296
舞阳县	292		

三门峡市

市辖区 …… 300	卢氏县 …… 312
陕州区 …… 303	灵宝市 …… 319
渑池县 …… 308	

南阳市

市辖区 …… 323	社旗县 …… 350
方城县 …… 327	唐河县 …… 354
西峡县 …… 331	新野县 …… 358
镇平县 …… 336	桐柏县 …… 362
内乡县 …… 341	邓州市 …… 366
淅川县 …… 346	

商丘市

市辖区 …… 371	柘城县 …… 384
民权县 …… 374	虞城县 …… 387
睢县 …… 378	夏邑县 …… 390
宁陵县 …… 381	永城市 …… 393

信阳市

市辖区 …… 397	固始县 …… 421
罗山县 …… 401	潢川县 …… 426
光山县 …… 406	淮滨县 …… 432
新县 …… 411	息县 …… 436
商城县 …… 416	

周口市

淮阳区 …… 440	郸城县 …… 459
扶沟县 …… 443	太康县 …… 463
西华县 …… 446	鹿邑县 …… 467
商水县 …… 450	项城市 …… 470
沈丘县 …… 455	

驻 马 店 市

西平县	474	泌阳县	490
上蔡县	478	汝南县	495
正阳县	482	遂平县	499
确山县	486	新蔡县	503

河南省直辖县级市

济源市 …………………… 507

附　录

附录 1　河南省县级行政区及分县主要土壤类型与土壤剖面点分布图地域名对照表 …………… 512

附录 2　专题图基础地理要素图例 …………… 515

附录 3　土壤图土类图例 …………… 516

附录 4　中国主要土壤类型简表 …………… 518

附录 5　河南省主要土壤类型表 …………… 523

附录 6　分省土壤有机质含量图有机质含量分级图例 …………… 524

附录 7　河南省典型剖面 0—20cm 土层土壤理化性状中位数与平均数 …………… 525

附录 8　河南省主要土地利用类型 0—30cm 土层土壤有机质含量 …………… 526

附录 9　河南省耕地、园地、林地和草地中主要土壤类型占比 …………… 527

附录 10　《中国土壤剖面数据集》参编单位 …………… 528

参考文献 …………… 530

中国土壤剖面数据集·河南卷

第一编 | 编制说明与序图

编 制 说 明

编制目的

土壤是农业的基础，也是维持地球碳、氮、硫、磷等重要生命元素正常循环的基础。肥沃的土壤促进了人类文明的诞生和繁荣。科学研究表明，地球上种类繁多、形态各异的土壤是在气候、生物、地形、时间、成土母质五大成土因素共同作用下形成的。北京社稷坛铺设的青、白、红、黑、黄五种不同颜色的土壤（五色土），分别代表我国东、西、南、北、中五大区域的典型土壤。不同类型的土壤性状差别很大。例如，南方红壤呈酸性，易缺乏钾离子、钙离子、镁离子等阳离子，农业生产上要注意调酸和补充富含钾、钙、镁的肥料；而西部土壤有机质含量低，施用有机肥料和秸秆还田对提高地力至关重要。我国人均土地资源紧缺，要实现粮食安全、环境安全和可持续发展，需要精准掌握各地土壤资源与质量状况，做到因土制宜，科学管理。

《中国土壤剖面数据集》是国家自然资源基本资料之一，其首次以分县土壤图和土壤剖面理化性状表的形式，提供了我国各地详尽的土壤资源与质量科学数据，为农业、林业、环境、气象、国土、水利等部门了解各地土壤质量状况，科学利用土壤资源，发展绿色农业、特色农业和节水农业，进行耕地保育、科学施肥、面源污染防治和基本农田保护提供了基础数据，也为农业科学、环境科学及地学、气象、测绘、水利多个学科领域的科研工作者研究陆地生态系统生产力及其演变、地球物质循环、气候与环境变化提供了科学依据。

本数据集编入的土壤质量数据亦是我国在全国范围内首次完成的土壤理化性状的科学记载，对了解我国土壤与环境质量时空演变具有起始点数据的意义。通过这些数据，科研工作者可以追溯我国全国范围土壤与环境相关过程至 20 世纪 80 年代，分析和了解导致土壤质量变化的环境和人为因素，并对土壤与环境质量演变趋势进行预报与预警。历史上的土壤调查结果不能被新的调查结果替代，这一不可替代性使得本数据集将成为我国农业与环境领域最具影响力的工具书和参考书之一。

土壤数据基础知识

本数据集收录的土壤数据源于土壤调查。为便于读者了解和应用这些数据，本节对土壤调查的目标、内容与主要方法，土壤数据的时空维度特征，土壤数据的应用领域与时效性做一简要介绍。

（一）土壤调查的目标、内容与主要方法

土壤调查的主要目标是查清一个区域内土壤资源与质量状况及其空间分布特征。19 世纪末期至 20 世纪中后期，各国土壤调查的主要目标是查清土壤类型及分布特征[1-2]。由于不同土壤类型最典型的区别是成土过程中形成的土壤剖面特征，因而在传统的土壤调查中，需要在调查区域内进行多点采样，并在每个采样点对 0—1—2m 深土体的土壤剖面进行分层采样、观测、理化性状分析，记录剖面各分层土壤理化性状，据此进行土壤

分类、命名，并最终依据多点调查结果完成土壤图的绘制。

20世纪末期以来，全球人口及经济快速增长导致人均土地资源和水资源紧缺、环境污染、气候变化与粮食安全危机，不同行业及学科领域对土壤生产功能和环境功能的关注度不断提高，土壤调查的核心内容也逐步从查清土壤类型分布特征转为土壤功能调查。土壤功能调查的目标是了解土壤生产力、土壤环境质量和土壤健康质量等。例如，为了耕地保育和科学施肥，需要进行土壤有效养分含量状况、土壤障碍因素调查；为了了解环境质量，需要进行土壤污染状况、土壤环境容量调查；为了发展节水农业，需要进行土壤保水性状调查；为了控制水污染，需要进行流域农田土壤氮、磷流失特征与风险调查。土壤功能调查的内容主要为可量化的，或含义单一且明确、易于被其他学科和行业认知的土壤功能性指标，如土壤有机碳含量、土壤重金属含量、土壤质地类型、耕层厚度等。在土壤功能调查中，也需要在调查区进行多点采样，并根据调查目标的不同，选择适宜的采样深度。例如，当调查目标是了解土壤有效养分供应量或农田土壤污染物含量时，通常仅对耕层土壤进行采样；当调查目标是了解土壤保水性能、土壤水土流失与养分流失性状时，则需要对较深的土壤剖面进行分层采样和观测。

较早的土壤调查主要通过地面多点采样来了解一个区域土壤资源与质量性状的空间分布特征。近年来，随着遥感技术、地理信息系统（GIS）技术、模拟技术与大数据技术的发展，土壤质量相关数据（如数字高程、土地覆盖、植被数据等）产生量急剧增长，这使得在大区域尺度内通过多类型相关信息精确地捕捉和表达土壤质量性状以及相关过程成为可能。在国际上，地面采样调查与辅助信息结合的方法——数字土壤制图方法（digital soil mapping）已成为土壤调查的重要方法[3]。该方法能利用采样设计、辅助信息、推理模型与地统计检验，大幅度减少地面采样和土壤理化性状测试分析的工作量。与传统方法相比，采用数字土壤制图方法进行土壤调查，可缩短调查周期，降低调查成本，提高用土壤专题地图表征土壤资源与质量性状空间分布特征的可靠性和精度，从而提高土壤调查的效率与质量。

（二）土壤数据的时空维度特征

在现代社会，农业、环境等领域的专业工作者要了解最新的土壤调查结果，更需要掌握未来土壤质量变化趋势，以便根据变化趋势、自然与人为要素对土壤质量的影响，制定具有针对性的政策与技术措施，实现高产、稳产和环境安全。要精确进行土壤与环境质量预测和预警，就需要对重要的土壤质量性状进行周期性的采样、调查、记录，构建具有时空维度的土壤质量数据。这意味着历史上完成的土壤调查不能被新的调查所替代，所以其结果十分宝贵。

土壤数据最重要的特征之一是时空维度特征。通过历史上的土壤调查结果记录，构建具有时间序列的土壤质量科学数据，能将土壤质量现状与土壤质量演变过程相关联，并以此对土壤质量演变趋势和导致其变化的因素进行分析、预测。而土壤数据标有空间坐标，便于科研工作者将土壤调查结果与其他类别的要素和过程，如与气候、地形、土地利用情况有关的变化信息，以及随施肥投入农田的碳、氮、硫、磷数据等相关联，从而进一步提高分析的精度和预测、预报的可靠性。

土壤圈处于地球大气圈、水圈、生物圈和岩石圈的交会处。土壤层中的生物过程和物质循环过程既活跃，又具有一定的稳定性，能较好地反映地球水圈、土壤圈、大气圈、生物圈及岩石圈五大圈层动态交互作用的结果。具有时空维度的土壤科学数据对于阐明土壤与环境过程并弄清其驱动因素、预测未来土壤与环境质量变化具有不可替代的作用。

近年来，具有地理坐标的土壤剖面点数据受到科学界的广泛关注。剖面数据记载了土体构造、剖面分层土壤理化性状，是了解成土过程的基础，也是构建推理模型，量化表征区域尺度土壤过程、流域水土流失与氮磷流失特征、碳氮循环与环境质量演变的基础。在过去的半个世纪中，尽管完成了大量的土壤剖面调查，但由于在较早的土壤调查中尚未使用全球定位系统（GPS）设备，各国在构建地理坐标的土壤剖面点数据库上差别较大。目前，美国完成了约2万个有地理位点标识的土壤剖面数据[4]，澳大利亚已完成约16万个有地理坐标的土壤剖面数据[5]，欧盟各成员国共享使用的土壤剖面数据库含4000个剖面的分层土壤理化性状数据[6]。本数据集则汇集了我国总计6万多个有地理坐标的土壤剖面数据。

（三）土壤数据的应用领域与时效性

表1汇总了本数据集编入的土壤理化性状及其主要影响因素与过程、时间变化特征、所关联的土壤质量性状和应用领域。

表1　土壤理化性状及其主要影响因素与过程、时间变化特征、所关联的土壤质量性状和应用领域

土壤理化性状	主要影响因素与过程	时间变化特征	所关联的土壤质量性状	应用领域
土壤类型	成土过程	变化慢	土壤肥力与环境质量	农业、水利、环境、建筑、肥料工业等
剖面深度（指剖面各土层厚度的总和）	成土过程	变化慢	土壤肥力、土壤环境容量、土壤保水和保肥性能、土壤持水性能	农业、环境等
土体构造（指土壤剖面各发生层有规律的组合，是土壤剖面最重要的特征）	成土过程	变化慢	土壤肥力、土壤环境容量、土壤保水和保肥性能、土壤持水性能、土壤透水性能	农业、水利、环境等
母质	成土因素	变化慢	土壤肥力、土壤矿物组成、矿质养分含量、土壤质地	农业、水利、环境、肥料工业等
质地	成土过程、母质	变化慢	土壤肥力、土壤环境容量、土壤持水性能、土壤耕性、土壤有机碳与养分含量、土壤重金属吸附性能等	农业、水利、环境、建筑等
颜色	土壤氧化还原、淋溶等成土过程，土壤有机质累积过程	变化较慢	土壤肥力、土壤有机碳与养分含量	农业
土壤结构	成土过程、耕作措施	耕层：变化快；深层：变化慢	土壤水分、通气与养分供应状况，土壤持水性能、土壤透水性能、土壤阳离子交换量、土壤孔隙度、土壤松紧度、土壤耕性等多个土壤肥力相关性状	农业
有机质含量	成土过程、质地、土地利用、施肥、轮作等	变化较慢	与多项土壤肥力与环境指标密切相关，是土壤肥力最重要的指标	农业、环境、肥料工业等
全氮含量	成土过程、土地利用、施肥、轮作等	变化较慢	土壤肥力、土壤供氮性能	农业、环境等
全磷含量	成土过程、母质等	变化较慢	土壤肥力、土壤供磷性能	农业、环境等
全钾含量	成土过程、母质等	变化较慢	土壤肥力、土壤供钾性能	农业、环境等
pH	成土过程、酸雨、土壤调理剂施用等	变化快	土壤肥力、土壤养分有效性、土壤结构及重金属吸附性能	农业、环境、肥料工业等
碱解氮含量	土地利用、施肥等	变化快	土壤供氮性能、土壤氮素流失特征	农业、环境、肥料工业等
有效磷含量	土地利用、施肥等	变化快	土壤供磷性能、土壤磷素流失特征	农业、环境、肥料工业等
速效钾含量	土地利用、施肥等	变化快	土壤供钾性能、土壤钾素流失特征	农业、环境、肥料工业等
阳离子交换量	成土过程、黏粒、有机质含量、盐分含量	变化较慢	土壤供肥和保肥性能、土壤重金属吸附性能	农业、环境等

在表1中，主要影响因素与过程指对某项理化性状起主要作用的过程和因素。例如，土壤类型、土壤剖面深度、土体构造、母质、土壤质地类型主要由成土过程或成土条件决定；土壤有机质含量和土壤全氮含量则受成土过程、施肥及轮作等农业技术措施的共同影响；在耕地土壤上，施肥等农业技术措施对土壤碱解氮、有效磷、速效钾等土壤有效养分含量的影响很大。

土壤理化性状的现势性主要取决于其影响因素与过程的时间尺度。自然条件下，成土过程通常需要数万年。受成土过程影响的土壤类型、土层厚度、土体构造、土壤质地类型、母质等土壤理化性状变化很慢，CRT值（土壤特性响应时间，characteristic response time）达上千年，可称为土壤稳定性要素或慢变化性状，其相关数据时效性很长，可长久使用。而农田土壤有效养分含量、酸碱度、耕层厚度等土壤质量性状受施肥和耕作等农业措施影响大，变化较快。例如，农田土壤有效磷、速效钾养分含量，在大量施用磷、钾肥条件下，10余年后可成倍提升。这些土壤理化性状亦可称为土壤变化性要素或快变化性状。

不同土壤理化性状的应用范围既取决于其现势性、时空维度特征，又取决于其所关联的土壤质量性状。土壤剖面深度、土体构造、质地、有机质含量等与土壤持水、保肥、通气和透水性能密切相关，可供农业、水利、环境、金融等行业用于农田稳产、高产性能，农田排灌设施规划与灌溉定额编制，农田水土流失风险分级，流域农田蓄水容量与降雨后流失水量分级，农田水、旱灾害风险分级，农田环境容量测算等各方面的地力评价。土壤有效养分含量、pH与土壤需肥性状和调酸性状密切相关，可供农业、肥料生产和销售部门用于科学施肥和土壤改良。土体构造和质地、土壤结构、土壤有效养分含量还影响流域农田土壤养分流失特征，农业和环境部门在进行农业面源污染防控时，可利用这些土壤性状与其他要素共同编制流域污染源解析与控制类型区分布图，以便对农业面源污染采取分类型、分区段的源头控制措施。土壤有机质含量变化也是了解气候变化和碳减排措施效果的基础，对于环境管控和环境外交具有重要意义。

数据集内容

本数据集全集共25卷，收录了我国2200多个县（市、区）的分县土壤图和6万多个土壤剖面的理化性状数据。根据各省级行政区土壤剖面数量的多寡和地域关联特征，既有一个省（自治区）的单卷，也有多个省（自治区、直辖市、特别行政区）的合订卷。

为便于读者了解各地土壤资源与质量分布概况及其主要特征，编者为各分卷编制了省级行政区的土壤图、土壤有机质含量图与地势图三图。读者可通过分省三图查询各省级行政区任何地区拥有的主要土壤类型，了解其土壤有机质含量及其地势、地貌特征。此外，编者还编制了全国土壤图、土壤有机质含量图与地势图三图附于各分卷，供读者比较和了解各省级行政区土壤资源及质量特征同全国其他地区的区别和关联。

各分卷的第二部分为分县土壤图与土壤剖面数据。在每个省级行政区内，各分县按四部分展示土壤及其相关信息，即分县主要土类说明、本区域中心区气候特征、主要土壤类型与土壤剖面点分布图以及土壤剖面理化性状表。在本卷目录中，分县按民政部于2022年3月发布的《2021年中华人民共和国行政区划代码》中的地级、县级行政区顺序排序。各分卷目录中仅收录了县域内有土壤剖面数据的县级行政区，无土壤剖面数据的县级行政区未纳入分卷目录中，并在附录1中对其进行了标注。

土壤数据来源

编入数据集的分县土壤图与土壤剖面理化性状数据主要源于全国第二次土壤普查（以下简称"二普"）。二普是我国现代规模最大的、以查清土壤类型和土壤肥力为主要目标的土壤资源综合调查。二普之前，我国土壤调查以观测性调查和定性评价为主，很少有采样化验。在总结之前国内外土壤调查经验的基础上，二普不仅完成了我国迄今为止最为详尽的土壤分类调查，也首次在全国范围进行了高密度土壤采样化验，开启了我国用土壤理化性状量化指标描述土壤资源与质量状况的时代。

二普地面采样调查实施于1979—1987年，调查区域基本覆盖我国全陆域。二普不仅地面采样密度高，科学性和系统性也比较突出。全国百余名长期从事土壤研究的科研工作者共同制定了全国土壤分类系统和统一的土壤调查技术规程[7]。在地面调查中，各地以1∶1万比例尺地形图作为工作底图，以乡为调查单元进行野外采样作业，全国共挖取土壤观察剖面550余万个，记录了1—2m深土体各发生层形态和特征，并根据土壤分类标准对土壤进行了分类和命名。对边远区、高寒区和无人区应用遥感解译方法，填补了之前土壤调查及成图中上述地区土壤数据的空白。在大量剖面土体观测和采样调查的基础上，完成了全国绝大部分分县1∶5万比例尺土壤图的绘制，牧区和边疆地区完成了 1∶20 万—1∶10 万比例尺土壤图的绘制。二普还完成了 10 余万个典型剖面的分层采样，化验分析了剖面分层质地，有机质含量，大量、中量和微量元素含量，pH，阳离子交换量，土壤矿物组成等多项土壤理化性状，编制了分县土壤志。二普通过野外实地调查、采样和测试获取的土壤科学数据，至今仍是我国最详尽、最有实用价值的土壤资源基础数据，其精度与质量超过许多发达国家的土壤资源基础数据[8]。

如图 1 所示，收录于本数据集的土壤质量数据是对我国 40 多年前土壤质量状况的客观记录，亦是我国在全国范围内首次完成的土壤理化性状的科学记载，其中的土壤稳定性要素现势性较长，可在今后若干年间长期使用；而土壤变化性要素对了解我国土壤与环境过程的作用亦不可替代。这些数据使我们用现代科学手段研究各地土壤及相关过程的历史可上溯至 20 世纪 80 年代。

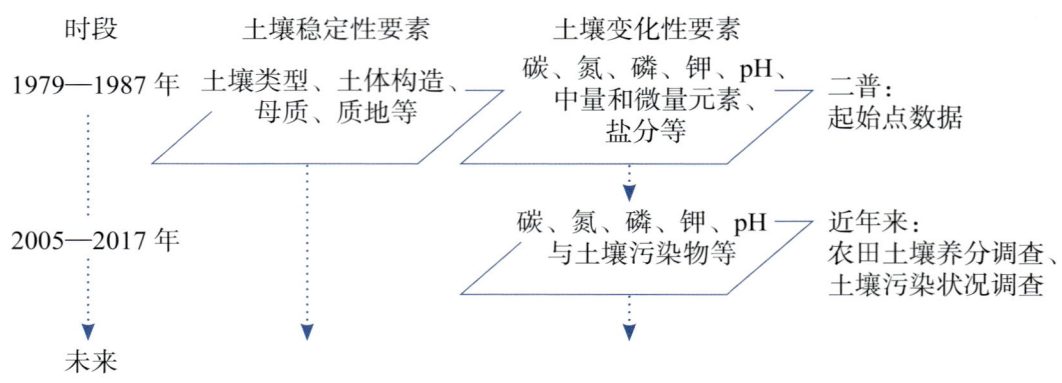

图 1　全国性土壤调查所覆盖的时段

受历史条件限制，二普完成的大比例尺土壤图和土壤剖面理化性状主要为手绘纸质图件、非正式出版的铅印或油印资料，份数少且由各地自行保存。二普结束后，随着各地机构调整与人员变动，土壤调查资料被损毁或丢失严重。2000 年以来，编者开始对各地分散存留的纸质分县土壤调查资料进行系统性收集、修复与整理，通过对宝贵的土壤科学数据的提取、整合和表达，我国科学研究与管理基础数据的水平得到了提升。本数据集收录的分县土壤图和剖面数据主要源于对全国分县土壤图、分县土种志和分省土种志的整理、提取、汇总与表达（表 2）。

表 2　数据集主要土壤资料与数据来源

资料类型	资料名称及数量
土壤图（纸质）	1∶5 万分县土壤图，总计约 1600 个县
	1∶100 万—1∶50 万省级土壤图，总计 570 个县
土壤剖面资料（纸质）	分县土种志：约 2200 册，计约 2200 个县；分省土种志：28 册
土壤有机质含量图（纸质）	全国、分省土壤有机质含量图
农区土壤耕层采样数据（电子）	2005—2017 年在全国农区采集的、含 GPS 坐标定位的 1000 万个采样点耕层有机质含量数据

为编制全国与分省土壤有机质含量分布图，本数据集还使用了我国于二普期间完成的全国、分省土壤有机质含量图纸质图件和于 2005—2017 年在全国采集的 1000 万个具有 GPS 坐标定位的采样点耕层有机质含量数据[9]。

编制方法——土壤大数据方法

我国幅员辽阔，不同地区土壤的土壤类型及其质量状况和分布特征差别较大，各地土壤调查技术条件和水平差别也较大，因此各地分县完成的图件和剖面资料在形式和内容上有较大差异。在用异源土壤数据生成新数据时，新数据的科学性既取决于各异源数据本身的科学性和可靠性，也取决于数据整合采用方法的科学性和可靠性。例如，对分县剖面资料进行整合时，对国标上未出现过的土壤类型名进行归并需要有土壤分类学上的依据；用新的土壤调查数据对原有土壤有机质含量图进行更新，也需要有进行合并表达的科学依据。编制本数据集需要对海量异源数据进行提取、分析、整合、缩编与表达，数据分析流程复杂。同时，在数分析过程中，土壤专业问题，非标准化数据问题，计算机硬、软件平台系统问题和数据分析员、程序员疏漏问题等可能引致多类别数据分析错误。若既要准确无误地完成各项数据分析技术任务，又要在繁复的数据分析流程中有效贯彻科学原则、实现数据分析科学目标，这就需要一套科学的方法体系。为此，本数据集编者通过研究异源非标准土壤数据特征，融合应用土壤学、数据科学、人工智能、人机交互设计方法与地理信息系统技术，创建了土壤大数据方法[10-11]。

土壤大数据方法是专门供土壤科研工作者使用的一种设计方法，是对经典土壤学研究方法的补充，主要适用于对海量异源土壤数据信息的提取、筛选、分析与表达。通过土壤大数据方法的使用，科研工作者能够分析、认识和阐明土壤性状及相关过程和规律。土壤大数据方法的主要设计规则为以层级化的流程设计实现土壤科学层面的需求设计统领体系架构设计，界定各分段流程目标和关联，部署低层级分段流程、模型和功能模块；以独立于数据流程的监控设计实现土壤科学家对全流程的掌控和人工干预。土壤大数据方法的设计内容包括数据科学分析目标与科学基础界定，数据流程体系架构，流程及软件工具设计，数据流程监控设计。设计中，所有节点均采用双命名制命名，即对流程中各节点数据同时进行土壤科学内涵命名和函数代码命名。应用以上设计方法编制设计文档，能在庞杂的异源、异质、异形、异构大数据分析中，实现以科学目标引领数据分析流程，以自动化、人工智能、人机交互式的数据流程替代人工流程，提高大数据分析效率。

在本数据集编制过程中，编者需要完成图件与资料数字化、矢量化，元数据构建，信息提取、过滤、分类、赋码，土壤空间数据逻辑结构、存储结构归一化，统计检验，数据整合、缩编表达、输出等多项数据分析任务，分段流程达1500余个，需要存储的重要节点数据超过2000个，数据量超过20TB。采用土壤大数据方法，编者自主设计和完成了6个土壤大数据分析工具软件包，其中包含157个功能模块（表3），设计文档的科学和工程目标实现率超过99%，为准确、高效完成数据集编制提供了保障，也为土壤学研究提供了新的方法。

表3　系列化土壤大数据分析软件包及其主要功能与模块数

软件包	主要功能	模块数/个
IMAT2.0（intelligent mapping tools）智能化制图工具	异源土壤空间数据的要素提取、过滤、分类、赋码、坐标转换，空间库要素与字段的编辑，图幅与图层的编辑，土壤要素空间库外挂属性表编辑与管理等	35
IMAT-big（intelligent mapping tools for big data）智能化大数据制图工具	超大土壤及相关要素空间数据的要素筛选、图层拆分、数据整合、节点监控、逻辑结构重组等分析	37
IMAP（intelligent map presentation）智能化地图表达工具	土壤大数据地图制图表达与输出	30
ISPA（intelligent soil profile data analysis）智能化土壤剖面数据分析	异源土壤剖面数据的信息提取、过滤、赋码、坐标匹配、检验、整合与统计等	22
ISPP（intelligent soil profile presentation）智能化土壤剖面表达	土壤剖面图表及辅助信息的表达	12
IMAT-SOM（intelligent mapping tools-SOM）土壤有机质图制图工具	异源土壤有机质数据整合与表达	21

中国土壤图、中国土壤有机质含量图与中国地势图编制

编制全国三图的目的是便于读者在全国视角和尺度上了解我国各地区土壤资源与质量状况空间分布特征，土壤类型和土壤肥力与地势、地貌之间的相互关联。其中，土壤图用于展示土壤资源分布状况及与成土过程相关的土壤质量状况；土壤有机质含量图用于直观反映土壤肥力情况；地势图便于读者了解不同类型和肥力水平土壤的地势、地貌特征。全国三图的制图比例尺为1∶1300万。

全国三图中采用的境界、城市等基础地理信息要素源于中国地图出版社出版的《第一次全国地理国情普查地图集》[12]和《中国地图集》[13]。全国三图中，境界、水系、居民地、地级以上城市等基础地理信息要素的图示与图例表达见附录2。

（一）中国土壤图

由于制图比例尺小，中国土壤图是在二普完成的 1∶400 万比例尺全国土壤图的基础上进行矢量化和缩编表达获得的。在缩编表达过程中，土壤类型仅保留了我国土壤分类系统中的第三层级——土类。

在土壤图中，土类颜色主要根据不同土类在其成土因素、发育程度下形成的典型颜色进行设计（附录3）。红色系供土壤富铝化程度高的土壤选用，如红壤、砖红壤、赤红壤等；黄色系、棕色系供干旱区发育程度低的土壤选用，如黄绵土、灰漠土、灰棕漠土等。受灌水、耕作和地下水影响大的土壤采用绿色系，如水稻土、灌淤土、潮土、草甸土等，表示土壤肥力较高，绿色植物生长茂盛；黑土、黑钙土、栗钙土、棕壤、褐土、黄棕壤、紫色土等分别选用深棕色系、褐色系、紫色系；盐土、碱土、沼泽土等植物生长有障碍的土类采用暗色系，如暗紫色系、灰褐色系、青灰色系等，表示土壤生产力低下，植物生长较差。这一颜色设计与国标相关规定一致[14]。

在图例中，按照我国主要土壤类型从南到北、从东向西的地带性分布规律对土类进行排序，附录4所列中国主要土壤类型的排序也按此规则编排。

（二）中国土壤有机质含量图

土壤有机质含量是指土壤中各种含碳有机物质的总和。土壤有机质主要包括土壤腐殖质、半分解的动植物残体、与土壤黏粒和细粉粒紧密结合的有机物质、土壤微生物体所含的有机物质等。以动植物残体形式进入土壤的有机物质成为土壤生物的食物，供养土壤生物的生命活动；在土壤生物，特别是土壤微生物作用下生成的土壤腐殖质，能够促进土壤团聚体形成，提高土壤保水、保肥、供水、供肥性能，提高土壤肥力，并大幅度提高耕地土壤高产、稳产性能。因此，土壤有机质含量是最重要的土壤质量指标之一。土壤有机质碳量是大气总碳量的2倍，是地球植被总碳量的3倍，参与地球陆域碳循环总碳量中80%的碳以土壤有机质碳的形式存在。研究显示，土壤有机质含量实质上是土壤有机碳投入和分解之间动态平衡的表现，影响这一平衡的主要因素为气候、土壤质地与土地利用方式，施肥和耕作等农业技术措施对其影响则相对较小。当影响平衡的主要因素未发生变化时，土壤有机质含量也比较稳定[15]。

中国土壤有机质含量图由各分省土壤有机质含量图（0—30cm 土层）合并编制生成。制图用源数据和编制方法在分省土壤有机质含量图编制说明中加以叙述。

为展示全国范围的土壤有机质含量空间分布特征，编者在中国土壤有机质含量图的图示和图例表达中采用了有机质含量范围的非等距划分分级方式，将我国土壤有机质含量分为7个等级（表4），各分级所占我国陆域面积的比例也列于表中。其中，占我国陆域面积29%的"很低"和"低"两个分级的土壤（有机质含量小于10g/kg）主要分布于西北干旱地区，而"较高""高""很高"三个分级的土壤（有机质含量大于25g/kg）主要分布于东北、西南地区，这些地区森林覆盖率较高，雨量充沛，温度适宜，有利于土壤有机质的累积。

表4 中国土壤有机质含量（0—30cm 土层）分级

分级	分级释义	有机质含量 /（g/kg）	换算系数	有机碳含量 /（g/kg）	占陆域面积 / %
1	很低	≤ 5	1.724	≤ 2.9	5
2	低	5—10（含）	1.724	2.9—5.8（含）	24
3	较低	10—15（含）	1.724	5.8—8.7（含）	18
4	中	15—25（含）	1.724	8.7—14.5（含）	19
5	较高	25—35（含）	1.724	14.5—20.3（含）	9
6	高	35—45（含）	1.724	20.3—26.1（含）	16
7	很高	> 45	1.724	> 26.1	6

（三）中国地势图

地势图是表示制图区域地貌特征的专题地图，强调表现地面的高低起伏、倾斜程度及其区域对比关系，以及与地形密切相关的河流、湖泊等水系要素分布特征，显示出制图区域山河分布的脉络体系、结构形式、各种地貌类型的形态特征。地势是影响土壤类型的重要因素，地势图也是编制土壤图、气候图、植被图等的基础。

中国地势图的地貌晕渲图采用 SRTM3 DEM（shuttle radar topography mission, digital elevation model, 2003）数据，考虑我国地势呈三级阶梯状分布的特点，按 0—50—100—200—500—800—1000—1200—1500—2000—2500—3000—3500—5000m 及以上设计高度表，以深绿色—黄绿色—棕色—紫色色调的象征色表示海拔由低向高过渡。其他矢量数据来源于中国地图出版社编制的 1∶400 万《中国地形图》[16]。河流参照中国地图出版社编制的《中国河流、水运资料图》进行选取、表达，三级及以上河流全部选取，二级及以上河流标注名称，低级别河流适当选取以反映区域水系特点；成图面积 4mm² 以上湖泊和水库全部表示，但仅标注大型湖泊名称，小面积湖泊适当选取以反映区域特点，如青藏高原湖泊群分布；山脉、山峰参照中国地图出版社编制的《中国山脉资料图》选取，三级及以上山脉全部选取、表达，二级山脉主峰及知名山峰标注名称和高程，我国主要高原、平原、盆地和沙漠均选取、表达；自然地理要素分级参考中国地图出版社采用的地图编制分级系统；根据版面载负量情况选取省会、部分地级市和少量县级居民点（主要位于西部地区），居民地主要用于定位参照。

分省土壤图、分省土壤有机质含量图与分省地势图编制

编制分省土壤图、分省土壤有机质含量图与分省地势图三图的主要目的是使读者了解各省级行政区内不同地区土壤类型、土壤肥力与地貌的主要分布特征及其相互关联。其中，土壤图用于展示土壤资源分布状况及与成土过程相关的土壤质量状况；土壤有机质含量图用于直观反映土壤肥力情况；地势图便于读者了解不同类型和肥力水平土壤的地势、地貌特征。为便于比较，每个省级行政区的分省三图采用的比例尺相同，制图则采用幅面固定、各省级行政区制图比例尺自适应方法。

分省三图中采用的境界、城市等基础地理信息要素源于中国地图出版社出版的《第一次全国地理国情普查地图集》[12] 和《中国地图集》[13]。分省三图中，境界、水系、居民地、地级以上城市等基础地理信息要素的图示与图例表达见附录2。

（一）分省土壤图

为编制数据集用分省土壤图，编者对二普完成的纸质分省土壤图（原图比例尺主要为 1∶50 万）进行了地理校正、空间要素提取、图层与分级码标准化、土壤学专业校正、属性表制作、挂接和专题图缩编表达。在缩编表达过程中，制图比例尺一般在 1∶200 万—1∶100 万之间。由于制图比例尺较小，土壤类型仅保留了我国土壤分类系统中的第三层级——土类。各土类颜色与中国土壤图中采用的土类颜色相同（附录3）。在分省土壤图中，按照我国主要土壤类型从南到北、自东向西的分布规律对图例中的土壤类型进行排序。附录4所列中国主要土壤类型的排序也按此规则编排。附录5列出了河南省主要土壤类型及其占省级行政区域面积百分比。

（二）分省土壤有机质含量图

1. 数据源说明

本数据集中，土壤剖面理化性状表给出了有确切时间和空间坐标的剖面信息。分省土壤有机质含量图的主要作用是便于读者直观了解各省级行政区最重要的土壤肥力指标——土壤有机质含量的空间分布特征。

二普中，受当时技术条件限制，全国仅完成了比例尺为1∶400万的纸质土壤有机质含量分布图的绘制，19个省、自治区、直辖市完成了比例尺为1∶250万—1∶50万的纸质分省土壤有机质含量分布图的绘制。直接采用小比例尺纸质图矢量化生成的土壤有机质含量等级划线图作为分省土壤有机质含量图，存在有机质含量分级的级差大、信息均化、图斑大、制图精度不够等问题，难以精细表现一个省级行政区域内土壤有机质含量的空间分布特征。

2005—2017年，我国在农区进行了测土施肥，农田耕层采样点达到1000万个。这批数据的主要优点是采样密度大且有空间坐标，通过对这批数据进行空间插值分析，可较精细地展示各地农田土壤有机质含量分布特征；其缺点是采样点主要集中于占陆域面积不到20%的农田，仅采用这批数据难以绘制覆盖全域的土壤有机质含量分布图。考虑到土壤，尤其是林地、草地土壤的有机质含量变化较慢，在制图中采用了混合时段数据合并表达的方式。对无测土数据的林地、草地等，仍然采用从小比例尺土壤有机质含量等级划线图中提取的数据；对有测土数据的农田，则采用2005—2017年间耕层采样数据，对原有数据进行了更新。通过对两源数据的提取、土层转换、合并、插值，最终生成各省级行政区土壤有机质含量分布图（土层厚度0—30cm），这样既可较精细展示出各省级行政区土壤有机质含量的空间分布特征，也能保证所做专题图有很强的现势性。

三个数据源制图表达结果比较显示，采用异源数据合并表达的方式制图，各分省图展示的有机质含量空间分布特征与二普小比例尺图相近，但制图精度有较大改进，一个省级行政区域内土壤有机质含量的空间分布特征更为清晰（表5）。

表5 三个数据源制图表达结果比较

数据源	土壤有机质含量图制图表达效果	
	优点	存在问题
采用二普完成的手绘图	小比例尺手绘图中，土壤有机质含量地带性分布特征十分明显；基本无数据空区	局部地区图斑大，制图精度不够
采用新的测土数据插值生成	有数据的区域制图精度高	占陆域面积约80%的林地、草地和一些县域无新的测土数据，难以通过采样点插值生成覆盖全域的有机质含量图
异源数据合并表达	基本无数据空区；制图精度有较大改进；小比例尺图中土壤有机质含量的地带性分布特征被保留	用混合时段数据表达全陆域土壤有机质含量分布状况，其中林地、草地数据主要源于20世纪80年代采样数据，农田数据更新至2017年

表6汇总了分省土壤有机质含量图的主要制图信息。制图采用异源数据合并表达的方式，生成的分省土壤有机质含量图所代表的时间段为1979—2017年，图中核算土壤有机质含量的土层厚度为0—30cm。

表6 分省土壤有机质含量图制图信息

制图数据	异源数据合并表达
采样时间	草地、林地及其他非农田土壤采样时间段为1979—1987年，农田土壤采样时间段为2005—2017年
土层厚度	0—30cm（对采样深度不足0—30cm的耕层采样数据，用剖面数据进行了土层厚度转换，统一转换为0—30cm）
制图方法	普通克利金插值（ordinary Kriging）
网格尺寸	200m

2. 制图表达说明

我国地域辽阔，各地土壤有机质含量差异极大。西北部地区降水量少，土壤粗砂粒含量高，风沙土、漠土大量分布，占我国陆域总面积的12.6%，其0—30cm土层内有机质平均含量不到10g/kg；东北部地区雨量充沛，气候、植被有利于土壤有机碳累积，其0—30cm土层有机质平均含量在40g/kg以上。另外，一些省级行政区的土壤有机质含量变化范围很宽，如内蒙古土壤有机质含量主要为4—70g/kg；而北京、山东等地土壤有机质含量变化范围很窄，为7—17g/kg。

为使各省级行政区域内土壤有机质含量空间分布特征均能得到充分展示，编者在分省土壤有机质含量图的图示和图例表达中对有机质含量范围进行等距划分分级，根据各省级行政区土壤有机质含量分布特征，将有机质含量分为7—14个等级。各分级的颜色设计及其RGB与CMYK色码见附录6。

（三）分省地势图

根据各省级行政区的成图比例尺和地形特点，选取合适精度的数字高程模型（DEM）栅格数据，确定设色原则和色层表进行分层设色，编制彩色晕渲的分省地势图。图中的河流水系及山峰、山脉等地理要素基于中国地图出版社研制的多尺度中国地图数据库选取，按各省级行政区地图设定的投影参数和比例尺投影转换后进行数据融合处理，再进行图形化编辑和地图整饰，最后输出成图。各省级行政区的彩色地貌晕渲图，按0—50—200—500—1000—1500—2000—3000—4000—5000—6000m及以上设计统一的高度表，但对一些低海拔平原地区，如天津、山东、上海等省、直辖市，则增添了20m等高距。确定统一的设色原则，建立色层表，以深绿色—黄绿色—棕色—紫色色调的象征色过渡方式表示海拔由低向高过渡，低海拔地区以绿色为主，中海拔地区以棕色为主，高海拔地区的高寒地带则用冷色调紫色。地势图中的其他地理要素，地级市及以上级别居民地全部选取，县级居民地根据图面载负量情况酌情选取；河流按等级选取以反映地域水系结构特点，主要河流加注名称；成图面积4mm²以上的湖泊和水库全部选取，大型湖泊、水库加注名称，适当选取小面积湖泊以反映区域分布特点；山脉按等级选取，仅标注主要山脉主峰和知名山峰。

县域中心区气候特征图表编制

气候是五大成土因素之一，也是土壤质量的重要影响因素。为便于读者了解各地土壤资源与质量状况及其与气候特征的关联，编者编制了各县域中心区（位于各县域中心点、代表面积约为400km²的区域）气候特征值表、月平均气温与月平均降水量分布图。各县域中心区气候特征值是通过对160个中国地面国际交换站的气象年值、月值以及日值数据的计算和空间分析获得的。气象数据的相关用语也采用中国地面国际交换站所用的表达方式。鉴于各地气候特征值需要依据多年气象观测数据分析和提取，而二普采样时段为1979—1987年，因此采用了1971—2000年共计30年的年值、月值和日值气象数据，气象数据时段覆盖二普采样时段。

在分县气候特征值编制过程中，先从相应的各数据源中提取出各站点年值、月值以及日值数据，再按照表7所示计算方法，计算160个站点的各项气候特征值并对其分别进行插值计算，获得覆盖我国全域、网格尺寸约为20km的网格化气候特征年值与月值数据，最后再与县域中心点图层叠加，提取出各县中心区气候特征值。各县所处气候带则是通过县域中心点图层与中国气候区划图叠加后提取获得的[17]。

表7 县域中心区气候特征值的计算方法与数据来源

县域中心区气候特征	计算方法	气象数据来源
年平均气温 /℃	30年的年值平均	中国地面国际交换站气候标准值年值数据集（160个站点，1971—2000年）
年平均最高气温 /℃		
年平均最低气温 /℃		
年降水量 /mm		
年平均相对湿度 /%		
年日照时数 /h		
月平均气温 /℃	30年的月值平均	中国地面国际交换站气候标准值月值数据集（160个站点，1971—2000年）
月平均降水量 /mm		
≥10℃的积温 /℃	一年中日平均气温≥10℃的温度值加和	中国地面国际交换站气候资料日值数据集（160个站点，1971—2000年）
干燥度	修正的谢良尼诺夫公式： 干燥度 = $0.16 \times \dfrac{\text{全年} \geq 10℃\text{的积温}}{\text{全年} \geq 10℃\text{期间的降水量}}$	
气候带	提取	1:3200万中国气候区划图

分县主要土壤类型与土壤剖面点分布图编制

编制分县主要土壤类型与土壤剖面点分布图的主要目的是使读者在一个较小的图幅上也能大致了解一个县域内主要土壤类型概况。编者通过对全国1∶5万土壤图的缩编表达，为有土壤剖面数据的县级行政区编制了分县主要土壤类型图。受地图幅面限制，在分县土壤图中，仅保留了我国土壤分类系统中的第三层级——土类，通过缩编滤掉了亚类、土属、土种信息。

各分县主要土壤类型与土壤剖面点分布图的制图采用幅面固定、制图比例尺自适应的方法，制图比例尺一般为1∶35万—1∶20万，自适应制图由编制者自行设计的软件模块自动完成。

在分县主要土壤类型与土壤剖面点分布图中，各土类颜色与中国土壤图中采用的土类颜色相同（附录3）。图中各土类在图例中的排序则按各土类占本县县域面积比例从大到小的顺序排列，便于读者了解本县内主要土壤类型的分布。

在分县主要土壤类型与土壤剖面点分布图中，为便于读者查找，剖面点按照其在图面的位置，先左后右、先上后下顺序编码，编码过程也由ISPP软件包（表3）中的模块自动完成。

分县主要土壤类型与土壤剖面点分布图中的基础地理底图来源于国家基础地理信息中心提供的1∶25万DLG（公众版）数据（使用许可协议编号：非2011-1011），基础地理信息要素的图示与图例表达主要参照相关国标（详见附录2）。为保证本数据集中主要土壤类型与土壤剖面点分布图的内容和土壤剖面数据表对应，分县主要土壤类型与土壤剖面点分布图中的市级界线、县级界线均采用二普时的普查界线，并以此作为分县主要土壤类型与土壤剖面点分布图的分幅标准。为兼顾地名位置定位准确性和图书实用性，地图中乡镇级及以上居民地分别根据新版《中华人民共和国行政区划简册》和各省级行政区地图册进行了更新，现势性截至2021年12月。为更好地表现全书的系统性与协调性，在地图下方加注说明县级行政区划变更情况，部分市辖区图幅的图名根据图上县级居民点进行了更新。

二普后，随着城市化的加快，城市周边土地利用情况变化很大，居民地面积大幅增加，导致一些分县土壤图中的土壤面积占县域面积比例和分县主要土类说明中的一些土类面积占县域面积比例较二普时均有下降。在一些大城市周边县（市、区），土地利用情况的变化使各类土壤总面积不到县域面积的60%。

二普时，分县完成了1∶5万比例尺土壤图编绘后，还通过省级汇总和缩编制图，完成了1∶50万比例尺省级土壤图。在省级汇总中，对一些分县土壤图中原有土壤类型名进行了修订。例如，浙江在进行省级汇总时，将分县土壤图中原命名为侵蚀型红壤亚类的大部分土属划归粗骨土类；安徽、湖北等省在省级汇总时将黏盘黄棕壤亚类改为黄褐土类。在对二普调查成果的数字整合中，编者仅收集到约1600个县的大比例尺土壤图（表2）。对大比例尺图数据缺失的县，则以省级土壤图裁切方式进行了补全。这种补全虽有利于完成覆盖我国全域的高、中精度土壤图，但也引起了在一个省级行政区里源于分县和分省的两类土壤图中土壤分类命名不统一的问题，编者在尽量保持调查资料原始记载的前提下，对这类问题进行了力所能及的修订。

分县土壤剖面理化性状表编制

分县土壤剖面理化性状表是本数据集的主体内容。前文已对各项土壤理化性状应用范围以及从分县纸质土种志中进行信息提取、表达和制作的方法做了说明，本节仅对土壤理化性状测试方法、剖面点坐标匹配方法与土壤剖面分类名的修订加以说明。

（一）土壤理化性状测定方法

本数据集所列土壤理化性状的测定方法见表8。其中，土壤有机质含量，土壤氮、磷、钾全量与有效态含量，pH，土壤阳离子交换量的测定方法以及土壤分类方法均为国标方法。剖面理化性状表中的土壤全氮、全磷、全钾、碱解氮、有效磷、速效钾含量均以N、P、K纯养分量计。

在二普中，我国大多数地区土壤质地分级采用了卡庆斯基制，仅极少数地区采用了国际制。其中，卡庆斯基制采用了简制,将土壤质地分为 3 组 9 种类型;国际制将土壤质地分为 12 种类型(表 9)。由于两种分级制中的质地分级名并无重复,因此在分县土壤剖面理化性状表中未对两种分级制的分级名进行合并。

表 8 土壤理化性状的测定方法

土壤理化性状	测定方法
有机质	湿灰化或干灰化消化后,重铬酸钾滴定法测定(丘林法)
全氮	凯氏定氮法测定
全磷	酸溶或碱熔消化后,钼锑抗比色法测定
全钾	碱熔或酸溶消化后,火焰光度法或四苯硼钠比浊法测定
pH	水浸提法,水土比为 5∶1 或 2∶1
碱解氮	扩散吸收法(康惠法)测定
有效磷	中性及石灰性土壤:Olsen 法测定;酸性土壤:Bray 法测定
速效钾	醋酸铵浸提后,火焰光度法或四苯硼钠比浊法测定
阳离子交换量	醋酸铵法测定

表 9 卡庆斯基制与国际制土壤质地分级名

等级序号	卡庆斯基制[1]土壤质地分级名	等级序号	国际制[2]土壤质地分级名
1	松砂土	1	砂土
2	紧砂土	2	壤质砂土
		3	砂质壤土
3	砂壤土	4	壤土
4	轻壤土	5	粉砂质壤土
		6	砂质黏壤土
5	中壤土	7	黏壤土
6	重壤土	8	粉砂质黏壤土
7	轻黏土	9	砂质黏土
		10	壤质黏土
8	中黏土	11	粉砂质黏土
9	重黏土	12	黏土

注:1)卡庆斯基制指按卡庆斯基粒径分级的质地分类。该分类制有简制和详制两种。简制有 3 组 9 种质地,其主要特点是将土粒分为物理性黏粒和物理性砂粒两级;按物理性黏粒或物理性砂粒的数量进行质地分类,而不是按照砂粒、粉粒、黏粒三个粒级的质量比分组。详制是在简制的基础上,把 9 种质地进一步细分为 39 种质地类别,把含量最多和次多的粒组作为冠词,顺序放在简制名称前面,主要用于土壤基层分类及大比例尺制图。卡庆斯基还提出根据石砾含量而定的附加分类,也可作为质地分类的冠词,主要应用于山地土壤的质地分类。

2)国际制土壤质地分类在第二届国际土壤学会上通过,根据砂粒(粒径 0.02—2mm)、粉粒(粒径 0.002—0.02mm)、黏粒(粒径小于 0.002mm)三粒组含量的比例,通过国际制土壤质地分类三角图,以黏粒含量为主要标准,小于 15% 者为砂土质地组和壤土质地组,15%—25% 者为黏壤组,黏粒含量大于 25% 者为黏土组,划定 12 种质地类别。

(二)土壤剖面点的坐标匹配

含地理坐标的剖面数据可直观展示该土壤剖面点所代表土壤的土层厚度、土体构造及理化性状等特征,也是构建推理模型,进行土壤及其理化性状数字制图的基础。

二普完成的分县土种志中虽无典型剖面地理坐标记载,却有关于剖面采样地点、景观和土壤剖面分类命名的详细记录,如乡镇名、村名、高程和土类、亚类、土属、土种名等。从 1∶5 万土壤类型图与 1∶5 万基础地理信息数据库中也能提取出上述信息。在1∶5万比例尺空间数据库中，空间对象分辨率可达到100m×100m精度，折合为1hm²。在全国性土壤调查中，对于选择、确定典型剖面采样点点位，通常要求其所代表的土壤类型在面积上能代表采样点周围100亩（1亩≈666.7m²）以上的土壤，通过这种匹配方法获得的点位对实际采样点点位有较高的代表性。

为了使分县土种志中记载的剖面数据获得坐标，编者构建了多要素土壤剖面点坐标匹配模型，无空间坐标的土壤剖面从1∶5万土壤类型图和基础地理信息数据库中获得空间坐标。坐标匹配模型工作机制如图2所示。首先，从分县土种志中提取出A源数据，即每个剖面隶属的土类、亚类、土属、土种名及剖面采样点地名、采样点高程等多要素信息；然后，用分县1∶5万土壤图与多要素基础地理信息数据库叠加，生成含土类、亚类、土属、土种名和村名、乡镇名、高程等要素信息的空间数据，即B源数据；最后，利用多要素匹配模型，逐县对A、B两源数据进行匹配。当A源数据中某剖面点土类、亚类、土属、土种名和采样点地名、高程与B源数据中某土壤要素空间对象的四个土壤分类名、地名、高程等多要素信息一致时，该剖面点获得B源数据中土壤要素空间对象中心点坐标。若一个县域内，某剖面点与B源数据中多个空间对象存在配对关系，则取其中面积最大的空间对象的中心点坐标。

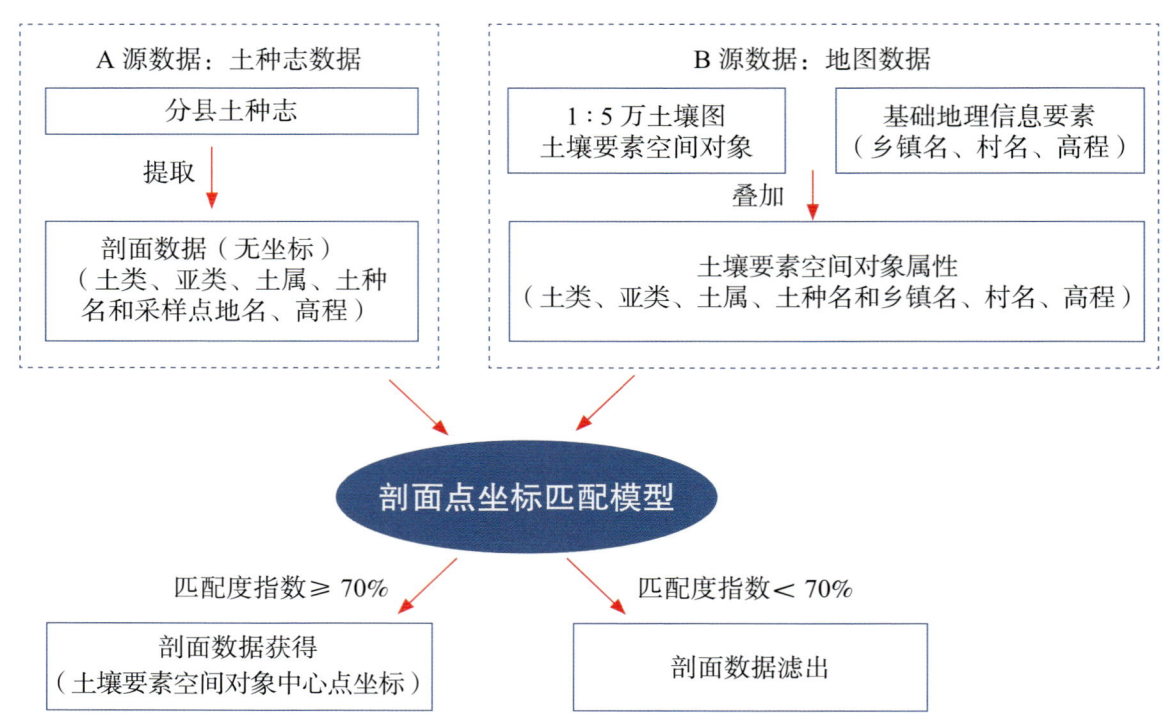

图2　土壤剖面坐标匹配模型工作机制图

为衡量每个土壤剖面坐标匹配的质量，在匹配模型中植入了匹配度评价模型，分析和提取每个土壤剖面点坐标匹配中多要素信息的吻合度。匹配度指数较高，代表两源数据中的土类、亚类、土属、土种名和地名、高程等多要素信息一致性高；匹配度指数较低，代表A、B两源多要素信息存在一些不一致性；匹配度指数小于70%的剖面数据会被滤出，该剖面也会从分县土壤剖面理化性状表中删除（表10）。利用坐标匹配模型，从分县土种志中提取出的10万余个剖面数据中，有6万多个获得了地理坐标并被收录于本数据集的分县土壤剖面理化性状表中，有约3万个由于匹配度指数较低被滤出。

表10　坐标匹配的匹配度指数及释义

匹配度指数 / %	释义
90—100	匹配度高：A（分县土种志）、B（地图）两源数据中乡镇名、村名和三个以上土壤分类名（土类、亚类、土属、土种）、高程均一致
80—90	匹配度较高：A、B两源数据中乡镇名、村名和两个土壤分类名（土类、亚类）、高程一致
70—80	具有一定匹配度：A、B两源数据中乡镇名、村名、土类名、高程一致
<70	匹配度较低：A、B两源数据中地名和土类名不能全匹配

为检验通过匹配模型获得地理坐标的剖面对当地土壤类型是否具有代表性，编者自2008年以来，在河北、

山东、黑龙江、宁夏、海南等地挖取了300余个校验剖面，进行了比对研究。比对研究结果显示，校验剖面与二普完成的剖面记载在土壤类型、土体构造、母质、质地等土壤质量慢变化性状上都有很好的一致性。

（三）土壤剖面分类名的修订

分县土壤剖面理化性状表列出了每个土壤剖面的分类名。土壤分类名是对某一类土壤资源的抽象概括和表达，表述了各类土壤的主要成土过程以及各类土壤综合性的典型特征。如黑土是指在温带半湿润地区草甸草原植被条件下形成的具有深厚均匀腐殖质层的土壤，呈黑色，富含有机质和各种养分；褐土是指在暖温带半湿润地区形成的具有弱腐殖质表层和黏化层的土壤，盐基饱和度较高，呈棕褐色。土壤分类名既具有典型性，又具有综合性，是土壤最基本的属性。

二普中，我国基于全国第一次土壤普查经验制定了六等级土壤分类系统，这也是目前的国标系统。该系统中的六等级分别为土纲、亚纲、土类、亚类、土属和土种，从高级到低级，不同层级之间为隶属关系。其中，土纲用于界定水、温等主要的土壤成土条件，亚纲用来进一步区分土纲内成土条件与过程的差异，土类反映成土条件引致的最典型土壤特征，亚类反映土类内成土条件引致剖面特征的进一步分异，土属反映母质等成土条件引致亚类剖面的分异，土种反映同一土属中土壤的分异或当地群众对该土壤的命名。

在对各地土壤调查数据进行全国汇总时，编者发现，从全国2200多个分县土壤剖面资料中提取出的土壤分类名与我国在1998—2009年发布的三版《中国土壤分类与代码》国标差异较大[18-20]。国标发布的土类、亚类、土属、土种名数量分别为60个、229个、663个和3246个，而从2200多个分县土壤图件与剖面资料中提取出的土类、亚类、土属、土种名数量分别为312个、1520个、12150个和43200个。对国标上从未出现的土壤类型名进行审核和归并需要有土壤分类学上的依据。通过对俄罗斯、美国、加拿大、澳大利亚、德国、英国等各国土壤分类研究及发展状况的研究，编者总结了我国和其他世界各国过去半个世纪中在土壤分类方面的经验，确定了土壤剖面分类名的修订原则[1]。

研究显示，我国国标分类系统中的第三层级——土类（附录4），能很好地反映我国主要土壤类型形态上的典型特征。通过土类及其隶属的12大土纲可清晰展现出我国60个土类受温度、海拔、降雨、土壤发育度、地下水盐运动、耕种垦殖等主要成土条件影响而形成的地带性分布特征。另外，土类本身属于高层级分类，数目有限，命名符合汉语语言特征，易为专业及非专业人员掌握。通过土类名，读者能够辨识各种土壤类型，了解其成土过程、土壤质量与肥力特征。因此，在土壤剖面分类名的修订中，应重视维护土类名的稳定性。根据这一原则，在对分县资料中土壤分类名的编审中，编者将国标发布的60个土类名进行了归并，对亚类及以下的中、低级分类名称则在尽量保留现场获取的一手土壤调查信息的前提下进行适度归并与整合。

为便于读者了解我国目前采用的土壤分类名与国际土壤学会推荐的土壤分类名（world reference base for soil resources，WRB）[21]之间的关联，附录4中还给出了由史学正研究员通过剖面比对建立的WRB土组名与我国60个土类名的关联及WRB土组名对我国土类名的最大可参比性[22]。

（四）剖面土层代码

在形成过程中，由于物质迁移和转化，土壤会分化成一系列组成、性质和形态各不相同的层次，称为发生层或土层。土壤剖面各土层的顺序和变化情况，反映了土壤形成过程及土壤性质。

目前各国尚无统一的土层命名。1967年国际土壤学会提出将土壤剖面划分成O层（有机层）、A层（腐殖质层）、E层（淋溶层）、B层（淀积层）、C层（母质层）和R层（基岩）等6个主要土层。全国土壤普查办公室编制出版的《中国土种志》（6卷）[23-28]、《中国土壤》[29]则将自然土壤剖面划分成O层（凋落物有机质层）、A层（表层）、B层（淀积层）、C层（母质层）、D层（岩石碎屑层）和R层（坚硬岩石层）等6个主要土层；将旱地农田土壤划分成A（耕层）、C_1（心土层）和C_2（底土层）等几个主要土层；将水田土壤划分成Aa（耕作层）、Ap（犁底层）、P（渗育层）、W（潴育层）和G（潜育层）等5个主要土层。

由于分县土种志中，土层代码和释义与以上文献给出的土层码不尽相同，因此在数据集编制中，编者主要保留了2200多个分县土种志中实际采用的土层代码和释义（表11）。为便于读者参考，编者在附录4中列出了引自《中国土壤》部分土类典型剖面的土体构造及其关联的土层代码[29]。

表 11　土壤剖面土层代码和释义[1]

代码		释义
自然土壤与旱地土壤	Ao	位于土表的枯枝落叶层
	A	自然土壤指表土层，耕地土壤指耕作层
	B	心土层，受成土作用形成的淋溶淀积层
	C	底土层，受成土作用少的母质层，较紧实，通常不受耕作、施肥影响
	D	未风化的母岩层，岩石碎屑层
水田土壤	A	耕作层，亦称淹育层和作物栽培层
	P	犁底层，位于耕作层下，经机械耕作和黏粒淀积，结构较为紧实
	W[2]	潴育层，位于犁底层下，水田在干湿交替作用下，铁、锰淋溶淀积形成斑纹层，使水稻土有较好的通透性，渗水而不漏水，渍水而不滞水
	G	潜育层，存在于水稻土、沼泽土和泥炭土中。土体长期积水，通透性不良，在还原状态下形成青灰色土层又叫青泥层，作物受还原性物质危害。若在其他土层出现，可用g表示，如Pg、Wg
	E	漂洗层，侧渗作用下黏粒、有机质被淋洗，铁质溶脱，形成灰白色或白色漂洗层

注：1) 表中土层代码和释义主要根据全国各分县土种志中实际采用代码和释义进行综合与汇总。土体构造中，两个字母并列表示过渡层土壤，例如 AB 层、BC 层等。
2) 一些地区将潴育层细分为 W_1（渗育层）和 W_2（淀积层）两层。渗育层指有明显水化铁层，多见黄色锈斑；淀积层指明显有铁锰淀斑或铁锰结核的土层。

（五）其他

分县土壤剖面理化性状表中，空格代表本项无数据。

若土壤剖面的土层码为数字，则表示调查中未对该剖面的各分层进行土层代码赋码。对这类剖面，编者按从地表至底土顺序赋土层序号 1、2、3……。土层序号不具有土壤发生学上的含义，仅表达每一土层的顺序。

分县土壤剖面理化性状表中土层厚度的上、下边界表示该土层采样范围。例如：土层厚度为 0—17cm，表示土层采自剖面 0—17cm 部位；土层厚度为 50—100cm 表示采自剖面 50—100cm 部位。一些剖面底土的土层厚度仅有上界而无下界。例如：85—，表示该土层采自剖面 85cm 至更深部位。

个别剖面上、下土层的上、下边界相互不衔接，例如：两个土层厚度分别为 0—10cm、30—35cm，表示该剖面的采样为不连贯采样，每个土层只选取了该土层的代表性层段。

一些剖面分层样本上、下土层的上、下边界相互不衔接，例如：按从地表至底土顺序，6 个土层采样范围分别为 0—13cm、13—18cm、18—40cm、18—32cm、32—100cm、50—100cm，其中第三个土层 18—40cm 为额外增加的采样层。在土壤调查中，当调查者认为需要对某些区域或土类的特定土层进行单独采样和分析时，往往会出现这一情形。为了最大限度保持第一手调查资料的完整性，编者将这类土层也编入了分县土壤剖面理化性状表中。

本卷收录的河南省典型土壤剖面共计 2328 个。通过对剖面数据的土层厚度转换，附录 7 给出了这些典型剖面 0—20cm 土层土壤理化性状中位数与平均数。二普剖面采样为典型土类采样，而非网格化采样。0—20cm 土层土壤理化性状中位数与平均数不代表本省土壤理化性状平均状况。但二普是我国最早的大样本量调查，附录 7 所示的 0—20cm 土层土壤理化性状中位数与平均数对了解河南省 20 世纪 80 年代土壤肥力性状具有一定参考价值。

附录 8 列出了河南省耕地、园地、林地、草地和湿地 0—30cm 土层土壤有机质含量的平均值。该值由河南省土壤有机质含量图和自然资源部土地科学数据中心编制的 2019 年 1∶100 万比例尺全国土地利用缩编图通过叠加、计算生成。其中，耕地包括水田、水浇地、旱地三种土地利用类型；园地包括果园、茶园和其他园地三种土地利用类型；林地包括有林地、灌木林地和其他林地三种土地利用类型；草地包括天然牧草地、人工牧草地和其他草地三种土地利用类型；湿地包括沼泽地、沿海滩涂和内陆滩涂三种土地利用类型。鉴于河南省土壤有机质含量图源于大样本量地面采样，土壤有机质含量亦为变化较慢的土壤质量性状[15]，附录8对了解河南省耕地、园地、林地、草地和湿地的土壤有机质含量状况及演变具有较高的参考价值。为便于读者了解河南省耕地、园地、林地和草地四种土地利用类型中受成土过程影响而形成的各主要土壤类型及其在各土地利用类型中的占比情况，附录9给出了主要土壤类型在这四种土地利用类型中的占比。

土壤专题图与土壤剖面数据可靠性检验

该检验目的是对数据集中的土壤专题图和土壤剖面数据能否真实反映土壤资源与土壤理化性状及其空间分布特征给出科学、客观的评价。另外，数据集中的土壤专题图和土壤剖面数据主要源于1979—1987年的二普和2005—2017年在全国测土配方施肥项目中的土壤养分调查，因此，该检验也是对我国两次全国性土壤调查所获成果的质量评估。

对土壤专题图及含地理坐标的剖面数据的检验涉及地图制图学、测绘科学、土壤学、地统计学等多学科内容，而对于不同的学科，数据检验的目标和内容也不同。对于地图制图，精度检验十分重要；而在土壤学范畴，可靠性检验更为重要。精度检验方面，本数据集剖面坐标是通过1∶5万比例尺地图数据匹配获得，匹配用地图精度直接影响剖面数据坐标精度。可靠性检验方面，土壤专题图和土壤剖面数据均属于土壤学范畴，还需要从土壤学角度给出科学评价。借助目前仍在发展中的地统计方法，编者最终给出了合理的可靠性检验方法。为便于读者理解，本节将重点说明两点：一是地图精度与土壤专题图制图的关联；二是土壤专题图和剖面数据的地统计检验结果。

在地图制图中，地图精度用于衡量某一地物点或地物轮廓点的平面位置和高程位置偏离其真实位置的平均误差。这里的地物点或地物轮廓点可以是测量控制点、水准点、道路交叉点、境界线方向变化点、山脚点、山顶等。地图精度与地图投影、比例尺、制作方法和工艺有关。地图比例尺不同，误差控制要求也不同。一般来说，地图比例尺越大，误差越小，精度越高。换言之，地图精度或比例尺主要反映对地图中基础地理信息要素，如测量控制点、河流、道路、等高线、境界的误差控制要求。

在土壤专题图制图中，需要用基础地理信息要素标识土壤要素空间位置。在较早的土壤调查中，没有GPS设备，通常用纸质地形图为底图标识采样点位置。地面土壤采样调查完成后，根据底图标记的采样点位置和实测获得的土壤要素值，由经验丰富的土壤科学家依据土壤及相关要素的空间分布、空间相关性和空间依赖性规律进行人工综合判图，在底图上手工完成土壤专题图的勾绘和制图。我国的二普与欧美各国在20世纪80年代之前进行的全国性土壤调查基本均采用这一方法进行土壤专题图编绘。二普为大样本量土壤调查，采样密度高，采用1∶1万大比例尺地形图为工作底图，全国共挖取土壤观察剖面550余万个，采集0—20cm土壤表层样本200余万个，通过综合判图和人工勾绘，最终完成分县1∶5万比例尺土壤图和各类土壤养分含量图的编制。土壤专题图比例尺不代表地图中对土壤要素的误差控制要求，客观上，地面采样中应用大比例尺的工作底图，采样密度高，土壤采样点均衡分布于调查区域中，以此为依据编制的土壤专题图能精细地表达调查区域内土壤要素的空间变化特征。采样密度低的土壤调查结果则不适合编制大比例尺土壤专题图。

近年来，随着GPS和GIS技术的发展，地统计方法已较多用于反映和研究土壤要素的空间变化规律。地统计方法不仅提供了利用含地理坐标的土壤采样点数据制作土壤专题图的地统计模型，还提供了对模拟结果进行不确定性检验的方法。地统计检验的主要目的是了解模拟结果对真实情况反演的客观性和可靠性，而不是评价地图中土壤要素的精度或误差控制。检验结果既受地面采样原则、采样量的影响，也受所选模型类型、建模过程中是否引入协变量等因素的影响。

由于二普完成的土壤图和养分含量图中没有采样点标注，难以对其进行地统计检验。为此，编者同时对我国在全国测土配方施肥项目中完成的有GPS定位坐标的农田耕层土壤有机质含量数据进行了地统计分析和检验。与二普相似，全国测土配方施肥项目也按网格化均匀分布原则进行大样本量、高密度土壤采样，全国总计完成1000万个农田土壤耕层样本的采集。

检验方法为：首先，在我国东、南、西、北、中不同地域选取7个代表性片区，每片区包含地域相连、域内无大面积剖面点缺失的多个行政县，且含土壤剖面点500个以上。其次，提取7个片区源于二普剖面0—20cm土层和源于2005—2017年0—20cm农田耕层采样的土壤有机质含量数据。二普剖面数据的采样特征为在优先选取典型土壤类型的前提下，尽量均衡分布；样本量较小，全国有6万多个具有匹配坐标的剖面。2005—2017年农田养分调查数据为网格化均衡分布的大样本量，全国完成了1000万个有GPS定位坐标的耕层样本。最后，用普通克利金插值（ordinary Kriging）方法进行地统计分析和检验。在每片区剖面点和耕层采样点的数据中分别随机选取80%作为训练样本集，20%作为验证样本集，同时进行建模；将验证样本预测值与实测值进行线性回归，计算R^2（决定系数）和RMSE（均方根误差），以此评价两组数据表达土壤要素空间分布特征的可靠性和误差。选择土壤有机质含量作为检验指标的原因为该指标是最重要的土壤质量性状之一，且可量化表达，便于进行地统计检验。

二普剖面数据的检验结果显示，在7个代表性片区，剖面点数据表达的有机质含量分布状况可靠性均达极显著水平（表12）。这表明，尽管二普典型剖面数据为非网格化采样，含地理坐标样本量较少，需采用匹配坐标替代原点坐标，但在一个由多县组成的片区内，当剖面样本量达到一定数量后，即使未引入可极大改进R^2的地形、土地利用类型等辅助变量，用普通克利金插值仍然能比较真实、可靠地反演土壤要素空间分布特征。2005—2017年耕层采样点数据的检验结果显示，与二普剖面点数据相比，大部分片区的有机质含量分布数据R^2更大（达到中等相关至强相关），RMSE更小，可靠性和预测精度明显更优，这说明就表征土壤要素空间分布特征而言，网格化均衡分布的大样本量采样得到的数据可靠性和精度相对较高。这为二普大比例尺土壤专题图数据（土壤图和土壤pH、有机质、氮、磷、钾养分含量图）的地统计检验特征提供了佐证。二普大比例尺土壤专题图数据均源于网格化均衡分布的大样本量地面调查，其可靠性和精度应优于二普剖面点数据。

两组数据地统计检验结果还显示，尽管相隔近30年，两时段调查的土壤有机质含量也有一定变化，但各片区土壤有机质含量的空间分布规律总体相近。图3展示了东北片区两组数据通过普通克利金插值获得的土壤有机质含量分布图。可以看出，尽管二普土壤剖面样本数（546）远少于农田耕层土壤样本数（45182），20%校验集所获R^2较低，预测值与实测值偏差较大，但两组数据展示的土壤有机质含量空间分布格局相近，均为东北角最高，西南角最低。另外，该片区2005—2017年的农田耕层有机质含量均值为36.41g/kg，低于1979—1987年的二普采样结果（40.53g/kg），这一结果与东北地区所做长期定位试验结论一致。这表明，本数据集剖面数据可为了解土壤质量时空演变规律提供可靠的数据支持[9]。

表12 二普典型土壤剖面数据和2005—2017年耕层采样点数据的地统计检验结果

编号	片区名	县数	面积/km²	二普剖面土壤有机质含量[1]			耕层土壤有机质含量[2]		
				样本量	R^2 [3]	RMSE[3]	样本量	R^2 [3]	RMSE[3]
1	东北片区	19	72353	546	0.329**	14.77	45182	0.689**	6.32
2	冀鲁豫片区	64	50071	881	0.363**	5.65	256341	0.429**	3.47
3	江浙片区	53	63003	1312	0.334**	8.83	51759	0.666**	4.05
4	湖北片区	10	21044	515	0.286**	20.21	60545	0.281**	11.09
5	四川片区	39	98052	1283	0.380**	9.20	206682	0.344**	7.08
6	粤闽赣片区	27	58745	801	0.223**	13.33	51759	0.285**	6.42
7	陕甘片区	47	109010	990	0.296**	7.20	256341	0.558**	2.48

注：1) 数据源于二普土壤剖面（1979—1987年采样，0—20cm土层）数据库，土壤有机质含量单位为g/kg。
2) 数据源于2005—2017年农田耕层（0—20cm）土壤养分调查数据库，土壤有机质含量单位为g/kg。
3) 20%验证样本所获预测值与实测值的线性回归R^2（决定系数，其中**表示1%水平显著）和RMSE（均方根误差）。

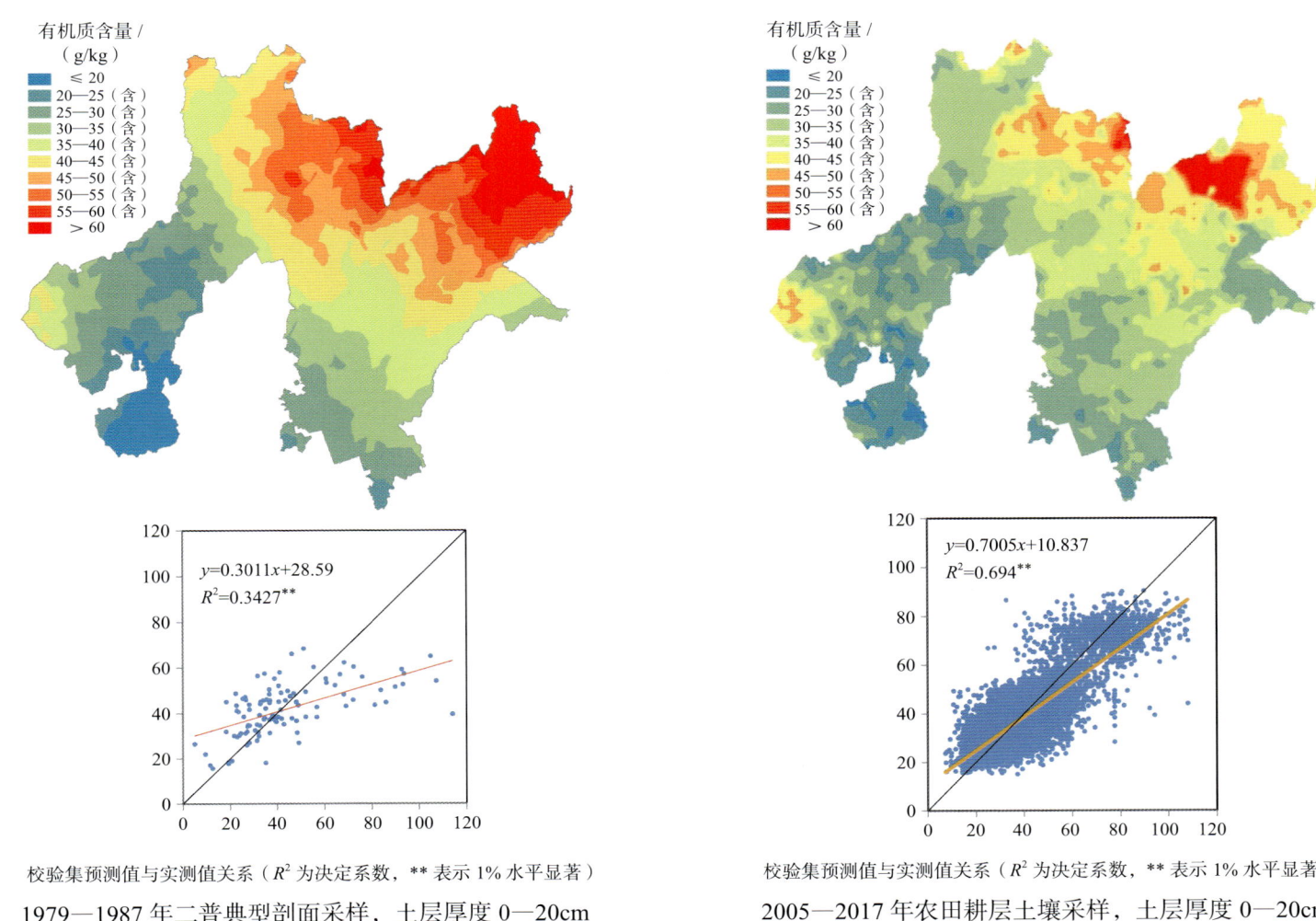

图3　东北片区土壤有机质含量分布图及地统计检验结果

参编单位

《中国土壤剖面数据集》的编制工作始于1998年。其编制过程主要分为以下两个阶段：

第一阶段为全国1∶5万土壤图编制和中国剖面数据库构建阶段。20世纪末，随着现代科学研究与管理对土壤时空信息的迫切需要和大数据技术的发展，利用土壤调查结果构建我国土壤资源与质量时空数据库日益显现出可行性和必要性。1998年，我国土壤科技工作者开始对二普分县土壤图件和资料进行系统收集和整理，这项工作曾得到国家社会公益性研究专项的资助。"十一五"期间，"我国1∶5万土壤图籍编撰及高精度数字土壤构建"被列为国家科技基础性工作专项重点项目。在全国各地农业、国土、档案等多家单位的大力配合和各地土壤科技工作者的支持下，项目组汇聚全国土壤科学、农业、测绘与环境领域多家专业科研院所的科研力量，深入31个省、自治区、直辖市以及数百个县的原始图件与资料存放部门，完成了2200多个县的分县大比例尺纸质土壤图与土种志的收集。同时，项目组还收集了31个省、自治区、直辖市的分省土壤图、土壤有机质含量图等多类别土壤专题图和分省土壤调查资料，并在此基础上，项目组研究人员通过融合多学科方法创建土壤大数据方法，以方法创新带动异源非标准海量土壤信息的时空整合与表达，至2017年，完成了我国1∶5万土壤图的整合表达和中国土壤剖面数据库的构建，为编制《中国土壤剖面数据集》奠定了科学基础、方法基础和数据基础。

第二阶段为《中国土壤剖面数据集》编制阶段。为满足我国农业、林业、环境、气象、国土、水利等各部门对公众版土壤资源与质量信息的迫切需求，项目组于2017年启动了数据集编制工作。在数据集编制过程中，项目组一方面利用土壤大数据方法进行数据的审核、土壤专题图的缩编与剖面数据表的表达等多项工作，另一方面组织了各省级土壤专业科研院所参与各分卷内容的审核和修订工作。数据集的编制还得到了中国农业科学院科技创新工程的资助。

本数据集的最终面世离不开多家科研单位在过去20多年时间里的共同付出。这些单位包括国家科技基础性工作专项重点项目"我国1∶5万土壤图籍编撰及高精度数字土壤构建""我国1∶5万土壤图籍编撰及高精度数字土壤构建二期工程"主持与参加单位、参加数据集各分卷审核和修订工作的土壤专业科研单位以及参与分县大比例尺纸质土壤图与土种志收集的各地相关管理与科研部门（附录10）。

（张维理、徐爱国、张认连、冀宏杰）

序图

中国土壤图
1:13 000 000

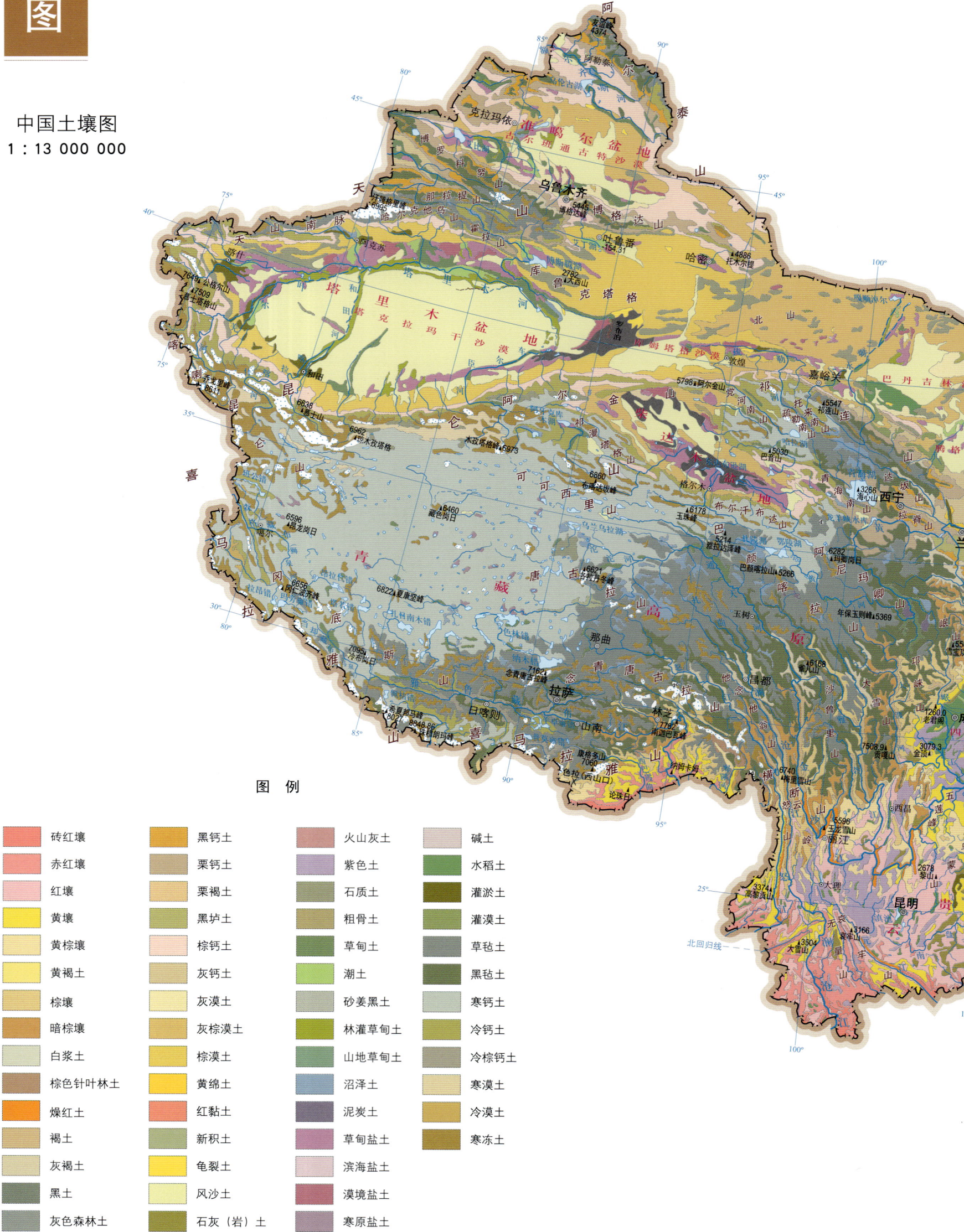

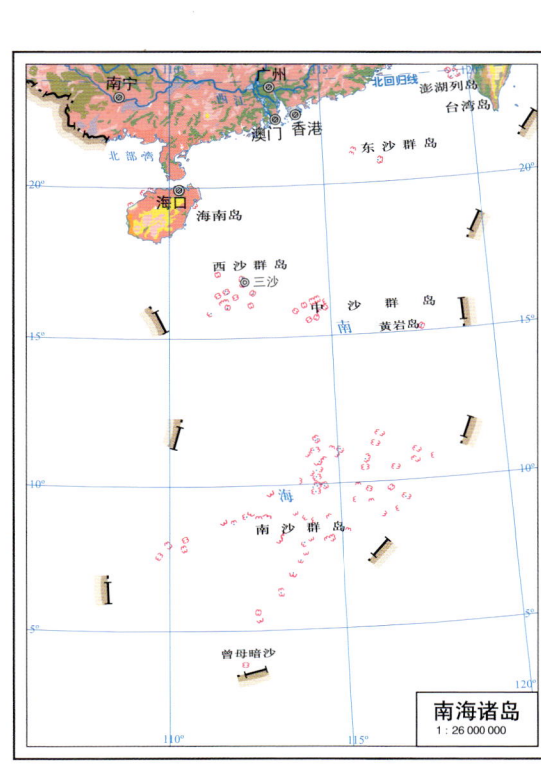

中国土壤有机质含量图
1∶13 000 000

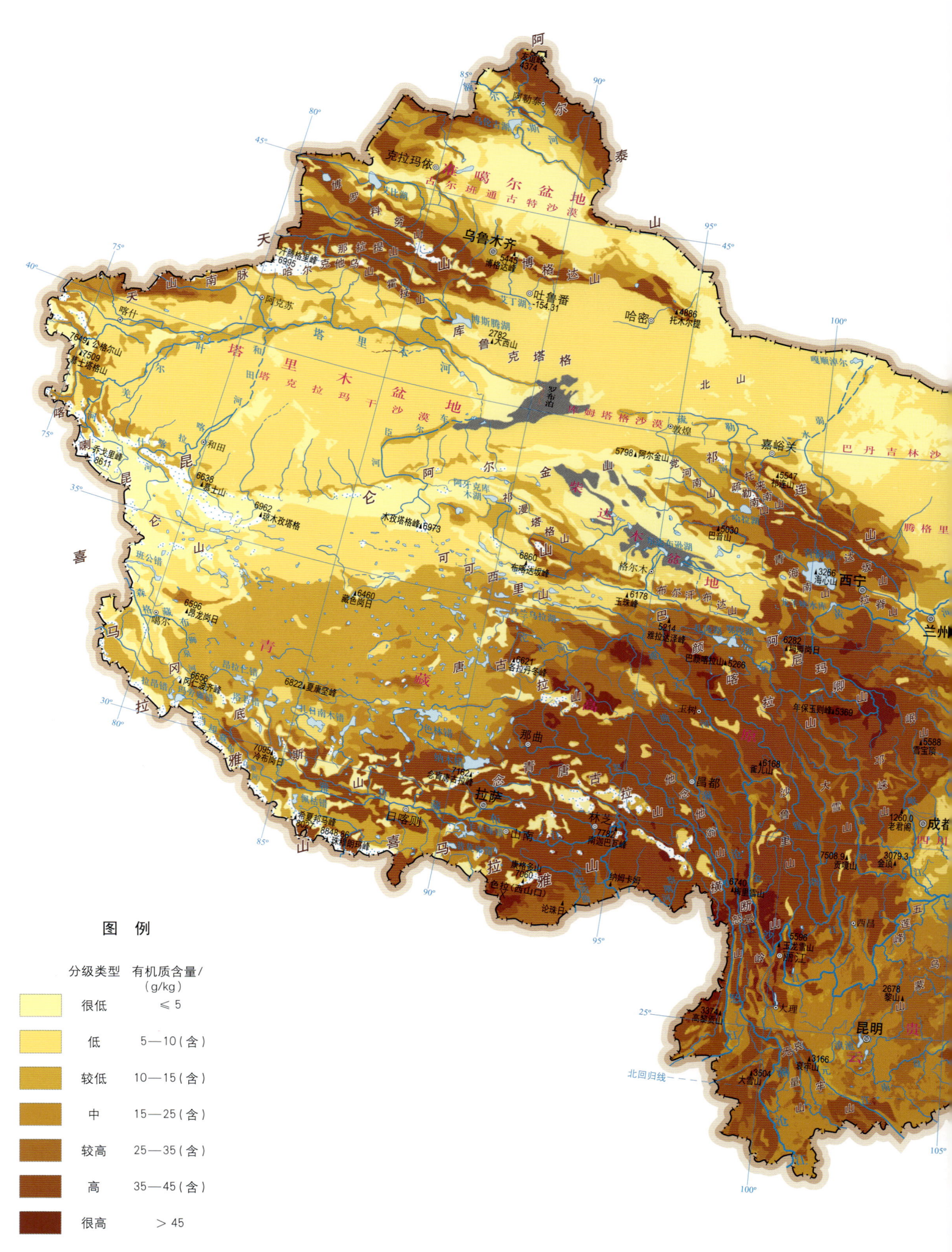

图 例

分级类型	有机质含量/(g/kg)
很低	≤5
低	5—10（含）
较低	10—15（含）
中	15—25（含）
较高	25—35（含）
高	35—45（含）
很高	>45

注：土层厚度为0—30cm。

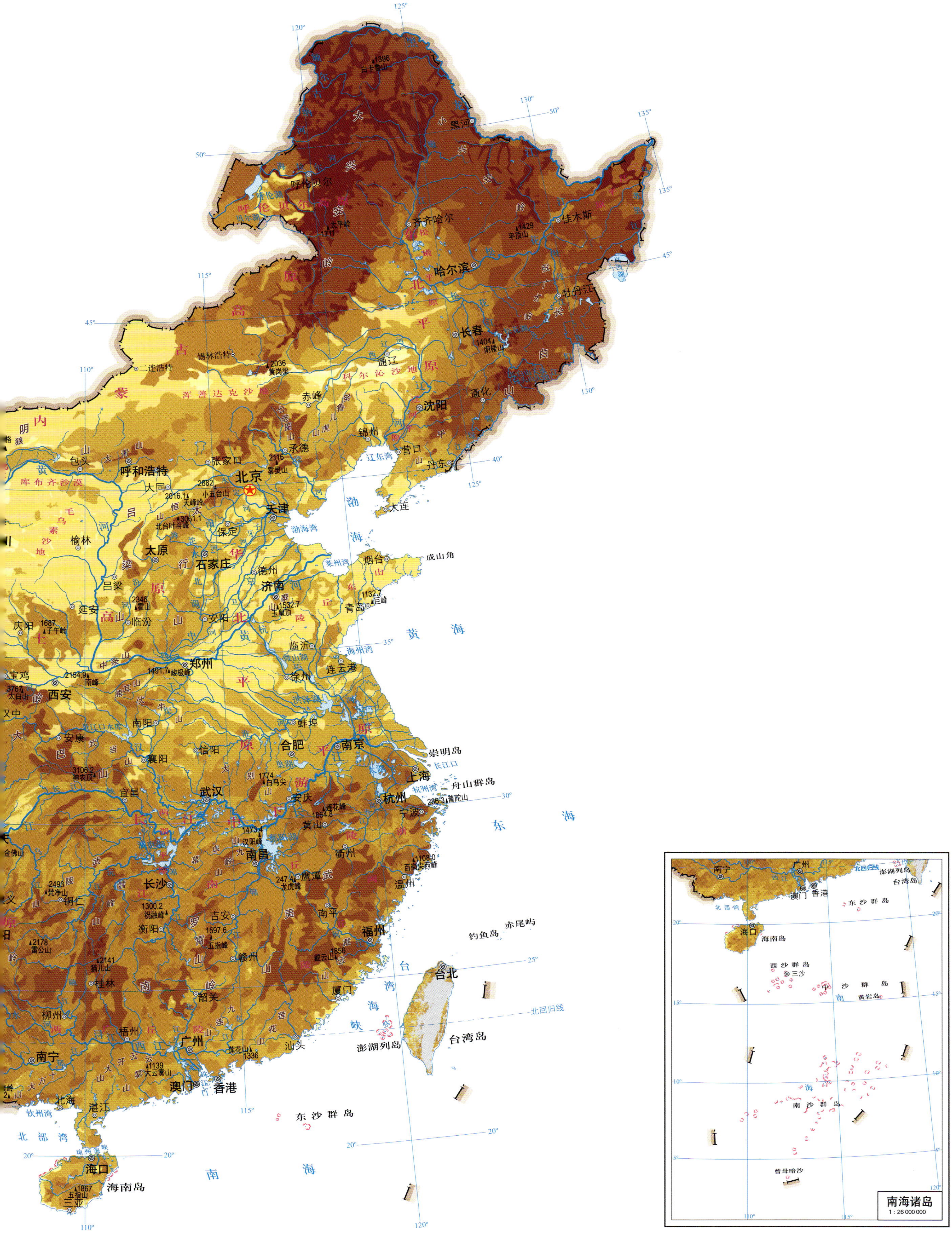

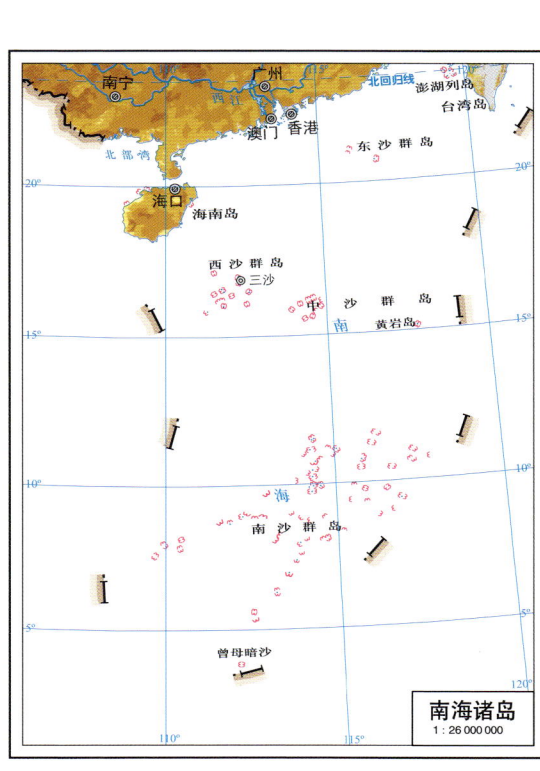

中国地势图

1 : 13 000 000

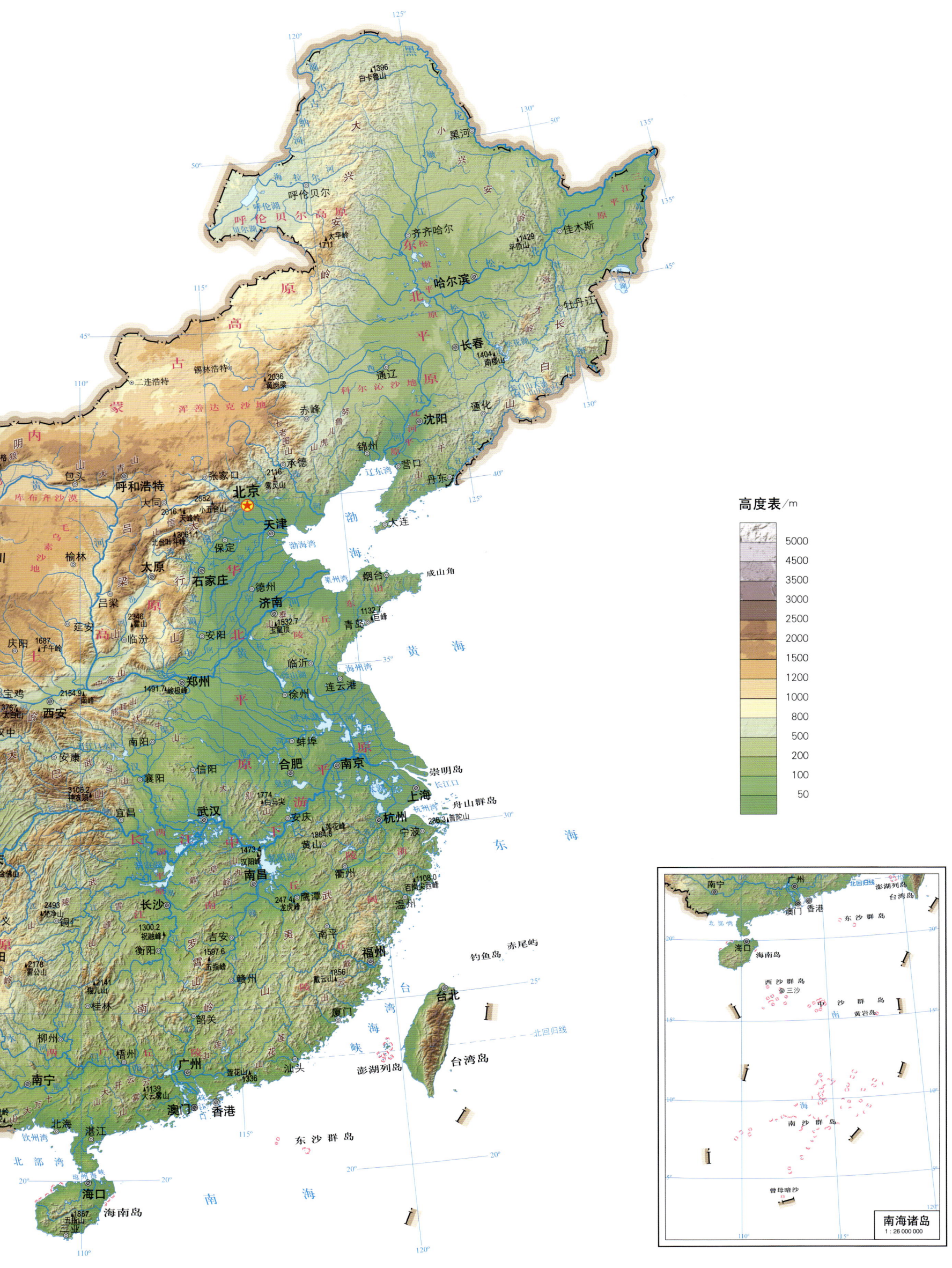

河南省土壤图

1∶1 750 000

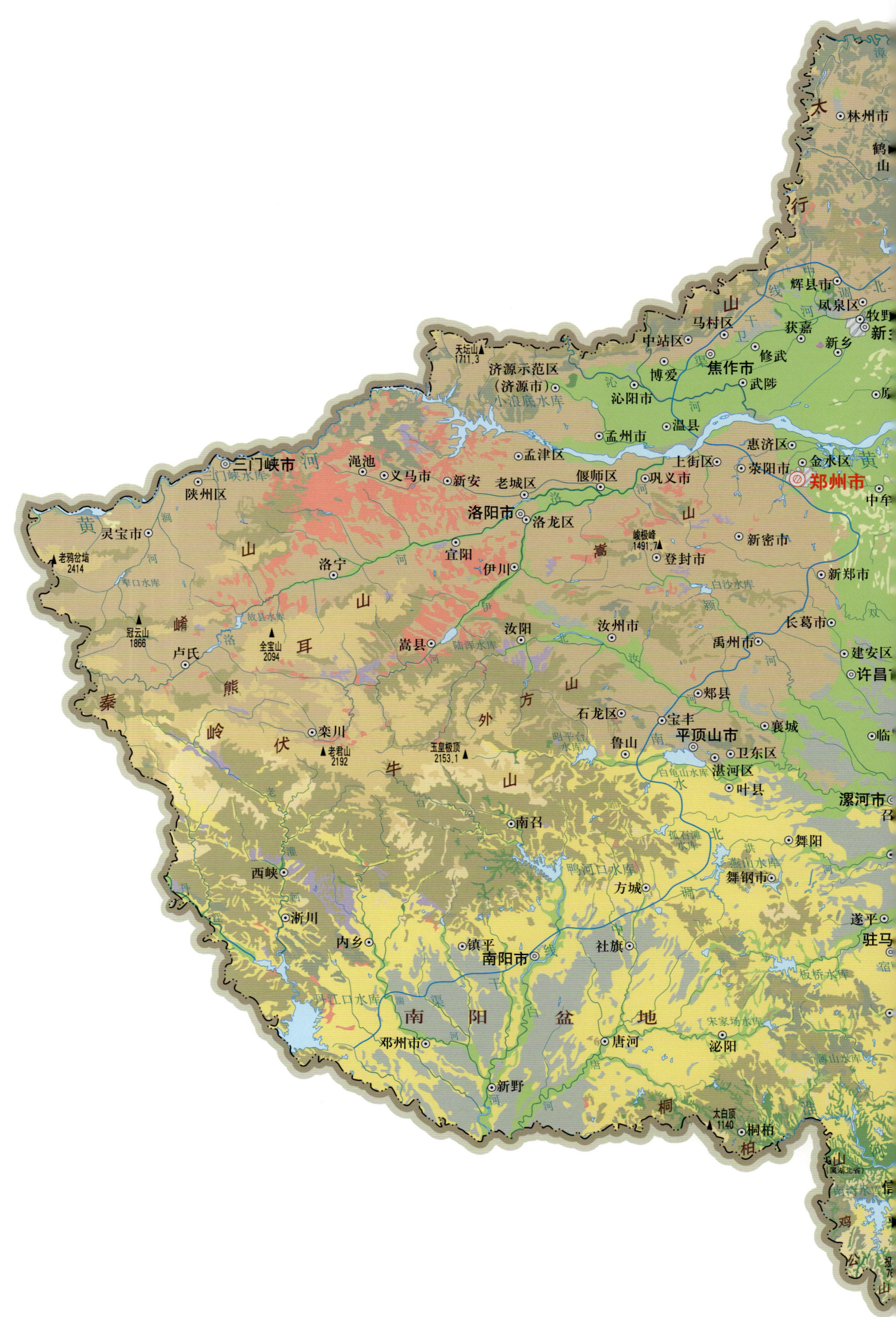

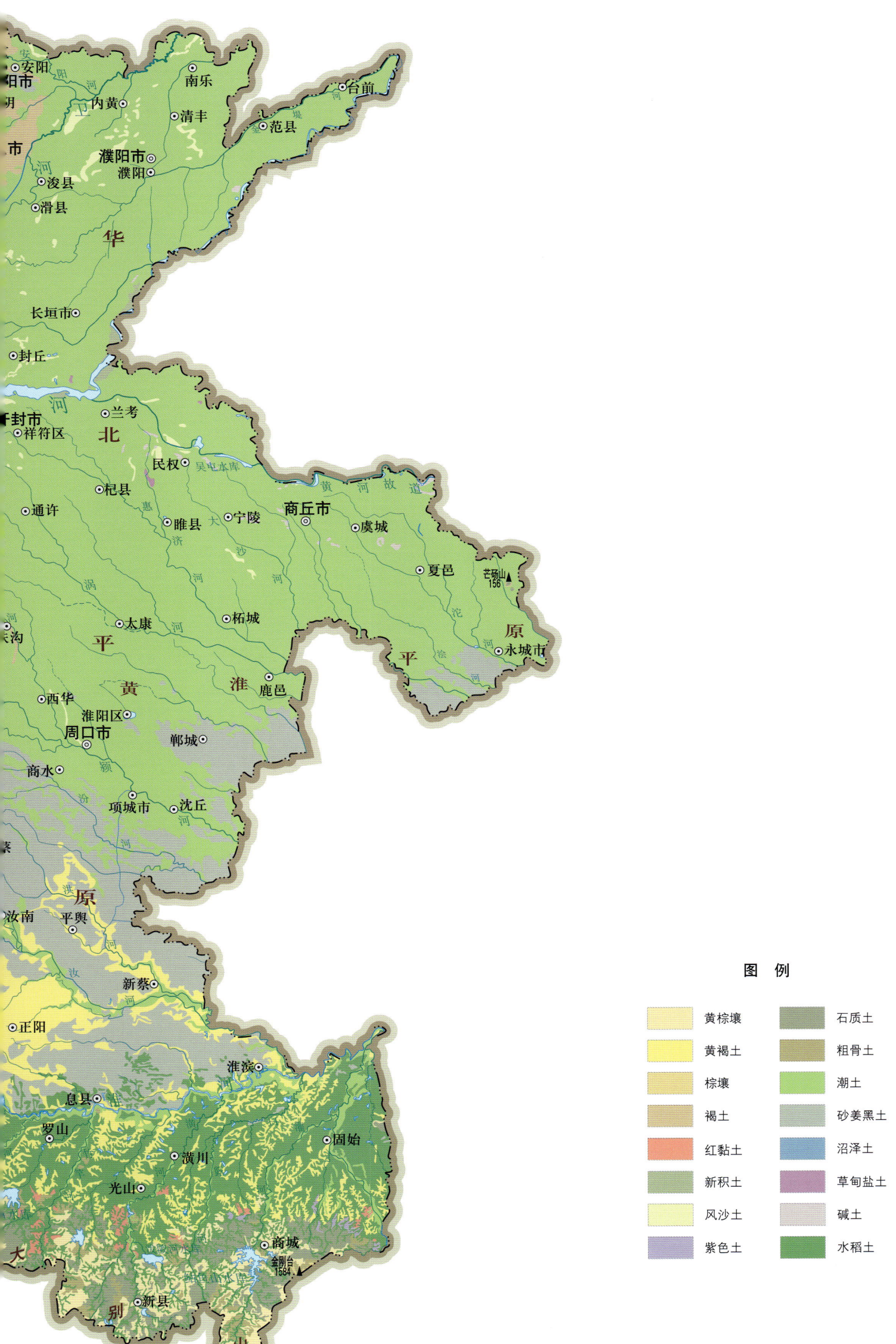

第一编 编制说明与序图 | 027

河南省土壤有机质含量图
1∶1 750 000

注：土层厚度为 0—30cm。

河南省地势图

1 : 1 750 000

高度表/m

2000
1500
1000
500
200
50

中国土壤剖面数据集·河南卷

第二编 | 分县土壤图与土壤剖面数据

郑 州 市

中 牟 县

主要土类说明

潮土是中牟县主要土壤类型，占本县地域面积的76%。本县潮土均由黄河冲积物、沉积物发育而来，受河水流速、流向等因素影响，遵循"紧砂慢淤"的分选规律逐渐沉积，形成了土层深厚、质地层次明显、厚薄不一的特征。同时地下水位偏高，一般在1—2m，有潜育化现象发生，氧化还原作用强，剖面下层有蓝灰色、红褐色锈色斑纹，土壤颜色较浅，以黄色为主，土壤呈微碱性，pH为7.5—8.5。土地瘠薄，土壤中缺氮，但钾、钙、镁较丰富，这与黄土母质钾、钙、镁等含量多的特点密切相关。

风沙土是中牟县第二大土壤类型，占本县地域面积的16%。本县北部的风沙土是黄河多次泛滥改道、水去沙留沉积的结果。本县南部几个乡镇的风沙土是在冲积、洪积平原经流水切割而成的长条状平岗上又风积一层沙层形成的。沙层的厚度深浅不一，有的是平沙，有的则经过风力再搬运形成了沙丘，高度为3—7m。本县风沙土的成土年龄较短，发育十分微弱，处于成土作用的最初阶段，颜色较浅，呈浅黄色，无结构、松散，有的随风流动，有风蚀现象；渗透性强，比热容小，昼夜温差大，石灰反应不强烈，pH在8.5左右，有机质和养分含量很低，植物不易生长。

褐土是中牟县第三大土壤类型，占本县地域面积的5%。褐土为地带性土壤，主要分布于本县西南部。它是在暖温带半干旱、半湿润的气候条件下形成的，主要发育在第四纪洪积物、冲积物母质上，其形态特征表现为：一般在1m土体内，特别是心土层，有不同程度的黏化现象和碳酸钙新生体的淀积；在季节性的干湿交替下，碳酸钙下渗淀积，菌丝粉末逐渐形成砂姜，分布在土体中下部；由于地下水参与成土过程，土体下部有铁锰新生体出现，多呈锈斑状或结核状。

本区域中心区气候特征

本区域中心区气候特征值
Regional climate characteristics in central area of the region

气候带：暖温带亚湿润气候 Climate region: Warm temperate subhumid climate	
年平均气温 /℃ Annual average temperature /℃	14.3
年平均最高气温 /℃ Annual average maximum temperature /℃	20.1
年平均最低气温 /℃ Annual average minimum temperature /℃	9.4
年降水量 /mm Annual precipitation /mm	641
≥10℃的积温 /℃ Daily temperature accumulated in a year (≥10℃) /℃	5244
年日照时数 /h Annual sunshine /h	2193
年平均相对湿度 /% Annual average relative humidity /%	67
干燥度 Dryness	1.34

本区域中心区月平均气温与月平均降水量
Monthly temperature and precipitation in central area of the region

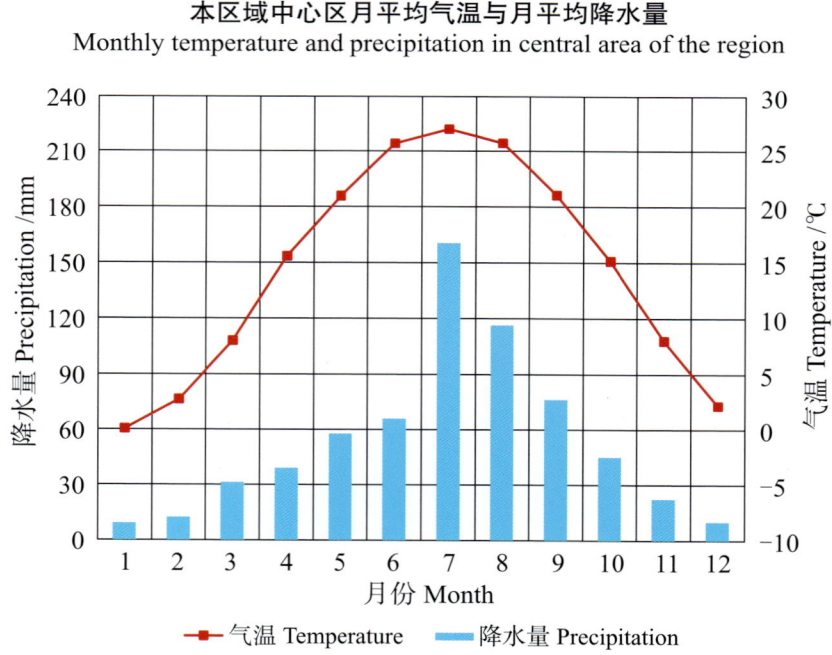

中牟县主要土壤类型与土壤剖面点分布图
1∶190 000

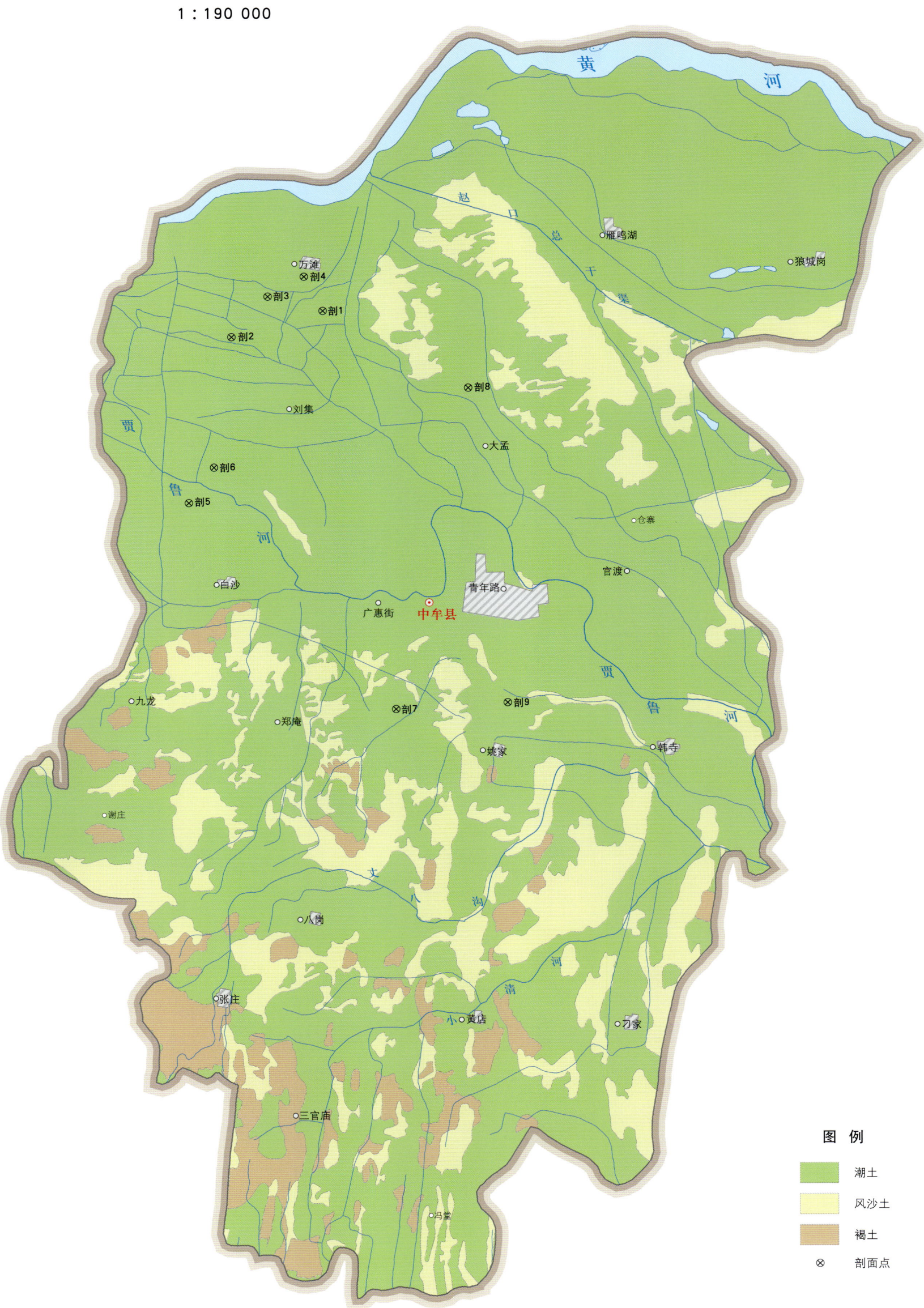

中牟县土壤剖面理化性状表

剖面号 Soil profile	土纲 Soil order	土类 Soil great group	亚类 Soil subgroup	土属 Soil genus	土种 Soil species	土层码 Layer code	土层厚度 Depth/cm	颜色 Soil color	质地 Soil texture	pH	有机质 OM/(g/kg)	全氮 TN/(g/kg)	全磷 TP/(g/kg)	阳离子交换量 CEC/(cmol/kg)	土壤母质 Parent material	剖面点坐标 Profile coordinate	匹配指数 Matching index/%
剖1	半水成土	潮土	盐化潮土	盐化潮土	重盐小两合土	1	0—5	灰黄色	轻壤土	9.8	90.8	0.60	0.11	5.3	河流冲积物	E 113°56′26.5″ N 34°50′41.3″	97
						2	5—10	灰黄色	轻壤土	9.7	144.2	0.27	0.11	7.1			
						3	10—20	灰黄色	轻壤土	9.7	127.1	0.15	0.10	6.6			
						4	20—100	灰黄色	砂壤土	9.1	90.5	0.13	0.10	5.2			
剖2	半水成土	潮土	盐化潮土	盐化潮土	轻盐砂壤土	1	0—10	灰黄色	砂壤土	8.5	4.5	0.29	<0.10	4.4	河流冲积物	E 113°53′46.0″ N 34°50′05.3″	97
						2	10—20	灰黄色	砂壤土	8.8	6.4	0.35	<0.10	3.9			
						3	20—70	灰黄色	砂壤土	8.7	4.7	0.28	<0.10	4.9			
						4	70—100	浅灰黄色	紫砂土	9.1	<1.0	<0.10	<0.10	3.3			
剖3	半水成土	潮土	黄潮土	灌淤土	薄层灌淤土	1	0—20	灰黄色	中黏土	8.4	9.4	0.50	0.12	19.5	河流冲积物	E 113°54′51.1″ N 34°51′04.7″	95
						2	20—46	灰黄色	中壤土	8.5	8.0	0.44	0.11	19.1			
						3	46—100	灰褐色	砂壤土	8.8	3.0	0.15	<0.10	5.7			
剖4	半水成土	潮土	潮土	灌淤土	底砂薄层灌淤土	1	0—28	灰褐色	轻黏土	8.8	7.7	0.45	0.11	15.3	河流冲积物	E 113°55′55.6″ N 34°51′33.1″	75
						2	28—47	暗灰色	轻壤土	8.8	3.2	0.24	0.11	6.6			
						3	47—71	灰黄色	轻壤土	8.6	2.3	0.10	0.10	6.0			
						4	71—100	浅黄色	紫砂土	8.8	<1.0	<0.10	<0.10	3.8			
剖5	半水成土	潮土	黄潮土	两合土	小两合土	1	0—20	灰黄色	轻壤土	8.5	6.3	0.38	0.10	6.7	河流冲积物	E 113°52′22.1″ N 34°46′00.8″	95
						2	20—100	灰黄色	中壤土	8.4	5.8	0.36	0.10				
剖6	半水成土	潮土	黄潮土	两合土	两合土	1	0—20	灰黄色	中壤土	8.8	10.4	0.47	0.12	9.2	河流冲积物	E 113°53′08.2″ N 34°46′52.7″	95
						2	20—40	灰黄色	轻壤土	8.5	6.5	0.37	0.11	7.3			
						3	40—100	黄棕色	中壤土	8.8	4.9	0.36	0.10	8.5			
剖7	半水成土	潮土	黄潮土	砂土	砂土	1	0—20	浅黄色	紫砂土	8.5	1.4	<0.10	<0.10	2.5	河流冲积物	E 113°58′12.4″ N 34°40′44.8″	95
						2	20—40	灰黄色	紫砂土	8.3	2.6	0.14	<0.10	3.5			
						3	40—100	灰黄色	砂壤土	8.3	<1.0	<0.10	<0.10	2.8			
剖8	半水成土	潮土	盐化潮土	盐化潮土	中盐小两合土	1	0—20	灰黄色	轻壤土	8.8	6.7	0.37	0.11	7.7	河流冲积物	E 114°00′36.0″ N 34°48′40.3″	99
						2	20—100	灰灰黄色	砂壤土	9.1	2.8	0.36	<0.10	4.7			
剖9	半水成土	潮土	黄潮土	砂土	体黏砂壤土	1	0—40	浅灰黄色	砂壤土	8.3	15.5	0.66	0.12	4.3	河流冲积物	E 114°01′27.1″ N 34°40′49.8″	95
						2	40—52	红棕色	重黏土	8.0	10.2	0.53	0.13	22.3			
						3	52—68	暗棕色	轻壤土	8.0	9.1	0.48	0.11	18.6			
						4	68—100	棕红色	重黏土	8.1	7.6	0.52	0.11	22.8			

巩 义 市

主要土类说明

褐土是巩义市主要土壤类型，占本市地域面积的 85%。褐土是本市的主要耕作土壤，分布在低山丘陵及邙山丘陵区，是在暖温带半干旱半湿润季风型气候条件下形成的地带性土壤，高温和高湿同时发生，风化和成土作用在夏季强烈进行。褐土剖面碳酸盐及黏粒均有不同程度的淋溶淀积。碳酸盐呈多种形态淀积于剖面中下层，在 40—80cm 处形成褐色黏化层，为褐土的主要特征之一。成土母质多为第四纪马兰黄土、次生黄土及人工堆垫母质，在侵蚀严重的地区有第四纪离石黄土、午城黄土和保德红土，山地为灰岩、泥质岩、砂岩残积物、坡积物等。土壤 pH 为 7.5—8.3。根据成土条件和土体发育程度，本市褐土分为褐土、淋溶褐土、石灰性褐土、潮褐土、褐土性土等亚类。

潮土是巩义市第二大土壤类型，占本市地域面积的 6%，主要分布于伊洛河两岸及黄河滩区，所处地区地势平坦。其成土过程受地下水的影响，由于河流多次泛滥沉积，泛滥时河水流速不一，对母质有明显的分选作用，所以潮土质地和层次明显。由于地下水位较高（1—3m），土体经常处于干湿交替的作用下，其下部形成锈色斑纹等铁锰新生体，土壤钙质丰富，呈微碱性，pH 为 8.3 左右，土质肥沃，水源丰富，耕作历史悠久，是本市主要的高产土壤，分布区为重要的粮菜生产基地。根据发育程度，本市潮土分为潮土和湿潮土等亚类。

小于本市地域面积 3% 的土壤类型还有棕壤和新积土等。

本区域中心区气候特征

本区域中心区气候特征值
Regional climate characteristics in central area of the region

气候带：暖温带亚湿润气候 Climate region: Warm temperate subhumid climate	
年平均气温 /℃ Annual average temperature /℃	14.1
年平均最高气温 /℃ Annual average maximum temperature /℃	20.0
年平均最低气温 /℃ Annual average minimum temperature /℃	9.1
年降水量 /mm Annual precipitation /mm	621
≥10℃的积温 /℃ Daily temperature accumulated in a year（≥10℃）/℃	5155
年日照时数 /h Annual sunshine /h	2164
年平均相对湿度 /% Annual average relative humidity /%	67
干燥度 Dryness	1.37

本区域中心区月平均气温与月平均降水量
Monthly temperature and precipitation in central area of the region

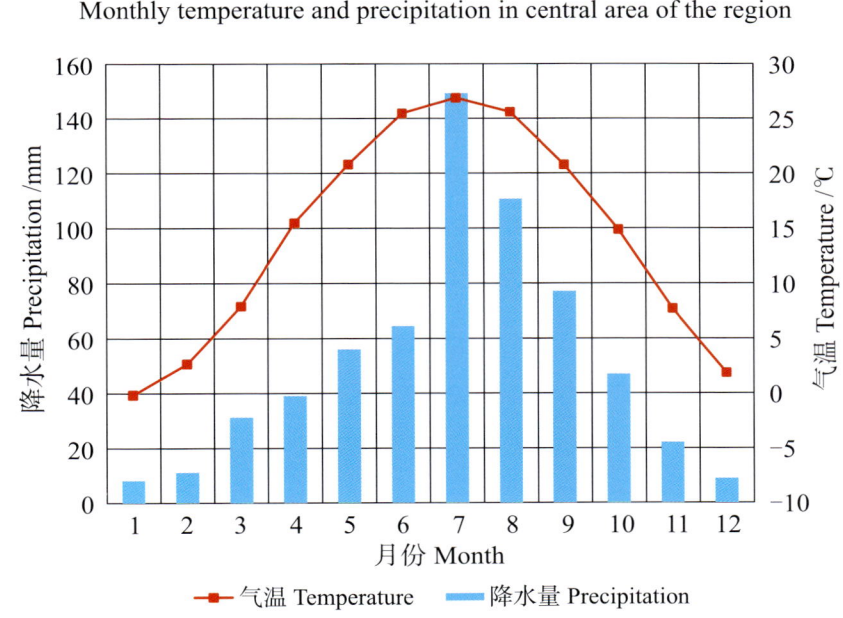

巩义市主要土壤类型与土壤剖面点分布图

1:170 000

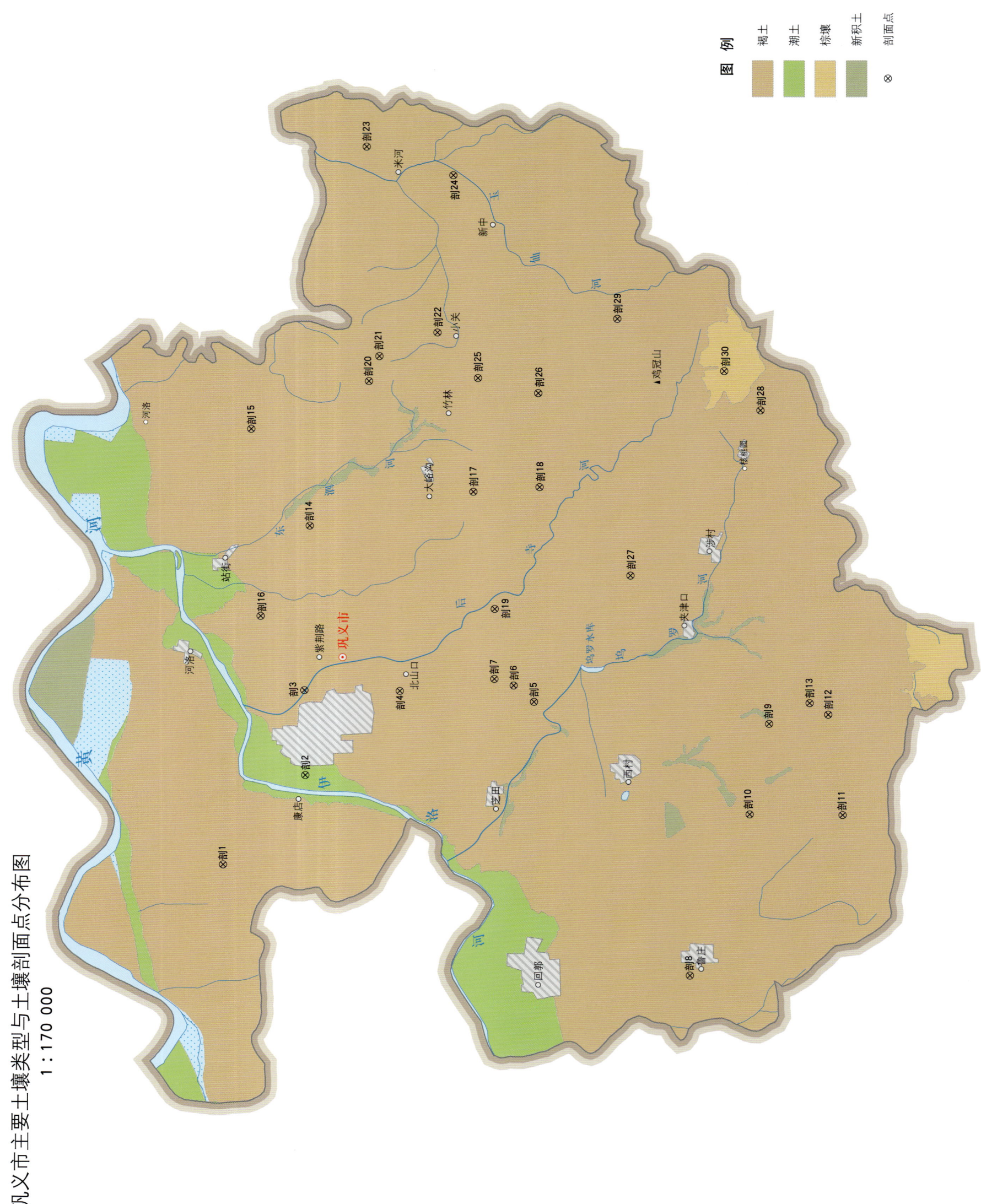

巩义市土壤剖面理化性状表

剖面号 Soil profile	土纲 Soil order	土类 Soil great group	亚类 Soil subgroup	土属 Soil genus	土种 Soil species	土层码 Layer code	土层厚度 Depth/cm	颜色 Soil color	质地 Soil texture	土壤结构 Soil structure	pH	有机质 OM/(g/kg)	全氮 TN/(g/kg)	全磷 TP/(g/kg)	阳离子交换量CEC/(cmol/kg)	土壤母质 Parent material	剖面点坐标 Profile coordinate	匹配指数 Matching index/%
剖1	半淋溶土	褐土	褐土性土	白墡土	白墡土	1	0—20	灰黄色	轻壤土	碎粒状	8.6	2.4		1.18	7.7	黄土及黄土状母质	E 112°54′50.0″ N 34°47′36.6″	95
						2	20—28	灰黄色	轻壤土	块状	8.5	3.5		1.24	7.0			
						3	28—75	灰黄色	轻壤土	块状	8.4	4.5		1.33	7.2			
						4	75—130	浅灰黄色	轻壤土	块状	8.2	7.8		1.38	7.5			
剖2	半水成土	潮土	潮土	两合土	底砂两合土	1	0—20	灰黄色	中壤土	碎粒状						河流冲积物	E 112°57′16.9″ N 34°45′45.7″	97
						2	20—36	黄灰色	中壤土	碎粒状								
						3	36—55	棕褐色	重壤土	碎粒状								
						4	55—75	灰黄色	重壤土	块状								
						5	75—96	灰黄色	砂壤土	块状								
						6	96—107	棕褐色	重壤土	棱状								
剖3	半淋溶土	褐土	褐土性土	洪淤褐土性土	少砾质洪淤壤土	1	0—20	灰黄色	中壤土	碎粒状	8.1	9.8	0.72	1.25	17.2	洪积物、冲积物	E 112°59′38.8″ N 34°45′45.0″	97
						2	20—46	棕黄色	重壤土	块状	8.0	6.7	0.55	1.08	17.3			
						3	46—86	黄棕色	重壤土	块状	8.2	6.5	0.54	1.07	17.4			
						4	86—125	黄棕色	中壤土	块状	8.1	5.5	0.45	1.00	17.4			
剖4	半淋溶土	褐土	石灰性褐土	白面土	白面土	1	0—20	灰白色	中壤土	粒状	8.2	6.8	0.45	1.31	9.1	黄土	E 112°59′34.8″ N 34°43′38.6″	99
						2	20—53	浅灰白色	中壤土	块状	8.2	7.4	0.40	1.39	8.8			
						3	53—90	浅黄色	中壤土	块状	8.3	6.9	0.39	1.39	7.9			
						4	90—130	黄黄色	轻壤土	棱状	8.1	5.1	0.31	1.44	8.2			
剖5	半淋溶土	褐土	褐土性土	洪淤褐土性土	多砾质洪淤壤土	1	0—20	棕褐色	重壤土	碎粒状	8.2	10.0	0.68	1.31		洪积物、冲积物	E 112°59′13.2″ N 34°40′41.2″	97
						2	20—33	灰黄色	中壤土	碎粒状	8.3	8.1	0.56	1.16				
						3	33—65	浅红黄色	中壤土	碎粒状	8.3	6.3	0.44	0.99				
剖6	半淋溶土	褐土	褐土性土	砂石土	薄层砾质砂石	1	0—7	暗棕黄色	中壤土	碎粒状						石英岩及砂岩风化物	E 112°59′40.9″ N 34°41′07.8″	97
						2	7—20	棕黄色	中壤土	碎粒状								
剖7	半淋溶土	褐土	褐土性土	红黏土	少量砂姜红黄土	1	0—20	灰黄色	中壤土	碎粒状	8.0	15.4	0.91	0.93	17.2	离石黄土	E 112°59′52.4″ N 34°41′33.4″	97
						2	20—32	灰黄色	中壤土	块状	8.0	11.9	0.66	0.90	17.9			
						3	32—65	灰黄色	中壤土	块状	8.0	8.6	0.46	0.91	16.1			
						4	65—110	棕黄色	中壤土	块状	8.2	7.8	0.50	0.87	15.9			
						5	110—150	棕褐黄色	重壤土	块状	8.2	3.0	0.29	0.47	16.5			
						6	150—200	红棕色	重壤土	块状	8.0	3.4	0.25	0.44	21.0			
剖8	半淋溶土	褐土	褐土	立黄土	立黄土	1	0—20	灰黄色	中壤土	碎粒状	8.1	10.8	0.73	1.38	13.8	马兰黄土	E 112°51′33.8″ N 34°37′20.3″	98
						2	20—35	黄黄色	中壤土	棱块状	8.2	9.6	0.61	1.24	13.9			
						3	35—68	棕褐色	重壤土	块状	8.0	5.6	0.43	1.13	16.8			
						4	68—90	棕褐色	中壤土	块状	8.0	5.2	0.46	0.95	19.8			
						5	90—108	棕褐色	中壤土	块状	8.0	4.2	0.48	0.91	14.3			
剖9	半淋溶土	褐土	褐土性土	红黏土	多量砂姜红黏土	1	0—20	灰黄色	中壤土	碎粒状						离石黄土	E 112°58′30.0″ N 34°35′30.1″	99
						2	20—25	棕褐色	重壤土	棱块状								
						3	25—60	红棕色	重壤土	棱块状								
						4	60—110	黄棕色	重壤土	棱块状								
剖10	半淋溶土	褐土	褐土性土	泥石土	薄层泥石土	1	0—7	浅黄色	中壤土	碎粒状	8.0	15.3	1.13	0.99	18.3		E 112°56′00.2″ N 34°35′57.8″	97
剖11	半淋溶土	褐土	褐土性土	泥石土	砾质泥石土	1	0—20	黄褐色	中壤土	碎块状	8.0	8.9	0.97	0.83	16.8		E 112°55′57.0″ N 34°33′54.7″	99
						2	20—53	棕褐色	中壤土	碎块状								

续表 Continued

剖面号 Soil profile	土纲 Soil order	亚类 Soil subgroup	土类 Soil great group	土属 Soil genus	土种 Soil species	土层码 Layer code	土层厚度 Depth/cm	颜色 Soil color	质地 Soil texture	土壤结构 Soil structure	pH	有机质 OM/(g/kg)	全氮 TN/(g/kg)	全磷 TP/(g/kg)	阳离子交换量CEC/(cmol/kg)	土壤母质 Parent material	剖面点坐标 Profile coordinate	匹配指数 Matching index/%
剖12	半淋溶土	淋溶褐土	褐土	砂质淋溶褐土	砂质淋溶褐土	1	0—7	棕黄色	重壤土	碎块状	7.8	31.3	1.66	0.83	20.0	石英岩类风化物	E 112°58′44.0″ N 34°34′11.3″	97
						2	7—31	棕黄色	重壤土	块状	7.9	25.2	1.30	0.68	22.8			
						3	31—											
剖13	半淋溶土	褐土性土	褐土	灰石土	砾质灰石土	1	0—10	棕褐色	中壤土	碎粒状	8.1	28.7	1.70	0.81	19.6	碳酸岩类风化物	E 112°59′03.5″ N 34°34′36.1″	97
						2	10—26	棕褐色	中壤土	碎块状	8.1	22.0	1.33	0.72	20.2			
						3	26—44	棕褐色	重壤土	块状	8.1	26.9	1.80	0.58	24.5			
剖14	半淋溶土	褐土性土	褐土	砂石土	薄层砂石渣土	1	0—6	暗黄褐色	中壤土	碎粒状						石英岩及砂岩风化物	E 113°04′12.0″ N 34°45′33.8″	97
						2	6—18	灰黄褐色	重壤土	碎块状	7.9	30.6	1.64	0.91	15.8			
剖15	半淋溶土	褐土性土	褐土	砂石土	砾质砂石土	1	0—14	灰黄褐色	中壤土	碎块状	8.0	16.0	0.94	0.74	16.0	石英岩及砂岩风化物	E 113°06′55.4″ N 34°46′48.7″	97
						2	14—32	灰黄褐色	中壤土	碎粒状	8.1	8.8	0.56	1.38	13.3			
剖16	半淋溶土	褐土	褐土	堆垫黄土	厚层堆垫黄土	1	0—20	灰黄褐色	中壤土	块状	8.3	7.4	0.37	1.19	12.9	堆垫物	E 113°01′43.7″ N 34°46′41.2″	95
						2	20—38	浅黄褐色	中壤土	块状		6.8	0.35	1.03	15.8			
						3	38—66	暗黄褐色	中壤土	块状	8.3	5.8	0.36	0.98	14.6			
						4	66—100	暗黄褐色										
剖17	半淋溶土	褐土性土	褐土	灰石土	灰石土	1	0—13	灰黄褐色	中壤土	碎粒状	8.0	35.5	1.76	0.93	17.2	碳酸岩类风化物	E 113°05′03.8″ N 34°41′56.4″	97
						2	13—26	灰褐色	中壤土	碎块状	8.1	27.5	1.47	0.90	16.6			
剖18	半淋溶土	淋溶褐土	褐土	灰岩淋溶褐土	灰岩淋溶褐土	1	0—15	暗褐色	中壤土	碎块状						石英岩类风化物	E 113°05′09.6″ N 34°40′28.6″	97
						2	15—26	灰褐色	中壤土	块状	8.2	27.5	1.43	0.76	11.8			
						3	26—45	黄褐色	重壤土	块状								
剖19	半淋溶土	褐土性土	褐土	灰石土	薄层灰石土	1	0—22	灰黄色	中壤土	块状						石英岩及砂岩风化物	E 113°01′48.4″ N 34°41′31.6″	98
剖20	半淋溶土	石灰性褐土	褐土	白面土	少量砂姜白面土	1	0—18	棕灰色	中壤土	碎块状	8.0	26.5	1.44	0.59	22.0	黄土	E 113°08′11.0″ N 34°44′11.4″	97
						2	18—43	棕灰色	重壤土	碎粒状	8.1	9.1	0.56	0.32	28.9			
剖21	半淋溶土	褐土性土	褐土	泥石土	泥石渣土	1	0—20	棕灰色	轻壤土	碎块状	8.2	5.8	0.40	1.28	10.2		E 113°08′52.1″ N 34°43′57.0″	97
						2	20—40	灰黄褐色	中壤土	块状	8.2	4.3	0.36	1.27	10.1			
						3	40—85	黄黄褐色	轻壤土	块状	8.3	3.9	0.30	1.13	10.2			
						4	85—150	浅黄棕色	中壤土	碎块状	8.4	3.4	0.30	1.12	10.4			
剖22	半淋溶土	褐土性土	褐土	白面土	多层砂姜红黄土	1	0—20	黄黄棕色	重壤土	碎粒状	8.0	15.6	0.84	1.57	12.5	洪积物、冲积物	E 113°09′29.2″ N 34°42′39.2″	98
						2	20—50	黄棕色	重壤土	块状	8.2	15.0	0.39	1.07	11.2			
						3	50—84	浅黄棕色	重壤土	块状	8.3	11.0	0.28	1.10	11.3			
						4	84—100	浅黄褐色	中壤土	块状	8.2	5.0	0.27	0.66	13.5			
剖23	半淋溶土	潮褐土	褐土	潮黄土	潮黄土	1	0—20	灰黄褐色	中壤土	碎块状	8.1	8.7	0.65	0.83	15.9		E 113°14′39.8″ N 34°44′07.8″	97
						2	20—45	灰黄色	重壤土	碎块状	8.2	5.3	0.36	0.79	15.8			
						3	45—65	浅红棕色	重壤土	块状	8.2	4.0	0.40	0.51	22.0			
						4	65—90	浅红棕色	重壤土	块状	8.2	4.0	0.30	0.55	16.7			
剖24	半淋溶土	褐土性土	褐土	红黏土	红黄土	5	90—110	红棕色	中壤土	核块状	8.1	3.8	0.26	0.48	13.1	离石黄土	E 113°13′49.8″ N 34°42′13.7″	98
剖25	半淋溶土	褐土性土	褐土	红黏土	红黄土	1	0—20	灰棕色	中壤土	碎块状	8.0	30.9	1.64	1.52	17.1	离石黄土	E 113°08′12.8″ N 34°41′47.4″	97
剖26	半淋溶土	褐土性土	褐土	泥石土	泥石土	2	20—35	暗灰棕色	中壤土	碎块状	8.1			0.87			E 113°07′45.8″ N 34°40′27.8″	99

续表 Continued

剖面号 Soil profile	土纲 Soil order	土类 Soil great group	亚类 Soil subgroup	土属 Soil genus	土种 Soil species	土层码 Layer code	土层厚度 Depth/cm	颜色 Soil color	质地 Soil texture	土壤结构 Soil structure	pH	有机质 OM/(g/kg)	全氮 TN/(g/kg)	全磷 TP/(g/kg)	阳离子交换量CEC/(cmol/kg)	土壤母质 Parent material	剖面点坐标 Profile coordinate	匹配指数 Matching index/%
剖27	半淋溶土	褐土	褐土性土	红黏土	砂姜红黄土	1	0—20	灰黄色	重壤土	碎粒状						离石黄土	E 113°02′39.5″ N 34°38′30.5″	99
						2	20—42	灰黄色	重壤土	块状								
						3	42—70	灰黄色	重壤土	块状								
						4	70—110	黄棕色	重壤土	块状								
剖28	半淋溶土	褐土	褐土性土	灰石土	灰石渣土	1	0—20	灰褐色	中壤土	碎粒状	8.1	27.8	1.57	1.37	14.3	碳酸岩类风化物	E 113°07′10.2″ N 34°35′33.7″	97
						2	20—40	灰黄色	中壤土	碎粒状	8.0	17.8	1.14	1.42	11.1			
剖29	半淋溶土	褐土	褐土性土	泥石土	薄层砾质泥石土	1	0—15	灰褐色	中壤土	碎块状	7.3	33.5	1.45	0.69	14.3		E 113°09′46.1″ N 34°38′40.9″	97
						2	15—23	棕褐色	中壤土	块状	7.4	20.7	1.17	0.74				
剖30	淋溶土	棕壤	粗骨性棕壤	砂质粗骨性棕壤	砂石砂质粗骨性棕壤	1	0—16	浅灰棕色	中壤土	碎粒状	6.8	13.5	1.27	0.59	15.4	石英岩风化物	E 113°08′16.1″ N 34°36′20.9″	75
						2	16—40	灰黄色	中壤土	碎粒状	7.0	13.9	0.76	0.58	14.9			

荥 阳 市

主要土类说明

　　褐土是荥阳市主要土壤类型，占本市地域面积的 86%。本市地处暖温带，属大陆性暖温带季风半湿润气候，春季干旱多大风，夏季高温多雨，秋季凉爽日照长，冬季寒冷干燥，年蒸发量超过年降水量的 3.2 倍，这种明显的干湿交替、冷暖交替，使土壤发生碳酸钙淀积和黏化过程。碳酸钙淀积过程：黄土母质中的碳酸钙在有机酸和无机酸的作用下，变成重碳酸钙而溶于水中，渗到一定深度失水浓缩，重新变成碳酸钙而淀积于土壤孔隙中。黏化过程：土体内的黏粒随水下移淀积而形成了土壤的黏化层，褐土的成土母质多为洪积物、冲积物、残积物、坡积物，富含碳酸钙，呈微碱性，通体有不同程度的石灰反应。在本市，褐土除黄河滩地和汜河、索河河谷阶地外，其他各处均有分布。本市褐土分褐土、潮褐土和褐土性土等亚类。其中褐土亚类占褐土总面积的 43%，成土母质为洪积物和冲积物，有明显的发育层次和黏化现象，剖面中下部出现假菌丝、碳酸盐粉末或钙结核，通体有石灰反应，pH 为 7.0—8.2。潮褐土亚类占褐土总面积的 14%，分布在本市平原的中、东部和索河流域，母质为第四纪沉积物，剖面形态和立黄土基本相似，但地下水位较高，多数剖面中层有碳酸钙沉积和铁锰结核新生体，黏化层不太明显。褐土性土亚类占褐土总面积的 43%，除黄河滩外均有分布，主要分布在南部低山区、西部丘陵和北部邙山丘陵区，其母质除残积物、坡积物外，还有黄土或黄土状物质，土壤剖面发育较弱，层次不明显，土壤质地和石灰反应因成土母质不同而异：由残积物、坡积物发育形成的土壤质地重，而由黄土发育形成的土壤质地轻，由灰岩和黄土发育形成的土壤石灰反应强，并有粉末状石灰新生体出现，而由砂页岩发育形成的土壤石灰反应较弱。

　　潮土是荥阳市第二大土壤类型，占本市地域面积的 6%，主要分布在黄河滩地和汜河、索河河谷地带。潮土是发育在近代河流冲积物上，经人为耕作熟化而形成的幼年土壤，其主要特点是质地层次明显，发育层次不明显。由于地下水位较高，土体经常处于干湿交替的作用下，剖面中、下部出现锈色斑纹；土体富含石灰质，石灰反应强烈，pH 为 7.0—8.6；有机质和氮缺乏，钾、钙含量丰富。本市潮土仅有黄潮土一个亚类。

　　本市分布较少的土壤类型还有新积土等。

本区域中心区气候特征

本区域中心区气候特征值
Regional climate characteristics in central area of the region

气候带：暖温带亚湿润气候 Climate region: Warm temperate subhumid climate	
年平均气温 /℃ Annual average temperature /℃	14.2
年平均最高气温 /℃ Annual average maximum temperature /℃	20.0
年平均最低气温 /℃ Annual average minimum temperature /℃	9.1
年降水量 /mm Annual precipitation /mm	625
≥10℃的积温 /℃ Daily temperature accumulated in a year（≥10℃）/℃	5184
年日照时数 /h Annual sunshine /h	2169
年平均相对湿度 /% Annual average relative humidity /%	67
干燥度 Dryness	1.36

本区域中心区月平均气温与月平均降水量
Monthly temperature and precipitation in central area of the region

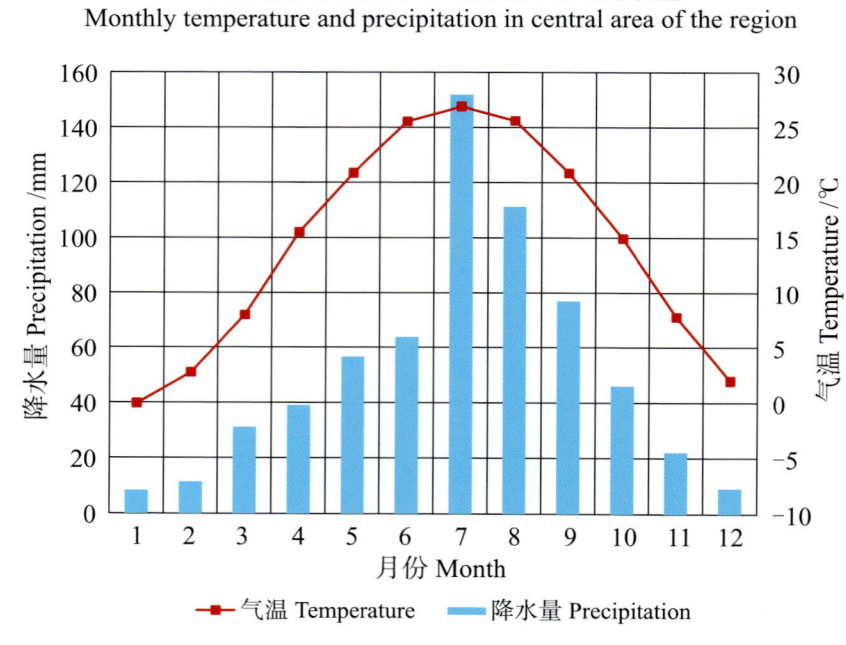

荥阳县主要土壤类型与土壤剖面点分布图
1∶160 000

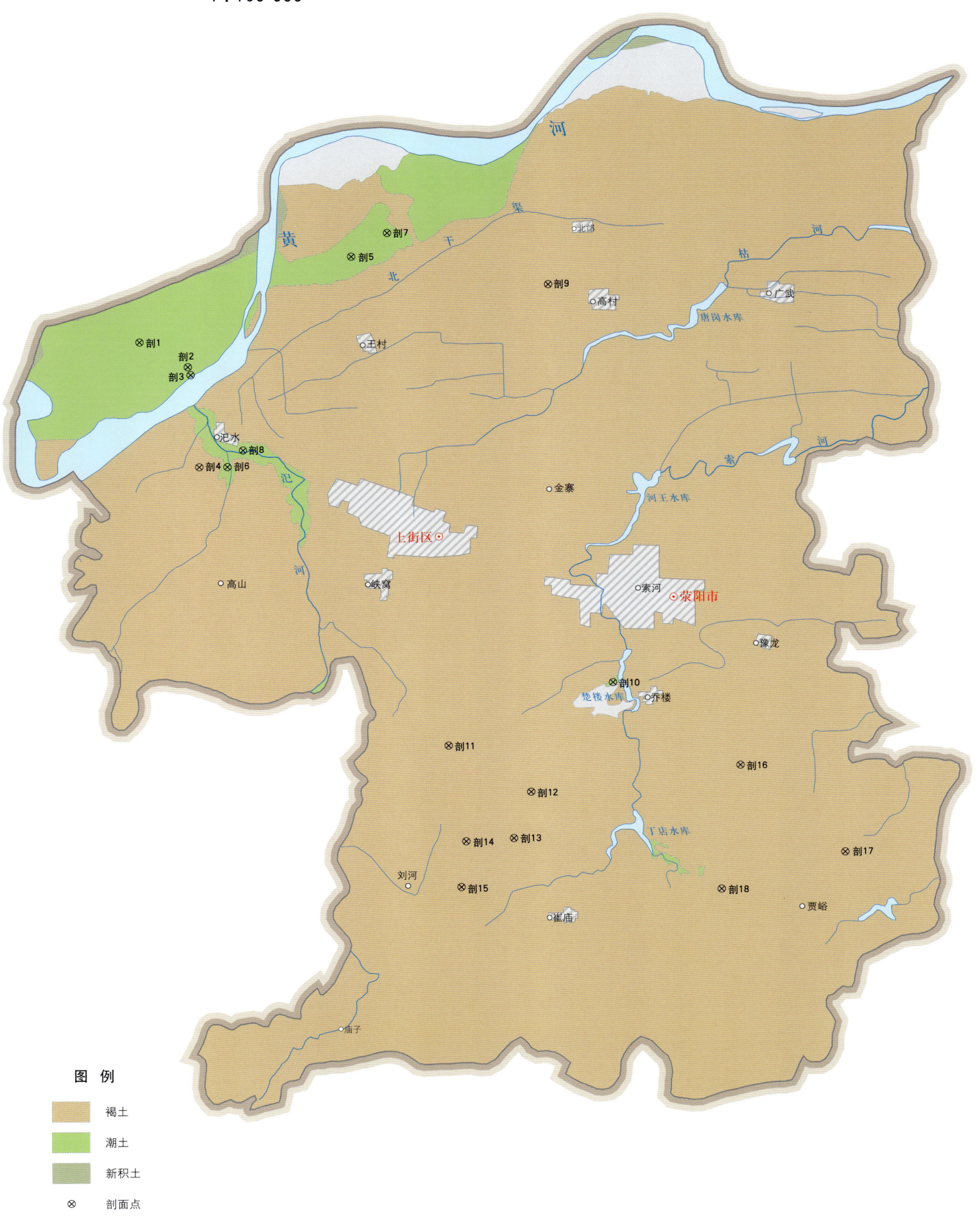

图 例
- 褐土
- 潮土
- 新积土
- ⊗ 剖面点

注：国务院1994年4月5日批准，撤销荥阳县，设立荥阳市。

荥阳市土壤剖面理化性状表

剖面号 Soil profile	土纲 Soil order	土类 Soil great group	亚类 Soil subgroup	土属 Soil genus	土种 Soil species	土层码 Layer code	土层厚度 Depth/cm	颜色 Soil color	质地 Soil texture	土壤结构 Soil structure	pH	有机质 OM/(g/kg)	全氮 TN/(g/kg)	全磷 TP/(g/kg)	阳离子交换量 CEC/(cmol/kg)	土壤母质 Parent material	剖面点坐标 Profile coordinate	匹配指数 Matching index/%
剖1	半水成土	潮土	黄潮土	砂土	砂壤土	1	0—18	灰白色	砂壤土	碎块状	7.5	9.5	0.71	0.79	7.6	河流冲积物	E 113°10′32.9″ N 34°52′47.3″	95
						2	18—70	浅灰白色	砂壤土	碎块状	7.0	6.3	0.60	1.11	5.2			
						3	70—100	浅灰白色	砂壤土	碎块状	6.8	4.7	0.56	0.83				
剖2	半水成土	潮土	黄潮土	砂土	夹壤砂土	1	0—20	浅灰白色	砂壤土	碎块状	7.2	10.6	0.73	0.83	6.9	河流冲积物	E 113°11′44.5″ N 34°52′14.5″	75
						2	20—65	灰黄色	轻壤土	块状	6.5	7.1	0.51	1.10	6.4			
						3	65—100	灰黄色	砂壤土	块状	6.5	5.6	0.33	0.75	9.1			
剖3	半水成土	潮土	黄潮土	砂土	底壤砂壤土	1	0—25	灰黄色	砂壤土	碎块状	6.8	8.6	0.57	0.71	7.5	河流冲积物	E 113°11′48.1″ N 34°52′04.4″	75
						2	25—44	浅棕黄色	中壤土	块状	7.2	4.7	0.46	0.90	10.1			
						3	44—100	浅灰白色	中壤土	碎块状	6.5	4.5	0.49	1.02	7.8			
剖4	半淋溶土	褐土	褐土性土	褐土性土	多砾质厚层褐土性土	1	0—13	灰黄色	重壤土	粒状	8.2	11.1	0.63	2.24	8.8	石灰岩残积物、坡积物	E 113°11′57.8″ N 34°50′07.1″	95
						2	13—60	浅棕黄色	中壤土	碎块状	8.3	6.7	0.60	1.04	8.3			
						3	60—150	浅棕黄色	中壤土	块状	8.4	5.9	0.51	8.58	4.6			
剖5	半水成土	潮土	黄潮土	两合土	两合土	1	0—20	灰黄色	中壤土	块状	8.2	11.5	0.54	1.17	7.2	河流冲积物	E 113°15′52.6″ N 34°54′31.7″	95
						2	20—54	浅棕黄色	中壤土	碎块状	8.4	8.3	0.45	1.00	6.0			
						3	54—100	灰棕黄色	松砂土	粒状	8.3	4.5	0.30	1.17	5.5			
剖6	半水成土	潮土	黄潮土	两合土	体砂两合土	1	0—30	灰棕色	轻壤土	碎块状	8.5	3.3	0.29	1.24	7.6	河流冲积物	E 113°12′40.0″ N 34°50′06.4″	75
						2	30—100	棕黄色	轻壤土	粒状	8.3	2.4	0.24	1.12	5.2			
剖7	半水成土	潮土	黄潮土	两合土	体砂小两合土	1	0—18	棕黄色	松砂土	碎块状						河流冲积物	E 113°16′46.6″ N 34°55′01.2″	95
						2	18—36	灰棕色	轻壤土	粒状								
						3	36—100	灰黄色	轻壤土	粒状								
剖8	半水成土	潮土	黄潮土	砂土	细砂土	1	0—20	灰白色	砂土	粒状	7.0	10.1	0.70	0.99	5.0	河流冲积物	E 113°13′03.7″ N 34°50′27.2″	95
						2	20—100	浅灰白色	砂壤土	粒状	7.0	4.9	0.59	0.73	4.5			
剖9	半淋溶土	褐土	褐土性土	白土	砂白土	1	0—20	灰黄色	轻壤土	碎块状	8.2	8.7	0.44	0.79		黄土或黄土状母质	E 113°20′45.6″ N 34°53′51.0″	95
						2	20—35	棕黄色	中壤土	块状	8.4	6.7	0.34	1.10				
						3	35—100	棕黄色	轻壤土	块柱状	8.2	2.0	0.19	1.07	7.5			
						4	100—150	灰棕色	轻壤土	块状	7.5	11.5	0.87	1.40				
剖10	半水成土	潮土	黄潮土	两合土	小两合土	1	0—20	浅棕黄色	中壤土	碎块状	7.4	8.9	0.69	1.35	8.9	河流冲积物	E 113°22′07.0″ N 34°45′20.5″	95
						2	20—70	灰棕色	重壤土	块状	7.5	5.6	0.38	1.05	9.3			
						3	70—150	灰黄色	中壤土	拟柱状	7.3	5.3	0.38	0.94	8.9			
剖11	半淋溶土	褐土	褐土	立黄土	砂姜底白立土	1	0—17	黄褐色	中壤土	粒状	8.3	7.8	0.45	0.73		第四纪黄土或黄土状母质	E 113°17′59.6″ N 34°44′03.8″	99
						2	17—43	灰棕黄色	中壤土	拟柱状	8.4	3.4	0.38	1.00				
						3	43—80	棕黄色	中壤土	拟柱状	8.3	1.7	0.26	0.39				
						4	80—150	浅灰黄色	轻壤土	粒状								
剖12	半淋溶土	褐土	褐土	立黄土	砂姜立黄土	1	0—17	棕褐色	中壤土	块状						第四纪黄土或黄土状母质	E 113°20′01.0″ N 34°43′01.9″	99
						2	17—42		中壤土	块状								
						3	42—150											
剖13	半淋溶土	褐土	褐土性土	砂石土	少砾质中层砂石土	1	0—18	灰棕黄色	重壤土	块状						砂页岩风化物	E 113°19′33.2″ N 34°42′03.2″	97
						2	18—38	红褐色										
						3	38—46											
						4	46—											

续表 Continued

剖面号 Soil profile	土纲 Soil order	土类 Soil great group	亚类 Soil subgroup	土属 Soil genus	土种 Soil species	土层码 Layer code	土层厚度 Depth/cm	颜色 Soil color	质地 Soil texture	土壤结构 Soil structure	pH	有机质 OM/(g/kg)	全氮 TN/(g/kg)	全磷 TP/(g/kg)	阳离子交换量CEC/(cmol/kg)	土壤母质 Parent material	剖面点坐标 Profile coordinate	匹配指数 Matching index/%
剖14	半淋溶土	褐土	褐土性土	砂石土	厚层砂石土	1	0—23	浅棕黄色	中壤土	碎块状	7.4	6.4	0.64	1.03	7.4	砂页岩风化物	E 113° 18′ 21.6″ N 34° 42′ 00.7″	97
						2	23—48	棕黄色	轻壤土	块状	7.1	6.1	0.55	1.04	6.0			
						3	48—94	棕黄色	轻壤土	块状	7.3	5.2	0.54	1.07	7.4			
						4	94—											
剖15	半淋溶土	褐土	褐土性土	褐土性黄土	砂姜黄土	1	0—26	灰白色	中壤土	碎块状	8.1	8.5	0.80	1.01	7.5	黄土或黄土状风化物质	E 113° 18′ 13.0″ N 34° 41′ 02.4″	98
						2	26—100	灰黄色	中壤土	块状	8.2	2.6	0.35	0.85	5.3			
						3	100—150	浅棕黄色	中壤土	块状	8.1	1.9	0.28	0.83	5.1			
剖16	半淋溶土	褐土	褐土	立黄土	立黄土	1	0—15	浅棕黄色	轻壤土	碎块状	7.5	8.9	0.65	0.64	8.6	第四纪黄土或黄土状母质	E 113° 25′ 14.2″ N 34° 43′ 30.4″	98
						2	15—40	浅棕黄色	轻壤土	块状	7.7	8.1	0.61	0.62	7.8			
						3	40—105	棕褐色	重壤土	拟柱状	7.7	5.7	0.51	0.55	7.1			
						4	105—150	棕黄色	中壤土	柱状		3.4	0.27	0.65	5.1			
剖17	半淋溶土	褐土	褐土	立黄土	白立土	1	0—20	灰白色	轻壤土	碎块状	7.8	9.3	0.63	0.80	9.2	第四纪黄土或黄土状母质	E 113° 27′ 46.8″ N 34° 41′ 35.5″	98
						2	20—60	灰黄色	轻壤土	块状	7.2	5.5	0.37	0.62	7.5			
						3	60—95	棕褐色	中壤土	拟柱状	7.2	5.0	0.37	0.45	7.7			
						4	95—150	棕黄色	中壤土	拟柱状	7.1	2.7	0.33	0.50	7.4			
剖18	半淋溶土	褐土	褐土性土	砂石土	薄层砂石渣土	1	0—10	浅棕褐色	中壤土	碎块状						砂页岩风化物	E 113° 24′ 41.0″ N 34° 40′ 52.0″	95
						2	10—29	红褐色	中壤土	碎块状								
						3	29—											

新 密 市

主要土类说明

褐土是新密市主要土壤类型，占本市地域面积的89%，分布于本市南部、北部、西部及东北部剥蚀侵蚀低山丘陵区。褐土是在暖温带半干旱半湿润地区受季风影响所形成的一种地带性土壤，是在黄土及石灰岩类母质上发育而成的。其形成的气候特点是夏湿冬干、高温与多雨季节一致，因此，使之发生两种明显的成土过程：钙的淋溶过程，富含钙的母质中的碳酸钙，在有机酸和无机酸的作用下，变成重碳酸钙溶于水中，渗到一定深度，失水浓缩，重新变成碳酸钙而淀积于孔隙中；黏化过程，土体内进行着化学风化，使原生矿物分解为次生黏土矿物，使土壤黏粒增多，上层黏粒随水下移，淀积于一定深度。褐土在本市土壤中的地形部位较高，石灰反应较强，呈微碱性，pH为7.5—8.5，物理性黏粒含量较高。阳离子交换量比潮土高，平均为14cmol/kg。质地比潮土黏重，发育层次不十分明显，常夹杂砾石和砂姜。本市褐土分为淋溶褐土、褐土、石灰性褐土、潮褐土、褐土性土等亚类。石灰性褐土亚类面积最大，占本土类面积的65%，主要分布于富含石灰岩和黄土的黄土丘陵地带上。因淋溶作用弱，或强剥蚀作用，碳酸钙在土体中的分异不太明显，是该亚类的典型性状。土体中砂姜的出现，意味着土壤肥力的下降，砂姜含量越多，越近地表，则土壤肥力越低。石灰性褐土发育层次没有褐土明显，通体石灰反应均强，呈微碱性，pH为8.0—8.5。褐土性土亚类占褐土土类面积的30%，分布于剥蚀残丘地区，从地形看，一般高于石灰性褐土。褐土性土除新褐土、沟淤土以外，其他母质均为残积物、坡积物。由于强剥蚀或堆积作用，剖面发育较弱，层次不明显。土壤质地因母质不同而有差异；有机质含量因植被不同悬殊很大。因淋溶作用，石灰反应一般较弱或无，但发育在碳酸岩和黄土母质上的土壤石灰反应较强，并有粉末状石灰新生体出现。土壤pH为7.8—8.2。一般1m土体内无基岩出现，砾石、砂姜较少的大都已垦为农田。淋溶褐土亚类占褐土总面积的2%，分布于伏羲山风景区海拔800m以上的石质山地。淋溶褐土形成与气候条件关系密切，光照不足，温度较低，蒸发慢，使其长期处于湿润状态。年复一年的淋溶，使钙沉积于1m以下土体。土壤发育层次明显。剖面通体几乎无石灰反应，土体下层有铁锰胶膜等新生体出现。土壤质地黏重，pH为7.6左右。褐土亚类占褐土总面积的2%，主要分布于超化、牛店、曲梁、城关等乡镇的缓岗丘地。其主要特征是由于剖面表层黏粒的下移，形成了土壤的黏化层，且黏化层多呈棱柱状或拟柱状结构。剖面发育层次较明显，表层石灰反应较强。

小于本市地域面积3%的土壤类型还有潮土等。

本区域中心区气候特征

本区域中心区气候特征值
Regional climate characteristics in central area of the region

气候带：暖温带亚湿润气候 Climate region: Warm temperate subhumid climate	
年平均气温/℃ Annual average temperature /℃	14.2
年平均最高气温/℃ Annual average maximum temperature /℃	20.0
年平均最低气温/℃ Annual average minimum temperature /℃	9.2
年降水量/mm Annual precipitation /mm	642
≥10℃的积温/℃ Daily temperature accumulated in a year (≥10℃) /℃	5204
年日照时数/h Annual sunshine /h	2153
年平均相对湿度/% Annual average relative humidity /%	67
干燥度 Dryness	1.34

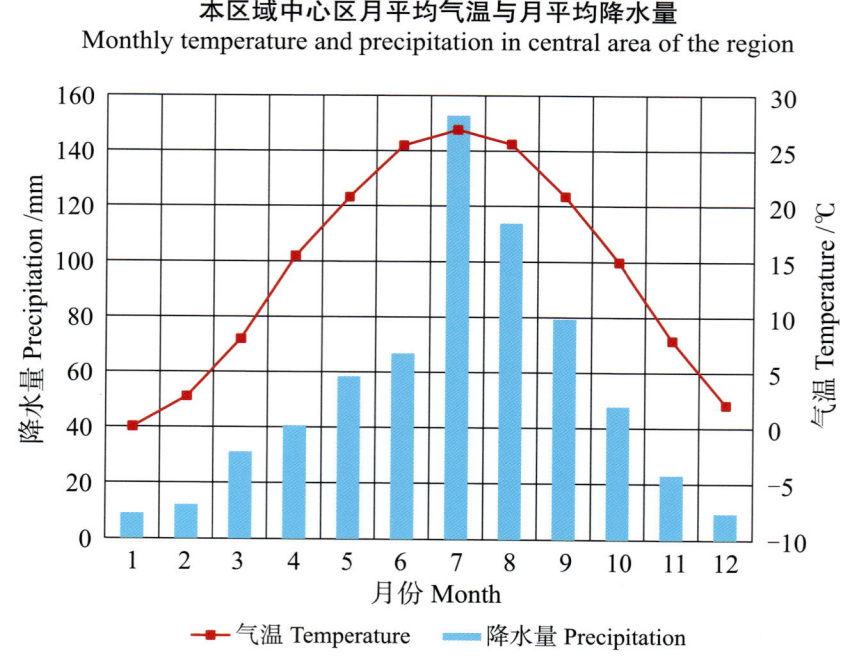

本区域中心区月平均气温与月平均降水量
Monthly temperature and precipitation in central area of the region

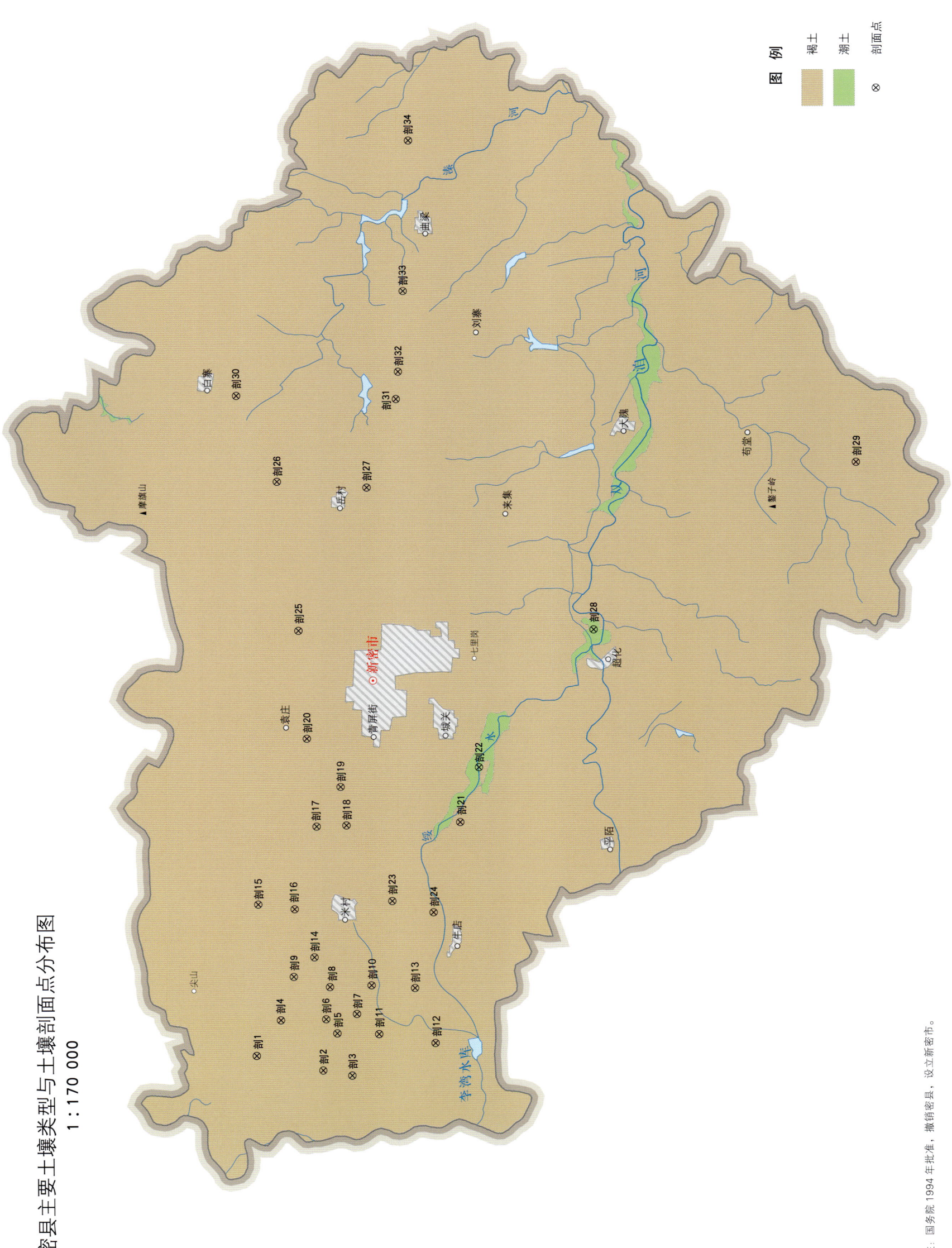

密县主要土壤类型与土壤剖面点分布图
1∶170 000

新密市土壤剖面理化性状表

剖面号 Soil profile	土纲 Soil order	土类 Soil great group	亚类 Soil subgroup	土属 Soil genus	土种 Soil species	土层码 Layer code	土层厚度 Depth/cm	颜色 Soil color	质地 Soil texture	土壤结构 Soil structure	pH	有机质 OM/(g/kg)	全氮 TN/(g/kg)	全磷 TP/(g/kg)	阳离子交换量CEC/(cmol/kg)	土壤母质 Parent material	剖面点坐标 Profile coordinate	匹配指数 Matching index/%
剖1	半淋溶土	褐土	褐土性土	潮洪土	潮洪土	1	0-23	灰黄色	中壤土	碎块状						洪积物、冲积物	E 113°12′45.0″ N 34°35′05.3″	75
						2	23-32	浅灰黄色	中壤土	块状								
						3	32-47	浅棕黄色	中壤土	块状								
						4	47-73	棕黄色	中壤土	碎块状								
						5	73-102	浅棕黄色	中壤土	碎块状								
						6	102—											
剖2	半淋溶土	褐土	褐土性土	砂石土	砂石渣土	1	0-10	浅灰黄色	轻壤土	块状						石英岩类风化物	E 113°12′18.4″ N 34°33′38.9″	95
						2	10-30	灰黄色	轻壤土	块状								
						3	30—											
剖3	半淋溶土	褐土	褐土性土	新褐土	底砾新褐土	1	0-20	灰黄色	中壤土	块状						洪积物、冲积物	E 113°12′09.0″ N 34°33′01.1″	97
						2	20-65	浅灰黄色	中壤土	块状								
						3	65—											
剖4	半淋溶土	褐土	褐土性土	洪积石灰性褐土	底砾砂性褐土	1	0-12	黄灰色	轻壤土	粒状	8.2	13.8	0.82	0.67	11.4	洪积物、冲积物	E 113°13′41.5″ N 34°34′32.5″	75
						2	12-22	黄灰色	轻壤土	碎粒状	8.4	13.5	0.72	0.64	11.7			
						3	22-67	棕黄色	中壤土	块状	8.3	7.1	0.31	0.36	10.3			
						4	67—											
剖5	半淋溶土	褐土	褐土性土	新褐土	砾质新褐土	1	0-18	灰黄色	中壤土	粒状						洪积物、冲积物	E 113°13′17.8″ N 34°33′19.1″	97
						2	18-40	棕黄色	中壤土	碎块状								
						3	40-100	黄棕色	中壤土	块状								
剖6	半淋溶土	褐土	褐土性土	泥石土	厚层泥石土	1	0-20	棕黄色	重壤土	碎块状	8.2	4.7	0.30	0.30	16.1	泥质岩类风化物	E 113°13′41.2″ N 34°33′33.1″	97
						2	20-42	黄灰色	重壤土	块状	8.2	4.2		0.29	19.4			
						3	42-66	棕黄色	中壤土	块状	7.9	2.5		0.26	13.8			
						4	66—											
剖7	半淋溶土	褐土	褐土性土	红黏土	厚层红黏土	1	0-16	灰黄色	中壤土	碎块状						老黄土	E 113°13′48.4″ N 34°32′52.8″	97
						2	16-29	红棕色	中壤土	块状								
						3	29-55	暗红棕色	重壤土	块状								
						4	55-80	暗棕黄色	重壤土	块状								
剖8	半淋溶土	褐土	褐土性土	黄土	深位多量砂姜黄面土	1	0-18	灰褐色	中壤土	粒状	8.2	17.4	0.94	0.41	14.7	次生黄土	E 113°14′33.4″ N 34°33′27.0″	95
						2	18-44	褐棕色	中壤土	碎块状	8.3	12.9	0.74	0.43	15.9			
						3	44-68	棕黄色	中壤土	碎块状	8.4	8.6	0.47	0.39	13.9			
						4	68-100	灰黄色	中壤土	块状	8.5	5.8	0.32	0.40	13.6			
						5	70-100	浅灰黄色	中壤土	块状	8.5	5.5		0.31	12.5			
剖9	半淋溶土	褐土	褐土性土	沟淤土	沟淤土	1	0-20	暗黄色	中壤土	碎块状	8.1	15.6	0.76	0.51	10.4	残积物、坡积物	E 113°14′51.7″ N 34°34′13.8″	97
						2	20-32	灰黄色	轻壤土	块状	8.3	3.6	0.74	0.36	12.3			
						3	32-50	棕黄色	轻壤土	碎块状	8.3	11.5	0.53	0.32	10.6			
						4	50-70	灰黄色	中壤土	状状	8.2	7.0	0.25	0.46	11.7			
剖10	半淋溶土	褐土	褐土性土	新褐土	砂性新褐土	1	0-23	浅黄灰色	轻壤土	状状	8.2	7.6	0.35	0.37	11.7	洪积物、冲积物	E 113°14′34.4″ N 34°32′32.6″	97
						2	23-43	棕黄色										
						3	43-77											
						4	77-101											
						5	101-122											

续表 Continued

剖面号 Soil profile	土纲 Soil order	土类 Soil great group	亚类 Soil subgroup	土属 Soil genus	土种 Soil species	土层码 Layer code	土层厚度 Depth/cm	颜色 Soil color	质地 Soil texture	土壤结构 Soil structure	pH	有机质 OM/(g/kg)	全氮 TN/(g/kg)	全磷 TP/(g/kg)	阳离子交换量 CEC/(cmol/kg)	土壤母质 Parent material	剖面点坐标 Profile coordinate	匹配指数 Matching index/%
剖11	半淋溶土	褐土	石灰性褐土	洪积石灰性褐土	壤褐土	1	0—21	黄灰色	中壤土	团粒状						洪积物、冲积物	E 113°13′14.5″ N 34°32′24.7″	95
						2	21—30	灰黄色	中壤土	碎块状								
						3	30—45	浅灰黄色	中壤土	碎块状								
						4	45—70	浅灰黄色	中壤土	碎块状								
						5	70—110	浅灰黄色	中壤土	碎块状								
剖12	半淋溶土	褐土	石灰性褐土	洪积石灰性褐土	砂姜红黄土	1	0—19	棕褐色	中壤土	块状						洪积物、冲积物	E 113°12′57.6″ N 34°31′11.3″	95
						2	19—50	棕红色	重壤土	块状								
						3	50—110	棕红色	重壤土	块状								
剖13	半淋溶土	褐土	石灰性褐土	洪积石灰性褐土	少量砂姜褐土	1	0—18	浅灰黄色	中壤土	碎粒状						洪积物、冲积物	E 113°14′28.0″ N 34°31′35.8″	95
						2	18—32	灰黄色	中壤土	块状								
						3	32—62	棕黄色	中壤土	块状								
						4	62—100	浅灰棕色	中壤土	块状								
剖14	半淋溶土	褐土	褐土性土	潮洪土	潮洪砂灶土	1	0—20	灰黄色	轻壤土	碎粒状	8.1	7.5		0.31	9.8	洪积物、冲积物	E 113°15′22.7″ N 34°33′46.1″	95
						2	20—45	浅灰黄色	轻壤土	碎块状	8.3	5.9	0.43	0.37	13.0			
						3	45—75	灰黄色	中壤土	块状	8.3	8.0	0.61	0.46	15.1			
						4	75—100	浅灰黄色	中壤土	块状	8.4	2.9	0.19	0.22	13.2			
剖15	半淋溶土	褐土	褐土性土	红黏土	砾质红黏土	1	0—16	灰黄色	中壤土	碎块状						老黄土	E 113°16′50.5″ N 34°34′57.7″	99
						2	16—57	红棕色	中壤土	棱块状								
						3	57—100	黄棕色	重壤土	棱块状								
剖16	半淋溶土	褐土	石灰性褐土	洪积石灰性褐土	砂质砂姜褐土	1	0—18	灰黄色	中壤土	粒状						洪积物、冲积物	E 113°16′41.5″ N 34°34′10.2″	95
						2	18—48	浅灰黄色	中壤土	碎块状								
						3	48—95	红棕色	中壤土	块状								
						4	95—100	浅灰黄色	中壤土	块状								
剖17	半淋溶土	褐土	褐土性土	灰岩石灰性褐土	砾质薄层褐土	1	0—16	浅灰黄色	轻壤土	碎粒状						碳酸岩类风化物	E 113°18′55.4″ N 34°33′38.5″	95
						2	16—42	灰黄色	中壤土	块状								
						3	42—			粒状								
剖18	半淋溶土	褐土	褐土性土	黄土	少量砂姜黄面土	1	0—20	暗灰色	中壤土	粒状						次生黄土	E 113°18′56.2″ N 34°32′59.3″	95
						2	20—50	黄棕色	中壤土	块状								
						3	50—70	黄棕色	中壤土	块状								
						4	70—90	黄棕色	中壤土	棱块状								
剖19	半淋溶土	褐土	褐土性土	红黏土	厚层黄盖红黏土	1	0—19	灰黄色	中壤土	粒状						老黄土	E 113°19′59.9″ N 34°33′05.4″	95
						2	19—28	黄棕色	中壤土	块状								
						3	28—72	红棕色	重壤土	块状								
						4	72—100	砖红色	中黏土	棱块状								
剖20	半淋溶土	褐土	石灰性褐土	灰岩石灰性褐土	灰质石灰性褐土	1	0—15	灰黄色	轻壤土	碎块状						碳酸岩类风化物	E 113°21′21.2″ N 34°33′47.9″	97
						2	15—27	浅灰黄色	轻壤土	块状								
						3	27—			块状								
剖21	半水成土	潮土	潮	两合土	小两合土	1	0—27	灰黄色	轻壤土	粒状	8.2	13.6	0.68	0.44	13.7	河流冲积物	E 113°18′56.5″ N 34°30′31.0″	75
						2	27—48	褐黄色	轻壤土	块状	8.3	8.9	0.49	0.48	12.0			
						3	48—75	褐黄色	轻壤土	块状	8.3	4.6	0.41	0.44	12.8			
						4	75—100	褐黄色	轻壤土	块状	8.3	4.0	0.44	0.38	12.0			

续表 Continued

剖面号 Soil profile	土纲 Soil order	土类 Soil great group	亚类 Soil subgroup	土属 Soil genus	土种 Soil species	土层码 Layer code	土层厚度 Depth/cm	颜色 Soil color	质地 Soil texture	土壤结构 Soil structure	pH	有机质 OM/(g/kg)	全氮 TN/(g/kg)	全磷 TP/(g/kg)	阳离子交换量CEC/(cmol/kg)	土壤母质 Parent material	剖面点坐标 Profile coordinate	匹配指数 Matching index/%
剖23	半淋溶土	褐土	石灰性褐土	洪积石灰性褐土	砾质瓆白面褐土	1	0—17	灰白色	中壤土	粒状						洪积物、冲积物	E 113°16′50.5″ N 34°32′02.4″	95
						2	17—36	黄灰色	中壤土	块状								
						3	36—100	灰黄色	中壤土	块状								
剖24	半淋溶土	褐土	石灰性褐土	冲积白面土	砂性冲积白面土	1	0—17	灰棕色	轻壤土	礁状	8.1	10.8	0.68	0.49	10.7	冲积物	E 113°16′30.4″ N 34°31′08.8″	97
						2	17—29	浅灰黄色	轻壤土	块状	8.3	6.6	0.36	0.49	9.4			
						3	29—57	浅灰黄色	轻壤土	块状	8.3	7.8	0.42	0.61	9.5			
						4	57—102	浅棕黄色	中壤土	块状	8.3	3.5	0.32	0.48	11.9			
剖25	半淋溶土	褐土	石灰性褐土	洪积石灰性褐土	砾质砂性褐土	1	0—17	浅棕黄色	轻壤土	粒状						洪积物、冲积物	E 113°24′17.6″ N 34°33′54.7″	95
						2	17—38	红棕色	中壤土	块状								
						3	38—62	暗棕色	轻壤土	粒状								
						4	62—100	灰黄色	中壤土	块状								
剖26	半淋溶土	褐土	褐土性	红黏土	黄盖红黏土	1	0—15	红褐色	中壤土	块状						老黄土	E 113°28′22.8″ N 34°34′17.4″	98
						2	15—27	黄黄色	重壤土	碎粒状								
						3	27—130	灰黄色	轻壤土	碎粒状								
剖27	半淋溶土	褐土	褐土性	灰石土	厚层灰石土	1	0—30	灰黄色	轻壤土	碎块状	8.0					碳酸岩类风化物	E 113°28′09.5″ N 34°32′20.0″	97
						2	30—66	黄黄色	中壤土	碎粒状	8.1	16.4	0.93	0.39	8.9			
						3	66—											
剖28	半水成土	潮土	黄潮土	洪潮土	洪潮土	1	0—24	浅黄黄色	轻壤土	碎块状	8.1	14.1	0.71	0.34	10.3	河流冲积物	E 113°24′07.2″ N 34°27′28.8″	95
						2	24—47	浅黄黄色	中壤土	碎块状	8.3	8.6	0.43	0.38	11.7			
						3	47—76	红褐色	中壤土	碎块状	8.2	6.9	0.29	0.41	9.5			
						4	76—94	黄黄色	砂壤土	块状	8.1	2.3	<0.10	0.31	6.3			
						5	94—110	灰黄色	轻壤土	碎粒状	8.2							
剖29	半淋溶土	褐土	褐土性	泥石土	泥石土	1	0—10	黄黄色	中壤土	碎块状	8.2	11.1	0.60	0.46	12.6	泥质岩类风化物	E 113°28′30.4″ N 34°21′40.0″	98
						2	10—30	浅黄黄色	中壤土	块状	8.4	7.2	0.49	0.44	13.6			
						3	30—											
剖30	半淋溶土	褐土	石灰性褐土	灰岩石灰性褐土	泥灰土	1	0—16	黄黄色	中壤土	碎块状						碳酸岩类风化物	E 113°30′44.6″ N 34°35′07.4″	97
						2	16—31	黄灰色	中壤土	片状								
						3	31—											
剖31	半淋溶土	褐土	石灰性褐土	泥质石灰性褐土	泥石土	1	0—20	浅黄黄色	中壤土	碎块状	7.9	8.6	0.73	0.78	14.9	泥质岩类风化物	E 113°30′32.4″ N 34°31′38.6″	97
						2	20—40	黄黄色	中壤土	碎块状	8.1	8.2	0.51	0.40	14.5			
						3	40—				8.3	2.9	0.26	0.33	10.7			
剖32	半淋溶土	褐土	石灰性褐土	泥质石灰性褐土	厚层泥质石灰性褐土	1	0—17	红褐色	轻壤土	粒状	8.4	3.4	0.32	0.44	12.1	泥质岩类风化物	E 113°31′17.0″ N 34°31′35.0″	97
						2	17—39	黄黄色	中壤土	碎块状	8.4	7.6	0.63	0.44	12.7			
						3	39—65	红褐色	中壤土	碎块状	8.3	5.0	0.58	0.41	15.7			
						4	65—90	红黄色	重壤土	棱块状	8.3	3.6	0.22	0.34				
						5	90—											
剖33	半淋溶土	褐土	褐土性	红黏土	厚层黄盖姜红黏土	1	0—21	黄黄色	轻壤土	粒状	8.3	1.1	0.69	0.27	11.9	老黄土	E 113°33′29.2″ N 34°31′25.3″	95
						2	21—44	灰黄色	轻壤土	块状	8.1	8.5	0.34	0.47	12.4			
						3	44—82	红黄色	轻壤土	块状		3.4		0.43				
						4	82—100											
剖34	半淋溶土	褐土	石灰性褐土	非石灰黄面土	非石灰性砂姜黄面土	1	0—23	浅灰黄色	轻壤土	块状						贫钙母质	E 113°37′34.7″ N 34°31′13.1″	95
						2	23—36	浅灰黄色	轻壤土	碎块状								
						3	36—54	浅灰黄色	轻壤土	块状		2.7						
						4	54—112					1.3						

新 郑 市

主要土类说明

褐土是新郑市主要土壤类型，占本市地域面积的72%。褐土为地带性土壤，分布于本市京广铁路线以西的低山丘陵缓岗地带，主要发育在第四纪洪积物及冲积物上，一般1m土体内特别是心土层，有不同程度的黏化现象和碳酸钙新生体的淀积。褐土土体中黏化现象明显，这与暖温带大陆性半湿润、半干旱气候特点有直接关系。在温暖、湿润的夏秋季节，土体物理、化学及生物化学过程强烈，物理性黏粒增多，表层黏粒随水下移，心土层逐渐黏化，随着时间延续，逐渐形成了黏化层，出现深度一般在30—60cm，厚度为20—60cm。黏化层颜色一般比表层稍暗，呈浅红黄色，时间长的为褐色或棕褐色。黏化层以下质地有所变轻。碳酸钙新生体的产生，是由于成土母质中含有丰富碳酸钙，在土壤中有机酸、无机酸的作用下，变成可溶性重碳酸钙，随水沿孔隙下渗；到土体的中下部，水分减少，二氧化碳分压降低，酸中和，重碳酸钙重新变成碳酸钙而依附于土壤结构体的表面或填充于孔隙裂缝间，形成粉末状、菌丝状的钙积层。在这种季节性的干湿交替作用下，碳酸钙下渗淀积，日积月累，菌丝、粉末逐渐形成砂姜，分布在土体下部。土体可发现有铁锰结核，大小不等，小的像米粒，大的像豆粒，铁锰结核在土体的分布状况也不相同，有的在50cm以下出现，颗粒很小，手捏易碎，这是成土过程中形成的，有的从表层到底土层都发现有铁锰结核，这是在母质形成过程中产生的，后经过洪水搬运、堆积，使铁锰结核比较均匀地分布在整个土体中。本市褐土主要为农业土壤，由于耕作历史悠久，表土层的熟化程度较高。人们的长久翻耕，进一步加速了土体的褐土化过程。

潮土是新郑市第二大土壤类型，占本市地域面积的20%，主要分布在京广铁路线以东各乡镇，是在黄河古冲积物、沉积物上，受地下水活动的影响，经过长期耕作熟化而成的土壤。由于流水对母质有明显的分选作用，形成了潮土质地层次明显，但又厚薄不一的特征，又因地下水位较高，在干湿交替的影响下，土体下部形成具锈色斑纹的铁锰新生体。由于生物、气候的影响，土壤有机质分解较快，潮土养分含量低，但钾、钙、镁等元素的含量比较丰富，这与黄土母质有密切关系。

风沙土是新郑市第三大土壤类型，占本市地域面积的5%，主要分布于本市东部及东北部的岗丘地带。大部分风沙土已被林木所固定，但北部离黄河较近的砂粒较粗，还有轻度的风蚀现象。成土母质为黄河砂性沉积物，该土是经风力再搬运堆积形成的，总的特点是沙丘、沙岗多为南北走向，长百余米至数百米，最长达数千米，东西宽数十米至百余米，高2—5m，土体无发育，土壤质地由北向南逐渐变细。

本区域中心区气候特征

本区域中心区气候特征值
Regional climate characteristics in central area of the region

气候带：暖温带亚湿润气候 Climate region: Warm temperate subhumid climate	
年平均气温 /℃ Annual average temperature /℃	14.4
年平均最高气温 /℃ Annual average maximum temperature /℃	20.1
年平均最低气温 /℃ Annual average minimum temperature /℃	9.4
年降水量 /mm Annual precipitation /mm	675
≥10℃的积温 /℃ Daily temperature accumulated in a year（≥10℃）/℃	5259
年日照时数 /h Annual sunshine /h	2147
年平均相对湿度 /% Annual average relative humidity /%	68
干燥度 Dryness	1.29

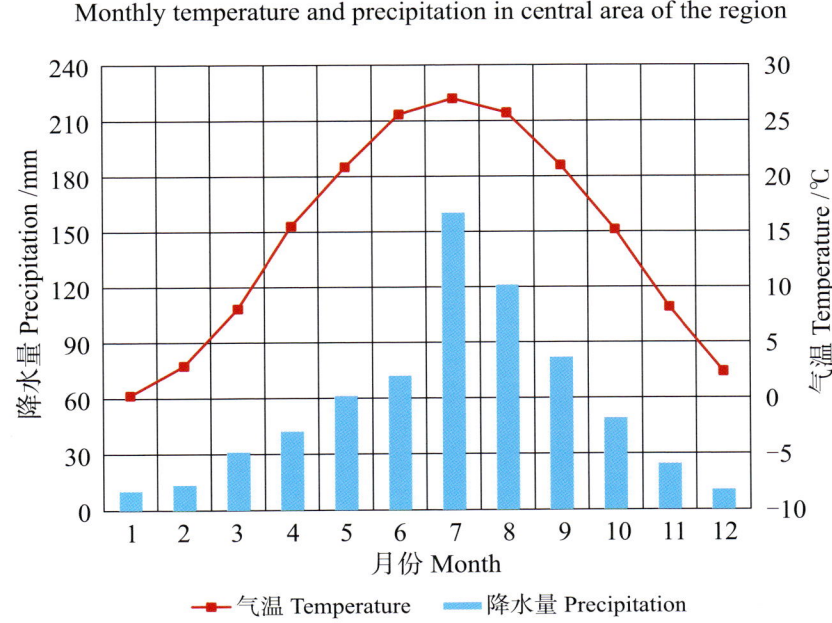

本区域中心区月平均气温与月平均降水量
Monthly temperature and precipitation in central area of the region

新郑县主要土壤类型与土壤剖面点分布图
1∶160 000

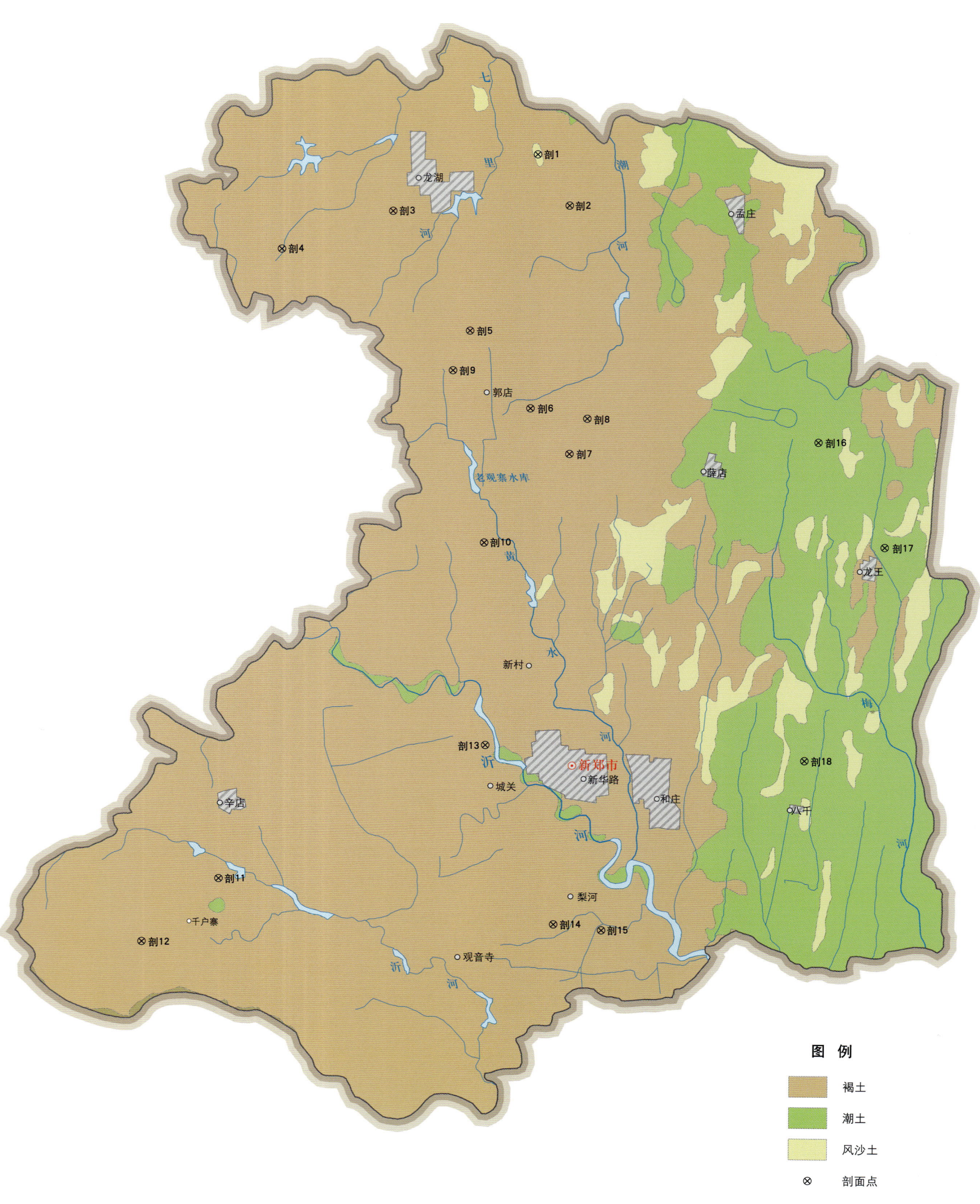

注：国务院1994年批准，撤销新郑县，设立新郑市。

新郑市土壤剖面理化性状表

剖面号 Soil profile	土纲 Soil order	土类 Soil great group	亚类 Soil subgroup	土属 Soil genus	土种 Soil species	土层码 Layer code	土层厚度 Depth/cm	颜色 Soil color	质地 Soil texture	土壤结构 Soil structure	pH	有机质 OM/(g/kg)	全氮 TN/(g/kg)	全磷 TP/(g/kg)	阳离子交换量 CEC/(cmol/kg)	土壤母质 Parent material	剖面点坐标 Profile coordinate	匹配指数 Matching index/%
剖1	初育土	风沙土	半固定风沙土	半固定砂丘风沙土	半固定砂丘松砂风沙土	1	0—20	黄棕色	紧砂土	无结构	8.0	3.3	0.26		3.6	风积型母质	E 113°43′26.8″ N 34°36′38.9″	75
剖2	半淋溶土	褐土	褐土	覆砂立黄土	覆砂立黄土	1	0—20	棕棕色	紧砂土	无结构	8.2	2.0	0.21		4.6	上部为黄河冲积物、风积物，下部为黄土	E 113°44′11.4″ N 34°35′33.4″	97
						2	20—50	浅黄色	紧砂土	无结构	7.3	1.4	<0.10	0.16	3.8			
						3	50—100	灰黄色	紧砂土	单粒状	7.6	3.6	0.20	0.17	4.3			
剖3	半淋溶土	褐土	褐土	立黄土	立黄土	1	0—20	灰黄色	中壤土	单粒状	7.5	2.8	0.14	0.30	4.4	马兰黄土	E 113°39′52.2″ N 34°35′31.9″	98
						2	20—40	棕褐色	轻壤土	块状	6.9	3.9	0.25	0.21	11.2			
						3	40—100	灰棕色	轻壤土	棱柱状	8.1	12.0	0.72	0.56	9.2			
剖4	半淋溶土	褐土	褐土	立黄土	少量砂砂性黄墡土	1	0—30	棕棕色	轻壤土	棱柱状	8.2	4.3	0.32	0.42	7.0	马兰黄土	E 113°37′07.7″ N 34°34′48.0″	95
						2	30—60	棕棕色	轻壤土	柱状	7.8	4.6	0.38	0.24	11.8			
						3	60—100	灰黄色	砂壤土	粒状	7.6	2.1	0.10	0.30	5.3			
剖5	半淋溶土	褐土	褐土	立黄土	浅位少量砂黄墡土	1	0—20	灰黄色	轻壤土	粒状	7.4	2.4	<0.10	0.36	7.5	马兰黄土	E 113°41′40.6″ N 34°32′59.6″	95
						2	30—65	浅灰黄色	砂壤土	粒状	7.2	6.4	0.33	0.43	7.1			
						3	65—100	灰黄色	轻壤土	粒状	7.4	4.8	0.31	0.40	8.8			
剖6	半淋溶土	褐土	褐土	立黄土	砂性黄墡土	1	0—20	浅黄色	轻壤土	碎屑状	7.3	3.8	0.22	0.39	8.7	马兰黄土	E 113°43′06.6″ N 34°31′19.9″	95
						2	20—76	灰黄色	轻壤土	碎屑状	7.3	2.8	0.24	0.34	7.8			
						3	76—100	黄棕色	砂壤土	粒状	7.5	4.5	0.30	0.43	7.4			
剖7	半淋溶土	潮土	潮土	覆砂潮褐土	薄覆砂潮褐土	1	0—25	棕棕色	砂壤土	碎屑状	7.4	1.2	0.19	0.38	7.9	上部为风积砂土，下部为黄土	E 113°44′01.7″ N 34°30′21.6″	99
						2	25—58	灰灰色	砂壤土	碎屑状	7.3	1.2	0.15	0.45	8.2			
						3	58—100	棕棕色	中壤土	粒状	7.5	7.0	0.54	0.32	16.0			
剖8	半淋溶土	褐土性土	褐土性土	垆土	岗面砂土	1	0—30	灰黄色	中壤土	块状	7.6	6.3	0.38	0.36	9.4	黄土或黄土状母质	E 113°44′29.8″ N 34°31′05.2″	97
						2	30—80	灰黄色	砂壤土	块状	7.6	6.2	0.25	0.39	14.5			
						3	80—100	灰黄色	砂壤土	粒状	7.6	8.3	0.46	0.38	7.4			
剖9	半淋溶土	石灰性褐土	白面土	堆垫土	砂性白面土	1	0—20	灰棕色	中壤土	碎屑状	7.4	8.6	0.28	0.31	5.7	黄土	E 113°41′14.3″ N 34°32′10.3″	97
						2	30—100	浅灰黄色	轻壤土	碎屑状	7.5	2.1	0.22	0.14	6.8			
剖10	半淋溶土	褐土	褐土性土	褐土性褐土	多砾质薄层褐土性土	1	0—12	棕棕色	轻壤土	碎屑状	7.8	5.7	0.74	0.39	8.6	洪积物、冲积物	E 113°41′53.5″ N 34°28′33.2″	97
						2	12—30	棕红色	中壤土	碎块状	7.6	5.9	0.45	0.34	9.9			
剖11	半淋溶土	褐土	褐土	垆土	黑鲠土	1	0—25	棕色	轻壤土	块状	7.3	9.2	0.60	0.39	12.0	洪积物、冲积物	E 113°35′14.3″ N 34°21′36.4″	97
						2	25—60	棕褐色	中壤土	块状	7.1	4.3	0.38	0.21	16.4			
						3	60—100	黑褐色	重壤土	块状	7.0		0.47	0.64	20.0			
剖12	半淋溶土	褐土	褐土	堆垫土	厚层堆垫土	1	0—30		中壤土		7.3	2.8	0.36	0.50	12.0	人工堆积物	E 113°33′19.8″ N 34°20′19.0″	97
						2	20—50		轻壤土	粒状	7.0	4.9	0.35	0.46	11.5			
						3	50—100	灰黄色	轻壤土	碎屑状	7.6	3.1	0.33	0.43	12.2			
剖13	半淋溶土	褐土	褐土	立黄土	黄墡土	1	0—30	棕黄色	轻壤土	碎屑状	7.9	8.1	0.60	0.58	9.9	马兰黄土	E 113°41′48.5″ N 34°24′18.4″	95
						2	30—50	浅黄棕色	中壤土	碎屑状	8.1	3.4	0.36	0.77	9.8			
						3	50—100	黄黄棕色	轻壤土	块状	8.0	2.6	0.32	0.47	9.2			
剖14	半淋溶土	褐土	潮褐土	二潮黄土	黄土	1	0—20	黄黄色	轻壤土	块状	7.2	11.9	0.62	0.52	9.8	洪积物、冲积物	E 113°43′22.4″ N 34°20′30.1″	97
						2	20—40	灰黄色	轻壤土	块状	7.4	7.6	0.39	0.47	8.5			
						3	40—60	黄黄色	中壤土	块状	7.2	9.2	0.53	0.42	11.8			
						4	60—100	黄棕色	中壤土	棱柱状	7.2	5.0	0.38	0.24	11.8			

续表 Continued

剖面号 Soil profile	土纲 Soil order	土类 Soil great group	亚类 Soil subgroup	土属 Soil genus	土种 Soil species	土层码 Layer code	土层厚度 Depth/cm	颜色 Soil color	质地 Soil texture	土壤结构 Soil structure	pH	有机质 OM/(g/kg)	全氮 TN/(g/kg)	全磷 TP/(g/kg)	阴离子交换量CEC/(cmol/kg)	土壤母质 Parent material	剖面点坐标 Profile coordinate	匹配指数 Matching index/%
剖15	半淋溶土	褐土	潮褐土	潮垆土	潮红垆土	1	0—20	浅灰黄色	轻壤土	粒状	7.8	8.6	0.50	0.45	11.7	第四纪红土	E 113°44′32.6″ N 34°20′21.5″	97
						2	20—30	红棕色	重壤土	碎块状	7.6	5.3	0.43	0.33	10.9			
						3	30—85	红棕色	轻黏土	块状	7.4	5.6	0.40	0.39	28.1			
						4	85—100	暗黄棕色	中壤土	块状	7.5	5.7	0.29	0.51	17.7			
剖16	半水成土	潮土	黄潮土	砂土	砂土	1	0—45	灰黄色	紧砂土	无结构	7.6	4.8	0.20	0.20	7.8	河流冲积物	E 113°50′07.8″ N 34°30′28.1″	95
						2	45—60	浅黄灰色	松砂土	无结构	7.5	2.0	0.15	0.19	5.0			
						3	60—100	黄灰色	紧砂土	无结构	7.4	2.0	0.23	0.22	4.2			
剖17	半水成土	潮土	黄潮土	砂土	砂壤土	1	0—20	黄色	砂壤土	粒状	8.3	5.3	0.33	0.17	5.8	河流冲积物	E 113°51′40.7″ N 34°28′14.9″	95
						2	20—56	浅黄色	砂壤土	碎粒状	8.0	2.4	0.16	0.18	5.2			
						3	56—100	浅褐色	轻壤土	碎屑状	7.6	2.4	0.14		6.3			
剖18	半水成土	潮土	褐潮土	褐土化砂土	褐土化底壤砂壤土	1	0—20	灰黄色	砂壤土	粒状	7.9	11.0	0.62	0.35	5.9	河流冲积物	E 113°49′35.4″ N 34°23′49.6″	93
						2	20—70	棕黄色	砂壤土	粒状	8.0	4.7	0.35	0.37	5.7			
						3	70—100	暗棕色	中壤土	块状	7.5	4.8	0.31	0.14	12.3			

登 封 市

主要土类说明

褐土是登封市主要土壤类型，占本市地域面积的91%。褐土为地带性土壤，广泛分布在浅山、丘陵地带。本市处于暖温带气候区，季风影响明显，冬季寒冷干燥，夏季炎热多雨。褐土形成过程的主要特点是具有明显的黏化过程和钙化过程。由于本市褐土分布部位低，降水量相对较少，因此，物质淋溶作用较棕壤弱，碳酸钙在土体中的淋溶与淀积就成为褐土形成的主要特征之一，碳酸钙在土体中的移动与积累主要表现为粉末状、假菌丝状或结核状，仅在剖面中下部广泛存在。在已脱钙的土层中，黏粒的形成与铁锰释放渐趋活跃，往往在土体中形成一种暗灰色或暗棕色的黏化层。黏化层中黏粒最高量出现于其上部的事实又可说明，褐土的黏化过程不仅有黏土矿物的形成，同时，也具有黏粒自上而下的机械淋溶过程。土壤pH为7.0—8.5，呈中性至微碱性。根据发育阶段和特征的不同，本市褐土分为褐土、淋溶褐土、石灰性褐土、褐土性土和潮褐土等亚类。

棕壤是登封市第二大土壤类型，占本市地域面积的4%，主要分布在海拔800m以上的石英岩山地。成土母质为残积物和坡积物。棕壤区气候为夏季暖热多雨，冬季寒冷干旱。在上述生物气候条件下，棕壤形成具有明显的黏化过程、淋溶过程和较强的生物循环过程。整个剖面中，除易溶性盐已不复存在外，上部土层的黏粒与活性铝亦向下层聚积。因此，棕壤兼有残积黏化和淀积黏化的双重作用。在自然状态下，棕壤的剖面构型为Ao–A–B–C型，剖面具有鲜艳的棕色黏化层，黏粒聚积明显，质地黏重，棱块状结构明显，结构面上多覆被铁锰胶膜。表层有明显的枯枝落叶层和薄腐殖质层。其一般性质是：在自然情况下，表层有机质含量较高，一般在20—90g/kg，向下急剧降低；土壤呈微酸性；剖面下部黏粒含量高于上部。根据发育程度特征的不同，本市棕壤分为棕壤、粗骨性棕壤等亚类。

小于本市地域面积3%的土壤类型还有潮土等。

本区域中心区气候特征

本区域中心区气候特征值
Regional climate characteristics in central area of the region

气候带：暖温带亚湿润气候 Climate region: Warm temperate subhumid climate	
年平均气温 /℃ Annual average temperature /℃	14.2
年平均最高气温 /℃ Annual average maximum temperature /℃	20.1
年平均最低气温 /℃ Annual average minimum temperature /℃	9.3
年降水量 /mm Annual precipitation /mm	677
≥10℃的积温 /℃ Daily temperature accumulated in a year（≥10℃）/℃	5050
年日照时数 /h Annual sunshine /h	2107
年平均相对湿度 /% Annual average relative humidity /%	68
干燥度 Dryness	1.28

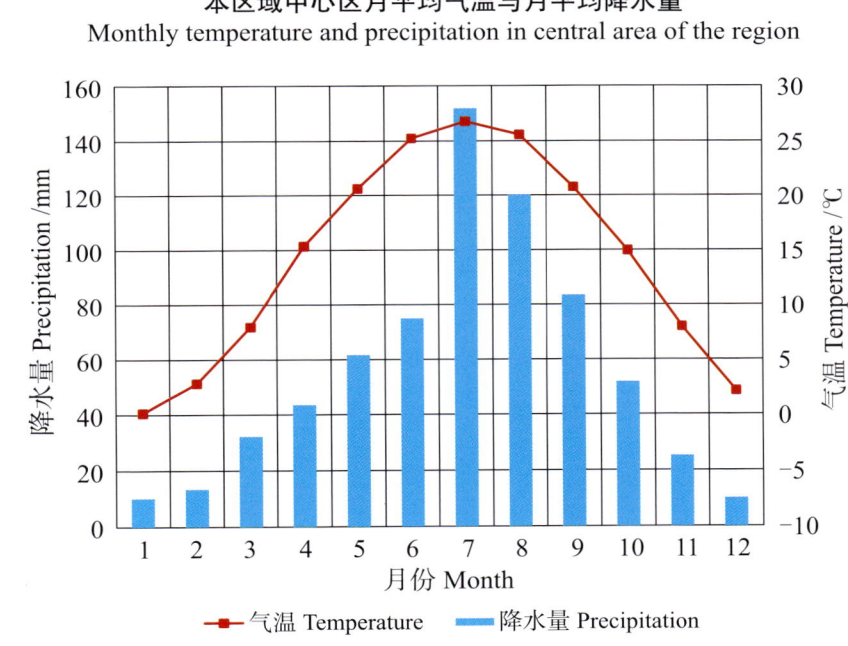

本区域中心区月平均气温与月平均降水量
Monthly temperature and precipitation in central area of the region

登封县主要土壤类型与土壤剖面点分布图

1:190 000

图 例
- 褐土
- 棕壤
- 潮土
- ⊗ 剖面点

注：国务院1994年批准，撤销登封县，设立登封市。

登封市土壤剖面理化性状表

剖面号 Soil profile	土纲 Soil order	土类 Soil great group	亚类 Soil subgroup	土属 Soil genus	土种 Soil species	土层码 Layer code	土层厚度 Depth/cm	颜色 Soil color	质地 Soil texture	土壤结构 Soil structure	pH	有机质 OM/(g/kg)	全氮 TN/(g/kg)	全磷 TP/(g/kg)	阳离子交换量CEC/(cmol/kg)	土壤母质 Parent material	剖面点坐标 Profile coordinate	匹配指数 Matching index/%
剖1	半淋溶土	褐土	褐土	垆土	黑垆土	1	0—17	灰褐色	中壤土	粒状	7.9	27.1	1.39	1.46	14.3	洪积物、冲积物	E 112°44′52.4″ N 34°25′22.4″	97
						2	17—30	灰褐色	中壤土	块状	8.0	26.3	1.36	1.28	8.1			
						3	30—51	暗灰色	重壤土	棱块状	8.0	9.8	0.84	0.77	14.4			
						4	51—100	暗灰色	重壤土	棱块状	8.1	6.4	0.67	0.76	10.3			
剖2	半淋溶土	褐土	褐土性	泥石土	厚层泥石土	1	0—18	棕黄色	重壤土	碎块状		8.6	0.77	1.33	20.0	页岩、绢云母片岩、千枚岩等泥质岩类风化物	E 112°57′22.3″ N 34°30′32.8″	97
						2	18—33	棕黄色	重壤土	块状		4.8	0.82	1.38	20.1			
						3	33—67	棕红色	重壤土	块状		2.8	0.60	1.45	19.5			
剖3	淋溶土	棕壤	棕壤	砂质棕壤	厚层砂质棕壤	1	0—30	灰棕色	中壤土	团粒状	6.5	54.7	2.97	1.12	14.6	石英岩类风化物	E 112°57′29.2″ N 34°30′05.8″	97
						2	30—53	棕黄色	重壤土	块状	6.8	10.3	1.10	0.52	22.8			
						3	53—88	黄棕色	重壤土	棱块状	6.8	7.4	0.82	1.24	20.9			
						4	88—127	棕色	重壤土	块状	6.8	7.4	0.79	1.21	20.0			
剖4	半淋溶土	褐土	褐土性	洪积褐土性土	多砾质洪淤土	1	0—18	灰黄色	轻壤土	碎块状	7.5	19.4	1.07	1.08	8.2	洪积物、冲积物、沉积物	E 112°58′51.6″ N 34°30′20.2″	95
						2	18—34	灰黄色	轻壤土	块状	8.1	11.1	0.69	0.89	7.5			
						3	34—57	灰黄色	中壤土	碎块状	8.1	9.1	0.68	0.75	12.9			
剖5	半淋溶土	褐土	褐土性	淡石土	砾质淡石土	1	0—18	灰黄色	轻壤土	碎块状	8.1	7.4	0.65	0.88	15.8	花岗岩、片麻岩风化物	E 112°59′20.0″ N 34°30′09.4″	97
						2	18—34	暗黄色	轻壤土	块状	8.2	6.8	0.63	0.87	14.2			
						3	34—55	暗黄色	中壤土	棱块状	8.2	6.9	0.77	0.88	10.6			
剖6	半淋溶土	褐土	淋溶褐土	黄淤质淋溶褐土	砂质厚层黄土厚褐土	1	0—20	灰黄色	重壤土	碎块状	8.0	7.5	0.98	0.64	16.7	黄土	E 112°46′43.3″ N 34°25′43.3″	93
						2	20—40	灰黄色	重壤土	块状	8.0	5.4	0.74	0.55	15.6			
						3	40—100	棕黄色	中壤土	棱块状	7.9	2.9	0.55	0.39	12.1			
剖7	半淋溶土	褐土	褐土性	淡石土	淡石土	1	0—20	灰棕黄色	轻壤土	粒状	8.5	3.7	0.49	0.71	12.9	花岗岩、片麻岩风化物	E 112°59′49.2″ N 34°26′45.6″	97
						2	20—40	灰棕黄色	轻壤土	碎块状	8.4	3.2	0.35	0.74	13.5			
剖8	半淋溶土	褐土	褐土性	淡石土	薄层淡石土	1	0—11	浅黄色	砂壤土	粒状	8.2	5.3	0.60	1.29	7.2	花岗岩、片麻岩风化物	E 112°55′01.2″ N 34°26′09.2″	97
						2	11—22	灰黄色	砂壤土	粒状	8.2	3.7	0.49	1.65	7.5			
剖9	半淋溶土	褐土	褐土性	灰石土	灰石渣土	1	0—14	灰黄色	中壤土	粒状	8.2	27.4	1.78	1.42	11.3	石灰岩风化物	E 112°51′34.9″ N 34°20′16.4″	97
						2	14—43	灰黄色	重壤土	块状	8.2	13.7	1.07	1.28	9.4			
剖10	半淋溶土	褐土	褐土性	上浸白干土	上浸白干土	1	0—20	灰黄色	重壤土	粒状	8.5	12.8	0.87	0.71	19.4	第四纪铝硅酸盐类沉积物	E 112°47′51.4″ N 34°21′38.5″	97
						2	20—35	灰黄色	重壤土	棱块状	8.4	9.0	0.80	0.66	18.9			
						3	35—70	黄灰色	重壤土	棱块状	8.2	4.2	0.56	0.55	19.9			
剖11	潮土	潮土	潮土	上浸砾质土	上浸砾质土	1	0—20	暗黄棕色	中壤土	块状	8.3	9.0	0.67	0.79	17.8	洪积物、冲积物	E 112°52′58.8″ N 34°23′54.2″	98
						2	21—33	灰黄色	中壤土	碎块状	8.4	7.4	0.70	0.43	27.3			
						3	33—74	灰黄色	中壤土	粒状	8.1	17.8	1.00	1.43	11.5			
						4	74—105	灰黄色	中壤土	碎块状	8.3	12.4	0.67	1.30	12.9			
剖12	半淋溶土	褐土	褐土性	两合土	两合土	1	0—20	棕黄色	中壤土	粒状	8.4	4.8	0.56	1.03	7.1	洪积物、冲积物	E 112°54′51.8″ N 34°23′05.3″	97
						2	20—45	棕黄色	中壤土	块状	8.3	4.1	0.56	1.00	11.3			
剖13	半淋溶土	褐土	褐土性	上浸砾质土	砾质上浸砾质土	1	0—20	棕黄色	中壤土	粒状	8.1	14.1	1.69	1.04	19.2	洪积物、冲积物	E 112°57′19.8″ N 34°23′59.3″	97
						2	20—35	棕黄色	中壤土	粒状	8.2	12.4	0.93	0.88	19.1			
						3	35—58	浅灰褐色	轻壤土	碎块状	7.3	9.7	0.78	0.76	19.6			
剖14	半淋溶土	褐土	褐土性	上浸砾质土	上浸砾质土	1	0—25	棕灰黄色	中壤土	块状	7.7	8.5	1.09	0.76	7.9	洪积物、冲积物	E 112°57′31.3″ N 34°22′35.4″	97
						2	25—55	棕红色	中壤土	状		5.1	0.58	0.43	7.2			

续表 Continued

剖面号 Soil profile	土纲 Soil order	土类 Soil great group	亚类 Soil subgroup	土属 Soil genus	土种 Soil species	土层码 Layer code	土层厚度 Depth/cm	颜色 Soil color	质地 Soil texture	土壤结构 Soil structure	pH	有机质 OM/(g/kg)	全氮 TN/(g/kg)	全磷 TP/(g/kg)	阳离子交换量CEC/(cmol/kg)	土壤母质 Parent material	剖面点坐标 Profile coordinate	匹配指数 Matching index/%
剖15	半淋溶土	褐土	潮褐土	潮黄土	潮黄土	1	0~20	灰黄色	轻壤土	碎块状	8.0	18.2	1.11	1.47	13.5	黄土状母质	E 112°58′09.8″ N 34°21′52.9″	98
						2	20~38	灰黄色	轻壤土	块状	8.0	14.3	1.26	1.53	11.6			
						3	38~62	灰黄色	轻壤土	块状	7.7	8.4	0.95	1.33	12.5			
						4	62~105	灰黄色	轻壤土	块状	8.0	4.5	0.70	1.27	13.1			
剖16	半淋溶土	褐土	潮褐土	潮护土	潮护土	1	0~22	暗灰褐色	中壤土	粒状	8.2	17.8	1.28	1.82	12.0	冲积物、洪积物	E 112°59′37.3″ N 34°21′46.8″	97
						2	22~33	灰黄褐色	中壤土	块状	8.3	11.0	0.91	1.83	11.3			
						3	33~67	暗灰褐色	中壤土	块状	8.1	10.7	0.95	2.17	12.5			
						4	67~100	灰黄褐色	重壤土	棱块状	8.1	9.0	0.85	4.18	21.1			
剖17	半淋溶土	褐土	褐土性	砂石土	薄层砂石渣土	1	0~12	浅灰黄色	中壤土	粒状	7.0	32.1	1.86	0.87	8.4	黄土	E 112°54′56.2″ N 34°20′14.3″	97
						2	12~29	灰黄色	中壤土	块状	7.3	11.4	1.06	0.46	8.4			
剖18	半淋溶土	褐土	石灰性褐土	白面土	少量砂姜白面土	1	0~18	暗灰褐色	中壤土	粒状	8.2	6.3	0.60	1.15	11.0		E 112°55′34.7″ N 34°20′35.2″	97
						2	18~29	灰黄褐色	中壤土	块状	8.0	3.5	0.48	1.10	10.9			
						3	29~66	灰黄褐色	中壤土	块状	8.2	2.0	0.59	1.11	11.5			
						4	66~100	灰黄褐色	重壤土	块状	8.2	2.1	0.44	1.17	21.1			
剖19	半淋溶土	褐土	褐土性	上浸砾质土	厚层上浸砾质土	1	0~20	灰黄色	中壤土	碎块状	7.8	15.5	0.97	0.85	12.9	洪积物、冲积物	E 113°07′02.6″ N 34°30′03.2″	97
						2	20~40	灰棕黄色	中壤土	块状	8.1	11.6	0.78	0.64	11.2			
						3	40~73	暗棕黄色	重壤土	块状	8.1	9.6	0.69	0.56	20.0			
剖20	半淋溶土	褐土	褐土性	砂石土	砂石渣土	1	0~20	灰黄褐色	中壤土	粒状	7.2	27.1	1.78	0.94	11.2	黄土	E 113°03′27.0″ N 34°27′43.9″	98
						2	20~45	灰黄色	中壤土	块状	7.2	9.2	0.79	0.55	9.4			
						3		灰黄色	中壤土	块状	7.9	17.1	1.10	1.28	8.8			
剖21	半淋溶土	褐土	褐土性	洪淤褐土性	少砾质洪淤壤土	1	0~20	暗灰褐色	中壤土	碎块状	8.3	11.0	0.81	0.95	10.2	洪积物、冲积物、沉积物	E 113°09′12.2″ N 34°28′55.9″	95
						2	20~27	灰黄褐色	中壤土	块状	8.2	4.8	0.53	1.00	22.2			
						3	27~60	灰黄褐色	重壤土	块状	8.0	4.1	0.40	1.13	23.0			
						4	60~100	灰黄褐色	中壤土	块状	8.1	9.6	0.86	1.08	19.8			
剖22	半淋溶土	褐土	石灰性褐土	白面土	少量砂姜白面土	1	0~20	灰黄色	中壤土	粒状	8.1	7.1	0.73	0.98	9.4	黄土	E 113°12′54.0″ N 34°26′56.4″	98
						2	20~34	灰黄褐色	中壤土	块状	8.1	5.0	0.62	1.02	8.4			
						3	34~74	灰棕黄色	中壤土	块状	8.3	3.3	0.62	1.03	8.2			
						4	74~100	暗棕黄色	中壤土	块状	7.1	20.6	1.53	0.75	15.7			
剖23	半淋溶土	褐土	褐土性	砂石土	厚层砂石土	1	0~15	灰黄褐色	中壤土	碎块状	7.2	22.8	1.06	0.63	12.2	石英岩、石英质砂岩及砾岩风化物	E 113°05′57.5″ N 34°24′32.4″	98
						2	15~35	暗灰黄色	中壤土	块状	7.3	10.8	0.95	0.72	11.6			
						3	35~70	灰黄色	中壤土	粒状	7.9	12.8	1.01	1.25	14.0			
剖24	半淋溶土	褐土	褐土	护土	护土	1	0~20	暗灰褐色	中壤土	碎块状	7.9	11.3	0.99	0.89	13.3	洪积物、冲积物	E 113°01′48.7″ N 34°21′23.8″	99
						2	20~30	暗灰褐色	中壤土	拟柱状	8.0	8.4	0.99	0.88	14.5			
						3	30~54	灰黄褐色	重壤土	拟柱状	8.0	4.7	0.49	1.05	20.4			
						4	54~100	灰黄褐色	中壤土	块状								
剖25	半淋溶土	褐土	褐土性	灰石土	厚灰石土	1	0~20	浅灰黄色	轻壤土	碎块状	8.3	18.0	0.91	0.75	10.1	石灰岩风化物	E 113°14′18.6″ N 34°23′55.3″	98
						2	20~36	暗灰黄色	中壤土	块状	8.5	3.9	0.60	0.72	8.6			
						3	36~73	棕褐色	重壤土	块状	8.5	2.6	0.49	0.70	10.5			
剖26	半淋溶土	褐土	褐土性	泥石渣	泥石渣土	1	0~15	棕褐色	中壤土	粒状	8.0	17.3	1.03	1.28	6.9	页岩、绢云母片岩、千枚岩等泥质岩类风化物	E 113°14′16.1″ N 34°21′33.5″	97
						2	15~28	褐黄色	轻壤土	碎块状	8.1	9.6	0.73	1.07	6.4			
						3	28~53	灰黄色	轻壤土	块状	8.1	6.7	0.66	1.07	6.3			
剖27	半水成土	潮土	潮	两合土	小两合土	1	0~25	灰黄色	轻壤土	碎块状	7.0	17.6	1.28	0.85	8.4	洪积物、冲积物	E 113°10′58.1″ N 34°22′06.6″	95
						2	25~55	灰黄色	轻壤土	碎块状								
						3	55~100											
剖28	半淋溶土	褐土	褐土性	砂石土	砾质砂石土	1	0~20	灰黄色	轻壤土	块状	7.1	15.0	1.16	0.77	8.6		E 113°08′10.0″ N 34°19′01.9″	98
						2	20~50											

开 封 市

祥 符 区

主要土类说明

潮土是祥符区主要土壤类型，占本区地域面积的95%。潮土是发育于黄河冲积母质上，经人为耕作熟化而成的土壤。由于黄河多次泛滥沉积，加之流速对冲积物的分选作用，形成了潮土质地复杂、层次明显和厚薄不一的特征。潮土所处地区地势一般比较低洼，排水不畅，地下水埋深较浅，多在1—3m，地下水直接参与成土过程，土壤毛管水移动活跃时可接近地表，因而有明显的夜潮现象。夏季降雨，地下水位升高；冬春干旱，地下水位显著下降。受地下水季节性升降影响，土壤氧化还原过程交替进行，在还原过程中，亚铁氧化物移动增强，在氧化过程中，高价铁氧化物聚积显著，形成潮土剖面中的心土层，多有红褐色的锈色斑纹。土体富含石灰质，石灰反应强烈，pH多在8.0—9.0，有机质、氮含量低，土壤表层颜色较浅，多呈浅黄色或灰黄色。根据地形和水文条件对土壤发育的影响，本区潮土分为黄潮土、盐化潮土、湿潮土等亚类。其中，黄潮土亚类面积最大，占潮土总面积的91%，分布地区的地下水埋深多为1—3m（滩区例外）。黄潮土具备潮土的一般特征，如由于冲积形成的剖面质地层次明显，中、下部常出现锈色斑纹，石灰反应较强，有机质含量较低，肥力较差等。

风沙土是祥符区第二大土壤类型，占本区地域面积的3%，主要分布于西姜寨、朱仙、万隆的北半部，范村、半坡店等地也有零星分布。黄河泛滥，主流所经之处沉积物颗粒较粗，风沙土是经风力再搬运而形成的土壤，其成土时间短，土体发育不明显，土质松散，易受风蚀，土粒较粗，透水性强，水分含量低，植物生长缓慢。

本区域中心区气候特征

本区域中心区气候特征值
Regional climate characteristics in central area of the region

气候带：暖温带亚湿润气候 Climate region: Warm temperate subhumid climate	
年平均气温 /℃ Annual average temperature /℃	14.2
年平均最高气温 /℃ Annual average maximum temperature /℃	19.9
年平均最低气温 /℃ Annual average minimum temperature /℃	9.4
年降水量 /mm Annual precipitation /mm	653
≥10℃的积温 /℃ Daily temperature accumulated in a year（≥10℃）/℃	5258
年日照时数 /h Annual sunshine /h	2260
年平均相对湿度 /% Annual average relative humidity /%	69
干燥度 Dryness	1.31

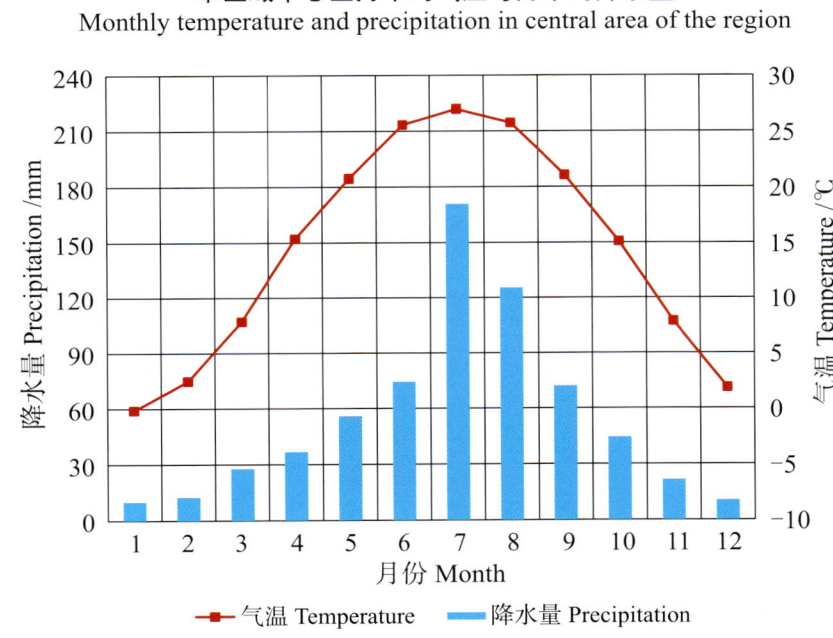

本区域中心区月平均气温与月平均降水量
Monthly temperature and precipitation in central area of the region

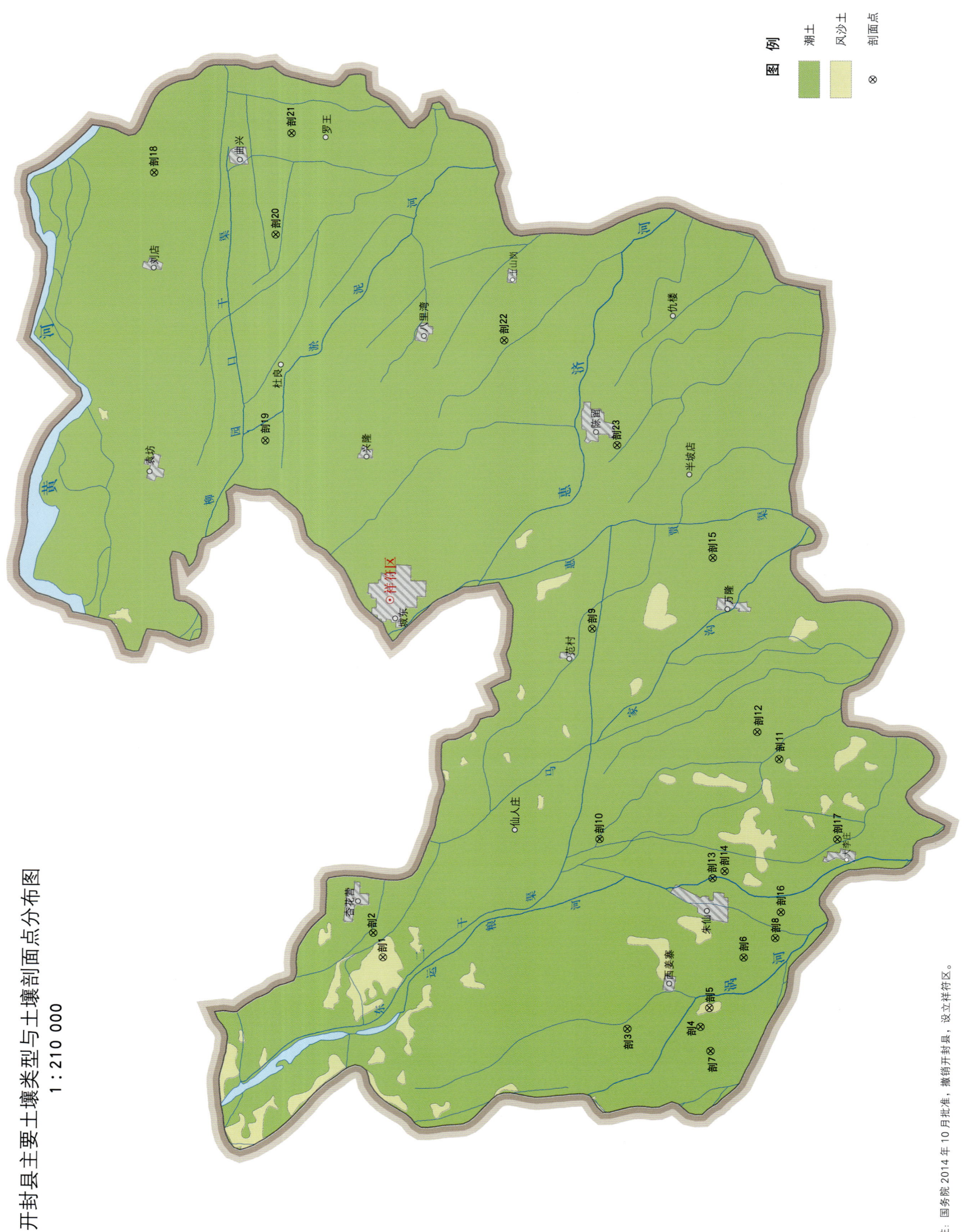

祥符区土壤剖面理化性状表

剖面号 Soil profile	土纲 Soil order	土类 Soil great group	亚类 Soil subgroup	土属 Soil genus	土种 Soil species	土层码 Layer code	土层厚度 Depth/cm	颜色 Soil color	质地 Soil texture	土壤结构 Soil structure	pH	有机质 OM/(g/kg)	全氮 TN/(g/kg)	全磷 TP/(g/kg)	全钾 TK/(g/kg)	有效磷 AP/(mg/kg)	速效钾 AK/(mg/kg)	阳离子交换量CEC/(cmol/kg)	土壤母质 Parent material	剖面点坐标 Profile coordinate	匹配指数 Matching index/%
剖1	初育土	风沙土	草甸风沙土	草甸固沙土	固沙土	A	0~8	棕色	砂土	屑粒状	8.0	7.1	0.45	0.16	19.0	1.7	63	3.0	风积型母质	E 114°13′30.7″ N 34°45′28.4″	95
						C₁	8~24	油棕色	砂土	屑粒状	8.4	2.8	0.10			<1.0	43	2.2			
						C₂	24~68	油棕色	砂土	单粒状	8.4	2.4	<0.10			<1.0	27	2.2			
						C₃	68~120	油棕色	砂土	单粒状	8.5	1.1	<0.10					2.2			
剖2	半水成土	潮土	黄潮土	灌淤土	体砂薄层灌淤土	1	0~15	红棕色	重黏土	块状	8.3	15.2	1.02	0.69				21.5	河流冲积物	E 114°14′20.0″ N 34°45′45.0″	98
						2	15~35	红棕色	重黏土	大块状	8.5	14.4	1.04	0.67				21.0			
						3	35~100	浅黄色	紧砂土	碎粒状	9.5	1.6	<0.10	0.33				2.6			
剖3	半水成土	潮土	湿潮土	湿潮砂土	湿潮砂土	A₁₁	0~16	暗棕色	砂土	团块状	8.1	13.6	0.61	0.23	16.1	4.1	90	7.3	河流冲积物	E 114°11′24.4″ N 34°38′51.0″	95
						A₁₂	16~25	棕色	砂壤土	单粒状	8.9	1.0	<0.10	0.18	21.5	<1.0	30	2.8			
						Cu₁	68~115	棕色	砂壤土	块状	8.6	2.1	<0.10	0.25	19.4	<1.0	39	4.5			
						Cu₂	25~48	油黄棕色	砂壤土	块状	8.5	2.0		0.27	17.3			5.1			
						Cg	48~68	黑棕色	砂壤土	片状	8.0	1.8	<0.10	0.27	17.3			3.2			
剖4	半水成土	潮土	黄潮土	砂土	底黏砂壤土	1	0~20	灰黄色	砂壤土	粒状	8.4	6.7	0.45	0.55				5.6	河流冲积物	E 114°11′33.0″ N 34°36′53.3″	95
						2	20~45	灰黄色	轻壤土	粒状	8.3	4.5	0.35	0.59				6.8			
						3	45~67	棕黄色	中壤土	片状	8.3	4.4	0.30	0.60				8.9			
						4	67~100	红棕色	中黏土	块状	8.4	7.6	0.58	0.59				17.2			
剖5	初育土	风沙土	固定风沙土	固定固沙土	固定砂丘风沙土	1	0~20	浅灰黄色	紧砂土	单粒状	9.0	2.4	0.13	0.32				3.6	风积型母质	E 114°12′11.5″ N 34°36′40.0″	95
						2	20~40	浅黄色	紧砂土	单粒状	9.0	1.6	<0.10	0.27				2.7			
						3	40~100	浅黄色	砂壤土	块状	9.0	1.6	0.10	0.31				2.6			
剖6	半水成土	潮土	黄潮土	两合土	底砂两合土	1	0~20	灰灰黄色	中壤土	块状	8.4	8.3	0.37	0.69				6.4	河流冲积物	E 114°13′53.4″ N 34°35′47.4″	97
						2	20~55	浅黄色	轻壤土	碎块状	8.3	3.8	0.19	0.61				5.1			
						3	55~100	浅黄色	砂壤土	碎屑状	8.3	2.0	0.13	0.55				3.1			
剖7	半水成土	潮土	黄潮土	两合土	两合土	1	0~16	灰黄色	中壤土	块状	8.4	12.3	0.80	0.71				10.6	河流冲积物	E 114°10′45.5″ N 34°36′35.6″	97
						2	16~27	棕黄色	重壤土	碎块状	8.4	9.6	0.73	0.70				10.7			
						3	27~64	浅黄色	重壤土	块状	8.8	7.5	0.59	0.61				12.2			
						4	64~100	灰黄色	轻壤土	碎块状	8.3	4.1	0.29	0.56				5.9			
剖8	半水成土	潮土	盐化潮土	氯化物盐化潮土	轻盐小两合土	1	0~20	灰黄色	轻壤土	碎块状	8.7	9.0	0.14	0.57				4.8	河流冲积物	E 114°14′35.2″ N 34°34′57.7″	97
						2	20~50	灰黄色	中壤土	块状	8.5	4.4	0.15	0.48				7.0			
						3	50~90	棕黄色	中壤土	块状	8.4	1.6	0.20	0.63				8.3			
						4	90~100	灰白色	砂壤土	粒状		1.4	<0.10	0.39				3.0			
剖9	半水成土	潮土	黄潮土	砂土	砂土	1	0~25	浅黄色	紧砂土	单粒状	8.4	3.7	0.15	0.30				2.3	河流冲积物	E 114°24′50.8″ N 34°40′08.8″	95
						2	25~46	浅黄色	紧砂土	单粒状	8.5	1.6	0.26	0.26				2.1			
						3	46~77	棕黄色	中壤土	碎块状	8.3	1.8	<0.10	0.44				2.0			
						4	77~100	红棕色	中黏土	块状	8.2	14.2	1.20	0.71				3.6			
剖10	半水成土	潮土	黄潮土	灌淤土	薄层灌淤土	1	0~20	红棕色	重黏土	块状	7.8	10.0	0.77	0.71				17.1	河流冲积物	E 114°17′45.6″ N 34°39′46.1″	97
						2	20~30	黄灰色	中壤土	小粒状	8.3	7.2	0.53	0.71				20.8			
						3	30~51	褐棕色	重壤土	大粒状	8.4	6.2	0.41	0.69				8.0			
						4	51~100	黄棕色	砂壤土	碎块状	8.4	4.6	0.17	0.47				11.8			
剖11	半水成土	潮土	盐化潮土	氯化物盐化潮土	轻盐砂壤土	1	0~20	黄灰色	砂壤土	碎块状	8.8	<1.0	0.19	0.34				3.6	河流冲积物	E 114°20′37.3″ N 34°35′01.3″	98
						2	20~85	灰灰色	砂壤土	块状	8.7	3.5	0.19	0.34				2.8			
						3	85~100	黄棕色	轻黏土	块状	8.7		0.10	0.66				4.3			

续表 Continued

剖面号 Soil profile	土纲 Soil order	土类 Soil great group	亚类 Soil subgroup	土属 Soil genus	土种 Soil species	土层码 Layer code	土层厚度 Depth/cm	颜色 Soil color	质地 Soil texture	土壤结构 Soil structure	pH	有机质 OM/(g/kg)	全氮 TN/(g/kg)	全磷 TP/(g/kg)	全钾 TK/(g/kg)	有效磷 AP/(mg/kg)	速效钾 AK/(mg/kg)	阳离子交换量CEC/(cmol/kg)	土壤母质 Parent material	剖面点坐标 Profile coordinate	匹配指数 Matching index/%
剖12	半水成土	潮土	灌淤潮土	淤潮黏土	薄淤潮黏土	A_{11}	0~23	浊黄棕色	粉砂质黏土	团块状	8.6	15.3	0.70	0.29	19.1	3.3	110	14.0		E 114° 21′ 31.0″ N 34° 35′ 37.7″	93
						A_{12}	23~28	棕色	粉砂质黏土	片状	8.8	8.1	0.52	0.28	19.8	1.7	97	12.9			
						Cu	28~47	浊棕色	壤质黏土	块状	8.9	7.4	0.47	0.26	18.5	1.7	104	14.4			
						Cub	47~75	浊棕色	黏土	小块状	9.0	5.1	0.30	0.27	17.8	<1.0	64	8.5			
剖13	半水成土	潮土	湿潮土	湿潮土	砂质湿潮土	1	0~20	暗灰色	砂壤土	碎块状	8.6	6.8	0.44	0.51				4.3	河流冲积物	E 114° 16′ 32.9″ N 34° 36′ 42.1″	97
						2	20~40	棕灰色	轻壤土	碎块状	8.4	4.3	0.32	0.50				5.8			
						3	40~100	灰蓝色	紧砂土	碎粒状	8.5	<1.0	<0.10	0.19				1.3			
剖14	半水成土	潮土	黄潮土	砂土	砂壤土	1	0~20	黄灰色	砂壤土	碎块状	8.2	6.7	0.33	0.59				4.1	河流冲积物	E 114° 16′ 48.0″ N 34° 36′ 23.0″	95
						2	20~40	黄灰色	砂壤土	碎块状	8.3	4.8	0.25	0.45				3.8			
						3	40~100	灰棕色	紧砂土	碎粒状	8.3	1.4	<0.10	0.28				2.0			
剖15	半水成土	潮土	黄潮土	潮壤土	两合土	1	0~15	浊棕色	砂质黏壤土	团粒状	8.4	14.7	0.70	0.32	20.9	3.3	94	10.7	河流冲积物	E 114° 27′ 20.2″ N 34° 36′ 58.3″	95
						A_{12}	15~24	浊棕色	黏壤土	块状	8.5	9.1	0.48	0.31	18.3	<1.0	80	10.1			
						C_1	24~49	浊棕色	黏壤土	块状	8.4	5.4	0.28	0.30	20.5	<1.0	69	8.9			
						C_2	49~61	浊橙色	砂质黏壤土	小块状	8.5	1.5	<0.10	0.27	16.8			4.0			
						Cu_1	61~93	浊橙色	黏土	块状	8.5	4.6	0.33	0.27	18.6			9.7			
						Cu_2	93~120	浊橙色	黏壤土	块状	8.5										
剖16	半水成土	潮土	黄潮土	两合土	腰擘两合土	1	0~20	灰黄色	中壤土	碎块状	8.1	10.0	0.72	0.67				9.8	河流冲积物	E 114° 15′ 28.1″ N 34° 34′ 50.2″	97
						2	20~37	棕黄色	中壤土	块状	7.9	7.0	0.62	0.66				≥50.0			
						3	37~58	棕红色	轻壤土	块状	7.6	7.0	0.61	0.56				13.4			
						4	58~90	棕灰色	中壤土	块状	7.6	5.0	0.40	0.56				10.2			
						5	90~100	灰黄色	中壤土	块状	7.9	4.1	0.30	0.58				8.5			
剖17	半水成土	潮土	黄潮土	两合土	底砂小两合土	1	0~20	暗黄灰色	轻壤土	碎块状	8.2	7.8	0.42	0.65				7.2	河流冲积物	E 114° 17′ 59.6″ N 34° 33′ 23.0″	97
						2	20~55	灰黄色	中壤土	碎粒状	8.8	6.4	0.31	0.56				7.6			
						3	55~80	灰黄色	紧砂土	单粒状	8.7	1.1	<0.10	0.54				2.9			
						4	80~100	灰黄色	轻壤土	碎粒状	8.5	4.8	0.13	0.59				6.4			
剖18	半水成土	潮土	黄潮土	两合土	夹黏两合土	1	0~17	暗黄黄色	重壤土	大块状	8.2	11.3	0.69	0.73				6.2	河流冲积物	E 114° 39′ 50.0″ N 34° 52′ 16.0″	97
						2	17~39	灰黄色	中壤土	块状	8.1	7.1	0.45	0.65				9.1			
						3	39~53	棕红色	中黏土	块状	8.1	8.6	0.67	0.61				14.7			
						4	53~79	红棕色	中壤土	碎粒状	8.2	5.6	0.27	0.59				9.1			
						5	79~100	黄黄色	重壤土	碎粒状	8.3	3.0	0.38	0.52				4.4			
剖19	半水成土	潮土	黄潮土	灌淤土	厚层灌淤土	1	0~14	灰黄黄色	重壤土	小块状	8.5	14.2	0.68	0.71				13.6	河流冲积物	E 114° 30′ 52.6″ N 34° 49′ 04.8″	98
						2	14~38	黄棕色	中壤土	大块状	8.6	11.6	0.51	0.65				12.1			
						3	38~52	棕黄色	重壤土	块状	8.6	5.9	0.32	0.63				8.7			
						4	52~100	红棕色	重壤土	块状	8.5	6.3	0.41	0.60				11.4			
剖20	半水成土	潮土	黄潮土	两合土	底黏两合土	1	0~18	浅灰黄色	中壤土	碎块状	8.2	8.9	0.70	0.70				7.8	河流冲积物	E 114° 37′ 50.2″ N 34° 48′ 57.2″	98
						2	18~30	棕色	中壤土	块状	7.9	6.1	0.50	0.65				6.8			
						3	30~68	棕色	轻壤土	块状	7.9	6.0	0.54	0.61				8.8			
						4	68~100	灰棕色	重壤土	大块状	8.3	7.1	0.61	0.59				14.1			
剖21	半水成土	潮土	盐化潮土	氯化物盐化潮土	重盐小两合土	1	0~20	红灰色	轻壤土	单粒状	8.2	7.8	0.35	0.62				4.5	河流冲积物	E 114° 41′ 17.2″ N 34° 48′ 36.0″	99
						2	20~40	红褐色	轻壤土	块状	7.8	4.3	0.41	0.61				5.6			
						3	40~60	红褐色	中壤土	块状	8.1	4.1	0.42	0.60				7.0			
						4	60~100	棕褐色	中壤土	块状	8.0	4.1	0.33	0.60				7.9			
剖22	半水成土	潮土	盐化潮土	氯化物盐化潮土	轻盐两合土	1	0~20	棕黄色	中壤土	块状	8.6	8.6	0.64	0.69				7.8	河流冲积物	E 114° 34′ 28.2″ N 34° 42′ 44.6″	95
						2	20~40	浅灰黄色	中壤土	块状	8.6	6.2	0.47	0.69				7.8			
						3	40~100	浅黄色	轻壤土	块状	8.5	4.1	0.29	0.68				6.8			

续表 Continued

剖面号 Soil profile	土纲 Soil order	土类 Soil great group	亚类 Soil subgroup	土属 Soil genus	土种 Soil species	土层码 Layer code	土层厚度 Depth/cm	颜色 Soil color	质地 Soil texture	土壤结构 Soil structure	pH	有机质 OM/(g/kg)	全氮 TN/(g/kg)	全磷 TP/(g/kg)	全钾 TK/(g/kg)	有效磷 AP/(mg/kg)	速效钾 AK/(mg/kg)	阳离子交换量CEC/(cmol/kg)	土壤母质 Parent material	剖面点坐标 Profile coordinate	匹配指数 Matching index/%
剖23	半水成土	潮土	黄潮土	淤土	底砂淤土	1	0—25	棕红色	重黏土	块状	8.5	10.0	0.80	0.69				19.0	河流冲积物	E 114°31′02.3″ N 34°39′37.8″	97
						2	25—55	灰黄色	中壤土	碎块状	8.4	6.9	0.47	0.66				10.0			
						3	55—100	浅黄色	砂壤土	碎粒状	8.4	4.3	0.10	0.42				4.0			

杞　县

主要土类说明

潮土是杞县主要土壤类型，占本县地域面积的近100%。潮土是在近代河流冲积物上，经过人为旱作熟化发育而成的较年轻土壤。其形成有三个明显过程：流水的分选过程，河流在历史沉积过程中因流速、流量、地形部位的不同，沉积物在土壤剖面上有着薄厚不一的明显质地层次；地下水参与的潮化过程，本县地下水位较浅，地下水借毛管作用的上下运动，使土体产生氧化还原交替过程，在高水位的夏秋季节，土壤矿物质中的许多氧化物产生还原反应，如高价铁锰化合物转变为低价化合物，出现蓝灰色条纹，到冬春干旱季节地下水显著下降，被还原的物质变成氧化状态，低价铁、锰等元素被氧化成为高价铁、锰，出现锈色斑纹等新生体；耕作熟化过程，通过人们的生产措施，改善了土壤结构，提高了土壤肥力水平。本县潮土分为黄潮土、盐化潮土等亚类。其中，黄潮土亚类面积最大，占潮土总面积99%以上，盐化潮土仅在柿园乡北部、淤泥河北沿有分布。潮土的特征是土层深厚，而质地（沉积）层次异常明显，生物积累弱，因气候温和、多雨，微生物活动旺盛，土壤有机质和全氮含量低，土体钙、钾丰富，石灰反应强烈。局部低洼地区易形成盐渍型洼地。

杞县还有少许风沙土分布。风沙土是黄河泛滥，砂质沉积物经风力搬运再堆积所形成的粒径较粗的土壤，主要分布在西寨和裴村店的西北部，有少数3—5m的沙丘，土质松散，易受风蚀，单粒状，结构差，土体发育层次不明显，肥力低，植被少，漏水、漏肥严重。

本县还有少量碱土分布。

本区域中心区气候特征

本区域中心区气候特征值
Regional climate characteristics in central area of the region

气候带：暖温带亚湿润气候 Climate region: Warm temperate subhumid climate	
年平均气温 /℃ Annual average temperature /℃	14.2
年平均最高气温 /℃ Annual average maximum temperature /℃	19.9
年平均最低气温 /℃ Annual average minimum temperature /℃	9.5
年降水量 /mm Annual precipitation /mm	682
≥10℃的积温 /℃ Daily temperature accumulated in a year（≥10℃）/℃	5256
年日照时数 /h Annual sunshine /h	2275
年平均相对湿度 /% Annual average relative humidity /%	70
干燥度 Dryness	1.25

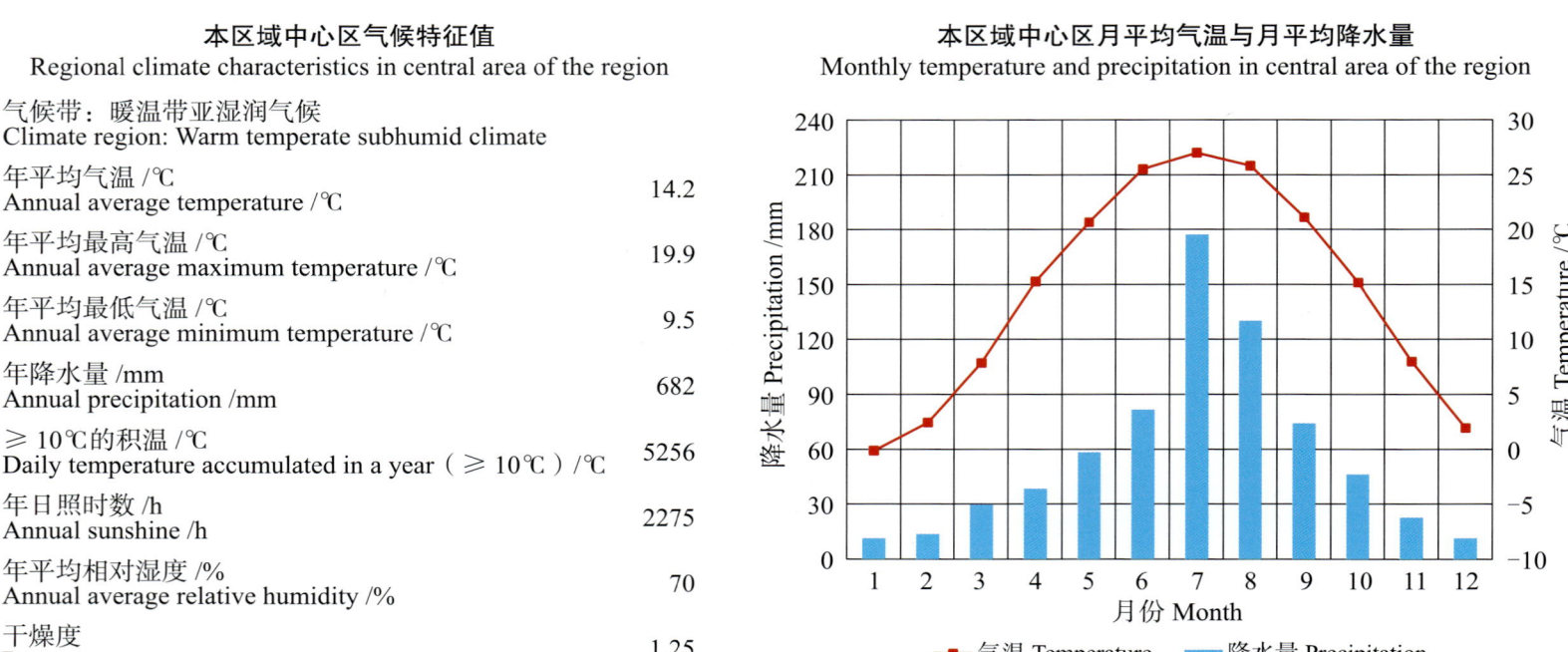

本区域中心区月平均气温与月平均降水量
Monthly temperature and precipitation in central area of the region

杞县主要土壤类型与土壤剖面点分布图
1∶200 000

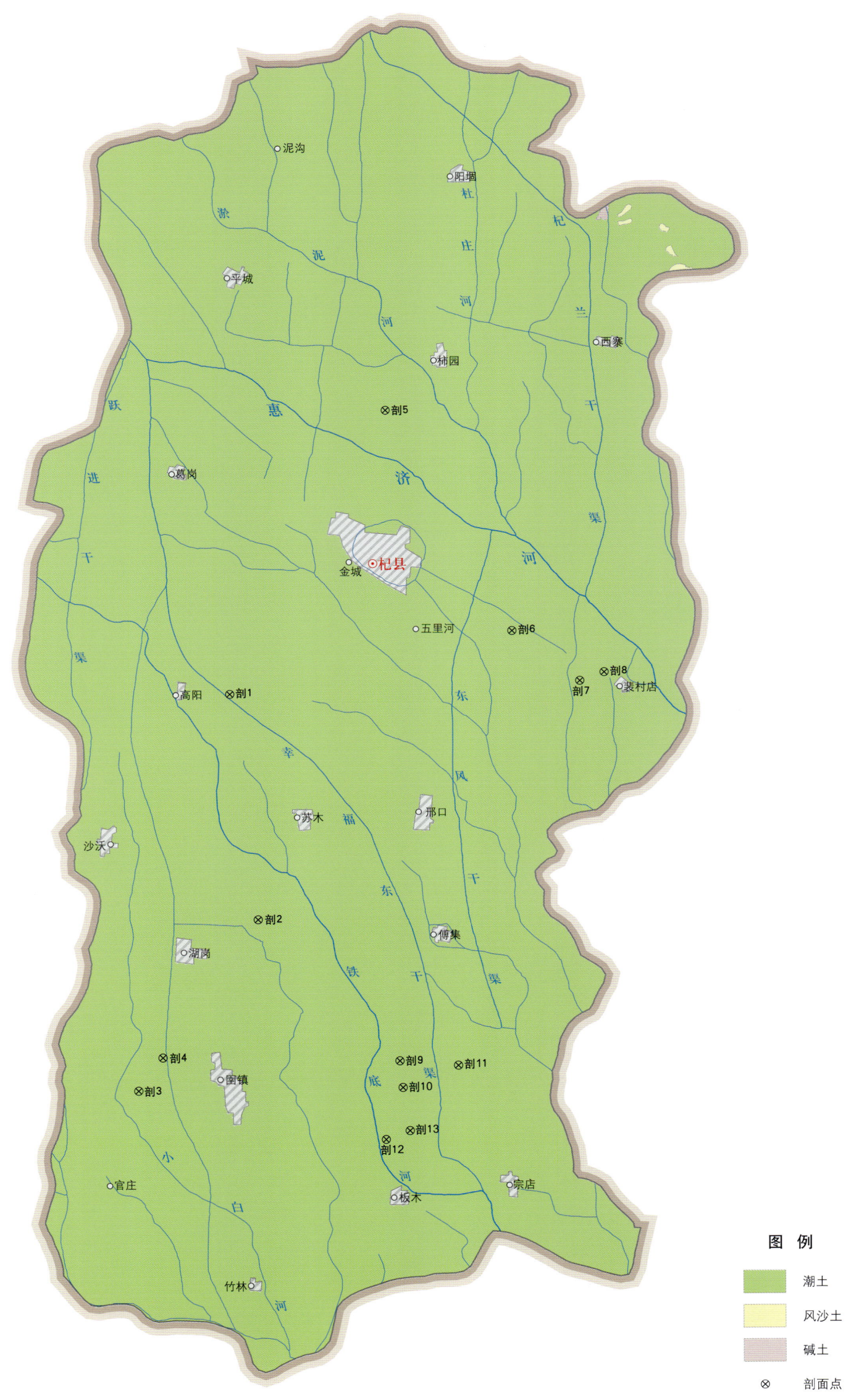

杞县土壤剖面理化性状表

剖面号 Soil profile	土纲 Soil order	土类 Soil great group	亚类 Soil subgroup	土属 Soil genus	土种 Soil species	土层码 Layer code	土层厚度 Depth/cm	颜色 Soil color	质地 Soil texture	土壤结构 Soil structure	pH	有机质 OM/(g/kg)	全氮 TN/(g/kg)	全磷 TP/(g/kg)	阳离子交换量CEC/(cmol/kg)	土壤母质 Parent material	剖面点坐标 Profile coordinate	匹配指数 Matching index/%
剖1	半水成土	潮土	黄潮土	两合土	夹黏两合土	1	0—30	灰黄色	中壤土	块状	8.6	9.4	0.59	0.63	8.9	河流冲积物	E 114°42′01.4″ N 34°29′45.6″	97
						2	30—48	灰黄色	黏土	块状	8.5	8.6	0.56	0.48	17.7			
						3	48—80	浅灰黄色	重黏土	块状	8.6	6.2	0.46	0.59	10.9			
						4	80—100	浅灰黄色	中壤土	块状	8.3	5.8	0.47	0.65	11.1			
剖2	半水成土	潮土	黄潮土	两合土	体黏两合土	1	0—20	浅棕色	中壤土	块状						河流冲积物	E 114°42′56.5″ N 34°24′21.2″	97
						2	20—30	灰灰色	中壤土	块状								
						3	30—81	灰棕色	黏土	块状								
						4	81—100	灰黄色	轻壤土	块状								
剖3	半水成土	潮土	盐化潮土	氯化物盐化潮土	轻盐底砂小两合土	1	0—27	浅灰黄色	中壤土	粒状	8.5	3.4	0.38	0.57	4.1	河流冲积物	E 114°39′41.4″ N 34°20′12.1″	97
						2	27—52	浅灰黄色	砂土	块状	8.4	5.7	0.45	0.48	8.2			
						3	52—101	浅灰黄色	砂土	块状	8.4	2.1	0.20	0.47	3.2			
						4	101—150	灰黄色	轻壤土	粒状	8.4	2.2	0.28	0.50	3.7			
剖4	半水成土	潮土	黄潮土	两合土	体黏小两合土	1	0—35	浅棕色	中壤土	核状	8.5	8.9	0.55	0.75	8.0	河流冲积物	E 114°40′21.4″ N 34°20′59.6″	95
						2	35—70	红棕色	重壤土	块状	8.5	5.8	0.52	0.54	10.7			
						3	70—100	棕色	黏土	块状	8.5	6.4	0.45	0.54	13.6			
剖5	半水成土	潮土	黄潮土	两合土	两合土	1	0—20	灰黄色	重壤土	块状	8.3	10.0	0.63	0.70	10.6	河流冲积物	E 114°46′13.1″ N 34°36′38.5″	98
						2	20—40	浅灰黄色	重壤土	块状	8.2	8.1	0.51	0.61	11.4			
						3	40—76	浅灰黄色	砂壤土	块状	8.2	4.7	0.31	0.57	8.7			
						4	76—100	灰黄色	轻壤土	核状	8.2	3.5	0.19	0.56	6.6			
剖6	半水成土	潮土	黄潮土	淤土	底壤淤土	1	0—20	浅灰黄色	重壤土	核状	8.5	8.3	0.64	0.69	10.3	河流冲积物	E 114°49′53.4″ N 34°31′25.0″	97
						2	20—75	灰黄色	黏土	块状	8.4	5.5	0.55	0.64	13.3			
						3	75—79	棕色	黏土	块状	8.4	7.2	0.70	0.58	18.1			
						4	79—100	灰黄色	轻壤土	核状	8.3	4.4	0.37	0.56	8.1			
剖7	半水成土	潮土	黄潮土	两合土	体砂两合土	1	0—20	浅灰黄色	中壤土	块状	8.3	12.0	0.84	0.58	9.1	河流冲积物	E 114°51′49.0″ N 34°30′15.1″	99
						2	20—40	灰黄色	砂壤土	块状	8.3	3.5	0.30	0.53	6.1			
						3	40—70	灰黄色	紧砂土	块状	8.3	4.3	0.31	0.56	7.0			
						4	70—100	灰黄色	紧砂土	核状	8.6	1.7	0.11	0.48	3.9			
剖8	半水成土	潮土	黄潮土	砂土	砂壤土	1	0—20	浅灰黄色	重壤土	核状	8.6	3.3	0.22	0.41	4.3	河流冲积物	E 114°52′29.6″ N 34°30′27.7″	95
						2	20—60	灰黄色	紧砂土	核状	8.5	2.7	0.16	0.40	3.6			
						3	60—100	灰黄色	紧砂土	核状	8.5	<1.0	<0.10	0.38	3.2			
剖9	半水成土	潮土	黄潮土	淤土	体壤淤土	1	0—20	浅灰黄色	重壤土	核状	8.5	9.9	0.61	0.63	10.8	河流冲积物	E 114°46′58.8″ N 34°21′01.4″	99
						2	20—34	浅灰黄色	重壤土	块状	8.3	7.8	0.62	0.57	13.1			
						3	34—85	灰黄色	轻壤土	块状	8.4	3.8	0.26	0.60	5.6			
						4	85—100	灰黄色	砂土	粒状	8.3	1.8	0.18	0.56	3.5			
剖10	半水成土	潮土	黄潮土	淤土	底砂淤土	1	0—20	浅棕色	重壤土	块状	8.2	10.4	0.64	0.59	15.1	河流冲积物	E 114°47′04.6″ N 34°20′23.6″	97
						2	20—33	浅棕色	轻壤土	块状	8.2	10.4	0.70	0.61	16.3			
						3	33—46	灰棕色	重壤土	块状	8.5	5.3	0.45	0.56	10.0			
						4	46—58	灰黄色	轻壤土	块状	8.5	2.5	0.29	0.51	6.9			
						5	58—100	灰黄色	砂土	粒状	8.4	1.7	0.13	0.44	3.3			
剖11	半水成土	潮土	黄潮土	两合土	底砂两合土	1	0—20	浅棕色	中壤土	块状	8.4	8.3	0.55	0.64	9.2	河流冲积物	E 114°48′36.7″ N 34°20′56.4″	98
						2	20—30	浅棕色	轻黏土	块状	8.3	7.9	0.52	0.57	13.4			
						3	30—60	灰黄色	轻壤土	块状	8.3	2.7	0.19	0.52	4.5			
						4	60—100	灰黄色	砂壤土	屑粒状	8.5	2.6	0.21	0.48	4.4			

续表 Continued

剖面号 Soil profile	土纲 Soil order	土类 Soil great group	亚类 Soil subgroup	土属 Soil genus	土种 Soil species	土层码 Layer code	土层厚度 Depth/cm	颜色 Soil color	质地 Soil texture	土壤结构 Soil structure	pH	有机质 OM/(g/kg)	全氮 TN/(g/kg)	全磷 TP/(g/kg)	阳离子交换量 CEC/(cmol/kg)	土壤母质 Parent material	剖面点坐标 Profile coordinate	匹配指数 Matching index/%
剖12	半水成土	潮土	黄潮土	淤土	淤土	1	0—20	浅棕色	重壤土	块状	8.1	12.4	0.76	0.72	11.9	河流冲积物	E 114°46′37.6″ N 34°19′09.5″	99
						2	20—38	浅棕色	重壤土	块状	8.5	9.4	0.59	0.69	11.5			
						3	38—50	红棕色	黏土	块状	8.4	8.1	0.54	0.61	15.9			
						4	50—100	红棕色	黏土	块状	8.2	7.0	0.56	0.53	14.9			
剖13	半水成土	潮土	黄潮土	淤土	腰壤淤土	1	0—24	浅棕色	重壤土	块状	8.5	11.4	0.75	0.66	10.9	河流冲积物	E 114°47′17.9″ N 34°19′22.8″	97
						2	24—45	浅棕色	黏土	块状	8.3	9.1	0.65	0.52	21.9			
						3	45—65	灰黄色	轻壤土	块状	8.3	4.6	0.30	0.61	7.9			
						4	65—83	浅棕色	中壤土	块状	8.3	4.8	0.31	0.59	8.8			
						5	83—100	浅黄色	砂土	粒状	8.2	2.0	0.19	0.56	3.9			

通 许 县

主要土类说明

　　潮土是通许县主要土壤类型，占本县地域面积的 98%。本县潮土是发育于黄泛冲积平原上，经过人们耕种、熟化而形成的一种土壤。过去地下水位较高，一般为 2—3m，具有夜潮现象，近几年由于天气偏旱和地下水的开发利用，地下水位有明显下降，现为 3—6m。因为黄河泛滥的多次沉积，形成了百余米至数百米厚的冲积层，质地层次明显，厚薄不一。由于成土年龄短，土壤发育层次不明显。成土母质以黄土为主，土壤石灰反应较强烈，呈微碱性，pH 多在 7.8—8.8，有机质、氮含量贫乏，全磷含量中等，速效磷含量较低，而钾、钙、镁含量较为丰富，盐基处在饱和状态。潮土区虽然地下水位较高，但也经常处在变化之中，一般在汛期，地下水位最高，1m 土体下部的铁、锰等处在还原状态，冬春季地下水位下降，土壤中的铁、锰处在氧化状态，年复一年，形成了蓝灰色或红褐色的铁锈斑纹。由于地下水的影响程度不同，新生体的颜色、数量也不一样。本县潮土分为黄潮土、盐化潮土和碱化潮土等亚类。其中，黄潮土占本县潮土总面积的 99% 以上。盐化潮土和碱化潮土在孙营、朱砂、长智等地的低洼地有少量分布。

　　小于本县地域面积 3% 的土壤类型还有褐土和风沙土。褐土零星分布于冯庄、朱砂和长智等地以及中心街道的古老沙岗上。风沙土分布在朱砂镇陶庄村西边沙丘上。

本区域中心区气候特征

本区域中心区气候特征值
Regional climate characteristics in central area of the region

气候带：暖温带亚湿润气候 Climate region: Warm temperate subhumid climate	
年平均气温 /℃ Annual average temperature /℃	14.4
年平均最高气温 /℃ Annual average maximum temperature /℃	20.0
年平均最低气温 /℃ Annual average minimum temperature /℃	9.6
年降水量 /mm Annual precipitation /mm	706
≥10℃的积温 /℃ Daily temperature accumulated in a year（≥10℃）/℃	5278
年日照时数 /h Annual sunshine /h	2195
年平均相对湿度 /% Annual average relative humidity /%	69
干燥度 Dryness	1.24

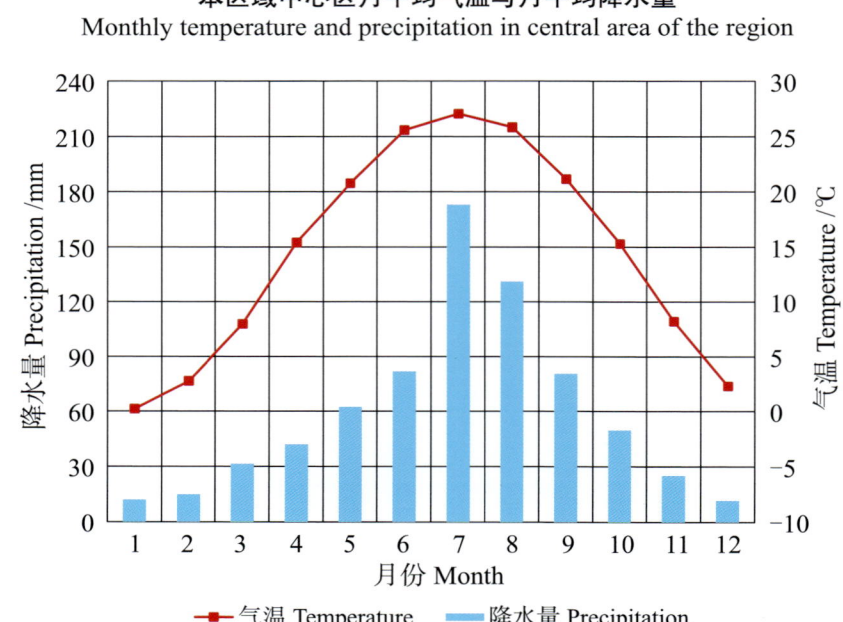

本区域中心区月平均气温与月平均降水量
Monthly temperature and precipitation in central area of the region

通许县主要土壤类型与土壤剖面点分布图
1∶140 000

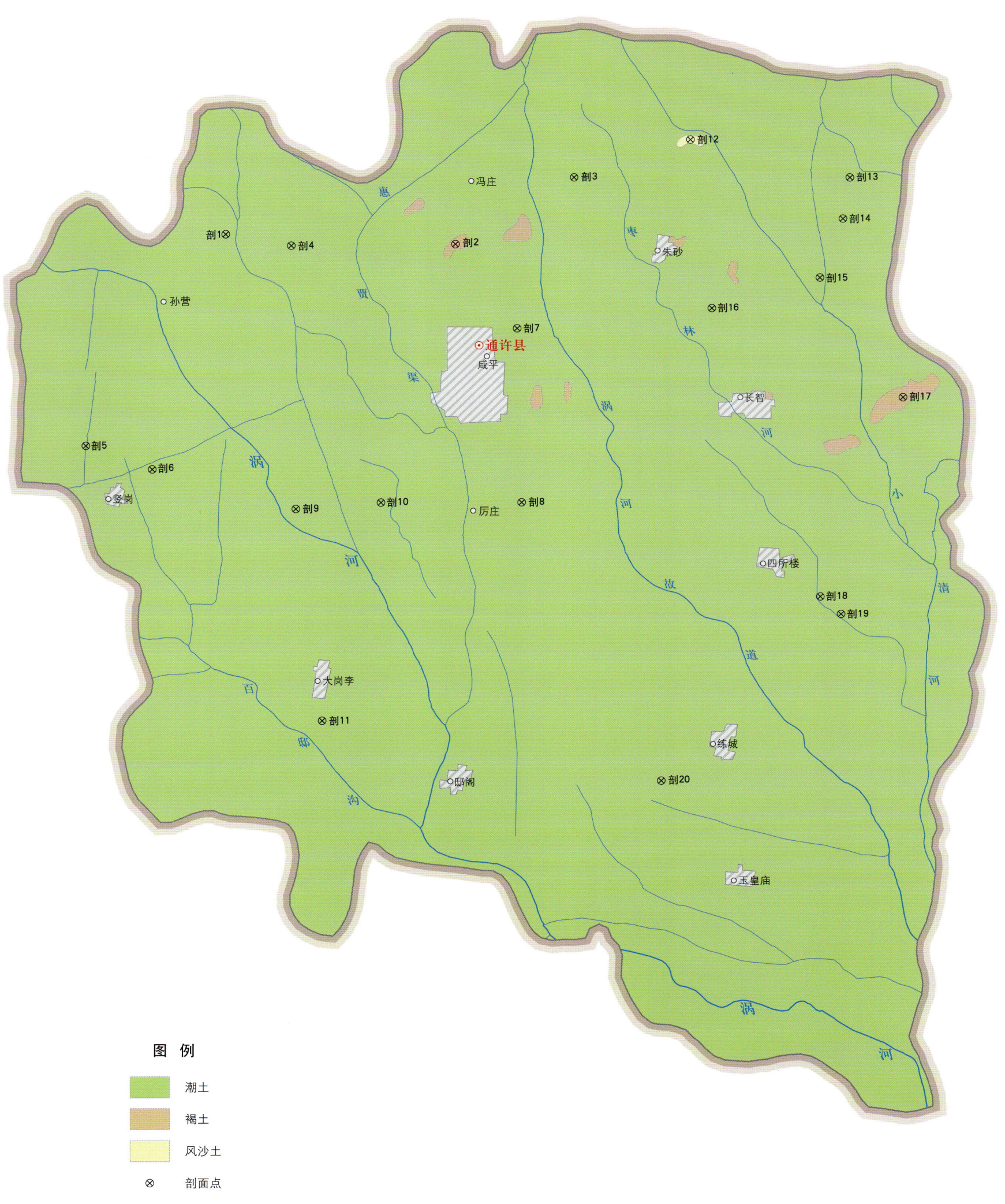

通许县土壤剖面理化性状表

剖面号 Soil profile	土纲 Soil order	土类 Soil great group	亚类 Soil subgroup	土属 Soil genus	土种 Soil species	土层码 Layer code	土层厚度 Depth/cm	颜色 Soil color	质地 Soil texture	土壤结构 Soil structure	pH	有机质 OM/(g/kg)	全氮 TN/(g/kg)	全磷 TP/(g/kg)	全钾 TK/(g/kg)	有效磷 AP/(mg/kg)	速效钾 AK/(mg/kg)	阳离子交换量CEC/(cmol/kg)	土壤母质 Parent material	剖面点坐标 Profile coordinate	匹配指数 Matching index/%
剖1	半水成土	潮土	黄潮土	淤土	底砂淤土	1	0–30	红棕色	重壤土	团粒状	8.6	8.7	0.60	0.65				14.3	河流冲积物	E 114°22′24.6″ N 34°31′07.0″	97
						2	30–50	红棕色	重壤土	块状	8.5	8.3	0.69	0.68				16.5			
						3	50–65	红棕色	中壤土	碎块状	8.5	3.7	0.36	0.69				9.1			
						4	65–90	浅灰色	砂壤土	碎粒状	8.3	2.1	0.22	0.61				5.4			
						5	90–100	灰褐色	重壤土	块状	8.4	5.4	0.46	0.70				11.0			
剖2	半淋溶土	褐土	褐土性土	褐土性砂岗土	岗面砂土	1	0–20	灰黄色	砂壤土	碎粒状	7.8	5.3	0.48	0.31				5.1	黄泛冲积物	E 114°27′14.0″ N 34°31′03.4″	95
						2	20–60	黄黄色	砂壤土	碎块状	8.2	3.0	0.27	0.20				5.3			
						3	60–100	灰黄色	砂壤土	碎粒状	8.6	1.6	0.15	0.17				4.2			
剖3	半水成土	潮土	脱潮土	岗砂土	岗青砂土	A₁₁	0–16	油棕色	壤质砂土	单粒状	8.3	5.1	0.27	0.11	18.4	3.3	48	4.8	河流冲积物	E 114°29′40.9″ N 34°32′18.6″	95
						A₁₂	16–21	油棕色	砂土	碎块状	8.4	3.0	0.20	0.10	18.6	1.7	36	4.1			
						Ck₁	21–33	油橙色	壤质砂土	碎粒状	8.5	1.6	<0.10	0.10	18.3	2.5	32	3.7			
						Ck₂	33–54	油橙色	砂土	碎粒状	8.5	1.0	<0.10	0.10	17.9			3.4			
						Ck₃	54–90	油橙色	壤质砂土	碎粒状	8.4	1.7	<0.10	0.12	19.3			3.6			
						Cu	90–124	油橙色	壤质砂土	碎块状	8.5	1.2	<0.10	0.10	17.9			3.2			
剖4	半水成土	潮土	潮土	潮砂土	青砂土	A₁₁	0–20	浅黄色	砂土	小块状	8.3	5.8	0.34	0.22		3.3	83	4.8	河流冲积物	E 114°23′47.4″ N 34°30′56.9″	95
						C	20–50	浅黄色	砂土	单粒状	8.0	2.3	0.18	0.24				5.0			
						Cu	50–100	黄色	壤质砂土	碎块状	8.2	2.6	0.20	0.21				4.7			
剖5	半水成土	潮土	潮土	潮淤土	底壤淤土	A₁₁	0–25	浅黄色	粉砂质壤土	块状	8.4	9.1	0.63	0.27		5.8	149	14.0	河流冲积物	E 114°19′36.1″ N 34°27′15.1″	81
						C	25–60	亮黄棕色	砂壤土	块状	8.2	7.9	0.61	0.29				26.8			
						Cu	60–100	黄棕色	重壤土	块状	8.1	4.0	0.34	0.31				10.1			
剖6	半水成土	潮土	潮土	淤土	夹砂淤土	1	0–30	黄棕色	中壤土	无结构	8.1	8.2	0.47	0.66				10.4	河流冲积物	E 114°21′00.4″ N 34°26′51.7″	97
						2	30–50	灰黄色	紧砂土	碎块状	8.4	6.1	0.18	0.64				3.6			
						3	50–70	浅灰黄色	中壤土	碎块状	8.0	3.8	0.50	0.61				8.3			
						4	70–100	黄黄色	轻壤土	碎块状	8.3	5.0	0.35	0.66				5.0			
剖7	半水成土	潮土	黄潮土	两合土	小两合土	1	0–20	黄黄色	中壤土	块状	8.2	8.5	0.43	0.66				7.1	河流冲积物	E 114°28′34.7″ N 34°29′34.4″	81
						2	20–30	灰黄色	中壤土	碎块状	8.1	6.1	0.41	0.66				7.4			
						3	30–45	浅黄黄色	轻壤土	碎块状	8.4	3.8	0.32	0.62				6.5			
						4	45–80	黄黄色	砂壤土	碎块状	8.0	2.2	0.50	0.55				4.8			
						5	80–100	黄黄色	轻壤土	碎粒状	7.9	2.4	0.22	0.52				4.7			
剖8	半水成土	潮土	黄潮土	砂土	夹黏砂土	1	0–20	灰黄色	砂壤土	碎块状	8.1	6.1	0.42	0.63				6.1	河流冲积物	E 114°28′46.2″ N 34°26′26.9″	95
						2	20–30	灰黄色	重壤土	块状	8.6	4.3	0.23	0.57				10.5			
						3	30–66	黄黄色	砂壤土	碎块状	8.0	2.1	0.18	0.62				4.0			
						4	66–90	灰棕色	轻壤土	碎块状	8.6	4.7	0.31	0.66				6.6			
						5	90–100	灰黄色	轻壤土	碎块状	8.4	2.6	0.17	0.47				7.4			
剖9	半水成土	潮土	潮土	潮黏土	腰砂土	1	0–20	浅灰色	壤质黏土	块状	8.4	10.7	0.76	0.27		6.6	141	13.4	河流冲积物	E 114°24′02.5″ N 34°26′13.2″	81
						2	20–50	黄色	砂壤土	碎粒状	8.6	2.1	0.28	0.26				3.8			
						Cu	50–100	亮黄棕色	粉砂质黏土	块状	8.5	8.5	0.69	0.29				19.4			
剖10	半水成土	潮土	黄潮土	砂土	夹壤砂壤土	1	0–25	灰褐色	砂壤土	碎块状	7.8	6.4	0.39	0.63				6.4	河流冲积物	E 114°25′49.1″ N 34°26′22.6″	95
						2	25–36	浅灰色	中壤土	碎粒状	7.9	2.8	0.28	0.62				5.8			
						3	36–46	红棕色	紧实土	块状	7.9	3.9	0.40	0.61				7.6			
						4	46–70	黄白色	紧实土	无结构	8.2	1.1	0.11	<0.10				3.3			
						5	70–100	灰白色	紧实土	无结构	8.2	1.3	0.11	<0.10				2.3			

续表 Continued

剖面号 Soil profile	土纲 Soil order	土类 Soil great group	亚类 Soil subgroup	土属 Soil genus	土种 Soil species	土层码 Layer code	土层厚度 Depth/cm	颜色 Soil color	质地 Soil texture	土壤结构 Soil structure	pH	有机质 OM/(g/kg)	全氮 TN/(g/kg)	全磷 TP/(g/kg)	全钾 TK/(g/kg)	有效磷 AP/(mg/kg)	速效钾 AK/(mg/kg)	阳离子交换量 CEC/(cmol/kg)	土壤母质 Parent material	剖面点坐标 Profile coordinate	匹配指数 Matching index/%
剖11	半水成土	潮土	黄潮土	淤土	腰砂淤土	1	0—20	浅红棕色	重壤土	碎块状	8.4	10.7	0.76	0.61				13.4	河流冲积物	E 114°24′42.5″ N 34°22′25.7″	99
						2	20—50	灰黄色		碎粒状	8.6	2.1	0.28	0.60				3.8			
						3	50—100	红棕色		块状	8.5	8.5	0.69	0.66				19.4			
剖12	初育土	风沙土	半固定风沙土	半固定砂丘风沙土	半固定砂丘紧砂风沙土	1	0—20	黄白色	紧砂土	无结构	8.4	2.0	0.10	0.27				3.1	风积型母质	E 114°32′06.0″ N 34°33′02.9″	97
						2	20—74	黄白色	紧砂土	无结构	7.9	1.5	<0.10	0.25				3.0			
						3	74—100	灰黄色	松砂土	无结构	8.5	<1.0	<0.10	0.20				2.8			
剖13	半水成土	潮土	黄潮土	淤土	体砂淤土	1	0—20	红棕色	重壤土	块状	8.3	9.4	0.78	0.66				12.5	河流冲积物	E 114°35′28.0″ N 34°32′26.2″	97
						2	20—90	灰白色	砂壤土	碎屑状	8.1	2.5	0.13	0.56				4.6			
						3	90—100	浅黄色	轻壤土	碎块状								5.9			
剖14	半水成土	潮土	碱化潮土	重碳酸盐碱化潮土	轻碱小两合土	1	0—16	灰黄色	轻壤土	碎块状	9.4	4.7	0.26	0.60				9.0	河流冲积物	E 114°35′20.8″ N 34°31′41.5″	95
						2	16—50	灰黄色	中壤土	碎块状	9.4	4.2	0.18	0.63				5.0			
						3	50—68	浅黄色	砂壤土	碎粒状	9.4	2.3	0.14	0.62				24.6			
						4	68—81	红棕色	黏土	块状	9.6	8.6	0.49	0.63				5.1			
						5	81—100	浅黄色	砂壤土	碎粒状	9.8	2.2	0.11	0.65				11.5			
剖15	半水成土	潮土	黄潮土	两合土	底砂两合土	1	0—20	棕灰色	中壤土	团粒状	8.0	11.9	0.88	0.79				10.1	河流冲积物	E 114°34′53.8″ N 34°30′37.4″	97
						2	20—38	棕灰色	中壤土	碎粒状	8.3	9.6	0.48	0.74				9.1			
						3	38—56	暗黄色	重壤土	碎块状	8.5	4.4	0.39	0.62				4.5			
						4	56—100	暗黄色	砂壤土	碎粒状	8.7	2.6	0.22	0.46				6.3			
剖16	半水成土	潮土	黄潮土	两合土	底黏小两合土	1	0—25	浅黄色	轻壤土	碎粒状	8.2	7.3	0.51	0.71				6.7	河流冲积物	E 114°32′38.8″ N 34°30′01.8″	97
						2	25—45	浅黄色	中壤土	碎块状	7.8	4.8	0.51	0.71				5.5			
						3	45—70	浅黄色	中壤土	碎块状	7.9	2.6	0.27	0.64				10.3			
						4	70—90	棕灰色	重壤土	块状	8.3	4.4	0.37	0.66							
						5	90—100	灰黄色	砂壤土	碎块状								9.7			
剖17	半淋溶土	褐土	褐土性土	褐土性砂岗土	岗黄土	1	0—20	浅黄黄色	轻壤土	碎粒状	8.5	5.2	0.28	0.23				16.9	黄泛冲积物	E 114°36′42.1″ N 34°28′30.4″	95
						2	20—65	黄灰色	中壤土	碎粒状	8.2	5.0	0.39	0.18				11.7			
						3	65—100	浅灰黄色	中壤土	碎粒状	8.2	2.6	0.25	0.21							
剖18	半水成土	潮土	黄潮土	两合土	两合土	1	0—20	灰黄色	中壤土	碎块状	8.3	11.5	0.60	0.69				9.4	河流冲积物	E 114°35′04.6″ N 34°24′53.3″	99
						2	20—48	灰黄色	中壤土	碎粒状	8.2	8.3	0.59	0.68				9.5			
						3	48—100	灰黄色	中壤土	碎粒状	8.6	3.4	0.33	0.67				7.6			
剖19	半水成土	潮土	黄潮土	两合土	底黏两合土	1	0—20	灰黄色	轻壤土	碎块状	8.2	10.5	0.76	0.74				10.0	河流冲积物	E 114°35′31.2″ N 34°24′34.6″	97
						2	20—60	灰黄色	轻壤土	碎粒状	8.3	4.3	0.26	0.64				7.2			
						3	60—100	红棕色	重黏土	团粒状	8.5	5.8	0.56	0.59				19.3			
剖20	半水成土	潮土	黄潮土	两合土	腰砂两合土	1	0—20	黄灰色	重壤土	碎块状	8.3	8.0	0.62	0.62				8.5	河流冲积物	E 114°31′50.5″ N 34°21′29.9″	98
						2	20—40	黄灰色	砂壤土	碎粒状	8.5	4.4	0.37	0.61				9.9			
						3	40—50	黄白色	砂壤土	碎粒状	8.2	2.9	0.24	0.60				5.8			
						4	50—67	黄灰色	砂壤土	碎块状	7.9	6.0	0.59	0.68				7.9			
						5	67—100	灰黄色	轻壤土	碎块状	8.3	3.8	0.37	0.47				4.1			

尉 氏 县

主要土类说明

潮土是尉氏县主要土壤类型，占本县地域面积的88%。潮土发育于黄河冲积物上，经过人为耕作熟化而成。其土层深厚，质地层次明显，地下水位为2—3m，石灰反应强烈。局部地势低洼，地下水位偏高，排灌不合理，土壤易盐碱化，pH多在8.0左右，呈弱碱性。由于地下水直接参与成土过程，地表有机质矿化较强，积累较少，所以颜色较浅，多为黄色，有机质、氮、磷含量贫乏，钾、钙、镁含量比较丰富。夏秋季节，地下水位偏高，土壤剖面下部一定层段全部或部分为水所饱和，发生潜育现象，铁、锰等易变价元素被还原，出现蓝灰色斑纹；冬春干旱季节，地下水明显下降，被还原的层段变成氧化态，低价铁、锰等元素被氧化，而出现锈色斑纹等新生体，成为潮土剖面形态的典型特征。本县潮土分为黄潮土、褐潮土、盐化潮土、湿潮土等亚类。其中，黄潮土亚类面积最大，占潮土总面积的76%。褐潮土亚类占潮土总面积的21%，分布地势部位偏高，地下水位为4—6m，排水条件良好，土壤受地下水的影响较小，是潮土向褐土过渡的一种土壤类型，质地层次明显，土体下层有假菌丝或石灰粉末出现，通体有石灰反应。盐化潮土亚类占潮土总面积的3%，主要分布于邢庄、水坡、十八里、朱曲等乡镇及中心街道。其所处地势低洼，地下水位浅，一般在1m左右，地表明显积盐，呈白色盐霜状，耕层含盐量为0.20%—0.45%，以NaCl和Na_2SO_4为主，pH在9.0左右。湿潮土亚类分布于南曹乡南大坡一带，所处地势低洼，地下水位为0.7—0.8m，排水不良；土壤处于季节性积水状态，1m土体内均为轻壤土，下部由于水分多，氧气少，使高价铁、锰还原成低价铁、锰，土壤呈蓝灰色。

风沙土是尉氏县第二大土壤类型，占本县地域面积的11%，主要分布在大营、门楼任、庄头、邢庄等地。本县风沙土是黄泛冲积物经风力再搬运所形成的，表现为类型繁多的沙丘、沙岗。一般土体结构性差，渗透性强，比热小，昼夜温差大，养分含量低。由于成土时间短、无发育，剖面构型为C、(A)-C及A-C，土体松散，遇风易流动，保肥供肥能力弱，怕旱不怕涝。

本区域中心区气候特征

本区域中心区气候特征值
Regional climate characteristics in central area of the region

气候带：暖温带亚湿润气候 Climate region: Warm temperate subhumid climate	
年平均气温 /℃ Annual average temperature /℃	14.4
年平均最高气温 /℃ Annual average maximum temperature /℃	20.1
年平均最低气温 /℃ Annual average minimum temperature /℃	9.5
年降水量 /mm Annual precipitation /mm	698
≥10℃的积温 /℃ Daily temperature accumulated in a year (≥10℃) /℃	5294
年日照时数 /h Annual sunshine /h	2182
年平均相对湿度 /% Annual average relative humidity /%	69
干燥度 Dryness	1.25

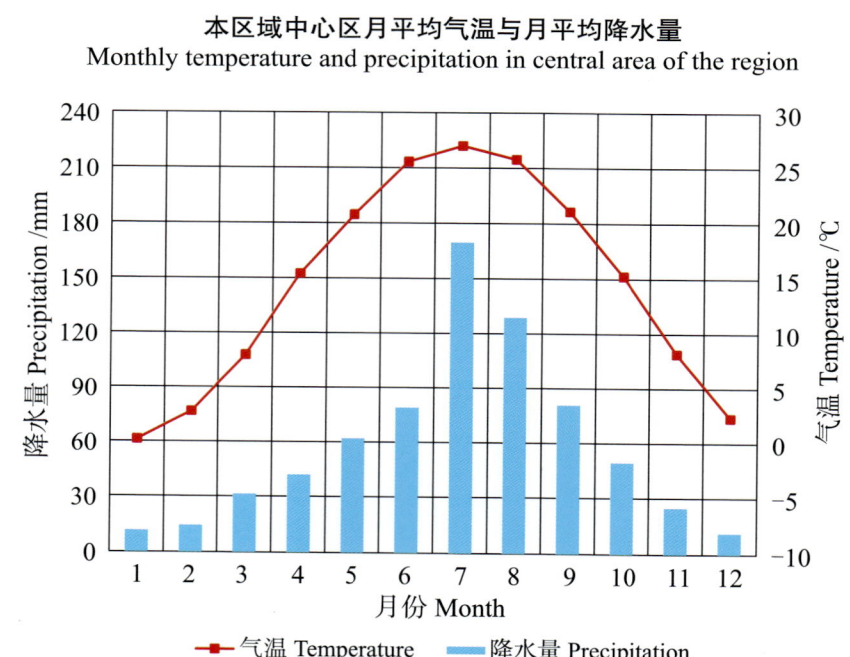

本区域中心区月平均气温与月平均降水量
Monthly temperature and precipitation in central area of the region

尉氏县主要土壤类型与土壤剖面点分布图
1∶210 000

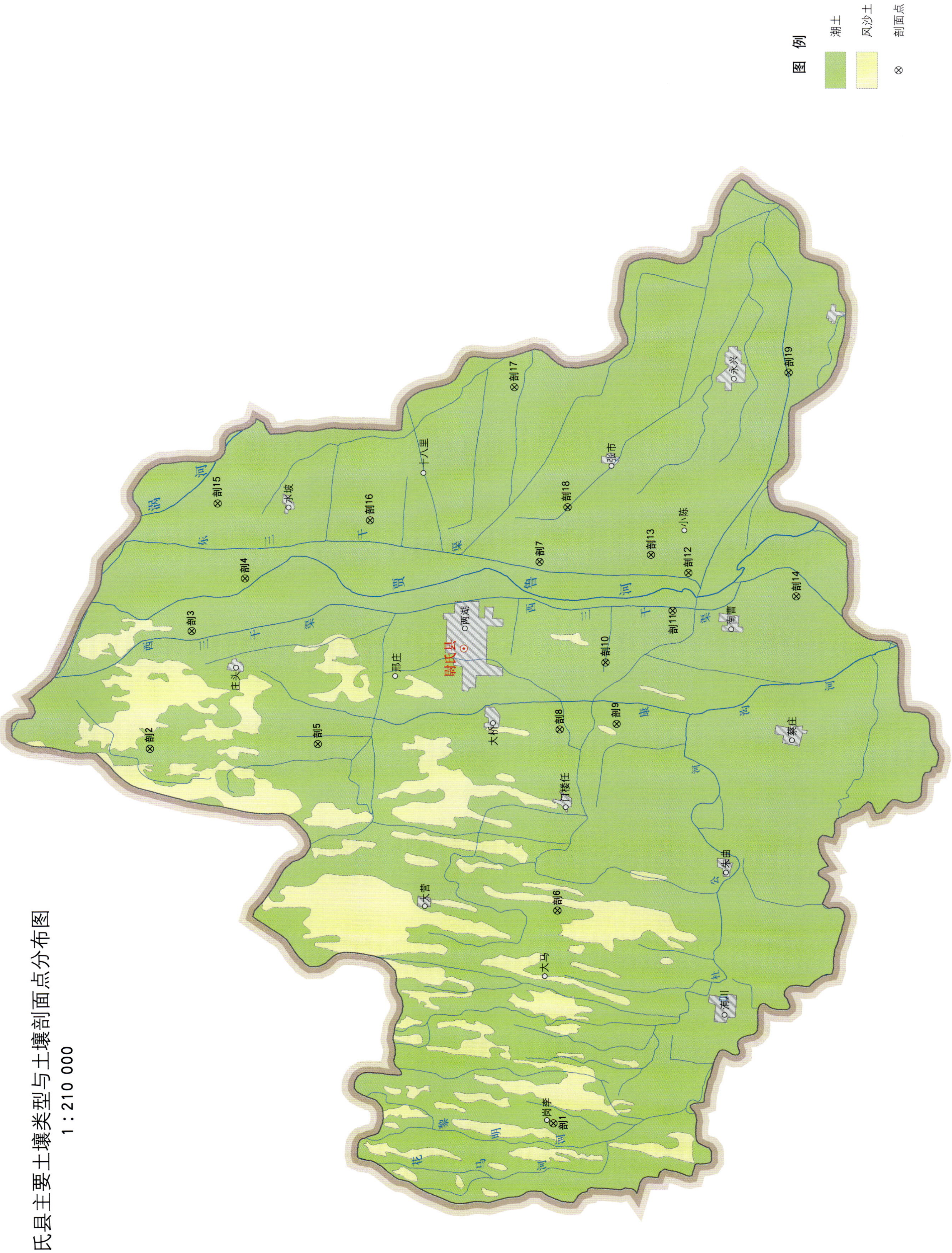

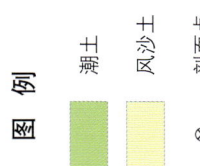

第二编 分县土壤图与土壤剖面数据

尉氏县土壤剖面理化性状表

剖面号 Soil profile	土纲 Soil order	土类 Soil great group	亚类 Soil subgroup	土属 Soil genus	土种 Soil species	土层码 Layer code	土层厚度 Depth/cm	颜色 Soil color	质地 Soil texture	土壤结构 Soil structure	pH	有机质 OM/(g/kg)	全氮 TN/(g/kg)	全磷 TP/(g/kg)	阳离子交换量 CEC/(cmol/kg)	土壤母质 Parent material	剖面点坐标 Profile coordinate	匹配指数 Matching index/%
剖1	半水成土	潮土	黄潮土	砂土	褐土化砂土	1	0—20	浅灰黄色	松砂土	无结构	8.3	6.0	0.46	0.28	6.3	河流冲积物	E 113°55′00.1″ N 34°22′01.9″	95
剖2	半水成土	潮土	黄潮土	砂土	褐土化小两合土	1	0—20	浅灰黄色	砂壤土	碎屑状	8.3	3.0	0.31	0.18	8.4	河流冲积物	E 114°07′19.6″ N 34°33′11.2″	95
						2	20—70		砂壤土		8.3							
						3	70—100	浅棕色		块状	8.3	3.0	0.24	0.18	8.7			
剖3	半水成土	潮土	黄潮土	砂土	固定砂丘土	1	0—20	棕红色	轻壤土	块状	8.4	5.5	0.27	0.26	6.7	河流冲积物	E 114°11′20.8″ N 34°32′07.8″	95
						2	20—100	灰黄色	轻砂土	块状	8.2	3.5	0.20	0.19	8.1			
剖4	半水成土	潮土	黄潮土	砂土	小两合土	1	0—18	灰黄色	紧砂土	无结构	8.5	1.0	0.11	<0.10	3.4	河流冲积物	E 114°13′10.2″ N 34°30′43.2″	95
						2	18—65	灰黄色	紧砂土	无结构	8.3	1.0	<0.10	0.11	3.6			
						3	65—100	灰黄色	紧砂土	无结构	7.8	1.0	<0.10	<0.10	3.5			
剖5	半水成土	潮土	黄潮土	砂土	砂壤土	1	0—20	暗黄褐色	轻壤土	碎屑状		1.0				河流冲积物	E 114°07′36.5″ N 34°28′39.0″	98
						2	20—60	黄褐色	砂壤土	碎屑状	8.5	1.0	0.21	0.61	7.4			
						3	60—100	黄褐色	砂壤土	块状	8.3	4.0	0.21	0.41	6.6			
剖6	半水成土	潮土	黄潮土	砂土	有底固定砂丘砂土	1	0—25	黄色	砂壤土	碎屑状	8.2	3.0	0.35	0.40	6.3	河流冲积物	E 114°02′08.2″ N 34°22′03.7″	95
						2	25—70	黄色	轻壤土	碎屑状	8.1	3.0	0.22	0.20	4.9			
						3	70—100	棕色	中壤土	碎屑状	7.9	2.0	0.24	0.15	6.0			
剖7	半水成土	潮土	黄潮土	砂土	褐土化两合土	1	0—19	黄褐色	中壤土	碎屑状	7.7	15.0	0.16	0.17	6.2	河流冲积物	E 114°13′57.4″ N 34°22′46.2″	95
						2	55—100	棕褐色	重黏土	碎屑状	8.2	7.0	0.62	0.69	12.1			
						3	19—55	棕褐色	轻黏土	碎屑状	8.3	5.0	0.49	0.63	12.5			
剖8	半水成土	潮土	黄潮土	砂土	体壤淤土	1	0—20	灰棕色	中壤土	块状	8.3	16.0	0.43	0.56	13.2	河流冲积物	E 114°08′17.2″ N 34°22′07.0″	95
						2	20—30	红棕色	重黏土	块状	8.2	11.0	0.94	0.69	20.0			
						3	30—100	红棕色	轻黏土	碎屑状	8.1	13.0	0.67	0.60	21.0			
剖9	半水成土	潮土	黄潮土	砂土	腰壤淤土	1	0—18	黄灰色	重黏土	碎屑状	8.3	10.1	1.01	0.62	≤1.0	河流冲积物	E 114°08′30.8″ N 34°20′35.2″	95
						2	18—38	黄灰色	轻黏土	碎屑状	8.3	4.0	0.91	0.49	≤1.0			
						3	38—80	暗黄色	中壤土	碎屑状	8.4	5.0	0.50	0.58	6.0			
						4	80—100	灰黄褐色	中壤土	碎屑状	8.4	4.0	0.57	0.47	7.9			
剖10	半水成土	潮土	黄潮土	砂土	壤质湿潮土	1	0—20	灰黄色	中壤土	碎屑状	8.6	2.0	0.31	0.58	9.2	河流冲积物	E 114°10′34.7″ N 34°20′55.7″	95
						2	20—40	灰黄色	轻壤土	碎屑状	8.8	5.0	0.27	0.54	5.5			
						3	40—80	灰黄色	轻壤土	碎屑状	8.7	7.0	0.51	0.55	7.9			
						4	80—100	灰黄色	中壤土	碎屑状	8.4	5.0	0.49	0.47	7.2			
剖11	半水成土	潮土	黄潮土	砂土	底壤淤土	1	0—20	黄灰色	轻壤土	碎屑状	8.3	6.0	0.32	0.45	7.8	河流冲积物	E 114°12′24.1″ N 34°19′08.8″	95
						2	20—60	黄灰色	轻壤土	碎屑状	8.3	4.0	0.26	0.44	7.6			
						3	60—100	红棕色	轻壤土	碎屑状	7.9	7.0	0.27	0.42	10.4			
剖12	半水成土	潮土	黄潮土	砂土		1	0—25	红棕色	重黏土	碎屑状	8.3	11.0	0.96	0.64	17.1	河流冲积物	E 114°13′41.5″ N 34°18′44.6″	95
						2	25—55	浅黄色	轻黏土	碎屑状	8.1	9.0	0.70	0.64	24.7			
						3	55—100	灰黄色	中壤土	碎屑状	8.0	7.0	0.28	0.59	7.6			
剖13	半水成土	潮土	黄潮土	砂土	体黏两合土	1	0—25	浅灰色	中黏土	团粒状	8.0	12.0	0.66	0.64	14.3	河流冲积物	E 114°14′16.4″ N 34°19′45.8″	95
						2	25—35	浅灰色	中黏土	块状	8.0	7.0	0.50	0.62	11.5			
						3	35—100	浅灰色	中黏土	块状	8.0	6.0	0.59	0.62	20.9			
剖14	半水成土	潮土	黄潮土	砂土	底黏小两合土	1	0—20	灰黄色	轻壤土	碎屑状	8.4	9.0	0.57	0.58	7.5	河流冲积物	E 114°12′59.0″ N 34°15′48.2″	95
						2	20—60	灰黄色	中壤土	碎屑状	8.2	6.0	0.47	0.58	10.0			
						3	60—100	灰棕色	中黏土	块状	8.2	10.0	0.62	0.62	17.9			

续表 Continued

剖面号 Soil profile	土纲 Soil order	土类 Soil great group	亚类 Soil subgroup	土属 Soil genus	土种 Soil species	土层码 Layer code	土层厚度 Depth/cm	颜色 Soil color	质地 Soil texture	土壤结构 Soil structure	pH	有机质 OM/(g/kg)	全氮 TN/(g/kg)	全磷 TP/(g/kg)	阳离子交换量CEC/(cmol/kg)	土壤母质 Parent material	剖面点坐标 Profile coordinate	匹配指数 Matching index/%
剖15	半水成土	潮土	黄潮土	砂土	轻盐小两合土	1	0—20	暗灰色	轻壤土	块状	8.7	4.0	0.34	0.60	7.7	河流冲积物	E 114°15′40.3″ N 34°31′30.7″	95
						2	20—50	灰白色	中壤土	碎屑状	8.5	3.0	0.55	0.54	8.6			
						3	50—100	灰白色	砂壤土	碎屑状	8.1	1.0	0.26	0.51	4.1			
剖16	半水成土	潮土	黄潮土	砂土	体砂两合土	1	0—20	棕黄色	中壤土	块状	8.2	13.0	0.72	0.65	12.0	河流冲积物	E 114°15′13.3″ N 34°27′23.0″	95
						2	20—40	棕黄色	中壤土	块状	8.5	11.0	0.59	0.64	11.2			
						3	40—100	浅黄色	砂壤土	碎屑状	8.5	2.0	0.20	0.64	3.8			
剖17	半水成土	潮土	黄潮土	砂土	体砂小两合土	1	0—20	灰黄色	轻壤土	碎屑状	8.2	8.0	0.60	0.55	6.8	河流冲积物	E 114°19′50.2″ N 34°23′34.1″	95
						2	20—40	灰黄色	砂壤土	碎屑状	8.4	5.0	0.38	0.48	6.2			
						3	40—90	浅黄色	砂土	粒状	8.8	1.0	0.18	0.42	3.7			
						4	90—100	灰黄色	砂壤土	碎屑状	8.4	5.0	0.26	0.52	6.8			
剖18	半水成土	潮土	黄潮土	砂土	褐土化砂壤土	1	0—20	灰黄色	轻壤土	碎屑状	8.8	6.0	0.36	0.34	7.6	河流冲积物	E 114°15′48.6″ N 34°22′03.0″	95
						2	20—55	棕黄色	轻壤土	碎块状	8.3	3.0	0.33	0.20	10.4			
						3	55—85	黄棕色	轻壤土	碎块状	8.2	3.0	0.31	0.19	10.3			
						4	85—100	黄棕色	轻壤土	碎块状	8.6	2.0	0.27	0.15	10.3			
剖19	半水成土	潮土	黄潮土	砂土	底砂淤土	1	0—20	棕黄色	重壤土	块状	8.0	10.0	1.02	0.63	14.9	河流冲积物	E 114°20′32.3″ N 34°16′09.5″	95
						2	20—70	红棕色	重壤土	块状	8.2	11.0	0.56	0.61	16.0			
						3	70—100	浅黄色	砂壤土	碎屑状	8.6	2.0	0.20	0.51	5.5			

兰 考 县

主要土类说明

潮土是兰考县主要土壤类型，占本县地域面积的94%。本县潮土是发育在黄河冲积物上，经过人为耕作熟化而形成的幼年土壤。本县潮土所处地区地下水位较高，有着明显夜潮现象。黄河冲积物经多次覆盖沉积，故潮土土层深厚，但耕层厚薄不一。土壤质地层次明显，但发生层次却不明显。由于是发育在第四纪黄土上，土壤石灰反应强烈，呈碱性，pH多在8.5左右，有机质、氮含量缺乏，而钾、钙、镁含量比较丰富。土壤表层颜色较浅，多呈浅黄色或灰黄色，而底土层由于地下水位高和长期的氧化还原作用，形成了许多蓝灰色和红褐色的锈色斑纹。本县潮土分为黄潮土和盐化潮土等亚类，其中，黄潮土亚类面积占潮土总面积的89%，盐化潮土占潮土总面积的11%。

风沙土是兰考县第二大土壤类型，占本县地域面积的2%，是由黄河主流沉积颗粒较粗的砂粒，经过风力的再搬运堆积而成的，多呈沙丘、沙垄形态存在。由于受风力作用的大小不同，所形成的沙丘、沙垄的形状大小也不尽相同，有的高达十多米，有的低矮呈条状沙垄，有的呈群状分布，有的呈带状出现。由于黄河在本县多次泛滥、改道、决口，所以风沙土分布相当广泛，主要分布在黄河故道河床两侧和历次大型决口附近，以仪封、红庙、东坝头、小宋等地和中心街道面积较大。风沙土成土年龄短，发育微弱，处于成土最初阶段，通体均为细砂土，无结构，松散，随风移动，渗透性强，比热小，昼夜温差大，有机质和养分含量很低，植物生长不良。

草甸盐土是兰考县第三大土壤类型，占本县地域面积的1%，主要分布在许河的老牛圈、仪封镇的圈头北到吕拐一带以及三义寨乡的白云山以南。这些地方处在背河洼地，地势低洼，地下水位高，常年都在临界深度以上，加之地表径流不畅，地下水矿化度高，这些都为地表积盐提供了条件。草甸盐土主要特征有：土壤盐分随季节变化，7—9月降水集中，水盐下行，土壤自然脱盐，10月以后，盐分逐渐回升，随着蒸发量的增加，春末夏初地表积盐达到最大限度。土壤盐分主要集中在表层，上下含量差异明显，多呈漏斗状分布。盐分组成以硫酸盐、氯化物为主，并有少量的重碳酸盐类。其化学组成也随季节而变化，呈现"热盐、冷碱、凉硝"或者"夏盐冬碱秋后硝"的规律。地表含盐量高达1%，甚至更高。土壤养分含量很低，一般作物很难生长，只能生长一些耐盐植物，如盐蓬、芦苇、柽柳等。

本区域中心区气候特征

本区域中心区气候特征值
Regional climate characteristics in central area of the region

气候带：暖温带亚湿润气候 Climate region: Warm temperate subhumid climate	
年平均气温 /℃ Annual average temperature /℃	14.1
年平均最高气温 /℃ Annual average maximum temperature /℃	19.7
年平均最低气温 /℃ Annual average minimum temperature /℃	9.3
年降水量 /mm Annual precipitation /mm	649
≥10℃的积温 /℃ Daily temperature accumulated in a year (≥10℃) /℃	5237
年日照时数 /h Annual sunshine /h	2310
年平均相对湿度 /% Annual average relative humidity /%	69
干燥度 Dryness	1.29

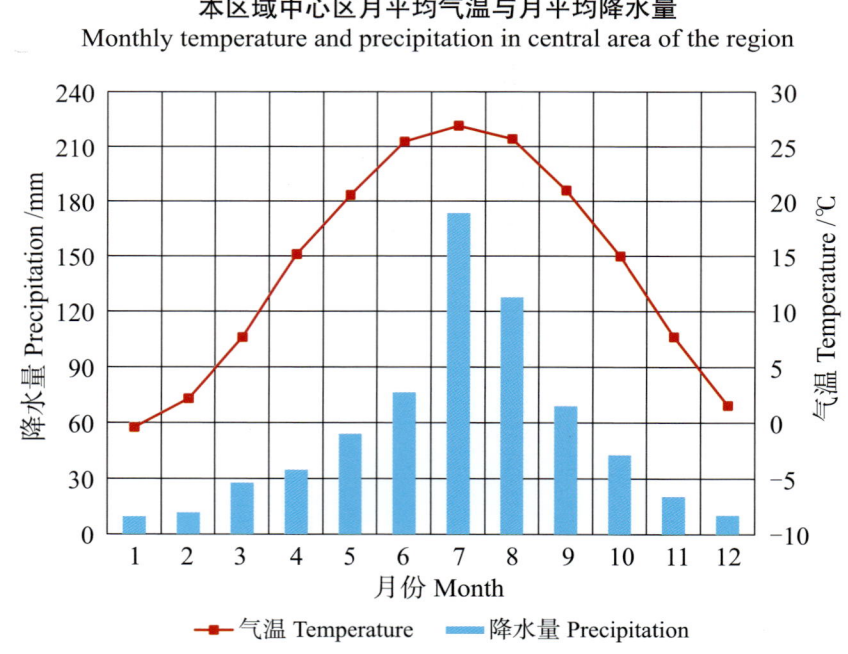

本区域中心区月平均气温与月平均降水量
Monthly temperature and precipitation in central area of the region

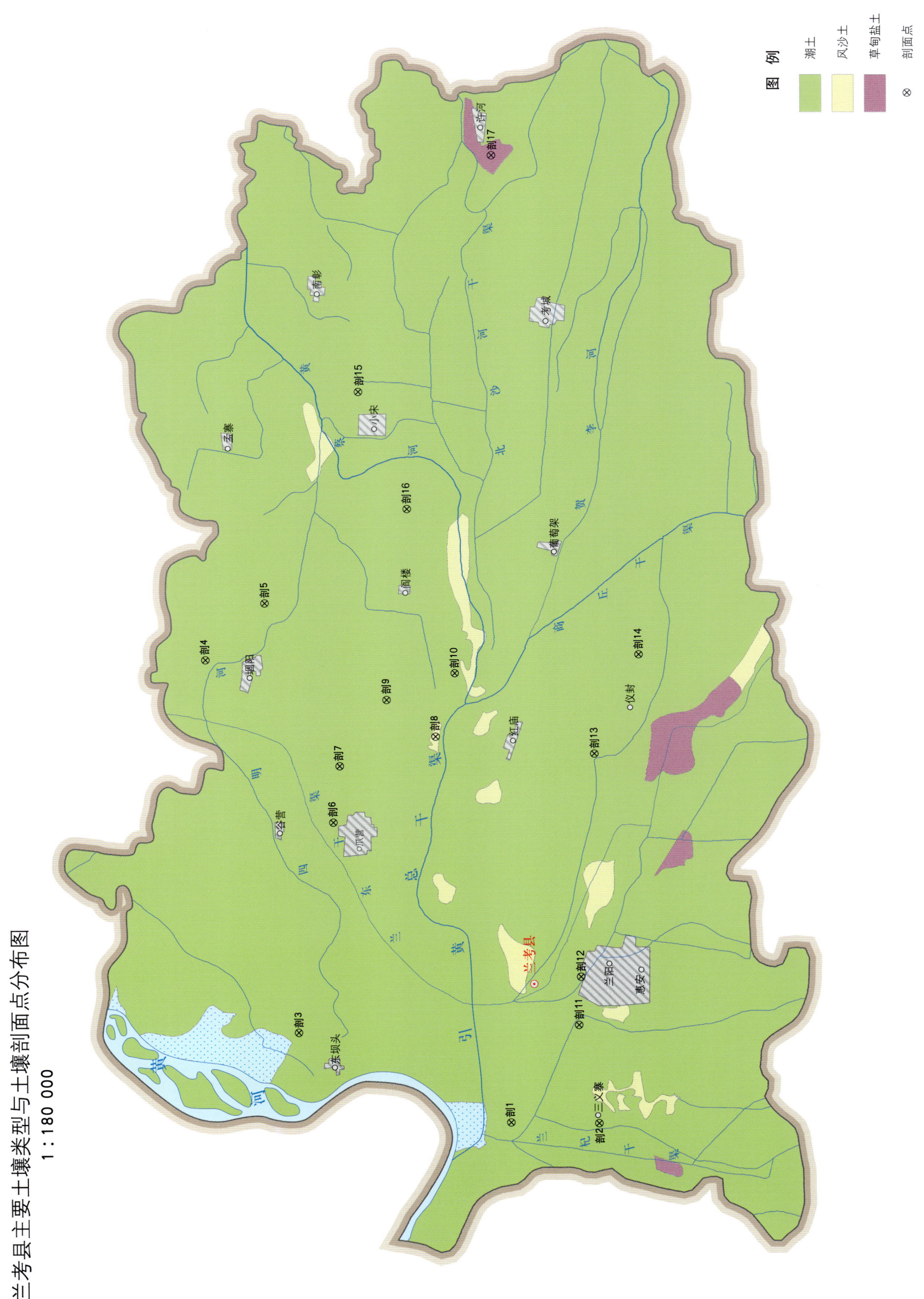

兰考县土壤剖面理化性状表

剖面号 Soil profile	土纲 Soil order	土类 Soil great group	亚类 Soil subgroup	土属 Soil genus	土种 Soil species	土层码 Layer code	土层厚度 Depth/cm	颜色 Soil color	质地 Soil texture	土壤结构 Soil structure	pH	有机质 OM/(g/kg)	全氮 TN/(g/kg)	全磷 TP/(g/kg)	阳离子交换量CEC/(cmol/kg)	土壤母质 Parent material	剖面点坐标 Profile coordinate	匹配指数 Matching index/%
剖1	半水成土	潮土	黄潮土	两合土	体砂两合土	1	0—30	棕黄色	中壤土	团粒状	8.4	7.9	0.58	0.62	9.4	河流冲积物	E 114° 44′ 46.0″ N 34° 51′ 27.0″	95
						2	30—100	浅黄色	砂壤土	粒状	7.8	1.4	0.12	0.42	2.9			
剖2	半水成土	潮土	盐化潮土			1	0—5	红灰色	轻壤土	单粒状	8.2					河流冲积物	E 114° 44′ 47.4″ N 34° 49′ 27.8″	95
						2	5—10	红褐色	轻壤土	块状	7.8							
						3	10—20	红褐色	中壤土	块状	8.1							
剖3	半水成土	潮土	黄潮土	砂土	砂壤土	1	0—20	灰黄色	砂壤土	粒状	8.4	5.6	0.39	0.47	4.9	河流冲积物	E 114° 47′ 11.8″ N 34° 56′ 16.4″	95
						2	20—40	灰黄色	砂壤土	粒状	8.5	4.1	0.23	0.57	5.0			
						3	40—100	浅灰黄色	砂壤土	粒状	8.2	3.2	0.20	0.54	4.5			
剖4	半水成土	潮土	黄潮土	灌淤土	体砂薄层灌淤土	1	0—45	黄棕色	轻黏土	碎块状	8.1	9.0	0.64	0.68	16.6	河流冲积物	E 114° 57′ 43.9″ N 34° 58′ 31.1″	97
						2	45—100	灰黄色	砂土	粒状	8.2	3.4	0.24	0.59	4.3			
剖5	半水成土	潮土	黄潮土	两合土	小两合土	1	0—32	灰黄色	轻壤土	团粒状	8.6	7.3	0.40	0.51	7.0	河流冲积物	E 114° 59′ 22.6″ N 34° 57′ 12.2″	95
						2	32—100	浅黄色	砂壤土	粒状	8.8	2.2	<0.10	0.55	2.9			
剖6	半水成土	潮土	黄潮土	两合土	两合土	1	0—30	棕黄色	壤土	团粒状	8.4	8.1	0.58	0.61	13.1	河流冲积物	E 114° 53′ 10.0″ N 34° 55′ 34.3″	95
						2	30—100	棕黄色	壤土	粒状	8.6	7.3	0.56	0.55	20.9			
剖7	半水成土	潮土	黄潮土	砂土	夹黏砂壤土	1	0—25	灰黄色	中壤土	粒状	8.4	4.8	0.20	0.58	4.4	河流冲积物	E 114° 54′ 46.1″ N 34° 55′ 26.8″	95
						2	25—37	棕红色	砂土	碎块状	8.6	3.8	0.25	0.41	6.8			
						3	37—100	黄色	砂土	粒状	8.4	2.2	0.12	0.55	4.3			
剖8	初育土	风沙土	冲积性风沙土	半固定风沙土	半固定砂丘细砂风积母质	1	0—25	黄色	松砂土	单粒状	8.8	3.0	0.12	0.38	6.1	风积型母质	E 114° 55′ 39.0″ N 34° 53′ 17.9″	75
						2	25—100	浅黄色	松砂土	单粒状	8.8	1.7	<0.10	0.39	3.4			
剖9	半水成土	潮土	盐化潮土	盐淤土	中盐底黏砂壤土	1	0—25	灰黄色	砂壤土	砂粒状	9.3	3.3	0.41	0.48	2.8	河流冲积物	E 114° 56′ 40.6″ N 34° 57′ 24.5″	93
						2	25—98	红黄色	黏土	粒状	8.3	2.4	0.17	0.50	3.3			
						3	98—150	灰黄色	砂土	块状	8.9	4.2	1.35	0.41	2.5			
剖10	半水成土	潮土	盐化潮土	盐淤化灌淤土	重盐灌淤土	1	0—38	棕黄色	中壤土	碎块状	8.3	3.9	0.39	0.62	13.6	河流冲积物	E 114° 57′ 28.1″ N 34° 52′ 53.0″	93
						2	38—100	黄色	砂土	粒状	8.8	1.2	0.33	0.58	5.4			
剖11	半水成土	潮土	盐化潮土	盐化潮土	轻盐黏砂壤土	1	0—18	灰棕色	砂壤土	粒状	9.0	2.5	0.15	0.59	2.7	河流冲积物	E 114° 47′ 32.3″ N 34° 49′ 57.0″	95
						2	18—120	灰黄色	砂壤土	单粒状	9.0	1.7	0.16	0.39	3.0			
						3	120—150	灰黄色	砂壤土	粒状	8.9	4.0	0.22	0.54	7.5			
剖12	半水成土	潮土	盐化潮土	盐化潮土	中盐两合土	1	0—18	灰黄色	中壤土	块状	9.0					河流冲积物	E 114° 48′ 53.6″ N 34° 49′ 55.2″	93
						2	18—120	黄色	砂土	粒状	8.9							
						3	120—150	黄色	砂土	块状	8.9							
剖13	半水成土	潮土	盐化潮土	盐化潮土		1	0—20	黄棕色	轻壤土	碎块状	8.7	7.1	0.35	0.67	4.9	河流冲积物	E 114° 55′ 14.5″ N 34° 49′ 42.2″	95
						2	20—100	灰黄色	砂壤土	粒状	8.8	3.2	0.27	0.58	5.3			
剖14	半水成土	潮土	盐化潮土	盐化潮土		1	0—5	灰黄色	砂壤土	粒状	9.3					河流冲积物	E 114° 58′ 05.2″ N 34° 48′ 44.3″	93
						2	5—10	灰黄色	砂壤土	单粒状	8.3							
						3	10—20	红黄色	砂壤土	粒状	8.9							
剖15	半水成土	潮土	黄潮土	淤土	淤土	1	0—20	灰黄色	黏土	团粒状	8.4	7.9	0.67	0.55	15.2	河流冲积物	E 115° 05′ 25.4″ N 34° 55′ 10.2″	95
						2	20—100	灰黄色	黏土	块状	8.4	6.4	0.53	0.47	13.7			
剖16	半水成土	潮土	盐化潮土	盐化潮土		1	0—5	棕黄色	中壤土	块状	8.6					河流冲积物	E 115° 02′ 06.4″ N 34° 54′ 01.4″	93
						2	5—10	浅黄黄色	中壤土	块状	8.6							
						3	10—20	浅黄色	轻壤土	块状	8.5							

续表 Continued

剖面号 Soil profile	土纲 Soil order	土类 Soil great group	亚类 Soil subgroup	土属 Soil genus	土种 Soil species	土层码 Layer code	土层厚度 Depth/cm	颜色 Soil color	质地 Soil texture	土壤结构 Soil structure	pH	有机质 OM/(g/kg)	全氮 TN/(g/kg)	全磷 TP/(g/kg)	阳离子交换量CEC/(cmol/kg)	土壤母质 Parent material	剖面点坐标 Profile coordinate	匹配指数 Matching index/%
剖17	盐碱土	草甸盐土	碱化盐土	氯化物碱盐土	湿碱固土	Azn	0—20	灰黄色	壤土	小碎块状	8.7	5.8	0.40	0.27	6.5	河流冲积物	E 115°12′12.2″ N 34°52′14.9″	75
						C_1	20—38	浊橙色	粉砂质壤土	块状	8.7	5.7	0.48	0.24	12.7			
						C_2	38—55	浅黄色	砂壤土	单块状	8.9	3.6	0.36	0.23	5.3			
						Cu_1	55—82	浊棕色	黏壤土	块状	8.9	3.6	0.30	0.28	6.6			
						Cu_2	82—105	浊黄橙色	黏壤土	块状	8.7	3.9	0.44	0.28	7.4			

洛 阳 市

市 辖 区

主要土类说明

褐土是洛阳市主要土壤类型，占本市地域面积的 66%，广泛分布于各乡镇。本市属暖温带大陆性季风气候，季风影响明显，夏季炎热多雨，土壤进行着强烈的物理、化学及生物风化过程，矿物质颗粒进一步分解，黏粒增多。又由于集中降雨而发生淋溶作用，促使黏粒下移，在土层深 50cm 左右，有一层 20—40cm 厚的棕褐色黏化层，该层的石灰反应相对较弱，通过对典型剖面的分层采样所进行的机械组成分析来看，从耕作层至黏化层，物理性黏粒有自上而下逐渐增多的趋势。同时，黄土母质中丰富的碳酸钙也由于淋溶作用，以重碳酸钙的形态溶解于水而沿土体结构面和土壤孔隙向下移动。大陆性气候的一个突出特点是蒸发量大于降水量，使这种淋溶作用不能充分进行，通常在黏化层的下面，重碳酸盐又以碳酸钙的形态重新淀积，形成了大量菌丝状斑点、假菌丝或砂姜等新生体。该层紧靠黏化层，为黄白色，结构紧密，土质坚硬，称为钙积层。土壤呈中性到微碱性。

潮土是洛阳市第二大土壤类型，占本市地域面积的 15%，主要沿伊洛河两岸的二级阶地和黄河的超河漫滩呈断续分布。潮土区地下水位一般在 3m 左右，地下水受干湿季节的影响有一定变幅。土体干湿交替，促进了母质中物质的溶解、移动和聚积，如铁、锰等变价元素湿时还原作用强烈而在土体中移动，干时氧化作用强烈而又重新聚积，年复一年的规律性变化，使铁、锰等元素在土体中移动并沿结构面淀积，形成红褐色的锈色斑纹。由于地下水埋藏很浅，土壤的毛细管作用较强，使地下水沿毛管孔隙浸润（夜潮现象）。成土母质为近代河流冲积物，由于受流水的分选作用，有着"紧砂慢淤"的特点。此外，在潮土的剖面中表现出十分明显的质地层次，每一层次的结构比较均一，与相邻的质地层次有着较明显的分界。

小于本市地域面积 3% 的土壤类型还有红黏土等。

本区域中心区气候特征

本区域中心区气候特征值
Regional climate characteristics in central area of the region

气候带：暖温带亚湿润气候 Climate region: Warm temperate subhumid climate	
年平均气温 /℃ Annual average temperature /℃	13.8
年平均最高气温 /℃ Annual average maximum temperature /℃	19.9
年平均最低气温 /℃ Annual average minimum temperature /℃	8.8
年降水量 /mm Annual precipitation /mm	629
≥10℃的积温 /℃ Daily temperature accumulated in a year（≥10℃）/℃	4904
年日照时数 /h Annual sunshine /h	2141
年平均相对湿度 /% Annual average relative humidity /%	67
干燥度 Dryness	1.34

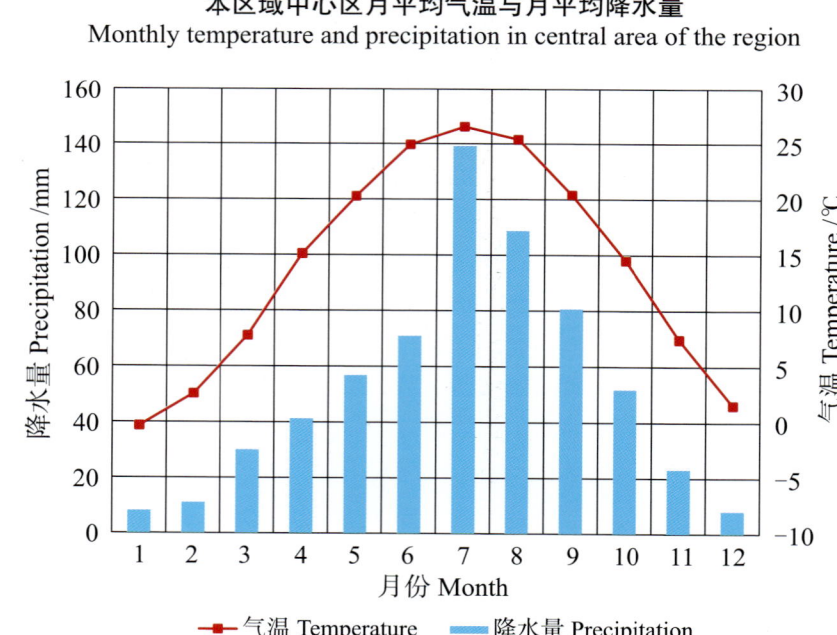

本区域中心区月平均气温与月平均降水量
Monthly temperature and precipitation in central area of the region

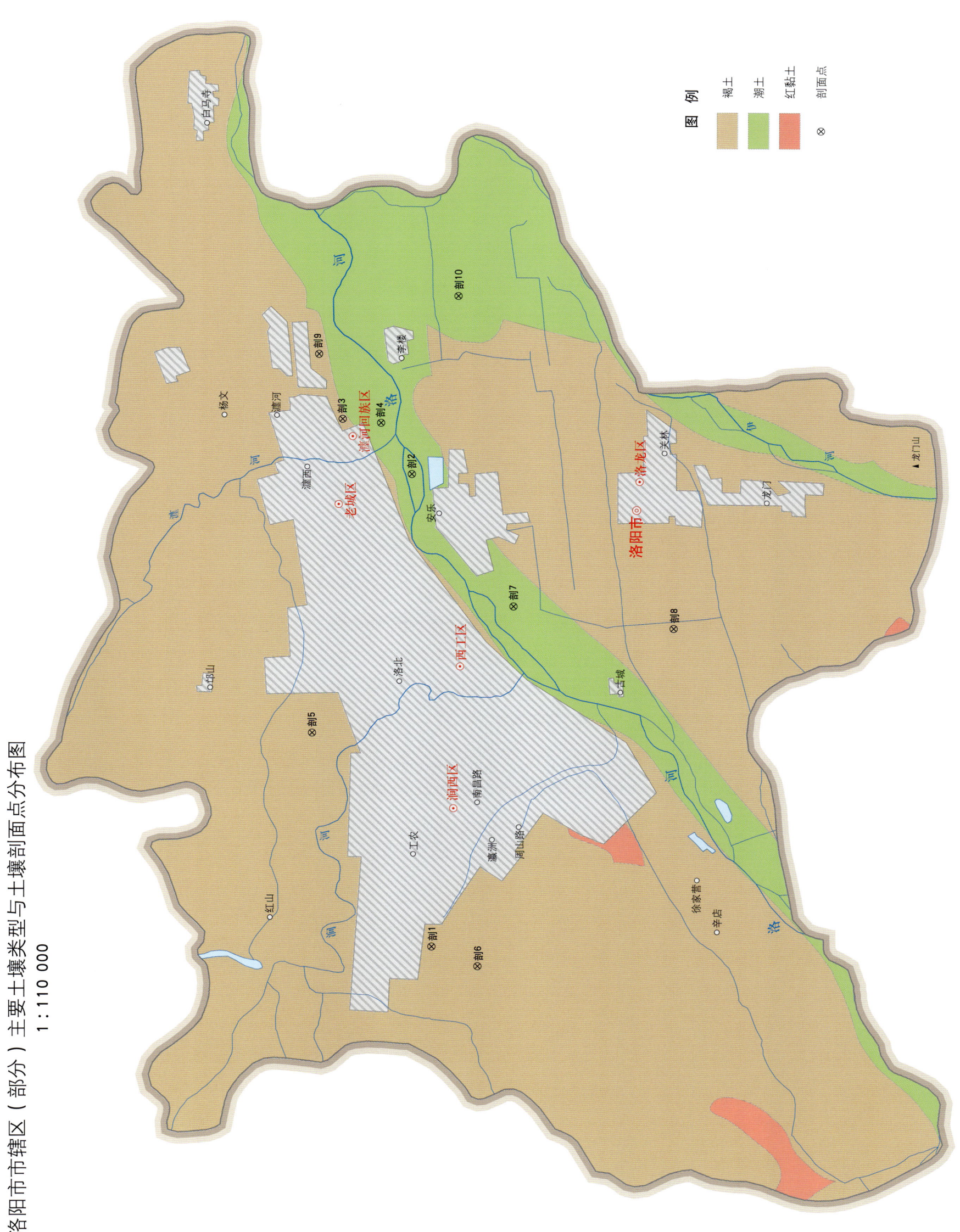

洛阳市市辖区（部分）主要土壤类型与土壤剖面点分布图
1∶110 000

洛阳市土壤剖面理化性状表

剖面号 Soil profile	土纲 Soil order	土类 Soil great group	亚类 Soil subgroup	土属 Soil genus	土种 Soil species	土层码 Layer code	土层厚度 Depth/cm	颜色 Soil color	质地 Soil texture	土壤结构 Soil structure	pH	有机质 OM/(g/kg)	全氮 TN/(g/kg)	全磷 TP/(g/kg)	阳离子交换量CEC/(cmol/kg)	土壤母质 Parent material	剖面点坐标 Profile coordinate	匹配指数 Matching index/%
剖1	半淋溶土	褐土	褐土	立黄土	立黄土	1	0—20	浅黄色	中壤土	棱状		9.9	0.75	0.25	11.6	马兰黄土	E 112°20′12.8″ N 34°40′00.4″	75
剖1						2	20—53	褐色	中壤土	碎块状		5.8	0.28	0.20	13.0			
剖1						3	53—100	浅黄色	重壤土	块状		5.9	0.33	0.17	11.4			
剖2	半水成土	潮土	黄潮土	两合土	腰砂小两合土	1	0—30	浅黄色	砂壤土	粒状		16.9	0.64	0.10	11.3	河流冲积物	E 112°28′43.3″ N 34°40′11.3″	75
剖2						2	30—60	黄色	砂壤土	块状		2.3	0.11	0.27	8.7			
剖2						3	60—100	黄褐色	中壤土	碎块状		9.8	0.98	0.30	13.9			
剖3	半淋溶土	褐土	山地褐土	灰石土	少砾质薄层灰石土	1	0—10	棕红色	砂壤土	粒状		9.3	0.67	0.28	6.9	石灰岩	E 112°29′44.2″ N 34°41′10.3″	75
剖3						2	10—25	红黄色	砂壤土	片状		2.1	0.49	0.29	6.4			
剖3						3	25—100	棕褐色	石砾土	无结构		1.2	<0.10	0.27	3.1			
剖4	半水成土	潮土	黄潮土	淤土	体壤淤土	1	0—28	灰褐色	重壤土	团粒状		17.8	1.02	0.45	15.9	河流冲积物	E 112°29′39.5″ N 34°40′37.2″	75
剖4						2	28—44	棕褐色	中壤土	碎块状		11.3	0.74	0.45	13.8			
剖4						3	44—100	暗褐色	中壤土	碎块状		9.8	0.62	0.47	≥50.0			
剖5	半水成土	褐土	褐土	堆垫褐土	厚层堆垫褐土	1	0—20	黄褐色	中壤土	粒状						堆垫物	E 112°24′05.4″ N 34°41′40.6″	95
剖5						2	20—100	灰黄色	中壤土	碎块状								
剖6	半淋溶土	褐土	褐土	红黄土	红黄土	1	0—21	浅棕色	重壤土	粒状	8.2	8.0	0.29	0.12	32.4	红黄土	E 112°19′50.9″ N 34°39′21.2″	95
剖6						2	21—25	红黄色	重壤土	块状	8.4	7.1	0.37	0.12	31.3			
剖6						3	25—100	棕黄色	重壤土	棱块状	8.2	4.5	0.29	0.11	27.7			
剖7	半水成土	潮土	黄潮土	砂土	细砂土	1	0—27	浅黄褐色	松砂土	粒状		7.4	0.29	0.42	5.3	河流冲积物	E 112°26′19.0″ N 34°38′45.6″	95
剖7						2	27—50	浅黄色	松砂土	无结构		<1.0	0.18	0.25	3.2			
剖7						3	50—100	浅黄色	松砂土	无结构		<1.0		0.25	2.8			
剖8	半淋溶土	褐土	潮褐土	潮护土	潮红护土	1	0—25	暗棕红色	重壤土	粒状	8.4	19.5	0.37	0.27	≤1.0	冲积物、洪积物	E 112°25′52.5″ N 34°36′28.0″	95
剖8						2	25—70	棕红色	重壤土	块状	8.4	14.8	0.37	0.21	≤1.0			
剖8						3	70—100	棕红色	重壤土	大块状	8.4	9.5	0.37	0.18	≤1.0			
剖9	半淋溶土	褐土	潮褐土	潮黄土	油黄土	1	0—25	灰黄色	轻壤土	团粒状		11.4	1.40	0.58	12.0		E 112°30′54.4″ N 34°41′29.8″	95
剖9						2	25—80	浅黄色	砂壤土	碎屑状		4.7	0.47	0.29	11.0			
剖9						3	80—100	暗黄色	轻壤土	碎块状		<1.0	0.50	0.31	10.8			
剖10	半水成土	潮土	黄潮土	淤土	淤土	1	0—22	灰黄色	重壤土	粒状	8.3	19.5	0.91	0.27		河流冲积物	E 112°31′54.8″ N 34°39′29.2″	95
剖10						2	22—60	黄褐色		碎块状	8.4	13.5	0.49	0.19				
剖10						3	60—100	暗棕褐色		块状	8.3	7.8	0.39	0.17				

偃 师 区

主要土类说明

褐土是偃师区主要土壤类型，占本区地域面积的 77%。褐土是在半干旱、半湿润的季风型暖温带气候下形成的地带性土壤。成土母质多为第四纪马兰黄土、次生黄土及人工堆垫母质，在侵蚀严重的地区有第四纪离石黄土、午城黄土和第三纪保德红土，山地母质为灰岩、砂岩残积物、坡积物等。本市湿季正是高温季节，风化和成土作用在夏季强烈进行。剖面碳酸盐及黏粒均有不同程度的淋溶与淀积。碳酸钙以白色的假菌丝状在心土或心土以下土层淀积，有时形成石灰结核。在 40—80cm 处有褐色黏化层，质地黏重为褐土的主要特征之一。黏化层呈棕褐色、块状或柱状结构，结构面上及孔隙壁常附着暗色黏质胶膜。本区褐土分褐土、石灰性褐土、潮褐土、淋溶褐土、褐土性土等亚类。本区褐土剖面主要特征是黏化层明显，出现部位多在 50cm 左右，碳酸盐在土体中下部，通常以假菌丝或砂姜形态淀积，通体有石灰反应。表层和心土层石灰反应一般较弱，由于长期耕种、施用土粪肥，表层石灰反应增强，底土层石灰反应强烈。

潮土是偃师区第二大土壤类型，占本区地域面积的 15%。潮土发育在近代河流沉积物上，是受地下水影响，经耕种熟化而形成的土壤。其剖面特点是：质地层次明显，下层有明显的锈色斑纹，表层多呈灰黄色，全剖面有石灰反应，土壤呈微碱性。本区潮土只有一个黄潮土亚类，发育在黄河重要支流伊洛河沉积物上，根据质地分为砂土、两合土、淤土三个土属。其中，两合土面积最大，占本亚类面积的 68% 左右，分布在距河较远的沿河阶地上，土壤剖面特征是通体壤质或有砂间层，下层有铁锈斑纹，有夜潮现象，石灰反应强烈，保水、保肥性能一般，适宜种植多种作物，为较好的耕种土壤。两合土集中分布在山化、岳滩、翟镇、佃庄、顾县等乡镇及中心街道。

小于本区地域面积 3% 的土壤类型还有红黏土等。

本区域中心区气候特征

本区域中心区气候特征值
Regional climate characteristics in central area of the region

气候带：暖温带亚湿润气候 Climate region: Warm temperate subhumid climate	
年平均气温 /℃ Annual average temperature /℃	13.9
年平均最高气温 /℃ Annual average maximum temperature /℃	19.9
年平均最低气温 /℃ Annual average minimum temperature /℃	8.9
年降水量 /mm Annual precipitation /mm	637
≥10℃的积温 /℃ Daily temperature accumulated in a year（≥10℃）/℃	4939
年日照时数 /h Annual sunshine /h	2139
年平均相对湿度 /% Annual average relative humidity /%	67
干燥度 Dryness	1.33

本区域中心区月平均气温与月平均降水量
Monthly temperature and precipitation in central area of the region

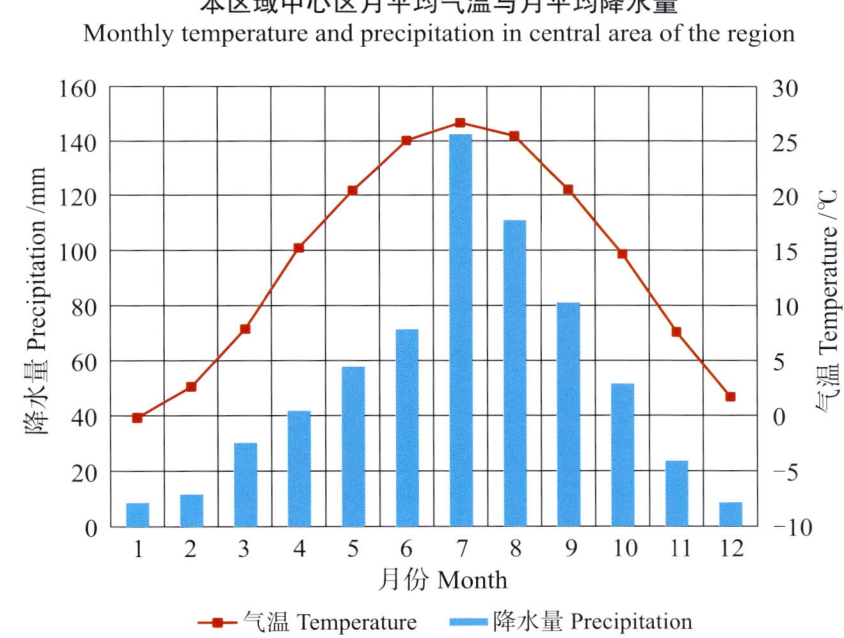

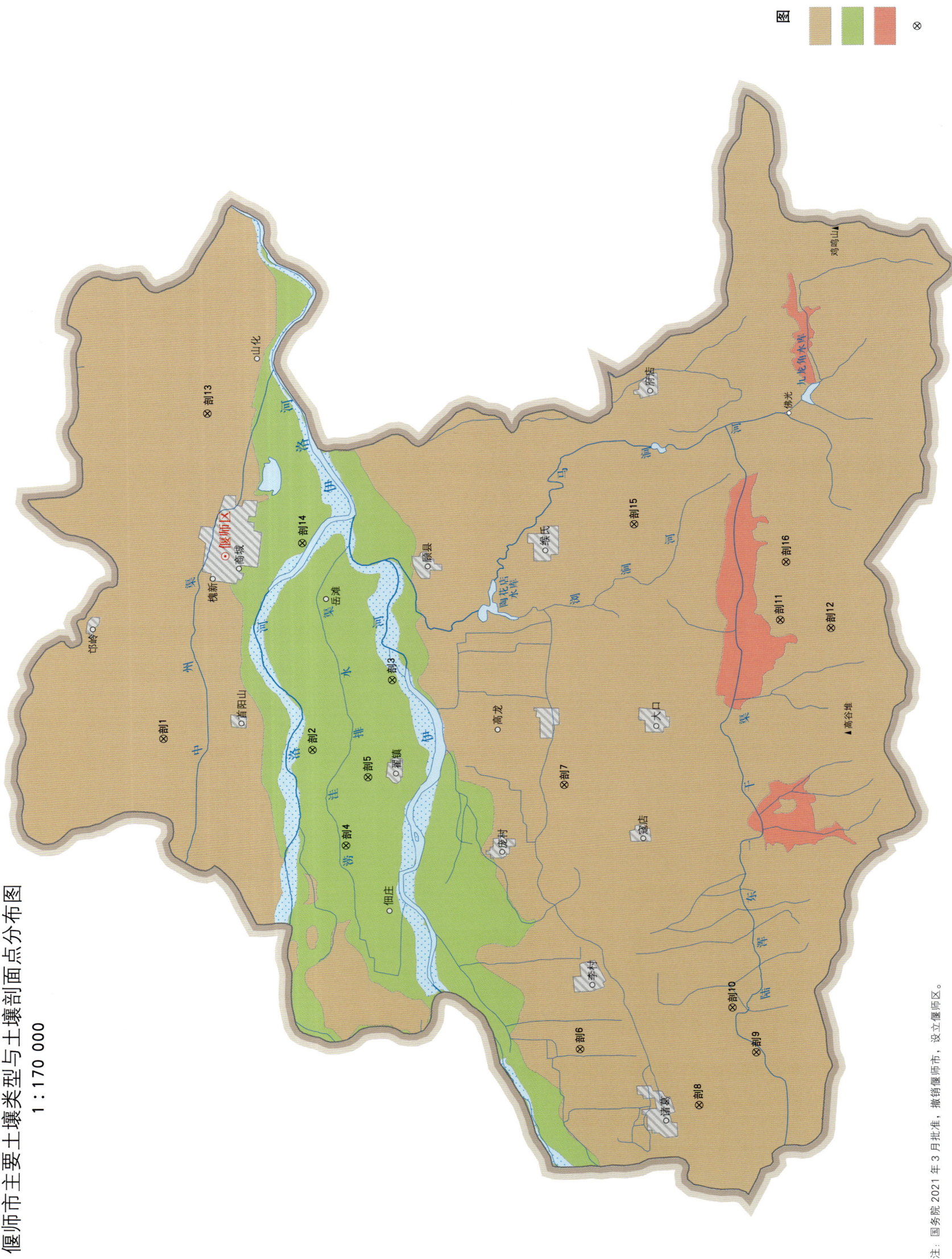

偃师市主要土壤类型与土壤剖面点分布图
1∶170 000

注：国务院2021年3月批准，撤销偃师市，设立偃师区。

偃师区土壤剖面理化性状表

剖面号 Soil profile	土纲 Soil order	土类 Soil great group	亚类 Soil subgroup	土属 Soil genus	土种 Soil species	土层码 Layer code	土层厚度 Depth/cm	颜色 Soil color	质地 Soil texture	土壤结构 Soil structure	pH	有机质 OM/(g/kg)	全氮 TN/(g/kg)	全磷 TP/(g/kg)	全钾 TK/(g/kg)	有效磷 AP/(mg/kg)	速效钾 AK/(mg/kg)	阳离子交换量 CEC/(cmol/kg)	土壤母质 Parent material	剖面点坐标 Profile coordinate	匹配指数 Matching index/%
剖1	半淋溶土	褐土	潮褐土	二潮黄土	油黄土	1	0—33	灰白色	中壤土	块状	8.5	13.1	0.90	1.87				10.7	次生黄土	E 112°41′44.2″ N 34°45′07.6″	95
						2	33—50	浅灰黄色	中壤土	团粒状	8.5	7.9	0.65	1.69				10.2			
						3	50—100	浅灰黄色	中壤土	团粒状	8.2	9.3	0.61	1.71				10.3			
剖2	半水成土	潮土	黄潮土	两合土	两合土	1	0—23	浅灰黄色	中壤土	粒状	8.3	12.9	0.86	1.45				11.3	河流冲积物	E 112°41′22.6″ N 34°41′56.4″	98
						2	23—38	浅灰黄色	中壤土	块状	8.1	8.4	0.75	1.38				11.2			
						3	38—56	浅灰黄色	中壤土	块状	8.4	8.8	0.61	2.06				11.9			
						4	56—100	浅灰黄色	中壤土	块状	8.4	4.9	0.46	1.61				14.4			
剖3	半水成土	潮土	黄潮土	两合土	砂壤土	1	0—33	灰黄色	砂壤土	碎块状	8.3	4.2	0.37	1.58				8.6	河流冲积物	E 112°43′12.7″ N 34°40′12.7″	97
						2	33—44	浅灰棕色	中壤土	块状	8.2	4.4	0.35	1.40				16.4			
						3	44—100	浅灰黄色	砂壤土	块状	8.2	2.7	0.22	1.74				7.4			
剖4	半水成土	潮土	黄潮土	淤土	淤土	1	0—33	灰棕色	重壤土	粒状	8.5	22.0	1.11	2.57				16.6	河流冲积物	E 112°38′46.7″ N 34°41′15.0″	97
						2	33—45	灰棕色	中壤土	块状	8.6	11.1	0.82	1.70				19.0			
						3	45—62	暗棕色	重壤土	碎屑状	8.6	15.0	0.81	1.88				14.6			
						4	62—100	灰棕色	轻黏土	块状	8.5	8.2	0.62	1.68				16.5			
剖5	半水成土	潮土	黄潮土	两合土	小两合土	1	0—24	灰黄色	轻壤土	粒状	8.5	11.6	0.63	1.76				11.4	河流冲积物	E 112°40′37.2″ N 34°40′45.5″	98
						2	24—69	浅灰棕色	轻壤土	块状	8.3	2.0	0.15	1.87				7.3			
						3	69—81	灰黄色	中壤土	块状	8.1	8.0	0.42	1.65				12.9			
						4	81—100	棕黄色	轻壤土	块状	8.2	7.1	0.46	1.45				16.8			
剖6	半淋溶土	褐土		护土	红护土	1	0—32	浅灰棕色	轻黏土	粒状	8.1	14.6	0.94	1.35				27.1	洪积物，冲积物	E 112°33′14.4″ N 34°36′18.0″	98
						2	32—48	浅灰棕色	中壤土	块状	8.0	7.7	0.70	0.99				24.0			
						3	48—100	浅灰棕色	中壤土	块状	8.1	4.6	0.54	0.85				18.8			
剖7	半淋溶土	褐土		立黄土	立黄土	1	0—28	黄棕色	中壤土	粒状	8.3	10.6	0.71	1.71				14.1	马兰黄土	E 112°40′20.3″ N 34°36′33.8″	98
						2	28—60	浅棕色	重壤土	柱状	8.0	4.6	0.54	1.21				14.6			
						3	60—100	暗棕色	中壤土	块状	8.0	5.9	0.62	1.12				19.9			
剖8	半淋溶土	褐土		红黄土	油红黄土	1	0—25	黄棕色	中壤土	碎屑状	8.1	10.4	0.78	0.86				15.1	红黄土	E 112°31′43.3″ N 34°33′46.1″	98
						2	25—64	棕色	重壤土	块状	8.2	5.2	1.72	1.15				14.7			
						3	64—100	棕黄色	重壤土	块状	8.0	6.5	0.63	0.84				18.1			
剖9	半淋溶土	褐土		红黄土	红黄土	1	0—26	黄棕色	重壤土	碎屑状	8.2	7.8	0.69	0.81				21.9	红黄土	E 112°33′05.8″ N 34°32′31.9″	97
						2	26—56	浅棕色	重壤土	块状	8.1	1.4	0.37	0.60				24.3			
						3	56—100	浅灰棕色	重壤土	块状	8.0	10.4	0.42	0.68				21.3			
剖10	半淋溶土	褐土		红黄土	浅位少量砂姜红黄土	1	0—28	浅棕色	重壤土	碎屑状	8.2	4.3	0.78	1.37				15.8	红黄土	E 112°34′18.1″ N 34°33′01.8″	95
						2	28—100	灰棕色	重壤土	块状	8.0	31.0	0.47	1.31				15.1			
剖11	半淋溶土	褐土		灰石土	薄层砂岩淡溶褐土	1	0—20	灰黄色		碎屑状	8.0		1.60	0.81				20.7	砂岩	E 112°44′39.1″ N 34°31′53.4″	97
						2	20—														
剖12	半淋溶土	褐土	淋溶褐土	砂岩淋溶褐土	薄层砂岩淋溶褐土	1	0—20	灰棕色	中壤土	粒状	6.8	65.5	3.21	1.38				23.8	砂岩	E 112°44′25.1″ N 34°30′48.2″	98
						2	20—30	褐灰色	砂壤土	粒状	7.0	26.0	1.28	0.79				12.2			
						3	30—														
剖13	半淋溶土	褐土	石灰性褐土	火褐黄土	白面土	A_{11}	0—21	油黄橙色	砂质黏壤土	团块状	8.5	15.0	0.82	0.72	17.3	5.0	94	8.7	马兰黄土	E 112°50′26.9″ N 34°44′04.2″	95
						ABv	21—50	浅橙色	黏壤土	棱柱状	8.3	8.1	0.49	0.69	17.0	<1.0	63	8.2			
						Bvk_1	50—95	浅橙色	黏壤土	棱块状	8.3	3.7	0.40	0.64	17.3	<1.0	53	8.8			
						Bvk_2	95—150	浅橙色	黏壤土	棱块状	8.4	3.4	0.22	0.64	17.1		58	8.9			
剖14	半水成土	潮土	黄潮土	砂土	细砂土	1	0—23	灰黄色	砂壤土	块状	8.2	5.2	0.32	1.65				8.0	河流冲积物	E 112°46′56.3″ N 34°42′05.0″	97
						2	23—100	浅灰黄色	紧砂土	无结构	8.4	2.3	0.15	1.60				6.9			

续表 Continued

剖面号 Soil profile	土纲 Soil order	土类 Soil great group	亚类 Soil subgroup	土属 Soil genus	土种 Soil species	土层码 Layer code	土层厚度 Depth/cm	颜色 Soil color	质地 Soil texture	土壤结构 Soil structure	pH	有机质 OM/(g/kg)	全氮 TN/(g/kg)	全磷 TP/(g/kg)	全钾 TK/(g/kg)	有效磷 AP/(mg/kg)	速效钾 AK/(mg/kg)	阳离子交换量CEC/(cmol/kg)	土壤母质 Parent material	剖面点坐标 Profile coordinate	匹配指数 Matching index/%
剖15	半淋溶土	褐土	潮褐土	潮垆土	潮红垆土	1	0—35	灰棕色	重壤土	碎块状	8.5	16.0	0.87	2.01				17.3	牛城黄土、离石黄土	E 112°47′17.5″ N 34°34′58.8″	95
						2	35—45	灰棕色	轻黏土	块状	8.5	8.8	0.69	2.57				19.7			
						3	45—100	灰棕色	重壤土	块状	8.5	9.3	0.68	2.07				14.5			
剖16	半淋溶土	褐土	褐土	废墟土	废墟黑垆土	1	0—24	暗黄棕色	重壤土	粒状	8.3	14.1	0.83	1.49				16.0	古城废墟土	E 112°46′12.7″ N 34°31′44.8″	95
						2	24—36	浅灰色	重壤土	块状	8.5	11.7	0.76	1.91				15.6			
						3	36—58	棕灰色	重壤土	棱柱状	8.3	7.3	0.52	1.38				15.8			
						4	58—100	灰白色	重壤土	柱状	8.2	5.6	0.78	1.49				12.5			

孟 津 区

主要土类说明

褐土是孟津区主要土壤类型，占本区地域面积的86%，分布于邙山丘陵和黄河二级阶地及一级阶地洪积扇的上缘，大部分发育在马兰黄土、离石黄土、午城黄土和次生黄土母质上，部分发育在保德红土母质上。本区褐土土层深厚，耕作历史悠久。褐土所处区域地下水埋藏较深，土壤形成不受地下水影响。由于碳酸盐淀积、黏化作用以及有机质积累和耕作熟化等成土过程的不同特点，其剖面形成明显的发育层次，通常由腐殖质层（或熟化层）、黏化层和钙积层（少数为半风化母质层）三个基本层段组成。腐殖质层呈灰黄色团粒状或团块状结构，厚21—23cm，石灰反应中等或偏弱，也有部分剖面受耕作影响反应较强。黏化层紧实且质地较重，呈暗褐色或红褐色，具棱柱状或块状结构，厚22—26cm。钙积层呈浅黄色或棕黄色，质地比黏化层偏轻，呈拟柱状或棱块状结构，有垂直节理。由于本区属干旱的富含碳酸盐地区，多形成淋溶钙积型的褐土，新生体多以假菌丝体形态出现。因邙山系厚层黄土覆盖丘陵，所以土体常厚50—100cm。褐土呈碱性，pH为7.8—8.6。本区褐土分为褐土、石灰性褐土、始成褐土和潮褐土等亚类。褐土亚类是褐土土类中的典型亚类，占褐土总面积的67%，具有明显的发育层次，土壤剖面的主要特征是在32—68cm处出现暗褐色或红褐色的黏化层，黏化层以下是以石灰斑点假菌丝体或砂姜形态出现的碳酸盐淀积层；通体有石灰反应，黏化层反应相对较弱，下部反应强烈，表层因耕作影响，复钙作用明显，反应亦较强；土壤表层多呈团粒状结构，中层多为棱柱状结构，下层多为块状结构。

潮土是孟津区第二大土壤类型，占本区地域面积的5%。它发育在近代黄河沉积物和洛河沉积物上，地势低平开阔，排水不畅，坡降不超过1/1000，低平处1/1500。地下水位1.5—3m，变幅1—2m，成土过程直接受地下水作用，潮化过程明显，土壤剖面有锈色斑纹，通体碳酸盐反应强烈，呈碱性，pH为8.3—8.9。根据地形、水文条件对土壤发育的影响及附加成土过程，本区潮土分为黄潮土和褐潮土等亚类。黄潮土亚类占潮土土类的79%，主要分布于黄河中下游的分界处，沿岸形成较宽阔的冲积小平原；成土母质为黄河沉积物和洛河二级阶地洪积物、冲积物；剖面质地层次不清，通体有较强石灰反应；下部有锈色斑纹，受水渍作用强烈时有铁锰结核出现，一般无假菌丝体。

本区域中心区气候特征

本区域中心区气候特征值
Regional climate characteristics in central area of the region

气候带：暖温带亚湿润气候 Climate region: Warm temperate subhumid climate	
年平均气温 /℃ Annual average temperature /℃	13.8
年平均最高气温 /℃ Annual average maximum temperature /℃	19.8
年平均最低气温 /℃ Annual average minimum temperature /℃	8.7
年降水量 /mm Annual precipitation /mm	613
≥10℃的积温 /℃ Daily temperature accumulated in a year（≥10℃）/℃	4887
年日照时数 /h Annual sunshine /h	2162
年平均相对湿度 /% Annual average relative humidity /%	66
干燥度 Dryness	1.37

本区域中心区月平均气温与月平均降水量
Monthly temperature and precipitation in central area of the region

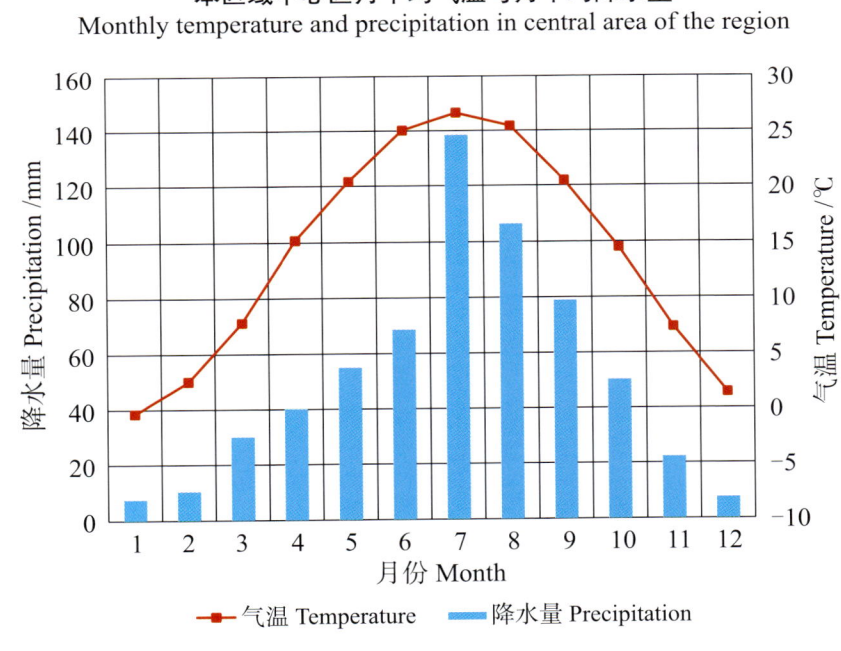

孟津县主要土壤类型与土壤剖面点分布图

1:190 000

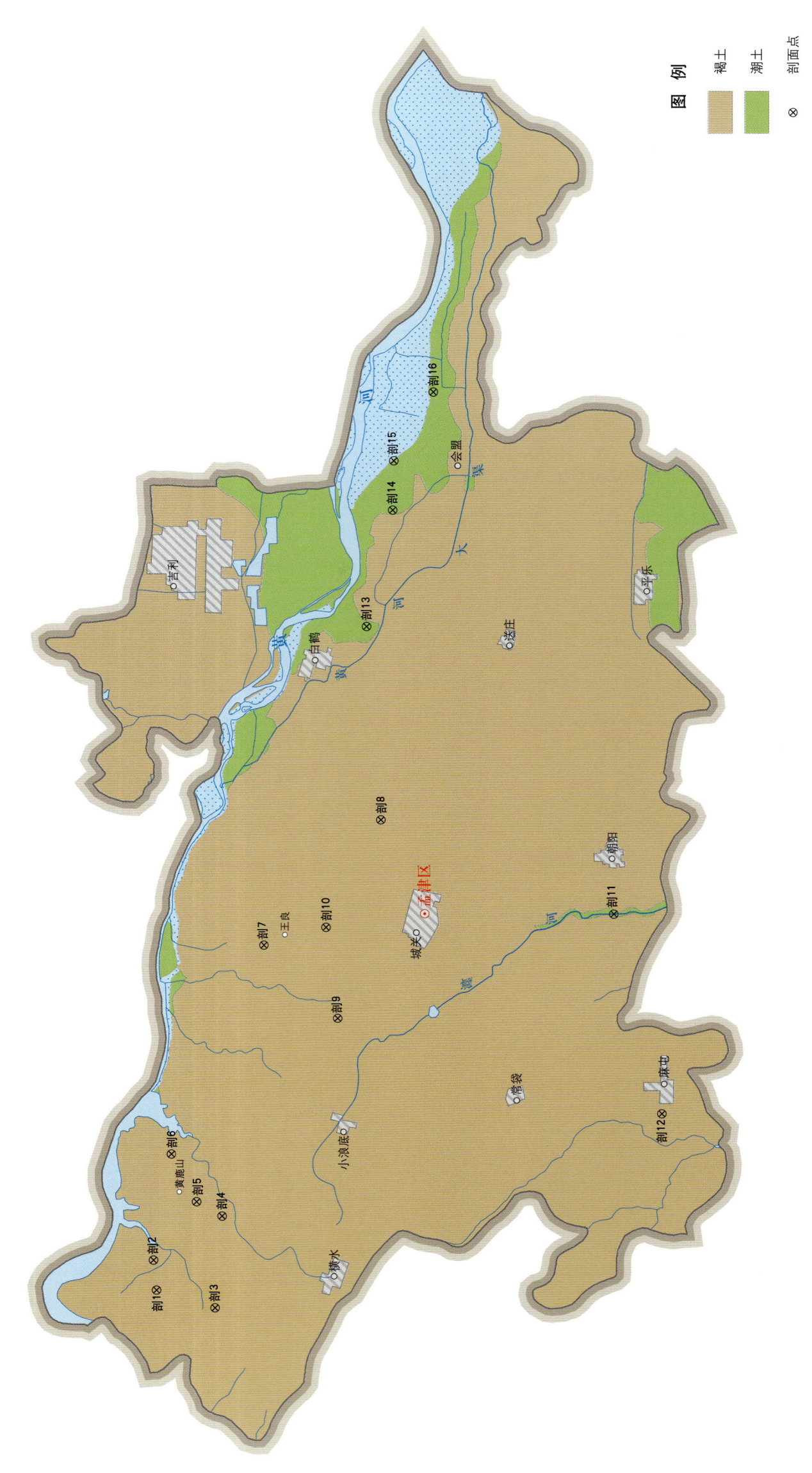

图 例
- 褐土
- 潮土
- ⊗ 剖面点

注：国务院 2021 年 3 月批准，撤销孟津县，设立孟津区，以原孟津县、吉利区的行政区域为孟津区的行政区域。

孟津区土壤剖面理化性状表

剖面号 Soil profile	土纲 Soil order	土类 Soil great group	亚类 Soil subgroup	土属 Soil genus	土种 Soil species	土层码 Layer code	土层厚度 Depth/cm	颜色 Soil color	质地 Soil texture	土壤结构 Soil structure	pH	有机质 OM/(g/kg)	全氮 TN/(g/kg)	全磷 TP/(g/kg)	全钾 TK/(g/kg)	有效磷 AP/(mg/kg)	速效钾 AK/(mg/kg)	阳离子交换量CEC/(cmol/kg)	土壤母质 Parent material	剖面点坐标 Profile coordinate	匹配指数 Matching index/%
剖1	半淋溶土	褐土	褐土	红黄土质褐土	红黄土质少量砂姜褐土	1	0—20	灰黄色	重壤土	碎屑状									红黄土	E 112°16′26.8″ N 34°55′20.6″	97
						2	20—54	棕黄色	重壤土	块状											
						3	54—100	棕黄色	中壤土	棱块状											
剖2	半淋溶土	褐土	褐土	立黄土	少量砂姜立黄土	1	0—28	灰黄色	中壤土	粒状	8.3	11.4	0.63	0.62	17.2	20.0	128	13.4	马兰黄土及次生黄土	E 112°17′14.6″ N 34°55′24.2″	97
						2	28—47	浅黄色	中壤土	块状	8.4	6.7	0.41	0.52			89	12.6			
						3	47—77	棕黄色	中壤土	块状	8.4	3.7	0.31	0.44			70	14.1			
						4	77—100	棕黄色	中壤土	块状	8.4	3.3	0.22	0.40			69				
剖3	半淋溶土	褐土	始成褐土	红黄土质始成褐土	红黄土质少量砂姜始成褐土	1	0—15	棕黄色	重壤土	碎块状	8.2	8.0	0.56	0.43	19.3	1.0	142	20.4	红黄土	E 112°15′57.2″ N 34°54′06.5″	97
						2	15—50	棕黄色	中壤土	块状	8.2	6.0	0.43	0.42			130	19.9			
						3	50—100	灰黄色	中壤土	块状	8.3	5.0	0.32	0.42			62	17.5			
剖4	半淋溶土	褐土	石灰性褐土	白护土	壤质白护土	1	0—22	灰黄色	中壤土	粒状	8.4	10.5	0.52	0.56	18.3	13.0	148	13.1	黄土性洪积物、冲积物	E 112°18′23.4″ N 34°53′56.0″	97
						2	22—43	灰黄色	中壤土	块状	8.6	6.2	0.38	0.58			103	12.2			
						3	43—100	浅黄色	轻壤土	粒状	8.7	4.1	0.32	0.72			87	11.0			
剖5	半淋溶土	褐土	石灰性褐土	白面土	白面土	1	0—27	灰黄色	中壤土	块状	8.5	10.0	0.60	0.65	17.6	4.0	76	9.3	黄土	E 112°18′46.4″ N 34°54′28.4″	97
						2	27—47	浅黄色	中壤土	块状	8.6	5.0	0.40	0.60			61	7.3			
						3	47—100	浅黄色	中壤土	粒状	8.6	3.0	0.20	0.54			55	7.8			
剖6	半淋溶土	褐土	始成褐土	红黄土质始成褐土	红黄土质浅位少量砂姜褐土	1	0—22	棕黄色	重壤土	碎屑状	8.1	14.0	0.78	0.43	17.9	1.0	156	23.2	红黄土	E 112°20′02.0″ N 34°54′59.8″	97
						2	22—31	棕黄色	重壤土	碎块状	8.2	11.0	0.67	0.38			156	22.0			
						3	31—60	红黄色	重壤土	块状	7.9	6.0	0.51	0.30			133	23.4			
						4	60—100	浅红黄色	中壤土	粒状	7.9	7.0	0.51	0.29			135	23.5			
剖7	半淋溶土	褐土	褐土	覆盖褐土	红黄土质红黏土底褐土	1	0—19	灰黄色	重壤土	碎屑状	8.3	10.9	0.78	0.58	19.5	9.0		17.3	红黄土	E 112°25′37.2″ N 34°52′58.8″	95
						2	19—58	灰黄色	中壤土	块状	8.2	5.8	0.43	0.46				20.6			
						3	58—100	红黄色	中壤土	棱块状	8.1	2.1	0.41	0.41				26.4			
剖8	半淋溶土	褐土	石灰性褐土	白面土	少量砂白面土	1	0—21	黄白色	重壤土	粒状	8.3		0.60	0.44	18.7	2.0	150	22.8	黄土	E 112°28′55.6″ N 34°50′28.0″	97
						2	21—42	黄白色	中壤土	块状	8.3	3.2	0.40	0.34			126	21.9			
						3	42—64	黄白色	中壤土	块状	8.3	3.8	0.30	0.31			131	19.0			
						4	64—100	红褐色	中壤土	块状	8.4	3.1	0.40	0.38			124	20.1			
剖9	半淋溶土	褐土	褐土	红黄土质褐土	红黄土质浅位少量砂姜褐土	1	0—26	红褐色	重壤土	碎屑状	8.5	3.9	0.53	0.56	17.6	4.0	133	14.7	红黄土	E 112°23′38.4″ N 34°51′25.9″	97
						2	26—51	红棕色	重壤土	团粒状	8.4	12.0	0.33	0.49			88	12.6			
						3	51—76	红棕色	重壤土	块状	8.5	9.0	0.15	0.43			80	13.7			
						4	76—100	红黄色	中壤土	块状	8.5	4.0	0.85	0.70			126	13.8			
剖10	半淋溶土	褐土	褐土	立黄土	多量砂立黄土	1	0—26	浅黄色	重壤土	块状	8.4	14.0	0.62	0.62	17.3	4.0	93	13.3	马兰黄土及次生黄土	E 112°26′04.6″ N 34°51′39.6″	97
						2	26—70	浅黄色	中壤土	块状	8.5	9.4	0.49	0.56			86	12.3			
						3	70—100	灰黄色	中壤土	块状	8.5	6.0	0.56	0.41			140	18.5			
剖11	半淋溶土	褐土	褐潮土	褐土化两合土	褐土化两合土	1	0—20	灰黄色	轻壤土	粒状	8.3	9.6	0.18	0.31	17.2	2.0	113	23.4	河流冲积物	E 112°26′20.0″ N 34°45′32.4″	97
						2	20—35	黄棕色	重壤土	块状	8.2	4.7	0.16	0.27			156	21.1			
						3	35—100	暗黄色	中壤土	块状	8.4	1.6	0.88	0.58			166	22.0			
剖12	半水成土	褐土	褐土	红黄土质褐土	红黄土质多量砂姜褐土	1	0—20	灰黄色	轻壤土	块状	8.5	12.6	0.72	0.60	22.0	5.0	197	22.0	红黄土	E 112°34′05.2″ N 34°50′42.4″	97
						2	20—65	青灰色	中壤土	块状	8.5	9.2		0.57							
剖13	半水成土	潮土	黄潮土	灌淤土	厚层灌淤土	1	0—22	灰棕色	中壤土	粒状	8.7	4.3	0.35				101	9.4	河流冲积物		97
						2	22—77														
						3	77—100														

续表 Continued

剖面号 Soil profile	土纲 Soil order	土类 Soil great group	亚类 Soil subgroup	土属 Soil genus	土种 Soil species	土层码 Layer code	土层厚度 Depth/cm	颜色 Soil color	质地 Soil texture	土壤结构 Soil structure	pH	有机质 OM/(g/kg)	全氮 TN/(g/kg)	全磷 TP/(g/kg)	全钾 TK/(g/kg)	有效磷 AP/(mg/kg)	速效钾 AK/(mg/kg)	阳离子交换量 CEC/(cmol/kg)	土壤母质 Parent material	剖面点坐标 Profile coordinate	匹配指数 Matching index/%
剖14	半水成土	潮土	黄潮土	灌淤土	灌淤土	1	0—19	灰褐色	轻黏土	块状	8.4	13.9	0.87	0.61	18.7	5.0	183	18.9	河流冲积物	E 112°37′11.3″ N 34°50′07.1″	97
						2	19—36	灰褐色	轻黏土	块状	8.5	13.8	0.81	0.61			195	18.8			
						3	36—100	红褐色	轻黏土	屑粒状	8.6	7.8	0.70	0.60			215	22.4			
剖15	半水成土	潮土	黄潮土	两合土	腰砂小两合土	1	0—31	灰黄色	轻壤土	无结构	8.3	13.4	0.77	0.69	19.0	20.0	180	11.2	河流冲积物	E 112°38′30.1″ N 34°50′04.6″	97
						2	31—61	浅褐色	紧砂土	块状	8.9	3.1	0.44	0.62			45	5.6			
						3	61—100	青灰色	轻壤土	粒状	8.7	6.4	0.88	0.56			64	9.3			
剖16	半水成土	潮土	黄潮土	两合土	体砂两合土	1	0—18	灰黄色	中壤土	无结构									河流冲积物	E 112°40′18.8″ N 34°49′12.7″	98
						2	18—37	青灰色	紧砂土	无结构											

新 安 县

主要土类说明

褐土是新安县主要土壤类型，占本县地域面积的94%，分布在本县除北部山地棕壤以外的广大区域，山地、丘陵、河川等各种地貌类型均有分布。本县属暖温带大陆性半干旱季风气候，年降水量大部分集中在夏季，形成冬春干旱、寒冷而夏秋温暖、湿润的气候特点，是褐土发育的主要条件。在夏秋季节，土壤中的物理化学及生物化学过程强烈进行，特别是剖面40—60cm土层中，温湿度比较稳定，矿物质颗粒充分分解，由粗变细，黏粒和胶粒逐渐增加，加之表层受雨水淋溶使黏粒下移，久而久之，便形成了黏化层。在褐土区的生物气候条件下，黄土母质中含有的大量碳酸钙，在土壤有机酸与无机酸的作用下，变为可溶性的重碳酸钙沿孔隙随水下渗。至土壤下层酸性逐渐被中和，水分减少，重碳酸钙重新变为碳酸钙聚积于土壤空隙中或覆盖于结构面上，从而产生了菌丝状的石灰淀积。经过年复一年的淀积，由菌丝逐渐聚积而胶结成黄白色的大小不一的块状物，即砂姜。土体中砂姜的出现，就意味着土壤肥力的下降。由于碳酸钙的不断淋溶淀积，就出现了厚薄不一的砂姜层。由于季节性的干湿交替变化，黏化层中黏土矿物的不断收缩和膨胀，使土体沿结构面产生裂缝，在植物根系穿插和土体中重力水下渗的情况下，黏化层纵裂缝加大，成为水分下渗的通道，随水下渗的黏粒及溶于土壤中的钙、镁等物质覆盖于结构面上，久而久之凝结成胶膜，水分不易渗入结构体内，而成为比较稳定的棱柱状或拟柱状结构，在分类上多为立黄土。根据其发育程度、石灰淋溶淀积及地下水影响，本县褐土分为褐土、石灰性褐土、淋溶褐土、潮褐土和始成褐土等亚类。

棕壤是新安县第二大土壤类型，占本县地域面积的1%，主要分布在本县西北部中山区的石井和青要山等地。植被主要为落叶阔叶林，在稀疏林下的空旷地段生长有繁茂的灌木丛和草本植物等。由于自然植被茂密，光照不足，气候湿润。温度较低，有机质分解缓慢。水分含量高，黏粒聚积作用明显，有黏化现象，可溶性盐类和钙物质都被淋洗，表层的盐基饱和度高于其他层，无石灰反应，pH在6.5以下，呈微酸性。根据发育程度，本县棕壤分为棕壤和始成棕壤等亚类。

占新安县地域面积较小的土壤类型还有潮土，多分布在涧河、畛河两川区及黄河沿岸，铁门、汉关和磁涧等乡镇街道均有分布。潮土主要发育于河流沉积物上，受地下水影响，经过耕种熟化而形成。地下水位一般在1.5—3.0m。土层较厚，层次明显，土层的质地和色泽均一，剖面下层有锈色斑纹，有时有细小的铁锰结核。土壤呈中性至微碱性，pH为7.0—8.5，通体有石灰反应。本县潮土分为黄潮土和褐潮土等亚类。

本区域中心区气候特征

本区域中心区气候特征值
Regional climate characteristics in central area of the region

气候带：暖温带亚湿润气候 Climate region: Warm temperate subhumid climate	
年平均气温 /℃ Annual average temperature /℃	13.7
年平均最高气温 /℃ Annual average maximum temperature /℃	19.8
年平均最低气温 /℃ Annual average minimum temperature /℃	8.6
年降水量 /mm Annual precipitation /mm	598
≥10℃的积温 /℃ Daily temperature accumulated in a year (≥10℃) /℃	4847
年日照时数 /h Annual sunshine /h	2167
年平均相对湿度 /% Annual average relative humidity /%	66
干燥度 Dryness	1.39

本区域中心区月平均气温与月平均降水量
Monthly temperature and precipitation in central area of the region

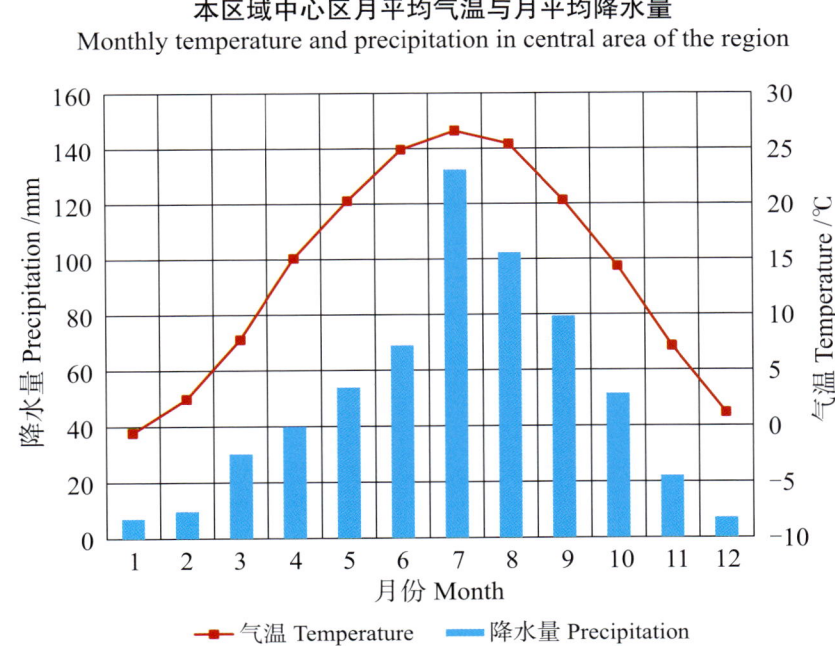

新安县主要土壤类型与土壤剖面点分布图
1∶180 000

新安县土壤剖面理化性状表

剖面号 Soil profile order	土纲 Soil order	土类 Soil great group	亚类 Soil subgroup	土属 Soil genus	土种 Soil species	土层码 Layer code	土层厚度 Depth/cm	颜色 Soil color	质地 Soil texture	土壤结构 Soil structure	pH	有机质 OM/(g/kg)	全氮 TN/(g/kg)	全磷 TP/(g/kg)	全钾 TK/(g/kg)	有效磷 AP/(mg/kg)	速效钾 AK/(mg/kg)	阳离子交换量CEC/(cmol/kg)	土壤母质 Parent material	剖面点坐标 Profile coordinate	匹配指数 Matching index/%
剖1	半淋溶土	褐土	始成褐土	石英质岩始成褐土	紫色岩厚层砾质始成褐土	1	0~19	灰棕色	砂壤土	粒状	5.3	14.3	0.62	0.14	33.6	1.3	110	7.9	石英质岩	E 111°59′20.8″ N 34°55′01.2″	95
						2	19~46	紫棕色	砂壤土	粒状	5.3	5.4	0.21	0.11	33.3			6.7			
剖2	半淋溶土	褐土	始成褐土	紫色质岩始成褐土		1	0~16	紫棕色	轻壤土	粒状	7.3	15.0	0.89	0.12	30.8	2.6	241	15.0	紫色岩	E 111°57′22.0″ N 34°54′16.9″	95
						2	16~35	暗灰棕色	中壤土	碎块状	7.1	10.1	0.51	0.10	32.3			12.7			
						3	35~100	暗棕色	轻壤土	块状	6.5	7.4	0.43	0.10	31.1			12.3			
剖3	半淋溶土	褐土	石灰性褐土	白面土	少量砂姜白面土	1	0~17	浅黄棕色	轻壤土	粒状	8.4	8.4	0.52	0.20	14.9	2.7	111	13.8	黄土	E 112°05′30.8″ N 35°00′47.9″	97
						2	17~36	浅黄色	轻壤土	碎块状	8.4	4.5	0.38	0.16	15.2			15.1			
						3	36~60	黄棕色	轻壤土	块状	8.3	2.3	0.16	0.15	15.3			14.8			
						4	60~100	黄棕色	中壤土	块状	8.3	1.7	0.19	0.18	16.1			12.9			
剖4	半淋溶土	褐土	褐土性	红黏土始成褐土	红黏土浅位少量砂姜始成褐土	1	0~16	暗棕红色	重壤土	粒状	8.2	13.5	0.83	0.13	10.7	3.0	182	18.7	保德红土	E 112°06′59.9″ N 35°01′12.6″	95
						2	16~33	暗棕红色	轻黏土	块状	8.3	9.9	0.67	0.12	9.0			19.9			
						3	33~50	暗棕红色	轻黏土	块状	8.3	8.8	0.55	0.10	9.3			22.8			
						4	50~61	暗棕红色	轻黏土	块状	8.2	8.6	0.51	0.12	8.9			23.6			
						5	61~100	红色	轻黏土	块状	8.2	8.0	0.52	0.13	8.5			28.8			
剖5	半淋溶土	褐土	始成褐土	红黄土质始成褐土	红黄土质始成褐土	1	0~22	棕色	重壤土	粒状	8.1	13.4	0.88	0.20	16.8	9.9	225	24.3	红黄土	E 112°02′27.7″ N 35°01′16.7″	95
						2	22~35	浅棕色	重壤土	块状	8.3	9.0	0.65	0.17	16.5			22.4			
						3	35~52	暗棕土色	重壤土	块状	8.3	7.2	0.55	0.15	16.1			21.2			
						4	52~76	暗棕色	重壤土	块状	8.3	6.5	0.46	0.15	16.2			22.3			
						5	76~100	暗棕色	重壤土	块状	8.3	6.1	0.40	0.15	15.5			19.0			
剖6	半淋溶土	褐土	始成褐土	红黄土质始成褐土	红黄土质少量砂姜始成褐土	1	0~20	暗棕红色	重壤土	粒状	8.3	13.0	0.80	0.19	15.8	3.1	210	21.6	红黄土	E 112°02′24.0″ N 35°00′28.4″	95
						2	20~49	暗棕红色	重壤土	块状	8.3	9.6	0.61	0.17	15.4			20.8			
						3	49~72	红棕色	重壤土	块状	8.3	10.2	0.73	0.17	15.6			22.1			
						4	72~100	暗棕色	重壤土	块状	8.4	8.9	0.74	0.17	15.4			20.8			
剖7	半淋溶土	褐土	褐土性	护土	红护土	1	0~17	灰黄色	重壤土	粒状	8.3	13.6	0.84	0.24	16.3	4.2	208	20.0	洪积物,冲积物	E 112°01′43.7″ N 34°58′34.0″	97
						2	17~50	浅黄棕色	重壤土	块状	8.3	8.2	0.54	0.21	15.4			16.7			
						3	50~70	红棕色	中壤土	块状	8.3	6.8	0.50	0.21	16.2			20.1			
						4	70~78	暗棕色	中壤土	碎块状	8.4	14.5	1.02	0.23	16.3			18.9			
						5	78~100	暗棕红色	中壤土	块状	8.5	7.1	0.62	0.24	15.8			22.2			
剖8	半淋溶土	褐土	始成褐土	石英质岩始成褐土	石英质岩中层质岩始成褐土	1	0~5	黑棕色	中壤土	粒状	7.1	49.1	2.23	0.15	17.2	4.0	304	20.2	石英质岩	E 112°03′09.4″ N 34°58′26.4″	95
						2	5~18	暗棕色	重壤土	粒状	7.4	27.5	1.42	0.12	17.9			17.9			
						3	18~29	暗棕色	中壤土	碎块状	7.4	14.1	0.76	<0.10	20.6			15.4			
						4	29~50	棕色	中壤土	碎块状	7.2	22.4	0.61	0.27	35.6			13.2			
剖9	半淋溶土	褐土	褐土性	黄土质始成褐土	黄土质少量砂姜始成褐土	1	0~20	浅棕色	中壤土	粒状	8.4	11.5	0.80	0.21	14.5	5.4	13	16.9	石英质岩	E 112°05′37.3″ N 34°59′42.4″	95
						2	20~43	红棕色	重壤土	块状	8.4	7.5	0.58	0.18	14.2			16.2			
						3	43~69	红棕色	重壤土	块状	8.4	4.6	0.54	0.18	13.2			18.8			
						4	69~100	浅棕色	重壤土	块状	8.4	4.3	0.47	0.17	13.8			17.8			
剖10	半淋溶土	褐土	始成褐土	红黏土始成褐土	硅铝斑红黏土始成褐土	1	0~13	暗棕红色	轻黏土	粒状	8.1	17.9	1.04	0.17	16.1	7.3	181	25.2	保德红土	E 112°04′06.2″ N 34°57′52.6″	95
						2	13~24	暗棕红色	轻黏土	块状	8.2	2.2	0.23	<0.10	15.5			31.7			
						3	24~69	暗棕红色	轻黏土	块状	8.2	2.1	0.31	<0.10	14.9			29.6			
						4	69~100	暗棕红色	轻黏土	块状	8.2	1.9	0.17	<0.10	14.9			28.9			

续表 Continued

剖面号 Soil profile	土纲 Soil order	土类 Soil great group	亚类 Soil subgroup	土属 Soil genus	土种 Soil species	土层码 Layer code	土层厚度 Depth/cm	颜色 Soil color	质地 Soil texture	土壤结构 Soil structure	pH	有机质 OM/(g/kg)	全氮 TN/(g/kg)	全磷 TP/(g/kg)	全钾 TK/(g/kg)	有效磷 AP/(mg/kg)	速效钾 AK/(mg/kg)	阳离子交换量CEC/(cmol/kg)	土壤母质 Parent material	剖面点坐标 Profile coordinate	匹配指数 Matching index/%
剖11	半淋溶土	褐土	褐土	垆土	黑垆土	1	0—19	暗棕色	中壤土	粒状	8.2	14.9	0.84	0.26	15.3	7.3	147	13.4	洪积物、冲积物	E 112°06′55.8″ N 34°57′34.6″	98
						2	19—40	黑棕色	重壤土	粒状	8.1	6.1	0.47	0.21	16.6			19.7			
						3	40—79	棕色	重壤土	块状	8.3	5.9	0.41	0.22	16.1			18.2			
						4	79—90	浅棕色	中壤土	块状	8.3	3.1	0.36	0.27	16.0						
						5	90—100	暗黄棕色	中壤土	块状		2.8	0.27	0.28	15.5			11.8			
剖12	半淋溶土	褐土	始成褐土	石灰岩始成褐土	石灰质岩中层砾质始成褐土	1	0—10	棕色	重壤土	粒状	8.2	49.5	2.53	0.17	15.1	2.5	159	22.6	石灰岩	E 112°05′49.6″ N 34°56′58.2″	95
						2	10—30	暗红棕色	重壤土	碎块状	8.2	34.9	1.86	0.14	12.4			26.6			
						3	30—45	浅棕色	重壤土	碎块状	8.2	30.6	1.74	0.15	13.9			25.0			
剖13	半淋溶土	褐土	始成褐土	红黏土始成褐土	淋水红黏土始成褐土	1	0—16	棕色	轻黏土	粒状	8.0	15.9	0.91	0.17	15.6	2.7	189	25.8	保德红土	E 112°04′53.4″ N 34°55′25.3″	95
						2	16—28	浅棕色	轻黏土	碎块状	8.1	10.2	0.80	0.15	15.8			28.9			
						3	28—46	浅棕色	轻黏土	碎块状	8.1	3.1	0.31	0.11	15.8			30.6			
						4	46—100	棕色	轻黏土	碎块状	8.0	2.9	0.29	0.10	16.1			27.4			
剖14	半淋溶土	褐土	始成褐土	黄黏土始成褐土	黄黏土始成褐土	1	0—15	浅棕色	轻黏土	粒状	8.1	13.7	0.76	<0.10	14.6	1.5	178	31.0		E 112°05′33.4″ N 34°55′57.0″	95
						2	15—24	红棕色	轻黏土	块状	8.2	3.7	0.31	<0.10	15.2			31.9			
						3	24—59	红棕色	轻黏土	块状	8.2	2.4	0.28	<0.10	13.9			31.5			
						4	59—100	浅红棕色	轻黏土	粒状	8.0	2.4	0.25	<0.10	11.7			39.7			
剖15	半淋溶土	褐土	始成褐土	砂砾始成褐土	少砾层厚始成褐土	1	0—23	黄棕色	中壤土	粒状	8.4	12.7	0.71	0.25	16.3	3.7	93	16.9		E 112°00′12.6″ N 34°55′55.2″	95
						2	23—49	黄棕色	中壤土	碎块状	8.6	10.5	0.54	0.24	16.1			13.7			
						3	49—70	暗棕色	中壤土	碎块状	8.5	11.8	0.50	0.10	15.8			16.6			
						4	70—100	浅棕色	中壤土	碎块状	8.5	11.0	0.41	0.21	15.4			17.2			
剖16	半淋溶土	褐土	始成褐土	紫色岩始成褐土	紫色岩厚层始成褐土	1	0—10	暗黄棕色	重壤土	粒状	8.5	17.3	1.10	0.22	24.1	1.1	117	12.9	紫色岩	E 112°03′08.3″ N 34°56′24.0″	95
						2	10—23	暗红色	重壤土	块状	8.4	17.2	1.05	0.23	24.6			11.1			
						3	23—37	暗灰棕色	重壤土	块状	8.4	10.8	0.80	0.23	25.6			13.4			
						4	37—100	浅红色	重壤土	粒状	7.9	7.5	0.63	0.12	29.5			22.3			
剖17	半淋溶土	褐土	始成褐土	红黏土始成褐土	石渣土始成褐土	1	0—20	浅棕红色	轻黏土	碎块状	8.2	9.8	0.77	0.12	16.9	2.9	226	33.4	保德红土	E 112°09′09.4″ N 34°59′29.4″	95
						2	20—35	红色	轻黏土	碎块状	8.1	7.2	0.59	0.10	16.7			32.0			
						3	35—100	暗红色	轻黏土	碎块状	8.1	3.0	0.35	<0.10	16.7			36.1			
剖18	半淋溶土	褐土	始成褐土	砂砾始成褐土	卵砾厚层始成褐土	1	0—16	暗黄棕色	重壤土	碎块状	7.5	16.6	0.97	0.16	15.3	2.6	148	19.8		E 112°12′18.7″ N 34°51′29.9″	95
						2	16—33	黄棕色	重壤土	碎块状	7.4	10.2	0.60	0.13	15.4			24.0			
						3	33—46	暗黄棕色	重壤土	块状	7.5	7.6	0.59	0.14	14.9			27.3			
						4	46—100	暗黄棕色	重壤土	块状	7.6	3.5	0.36	0.12	15.3			27.8			
剖19	半淋溶土	褐土	始成褐土	堆垫始成褐土	堆垫厚层始成褐土	1	0—20	暗棕色	中壤土	块状	8.6	8.5	0.43	0.25	11.5	5.8	126	11.4	堆垫物	E 112°08′52.4″ N 34°50′38.0″	95
						2	20—36	暗棕色	重壤土	块状	8.5	6.2	0.27	0.15	15.4			10.5			
						3	36—54	棕色	重壤土	块状	8.5	8.9	0.45	0.31	14.9			15.5			
						4	54—100	浅棕色	中壤土	粒状	8.2	14.2	0.71	0.27	15.8	20.8	116	10.4			
剖20	半水成土	潮土	黄潮土	两合土	两合土	1	0—19	浅棕色	中壤土	碎粒状	8.4	11.6	0.46	0.26	14.9			9.2	河流冲积物	E 112°09′43.2″ N 34°50′20.4″	97
						2	19—44	浅棕色	中壤土	块状	8.4	7.6	0.37	0.24	15.3			8.4			
						3	44—65	棕色	中壤土	块状	8.4	7.7	0.35	0.24	15.3			8.2			
						4	65—78	浅棕色	轻壤土	块状	8.4	8.7	0.37	0.25	15.1			7.8			
						5	78—100	灰白色	砂壤土	单粒状	8.6	2.6	0.28	0.19	15.0	<1.0	39	4.0			
剖21	半水成土	潮土	黄潮土	砂土	细砂土	1	0—26	灰黄色	砂壤土	单粒状	8.6	1.9	0.71	0.22	14.9			3.5	河流冲积物	E 112°10′38.3″ N 34°52′03.4″	75
						2	26—43	暗黄棕色	砂壤土	碎块状	8.6	1.7	0.10	0.21	14.4			3.5			
						3	43—61	黄色	砂壤土	碎块状	8.8	1.6	<0.10	0.20	14.8			3.9			
						4	61—100	黄棕色	砂壤土	碎块状											

续表 Continued

剖面号 Soil profile	土纲 Soil order	土类 Soil great group	亚类 Soil subgroup	土属 Soil genus	土种 Soil species	土层码 Layer code	土层厚度 Depth/cm	颜色 Soil color	质地 Soil texture	土壤结构 Soil structure	pH	有机质 OM/(g/kg)	全氮 TN/(g/kg)	全磷 TP/(g/kg)	全钾 TK/(g/kg)	有效磷 AP/(mg/kg)	速效钾 AK/(mg/kg)	阳离子交换量 CEC/(cmol/kg)	土壤母质 Parent material	剖面点坐标 Profile coordinate	匹配指数 Matching index/%
剖22	半淋溶土	褐土	褐土	垆土	墡油土	1	0—15	灰棕色	中壤土	粒状	7.9	37.0	1.20	0.31	15.1	13.0	171	17.2	洪积物、冲积物	E 112°03′41.4″ N 34°48′42.1″	95
						2	15—46	灰黄棕色	中壤土	碎块状	8.1	30.0	0.87	0.25	14.4			17.2			
						3	46—74	灰棕色	重壤土	块状	8.1	19.9	0.57	0.44	15.9			26.9			
						4	74—100	暗灰棕色	中壤土	块状	8.2	11.0	0.54	0.40	16.1			19.3			
剖23	半淋溶土	褐土	始成褐土	红黏土始成褐土	油红黏土始成褐土	1	0—18	暗棕色	重壤土	粒状	8.1	27.2	1.42	0.28	16.1	16.4	243	21.0	保德红土	E 112°01′48.0″ N 34°45′10.4″	95
						2	18—24	暗棕色	重壤土	粒状	8.1	22.1	1.09	0.24	15.8			21.9			
						3	24—40	暗棕色	重壤土	碎块状	8.1	16.4	0.89	0.22	16.1			21.7			
						4	40—60	暗棕色	重壤土	碎块状	8.1	8.1	0.58	0.19	14.9			21.9			
						5	60—100	暗棕色	重壤土	碎块状	8.3	5.6	0.45	0.16	14.9			21.8			
剖24	半淋溶土	褐土	石灰性褐土	白面土	白垆土	1	0—26	灰黄色	重壤土	粒状	8.3	10.1	0.56	0.21	15.1	2.3	139	15.8	黄土	E 112°12′45.0″ N 34°46′34.0″	99
						2	26—42	灰黄色	重壤土	碎块状	8.4	7.5	0.43	0.19	15.0			15.5			
						3	42—64	暗黄棕色	重壤土	碎块状	8.4	6.9	0.38	0.20	15.2			14.6			
						4	64—100	黄棕色	重壤土	碎块状	8.3	5.1	0.43	0.19	14.9			15.6			
剖25	半淋溶土	褐土	石灰性褐土	火褐泥砂土	垆土	A_{11}	0—17	棕色	粉砂质黏壤土	屑粒状	8.3	13.6	0.84	0.24	13.5	4.1	173	19.4	洪积物、冲积物	E 112°03′29.5″ N 34°44′29.4″	95
						A_{12}	17—50	油棕色	黏壤土	块柱状	8.2	8.2	0.54	0.21	12.8						
						ABv	50—70	油棕色	黏壤土	棱柱状	8.3	6.8	0.50	0.21	13.4						
						Bvt	70—78	油棕色	壤质黏土	棱柱状	8.4	7.2	0.52	0.23	13.6						
						Bvk	78—100	棕色	壤质黏土	块状	8.5	7.1	0.52	0.24	13.1						
剖26	半淋溶土	褐土	褐土	垆土	墡垆土	1	0—20	暗棕色	中壤土	粒状	8.1	29.3	1.12	0.29	16.4	1.5	178	16.7	洪积物、冲积物	E 112°13′06.2″ N 34°42′25.9″	95
						2	20—37	棕色	中壤土	块状	8.2	9.4	0.72	0.28	15.6			14.3			
						3	37—60	棕色	中壤土	块状	8.3	10.6	0.54	0.23	14.6			18.4			
						4	60—100	棕色	中壤土	块状	8.3	11.4	0.58	0.23	14.2			13.5			
剖27	半淋溶土	褐土	褐土	立黄土	立黄土	1	0—15	棕色	中壤土	粒状	8.1	9.5	0.75	0.32	15.4	31.6	216	10.5	马兰黄土	E 112°15′26.6″ N 34°40′19.2″	98
						2	15—25	棕色	中壤土	碎块状	8.3	6.7	0.63	0.24	15.2			13.1			
						3	25—43	浅棕色	中壤土	块状	8.3	5.8	0.35	0.24	15.4			11.0			
						4	43—62	浅棕色	重壤土	块状	8.4	4.8	0.31	0.24	15.3			10.2			
						5	62—100	浅棕色	中壤土	块状	8.3	4.3	0.30	0.23	14.8						

栾 川 县

主要土类说明

棕壤是栾川县主要土壤类型，占本县地域面积的53%。棕壤是本县中、低山林区的主要土壤，其形成与成土条件密切相关。本县雨量充沛、气候湿凉，以落叶阔叶林为主的自然植被覆盖度高，土壤涵养水分能力强，有机质分解较慢，积累多，岩石风化物盐基离子多被淋洗，铁锰化合物随水下移，附着在土壤结构表面上，形成铁锰胶膜。游离的碳酸钙离子被淋失殆尽，通体无石灰反应，pH在6.0左右，呈弱酸性。土壤剖面具有明显的发育层次，一般有Ao层（枯枝落叶层）、A层（腐殖质层）、B层（淀积层）和C层（母质层），腐殖质层多呈暗棕色或棕黑色，粒状结构；淀积层有明显的黏粒聚积，多呈核状或块状结构。按剖面层次的发育程度，本县棕壤土类分为棕壤和始成棕壤等亚类。

褐土是栾川县第二大土壤类型，占本县地域面积的44%，分布在本县棕壤土之下的广大区域，中山、低山、丘陵和川地等地均有分布。褐土属于地带性土壤，它的成土过程受气候、地质、地貌及人为综合作用的影响与制约较为明显。因成土条件不同，发育成既有内在联系又有差异的各种土壤。例如，淋溶褐土、褐土发育层次明显，具有黏化层，而始成褐土发育较差，砾石含量多。但总的来说，褐土除潮褐土外，其他亚类均脱离了地下水的影响，剖面通常由腐殖质层（A层，熟化层）、淀积层（B层，黏化层、钙积层）和母质层（C层）组成，全剖面呈中性或微碱性，pH为6.5—8.4，有机质含量山地多，耕地少，成土母质复杂，为各种岩类残积物、坡积物及洪积物和老黄土等。按成土过程、黏化作用明显程度及地下水影响状况，本县褐土分为淋溶褐土、始成褐土、褐土和潮褐土等亚类。

小于本县地域面积3%的土壤类型还有潮土等。

本区域中心区气候特征

本区域中心区气候特征值
Regional climate characteristics in central area of the region

气候带：暖温带亚湿润气候 Climate region: Warm temperate subhumid climate	
年平均气温 /℃ Annual average temperature /℃	13.4
年平均最高气温 /℃ Annual average maximum temperature /℃	19.7
年平均最低气温 /℃ Annual average minimum temperature /℃	8.4
年降水量 /mm Annual precipitation /mm	669
≥10℃的积温 /℃ Daily temperature accumulated in a year (≥10℃) /℃	4981
年日照时数 /h Annual sunshine /h	2024
年平均相对湿度 /% Annual average relative humidity /%	71
干燥度 Dryness	1.21

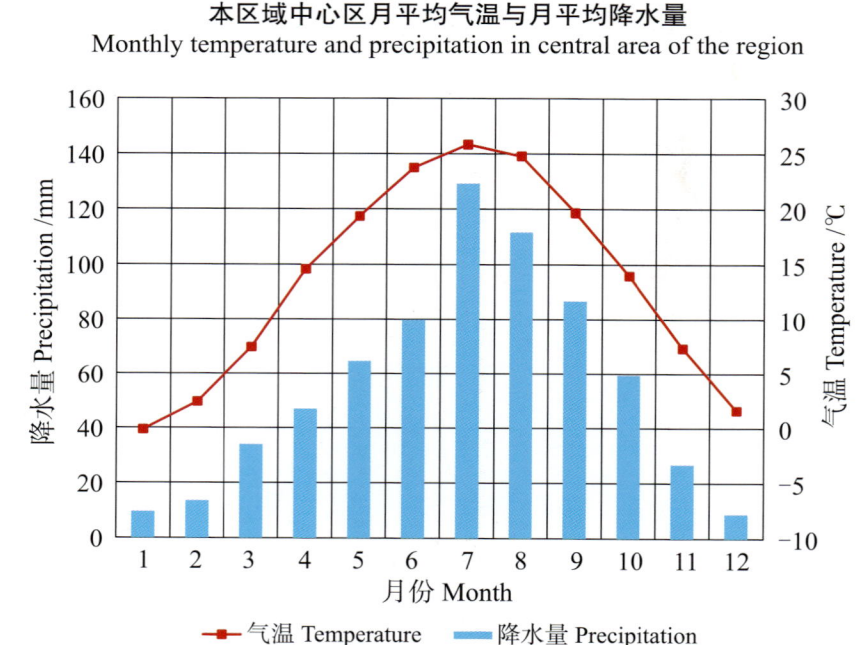

本区域中心区月平均气温与月平均降水量
Monthly temperature and precipitation in central area of the region

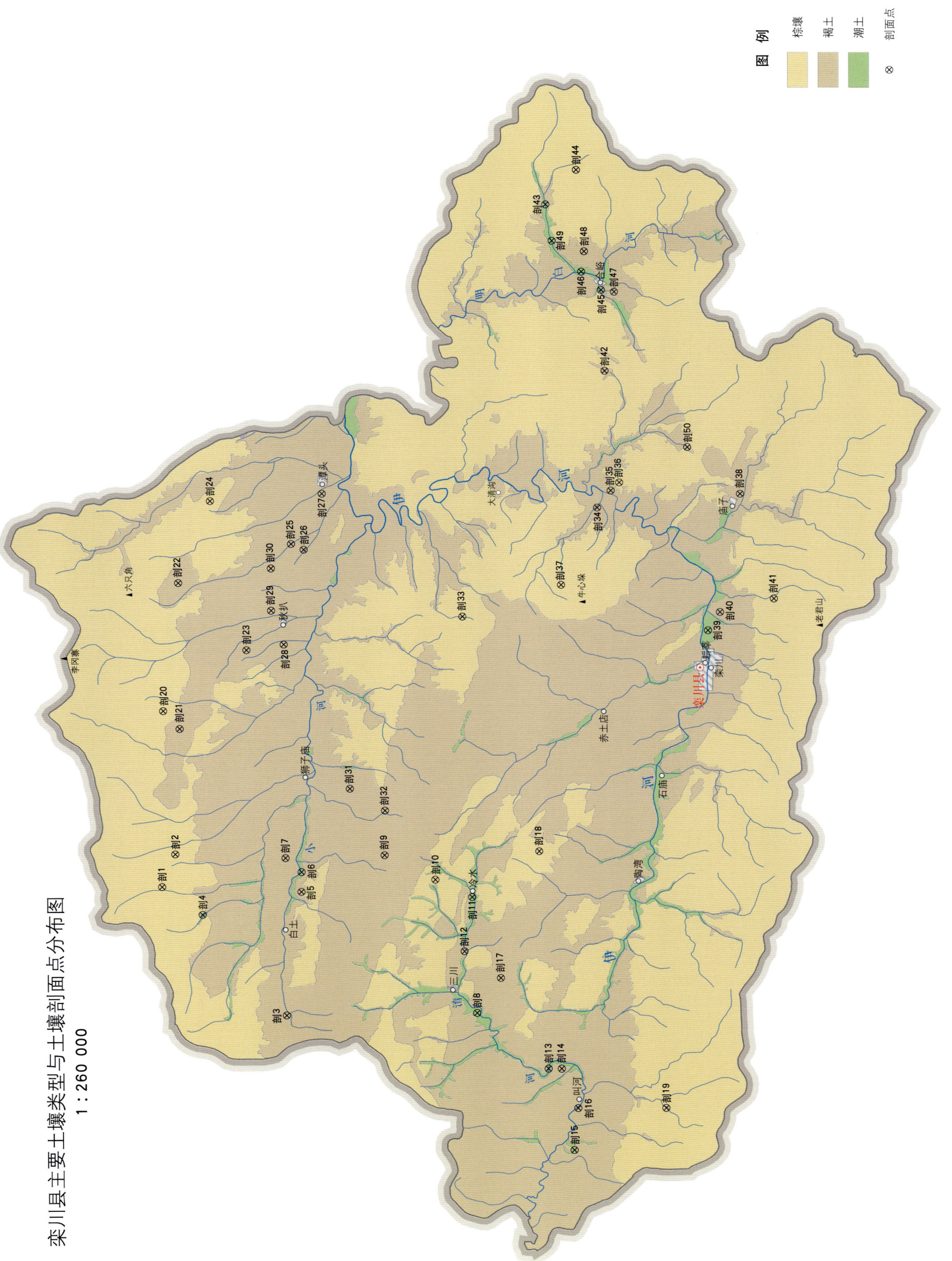

栾川县主要土壤类型与土壤剖面点分布图
1∶260 000

栾川县土壤剖面理化性状表

剖面号 Soil profile	土纲 Soil order	土类 Soil group	亚类 Soil subgroup	土属 Soil genus	土种 Soil species	土层码 Layer code	土层厚度 Depth/cm	颜色 Soil color	质地 Soil texture	土壤结构 Soil structure	pH	有机质 OM/(g/kg)	全氮 TN/(g/kg)	全磷 TP/(g/kg)	全钾 TK/(g/kg)	有效磷 AP/(mg/kg)	速效钾 AK/(mg/kg)	阳离子交换量CEC/(cmol/kg)	土壤母质 Parent material	剖面点坐标 Profile coordinate	匹配指数 Matching index/%
剖1	淋溶土	棕壤	棕壤性土	幼棕泥土	栾川棕泥土	Ah	10~15	棕黑色	粉砂质壤土	屑粒状	5.6	100.6	4.72	0.55	24.1			28.7	泥质岩类风化残积物、坡积物	E 111°27′32.4″ N 34°05′58.9″	93
						ABv	3~10	棕色	砂壤土	小块状	5.1	29.0	0.99	0.37	17.6			12.3			
						Bv	15~59	黄棕色	砂壤土	小块状	5.5	7.2	0.58	0.45	18.9			9.7			
剖2	淋溶土	棕壤	始成棕壤	中性岩始成棕壤	中性岩中层始成棕壤	1	0~6	暗棕色	轻壤土	粒状	6.2	65.8	2.88	1.75	25.2	9.6	155	14.7	中性岩类残积物、坡积物	E 111°28′56.3″ N 34°05′30.5″	98
						2	6~18	棕色	中壤土	碎屑状	6.2	13.2	0.77	1.49	17.6			9.5			
						3	18~40	棕色	中壤土	块状	6.4	8.1	0.54	1.24				11.2			
						4	40~59	红棕色	轻壤土	块状	6.7	4.4	0.26	1.79				11.2			
剖3	半淋溶土	褐土	淋溶褐土	中性岩淋溶褐土	中性岩中层淋溶褐土	1	0~8	浅红棕色	轻壤土	粒状	7.3	26.5	1.15	0.35	15.8	4.3	79	16.3	中性岩类残积物、坡积物	E 111°21′59.8″ N 34°01′42.6″	98
						2	8~18	浅红棕色	中壤土	块状	7.0	14.6	0.68	0.24				14.7			
						3	18~35	红棕色	中壤土	块状	7.2	8.6	0.46	0.20				15.8			
剖4	半水成土	潮土	湿潮土	湿潮土	壤质湿潮土	1	0~18	灰黄色	中壤土	粒状	7.8	21.9	1.04	0.64	24.0	16.2	119	14.1	河流冲积物	E 111°26′19.0″ N 34°04′35.4″	97
						2	18~27	浅黄色	中壤土	块状	7.7	22.5	1.09	0.62				14.2			
						3	27~40	暗黄色	中壤土	块状	7.9	15.1	0.77	0.51				13.4			
						4	40~60	棕黄色	中壤土	块状	7.8	12.8	0.70	0.60				11.9			
						5	60~100	棕黄色	轻壤土	粒状	7.5	9.5	0.52	0.77				11.0			
剖5	半淋溶土	褐土	淋溶褐土	中性岩淋溶褐土	中性岩中厚层淋溶褐土	1	0~12	浅棕黄色	中壤土	粒状	7.2	24.9	1.26	0.40	25.6	3.2	107	15.8	中性岩类残积物、坡积物	E 111°27′16.1″ N 34°01′10.2″	97
						2	12~23	浅黄色	中壤土	块状	7.4	28.4	1.27	0.41				14.5			
						3	23~50	暗黄色	中壤土	块状	7.4	21.3	0.85	0.53				12.6			
						4	50~70	暗棕色	中壤土		7.3	16.9	0.51	0.52				13.0			
剖6	半水成土	潮土	黄潮土	砂土	底壤砂土	1	0~18	紫黄色	紧砂土	块状	6.8	12.6	0.75	0.44	28.6	3.5	51	9.2	河流冲积物	E 111°28′07.3″ N 34°01′09.5″	95
						2	18~30	浅黄灰色	紫砂土	粒状	6.8	3.2	0.29	0.35				8.2			
						3	30~53	黄棕色	紫砂土	块状	7.1	4.4	0.35	0.43				10.2			
						4	53~82	灰黄色	紫砂土	块状	7.1	6.4	0.30	0.42				9.5			
						5	82~130	暗黄色	中壤土	块状	7.1	7.5	0.42	0.48				13.2			
剖7	半淋溶土	褐土	始成褐土	中性岩始成褐土	中性岩小两合土	1	0~9	暗棕色	中壤土	粒状	8.4	12.5	0.69	0.73	23.9	1.7	125	14.1	中性岩类残积物、坡积物	E 111°28′44.0″ N 34°01′42.2″	97
						2	9~17	暗棕色	中壤土	粒状	8.3	15.3	0.89	0.73				14.2			
剖8	半水成土	潮土	黄潮土	两合土	体砂小两合土	1	0~15	灰黄色	砂壤土	粒状	8.3	20.9	0.99	1.00	24.8	6.4	72	11.3	河流冲积物	E 111°22′01.9″ N 33°55′07.3″	97
						2	15~25	暗黄色	中壤土	块状	8.2	18.5	0.90	0.98				10.6			
						3	25~45	暗黄棕色	中壤土	块状	8.1	16.2	0.76	0.87				11.9			
						4	45~100	暗黄色	中壤土	块状	8.0	13.4	0.75	0.63				12.8			
剖9	半淋溶土	褐土	淋溶褐土	石灰质淋溶褐土	石灰质岩中层淋溶褐土	1	0~18	暗棕色	轻壤土	粒状	6.8	26.0	3.50	0.57	14.0	8.3	199	23.7	石灰岩	E 111°28′49.1″ N 33°58′16.7″	98
						2	18~28	暗棕色	中壤土	碎屑状	6.7	64.0	3.01	0.58				22.3			
						3	28~37	灰黄棕色	中壤土	棱状	7.1	55.2	2.61	0.57				22.9			
						4	37~50	棕色	中壤土	块状	7.2	29.0	1.56	0.56				17.8			
剖10	淋溶土	棕壤	棕壤	泥质岩淋溶棕壤	泥质岩薄腐中层棕壤	1	0~16	暗棕色	轻壤土	粒状	6.7	93.9	3.71	0.63	26.7	9.6	312	21.2	河流冲积物	E 111°27′44.6″ N 33°56′31.9″	97
						2	16~24	暗棕色	中壤土	块状	5.2	30.7	1.08	0.16				10.8			
						3	24~37	暗黄棕色	中壤土	块状	5.5	16.3	0.64	0.12				8.3			
						4	37~52	棕色	中壤土	块状	5.6	17.7	0.48	<0.10				8.1			
剖11	半水成土	潮土	黄潮土	两合土	小两合土	1	0~20	灰黄色	轻壤土	粒状	8.1	23.1	1.43	0.72	23.4	15.1	102	9.5	河流冲积物	E 111°27′09.4″ N 33°55′14.5″	98
						2	20~41	灰黄色	中壤土	块状	8.1	19.7	1.20	0.69				9.4			
						3	41~64	灰黄色	中壤土	块状	8.1	14.9	0.95	0.63				11.2			
						4	64~77	灰黄色	轻壤土	块状	8.1	28.0	1.13	0.80				10.6			
						5	77~120	棕灰色	砂壤土	块状	7.6	18.7	0.77	0.82				7.3			

续表 Continued

剖面号 Soil profile	土纲 Soil order	土类 Soil great group	亚类 Soil subgroup	土属 Soil genus	土种 Soil species	土层码 Layer code	土层厚度 Depth/ cm	颜色 Soil color	质地 Soil texture	土壤结构 Soil structure	pH	有机质 OM/ (g/kg)	全氮 TN/ (g/kg)	全磷 TP/ (g/kg)	全钾 TK/ (g/kg)	有效磷 AP/ (mg/kg)	速效钾 AK/ (mg/kg)	阳离子交换量CEC/ (cmol/kg)	土壤母质 Parent material	剖面点坐标 Profile coordinate	匹配指数 Matching index/%
剖12	半淋溶土	褐土	始成褐土	堆垫始成褐土	堆垫厚层始成褐土	1	0-25	浅棕色	中壤土	粒状	7.2	18.6	0.96	0.77	24.5	6.5	89	12.0	堆垫物	E 111°24′39.6″ N 33°55′32.5″	97
						2	25-45	红棕色	中壤土	块状	7.3	18.0	0.91	0.80				16.0			
						3	45-60	暗棕色	中壤土	块状	7.3	18.4	0.87	0.76				15.7			
						4	60-70	浅红棕色	砂壤土	块状	6.8	10.6	0.61	0.43				14.7			
						5	70-80	浅黄棕色	中壤土	块状	8.3	4.2	0.25	1.26				5.4			
剖13	半水成土	潮土	褐潮土	褐土化两合土	褐土化小两合土	1	0-19	灰黄色	轻壤土	粒状	8.1	29.0	1.46	0.57	25.6	12.5	169	8.9	河流冲积物	E 111°19′38.6″ N 33°52′40.8″	99
						2	19-38	灰黄色	中壤土	块状	8.2	17.5	1.06	0.44				11.8			
						3	38-52	浅棕色	中壤土	块状	8.1	12.0	0.69	0.34				11.1			
						4	52-69	浅棕色	轻壤土	块状	8.1	16.4	0.83	0.33				10.7			
						5	69-104	暗棕色	轻壤土	块状	8.1	19.8	0.99	0.33				11.6			
剖14	半淋溶土	褐土	始成褐土	红黏土始成褐土	红黏土始成褐土	1	0-18	浅棕色	中壤土	碎屑状	7.9	10.8	0.90	0.94	23.2	8.4	≥500	14.4	老黄土	E 111°19′38.4″ N 33°52′13.2″	95
						2	18-49	红棕色	重壤土	块状	7.9	9.6	0.76	0.84				16.6			
						3	49-81	红棕色	重壤土	块状	8.2	8.1	0.57	0.53				18.3			
						4	81-120	红棕色	重壤土	块状	8.4	6.7	0.68	0.46				16.0			
剖15	半水成土	潮土	湿潮土	洪积湿潮土	洪积砾质湿潮土	1	0-18	灰黄色	中壤土	粒状	8.4	19.3	1.08	0.73	26.3	6.4	84	11.2	河流冲积物	E 111°16′09.8″ N 33°51′48.2″	97
						2	18-42	灰黄色	轻壤土	块状	8.4	13.6	0.66	0.67				7.8			
						3	42-52	棕灰色	砂壤土	块状	8.3	10.8	0.49	0.81				3.5			
						4	52-70	棕灰色	砂壤土	块状	8.4	5.9	0.27	0.99				2.3			
剖16	半淋溶土	褐土	始成褐土	洪积始成褐土	洪积砾质始成褐土	1	0-20	灰黄色	轻壤土	粒状	8.5	24.0	1.20	1.20	29.8	5.6	81	10.7	洪积物	E 111°17′57.8″ N 33°51′40.0″	98
						2	20-30	棕色	中壤土	块状	8.7	20.9	1.01	1.05				10.8			
						3	30-65	棕色	中壤土	块状	8.7	15.5	0.69	1.04				10.4			
						4	65-120	棕色	中壤土	块状	8.8	13.6	0.70	1.03				10.2			
剖17	半淋溶土	褐土	始成褐土	基性岩始成褐土	基性岩薄层石渣始成褐土	1	0-5	浅棕色	紧砂土	碎屑状	8.3	29.4	0.43	2.90	10.2	3.6	63	11.5	基性岩残积、坡积物	E 111°23′30.5″ N 33°54′18.0″	97
						2	5-11	浅黄棕色	砂壤土	块状	8.2	26.1	0.43	2.72				12.5			
						3	11-22	浅黄棕色	紧砂土	块状	8.0	21.2	0.20	3.53				13.7			
剖18	淋溶土	棕壤	棕壤	石英质岩棕壤	石英质岩腐厚层棕壤	1	0-15	红灰色	中壤土	粒状	6.7	86.5	3.80	0.76	23.9	9.3	451	20.1	石英质岩残积物	E 111°28′55.9″ N 33°52′55.9″	97
						2	15-35	暗棕色	中壤土	块状	6.1	44.3	2.09	0.48				16.6			
						3	35-45	暗棕色	砂壤土	块状	6.2	23.8	1.15	0.35				13.6			
						4	45-69	棕色	砂壤土	块状	6.1	10.5	0.58	0.21				9.3			
剖19	淋溶土	棕壤	棕壤	泥质岩棕壤	泥质岩中层腐厚层棕壤	1	0-6	暗棕色	重壤土	粒状	6.5	35.8	3.21	1.40	20.9	13.1	127	19.6	泥质岩类残积、坡积物	E 111°17′56.4″ N 33°48′37.1″	98
						2	6-22	暗棕色	重壤土	块状	5.5	23.5	1.00	1.67				12.8			
						3	22-30	棕色	中壤土	块状	6.0	10.8	0.48	2.04				10.2			
剖20	淋溶土	棕壤	始成棕壤	黄土质棕壤	黄土质薄层厚层棕壤	1	0-18	暗棕色	重壤土	粒状	6.3	60.1	2.84	0.60	18.0	7.8	172	16.7	黄土	E 111°35′07.1″ N 34°05′53.2″	95
						2	18-44	浅红棕色	重壤土	块状	6.0	8.4	0.61	0.28				13.4			
						3	44-72	黄棕色	重壤土	块状	5.7	4.0	0.39	0.44				14.1			
						4	72-100	黄棕色	重壤土	块状	5.7	3.5	0.40	0.40				14.6			
剖21	半淋溶土	褐土	始成褐土	石灰岩始成褐土	石灰质中层石渣始成褐土	1	0-13	暗红棕色	轻壤土	粒状	8.5	39.7	1.70	0.28	18.3	4.3	279	25.0	石灰岩残积物、坡积物	E 111°34′20.6″ N 34°05′19.0″	98
						2	13-29	暗红棕色	轻壤土	块状	8.6	29.9	1.34	0.31				26.2			
						3	29-46	暗红色	重壤土	块状	8.4	14.0	0.77	0.24				24.1			
						4	46-59	暗红色	轻壤土	块状	8.7	8.0	0.58	0.24				26.8			
剖22	半淋溶土	褐土	始成褐土	紫色岩始成褐土	紫色岩中层石渣始成褐土	1	0-11	紫灰色	轻壤土	粒状	8.3	25.4	1.29	0.43	20.2	3.1	7	10.4	中性岩类残积物、坡积物	E 111°40′37.2″ N 34°05′19.0″	97
						2	11-24	红灰色	轻壤土	块状	8.4	27.0	1.10	0.55				10.0			
						3	24-43	紫棕色	中壤土	块状	8.5	18.0	0.85	0.68				10.0			
剖23	半淋溶土	褐土	始成褐土	中性岩始成褐土	中性岩中层石渣始成褐土	1	0-13	紫棕色	中壤土	粒状	8.5	25.1	1.14	0.22	19.2	6.2	116	8.1	中性岩类残积物、坡积物	E 111°37′43.0″ N 34°02′58.9″	97
						2	13-33	浅红棕色	中壤土	块状	8.6	11.4	0.35	0.10				8.7			
						3	33-47	红棕色	中壤土	碎屑状	8.6	10.4	0.30	<0.10				14.7			

续表 Continued

剖面号 Soil profile	土纲 Soil order	土类 Soil great group	亚类 Soil subgroup	土属 Soil genus	土种 Soil species	土层码 Layer code	土层厚度 Depth/cm	颜色 Soil color	质地 Soil texture	土壤结构 Soil structure	pH	有机质 OM/(g/kg)	全氮 TN/(g/kg)	全磷 TP/(g/kg)	全钾 TK/(g/kg)	有效磷 AP/(mg/kg)	速效钾 AK/(mg/kg)	阳离子交换量CEC/(cmol/kg)	土壤母质 Parent material	剖面点坐标 Profile coordinate	匹配指数 Matching index/%
剖24	淋溶土	棕壤	始成棕壤	基性岩始成棕壤	基性岩中层始成棕壤	1	0—18	暗棕色	松砂土	碎屑状	6.5	7.0	1.00	4.03	15.6	3.2	202	16.9	基性岩类残积物、坡积物	E 111°44′08.2″ N 34°04′11.3″	97
						2	18—33	暗棕色	松砂土	碎屑状	6.5	7.0	0.10	4.56				15.5			
						3	33—44	红棕色	紧砂土		6.3	7.4	<0.10	4.43				13.0			
剖25	半淋溶土	褐土	始成褐土	砂砾始成褐土	砂砾厚层始成褐土	1	0—18	暗棕色	中壤土	粒状	8.4	33.2	1.61	0.70	16.2	8.4	209	12.2	洪积物、坡积物	E 111°42′14.8″ N 34°01′23.9″	97
						2	18—28	暗棕色	轻壤土	块状	8.5	28.2	1.38	0.81				12.6			
						3	28—56	暗棕色	轻壤土	块状	8.5	24.8	1.08	0.74				12.8			
						4	56—76	暗棕色	轻壤土	块状	8.5	21.0	0.95	0.77				11.6			
						5	76—100	暗棕色	轻壤土	块状	8.5	20.3	1.00					11.2			
剖26	半淋溶土	褐土	始成褐土	泥质岩始成褐土	泥质岩中层砾质始成褐土	1	0—12	浅红棕色	中壤土	粒状	7.5	13.2	0.71	0.26	23.5	1.3	120	16.8	泥质岩类残积物、坡积物	E 111°41′59.6″ N 34°00′58.0″	97
						2	12—28	浅红棕色	中壤土	块状	7.2	9.5	0.51	0.25				16.3			
						3	28—52	浅红棕色	中壤土	块状	7.2	9.9	0.41	0.26				16.4			
剖27	半淋溶土	褐土	始成褐土	垆土	黄垆土	1	0—19	棕色	中壤土	粒状	8.4	29.7	1.23	1.06	22.4	24.0	194	17.8	洪积物、冲积物	E 111°44′24.4″ N 34°00′19.1″	97
						2	19—30	棕色	中壤土	块状	8.3	21.8	0.98	1.03				15.0			
						3	30—53	红棕色	中壤土	块状	8.4	13.1	0.70	0.71				17.5			
						4	53—73	红棕色	中壤土	块状	8.4	5.6	0.42	0.48				15.3			
						5	73—120	红棕色	重壤土	粒状	8.4	7.1	0.47	0.48				15.1			
剖28	半淋溶土	褐土	始成褐土	泥质岩始成褐土	泥质岩中层砾质始成褐土	1	0—15	棕红色	中壤土	粒状	8.0	6.7	0.47	0.47	26.2	3.8	157	19.6	泥质岩类残积物、坡积物	E 111°37′56.6″ N 34°01′41.5″	97
						2	15—32	棕红色	中壤土	块状	7.6	6.0	0.50	0.87				20.4			
						3	32—60	棕红色	中壤土	块状	7.5	3.7	0.27	0.62				16.2			
剖29	半淋溶土	褐土	始成褐土	红黏土始成褐土	红黏土油始成褐土	1	0—19	灰黄色	中壤土	粒状	7.8	30.4	1.36	0.67	22.9	18.6	152	14.8	老黄土母质	E 111°44′24.1″ N 34°02′06.7″	97
						2	19—28	灰黄色	中壤土	块状	8.1	30.0	1.37	0.65				14.7			
						3	28—49	灰红色	中壤土	块状	8.4	12.7	0.76	0.50				14.6			
						4	49—81	灰红色	重壤土	块状	7.9	7.3	0.54	0.55				16.3			
						5	81—120	灰红色	重壤土	块状	7.9	9.7	0.56	0.60				16.4			
剖30	半淋溶土	褐土	始成褐土	泥质岩始成褐土	泥质岩中层腐中层泥质岩	1	0—12	棕红色	砂壤土	粒状	8.4	27.4	0.90	0.59	23.6	4.2	94	12.9	石灰岩风化残积物、坡积物	E 111°41′12.1″ N 34°02′06.7″	95
						2	12—20	棕红色	轻壤土	块状	8.5	16.5	0.41	0.54				13.8			
剖31	半淋溶土	褐土	淋溶褐土	老褐灰泥土	栾川灰黄泥土	1	2—18	油黄棕色	黏壤土	粒状	6.8	76.0	3.50	0.57		8.0	199	23.7	石灰岩、大理岩和白云岩残积物、坡积物	E 111°31′41.2″ N 33°59′27.6″	95
						2	18—28	油黄棕色	黏壤土	碎块状	6.7	64.0	3.01	0.58				22.3			
						3	28—37	油黄棕色	黏壤土	小棱块状	7.1	55.2	2.61	0.57				22.9			
						4	37—50	油黄橙色	壤质黏土	棱块状	7.2	29.0	1.56	0.56				17.8			
剖32	半淋溶土	褐土	始成褐土	火褐泥砂土	白垆土	A₁₁	0—19	橙色	粉砂质黏壤土	碎块状	8.4	19.7	1.23	0.46	18.6	10.0	194	17.8	洪积物、冲积物	E 111°39′43.6″ N 33°58′15.2″	93
						A₁₂	19—30	橙色	黏壤土	棱块状	8.3	13.8	0.98	0.45				15.9			
						Bvt	73—120	橙色	黏壤土	棱块状	8.4	13.1	0.70	0.71				17.5			
						Bvk	53—73	橙色	黏壤土	块状	8.4	5.6	0.42	0.48				15.3			
						BvCk	30—53	橙色	黏壤土	块状	8.4	7.1	0.47	0.48				15.1			
剖33	淋溶土	棕壤	棕壤	石灰岩棕壤	石灰质岩薄腐中层棕壤	1	0—4	暗棕色	砂壤土	粒状	6.7	46.4	1.84	0.25	14.8	4.4	165	14.8	灰岩、大理岩和白云岩残积物、坡积物	E 111°30′43.6″ N 33°58′15.2″	99
						2	4—10	暗棕色	中壤土	块状	6.2	23.6	0.91	0.20				11.2			
						3	10—25	暗棕色	重壤土	块状	6.5	13.0	0.56	0.24				12.5			
						4	25—40	暗棕色	中壤土	块状	8.2	7.8	0.38	0.20				7.5			
剖34	半淋溶土	褐土	淋溶褐土	酸性岩淋溶褐土	酸性岩渣淋溶中层褐土	1	0—3	暗棕色	砂壤土	粒状	6.7	35.2	1.45	0.43	22.7	25.3	130	20.8	酸性岩类残积物、坡积物	E 111°39′04.0″ N 33°55′30.4″	97
						2	3—10	红棕色	中壤土	块状	6.8	16.8	0.70	0.31				20.8			
						3	10—41	暗红棕色	中壤土	块状	6.7	12.6	0.61	0.30				20.8			
剖35	半淋溶土	褐土	淋溶褐土	酸性岩淋溶褐土	酸性岩厚层淋溶褐土	1	0—5	红棕色	砂壤土	粒状	7.8	91.0	3.19	0.39	37.8	9.3	37	24.9	基性岩类残积物、坡积物	E 111°43′41.5″ N 33°50′48.5″	97
						2	5—25	红棕色	砂壤土	块状	5.2	26.6	0.90	0.21				16.4			
						3	25—56	红棕色	中壤土	块状	5.3	21.1	0.70	0.20				20.6		酸性岩类残积物、坡积物	E 111°44′25.7″ N 33°50′20.0″	97
						4	56—90	浅红棕色	轻壤土	块状	6.4	16.1	0.56	0.17				29.0			

续表 Continued

剖面号 Soil profile	土纲 Soil order	土类 Soil great group	亚类 Soil subgroup	土属 Soil genus	土种 Soil species	土层码 Layer code	土层厚度 Depth/cm	颜色 Soil color	质地 Soil texture	土壤结构 Soil structure	pH	有机质 OM/(g/kg)	全氮 TN/(g/kg)	全磷 TP/(g/kg)	全钾 TK/(g/kg)	有效磷 AP/(mg/kg)	速效钾 AK/(mg/kg)	阳离子交换量CEC/(cmol/kg)	土壤母质 Parent material	剖面点坐标 Profile coordinate	匹配指数 Matching index/%
剖36	淋溶土	棕壤	棕壤	酸性岩棕壤	酸性岩薄腐厚层棕壤	1	0—12	暗棕色	重壤土	粒状	6.3	32.6	1.46	0.22	19.6	4.4	124	15.6	酸性岩类残积物、坡积物	E 111°44′46.5″ N 33°50′01.9″	97
						2	12—26	浅棕色	重壤土	块状	6.5	14.3	0.76	0.18				12.3			
						3	26—58	暗棕色	重壤土	块状	6.5	12.0	0.69	0.18				17.4			
						4	58—80	暗红棕色	重壤土	块状	6.7	9.4	0.58	0.22				22.8			
						5	80—120	暗棕色	中壤土	块状	6.3	7.8	0.51	0.23				18.6			
剖37	淋溶土	棕壤	棕壤	酸性岩棕壤	酸性岩薄腐中层棕壤	1	0—9	暗棕色	重壤土	粒状	6.5	95.6	3.71	0.39	10.3	9.2	311	23.8	酸性岩类残积物、坡积物	E 111°40′23.2″ N 33°52′04.8″	98
						2	9—26	棕色	重壤土	粒状	6.6	22.7	1.00	0.21				11.4			
						3	26—47	浅棕色	重壤土	块状	5.7	14.7	0.68	0.18				12.0			
						4	47—59	浅棕色	重壤土	块状	5.8	15.3	0.74	0.19				12.5			
剖38	半淋溶土	褐土	始成褐土	洪积始成褐土	洪积黏质始成褐土	1	0—18	棕色	轻壤土	粒状	7.8	33.0	1.36	0.58	23.2	18.2	94	14.7	洪积物	E 111°44′13.9″ N 33°45′51.5″	98
						2	18—38	棕色	中壤土	块状	8.0	24.1	0.82	0.51				14.8			
						3	38—50	棕色	中壤土	块状	8.1	22.4	0.76	0.35				14.2			
						4	50—80	浅棕色	轻壤土	块状	8.1	15.0	0.63	0.46				16.0			
						5	80—120	浅棕色	轻壤土	块状	8.1	14.1	0.57	0.34				15.5			
剖39	半水成土	潮土	黄潮土	两合土	底砂小两合土	1	0—11	暗灰黄色	轻壤土	粒状	8.3	21.6	0.88	0.80	24.6	7.3	117	11.4	河流冲积物	E 111°38′22.9″ N 33°47′01.0″	99
						2	11—19	暗灰黄色	轻壤土	块状	8.2	22.5	0.90	0.71				10.8			
						3	19—51	暗灰黄色	中壤土	块状	7.9	13.1	0.64	0.62				11.8			
						4	51—73	黄棕色	砂壤土	块状	7.9	5.1	0.32	0.65				8.1			
剖40	半淋溶土	褐土	始成褐土	红黏土灰褐土	红黏土灰褐始成褐土	1	0—16	浅棕色	轻壤土	碎屑状	8.2	7.1	0.56	0.23	18.3	2.5	106	25.7	老黄土	E 111°39′09.4″ N 33°46′35.8″	98
						2	16—42	红棕色	中壤土	块状	7.8	3.1	0.43	0.19				29.0			
						3	42—71	红棕色	轻壤土	块状	7.9	2.3	0.35	0.20				23.4			
						4	71—98	红棕色	轻壤土	块状	8.2	2.3	0.32	0.23				23.2			
						5	98—120	红棕色	轻壤土	块状	8.2	3.0	0.32	0.32				23.1			
剖41	半淋溶土	褐土	棕壤	洪积黄土质棕壤	多砾厚层洪积黄土质棕壤	1	0—18	暗红棕色	中壤土	粒状	6.3	27.2	1.66	0.60	23.6	9.1	183	11.1	坡积物、洪积物	E 111°39′42.5″ N 33°44′43.8″	98
						2	18—26	红棕色	中壤土	块状	6.3	22.4	1.32	0.52				11.2			
						3	26—52	浅棕色	中壤土	块状	6.1	14.2	0.91	0.48				10.1			
						4	52—71	棕色	中壤土	块状	6.1	6.7	0.59	0.33				9.6			
						5	71—104	红棕色	砂壤土	块状	6.2	5.3	0.46	0.45				9.0			
						6	104—120	红棕色	砂壤土	块状	7.3	3.6	0.42	0.33				10.0			
剖42	淋溶土	棕壤	棕壤	砂砾浅位棕壤	砂砾浅位层始成棕壤	1	0—15	棕色	砂壤土	粒状	7.6	36.4	1.72	0.91	22.6	8.6	140	15.7	洪积物、坡积物	E 111°49′34.0″ N 33°50′29.8″	98
						2	15—22	棕色	砂壤土	块状	7.6	16.6	0.86	0.83				13.2			
						3	22—42	暗红棕色	砂壤土	块状	7.7	13.1	0.71	0.85				14.2			
						4	42—87	浅棕色	砂壤土	块状	7.6	12.5	0.72	0.11				14.0			
						5	87—93	浅棕色	中壤土	块状	7.5	15.2	0.66	1.30				14.5			
						6	93—120	棕色	中壤土	块状	7.2	11.4	5.20	1.26				12.0			
剖43	半水成土	潮土	黄潮土	洪积潮土	洪积黏质潮土	1	0—22	暗红棕色	中壤土	粒状	7.2	26.2	1.49	0.54	25.6	3.6	102	13.5	河流冲积物	E 111°56′44.9″ N 33°52′28.2″	97
						2	22—35	灰黄色	轻壤土	块状	7.3	14.2	0.88	0.46				13.6			
						3	35—60	浅灰棕色	轻壤土	块状	7.3	10.0	0.61	0.39				13.2			
						4	60—90	红棕色	中壤土	块状	7.2	7.0	0.40	0.45				8.5			
						5	90—135	暗棕色	紧砂土	块状	7.0	5.4	0.30	0.34				6.9			
剖44	淋溶土	棕壤	始成棕壤	酸性岩始成棕壤	酸性岩中层始成棕壤	1	0—10	暗棕色	中壤土	粒状	6.5	42.7	1.62	0.25	26.6	2.9	121	10.8	酸性岩类残积物、坡积物	E 111°58′12.4″ N 33°51′24.1″	98
						2	10—22	暗棕色	轻壤土	块状	6.0	12.0	0.69	0.16				7.7			
						3	22—33	浅棕色	轻壤土	块状	6.1	6.7	0.43	0.13				8.4			
						4	33—53	浅红棕色	中壤土	块状	6.3	6.5	0.45	0.15				9.3			

续表 Continued

剖面号 Soil profile	土纲 Soil order	土类 Soil great group	亚类 Soil subgroup	土属 Soil genus	土种 Soil species	土层码 Layer code	土层厚度 Depth/cm	颜色 Soil color	质地 Soil texture	土壤结构 Soil structure	pH	有机质 OM/(g/kg)	全氮 TN/(g/kg)	全磷 TP/(g/kg)	全钾 TK/(g/kg)	有效磷 AP/(mg/kg)	速效钾 AK/(mg/kg)	阳离子交换量 CEC/(cmol/kg)	土壤母质 Parent material	剖面点坐标 Profile coordinate	匹配指数 Matching index/%
剖45	半水成土	潮土	褐潮土	褐土化两合土	褐土化砂底小两合土	1	0—20	灰黄色	中壤土	粒状	8.2	22.4	1.26	1.42	23.2	58.7	143	14.2	河流冲积物	E 111°53′02.4″ N 33°50′35.5″	97
						2	20—32	灰黄色	中壤土	块状	8.1	21.1	1.16	1.37				13.3			
						3	32—57	黄褐色	中壤土	块状	8.2	19.0	0.95	1.17				12.3			
						4	57—75	浅黄棕色	砂壤土	块状	8.1	9.0	0.52	1.22				9.2			
						5	75—100	浅黄棕色	砂壤土	块状	8.2	2.6	0.25	1.08				4.1			
剖46	半水成土	潮土	黄潮土	两合土	两合土	1	0—22	暗灰黄色	中壤土	粒状	7.8	22.1	1.31	0.47	21.1	5.4	138	14.2	河流冲积物	E 111°53′50.6″ N 33°51′15.9″	98
						2	22—32	灰黄色	中壤土	块状	8.0	13.4	0.82	0.40				14.8			
						3	32—50	灰黄色	中壤土	块状	8.2	9.4	0.54	0.38				14.6			
						4	50—72	浅棕黄色	中壤土	块状	8.3	10.1	0.55	0.33				13.8			
						5	72—97	浅棕色	中壤土	块状	8.3	8.6	0.50	0.31				14.2			
						6	97—115	浅棕色	重壤土	块状	8.3	5.4	0.42	0.54				15.2			
剖47	半水成土	褐土	潮褐土	潮褐土	潮黄土	1	0—25	棕色	中壤土	粒状	7.3	25.5	1.56	0.69	20.6	12.5	191	12.7	洪积物、冲积物	E 111°52′57.5″ N 33°50′08.1″	98
						2	25—34	棕色	中壤土	块状	7.6	15.9	1.10	0.69				16.1			
						3	34—63	棕色	中壤土	块状	7.8	8.1	0.65	0.54				14.8			
						4	63—83	棕色	中壤土	块状	7.8	8.0	0.80	0.51				15.3			
						5	83—120	暗棕色	重壤土	块状	7.9	7.2	0.60	0.47				14.4			
						6	120—140	暗棕色	中壤土	块状	7.9	8.7	0.55	0.50				12.7			
剖48	半淋溶土	褐土	淋溶褐土	老褐泥土	栾川黄泥土	A_{11}	0—18	黄橙色	黏壤土	屑粒状	6.8	27.1	1.36	0.57				13.9	洪积物、冲积物	E 111°54′42.8″ N 33°51′09.7″	95
						A_{12}	18—28	浊黄褐色	黏壤土	块状	6.8	24.1	1.25	0.53				14.6			
						Bvt_1	28—63	浊黄褐色	壤质黏土	块状	7.0	7.9	0.60	0.34				11.7			
						Bvt_2	63—120	浊黄褐色	壤质黏土	块状	7.0	8.0	0.63	0.32				11.8			
剖49	半水成土	潮土	黄潮土	洪积潮土	洪积壤质潮土	1	0—18	灰黄色	中壤土	粒状	7.4	24.5	1.28	0.67	24.6	18.8	201	6.9	河流冲积物	E 111°55′10.9″ N 33°52′16.0″	98
						2	18—35	黄棕色	中壤土	块状	7.2	15.4	0.93	0.61				15.4			
						3	35—53	黄棕色	中壤土	块状	7.4	16.1	0.84	0.59				14.8			
						4	53—81	棕黄色	轻壤土	块状	7.4	10.4	0.53	0.66				11.1			
						5	81—125	棕黄色	轻壤土	块状	7.6	12.1	0.58	0.72				14.5			
剖50	半淋溶土	褐土	始成褐土	堆垫始成褐土	堆垫薄层始成褐土	1	0—18	棕色	轻壤土	粒状	7.0	28.5	1.46	0.53	26.6	4.1	85	12.5	人工堆垫物	E 111°46′15.6″ N 33°47′40.2″	99
						2	18—25	棕色	轻壤土	块状	7.3	22.3	1.13	0.40				12.3			
						3	25—40	暗棕色	轻壤土	块状	7.2	20.3	1.02	0.40				10.6			
						4	40—49	暗棕色	轻壤土	块状	7.4	9.0	0.61	0.54				9.4			

嵩 县

主要土类说明

褐土是嵩县主要土壤类型，占本县地域面积的57%，其上与棕壤相连，下与潮土相接，分布在白河镇以外的各地海拔1000m以下的广大地区。褐土所处地区山岭起伏、沟壑纵横，地下水多深于5m，土壤形成不受地下水作用。褐土为本县的地带性土壤。成土母质主要是各类岩石风化物、保德红土、红黄土、洪积物等。褐土黏化作用明显，从剖面的机械组成分析结果可以看出，黏粒含量自上而下呈增多趋势。淋溶作用比棕壤弱，但土壤中的碳酸钙淋溶和淀积非常活跃，形成假菌丝或粉末状新生体。褐土表面往往有复钙作用，使土体表层碳酸钙反应强烈，这是人为施肥和水、风再搬运所造成的。土壤有机质分解迅速，即使在生长茂密的自然植被下，有机质的含量也不太高，常在3%以下，耕地则更少，一般在2%以下。褐土有明显的发生层次，由有机质或腐殖质层、黏化层和钙积层（或半风化母质层）三个基本层段组成。褐土大部分呈中性至微碱性，pH 为 7.5—8.2，养分在剖面中的分布仍为自上而下逐渐减少。褐土土体构型与母质、植被覆盖状况关系极为密切，在岩石风化物的山区，土层较薄，砾石含量较高，质地较轻；植被好的地区则土层较厚、质地较重；红黄土质红黏土区坡度大，侵蚀严重的耕层较薄。褐土的潜力很大，但旱（土体干旱，且缺乏灌溉条件）、薄（土体耕层薄）、低（土壤养分含量低）、蚀（水土流失严重）是其主要限制因素。

棕壤是嵩县第二大土壤类型，占本县地域面积的34%，垂直分布在本县南部各乡镇及北部的城关等乡镇海拔1000m以上的中山山地，其下与淋溶褐土或始成褐土相接。棕壤所在地山势陡峭，自然植被茂密，光照不足，气候湿冷，蒸发量较小，坡度多在30°—50°，植被主要是落叶阔叶林和针阔叶混交林。成土母质主要是酸性岩类花岗岩、中性岩类安山玢岩等，也有泥质岩和砂页岩等残积物、坡积物及红黄土。在茂密的针阔叶混交林及较湿润的气候条件下，棕壤的腐殖质化、淋溶作用明显，易溶盐及碳酸盐均被淋溶，碳酸钙含量在0.09%以下，全剖面无石灰反应，pH 一般为 6.0—6.5，呈弱酸性。除一部分黄土母质形成的棕壤土层较厚（大于100cm），发育较好以外，绝大部分岩石风化物形成的棕壤土层较薄，多为20—60cm，砾石的含量较高，为30%—60%。棕壤区土壤肥沃、疏松，适宜林木生长。根据淋溶或发育程度，本县棕壤土类分为棕壤和始成棕壤等亚类。

黄褐土是嵩县第二大土壤类型，占本县地域面积的3%。成土母质为黄土及洪积物、坡积物，剖面中黏化层不明显，铁锰呈胶膜状淀积于土体50cm以下的土层。

小于本县地域面积3%的土壤类型还有潮土、黄棕壤和山地草甸土等。

本区域中心区气候特征

本区域中心区气候特征值
Regional climate characteristics in central area of the region

气候带：暖温带亚湿润气候 Climate region: Warm temperate subhumid climate	
年平均气温 /℃ Annual average temperature /℃	13.8
年平均最高气温 /℃ Annual average maximum temperature /℃	19.9
年平均最低气温 /℃ Annual average minimum temperature /℃	8.8
年降水量 /mm Annual precipitation /mm	672
≥10℃的积温 /℃ Daily temperature accumulated in a year (≥10℃) /℃	4941
年日照时数 /h Annual sunshine /h	2073
年平均相对湿度 /% Annual average relative humidity /%	69
干燥度 Dryness	1.26

本区域中心区月平均气温与月平均降水量
Monthly temperature and precipitation in central area of the region

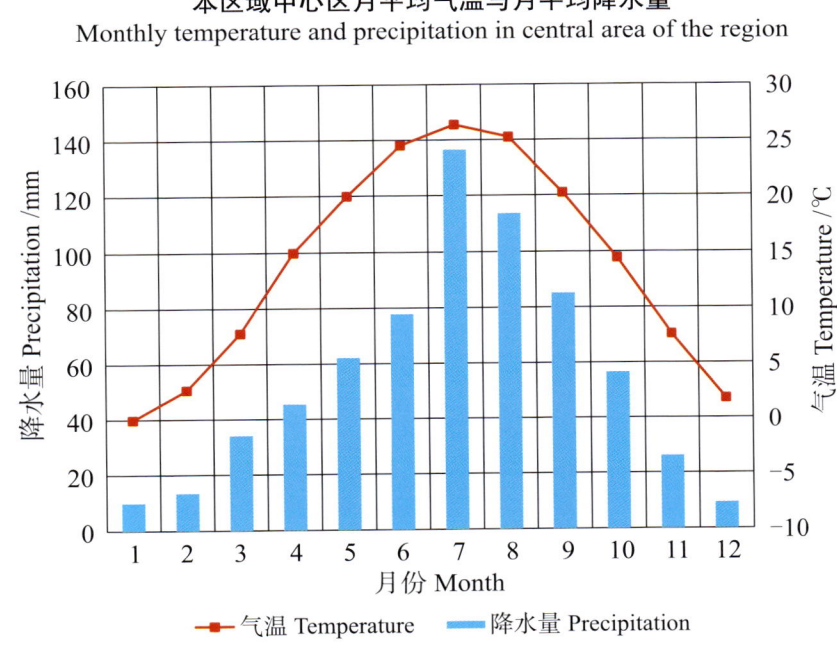

嵩县主要土壤类型与土壤剖面点分布图
1∶290 000

图 例

- 褐土
- 棕壤
- 黄褐土
- 潮土
- 黄棕壤
- 山地草甸土
- ⊗ 剖面点

嵩县土壤剖面理化性状表

剖面号 Soil profile	土纲 Soil order	土类 Soil great group	亚类 Soil subgroup	土属 Soil genus	土种 Soil species	土层code Layer code	土层厚度 Depth/cm	颜色 Soil color	质地 Soil texture	土壤结构 Soil structure	pH	有机质 OM/(g/kg)	全氮 TN/(g/kg)	全磷 TP/(g/kg)	全钾 TK/(g/kg)	有效磷 AP/(mg/kg)	速效钾 AK/(mg/kg)	阳离子交换量CEC/(cmol/kg)	土壤母质 Parent material	剖面点坐标 Profile coordinate	匹配指数 Matching index/%
剖1	淋溶土	棕壤	始成棕壤	酸性岩始成棕壤	酸性岩中层始成棕壤	Ao	0—2	黑红色	轻壤土	粒状	6.3	87.1	3.66	0.43	26.2	9.8	227	24.2	花岗岩等酸性岩类残积物、坡积物	E 111° 48′ 56.9″ N 34° 09′ 29.9″	97
						2	2—13	浅红棕色	轻壤土	粒状	5.4	23.9	0.83	0.20				14.0			
						3	13—29	浅黄棕色	轻壤土	粒状	6.4	16.9	0.48	0.12				12.6			
						4	29—39	浅黄色	轻壤土	粒状	6.5	15.5	0.44	0.11				12.5			
						5	39—														
剖2	半淋溶土	褐土	始成褐土	酸性岩始成褐土	酸性岩中层石渣始成褐土	6	0—1												花岗岩等酸性岩类残积物	E 111° 51′ 06.8″ N 34° 08′ 24.4″	97
						1	0—15	浅棕色	轻壤土	粒状	7.6	6.9	0.43	0.47	32.2	2.4	92	18.1			
						2	15—22	浅棕色	轻壤土	棱状	7.6	8.4	0.41	0.49				17.5			
						3	22—37	浅黄棕色	轻壤土	棱状	7.8	6.8	0.40	0.49				18.2			
						4	37—50	浅黄棕色	轻壤土	棱状	7.9	7.3	0.39	0.47				17.8			
剖3	淋溶土	棕壤	始成棕壤	酸性岩始成棕壤	酸性岩薄层始成棕壤	5	50—												花岗岩等酸性岩类残积物、坡积物	E 111° 46′ 54.5″ N 34° 06′ 27.0″	97
						Ao	0—7														
						2	7—20	暗棕色	中壤土	粒状	6.3	59.5	2.10	0.24	19.6	3.1	259	17.1			
						3	20—45	暗黄橙色	中壤土	粒状	5.8	16.3	0.77	0.13				10.4			
						4	45—														
剖4	半淋溶土	褐土	始成褐土	堆垫始成褐土	堆垫厚层始成褐土	5	0—3												人工堆垫物	E 111° 55′ 24.6″ N 34° 09′ 16.2″	97
						1	0—15	暗棕红色	重壤土	粒状	7.8	17.1	1.28	0.86	21.6	2.6	216	20.6			
						2	15—23	棕红色	重壤土	棱状	8.1	10.9	0.86	0.73				20.3			
						3	23—38	棕红色	中壤土	棱状	7.9	9.8	0.84	0.79				19.9			
						4	38—56	棕红色	重壤土	棱状	7.9	9.3	0.76	0.72				19.2			
剖5	半淋溶土	褐土	始成褐土	中性岩始成褐土	中性岩中层石渣始成褐土	5	56—													E 111° 57′ 31.0″ N 34° 05′ 44.5″	97
						1	0—10	黄棕色	轻壤土	粒状	7.8	18.1	0.85	0.38	11.0	1.5	50	16.4			
						2	10—18	黄棕色	轻壤土	粒状	7.1	14.9	0.69	0.36				16.7			
						3	18—29	红棕色	轻壤土	粒状	6.7	2.0	0.62	0.33				16.8			
						4	29—														
剖6	半水成土	潮土	黄潮土	洪积湖土	洪积壤质潮土	1	0—18	棕红色	中壤土	块状	7.9	18.5	1.09	0.95	22.4	9.7	164	19.7	河流冲积物	E 111° 54′ 50.4″ N 34° 07′ 03.0″	97
						2	18—28	暗棕红色	中壤土	块状	8.0	14.7	0.81	0.87				18.5			
						3	28—54	暗棕红色	中壤土	块状	7.8	5.6	0.49	0.68				18.0			
						4	54—85	暗棕红色	中壤土	块状	7.9	4.6	0.40	0.67				19.5			
						5	85—120	暗棕红色	中壤土	块状	8.0	4.0	0.37	0.64				18.4			
剖7	半淋溶土	褐土	始成褐土	红黄土质始成褐土	红黄土质始成褐土	1	0—16	暗红色	重壤土	粒状	7.7	14.3	0.85	0.67	20.5	9.9	118	18.9	红黄土	E 111° 54′ 37.1″ N 34° 05′ 02.0″	97
						2	16—26	红色	重壤土	块状	7.8	11.8	0.72	0.75				18.6			
						3	26—54	红色	重壤土	块状	7.8	6.9	0.46	0.40				17.4			
						4	54—86	红色	重壤土	块状	7.8	5.4	0.41	0.60				21.6			
						5	86—120	红色	重壤土	块状	7.4	4.8	0.38	0.73				19.5			
剖8	半淋溶土	褐土	始成褐土	红黄土质始成褐土	红黄土质油始成褐土	1	0—18	暗棕色	重壤土	块状	8.1	19.0	1.17	0.62	21.7	6.8	312	19.9	红黄土	E 111° 55′ 50.5″ N 34° 06′ 24.8″	97
						2	18—29	红棕色	重壤土	块状	8.2	12.8	0.88	0.58				20.4			
						3	29—49	红棕色	重壤土	块状	8.0	8.9	0.68	0.54				21.5			
						4	49—71	红棕色	重壤土	块状	8.1	6.1	5.40	0.48				21.3			
						5	71—103	紫棕色	重壤土	块状	8.0	7.9	0.51	0.43				16.6			

续表 Continued

剖面号 Soil profile	土纲 Soil order	土类 Soil great group	亚类 Soil subgroup	土属 Soil genus	土种 Soil species	土层码 Layer code	土层厚度 Depth/cm	颜色 Soil color	质地 Soil texture	土壤结构 Soil structure	pH	有机质 OM/(g/kg)	全氮 TN/(g/kg)	全磷 TP/(g/kg)	全钾 TK/(g/kg)	有效磷 AP/(mg/kg)	速效钾 AK/(mg/kg)	阳离子交换量CEC/(cmol/kg)	土壤母质 Parent material	剖面点坐标 Profile coordinate	匹配指数 Matching index/%
剖9	半水成土	潮土	黄潮土	洪积潮土	洪积中层黏质潮土	1	0—17	暗棕色	重壤土	粒状	7.9	22.3	1.14	0.78	23.1	4.4	162	23.8	河流冲积物	E 111° 56' 11.8" N 34° 05' 19.3"	97
						2	17—25	红色	重壤土	块状	7.9	17.1	0.98	0.62				23.6			
						3	25—55	红色	重壤土	块状	7.9	7.8	0.69	0.69				23.5			
剖10	半淋溶土	褐土	始成褐土	砂砾始成褐土	砂砾中层始成褐土	1	0—16	浅棕色	重壤土	粒状	7.8	9.1	0.49	1.08	23.2	3.4	179	35.3	砂砾岩或近代洪积物、坡积物	E 111° 48' 44.6" N 34° 04' 15.6"	97
						2	16—32	浅棕色	重壤土	粒状	7.8	6.8	0.40	1.22				36.5			
						3	32—48	浅棕色	重壤土	块状	8.0	6.2	0.38	1.08				36.6			
						4	48—														
剖11	半淋溶土	褐土	始成褐土	红黄土质始成褐土	红黄土质始成褐土	1	0—20					15.2	0.92	0.60				25.5	红黄土	E 111° 52' 22.8" N 34° 04' 12.7"	97
						2	20—60					6.7	0.51	0.51				24.8			
						3	60—100					5.8	0.44	0.57				23.3			
剖12	半淋溶土	褐土	始成褐土	红黄土质始成褐土	红黄土质少量砂姜始成褐土	1	0—15	暗红色		粒状	7.7	9.3	0.76	0.44	19.9	10.9	151	19.8	红黄土	E 111° 49' 22.8" N 34° 01' 27.5"	97
						2	15—30	棕红色	重壤土	块状	7.6	6.9	0.57	0.36							
						3	30—68	棕红色	重壤土	块状	7.8	5.5	0.38	0.47							
						4	68—110	棕红色	中壤土	块状	7.8	3.1	0.31	0.59							
剖13	半淋溶土	褐土	始成褐土	砂砾始成褐土	砂砾厚层始成褐土	1	0—17	棕色	中壤土	粒状	8.1	12.2	0.74	0.73	25.1	5.3	132	17.8	砂砾岩或近代洪积物、坡积物	E 111° 50' 13.2" N 34° 00' 28.8"	97
						2	17—32	棕色	轻黏土	粒状	7.9	6.7	0.49	0.77				16.8			
						3	32—62	棕色	轻黏土	块状	8.1	10.5	0.65	0.77				18.6			
						4	62—88	暗棕色	轻黏土	块状	8.1	7.4	0.52	0.67				18.2			
						5	88—														
剖14	半水成土	潮土	黄潮土	淤土	淤土	1	0—16	红棕色	轻黏土	粒状	8.0	17.0	1.00	0.69	21.4	8.5	220	27.4	河流冲积物	E 111° 51' 38.2" N 34° 01' 02.3"	97
						2	16—30	浅红棕色	中黏土	块状	8.0	11.7	0.70	0.63				31.4			
						3	30—60	红棕色	中黏土	块状	7.8	10.8	0.64	0.59				25.7			
						4	60—80	浅红棕色	中黏土	块状	7.8	9.9	0.65	0.58				30.0			
						5	80—110	浅红棕色	轻壤土	块状	7.6	4.8	0.23	0.78				10.4			
剖15	半水成土	潮土	褐土化青砂土	褐土化青砂土	1	0—16	棕色	砂壤	粒状	8.0	10.9	0.68	0.75	21.5	10.5	119	10.1	河流冲积物	E 111° 52' 11.6" N 34° 01' 12.0"	75
						2	16—34	棕色	轻壤土	粒状	8.0	2.5	0.14	0.72				8.7			
						3	34—69	棕色	轻壤土	块状	7.7	10.8	0.65	0.73				5.7			
						4	69—82	暗灰棕色	轻壤土	块状	7.9	7.9	0.49	0.71				13.6			
						5	82—110	棕色	中壤土	块状	7.9	7.2	0.45	0.75				10.2			
剖16	半淋溶土	褐土	始成褐土	中性岩始成褐土	中性岩谭层砾质始成褐土	1	0—15	红色	中壤土	粒状	8.0	6.5	0.42	2.10	29.2	1.3	81	36.2	河流冲积物	E 111° 52' 12.4" N 34° 00' 14.0"	97
						2	15—25	红色	中壤土	粒状	7.9			1.94				36.5			
						3	25—43	红色													
						4	43—														
剖17	半淋溶土	褐土	始成褐土	泥灰岩底始成褐土	褐土化青砂土	1	0—25	红棕色	中壤土	碎屑状	8.3	13.9	0.77	0.88	17.9	2.2	152	17.9	泥灰岩	E 111° 56' 03.5" N 34° 02' 58.6"	75
						2	25—50	红棕色	中壤土	碎屑状	8.4	10.9	0.73	1.00				17.7			
剖18	半淋溶土	褐土	始成褐土	中性岩始成褐土	中性岩中层石渣始成褐土	1	0—14	浅红棕色	中壤土	粒状	7.2	14.4	0.93	1.02	20.6	2.0	62	27.8	河流冲积物	E 111° 58' 35.0" N 34° 00' 56.9"	97
						2	14—21	浅红棕色	中壤土	粒状	7.0	6.1	0.50	0.96				28.6			
						3	21—37	浅红棕色	中壤土	粒状	7.1	4.8	0.48	0.92				29.4			
						4	37—53	浅红棕色	中壤土	棱柱状											
						5	53—														
剖19	半淋溶土	褐土	始成褐土	石英质始成褐土	石英质岩中层石渣始成褐土	1	0—12	暗红棕色	重壤土	粒状	7.4	19.5	1.12	0.25	17.2	1.3	138	24.4	石英砂岩、质岩残积物	E 111° 59' 17.2" N 34° 02' 12.8"	95
						2	12—22	暗红棕色	重壤土	粒状	7.5	12.0	0.72	0.16				18.0			
						3	22—40	浅红棕色	重壤土	块状	7.5	7.3	0.48	0.13				15.6			
						4	40—														

续表 Continued

剖面号 Soil profile	土纲 Soil order	土类 Soil great group	亚类 Soil subgroup	土属 Soil genus	土种 Soil species	土层码 Layer code	土层厚度 Depth/cm	颜色 Soil color	质地 Soil texture	土壤结构 Soil structure	pH	有机质 OM/(g/kg)	全氮 TN/(g/kg)	全磷 TP/(g/kg)	全钾 TK/(g/kg)	有效磷 AP/(mg/kg)	速效钾 AK/(mg/kg)	阳离子交换量CEC/(cmol/kg)	土壤母质 Parent material	剖面点坐标 Profile coordinate	匹配指数 Matching index/%
剖20	半淋溶土	褐土	始成褐土	泥质岩始成褐土		1	0–10	黄橙色	轻壤土	碎屑状	8.3	5.4	0.61	0.68	22.8	2.4	61	14.0	泥质岩	E 111°55′52.7″ N 34°02′16.4″	75
						2	10–27	灰橙色	重壤土	块状	8.5	4.1	0.57	0.77				10.6			
剖21	半淋溶土	褐土	始成褐土	石灰岩始成褐土		1	0–20	浅棕色	中壤土	碎屑状	8.1	12.5	0.76	2.25	17.2	6.9	135	21.9	石灰岩	E 111°55′19.6″ N 33°58′24.2″	95
						2	20–48	紫棕色	中壤土	碎屑状	8.2	11.4	0.74	2.76				20.8			
剖22	半水成土	潮土	灰潮土	洪积湿潮土	洪积砂质灰潮土	1	0–17	棕色	中壤土	粒状	7.1	18.0	1.18	0.43	18.6	2.5	90	14.4	河流冲积物	E 111°59′28.0″ N 33°45′50.4″	97
						2	17–26	棕色	中壤土	块状	7.3	14.3	1.23	0.40				14.7			
						3	26–57	棕色	中壤土	块状	7.6	6.3	0.57	0.30				13.0			
						4	57–95	棕色	中壤土	块状	7.7	4.4	0.42	0.26				13.5			
						5	95–120	暗灰棕色	重壤土	块状	8.2	7.0	0.56	0.26				15.0			
剖23	淋溶土	黄棕壤	黄棕壤	山黄土	中层山黄土	Ao	0–4			粒状	6.2									E 111°52′05.5″ N 33°37′01.9″	97
						2	4–24	棕色		粒状	6.2										
						3	24–39	浅棕色		粒状	6.2										
						4	39–69	浅棕色		粒状	6.3										
						5	69–1	暗黄橙色			6.2										
						6	0–1														
剖24	淋溶土	黄棕壤	黄棕壤	黄老土	黄老土	1	0–10	暗红棕色	中壤土	块状	7.5								黄土及洪积物、坡积物	E 111°56′34.8″ N 33°37′15.2″	78
						2	10–47	暗红棕色	中壤土	块状	7.5										
						3	47–70	暗红棕色	中壤土	块状	7.2										
						4	70–109	暗红棕色	中壤土	块状	6.5										
						5	109–140	暗红棕色	中壤土	粒状	6.7										
剖25	棕壤	棕壤	石灰性棕壤	黄土棕壤	黄土薄腐层厚料姜质黄土	1	0–6	黑棕色	重壤土	粒状	6.4	98.4	3.78	0.32	16.4	9.1	176	26.1	酸性岩类	E 112°05′01.0″ N 34°16′07.0″	95
						2	6–20	浅黄棕色	重壤土	块状	6.5	13.7	0.74	0.15				10.5			
						3	20–42	浅黄棕色	重壤土	块状	6.4	7.2	0.51	0.11				11.7			
						4	42–56	紫棕色	中壤土	块状	6.5	7.3	0.51	0.12				16.1			
						5	56–102	亮棕色	中壤土	粒状	6.4	6.6	0.48	0.12				19.3			
剖26	半淋溶土	褐土	褐土性	火棕壤	红黄土质少砾质原始成褐土	1	0–18	亮棕色	壤质黏土	碎屑块状	8.0	16.2	0.95	0.84	17.4	4.0	114	22.1	离石黄土、午城黄土	E 112°05′51.4″ N 34°10′37.9″	95
						A_{11}	18–28	浅黄棕色	重壤土	梭块状	8.1	6.8	0.52	0.45				21.8			
						A_{12}															
						Bvtk₁	83–120	浅黄棕色	重壤土	梭块状	7.9	5.5	0.42	0.46				20.2			
						Bvtk₂	28–52	浅黄棕色	重壤土	块状	8.0	5.4	0.38	0.44				19.0			
						Bv	52–83	紫棕色	重壤土	粒状	8.1	5.5	0.40	0.30				23.3			
剖27	半淋溶土	褐土	褐土性	红黄土母质石质原始成褐土	红黄土质少砾质原始成褐土	1	0–17	红棕色	中壤土	粒状	8.0	21.5	0.99	0.64	20.6	3.5	152	20.0	红黄土	E 112°11′33.0″ N 34°14′00.6″	95
						2	17–27	浅黄棕色	重壤土	块状	7.5	18.1	0.87	0.59				20.5			
						3	27–47	浅黄棕色	重壤土	块状	7.8	7.6	0.57	0.50				20.8			
						4	47–66	浅黄棕色	重壤土	块状	7.9	7.1	0.53	0.43				19.8			
						5	66–105	浅红棕色	重壤土	块状	7.9	6.9	0.51	0.47				20.2			
剖28	半水成土	潮土	湿潮土	洪积湿潮土	洪积中层黏质湿潮土	1	0–14	暗红棕色	重壤土	块状	7.7	7.5	0.66	0.60	21.2	3.4	140	19.9	河流冲积物	E 112°12′19.8″ N 34°14′40.9″	97
						2	14–22	暗红棕色	重壤土	块状	8.1	7.5	0.67	0.55				19.6			
						3	22–35	暗红棕色	重壤土	块状	8.1	10.3	0.80	0.65				23.3			
						4	35–42	暗灰棕色	重壤土	块状	8.1	6.7	0.71	0.67				21.6			
						5	42–...														
剖29	半淋溶土	褐土	褐土	褐泥砂土	黏炉土	A_{11}	0–19	油红棕色	壤质黏土	屑粒状	8.0	18.4	0.96	0.74	21.5	3.0	196	19.5	洪积物、冲积物	E 112°01′04.4″ N 34°07′35.4″	95
						A_{12}	19–52	油红棕色	壤质黏土	屑粒状	8.1	12.5	0.80	0.70				19.7			
						Bvtk	90–120	暗红棕色	壤质黏土	梭块状	8.0	5.8	0.47	0.53				20.0			
						Bvk	52–90	油红棕色	壤质黏土	块状	8.0	4.7	0.35	0.58				18.4			

续表 Continued

剖面号 Soil profile	土纲 Soil order	土类 Soil great group	亚类 Soil subgroup	土属 Soil genus	土种 Soil species	土层码 Layer code	土层厚度 Depth/cm	颜色 Soil color	质地 Soil texture	土壤结构 Soil structure	pH	有机质 OM/(g/kg)	全氮 TN/(g/kg)	全磷 TP/(g/kg)	全钾 TK/(g/kg)	有效磷 AP/(mg/kg)	速效钾 AK/(mg/kg)	阳离子交换量CEC/(cmol/kg)	土壤母质 Parent material	剖面点坐标 Profile coordinate	匹配指数 Matching index/%
剖30	半淋溶土	褐土	始成褐土	红黄土质始成褐土	红黄土质冲积始成褐土	1	0–21	红棕色	重壤土	粒状	8.1	11.7	0.85	0.64	21.7	4.9	146	22.4	红黄土	E 112°02′38.0″ N 34°08′43.8″	98
						2	21–30	红棕色	重壤土	块状	8.1	6.5	0.55	0.64				21.9			
						3	30–62	红棕色	重壤土	块状	7.9	6.0	0.53	0.72				20.9			
						4	62–88	红棕色	重壤土	块状	8.0	6.3	0.48	0.69				21.2			
						5	88–120	红棕色	重壤土	块状	8.0	5.8	0.46					19.1			
剖31	半淋溶土	褐土	褐土性土	石英质岩始成褐土		1	0–10	灰棕色	中壤土	粒状	7.1	53.7	2.73	0.93	18.1	4.1	181	13.8	石英质岩	E 112°03′36.0″ N 34°08′10.7″	97
						2	10–30	浅灰褐色	轻壤土	碎屑状	7.3	25.1	1.37	0.49				8.5			
剖32	半淋溶土	褐土	始成褐土	酸性岩始成褐土	酸性岩中层石渣始成褐土	1	0–9	红棕色	中壤土	粒状	7.7	31.8	1.42	0.12	25.2	1.5	109	31.4	花岗岩等酸性岩类残积物	E 112°05′43.8″ N 33°55′31.1″	98
						2	9–28	棕色	中壤土	块状	7.9	18.5	0.89	0.16				30.3			
						3	28–54	棕色	中壤土	块状	7.7	13.1	0.69	0.13				29.8			
						4	54–														
剖33	半淋溶土	褐土	始成褐土	酸性岩始成褐土	酸性岩薄层石渣始成褐土	1	0–9	暗棕色	轻壤土	粒状	6.9	31.1	1.35	0.22	29.6	1.7	76	11.8	花岗岩等酸性岩类残积物	E 112°03′46.1″ N 33°47′44.9″	98
						2	9–16	棕色	轻壤土	粒状	7.0	17.2	0.89	0.14				10.9			
						3	16–24	紫棕色	轻壤土	粒状	7.0	18.7	0.87	0.13				11.3			
						4	24–														
剖34	半淋溶土	褐土	褐土	褐垆黄土		A_{11}	0–20	泚红棕色	粉砂质黏壤土	碎块状	8.0	7.6	0.67	0.53	20.6	3.0	135	21.7	午城黄土	E 112°07′45.8″ N 33°47′09.2″	95
						A_{12}	20–27	泚红棕色	粉砂质黏壤土	块状	8.0	6.7	0.59	0.49				21.6			
						Bvtk	60–96	泚红棕色	粉砂质黏壤土	棱块状	7.8	6.4	0.52	0.47				20.8			
						Bvk_1	96–120	泚红棕色	粉砂质黏壤土	棱块状	7.8	5.3	0.41	0.47				18.3			
						Bvk_2	27–60	泚红棕色	粉砂质黏壤土	块状	7.9	4.2	0.38	0.57				16.9			
剖35	半水成土	潮土	湿潮土	洪积湿潮土	洪积黏质湿潮土	1	0–16	棕色	重壤土	粒状	5.6	23.4	1.49	0.42	20.7	4.6	93	14.1	河流冲积物	E 112°09′18.7″ N 33°46′58.4″	97
						2	16–22	暗棕色	重壤土	块状	6.4	17.7	1.15	0.40				14.5			
						3	22–62	暗棕色	重壤土	块状	7.4	6.5	0.51	0.33				14.1			
						4	62–100	暗棕色	重壤土	块状	7.3	11.8	0.70	0.40				16.5			
						5	100–120	暗棕色	重壤土	粒状											
剖36	山地草甸土	山地草甸土	山地草甸土	山地草甸土	中层山地草甸土	1	0–18	暗灰棕色	重壤土	粒状	6.1	43.3	2.27	0.72	18.6	3.7	102	18.3	湖积物	E 112°05′55.7″ N 33°43′38.6″	98
						2	18–27	暗棕色	中壤土	块状	6.0	22.7	1.27	0.52				12.7			
						3	27–39	暗棕色	中壤土	块状	6.2	21.7	1.14	0.54				13.5			
						4	39–60	暗黄棕色	重壤土	块状	6.2	27.3	1.28	0.56				15.2			
						5	60–100	棕灰色	重壤土	粒状	6.1	20.7	1.16	0.70				13.7			
剖37	半淋溶土	褐土	淋溶褐土	黄土淋溶褐土	黄土壤质淋溶褐土	1	0–18	暗棕色	重壤土	粒状	7.1	19.8	1.30	0.52	21.4	4.8	124	17.1	黄土	E 112°16′28.9″ N 34°02′40.9″	97
						2	18–24	暗棕色	重壤土	块状	7.3	13.0	0.93	0.48				16.9			
						3	24–52	暗灰棕色	重壤土	棱柱状	7.5	8.6	0.60	0.98				18.4			
						4	52–83	暗红棕色	重壤土	棱柱状	7.1	6.9	0.57	0.70				17.8			
						5	83–120	红灰棕色	重壤土	棱柱状	6.9	<1.0	0.56	0.69				17.1			

汝 阳 县

主要土类说明

褐土是汝阳县主要土壤类型，占本县地域面积的73%，多数分布在本县海拔800m以下的低山丘陵区，在垂直地带谱上，上接棕壤，下接潮土。褐土的形成受季风气候影响最大，干湿季节分明，冬春寒冷干燥多风，夏秋高温多雨，风化、成土作用强烈，土体中碳酸盐和黏粒均有不同程度的淋溶和淀积。自然植被在山区为落叶阔叶林，在丘陵区则为疏林、灌丛、草坡。一般地下水在7m以上，少数向潮土过渡的潮褐土略受地下水影响。成土母质较为复杂，多为中性岩、酸性岩、石英岩、石灰质岩、红砂岩、基性岩等残积物、坡积物、洪积物和红黄土。本县褐土分为淋溶褐土、始成褐土、潮褐土、石灰性褐土等亚类。

棕壤是汝阳县第二大土壤类型，占本县地域面积的19%，分布在本县南部林区。成土母质为酸性岩、中性岩类风化物及残留黄土。在落叶阔叶林植被和凉湿气候条件下，土壤进行着有机质累积和碳酸钙、黏粒淋溶淀积过程。碳酸钙已经淋失殆尽，含量多在0.4%以下，全剖面无石灰反应。多数山地由于山势陡峭，土层较薄，石砾含量大，所以土壤黏化层不明显，仅在部分山洼缓坡地及残留的黄土母质上形成土层较厚、黏化明显的棕壤。本县棕壤多为具有枯枝落叶层、腐殖质层和母质层的始成棕壤亚类（占本县棕壤土类面积的83%），黏化不明显。表层枯枝落叶层一般厚2—5cm；腐殖质层多为暗棕色，厚10cm左右，pH约为6.5；以下土层逐渐过渡到母质层，石砾含量大，酸度也稍大，pH在6.5以下。有机质含量以腐殖质层最高，为40—70g/kg，向下逐渐递减。阳离子交换量为15—18cmol/kg，全氮含量为1.0—3.0g/kg，全磷含量为0.2—0.4g/kg，全钾含量为25—80g/kg，养分在剖面中的分布是自上而下递减的。棕壤区自然肥力较高，且分布在山势较险峻地区，林木不易受破坏，所以极适宜树木生长，易成材成林。

潮土是汝阳县第三大土壤类型，占本县地域面积的6%，多分布在川谷的一级阶地及山前交接洼地上，以北汝河、马兰河两岸以及内埠滩缘面积较大。成土母质以洪积物、冲积物为主，土层深厚，地势平坦，养分丰富。潮土质地变化较大，沉积层次明显，但发育层次不明显，每层质地色泽均一。由于干湿季节交替、地下水位升降，土体中的铁、锰离子被氧化还原，剖面中下部有锈色斑纹出现。土壤呈微碱性至碱性，pH为7.2—8.5。母质来源于山丘区的表土，肥力较高，地下水位高，抗旱能力强，但生物积累弱。本县潮土分为黄潮土、湿潮土等亚类。

小于本县地域面积3%的土壤类型还有砂姜黑土等。

本区域中心区气候特征

本区域中心区气候特征值
Regional climate characteristics in central area of the region

气候带：暖温带亚湿润气候 Climate region: Warm temperate subhumid climate	
年平均气温 /℃ Annual average temperature /℃	13.9
年平均最高气温 /℃ Annual average maximum temperature /℃	20.0
年平均最低气温 /℃ Annual average minimum temperature /℃	9.0
年降水量 /mm Annual precipitation /mm	683
≥10℃的积温 /℃ Daily temperature accumulated in a year（≥10℃）/℃	4971
年日照时数 /h Annual sunshine /h	2073
年平均相对湿度 /% Annual average relative humidity /%	69
干燥度 Dryness	1.25

本区域中心区月平均气温与月平均降水量
Monthly temperature and precipitation in central area of the region

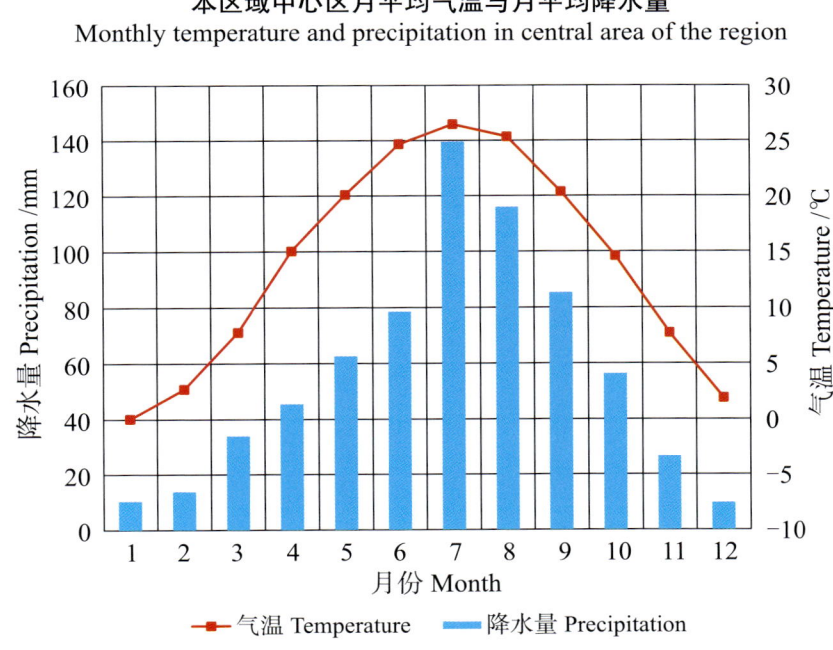

汝阳县主要土壤类型与土壤剖面点分布图
1:210 000

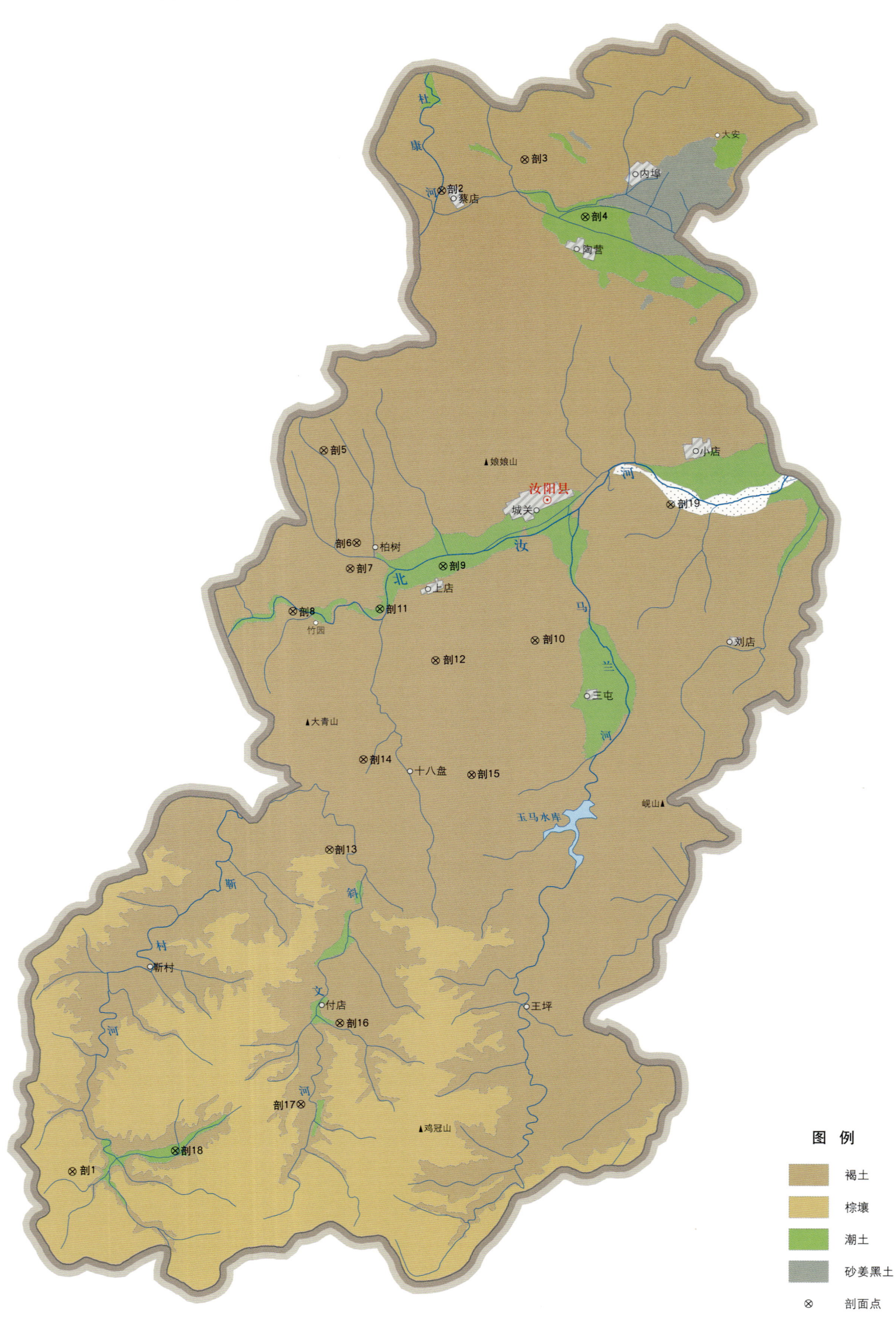

汝阳县土壤剖面理化性状表

剖面号 Soil profile	土纲 Soil order	亚类 Soil subgroup	土属 Soil genus	土种 Soil species	土层码 Layer code	土层厚度 Depth/cm	颜色 Soil color	质地 Soil texture	土壤结构 Soil structure	pH	有机质 OM/(g/kg)	全氮 TN/(g/kg)	全磷 TP/(g/kg)	全钾 TK/(g/kg)	有效磷 AP/(mg/kg)	速效钾 AK/(mg/kg)	阳离子交换量CEC/(cmol/kg)	土壤母质 Parent material	剖面点坐标 Profile coordinate	匹配指数 Matching index/%
剖1	淋溶土	始成棕壤	酸性岩始成棕壤	酸性岩薄层壤质始成棕壤	1	0—4				6.4		2.97	0.41	20.7	4.0	90	23.1	酸性岩类	E 112°13′25.7″ N 33°51′32.8″	97
					2	4—12	暗棕色	中壤土	粒状	4.1	61.9	1.51	0.28				18.3			
					3	12—22	黄棕色	轻壤土	碎块状	5.5	24.4	1.05	0.22				13.2			
					4	22—31	浅黄棕色	中壤土	块状		16.8									
					5	31—48														
剖2	半淋溶土	始成褐土	壤质始成褐土	壤质始成褐土	1	0—13	暗棕色	重壤土	块状	7.4	11.6	0.72	0.31		5.4	121	22.3	红砂岩	E 112°25′12.7″ N 34°17′34.8″	97
					2	13—30	棕色	重壤土	块状	7.7	6.2	0.48	0.23				26.9			
					3	30—65	棕色	重壤土	块状	7.7	4.8	0.36	0.32				25.5			
					4	65—95	棕色	重壤土	块状	7.7	3.6	0.37	0.42				24.4			
					5	95—110	暗棕色	重壤土	块状	7.7	3.5	0.35	0.42				23.0			
剖3	半淋溶土	始成褐土	基性岩始成褐土	基性岩薄层砾质始成褐土	1	0—18	暗棕色	中壤土	粒状	7.9	14.9	0.81	0.96	13.9	4.7	93	24.8	基性岩	E 112°27′47.9″ N 34°18′22.3″	98
					2	18—29	暗棕色	中壤土	块状	8.1	10.4	0.62	0.93				25.1			
					3	29—64	暗棕色	中壤土	块状	8.0	11.5	0.57	2.07				38.9			
					4	64—														
剖4	半水成土	黄潮土	洪积潮土	洪积壤质土	1	0—21	暗棕色	中壤土	粒状	7.3	21.2	0.90	0.57	14.9	11.0	95	15.4	河流冲积物	E 112°29′38.8″ N 34°16′49.4″	97
					2	21—48	暗红棕色	中壤土	块状	7.7	14.8	0.62	0.43				16.7			
					3	48—76	暗红棕色	重壤土	块状	7.9	6.9	0.48	0.28				19.0			
					4	76—110	暗红棕色	中壤土	块状	7.9	5.4	0.41	0.25				17.1			
剖5	半淋溶土	始成褐土	泥质岩始成褐土	泥质岩砾质始成褐土	1	0—19	棕色	中壤土	粒状	8.2	9.4	0.55	0.83	18.9	3.7	118	28.6	泥质岩	E 112°21′27.0″ N 34°10′41.5″	99
					2	19—45	暗棕色	中壤土	块状	8.3	6.8	0.41	0.80				30.2			
					3	45—80	暗棕色	中壤土	块状	8.3	7.8	0.47	0.80				32.5			
					4	80—														
剖6	半淋溶土	石灰性褐土	白护土	壤质白护土	1	0—23	浅灰棕色	重壤土	粒状	8.3	12.3	0.83	0.65	18.0	9.4	187	19.6	石英岩	E 112°22′25.7″ N 34°08′13.2″	93
					2	23—71	浅灰黄色	重壤土	块状	8.3	11.2	0.77	0.60				18.4			
					3	71—120	浅灰黄色	砂壤土	块状	8.5	8.9	0.65	0.57				13.5			
剖7	半淋溶土	始成褐土	砂砾始成褐土	砂砾深位厚层始成褐土	1	0—24	棕色	重壤土	粒状	7.2	7.0	0.46	0.20				26.1	中性岩	E 112°22′13.1″ N 34°07′31.8″	95
					2	24—50	棕色	中壤土	块状	7.8	9.3	0.52	0.26				26.9			
					3	50—60	黑棕色	重壤土	块状	7.9	7.7	0.42	0.28				22.8			
					4	60—71	暗棕色	中壤土	块状	7.9	10.1	0.52	0.32				28.3			
					5	71—96														
					6	96—120														
剖8	半淋溶土	始成褐土	砂砾始成褐土	砂砾厚层始成褐土	1	0—20	棕色	中壤土	粒状	7.6	14.3	0.85	0.36	14.9	3.7	109	18.1	石英岩	E 112°20′25.8″ N 34°06′24.1″	95
					2	20—32	暗棕色	中壤土	块状	7.5	6.8	0.46	0.30				14.6			
					3	32—65	暗红棕色	中壤土	块状	7.9	3.4	0.37	0.45				14.5			
					4	65—100	暗红棕色	中壤土	块状	8.2	15.4	0.90	0.31				18.6			
剖9	半水成土	黄潮土	洪积潮土	洪积壤质黑底潮土	1	0—35	棕色	中壤土	块状	7.9	11.7	0.74	0.33	16.8			21.0	河流冲积物	E 112°25′05.5″ N 34°07′33.6″	97
					2	35—62	暗棕色	重黏土	块状	8.2	9.4	0.62	0.31				25.3			
					3	62—79	黑棕色	轻黏土	核状	8.1	15.7	0.88	0.28				36.2			
					4	79—99	黑黏色	轻黏土	核状	8.2	17.7	1.01	0.33				42.7			
					5	99—120	黄棕色	重壤土	块状	8.5	7.4	0.50	0.45				23.7			

续表 Continued

剖面号 Soil profile	土纲 Soil order	土类 Soil great group	亚类 Soil subgroup	土属 Soil genus	土种 Soil species	土层码 Layer code	土层厚度 Depth/cm	颜色 Soil color	质地 Soil texture	土壤结构 Soil structure	pH	有机质 OM/(g/kg)	全氮 TN/(g/kg)	全磷 TP/(g/kg)	全钾 TK/(g/kg)	有效磷 AP/(mg/kg)	速效钾 AK/(mg/kg)	阳离子交换量CEC/(cmol/kg)	土壤母质 Parent material	剖面点坐标 Profile coordinate	匹配指数 Matching index/%
剖10	半淋溶土	褐土	始成褐土	红砂岩始成褐土	红砂岩薄层石渣始成褐土	1	0—15	浅棕色	中壤土	粒状	8.0	4.2	0.23	0.26	18.0	3.6	116	38.9	砂页岩	E 112°27′54.0″ N 34°05′32.3″	97
						2	15—34	暗红色	重壤土	块状	8.3	2.0	0.18	0.42				35.9			
						3	34—64	暗红色	重壤土	块状	8.5	2.9	0.12	0.46				36.3			
						4	64—														
剖11	半水成土	潮土	黄潮土	淤土	淤土	1	0—24	暗棕色	重壤土	块状	7.3	22.4	1.26	0.70	16.6	20.3	191	23.1	河流冲积物	E 112°23′07.1″ N 34°06′26.3″	98
						2	24—37	棕色	重壤土	块状	7.3	10.2	0.74	0.47				26.3			
						3	37—73	棕色	轻黏土	块状	7.3	9.5	0.63	0.49				23.6			
						4	73—120	棕色	重壤土	块状	7.2	8.6	0.57	0.52				22.1			
剖12	半淋溶土	褐土	始成褐土	红黄土质始成褐土	红黄土质始成褐土	1	0—20	暗红棕色	重壤土	粒状	8.4	4.6	0.38	0.29	17.2	4.8	104	21.9	红黄土	E 112°24′49.0″ N 34°05′03.1″	97
						2	20—48	紫棕色	重壤土	块状	8.4	2.3	0.29	0.33				21.0			
						3	48—92	紫棕色	重壤土	块状	8.4	2.1	0.27	0.41				22.3			
						4	92—120	红棕色	重壤土	块状	8.3	2.4	0.36	0.29				25.1			
剖13	淋溶土	棕壤	棕壤	黄土棕壤	黄土薄腐厚层棕壤	1	0—5				7.0								中性岩类	E 112°21′28.4″ N 34°00′01.4″	75
						2	5—11	黑棕色	中壤土	粒状	6.9										
						3	11—27	灰黄色	中壤土	块状	6.5										
						4	27—44	浅黄色	中壤土	块状	6.4										
						5	44—72	浅黄色	中壤土	块状	6.5										
						6	72—95	浅黄色	中壤土	块状											
剖14	半淋溶土	褐土	始成褐土	中性岩始成褐土	中性岩薄层石渣始成褐土	1	0—20	暗棕色	重壤土	块状	7.7	36.4	1.92	0.48	14.1	5.0	104	43.6	中性岩类	E 112°22′32.9″ N 34°02′26.2″	99
						2	20—30	黄棕色	轻壤土	块状	7.4	5.2	0.24	0.49				45.6			
						3	30—70														
						4	70—														
剖15	半淋溶土	褐土	淋溶褐土	红黄土质淋溶褐土	红黄土质淋溶褐土	1	0—20	棕色	重壤土	块状	7.2	10.3	0.86	0.55	15.8	7.0	160	19.1	中性岩类	E 112°25′53.4″ N 34°01′59.5″	97
						2	20—50	棕色	轻黏土	块状	6.9	8.8	0.80	0.48				21.4			
						3	50—80	暗棕色	中壤土	块状	7.2	10.9	0.90	0.57				21.9			
						4	80—110	浅棕色	轻黏土	块状	7.4	9.8	0.86	0.58				22.0			
剖16	半淋溶土	褐土	始成褐土	砂砾始成褐土	砂砾薄层始成褐土	1	0—14	棕色	中壤土	块状	7.1	11.5	0.79	0.32	15.6			18.7	中性岩类	E 112°21′43.9″ N 33°55′23.2″	95
						2	14—30	红棕色	重壤土	块状	7.6	7.3	0.58	0.26				20.7			
						3	30—					14.0	0.85	0.37				16.7			
剖17	半淋溶土	褐土	始成褐土	酸性岩始成褐土	酸性岩薄层石渣始成褐土	1	0—8	暗棕色	砂壤土	粒状	7.8	29.5	1.88	0.33	16.6	4.0	99	14.3	花岗岩等酸性岩类残积物	E 112°20′30.1″ N 33°53′14.6″	98
						2	8—17	暗红棕色	轻壤土	粒状	7.9	10.9	0.71	0.22				12.7			
						3	17—32														
						4	32—														
剖18	半水成土	潮土	黄潮土	两合土	底砂小两合土	1	0—25	棕色	中壤土	块状	7.5	17.6	0.99	0.72	17.4	13.1	132	20.7	河流冲积物	E 112°16′36.8″ N 33°52′03.7″	98
						2	25—55	暗棕色	中壤土	粒状	7.8	9.2	0.57	0.66				18.8			
						3	55—94	棕色	砂壤土	粒状	8.3	6.3	0.38	0.69				14.5			
						4	94—110														
剖19	半淋溶土	褐土	潮褐土	潮褐土	潮黄土	1	0—18	暗红棕色	中壤土	粒状	8.2	12.2	0.81	0.47	16.4	3.4	136	20.1	河流冲积物	E 112°32′09.6″ N 34°09′06.8″	99
						2	18—32	红棕色	中壤土	块状	8.4	3.2	0.60	0.41				19.8			
						3	32—66	浅红棕色	砂壤土	粒状	8.1	6.9	0.51	0.41				19.5			
						4	66—110	红棕色	中壤土	块状	8.1	5.6	0.45	0.36				19.6			

宜 阳 县

主要土类说明

褐土是宜阳县主要土壤类型，占本县地域面积的89%。褐土是暖温带半干旱、半湿润地区的地带性土壤。褐土在本县的分布面积最广、潜力最大，所以研究褐土、利用褐土对发展本县农业生产有着重要的意义。本县褐土土类分为始成褐土、褐土、石灰性褐土、淋溶褐土和潮褐土等亚类。其中始成褐土占本土类面积的67%，褐土占18%。始成褐土多分布在侵蚀区和堆积频繁的地形部位，成土时间短，黏化钙积层不明显，剖面呈A-（B）-C构型。褐土剖面构型为A-B（黏化、钙积）-C型，B层出现在50—60cm，碳酸钙淀积明显，呈菌丝状，黏化层石灰反应相对较弱。

潮土是宜阳县第二大土壤类型，占本县地域面积的4%。潮土是非地带性半水成土壤，多分布在川谷的一级阶地及山前交接洼地上。本县在汝河上游，河床窄深，阶地高差大，母质以洪积物、冲积物为主。潮土区土层深厚，地势平坦，养分丰富，耕作与排灌条件好，适宜蔬菜、粮食作物生长，是本县主要的粮菜产区。潮土有其特定的形成条件和形成过程，也有其主要的特征特性，主要表现为质地变化较大，沉积层次明显，但发育层次不明显，每层质地色泽均一。由于干湿季节交替、地下水位升降，土体中的铁、锰离子被氧化还原，剖面中下部有锈色斑纹出现。土壤呈微碱性至碱性，pH为7.2—8.5。母质来源于山丘区的表土，肥力较高，地下水位高，抗旱能力强，但生物积累弱。依据地形、水文地质条件对土壤发育的影响，本县潮土分为黄潮土、湿潮土等亚类。

棕壤是宜阳县第三大土壤类型，占本县地域面积的3%。棕壤是发育在暖温带湿润的中高山区的土壤，主要分布在海拔1000m以上的上观、木柴。棕壤的腐殖化、淋溶作用明显，全剖面无石灰反应，pH为7.0以下，呈酸性，其母质为酸性岩类和基性岩类残积物、坡积物。根据其发育程度不同，本县棕壤分为棕壤和始成棕壤等亚类。

小于本县地域面积3%的土壤类型还有砂姜黑土等。

本区域中心区气候特征

本区域中心区气候特征值
Regional climate characteristics in central area of the region

气候带：暖温带亚湿润气候 Climate region: Warm temperate subhumid climate	
年平均气温 /℃ Annual average temperature /℃	13.7
年平均最高气温 /℃ Annual average maximum temperature /℃	19.8
年平均最低气温 /℃ Annual average minimum temperature /℃	8.6
年降水量 /mm Annual precipitation /mm	629
≥10℃的积温 /℃ Daily temperature accumulated in a year (≥10℃) /℃	4871
年日照时数 /h Annual sunshine /h	2122
年平均相对湿度 /% Annual average relative humidity /%	68
干燥度 Dryness	1.32

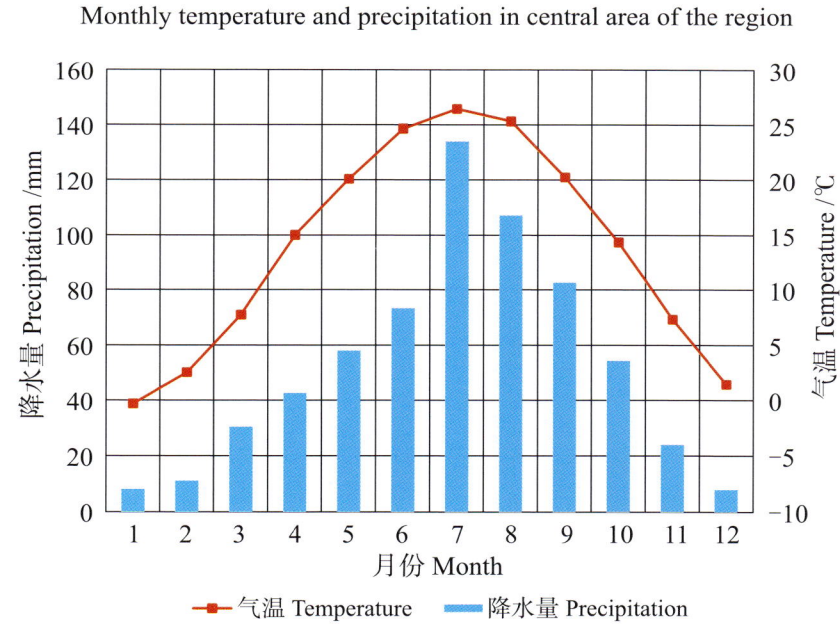

本区域中心区月平均气温与月平均降水量
Monthly temperature and precipitation in central area of the region

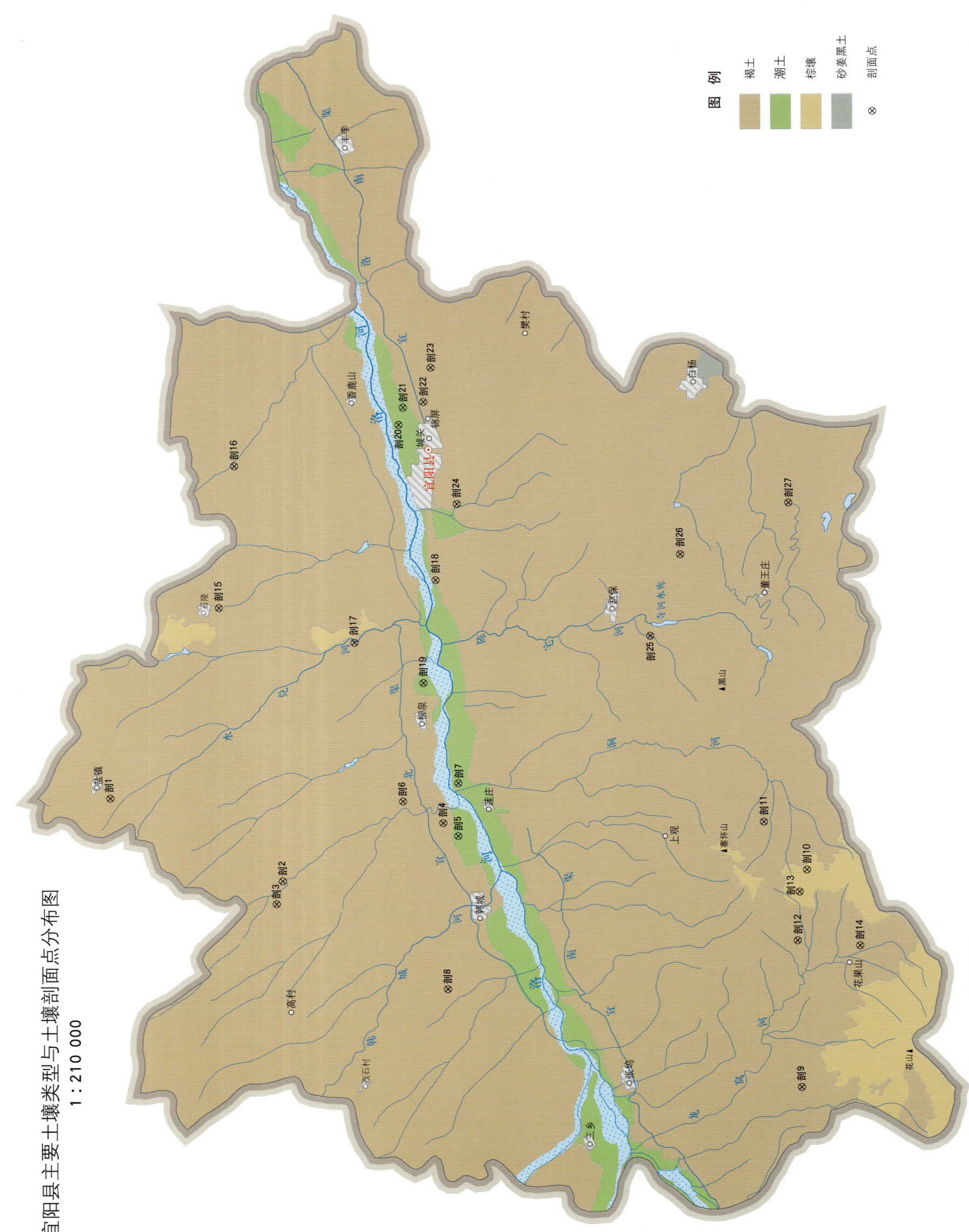

宜阳县主要土壤类型与土壤剖面点分布图
1:210 000

宜阳县土壤剖面理化性状表

剖面号 Soil profile	土纲 Soil order	土类 Soil great group	亚类 Soil subgroup	土属 Soil genus	土种 Soil species	土层码 Layer code	土层厚度 Depth/cm	颜色 Soil color	质地 Soil texture	土壤结构 Soil structure	pH	有机质 OM/(g/kg)	全氮 TN/(g/kg)	全磷 TP/(g/kg)	全钾 TK/(g/kg)	有效磷 AP/(mg/kg)	速效钾 AK/(mg/kg)	阳离子交换量 CEC/(cmol/kg)	土壤母质 Parent material	剖面点坐标 Profile coordinate	匹配指数 Matching index/%
剖1	半淋溶土	褐土	褐土	红黄土质褐土	红黄土质褐土	1	0~20	暗棕红色	重壤土	碎屑状	8.2	14.0	0.70	0.96	20.2	3.7	101	15.3	离石黄土、午城黄土	E 111°59′20.4″ N 34°39′49.3″	98
						2	20~40	暗棕红色	中壤土	碎屑状	8.3	11.0	0.64	0.91				13.3			
						3	40~80	暗棕红色	中壤土	碎屑状	8.4		0.45	1.33				14.2			
						4	80~110	暗棕红色	重壤土	碎屑状	8.5	6.1	0.39	1.62				13.0			
剖2	半淋溶土	褐土	石灰性褐土	白面土	白面土	1	0~18	黄橙色	中壤土	粒状	8.2	9.3	0.67	1.69	18.1	6.8	113	10.5	黄土	E 111°56′22.6″ N 34°35′02.0″	97
						2	18~32	浅红棕色	重壤土	块状	8.3	7.5	0.62	1.52				10.4			
						3	32~71	浅红棕色	中壤土	块状	8.3	2.7	0.59	1.16				9.8			
						4	71~100	浅棕色	重壤土	块状	8.3	2.3	0.27	1.26				10.3			
剖3	半淋溶土	褐土	始成褐土	红黄土质始成褐土	红黄土质始成褐土	1	0~20	紫棕色	中壤土	碎屑状	8.2	11.9	0.80	1.13	27.9	3.1	186	16.2	红黄土	E 111°55′34.7″ N 34°35′12.8″	97
						2	20~26	紫棕色	重壤土	块状	8.3	10.4	0.64	1.21				15.4			
						3	26~54	红棕色	中壤土	块状	8.4	10.5	0.62	1.05				15.0			
						4	54~100	红棕色	中壤土	块状	8.3	8.9	0.52	1.00				15.7			
剖4	半淋溶土	潮褐土	潮褐土	潮褐土	潮黄土	1	0~20	红棕色	中壤土	碎屑状	8.4	16.5	0.95	1.71	20.2	11.8	165	13.7	次生黄土	E 111°57′21.7″ N 34°30′32.8″	97
						2	20~40	紫棕色	重壤土	块状	8.6	10.0	0.61	1.50				14.1			
						3	10~100	棕色	中壤土	块状	8.4	4.7	0.30	1.20				13.0			
剖5	潮土	潮土	黄潮土	砂土	青砂土	1	0~20	棕色	紧砂土	粒状	8.2	10.4	0.79	2.01	21.5	5.7	54	7.2	河流冲积物	E 111°57′53.6″ N 34°30′08.3″	75
						2	20~29	浅红黄色	紧砂土	块状	8.3	4.6	0.54	1.50				7.5			
						3	29~66	浅灰黄色	松砂土	块状	8.4	5.5	0.52	1.82				9.9			
						4	66~100	黄棕色	松砂土	块状	8.5	5.2	0.13	2.40				5.7			
剖6	半淋溶土	褐土	褐土	垆土	黄垆土	1	0~17	棕色	轻壤土	粒状	8.5	12.0	0.99	1.97	19.6	6.8	149	18.5	次生黄土	E 111°59′07.8″ N 34°31′40.1″	97
						2	17~26	棕色	中壤土	块状	8.4	9.0	0.89	2.05				15.5			
						3	26~53	棕色	中壤土	块状	8.3	7.0	0.79	1.97				9.6			
						4	53~100	棕色	中壤土	块状	8.3	6.0	0.70	1.97				8.7			
剖7	半水成土	潮土	黄潮土	砂土	细砂土	1	0~32	灰黄棕色	松砂土	碎屑状	8.6	3.6	0.18	1.87	20.3	3.7	20	6.1	河流冲积物	E 111°59′44.9″ N 34°30′07.2″	75
						2	32~68	灰黄棕色	松砂土	粒状	8.5	3.0	0.13	9.16				6.4			
						3	68~100	灰黄色	松砂土	粒状	8.8	2.8	<0.10	2.44				4.8			
剖8	半淋溶土	褐土	褐土	红黏土	红黏土质少量砂姜始成褐土	1	0~15	暗红棕色	重壤土	块状	8.5	4.9	0.51	0.92	21.0	8.3	171	39.2	保德红土	E 111°52′33.2″ N 34°30′28.4″	97
						2	15~30	暗红棕色	重壤土	块状	8.3	3.7	0.35	0.93				38.2			
						3	30~67	红棕色	中壤土	柱状	8.3	2.5	0.39	1.43				19.4			
						4	67~84	红棕色	中壤土	柱状	8.4	1.8	0.38	0.84				19.1			
						5	84~110	暗红棕色	重壤土	棱柱状	8.2	1.4	0.24	0.51				20.8			
剖9	半淋溶土	褐土	始成褐土	酸性岩始成褐土	酸性岩薄腐厚层层褐土	1	0~10	灰棕色	砂壤土	粒状	7.4	54.2	1.78	2.22	17.1	5.3	11	14.4	玄武岩等风化物	E 111°49′04.1″ N 34°20′37.7″	97
						2	10~30	暗灰棕色	砂壤土	碎屑状	7.4	16.5	0.47	2.23				11.6			
剖10	淋溶土	棕壤	棕壤	基性岩薄腐厚层层棕壤	基性岩薄腐厚层层棕壤	1	0~11	红色	中壤土	碎屑状	5.6	25.6	1.97	1.24	15.3	8.1	315	14.4	玄武岩等风化物	E 111°56′35.9″ N 34°20′25.4″	97
						2	11~44	暗红棕色	中壤土	块状	5.5	18.9	1.39	0.25				14.7			
						3	44~70	灰黄棕色	砂壤土	块状	5.3	13.8	0.46	0.54				10.9			
						4	70~90	红棕色	重壤土	块状	5.6	7.3	0.39	0.29				7.7			
剖11	半淋溶土	褐土	始成褐土	基性岩始成褐土	基性岩薄腐厚层层褐土	1	0~20	暗红棕色	轻壤土	碎屑状	8.3	11.1	0.67	0.42	21.7	4.6	90	26.9	玄武岩等风化物	E 111°58′17.4″ N 34°21′37.1″	97
						2	20~29	暗红棕色	轻壤土	碎屑状	8.4	9.2	0.47	5.23				24.2			
剖12	半淋溶土	褐土	淋溶褐土	酸性岩淋溶褐土	酸性岩中层淋溶褐土	1	0~8	红色	砂壤土	粒状	7.3	63.7	2.63	1.90	22.7	11.3	141	14.3	花岗岩类酸性岩类残积物	E 111°54′08.6″ N 34°20′42.4″	97
						2	8~31	浅棕色	轻壤土	碎屑状	7.1	9.5	0.60	1.07				11.8			
						3	31~52	红棕色	中壤土	块状	7.0	7.7	0.51	1.13				9.8			

续表 Continued

剖面号 Soil profile	土纲 Soil order	土类 Soil great group	亚类 Soil subgroup	土属 Soil genus	土种 Soil species	土层码 Layer code	土层厚度 Depth/cm	颜色 Soil color	质地 Soil texture	土壤结构 Soil structure	pH	有机质 OM/(g/kg)	全氮 TN/(g/kg)	全磷 TP/(g/kg)	全钾 TK/(g/kg)	有效磷 AP/(mg/kg)	速效钾 AK/(mg/kg)	阳离子交换量CEC/(cmol/kg)	土壤母质 Parent material	剖面点坐标 Profile coordinate	匹配指数 Matching index/%
剖13	淋溶土	棕壤	棕壤	酸性岩棕壤	酸性岩薄腐厚层棕壤	1	0—10	暗棕色	中壤土	粒状	6.7	50.7	3.00	0.79	15.3	8.2	209	11.9	花岗片麻岩风化物	E 111° 55′ 50.2″ N 34° 20′ 38.4″	97
						2	10—27	棕红色	轻壤土	碎屑状	5.7	34.9	1.48	0.52				11.2			
						3	27—58	暗棕色	轻壤土	碎屑状	5.5	29.0	1.24	0.30				9.6			
						4	58—82	浅棕色	轻壤土	粒状	6.0	10.4	0.53	0.22				7.7			
剖14	半淋溶土	褐土	始成褐土	红砂岩始成褐土		1	0—20	红棕色	重壤土	块状	8.4	6.7	0.60	1.22	17.7	2.6	125	21.5	红砂岩	E 111° 53′ 57.1″ N 34° 18′ 58.3″	97
						2	20—28	暗棕色	重壤土	块状	8.4	<1.0	0.25	1.27				18.9			
剖15	半淋溶土	褐土	褐土性	褐土性黄土	邙黄土	A₁₁	0—20	油亮棕色	黏壤土	小块状	8.2	11.9	0.80	0.49	23.2	1.0	155	16.2	离石黄土、午城黄土	E 112° 05′ 57.5″ N 34° 36′ 43.6″	81
						A₁₂	20—26	油红棕色	粉砂质黏壤土	块状	8.3	10.4	0.64	0.53				15.4			
						Bvt	54—100	油红棕色	黏质黏壤土	块状	8.4	10.5	0.62	0.46				15.0			
						Bv	26—54	亮棕棕色	壤质黏壤土	块状	8.4	8.9	0.52	0.44				15.7			
剖16	半淋溶土	褐土	始成褐土	砂砾岩始成褐土	砂砾中层始成褐土	1	0—19	棕色	中壤土	碎屑状	8.4	16.8	1.01	0.33	10.9	3.9	210	23.1	近代河流冲积物	E 112° 10′ 55.6″ N 34° 36′ 14.4″	97
						2	19—31	棕色	中壤土	碎屑状	7.4	10.8	0.75	1.62				8.4			
剖17	半淋溶土	褐土	始成褐土	砂砾岩始成褐土	砂砾薄层始成褐土	1	0—10	棕色	轻壤土	粒状	8.4	9.6	0.35	1.30	19.3	5.2	41	18.3	砂砾岩和近代洪积物	E 112° 04′ 32.2″ N 34° 32′ 57.5″	97
						2	10—29	暗棕色	中壤土	块状	8.1	11.4	0.48	1.73				23.2			
剖18	半淋溶土	褐土	褐土	立黄土	立黄土	1	0—17	浅棕色	松砂土	粒状	8.1	15.9	0.62	1.44	18.2	3.3	119	10.5	马兰黄土	E 112° 06′ 51.1″ N 34° 30′ 40.7″	97
						2	17—29	暗棕色	中壤土	粒状	8.4	15.2	0.63	1.61				11.2			
						3	29—45	暗棕色	重壤土	块状	8.4	11.6	0.44	1.39				13.4			
						4	45—100	暗棕色	重壤土	块状	8.4	9.8	0.33	1.28				12.8			
剖19	半水成土	潮土	黄潮土	洪积潮土	洪积黏质潮土	1	0—18	棕色	轻壤土	碎屑状	8.3	17.5	0.92	1.29	20.3	4.0	105	12.3	河流冲积物	E 112° 03′ 15.8″ N 34° 31′ 03.0″	75
						2	18—55	棕色	轻壤土	块状	8.5	12.0	0.83	1.28				15.0			
						3	55—100	棕色	轻壤土	块状	8.3	13.4	0.94	1.42				16.1			
剖20	半水成土	潮土	黄潮土	两合土	底砂小两合土	1	0—17	棕黄色	砂壤土	粒状	8.3	12.7	0.59	2.05	20.2	2.3	70	9.4	河流冲积物	E 112° 04′ 42.2″ N 34° 32′ 38.6″	75
						2	17—27	棕黄色	轻壤土	粒状	8.5	10.7	0.52	1.84				9.1			
						3	27—44	棕黄色	轻壤土	块状	8.6	6.8	0.29	2.00				8.2			
						4	44—60	灰黄色	轻壤土	块状	8.4	3.1	0.27	2.49				8.6			
						5	60—100	灰色	松砂土	粒状	8.6	<1.0	0.12	2.65				5.8			
剖21	半水成土	潮土	黄潮土	两合土	两合土	1	0—20	浅棕色	中壤土	粒状	8.2	23.1	1.06	1.69	21.6	9.8	146	11.7	河流冲积物	E 112° 12′ 16.9″ N 34° 31′ 38.6″	97
						2	20—35	浅棕色	重壤土	块状	8.3	22.6	1.03	1.66				10.9			
						3	35—60	暗棕色	重壤土	块状	8.3	10.6	0.63	1.61				9.3			
						4	60—100	棕色	中壤土	块状	8.4	12.7	0.65	1.79				9.3			
剖22	半淋溶土	褐土	褐土性	石灰岩始成褐土	姜砂质黄土	A₁₁	0—13	油橙色	粉砂质黏壤土	块状	8.3	11.7	0.59	0.72	13.8	2.0	153	20.1	离石黄土、午城黄土	E 112° 13′ 04.1″ N 34° 30′ 56.5″	93
						2	13—27	油橙色	黏壤土	块状	8.4	6.0	0.51	0.48				20.3			
						3	27—72	油橙色	黏壤土	块状	8.5	3.7	0.36	0.43				18.5			
						Bvt	72—100	暗灰棕色	黏壤土	块状	8.5	5.3	0.52	0.42				20.3			
剖23	半淋溶土	褐土	始成褐土	石灰岩始成褐土		1	0—15	棕色	重壤土	粒状	8.1	60.0	3.83	2.37	24.3	5.6	137	20.8	紫色砂岩风化物	E 112° 14′ 16.1″ N 34° 30′ 43.2″	97
						2	15—29	暗棕色	重壤土	块状	8.0	59.2	3.62	2.24				12.7			
剖24	半淋溶土	褐土	始成褐土	紫色岩始成褐土		1	0—10	暗红棕色	中壤土	粒状	8.1	24.0	1.45	0.82	20.0	1.8	153	12.1	紫色砂岩风化物	E 112° 09′ 30.6″ N 34° 30′ 03.2″	97
						2	10—30	暗红棕色	中壤土	块状	8.4	15.4	0.74	0.74				14.5			
剖25	半淋溶土	褐土	始成褐土	中性岩始成褐土		1	0—20	棕红色	中壤土	粒状	7.7	12.4	0.44	1.00	23.8	9.8	≥500	30.4	安山岩风化物	E 112° 04′ 48.7″ N 34° 24′ 43.2″	97
						2	20—44	紫棕色	中壤土	碎屑状	7.8	7.7	0.79	0.78				28.3			
剖26	半淋溶土	褐土	始成褐土	红黏土	红黏土灰质始成褐土	1	0—25	暗棕色	重壤土	碎屑状	7.8	11.6	0.77	2.00	22.0	2.3	146	22.0	保德红土	E 112° 07′ 38.6″ N 34° 23′ 51.0″	98
						2	25—42	暗红棕色	中壤土	块状	7.8	4.9	0.42	0.92				19.8			
						3	42—65	红棕色	砂黏土	块状	7.8	3.7	0.42	0.90				19.0			
						4	65—94	浅红棕色	轻黏土	块状	7.8	3.5	0.42	1.74				21.6			
						5	94—120	棕红色	轻黏土	块状	7.7	2.1	0.27	0.91				24.5			

续表 Continued

剖面号 Soil profile	土纲 Soil order	土类 Soil great group	亚类 Soil subgroup	土属 Soil genus	土种 Soil species	土层码 Layer code	土层厚度 Depth/cm	颜色 Soil color	质地 Soil texture	土壤结构 Soil structure	pH	有机质 OM/(g/kg)	全氮 TN/(g/kg)	全磷 TP/(g/kg)	全钾 TK/(g/kg)	有效磷 AP/(mg/kg)	速效钾 AK/(mg/kg)	阳离子交换量CEC/(cmol/kg)	土壤母质 Parent material	剖面点坐标 Profile coordinate	匹配指数 Matching index/%
剖27	半淋溶土	褐土	始成褐土	砂砾始成褐土	砂砾厚层始成褐土	1	0—14	浅棕色	轻壤土	碎屑状	7.9	12.1	0.75	1.21	23.3	4.1	94	21.9	砂砾岩和近代洪积物	E 112°09′23.8″ N 34°20′48.8″	97
						2	14—28	浅棕色	砂壤土	块状	8.2	7.9	0.64	1.91				18.6			
						3	28—43	红棕色	砂壤土	块状	8.1	5.4	0.46	0.41				13.2			
						4	43—80	棕红色	轻壤土	块状	8.1	5.5	0.43	0.60				12.2			

洛 宁 县

主要土类说明

褐土是洛宁县主要土壤类型，占本县地域面积的 70%。褐土是全县分布最广、面积最大的土壤。根据主要成土过程和发育特征及碳酸钙淋溶淀积程度和相应的黏化过程，本县褐土分为褐土、淋溶褐土、始成褐土、石灰性褐土等亚类。其中，始成褐土占本土类面积的 45% 左右，除永宁街道以外，在各乡镇海拔 1000m 以下的浅山、丘陵均有分布。成土母质为酸性岩、中性岩、石灰质岩残积物、坡积物及黄土状母质。土体构型多是 A-C 或 A-D 型，有效土层较薄，土壤发育层次不明显，碳酸钙淋溶淀积微弱，黏化现象不明显，pH 为 7.0—8.5，石质山地土体含砾石较多。石灰性褐土占本土类面积的 35% 左右，是本县主要的耕地土壤，以永宁、东宋、河底、涧口、陈吴、赵村和景阳等地较为集中。因石灰性褐土所处地形坡度大，气候干旱，母质中碳酸盐含量高，通体石灰反应强烈，pH 为 8.0—8.5，碳酸钙淋洗弱，土体中碳酸盐积累多，呈粉末状，心土层有假菌丝和眼斑状等淀积物，有的心土层和底土层常有砂姜和钙积层新生体。土体发育较弱，黏化不明显，为浅黄色、黄褐色，质地为中壤土至重壤土。褐土亚类占本土类面积的 12% 左右，分布于山麓阶地、低山丘陵和冲积扇的中部平坦处，集中分布于谷圭、赵村、王村、官庄、大明五大原和兴华、下峪、故县、上戈、罗岭等浅山的低平处。褐土的植被类型、气候条件与石灰性褐土相似，只是所处的地形比较平坦，接纳雨水较多，土体碳酸钙淋洗，黏粒下移积聚明显。黏化层中碳酸钙和速效磷含量较少，石灰反应较弱，pH 偏低，物理性黏粒增加。因本县褐土亚类基本发育在红黄土母质上，该亚类只有红黄土质褐土一个土属。淋溶褐土亚类是棕壤与褐土的过渡类型，多与始成棕壤和始成褐土呈交错分布。淋溶褐土位于中低山地，海拔高于其他褐土，植被较好。成土母质为中性岩残积物、坡积物和低山阴坡的黄土状母质，土壤淋溶作用强，全剖面无石灰反应，pH 为 7.0—7.5，碳酸钙含量在 0.1%—0.8%。表层具有枯枝落叶层和明显的有机质层，有机质含量较高。心土层黏化比较明显。

棕壤是洛宁县主要土壤类型，占本县地域面积的 26%，主要分布在海拔 800m 以上的深山区。母岩类型依据不同山体而异，县内西北部崤山地，主要是安山玢岩、安山岩和中性岩残积物、坡积物，南部熊耳山为花岗岩、花岗片岩类的酸性岩以及少量的安山玢岩、安山岩残积物、坡积物，生长着茂密的落叶阔叶林木及林下草灌植被，土壤腐殖质积累、黏化和碳酸盐淋洗等成土过程均能进行，但是该区坡陡谷深，山体切割严重，形成的土壤较薄，黏化现象不明显，形成发育不完善的始成棕壤。本县棕壤只有始成棕壤一个亚类。

小于本县地域面积 3% 的土壤类型还有潮土等。

本区域中心区气候特征

本区域中心区气候特征值
Regional climate characteristics in central area of the region

气候带：暖温带亚湿润气候 Climate region: Warm temperate subhumid climate	
年平均气温 /℃ Annual average temperature /℃	13.3
年平均最高气温 /℃ Annual average maximum temperature /℃	19.6
年平均最低气温 /℃ Annual average minimum temperature /℃	8.2
年降水量 /mm Annual precipitation /mm	594
≥10℃的积温 /℃ Daily temperature accumulated in a year (≥10℃) /℃	4972
年日照时数 /h Annual sunshine /h	2119
年平均相对湿度 /% Annual average relative humidity /%	67
干燥度 Dryness	1.35

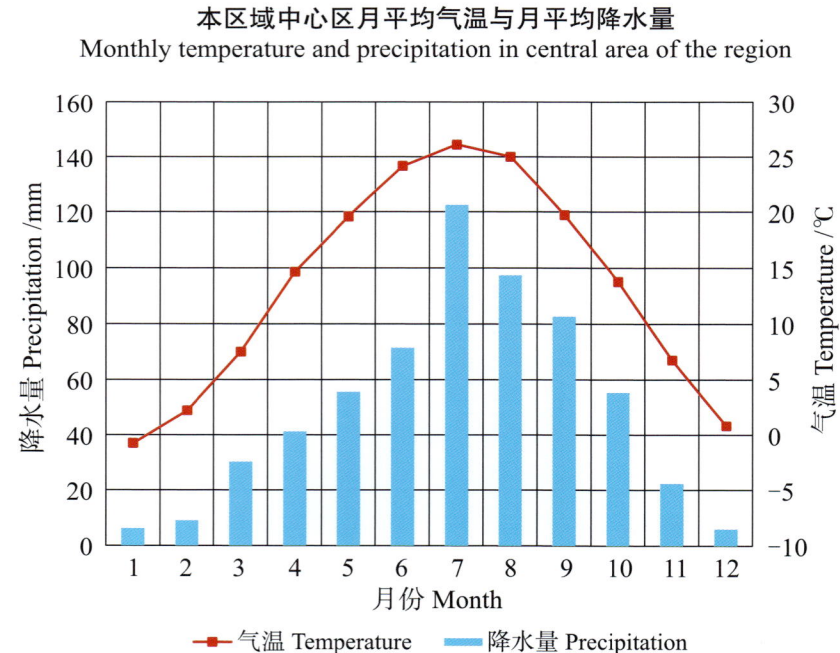

本区域中心区月平均气温与月平均降水量
Monthly temperature and precipitation in central area of the region

洛宁县主要土壤类型与土壤剖面点分布图

1:270 000

图 例

褐土	棕壤	潮土	剖面点
			⊗

第二编　分县土壤图与土壤剖面数据

洛宁县土壤剖面理化性状表

剖面号 Soil profile	土纲 Soil order	土类 Soil great group	亚类 Soil subgroup	土属 Soil genus	土种 Soil species	土层码 Layer code	土层厚度 Depth/cm	颜色 Soil color	质地 Soil texture	土壤结构 Soil structure	pH	有机质 OM/(g/kg)	全氮 TN/(g/kg)	全磷 TP/(g/kg)	全钾 TK/(g/kg)	有效磷 AP/(mg/kg)	速效钾 AK/(mg/kg)	阳离子交换量 CEC/(cmol/kg)	土壤母质 Parent material	剖面点坐标 Profile coordinate	匹配指数 Matching index/%
剖1	半淋溶土	褐土	始成褐土	中性岩始成褐土	中层砾质中性岩始成褐土	1	0–18	暗红棕色	重壤土	块状	8.1	13.0	0.73	0.44	16.2	3.0	142	36.9	中性岩类	E 111°11′04.9″ N 34°20′19.0″	97
						2	18–42	红棕色	轻壤土	块状	8.5	2.6	0.27	0.65	20.6	2.0	35	45.7			
						3	42–														
剖2	半淋溶土	褐土	淋溶褐土	红黄土质淋溶褐土	壤质红黄土质淋溶褐土	1	0–18	棕色	中壤土	粒状	7.4	15.9	1.20	0.94		25.0	160	14.7	红黄土	E 111°29′48.8″ N 34°30′28.8″	97
						2	18–42	暗棕色	中壤土	粒状	7.7	16.0	1.15	0.79		14.0	15	18.7			
						3	42–62	暗棕色	中壤土	粒状	7.0	9.1	0.64			4.0	95	15.8			
						4	62–92	暗棕色	中壤土	块状	7.4	8.5	0.48	0.66		5.0	100	14.7			
剖3	半淋溶土	褐土	始成褐土	砂砾始成褐土	砂砾始成褐土	1	0–19	棕红色	轻壤土	粒状	6.9	17.3	0.82	0.54	34.1	2.0	90	18.4	红黄土	E 111°29′52.8″ N 34°21′46.1″	97
						2	19–36	棕红色	轻壤土	块状	7.0	18.5	0.91				85	20.4			
						3	36–	棕色													
剖4	淋溶土	棕壤	始成棕壤	酸性岩始成棕壤	薄层酸性岩始成棕壤	1	0–6	暗灰棕色	中壤土	粒状	6.3	59.4	2.29	0.75	22.0	5.0	314	30.9	花岗岩等酸性岩类残积物	E 111°23′10.3″ N 34°09′23.0″	97
						2	6–15	红棕色	重壤土	碎屑状	6.4	21.8	0.88	0.54		3.0	260	32.8			
						3	15–														
剖5	淋溶土	棕壤	始成棕壤	中性岩始成棕壤	中层中性岩始成棕壤	1	0–18	棕黑色	轻壤土	粒状	6.2	195.1	0.76	0.76	15.5	21.0	255	≥50.0	中性岩类	E 111°27′43.6″ N 34°08′58.9″	97
						2	18–36	暗棕色	中壤土		6.3	30.5	0.46	0.46		2.0	55	24.0			
						3	36–54	暗棕色	轻壤土	粒状	6.3	167.3	0.76	0.76		17.0	245	≥50.0			
剖6	半淋溶土	褐土	始成褐土	红黏土始成褐土	红黄红黄土始成褐土	1	0–18	红棕色	轻黏土	粒状	7.1	9.0	0.56	0.31	20.0	2.0	220	31.2	保德红土	E 111°35′22.2″ N 34°32′01.7″	98
						2	18–59	暗红棕色	中黏土	核状	6.9	3.6	0.27	0.24		2.0	215	32.6			
						3	59–100	红棕色	中黏土		6.9	3.2	0.25	0.24		2.0	225	34.9			
剖7	半淋溶土	褐土	石灰性褐土	洪冲积石灰性褐土	红黄红黄土冲积石灰性褐土	1	0–21	暗红棕色	重壤土	块状	8.4	8.3	0.59	0.61	18.1	3.0	195	20.8	洪积物、冲积物	E 111°42′13.3″ N 34°32′56.9″	97
						2	21–52	暗棕色	重壤土	块状	8.7	5.8	0.47	0.56		2.0	150	18.3			
						3	52–78	浅棕色	重壤土	块状	7.8	5.9	0.47	0.60		2.0	160	20.8			
						4	78–120	红棕色	轻壤土	块状	8.8	5.9	0.49	0.45		2.0	170	21.8			
剖8	半淋溶土	褐土	褐土	红黄土质褐土	红黄土质褐土	1	0–20	暗棕色	中壤土	粒状	7.9	7.4	0.62	0.37	21.3	3.0	180	20.6	红黄土	E 111°44′35.9″ N 34°31′57.0″	97
						2	20–47	暗棕色	重壤土	块状	7.5	5.4	0.47	0.33		2.0	130	19.2			
						3	47–89	暗棕色	重壤土	块状	7.8	6.0	0.48	0.33		2.0	135	20.7			
						4	89–120	暗棕色	中壤土	块状	7.0	4.7	0.27	0.33		2.0	124	20.6			
剖9	半淋溶土	褐土	石灰性褐土	黄土质石灰性褐土	黄土质石灰性褐土	1	0–20	浅棕色	轻壤土	片状	7.9	8.2	0.58	0.65	20.1	7.0	154	11.7	黄土	E 111°41′54.6″ N 34°27′25.9″	96
						2	20–40	浅棕色	轻壤土	块状	8.0	8.8	0.48	0.55		3.0	105	12.3			
						3	40–100	浅棕色	中壤土	块状	7.9	6.4	0.31	0.56		3.0	100	10.8			
剖10	半水成土	潮土	湿潮土	洪积湿潮土	壤质洪积湿潮土	1	0–10	浅棕色	中壤土	块状	8.0	10.2	0.61	0.68		7.0	200	19.5	河流冲积物	E 111°39′06.5″ N 34°22′43.3″	97
						2	10–38	红棕色	中壤土	块状	8.1	12.6	0.82	0.57		4.0	100	21.2			
						3	18–38	紫灰色	中壤土	块状	8.1	7.9	0.72	0.54		4.0	180	25.4			
						4	38–64	浅棕色	中壤土	粒状	8.1	9.3	0.75	0.59		5.0	230	28.5			
剖11	半淋溶土	褐土	石灰性褐土	洪冲积石灰性褐土	黄土质洪积石灰湿褐土	1	0–15	浅棕色	中壤土	块状	8.1	12.5	0.76	0.60	20.0	7.0	295	15.3	洪积物、冲积物	E 111°39′39.2″ N 34°23′03.5″	98
						2	15–30	浅棕色	中壤土	粒状	8.0	6.6	0.44	0.52		2.0	130	15.6			
						3	30–49	浅棕色	中壤土	块状	8.0	5.4	0.33	0.49		1.0	160	15.5			
						4	49–77	浅棕色	中壤土	块状	8.0	3.9	0.26	0.54		2.0	105	12.5			
						5	77–100	浅棕色	中壤土	块状	8.0	4.0	0.26	0.51		3.0	130	12.6			

伊 川 县

主要土类说明

褐土是伊川县主要土壤类型，占本县地域面积的90%。褐土是暖温带半干旱、半湿润地区的地带性土壤。本县褐土所处地山岭起伏，沟壑纵横，成土母质为各种岩石风化物、保德红土、离石黄土、午城黄土、冲积物、洪积物等。褐土的形成过程主要是黏化过程和碳酸钙的淋溶积聚过程。由于褐土处于暖温带大陆性季风气候，夏季高温、高湿同时出现，故土壤原生矿物的化学风化和次生黏土矿物的形成在这一段时间内较强，表层土壤的湿度变化很大，水热状况极不稳定，使黏化过程大为减缓。但在一定深度内，水热条件比较稳定，经常具备适宜的温度和湿度条件，土壤中原生矿物进行着强烈的分解，形成许多次生黏土矿物。风化的结果是土壤中黏粒的含量增多，形成残积黏化，同时上部土壤中的黏粒随夏季降雨淋移而发生机械淋洗作用，在土体的中、下部淀积黏化，形成坚实的块状或核状结构，所以褐土的黏化过程是残积黏化和淀积黏化同时进行的。由于褐土主要发育在富含碳酸盐的母质上，在强烈的风化作用下，释放出较多的碱金属和碱土金属等化学元素。在多雨季节，土体产生重力水下渗，将溶解度大的碱金属元素带至土体下部或地下水中，而溶解度不太大的碱土金属元素只能到一定的部位淀积下来，即以重碳酸盐的形式淋溶和以碳酸盐的形式淀积下来。碳酸钙的淀积呈不同形态（如菌丝状或粉末状）附着在土壤结构的表面。碳酸钙淀积的深度随雨量、地形和土壤渗透性的不同而不同，雨量大就较深；坡度大、通透性不好的就较浅；坡度缓或低洼处、通透性好的也较深。褐土表面往往有复钙作用，使土体表层碳酸钙反应强烈。造成复钙的原因是人为施肥，水、风再搬运。褐土形成过程的第三个特点是土壤有机质分解迅速，在生长茂盛的自然植被下，有机质的含量不太高，其含量常在40g/kg以下，耕地更少，通常在12g/kg以下。本县褐土分为始成褐土、石灰性褐土、褐土、潮褐土等亚类。

潮土是伊川县第二大土壤类型，占本县地域面积的6%，主要分布在伊阿水系两岸阶地和洪积扇下缘，江左镇五里头一带也有小片分布。潮土是一种非地带性的半水成土壤，地下水在3m以上，因夜潮而得名。潮土发育在洪积物、冲积物母质上，地下水参与成土过程，由于干湿季节的变化，引起地下水位上升和下降，土体中氧化还原反应也随之交替进行，从而在土体中下部形成锈色斑纹。潮土地带除地下水位浅以外，地面灌溉渠道纵横，排灌方便，长期以来，经过人们的耕作、施肥、灌溉以及高产栽培等一系列生产活动，土壤结构得到改善，提高了土壤的供肥能力，培育了适合作物生长的良好条件。本县潮土分为黄潮土和湿潮土等亚类。

小于本县地域面积3%的土壤类型还有水稻土等。

本区域中心区气候特征

本区域中心区气候特征值
Regional climate characteristics in central area of the region

气候带：暖温带亚湿润气候 Climate region: Warm temperate subhumid climate	
年平均气温 /℃ Annual average temperature /℃	13.9
年平均最高气温 /℃ Annual average maximum temperature /℃	19.9
年平均最低气温 /℃ Annual average minimum temperature /℃	8.8
年降水量 /mm Annual precipitation /mm	646
≥10℃的积温 /℃ Daily temperature accumulated in a year (≥10℃) /℃	4921
年日照时数 /h Annual sunshine /h	2119
年平均相对湿度 /% Annual average relative humidity /%	68
干燥度 Dryness	1.31

本区域中心区月平均气温与月平均降水量
Monthly temperature and precipitation in central area of the region

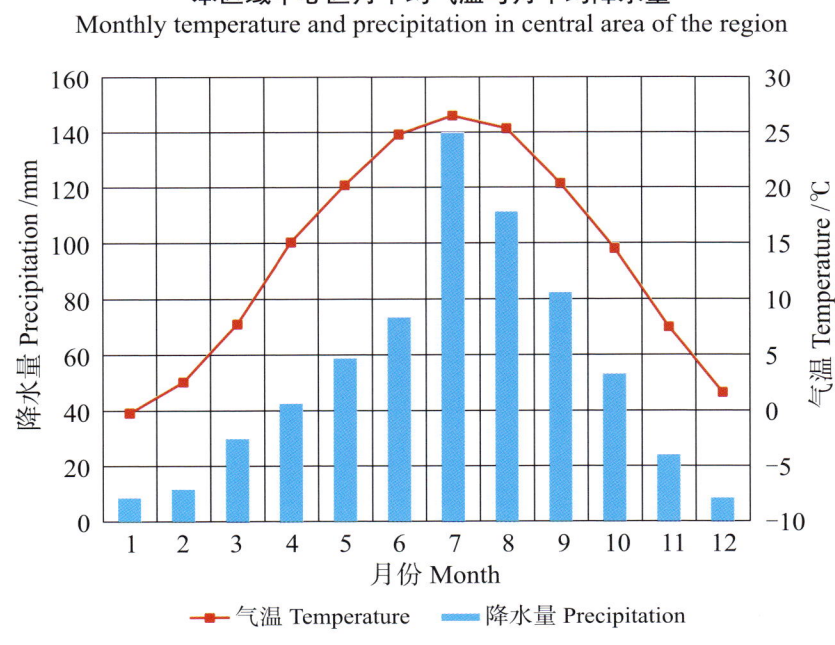

伊川县主要土壤类型与土壤剖面点分布图

1∶180 000

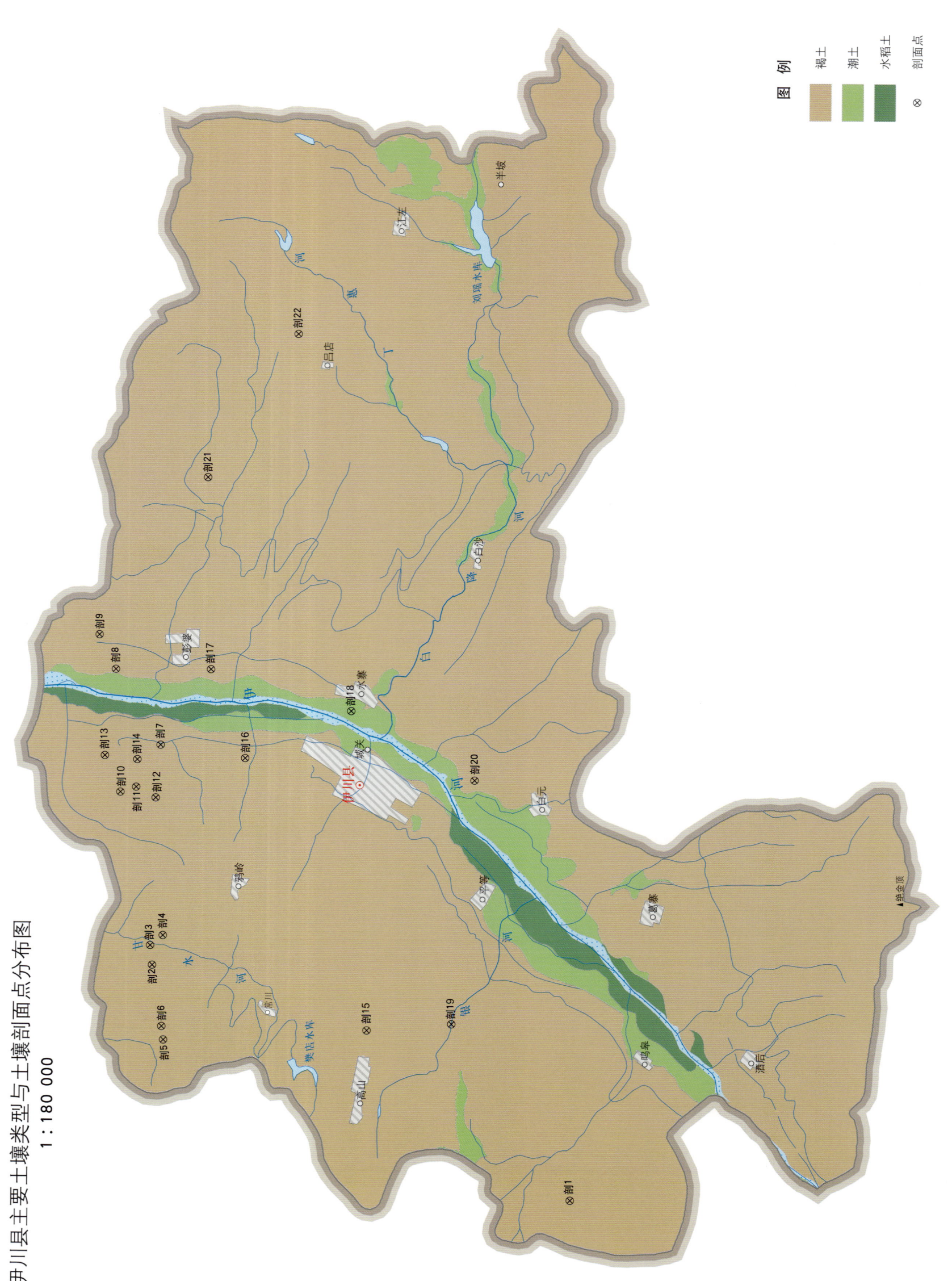

伊川县土壤剖面理化性状表

剖面号 Soil profile	土纲 Soil order	土类 Soil great group	亚类 Soil subgroup	土属 Soil genus	土种 Soil species	土层码 Layer code	土层厚度 Depth/cm	颜色 Soil color	质地 Soil texture	土壤结构 Soil structure	pH	有机质 OM/(g/kg)	全氮 TN/(g/kg)	全磷 TP/(g/kg)	全钾 TK/(g/kg)	有效磷 AP/(mg/kg)	速效钾 AK/(mg/kg)	阳离子交换量CEC/(cmol/kg)	土壤母质 Parent material	剖面点坐标 Profile coordinate	匹配指数 Matching index/%
剖1	半淋溶土	褐土	潮褐土	潮褐泥砂土	伊川潮壤土	A₁₁	0—20	浊黄橙色	黏壤土	屑粒状	8.1	13.3	0.81	0.74	18.6	4.0	91	13.6	洪积物、冲积物	E 112°13′31.1″ N 34°20′47.0″	81
						A₁₂	20—35	浊黄棕色	黏壤土	小块状	8.0	9.5	0.61	0.71				13.0			
						ABv	35—55	浊黄棕色	黏壤土	块状	8.3	5.8	0.43	0.66				12.0			
						Bvk	55—75	浊黄棕色	黏壤土	块状	8.2	4.4	0.39	0.49				13.8			
						Cu	75—100	浊黄棕色	壤土	块状	8.2	4.3	0.39	0.54				14.1			
剖2	半淋溶土	褐土	始成褐土	砂砾始成褐土	砂砾岩厚层始成褐土	1	0—14	黄棕色	重壤土	粒状	8.3	10.7	0.74	0.60	22.6	3.3	178	17.6	砂砾岩或近代洪积物	E 112°20′12.1″ N 34°30′15.1″	97
						2	14—28	黄棕色	中壤土	粒状	8.3	10.2	0.68	0.51		2.3	147	17.7			
						3	28—63	黄棕色	中壤土	块状	8.4	6.9	0.49	0.48		1.2	112	17.5			
						4	63—100	黄棕色	中壤土	块状	8.5	6.9	0.46	0.52		1.7	107	17.1			
剖3	半淋溶土	褐土	始成褐土	红黄土质始成褐土	红黄土质始成褐土	1	0—19	浅红棕色	重壤土	粒状	8.4	15.3	0.98	0.62	16.6	4.6	195	16.6	离石黄土、午城黄土	E 112°20′45.6″ N 34°30′17.6″	97
						2	19—38	浅红棕色	中壤土	块状	8.5	11.4	0.73	0.59	15.7		133	14.6			
						3	38—67	红棕色	中壤土	块状	8.6	7.5	0.56	0.53	15.7		98	13.8			
						4	67—100	红棕色	重壤土	块状	8.7	9.7	0.67	0.54	16.6		127	15.9			
剖4	半淋溶土	褐土	始成褐土	泥质岩成褐土	泥质岩薄层砾质始成褐土	1	0—5	浅灰棕色	重壤土	粒状	7.4	31.7	1.62	0.35	11.2	3.8	165	10.5		E 112°21′02.5″ N 34°30′00.4″	97
						2	5—11	浅灰棕色	重壤土	粒状	7.7	12.7	0.66	0.18	8.1		56	10.3			
						3	11—25	浅灰棕色	轻壤土	粒状	8.0	8.9	0.53	0.10	8.4		51	15.8			
						4	25—														
剖5	半淋溶土	褐土	始成褐土	红黏土	红黏土灰质少量砂质褐土	1	0—17	红棕色	重壤土	粒状	8.3	13.9	0.81	0.51	17.3	2.1	191	17.6	保德红土	E 112°18′04.0″ N 34°30′00.4″	97
						2	17—28	红棕色	轻壤土	块状	8.4	10.5	0.78	0.44	16.6		162	20.0			
						3	28—62	棕红色	轻壤土	块状	8.3	6.9	0.58	0.34	18.4		154	21.9			
						4	62—100	棕红色	轻壤土	块状	8.0	6.7	0.58	0.26	19.4		167	24.7			
剖6	半淋溶土	褐土	始成褐土	红黏土	红黏土始成褐土	1	0—15	棕红色	轻壤土	粒状	8.2	5.2	0.55	0.36	19.5	2.2	253	26.2	保德红土	E 112°18′26.6″ N 34°30′02.9″	97
						2	15—27	暗棕红色	轻壤土	块状	7.9	3.4	0.38	0.38	19.1		223	26.8			
						3	27—60	暗棕红色	轻壤土	块状	7.8	9.1	0.28	0.40	19.8		228	24.4			
						4	60—100	暗棕红色	轻壤土	块状	7.9	2.0	0.31	0.38	18.4		221	25.9			
剖7	半淋溶土	褐土	始成褐土	砂砾始成褐土	砂砾薄层始成褐土	1	0—12	黄棕色	中壤土	粒状	8.3	7.5	0.49	0.47	20.4	1.3	123	20.0	砂砾岩或近代洪积物	E 112°26′28.7″ N 34°30′01.8″	97
						2	12—22	黄棕色	重壤土	块状	8.4	6.6	0.41	0.45	21.7		116	24.8			
						3	22—28	黄棕色	重壤土	碎屑状	8.4	6.2	0.40	0.46	21.9		112	24.4			
						4	28—														
剖8	半淋溶土	褐土	潮褐土			1	0—20	浅棕色	中壤土	粒状	8.1	13.3	0.81	1.69	18.6	4.0	90	13.6	洪积物	E 112°28′38.3″ N 34°31′01.9″	97
						2	20—35	浅棕色	中壤土	块状	8.0	9.5	0.61	1.63	17.1			13.0			
						3	35—55	浅棕色	中壤土	块状	8.3	5.8	0.43	1.52	18.2			12.0			
						4	55—75	浅棕色	中壤土	块状	8.2	4.4	0.39	1.13	17.4		169	13.8			
						5	75—100	浅棕色	中壤土	块状		4.3	0.39	1.24	17.3		163	14.1			
剖9	半淋溶土	褐土	潮褐土	红黄土质褐土	红黄土质始成褐土	1	0—19	红棕色	中壤土	粒状	8.2	21.2	0.97	1.01	17.1	6.0	135	11.5	离石黄土、午城黄土	E 112°29′37.0″ N 34°31′23.9″	97
						2	19—43	红棕色	中壤土	粒状		19.3	0.80	1.02	17.1		140	10.2			
						3	43—62	红棕色	中壤土	块状	8.2	10.8	0.53	1.11	18.2		163	10.5			
						4	62—80	暗棕红色	中壤土	块状	8.1	8.2	0.52	1.57	17.4		160	13.6			
						5	80—107	暗棕红色	中壤土	块状		8.1	0.56	1.58	17.3			12.2			
剖10	半淋溶土	褐土	始成褐土	红黏土	红黏土灰质始成褐土	1	0—20	浅棕红色	轻壤土	粒状	8.2	10.0	0.78	0.44	17.6	2.9	209	21.0	保德红土	E 112°25′08.4″ N 34°30′56.9″	97
						2	20—49	棕红色	轻壤土	块状	8.1	2.9	0.41	0.32	17.6		185	20.6			
						3	49—78	棕红色	轻壤土	块状	8.2	3.1	0.45	0.30	19.5		205	24.1			
						4	78—100	暗棕红色	轻壤土	块状	8.2	2.9	0.40	0.27	20.3		205	25.1			

续表 Continued

剖面号 Soil profile	土纲 Soil order	土类 Soil great group	亚类 Soil subgroup	土属 Soil genus	土种 Soil species	土层码 Layer code	土层厚度 Depth/cm	颜色 Soil color	质地 Soil texture	土壤结构 Soil structure	pH	有机质 OM/(g/kg)	全氮 TN/(g/kg)	全磷 TP/(g/kg)	全钾 TK/(g/kg)	有效磷 AP/(mg/kg)	速效钾 AK/(mg/kg)	阳离子交换量CEC/(cmol/kg)	土壤母质 Parent material	剖面点坐标 Profile coordinate	匹配指数 Matching index/%
剖11	半淋溶土	褐土	始成褐土	石灰质岩始成褐土	石灰质岩中层多量石砾质质始成褐土	1	0—17	浅黄棕色	中壤土	粒状	8.3	4.7	0.34	0.67	22.1	1.8	83	13.5	石灰岩或水泥岩风化物	E 112°25′16.7″ N 34°30′35.6″	97
						2	17—35	浅黄棕色	中壤土	块状	8.2	3.3	2.00	0.74		1.3	103	15.2			
						3	35—														
剖12	半淋溶土	褐土	始成褐土	红黏土	红黏土多量砂砾质始成褐土	1	0—12	浅棕色	轻黏土	粒状	8.9	11.3	0.68	0.40	16.4	3.6	161	16.6	保德红土	E 112°24′58.0″ N 34°30′09.0″	97
						2	12—23	浅棕色	轻黏土	块状	8.8	7.9	0.41	0.37	12.2		140	21.2			
						3	23—47	红棕色	轻黏土	块状	8.9	5.1	0.36	0.26	10.7		120	22.4			
						4	47—69	红棕色	轻黏土	块状	8.9	4.2	0.28	0.25	9.6		120	14.4			
						5	69—100	红棕色	轻黏土	块状	8.9	5.2	0.36	0.23	11.0		100	21.7			
剖13	半淋溶土	褐土	始成褐土	红黏土	红黏土深位厚层砂质始成褐土	1	0—15	红棕色	轻黏土	粒状	8.6	10.6	0.74	0.35	19.8	3.4	184	26.9	保德红土	E 112°26′11.4″ N 34°31′17.8″	97
						2	15—29	红棕色	轻黏土	块状	8.4	4.5	0.44	0.27		1.6	158	26.1			
						3	29—58	棕红色	轻黏土	块状	8.1	6.7	0.55	0.43		2.9	209	26.9			
						4	58—														
剖14	半淋溶土	褐土	始成褐土	砂砾层始成褐土	砂砾中层始成褐土	1	0—14	棕黄色	中壤土	粒状	8.1	11.0	0.73	0.69	23.0	3.4	197	8.7	砂砾岩或远代洪积物	E 112°26′04.2″ N 34°30′33.5″	97
						2	14—25	棕黄色	中壤土	块状	8.4	8.4	0.61	0.66	22.3		128	11.3			
						3	25—35	棕黄色	中壤土	块状	8.4	6.3	0.45	0.67	21.9		113	6.3			
						4	35—														
剖15	半淋溶土	褐土	始成褐土	钙结层始成褐土	钙结层薄层始成褐土	1	0—8	浅棕色	重壤土	粒状	8.0	12.8	0.66	0.46	11.2	5.8	142	17.2	新老洪积物	E 112°18′18.4″ N 34°25′23.2″	95
						2	8—19	浅棕色	重壤土	粒状	8.1	11.7	0.63	0.44	10.6		108	15.1			
						3	19—27	浅棕色	重壤土	块状	8.1	10.1	0.56	0.42	10.2		98	17.6			
						4	27—														
剖16	半淋溶土	褐土	始成褐土	红黄土质始成褐土	红黄土质深位厚层始成褐土	1	0—23	棕色	重壤土	粒状	8.4	10.7	0.84	0.57	14.9	7.1	136	15.7	离石黄土、午城黄土	E 112°26′04.9″ N 34°28′07.0″	97
						2	23—50	棕色	重壤土	块状	8.1	6.5	0.51	0.43		1.0	126	20.8			
						3	50—83	棕色	重壤土	块状	8.5	5.6	0.38	0.44		2.5	92	15.9			
						4	83—91	红棕色	重壤土	块状	8.4	4.9	0.36	0.42		2.9	100	15.7			
						5	91—														
剖17	半淋溶土	褐土	始成褐土	伊川潮黏土	伊川潮黏土	A_{11}	0—20	棕色	壤质黏土	团粒状	8.3	23.8	1.18	0.75	22.7	2.0	189	21.8	洪积物、冲积物	E 112°28′36.5″ N 34°28′52.7″	95
						ABv	20—65	橙色	壤质黏土	块状	8.4	9.7	0.61	0.65	20.2	1.0	156	20.9			
						Bvk	65—95	橙色	壤质黏土	棱柱状	8.3	7.0	0.56	0.59	20.0	1.0	141	22.1			
						Cu	95—120	橙色	壤质黏土	块状	8.4	5.3	0.46	0.53	19.3			22.3			
剖18	半淋溶土	潮土	潮土	潮砂泥土	潮淤黏土	A_{11}	0—19	亮棕色	砂质黏壤土	屑粒状	8.1	20.7	1.18	0.83	19.1	6.0	212	16.0	洪积物、冲积物	E 112°27′24.1″ N 34°25′41.9″	95
						A_{12}	19—35	亮棕色	壤质黏土	粒状	8.2	17.9	0.92	0.83	19.4		169	13.7			
						C	35—53	亮棕色	壤质黏壤土	块状	8.2	9.5	0.63	0.60	19.5		150	21.1			
						Cu_1	53—85	亮棕色	砂质黏壤土	块状	8.3	10.4	0.68	0.70	19.0		154	19.2			
						Cu_2	85—100	浅棕色	壤质黏土	粒状	8.3	6.6	0.41	0.51	18.9		111	13.8			
剖19	半淋溶土	褐土	潮褐土	潮砂泥土	潮灰冲土	1	0—20	浅棕色	重壤土	粒状	8.3	22.3	1.11	0.95	16.1	10.3	171	16.0	洪积物	E 112°28′28.4″ N 34°23′28.0″	97
						2	20—28	浅棕色	中壤土	小块状	8.3	22.3	1.08	0.72	17.0	10.3	129	14.9			
						3	28—54	浅棕色	中壤土	块状	8.6	13.9	0.77	0.62		7.2	72	12.6			
						4	54—73	浅棕色	中壤土	块状	8.5	13.3	0.72	3.42		57.3	106	15.7			
						5	73—100	浅棕色	中壤土	块状	8.4	11.8	0.43	0.74		34.9	80	11.3			
剖20	半淋溶土	褐土	褐土性黄土	褐土性黄土	多姜臣黄土	A_{12}	0—19	亮红棕色	壤质黏土	块状	8.3	12.8	0.78	0.43	17.0	3.0	144	13.4	离石黄土、午城黄土	E 112°18′28.4″ N 34°22′54.8″	82
						A_{12}	19—33	亮红棕色	中壤土	块状	8.3	12.1	0.74	0.39				13.7			
						Bvt	56—100	亮红棕色	粉砂黏壤土	块状	8.1	3.7	0.39	0.41				13.4			
						Bv	33—56		壤质黏土	块状	8.2	3.2	0.37	0.41				15.1			

续表 Continued

剖面号 Soil profile	土纲 Soil order	土类 Soil great group	亚类 Soil subgroup	土属 Soil genus	土种 Soil species	土层码 Layer code	土层厚度 Depth/cm	颜色 Soil color	质地 Soil texture	土壤结构 Soil structure	pH	有机质 OM/(g/kg)	全氮 TN/(g/kg)	全磷 TP/(g/kg)	全钾 TK/(g/kg)	有效磷 AP/(mg/kg)	速效钾 AK/(mg/kg)	阳离子交换量 CEC/(cmol/kg)	土壤母质 Parent material	剖面点坐标 Profile coordinate	匹配指数 Matching index/%
剖21	半淋溶土	褐土	始成褐土	红黄土质始成褐土		1	0—19	浅棕色	重壤土	粒状	8.3	12.8	0.78	0.43	20.5	3.4	71	23.4	离石黄土、午城黄土	E 112°34′04.8″ N 34°28′54.5″	97
						2	19—33	红棕色	重壤土	块状	8.3	12.1	0.74	0.39		2.0	137	23.7			
						3	33—56	暗红棕色	轻黏土	块状	8.1	3.7	0.39	0.21		1.3	132	23.4			
						4	56—100	暗棕红色	轻黏土	块状	8.2	3.2	0.37	0.21		1.8	127	25.1			
剖22	半淋溶土	褐土	始成褐土	红黄土质始成褐土	红黄土质始成褐土	1	0—20	红棕色	中壤土	粒状	8.0	15.7	0.95	0.64	15.1	8.0	146	14.2	离石黄土、午城黄土	E 112°38′07.4″ N 34°26′49.6″	95
						2	20—38	红棕色	重壤土	块状	8.1	13.6	0.86	0.58	15.0		136	15.1			
						3	38—72	红棕色	重壤土	块状	8.2	7.1	0.53	0.31	15.5		98	14.4			
						4	72—110	红棕色	重壤土	块状	8.1	8.5	0.63	0.35	16.4		124	15.6			

平顶山市

宝丰县

主要土类说明

褐土是宝丰县主要土壤类型，占本县地域面积的81%。褐土是暖温带半干旱、半湿润山丘地区的地域性土壤。成土母质为基岩风化物，山地丘陵上为黄土、石灰岩和石灰性砂页岩，山麓阶地和山前平原主要是黄土及黄土性沉积物和坡积-沉积物，平地上则为近代石灰性河流冲积物。褐土具有深厚的土层，土体中部具有明显的黏化层。褐土形成过程主要是经过黏化过程和碳酸钙的淋溶积聚过程。土体心土层或底土层具有碳酸钙新生体淀积。

石质土是宝丰县第二大土壤类型，占本县地域面积的10%，主要分布在大营、周庄等乡镇的荒山或有稀疏自然植被的地带。其基岩多为花岗岩、片麻岩、砂岩、页岩、石灰岩、石英岩等，由于冷热交替、风雨侵蚀等作用，岩石风化形成石渣碎砾及少量矿物细粒而构成的砾质性表土层，其厚度一般在10cm以下。在薄层腐殖质层下即为基岩层。剖面呈A-R构型，属土壤的初期发育阶段。由于土层薄，砾石多，发育程度差，仅表层有少量腐殖质。

潮土是宝丰县第三大土壤类型，占本县地域面积的5%，主要分布在汝河沿岸的冲积平原和河床平地上，其母质为汝河沉积物。由于潮土是成土母质经河流冲积并多年沉积而成，所以在同一剖面中具有明显的质地层次，且厚薄不一。剖面一般为腐殖质层、氧化还原层、母质层。潮土地下水埋藏较浅，地下水的毛管补给作用，使土体部分层段或季节性处于毛管水饱和状态。氧化还原过程是在毛管支持水和饱和水层的交替过程中进行的。年复一年，影响到土体中物质的溶解、移动和淀积，并在土壤剖面下部形成蓝灰色或棕褐色的锈色斑纹或细小的铁锰结核。土体中的石灰反应较弱，质地为轻壤土至中壤土。

小于本县地域面积3%的土壤类型还有砂姜黑土、粗骨土和红黏土等。

本区域中心区气候特征

本区域中心区气候特征值
Regional climate characteristics in central area of the region

气候带：暖温带亚湿润气候 Climate region: Warm temperate subhumid climate	
年平均气温 /℃ Annual average temperature /℃	14.3
年平均最高气温 /℃ Annual average maximum temperature /℃	20.1
年平均最低气温 /℃ Annual average minimum temperature /℃	9.4
年降水量 /mm Annual precipitation /mm	745
≥10℃的积温 /℃ Daily temperature accumulated in a year (≥10℃) /℃	5088
年日照时数 /h Annual sunshine /h	2058
年平均相对湿度 /% Annual average relative humidity /%	70
干燥度 Dryness	1.19

本区域中心区月平均气温与月平均降水量
Monthly temperature and precipitation in central area of the region

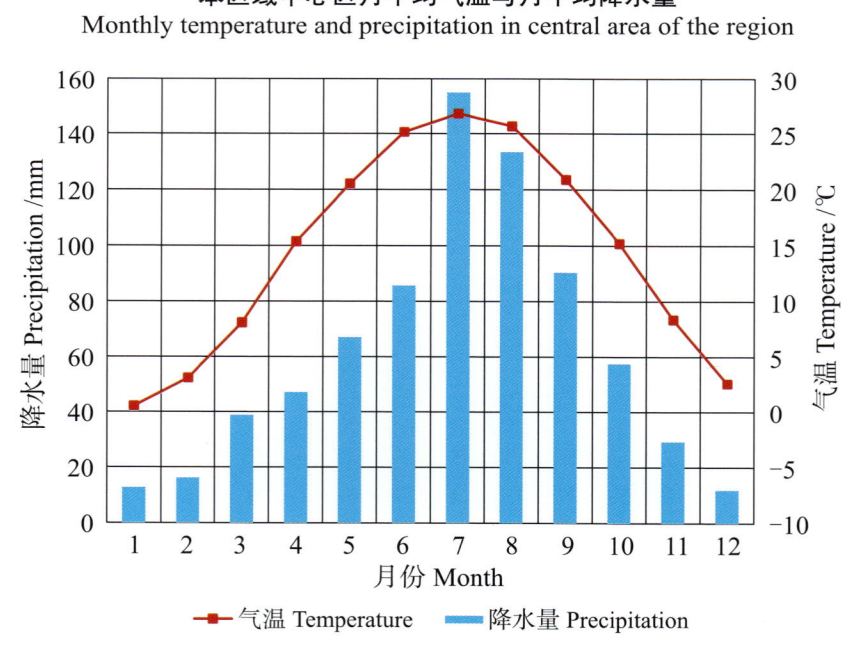

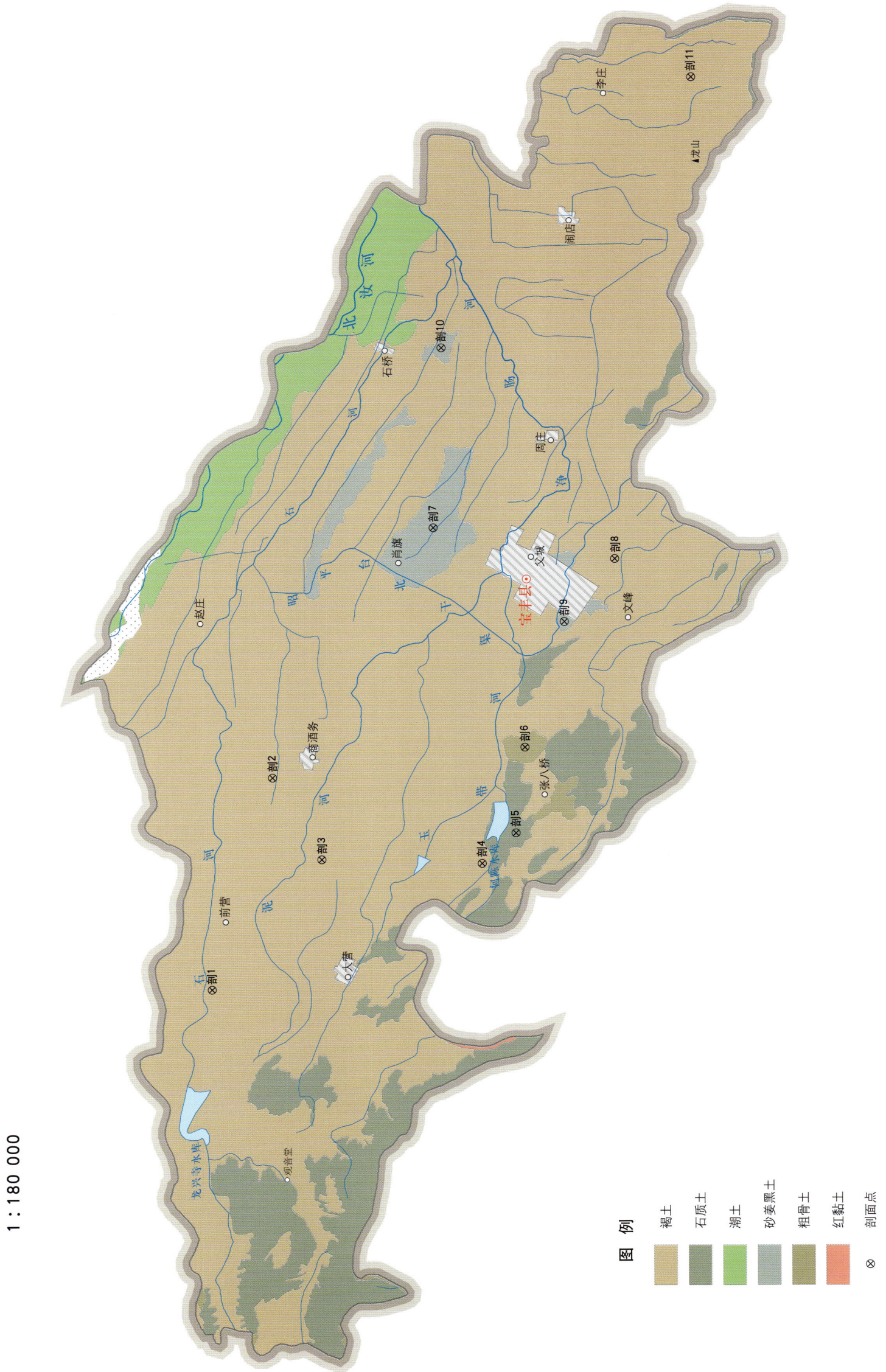

宝丰县土壤剖面理化性状表

剖面号 Soil profile	土纲 Soil order	土类 Soil great group	亚类 Soil subgroup	土属 Soil genus	土种 Soil species	土层码 Layer code	土层厚度 Depth/cm	颜色 Soil color	质地 Soil texture	土壤结构 Soil structure	pH	有机质 OM/(g/kg)	全氮 TN/(g/kg)	全磷 TP/(g/kg)	阳离子交换量CEC/(cmol/kg)	土壤母质 Parent material	剖面点坐标 Profile coordinate	匹配指数 Matching index/%
剖1	半淋溶土	褐土	潮褐土	洪积潮褐土	黏质厚层洪积潮褐土	1	0—20	灰黄色	中壤土	碎块状	8.2	18.3	1.21	0.22	17.7	较老的冲积物、洪积物	E 112°52′34.7″ N 33°59′06.4″	98
						2	20—45	灰黄色	重壤土	块状	8.1	15.6	0.87	0.21	19.1			
						3	45—100	灰褐色	黏土	块状	8.3	16.0	0.93	0.16	20.1			
剖2	半淋溶土	褐土	褐土性土	洪积褐土性土	砾质洪积褐土性土	1	0—15	浅红褐色	中壤土	碎粒状	8.2	19.9	0.99	0.20	21.8	坡积物、洪积物	E 112°58′08.8″ N 33°57′44.3″	98
						2	15—38	褐红褐色	中壤土	碎粒状	8.2	11.8	0.66	0.17	23.9			
						3	38—55	黄灰褐色	重壤土	碎块状	8.0	11.4	0.72	0.17	26.5			
						4	55—100	灰褐色	重壤土	碎块状	8.4	6.0	0.31	0.15	27.0			
						5	100—150	浅红棕色	重壤土	碎块状	8.3	2.7	0.19	<0.10	26.9			
剖3	半淋溶土	褐土	褐土	洪积褐土	黏质厚层洪积褐土	1	0—13	暗黄灰色	中壤土	粒状	7.8	15.7	0.83	0.20	21.9	第四纪洪积物、冲积物	E 112°55′57.7″ N 33°56′43.8″	97
						2	13—31	褐黄灰色	重壤土	块状	8.0	14.8	0.58	0.20	23.6			
						3	31—50	灰棕色	重壤土	块状	7.9	10.6	0.58	0.16	36.6			
						4	50—100	灰黄棕白相间		碎块状	8.2	5.5	0.40	0.19	26.0			
剖4	半淋溶土	褐土	潮褐土	洪积潮褐土	黏质厚层洪积褐土	1	0—23	浅黄色	中壤土	碎块状	7.2	8.0	0.81	0.29	15.1	较老的冲积物、洪积物	E 112°55′47.3″ N 33°53′20.0″	98
						2	23—58	浅黄灰色	重壤土	碎块状	7.6	5.6	0.64	0.20	15.8			
						3	58—117	浅棕黄色	重壤土	碎块状	7.9	4.3	0.57	0.19	16.3			
						4	117—150	浅黄灰色	轻壤土	碎块状	7.8	1.7	0.35	<0.10	16.2			
剖5	初育土	石质土	硅质石质土	硅质石质土	硅质石质土	1	0—10	灰黄色	中壤土	碎粒状	7.0					硅质岩类	E 112°56′34.8″ N 33°52′36.5″	97
						2	10—				7.0							
剖6	初育土	粗骨土	硅铝质粗骨土	硅质粗骨土	硅质粗骨土	1	0—14	灰棕色	中壤土	碎粒状	7.3	9.7	0.74	0.17	14.7	硅质岩类	E 112°58′50.2″ N 33°52′22.8″	97
						2	14—30	黄棕色	中壤土	棱块状	7.8	3.9	0.54	<0.10				
						3	30—											
剖7	半水成土	砂姜黑土	石灰性砂姜黑土	石灰性砂泥褐土性土	深位多量石灰性砂姜黑土	1	0—14	暗黄棕色	中壤土	粒状	8.1	6.3	0.39	0.16	22.6	河湖相沉积物	E 113°04′39.0″ N 33°54′13.7″	96
						2	14—28	浅黄灰色	中壤土	块状	8.1	17.1	1.11	0.22	14.0			
						3	28—45	灰黄色	中壤土	块状	8.4	13.6	0.89	0.19	23.1			
						4	45—105	青灰色	重壤土	块状	8.3	14.6	0.94	0.19	27.4			
剖8	半淋溶土	褐土	褐土	砂泥褐土性土	中层砂泥褐土性土	1	0—18	暗黄棕色	重壤土	粒状	6.9	13.4	0.67	0.29	15.7	砂页岩风化坡积物	E 113°03′45.0″ N 33°50′24.0″	95
						2	18—42	灰黄褐色	重壤土	块状	7.2	6.5	0.60	0.26	13.0			
						3	42—											
剖9	半水成土	砂姜黑土	砂姜黑土	砂姜黑土	青黑土	1	0—20	浅灰黄色	重壤土	碎块状	8.1	26.7	1.20	0.23	32.4	湖相沉积物	E 113°02′07.4″ N 33°51′29.5″	97
						2	20—43	黑黄色	中壤土	块状	8.0	21.3	0.77	0.18	49.8			
						3	43—70	浅黄灰色	重壤土	碎粒状	8.1	11.2	0.66	0.17	30.8			
						4	70—130		重壤土	块状	8.3	15.6	0.93	0.18	27.4			
剖10	半水成土	砂姜黑土	砂姜黑土	砂姜黑土	深位多量砂姜黑土	1	0—26	浅灰褐色	重壤土	块状	8.3	14.8	0.86	0.16	32.8	河湖相沉积物	E 113°09′23.0″ N 33°53′58.6″	99
						2	26—55	深茶褐色	黏壤土	块状	8.2	5.1	0.40	0.17	17.4			
						3	55—125	灰黄色	中壤土	粒状	6.8	13.6	1.05	0.19	13.2			
剖11	半淋溶土	褐土	褐土性土	洪积褐土性土	黏质厚层洪积褐土性土	1	0—14	浅黄灰色	重壤土	块状	7.2	6.3	0.56	0.13	14.8	坡积物、洪积物	E 113°16′23.5″ N 33°48′34.6″	98
						2	14—50	浅黄灰色	重壤土	块状	7.2	4.4	0.52	0.13	15.9			
						3	50—145	灰棕色	重壤土	碎块状								

叶 县

主要土类说明

黄褐土是叶县主要土壤类型，占本县地域面积的78%，主要分布在沙河以南的平原及岗地和低山丘陵。成土母质为第四纪黄土。盐基遭受强烈淋溶，尤其一价盐基钾、钠等基本淋失殆尽；二价盐基钙、镁等一部分从表土淋失，一部分随渗水积于土体的不同深度。由于钙离子的淋溶作用强烈，土体通体无石灰反应。另外，因土壤中易变价离子向下移动，在周期性干湿交替下，在黏重的心土层或底土层停滞，淀积下来，成为各种形态的新生体，如铁锰结核、铁锰胶膜、锈色斑纹等，使土壤呈微酸性至中性。在盐基淋溶的同时，土壤中黏粒随水下移，下层土体黏粒含量增加，产生黏化，形成了紧实黏重的心土层。

潮土是叶县第二大土壤类型，占本县地域面积的12%。潮土是发育在近代河流淀积物上，在地下水的影响下，经耕作熟化而成的年轻土壤。成土母质为近代河流沉积物，沉积物颗粒粗细不仅在水平分布上有分选差异，而且与流水速度、地形、距离河道远近有一定关系。一般距河道越近，流速越大，以沉积沙粒为主；离河道越远，流速越缓，以沉积黏粒为主。加之河流多次在不同地点决口泛滥，所以在冲积平原上形成的沉积物土层深厚，质地层理明显。成土时间短，土体发育不明显。土壤全剖面于沙河以北地区石灰反应强烈，以南无石灰反应或石灰反应极弱。沙河以北河流发源于褐土区，冲积所带母质大部分为黄土，内含丰富碳酸钙，故土壤石灰反应较强。而沙河南岸因河流多处于黄棕壤地区，流水所带母质不含碳酸钙或含量极少，故无石灰反应。剖面下部有明显锈色斑纹。潮土在叶县所处部位较低，地下水埋深在3—5m。夏季降水量集中，地下水位上升，使土壤剖面下部的一定层段经常受地下水影响，发生潜育化现象，易变价元素（如铁、锰）即被还原，从而出现灰蓝色条纹或锈斑。干旱季节，地下水下降后，内含低价铁锰由还原态又变为氧化态，呈红褐色锈纹、锈斑出现。土壤中有机质、氮素缺乏。

砂姜黑土是叶县第三大土壤类型，占本县地域面积的9%，是在低洼排水不良的条件下，经长期地质作用与排水耕作，使土壤发生脱沼泽过程而形成的。成土母质为第四纪河湖相沉积物。典型的砂姜黑土，在1m土体中具有耕作层、残余黑土层、潜育层和砂姜层。主要诊断层为黑土层、潜育层和砂姜层。特征是质地偏黏，比较均一，没有明显的沉积层理。土壤呈中性，盐基高度饱和，水分上下运行少。棱柱状和棱块状结构面上有灰色胶膜。碳酸钙淋溶作用较弱，无石灰反应。有机质含量较高，而速效磷含量很低。

小于本县地域面积3%的土壤类型还有褐土等。

本区域中心区气候特征

本区域中心区气候特征值
Regional climate characteristics in central area of the region

气候带：暖温带亚湿润气候 Climate region: Warm temperate subhumid climate	
年平均气温 /℃ Annual average temperature /℃	14.5
年平均最高气温 /℃ Annual average maximum temperature /℃	20.1
年平均最低气温 /℃ Annual average minimum temperature /℃	9.7
年降水量 /mm Annual precipitation /mm	806
≥10℃的积温 /℃ Daily temperature accumulated in a year (≥10℃) /℃	5316
年日照时数 /h Annual sunshine /h	2008
年平均相对湿度 /% Annual average relative humidity /%	71
干燥度 Dryness	1.10

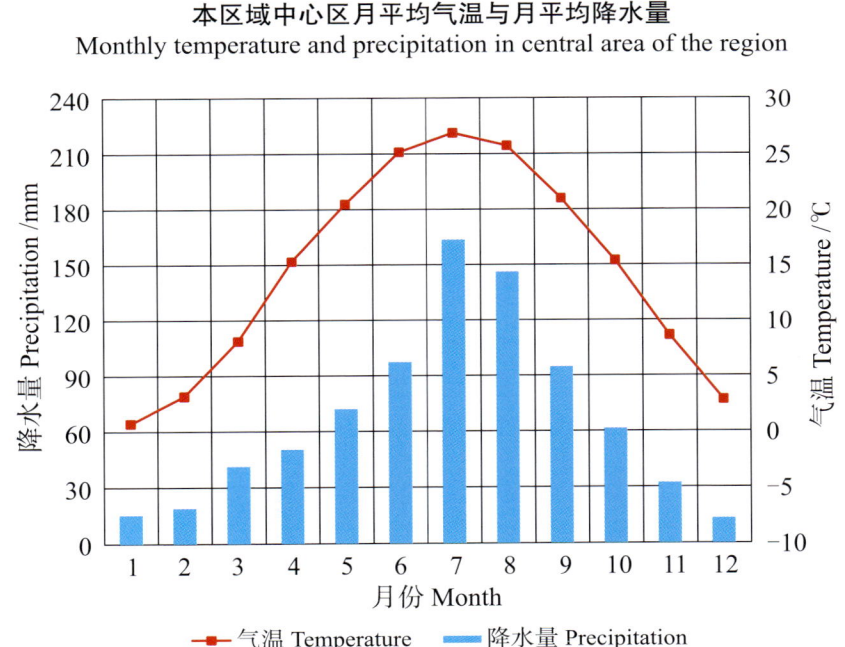

本区域中心区月平均气温与月平均降水量
Monthly temperature and precipitation in central area of the region

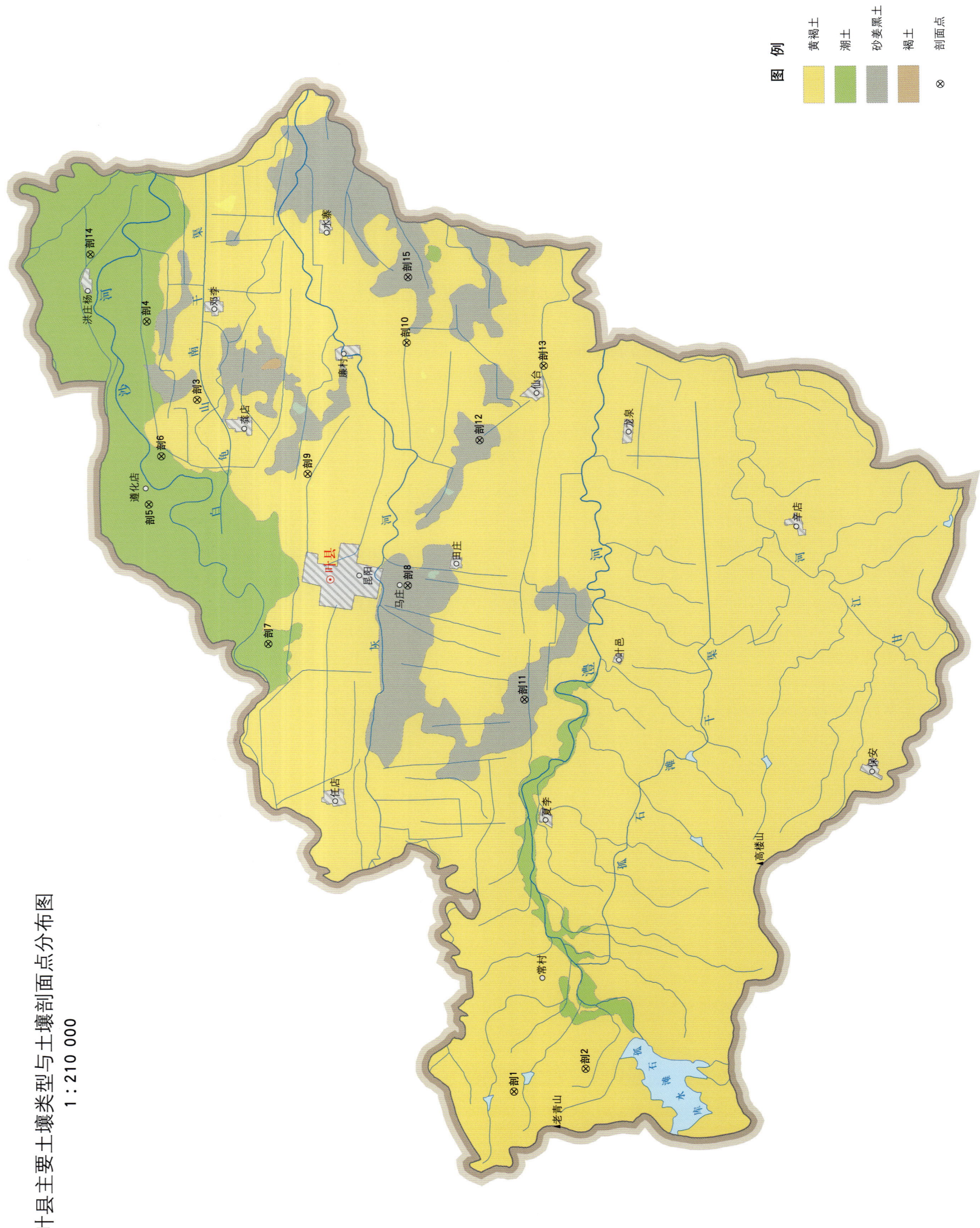

叶县土壤剖面理化性状表

剖面号 Soil profile	土纲 Soil order	土类 Soil great group	亚类 Soil subgroup	土属 Soil genus	土种 Soil species	土层码 Layer code	土层厚度 Depth/cm	颜色 Soil color	质地 Soil texture	土壤结构 Soil structure	pH	有机质 OM/(g/kg)	全氮 TN/(g/kg)	全磷 TP/(g/kg)	阳离子交换量 CEC/(cmol/kg)	土壤母质 Parent material	剖面点坐标 Profile coordinate	匹配指数 Matching index/%
剖1	淋溶土	黄褐土	粗骨性黄褐土	淡黄石渣土	薄层淡黄石渣土	1	0—13	褐灰色	轻壤土	碎粒状	7.4	24.0	1.23	0.43	8.4	酸性岩风化残积物、坡积物	E 113°03′40.7″ N 33°32′48.1″	98
						2	13—34	灰黄色	重壤土	块状	7.2	7.4	0.41	0.37	21.8			
剖2	淋溶土	黄褐土	粗骨性黄褐土	淡黄石渣土	中层淡黄石渣土	3	34—									酸性岩风化残积物、坡积物	E 113°04′23.5″ N 33°30′51.1″	97
						1	0—15	黄黄色	中壤土	碎块状	7.2	23.9	1.27	0.58	12.7			
						2	15—52	灰黄色	中壤土	碎块状	7.3	15.3	0.86	0.53	11.1			
剖3	淋溶土	黄褐土	黄褐土	黄胶土	深位厚层黄胶土	1	0—20	暗灰褐色	重壤土	碎块状	6.8	16.0	0.75	0.55	14.2	下蜀系黄土	E 113°27′02.2″ N 33°40′53.8″	97
						2	20—30	灰黄色	重壤土	碎块状	6.7	16.9	0.87	0.58	14.7			
						3	30—70	黄黄色	轻壤土	块状	7.1	7.9	0.54	0.44	14.5			
						4	70—120	黄黄色	中壤土	棱块状	7.0	5.8	0.47	0.34	18.3			
剖4	半水成土	潮土	灰潮土	灰两合土	灰两合土	1	0—15	浅灰黄色	中壤土	粒状	6.4	12.0	0.73	0.47	12.6	河流冲积物	E 113°29′42.4″ N 33°42′11.9″	97
						2	15—36	棕灰褐色	中壤土	块状	6.6	7.3	0.41	0.48	10.4			
						3	36—64	黄褐棕色	中壤土	块状	6.7	6.2	0.33	0.42	11.9			
						4	64—110	黄褐棕色	中壤土	块状	7.4	5.8	0.39	0.37	13.5			
剖5	半水成土	潮土	褐潮土	褐土化两合土	褐土化小两合土	1	0—25	黄灰色	轻壤土	粒状	7.1	9.5	0.54	0.59	11.3	河流冲积物	E 113°23′34.8″ N 33°42′16.9″	98
						2	25—44	黄灰褐色	砂壤土	碎块状	6.9	7.7	0.47	0.62	11.2			
						3	44—97	黄褐色	松砂土	块状	7.0	4.3	0.32	0.51	8.9			
						4	97—150	棕褐色	松砂土	块状	6.8	2.7	0.24	0.50	8.2			
剖6	半水成土	潮土	灰砂土	灰砂土	灰体砂壤土	1	0—33	黄褐色	砂壤土	单粒状	7.2	8.8	0.56	0.64	4.3	河流冲积物	E 113°25′10.6″ N 33°41′54.6″	95
						2	33—54	暗黄褐色	砂壤土	碎块状	7.1	4.4	0.29	0.67	6.5			
						3	54—109	黄棕色	轻壤土	棱块状	7.1	5.2	0.26	0.49	8.8			
						4	109—190	黄棕色	中壤土	块状	7.2	6.2	0.37	0.69	12.3			
剖7	半水成土	潮土	灰砂土	灰砂土		1	0—26	灰黄色	松砂土	单粒状						河流冲积物	E 113°18′49.0″ N 33°39′09.4″	95
						2	26—77	灰棕黄色	松砂土	单粒状	7.2	14.7	0.70	0.50	13.3			
						3	77—117	棕灰色	砂壤土	粒状	7.3	6.9	0.43	0.33	13.5			
						4	117—136	棕灰色	轻壤土	碎块状	7.4	5.5	0.37	0.30	12.3			
						5	136—155	棕灰色	中壤土	碎块状	7.2	4.6	0.31	0.41	10.1			
剖8	半水成土	砂姜黑土	砂姜黑土	黑老土	黏质薄覆黑老土	1	0—20	黑灰褐黄色	重壤土	棱块状	7.1	16.7	0.74	0.48	13.7	河湖相沉积物	E 113°20′40.2″ N 33°35′21.1″	98
						2	20—70	灰棕褐色	轻壤土	粒状	6.9	9.7	0.50	0.45	13.4			
剖9	淋溶土	黄褐土	黄褐土	黄老土	黄胶土	3	30—70	黄黄色	中壤土	块状	7.1	8.1	0.47	0.20	14.0	老河流沉积物	E 113°24′28.1″ N 33°37′58.1″	98
						2	70—148	棕黄色	轻壤土	块状	7.3	5.1	0.29	0.24	12.2			
						4	148—169	棕黄色	中壤土	棱块状	7.1	3.9	0.30	0.29	15.9			
剖10	淋溶土	黄褐土	黄褐土	黄老土	潮黄老土	1	0—21	浅灰褐色	中壤土	粒状	6.9	16.5	0.93	0.52	19.6	老河流沉积物	E 113°28′46.2″ N 33°35′11.8″	97
						2	21—58	灰灰色	重壤土	块状	7.1	12.8	0.79	0.37	24.9			
						3	58—91	棕灰色	重壤土	碎块状	7.3	8.1	0.79	0.42	33.4			
						4	91—108	灰灰色	轻黏土	碎屑状	7.4	14.3						
剖11	半水成土	砂姜黑土	砂姜黑土	黑老土	黏质厚覆黑老土	1	0—20	棕灰色	重黏土	块状	7.2	5.8	0.27	0.40	18.9	河湖相沉积物	E 113°16′45.5″ N 33°32′16.4″	98
						2	20—47											
						3	47—110											
						4	110—150											

续表 Continued

剖面号 Soil profile	土纲 Soil order	土类 Soil great group	亚类 Soil subgroup	土属 Soil genus	土种 Soil species	土层码 Layer code	土层厚度 Depth/cm	颜色 Soil color	质地 Soil texture	土壤结构 Soil structure	pH	有机质 OM/(g/kg)	全氮 TN/(g/kg)	全磷 TP/(g/kg)	阳离子交换量CEC/(cmol/kg)	土壤母质 Parent material	剖面点坐标 Profile coordinate	匹配指数 Matching index/%
剖12	半水成土	砂姜黑土	砂姜黑土	砂姜黑土	深位少量砂姜黑土	1	0—20	暗灰褐色	轻黏土	碎块状	7.1	18.8	0.95	0.42	26.1	河湖沉积物	E 113°25′26.4″ N 33°33′18.0″	97
						2	20—57	灰黑色	轻黏土	棱块状	7.2	19.1	0.96	0.54	34.1			
						3	57—75	黑棕黄色	中黏土	块状	7.2	10.5	0.66	0.24	31.8			
						4	75—120	青灰黄色	轻黏土	棱块状	7.1	7.3	0.39	0.27	30.6			
剖13	淋溶土	黄褐土	黄褐土	黄胶土	潮黄胶土	1	0—20	棕黄色	中壤土	碎块状	7.3	14.8	1.10	0.40	14.0	下蜀系黄土	E 113°27′52.9″ N 33°31′30.7″	98
						2	20—63	灰棕色	重壤土	块状	7.2	7.8	0.53	0.29	12.5			
						3	63—96	褐灰黄色	轻黏土	块状	7.1	8.3	0.42	0.21	15.7			
						4	96—140	褐黄色	重壤土	棱块状	6.9	11.7	0.42		24.9			
剖14	半水成土	潮土	黄潮土	两合土	小两合土	1	0—20	灰黄色	轻壤土	粒状	7.1	9.5	0.54	0.59	11.3	河流冲积物	E 113°31′59.3″ N 33°43′40.2″	97
						2	20—44	浅灰黄色	轻壤土	碎块状	6.9	7.7	0.47	0.62	11.2			
						3	44—97	褐黄色	轻壤土	块状	7.0	4.3	0.32	0.51	8.9			
						4	97—150	暗棕黄色	轻壤土	碎块状	6.8	2.7	0.24	0.50	8.2			
剖15	半水成土	砂姜黑土	砂姜黑土	黑老土	壤质厚覆老黑土	1	0—15	黄褐色	中壤土	粒状	7.3	15.2	0.77	0.55	13.7	河湖相沉积物	E 113°30′56.9″ N 33°35′06.7″	98
						2	15—54	黄褐色	中壤土	块状	7.3	8.1	0.45	0.42	12.5			
						3	54—85	黑灰色	重壤土	块状	7.3	7.4	0.30	0.25	18.3			
						4	85—120	褐灰色	重壤土	块状	7.1	4.6	0.32	0.25	17.8			

鲁 山 县

主要土类说明

粗骨土是鲁山县主要土壤类型，占本县地域面积的 35%。成土母质为基岩风化残积物、坡积物。其土层较薄，一般只有 10—30cm，下部即为半风化母岩。土壤颜色随岩性不同而异。由于雨水的不断淋溶，一般土体粗砾多，孔隙大，疏松，漏水，不耐旱。无明显的剖面发育，只有一些荒草坡或稀疏林地上有厚 5—10cm 的草根层，其下便是母质层，故土体多为 A-C 构型。由于区域间植被疏密程度的差异，有的有较明显的残落物层，有机质含量较高。

黄褐土是鲁山县第二大土壤类型，占本县地域面积的 19%，广泛分布在沙河以南的各个乡镇。黄褐土由较细粒的黄土状母质发育而成，土体中游离碳酸钙已不复存在，土壤呈灰黄棕色，在底部可散见圆形石灰结核，黏化淀积明显，B 层黏聚，黏粒硅铝率在 3.0 左右，表层 pH 为 6.0—6.8，底层 pH 为 7.5，盐基饱和度由表层向底层逐渐趋向饱和。

褐土是鲁山县第三大土壤类型，占本县地域面积的 17%，主要分布在西北部和北部低山丘陵区。褐土是暖温带半湿润、半干旱地区的一种地带性土壤，成土母质主要为黄土和黄土状母质。由于明显的季节性干湿交替，褐土土体中矿物质化学风化情况在上下层强弱不一。冬春低温干旱，化学风化只能在一定深度、水热条件相对稳定的土层内进行，土壤中原生矿物分解形成次生黏土层物，使土体中的黏粒含量增高；夏秋高温多雨，不仅上下层都进行着强烈的物理风化和化学风化，而且表层风化形成的次生黏土矿物随降水发生明显的机械淋移，使下层土壤黏粒含量大大增加，进而在土体中下部出现了明显的黏化淀积层。褐土在风化过程中，一价盐类全部被淋洗到深处，而二价的碳酸盐因为溶解度较小，淋移到一定深度就发生沉积。特别是富含碳酸钙的黄土母质，土体中形成了呈假菌丝状或白色粉末状的钙淀积物，从而形成了典型的褐土剖面形态特征。褐土土体中往往还会产生复钙作用。

黄棕壤占鲁山县地域面积的 16%，主要分布在鲁嵩公路以南各地。成土母质主要为花岗岩风化残积物、坡积物。黄棕壤中淋溶作用强烈，黏粒形成和淋溶聚积十分活跃，有弱富铝化过程。淋溶作用使黄棕壤土体中不仅有深厚的黏化层，有时还有铁锈结核累积层。除受基性母质影响外，石灰已经淋失，盐基不饱和，土壤多呈中性至微酸性。

棕壤占鲁山县地域面积的 7%，集中分布于西部、西南部尧山、赵村、四棵树等地，海拔 800m 以上中山区，植被多为落叶阔叶林，兼有少部分针阔叶混交林。棕壤中表层土壤的 pH 往往比下层高。棕壤淀积层黏粒含量较高，呈现明显的黏化过程。其淀积层质地黏重，多呈核状、块状、棱块状结构。全剖面无石灰反应，而土体中常出现铁锰结核或胶膜等新生体淀积。本县棕壤大部分土层较薄，表土有机质含量很高，土壤呈中性至微酸性。

小于本县地域面积 3% 的土壤类型还有石质土、水稻土、紫色土和砂姜黑土等。

本区域中心区气候特征

本区域中心区气候特征值
Regional climate characteristics in central area of the region

气候带：暖温带亚湿润气候 Climate region: Warm temperate subhumid climate	
年平均气温 /℃ Annual average temperature /℃	14.2
年平均最高气温 /℃ Annual average maximum temperature /℃	20.1
年平均最低气温 /℃ Annual average minimum temperature /℃	9.3
年降水量 /mm Annual precipitation /mm	739
≥10℃的积温 /℃ Daily temperature accumulated in a year（≥10℃）/℃	5049
年日照时数 /h Annual sunshine /h	2036
年平均相对湿度 /% Annual average relative humidity /%	71
干燥度 Dryness	1.18

本区域中心区月平均气温与月平均降水量
Monthly temperature and precipitation in central area of the region

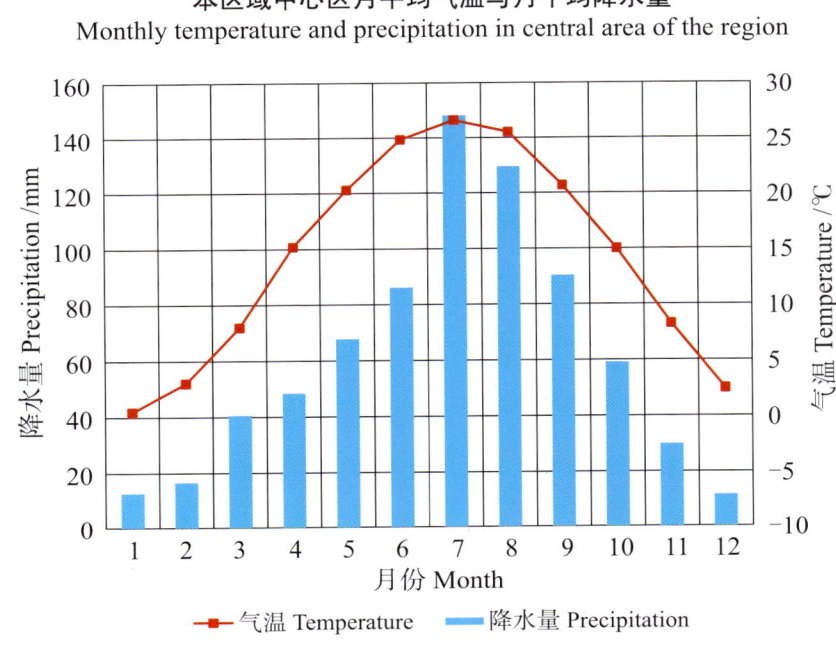

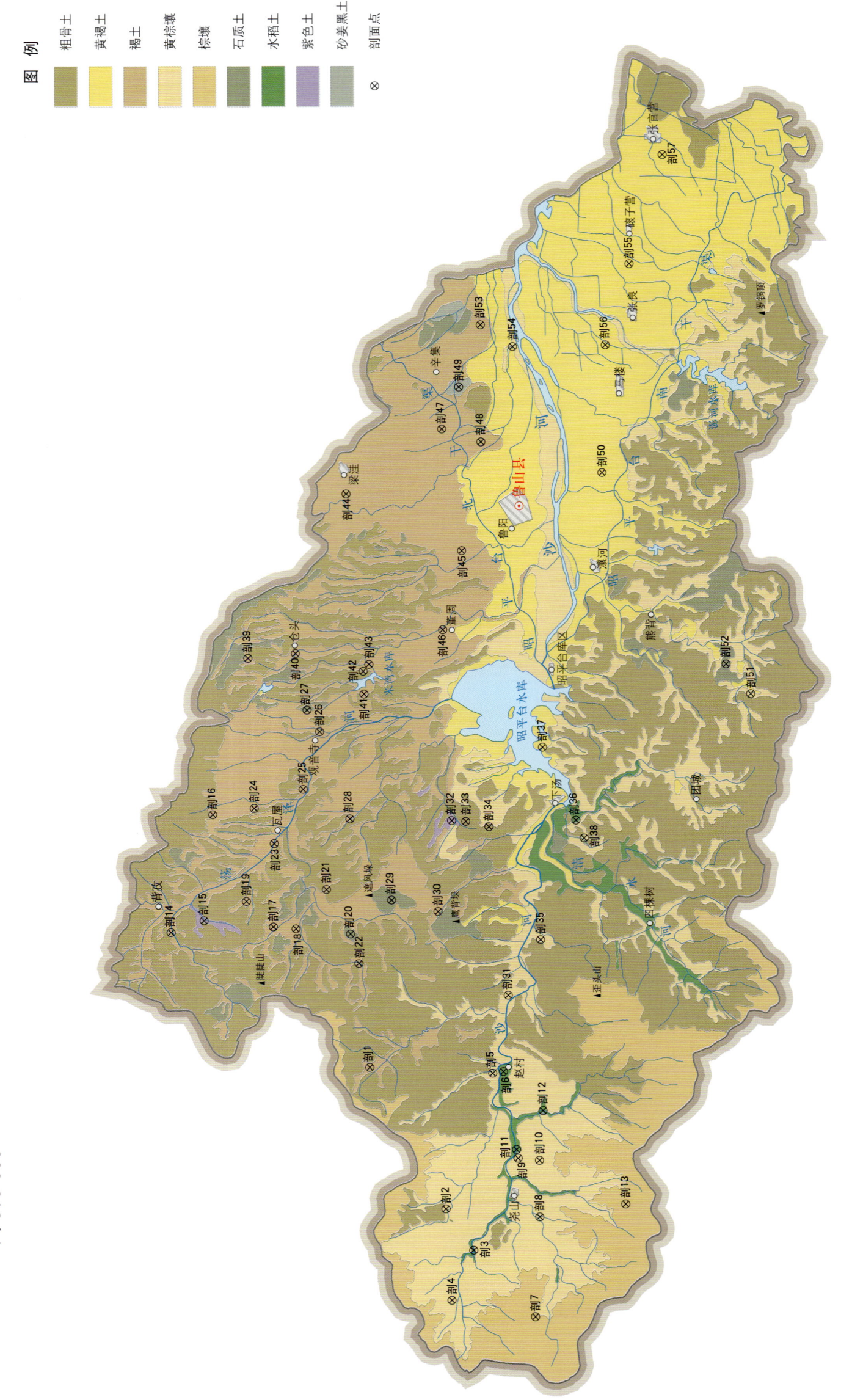

鲁山县主要土壤类型与土壤剖面点分布图
1:310 000

鲁山县土壤剖面理化性状表

剖面号 Soil profile	土纲 Soil order	土类 Soil great group	亚类 Soil subgroup	土属 Soil genus	土种 Soil species	土层码 Layer code	土层厚度 Depth/cm	颜色 Soil color	质地 Soil texture	土壤结构 Soil structure	pH	有机质 OM/(g/kg)	全氮 TN/(g/kg)	全磷 TP/(g/kg)	阳离子交换量CEC/(cmol/kg)	土壤母质 Parent material	剖面点坐标 Profile coordinate	匹配指数 Matching index/%
剖1	半淋溶土	褐土	淋溶褐土	泥质淋溶褐土	厚层泥质淋溶褐土	1	0—20	暗灰色	重壤土	块状	7.1	19.7	2.06	0.88	18.7	页岩风化物	E 112°28′44.8″ N 33°50′13.2″	97
						2	20—35	灰白色	重壤土	块状	7.5	5.6	0.50	0.28	13.7			
						3	35—60	灰白色	重壤土	块状	8.1	2.3	0.32	0.66	12.6			
剖2	淋溶土	黄棕壤	黄棕壤性土		底砂厚层黄棕壤性土	1	0—18	灰黄色	轻壤土	粒状	8.0	20.9	1.32	1.46	14.5	硅铝质岩类	E 112°22′22.1″ N 33°47′31.2″	95
						2	18—60	暗黄色	中壤土	块状	7.3	4.0	0.38		17.3			
						3	60—90	棕黄色	中壤土	块状	7.6	9.9	0.71	1.25	14.0			
						4	90—											
剖3	人为土	水稻土	淹育水稻土	黄棕壤性淹育水稻土	砂质黄棕壤性淹育水稻土	1	0—19	灰黄棕色	轻壤土	粉粒状	5.6	31.6	1.55	1.64	12.3	硅铝钾质岩类	E 112°20′30.1″ N 33°46′31.4″	95
						2	19—32	灰黄棕色	砂壤土	块状	5.8	23.0	1.28	1.22	13.3			
						3	32—44	灰棕色	砂壤土	碎块状	6.9	6.4	0.42	1.21	8.7			
						4	44—57	暗棕褐色	砂壤土	碎块状	7.0	9.0	0.46	1.27	11.4			
						5	57—95	灰棕色	砂壤土	碎块状	7.1	6.0	0.36	0.99	8.8			
						6	95—115											
剖4	淋溶土	黄棕壤		硅铝钾质黄棕壤	薄层硅铝钾质黄棕壤	1	0—6	棕黄色	中壤土	粒状	6.8	41.9	1.72	0.74	20.2	硅铝钾质岩类	E 112°18′16.2″ N 33°47′20.8″	97
						2	6—30	暗棕色	砂壤土	块状	6.2	12.5	0.70	0.58	18.7			
						3	30—											
剖5	淋溶土	黄棕壤		硅铝质黄棕壤	中层硅铝质黄棕壤	1	0—6	灰棕色	砂壤土	粒状	6.5	68.3	3.33	2.56	17.6	硅铝质岩类	E 112°28′25.0″ N 33°45′45.4″	95
						2	6—25	黄棕色	砂壤土	块状	6.0	23.2	1.23	1.54	11.7			
						3	25—											
剖6	人为土	水稻土	淹育水稻土	潮土性淹育水稻土	砂质潮土性淹育水稻土	1	0—15	灰黄色	砂壤土	粒状	5.8	8.6	0.47	2.10	10.6	河流冲积物	E 112°28′28.9″ N 33°45′21.6″	75
						2	15—90	棕黄色	砂壤土	碎屑状	6.5	40.4	0.41	2.16	9.4			
剖7	淋溶土	棕壤	棕壤性土	硅铝质棕壤性土	薄层有机质硅铝质棕壤性土	1	0—10	灰黄色	砂壤土	粒状	7.0	53.0	2.42	0.94	19.9	硅铝质岩类	E 112°17′30.5″ N 33°44′18.6″	97
						2	10—15	暗黄棕色	砂壤土	块状	6.4	14.2	0.87	0.37	12.8			
						3	15—30	棕黄色	砂壤土	粒状	6.3	10.7	0.53		12.8			
						4	30—											
剖8	淋溶土	黄棕壤	黄棕壤	硅铝质黄棕壤	中层硅铝质黄棕壤	1	0—6	灰棕色	轻壤土	碎屑状	6.6	50.2	2.27	0.59	16.8	硅铝质岩类	E 112°21′57.6″ N 33°44′07.1″	95
						2	6—17	浅棕色	中壤土	块状	6.9	20.0	0.98	0.34	11.0			
						3	17—35	黄棕色	中壤土	块状	6.6	11.6	0.63	0.25	10.1			
						4	35—											
剖9	淋溶土	黄棕壤	黄棕壤	硅铝质黄棕壤	厚层硅铝质黄棕壤	1	0—16	灰黄色	轻壤土	团粒状	6.9	21.8	1.50	3.78	13.1	硅铝质岩类	E 112°28′37.1″ N 33°44′52.4″	95
						2	16—35	灰黄色	轻壤土	碎块状	7.2	8.3	0.62	1.92	15.6			
						3	35—64	棕黄色	轻壤土	块状	7.4			1.32				
						4	64—85											
						5	85—											
剖10	淋溶土	黄棕壤	黄棕壤性土	硅铝质黄棕壤性土	薄层硅铝质黄棕壤性土	1	0—8	浅棕色	中壤土	粒状	6.9	50.6	2.20	0.62	19.9	硅铝质岩类	E 112°24′31.0″ N 33°44′06.0″	98
						2	8—17	灰黄棕色	轻壤土	块状	6.6	12.3	0.71	0.36	13.6			
						3	17—28	棕黄色	轻壤土	块状	6.3	12.0	0.71	0.38	15.4			
						4	28—											
剖11	人为土	水稻土	淹育水稻土	潮土性淹育水稻土	壤质淹育水稻土	1	0—18	浅黄棕色	重壤土	团粒状	7.5	16.0	0.95	1.09	13.2	河流冲积物	E 112°25′00.8″ N 33°44′55.7″	75
						2	18—28	灰黄棕色	中壤土	块状	7.2	9.7	0.73	0.93	13.8			
						3	28—40	棕色	中壤土	块状	7.5	7.2	0.59	0.94	15.1			
						4	40—120	暗黄色	中壤土	块状	7.5	7.4	0.55	1.13	13.7			

续表 Continued

剖面号 Soil profile	土纲 Soil order	土类 Soil great group	亚类 Soil subgroup	土属 Soil genus	土种 Soil species	土层码 Layer code	土层厚度 Depth/cm	颜色 Soil color	质地 Soil texture	土壤结构 Soil structure	pH	有机质 OM/(g/kg)	全氮 TN/(g/kg)	全磷 TP/(g/kg)	阳离子交换量CEC/(cmol/kg)	土壤母质 Parent material	剖面点坐标 Profile coordinate	匹配指数 Matching index/%
剖12	人为土	水稻土	淹育水稻土	黄棕壤性淹育水稻土	壤棕壤性薄层水稻土	1	0-12	灰黄色	中壤土	粒状	5.3	22.7	1.28	1.42	11.2		E 112°26′43.4″ N 33°43′57.0″	95
						2	12-28	浅黄棕色	中壤土	块状	5.6	19.1	1.11	1.84	10.5			
						3	28-59	暗棕色	中壤土	块状	7.2	4.7	0.38	0.78	11.8			
						4	59-100	黄褐色	中壤土	块状	7.2	5.3	0.43	0.76	14.1			
剖13	淋溶土	棕壤	棕壤	硅铝质棕壤	薄有机质薄层硅铝质棕壤	1	0-9	灰褐色	轻壤土	碎屑状	6.2	65.0	1.83	0.57	16.8	硅铝质岩类	E 112°22′30.0″ N 33°40′59.2″	99
						2	9-18	灰褐色	轻壤土	粒状	5.5	15.4	0.57	0.23	10.6			
						3	18-30	黄棕色	轻壤土	粒状	5.9	12.6	0.53	0.20	9.9			
						4	30—											
剖14	半淋溶土	褐土	淋溶褐土	硅铝钾质淋溶褐土	薄层硅铝钾质淋溶褐土	1	0-12	灰黄色	砂壤土	粒状						安山岩风化残积物、坡积物或洪积物	E 112°35′00.2″ N 33°57′22.0″	95
						2	12-40	棕黄色	砂壤土	粒状								
						3	40—	黄棕色	砂壤土	小块状								
剖15	初育土	紫色土	中性紫色土	砂质中性紫色土	厚层砂质中性紫色土	1	0-18	暗红棕色	中壤土	碎屑状	7.9	23.3	1.02	1.31	15.1	紫色砂岩类	E 112°35′31.2″ N 33°56′10.0″	95
						2	18-100	红棕色	中壤土	块状	7.7	5.9	0.46	0.57	16.6			
剖16	半淋溶土	褐土	淋溶褐土	硅铝质淋溶褐土	多砾质中层硅铝质淋溶褐土	1	0-16	浅黄棕色	中壤土	粒状	7.3	26.2	1.30	1.67	22.8	片麻岩风化残积物、坡积物	E 112°40′17.4″ N 33°55′46.9″	95
						2	16-32	棕黄色	中壤土	粒状	7.2	18.4	1.00	1.53	20.5			
						3	32—											
剖17	半淋溶土	褐土	褐土性	砂泥质褐土性	薄层砂泥质褐土性	1	0-17	暗灰褐色								砂岩、页岩风化残积物	E 112°35′11.8″ N 33°53′38.8″	93
						2	17—											
剖18	半淋溶土	褐土	淋溶褐土	红黄土质淋溶褐土	壤质红黄土质淋溶褐土	1	0-21	暗棕色	中壤土	团粒状	6.7	22.6	1.92	2.55	28.9	红黄土	E 112°35′06.0″ N 33°52′49.4″	95
						2	21-39	棕黄色	中壤土	粒状	7.3	13.4	0.86	1.72	26.7			
						3	39-78	棕褐色	重壤土	柱状	7.6	8.0	0.58	1.90	21.7			
						4	78-120	黄棕色	重壤土	柱状	7.7	5.0	0.40	1.27	19.5			
剖19	半淋溶土	褐土	淋溶褐土	红黄土质淋溶褐土	黏质红黄土质淋溶褐土	1	0-18	暗灰褐色			7.8	10.4	0.78	0.87	21.6	红黄土	E 112°36′21.2″ N 33°54′36.7″	95
						2	18-50				8.1	8.1	0.64	0.51	23.6			
						3	50-90				7.8	6.0	0.62	0.61	22.4			
						4	90-128				7.9	6.1	0.64	0.76	22.3			
剖20	初育土	石质土	中性石质土	砾石土	泥石土	A	0-7	油橙色	黏土	粒状	6.5	29.0	1.82	0.43	13.0	泥质岩类风化残积物、坡积物	E 112°34′50.2″ N 33°50′51.0″	75
剖21	半淋溶土	褐土	淋溶褐土	洪积淋溶褐土	沟谷洪积淋溶褐土	1	0-15	灰黄色	轻壤土	粒状	7.2	23.2	1.49	2.01	26.8	洪积物、冲积物	E 112°36′51.5″ N 33°51′41.8″	98
						2	15-30	暗黄色	轻壤土	碎块状	7.3	10.6	0.89	2.05	27.6			
						3	30-80	黄棕色	砂壤土	粒状	7.2	10.0	0.70	2.46	18.9			
剖22	半淋溶土	褐土	淋溶褐土	硅铝钾质淋溶褐土	厚层硅铝钾质淋溶褐土	1	0-20	暗黄色	中壤土	块状						安山岩风化残积物、坡积物	E 112°33′28.4″ N 33°50′33.7″	95
						2	20-54	褐色	轻壤土	碎块状								
						3	54-68	棕色	轻壤土									
						4	68—											
剖23	半淋溶土	褐土	淋溶褐土	红黄土质淋溶褐土	沟谷洪积红黄土质淋溶褐土	1	0-20	暗黄色			7.3	20.8	1.15	3.67	23.4	洪积物、冲积物	E 112°38′57.1″ N 33°53′34.1″	97
						2	20-43	暗棕色			6.8	16.2	1.02	4.86	25.6			
						3	43-105	棕黄色			7.3	3.2	0.28	0.60	16.6			
剖24	半淋溶土	褐土	淋溶褐土	红黄土质淋溶褐土	黏质红黄土质淋溶褐土	1	0-17				7.3	9.7	0.77	0.27	20.8	红黄土	E 112°40′32.9″ N 33°54′16.2″	96
						2	17-47				7.6	3.0	0.39	0.27	16.7			
						3	47—				7.6	2.9	0.42		21.1			
剖25	半淋溶土	褐土	褐土性	砂泥质褐土性	厚层砂泥质褐土性	1	0-18	暗黄色	重壤土	碎块状						砂岩、页岩风化残积物	E 112°41′22.6″ N 33°52′28.9″	93
						2	18-40	暗棕色	重壤土	块状								
						3	40-130	灰黄色	重壤土	块状								
剖26	半淋溶土	褐土	淋溶褐土	洪积淋溶褐土	壤质洪积淋溶褐土	1	0-12				6.7	13.4		0.62	21.7	洪积、冲积性土状母质	E 112°43′58.1″ N 33°51′50.8″	98
						2	12-57				7.1	11.4		0.50	21.5			
						3	57-100				7.3	8.4	0.60	0.52	17.2			

续表 Continued

剖面号 Soil profile	土纲 Soil order	土类 Soil great group	亚类 Soil subgroup	土属 Soil genus	土种 Soil species	土层码 Layer code	土层厚度 Depth/cm	颜色 Soil color	质地 Soil texture	土壤结构 Soil structure	pH	有机质 OM/(g/kg)	全氮 TN/(g/kg)	全磷 TP/(g/kg)	阳离子交换量CEC/(cmol/kg)	土壤母质 Parent material	剖面点坐标 Profile coordinate	匹配指数 Matching index/%
剖27	初育土	石质土	硅质石质土	砂砾硅质石质土	砂砾硅质石质土	1	0—5	浅灰褐色	轻壤土	粒状						砂质岩、石英岩	E 112°44′57.5″ N 33°52′17.4″	75
剖28	半淋溶土	褐土	淋溶褐土	硅铝钾质淋溶褐土	少砾质中层硅铝钾质淋溶褐土	1	0—10	暗褐色	轻壤土	粒状						安山岩风化残积物、坡积物或洪积-坡积物	E 112°40′00.8″ N 33°50′48.1″	95
						2	10—27	红棕色	砂质壤土	粒状								
剖29	初育土	石质土	硅铝质石质土	硅铝质石质土	硅铝质石质土	1	0—5	灰黄色	砂质壤土	粒状						硅铝质岩类	E 112°36′19.4″ N 33°49′19.9″	98
						2	5—											
剖30	半淋溶土	褐土	淋溶褐土	泥质淋溶褐土	中层泥质淋溶褐土	1	0—18	暗褐色	中壤土	碎块状	7.6	32.6	1.32	1.13	19.1	页岩风化物	E 112°35′47.4″ N 33°47′39.5″	97
						2	18—35	黄褐色	中壤土	块状	7.6	17.0	0.69	0.66	16.2			
						3	35—55	红色	中黏土	柱状	8.0	7.8	0.48	0.19	31.0			
						4	55—60	灰白色	轻壤土	柱状	8.3	4.5	0.29	0.15	21.9			
剖31	淋溶土	黄棕壤	黄棕壤性土	硅质黄棕壤性土	中层硅质黄棕壤性土	1	0—20	灰黄褐色	中壤土	粒状	7.1	28.9	1.26	0.67	11.5	石英岩风化残积物	E 112°31′55.9″ N 33°45′09.0″	95
						2	20—40	浅灰黄色	中壤土	碎块状	7.6	9.2	0.56	0.36	16.7			
						3	40—60	棕黄色	重壤土	块状	6.6		0.86	0.33	24.7			
						4	60—											
剖32	初育土	紫色土	中性紫色土	砂质中性紫色土	中层砂质中性紫色土	1	0—17	红褐色	轻壤土	碎屑状	7.0	21.2	0.96	0.82	11.8	紫色砂岩	E 112°39′51.8″ N 33°47′06.7″	97
						2	17—37	黄棕色	中壤土	块状	7.7	10.4	0.54	0.65	30.1			
						3	37—											
剖33	初育土	粗骨土	硅铝质粗骨土	泥质粗骨土	薄层泥质粗骨土	1	0—8.5	灰黄色			7.0	63.4		0.79	19.4	页岩风化残积物、坡积物	E 112°39′49.3″ N 33°46′35.8″	99
剖34	初育土	粗骨土	硅质粗骨土	硅质粗骨土	薄层硅质粗骨土	1	0—12			粒状						石英岩风化残积物	E 112°39′33.8″ N 33°45′45.0″	97
						2	12—											
剖35	淋溶土	黄棕壤	黄棕壤性土	砂泥质黄棕壤性土	少砾质薄层砂泥质黄棕壤性土	1	0—3	暗黄色	中壤土	块状	6.7	49.4	2.22	1.73	22.7	硅铝质岩类	E 112°34′27.5″ N 33°43′56.6″	95
						2	3—14	红棕色	重壤土	块状	6.7	12.8	0.75	1.57	36.9			
						3	14—											
剖36	人为土	水稻土	潜育水稻土	黄棕壤性潜育水稻土	青泥田	1	0—10	灰棕褐色	中壤土	块状	7.3	26.3	1.35	1.49	17.4	第四纪下蜀黄土	E 112°39′47.9″ N 33°42′35.3″	92
						2	10—35	青灰色	中壤土	碎块状	7.1	21.6	1.18	1.23	17.1			
						3	35—50	棕褐色	中壤土	碎块状	7.2	8.6	0.54	0.83	14.3			
						4	50—60	灰黄色	重壤土	碎块状	7.6	4.8	0.34	0.95	12.4			
剖37	淋溶土	黄棕壤	黄棕壤性土	黄土黄棕壤性土	浅位厚层黄土黄棕壤性土	1	0—16	棕褐色	重壤土	块状	7.3	8.6	0.66	0.95		硅铝质岩类	E 112°43′06.6″ N 33°43′45.8″	99
						2	16—30	暗棕黄色	重壤土	核块状	7.5	9.8	0.70	0.51	18.4			
						3	30—65	暗黄棕色	重壤土	粒状	7.4	3.8	0.37	0.51	20.0			
						4	65—120	黄棕色	中壤土	团块状	7.3	3.1	0.32	0.68	20.2			
剖38	淋溶土	黄棕壤	黄棕壤性土	硅铝质黄棕壤性土	厚层硅铝质黄棕壤性土	1	0—15	棕黄色	中壤土	碎块状	7.1	14.9	1.12	1.00	17.2	硅铝质岩类	E 112°39′00.0″ N 33°42′18.0″	95
						2	15—50	棕褐色	砂质壤土	块状	7.3	8.6	0.80	0.58	17.3			
						3	50—85	黄棕色	中壤土	粒状	7.5	8.3	0.79	0.61	19.1			
剖39	半淋溶土	褐土	淋溶褐土	硅铝质淋溶褐土	少砾质中层硅铝质淋溶褐土	1	0—18	黄棕色	重黏土	块状	7.5	18.9	1.32	1.11	21.3	石英岩风化残积物、坡积物	E 112°47′21.1″ N 33°54′24.1″	95
						2	18—82	红棕色	轻黏土	粒状	7.7	8.8	0.81	0.52	21.0			
						3	82—				7.8	5.3	0.53					
剖40	半淋溶土	褐土	褐土性土	洪积褐土性土	厚层洪积褐土性土	1	0—17	灰黄褐色	中壤土	碎块状	8.1		1.20	2.05	14.5	洪积、冲积性黄土状母质	E 112°47′31.9″ N 33°52′40.4″	100
						2	17—48	黄棕色	中壤土	块状	8.2	10.7	0.80	1.83	20.7			
						3	48—58	灰红棕色	砂壤土	粒状	7.6	4.2	0.40	1.40	26.8			
						4	58—79	棕黄色	中壤土	中壤土	8.0	8.5	0.78	1.29	12.9			
						5	79—100	黄黄色	中壤土	块状	8.0	7.2	0.64					
剖41	半淋溶土	褐土	淋溶褐土	洪积淋溶褐土	壤质洪积淋溶褐土	1	0—18	灰黄色	轻壤土	粒状	6.4	14.8	0.90		17.0	洪积、冲积性黄土状母质	E 112°45′38.9″ N 33°50′12.8″	98
						2	18—70	灰黄色	中壤土	碎块状	7.1	6.0	0.40		15.2			
						3	70—150	暗黄色	中壤土	块状	7.5	4.6	0.42					

续表 Continued

剖面号 Soil profile	土纲 Soil order	土类 Soil great group	亚类 Soil subgroup	土属 Soil genus	土种 Soil species	土层编码 Layer code	土层厚度 Depth/cm	颜色 Soil color	质地 Soil texture	土壤结构 Soil structure	pH	有机质 OM/(g/kg)	全氮 TN/(g/kg)	全磷 TP/(g/kg)	阳离子交换量CEC/(cmol/kg)	土壤母质 Parent material	剖面点坐标 Profile coordinate	匹配指数 Matching index/%
剖42	半淋溶土	褐土	褐土性土	砂泥质褐土性土	中层砂泥质褐土性土	1	0—13	浅灰黄色	中壤土	粒状	7.1	16.2	0.89	1.34	13.4	砂岩、页岩风化残积物	E 112°46′42.6″ N 33°50′11.0″	93
						2	13—50	灰褐色	中壤土	块状	7.0	19.6	1.04	1.34	13.7			
剖43	半淋溶土	褐土	褐土性土	硅铝质褐土性土	中层硅铝质褐土性土	1	0—12	浅黄色	砂壤土	粒状						片麻岩风化坡积物	E 112°46′59.5″ N 33°50′01.0″	97
						2	12—60	暗黄色	砂壤土	碎块状								
						3	60—											
剖44	半淋溶土	褐土	潮褐土	洪积潮褐土	壤质洪积潮褐土	1	0—20				8.1	16.8	1.03	1.89	21.8	黄土性洪积物、冲积物	E 112°54′40.3″ N 33°50′43.4″	95
						2	20—50				8.2	7.1	0.64	2.03	22.1			
						3	50—120				7.9	9.3			20.8			
剖45	半淋溶土	褐土	褐土	钙质褐土性土	厚层钙质褐土性土	1	0—18			碎块状	7.9	11.6	0.80	1.12	14.3	石灰岩风化残积物、坡积物	E 112°52′01.2″ N 33°46′34.0″	93
						2	18—83			块状	8.1	12.0	0.50	1.00	17.6			
						3	83—130			碎块状	8.0	7.5	0.32	1.16	9.5			
剖46	半淋溶土	褐土	潮褐土	洪积潮褐土	黏质洪积潮褐土	1	0—20	灰褐色	重壤土	碎块状	8.0	16.4	1.03		17.3	黄土性洪积物、冲积物	E 112°48′29.2″ N 33°47′18.6″	95
						2	20—45	黄棕色	重壤土	块状	8.0	7.6	0.66		22.9			
						3	45—120	浅黄棕色	重壤土	碎块状	8.1	5.1	0.48		17.7			
剖47	半淋溶土	褐土	褐土	钙质褐土性土	薄层钙质褐土性土	1	0—10	黄棕色	重壤土	碎块状						石灰岩风化残积物、坡积物	E 112°57′31.3″ N 33°47′12.1″	97
						2	10—30			块状								
						3	30—											
剖48	半淋溶土	褐土	潮褐土	洪积壤褐土	壤位洪积壤褐土	1	0—12	灰黄色	中壤土	粒状	7.6	12.7	0.63	1.23	14.6	黄土性洪积物、坡积物	E 112°56′54.6″ N 33°45′47.2″	97
						2	12—30	淡黄色	中壤土	小块状	7.2	5.4	0.34	0.89	12.3			
						3	30—50	棕黄色	重壤土	块状	7.2	5.3	0.40	0.84	12.5			
剖49	半水成土	砂姜黑土	石灰性砂姜黑土	石灰性砂姜黑土	深位少量石灰性砂姜黑土	1	0—20	棕褐色	轻壤土	粒状	8.3	12.4	0.92	0.73	25.4	黄土性古河流沉积物	E 112°59′24.4″ N 33°46′33.2″	75
						2	20—30	浅棕褐色	中壤土	碎块状	8.3	10.4	0.63	0.56	25.6			
						3	30—58	黄棕色	中壤土	块状	8.1	9.8	0.62	0.47	31.5			
						4	58—85	灰黄色	中壤土	块状	8.2	8.7	0.55	0.38	35.5			
						5	85—100				8.0	6.1	0.53		27.2			
剖50	淋溶土	黄棕壤	黄棕壤	洪冲积性黄棕壤	轻壤质洪冲积黄棕壤	1	0—25	暗黄棕色	轻壤土	碎块状	7.8	12.0	0.81	1.76	10.9	洪积物、冲积物或老洪积物、坡积物上覆河流冲积物	E 112°55′25.7″ N 33°41′24.7″	92
						2	25—38	暗黄色	中壤土	块状	7.9	9.6	0.64	1.76	11.1			
						3	38—100	暗黄色	中壤土	块状	7.6	8.8	0.60	1.65	11.3			
剖51	淋溶土	黄棕壤	黄棕壤性	黄棕壤性土	厚层黄棕壤性土	1	0—22	浅棕褐色	轻壤土	碎块状	6.8	18.1	1.20	2.20	12.5	硅铝质岩类	E 112°45′22.7″ N 33°36′09.0″	95
						2	22—75	黄棕色	中壤土	块状	7.2	5.4	0.43	2.04	10.1			
						3	75—120	灰黄色	中壤土	粒状	7.1	5.3	0.56	0.60	12.4			
剖52	初育土	石质土	硅质石质土	泥质石质土	泥质石质土	1	0—6	灰棕色	轻黏土	粒状	6.1					泥质岩	E 112°46′44.4″ N 33°37′01.6″	99
						2	6—											
剖53	半淋溶土	褐土	褐土性土	钙质褐土性土	厚层硅铝质褐土性土	1	0—18	暗黄棕色	重壤土	碎块状	7.8	20.0	0.72	1.05	26.4	石灰岩风化残积物、坡积物	E 113°02′10.3″ N 33°45′42.8″	94
						2	18—40	暗棕色	重壤土	块状	8.0	8.3	0.54	0.89	28.4			
						3	40—110	暗棕色	重壤土	块状	7.6	5.4	0.43	0.78	26.3			
						4	110—150	灰棕色	轻壤土	粒状	7.5	2.5	0.26	1.10	36.5			
剖54	淋溶土	黄棕壤	黄棕壤	硅铝质黄棕壤	薄层硅铝质黄棕壤	1	0—6	暗黄棕色	中壤土	粒状	7.2	29.2	1.57	1.61	18.9	硅铝质岩类	E 113°01′10.2″ N 33°44′33.7″	95
						2	10—24	浅黄棕色	中壤土	碎块状	7.6	10.9	7.40	1.02	21.2			
						3	24—											
剖55	淋溶土	黄棕壤	黄棕壤	洪冲积性黄棕壤	中壤质洪冲积性黄棕壤	1	0—19	灰黄色	中壤土	碎块状	6.8	10.0	0.84	0.58		洪积物、冲积物或老洪积物、坡积物上覆河流冲积物	E 113°04′45.8″ N 33°40′16.0″	92
						2	19—45	棕色	中壤土	块状	7.3	5.1	0.51	0.44				
						3	45—100	黄棕色	重壤土	棱块状	7.5	7.0	0.69	0.55				

续表 Continued

剖面号 Soil profile	土纲 Soil order	土类 Soil great group	亚类 Soil subgroup	土属 Soil genus	土种 Soil species	土层码 Layer code	土层厚度 Depth/cm	颜色 Soil color	质地 Soil texture	土壤结构 Soil structure	pH	有机质 OM/(g/kg)	全氮 TN/(g/kg)	全磷 TP/(g/kg)	阳离子交换量 CEC/(cmol/kg)	土壤母质 Parent material	剖面点坐标 Profile coordinate	匹配指数 Matching index/%
剖56	淋溶土	黄褐土	黄褐土	洪冲积性黄褐土	轻壤质洪冲积性黄褐土	1	0—19	灰黄色	轻壤土	粒状	6.9	10.9	0.83	0.66	9.5	洪积物、冲积物或老洪积物、坡积物	E 113°01′09.5″ N 33°41′11.8″	92
						2	19—49	暗黄色	轻壤土	块状	7.1	6.0	0.60	0.57	8.3			
						3	49—100	棕黄色	中壤土	块状	7.6	4.6		0.43	9.7			
						4	100—120	黄棕色	中壤土	块状	7.5	3.0	0.47	0.56	11.0			
剖57	淋溶土	黄褐土	黄褐土	洪冲积性黄褐土	潜育化洪冲积性黄褐土	1	0—13	灰黄色	中壤土	碎块状	6.6	7.6		0.58	16.7	洪积物、冲积物或老洪积物、坡积物上覆河流冲积物	E 113°09′39.6″ N 33°38′57.8″	92
						2	13—38	灰黄色	中壤土	块状	7.7	6.8			15.1			
						3	38—97	棕褐色	重壤土	棱块状	6.6			0.28	22.0			
						4	97—124	灰褐色	重壤土	棱块状	7.1	3.2		0.71	13.8			

郏县

主要土类说明

褐土是郏县主要土壤类型，占本县地域面积的91%，是分布在暖温带东部半湿润、半干旱的山丘地区的地带性土壤。该土发育在黄土或黄土状母质及母岩风化物上，是在自然因素与人为因素的综合作用下而形成的。褐土具有深厚的土层，土体中部具有明显的黏化层，由于夏季高温与多雨同时发生，土壤中的物理、化学及生物化学作用强烈，所以成土过程在这一时期也最活跃，特别是在土体中温度、湿度均较稳定的情况下，矿物质颗粒充分分解，由粗变细，黏粒与胶粒逐渐增加，上表层黏粒下移，使土体中部逐步黏化，时间长久，即形成了土壤的黏化层。由于季节性的干湿交替，使黏化层中黏土矿物不断收缩与膨胀，土体沿结构面产生裂缝，在作物根系穿插与土体中重力水下渗的作用下，黏化层纵裂缝加大，成为水分下渗的通道，随水下渗的黏粒及溶解于土壤水中的钙、镁等物质附着于结构面上，日积月累，逐渐凝结成胶膜，水分不易渗入结构体内，而成为比较稳定的棱柱状与拟柱状结构。土体心土层或底土层具有碳酸钙新生体淀积，在本地的生物气候影响下，黄土母质中大量的碳酸钙，在土壤中有机酸和无机酸的作用下，转变成可溶性的重碳酸钙，随水沿孔隙下渗，至土壤中部或下层，酸性逐渐被中和，水分减少，重碳酸钙重新变为碳酸钙而积聚于土壤孔隙中，或胶结于结构面上，从而产生假菌丝状或粉末状的碳酸钙淀积物，群众称之为"白筋"。本县褐土分为褐土、潮褐土和褐土性土等亚类。

潮土是郏县第二大土壤类型，占本县地域面积的3%，是发育在近代河流冲积物上，经过长期人为耕作熟化发育而成的比较年轻的土壤。潮土的主要特征：土体深厚，质地层次明显，但厚薄不一，土壤发生层次不明显；土壤颜色较浅，有机质积累较少，钾、钙含量丰富，通体石灰反应强烈；有夜潮露润现象；剖面下部有锈色斑纹。根据受地下水影响的大小、分布地区的水热条件以及沉积物质等的差异，本县潮土分为黄潮土和褐潮土等亚类。

小于本县地域面积3%的土壤类型还有砂姜黑土。

本区域中心区气候特征

本区域中心区气候特征值
Regional climate characteristics in central area of the region

气候带：暖温带亚湿润气候 Climate region: Warm temperate subhumid climate	
年平均气温 /℃ Annual average temperature /℃	14.3
年平均最高气温 /℃ Annual average maximum temperature /℃	20.1
年平均最低气温 /℃ Annual average minimum temperature /℃	9.4
年降水量 /mm Annual precipitation /mm	722
≥10℃的积温 /℃ Daily temperature accumulated in a year (≥10℃) /℃	5075
年日照时数 /h Annual sunshine /h	2081
年平均相对湿度 /% Annual average relative humidity /%	69
干燥度 Dryness	1.21

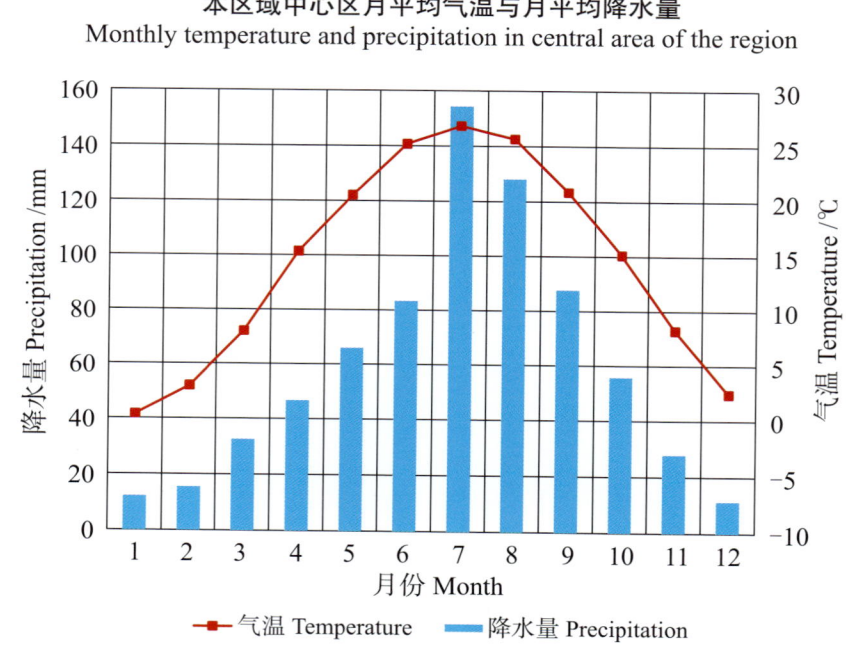

本区域中心区月平均气温与月平均降水量
Monthly temperature and precipitation in central area of the region

郏县主要土壤类型与土壤剖面点分布图
1∶170 000

郑县土壤剖面理化性状表

剖面号 Soil profile	土纲 Soil order	土类 Soil great group	亚类 Soil subgroup	土属 Soil genus	土种 Soil species	土层码 Layer code	土层厚度 Depth/cm	颜色 Soil color	质地 Soil texture	土壤结构 Soil structure	pH	有机质 OM/(g/kg)	全氮 TN/(g/kg)	全磷 TP/(g/kg)	阳离子交换量CEC/(cmol/kg)	土壤母质 Parent material	剖面点坐标 Profile coordinate	匹配指数 Matching index/%
剖1	半淋溶土	褐土	褐土	红土	红黏土	1	0—17	灰棕色	中壤土	碎块状						第四纪红色黄土	E 113°04′33.2″ N 34°05′07.4″	95
						2	17—40	褐棕色	中壤土	块状								
						3	40—100	棕红色	重壤土	块状	8.2							
剖2	半淋溶土	褐土	褐土	立黄土	浅位多量砂姜立黄土	1	0—20	浅棕黄色	中壤土	碎块状						第四纪黄土或黄土状母质	E 113°05′52.4″ N 34°03′13.7″	95
						2	20—70	黄褐色	重壤土	棱柱状								
						3	70—100	棕褐色	重壤土	棱柱状								
剖3	半淋溶土	褐土	褐土性	灰石土	少砾多量砂姜薄层灰石土	1	0—12	浅灰色	重壤土	碎块状	7.7	39.3	1.77	0.21	13.8	石灰岩风化残积质	E 113°05′14.5″ N 34°04′25.7″	97
剖4	半淋溶土	褐土	潮褐土	潮护土	潮红护土	1	0—17	灰褐色	轻壤土	块状	7.9	12.6	1.07	0.25	18.7	较老的冲积物、洪积物	E 113°05′08.9″ N 34°01′34.0″	99
						2	17—32	棕褐色	轻黏土	块状	7.8	8.2	0.85	0.24	18.8			
						3	32—60	褐棕色	重黏土	块状	7.8	6.4	0.73	0.23	16.8			
						4	60—110	浅褐棕色	中壤土	粒状	7.8	19.4	0.63	0.18	17.1			
剖5	半淋溶土	褐土	褐土	护土	红护土	1	0—19	灰棕色	轻壤土	碎块状	8.1	11.7	0.65	0.21	12.1	洪积物、冲积物	E 113°03′19.4″ N 34°01′46.9″	95
						2	19—31	黄褐色	中壤土	块状	8.1	7.5	0.50	0.20	14.3			
						3	31—55	暗褐色	中壤土	块状	8.1	5.7	0.40	0.16	13.9			
						4	55—94	黄褐色	中壤土	棱柱状	8.2	4.3	0.40	0.15	12.5			
						5	94—130	灰褐色	轻壤土	块状	8.2	1.8	0.32	0.15	10.0			
剖6	半淋溶土	褐土	褐土	立黄土	深位多量砂姜立黄土	1	0—25	浅棕黄色	中壤土	碎块状	8.2	9.3	0.66	0.20	13.5	第四纪黄土或黄土状母质	E 113°14′16.4″ N 34°04′37.6″	95
						2	25—60	棕褐色	中壤土	块状	8.2	7.1	0.75	0.14	17.6			
						3	60—130	褐棕色	轻壤土	棱柱状	8.2	7.7	0.83	0.14				
剖7	半淋溶土	褐土	褐土	紫红土	紫红土	1	0—21	浅紫棕色	中壤土	碎块状	7.6	8.1	0.66	0.17	13.2	红色砂岩风化残积物、坡积物	E 113°14′25.1″ N 34°02′43.4″	95
						2	21—47	黄红棕色	中壤土	块状	8.1	16.6	0.62	0.14	13.9			
						3	47—100	浅红棕色	重壤土	块状	8.1	9.3	0.73	0.17	15.4			
剖8	半淋溶土	褐土	褐土性	褐土性	少砾质中层褐土性土	1	0—14	黄灰棕色	重壤土	粒状	8.1	5.0	0.62	0.16	15.6	残积物、坡积物和洪积物	E 113°11′57.5″ N 34°00′24.8″	97
						2	14—62	浅灰黄色	重壤土	碎块状	8.3	5.2	0.46	0.16	15.9			
						3	23—40	黄灰黄色	重壤土	块状	8.3	3.2	0.36	0.14	15.3			
剖9	半淋溶土	褐土	褐土	红黄土	红黄土	1	0—23	黄红棕色	重壤土	块状	8.1	13.7				红黄土	E 113°14′44.5″ N 34°02′06.0″	95
						2	23—40	浅棕黄色	重壤土	粒状、碎块状								
						3	40—57											
						4	57—100											
剖10	半淋溶土	褐土	褐土性	褐土性	多砾质中层褐土性土	1	0—17	灰灰色	中壤土	碎块状	8.1	12.9	0.92	0.19	16.5	残积物、坡积物和洪积物	E 113°08′11.8″ N 34°02′17.2″	97
						2	17—24	黄黄褐色	中壤土	块状	8.4	9.2	0.84	0.15	24.4			
						3	24—60	棕棕灰色	中壤土	棱块状	8.2	5.6	0.51	0.10				
						4	60—80	棕棕色	轻壤土	块状								
剖11	半淋溶土	褐土	褐土性	褐土性	少砾质中层褐土性土	1	0—20	黄棕褐色	重壤土	碎块状	8.1	13.7	0.67	0.16	16.1	残积物、坡积物和洪积物	E 113°07′50.2″ N 34°00′56.9″	97
						2	20—37	棕灰黄色	重壤土	块状	8.2	11.9	1.17	0.16	18.3			
						3	37—82	灰灰黄色	重壤土	块状	7.9	8.9	0.71	0.14	24.0			
剖12	半淋溶土	褐土	褐土	护土	黑护土	1	0—18	黑灰色	轻黏土	块状	8.2	10.2	0.57	0.14	24.7	洪积物、冲积物	E 113°09′34.9″ N 34°02′15.4″	95
						2	18—28	浅灰黄褐色	中壤土	粒状	5.0							
						3	28—66	黄褐色	中壤土	碎块状								
						4	66—130	棕褐色	中壤土	块状								
剖13	半淋溶土	褐土	褐土性	褐土性	少砾质厚层褐土性土	1	0—19	灰灰色	轻黏土	块状						残积物、坡积物和洪积物	E 113°11′01.7″ N 34°00′54.4″	97
						2	19—28	黄褐色	中壤土	块状								
						3	28—50	棕褐色	中壤土	块状								
						4	50—120	灰棕色	轻黏土	块状								

续表 Continued

剖面号 Soil profile	土纲 Soil order	土类 Soil great group	亚类 Soil subgroup	土属 Soil genus	土种 Soil species	土层码 Layer code	土层厚度 Depth/cm	颜色 Soil color	质地 Soil texture	土壤结构 Soil structure	pH	有机质 OM/(g/kg)	全氮 TN/(g/kg)	全磷 TP/(g/kg)	阳离子交换量CEC/(cmol/kg)	土壤母质 Parent material	剖面点坐标 Profile coordinate	匹配指数 Matching index/%
剖14	半淋溶土	褐土	潮褐土	二潮黄土	油黄土	1	0-23	灰褐色	中壤土	团粒状	7.6	29.4	1.23	0.57	12.4	含碳酸钙的黄土状母质	E 113°12′07.9″ N 33°58′48.4″	97
						2	23-35	浅灰褐色	中壤土	碎块状	7.9	9.9	0.65	0.46	12.4			
						3	35-90	浅褐灰色	中壤土	块状								
						4	90-120	棕褐色	中壤土	块状								
剖15	半淋溶土	褐土	潮褐土	潮垆土	潮垆土	1	0-19	黄黄色	中壤土	团粒状	7.9	14.3	0.69	0.26	15.4	较老的冲积物、洪积物	E 113°12′35.6″ N 33°56′56.0″	98
						2	19-65	暗黄棕色	重壤土	块状	8.1	7.7	0.61	0.16	18.3			
						3	65-109	暗棕褐色	轻黏土	棱块状	8.0	8.2	0.52	0.16	22.1			
						4	109-130				8.1	6.1		1.99	23.6			
剖16	半淋溶土	褐土	潮褐土	潮垆土	潮垆土	1	0-20	灰黄色	中壤土	粒状	8.1	8.0	0.64	0.17	16.5	较老的冲积物、洪积物	E 113°15′41.4″ N 34°03′31.3″	97
						2	20-45	黄褐色	中壤土	块状	8.4	7.0	0.46	0.15	18.0			
						3	45-85	灰褐色	轻黏土	块状	8.1	8.9	0.53	0.15	34.9			
						4	85-120	棕褐色	轻黏土	块状	8.1	9.8	0.59	0.18	30.3			
剖17	半淋溶土	褐土	褐土	红土	红土	1	0-13	浅红黄色	中壤土	碎块状	8.1	9.1	0.66	0.22	14.9	第四纪红色黄土	E 113°17′11.0″ N 34°01′48.4″	95
						2	13-105	灰黄色	中壤土	块状	8.4	3.2			15.8			
剖18	半淋溶土	褐土	潮褐土	潮垆土	潮黑土	1	0-21	暗灰色	重壤土	团块状	8.0	7.9	0.64	0.15	13.4	较老的冲积物、洪积物	E 113°16′47.3″ N 33°58′04.4″	99
						2	21-47	棕褐色	中壤土	棱块状	8.2	9.3	0.96	0.18	23.0			
						3	47-77	黄棕色	中壤土	棱块状	8.2	6.0	0.60	<0.10				
						4	77-130				8.1	6.5	0.45	0.19	21.1			
剖19	半水成土	潮土	黄潮土	砂土	砂土	1	0-20	浅灰黄色	砂土	单粒状						河流冲积物	E 113°19′39.4″ N 33°56′14.3″	95
						2	20-100	灰棕褐色	砂土	单粒状								
剖20	半水成土	潮土	黄潮土	两合土	体砂小两合土	1	0-20	浅棕黄色	砂壤土	粒状						河流冲积物	E 113°19′55.9″ N 33°56′10.7″	97
						2	20-40	黄棕色	砂土	单粒状								
						3	40-67	暗棕色	砂土	单粒状								
						4	67-100	黄黄色	中壤土	团粒状	8.1	12.3	1.66	0.24	19.2			
剖21	半水成土	潮土	黄潮土	两合土	两合土	1	0-20	暗黄色	轻壤土	碎块状	8.3	8.4	0.52	0.36	18.8	河流冲积物	E 113°21′23.4″ N 33°55′04.4″	98
						2	20-40	青灰色	轻壤土	棱块状	8.2	10.9	0.60	0.14	23.1			
						3	40-70	黄棕色	轻黏土	块状	8.2	4.4	0.40					
						4	70-120	黄棕色	重壤土	块状								
剖22	砂姜黑土	砂姜黑土	砂姜黑土	灰质砂姜黑土	灰质深位少量砂姜黑土	1	0-17	暗黄灰色	轻壤土	粒块状	8.2	7.8	0.48	0.14	11.0	湖相沉积物	E 113°16′01.2″ N 33°53′35.9″	97
						2	17-44	黄棕色	轻壤土	碎块状	7.9	3.3	0.40	0.24	13.9			
						3	44-92	褐棕色	轻壤土	棱块状	8.2	3.1	0.41	0.18	16.1			
						4	92-120	灰黄棕色	重壤土	块状	8.3	4.7	0.46	0.11	25.0			
剖23	半水成土	潮土	黄潮土	褐土化两合土	褐土化小两合土	1	0-19	黄棕色	轻黏土	碎块状	8.1	7.6	0.34	<0.10	21.2	河流冲积物	E 113°17′55.7″ N 33°55′07.0″	98
						2	19-40	暗黄棕色	重壤土	碎块状	8.0	4.5	0.36	0.16				
						3	40-95	黄黄棕色	轻黏土	棱块状								
剖24	半淋溶土	褐土	潮褐土	潮垆土	潮垆土	1	0-15	灰黄色	中壤土	棱块状						较老的冲积物、坡积物	E 113°16′35.0″ N 33°53′16.4″	99
						2	15-35	黄棕色	中壤土	碎块状	8.0	15.8	0.46	0.14	10.6			
						3	35-50	灰棕色	中壤土	块状								
						4	50-62	褐棕色	轻黏土	块状								
						5	62-93		重壤土	棱块状								
						6	93-140	灰黄色	中壤土	碎块状								
剖25	半淋溶土	褐土	褐土性	砂石土	多砾质薄层砂石土	1	0-20	灰黄色	中壤土	块状	7.9	6.3	0.61	0.10	9.6	砂页岩风化残积物、坡积物	E 113°20′51.0″ N 33°51′06.8″	97
						2	20-30											

第二编 分县土壤图与土壤剖面数据 | 143

续表 Continued

剖面号 Soil profile	土纲 Soil order	土类 Soil great group	亚类 Soil subgroup	土属 Soil genus	土种 Soil species	土层码 Layer code	土层厚度 Depth/cm	颜色 Soil color	质地 Soil texture	土壤结构 Soil structure	pH	有机质 OM/(g/kg)	全氮 TN/(g/kg)	全磷 TP/(g/kg)	阳离子交换量CEC/(cmol/kg)	土壤母质 Parent material	剖面点坐标 Profile coordinate	匹配指数 Matching index/%
剖26	半淋溶土	褐土	褐土	立黄土	立黄土	1	0—20	浅灰黄色	中壤土	粒状	8.0	12.4	0.79	0.24	12.4	第四纪黄土或黄土状母质	E 113°18′33.1″ N 33°51′59.4″	95
						2	20—32	灰黄色	中壤土	碎块状	8.1	12.9	1.06	0.26	14.6			
						3	32—84	浅棕黄色	中壤土	块状	8.3	4.1	0.50	0.18	9.8			
						4	84—130	黄棕色	重壤土	棱柱状	8.3	3.0	0.38	0.15	16.3			

舞 钢 市

主要土类说明

黄褐土是舞钢市主要土壤类型，占本市地域面积的76%。成土母质为冲积物、洪积物或老洪积物、坡积物上覆盖两层厚度不同的河流冲积物和砂页岩类风化残积物、坡积物。在夏季湿热多雨、冬季低温干燥的生物气候条件下，黄褐土的形成发育具有明显的淋溶、淀积和黏化过程。高温多雨给母质的充分风化提供了有利条件，风化出来的一、二价盐基离子，随着下渗水向下淋洗，产生较为强烈的淋溶作用，整个土体无游离的碳酸盐存在，无石灰反应。在较强烈的淋溶作用下，易变价的铁、锰等离子亦有移动，随水下渗，在一定深度形成附着于土壤结构面上的铁锰胶膜，或聚积形成铁锰结核。土壤黏粒的风化和淋溶淀积，使土体中下部黏粒含量日益增多，形成紧实黏重的心土层。土壤呈中性。

黄棕壤是舞钢市第二大土壤类型，占本市地域面积的12%。黄棕壤是在北亚热带向暖温带过渡的生物气候条件下所形成的一种地带性土壤，是由黄壤向棕壤与褐土过渡的土壤类型，它兼有黄壤、棕壤与褐土的某些特征。黄棕壤呈弱度富铝化，黏化特征明显，为黄棕色黏土，具 A–B–C 或 A–（B）–C 剖面构型。该土壤 B 层黏聚现象明显，硅铝率约为2.5，铁的游离度较红壤低，交换性酸 B 层大于 A 层。土壤呈微酸性，pH 为 5.5—6.0。

砂姜黑土是舞钢市第三大土壤类型，占本市地域面积的7%。砂姜黑土的形成经历了沼泽化、脱沼泽化和旱耕熟化过程。过去地势低洼，地面排水不畅，形成长期积水状况。在积水过程中，一些水生、半水生动植物遗体，在嫌气的情况下被逐渐分解积累，形成了有机质含量较高的特点。同时，铁质在嫌气条件下，与磷酸结合成蓝铁矿，有时还形成菱铁矿，致使其呈现青灰色。在漫长的生物积累和渍水的共同作用下，形成了黑土层。随着季节的变化，地下水位频繁升降，氧化还原作用交替进行，土体下部出现蓝灰色和褐黄色的潜育层。在生物作用下，产生大量的二氧化碳溶于水而成碳酸，与土壤中的碳酸钙作用生成重碳酸钙，溶解度加大，随水淋洗至下部土层，当水分减少，酸性中和，重新以碳酸钙形式淀积出来。在形成碳酸钙的过程中，往往与土壤黏粒结合在一起，体积渐大，形成大小不同的砂姜。砂姜黑土表层质地多为中壤土至重壤土，疏松，颜色较浅；心土层质地黏重，紧实，呈暗灰色、青灰色或黑灰色，有机质含量较高，土体中有铁子、锈色锈斑纹及砂姜等新生体；底土层有蓝灰色的潜育现象。本市砂姜黑土只有砂姜黑土一个亚类。

小于本市地域面积3%的土壤类型还有潮土等。

本区域中心区气候特征

本区域中心区气候特征值
Regional climate characteristics in central area of the region

气候带：暖温带亚湿润气候 Climate region: Warm temperate subhumid climate	
年平均气温 /℃ Annual average temperature /℃	14.7
年平均最高气温 /℃ Annual average maximum temperature /℃	20.2
年平均最低气温 /℃ Annual average minimum temperature /℃	10.0
年降水量 /mm Annual precipitation /mm	887
≥10℃的积温 /℃ Daily temperature accumulated in a year (≥10℃) /℃	5387
年日照时数 /h Annual sunshine /h	1970
年平均相对湿度 /% Annual average relative humidity /%	72
干燥度 Dryness	1.01

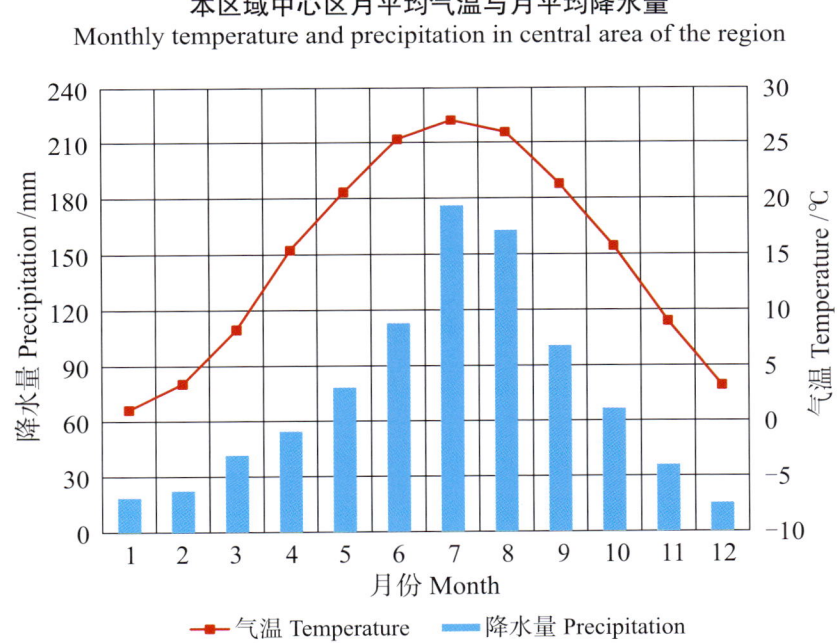

本区域中心区月平均气温与月平均降水量
Monthly temperature and precipitation in central area of the region

舞钢市主要土壤类型与土壤剖面点分布图
1:130 000

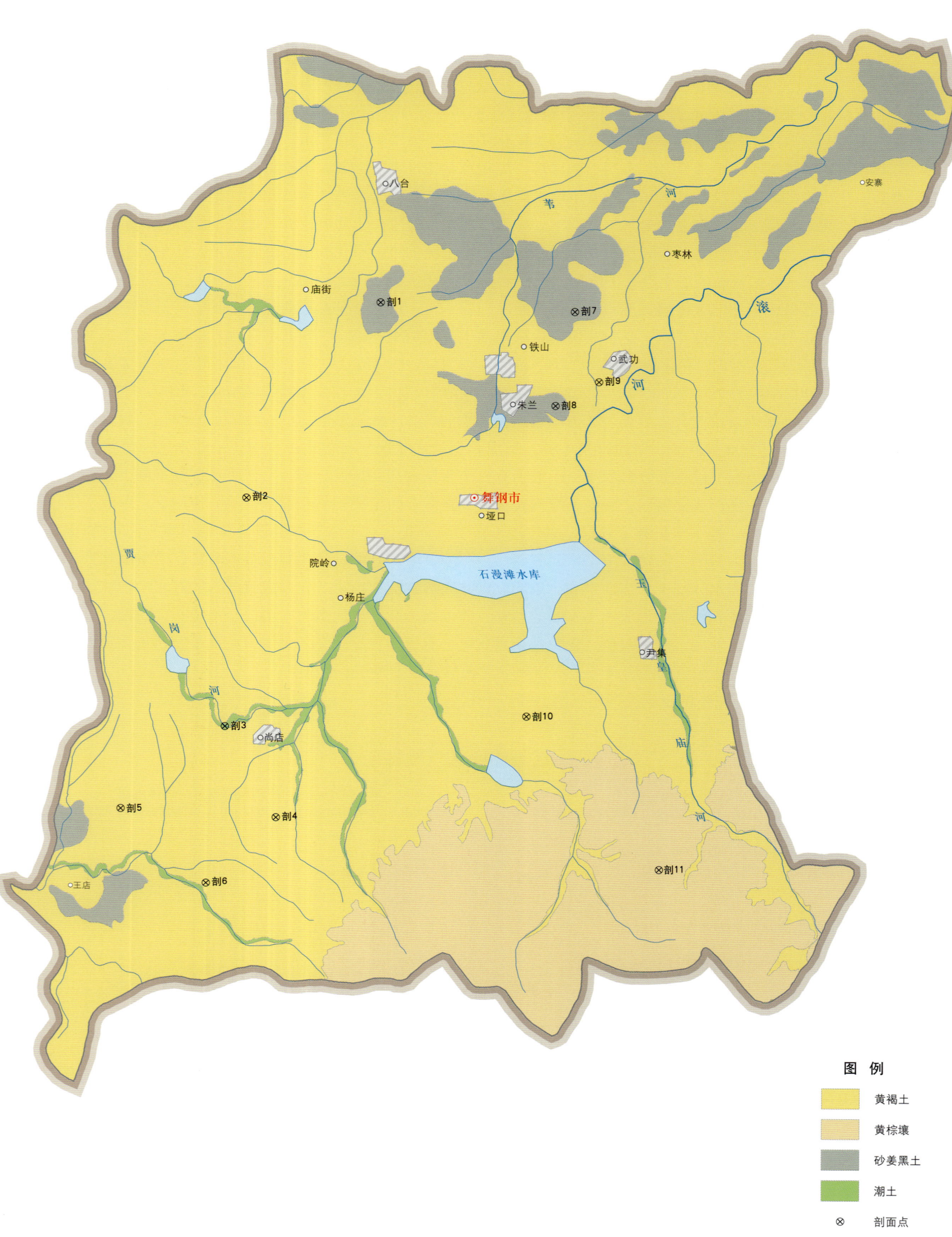

舞钢市土壤剖面理化性状表

剖面号 Soil profile	土纲 Soil order	土类 Soil great group	亚类 Soil subgroup	土属 Soil genus	土种 Soil species	土层码 Layer code	土层厚度 Depth/cm	颜色 Soil color	质地 Soil texture	土壤结构 Soil structure	pH	有机质 OM/(g/kg)	全氮 TN/(g/kg)	全磷 TP/(g/kg)	有效磷 AP/(mg/kg)	速效钾 AK/(mg/kg)	阳离子交换量CEC/(cmol/kg)	土壤母质 Parent material	剖面点坐标 Profile coordinate	匹配指数 Matching index/%
剖1	半水成土	砂姜黑土	砂姜黑土	黑老土	壤质厚覆盖黑老土	1	0—17	灰黄色	中壤土	粒状	6.8	12.7	0.74	0.25	5.5	79	14.8	河湖相沉积物	E 113°29′21.8″ N 33°21′10.4″	95
						2	17—41	浅灰黄色	重壤土	块状	6.8	10.7	0.54	0.24	3.9	57	14.5			
						3	41—88	棕灰色	重黏土	棱块状	7.4	8.3	0.36	0.17	<1.0	112	36.8			
						4	88—120	褐青灰色	重黏土	棱块状	7.2	6.7	0.59	0.18	<1.0	100	28.9			
剖2	淋溶土	黄褐土	粗骨性黄褐土	灰黄石渣土	多砾质薄层灰黄石渣土	1	0—20	黄棕褐色	中壤土	块状	7.0	15.7	0.89	0.33			12.9	石灰岩风化残积物、坡积物	E 113°26′36.6″ N 33°17′49.6″	97
						2	20—	黄棕色												
剖3	半水成土	潮土	灰潮土	砾质冲积土	砾质冲积土	1	0—25	黄棕色										河流冲积物	E 113°26′05.3″ N 33°13′52.0″	97
						2	25—50	黄棕色												
						3	50—80	黄棕褐色												
						4	80—150	黄棕褐色												
剖4	淋溶土	黄褐土	黄褐土	黄褐土	死白散土	1	0—30	灰白色	中壤土	粒状	6.6	9.6	0.41	0.22			11.8		E 113°27′04.3″ N 33°12′16.6″	97
						2	30—62	灰棕黄色	重壤土	棱块状	7.2	5.8	0.32	0.25			22.5			
						3	62—110	褐灰棕色	重黏土	棱块状	7.4	4.4	0.25	0.24			≥50.0			
						4	110—150	灰棕褐色	重黏土	棱块状	7.4	2.7	0.15	0.28			20.5			
剖5	淋溶土	黄褐土	黄褐土	黄褐土	浅位厚层黄褐土	1	0—26	棕黄色	重壤土	块状	7.0	8.1	0.37	0.46	3.1	113	14.0		E 113°23′58.9″ N 33°12′28.8″	98
						2	26—50	黄棕色	重壤土	棱块状	6.9	4.3	0.20	0.45	1.7	87	16.3			
						3	50—135	黄棕褐色	重壤土	棱块状	6.7	4.2	0.21	0.45	3.4	79	17.8			
剖6	淋溶土	黄褐土	黄褐土	黄老土	老黄土	1	0—20	灰黄棕色	重壤土	碎块状	6.4	9.3	0.57	0.18	1.3	77	14.7	老河流沉积物	E 113°25′39.0″ N 33°11′08.9″	98
						2	20—47	黄棕褐色	中壤土	棱块状	6.6	5.2	0.48	0.14	<1.0	80	16.4			
						3	47—84	黄棕褐色	中壤土	块状	6.5	4.8	0.26	0.11	<1.0	63	15.3			
						4	84—107	黄棕褐色	中壤土	状状	6.5	5.0	0.35	<0.10	<1.0	47	11.9			
						5	107—155	黄棕褐色	中壤土	块状	6.6	5.9	0.27	0.17	3.9	35	10.6			
剖7	半水成土	砂姜黑土	砂姜黑土	黑老土	黏质薄层黑老土	1	0—24	灰黄色	重壤土	碎块状	6.5	11.4	0.72	0.20	1.1	93	14.8	河湖相沉积物	E 113°33′14.4″ N 33°20′56.5″	95
						2	24—72	灰黄色	轻黏土	棱块状	6.6	9.2	0.49	0.17	<1.0	113	28.6			
						3	72—130	棕灰色	重黏土	棱块状	6.3	4.2	0.29	0.38	<1.0	106	20.0			
剖8	淋溶土	黄褐土	黄褐土	黄褐土	黏质厚层黄褐土	1	0—20	灰黄色	重壤土	块状	6.9	9.3	0.77	0.33	1.0		14.0	河湖沉积物	E 113°32′48.5″ N 33°19′19.6″	95
						2	20—35	灰棕黄色	轻黏土	棱块状	7.1	7.2	0.67	0.37			13.5			
						3	35—65	黑黄褐色	轻黏土	棱块状	7.6	4.2	0.66	0.59			19.6			
						4	65—140	灰黄褐色	轻黏土		7.7	12.9	0.55	0.16			25.6			
剖9	淋溶土	黄褐土	黄褐土	黑老土	浅位厚层黑老土	1	0—15	灰黄色	中壤土	粒状	6.2	9.2	0.56	0.25	3.0	47	7.9	老河流沉积物	E 113°33′41.4″ N 33°19′43.3″	98
						2	15—30	浅灰黄色	中壤土	碎块状	6.4	4.3	0.26	0.20	1.1	40	7.0			
						3	30—47	灰黄棕色	中壤土	块状	6.5	4.7	0.30	0.16	<1.0	47	9.5			
						4	47—94	褐黄棕色	中壤土	棱块状	6.6	3.0	0.19	0.25	3.5	55	9.5			
						5	94—120	灰黄棕色	轻黏土	块状	6.4	4.8	0.25	0.28	5.2	65	12.8			
剖10	半水成土	黄褐土	粗骨性黄褐土	淡黄石渣土	多砾质薄层淡黄石渣土	1	0—11	灰黄棕色	中壤土	粒状	6.1	46.3	2.19	0.63			15.1	酸性岩风化残积物、坡积物	E 113°33′06.0″ N 33°13′56.6″	98
						2	11—22	黄黄褐色	重壤土	碎块状	6.2	33.9	1.70	0.69			13.8			
						3	22—													
剖11	淋溶土	黄棕壤	黄棕壤	淡岩黄棕壤	薄有机中层淡黄岩棕壤	1	0—15	棕灰色	中壤土	粒状	5.8	36.8	1.66	0.32			15.0	酸性岩类	E 113°34′40.8″ N 33°11′14.3″	98
						2	15—30	黄棕色	重壤土	块状	5.8	13.5	0.86	0.31			15.1			
						3	30—50	黄黄棕色	重壤土	块状	6.0	9.6	0.50	0.35			14.8			
						4	50—													

汝 州 市

主要土类说明

褐土是汝州市主要土壤类型，占本市地域面积的80%，广泛分布在本市低山、丘陵地区，如汝河南的虎狼爬岭、汝河北的山前倾斜平原。根据土体中碳酸钙的淀积程度、黏化作用的明显与否，以及有机质积累和耕作熟化等情况，土壤剖面的发生层次通常由腐殖质层（熟化层）、黏化层、钙积层或母质层组成。土壤呈中性至微碱性，有机质含量变化幅度较大，耕地约15g/kg，山荒地约24g/kg。根据褐土形成过程中心土层的黏化状况和碳酸钙的分异情况，本市褐土分为始成褐土、普通褐土、石灰性褐土、淋溶褐土、潮褐土等亚类。

潮土是汝州市第二大土壤类型，占本市地域面积的12%，主要分布在本市汝河两侧冲积平原上，包括小屯、纸坊、杨楼、王寨、庙下、温泉、临汝等乡镇，成土母质为汝河沉积物，受地下水影响明显，是经过旱耕熟化而形成的农业土壤。其土层深厚，耕作层熟化程度厚薄不一；土层发生层次不明显，质地层次明显；有机质及氮含量缺乏，钾、钙、镁等元素含量较丰富，颜色较浅，以黄棕色为主，呈微碱性，pH为7.0—8.0，剖面下部有锈色斑纹。根据地形和水文地质对土壤发育的影响，本市潮土分为黄潮土、湿潮土、褐潮土等亚类。其中，黄潮土亚类面积最大，占本土类面积的68%左右。

砂姜黑土是汝州市第三大土壤类型，占本市地域面积的3%，主要分布于荆河以西，庙下、温泉、临汝的山前沿河洼地。砂姜黑土是在古代湖相沉积物上，经过耕垦熟化而发育的一种土壤。它的形成过程主要经过前湖沼泽草甸过程，形成了黑土层和砂姜层。此外，历次的黄河南泛，对砂姜黑土的发育产生了移动的影响，使其形成了具有覆盖层的砂姜黑土。砂姜黑土明显而共同的特征是具有黑土层和砂姜层。耕层一般为重壤土或轻黏土，心土层呈棱块状，有不同程度的潜育现象，土体中下部结构面上常有里外一致的黑色胶膜，不同部位常可见到铁锰结核，地下水位为1—2m，内渍而排水不畅。黑土层常出露地表，有时也为近代河流冲积物覆盖。土壤除覆盖土层外，剖面各层质地均黏重，适耕期短，难耕作，土壤水气状况不协调，土体30—60cm层段往往出现深厚的水平砂姜盘（砂姜层），同时土体具有不同程度的石灰反应。根据土体石灰反应的有无，本市砂姜黑土分为石灰性砂姜黑土等亚类。

小于本市地域面积3%的土壤类型还有水稻土、棕壤。

本区域中心区气候特征

本区域中心区气候特征值
Regional climate characteristics in central area of the region

气候带：暖温带亚湿润气候 Climate region: Warm temperate subhumid climate	
年平均气温 /℃ Annual average temperature /℃	14.2
年平均最高气温 /℃ Annual average maximum temperature /℃	20.1
年平均最低气温 /℃ Annual average minimum temperature /℃	9.3
年降水量 /mm Annual precipitation /mm	712
≥10℃的积温 /℃ Daily temperature accumulated in a year（≥10℃）/℃	5033
年日照时数 /h Annual sunshine /h	2080
年平均相对湿度 /% Annual average relative humidity /%	69
干燥度 Dryness	1.22

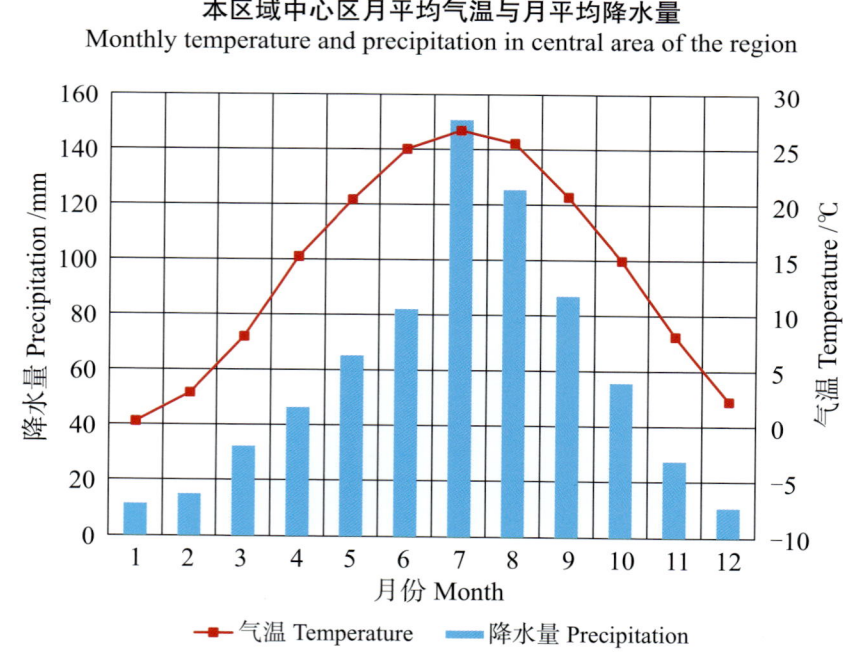

本区域中心区月平均气温与月平均降水量
Monthly temperature and precipitation in central area of the region

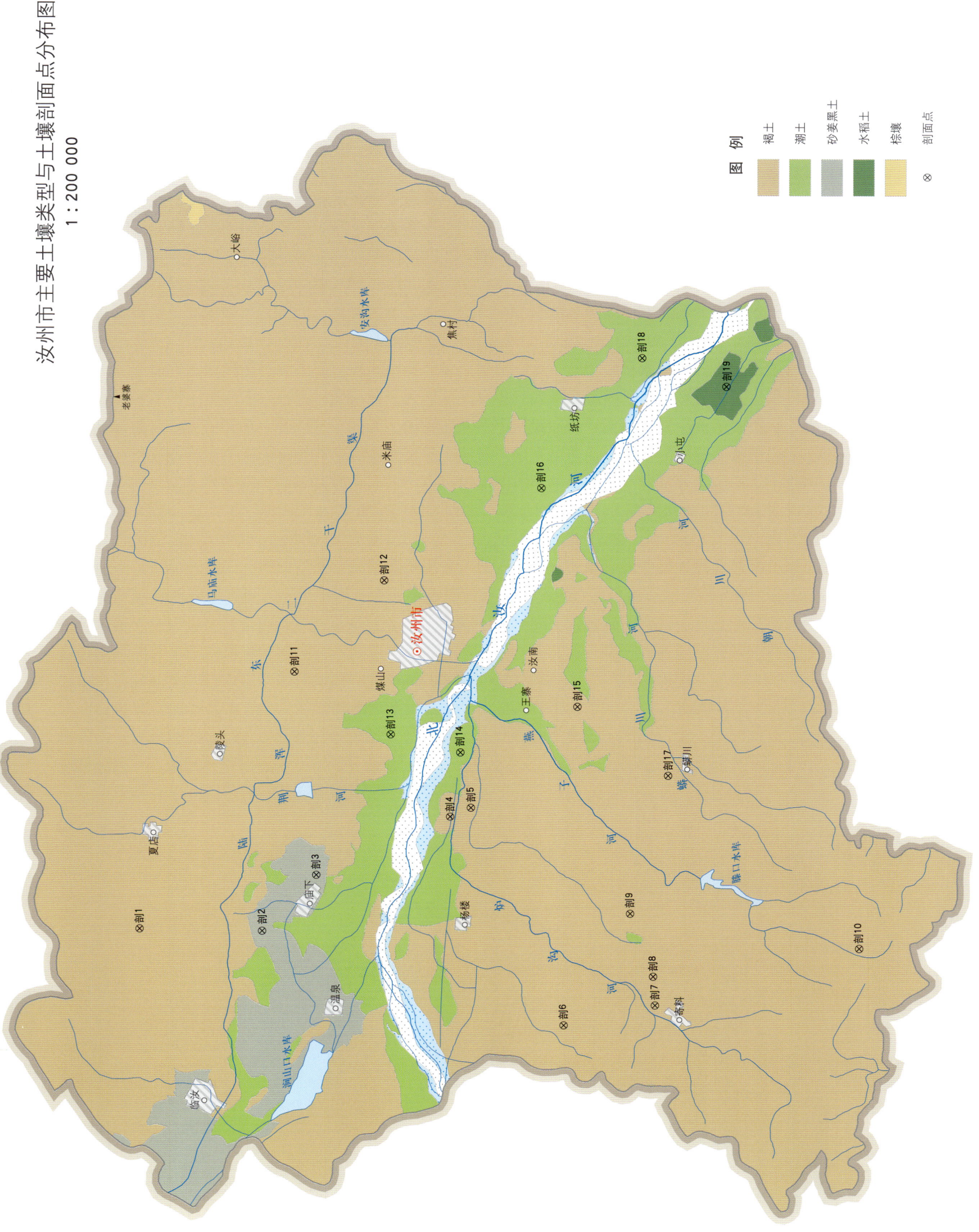

汝州市土壤剖面理化性状表

剖面号 Soil profile	土纲 Soil order	土类 Soil group	亚类 Soil subgroup	土属 Soil genus	土种 Soil species	土层码 Layer code	土层厚度 Depth/cm	颜色 Soil color	质地 Soil texture	土壤结构 Soil structure	pH	有机质 OM/(g/kg)	全氮 TN/(g/kg)	全磷 TP/(g/kg)	全钾 TK/(g/kg)	有效磷 AP/(mg/kg)	速效钾 AK/(mg/kg)	阳离子交换量CEC/(cmol/kg)	土壤母质 Parent material	剖面点坐标 Profile coordinate	匹配指数 Matching index/%
剖1	半淋溶土	褐土	褐土	洪积立黄土	洪积厚立黄土	1	0–24	灰黄色	中壤土	粒状	8.6	11.1	0.71	1.09	20.5		113	15.9	洪积物	E 112°41′10.3″ N 34°17′29.8″	97
						2	24–47	浅黄棕色	中壤土	块状	8.6	5.5	0.45	0.98				15.9			
						3	47–82	浅黄棕色	轻壤土	粒状	8.6	2.1	0.33	0.91				13.0			
						4	82–100	暗棕色	重壤土		8.6	3.6	0.39	1.05				14.5			
剖2	半水成土	砂姜黑土	砂姜黑土	灰质黑老土	黏质厚层灰质黑老土	1	0–23	棕色	重黏土	碎块状	8.0	19.1	1.04	1.17	17.7	4.0	103	24.1	湖相沉积物	E 112°41′01.3″ N 34°14′22.6″	95
						2	23–40	棕色	轻黏土	块状	8.1	14.2	0.86	0.84				32.2			
						3	40–74	暗青灰色	重壤土	块状	8.0	8.3	0.53	0.83				29.2			
						4	74–100	浅灰色	重壤土	块状	8.2	6.7	0.45	0.77				28.4			
剖3	半水成土	砂姜黑土	砂姜黑土	灰质砂姜黑土	灰质浅位厚层砂姜黑土	1	0–18	浅黄棕色	重黏土	粒状	8.3	18.9	1.04	1.35	21.1	5.0	147	18.1	湖相沉积物	E 112°42′46.4″ N 34°12′58.3″	99
						2	18–24	灰黄棕色	轻黏土	棱块状	8.4	11.4	0.84	0.96				23.6			
						3	24–40	黑棕色	重黏土	核状	8.3	11.6	0.68	1.08				18.4			
						4	40–100	浅灰色	重壤土		8.4	15.1	0.78	0.88				28.4			
剖4	半淋溶土	褐土	潮褐土	潮褐土	坡堆湖薄黄土	1	0–18	浅棕色	中壤土	粒状		10.6	0.65	5.83	22.0	19.0	133	14.0	古坡坡堤	E 112°44′33.7″ N 34°09′32.0″	97
						2	18–32	暗棕色	中壤土	块状		8.8	0.50	7.08				15.3			
						3	32–63	暗棕色	中壤土	块状		8.9	0.48	5.57				14.7			
						4	63–100	暗棕色	中壤土	块状		8.2	0.42	6.60				15.7			
剖5	半淋溶土	褐土	褐土性土	中性岩始成褐土		1	0–16	灰黄色	中壤土	粒状	6.4	28.2	1.30	0.68	14.6	1.0	108	12.1	中性岩残积物、坡积物	E 112°44′50.3″ N 34°08′60.0″	75
						2	16–28	暗棕色	轻壤土	块状	7.7	6.8	0.41	0.39				10.1			
剖6	半淋溶土	褐土	始成褐土	石灰岩始成褐土	石灰质中层砾质始成褐土	1	0–5	黑棕色	中壤土	粒状	6.7	41.5	4.76	2.09				29.6	石灰岩残积物、坡积物	E 112°37′53.0″ N 34°06′44.3″	75
						2	5–9	红棕色	中壤土	粒状	7.5	10.7	1.93	1.12				18.2			
						3	9–35	浅黄橙色	中壤土	粒状	7.6	13.7	0.80	0.62				9.2			
剖7	半淋溶土	褐土	石灰性褐土	白护土	壤质白护土	1	0–23	浅黄棕色	中壤土	块状	8.5	7.6	0.61	1.24	22.6	3.0	85	14.2	残存黄土	E 112°38′27.6″ N 34°04′24.2″	93
						2	23–32	浅灰棕色	中壤土	块状	8.4	5.7	0.45	1.21				13.2			
						3	32–51	浅灰色	中壤土	块状	8.5	4.1	0.38	1.18				13.3			
						4	51–80	浅灰色	中壤土	块状	8.3	3.1	0.29	1.13				11.7			
						5	80–100	浅灰色	中壤土	块状	8.4	1.7	0.25	1.08				11.3			
剖8	半淋溶土	褐土	始成褐土	石灰岩始成褐土		1	0–12	紫棕色	中壤土	粒状	7.0	12.8	0.73	0.73	24.2	2.0		5.2	石灰岩残积物、坡积物	E 112°39′22.0″ N 34°04′26.4″	75
						2	12–25	浅棕色	重壤土	粒状	7.0	11.1	0.64	0.68				13.6			
剖9	半淋溶土	褐土	始成褐土	砂砾始成褐土	砂砾质薄层始成褐土	1	0–16	浅黄棕色	重壤土	块状	8.3	9.3	0.52	0.60			93	18.7	洪积物	E 112°41′21.5″ N 34°04′59.9″	95
						2	16–32	浅黄棕色	中壤土	块状	8.4	8.5	0.53	0.60				13.1			
						3	32–43	浅黄棕色	中壤土	块状	8.4	4.0	0.36	0.31				38.6			
						4	43–64	浅黄棕色	中壤土	块状	8.2	30.8	0.62	0.62				17.9			
						5	64–100	暗黄橙色	重壤土	块状	6.4	9.8	0.42	0.36				11.7			
剖10	半淋溶土	褐土	淋溶褐土	泥质岩淋溶褐土	泥质岩中层淋溶褐土	1	0–12	暗黄橙色	轻黏土	块状	6.3	3.0	0.40	0.36	20.0	4.0	124	≥50.0	泥质岩类残积物、坡积物	E 112°40′07.0″ N 33°59′10.7″	97
						2	12–30	暗黄橙色	中壤土	块状	6.3		0.83	0.69				18.7			
						3	30–59	浅黄棕色	中壤土	块状	8.4	12.5	0.65	0.90				19.0			
剖11	半淋溶土	褐土	褐土	红黄土质褐土	红黄土质褐土	1	0–16	浅黄棕色	重壤土	块状	8.4	3.8	0.38	0.80				19.9	离石黄土、午城黄土	E 112°49′15.2″ N 34°13′25.7″	97
						2	16–28	浅灰色	重壤土	块状	8.3	2.2		0.49							
						3	28–65	红灰色	重壤土	块状		3.2									
						4	65–100	红灰色	重壤土	块状	8.3		0.32	0.51				19.9			

续表 Continued

剖面号 Soil profile	土纲 Soil order	土类 Soil great group	亚类 Soil subgroup	土属 Soil genus	土种 Soil species	土层码 Layer code	土层厚度 Depth/cm	颜色 Soil color	质地 Soil texture	土壤结构 Soil structure	pH	有机质 OM/(g/kg)	全氮 TN/(g/kg)	全磷 TP/(g/kg)	全钾 TK/(g/kg)	有效磷 AP/(mg/kg)	速效钾 AK/(mg/kg)	阳离子交换量CEC/(cmol/kg)	土壤母质 Parent material	剖面点坐标 Profile coordinate	匹配指数 Matching index/%
剖12	半淋溶土	褐土	始成褐土	红黏土灰质始成褐土	红黏土灰质浅位厚层砾质始成褐土	1	0—20	暗灰黄色	中壤土	块状	8.4	11.9	0.85	0.79	22.0	2.0	92	15.1	保德红土	E 112°52′06.6″ N 34°11′06.0″	97
						2	20—34	暗棕红色	中壤土	块状	8.4	7.0	0.54	0.48				17.4			
						3	34—48	棕红色	中壤土		8.2	5.0	0.40	0.42				23.0			
						4	48—72	棕红色	中壤土		8.3	3.8	0.41	0.47				22.4			
						5	72—100	棕红色	中壤土		8.4	2.6	0.32	0.67				18.5			
剖13	半水成土	潮土	湿潮土	湿潮黏土	湿潮黏土	A_{11}	0—20	灰黄棕色	壤质黏土	粒状	8.4	15.8	0.89	0.50	20.8			19.0	洪积物、冲积物	E 112°47′12.8″ N 34°11′00.6″	82
						A_{12}	20—32	浊黄棕色	壤质黏土	块状	8.4	10.5	0.73	0.41				18.1			
						Cu	58—90	暗棕色	壤质黏土	块状	8.4	9.8	0.69	0.42				19.5			
						Cg	32—58	橄榄灰色	粉砂质黏土		8.1	4.3	0.35	0.40				17.0			
剖14	半水成土	潮土		两合土	两合土	1	0—15	棕色	中壤土	粒状	8.2	12.9	0.82	2.22	28.1	7.0		13.2	河流冲积物	E 112°46′36.1″ N 34°09′14.4″	97
						2	15—28	暗棕色	中壤土	块状	8.4	9.9	0.58	2.22				12.3			
						3	28—65	棕色	中壤土	块状	8.4	9.5	0.54	2.14				12.3			
						4	65—90	暗棕色	中壤土	块状	8.5	8.4	0.54	2.10				12.4			
						5	90—120	暗棕色	中壤土	块状	8.4	12.5	0.70	2.25				13.8			
剖15	半淋溶土	褐土	始成褐土	石灰质岩始成褐土	泥质岩薄层砾质始成褐土	1	0—10	灰棕色	中壤土	块状	7.0	23.3	1.06	5.61	23.2	1.0	75	11.8	石灰岩残积物、坡积物	E 112°47′58.9″ N 34°06′14.0″	95
						2	10—16	棕色	中壤土	碎屑状	7.6	6.5	0.34	0.33				16.2			
						3	16—25	棕色	中壤土	碎屑状	7.6	6.3	0.28	0.67				24.4			
剖16	半水成土	潮土	湿潮土	湿潮土	壤质湿潮土	1	0—20	灰黄色	重壤土	粒状	8.4	15.8	0.89	1.14	25.1	4.0	208	19.0	河流冲积物	E 112°54′56.9″ N 34°07′03.0″	95
						2	20—32	灰黄棕色	重壤土	块状	8.4	10.5	0.73	0.94				18.1			
						3	32—58	灰黄棕色	重壤土	棱状	8.4	9.8	0.69	0.91				19.5			
						4	58—100	灰棕色	轻壤土	块状	8.1	4.3	0.35	0.93				17.0			
剖17	半淋溶土	褐土	始成褐土	卵砾薄层始成褐土	卵砾薄层石砾始成褐土	1	0—17	暗灰黄色	中壤土	块状	7.2	13.0	0.75	0.70	18.0	2.0	82	10.9	洪积物	E 112°45′45.0″ N 34°03′57.6″	95
						2	17—42	浅红棕色	中壤土	块状	8.3	7.3	0.49	0.60				12.3			
						3	42—80	浅黄橙色	重壤土	块状	7.2	4.1	0.26	0.41				40.6			
						4	80—100	浅黄橙色	重壤土	块状	5.0	1.9	0.18	0.31				35.8			
剖18	半水成土	潮土	褐潮土	褐土化两合土	褐土化两合土	1	0—19	灰黄色	中壤土	块状	8.3	14.2	0.28	1.64	25.8	7.0	167	14.6	河流冲积物	E 112°59′01.3″ N 34°04′25.0″	99
						2	19—27	暗黄棕色	中壤土	块状	8.3	6.5	0.40	1.37				15.3			
						3	27—64	暗黄棕色	中壤土	块状	8.3	6.9	0.38	1.03				14.9			
						4	64—88	暗黄棕色	中壤土	块状	8.4	4.9	0.30	1.08				13.9			
						5	88—100	暗黄棕色	中壤土	块状	8.4	4.8	0.30	1.17				13.5			
剖19	人为土	水稻土	潜育水稻土	青潮黏田	青潮黏田	Aa	0—15	灰色	壤质黏土	块状	8.0	28.3	1.54	0.55	21.6	6.0	123	24.8	河流冲积物	E 112°58′03.0″ N 34°02′17.2″	95
						Ap	15—25	灰黄棕色	壤质黏土	块状	8.2	17.1	0.96	0.46				27.4			
						G_1	25—53	浅青灰色	粉砂质黏土	块状	8.1	13.3	0.83	0.43				27.3			
						G_2	53—87	浅青灰色	黏土	软块状	8.0	15.2	0.89	0.50				18.9			
						G_3	87—100	浅青灰色	黏土	软块状	8.3	11.0	0.81	0.43				29.5			

安 阳 市

市 辖 区

主要土类说明

褐土是安阳市主要土壤类型，占本市地域面积的61%。褐土的典型发生层次依次为腐殖质层、黏化层和钙积层，其形成过程如下：在自然植被下，枯枝落叶等植物残体被微生物分解后转化为腐殖质，并聚积于土壤中。开垦后，数千年的耕作、施肥，促使表土迅速熟化并渐次加深，有机质、腐殖质含量也相应提高，形成了有机质含量较高、高度熟化的表层——腐殖质层。与此同时，半湿、半干型暖温带季风气候的特点，为土体中物理、化学及生化反应的强烈进行和物质的快速分解与运转，提供了有利条件，特别是土体中部，温湿度比较稳定，矿物质颗粒得以充分分解，由粗变细，加之上层黏粒随水分下移，中部黏粒增多，逐步形成了质地黏重的土壤层次——黏化层。黏化层的形成，是黏重颗粒长时间积累的结果，因此土壤的发育阶段不同，淋溶淀积的程度不同，黏化层的发育程度也就不同。比如褐土亚类的黏化现象很明显，而石灰性褐土亚类的黏化现象就不那么明显，褐土性土亚类则因其发育时间短暂或表土大量流失，就没有黏化现象。此外在褐土的土体下部，常可见到石灰质粉末和丝状物（假菌丝体）或结核（砂姜），其形成是因黄土和石灰岩风化母质中含有大量的碳酸钙，在土壤有机酸和无机酸的作用下，转变为可溶性的重碳酸钙，重碳酸钙随水下移，至土体下部，因酸性逐渐被中和，水分减少，重新复原为碳酸钙并沉积于土壤孔隙中的土壤结构面上，形成了假菌丝体或石灰粉末。

潮土是安阳市第二大土壤类型，占本市地域面积的36%。潮土是在河流沉积母质上受地下水作用，经过人类的耕作熟化发育成的较年轻的土壤类型。潮土土层深厚，质地层次明显而薄厚不一；土壤中有机质、氮比较缺乏，钾、钙、镁等元素含量丰富；剖面下层1m左右有蓝灰色和红褐色铁锰斑纹间杂的新生体。

小于本市地域面积3%的土壤类型还有风沙土、粗骨土。

本区域中心区气候特征

本区域中心区气候特征值
Regional climate characteristics in central area of the region

气候带：暖温带亚湿润气候 Climate region: Warm temperate subhumid climate	
年平均气温 /℃ Annual average temperature /℃	14.1
年平均最高气温 /℃ Annual average maximum temperature /℃	19.7
年平均最低气温 /℃ Annual average minimum temperature /℃	9.2
年降水量 /mm Annual precipitation /mm	557
≥10℃的积温 /℃ Daily temperature accumulated in a year（≥10℃）/℃	5134
年日照时数 /h Annual sunshine /h	2226
年平均相对湿度 /% Annual average relative humidity /%	65
干燥度 Dryness	1.51

本区域中心区月平均气温与月平均降水量
Monthly temperature and precipitation in central area of the region

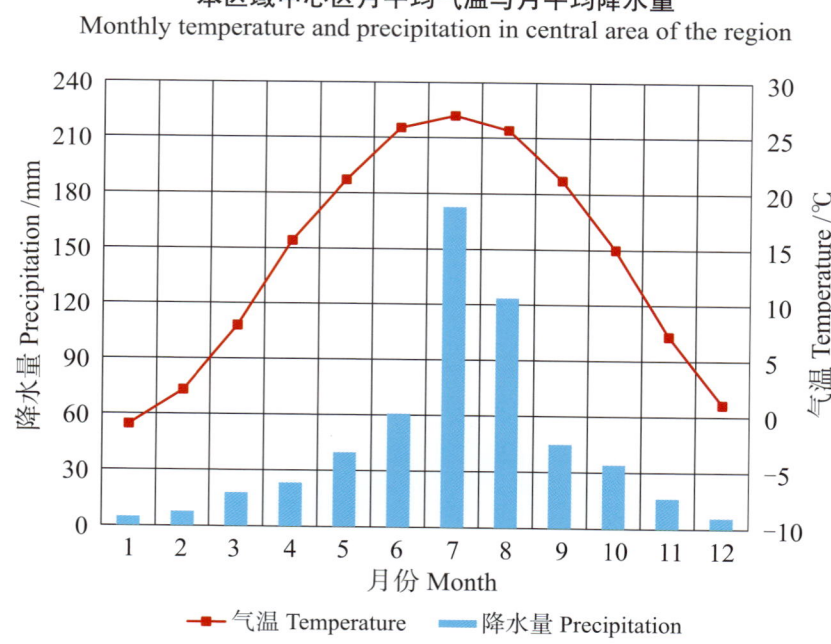

安阳市市辖区主要土壤类型与土壤剖面点分布图

1:250 000

图 例
- 褐土
- 潮土
- 风沙土
- 粗骨土
- ⊗ 剖面点

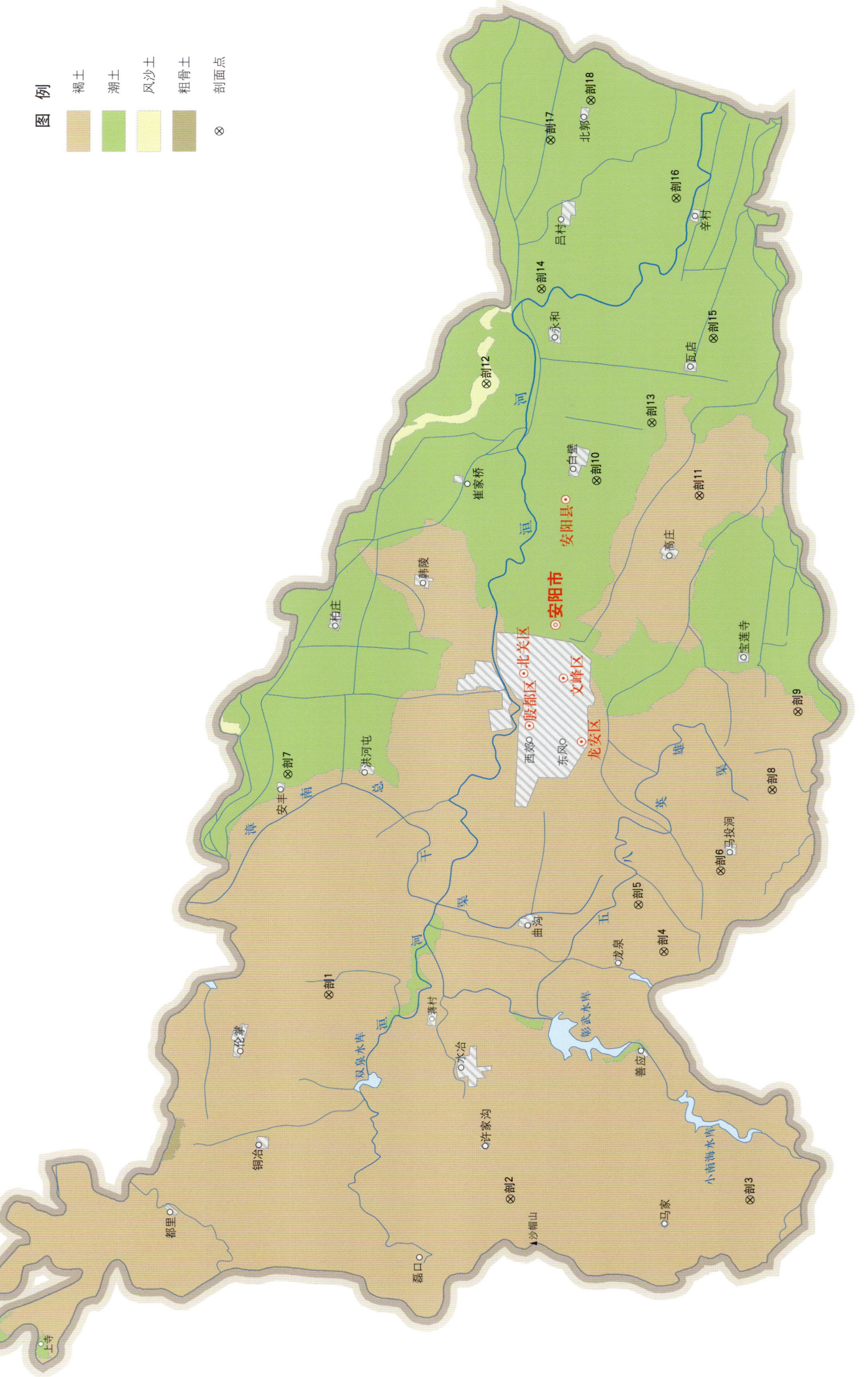

第二编 分县土壤图与土壤剖面数据 | 153

安阳市土壤剖面理化性状表

剖面号 Soil profile	土纲 Soil order	土类 Soil great group	亚类 Soil subgroup	土属 Soil genus	土种 Soil species	土层码 Layer code	土层厚度 Depth/cm	颜色 Soil color	质地 Soil texture	土壤结构 Soil structure	pH	有机质 OM/(g/kg)	全氮 TN/(g/kg)	全磷 TP/(g/kg)	阳离子交换量 CEC/(cmol/kg)	土壤母质 Parent material	剖面点坐标 Profile coordinate	匹配指数 Matching index/%
剖1	半淋溶土	褐土	典型褐土	立黄土	立黄土	1	0—32	浅灰色	中壤土	粒状	8.7	17.9	1.00	0.45	14.7	黄土或黄土状母质	E 114°09′22.3″ N 36°12′06.1″	99
						2	32—68	黄色	重壤土	核状	8.8	8.6	0.57	0.69	15.7			
						3	68—100	棕色	轻黏土	块状	8.5	4.5	0.51	0.34	20.2			
剖2	半淋溶土	褐土	石灰性褐土	白面土	白面土	1	0—24	浅灰黄色	中壤土	粒状	7.9	19.8	1.20	0.78	19.6	黄土	E 114°02′06.0″ N 36°06′43.6″	99
						2	24—100	浅灰黄色	中壤土	核状	8.2	6.2	0.49	0.67	18.4			
剖3	半淋溶土	褐土	褐土性	灰石土	薄层灰石土	1	0—18	灰色	轻壤土		7.6	17.9	1.31	0.81	24.7	石灰岩风化物	E 114°02′17.2″ N 35°59′50.3″	95
剖4	半淋溶土	褐土	褐土性	褐土性	多砾质中层褐土性土	1	0—25	红棕色	中壤土	粒状						马兰黄土	E 114°11′16.1″ N 36°02′29.8″	93
						2	25—60	暗红色	轻黏土	块状								
						3	60—	黄棕色										
剖5	半淋溶土	褐土	石灰性褐土	白面土	白面土	1	0—32	浅黄色	中壤土	粒状	8.3	9.8	0.67	0.84	15.9	黄土	E 114°12′59.0″ N 36°03′15.8″	93
						2	32—63	黄白色	中壤土	粒状	8.2	4.2	0.49	0.69	13.7			
						3	63—96	白色	中壤土	粒状	8.3	2.2	0.23	0.70	13.3			
剖6	半淋溶土	褐土	石灰性褐土	白面土	少量砂姜白面土	1	0—25	灰黄色	轻壤土	粒状	8.1	8.9	0.67	0.49	15.0	黄土	E 114°14′17.5″ N 36°00′55.4″	99
						2	25—100	浅灰黄色	中壤土	粒状	8.2	6.7	0.62	0.41	15.9			
剖7	半淋溶土	褐土	褐潮土	褐土化两合土	褐土化两合土	1	0—25	灰黄色	中壤土	粒状	8.5	15.2	1.15	0.66	10.9	河流冲积物	E 114°17′28.7″ N 36°13′26.8″	99
						2	25—52	棕黄色	中壤土	碎块状	8.6	4.6	0.46	0.37	10.2			
						3	52—100	灰黄色	中壤土	块状	8.5	4.0	0.44	0.39	11.1			
剖8	半淋溶土	褐土	典型褐土	立黄土	深位多量砂姜立黄土	1	0—20	灰黄色	中壤土	粒状	8.2	10.8	0.72	0.46	12.8	黄土或黄土状母质	E 114°17′19.3″ N 35°59′30.1″	99
						2	20—50	棕色	中壤土	粒状	8.1	7.5	0.54	0.35	12.4			
						3	50—80	灰黄色	轻壤土	碎屑状	8.0	4.9	0.48	0.39	13.7			
剖9	半淋溶土	褐土	褐土性	立黄土	厚层褐土性黄土	1	0—25	灰黄色	重壤土	粒状	8.3	10.3	0.71	0.57	19.3	黄土或黄土状母质	E 114°20′13.9″ N 35°58′49.4″	97
						2	25—100	棕黄色	重壤土	块状	8.1	4.1	0.44	0.40	16.7			
剖10	半水成土	潮土	黄潮土	淤土	淤土	1	0—23	棕黄色	中壤土	粒状	8.8	14.6	0.96	0.79	12.6	河流冲积物	E 114°28′32.5″ N 36°04′46.9″	98
						2	23—100	灰黄色	重壤土	块状	8.7	4.6	0.37	0.78	14.8			
剖11	半水成土	潮土	潮褐土	潮垆土	潮黑垆土	1	0—30	浅浅色	黏土	粒状	8.4	9.7	0.92	0.54	14.7	老冲积物或洪积物	E 114°28′04.4″ N 36°01′48.7″	99
						2	30—66	暗棕色	黏土	块状	8.5	8.2	0.70	0.46	15.8			
						3	66—100	暗棕色	黏土	块状	8.6	5.5	0.60	0.41	17.2			
剖12	初育土	风沙土	冲积性风沙土	固定砂丘风沙土	固定砂丘细砂	1	0—20	灰色	松砂土		8.7	7.1	0.49	0.50	4.5	风积型母质	E 114°32′01.0″ N 36°08′01.0″	98
						2	20—100	灰黄色	松砂土		8.8	5.9	0.43	0.48	4.2			
剖13	半水成土	潮土	褐潮土	褐土化两合土	褐土化体黏两合土	1	0—20	浅棕黄色	中壤土	粒状	8.6	4.2	0.31	0.55	12.9	河流冲积物	E 114°30′43.6″ N 36°03′13.7″	98
						2	20—50	棕黄色	重壤土	碎块状	8.4	8.6	0.83	0.63	12.1			
						3	50—100	灰黄色	重壤土	核状	8.5	2.9	0.30	0.49	16.3			
剖14	半水成土	潮土	黄潮土	两合土	底砂两合土	1	0—60	浅白色	中壤土	粒状	9.0	7.9	0.68	0.60	8.0	河流冲积物	E 114°35′31.9″ N 36°06′30.2″	99
						2	60—100	灰白色	砂壤土	粒状	8.8	6.8	0.56	0.50	7.1			
剖15	半水成土	潮土	黄潮土	两合土	底黏两合土	1	0—34	浅棕色	中壤土	块状	8.8	4.6	0.31	0.60	11.9	河流冲积物	E 114°33′51.8″ N 36°01′31.1″	98
						2	34—57	棕色	轻壤土	块状	8.7				15.7			
						3	57—100		黏土	核状					17.5			
剖16	半水成土	潮土	黄潮土	淤土	底砂淤土	1	0—50	红黄色	重壤土	核状	8.9	13.0	1.09	0.62	10.4	河流冲积物	E 114°38′59.6″ N 36°02′41.3″	98
						2	50—100	灰黄色	砂壤土		9.0	11.7	0.27	0.62	5.0			
剖17	半水成土	潮土	黄潮土	两合土	体砂小两合土	1	0—25	灰黄色	轻壤土	粒状						河流冲积物	E 114°41′01.7″ N 36°06′20.5″	95
						2	25—100	灰黄色	中壤土									

续表 Continued

剖面号 Soil profile	土纲 Soil order	土类 Soil great group	亚类 Soil subgroup	土属 Soil genus	土种 Soil species	土层码 Layer code	土层厚度 Depth/cm	颜色 Soil color	质地 Soil texture	土壤结构 Soil structure	pH	有机质 OM/(g/kg)	全氮 TN/(g/kg)	全磷 TP/(g/kg)	阳离子交换量 CEC/(cmol/kg)	土壤母质 Parent material	剖面点坐标 Profile coordinate	匹配指数 Matching index/%
剖18	半水成土	潮土	黄潮土	两合土	腰砂两合土	1	0—30	棕黄色	中壤土	粒状	8.8	8.6	0.68	0.59	14.9	河流冲积物	E 114°42′31.0″ N 36°05′12.8″	98
						2	30—64	灰黄色	砂壤土		8.6	6.3	0.53	0.53	9.0			
						3	64—100	棕红色	轻黏土	块状	8.6	3.5	0.43	0.57	16.1			

汤 阴 县

主要土类说明

潮土是汤阴县主要土壤类型，占本县地域面积的 61%。潮土是本县分布较广的土壤，全县各地均有分布。潮土是发育在冲积物、洪积物上，经过人为耕作熟化而形成的土壤。本县潮土分为黄潮土、褐潮土等亚类。其中黄褐土分布区地下水位一般为 1.5—2.5m，剖面中下部有锈色斑纹，质地层次明显，因其母质为近代冲积物，富含碳酸钙，通体有石灰反应。褐潮土分布于本县冲积、洪积平原的较高地形部位。

褐土是汤阴县第二大土壤类型，占本县地域面积的 36%，主要集中分布在伏道、宜沟、韩庄、瓦岗。本县褐土分为褐土、石灰性褐土、潮褐土、褐土性土等亚类。其中，褐土亚类占本土类面积的 64% 左右，具有明显的黏化现象，剖面发育层次明显；石灰反应上强、中弱、下强，钙积现象明显。褐土性土亚类占本土类面积的 15% 左右，主要分布在本县宜沟、伏道、韩庄的龙岗地区，剖面没有垂直发生层次，属于发育年轻的土壤类型；土层浅薄，含大量的碎石或砾质，有的侵蚀严重。潮褐土亚类占本土类面积的 12% 左右，主要分布在伏道、宜沟、菜园、瓦岗、韩庄的交接洼地及洪积扇部位；地下水位较高，并参与了成土过程，是褐土向潮土过渡的一种土壤类型；成土母质为洪积物、冲积物；剖面构型为耕层、犁底层、黏化层、钙积层、氧化还原层，一般情况下黏化现象不明显。石灰性褐土成土时间较短，淋溶作用较弱，石灰反应通体弱；剖面略有发育，有钙积层，黏化不明显；主要分布在韩庄、菜园、伏道、宜沟的岗丘中下部及岗间洼地上；母质为洪积物、冲积物；土体中有砂姜或砂姜层；地下水位较深，一般在 15m 以下。

小于本县地域面积 3% 的土壤类型还有风沙土等。

本区域中心区气候特征

本区域中心区气候特征值
Regional climate characteristics in central area of the region

气候带：暖温带亚湿润气候 Climate region: Warm temperate subhumid climate	
年平均气温 /℃ Annual average temperature /℃	14.1
年平均最高气温 /℃ Annual average maximum temperature /℃	19.7
年平均最低气温 /℃ Annual average minimum temperature /℃	9.2
年降水量 /mm Annual precipitation /mm	564
≥10℃的积温 /℃ Daily temperature accumulated in a year (≥10℃) /℃	5136
年日照时数 /h Annual sunshine /h	2236
年平均相对湿度 /% Annual average relative humidity /%	65
干燥度 Dryness	1.49

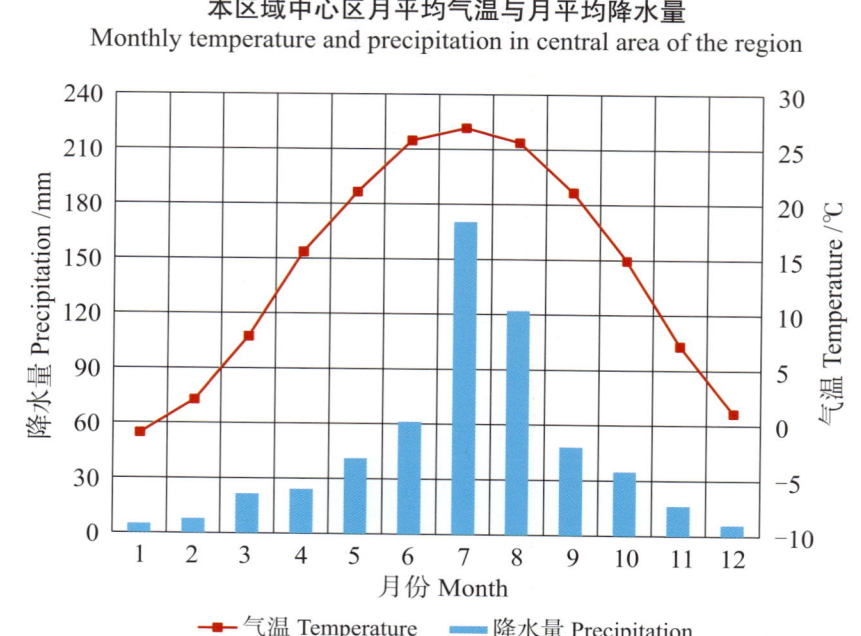

本区域中心区月平均气温与月平均降水量
Monthly temperature and precipitation in central area of the region

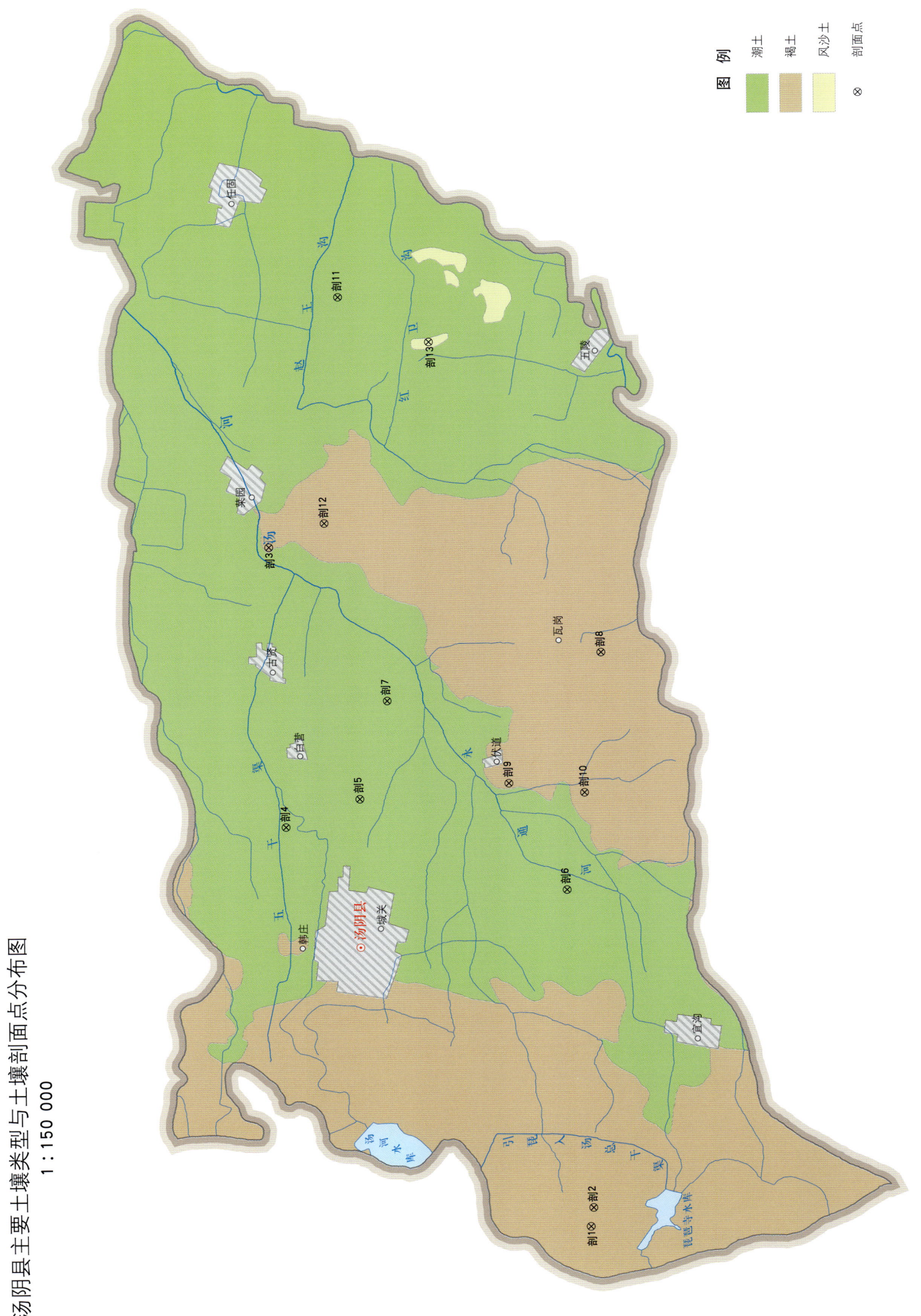

汤阴县主要土壤类型与土壤剖面点分布图
1∶150 000

汤阴县土壤剖面理化性状表

剖面号 Soil profile	土纲 Soil order	土类 Soil great group	亚类 Soil subgroup	土属 Soil genus	土种 Soil species	土层码 Layer code	土层厚度 Depth/cm	颜色 Soil color	质地 Soil texture	土壤结构 Soil structure	pH	有机质 OM/(g/kg)	全氮 TN/(g/kg)	全磷 TP/(g/kg)	阳离子交换量CEC/(cmol/kg)	土壤母质 Parent material	剖面点坐标 Profile coordinate	匹配指数 Matching index/%
剖1	半淋溶土	褐土	石灰性褐土	黄褐土	黄褐土	1	0—25	棕黄色	中壤土	微团粒状	7.8	18.5	1.04	0.57	14.8	洪积物、冲积物	E 114°14′29.8″ N 35°50′48.5″	97
						2	25—100	暗棕色	中壤土	块状	7.8	10.4	0.86	0.50	13.9			
						3	100—150	红白色	重壤土	块状	7.8	7.0	0.46	0.37	14.8			
剖2	半淋溶土	褐土	褐土	平黄土	深位中层砂姜平黄土	1	0—37	灰黄色	中壤土	微团粒状	7.9	12.5	0.82	0.65	16.1	黄土状母质	E 114°14′56.0″ N 35°50′46.0″	97
						2	37—54	褐色	重壤土	块状	7.0	8.2	0.70	0.73	22.2			
						3	54—150	暗灰色	中壤土	块状	7.9	5.4	0.37	0.67	13.6			
剖3	半淋溶土	褐土	潮褐土	覆盖潮黑垆土	厚覆潮黑垆土	1	0—28	灰黄色	中壤土	粒状	7.6	23.1	1.71	0.53	13.6	洪积物、冲积物	E 114°29′60.0″ N 35°56′53.9″	97
						2	28—50	暗黄色	重壤土	块状	7.9	17.3	1.55	0.57	15.1			
						3	50—88	褐色	重壤土	块状	7.0	16.3	1.48	0.46	18.8			
						4	88—113	褐色	重壤土	块状	7.0	16.4	1.17	0.42	21.6			
						5	113—150	浅棕色	中壤土	块状	7.9	8.9	0.97	0.42	19.7			
剖4	半水成土	潮土	黄潮土	黄覆砂姜黑潮土	薄覆砂姜黑潮土	1	0—20	棕黄色	中壤土	粒状	7.6	14.1	0.86	0.55	25.2	河流冲积物	E 114°23′35.9″ N 35°56′29.8″	75
						2	20—65	棕褐色	中壤土	核状	7.0	10.4	0.70	0.50	30.1			
						3	65—150	灰白色	中壤土	核状	7.8	5.3	0.47	0.46	21.6			
剖5	半水成土	潮土	褐潮土	褐土化两合土	褐土化两合土	1	0—20	黄棕色	中壤土	团粒状	7.8	14.4	0.93	0.65	16.2	河流冲积物	E 114°24′17.6″ N 35°55′09.5″	97
						2	20—95	暗棕色	中壤土	碎屑状	7.9	10.6	0.70	0.53	15.5			
						3	95—132	浅棕红色	中壤土	碎屑状	7.6	6.9	0.47	0.52	14.2			
						4	132—150	浅棕红色	中壤土	块状	7.8	4.3	0.47	0.45	13.5			
剖6	半水成土	潮土	黄潮土	黄覆砂姜黑潮土	厚覆砂姜黑潮土	1	0—24	灰黄色	中壤土	微团粒状	7.8	12.3	0.79	0.65	29.4	河流冲积物	E 114°22′16.0″ N 35°51′20.9″	95
						2	24—36	暗黄色	中壤土	块状	7.6	10.4	0.70	0.55	31.8			
						3	36—55	暗黄色	中壤土	块状	7.3	10.2	0.70	0.46	22.2			
						4	55—100	暗黄色	重壤土	块状	7.6	8.1	0.67	0.58	36.1			
						5	100—150	暗黄色	中壤土	块状	7.8	5.5	0.47	0.39	14.3			
剖7	半水成土	潮土	褐潮土	褐土化两合土	褐土化底黏两合土	1	0—23	暗黄色	中壤土	团粒状	7.6	15.0	1.00	0.65	14.1	河流冲积物	E 114°24′35.5″ N 35°54′41.4″	97
						2	23—48	暗黄色	中壤土	块状	7.6	12.0	0.86	0.65	14.2			
						3	48—69	灰黄色	重壤土	块状	7.0	10.8	0.82	0.46	12.3			
						4	69—114	棕褐色	黏土	粒状	7.0	9.5	0.78	0.37	13.7			
						5	114—150	暗褐色	黏土	块状	7.0	8.3	0.74	0.34	10.0			
剖8	半淋溶土	褐土	潮褐土	平黄土	深位中层砂姜平黄土	1	0—24	浅黄色	中壤土	微团粒状	8.1	14.2	1.05	0.39	18.1	黄土状母质	E 114°27′48.6″ N 35°50′48.5″	99
						2	24—36	褐色	中壤土	块状	7.8	11.8	0.82	0.37	12.7			
						3	36—106	红褐色	中壤土	块状	6.8	9.0	0.64	0.31	27.1			
						4	106—120	灰黄色	重壤土	块状	7.9	6.8	0.60	0.22	26.1			
						5	120—150	棕黄色	重壤土	块状	7.6	6.3	0.52	0.22	18.9			
剖9	半淋溶土	褐土	潮褐土	覆盖潮黑垆土	薄覆潮黑垆土	1	0—27	褐色	中壤土	微团粒状	7.6	10.6	0.70	0.52	11.6	洪积物、冲积物	E 114°24′43.2″ N 35°52′26.8″	97
						2	27—53	褐色	重壤土	块状	7.2	9.2	0.61	0.46	36.0			
						3	53—73	浅黄色	中壤土	团粒状	7.6	7.8	0.54	0.37	21.4			
						4	73—94	暗黄色	重壤土		7.6	7.1	0.47	0.31	19.9			
						5	94—150	红灰色	重壤土	块状	7.6	4.7	0.39	0.31	20.4			
剖10	半淋溶土	褐土	潮褐土	潮褐土	壤质潮褐土	1	0—32	灰灰色	中壤土	块状	7.9	9.8	0.54	0.46	14.6	洪积物、冲积物	E 114°24′32.0″ N 35°51′03.6″	97
						2	32—53	暗黄色	中壤土	块状	7.6	8.3	0.54	0.55	13.9			
						3	53—110	暗黄色	重壤土	块状	7.6	6.0	0.54	0.54	16.4			
						4	110—150	暗褐色	中壤土	块状	7.8	5.6	0.54	0.46	12.9			

续表 Continued

剖面号 Soil profile	土纲 Soil order	土类 Soil great group	亚类 Soil subgroup	土属 Soil genus	土种 Soil species	土层码 Layer code	土层厚度 Depth/cm	颜色 Soil color	质地 Soil texture	土壤结构 Soil structure	pH	有机质 OM/(g/kg)	全氮 TN/(g/kg)	全磷 TP/(g/kg)	阳离子交换量 CEC/(cmol/kg)	土壤母质 Parent material	剖面点坐标 Profile coordinate	匹配指数 Matching index/%
剖11	半水成土	潮土	黄潮土	两合土	小两合土	1	0—20	灰黄色	轻壤土	粒状	7.6	10.5	0.78	0.65	6.7	河流冲积物	E 114°35′56.8″ N 35°55′43.3″	97
						2	20—35	浅黄色	轻壤土	粒状	7.6	8.9	0.58	0.65	6.4			
						3	35—62	浅黄色	轻壤土	粒状	7.6	6.8	0.51	0.55	5.4			
						4	62—110	灰黄色	轻壤土	粒状	7.7	5.9	0.47	0.54	3.8			
						5	110—150	灰黄色	轻壤土	粒状	7.8	3.5	0.48	0.55	5.6			
剖12	半淋溶土	褐土	石灰性褐土	黄墡土	中层黄墡土	1	0—20	棕黄色	中壤土	粒状	7.7	13.7	0.97	0.46	16.9	洪积物、冲积物	E 114°30′41.0″ N 35°55′53.8″	97
						2	20—56	暗棕色	中壤土	块状	7.6	9.4	0.72	0.37	15.7			
剖13	初育土	风沙土	冲积性风沙土	固定砂丘风沙土	固定砂丘细砂风沙土	1	0—100	浅黄色	松砂土	单粒状	7.0	6.5	0.43	0.52	5.0	风积型母质	E 114°34′56.6″ N 35°54′02.9″	74
						2	100—150	浅黄色	松砂土	无结构	7.0	3.2	0.28	0.50	3.8			

滑 县

主要土类说明

潮土是滑县主要土壤类型，占本县地域面积的96%，是发育在近代河流冲积物上，受地下水影响，并经耕种熟化而成的土壤。该土质地层次明显，有的通体均一，有的砂黏相间。发生层次不明显，但也具有与成土过程相关的土壤属性，如剖面不同深度都有蓝灰色或红棕色锈纹、锈斑，有的亚类有石灰质假菌丝体，有些亚类有不同程度的盐化现象等。土壤颜色因有机质含量、质地及在剖面中所处的部位不同而有差异，但以黄色为主。富含碳酸钙，石灰反应强烈，土壤呈微碱性到强碱性。有机质和氮、磷含量较低，而钾、钙、镁等无机盐类含量丰富。土壤中矿质养分的含量和保肥、保水性能较好。本县潮土分为黄潮土、褐潮土、盐化潮土和碱化潮土等亚类。其中，褐潮土亚类面积最大。

小于本县地域面积3%的土壤类型还有风沙土等。

本区域中心区气候特征

本区域中心区气候特征值
Regional climate characteristics in central area of the region

气候带：暖温带亚湿润气候 Climate region: Warm temperate subhumid climate	
年平均气温 /℃ Annual average temperature /℃	14.1
年平均最高气温 /℃ Annual average maximum temperature /℃	19.7
年平均最低气温 /℃ Annual average minimum temperature /℃	9.3
年降水量 /mm Annual precipitation /mm	603
≥10℃的积温 /℃ Daily temperature accumulated in a year (≥10℃) /℃	5217
年日照时数 /h Annual sunshine /h	2293
年平均相对湿度 /% Annual average relative humidity /%	68
干燥度 Dryness	1.38

本区域中心区月平均气温与月平均降水量
Monthly temperature and precipitation in central area of the region

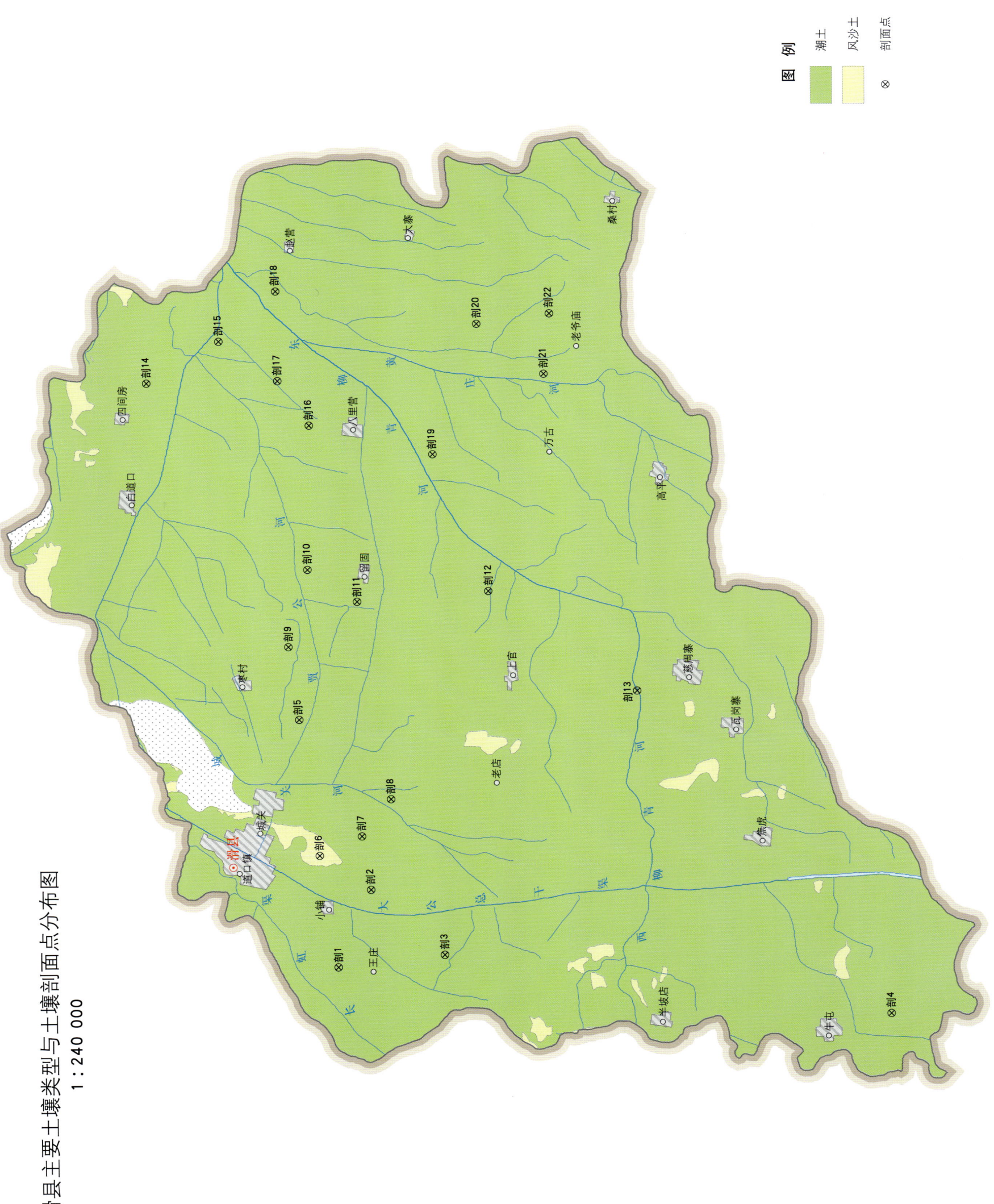

滑县土壤剖面理化性状表

剖面号 Soil profile	土纲 Soil order	土类 Soil great group	亚类 Soil subgroup	土属 Soil genus	土种 Soil species	土层码 Layer code	土层厚度 Depth/cm	颜色 Soil color	质地 Soil texture	土壤结构 Soil structure	pH	有机质 OM/(g/kg)	全氮 TN/(g/kg)	全磷 TP/(g/kg)	阳离子交换量 CEC/(cmol/kg)	土壤母质 Parent material	剖面点坐标 Profile coordinate	匹配指数 Matching index/%
剖1	半水成土	潮土	褐潮土	褐土化两合土	褐土化两合土	1	0—22	灰黄色	中壤土	粒状	8.3	10.3	0.54	0.66	8.8	河流冲积物	E 114°26′49.6″ N 35°31′38.3″	97
						2	22—45	浅灰黄色	中壤土	粒状	8.2	8.0	0.54	0.62	8.8			
						3	45—100	浅黄色	轻壤土	粒状	7.7	4.0	0.21	0.51	8.5			
剖2	半水成土	潮土	褐潮土	褐土化砂土	褐土化底黏砂壤土	1	0—21	灰黄色	砂壤土	粒状	7.5	6.5	0.38	0.45	6.9	河流冲积物	E 114°29′47.8″ N 35°30′42.1″	97
						2	21—75	浅灰黄色	砂黏土	块状	7.5	5.0	0.29	0.47	8.3			
						3	75—100	红棕色	轻黏土	粒状	7.7	6.0	0.54	0.48	22.3			
剖3	半水成土	潮土	褐潮土	褐土化两合土	褐土化小两合土	1	0—31	灰黄色	轻壤土	粒状	8.1	5.5	0.45	0.50	7.6	河流冲积物	E 114°27′22.0″ N 35°28′25.7″	99
						2	31—82	棕黄色	中壤土	碎块状	7.8	2.6	0.37	0.46	11.0			
						3	82—100	浅黄色	砂壤土	单粒状	8.4	4.0	0.22	0.47	5.4			
剖4	半水成土	潮土	黄潮土	两合土	体黏小两合土	1	0—24	灰黄色	轻壤土	粒状	7.9	7.2	0.28	0.48	6.5	河流冲积物	E 114°25′27.8″ N 35°14′53.5″	98
						2	24—84	黄棕色	中黏土	片状	8.1	2.8	0.46	0.43	18.1			
						3	84—100	浅黄色	砂壤土	单粒状	8.3	5.2	0.17	0.46	5.4			
剖5	半水成土	潮土	黄潮土	两合土	腰紧两合土	1	0—21	灰黄色	重壤土	粒状	8.6	5.9	0.36	0.50	6.7	河流冲积物	E 114°36′16.2″ N 35°32′58.6″	97
						2	21—52	黄棕色	砂壤土	块状	8.6	1.8	0.33	0.51	14.5			
						3	52—100	浅灰黄色	砂壤土	单粒状	7.7	2.1	0.20	0.43	4.9			
剖6	初育土	风沙土	冲积性风沙土	固定砂丘风沙土	固定砂丘细沙风沙土	1	0—5	黄色	松砂土	无结构	7.5	1.8	0.14	0.33	3.5	风积型母质	E 114°31′03.7″ N 35°32′16.4″	97
						2	5—100	浅黄色	松砂土	无结构	7.3	4.2	0.36	0.32	3.2			
剖7	半水成土	潮土	褐潮土	褐土化砂土	褐土化砂壤土	1	0—29	灰黄色	砂壤土	粒状	7.3	3.5	0.25	0.42	7.0	河流冲积物	E 114°31′50.2″ N 35°31′00.5″	98
						2	29—54	灰黄色	砂壤土	单粒状	7.3	4.1	0.32	0.44	5.1			
						3	54—77	浅黄色	砂壤土	单粒状	7.3	2.5	0.20	0.47	6.9			
						4	77—100	灰黄色	砂壤土	粒状	8.2	7.0	0.49	0.43	4.6			
剖8	半水成土	潮土	盐化潮土	盐化两合土	轻盐底黏小两合土	1	0—20	灰黄色	轻壤土	粒状	8.3	4.6	0.36	0.52	6.4	河流冲积物	E 114°33′16.9″ N 35°30′09.0″	97
						2	20—78	棕黄色	中壤土	块状	8.3	6.1	0.51	0.50	7.3			
						3	78—100	红棕色	重黏土	粒状	7.0	8.6	0.54	0.47	22.2			
剖9	半水成土	潮土	碱化潮土	碱化两合土	腰紧两合土	1	0—31	浅黄色	中黏土	粒状	7.0	9.3	0.54	0.60	10.2	河流冲积物	E 114°39′04.0″ N 35°33′20.5″	97
						2	31—75	棕黄色	中壤土	块状	7.6	2.6	0.48	0.48	18.8			
						3	75—100	浅黄色	砂壤土	碎块状	9.4	4.2	0.22	0.58	10.9			
剖10	半水成土	潮土	黄潮土	两合土	褐土化砂壤土	1	0—5	灰黄色	中壤土	碎块状	9.0	5.4	0.29	0.52	5.7	河流冲积物	E 114°42′02.2″ N 35°32′48.8″	98
						2	5—10	灰黄色	中壤土	粒状	9.6	3.9	0.46	0.56	5.6			
						3	10—20	棕黄色	中壤土	粒状	9.3	3.2	0.20	0.52	6.2			
						4	20—94	灰黄色	中壤土	粒状	9.0	7.8	0.46	0.49	5.3			
						5	94—125	红棕色	重黏土	块状	7.0	2.5	0.26	0.50	20.5			
						6	125—150	浅黄色	中壤土	碎块状	8.9	8.6	0.50	0.54	8.4			
剖11	半水成土	潮土	黄潮土	两合土	腰紧两合土	1	0—25	灰黄色	中壤土	粒状	8.5	8.0	0.50	0.51	8.2	河流冲积物	E 114°40′51.2″ N 35°31′17.4″	97
						2	25—52	黄色	中壤土	粒状	8.5	6.7	0.31	0.47	8.5			
						3	52—100	浅黄色	轻壤土	块状	8.3	2.8	0.21	0.45	5.5			
剖12	半水成土	潮土	黄潮土	两合土	底黏两合土	1	0—21	灰黄色	中壤土	粒状	7.7	6.5	0.48	0.57	8.7	河流冲积物	E 114°41′20.8″ N 35°27′19.8″	99
						2	21—51	灰黄色	中壤土	块状	7.6	6.1	0.43	0.48	10.4			
						3	51—100	暗棕色	轻黏土	粒状	7.7	7.0	0.45	0.57	21.3			
剖13	半水成土	潮土	黄潮土	砂土	砂壤土	1	0—21	灰黄色	中壤土	粒状	7.8	5.2	0.31	0.43	5.6	河流冲积物	E 114°37′36.8″ N 35°22′46.2″	98
						2	21—49	浅黄色	松砂土	单粒状	8.1	1.8	0.21	0.44	3.6			
						3	49—100	浅黄色	砂壤土	单粒状	7.9	2.1	0.21	0.45	4.0			

续表 Continued

剖面号 Soil profile	土纲 Soil order	土类 Soil great group	亚类 Soil subgroup	土属 Soil genus	土种 Soil species	土层码 Layer code	土层厚度 Depth/cm	颜色 Soil color	质地 Soil texture	土壤结构 Soil structure	pH	有机质 OM/(g/kg)	全氮 TN/(g/kg)	全磷 TP/(g/kg)	阳离子交换量CEC/(cmol/kg)	土壤母质 Parent material	剖面点坐标 Profile coordinate	匹配指数 Matching index/%
剖14	半水成土	潮土	褐潮土	褐土化两合土	褐土化底黏小两合土	1	0—29	灰黄色	轻壤土	粒状	8.0	7.5	0.52	0.55	8.6	河流冲积物	E 114°49′04.8″ N 35°37′47.3″	97
						2	29—65	浅黄色	中壤土	粒状	7.9	5.9	0.43	0.62	8.6			
						3	65—100	红棕色	重黏土	块状	7.8	6.8	0.54	0.51	13.9			
剖15	半水成土	潮土	黄潮土	淤土	夹墡淤土	1	0—23	灰黄色	重黏土	块状	7.6	11.6	0.77	0.50	20.0	河流冲积物	E 114°50′44.2″ N 35°35′38.0″	98
						2	23—38	灰黄色	中壤土	粒状	8.4	4.3	0.36	0.49	8.8			
						3	38—70	浅棕色	重黏土	块状	8.1	7.8	0.51	0.48	21.9			
						4	70—100	浅黄色	轻壤土	单粒状	8.1	2.8	0.21	0.46	4.2			
剖16	半水成土	潮土	盐化潮土			1	0—5	灰黄色	轻壤土	粒状	8.2					河流冲积物	E 114°47′34.1″ N 35°32′51.0″	98
						2	5—10	浅橙色	中壤土	粒状	8.3							
						3	10—20	棕黄色	中壤土	块状	8.3							
						4	20—58	黄棕色	重黏土	块状	9.0							
						5	58—150	黄黄色	中壤土	块状	8.8							
剖17	半水成土	潮土	潮土	潮壤土	大墡金土	A_{11}	0—30	浅黄色	黏壤土	小块状	8.0	8.6	0.54	0.60	10.2	河流冲积物	E 114°49′16.0″ N 35°33′49.7″	81
						C	30—75	油棕色	粉砂质黏土	大块状	8.0	9.3	0.54	0.48	18.8			
						Cu	75—100	黄棕色	黏壤土	块状	8.3	4.6	0.48	0.58	10.9			
剖18	半水成土	潮土	盐化潮土	盐化两合土	中盐腰墡淤土	1	0—22	灰棕色	中黏土	块状	8.5	10.4	0.73	0.52	19.2	河流冲积物	E 114°52′41.2″ N 35°33′56.2″	98
						2	22—32	棕黄色	中黏土	碎块状	8.9	8.5	0.56	0.49	19.8			
						3	32—75	棕黄色	中壤土	块状	9.3	4.2	0.32	0.50	7.4			
						4	75—94	黄棕色	重黏土	块状	9.0	6.0	0.38	0.47	11.9			
						5	94—150	黄色	中壤土	粒状	8.8	4.1	0.25	0.50	9.4			
剖19	半水成土	潮土	碱化潮土	碱化潮土	轻碱腰墡两合土	1	0—5	浅灰黄色	中壤土	粒状	9.6	6.1	0.48	0.62	8.0	河流冲积物	E 114°46′32.5″ N 35°29′05.3″	99
						2	5—10	浅灰黄色	中壤土	粒状	9.1	5.5	0.40	0.63	7.4			
						3	10—30	红棕色	中壤土	粒状	8.5	6.4	0.45	0.61	7.6			
						4	30—55	黄色	轻黏土	块状	9.7	5.8	0.40	0.52	13.8			
						5	55—85	浅黄色	中壤土	碎块状	9.4	5.0	0.38	0.48	12.1			
						6	85—150	浅黄色	轻壤土	粒状	8.9	2.5	0.29	0.48	6.3			
剖20	半水成土	潮土	黄潮土	两合土	体砂小两合土	1	0—22	浅灰黄色	轻壤土	粒状	8.2	2.6	0.26	0.47	5.9	河流冲积物	E 114°51′34.9″ N 35°27′50.4″	98
						2	22—100	浅黄色	松砂土	单粒状	8.1	2.0	0.22	0.47	3.6			
剖21	半水成土	潮土	黄潮土	两合土	底黏小两合土	1	0—25	红棕色	轻壤土	粒状	7.8	3.7	0.33	0.36	5.9	河流冲积物	E 114°49′43.0″ N 35°25′46.9″	99
						2	25—55	棕红色	轻壤土	粒状	7.9	3.4	0.31	0.45	6.5			
						3	55—100	棕黄色	重黏土	块状	7.8	11.7	0.70	0.48	22.2			
剖22	半水成土	潮土	黄潮土	两合土	小两合土	1	0—21	灰黄色	轻壤土	粒状	7.5	6.6	0.43	0.50	6.8	河流冲积物	E 114°52′01.9″ N 35°25′38.6″	98
						2	21—85	棕黄色	中壤土	块状	7.4	4.6	0.35	0.53	8.3			
						3	85—100	浅黄色	砂壤土	单粒状	7.7	2.0	0.23	0.48	5.0			

内 黄 县

主要土类说明

潮土是内黄县主要土壤类型，占本县地域面积的 73%。本县潮土发育在近代河流冲积物上，是受地下水影响，并经耕种熟化而成的土壤。在自然和人为因素的作用下，土壤发生、发展、演变过程中，又产生新的属性。其特征可概括为以下几方面：质地层次及其排列组合分外明显，有的通体比较均一，有的则黏、砂相间排列。发生层次不明显，但也具有与成土过程相关的土壤属性，如剖面不同深度都有蓝灰色或红棕色铁锈斑纹，有的亚类有石灰质假菌丝体，有些亚类有不同程度的积盐现象等。有机质和氮、磷含量较低，而钾、钙、镁等无机盐类含量丰富。富含碳酸钙，石灰反应强烈，土壤呈碱性至弱碱性。同一层次的土壤颜色、质地、结构基本一致而不同质地层次差异较大。本县潮土分为黄潮土、褐潮土、盐化潮土、碱化潮土和湿潮土等亚类。其中黄潮土亚类面积最大，其剖面构型有耕作层、犁底层、氧化还原层和母质层。耕作层是黄潮土的熟化层，也称活土腐殖质层，厚度一般在 20cm 左右，土质疏松，有机质和土壤养分含量较高，结构好，土壤微生物活跃，水、肥、气、热诸因素比较协调。犁底层是常年耕作形成的比较紧实的土层，由于耕作深度不稳定，此层较薄，对脱水保肥起一定作用，但不利根系下扎和伸展。氧化还原层是潮土的典型发生层次，其主要特征是有锈色斑纹存在。

风沙土是内黄县第二大土壤类型，占本县地域面积的 10%。成土母质为风沙沉积物，质地较粗，均为细沙土，矿物质成分以石英为主，其土壤发育受母质影响很大。土壤发育微弱，有机质和矿物质养分贫乏；质地粗，结构差，水、肥、气、热极不协调，土壤水分贫乏，其上多生长旱生植被；随沙丘固定性增强，土壤发育程度提高，肥力状况有所提高改善。本县风沙土只有冲积性风沙土一个亚类。根据沙丘的流动性和植被生长情况，本县风沙土分为流动沙丘风沙土、半固定沙丘风沙土、固定沙丘风沙土。

本区域中心区气候特征

本区域中心区气候特征值
Regional climate characteristics in central area of the region

气候带：暖温带亚湿润气候 Climate region: Warm temperate subhumid climate	
年平均气温 /℃ Annual average temperature /℃	14.1
年平均最高气温 /℃ Annual average maximum temperature /℃	19.6
年平均最低气温 /℃ Annual average minimum temperature /℃	9.3
年降水量 /mm Annual precipitation /mm	583
≥10℃的积温 /℃ Daily temperature accumulated in a year (≥10℃) /℃	5177
年日照时数 /h Annual sunshine /h	2311
年平均相对湿度 /% Annual average relative humidity /%	66
干燥度 Dryness	1.44

本区域中心区月平均气温与月平均降水量
Monthly temperature and precipitation in central area of the region

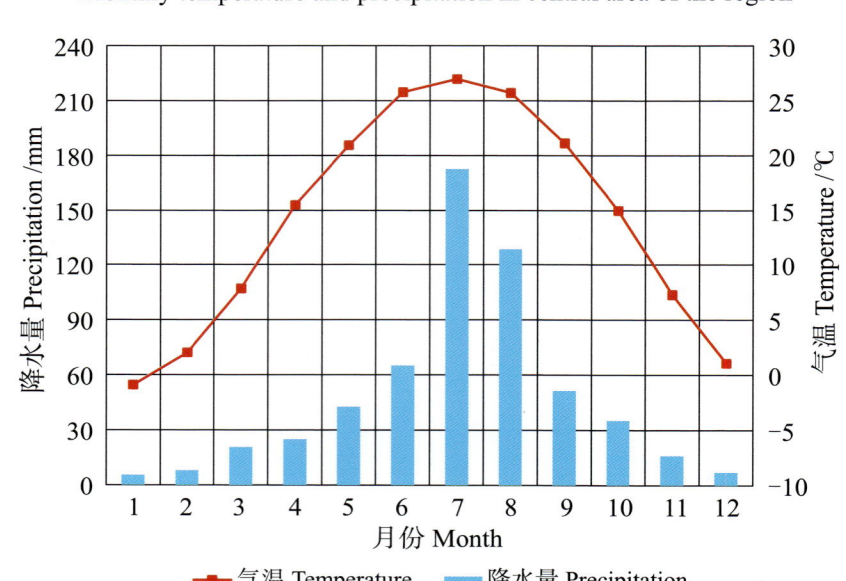

内黄县主要土壤类型与土壤剖面点分布图
1∶190 000

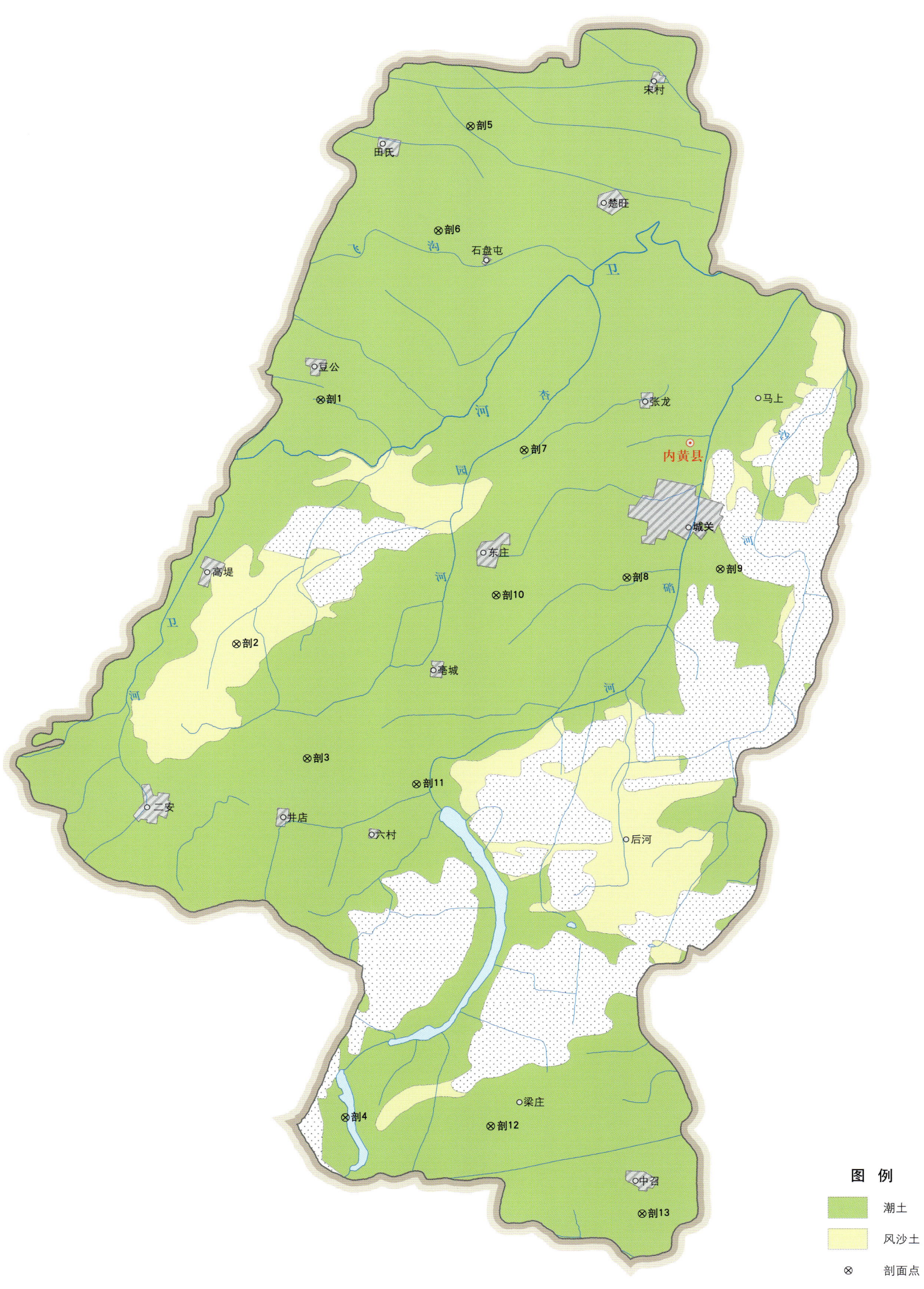

图 例

潮土

风沙土

⊗ 剖面点

内黄县土壤剖面理化性状表

剖面号 Soil profile	土纲 Soil order	土类 Soil great group	亚类 Soil subgroup	土属 Soil genus	土种 Soil species	土层码 Layer code	土层厚度 Depth/cm	颜色 Soil color	质地 Soil texture	土壤结构 Soil structure	pH	有机质 OM/(g/kg)	全氮 TN/(g/kg)	全磷 TP/(g/kg)	有效磷 AP/(mg/kg)	阳离子交换量CEC/(cmol/kg)	土壤母质 Parent material	剖面点坐标 Profile coordinate	匹配指数 Matching index/%
剖1	半水成土	潮土	黄潮土	两合土	两合土	1	0~20	浅黄色	中壤土	团块状	7.0	8.4	0.71	1.35	12.4	11.8	河流冲积物	E 114°43′24.6″ N 35°59′29.0″	97
						2	20~45	浅黄色	中壤土	粒状	7.9	8.4	0.70	1.30	10.8	11.8			
						3	45~100	浅灰黄色	轻壤土	单粒状	7.9	1.9	0.27	1.21	10.0	6.3			
剖2	初育土	风沙土	冲积性风沙土	砂滩风沙土	细砂风沙土	1	0~5	浅黄色	松砂土	无结构	8.2	2.5	0.36	1.05	14.4	3.6	风积型母质	E 114°41′09.6″ N 35°53′30.8″	98
						2	5~100	浅黄色	松砂土	无结构	8.1	2.4	0.33	0.95	10.8	3.7			
剖3	半水成土	潮土	黄潮土	砂土	底壤砂土	1	0~22	浅黄色	松砂土	单粒状	8.3	4.8	0.71	1.11	18.3	4.1	河流冲积物	E 114°43′16.7″ N 35°50′46.7″	95
						2	22~64	灰黄色	松砂土	无结构	8.1	3.4	0.71	1.00	11.9	4.1			
						3	64~100	灰黄色	轻壤土	粒状	8.2	3.4	0.48	1.20	11.6	4.3			
剖4	半水成土	潮土	湿潮土	湿潮土	壤质湿潮土	1	0~20	灰黄色	中壤土	粒状	8.0	9.8	0.93	1.25	13.8	19.1	河流冲积物	E 114°44′37.0″ N 35°42′05.8″	97
						2	20~60	灰蓝色	中壤土	块状	8.0	9.8	0.93	1.25	13.8	19.1			
						3	60~100	灰褐色	黏土	粒状	7.8	8.7	0.70	1.20	11.6	21.5			
剖5	半水成土	潮土	黄潮土	两合土	体黏小两合土	1	0~26	浅棕黄色	中壤土	团粒状	7.8	7.0	0.93	0.20	18.3	11.0	河流冲积物	E 114°47′32.3″ N 36°06′13.3″	98
						2	26~64	棕黄色	黏土	碎块状	7.8	3.4	0.48	1.12	11.6	7.8			
						3	64~100	棕黄色	黏土	块状	8.0	5.0	0.48	1.08	13.3	13.1			
剖6	半水成土	潮土	黄潮土	淤土	体砂淤土	1	0~20	灰黄色	重壤土	团粒状	8.1	9.5	0.93	1.99	14.9	12.4	河流冲积物	E 114°46′40.8″ N 36°03′40.3″	97
						2	20~46	棕黄色	砂壤土	团粒状	7.9	7.4	0.93	1.72	12.4	47.5			
						3	46~100	灰黄色	砂壤土	无结构	7.8	5.0	0.71	1.70	12.4	8.1			
剖7	半水成土	潮土	黄潮土	砂土	砂壤土	1	0~28	灰黄色	轻壤土	粒状	8.0	4.5	0.71	1.99	16.6	5.5	河流冲积物	E 114°49′19.2″ N 35°58′23.5″	95
						2	28~60	灰黄色	轻壤土	无结构	8.0	3.1	0.48	1.99	14.9	6.6			
						3	60~100	灰黄色	轻壤土	无结构	8.0	5.7	0.46	1.00	9.1	5.0			
剖8	半水成土	潮土	盐化潮土	硫酸盐化潮土	硫酸盐轻小两合土	1	0~20	灰黄色	轻壤土	粒状	8.1	5.46	0.36	1.30	12.4	6.3	河流冲积物	E 114°52′22.8″ N 35°55′20.3″	97
						2	20~73	灰黄色	轻壤土	块状	8.3	4.0	0.49	1.43	10.8	19.2			
						3	73~83	棕红色	轻壤土	粒状	8.4	6.3	0.22	1.10	12.4	3.0			
						4	83~100	灰黄色	轻壤土	粒状	8.1	2.9	0.22	0.90	10.8	7.3			
剖9	半水成土	潮土	黄潮土	两合土	底黏小两合土	1	0~28	灰黄色	轻壤土	片状	8.1	5.0	0.83	1.19	14.1	6.8	河流冲积物	E 114°55′04.1″ N 35°55′36.1″	98
						2	28~65	棕黄色	黏壤土	粒状	8.0	3.7	0.48	1.19	17.0	16.8			
						3	65~100	棕黄色	中壤土	粒状	8.0	2.6	0.48	1.38	11.6	8.2			
剖10	半水成土	潮土	黄潮土	两合土	小两合土	1	0~25	灰黄色	中壤土	粒状	8.0	9.3	1.07	1.44	14.9	10.1	河流冲积物	E 114°48′37.1″ N 35°54′50.4″	98
						2	25~75	浅黄色	轻壤土	粒状	7.9	5.7	0.71	1.26	13.3	5.6			
						3	75~100	灰黄色	中壤土	粒状	7.8	3.7	0.48	0.94	10.0	3.4			
剖11	半水成土	潮土	碱化潮土	硫酸盐碱化潮土	苏打弱碱小两合土	1	0~5	灰黄色	中壤土	粒状	9.0	2.7	0.22	1.21	12.4	2.8	河流冲积物	E 114°46′26.4″ N 35°50′12.1″	98
						2	5~10	灰黄色	中壤土	块状	9.0	1.8	0.33	1.21		3.3			
						3	10~20	棕黄色	轻壤土	粒状	9.0	2.4	0.26	1.21		9.8			
						4	20~55	灰黄色	轻壤土	粒状	8.9	3.1	0.22	1.05		7.7			
						5	55~100	灰黄色	中壤土	粒状	9.0	3.1	0.40	1.10		10.7			
剖12	半水成土	潮土	褐潮土	褐土化两合土	褐土化两合土	1	0~20	灰黄色	轻壤土	粒状	8.2	6.4	1.43	1.66	10.8	10.7	河流冲积物	E 114°48′48.2″ N 35°41′57.8″	95
						2	20~75	浅灰黄色	轻壤土	粒状	8.1	5.0	0.93	1.60	10.0	9.3			
						3	75~100	浅灰黄色	轻壤土	粒状	8.2	3.8	0.83	1.54	8.3	7.7			
剖13	半水成土	潮土	褐潮土	褐土化两合土	褐土化两合土	1	0~20	灰黄色	中壤土	团粒状	8.0	7.6	0.76	1.76	4.6	9.5	河流冲积物	E 114°53′12.8″ N 35°39′55.8″	97
						2	20~100	浅灰黄色	中壤土	粒状	7.9	5.8	0.55	1.21	4.6	16.8			

林 州 市

主要土类说明

褐土是林州市主要土壤类型，占本市地域面积的94%。褐土是本市的地带性土壤，分布最广，在海拔210—1500m的广阔区域及全市各乡均有分布，母质主要是洪积物，大部分土层深厚，比较肥沃。褐土是在自然因素及人为因素的综合作用下，特别是在人类长期耕作熟化的作用下形成的发育明显而肥力较高的一类土壤。褐土的形成过程主要有黏化过程、碳酸钙新生体淀积和熟化过程。本市冬春干旱寒冷而夏秋温暖湿润的气候，是褐土黏化过程的主要条件，而秋季温暖湿润加剧了土壤中的物理化学及生物化学过程，特别是在剖面30—20cm的土层中温度相对稳定，矿物质黏粒充分分解，由粗变细，黏粒与胶粒逐渐增加。30cm以上的表层土壤温度变化剧烈，光热影响较大，雨水淋降后黏粒下移，在30—50cm土层发生沉积并逐渐黏化，久而久之，即形成黏化层。50cm以下的土壤，因部位较深，温度较低，不利于微生物活动，因此演变比较慢。母质中的碳酸钙在土壤有机酸和无机酸的作用下，转变为可溶性的重碳酸钙，随水沿孔隙下渗，至土壤下层，酸性逐渐被中和，水分减少，重碳酸钙重新变为碳酸钙而积聚于土壤孔隙中，或覆盖于结构面上，从而产生了菌丝状的碳酸钙，经过年复一年的淀积，由菌丝状而胶结成形状大小不一、黄白色的块状物，即砂姜。土体中出现了砂姜，就意味着土壤肥力的下降。土壤中砂姜含量愈多，愈近地表，则土壤肥力愈低。本市具有几千年的耕种历史，长期以来，广大劳动人民积累了丰富的水土保持经验，如修堤筑坝、内切外填、起高垫低，建成了大量的水平梯田，有效防止了水土流失，从而保持了深厚的熟化层。但处于非耕作区域的褐土，一般土层较薄，加之不断被侵剥流失，而残留有大量的砂土和石砾。根据不同的发育程度，本市褐土分为褐土、石灰性褐土、潮褐土、淋溶褐土、褐土性土等亚类。

小于本市地域面积3%的土壤类型还有潮土、棕壤、石质土和山地草甸土等。

本区域中心区气候特征

本区域中心区气候特征值
Regional climate characteristics in central area of the region

气候带：暖温带亚湿润气候 Climate region: Warm temperate subhumid climate	
年平均气温 /℃ Annual average temperature /℃	13.7
年平均最高气温 /℃ Annual average maximum temperature /℃	19.5
年平均最低气温 /℃ Annual average minimum temperature /℃	8.6
年降水量 /mm Annual precipitation /mm	543
≥10℃的积温 /℃ Daily temperature accumulated in a year (≥10℃) /℃	4976
年日照时数 /h Annual sunshine /h	2247
年平均相对湿度 /% Annual average relative humidity /%	64
干燥度 Dryness	1.50

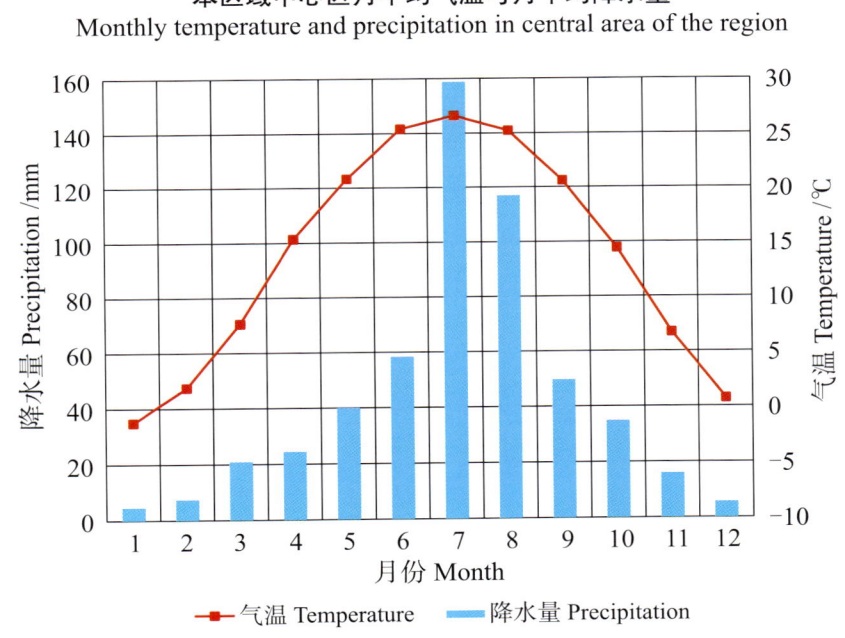

本区域中心区月平均气温与月平均降水量
Monthly temperature and precipitation in central area of the region

林县主要土壤类型与土壤剖面点分布图
1:260 000

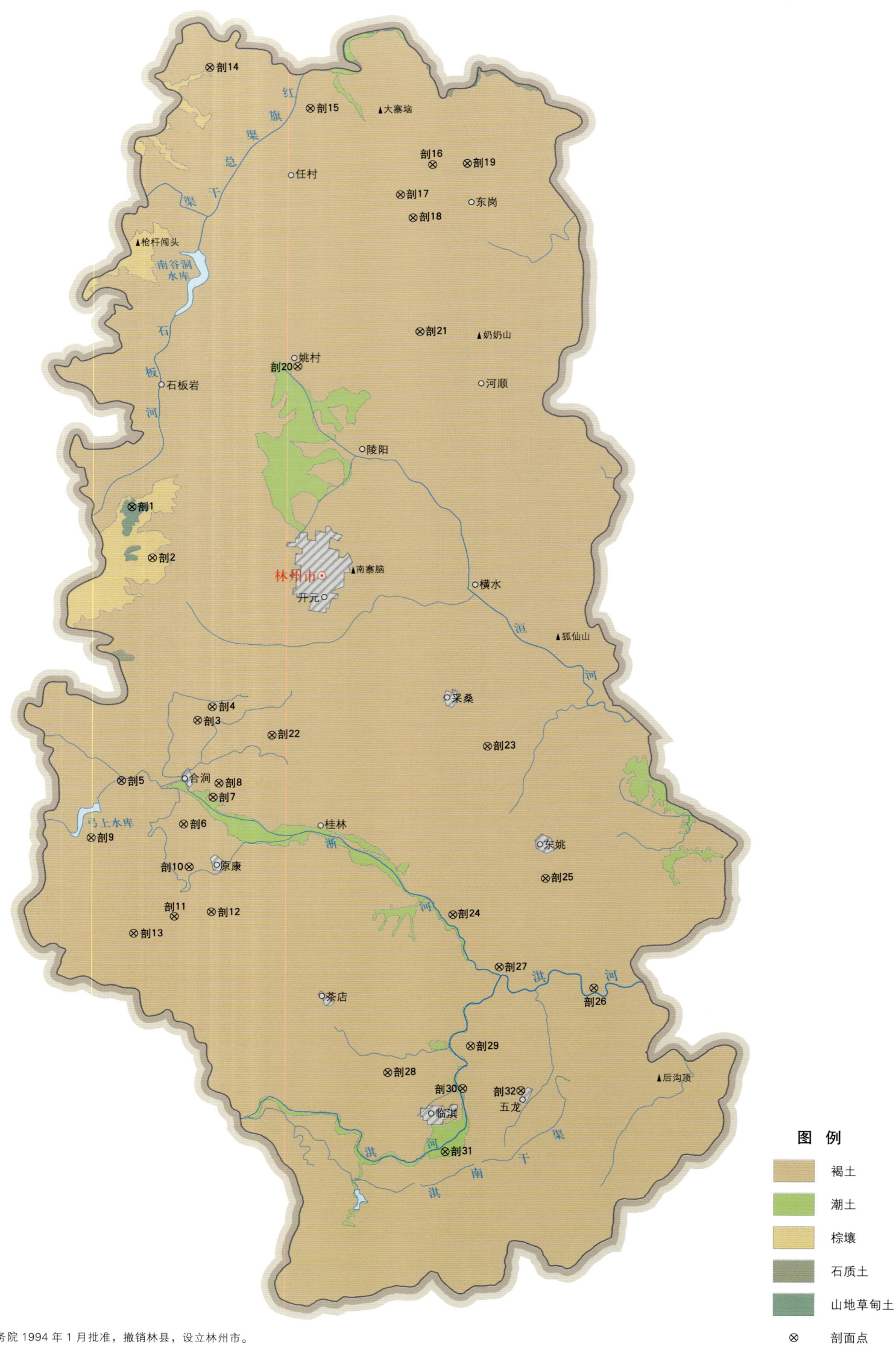

图 例
- 褐土
- 潮土
- 棕壤
- 石质土
- 山地草甸土
- ⊗ 剖面点

注：国务院 1994 年 1 月批准，撤销林县，设立林州市。

林州市土壤剖面理化性状表

剖面号 Soil profile	土纲 Soil order	土类 Soil great group	亚类 Soil subgroup	土属 Soil genus	土种 Soil species	土层码 Layer code	土层厚度 Depth/cm	颜色 Soil color	质地 Soil texture	土壤结构 Soil structure	pH	有机质 OM/(g/kg)	全氮 TN/(g/kg)	全磷 TP/(g/kg)	阳离子交换量 CEC/(cmol/kg)	土壤母质 Parent material	剖面点坐标 Profile coordinate	匹配指数 Matching index/%
剖1	半水成土	山地草甸土	山地草甸土	山地草甸土	薄层有机质中层山地草甸土	1	0—9	灰褐色	重壤土	粒状	6.2	64.2	4.22	2.47	32.8		E 113°41′57.5″ N 36°06′02.5″	97
						2	9—30	棕褐色	重壤土	碎块状	6.0	57.4	3.73	1.96	28.4			
						3	30—52											
剖2	淋溶土	棕壤	棕壤	棕壤	薄层棕壤	1	0—4									残积物	E 113°42′40.7″ N 36°04′24.2″	97
						2	4—10	黄棕色	中壤土	块状	6.0	43.4	2.61	3.25	6.1			
						3	10—21	黄棕色	重壤土	块状	7.6	15.3	0.93	1.34	6.0			
剖3	半淋溶土	褐土	褐土性	褐土性红土	中层褐土性红土	1	0—20	红棕色	重壤土	粒状	8.1	13.7	0.81	1.18	17.6	洪积物	E 113°44′13.9″ N 35°59′10.3″	97
						2	20—40	棕红色	中壤土	块状	7.5	7.8	0.47	0.53	25.6			
剖4	半淋溶土	褐土	褐土性	褐土性黄土	中层褐土性黄土	1	0—19	暗黄色	中壤土	粒状	7.6	8.7	0.59	1.19	8.8	黄土或黄土状母质	E 113°44′48.1″ N 35°59′35.9″	97
						2	19—31	暗红黄色	重壤土	块状	8.0	3.5	0.79	1.14	5.1			
						3	31—40	红黄色	中壤土	粒状	7.6	8.8	0.26	1.22	14.1			
剖5	半淋溶土	褐土	褐土性	褐土性黄土	厚层褐土性黄土	1	0—20	暗黄色	中壤土	块状	8.0	17.1	0.96	0.17	16.5	黄土或黄土状母质	E 113°41′16.8″ N 35°57′18.0″	97
						2	20—43	棕黄色	重壤土	块状	8.0	9.7	0.78	6.70	16.5			
						3	43—76	暗黄色	重壤土	粒状	8.0	14.5	0.36	1.30	15.7			
						4	76—150	浅黄色	中壤土	粒状	8.0	3.4	0.32	1.37	14.2			
剖6	半淋溶土	褐土	褐土性	平黄土	赤金土	1	0—20	棕黄色	轻壤土	碎屑状	7.6	11.4	0.58	0.83	15.0	黄土状母质	E 113°43′35.4″ N 35°55′52.3″	97
						2	20—78	黄棕色	中壤土	块状	7.7	4.1	0.17	0.59	19.7			
						3	78—116	棕黄色	中壤土	块状	8.1	1.5	0.74	0.88	13.9			
						4	116—150	棕黄色	中壤土	块状	7.6	5.2	0.62	1.01	15.6			
剖7	半淋溶土	褐土	褐土性	平黄土	平黄土	1	0—17	灰黄色	中壤土	粒状	7.7	15.6	0.82	0.52	10.3	黄土状母质	E 113°44′44.2″ N 35°56′42.4″	98
						2	17—48	黄棕色	重壤土	块状	7.9	11.9	0.72	0.91	10.2			
						3	48—82	黄棕色	中壤土	块状	8.1	9.1	0.48	0.74	9.5			
						4	82—140	黄棕色	中壤土	块状	8.0	6.7	0.48	0.53	6.4			
剖8	半淋溶土	褐土	褐土性	堆垫褐土性土	厚层堆垫褐土性土	1	0—20	褐黄色	中壤土	粒状	7.9	9.0	0.53	0.70	4.1	堆垫物	E 113°44′58.2″ N 35°57′08.6″	97
						2	20—44	暗黄色	中壤土	块状	8.5	7.0	0.50	0.71	3.5			
						3	44—70	暗黄色	重壤土	块状	8.3	5.7	0.48	0.70				
						4	70—											
剖9	半淋溶土	褐土	石灰性褐土	灰石土	多层质薄层石土	1	0—5	黄褐色	中壤土	碎屑状	7.0	58.9	3.56	1.28	24.2	碳酸岩类残积物、坡积物	E 113°40′04.4″ N 35°55′30.4″	93
						2	5—25	暗棕色	重壤土	块状	7.5	47.4	2.42	1.38	20.3			
剖10	半淋溶土	褐土	褐土性	旱坪土	旱黄坪土	1	0—21	棕黄色	重壤土	块状	8.2	14.6	0.92	1.49	14.2	黄土状母质	E 113°43′45.1″ N 35°54′30.2″	93
						2	21—45	棕黄色	重壤土	块状	8.2	7.6	0.63	1.32	14.2			
						3	45—75	棕黄色	重壤土	块状	8.3	7.1	0.55	1.28	15.2			
						4	75—100	棕黄色	中壤土	块状	8.4	6.0	0.48	1.29	11.4			
						5	100—150	棕黄色	中壤土	块状	8.4	7.7	0.39	1.18	12.2			
剖11	半淋溶土	褐土	褐土	平黄土	少量砾石平黄土	1	0—25	灰黄色	中壤土	粒状	7.7	10.2	0.63	1.01	15.2	黄土状母质	E 113°44′58.2″ N 35°57′08.6″	95
						2	25—40	棕黄色	中壤土	块状	7.8	4.3	0.44	1.07	14.9			
						3	40—90	暗棕色	重壤土	粒状	8.2	5.9	0.42	0.99	13.4			
						4	90—120	黄棕色	重壤土	粒状	8.1	2.8	0.35	0.87	13.0			
						5	120—150	棕黄色	中壤土	块状	8.1	2.4	0.30	0.69	12.3			
剖12	半淋溶土	褐土	褐土性土	褐土性红土	浅位薄层砾质褐土性红土	1	0—25	暗棕红色	重壤土	粒状	7.6	18.3	0.59	1.06	20.1	洪积物	E 113°44′33.4″ N 35°53′02.0″	95
						2	25—35	棕红色	黏土	块状	8.0	13.0	0.55	0.98	22.1			
						3	35—55	棕红色	重壤土	块状	8.0	11.5	0.43	3.07	18.9			
						4	55—150											

续表 Continued

剖面号 Soil profile	土纲 Soil order	土类 Soil great group	亚类 Soil subgroup	土属 Soil genus	土种 Soil species	土层码 Layer code	土层厚度 Depth/cm	颜色 Soil color	质地 Soil texture	土壤结构 Soil structure	pH	有机质 OM/(g/kg)	全氮 TN/(g/kg)	全磷 TP/(g/kg)	阳离子交换量CEC/(cmol/kg)	土壤母质 Parent material	剖面点坐标 Profile coordinate	匹配指数 Matching index/%
剖13	半淋溶土	褐土	褐土性	灰石土	多砾质中层灰质石土	1	0—10	红褐色	中壤土	碎屑状	8.5	22.7	1.08	0.70	5.2	碳酸岩类残积物、坡积物	E 113° 41′ 35.5″ N 35° 52′ 23.5″	97
						2	10—40	红棕色	重壤土	块状	8.4	26.8	1.29	0.78	3.4			
						3	40—											
剖14	淋溶土	棕壤	粗骨性棕壤	灰岩粗骨性棕壤	中层灰岩粗骨性棕壤	1	0—12	棕红色	重壤土	粒状	6.5	40.2	2.76	0.89	24.6	石灰岩	E 113° 45′ 24.1″ N 36° 20′ 02.4″	75
						2	12—25	红棕色	重壤土	核状	6.7	37.7	1.95	0.67	18.9			
						3	25—38	棕红色	重壤土	粒状	6.6	9.8	0.25	0.17	8.8			
剖15	半淋溶土	褐土	石灰性褐土	旱护土	旱红护土	1	0—20	棕红色	重壤土	粒状	7.8	10.4	0.67	0.99	9.8		E 113° 49′ 11.3″ N 36° 18′ 38.5″	95
						2	20—60	黄红色	重壤土	粒状	7.9	7.8	0.66	0.93	14.4			
						3	60—107	棕红色	重壤土	块状	7.8	6.9	0.67	0.91	23.9			
						4	107—150	黄红色	重壤土	粒状	7.8	6.7	0.65	1.02	17.3			
剖16	半淋溶土	褐土	褐土性	褐土性黄土	多砾质中层褐土性黄土	1	0—19	暗棕色	中壤土	块状	7.6	29.2	1.37	1.70	12.3	黄土或黄土状母质	E 113° 53′ 46.3″ N 36° 16′ 43.7″	97
						2	19—50	暗黄色	中壤土	块状	8.1	14.0	0.84	0.73	11.8			
剖17	半淋溶土	褐土	石灰性褐土	灰褐土	壤性灰褐土	1	0—20	暗黄色	轻壤土	粒状	8.2	18.4	1.19	1.12	4.8	洪积物、冲积物	E 113° 52′ 31.1″ N 36° 15′ 47.9″	95
						2	20—36	暗黄棕色	轻壤土	块状	8.5	2.8	0.18	0.98	2.4			
						3	36—71	棕褐色	轻壤土	块状	8.5	4.1	0.28	1.01	3.2			
						4	71—123	暗棕色	砂壤土	单粒状	8.5	2.5	0.18	1.04	≤1.0			
						5	123—150	灰棕色	砂壤土	单粒状	8.5	2.3	0.18	0.79	≤1.0			
剖18	半淋溶土	褐土	褐土性	暗石土	少砾质中层暗石土	1	0—18	黄青色	中壤土	粒状	7.4	7.0	0.48	1.52	8.9	基性岩类残积物	E 113° 52′ 58.1″ N 36° 15′ 02.5″	97
						2	18—35	黄青色	轻壤土	块状	7.8	2.8	0.28	1.65	7.9			
剖19	半淋溶土	褐土	褐土	红护土	红护土	1	0—19	红棕色	重壤土	粒状	8.0	21.2	1.16	1.25	15.5	洪积物	E 113° 55′ 05.9″ N 36° 16′ 44.4″	99
						2	19—50	暗棕红色	黏土	块状	8.0	23.7	0.70	1.13	18.7			
						3	50—90	暗棕红色	黏土	粒状	8.0	11.7	0.58	1.03	21.7			
						4	90—150	黄棕色	重壤土	粒状	7.6	7.4	0.50	0.94	≥50.0			
剖20	半淋溶土	褐土	潮褐土	暗石土	潮灰褐土	1	0—23	暗灰色	重壤土	粒状	8.2	13.7	0.86	0.94	12.9	基性岩类残积物	E 113° 52′ 15.1″ N 36° 15′ 30.4″	98
						2	23—36	暗灰色	重壤土	块状	8.2	9.7	0.78	0.93	16.2			
						3	36—62	浅红棕色	重壤土	粒状	8.0	5.2	0.70	0.75	15.1			
						4	62—100	暗棕色	重壤土	粒状	7.5	2.9	0.53	0.73	11.5			
						5	100—150	暗棕色	黏土	柱状	8.2	3.8	0.42	0.64	12.9			
剖21	半淋溶土	褐土	褐土性	多砾质褐土	多砾质褐层薄壤石土	1	0—2	暗棕色	轻壤土	粒状	7.5	22.4	1.16	3.17	16.9	洪积物、冲积物	E 113° 55′ 05.6″ N 36° 11′ 24.7″	99
						2	2—10	暗棕色	重壤土	块状	8.0	6.9	0.29	3.16	12.2			
剖22	半淋溶土	褐土	褐土性	褐土性红土	厚层褐土性红土	1	0—20	红棕色	重壤土	块状	7.5	16.0	0.83	0.20	17.2	基性岩类残积物	E 113° 47′ 01.7″ N 35° 58′ 38.3″	98
						2	20—44	暗棕色	黏土	块状	8.0	8.0	0.48	0.94	17.3			
						3	44—106	棕棕色	重壤土	块状	8.0	13.0	0.84	1.00	21.3			
						4	106—150	棕红色	重壤土	块状	8.2	7.4	0.51	0.93	18.8			
剖23	半淋溶土	褐土	石灰性褐土	灰壤土	灰壤土	1	0—20	灰黄色	中壤土	块状	8.4	6.8	0.59	1.50	10.3	洪积物、冲积物	E 113° 55′ 11.6″ N 35° 58′ 06.6″	95
						2	20—45	暗黄色	中壤土	块状	8.5	5.9	0.48	0.70	15.3			
						3	45—70	浅黄色	中壤土	块状	8.5	5.6	0.27	1.30	2.9			
						4	70—150	浅黄色	中壤土	粒状	8.5	4.2	0.21	0.98	12.8			
剖24	半淋溶土	褐土	褐土性	褐土性红土	少砾质厚层褐土性红土	1	0—20	暗红色	黏土	粒状	7.5	19.9	1.00	0.80	24.4	洪积物	E 113° 53′ 42.4″ N 35° 52′ 45.1″	97
						2	20—67	棕红色	黏土	柱状	8.0	8.1	0.76	0.80	20.0			
						3	67—90	棕红色	黏土	柱状	8.0	11.1	0.49	0.70	22.9			

续表 Continued

剖面号 Soil profile	土纲 Soil order	土类 Soil great group	亚类 Soil subgroup	土属 Soil genus	土种 Soil species	土层码 Layer code	土层厚度 Depth/cm	颜色 Soil color	质地 Soil texture	土壤结构 Soil structure	pH	有机质 OM/(g/kg)	全氮 TN/(g/kg)	全磷 TP/(g/kg)	阳离子交换量 CEC/(cmol/kg)	土壤母质 Parent material	剖面点坐标 Profile coordinate	匹配指数 Matching index/%
剖25	半淋溶土	褐土	褐土性土	砾砂土	厚层砥砂土	1	0–24	浅黄色	中壤土	粒状	8.2	32.6	0.37	2.62	19.0	多种岩石风化坡积物、洪积物	E 113°57′15.1″ N 35°53′51.0″	99
						2	24–35	浅黄色	中壤土	块状	8.9	12.7	0.51	1.72	10.9			
						3	35–80	浅黄色	中壤土	块状	8.2	10.4	0.37	2.26	17.3			
						4	80–92	浅黄色	中壤土	块状	7.9	12.3	1.99	1.14	9.1			
						5	92–118	棕红色	中壤土	碎屑状	7.9	12.3	0.26	1.00	20.0			
						6	118–150	棕红色	重壤土	粒状	7.9	11.6	0.55	0.20	25.2			
剖26	半淋溶土	褐土	褐土	红黄土	红黄土	1	0–20	红黄色	重壤土	块状	7.7	10.1	0.59	0.56	17.1	红黄土	E 113°58′57.7″ N 35°50′16.4″	98
						2	20–40	暗红黄色	重壤土	块状	8.0	5.0	0.32	0.38	16.0			
						3	40–94	棕红色	中壤土	棱柱状	8.0	4.2	0.26	4.45	16.6			
						4	94–150	红黄色	重壤土	棱柱状	8.0	3.8	0.24	0.49	15.9			
剖27	半淋溶土	褐土	潮褐土	黄覆潮黑垆土	黄覆潮黑垆土	1	0–20	灰黄色	中壤土	粒状	7.9	19.7	0.82	9.15	10.9	洪积物、冲积物	E 113°55′23.9″ N 35°51′01.8″	95
						2	20–30	棕黄色	重壤土	块状	8.1	15.4	0.81	1.02	12.1			
						3	30–70	棕黄色	重壤土	柱状	8.0	6.8	0.47	0.61	18.3			
						4	70–110	棕黄色	重壤土	柱状	8.0	5.7	0.27	0.66	16.9			
						5	110–150	棕黄色	重壤土	块状	8.0	1.9	0.23	0.88	11.3			
剖28	半淋溶土	褐土	石灰性褐土	白面土	白面土	1	0–16	浅黄色	中壤土	粒状	8.1	11.5	0.86	1.51	16.4	黄土	E 113°51′04.0″ N 35°47′45.6″	95
						2	16–25	暗黄色	重壤土	块状	8.2	11.7	0.44	1.44	16.1			
						3	25–37	浅黄色	中壤土	块状	8.0	8.5	0.45	1.37	15.4			
						4	37–89	暗黄色	重壤土	块状	8.2	5.3	0.42	1.34	8.6			
						5	89–150	暗黄色	中壤土	块状	8.2	4.9	0.37	1.36	13.4			
剖29	半淋溶土	褐土	淋溶褐土	暗褐土	壤质暗褐土	1	0–20	黄棕色	中壤土	粒状	7.1	11.3	0.60	0.96	10.2	洪积物	E 113°54′14.0″ N 35°48′31.7″	98
						2	20–55	棕色	中壤土	块状	6.9	9.4	0.65	0.98	10.3			
						3	55–105	棕色	重壤土	块状	7.0	4.4	0.24	0.59	10.6			
						4	105–150	棕色	重壤土	块状	7.1	4.0	0.41	0.53	6.1			
剖30	半淋溶土	褐土	潮褐土	潮褐土	壤质暗潮褐土	1	0–25	黄棕色	中壤土	块状	7.9	15.9	0.75	0.85	16.3	洪积物、冲积物	E 113°53′53.9″ N 35°47′11.8″	97
						2	25–45	浅棕色	中壤土	块状	8.0	<1.0	0.19	0.71	19.1			
						3	45–100	暗棕色	砂壤土	块状	8.9	<1.0	0.30	0.67	13.3			
						4	100–150	暗棕色	砂壤土	块状	7.9	<1.0	0.20	0.51	12.1			
剖31	半水成土	潮土	黄潮土	山河河潮土	砂质潮土	1	0–30	棕黄色	砂壤土	单粒状	7.5	9.8	0.38	0.68	3.0	河流冲积物	E 113°53′10.0″ N 35°45′12.2″	97
						2	30–60	浅黄棕色	砂壤土	块状	8.0	3.1	0.10	0.40	4.9			
						3	60–84	黄棕色	砂土	单粒状	8.2	3.1	0.24	0.73	1.4			
						4	84–100	暗棕色	砂壤土	单粒状	8.0	2.9	0.32	0.59	≤1.0			
剖32	半淋溶土	褐土	淋溶褐土	暗黄土	黏质暗黄土	1	0–22	棕色	重壤土	粒状	7.1	13.9	0.87	0.81	12.3	洪积物	E 113°56′05.3″ N 35°47′04.9″	98
						2	22–60	黄棕色	重壤土	块状	7.2	9.4	0.66	0.74	12.4			
						3	60–138	暗棕色	中壤土	块状	6.9	2.9	0.36	0.44	19.4			
						4	138–150	红黄色	黏土	粒状	6.9	3.6	0.43	0.54	18.6			

鹤 壁 市

市 辖 区

主要土类说明

　　褐土是鹤壁市主要土壤类型，占本市地域面积的69%。成土母质为洪积物、冲积物、坡积物和残积物。根据母质类型、碳酸盐的淋溶淀积和黏化程度，本市褐土分为褐土、石灰性褐土和褐土性土等亚类。其中，褐土性土亚类占本土类面积的47%左右，主要分布在大河涧乡、鹿楼街道和鹤壁集镇的西部山区，是经过岩石风化残积物或水的搬运形成的没有发育层次的土壤类型。石灰性褐土亚类占本土类面积的36%左右，是本市重要的农业土壤，分布在本市的丘陵地区，成土母质为黄土或次生黄土，剖面发育有积钙现象，黏化层不明显，石灰反应通体强烈。褐土亚类是本土类的典型亚类，主要分布在鹿楼、石林和鹤壁集等乡镇街道，母质为洪积物、冲积物，经历了有机质累积、碳酸盐淋溶淀积、黏化和耕作熟化过程。本市褐土主要特征是土层深厚，发育层次明显，颜色分异明显；耕作层有机质及钾、钙等无机盐类含量较高，但氮、磷含量较低。

　　石质土是鹤壁市第二大土壤类型，占本市地域面积的23%，该类土壤表层岩石裸露，风化层浅薄，一般小于10cm，风化度低，富含砾石，多碎屑岩粒，属A-R型土。

　　粗骨土是鹤壁市第三大土壤类型，占本市地域面积的3%。粗骨土属于A-C型，甚至（A）-C型土壤。A层发育不明显，与母质土层性状相似，略显有机质累积。有时母质层富含砾石，甚少剖面分异与发育特征。

　　小于本市地域面积3%的土壤类型还有红黏土、潮土等。

本区域中心区气候特征

本区域中心区气候特征值
Regional climate characteristics in central area of the region

气候带：暖温带亚湿润气候 Climate region: Warm temperate subhumid climate	
年平均气温 /℃ Annual average temperature /℃	14.0
年平均最高气温 /℃ Annual average maximum temperature /℃	19.7
年平均最低气温 /℃ Annual average minimum temperature /℃	9.0
年降水量 /mm Annual precipitation /mm	559
≥10℃的积温 /℃ Daily temperature accumulated in a year (≥10℃) /℃	5102
年日照时数 /h Annual sunshine /h	2230
年平均相对湿度 /% Annual average relative humidity /%	65
干燥度 Dryness	1.49

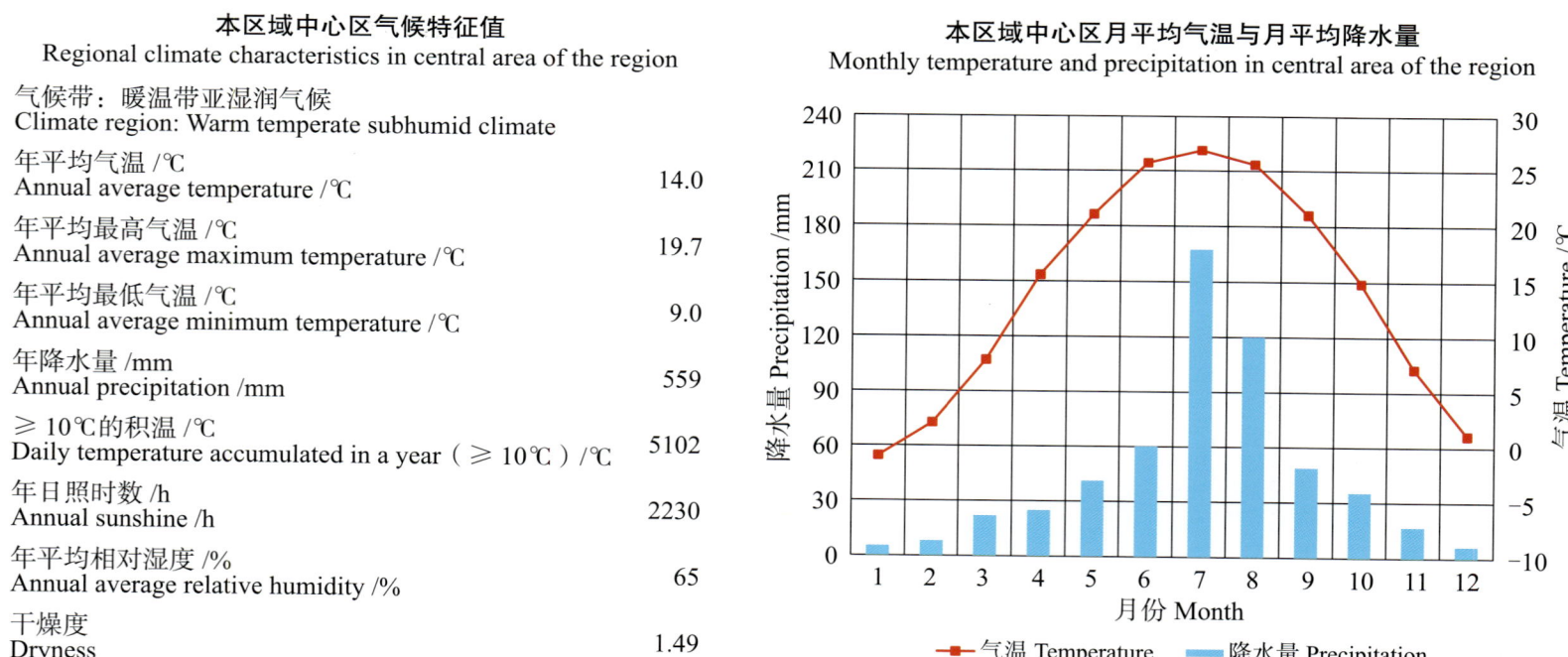

本区域中心区月平均气温与月平均降水量
Monthly temperature and precipitation in central area of the region

鹤壁市市辖区主要土壤类型与土壤剖面点分布图
1∶130 000

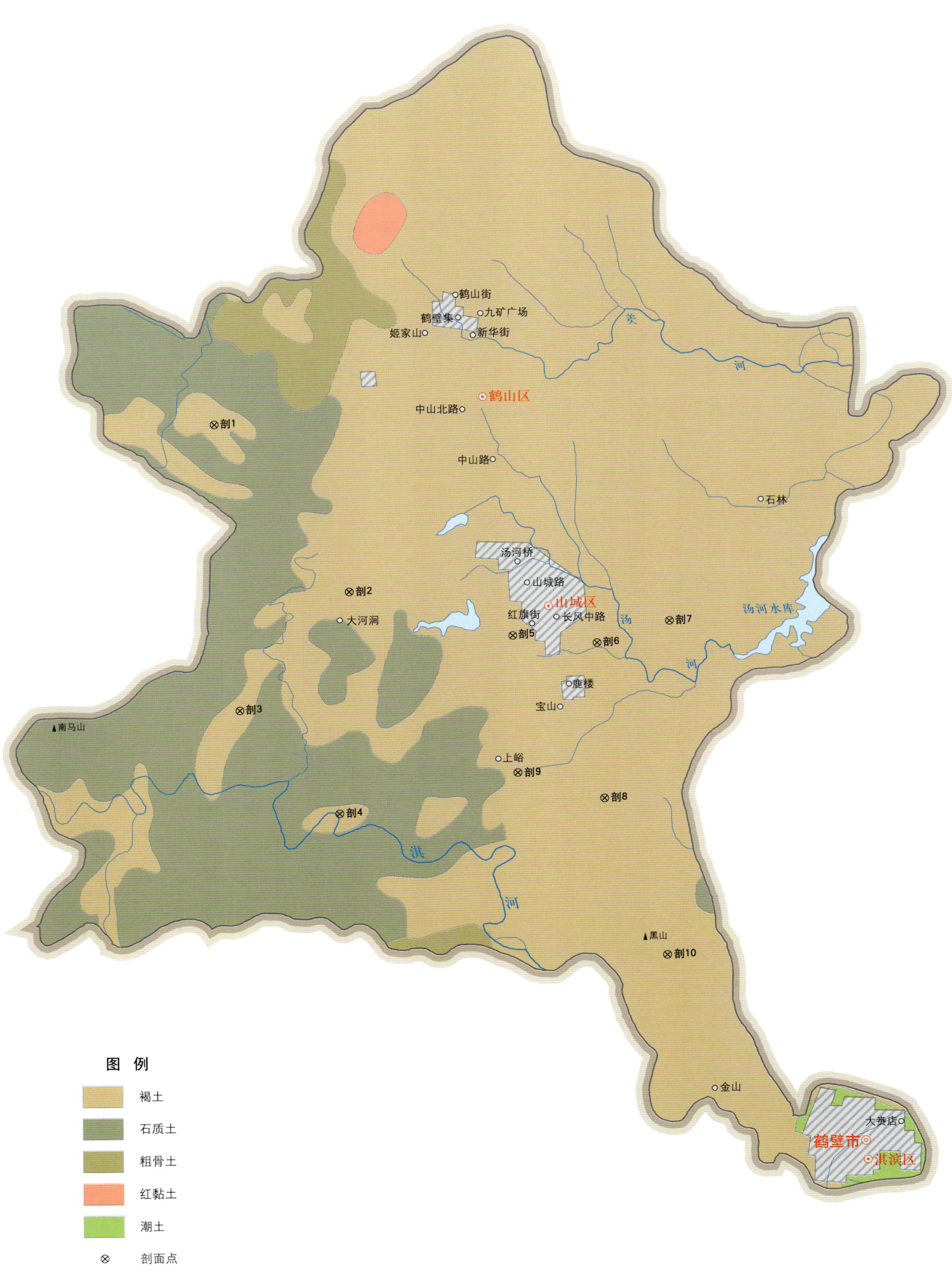

图 例
- 褐土
- 石质土
- 粗骨土
- 红黏土
- 潮土
- ⊗ 剖面点

第二编　分县土壤图与土壤剖面数据

鹤壁市土壤剖面理化性状表

剖面号 Soil profile	土纲 Soil order	土类 Soil great group	亚类 Soil subgroup	土属 Soil genus	土种 Soil species	土层码 Layer code	土层厚度 Depth/cm	颜色 Soil color	质地 Soil texture	土壤结构 Soil structure	pH	有机质 OM/(g/kg)	全氮 TN/(g/kg)	全磷 TP/(g/kg)	阳离子交换量 CEC/(cmol/kg)	土壤母质 Parent material	剖面点坐标 Profile coordinate	匹配指数 Matching index/%
剖1	半淋溶土	褐土	石灰性褐土	白面土	白面土	1	0—30	灰黄色	轻壤土	碎块状	8.4	4.9	0.60	0.81	17.3	黄土	E 114°04′04.8″ N 35°56′26.9″	93
						2	30—70	浅灰黄色	轻壤土	块状	8.3	2.7	0.52	0.68	11.0			
						3	70—100	浅灰黄色	轻壤土	块状	8.5	2.1	0.48	0.62	10.8			
剖2	半淋溶土	褐土	褐土性土	褐土性黄土	厚层壤质褐土性黄土	1	0—20	灰黄色	中壤土	碎块状	8.1	16.2	0.97	0.45	14.2	黄土或黄土状母质	E 114°06′46.4″ N 35°53′46.0″	75
						2	20—40	浅灰黄色	中壤土	块状	8.3	6.9	0.56	0.41	12.8			
						3	40—100	浅灰黄色	重壤土	块状	8.4	5.4	0.60	0.34	10.0			
剖3	半淋溶土	褐土	褐土性土	褐土性黄土		1	0—20	灰灰黄色	中壤土	碎块状	8.2	22.0	1.02	0.56	21.2	黄土或黄土状母质	E 114°04′42.6″ N 35°51′46.4″	93
						2	20—55	浅灰黄色	中壤土	块状	8.4	3.9	0.37	0.43	16.4			
剖4	半淋溶土	褐土	石灰性褐土	旱护土	多砾质壤质护土	1	0—21	浅灰黄色	中壤土	碎块状	8.4	6.4	0.48	0.52	14.0		E 114°06′41.4″ N 35°50′07.4″	93
						2	21—41	浅灰黄色	中壤土	块状	8.3	3.9	0.41	0.49	13.9			
						3	41—100	浅灰黄色	中壤土	块状	8.3	3.7	0.39	0.48	12.8			
剖5	半淋溶土	褐土	石灰性褐土	旱护土	壤质护土	1	0—22	灰黄色	中壤土	碎块状	8.5	6.6	0.49	0.51	15.0		E 114°09′58.0″ N 35°53′06.7″	93
						2	22—48	浅灰黄色	中壤土	块状	8.3	4.5	0.49	0.48	13.8			
						3	48—100	浅灰黄色	中壤土	块状	8.3	4.9	0.55	0.45	14.6			
剖6	半淋溶土	褐土	石灰性褐土	旱护土	少砾质壤质护土	1	0—25	灰黄色	中壤土	碎块状	8.4	6.6	0.49	0.51	15.0		E 114°11′36.2″ N 35°53′01.3″	93
						2	25—40	浅灰黄色	中壤土	块状	8.4	4.5	0.49	0.48	13.8			
						3	40—100	浅灰黄色	中壤土	块状	8.3	4.9	0.55	0.45	14.6			
剖7	半淋溶土	褐土	褐土性土	褐土性黄土		1	0—20	灰灰黄色	中壤土	碎块状	8.2	15.3	0.58	0.48	17.8	黄土或黄土状母质	E 114°12′59.8″ N 35°53′24.7″	95
剖8	半淋溶土	褐土	石灰性褐土	旱护土	旱黄土	1	0—20	灰黄色	中壤土	碎块状	8.3	44.9	0.97	0.56	19.9		E 114°11′48.8″ N 35°50′28.3″	93
						2	20—70	浅棕黄色	重壤土	块状	8.5	21.7	0.79	0.49	16.6			
						3	70—100	棕黄色	重壤土	块状	8.5	11.5	0.55	0.54	18.4			
剖9	半淋溶土	褐土	褐土性土	褐土性黄土	中层壤质褐土性黄土	1	0—16	灰灰黄色	中壤土	碎块状	8.2	12.0	0.81	0.53	13.1	黄土或黄土状母质	E 114°10′07.3″ N 35°50′51.7″	95
						2	16—26	浅灰黄色	重壤土	块状	8.3	9.9	0.62	0.45	12.9			
						3	26—40	白黄相间	重壤土	块状	8.3	7.1	0.59	0.57	17.8			
剖10	半淋溶土	褐土	褐土性土	暗石土	薄层暗石土	1	0—30	灰褐色	中壤土	核状	8.0	25.7	0.14	1.27	21.8	玄武岩风化残积物	E 114°13′05.9″ N 35°47′55.3″	93

浚　县

主要土类说明

潮土是浚县主要土壤类型，占本县地域面积的 64%，本县各乡镇均有分布，多集中在中部和东部各乡。潮土主要发育在河流冲积物上，经过各种自然和人为因素的作用而形成。由于成土条件的差异，有些地区又附加了褐土化过程，而另外一些地区则附加了盐化过程和碱化过程。因受季风气候干湿交替特点的影响，湿润的夏秋季节，土体中受地下水位浸渍的部分为水所饱和发生潜育化现象，铁、锰等变价元素被还原，出现蓝灰色斑纹，干旱的冬春季节地下水位下降，土体大部处于氧化状态，低价铁、锰等变成高价状态，而出现锈色斑纹，这样年复一年交替变化，土壤结构面上或土壤孔隙中便产生了蓝灰色和红棕色斑纹，这是潮土剖面形态的重要特征。潮土特性概括为：质地变化较大，质地层次排列明显；土壤表层颜色较浅，多为浅黄色和灰黄色，而底土层由于地下水位高，长期的氧化还原作用形成了许多蓝灰色和红棕色斑纹；土壤富含钙质，石灰反应强烈，呈微碱性至碱性，pH 在 7.5 以上；有机质和氮、磷含量较低，而钾、钙、镁等无机盐含量较丰富。本县潮土分为黄潮土、褐潮土、盐化潮土、碱化潮土等亚类，其中黄潮土亚类面积最大。

褐土是浚县第二大土壤类型，占本县地域面积的 33%，分布在本县岗西平原及火龙岗地区。褐土是黄土状的风积物、洪积物、坡积物母质，在自然因素和人为因素的综合作用下，特别是人类长期耕作熟化的条件下形成的发育明显而肥力较高的一种土壤。其剖面有深厚的熟化层，褐土耕作历史悠久，长期连续地施用大量土粪肥，形成了褐土深厚的熟化土层。土体中部有褐色的黏化层，土体中的黏化层是褐土的主要特征。土体中有碳酸钙新生体的淀积。在本区的生物气候条件影响下，黄土中的大量碳酸钙转变为可溶性的重碳酸钙，随水沿孔隙下渗至下层，水分逐渐减少，重碳酸钙重新变为碳酸钙而聚积在土壤孔隙中，或覆盖于结构面上，从而产生了菌丝状的碳酸钙新生体，经过年复一年的淀积，碳酸钙与土粒等胶结成形状大小不一的黄白色块状物，由于形状似姜，故称之为"砂姜"。土体中出现了砂姜就意味着土壤肥力的下降，砂姜愈近地表，含量愈多，则土壤肥力愈低。本县褐土分为典型褐土、潮褐土、石灰性褐土、褐土性土等亚类。

小于本县地域面积 3% 的土壤类型还有风沙土、沼泽土等。

本区域中心区气候特征

本区域中心区气候特征值
Regional climate characteristics in central area of the region

气候带：暖温带亚湿润气候 Climate region: Warm temperate subhumid climate	
年平均气温 /℃ Annual average temperature /℃	14.0
年平均最高气温 /℃ Annual average maximum temperature /℃	19.7
年平均最低气温 /℃ Annual average minimum temperature /℃	9.2
年降水量 /mm Annual precipitation /mm	575
≥10℃的积温 /℃ Daily temperature accumulated in a year (≥10℃) /℃	5159
年日照时数 /h Annual sunshine /h	2252
年平均相对湿度 /% Annual average relative humidity /%	66
干燥度 Dryness	1.45

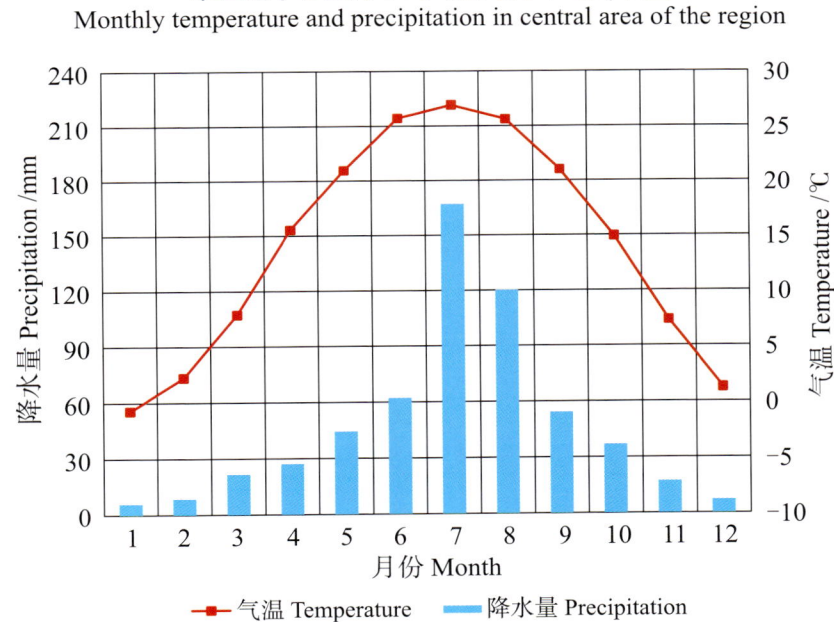

本区域中心区月平均气温与月平均降水量
Monthly temperature and precipitation in central area of the region

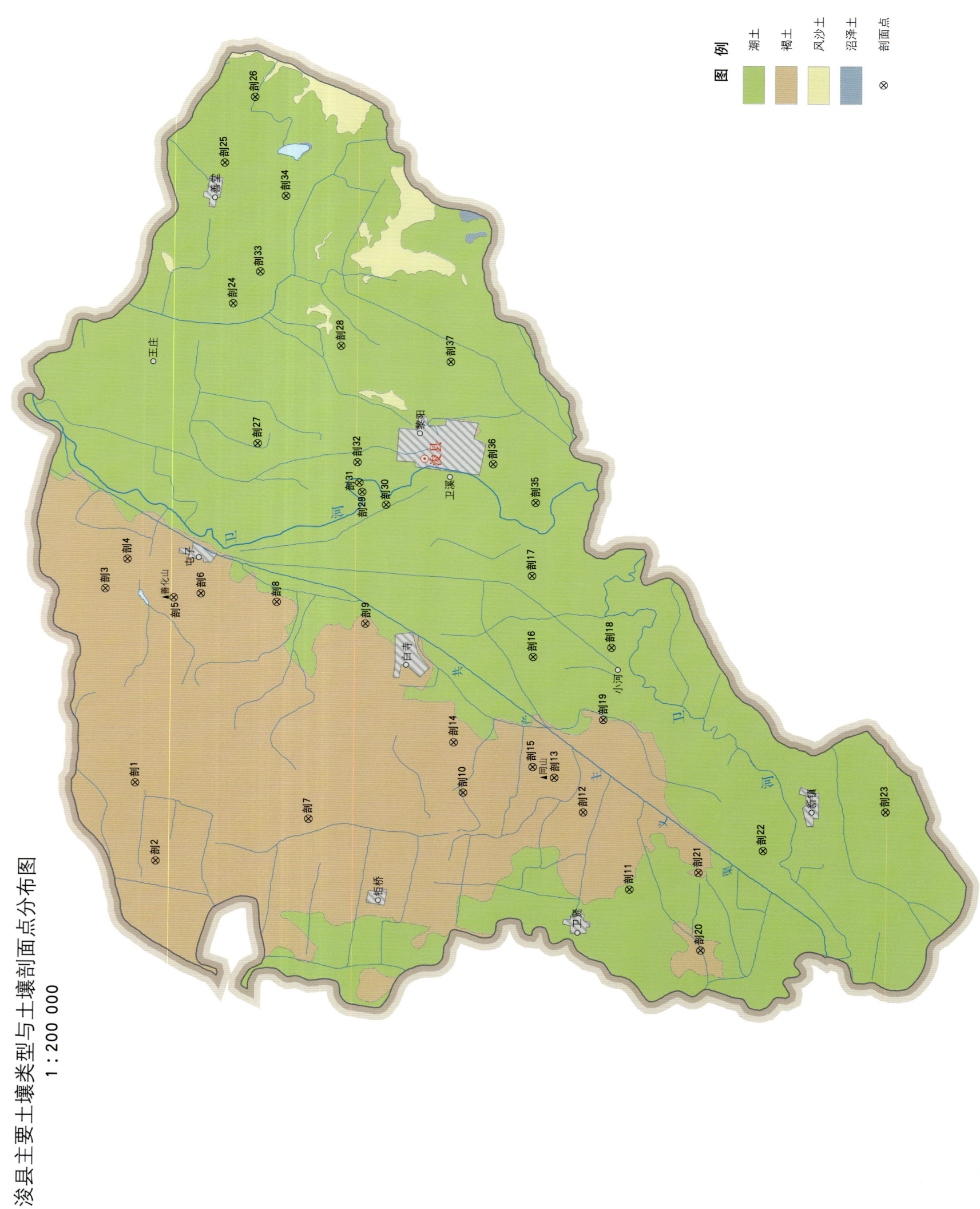

浚县土壤剖面理化性状表

剖面号 Soil profile	土纲 Soil order	土类 Soil great group	亚类 Soil subgroup	土属 Soil genus	土种 Soil species	土层码 Layer code	土层厚度 Depth/cm	颜色 Soil color	质地 Soil texture	土壤结构 Soil structure	pH	有机质 OM/(g/kg)	全氮 TN/(g/kg)	全磷 TP/(g/kg)	阳离子交换量CEC/(cmol/kg)	土壤母质 Parent material	剖面点坐标 Profile coordinate	匹配指数 Matching index/%
剖1	半淋溶土	褐土	潮褐土	潮褐土	潮黑垆土	1	0—13	灰黄色	黏土	块状	8.0	10.4	0.84	0.24	29.8	洪积物、冲积物、坡积物	E 114°21′40.3″ N 35°47′34.1″	98
						2	13—22	灰黄色	黏土	片状	8.3	10.1	0.82	0.21	35.4			
						3	22—57	棕黄色	黏土	块状	8.1	7.9	0.65	0.22	30.1			
						4	57—100	灰褐色	黏土	块状	8.2	9.4	0.68	0.18	32.9			
						5	100—150	浅黄色	黏土	块状	8.4	4.1	0.41	0.29	27.8			
剖2	半淋溶土	褐土	褐土	垆土	红垆土	1	0—17	暗棕色	重壤土	碎块状	7.9	12.8	0.83	0.27	15.4	洪积物、冲积物	E 114°19′12.4″ N 35°46′59.2″	98
						2	17—24	棕色	重壤土	片状	8.1	12.9	0.87	0.21	24.4			
						3	24—45	黄棕色	重壤土	块状	8.2	5.5	0.49	0.18	24.3			
						4	45—60	棕褐色	重壤土	块状	8.1	9.6	0.79	0.15	17.4			
						5	60—136	暗黄棕色	黏土	柱状	8.4	8.7	0.52	0.14	24.4			
剖3	半淋溶土	褐土	褐土	立黄土	赤金土	6	136—150											
						1	0—21	灰黄色	中壤土	碎块状	8.4	8.7	0.57	0.23	17.5	马兰黄土	E 114°27′50.4″ N 35°48′28.8″	98
						2	21—29	灰黄色	中壤土	片状	8.2	8.5	0.52	0.17	20.0			
						3	29—57	黄褐色	重壤土	块状	8.2	9.6	0.56	0.15	21.8			
						4	57—118	浅灰黄色	重壤土	块状	8.2	6.3	0.40	0.12	28.1			
						5	118—150	灰白色	黏土									
剖4	半淋溶土	褐土	潮褐土	黄覆潮褐土	厚覆潮褐土	1	0—24	灰黄色	中壤土	块状、碎块状	8.0	11.8	0.73	0.24	17.5	上部是冲积性黄土覆盖物，下部是洪积物	E 114°28′48.0″ N 35°47′57.1″	95
						2	24—30	浅黄色	中壤土	片状	8.0	11.1	0.74	0.25	17.4			
						3	30—57	褐色	黏土	柱状	7.9	14.1	0.94	0.20	25.1			
						4	57—89	褐色	重壤土	碎屑状	8.0	12.2	0.87	0.10	21.8			
						5	89—150	浅灰黄色	中壤土	块状	8.2	7.1	0.51	0.11	17.4			
剖5	半淋溶土	褐土	褐土性土	灰石土	薄层灰岩土	1	0—5	灰黄色	中壤土	核状	8.0	20.3	1.59	0.27	20.8	石灰岩风化残积物	E 114°27′36.4″ N 35°46′49.8″	97
						2	5—20	灰黄色	中壤土	核状	8.1	19.8	1.47	0.27	21.1			
						3	20—											
剖6	半淋溶土	褐土	石灰性褐土	白面土	白面土	1	0—27	浅灰黄色	中壤土	碎块状	8.3	9.2	0.51	0.22	15.8	黄土	E 114°27′46.8″ N 35°46′05.2″	93
						2	27—50	浅灰黄色	中壤土	块状	8.3	2.7	0.24	0.18	18.1			
						3	50—150	灰黄色	中壤土	块状	8.3	3.8	0.31	0.22	14.3			
剖7	半淋溶土	褐土	褐土	垆土	黑垆土	1	0—23	灰黄色	重壤土	碎块状	8.2	6.7	0.87	0.17	29.8	洪积物、冲积物、坡积物	E 114°20′42.4″ N 35°43′12.0″	97
						2	23—30	棕黄色	重壤土	片状	8.4	5.1	0.60	0.20	25.3			
						3	30—69	棕黄色	重壤土	块状	8.3	5.8	0.48	0.26	23.9			
						4	69—102	棕褐色	重壤土	碎块状	8.5	6.3	0.48	<0.10	21.3			
						5	102—150	棕褐色	重壤土	块状	8.5	5.0	0.30	0.15	22.5			
剖8	半淋溶土	褐土	潮褐土	黄覆潮褐土	深位薄层砂姜薄覆潮褐土	1	0—20	灰黄色	重壤土	块状	8.2	9.5	0.74	0.21	23.3	上部是冲积性黄土覆盖物，下部是洪积物	E 114°27′35.3″ N 35°44′11.0″	95
						2	20—27	灰黄色	中壤土	块状	8.3	7.0	0.51	0.21	22.5			
						3	27—87	褐色	重壤土	柱状	8.2	6.7	0.49	0.13	29.5			
						4	87—150											
剖9	半淋溶土	褐土	潮褐土	潮褐土	深位薄层砂姜潮黑垆土	1	0—27	灰黄色	重壤土	块状	8.1	12.2	0.31	26.8		洪积物、冲积物、坡积物	E 114°26′59.6″ N 35°41′57.1″	99
						2	27—43	浅灰黄色	重壤土	块状	8.2	10.0	1.08	0.26	24.5			
						3	43—86	棕黄色	重壤土	碎块状	8.0	8.2	0.44	0.13	29.8			
						4	86—150											

续表 Continued

剖面号 Soil profile	土纲 Soil order	土类 Soil great group	亚类 Soil subgroup	土属 Soil genus	土种 Soil species	土层码 Layer code	土层厚度 Depth/cm	颜色 Soil color	质地 Soil texture	土壤结构 Soil structure	pH	有机质 OM/(g/kg)	全氮 TN/(g/kg)	全磷 TP/(g/kg)	阳离子交换量CEC/(cmol/kg)	土壤母质 Parent material	剖面点坐标 Profile coordinate	匹配指数 Matching index/%
剖10	半淋溶土	褐土	褐土	立黄土	深位中层砂姜立黄土	1	0—24	灰黄色	中壤土	碎块状	8.2	9.2	0.76	0.23	17.2	马兰黄土	E 114°21′42.5″ N 35°39′21.6″	97
						2	24—30	灰黄色	中壤土	片状	8.3	8.1	0.69	0.20	17.2			
						3	30—68	灰黄色	重壤土	块状	8.4	7.4	0.41	0.12	20.3			
						4	68—150											
剖11	半水成土	潮土	褐潮土	褐土化两合土	褐土化底黏小两合土	1	0—21	灰黄色	轻壤土	碎块状	8.3	9.7	0.74	0.18	10.8	河流冲积物	E 114°18′48.6″ N 35°35′07.1″	97
						2	21—24	灰黄色	轻壤土	片状	8.1	9.2	0.68	0.24	12.4			
						3	24—36	灰黄色	轻壤土	碎褐状	8.1	8.8	0.55	0.24	12.1			
						4	36—115	暗棕色	重壤土	碎肩状	8.2	7.2	0.49	0.25	24.9			
						5	115—150	暗黄色	重壤土	块状	8.1	4.1	0.57	0.38	15.3			
剖12	半淋溶土	褐土	褐土	立黄土	立黄土	1	0—24	灰黄色	中壤土	碎块状	8.2	7.1	0.57	0.26	11.9	马兰黄土	E 114°21′12.6″ N 35°36′20.5″	98
						2	24—33	灰黄色	中壤土	块状	8.1	5.1	0.47	0.24	10.8			
						3	33—110	棕褐色	重壤土	棱柱状	8.1	7.2	0.63	0.17	19.2			
						4	110—150	浅黄色	重壤土	块状	8.3	3.7	0.53	0.24	18.3			
剖13	半淋溶土	褐土	褐土	垆土	深位薄层砂姜黑垆土	1	0—16	灰黄色	中壤土	碎块状	8.0	9.5	0.80	0.23	24.0	洪积物、冲积物	E 114°22′17.0″ N 35°37′05.9″	97
						2	16—22	灰黄色	重壤土	片状	8.2	7.4	0.81	0.24	23.4			
						3	22—49	棕黄色	重壤土	块状	8.1	7.1	0.79	0.16	24.0			
						4	49—90	棕褐色	黏土	柱状	7.9	6.5	0.75	0.25	24.5			
						5	90—140											
剖14	半淋溶土	褐土	潮褐土	黄覆潮褐土	薄覆潮褐土	1	0—17	灰黄色	中壤土	块状	8.0	10.8	0.73	0.22	17.9	上部是冲积性黄土覆盖物，下部是洪积物	E 114°23′17.9″ N 35°39′38.5″	95
						2	17—50	灰黄色	重壤土	柱状	8.2	9.8	0.70	0.14	25.8			
						3	50—110	褐色	重壤土	柱状	8.2	9.2	0.62	0.11	25.5			
						4	110—150	灰白色	重壤土	块状	8.4	7.2	0.58	0.10	17.4			
剖15	半淋溶土	褐土	褐土性	褐土性黄土	厚层褐土性黄土	1	0—24	黄色	中壤土	块状	8.3	4.7	0.59	0.22	28.1	黄土或黄土状母质	E 114°22′36.1″ N 35°37′38.6″	97
						2	24—110	浅黄色	中壤土	块状	8.3	2.1	0.21	0.23	27.3			
						3	110—127	黄色	中壤土	块状	8.3	2.0	0.25	0.18	19.9			
						4	127—150	黄色	重壤土	棱柱状	8.4	4.4	0.38	0.17	27.4			
剖16	半水成土	潮土	黄潮土	淤土	淤土	1	0—21	暗灰黄色	重壤土	碎块状	8.1	11.5	0.79	0.65	23.4	河流冲积物	E 114°26′06.4″ N 35°37′43.7″	97
						2	21—30	暗灰黄色	黏土	块状	8.3	11.4	0.81	0.20	23.4			
						3	30—46	暗棕色	黏土	块状	8.1	11.0	0.76	0.21	22.8			
						4	46—66	浅棕黄色	黏土	块状	8.1	10.4	0.86	0.23	24.2			
						5	66—97	暗黄棕色	中壤土	块状	8.1	8.2	0.73	0.22	22.5			
						6	97—150	暗棕黄色	中壤土	棱柱状	8.2	8.6	0.90	0.27	29.8			
剖17	半水成土	潮土	黄潮土	两合土	底黏两合土	1	0—27	灰黄色	重壤土	碎块状	8.3	6.3	0.57	0.26	15.3	河流冲积物	E 114°28′40.4″ N 35°37′49.4″	97
						2	27—50	浅灰黄色	中壤土	块状	8.3	5.9	0.39	0.29	19.8			
						3	50—74	暗黄棕色	黏土	块状	8.0	7.3	0.91	0.21	23.8			
						4	74—136	浅黄棕色	黏土	柱状	8.1	10.4	0.79	0.23	23.5			
						5	136—150	棕红色	黏土	块状	8.2	4.1	0.38	0.24	17.8			
剖18	半水成土	潮土	黄潮土	两合土	两合土	1	0—20	灰黄色	轻壤土	片状	8.4	10.6	0.61	0.33	12.0	河流冲积物	E 114°26′29.0″ N 35°35′46.7″	97
						2	20—28	灰黄色	中壤土	块状	8.1	5.8	0.33	0.28	13.0			
						3	28—35	浅灰黄色	中壤土	块状	8.2	5.0	0.34	0.35	14.8			
						4	35—90	黄灰黄色	中壤土	块状	8.2	5.4	0.40	0.31	25.0			
						5	90—100	浅灰黄色	轻壤土	块状	8.1	5.2	0.32	0.17	12.0			

续表 Continued

剖面号 Soil profile	土纲 Soil order	土类 Soil great group	亚类 Soil subgroup	土属 Soil genus	土种 Soil species	土层码 Layer code	土层厚度 Depth/cm	颜色 Soil color	质地 Soil texture	土壤结构 Soil structure	pH	有机质 OM/(g/kg)	全氮 TN/(g/kg)	全磷 TP/(g/kg)	阳离子交换量 CEC/(cmol/kg)	土壤母质 Parent material	剖面点坐标 Profile coordinate	匹配指数 Matching index/%
剖19	半淋溶土	褐土	潮褐土	潮褐土	壤质潮褐土	1	0—20	灰黄色	中壤土	碎块状	8.2	6.6	0.63	0.30	15.4	洪积物、冲积物、坡积物	E 114° 24′ 10.4″ N 35° 33′ 55.3″	98
						2	20—30	灰黄色	轻壤土	片状	8.1	6.0	0.60	0.21	8.1			
						3	30—72	浅灰黄色	轻壤土	碎块状	8.3	5.4	0.50	0.23	10.8			
						4	72—106	灰黄色	中壤土	扰柱状	8.3	5.4	0.30	0.24	12.0			
						5	106—150	浅黄色	中壤土	碎块状	8.1	2.1	0.23	0.26	13.1			
剖20	半淋溶土	褐土	潮褐土	岗潮褐土	壤质岗潮褐土	1	0—26	暗黄色	轻壤土	片状	8.1	8.0	0.56	0.23	13.1		E 114° 16′ 57.0″ N 35° 33′ 16.9″	97
						2	26—33	灰黄色	轻壤土	片状	8.1	7.2	0.45	0.26	20.8			
						3	33—83	灰黄色	轻壤土	碎块状	8.2	4.3	0.34	0.25	10.3			
						4	83—150	棕黄色	中壤土	块状、碎块状	8.2	4.8	0.34	0.18	10.5			
剖21	半淋溶土	褐土	黄褐土	潮褐土	潮红褐土	1	0—18	浅黄色	重壤土	片状	8.0	9.9	0.82	0.23	23.5	河流冲积物	E 114° 19′ 25.3″ N 35° 33′ 24.1″	97
						2	18—23	棕黄色	重壤土	片状	8.0	7.1	0.74	0.23	27.5			
						3	23—50	棕黄色	重壤土	块状	8.2	5.1	0.61	0.26	20.1			
						4	50—80	黄棕色	重壤土	块状	8.2	4.7	0.51	0.22	28.1			
						5	80—150	浅棕黄色	中壤土	块状	8.2	4.5	0.50	0.17	29.5			
剖22	半水成土	潮土	褐潮土	两合土	小两合土	1	0—18	灰黄色	中壤土	碎块状	8.1	6.1	0.40	0.26	7.5	河流冲积物	E 114° 20′ 10.7″ N 35° 31′ 48.7″	97
						2	18—25	灰黄色	砂壤土	片状	8.2	4.1	0.35	0.26	13.0			
						3	25—54	浅棕黄色	砂壤土	碎块状	8.2	5.0	0.39	0.33	19.5			
						4	54—69	黄棕色	轻壤土	碎屑状	8.6	5.1	0.40	0.18	10.3			
						5	69—90	棕黄色	重壤土	块状	8.1	4.0	0.23	0.21	9.9			
						6	90—150	灰黄色	中壤土	块状	8.1	8.9	0.60	0.21	21.6			
剖23	半水成土	潮土	褐潮土	褐土化两合土	褐土化底砂两合土	1	0—18	灰黄色	中壤土	碎块状	8.1	6.8	0.69	0.41	14.2	河流冲积物	E 114° 21′ 32.0″ N 35° 28′ 47.3″	98
						2	18—22	灰黄色	中壤土	片状	8.3	6.5	0.60	0.31	13.7			
						3	22—36	棕黄色	中壤土	片状	8.3	4.7	0.39	0.40	12.5			
						4	36—77	浅棕黄色	中壤土	碎屑状	8.4	4.5	0.48	0.45	15.8			
						5	77—120	灰黄色	砂壤土	碎屑状	8.1	<1.0	0.14	0.31	4.7			
						6	120—140	浅棕黄色	砂壤土	碎屑状	8.1	4.7	0.36	0.30	13.8			
						7	140—150	浅灰黄色	黏土	片状	8.1	2.5	0.50	0.24	17.5			
剖24	半水成土	潮土	褐潮土	褐土化砂土	褐土化腰壤砂壤	1	0—20	灰黄色	中壤土	块状	8.2	6.7	0.44	0.31	5.3	河流冲积物	E 114° 21′ 01.6″ N 35° 45′ 31.3″	97
						2	20—24	黄棕色	砂壤土	片状	8.3	5.3	0.47	0.25	5.5			
						3	24—44	棕黄色	轻壤土	块状	8.2	3.4	0.37	0.27	6.4			
						4	44—74	红棕色	中壤土	块状	8.2	5.1	0.45	0.24	16.4			
						5	74—150	浅棕黄色	中壤土	单粒状	8.2	3.2	0.17	0.21	3.1			
剖25	半水成土	潮土	黄潮土	淤土	体砂淤土	1	0—20	灰黄色	黏土	块状	8.4	9.1	0.82	0.45	20.7	河流冲积物	E 114° 41′ 31.2″ N 35° 45′ 50.0″	95
						2	20—26	黄棕色	黏土	块状	8.3	8.9	0.71	0.31	28.1			
						3	26—38	棕黄色	黏土	块状	8.2	8.6	0.90	0.31	28.5			
						4	38—150	灰黄色	松砂土	单粒状	8.2	<1.0	<0.10	0.21	3.6			
剖26	半水成土	潮土	黄潮土	砂土	体壤砂土	1	0—20	灰黄色	松砂土	单粒状	8.1	5.5	0.30	0.22	5.5	河流冲积物	E 114° 43′ 37.6″ N 35° 45′ 07.2″	97
						2	20—28	浅灰黄色	松砂土	碎块状	8.4	5.0	0.26	0.29	4.1			
						3	28—50	棕黄色	轻壤土	块状	8.2	3.0	0.20	0.25	2.5			
						4	50—150	灰黄色	轻壤土	碎块状	8.3	2.4	0.20	0.32	17.4			
剖27	半水成土	潮土	盐化潮土	盐化潮土	轻盐底黏小两合土	1	0—5	灰黄色	轻壤土	块状	8.1	6.1	0.36	0.29	10.1	河流冲积物	E 114° 32′ 37.0″ N 35° 44′ 47.8″	99
						2	5—10	灰黄色	中壤土	块状	8.0	2.1	0.31	0.24	9.1			
						3	10—20	棕褐色	中壤土	块状	8.2	3.3	0.28	0.37	10.8			
						4	20—30	棕黄色	轻壤土	碎块状	8.5	3.6	0.30	0.26	10.2			
						5	30—72	灰黄色	中壤土	块状	8.0	4.4	0.28	0.21	8.5			
						6	72—180	棕褐色	重壤土	块状	8.2	3.6	0.17	0.25	18.1			

剖面号 Soil profile	土纲 Soil order	土类 Soil great group	亚类 Soil subgroup	土属 Soil genus	土种 Soil species	土层码 Layer code	土层厚度 Depth/cm	颜色 color	质地 Soil texture	土壤结构 Soil structure	pH	有机质 OM/(g/kg)	全氮 TN/(g/kg)	全磷 TP/(g/kg)	阳离子交换量CEC/(cmol/kg)	土壤母质 Parent material	剖面点坐标 Profile coordinate	匹配指数 Matching index/%
剖28	半水成土	潮土	褐潮土	褐土化砂土	褐土化底黏砂壤土	1	0—20	灰黄色	砂壤土	碎块状	8.1	7.8	0.48	0.34	8.5	河流冲积物	E 114° 35′ 47.4″ N 35° 42′ 47.2″	97
						2	20—28	灰黄色	砂壤土	片状	8.3	4.3	0.22	0.30	7.2			
						3	28—70	棕黄色	砂壤土	碎块状	8.1	4.0	0.27	0.29	7.2			
						4	70—100	红棕色	重壤土	块状	8.2	8.2	0.60	0.31	19.2			
						5	100—115	浅灰黄色	黏土	块状、碎块状	8.1	3.5	0.29	0.29	11.3			
						6	115—150	灰黄色	黏土	块状	8.1	7.0	0.37	0.35	13.2			
剖29	半水成土	潮土	褐潮土	褐土化砂土	褐土化腰黏砂土	1	0—22	浅灰黄色	松砂土	单粒状	8.3	6.8	0.49	0.33	6.5	河流冲积物	E 114° 31′ 09.8″ N 35° 42′ 08.3″	97
						2	22—32	浅灰黄色	松砂土	块状	8.0	5.8	0.41	0.33	5.1			
						3	32—40	棕黄色	中壤土	片状	8.2	8.1	0.58	0.27	13.1			
						4	40—60	黄棕色	重壤土	块状	8.2	8.2	0.59	0.28	17.2			
						5	60—100	浅黄色	砂壤土	碎块状	8.0	3.1	0.22	0.27	12.3			
剖30	半水成土	潮土	褐潮土	褐土化淤土	褐土化腰淤土	1	0—18	黄灰色	重壤土	块状	8.0	12.8	0.73	0.28	24.0	河流冲积物	E 114° 30′ 46.8″ N 35° 41′ 31.9″	95
						2	18—26	黄灰色	重壤土	片状	8.2	10.8	0.66	0.30	18.6			
						3	26—45	棕灰色	中壤土	碎屑状	8.2	8.9	0.44	0.26	18.3			
						4	45—90	黄棕色	轻壤土	块状、碎块状	8.2	8.5	0.44	0.14	8.5			
						5	90—125	黄棕色	中壤土	片状	8.2	8.0	0.47	0.19	10.0			
剖31	半水成土	潮土	褐潮土	褐土化淤土	褐土化淤土	1	0—21	褐灰色	重壤土	块状	8.1	7.0	0.43	0.30	24.8	河流冲积物	E 114° 31′ 27.5″ N 35° 42′ 13.0″	97
						2	21—31	灰棕色	重壤土	块状	8.2	6.6	0.67	0.30	25.0			
						3	31—71	黄棕色	重壤土	片状	8.4	8.1	0.68	0.25	21.1			
						4	71—100	黄棕色	中壤土	块状	7.9	9.2	0.64	0.22	29.3			
						5	100—150	棕黄色	中壤土	块状	8.3	4.7	0.51	0.22	25.2			
剖32	半水成土	潮土	脱潮土	脱潮泥土	底黏脱潮两合土	A₁₁	0—25	黄棕色	黏壤土	小块状	8.4	7.5	0.43	0.20	21.3	河流冲积壤质沉积物	E 114° 32′ 06.4″ N 35° 42′ 16.9″	81
						Ck	25—65	浊黄黄色	壤土	大块状	8.0	10.9	0.71	0.17	18.3			
						Cu	65—100	浊黄棕色	壤质黏土	碎块状	8.1	10.7	0.68	0.17	17.2			
剖33	半水成土	潮土	褐潮土	褐土化砂土	褐土化砂土	1	0—20	灰黄色	砂壤土	碎块状	8.2	9.7	0.54	0.14	21.5	河流冲积物	E 114° 32′ 06.4″ N 35° 42′ 16.9″	97
						2	20—25	浊黄黄色	砂壤土	碎块状	8.3	3.3	0.19	0.28	14.5			
						3	25—65	灰黄色	砂壤土	碎块状	8.1	2.0	0.21	0.27	5.3			
						4	65—75	棕黄色	重壤土	块状	8.0	2.1	0.16	0.35	5.5			
						5	75—150	浅灰黄色	松砂土	单粒状	8.3	6.4	0.41	0.27	17.8			
剖34	半水成土	潮土	褐潮土	褐土化两合土	褐土化两合土	1	0—20	灰灰色	黏壤土	块状	8.0	<1.0	0.15	0.31	5.8	河流冲积物	E 114° 38′ 04.2″ N 35° 44′ 51.7″	97
						2	20—24	灰棕色	中壤土	片状	8.3	11.6	0.80	0.31	8.1			
						3	24—70	灰棕色	轻壤土	碎块状	8.0	10.4	0.73	0.29	9.8			
						4	70—150	红棕色	中壤土	块状	8.1	4.7	0.34	0.36	8.5			
剖35	半水成土	潮土	黄潮土	淤土	夹壤淤土	1	0—25	灰黄色	黏土	块状	8.2	4.3	0.40	0.33	12.4	河流冲积物	E 114° 40′ 30.7″ N 35° 44′ 16.4″	98
						2	25—34	黄棕色	黏土	块状	8.2	12.2	0.76	0.21	18.9			
						3	34—46	红棕色	黏土	块状	8.3	8.7	0.73	0.27	19.5			
						4	46—62	灰棕色	轻壤土	块状	8.2	10.0	0.42	0.24	20.5			
						5	62—82	红棕色	黏土	块状	8.2	5.3	0.69	0.28	13.0			
						6	82—100	灰棕色	黏土	块状	8.2	9.5	0.59	0.25	18.5			
						7	100—150	浅黄棕色	黏土	块状	8.3	9.3	0.69	0.16	25.8			
剖36	半水成土	潮土	黄潮土	砂土	底黏砂壤土	1	0—20	灰黄色	砂壤土	碎块状	8.2	10.9	0.77	0.28	26.7	河流冲积物	E 114° 32′ 10.7″ N 35° 38′ 53.5″	97
						2	20—24	灰棕色	砂壤土	片状	8.4	7.7	0.55	0.43	5.8			
						3	24—60	黄棕色	砂壤土	碎块状	8.3	6.7	0.47	0.34	6.4			
						4	60—150	红棕色	重壤土	块状	8.2	3.1	0.28	0.25	9.0			
												6.2	0.36	0.29	28.7			

续表 Continued

剖面号 Soil profile	土纲 Soil order	土类 Soil great group	亚类 Soil subgroup	土属 Soil genus	土种 Soil species	土层码 Layer code	土层厚度 Depth/cm	颜色 Soil color	质地 Soil texture	土壤结构 Soil structure	pH	有机质 OM/(g/kg)	全氮 TN/(g/kg)	全磷 TP/(g/kg)	阳离子交换量 CEC/(cmol/kg)	土壤母质 Parent material	剖面点坐标 Profile coordinate	匹配指数 Matching index/%
剖37	半水成土	潮土	褐潮土	褐土化两合土	褐土化腰黏两合土	1	0—19	黄棕色	中壤土	块状	8.2	11.0	0.65	0.26	10.5	河流冲积物	E 114°35′23.1″ N 35°40′01.7″	95
						2	19—28	暗黄棕色	中壤土	片状	8.2	7.5	0.81	0.35	10.8			
						3	28—60	暗棕色	重壤土	块状	8.2	9.1	0.36	0.29	16.3			
						4	60—98	红棕色	黏土	核柱状	8.0	7.8	0.67	0.22	21.2			
						5	98—150	棕红色	黏土	块状	8.3	7.7	0.49	0.28	24.7			

淇 县

主要土类说明

褐土是淇县主要土壤类型，占本县地域面积的89%，分布在海拔70m以上的浅山、丘陵、山前洪积平原上。褐土的特点是剖面中的碳酸钙及黏粒均有不同程度的淋溶与淀积。由于人为垦殖、耕作、施肥等，除非耕地外的褐土都具备较明显的熟化层。按其形成条件、形成过程及属性，本县褐土分为褐土、石灰性褐土、潮褐土和褐土性土等亚类。其中，褐土亚类占本土类面积的30%左右，主要发生层次是腐殖质层、黏化层、钙积层和母质层。褐土性土占本土类面积的54%左右，土层发生层次不明显。潮褐土亚类占本土类面积的7%左右，发生层次有耕作层、钙积层和氧化还原层。石灰性褐土亚类的主要发生层次是腐殖质层、钙积层和母质层。

潮土是淇县第二大土壤类型，占本县地域面积的8%，分布在本县东南的淇河下游西岸和境内季节性河流思德河以东的地区，包括西岗镇和北阳镇的东南坡洼区。潮土是发育在近代河流冲积物上，受地下水活动影响，经人为耕作熟化形成的农业土壤。根据水文地质条件对土壤发育的影响，本县潮土分为黄潮土和褐潮土等亚类，其中黄潮土面积较大。

本区域中心区气候特征

本区域中心区气候特征值
Regional climate characteristics in central area of the region

气候带：暖温带亚湿润气候 Climate region: Warm temperate subhumid climate	
年平均气温 /℃ Annual average temperature /℃	14.0
年平均最高气温 /℃ Annual average maximum temperature /℃	19.7
年平均最低气温 /℃ Annual average minimum temperature /℃	9.1
年降水量 /mm Annual precipitation /mm	577
≥10℃的积温 /℃ Daily temperature accumulated in a year (≥10℃) /℃	5144
年日照时数 /h Annual sunshine /h	2243
年平均相对湿度 /% Annual average relative humidity /%	66
干燥度 Dryness	1.44

本区域中心区月平均气温与月平均降水量
Monthly temperature and precipitation in central area of the region

淇县主要土壤类型与土壤剖面点分布图
1∶130 000

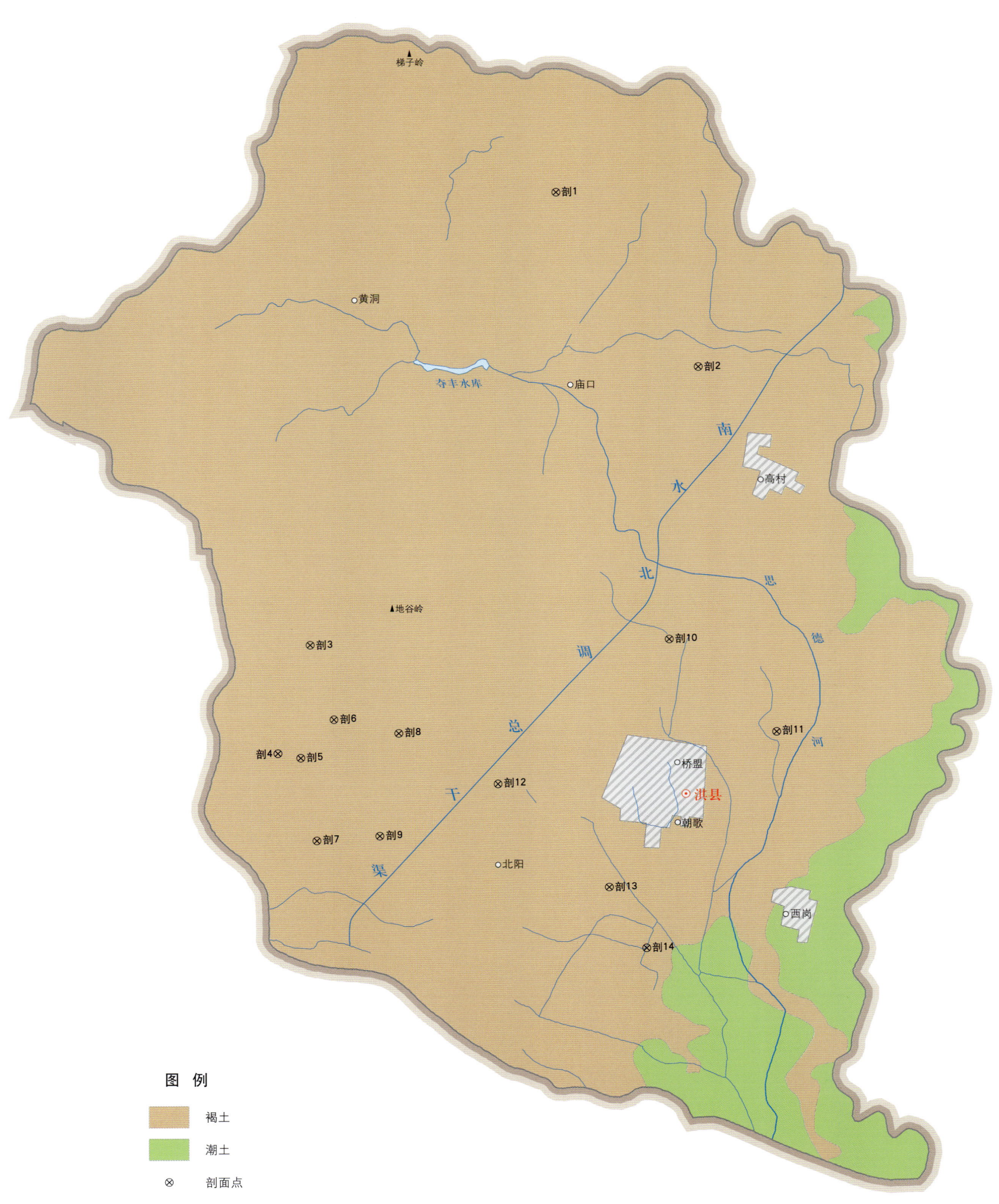

图 例
- 褐土
- 潮土
- ⊗ 剖面点

淇县土壤剖面理化性状表

剖面号 Soil profile	土纲 Soil order	土类 Soil great group	亚类 Soil subgroup	土属 Soil genus	土种 Soil species	土层构 Layer code	土层厚度 Depth/cm	颜色 Soil color	质地 Soil texture	土壤结构 Soil structure	pH	有机质 OM/(g/kg)	全氮 TN/(g/kg)	全磷 TP/(g/kg)	阳离子交换量CEC/(cmol/kg)	土壤母质 Parent material	剖面点坐标 Profile coordinate	匹配指数 Matching index/%
剖1	半淋溶土	褐土	褐土性	褐土性红土	厚层褐土性红土	1	0~26	灰黄色	重壤土	粒状	8.0	16.4	1.10	1.16	19.6	保德红土和离石风成黄土	E 114°09′21.2″ N 35°46′00.5″	95
剖2	半淋溶土	褐土	石灰性褐土	白面土	白面土	2	26~75	棕红色	重壤土	碎块状	8.2	7.2	0.61	0.85	17.8	风成黄土或黄土状母质	E 114°12′11.5″ N 35°43′14.2″	93
						3	75~100	棕褐色	中壤土	碎块状	8.0	11.1	0.72	1.01	17.7			
剖3	半淋溶土	褐土	褐土性	灰石土	中砾质薄层灰石土	1	0~30	浅灰色	中壤土	粒状	7.9	12.6	0.94	0.94	17.5	石灰岩风化物	E 114°04′52.7″ N 35°38′31.6″	95
						2	30~65	浅黄色	中壤土	块状	8.2	6.4	0.75	0.75	13.5			
						3	65~100	浅黄色	重壤土	棱块状	8.2	5.4	0.62	1.22	13.4			
剖4	半淋溶土	褐土	褐土性	山地砾砂土	薄层山砂土	1	0~20	棕色	重壤土	粒状	8.0	7.8	0.45	1.64	8.0	花岗岩和石灰岩混合风化物	E 114°04′19.2″ N 35°36′44.6″	75
						2	20~											
							31~											
剖5	半淋溶土	褐土	褐土性	山地砾砂土	中质厚层山砂土	1	0~32	黄灰色	轻壤土	粒状	8.1	11.6	0.61	1.29	12.7	花岗岩和石灰岩混合风化物	E 114°04′45.5″ N 35°36′40.7″	75
						2	32~73	棕褐色	轻壤土	粒状	8.0	5.0	0.44	1.04	9.2			
						3	73~100	棕褐色	中壤土	块状	8.1	9.9	0.59	0.91	12.4			
剖6	半淋溶土	褐土	褐土性	淡石土	中砾质薄层淡石土	1	0~16	棕色	中壤土	无结构	8.0	17.9	1.19	1.34	20.3	酸性岩类风化残积物、坡积物	E 114°05′22.6″ N 35°37′19.2″	95
						2	16~											
剖7	半淋溶土	褐土	褐土性	褐土性黄土	中层褐土性黄土	1	0~37	灰黄色	中壤土	块状	8.0	10.7	0.75	0.81	19.1	洪积物	E 114°05′06.7″ N 35°35′20.4″	97
						2	37~56	黄棕色	黏土	块状	8.1	6.4	0.69	0.50	29.8			
						3	56~100											
剖8	半淋溶土	褐土	褐土性	褐土性黄土	少砾质厚层褐土性黄土	1	0~20	棕黄色	重壤土	块状	7.8	25.5	1.45	1.64	21.6	洪积物	E 114°06′37.8″ N 35°37′07.3″	97
						2	20~55	棕色	中壤土	块状	8.0	14.6	0.95	1.04	22.1			
						3	55~100	棕色	中壤土	块状	8.1	9.6	0.66	1.06	27.1			
剖9	半淋溶土	褐土	褐土性	褐土性黄土	厚层褐土性黄土	1	0~21	灰黄色	重壤土	粒状	7.9	20.7	1.16	1.06	17.8	洪积物	E 114°06′19.4″ N 35°35′26.5″	97
						2	21~46	黄灰色	中壤土	粒状	8.0	15.7	0.90	0.96	22.8			
						3	46~100	灰黄色	中壤土	粒状	8.1	25.0	1.45	1.17	19.0			
剖10	半淋溶土	褐土	褐土	立黄土	赤金土	1	0~22	浅黄色	中壤土	粒状	8.2	11.0	0.74	1.14	15.8	黄土	E 114°11′47.0″ N 35°38′47.0″	95
						2	22~67	棕黄色	中壤土	块状	8.2	8.5	0.59	1.11	18.4			
						3	67~100	灰黄色	中壤土	块状	8.1	6.7	0.55	1.08	15.4			
剖11	半淋溶土	褐土	潮褐土	潮褐土	壤质潮褐土	1	0~20	浅灰黄色	中壤土	块状	8.3	10.5	0.63	1.42	13.7	洪积物	E 114°13′53.8″ N 35°37′18.8″	98
						2	20~48	棕黄色	中壤土	块状	8.4	5.4	0.37	1.08	12.2			
						3	48~100	灰黄色	中壤土	块状	8.4	3.9	0.26	0.91	11.4			
剖12	半淋溶土	褐土	褐土性	山地砾砂土	多砾质薄层山砂土	1	0~20	灰白色	砂壤土	小粒状	8.3	1.8	0.15	1.46	5.2	花岗岩和石灰岩混合风化物	E 114°08′34.1″ N 35°36′20.5″	95
						2	20~											
剖13	半淋溶土	褐土	褐土性	灰石土	多砾质薄层灰石土	1	0~10	棕黄色	重壤土	粒状	8.2	16.9	1.18	0.79	7.4	石灰岩风化物	E 114°10′45.5″ N 35°34′42.2″	93
						2	20~45	棕黄色	黏土	棱柱状	8.2	11.0	0.69	1.13	18.2			
剖14	半淋溶土	褐土	潮褐土	潮褐土	黑底潮圹土	1	0~20	灰黄色	黏土	粒状	8.2	8.2	0.52	1.05	13.8	洪积物	E 114°11′30.3″ N 35°33′43.9″	96
						2	20~45	棕黄色	黏土	棱柱状	8.2	8.2	0.52	1.05	13.8			
						3	45~100	灰褐色	黏土	棱柱状	8.1	10.1	0.60	0.96	13.7			

新 乡 市

市 辖 区

主要土类说明

褐土是新乡市主要土壤类型，占本市地域面积的 41%。褐土是具有黏化与钙质淋移淀积过程的土壤，具 A–B–Bk–C 剖面构型。该土壤盐基饱和，处于硅铝风化阶段，有明显黏淀层与假菌丝状钙积层，B 层呈棕褐色，pH 为 7.0—7.5，盐基饱和在 80% 以上。

潮土是新乡市第二大土壤类型，占本市地域面积的 27%。潮土地下水位浅，潜水参与成土过程。在潮土成土过程中，底土氧化还原交替作用，形成锈色斑纹和小型铁子。在长期耕作条件下，表层有机质含量为 10—15g/kg。

粗骨土是新乡市第三大土壤类型，占本市地域面积的 3%。粗骨土属于 A–C 型，甚至（A）–C 型土壤。A 层发育不明显，与母质土层性状相似，略显有机质累积。有时母质层富含砾石，甚少剖面分异与发育特征。

小于本市地域面积 3% 的土壤类型还有砂姜黑土等。

本区域中心区气候特征

本区域中心区气候特征值
Regional climate characteristics in central area of the region

气候带：暖温带亚湿润气候 Climate region: Warm temperate subhumid climate	
年平均气温 /℃ Annual average temperature /℃	14.0
年平均最高气温 /℃ Annual average maximum temperature /℃	19.8
年平均最低气温 /℃ Annual average minimum temperature /℃	9.0
年降水量 /mm Annual precipitation /mm	582
≥ 10℃的积温 /℃ Daily temperature accumulated in a year (≥ 10℃) /℃	5137
年日照时数 /h Annual sunshine /h	2234
年平均相对湿度 /% Annual average relative humidity /%	66
干燥度 Dryness	1.43

本区域中心区月平均气温与月平均降水量
Monthly temperature and precipitation in central area of the region

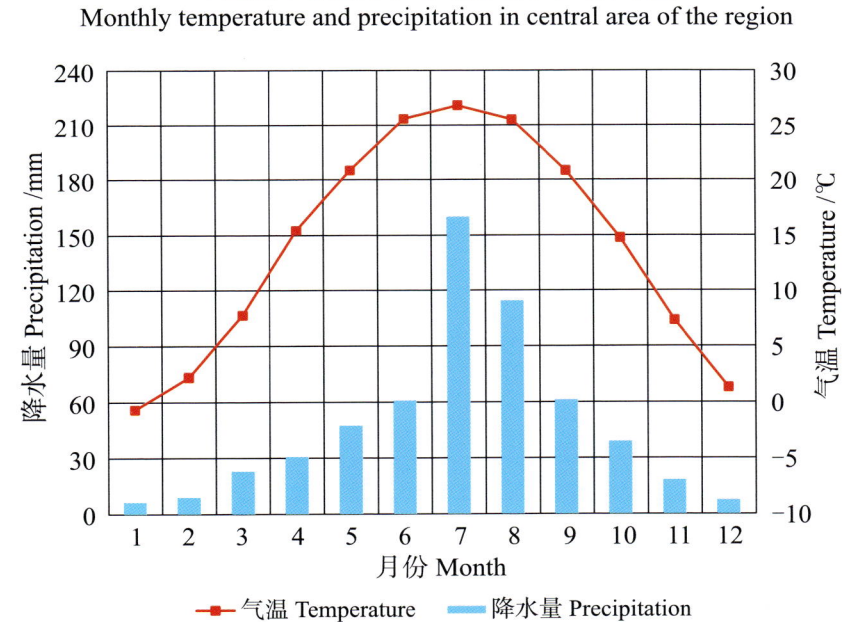

新乡市市辖区主要土壤类型与土壤剖面点分布图
1：80 000

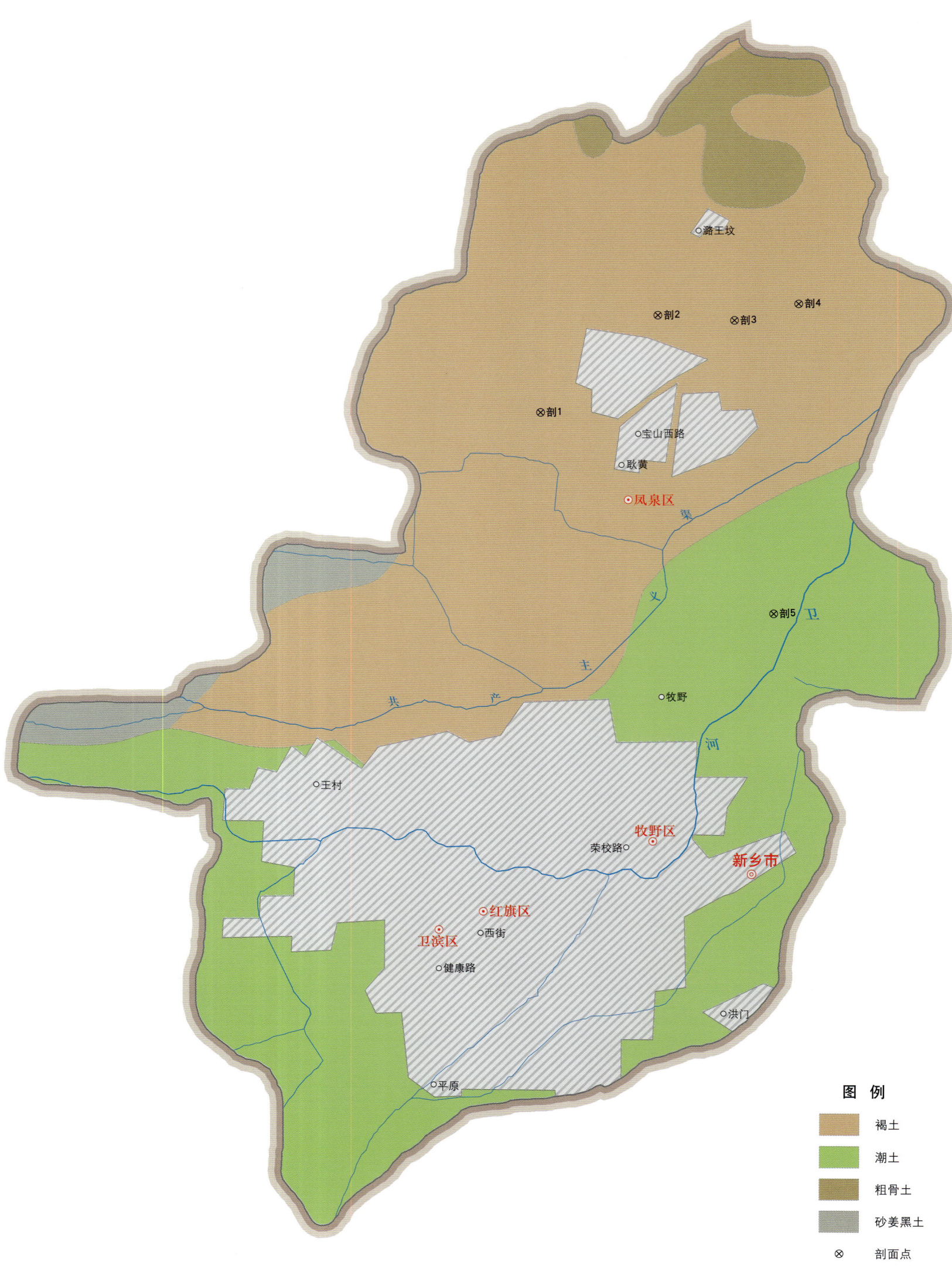

新乡市土壤剖面理化性状表

剖面号 Soil profile	土纲 Soil order	土类 Soil great group	亚类 Soil subgroup	土属 Soil genus	土种 Soil species	土层码 Layer code	土层厚度 Depth/cm	颜色 Soil color	质地 Soil texture	土壤结构 Soil structure	pH	有机质 OM/(g/kg)	全氮 TN/(g/kg)	全磷 TP/(g/kg)	阳离子交换量CEC/(cmol/kg)	土壤母质 Parent material	剖面点坐标 Profile coordinate	匹配指数 Matching index/%
剖1	半淋溶土	褐土	潮褐土	潮垆土	潮红垆土	1	0—25	红褐色	轻黏土	碎块状	8.4	34.7	0.94	1.35	14.0	冲积物、洪积物	E 113°52′52.7″ N 35°23′13.6″	75
						2	25—67	红褐色	中黏土	块状	8.5	11.7	0.67	1.06	22.2			
						3	67—100	红褐色	轻黏土	块状	8.5	7.3	0.92	1.09	18.1			
剖2	半淋溶土	褐土	潮褐土	潮垆土	黏质鸡粪土	1	0—23	灰褐色		碎块状	8.5	16.9	0.64	2.14	14.3	冲积物、洪积物	E 113°54′18.4″ N 35°24′10.4″	75
						2	23—58	黄褐色		块状	8.6	10.6	0.59	2.11	16.0			
						3	58—100	灰黑色		块状	8.6	17.5		1.17	15.3			
剖3	半淋溶土	褐土	褐土性土	灰石土	薄层灰石渣土	1	0—18	浅黄色		块状	8.3	12.8	0.77	1.39	15.2	石灰岩	E 113°55′13.1″ N 35°24′06.1″	75
						2	18—30	褐黄色		块状	8.2	9.4	0.56	1.34	12.7			
剖4	半淋溶土	褐土	褐土	立黄土	立黄土	1	0—23	暗黄色	重壤土	块状	8.4	18.5	0.79	0.97	16.8	马兰黄土	E 113°55′59.5″ N 35°24′15.1″	75
						2	23—33	褐黄色	重壤土	块状	8.4	18.1	0.78	0.94	16.2			
						3	33—72	浅黄色	重壤土	柱状	8.3	7.5	0.52	0.80	17.2			
						4	72—100	褐黄色		柱状	8.3	9.2	0.62	0.68	19.8			
剖5	半水成土	潮土	黄潮土	淤土	淤土	1	0—25	灰褐色	轻黏土	块状	8.4	19.8	1.14	1.41	21.1	河流冲积物	E 113°55′35.4″ N 35°21′07.6″	95
						2	25—35	黄褐色	中黏土	块状	8.4	12.3	0.82	1.16	21.4			
						3	70—80	红褐色	中黏土	块状	8.2	11.0	0.70	1.20	21.0			

新 乡 县

主要土类说明

潮土是新乡县主要土壤类型，占本县地域面积的 92%，除合河乡外，本县其余乡镇均有分布。本县潮土发育在冲积物、洪积物母质上。由于黄河多次泛滥、改道，加之流水速度对冲积物的分选作用，在主流和股流所经过的地方分布着砂土，远离主流的慢流和静水处分布着淤土，两者之间为两合土，因此形成了潮土表层质地复杂和剖面质地层次明显以及厚度不一的特征。地下水位较高，埋深一般在 1.5—3.0m，如耕作不当，易造成土壤盐碱化。一般地势低洼，排水不畅，地下水直接参与成土过程，夏季土壤毛管水移动活跃时可接近地表，因而有明显的夜潮现象。土壤地下水位的变幅，随季节干湿的变化而异，由于地下水升降频繁，加剧了土壤中干湿交替作用的进行，土壤氧化还原交替发生，促进了土壤物质的溶解、移动和积聚。特别是铁，湿时还原移动增强，干时氧化淀积显著，因而在剖面结构的心土层普遍形成锈色斑纹。母质富含碳酸钙，剖面通体石灰反应强烈，pH 在 7.5 以上，有机质、氮素含量低，速效磷缺乏，而速效钾较为丰富。土壤表层颜色较浅，多为灰黄色或灰褐色。本县潮土分为黄潮土、褐潮土、盐化潮土、湿潮土等亚类。其中黄潮土亚类具有潮土的一般特征，是本县潮土的主要亚类，占本土类面积的 68% 左右，也是本县的主要农业土壤。褐潮土均分布在地势较高的黄河高滩部位，受地下水的影响很小，土体在耕作层以下有碳酸钙假菌丝体沉积，有微弱的黏化胶膜发育，是潮土向褐土过渡的一个类型。盐化潮土和湿潮土分布在黄河大堤以北的背河洼地及黄河故道的河床洼地或低平地，其形成主要受地下水的影响，表土受水盐运动规律的支配，造成积盐过程。由于水文地质条件的不同，地表积盐种类也有差异，土壤可溶性盐含量一般在 0.2% 以下。盐分垂直分布，上多下少，呈"丁"字形，距黄河故堤近的部位多为碳酸盐和重碳酸盐，而距故堤远的部位多为硫酸盐和氯化物。

小于本县地域面积 3% 的土壤类型还有风沙土、水稻土、褐土等。

本区域中心区气候特征

本区域中心区气候特征值
Regional climate characteristics in central area of the region

气候带：暖温带亚湿润气候 Climate region: Warm temperate subhumid climate	
年平均气温 /℃ Annual average temperature /℃	14.1
年平均最高气温 /℃ Annual average maximum temperature /℃	19.8
年平均最低气温 /℃ Annual average minimum temperature /℃	9.1
年降水量 /mm Annual precipitation /mm	591
≥10℃的积温 /℃ Daily temperature accumulated in a year (≥10℃) /℃	5159
年日照时数 /h Annual sunshine /h	2230
年平均相对湿度 /% Annual average relative humidity /%	66
干燥度 Dryness	1.42

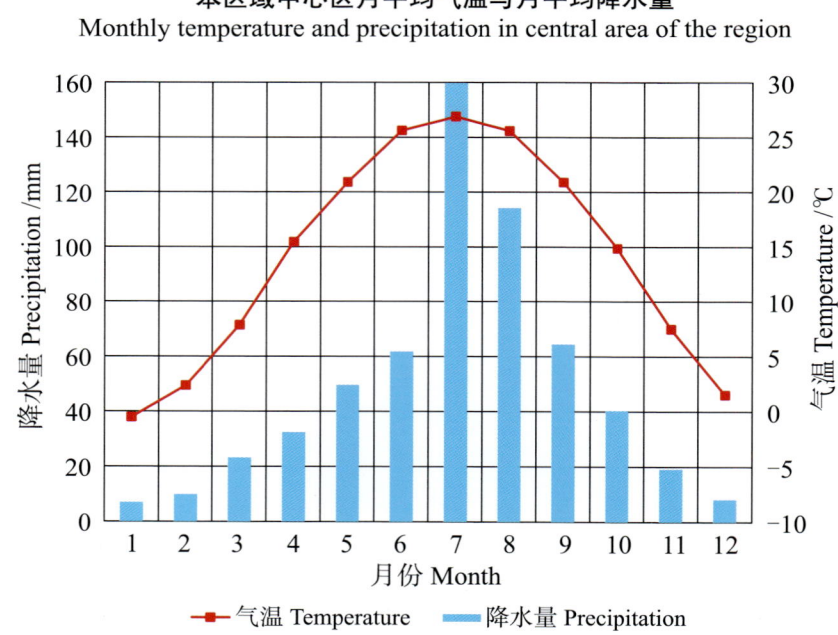

本区域中心区月平均气温与月平均降水量
Monthly temperature and precipitation in central area of the region

新乡县主要土壤类型与土壤剖面点分布图
1∶140 000

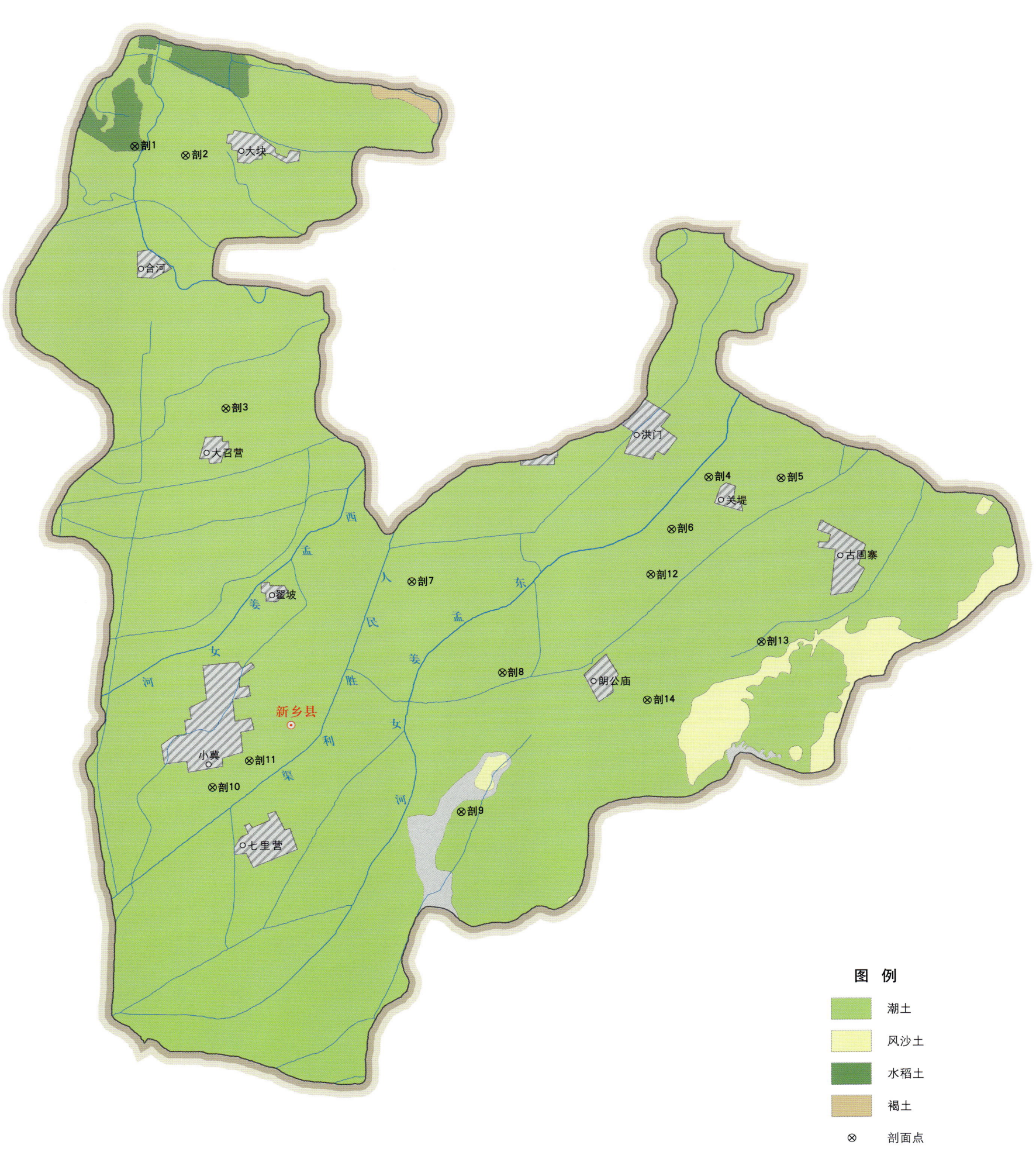

新乡县土壤剖面理化性状表

剖面号 Soil profile	土纲 Soil order	土类 Soil great group	亚类 Soil subgroup	土属 Soil genus	土种 Soil species	土层码 Layer code	土层厚度 Depth/cm	颜色 Soil color	质地 Soil texture	土壤结构 Soil structure	pH	有机质 OM/(g/kg)	全氮 TN/(g/kg)	全磷 TP/(g/kg)	阳离子交换量 CEC/(cmol/kg)	土壤母质 Parent material	剖面点坐标 Profile coordinate	匹配指数 Matching index/%
剖1	人为土	水稻土	潜育水稻土	潮土性潜育水稻土	深位薄层青水稻泥田	1	0–18	暗黄棕色	轻黏土	块状	8.1	25.0	1.44	1.49	18.1	河流冲积物	E 113°14′59.3″ N 35°22′05.2″	75
						2	18–60	浅黄棕色	轻黏土	块状	8.2	15.0	0.93	1.20	17.1			
						3	60–85	暗棕色	中黏土	块状	8.4	12.4	0.73	1.00	22.7			
						4	85–100	暗棕色	轻黏土	块状	8.4	7.3	0.42	0.92	24.2			
剖2	半水成土	潮土	黄潮土	脱潴泽潮土	腰黑脱潴泽淤土	1	0–20	褐色	重壤土	块状	8.2	15.4	0.94	1.67	18.9	河流冲积物	E 113°46′02.6″ N 35°21′54.0″	97
						2	20–48	褐色	中壤土	块状	8.3	11.5	0.64	1.24	20.6			
						3	48–100	灰黑色	轻壤土	碎块状	8.4	12.6	0.60	0.99	26.8			
剖3	半水成土	潮土	褐潮土	褐土化两合土	褐土化两合土	1	0–26	褐黄色	中壤土	块状	8.4	10.7	0.62	1.76	10.9	河流冲积物	E 113°46′43.7″ N 35°17′23.3″	95
						2	26–36	棕褐色	中壤土	粒状	8.3	16.7	0.44	1.56	12.1			
						3	36–85	棕褐色	中壤土	块状	8.1	5.4	0.36	1.42	12.6			
						4	85–100	棕褐色	中壤土	块状	8.2	4.7	0.34	1.43	11.4			
剖4	半水成土	潮土	黄潮土	淤土	腰砂淤土	1	0–26	红褐色	重壤土	碎块状	8.3	11.1	0.61	1.33	12.4	河流冲积物	E 113°56′45.6″ N 35°15′54.7″	97
						2	26–75	灰白色	紧砂土	粒状	8.5	1.9	0.17	1.12	3.7			
						3	75–100	红棕色	中壤土	大块状	8.3	6.8	0.53	1.01	22.1			
剖5	半水成土	潮土	褐潮土	褐土化淤土	褐土化淤土	1	0–23	黄褐色	重壤土	块状	8.2	15.5	0.93	1.84	12.3	河流冲积物	E 113°58′16.3″ N 35°15′51.5″	95
						2	23–50	黄褐色	中壤土	块状	8.6	17.7	0.57	1.56	12.0			
						3	50–100	红棕色	砂壤土	粒状	8.3	8.8	0.67	1.31	19.7			
剖6	半水成土	潮土	黄潮土	两合土	体砂两合土	1	0–19	浅黄色	中壤土	碎块状	8.2	8.8	0.57	1.19	9.6	河流冲积物	E 113°55′57.0″ N 35°15′00.4″	97
						2	19–40	黄褐色	中壤土	粒状	8.6	4.5	0.33	1.16	6.5			
						3	40–100	灰黄色	砂壤土	粒状	8.5	2.6	0.21	1.14	5.2			
剖7	半水成土	潮土	湿潮土	湿潮土	壤质湿潮土	1	0–25	暗褐色	中壤土	粒状	8.4	11.3	0.61	1.47	8.1	河流冲积物	E 113°50′29.4″ N 35°14′13.2″	98
						2	25–85	灰黄褐色	中壤土	块状	8.8	8.0	0.47	1.32	7.8			
剖8	半水成土	潮土	褐潮土	褐土化两合土	褐土化小两合土	1	0–30	灰黄褐色	轻壤土	块状	8.5	8.1	0.50	1.50	8.1	河流冲积物	E 113°52′18.8″ N 35°12′33.1″	95
						2	30–75	浅灰褐色	中壤土	块状	8.6	4.1	0.30	1.29	8.2			
						3	75–100	灰黄色	紧砂壤	单粒状	8.8	2.1	0.19	1.29	5.6			
剖9	半水成土	潮土	黄潮土	两合土	体砂小两合土	1	0–25	棕色	中壤土	块状	8.5	8.1	0.49	1.24	6.5	河流冲积物	E 113°51′21.6″ N 35°10′05.5″	97
						2	25–55	褐灰褐色	轻黏土	核状	8.3	7.3	0.53	1.23	20.6			
						3	55–100	灰黄色	紧砂壤	粒状	9.3	7.4	0.50	1.25	11.6			
剖10	半水成土	潮土	褐潮土	褐土化两合土	褐土化底砂小两合土	1	0–20	灰黄褐色	轻壤土	粒状	8.4	9.3	0.59	1.23	9.5	河流冲积物	E 113°46′11.3″ N 35°10′39.7″	95
						2	20–55	灰褐色	中壤土	块状	8.6	6.1	0.44	0.98	11.7			
						3	55–100	灰褐色	紧砂壤	块状	8.6	1.5	0.12	1.84	4.4			
剖11	半水成土	潮土	黄潮土	褐土化两合土	褐土化底砂两合土	1	0–25	灰黄褐色	轻黏土	粒状	8.3	15.2	0.72	1.75	11.2	河流冲积物	E 113°46′58.4″ N 35°11′06.7″	95
						2	25–55	灰黄褐色	轻黏土	粒状	8.3	7.5	0.54	1.28	15.1			
						3	55–100	浅灰黄色	紧砂壤	粒状	8.7	1.9	0.11	1.06	3.6			
剖12	半水成土	潮土	黄潮土	灌淤土	薄层灌淤土	1	0–25	褐色	重壤土	块状	8.3	12.2	0.72	1.33	12.8	河流冲积物	E 113°55′28.9″ N 35°14′13.2″	98
						2	25–50	浅黄褐色	中壤土	块状	8.6	4.9	0.34	1.34	6.4			
						3	50–100	灰黄褐色	轻壤土	碎块状	8.5	5.1	0.37	1.38	6.8			
剖13	半水成土	潮土	黄潮土	两合土	体砂小两合土	1	0–22	灰褐色	中壤土	碎块状	8.7	7.6	0.47	1.44	7.0	河流冲积物	E 113°57′44.6″ N 35°12′57.6″	97
						2	22–48	灰褐色	紧砂壤	无结构	8.9	4.1	0.34	1.28	7.0			
						3	48–100	灰黄色	砂壤土	块状	8.4	1.5	0.12	0.88	3.5			
剖14	半水成土	潮土	黄潮土	砂土	体黏砂壤土	1	0–25	灰黄色	砂土	单粒状	8.5	6.4	0.31	0.98	5.5	河流冲积物	E 113°55′19.2″ N 35°11′58.9″	95
						2	25–53	灰黄色	砂土	块状	8.5	3.1	1.50	0.77	3.1			
						3	53–100	棕红色	轻黏土	块状	8.2	9.9	0.65	1.34	15.3			

获 嘉 县

主要土类说明

潮土是获嘉县主要土壤类型，占本县地域面积的 96%。潮土是在近代黄河、沁河冲积物母质上经过人为耕作熟化而成的土壤。本县潮土所处地区地下水位一般在 2.5—3.5m，地下水的作用使该土具有明显的夜间回潮现象。随着季节的变化，地下水频繁升降，使土体内氧化还原交替发生，影响着物质的溶解、移动和淀积，在剖面中形成了杂色铁锈斑纹。由于母质原有特征的影响，潮土土层较厚，层次明显，变异性大，土层呈透镜体状，一般有石灰反应。本县潮土分为黄潮土、褐潮土、盐化潮土和碱化潮土等亚类。黄潮土亚类广泛分布于海拔 74.2—85.7m 的古阳堤南的河漫滩、郇封岭岗地南侧平地和古黄河背河洼地及北部扇前交接洼地排水良好的地段上。其中，除两合土土属遍布全县各地外，砂土土属集中分布在县境南的古沁河床和古黄河背河洼地的大型泛道上；淤土土属集中分布在大沙河南侧、大狮涝河两侧的低平地上。褐潮土集中分布在海拔 75.4—86.5m 的郇封岭岗地和古阳堤残堤上。盐化潮土亚类分布在海拔 76.4—77.8m 的古黄河背河洼地排水不良的丁村、董庄村一带和海拔 78.4—79.5m 的交接洼地滞水地段南侧江营村、狮子营村一带的二坡地上。碱化潮土亚类分布在海拔 81.3—82.3m 的古黄河背河洼地上段排水比较良好的南官滩村、田楼村、小段庄村一带。

小于本县地域面积 3% 的土壤类型还有草甸盐土等。

本区域中心区气候特征

本区域中心区气候特征值
Regional climate characteristics in central area of the region

气候带：暖温带亚湿润气候 Climate region: Warm temperate subhumid climate	
年平均气温 /℃ Annual average temperature /℃	14.0
年平均最高气温 /℃ Annual average maximum temperature /℃	19.8
年平均最低气温 /℃ Annual average minimum temperature /℃	8.9
年降水量 /mm Annual precipitation /mm	580
≥10℃的积温 /℃ Daily temperature accumulated in a year (≥10℃) /℃	5102
年日照时数 /h Annual sunshine /h	2219
年平均相对湿度 /% Annual average relative humidity /%	66
干燥度 Dryness	1.43

本区域中心区月平均气温与月平均降水量
Monthly temperature and precipitation in central area of the region

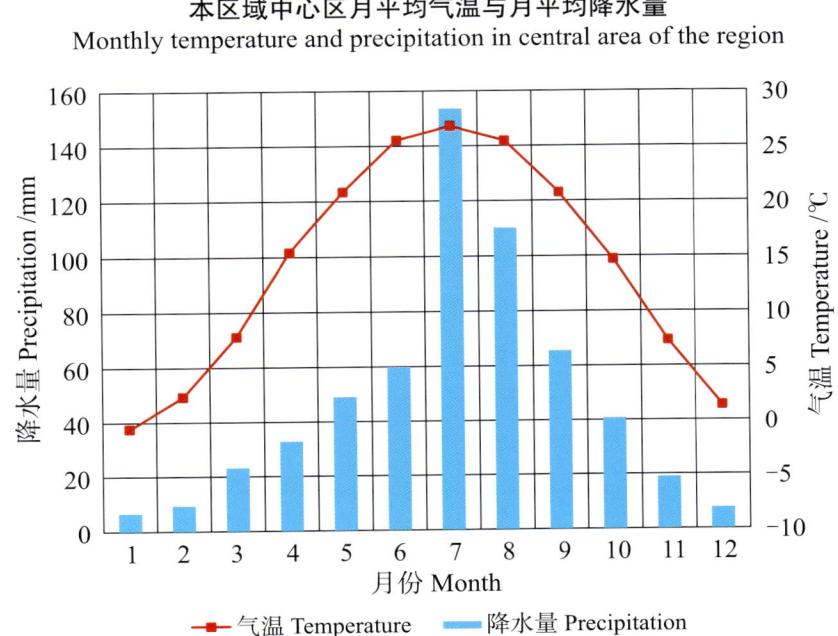

获嘉县主要土壤类型与土壤剖面点分布图
1:120 000

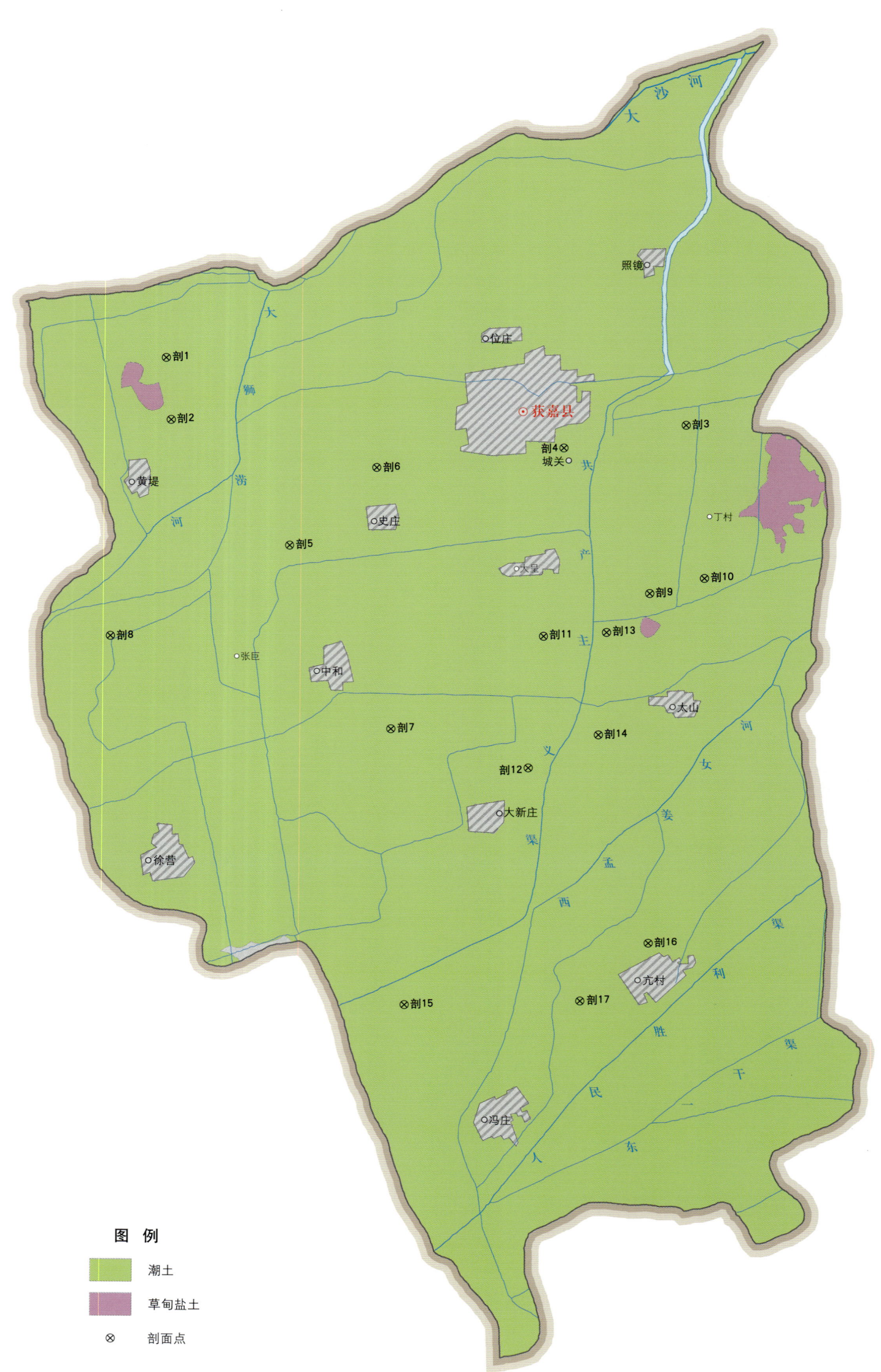

获嘉县土壤剖面理化性状表

剖面号 Soil profile	土纲 Soil order	土类 Soil great group	亚类 Soil subgroup	土属 Soil genus	土种 Soil species	土层码 Layer code	土层厚度 Depth/cm	颜色 Soil color	质地 Soil texture	土壤结构 Soil structure	pH	有机质 OM/(g/kg)	全氮 TN/(g/kg)	全磷 TP/(g/kg)	阴离子交换量CEC/(cmol/kg)	土壤母质 Parent material	剖面点坐标 Profile coordinate	匹配指数 Matching index/%
剖1	半水成土	潮土	黄潮土	淤土	腰壤淤土	1	0—18	暗棕色	中壤土	粒块状	8.3	11.7	0.71	2.21	15.9	河流冲积物	E 113°33′04.0″ N 35°16′30.0″	97
						2	18—31	浅棕色	轻壤土	片状	8.5	4.9	0.33	2.39	5.7			
						3	31—43	浅棕色	轻壤土	片状	8.4	3.9	0.28	2.42	4.9			
						4	43—70	灰黄色	紧砂土	片层状	8.5	2.3	0.29	2.14	4.1			
						5	70—100	棕黄色	轻壤土	块状	8.4	4.6	0.38	2.29	5.1			
剖2	半水成土	潮土	盐化潮土	盐化潮土	轻盐两合土	1	0—5	暗黄棕色	中壤土	碎块状	8.6	9.9	0.60	1.34	10.5	河流冲积物	E 113°33′07.2″ N 35°15′35.6″	97
						2	5—10	暗黄棕色	中壤土	碎块状	8.6	9.9	0.60	1.34	10.5			
						3	10—25	暗黄棕色	中壤土	块状	8.6	9.9	0.60	1.34	10.5			
						4	25—65	棕色	重壤土	块状	8.4	6.2	0.44	1.20	12.3			
						5	65—110	棕黄色	轻壤土	碎块状	8.3	3.1	0.27	1.24	7.3			
剖3	半水成土	潮土	黄潮土	淤土	底砂淤土	1	0—28	棕色	重壤土	粒块状	8.5	9.9	0.67	1.25	13.4	河流冲积物	E 113°41′53.5″ N 35°15′20.2″	97
						2	28—55	棕色	重壤土	块状	8.4	4.8	0.47	1.08	11.7			
						3	55—100	浅棕色	砂壤土	块状	8.4	2.7	0.30	1.13	6.0			
剖4	半水成土	潮土	黄潮土	两合土	底黏两合土	1	0—20	灰黄色	中壤土		8.2	12.8	0.83	1.38	14.5	河流冲积物	E 113°39′47.9″ N 35°15′02.9″	97
						2	20—51	棕色	重壤土	块状	8.4	9.5	0.74	1.19	16.6			
						3	51—100	棕色	黏土	块状	8.2	10.4	0.79	0.91	27.3			
剖5	半水成土	潮土	褐土	褐土化两合土	褐土化小两合土	1	0—20	灰棕色	轻壤土	碎块状	8.4	9.7	0.58	1.36	9.9	河流冲积物	E 113°35′04.9″ N 35°13′43.7″	97
						2	20—45	浅棕色	轻壤土	块状	8.3	5.1	0.35	1.10	8.6			
						3	45—100	红黄色	中壤土	块状	8.4	4.7	0.36	0.94	8.2			
剖6	半水成土	潮土	褐土	褐土化两合土	褐土化两合土	1	0—19	暗黄棕色	中壤土	粒块状	8.6	10.1	0.53	1.32	11.0	河流冲积物	E 113°36′36.0″ N 35°14′49.6″	98
						2	19—41	棕色	中壤土	块状	8.4	7.6	0.56	1.09	14.4			
						3	41—110	浅黄棕色	中壤土		8.1	5.5	0.45	0.96	12.3			
剖7	半水成土	潮土	黄潮土	两合土	两合土	1	0—20	暗黄棕色	中壤土	粒块状	8.0	9.2	0.69	1.19	11.9	河流冲积物	E 113°36′43.9″ N 35°11′02.0″	98
						2	20—39	暗棕色	重壤土	块状	8.3	5.9	0.53	1.10	13.6			
						3	39—110	暗棕色	重壤土	块状	8.4	5.1	0.43	0.94	13.6			
剖8	半水成土	潮土	褐土	褐土化淤土	褐土化淤土	1	0—24	暗棕色	重壤土	块状	8.5	15.2	0.87	1.63	15.9	河流冲积物	E 113°31′59.5″ N 35°12′28.8″	99
						2	24—100	棕色	重壤土	块状	8.4	8.7	0.80	1.50	16.4			
						3	100—120	黑褐色	黏土	块状	8.3	9.3	0.58	1.27	22.7			
剖9	半水成土	潮土	盐化潮土	盐化潮土	中盐腰砂两合土	1	0—5	灰棕色	中壤土	粒状	8.3	7.5	0.48	1.31	9.0	河流冲积物	E 113°41′11.8″ N 35°12′54.7″	97
						2	5—10	灰棕色	中壤土	块状	8.3	7.5	0.48	1.31	9.0			
						3	10—24	灰棕色	中壤土	碎块状	8.3	5.9	0.48	1.31	9.2			
						4	24—36	棕棕色	砂壤土	片状	8.5	6.2	0.43	1.11	6.0			
						5	36—80	浅黄棕色	中壤土	块状	8.3	3.0	0.24	1.27	8.5			
						6	80—100	棕黄色	轻壤土	粒状	8.7	6.0	0.41	1.27	6.7			
剖10	半水成土	潮土	盐化潮土	盐化潮土	重盐两合土	1	0—5	棕灰色	轻壤土	粒状	8.7	5.2	0.31	1.27	6.7	河流冲积物	E 113°42′07.9″ N 35°13′06.6″	98
						2	5—10	棕灰色	轻壤土	粒状	8.7	5.2	0.31	1.27	6.7			
						3	10—26	棕色	轻壤土	碎块状	8.6	4.1	0.22	1.26	6.5			
						4	26—52	黄棕色	砂壤土	粒状	8.8	1.9	0.19	1.26	4.4			
						5	52—100											

续表 Continued

剖面号 Soil profile	土纲 Soil order	土类 Soil great group	亚类 Soil subgroup	土属 Soil genus	土种 Soil species	土层码 Layer code	土层厚度 Depth/ cm	颜色 Soil color	质地 Soil texture	土壤结构 Soil structure	pH	有机质 OM/ (g/kg)	全氮 TN/ (g/kg)	全磷 TP/ (g/kg)	阳离子 交换量CEC/ (cmol/kg)	土壤母质 Parent material	剖面点坐标 Profile coordinate	匹配指数 Matching index/%
剖11	半水成土	潮土	黄潮土	淤土	底壤淤土	1	0—16	暗红色	重壤土	粒块状	8.2	14.0	0.87	1.23	21.7	河流冲积物	E 113°39′22.0″ N 35°12′19.8″	97
						2	16—40	暗红棕色	轻黏土	碎块状	8.3	10.5	0.76	0.96	14.7			
						3	40—61	灰棕色	重壤土	块状	8.6	7.4	0.79	0.97	15.0			
						4	61—86	灰棕色	砂壤土	块状	8.5	4.3	0.29	0.89	9.0			
						5	86—110	暗棕色	砂壤土	块状	8.5	2.2	0.19	0.85	6.4			
剖12	半水成土	潮土	黄潮土	淤土	体壤淤土	1	0—23	暗棕色	轻黏土	粒块状	8.3	14.0	0.91	1.22	21.0	河流冲积物	E 113°39′02.9″ N 35°10′25.3″	97
						2	23—44	棕色	轻黏土	块状	8.3	10.5	1.08	0.99	17.4			
						3	44—100	黄棕色	中壤土	块状	8.0	5.4	0.38	1.00	11.7			
剖13	半水成土	潮土	黄潮土	两合土	腰黏小两合土	1	0—18	棕灰色	轻壤土	块状	8.2	9.4	0.48	1.25	6.8	河流冲积物	E 113°40′26.4″ N 35°12′22.0″	97
						2	18—43	浅üsü色	轻壤土	块状	8.6	8.9	0.35	1.20	8.1			
						3	43—69	棕色	黏土	块状	8.3	8.2	0.67	1.30	18.8			
						4	69—89	浅黄棕色	中壤土	碎块状	8.2	4.4	0.39	1.26	≥50.0			
						5	89—110	棕色	重壤土	块状	8.2	6.7	0.48	1.00	14.9			
剖14	半水成土	潮土	黄潮土	两合土	小两合土	1	0—25	灰棕色	轻壤土	块状	8.1	6.2	0.42	1.17	7.5	河流冲积物	E 113°40′15.6″ N 35°10′52.7″	98
						2	25—62	暗黄棕色	中壤土	块状	8.2	5.6	0.41	1.15	9.4			
						3	62—120	灰黄色	砂壤土	无结构	8.4	1.6	0.12	1.05	4.7			
剖15	半水成土	潮土	黄潮土	灌淤土	厚层灌淤土	1	0—20	暗灰棕色	轻黏土	块状	8.7	10.5	0.72	1.35	15.4	河流冲积物	E 113°36′50.8″ N 35°07′00.8″	97
						2	20—60	灰黄色	重黏土	块状	8.4	9.9	0.69	1.39	24.0			
						3	60—100	暗灰棕色	中壤土	块状	8.5	7.0	0.56	1.34	12.0			
剖16	半水成土	潮土	黄潮土	砂土	砂壤土	1	0—27	棕色	砂壤土	块状	8.2	4.6	0.30	1.20	4.8	河流冲积物	E 113°41′01.3″ N 35°07′50.2″	95
						2	27—120	棕灰色	轻壤土	块状	8.0	4.4	0.32	1.31	6.7			
剖17	半水成土	潮土	褐潮土	褐土化两合土	褐土化底黏小两合土	1	0—20	灰棕色	砂壤土	碎块状	8.7	8.2	0.42	1.20	6.7	河流冲积物	E 113°39′50.0″ N 35°07′00.8″	99
						2	20—40	暗棕色	轻壤土	块状	8.6	4.2	0.31	1.11	7.0			
						3	40—64	棕色	轻壤土	块状	8.6	4.3	0.38	1.08	9.4			
						4	64—100	暗黄棕色	轻黏土	块状	8.4	8.2	0.65	1.09	21.7			

原 阳 县

主要土类说明

潮土是原阳县主要土壤类型，占本县地域面积的91%。本县潮土是发育在黄河沉积物上，受地下水影响明显，经过耕种而熟化的土壤。本县潮土分为潮土、褐潮土、盐化潮土、湿潮土等亚类。该土类分布区域因黄河的泛滥决口、迁徙改道，形成微起伏的地形，致使水文条件发生差异。不同地形部位，分布着潮土的不同类型，在地形较高的部位，如黄河大堤以南的高滩地区，以及师寨、葛埠口两乡镇的古河堤上，所处海拔85m左右，地下水位相对较低，这里分布着褐潮土。沿黄河大堤北侧的背河洼地区，海拔76m左右，和黄河大堤以南相对高差有7—10m，受黄河浸润较强，地下水位较高，水的矿化度接近1g/L，有利于盐分的积累，加之强烈蒸发，土壤盐化特征明显，是盐化潮土的主要分布区。在背河洼地的尾部，海拔74m左右，是地上水和地下水的汇集之处，地下水埋深不足1m，由于引黄灌溉，改种水稻，致使泥沙沉积，地面逐年抬高，土壤已有脱离沼泽土特征的现象，过渡为潮土。其他绝大部分地区，因河流泛滥，流速变化，各类沉积物相互覆盖，形成砂、壤、黏间层，直接影响土壤水盐动态，并使土壤发育程度产生差异。

小于本县地域面积3%的土壤类型还有风沙土等。

本区域中心区气候特征

本区域中心区气候特征值
Regional climate characteristics in central area of the region

气候带：暖温带亚湿润气候 Climate region: Warm temperate subhumid climate	
年平均气温 /℃ Annual average temperature /℃	14.1
年平均最高气温 /℃ Annual average maximum temperature /℃	19.9
年平均最低气温 /℃ Annual average minimum temperature /℃	9.2
年降水量 /mm Annual precipitation /mm	601
≥10℃的积温 /℃ Daily temperature accumulated in a year（≥10℃）/℃	5182
年日照时数 /h Annual sunshine /h	2224
年平均相对湿度 /% Annual average relative humidity /%	67
干燥度 Dryness	1.40

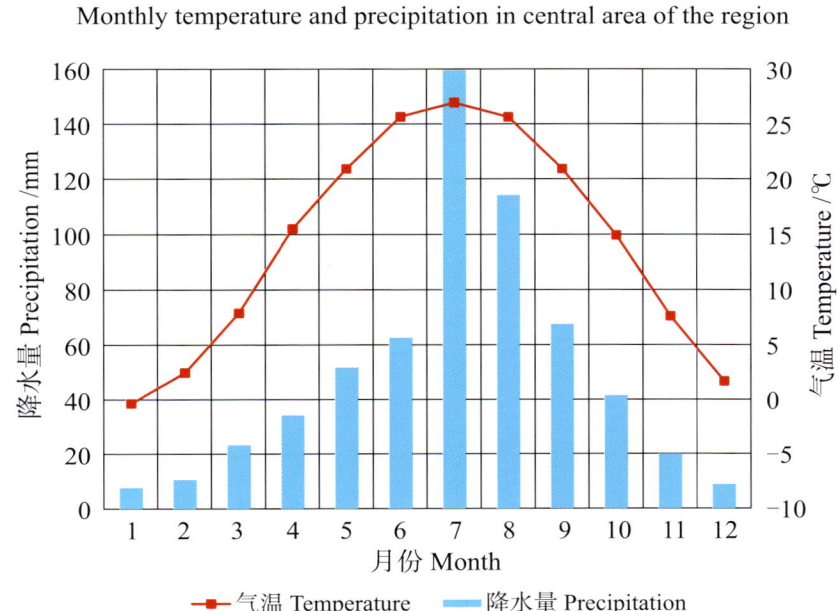

本区域中心区月平均气温与月平均降水量
Monthly temperature and precipitation in central area of the region

原阳县主要土壤类型与土壤剖面点分布图

1:200 000

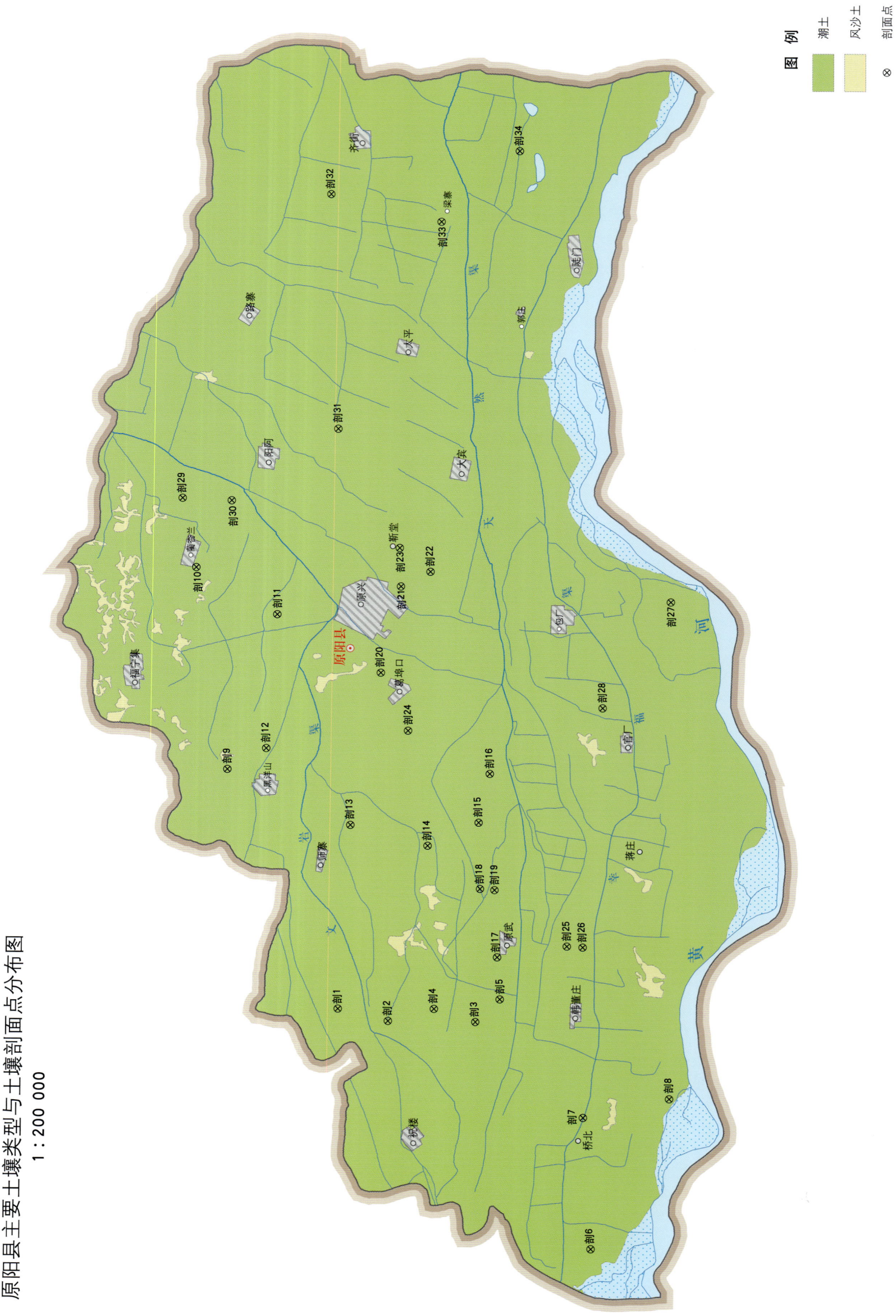

原阳县土壤剖面理化性状表

剖面号 Soil profile	土纲 Soil order	土类 Soil great group	亚类 Soil subgroup	土属 Soil genus	土种 Soil species	土层码 Layer code	土层厚度 Depth/cm	颜色 Soil color	质地 Soil texture	土壤结构 Soil structure	pH	有机质 OM/(g/kg)	全氮 TN/(g/kg)	全磷 TP/(g/kg)	阳离子交换量 CEC/(cmol/kg)	土壤母质 Parent material	剖面点坐标 Profile coordinate	匹配指数 Matching index/%
剖1	半水成土	潮土	褐潮土	褐土化两合土	褐土化两合土	1	0—23	暗灰色	中壤土	团粒状、块状						河流冲积物	E 113°44′38.8″ N 35°04′10.9″	97
						2	23—31	暗灰色	轻壤土	片状								
						3	31—100	棕红色	中壤土	块状								
剖2	半水成土	潮土	黄潮土	两合土	体砂小两合土	1	0—28	灰黄色	轻壤土	碎块状	8.8	8.8	0.80	0.54	6.1	河流冲积物	E 113°44′13.2″ N 35°02′55.0″	95
						2	28—100	浅黄色	砂土	无结构	9.1	1.8	0.19	0.48	3.1			
剖3	半水成土	潮土	黄潮土	潮砂土	底砂土	A_{11}	0—20	浅黄色	砂土	单粒状	8.8	3.9	0.35	0.23	4.0	河流冲积物	E 113°44′08.5″ N 35°00′41.4″	95
						C	20—55	浅黄色	粉砂质壤土	块状	8.5	3.5	0.33	0.23	4.0			
						Cu_1	55—70	浅黄色	粉砂质黏土	块状	8.2	4.5	0.44	0.23	7.4			
						Cu_2	70—100	油橙色				6.6	0.40	0.22	14.7			
剖4	半水成土	潮土	黄潮土	灌淤土	腰砂薄灌土	1	0—30	黄棕色	中壤土	块状	8.5	10.0	0.69	0.61	20.5	河流冲积物	E 113°44′35.2″ N 35°01′44.0″	95
						2	30—75	浅黄色	砂壤土	无结构	8.7	1.9	0.26	0.45	3.7			
						3	75—100	红褐色	黏土	块状	8.4	8.2	0.59	0.59	21.2			
剖5	半水成土	潮土	盐化潮土	盐化潮土	轻盐底黏两合土	2	0—5	暗黄色	轻壤土	无结构	≥10.0	4.2	0.22	0.53	3.8	河流冲积物	E 113°44′51.4″ N 35°00′03.2″	97
						3	10—24	暗黄色	轻壤土	块状	9.5	3.7	0.27	0.52	3.6			
						4	24—62	暗棕色	轻壤土	块状	8.9	4.1	0.26	0.52	3.7			
						5	62—100	棕红色	黏土	团块状	9.1	3.0	0.25	0.59	5.3			
剖6	半水成土	潮土	黄潮土	两合土	腰砂两合土	1	0—22	棕红色	中壤土	块状	8.8	7.1	0.53	0.62	11.2	河流冲积物	E 113°36′52.2″ N 34°57′51.1″	97
						2	22—47	浅黄色	砂壤土	片状	8.4	9.9	0.68	0.60	8.7			
						3	47—65	橙色	黏土	块状	8.4	3.2	0.32	0.49	5.4			
						4	65—100	暗黄色	轻壤土	碎块状	8.3	9.5	0.77	0.56	17.5			
剖7	半水成土	潮土	褐潮土	褐土化砂土	褐土化砂土	1	0—23	浅黄色	砂土	无结构	8.7	3.0	0.24	0.48	5.3	河流冲积物	E 113°41′02.0″ N 34°57′59.4″	95
						2	23—58	灰白色	砂土	碎块状	8.7	4.6	0.21	0.45	3.5			
						3	58—100	灰白色	砂土	块状	8.6	3.5	0.34	0.52	4.1			
剖8	半水成土	潮土	黄潮土	淤土	底砂淤土	1	0—25	红褐色	黏土	片状	8.7	3.5	0.93	0.55	4.5	河流冲积物	E 113°41′35.5″ N 34°55′46.9″	97
						2	22—51	棕红色	黏土	块状	8.3	14.5	0.58	0.72	17.6			
						3	51—72	暗黄色	中壤土	块状	8.4	10.5	0.26	0.59	14.5			
						4	72—100	灰黄色	重壤土	块状	8.5	2.4	0.42	0.55	4.6			
剖9	半水成土	潮土	黄潮土	淤土	体砂淤土	1	0—25	暗褐色	中壤土	片状	8.6	5.3	0.60	0.60	8.4	河流冲积物	E 113°52′25.7″ N 35°06′52.6″	97
						2	25—43	灰黄色	砂壤土	块状	8.7	8.5	0.43	0.58	9.9			
						3	43—100	暗黄色	中壤土	块状	8.8	5.2	0.62	0.62	11.3			
剖10	半水成土	潮土	黄潮土	砂土	体砂砂土	1	0—20	灰黄色	砂土	无结构	8.5	5.1	0.34	0.49	6.6	河流冲积物	E 113°58′56.6″ N 35°07′33.2″	95
						2	20—36	暗黄色	砂土	无结构								
						3	36—100	灰棕色	中壤土	碎块状								
剖11	半水成土	潮土	黄潮土	砂土	体砂砂壤	1	0—22	浅黄色	中壤土	碎块状						河流冲积物	E 113°57′22.7″ N 35°05′31.2″	95
						2	22—38	黄棕色	中壤土	块状								
						3	38—100	暗褐色	中壤土	碎块状								
剖12	半水成土	潮土	黄潮土	灌淤土	体砂薄灌土	1	0—15	灰褐色	中壤土	块状						河流冲积物	E 113°53′04.2″ N 35°05′52.4″	95
						2	15—44	灰黄色	中壤土	块状	8.7	10.3	0.78	0.66	8.4			
						3	44—100	黄棕色	中壤土	团粒状								
剖13	半水成土	潮土	黄潮土	两合土	两合土	1	0—25	黄棕色	中壤土	块状	9.0	5.5	0.45	0.58	9.4	河流冲积物	E 113°50′33.7″ N 35°03′46.4″	97
						2	25—50	黄褐色	中壤土	块状	8.6	7.3	0.71	0.63	8.6			
						3	50—100	红褐色	中壤土	块状								

续表 Continued

剖面号 Soil profile	土纲 Soil order	土类 Soil great group	亚类 Soil subgroup	土属 Soil genus	土种 Soil species	土层码 Layer code	土层厚度 Depth/cm	颜色 Soil color	质地 Soil texture	土壤结构 Soil structure	pH	有机质 OM/(g/kg)	全氮 TN/(g/kg)	全磷 TP/(g/kg)	阳离子交换量CEC/(cmol/kg)	土壤母质 Parent material	剖面点坐标 Profile coordinate	匹配指数 Matching index/%
剖14	半水成土	潮土	盐化潮土	盐化潮土	轻盐体砂两合土	1	0—5	红褐色	中壤土	块状	8.7	7.8	0.38	0.57	6.9	河流冲积物	E 113°49′51.2″ N 35°01′49.1″	97
						2	5—10	红褐色	中壤土	块状	9.3	6.9	0.50	0.58	6.5			
						3	10—22	红褐色	中壤土	块状	8.9	7.4	0.53	0.58	6.4			
						4	22—68	浅橙色	砂壤土	块状	9.0	2.6	0.24	0.58	2.6			
						5	68—100	浅橙色	砂壤土	块状	8.9	2.0	0.25	0.57	2.6			
剖15	半水成土	潮土	盐化潮土	盐化潮土	轻盐两合土	1	0—37	黄棕色	轻壤土	碎块状						河流冲积物	E 113°50′33.7″ N 35°00′30.2″	97
						2	37—61	浅黄棕色	轻壤土	块状								
						3	61—100	红棕色	中壤土	块状								
剖16	半水成土	潮土	黄潮土	砂土	砂壤土	1	0—22	灰黄色	砂壤土	碎块状	8.4	4.2	0.31	0.45	5.6	河流冲积物	E 113°52′07.0″ N 35°00′11.5″	95
						2	22—100	浅黄色	轻壤土	碎块状	8.5	2.4	0.18	0.42	5.6			
剖17	半水成土	潮土	黄潮土	灌淤土	薄层灌淤土	1	0—30	暗褐色	中壤土	块状	9.1	4.3	0.47	0.59	5.0	河流冲积物	E 113°46′12.4″ N 35°00′06.1″	97
						2	30—65	暗褐色	轻壤土	块状	9.4	2.9	0.28	0.56	4.4			
						3	65—100	暗褐色	轻壤土	块状	9.3	2.9	0.21	0.59	4.4			
剖18	半水成土	潮土	盐化潮土	盐化潮土	轻盐腰黏两合土	1	0—5	暗棕色	中壤土	碎块状	8.9	7.9	0.68	0.55	4.3	河流冲积物	E 113°48′25.6″ N 35°00′30.2″	97
						2	5—10	暗棕色	轻壤土	碎块状	8.5	6.5	0.44	0.58	5.1			
						3	10—27	棕红色	轻壤土	碎块状	8.8	5.3	0.51	0.57	4.7			
						4	27—48	棕红色	黏土	团块状	8.5	7.3	0.53	0.54	19.7			
						5	48—100	黄棕色	中壤土	块状	8.8	4.3	0.39	0.57	6.6			
剖19	半水成土	潮土	黄潮土	两合土	腰黏小两合土	1	0—5	浅灰色	砂壤土	碎块状	≥10.0	2.7	0.20	0.45	3.9	河流冲积物	E 113°48′22.7″ N 35°00′07.9″	98
						2	5—10	黄灰色	轻壤土	碎块状	9.7	2.4	0.19	0.41	3.4			
						3	10—32	黄灰色	轻壤土	碎块状	9.6	2.9	0.27	0.46	4.2			
						4	32—100	黄灰色	中壤土	块状	9.5	2.0	0.19	0.52	3.2			
剖20	半水成土	潮土	黄潮土	砂土	腰黏小两合土	1	0—29	棕红色	黏土	块状	8.6	6.4	0.54	0.52	6.7	河流冲积物	E 113°55′25.7″ N 35°02′55.0″	99
						2	29—74	红棕色	砂土	无结构	8.5	8.8	0.78	0.43	20.6			
						3	74—100	浅黄色	砂土	块状	8.7	3.8	0.29	0.55	6.4			
剖21	半水成土	潮土	黄潮土	砂土	腰黏砂土	1	0—27	红棕色	砂土	团块状	8.5	10.4	0.53	0.53	4.5	河流冲积物	E 113°58′11.3″ N 35°02′21.1″	95
						2	27—75	浅棕色	重壤土	碎块状	8.8	5.8	0.49	0.56	11.1			
						3	75—100	黄棕色	重壤土	块状	8.8	2.8	0.24	0.56	4.6			
剖22	半水成土	潮土	黄潮土	淤土	淤土	1	0—24	黄棕色	中壤土	碎块状	8.8	6.4				河流冲积物	E 113°58′38.6″ N 35°01′35.4″	97
						2	24—50	红棕色	黏土	块状	8.8	4.1						
						3	50—80	棕红色	砂土	块状	8.5	3.6						
						4	80—100	暗黄色	中壤土	块状	8.5	7.2	0.54	0.59	4.9			
剖23	半水成土	潮土	黄潮土	两合土	体黏小两合土	1	0—20	灰黄色	轻壤土	碎块状	8.6	6.9	0.49	0.42	6.6	河流冲积物	E 113°59′25.1″ N 35°02′29.4″	95
						2	20—40	暗黄色	中壤土	块状	8.9	4.8	0.68	0.48	8.6			
						3	40—100	红棕色	重壤土	块状	8.6	5.0	0.57	0.52	10.5			
剖24	半水成土	潮土	黄潮土	两合土	小两合土	1	0—26	浅棕色	中壤土	碎块状	8.8	6.4	0.43	0.58	5.4	河流冲积物	E 113°53′32.6″ N 35°02′15.0″	98
						2	26—60	黄棕色	砂壤土	块状	8.8	4.1	0.25	0.56	5.0			
						3	60—100	灰黄色	轻壤土	块状	8.5	7.2	0.21	0.46	4.9			
剖25	半水成土	潮土	褐土	褐土化两合土	褐土化底黏小两合土	1	0—25	暗黄色	砂壤土	碎块状	8.6	2.8	0.25	0.51	3.5	河流冲积物	E 113°46′30.7″ N 34°58′19.2″	95
						2	25—60	暗黄色	重壤土	块状	8.4	5.7	0.38	0.56	12.1			
						3	60—85	红棕色	轻壤土	块状	8.6	2.9	0.25	0.59	4.1			
						4	85—100	灰褐色	轻壤土	块状								
剖26	半水成土	潮土	褐土	褐土化两合土	褐土化小两合土	1	0—24	浅灰黄色	轻壤土	块状						河流冲积物	E 113°46′28.2″ N 34°57′55.1″	99
						2	24—60	暗黄色	轻壤土	块状								
						3	60—100	暗黄色	轻壤土	块状								

续表 Continued

剖面号 Soil profile	土纲 Soil order	土类 Soil great group	亚类 Soil subgroup	土属 Soil genus	土种 Soil species	土层码 Layer code	土层厚度 Depth/cm	颜色 Soil color	质地 Soil texture	土壤结构 Soil structure	pH	有机质 OM/(g/kg)	全氮 TN/(g/kg)	全磷 TP/(g/kg)	阳离子交换量CEC/(cmol/kg)	土壤母质 Parent material	剖面点坐标 Profile coordinate	匹配指数 Matching index/%
剖27	半水成土	潮土	黄潮土	淤土	底墡淤土	1	0—20	棕红色	黏土	块状	8.2	10.1	0.73	0.65	26.9	河流冲积物	E 113°57′30.2″ N 34°55′29.3″	97
						2	20—36	灰白色	砂壤土	片状	8.8	2.3	0.19	0.53	8.9			
						3	36—63	棕红色	重壤土	块状	8.4	6.1	0.45	0.60	10.0			
						4	63—100	浅黄色	轻壤土	块状	8.5	3.6	0.27	0.51	6.4			
剖28	半水成土	潮土	褐潮土	褐土化两合土	褐土化腰砂两合土	1	0—23	红褐色	中壤土	块状						河流冲积物	E 113°54′08.6″ N 34°57′16.9″	95
						2	23—36	红棕色	砂壤土	片状								
						3	36—65	浅黄色	轻壤土	碎块状								
						4	65—93	棕红色	轻壤土	块状								
						5	93—100	暗灰色		块状								
剖29	半水成土	潮土	黄潮土	砂土	底黏砂土	1	0—55	灰黄色	砂土	无结构	8.8	3.9	0.35	0.52	4.0	河流冲积物	E 114°01′09.8″ N 35°07′51.6″	95
						2	55—70	暗灰黄色	中壤土	块状	9.6	4.5	1.24	0.53	7.4			
						3	70—100	浅棕红色	黏土	块状	9.3	6.6	1.04	0.50	14.7			
剖30	半水成土	潮土	黄潮土	砂土	腰黏砂壤土	1	0—20	灰黄色	砂壤土	碎块状						河流冲积物	E 114°01′03.0″ N 35°06′36.7″	95
						2	20—46	暗黄色	轻壤土	块状								
						3	46—80	红棕色	重壤土	团块状								
						4	80—100	浅灰色	砂土	无结构								
剖31	半水成土	潮土	黄潮土	砂土	底墡砂壤土	1	0—30	灰黄色	砂壤土	碎块状	8.7	10.7	0.27	0.62	5.0	河流冲积物	E 114°03′16.9″ N 35°03′51.1″	95
						2	30—65	浅黄色	中壤土	块状	8.6	3.4	0.32	0.55	3.6			
						3	65—100	红棕色	中壤土	块状	8.9	4.6	0.34	0.64	8.9			
剖32	半水成土	潮土	盐化潮土	盐化潮土	中盐砂壤土	1	0—5	灰白色	砂壤土	碎块状	≥10.0	3.7	0.29	0.59	3.0	河流冲积物	E 114°10′49.1″ N 35°03′52.9″	97
						2	5—10	灰白色	砂壤土	碎块状	9.9	3.6	0.32	0.58	3.9			
						3	10—24	灰白色	砂壤土	碎块状	9.7		0.42	0.62	4.9			
						4	24—93	灰褐色	轻壤土	碎块状	9.9	3.0	0.24	0.62	4.9			
						5	93—100	红棕色	黏土	团块状	8.8	6.1	0.54	0.56	15.9			
剖33	半水成土	潮土	褐潮土	褐土化两合土	褐土化体砂两合土	1	0—23	暗黄色	中壤土	块状	8.5	10.9	0.80	0.59	8.1	河流冲积物	E 114°09′50.4″ N 35°01′05.5″	95
						2	23—70	棕黄色	砂壤土	碎块状	9.0	3.5	0.35	0.51	4.6			
						3	70—100	浅黄色	砂壤土	碎块状	8.4	2.5	0.27	0.38	5.4			
剖34	半水成土	潮土	湿潮土	湿潮土	壤质湿潮土	1	0—35	暗黄色	中壤土	块状	8.4	6.6	0.62	0.44	10.4	河流冲积物	E 114°12′03.6″ N 34°59′03.1″	97
						2	35—50	棕黄色	轻壤土	块状	8.8	4.1	0.32	0.55	6.3			
						3	50—100	灰黄色	黏土	块状	8.4	7.2	0.60	0.56	16.5			

延 津 县

主要土类说明

潮土是延津县主要土壤类型，占本县地域面积的 88%，本县各乡镇均有分布。潮土所处地区地下水位较高，埋藏深度一般在 1.5—3.0m。地下水矿化度为 1g/L 左右。地下水直接参与成土过程，毛管水活动活跃时可接近地表，因而有明显的夜潮现象。土壤地下水位的高低随季节干湿的变化而异，由于地下水位升降频繁，加剧了土体中干湿交替作用的进行，使土体中氧化还原交替发生，促进了土壤物质的溶解、移动和聚积。特别是铁，湿时还原移动增强，干时氧化淀积显著，因而在土壤剖面结构的心土层普遍形成红褐色铁锈斑纹。土体富含石灰质，碳酸钙反应十分强烈，pH 多在 8.0—9.0。土壤有机质含量较低，缺氮、磷而富含钾。表层颜色较浅，多呈浅黄色或黄色。如耕作灌排不当易发生次生盐碱化或导致盐碱化加重。根据地形及水文条件等对土壤发育的影响，本县潮土分为黄潮土、褐潮土、盐化潮土、碱化潮土、湿潮土等亚类。它们具有潮土的一般共性，但因各自的附加成土过程不同，在形态特征和农业生产性状上又有明显的差异。

风沙土是延津县第二大土壤类型，占本县地域面积的 11%，主要分布在胙城、塔铺、马庄、榆林等乡镇街道，石婆固、魏邱、东屯、丰庄、司寨等乡镇仅少量分布。本县风沙土系黄河故道主流沉沙，经风力再搬运顺风堆积于故道旁发育而成的一类土壤，多呈沙丘、沙垄状存在。由于季风风力大小不同，形成的沙丘、沙垄形状、大小不同，相对高差在 2—10m，向风坡缓，背风坡陡，有的呈沙群状，有的独立，面积大小不一。风沙土类属河积风积型母质，成土时间短，发育程度十分微弱，土壤肥力很低。其特性与沙土相似，不受地下水影响。

本区域中心区气候特征

本区域中心区气候特征值
Regional climate characteristics in central area of the region

气候带：暖温带亚湿润气候 Climate region: Warm temperate subhumid climate	
年平均气温 /℃ Annual average temperature /℃	14.1
年平均最高气温 /℃ Annual average maximum temperature /℃	19.8
年平均最低气温 /℃ Annual average minimum temperature /℃	9.2
年降水量 /mm Annual precipitation /mm	597
≥ 10℃的积温 /℃ Daily temperature accumulated in a year（≥ 10℃）/℃	5183
年日照时数 /h Annual sunshine /h	2240
年平均相对湿度 /% Annual average relative humidity /%	67
干燥度 Dryness	1.41

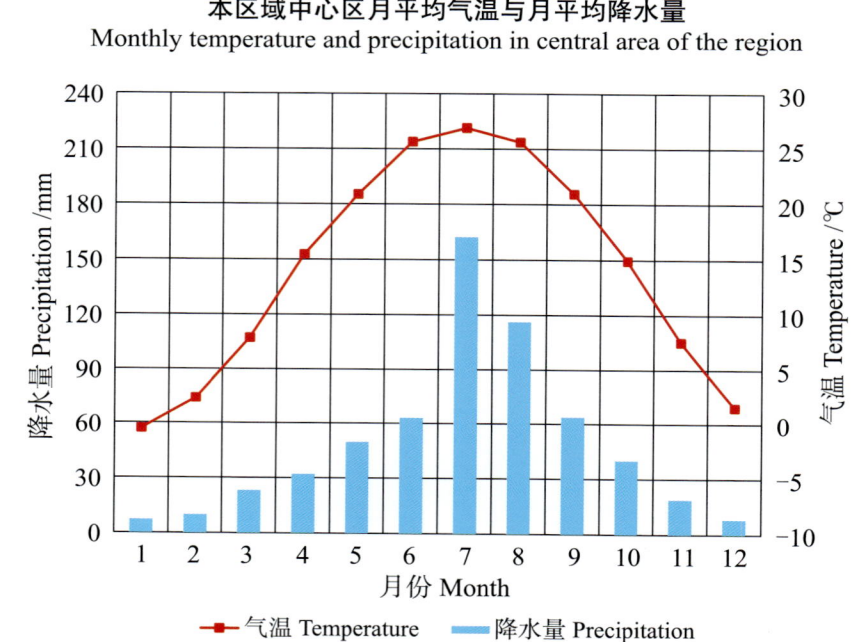

本区域中心区月平均气温与月平均降水量
Monthly temperature and precipitation in central area of the region

延津县主要土壤类型与土壤剖面点分布图

1∶190 000

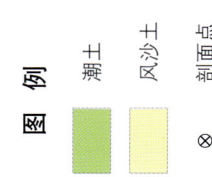

延津县土壤剖面理化性状表

剖面号 Soil profile	土纲 Soil order	土类 Soil great group	亚类 Soil subgroup	土属 Soil genus	土种 Soil species	土层码 Layer code	土层厚度 Depth/cm	颜色 Soil color	质地 Soil texture	土壤结构 Soil structure	pH	有机质 OM/(g/kg)	全氮 TN/(g/kg)	全磷 TP/(g/kg)	阳离子交换量CEC/(cmol/kg)	土壤母质 Parent material	剖面点坐标 Profile coordinate	匹配指数 Matching index/%
剖1	半水成土	潮土	黄潮土	砂坡土	体黏砂土	1	0—20	浅黄色	砂土	块状	8.0	2.8	0.29	0.43	4.3	河流冲积物	E 113°59′23.6″ N 35°17′49.9″	95
						2	20—35	浅黄色	砂壤土		8.1	2.2	0.21	0.43	4.0			
						3	35—100	棕黄色	重壤土		8.2	5.7	0.40	0.56	13.6			
剖2	半水成土	潮土	褐潮土	褐土化两合土	褐土化底黏小两合土	1	0—23	棕黄色	轻壤土	块状	7.9	6.8	0.86	0.59	6.3	河流冲积物	E 114°13′53.0″ N 35°20′28.7″	95
						2	23—60	灰黄色	轻壤土	块状	8.0	2.8	0.63	0.59	5.3			
						3	60—100	棕黄色	重壤土	块状	8.1	7.6	0.69	0.52	18.3			
剖3	半水成土	潮土	黄潮土	砂坡土	底壤砂壤土	1	0—20	棕黄色	砂壤土	块状	8.4	3.3	0.59	0.58	4.9	河流冲积物	E 114°07′39.4″ N 35°20′46.0″	95
						2	20—51	棕黄色	砂壤土	块状	8.3	2.4	0.52	0.61	4.3			
						3	51—87	棕红色	中壤土	块状	8.2	3.3	0.52	0.73	9.2			
						4	87—110	黑黄色	砂壤土	块状	8.2	2.8	0.44	0.68	10.2			
剖4	半水成土	潮土	湿潮土	湿潮土	砂质湿潮土	1	10—20	浅黄色	紧砂土	单粒状	8.0	1.3	0.30	0.30	2.6	河流冲积物	E 114°09′15.1″ N 35°20′39.1″	97
						2	20—100	浅黄色	紧砂土		8.1	2.0	0.26	0.30	3.6			
剖5	半水成土	潮土	湿潮土	湿潮土	黏质湿潮土	1	10—20	灰黄色	重壤土	块状	8.1	8.5	0.71	0.59	18.5	河流冲积物	E 114°04′43.7″ N 35°18′16.9″	97
						2	20—100	灰黄色	黏土	块状	8.0	7.6	0.86	0.56	9.7			
剖6	半水成土	潮土	黄潮土	砂坡土	体黏砂壤土	1	0—20	棕黄色	重壤土	碎块状	7.9	6.5	0.74	0.68	6.5	河流冲积物	E 114°12′17.6″ N 35°18′59.0″	95
						2	20—37	棕黄色	重壤土	碎块状	7.8	4.1	0.52	1.19	9.3			
						3	37—100	灰黄色	重壤土	碎块状	7.8	6.3	0.78	0.70	26.9			
剖7	半水成土	潮土	褐潮土	褐土化两合土	褐土化腰黏小两合土	1	0—20	灰黄色	轻壤土	碎块状	8.2	8.1	0.90	0.65	17.6	风积型母质	E 114°06′46.8″ N 35°10′36.1″	95
						2	20—40	黄棕色	重壤土	碎块状	8.3	6.8	0.86	0.66	7.2			
						3	40—76	灰黄色	重壤土	碎块状	8.2	8.1	0.70	0.59	20.3			
						4	76—100	灰黄色	轻壤土	碎块状	8.1	4.1	0.63	0.43	9.1			
剖8	初育土	风沙土	冲积性风沙土	半固定砂丘风沙土	半固定砂壤砂丘细砂沙土	1	0—20	灰黄色	砂土	小块状	7.9	2.0	0.51	0.59	3.6	河流冲积物	E 114°08′23.6″ N 35°13′03.4″	79
						2	20—60	灰黄色	砂土	小块状	7.8	1.7	0.46	0.26	2.9			
						3	60—100	灰黄色	砂土	小块状	7.9	3.5	0.32	0.30	3.1			
剖9	半水成土	潮土	碱化潮土	碱化潮土	轻碱底黏两合土	1	0—5	灰黄色	轻壤土	碎块状	8.2	3.5	0.32	0.56	5.5	河流冲积物	E 114°09′28.8″ N 35°12′37.1″	95
						2	5—10	灰黄色	砂壤土	碎块状	8.2	3.7	0.27	0.56	5.5			
						3	25—35	棕黄色	砂壤土	碎块状	8.0	7.9	0.63	0.59	6.0			
						4	35—55	棕黄色	轻壤土	碎块状	8.0	5.0	0.58	0.65	4.2			
						5	55—100	灰黄色	黏土	碎块状	8.3	5.9	0.59	0.59	19.5			
剖10	半水成土	潮土	黄潮土	两合土	小两合土	1	0—24	灰黄色	砂壤土	块状	7.9	6.3	0.51	0.56	5.2	河流冲积物	E 114°11′01.0″ N 35°14′49.6″	95
						2	24—56	暗黄色	轻壤土	块状	8.0	2.4	0.29	0.53	3.9			
						3	56—100	棕黄色	砂壤土	块状	8.2	2.0	0.29	0.36	3.5			
剖11	半水成土	潮土	盐化潮土	盐化潮土	轻盐底黏两合土	1	0—23	浅黄色	轻壤土	块状	8.0	7.9	0.58	0.59	4.9	河流冲积物	E 114°11′47.4″ N 35°14′57.1″	93
						2	23—63	浅黄色	中壤土	块状	8.0	5.0	0.47	0.56	9.2			
						3	63—90	灰黄色	黏土	块状	8.0	7.0	0.55	0.36	19.0			
						4	90—100	灰黄色	砂壤土	块状	8.1	6.1	0.36	0.43	3.7			
剖12	半水成土	潮土	盐化潮土	盐化潮土	轻盐两合土	1	0—5	灰黄色	砂壤土	块状	8.4	6.1	0.36	0.65	5.2	河流冲积物	E 114°12′27.7″ N 35°12′04.7″	97
						2	5—10	灰黄色	轻壤土	块状	8.4	6.1	0.17	0.65	5.2			
						3	10—20	灰黄色	中壤土	块状	8.1	4.6	0.67	0.59	5.4			
						4	33—43	浅黄色	砂壤土	块状	8.2	2.0	0.39	0.59	8.3			
						5	70—80	灰黄色	砂壤土	碎块状	8.0	2.8	0.63	0.59	4.3			
						6	130—140	灰黄色	轻壤土		8.4				8.5			

续表 Continued

剖面号 Soil profile	土纲 Soil order	土类 Soil great group	亚类 Soil subgroup	土属 Soil genus	土种 Soil species	土层码 Layer code	土层厚度 Depth/cm	颜色 Soil color	质地 Soil texture	土壤结构 Soil structure	pH	有机质 OM/(g/kg)	全氮 TN/(g/kg)	全磷 TP/(g/kg)	阳离子交换量CEC/(cmol/kg)	土壤母质 Parent material	剖面点坐标 Profile coordinate	匹配指数 Matching index/%
剖13	半水成土	潮土	盐化潮土	氯化物潮墡土	湿重盐土	$A_{11}z$	0—20	灰黄色	砂壤土	小碎块状	8.3	7.9	0.59	0.29	5.6	河流冲积物	E 114°09′27.4″ N 35°10′55.2″	82
						C	20—74	浊黄色	粉砂质黏壤土	块状	8.1	7.2	0.52	0.28	13.9			
						Cu	74—150	浅黄色	砂壤土	小块状	8.3	3.7	0.35	0.28	4.6			
剖14	半水成土	潮土	碱化潮土	碱化潮土	轻碱底黏两合土	1	0—5	灰黄色	重壤土	碎块状	8.3	4.4	0.44	0.65	5.5	河流冲积物	E 114°22′20.3″ N 35°26′58.2″	95
						2	5—10	灰黄色	重壤土	碎块状	8.3	4.4	0.44	0.65	5.5			
						3	10—20	灰黄色	轻壤土	碎块状	8.2	3.5	0.22	0.65	5.5			
						4	20—30	棕黄色	黏土	块状	8.1	4.6	0.29	0.65	4.2			
						5	55—65	棕红色	黏土	块状	8.1	5.0	0.44	0.68	15.0			
						6	80—90	灰白色	轻壤土	块状	8.0	2.8	0.44	0.68	5.3			
						7	90—											
剖15	初育土	风沙土	冲积性风沙土	固定砂丘风沙土	固定砂丘细砂风沙土	1	0—25	灰黄色	砂土		8.0	3.7	0.39	0.36	3.6	风积型母质	E 114°18′41.8″ N 35°22′36.5″	79
						2	25—100	浅黄色	砂壤土	碎块状	8.1	3.8	0.47	0.59	3.5			
剖16	半水成土	潮土	黄潮土	两合土	体黏小两合土	1	0—26	棕红色	轻壤土	块状	8.0	6.5	0.67	0.52	7.6	河流冲积物	E 114°19′21.4″ N 35°23′20.8″	97
						2	26—48	棕黄色	重壤土	块状	8.1	8.1	0.65	0.45	22.4			
						3	48—100	灰黄色	轻壤土	大块状	8.0	6.8	0.50	0.56	19.6			
剖17	半水成土	潮土	褐潮土	褐土化两合土	褐土化体黏小两合土	1	0—20	黄褐色	中壤土	块状	8.2	8.1	0.73	0.65	9.4	河流冲积物	E 114°19′43.0″ N 35°23′03.8″	97
						2	20—43	浅黄色	重壤土	块状	8.1	4.4	0.59	0.65	14.3			
						3	43—100	灰黄色	轻壤土	块状	8.2	2.6	0.50	0.59	28.7			
剖18	半水成土	潮土	黄潮土	两合土	底黏小两合土	1	0—26	灰黄色	砂壤土	块状	8.0	3.7	0.59	0.59	4.4	河流冲积物	E 114°23′20.4″ N 35°22′48.4″	97
						2	26—51	棕红色	砂壤土	块状	8.0	3.0	0.44	0.58	6.8			
						3	51—100	浅黄色	重壤土	块状	7.9	5.9	0.74	0.65	4.0			
剖19	初育土	风沙土	冲积性风沙土	流动砂丘风沙土	流动砂丘细砂风沙土	1	0—25	浅黄色	砂土	单粒状	8.1	1.7	0.44	0.45	2.9	风积型母质	E 114°22′32.2″ N 35°21′34.9″	78
						2	25—100	浅黄色	砂土	单粒状	7.9	1.9	0.54	0.56	2.8			
剖20	半水成土	潮土	褐潮土	褐土化砂土	褐土化砂壤土	1	0—17	暗黄色	砂土	碎块状	8.1	2.0	0.37	0.49	4.4	河流冲积物	E 114°16′12.4″ N 35°18′28.4″	95
						2	17—41	暗黄色	砂土	碎块状	8.1	1.7	0.44	0.52	4.2			
						3	41—64	灰黄色	砂土	片状	8.0	8.5	0.44	0.51	4.7			
						4	64—100	灰黄色	轻壤土	碎块状	7.9	7.9	0.29	0.65	7.2			
剖21	半水成土	潮土	褐潮土	褐土化两合土	褐土化小两合土	1	0—17	灰黄色	轻壤土	碎块状	7.9	2.8	0.86	0.73	6.3	河流冲积物	E 114°21′29.5″ N 35°12′14.0″	99
						2	17—65	灰白色	砂土	碎块状	8.0	1.7	0.49	0.59	5.4			
						3	65—100				8.1		0.33		2.3			

封 丘 县

主要土类说明

潮土是封丘县主要土壤类型，占本县地域面积的94%，本县各乡镇均有分布。潮土是发育在黄河冲积母质上，经过人为耕作熟化而成的土壤。由于黄河多次泛滥覆盖沉积，加之流水对冲积物的分选作用，在主流的近河处分布着砂土，慢流的远河处分布着淤土，两者之间为两合土。因此，形成了本县潮土质地复杂和剖面层次明显且厚薄不一的特征。本县潮土所处地区地下水位较高，埋藏深度多在1.5—2.5m，矿化度在1g/L左右，如耕作不当，易形成盐碱化土壤。一般地势低洼区域，排水不畅，地下水直接参与成土过程，土壤毛管水移动活跃时可接近地表，因而有明显的夜潮现象。土壤地下水位的变幅，随季节干湿的变化而异。由于地下水升降频繁，加剧了土壤干湿交替，使氧化还原交替发生，促进了土壤物质的溶解、移动和积聚。特别是铁，湿时还原移动增强，干时氧化积聚显著，因而在剖面结构的心土层普遍形成红褐色的铁锈斑纹。土体富含石灰质，碳酸钙反应强烈，pH多在8.0—9.0。有机质、氮素含量低，速效磷缺乏，而钾、钙、镁含量较为丰富。土壤表层颜色较浅，多为浅黄色或灰黄色。根据地形及水文条件对土壤发育的影响，本县潮土分为黄潮土、褐潮土和盐化潮土等亚类。

小于本县地域面积3%的土壤类型还有风沙土等。

本区域中心区气候特征

本区域中心区气候特征值
Regional climate characteristics in central area of the region

气候带：暖温带亚湿润气候 Climate region: Warm temperate subhumid climate	
年平均气温 /℃ Annual average temperature /℃	14.2
年平均最高气温 /℃ Annual average maximum temperature /℃	19.8
年平均最低气温 /℃ Annual average minimum temperature /℃	9.3
年降水量 /mm Annual precipitation /mm	620
≥10℃的积温 /℃ Daily temperature accumulated in a year (≥10℃) /℃	5222
年日照时数 /h Annual sunshine /h	2264
年平均相对湿度 /% Annual average relative humidity /%	68
干燥度 Dryness	1.36

本区域中心区月平均气温与月平均降水量
Monthly temperature and precipitation in central area of the region

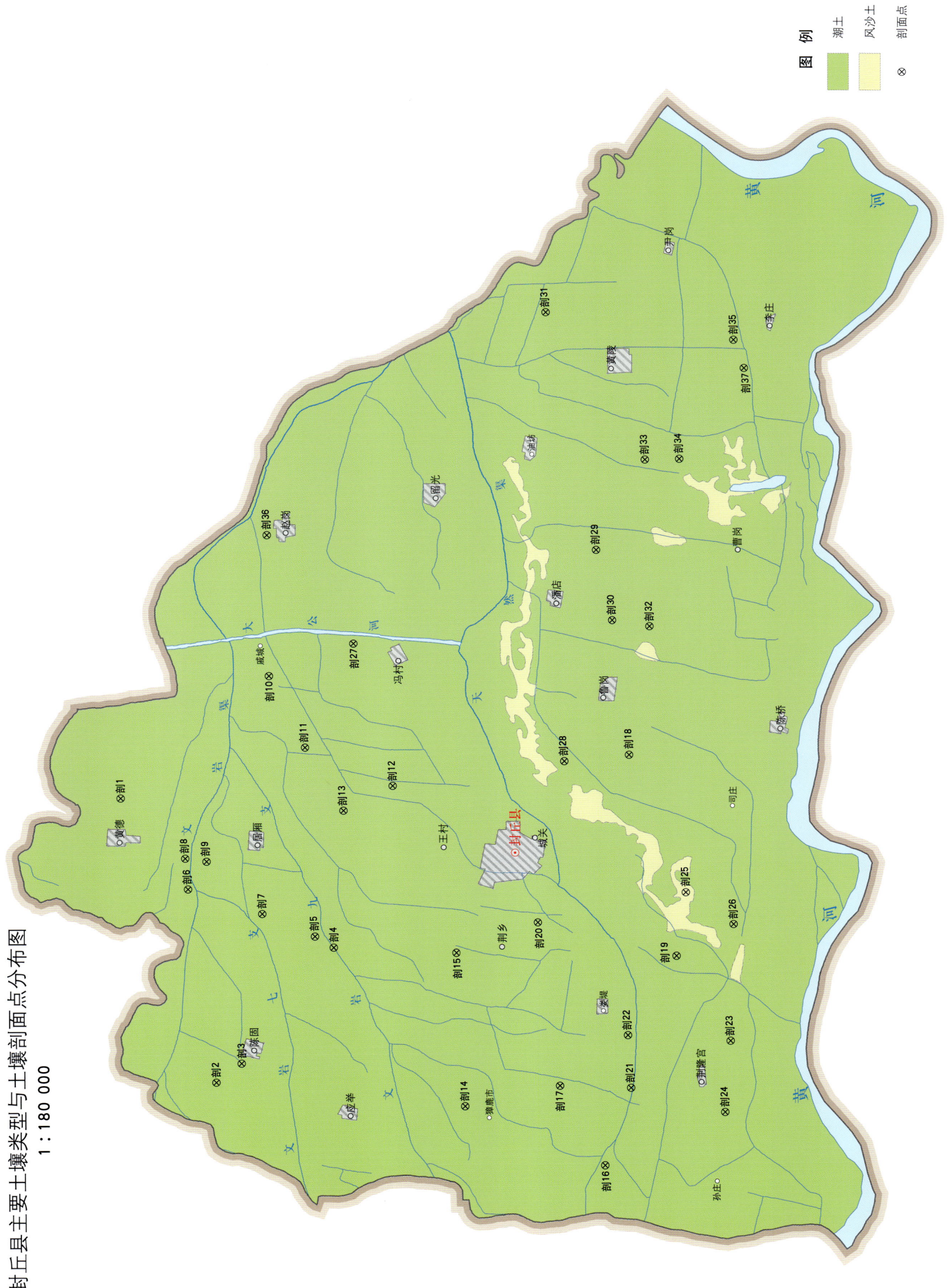

封丘县主要土壤类型与土壤剖面点分布图
1∶180 000

封丘县土壤剖面理化性状表

剖面号 Soil profile	土纲 Soil order	土类 Soil great group	亚类 Soil subgroup	土属 Soil genus	土种 Soil species	土层码 Layer code	土层厚度 Depth/cm	颜色 Soil color	质地 Soil texture	土壤结构 Soil structure	pH	有机质 OM/(g/kg)	全氮 TN/(g/kg)	全磷 TP/(g/kg)	有效磷 AP/(mg/kg)	速效钾 AK/(mg/kg)	阳离子交换量CEC/(cmol/kg)	土壤母质 Parent material	剖面点坐标 Profile coordinate	匹配指数 Matching index/%
剖1	半水成土	潮土	潮土	潮砂土	底黏青砂土	A₁₁	0—16	浅灰色	砂壤土	单粒状	8.3	6.7	0.44	0.33	4.1	96	5.3	河流冲积物	E 114°26′20.0″ N 35°11′24.0″	95
						C	16—55	浅灰黄色	砂壤土	小块状	8.1	3.4	0.29	0.32			5.4			
						Cu	55—100	浅橙色	壤质黏土	块状	8.2	5.2	0.43	0.55			13.1			
剖2	半水成土	潮土	黄潮土	两合土	底砂小两合土	1	0—20	浅黄色	轻壤土	碎粒状		8.9	0.52	1.65		222	7.5	河流冲积物	E 114°18′10.1″ N 35°09′03.2″	95
						2	20—40	浅黄色	轻壤土	碎粒状		4.9	0.33	1.14		92	8.2			
						3	40—80	浅黄色	砂壤土	单粒状		2.9	0.12	1.22		58	5.1			
						4	80—100	浅黄色	紧砂土	无结构		1.9	0.22	1.26		53	3.9			
剖3	半水成土	潮土	黄潮土	两合土	两合土	1	0—20	灰黄色	中壤土	团粒状		11.5	0.69	1.42			11.4	河流冲积物	E 114°18′43.9″ N 35°08′28.7″	98
						2	20—45	棕黄色	重壤土	块状		6.9	0.47	1.22			13.1			
						3	45—100	黄褐色	中壤土	碎粒状		3.2	0.28	1.06			8.5			
						4	100—120	棕褐色	重壤土	块状		4.8	0.33	1.21			10.0			
剖4	半水成土	潮土	盐化潮土	盐化潮土	中盐底黏小两合土	1	0—28	灰黄色	轻壤土	碎粒状		3.6	0.36	1.22			6.2	河流冲积物	E 114°22′07.0″ N 35°06′25.6″	97
						2	28—55	棕黄色	中壤土	粉粒状		7.2	0.40	1.20			10.2			
						3	55—77	棕黄色	中壤土	碎粒状		3.6	0.32	1.10			7.5			
						4	77—98	灰棕色	轻黏土	块状		8.4	0.54	1.10			16.1			
						5	98—120	棕黄色	轻壤土	块状		4.7	0.29	1.20			6.7			
剖5	半水成土	潮土	黄潮土	砂壤土	底黏砂壤土	1	0—20	灰黄色	砂壤土	粉粒状	8.4	8.5	0.26	1.07			5.1	河流冲积物	E 114°22′25.3″ N 35°06′51.8″	81
						2	20—64	灰黄色	中壤土	碎粒状	8.5	1.2	0.17	1.20			3.8			
						3	64—100	棕灰色	中壤土	块状	8.2	4.4	0.30	1.55			9.8			
剖6	半水成土	潮土	黄潮土	淤土	淤土	1	0—20	棕黄色	轻壤土	块状		9.1	0.74	0.92			15.2	河流冲积物	E 114°23′42.7″ N 35°09′48.2″	97
						2	20—90	红棕色	中黏土	块状		7.5	0.49	0.81			20.3			
						3	90—100	棕黄色	中壤土	块状		4.1	0.32	0.51			10.1			
剖7	半水成土	潮土	黄潮土	淤土	底砂淤土	1	0—20	棕黄色	重壤土	块状		9.2	0.74	0.85			15.2	河流冲积物	E 114°23′02.8″ N 35°08′05.3″	97
						2	20—55	棕红色	重黏土	块状		7.4	0.62	0.52			22.5			
						3	55—100	棕黄色	砂壤土	碎粒状		2.6	0.17	0.46			5.1			
剖8	半水成土	潮土	潮土	潮壤土	底黏小两合土	A₁₁	0—24	灰黄色	壤土	小块状		8.1	0.49	0.63	3.3	93	7.3	河流冲积物	E 114°24′36.4″ N 35°09′52.9″	95
						Cu₁	24—60	黄棕色	壤土	块状		4.6	0.28	0.58		65	6.8			
						Cu₂	60—100	黄棕色	粉砂质黏土	块状		5.9	0.44	0.52		117	17.4			
剖9	半水成土	潮土	黄潮土	淤土	体壤淤土	1	0—20	棕黄色	重壤土	粒状		9.5	0.71	1.35			12.8	河流冲积物	E 114°24′32.0″ N 35°09′23.8″	97
						2	20—40	棕红色	中黏土	粒状		7.7	0.61	1.12			18.2			
						3	40—100	红棕色	中壤土	粒状		3.8	0.37	0.72			8.2			
剖10	半水成土	潮土	盐化潮土	盐化潮土	轻盐淤土	1	0—5	浅黄色	重壤土	块状		7.1	0.54	1.23			10.7	河流冲积物	E 114°29′57.5″ N 35°08′03.5″	97
						2	5—10	棕黄色	重壤土	块状		7.0	0.49	1.31			10.5			
						3	10—20	棕黄色	重壤土	块状		7.2	0.50	1.24			10.5			
						4	20—36	棕褐色	重壤土	块状		6.7	0.45	1.35			11.9			
						5	36—56	棕褐色	重壤土	块状		3.9	0.34	1.09			11.1			
						6	56—94	棕褐色	重黏土	块状		7.4	0.53	1.12			19.1			
						7	94—150	浅黄色	重壤土	块状		2.9	0.21	1.03			6.2			
剖11	半水成土	潮土	黄潮土	淤土	底砂淤土	1	0—20	棕黄色	重黏土	块状		9.1	0.59	1.33		234	15.0	河流冲积物	E 114°27′54.7″ N 35°07′11.6″	98
						2	20—52	棕红色	重黏土	块状		9.0	0.56	1.25		173	23.5			
						3	52—100	浅黄色	轻黏土	碎粒状		4.1	0.29	1.33		107	7.1			

续表 Continued

剖面号 Soil profile	土纲 Soil order	土类 Soil great group	亚类 Soil subgroup	土属 Soil genus	土种 Soil species	土层码 Layer code	土层厚度 Depth/cm	颜色 Soil color	质地 Soil texture	土壤结构 Soil structure	pH	有机质 OM/(g/kg)	全氮 TN/(g/kg)	全磷 TP/(g/kg)	有效磷 AP/(mg/kg)	速效钾 AK/(mg/kg)	阴离子交换量CEC/(cmol/kg)	土壤母质 Parent material	剖面点坐标 Profile coordinate	匹配指数 Matching index/%
剖12	半水成土	潮土	盐化潮土	盐化潮土	中盐两合土	1	0—5	灰黄色	中壤土	团粒状		7.9	0.56	1.39				河流冲积物	E 114°26′51.7″ N 35°05′09.6″	98
						2	5—10	灰黄色	中壤土	团粒状		8.3	0.55	1.42						
						3	10—25	灰黄色	中壤土	团粒状		7.8	0.53	1.40						
						4	25—100	灰黄色	轻壤土	碎粒状		2.7	0.22	1.25						
剖13	半水成土	潮土	盐化潮土	盐化潮土	重盐两合土	1	0—20	灰黄色	中壤土	粒状		5.2	0.39	1.30			9.0	河流冲积物	E 114°26′06.7″ N 35°06′16.6″	99
						2	20—90	棕红色	轻黏土	块状		5.7	0.50	1.14			17.2			
						3	90—116	浅黄色	轻壤土	粒状		3.2	0.20	1.11			7.1			
						4	116—196	浅黄色	轻壤土	粒状		2.5	0.18	1.10			6.3			
						5	196—250	浅黄色	砂壤土	无结构		2.4	0.20	1.08			5.8			
剖14	半水成土	潮土	盐化潮土	盐化潮土	轻盐体黏两合土	1	0—5	灰黄色	轻壤土	碎粒状		6.8	0.43	1.27			6.5	河流冲积物	E 114°17′38.8″ N 35°03′19.4″	99
						2	5—10	灰黄色	中壤土	碎粒状		8.2	0.52	1.28			6.6			
						3	10—20	灰黄色	中壤土	碎粒状		6.5	0.44	1.25			6.7			
						4	20—88	棕褐色	轻黏土	块状		5.7	0.48	1.12			14.5			
						5	88—120	棕褐色	中黏土	大块状		6.6	0.57	1.16						
剖15	半水成土	潮土	脱潮土	脱潮泥土	浅厚黏脱两合土	A_{11}	0—28	灰黄色	黏壤土	团粒状	8.2	8.3	0.51	0.59		133	8.9	河流冲积物	E 114°22′02.6″ N 35°03′36.7″	95
						Ck	28—47	油棕色	粉砂质黏土	块状	8.2	6.0	0.39	0.56		107	14.2			
						Cu	47—100	棕色	粉砂质黏土	大块状	8.1	7.1	0.45	0.54		129	21.5			
剖16	半水成土	潮土	黄潮土	灌淤土	厚层灌淤土	1	0—20	棕褐色	中壤土	碎块状		5.6	0.34	1.24		148	7.8	河流冲积物	E 114°16′02.3″ N 35°00′05.0″	97
						2	20—55	棕褐色	重壤土	块状		4.9	0.31	1.28		144	9.0			
						3	55—100	红棕色	中黏土	块状		4.7	0.44	1.33		192	19.0			
剖17	半水成土	潮土	盐化潮土	盐化潮土	轻盐两合土	1	0—21	灰黄色	轻壤土	碎粒状		6.5	0.37	1.18			5.6	河流冲积物	E 114°18′17.6″ N 35°01′09.5″	98
						2	21—33	灰黄色	中壤土	碎粒状		3.4	0.20	1.01			5.3			
						3	33—80	浅黄色	中壤土	碎粒状		1.9	0.17	1.12			4.9			
						4	80—100	棕黄色	中黏土	大块状		3.5	0.22	1.19			6.8			
剖18	半水成土	潮土	黄潮土	两合土	体黏小两合土	1	0—25	灰黄色	轻壤土	碎粒状		6.9	0.51	1.41			7.2	河流冲积物	E 114°27′54.3″ N 34°59′45.1″	95
						2	25—35	灰黄色	重壤土	块状		3.9	0.31	1.35			8.3			
						3	35—120	棕黄色	轻壤土	块状		5.0	0.42	1.33			12.4			
剖19	半水成土	潮土	黄潮土	两合土	体砂小两合土	1	0—20	灰黄色	中壤土	粉粒状		3.9	0.19	1.22		92	5.9	河流冲积物	E 114°22′05.8″ N 34°58′33.3″	95
						2	20—40	灰黄色	紧砂土	无结构		2.6	0.12	1.15		48	3.4			
						3	40—100	灰黄色	松砂土	无结构		<1.0	0.47	0.74		53	2.7			
剖20	半水成土	潮土	褐潮土	褐土化两合土	底砂厚层黏小两合土	1	0—24	灰黄色	轻壤土	碎粒状		8.1	0.49	1.45		112	7.3	河流冲积物	E 114°18′58.4″ N 34°59′45.5″	95
						2	24—60	灰黄色	重壤土	粉粒状		4.5	0.28	1.32		78	6.8			
						3	60—100	棕黄色	重壤土	块状		5.9	0.34	1.18		141	17.4			
剖21	半水成土	潮土	黄潮土	灌淤土	底砂厚层灌淤土	1	0—20	棕黄色	中壤土	碎粒状		4.5	0.47	1.30			6.3	河流冲积物	E 114°18′16.6″ N 34°59′31.6″	97
						2	20—40	棕黄色	中壤土	块状		7.4	0.33	1.23			6.2			
						3	40—100	浅黄色	中壤土	单粒状		7.8	0.62	1.20			19.9			
剖22	半水成土	潮土	褐潮土	褐土化两合土	褐土化体黏小两合土	1	0—20	灰黄色	轻壤土	碎粒状		10.1	0.68	1.22			15.5	河流冲积物	E 114°19′47.6″ N 34°59′37.7″	97
						2	20—70	棕黄色	重黏土	块状		9.6	0.72	1.15			23.5			
						3	70—100	浅黄色	砂土	单粒状		1.9	0.18	0.88			5.0			
剖23	半水成土	潮土	褐潮土	褐土化两合土	褐土化厚层灌淤土	1	0—28	灰黄色	中壤土	团粒状		8.3	0.51	1.36		161	8.9	河流冲积物	E 114°19′41.9″ N 34°57′16.2″	95
						2	28—47	棕黄色	重壤土	块状		6.0	0.39	1.28		130	14.2			
						3	47—100	棕褐色	中黏土	大块状		7.1	0.45	1.23		156	21.5			
剖24	半水成土	潮土	褐潮土	褐土化两合土	褐土化小两合土	1	0—20	黄棕色	轻壤土	碎粉状		6.4	0.38	1.09			8.6	河流冲积物	E 114°17′38.4″ N 34°57′21.2″	95
						2	20—100	黄棕色	轻壤土	碎粉状		7.8	0.57	1.41			8.6			
剖25	初育土	风沙土	风沙土	半固定风沙土	半固定细沙土	1	0—20	浅黄色	紧砂土	无结构		1.1	<0.10	0.64			3.2	风积型母质	E 114°23′56.0″ N 34°58′22.8″	93
						2	20—70	浅黄色	紧砂土	无结构		2.1	0.13	0.76			5.4			

续表 Continued

剖面号 Soil profile	土纲 Soil order	土类 Soil great group	亚类 Soil subgroup	土属 Soil genus	土种 Soil species	土层码 Layer code	土层厚度 Depth/cm	颜色 Soil color	质地 Soil texture	土壤结构 Soil structure	pH	有机质 OM/(g/kg)	全氮 TN/(g/kg)	全磷 TP/(g/kg)	有效磷 AP/(mg/kg)	速效钾 AK/(mg/kg)	阳离子交换量CEC/(cmol/kg)	土壤母质 Parent material	剖面点坐标 Profile coordinate	匹配指数 Matching index/%
剖26	半水成土	潮土	盐化潮土	盐化潮土	重盐砂壤土	1	0—5	浅黄色	砂壤土	粉粒状		3.5	0.13	1.65			9.9	河流冲积物	E 114° 23′ 02.4″ N 34° 57′ 15.8″	99
						2	5—10	浅黄色	砂壤土	粉粒状		3.0	0.13	0.93			4.5			
						3	10—20	黄棕色	砂壤土	粉粒状		2.0	0.11	0.97			3.6			
						4	20—29	浅黄色	轻壤土	碎块状		8.0	0.53	1.17			19.9			
						5	29—150	浅黄色	砂壤土	单粒状		1.8	0.13	0.88			3.4			
剖27	半水成土	潮土	盐化潮土	盐化潮土	重盐黏壤土	1	0—5	灰黄色	中壤土	碎块状		6.9	0.41	1.42			8.7	河流冲积物	E 114° 30′ 57.2″ N 35° 06′ 08.3″	97
						2	5—10	灰黄色	中壤土	碎块状		6.9	0.40	1.34			9.0			
						3	10—20	灰黄色	中壤土	碎块状		6.7	0.40	1.36			8.9			
						4	20—43	棕黄色	中壤土	块状		5.4	0.38	1.65			9.9			
						5	43—62	黄棕色	中黏土	大块状		6.4	0.44	1.18			17.9			
						6	62—86	黄棕色	中黏土	大块状		3.9	0.25	1.07			10.7			
						7	86—100	棕黄色	中壤土	块状		3.2	0.20	1.04			8.1			
剖28	半水成土	潮土	黄潮土	两合土	腰黏小两合土	1	0—19	浅黄色	轻壤土	粉粒状		6.7	0.50	1.39			7.0	河流冲积物	E 114° 27′ 41.2″ N 35° 01′ 14.0″	95
						2	19—33	浅黄色	中壤土	粉粒状		3.8	0.32	1.17			7.9			
						3	33—59	棕色	中黏土	块状		3.7	0.52	1.01			17.7			
						4	59—82	浅黄色	中黏土	块状		3.3	0.22	0.98			7.0			
						5	82—110	浅黄色	砂壤土	块状		2.0	0.17	1.07			4.9			
剖29	半水成土	潮土	黄潮土	砂壤土	体砂砂壤土	1	0—33	浅黄色	砂壤土	粉粒状		4.4	0.31	0.12			5.6	河流冲积物	E 114° 33′ 49.7″ N 35° 00′ 37.1″	95
						2	33—85	红棕色	重黏土	块状		7.5	0.62	1.09			20.1			
						3	85—100	灰黄色	中壤土	碎块状		3.2	0.28	1.08			7.2			
剖30	半水成土	潮土	盐化潮土	盐化潮土	中盐腰黏壤土	1	0—20	灰黄色	轻壤土	碎块状		9.0	0.63	1.23			6.8	河流冲积物	E 114° 31′ 48.0″ N 35° 00′ 12.6″	97
						2	20—47	棕黄色	轻壤土	单粒状		6.6	0.48	0.33			13.5			
						3	47—100	灰黄色	轻壤土	碎块状		2.9	0.17	0.96			8.2			
剖31	半水成土	潮土	褐潮土	褐土化两合土	褐土化两合土	1	0—30	灰黄色	轻壤土	粒状		8.4	0.61	1.14			6.6	河流冲积物	E 114° 40′ 41.2″ N 35° 01′ 53.8″	95
						2	30—46	棕黄色	中黏土	块状		4.4	0.44	0.93			10.0			
						3	46—67	棕褐色	中黏土	块状		8.0	0.71	0.84			18.9			
						4	67—100	灰白色	轻壤土	单粒状		2.8	0.28	0.80			6.2			
剖32	半水成土	潮土	褐潮土	褐土化砂壤土	褐土化砂壤小两合土	1	0—15	灰白色	砂壤土	碎块状		7.2	0.65	1.31			6.1	河流冲积物	E 114° 31′ 38.6″ N 34° 59′ 21.1″	95
						2	15—35	棕褐色	中壤土	单粒状		4.1	0.30	0.91			6.5			
						3	35—100	黄白色	中黏土	单粒状		3.1	0.20	0.95			5.3			
剖33	半水成土	潮土	盐化潮土	盐化潮土	轻盐腰黏两合土	1	0—20	黄黄色	中壤土	碎块状		7.8	0.51	1.30			9.7	河流冲积物	E 114° 36′ 27.7″ N 34° 59′ 32.6″	98
						2	20—37	棕红色	重黏土	大块状		6.5	0.37	1.19			9.0			
						3	37—69	黄褐色	中黏土	块状		9.4	0.82	1.18			23.1			
						4	69—128	红黄色	中壤土	碎块状		4.2	0.34	1.27			6.2			
						5	128—150	红黄色	中壤土	碎块状		3.9	0.31	1.36						
剖34	半水成土	潮土	黄潮土	两合土	腰砂两合土	1	0—20	灰黄色	中壤土	碎块状		8.5	0.54	1.27			9.0	河流冲积物	E 114° 36′ 30.2″ N 34° 58′ 45.5″	97
						2	20—35	灰黄色	砂壤土	碎块状		7.3	0.48	1.27			9.0			
						3	35—60	浅黄色	砂壤土	单粒状		2.5	0.17	1.13			5.0			
						4	60—80	棕黄色	重黏土	块状		6.0	0.39	1.15			10.4			
						5	80—100	浅黄色	砂壤土	单粒状		1.9	0.14	1.05			4.9			
剖35	半水成土	潮土	黄潮土	砂壤土	底黏砂壤土	1	0—16	灰黄色	砂壤土	粉粒状		6.7	0.44	0.75			5.3	河流冲积物	E 114° 39′ 59.8″ N 34° 57′ 34.2″	95
						2	16—55	浅黄色	砂壤土	粉粒状		3.4	0.29	0.74			5.4			
						3	55—100	红棕色	重黏土	块状		5.2	0.43	1.25			13.1			

续表 Continued

剖面号 Soil profile	土纲 Soil order	土类 Soil great group	亚类 Soil subgroup	土属 Soil genus	土种 Soil species	土层码 Layer code	土层厚度 Depth/cm	颜色 Soil color	质地 Soil texture	土壤结构 Soil structure	pH	有机质 OM/(g/kg)	全氮 TN/(g/kg)	全磷 TP/(g/kg)	有效磷 AP/(mg/kg)	速效钾 AK/(mg/kg)	阳离子交换量 CEC/(cmol/kg)	土壤母质 Parent material	剖面点坐标 Profile coordinate	匹配指数 Matching index/%
剖36	半水成土	潮土	盐化潮土	盐化潮土	重盐底砂两合土	1	0—5	灰黄色	中壤土	碎块状		7.9	0.46	1.27			8.6	河流冲积物	E 114°34′02.7″ N 35°08′11.0″	95
						2	5—10	灰黄色	中壤土	碎块状		7.1	0.42	1.35			8.4			
						3	10—20	灰黄色	中壤土	碎块状		5.3	0.38	1.08			8.0			
						4	20—71	棕黄色	中壤土	碎块状		5.5	0.42	1.24			8.4			
						5	71—110	浅黄色	砂壤土	单粒状		1.3	0.10	1.15			4.3			
剖37	半水成土	潮土	盐化潮土	盐化潮土	轻盐体砂两合土	1	0—5	黄褐色	中壤土	碎块状		3.9	0.24	1.21			5.3	河流冲积物	E 114°39′11.2″ N 34°57′19.1″	98
						2	5—10	黄褐色	中壤土	碎块状		4.1	0.25	1.27			6.2			
						3	10—20	黄褐色	中壤土	碎块状		3.9	0.26	1.19			6.6			
						4	20—27	浅黄色	砂壤土	粉粒状		2.6	0.23	1.35			4.9			
						5	27—97	红棕色	轻黏土	块状		6.7	0.15	1.06			17.8			

卫 辉 市

主要土类说明

褐土是卫辉市主要土壤类型，占本市地域面积的 60%，分布在卫河以北的倾斜平原和山区。本市褐土主要发育在西北部山麓阶地和洪积、冲积扇的第四纪马兰黄土及其洪冲积母质上，其典型褐土是在自然因素与人为因素的综合作用下，特别是在人类长期耕作熟化的条件下形成的发育明显而肥力较高的土壤。本市褐土形成和发育过程具有以下特点：有深厚的熟化层，呈灰褐色或黄褐色。土体中部有不同程度的黏化现象，质地为中壤土至重壤土，呈棱柱状结构。黏化层的形成与冬春干旱寒冷、夏秋温暖湿润的气候特点有着密切的关系，在温暖的季节，土体中的物理、化学及生物反应强烈，有利于矿物质分解，颗粒由粗变细，黏粒由粗变细，黏粒与胶粒逐步增多，并随水下移，久而久之形成了一层黏化层。另外，由于季节性的干湿交替，黏化层中的黏土矿物不断收缩和膨胀，使黏化层产生纵向裂隙，植物根系的穿插和土壤重力水下渗使裂隙加大，逐渐成为水分下渗的通道，随水下渗的黏粒及土壤溶液中的钙、镁等矿物覆于结构表面，长期凝结形成胶膜，水分不易渗入结构体内，而使土壤形成比较稳定的棱柱状结构。黄土母质中有丰富的碳酸钙，碳酸钙在土壤有机酸及无机酸的作用下，转变为可溶性的重碳酸钙，随水沿孔隙下渗至土体中下部，酸性被中和，水分减少，重碳酸钙重新变成碳酸钙而聚集于土壤孔隙中，从而成为白色的菌丝状碳酸钙新生体，经长期积累，菌丝状胶结成大小不一的块状，因形状似姜，故被称为"料姜"。本市褐土分为淋溶褐土、褐土性土、褐土和潮褐土等亚类。

潮土是卫辉市第二大土壤类型，占本市地域面积的 38%，主要发育在古黄河、卫河的沉积物上。该土分布区地形平坦，土层深厚，地下水位高，水源丰富，井渠灌溉条件良好，加之长期耕种熟化，土壤肥力水平较高。本市潮土主要处在古黄河漫滩和背河洼地，由于河流的多次沉积以及流水速度对冲积物的分选作用，形成了潮土区土壤质地、剖面层次的复杂性和多样性。土壤剖面下部出现锈色斑纹。潮土处在东南部低平、平缓平原，地下水位较高，一般为 2—4m。土壤水分与地下水受气候因素制约，夏秋多雨季节，地下水位上升，土壤剖面的一定层段浸没在潜水面以下，铁、锰等变价元素处于还原状态，从而出现蓝灰色锈纹或锈斑；冬春干旱季节，地下水位下降，被浸没层段脱水而出，铁、锰等变价元素由还原状态转为氧化状态，从而出现红褐色锈纹或锈斑。由此周而复始，年复一年，在剖面下层形成了蓝灰色、红褐色斑纹的土壤新生体，这是潮土形成过程中产生的重要剖面特征之一。土壤有机质和氮缺乏，而钾、钙、镁较丰富。本市潮土分为黄潮土、褐潮土、盐化潮土等亚类。

小于本市地域面积 3% 的土壤类型还有风沙土。

本区域中心区气候特征

本区域中心区气候特征值
Regional climate characteristics in central area of the region

气候带：暖温带亚湿润气候 Climate region: Warm temperate subhumid climate	
年平均气温 /℃ Annual average temperature /℃	14.0
年平均最高气温 /℃ Annual average maximum temperature /℃	19.8
年平均最低气温 /℃ Annual average minimum temperature /℃	9.1
年降水量 /mm Annual precipitation /mm	586
≥10℃的积温 /℃ Daily temperature accumulated in a year (≥10℃) /℃	5163
年日照时数 /h Annual sunshine /h	2243
年平均相对湿度 /% Annual average relative humidity /%	67
干燥度 Dryness	1.43

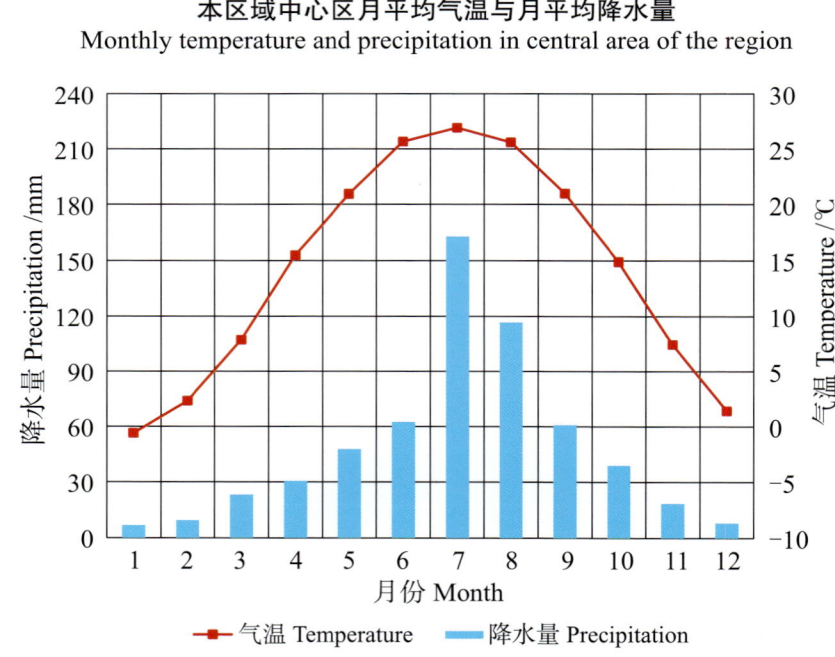

本区域中心区月平均气温与月平均降水量
Monthly temperature and precipitation in central area of the region

卫辉市主要土壤类型与土壤剖面点分布图
1∶190 000

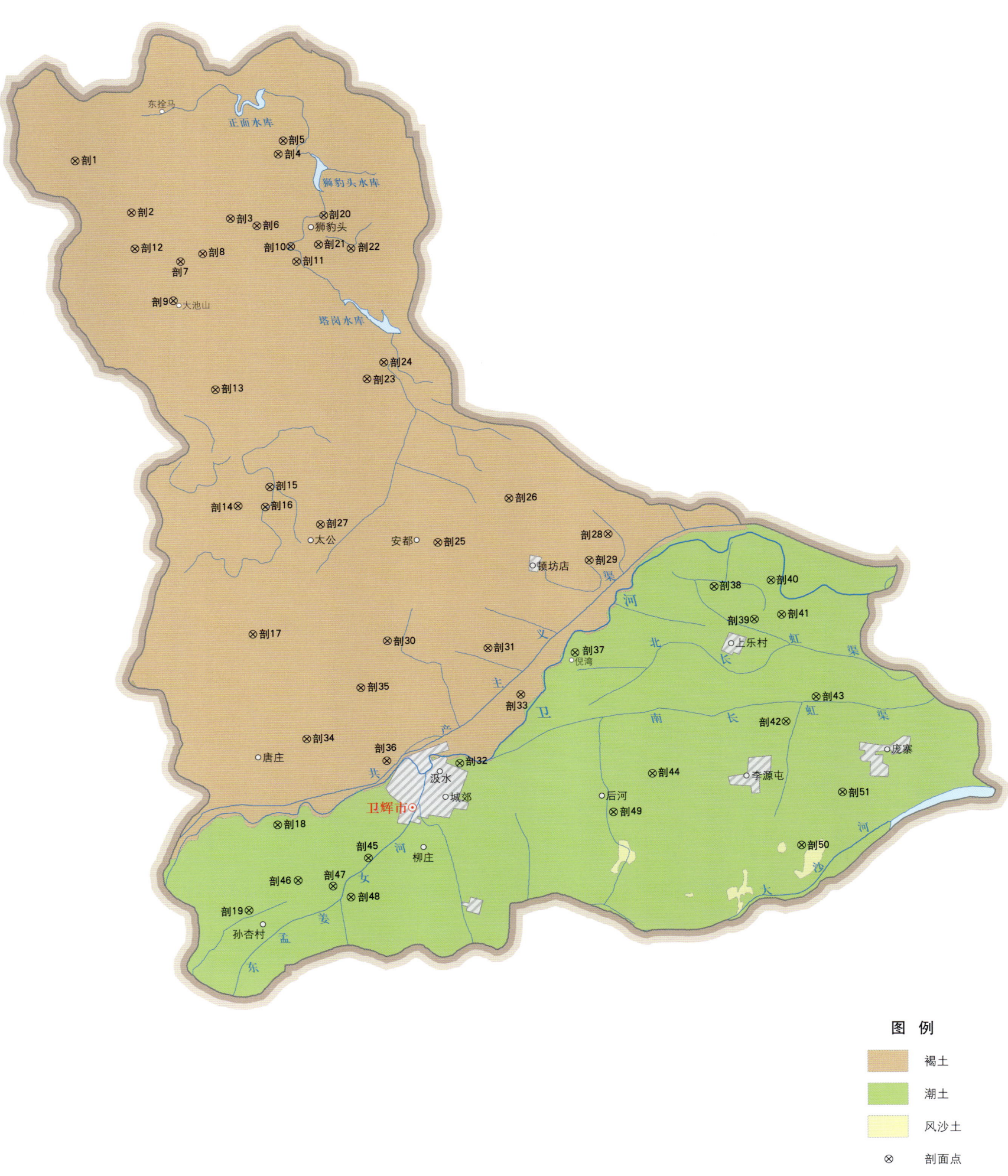

图 例
- 褐土
- 潮土
- 风沙土
- ⊗ 剖面点

第二编 分县土壤图与土壤剖面数据 | 211

卫辉市土壤剖面理化性状表

剖面号 Soil profile	土纲 Soil order	土类 Soil great group	亚类 Soil subgroup	土属 Soil genus	土种 Soil species	土层码 Layer code	土层厚度 Depth/cm	颜色 Soil color	质地 Soil texture	土壤结构 Soil structure	pH	有机质 OM/(g/kg)	全氮 TN/(g/kg)	全磷 TP/(g/kg)	阳离子交换量 CEC/(cmol/kg)	土壤母质 Parent material	剖面点坐标 Profile coordinate	匹配指数 Matching index/%
剖1	半淋溶土	褐土	淋溶褐土	红黏土	浅位中淀积层红土	1	0–25	灰褐色	重壤土	块状	7.7	36.4	1.60	0.36	18.0	石灰岩	E 113°53′25.4″ N 35°39′16.2″	97
剖1						2	25–60	红色	轻黏土	块状	7.6	9.4	0.35	0.23	9.4			
剖2	半淋溶土	褐土	淋溶褐土	坡黄土	薄层坡黄土	1	0–30	褐色	中壤土	块状	8.1	35.2	2.11	0.25	13.7	黄土或其他岩风化坡积物	E 113°55′03.4″ N 35°38′04.6″	75
剖3	半淋溶土	褐土	潮褐土	潮黄土	浅位厚层砂姜壤黄土	1	0–25	浅黄褐色	轻壤土	粒状						洪积物	E 113°57′51.1″ N 35°37′59.9″	97
剖3						2	25–100	灰白褐色	中壤土	块状								
剖4	半淋溶土	褐土	褐土性土	灰石土	中层灰石渣土	1	0–20	红褐色	重壤土	粒状	7.9	17.6	1.05	0.63	17.9	石灰岩风化物	E 113°59′08.9″ N 35°39′33.8″	97
剖4						2	20–60	红褐色	中黏土	粒状	7.6	8.7	0.75	0.46	23.8			
剖5	半淋溶土	褐土	褐土性土	灰石土	薄层灰石渣土	1	0–23	灰褐色	轻壤土	粒状	8.4	24.2	1.25	1.54	9.9	石灰岩风化物	E 113°59′16.4″ N 35°39′53.3″	97
剖6	半淋溶土	褐土	褐土性土	灰石土	中层灰石土	1	0–12	黄褐色	中壤土	碎块状	8.0	7.9	0.49	0.97	14.6	石灰岩风化物	E 113°58′36.5″ N 35°37′50.5″	97
剖6						2	12–37	红褐色	重壤土	碎块状	7.8	6.6	0.42	1.02	19.6			
剖6						3	37–57	暗褐色	中壤土	碎块状	7.9	5.3	0.32	1.05	15.1			
剖6						4	57–79	黄褐色	中壤土	碎片	7.9	3.9	0.23	1.10	10.6			
剖6						5	79–100	黄褐色	中壤土	碎片	8.0	4.0	0.25	1.09	8.8			
剖7	半淋溶土	褐土	褐土性土	耕种褐土性土	少砾质中层褐土性土	1	0–32	棕黑色	重壤土	块状	8.0	17.3	1.01	0.47	22.2	岩风化洪积物	E 113°56′29.0″ N 35°36′56.2″	97
剖8	半淋溶土	褐土	褐土性土	灰石土	多砾质中层灰石土	1	0–10	红褐色	重壤土	碎块状	8.2	31.1	1.60	0.22	20.2	石灰岩风化物	E 113°57′06.1″ N 35°37′08.4″	98
剖8						2	10–35	红褐色	轻壤土	块状	8.1	9.7	0.57	0.13	22.6			
剖8						3	35–60	红黄色	轻黏土	块状	8.0	6.7	0.55	0.11	22.3			
剖9	半淋溶土	褐土	褐土性土	砂石土	多砾质中层砂石土	1	0–45	灰褐色	中壤土	核状	7.2	19.5	0.76	0.24	15.1	砂页岩风化物	E 113°56′25.8″ N 35°35′55.7″	95
剖9						2	45–60	灰褐色	轻壤土	块状	7.7	3.5	<0.10	0.81	10.3			
剖10	半淋溶土	褐土	褐土性土	灰石土	少砾质中层灰石土	1	0–20	灰褐色	中壤土	块状	7.8	41.2	2.28	0.45	13.3	石灰岩风化物	E 113°59′34.4″ N 35°37′22.4″	97
剖10						2	20–53	褐色	中壤土	块状	7.9	22.8	1.64	0.45	20.7			
剖10						3	53–78	红褐色	中壤土	块状	7.8	27.1	1.69	0.38	20.8			
剖11	半淋溶土	褐土	褐土性土	夹砾土	深位夹砾土	1	0–30	黄褐色	重壤土	碎片状	8.0	<1.0	0.52	0.46	12.3	洪积物	E 113°57′45.2″ N 35°37′00.8″	75
剖11						2	30–75	暗褐色	中壤土	块状	8.0	7.8	0.39	0.43	15.3			
剖11						3	75–110	暗褐色	中壤土	块状	7.9	6.2	0.29	0.48	19.9			
剖12	半淋溶土	褐土	褐土性土	砂石土	多砾质薄层砂石土	1	0–20	红褐色	轻壤土	块状	8.3	19.6	1.24	0.44	9.0	砂页岩风化物	E 113°55′11.3″ N 35°37′12.7″	95
剖13	半淋溶土	褐土	褐土性土	灰石土	多砾质薄层灰石土	1	0–24	灰褐色	中壤土	块状	8.1	21.2	1.06	0.52	14.8	石灰岩风化物	E 113°57′34.6″ N 35°33′54.7″	97
剖13						2	24–90	红褐色	中壤土	块状	7.9	2.7	0.27	0.38	22.6			
剖13						3	90–100	棕色	中壤土	块状	7.7	3.1	0.39	0.38	23.4			
剖14	半淋溶土	褐土		山丘立黄土	山丘立黄土	1	0–20	红黄色	中壤土	块状	8.0	6.6	0.34	0.32	13.5	黄土、黄土状母质	E 113°58′18.5″ N 35°31′09.5″	97
剖15	半淋溶土	褐土	褐土性土	耕种褐土性土	多砾质中层褐土	1	0–20	暗红褐色	重壤土	块状	7.9	6.2	0.29	0.15	14.8	岩风化洪积物	E 113°59′11.4″ N 35°31′37.6″	97
剖15						2	20–37	红白黄相间	重壤土	块状	7.6	3.1	<0.10	<0.10	17.5			
剖16	半淋溶土	褐土	褐土性土	耕种褐土性土	多砾质薄层褐土性土	1	0–18	黄褐色	中壤土	块状	8.1	6.4	0.39	1.10	14.7	岩风化洪积物	E 113°59′04.6″ N 35°31′09.1″	97
剖17	半淋溶土	褐土	褐土	立黄土	少量砂姜立黄土	1	0–20	棕褐色	重壤土	粒状	8.0	8.9	0.49	1.20	15.7	黄土、黄土状母质	E 113°58′49.8″ N 35°28′06.6″	95
剖17						2	20–60	红褐色	重壤土	块状	7.9	4.5	0.24	0.74	15.5			
剖17						3	60–100											

续表 Continued

剖面号 Soil profile	土纲 Soil order	土类 Soil great group	亚类 Soil subgroup	土属 Soil genus	土种 Soil species	土层码 Layer code	土层厚度 Depth/cm	颜色 Soil color	质地 Soil texture	土壤结构 Soil structure	pH	有机质 OM/(g/kg)	全氮 TN/(g/kg)	全磷 TP/(g/kg)	阳离子交换量CEC/(cmol/kg)	土壤母质 Parent material	剖面点坐标 Profile coordinate	匹配指数 Matching index/%
剖18	半水成土	潮土	褐潮土	褐土化两合土	褐土化两合土	1	0—20	灰褐色	中壤土	碎块状	8.2	11.4	0.71	0.57	12.7	河流冲积物	E 113°59′40.9″ N 35°23′33.7″	97
						2	20—54	浅灰色	中壤土	碎块状	8.1	6.4	0.38	0.46	10.9			
						3	54—90	黄褐色	中壤土	块状	8.2	5.4	0.29	0.58	9.1			
						4	90—110	灰褐色	轻壤土	粒状	8.2	3.5	0.23	0.51	6.3			
剖19	半水成土	潮土	黄潮土	两合土	腰黏小两合土	1	0—30	浅黄褐色	轻黏土	粒状	8.1	8.2	0.36	1.28	9.2	河流冲积物	E 113°58′56.3″ N 35°21′31.3″	95
						2	30—65	黄褐色	轻黏土	块状	7.9	12.2	0.71	1.38	21.7			
						3	65—90	灰褐色	中壤土	粒状	8.1	6.0	0.36	1.35	9.8			
						4	90—100	灰黄色	重壤土	块状	7.9	9.1	0.52	0.66	15.0			
剖20	半淋溶土	褐土	褐土性土	耕种褐土性土	厚层褐土性土	1	0—20	黄褐色	中壤土	碎块状	8.1	14.4	0.96	1.37	14.9	岩石风化洪积物	E 114°00′28.8″ N 35°38′08.2″	98
						2	20—63	棕褐色	重壤土	块状	8.0	10.6	0.82	1.39	16.4			
						3	63—100	灰黄色	重壤土	块状	8.0	9.1	0.67	1.68	16.9			
剖21	半淋溶土	褐土	褐土性土	砂石土	薄层砂石土	1	0—12	灰褐色	砂土	粒状	7.8	15.3	0.62	1.32	5.7	砂页岩风化物	E 114°00′21.2″ N 35°37′26.0″	95
剖22	半淋溶土	褐土	褐土性土	砂石土	厚层砂石土	1	0—20	灰褐色	砂壤土	粒状	8.1	15.2	0.69	1.15	6.0	砂页岩风化物	E 114°01′16.7″ N 35°37′22.1″	95
						2	20—48	黄褐色	砂壤土	粒状	8.0	6.9	0.24	0.23	5.3			
						3	48—68	红褐色	中壤土	粒状	8.0	6.3	0.24	0.39	20.3			
						4	68—100	红褐色	砂壤土	粒状	8.1	6.0	0.13	0.46	14.8			
剖23	半淋溶土	褐土	褐土性土	砂石土	中层砂石土	1	0—20	灰褐色	中壤土	粒状	7.4	8.7	0.51	1.47	5.9	砂页岩风化物	E 114°01′50.2″ N 35°34′16.0″	95
						2	20—40	灰褐色	重壤土	块状	7.3	7.6	0.44	1.49	5.5			
剖24	半淋溶土	褐土	褐土	堆垫褐土	厚层堆垫土	1	0—18	棕褐色	重壤土	块状	8.1	12.5	0.54	0.61	14.9	堆垫物	E 114°02′17.5″ N 35°34′40.1″	98
						2	18—65	暗褐色	中壤土	碎块状	8.0	10.5	0.22	0.77	13.7			
剖25	半淋溶土	褐土	褐土	立黄土	浅位多量砂姜立黄土	1	0—18	灰黄褐色	轻壤土	碎块状	8.8	7.0	0.62	0.90	13.3	黄土、黄土状母质	E 114°03′57.6″ N 35°30′24.5″	95
						2	18—35	黄褐色	重壤土	碎块状	8.0	4.8	0.44	0.98	12.0			
						3	35—120	黄褐色	中壤土	碎块状	7.8	7.3	0.40	0.64	10.4			
剖26	半淋溶土	褐土	褐土	夹黏土	浅位夹黏土	1	0—20	黄褐色	中壤土	碎块状	8.5	6.6	0.47	0.40	10.1	洪积物	E 114°05′55.3″ N 35°31′30.7″	93
						2	20—40	黄褐色	轻壤土	碎块状	8.5	7.8	0.42	0.40	10.5			
						3	40—60	黄褐色	中壤土	粒状	8.4	2.0	0.45	0.49	13.8			
						4	60—100	黄褐色	砂壤土	块状	8.7	2.9	<0.10	0.39	3.5			
						5	100—120	黄褐色	砂壤土	块状	8.5	7.4	0.17	0.42	5.9			
剖27	半淋溶土	褐土	褐土	护土	红护土	1	0—20	黄红色	重壤土	块状	7.9	7.1	0.87	0.90	20.2	洪积物、冲积物	E 114°08′38.5″ N 35°30′45.7″	99
						2	20—38	黄红色	重壤土	块状	8.0	6.4	0.46	0.75	20.1			
						3	38—76	暗红色	重壤土	块状	7.9	4.2	0.40	0.59	20.0			
						4	76—100	褐红色	轻壤土	粒状	8.0	10.2	0.53	1.64	22.3			
剖28	半淋溶土	褐土	潮褐土	潮黄	壤黄土	1	0—25	浅黄色	轻壤土	粒状	7.3	6.3	0.60	1.40	7.3	洪积物	E 114°08′44.5″ N 35°30′43.2″	99
						2	25—60	褐色	中壤土	块状	8.3	6.1	0.39	1.22	9.2			
						3	60—88	灰黄色	中壤土	块状	8.1	11.2	0.37	0.42	10.4			
						4	88—100	黄褐色	中壤土	粒状	8.3	9.9	0.69	0.38	14.9			
剖29	半淋溶土	褐土	潮褐土	潮黄	壤质鸡粪土	1	0—24	褐色	中壤土	块状	8.3	11.3	0.62	0.30	20.8	洪积物	E 114°08′13.9″ N 35°30′04.7″	97
						2	24—48	黄褐色	重壤土	块状	8.3	13.2	0.69	0.30	20.3			
						3	48—79	黑色	轻黏土	块状	8.3		0.62		21.1			
						4	79—100	灰黄色	中壤土	块状								
剖30	半淋溶土	褐土	褐土性土	耕种褐土性土	中层褐土性土	1	0—15	灰红色	重壤土	块状						岩石风化洪积物	E 114°02′37.0″ N 35°28′02.3″	97
						2	15—30	黄红色										

续表 Continued

剖面号 Soil profile	土纲 Soil order	土类 Soil great group	亚类 Soil subgroup	土属 Soil genus	土种 Soil species	土层码 Layer code	土层厚度 Depth/cm	颜色 Soil color	质地 Soil texture	土壤结构 Soil structure	pH	有机质 OM/(g/kg)	全氮 TN/(g/kg)	全磷 TP/(g/kg)	阳离子交换量CEC/(cmol/kg)	土壤母质 Parent material	剖面点坐标 Profile coordinate	匹配指数 Matching index/%
剖31	半淋溶土	褐土	潮褐土	潮黄土	深位中层砂姜壤黄土	1	0—25	浅褐色	中壤土	粒状						洪积物	E 114°05′26.5″ N 35°27′55.8″	95
						2	25—50	褐色	重壤土	块状								
						3	50—100	深褐色	重壤土	块状								
剖32	半水成土	潮土	黄潮土	淤土	淤土	1	0—27	灰褐色	重壤土	块状	8.3	13.9	0.80	1.62	15.2	河流冲积物	E 114°04′44.8″ N 35°25′08.4″	98
						2	27—75	暗褐色	轻黏土	块状	9.3	9.9	0.68	1.41	18.8			
						3	75—100	黄灰色	重壤土	块状	8.1	7.7	0.51	1.31	16.9			
剖33	半淋溶土	褐土	潮褐土	潮护土	潮红护土	1	0—27	灰褐色	重壤土	块状	8.1	17.6	0.92	0.85	17.0	冲积物、洪积物	E 114°06′24.8″ N 35°26′50.3″	99
						2	25—100	红褐色	轻黏土	块状	8.1	11.6	0.58	0.45	17.5			
剖34	半淋溶土	褐土	褐土	立黄土	砂砾底立黄土	1	0—25	褐黄色	轻黏土	碎块状	8.3	12.8	0.69	1.19	9.9	黄土、黄土状母质	E 114°00′25.6″ N 35°25′37.9″	95
						2	25—50	棕黄色	中壤土	块状	8.3	8.5	0.45	1.13	12.9			
						3	50—80	黄黄色	轻壤土	粒状	8.3	4.6	0.25	1.02	9.6			
						4	80—100	浅黄色	轻壤土	粒状	8.2	3.8	0.20	0.96	9.5			
剖35	半淋溶土	褐土	褐土	立黄土	深位多量立黄土	1	0—25	褐黄色	中壤土	块状	8.2	12.7	0.71	1.10	14.5	黄土、黄土状母质	E 114°01′54.5″ N 35°26′54.2″	95
						2	25—70	浅黄色	重壤土	块状	8.1	8.6	0.52	0.89	15.8			
						3	70—100	棕黄色	中壤土	块状	8.0		0.36	0.69	14.6			
剖36	半淋溶土	褐土	潮褐土	潮护土	黏质鸡黄土	1	0—24	黄褐色	重壤土	碎块状	8.1	22.8	1.14	0.49	15.9	冲积物、洪积物	E 114°02′41.6″ N 35°25′09.5″	97
						2	24—80	蓝灰褐色	重壤土	块状	8.0	31.9	1.54	0.47	16.3			
						3	80—100	暗灰褐色	重壤土	块状	8.0	25.1	1.18	0.44	16.9			
剖37	半水成土	潮土	褐土化潮土	褐土化两合土	褐土化体黏两合土	1	0—30	深褐色	黏土	碎块状						河流冲积物	E 114°07′56.3″ N 35°27′45.4″	97
						2	30—100	暗褐色	中壤土	碎块状	8.5	9.4	0.54	0.71	10.6			
剖38	半水成土	潮土	褐土化潮土	两合土	底黏小两合土	1	0—30	浅黄褐色	轻壤土	块状	8.8	3.8	0.16	0.64	8.8	河流冲积物	E 114°11′45.6″ N 35°29′31.6″	97
						2	30—60	棕褐色	重壤土	块状	8.5	4.8	2.00	0.71	5.5			
						3	60—100	灰褐色	重壤土	块状	8.1	7.4	0.37	0.66	7.3			
剖39	半水成土	潮土	黄潮土	两合土	体砂小两合土	1	0—25	黄褐色	砂壤土	块状	8.4	3.2	<0.10	0.53	5.8	河流冲积物	E 114°12′55.1″ N 35°28′46.6″	97
						2	25—64	黄褐色	重壤土	碎块状	8.2	6.6	0.41	0.53	8.5			
						3	64—80	黄褐色	砂土	粒状	8.7	<1.0	<0.10	0.18	1.8			
						4	80—100		重壤土	碎块状								
剖40	半水成土	潮土	褐土化潮土	褐土化淤土	褐土化底黏淤土	1	0—30	黄红色	重壤土	块状	8.3	12.0	0.73	1.66	9.8	河流冲积物	E 114°13′21.7″ N 35°29′42.7″	95
						2	30—50	黄红色	砂壤土	块状	8.3	6.0	0.45	1.30	13.8			
						3	50—70	黄色	中壤土	碎块状	8.1	4.2	0.29	1.74	9.2			
						4	70—120	灰黄色	轻壤土	块状								
剖41	半水成土	潮土	褐土化潮土	褐土化两合土	褐土化小两合土	1	0—27	灰黄色	中壤土	碎块状	8.4	8.2	0.49	1.35	6.6	河流冲积物	E 114°13′40.8″ N 35°28′54.1″	95
						2	27—80	灰黄色	砂壤土	粒状	8.3	6.9	0.43	1.17	7.3			
						3	80—100	浅黄色	砂壤土	粒状	8.4	8.3	0.52	1.15				
剖42	半水成土	潮土	黄潮土	砂土	体黏砂壤土	1	0—25		砂壤土	片状	8.3	17.4	0.59	1.45	14.9	河流冲积物	E 114°13′53.0″ N 35°26′20.8″	95
						2	25—48	灰黄色	中壤土	片状	8.3	9.0	0.56	1.39	13.7			
						3	48—142	灰黄色	中壤土	块状	8.4	8.0	0.55	1.34	11.3			
剖43	半水成土	潮土	盐化潮土	盐化湖土	轻盐腰黏两合土	1	0—5	灰黄色	轻壤土	块状	8.1	7.4	0.49	1.38	17.9	河流冲积物	E 114°14′42.7″ N 35°26′57.5″	97
						2	5—10	灰黄色	轻壤土	块状	8.2	3.1	0.20	1.36	6.9			
						3	10—20											
						4	20—120											
						5	120—150											

续表 Continued

剖面号 Soil profile	土纲 Soil order	土类 Soil great group	亚类 Soil subgroup	土属 Soil genus	土种 Soil species	土层码 Layer code	土层厚度 Depth/cm	颜色 Soil color	质地 Soil texture	土壤结构 Soil structure	pH	有机质 OM/(g/kg)	全氮 TN/(g/kg)	全磷 TP/(g/kg)	阳离子交换量CEC/(cmol/kg)	土壤母质 Parent material	剖面点坐标 Profile coordinate	匹配指数 Matching index/%
剖44	半水成土	潮土	褐潮土	褐土化淤土	褐盐化底礓淤土	1	0—25	暗黄色	重壤土	碎块状	8.2	11.2	0.63	1.82	14.6	河流冲积物	E 114°10′09.8″ N 35°25′00.8″	99
						2	25—80	棕红色	轻黏土	块状	8.0	9.0	0.64	1.59	19.2			
						3	80—100	浅黄色	轻壤土	块状	8.0	3.6	0.20	1.53	6.2			
剖45	半水成土	潮土	盐化潮土	盐化潮土	轻盐腰砂两合土	1	0—20	灰黄色	轻壤土	粒状						河流冲积物	E 114°02′15.4″ N 35°22′49.8″	97
						2	20—70	灰黄色	砂壤土	粒状								
						3	70—100	黄褐色	中壤土	块状								
剖46	半水成土	潮土	褐潮土	褐土化淤土	褐土化淤土	1	0—30	褐色	重壤土	块状	8.5	14.4	0.89	0.68	18.2	河流冲积物	E 114°00′17.6″ N 35°22′15.6″	99
						2	30—90	红褐色	中黏土	块状	8.3	9.3	0.60	0.47	21.0			
						3	90—100	褐色	轻黏土	块状	8.3	7.3	0.45	0.58	17.1			
剖47	半水成土	潮土	褐潮土	褐土化两合土	褐土化腰砂两合土	1	0—30	黄灰色	中壤土	碎块状						河流冲积物	E 114°01′17.0″ N 35°22′08.8″	95
						2	30—65	黄灰色	砂壤土	粒状								
						3	65—85	褐红色	重壤土	块状								
						4	85—100	灰黄色	中壤土	块状								
剖48	半水成土	潮土	褐潮土	褐土化两合土	褐土化底黏两合土	1	0—30	暗黄色	中壤土	块状	8.1	10.8	0.70	1.27	13.4	河流冲积物	E 114°01′47.6″ N 35°21′54.0″	97
						2	30—55	暗黄色	重壤土	块状	8.0	6.9	0.53	1.40	15.4			
						3	55—100	棕黄色	轻黏土	片状	7.9	7.3	0.52	1.20	16.5			
剖49	半水成土	潮土	褐潮土	褐土化两合土	褐土化底黏两合土	1	0—30	暗黄色	中壤土	碎块状	8.4	13.1	0.68	0.64	12.0	河流冲积物	E 114°09′06.1″ N 35°24′04.3″	95
						2	30—85	浅棕色	轻壤土	块状	8.2	9.0	0.47	0.55	16.2			
						3	85—110	浅黄色	砂壤土	粒状	8.2	2.4	<0.10	0.39	5.3			
剖50	半水成土	潮土	褐潮土	褐土化两合土	褐土化腰砂小两合土	1	0—20	灰黄色	轻壤土	块状	8.2	10.1	0.41	0.65	7.7	河流冲积物	E 114°14′24.7″ N 35°23′23.3″	97
						2	20—60	灰黄色	中壤土	块状	8.1	4.1	0.15	0.51	10.8			
						3	60—70	灰黄色	中壤土	块状	8.1	5.9	0.21	0.62	10.3			
						4	70—113	棕黄色	轻黏土	块状	8.0	7.0	0.36	0.52	16.0			
剖51	半水成土	潮土	褐潮土	褐土化两合土	褐土化腰黏小两合土	1	0—43	灰黄色	轻壤土	块状	7.9	7.0	0.51	1.17	8.2	河流冲积物	E 114°15′31.7″ N 35°24′40.7″	98
						2	43—75	棕褐色	中黏土	块状	7.8	8.7	0.69	1.07	21.7			
						3	75—120	灰黄色	砂壤土	块状	7.9	1.8	0.18	1.30	5.5			

辉 县 市

主要土类说明

褐土是辉县市主要土壤类型，占本市地域面积的69%。发育典型的褐土，都有一个深厚的熟化层、明显的黏化层和主要成分为碳酸钙的淀积层。其主要成土过程包括土体中黏化层的形成、碳酸钙新生体的形成、深厚熟化层的形成。本市褐土多分布在富含石灰的山地残积、坡积母质和平原洪冲积母质上，也有部分发育于黄土残积母质，地形部位高，地下水位很深，地下水不参与土壤的形成过程。碳酸钙和黏粒均有不同程度的淋溶与淀积，在剖面中出现黏化层和碳酸钙的淀积物，如假菌丝与砂姜。同时由于褐土耕种历史悠久，耕作的熟化程度较高，加之碳酸钙的重新分配，使剖面形态属性产生很大分异。耕种历史长的褐土，耕作层变厚，熟化度高，颜色发暗，比较疏松，养分含量丰富。在自然剖面中，可明显看到心土层及其以下土层的柱状或棱柱状结构和假菌丝形态的碳酸钙新生体的淀积。

潮土是辉县市第二大土壤类型，占本市地域面积的18%。潮土分布的地区地形平坦，排水不畅通，地下水埋深一般在1.5—3.5m。由于地下水的频繁升降，土体中的氧化还原交替发生而影响土壤中物质的溶解、移动和淀积。潮土多发育在洪积、冲积母质上，沉积物作为母质基础，密切影响着潮土的发育。潮土的形成是大小河流多次泛滥决口沉积和洪水洪积的结果。

棕壤是辉县市第三大土壤类型，占本市地域面积的6%。棕壤分布区海拔多在1200m以上，分布的地形部位比较湿润，夏季炎热多雨，冬季寒冷干旱。自然植被以落叶阔叶林或针阔叶混交林为主。土壤的形成过程以黏粒的淋溶淀积与盐基的淋溶占主导地位。土层的厚薄因成土母质不同而有很大的差异，在自然状态下，棕壤植被覆盖较高，表层残留着枯枝落叶，有机质含量较高，一般为4%左右，高者可达10%以上，土壤中的有机质（包括部分腐殖质）彻底分解，释放出钙、镁、钾、钠等灰分元素，因而使形成的腐殖酸不断被中和凝聚而在土壤中积聚，丰富了土壤中的盐基离子，有效地抑制了土壤的淋溶作用，使盐基饱和度呈弱度不饱和，土壤呈弱酸性。同时，由于夏秋高温多雨，并有一定时期的湿凉状态，化学风化强烈，产生了较多的次生黏土矿物并放出盐基，次生黏土矿物组成仍以水云母和蛭石为主。另外，由于雨量较多，土壤中淋溶作用较强，三价铁铝盐类向下移动或很少移动，二价的铁、锰有明显移动，使心土层呈现出鲜棕色，土质黏重，棱块状结构明显，结构面多覆盖明亮的铁锰胶膜。

砂姜黑土占辉县市地域面积的4%。砂姜黑土是洪积物、冲积物经过旱耕熟化而形成的旱作土壤。砂姜黑土的剖面中含有砂姜和黑土层。本市砂姜黑土通体都有石灰反应，黑土层较弱，有机质含量较高，阳离子交换量较大。

小于本市地域面积3%的土壤类型还有水稻土、粗骨土、石质土、风沙土和沼泽土等。

本区域中心区气候特征

本区域中心区气候特征值
Regional climate characteristics in central area of the region

气候带：暖温带亚湿润气候 Climate region: Warm temperate subhumid climate	
年平均气温 /℃ Annual average temperature /℃	13.8
年平均最高气温 /℃ Annual average maximum temperature /℃	19.6
年平均最低气温 /℃ Annual average minimum temperature /℃	8.7
年降水量 /mm Annual precipitation /mm	561
≥10℃的积温 /℃ Daily temperature accumulated in a year (≥10℃) /℃	5041
年日照时数 /h Annual sunshine /h	2232
年平均相对湿度 /% Annual average relative humidity /%	65
干燥度 Dryness	1.46

本区域中心区月平均气温与月平均降水量
Monthly temperature and precipitation in central area of the region

辉县市主要土壤类型与土壤剖面点分布图
1∶230 000

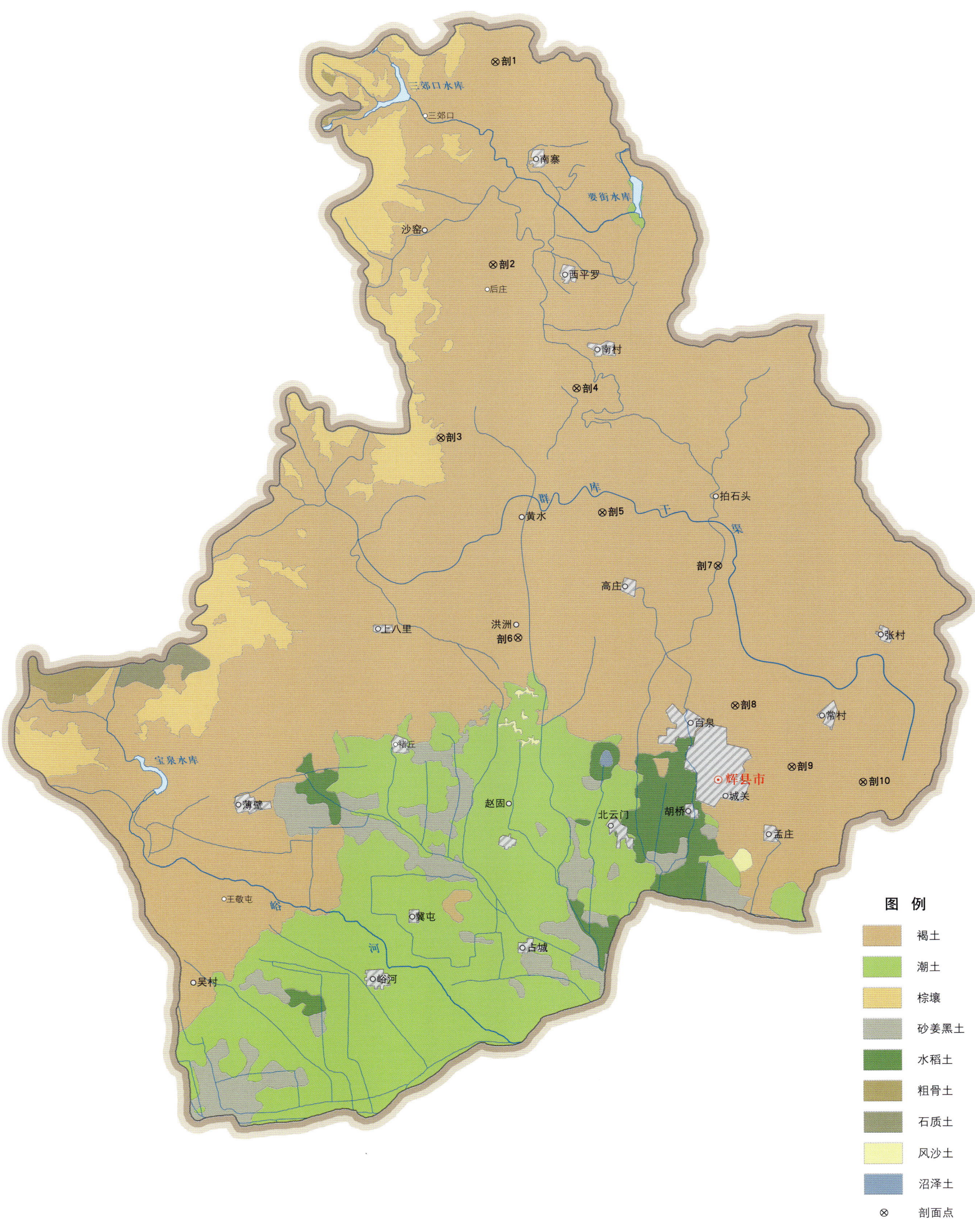

辉县市土壤剖面理化性状表

剖面号 Soil profile	土纲 Soil order	土类 Soil great group	亚类 Soil subgroup	土属 Soil genus	土种 Soil species	土层码 Layer code	土层厚度 Depth/cm	颜色 Soil color	质地 Soil texture	土壤结构 Soil structure	pH	有机质 OM/(g/kg)	全氮 TN/(g/kg)	全磷 TP/(g/kg)	阳离子交换量CEC/(cmol/kg)	土壤母质 Parent material	剖面点坐标 Profile coordinate	匹配指数 Matching index/%
剖1	半淋溶土	褐土	淋溶褐土	坡黄土	薄层坡黄土	1	0—30	红黄色	中壤土	碎块状	7.5	21.5	1.40	1.53	12.9		E 113°40′44.8″ N 35°49′12.7″	98
						2	30—											
剖2	半淋溶土	褐土	淋溶褐土	红黏土	红褐土	1	0—18	红褐色	重壤土	块状	8.0	17.4	1.52	1.25	20.6	保德红土	E 113°40′26.8″ N 35°43′05.9″	97
						2	18—53	棕红色	重壤土	大块状	8.2	11.7	0.93	1.08	20.3			
						3	53—100	红褐色	重壤土	大块状	8.2	9.6	0.85	1.20	17.6			
剖3	半淋溶土	褐土	淋溶褐土	坡黄土	中层坡黄土	1	0—20	黄褐色	重壤土	碎块状	8.1	17.9	5.37	0.75	21.7		E 113°38′23.3″ N 35°37′54.1″	97
						2	20—40	棕褐色	重壤土		8.0	15.8	1.09	0.65	21.9			
						3	40—											
剖4	半淋溶土	褐土	淋溶褐土	红黏土	浅位厚淀积层红土	1	0—20	棕褐色	重壤土	碎块状	8.0	22.1	1.44	1.30	23.7	保德红土	E 113°43′17.0″ N 35°39′16.9″	97
						2	20—72	棕褐色	重壤土	块状	8.1	12.2	1.09	0.75	21.1			
						3	72—100	红褐色	黏土	块状	8.2	7.2	0.62	0.63	23.9			
剖5	半淋溶土	褐土	褐土	垆土	红垆土	1	0—17	灰棕褐色	重壤土	碎块状	8.3	17.0	1.18	1.15	17.4	洪积物、冲积物	E 113°44′03.1″ N 35°35′31.2″	98
						2	17—33	棕褐色	重壤土	块状、棱柱状	8.2	13.2	0.89	0.85	18.6			
						3	33—100	棕色	重壤土	柱状	8.3	9.9	0.61	0.80	17.8			
剖6	半淋溶土	褐土	褐土	堆垫褐土	厚层堆垫土	1	0—15	灰黄褐色	重壤土	碎块状	8.2	12.7	0.83	1.25	19.5	堆垫物	E 113°40′54.5″ N 35°31′48.0″	97
						2	15—28	浅灰褐色	重壤土	块状	8.3	8.9	0.59	1.05	13.6			
						3	28—100	浅灰黄色	重壤土	棱柱状	8.4	6.8	0.42	1.05	18.4			
剖7	半淋溶土	褐土	褐土	山丘立黄土	山丘立黄土	1	0—20	灰黄褐色	中壤土	碎块状	8.3	17.0	1.16	1.20	16.9	马兰黄土	E 113°48′06.8″ N 35°33′48.2″	97
						2	20—35	灰黄褐色	重壤土	块状	8.4	15.4	1.00	1.10	19.1			
						3	35—44	棕褐色	重壤土	块状、棱柱状	8.2	12.6	0.78	0.93	20.8			
						4	44—100	暗棕褐色	重壤土	块状、棱柱状	8.3	11.0	0.69	0.80	23.2			
剖8	半淋溶土	褐土	褐土	立黄土	砂砾底立黄土	1	0—20	灰黄色	中壤土	碎块状	8.2	18.0	1.15	1.05	14.0	马兰黄土	E 113°48′33.1″ N 35°29′33.4″	97
						2	20—34	棕褐色	中壤土		8.2	12.9	0.86	0.95	13.8			
						3	34—59	棕褐色	重壤土	块状	8.1	11.3	0.79	0.80	18.7			
						4	59—83	棕色	重壤土	棱柱状	8.2	10.4	0.73	0.80	21.8			
						5	83—100	黄褐色	重壤土	粒状	8.3	10.4	0.72	0.79	19.2			
剖9	半淋溶土	褐土	褐土	立黄土	赤金土	1	0—20	灰黄色	中壤土	块状	8.0	9.6	0.65	0.75	18.5	马兰黄土	E 113°50′29.4″ N 35°27′38.2″	97
						2	20—45	棕褐色	重壤土	柱状	8.1	7.0	0.46	0.68	21.9			
						3	45—100	红棕褐色	重壤土	棱柱状	8.2	6.0	0.39	0.63	23.3			
剖10	半淋溶土	褐土	褐土	红土	少量砂姜红土	1	0—20	褐红色	重壤土	碎块状	8.4	13.2	0.82	0.80	19.9		E 113°52′59.9″ N 35°27′06.1″	97
						2	20—35	红棕色	重壤土	块状	8.2	11.5	0.76	0.75	19.9			
						3	35—100	红棕色	中壤土	块状	8.5	9.0	0.58	0.70	24.0			

长 垣 市

主要土类说明

潮土是长垣市主要土壤类型，占本市地域面积的96%。潮土是在河流冲积母质的基础上，受地下水活动和耕作的影响，经过多年熟化而形成的农业土壤。黄河多次泛滥沉积，且每次泛滥时，河水挟带泥沙的粗细不尽相同，加之流水速度对冲积母质有分选作用，主流处水流较急，沉积物以砂土为主；慢流处距河流较远，水流较缓慢，沉积物多为壤土；回水或静水处，多沉积质地较重的淤土。正如群众所总结的"紧出砂，慢出淤，不紧不慢出两合"，最终形成了本市潮土在水平分布上，不同的地形部位质地差异明显，呈现出在同一剖面不同质地层次相间排列且厚薄不一的典型特征。长期的农业生产活动，影响着成土母质的演变过程，使之产生新的属性。本市地下水位一般在2—4m，地下水矿化度为1—2g/L，地下水参与成土过程。土壤水分主要由地下水通过毛管作用予以补给。地下水升降的幅度，受毛管作用和大气干湿度的影响，其上升或下降，使土壤发生干湿交替，从而加剧了土壤氧化还原反应，促进了土壤中物质的溶解、移动和淀积。此外，地下水的升降，易使盐离子积聚于地表层，形成盐化潮土。潮土的理化性质，因质地的不同亦有明显差异，一般有机质、氮素、速效磷含量较低，钾、钙、镁等元素含量丰富；土色较浅，多为浅黄色或灰黄色；土壤呈弱碱性，pH 多在7.5—8.6。本市潮土分为黄潮土和盐化潮土等亚类。

小于本市地域面积3%的土壤类型还有新积土和风沙土等。

本区域中心区气候特征

本区域中心区气候特征值
Regional climate characteristics in central area of the region

气候带：暖温带亚湿润气候 Climate region: Warm temperate subhumid climate	
年平均气温 /℃ Annual average temperature /℃	14.0
年平均最高气温 /℃ Annual average maximum temperature /℃	19.7
年平均最低气温 /℃ Annual average minimum temperature /℃	9.3
年降水量 /mm Annual precipitation /mm	618
≥10℃的积温 /℃ Daily temperature accumulated in a year (≥10℃) /℃	5216
年日照时数 /h Annual sunshine /h	2313
年平均相对湿度 /% Annual average relative humidity /%	69
干燥度 Dryness	1.35

本区域中心区月平均气温与月平均降水量
Monthly temperature and precipitation in central area of the region

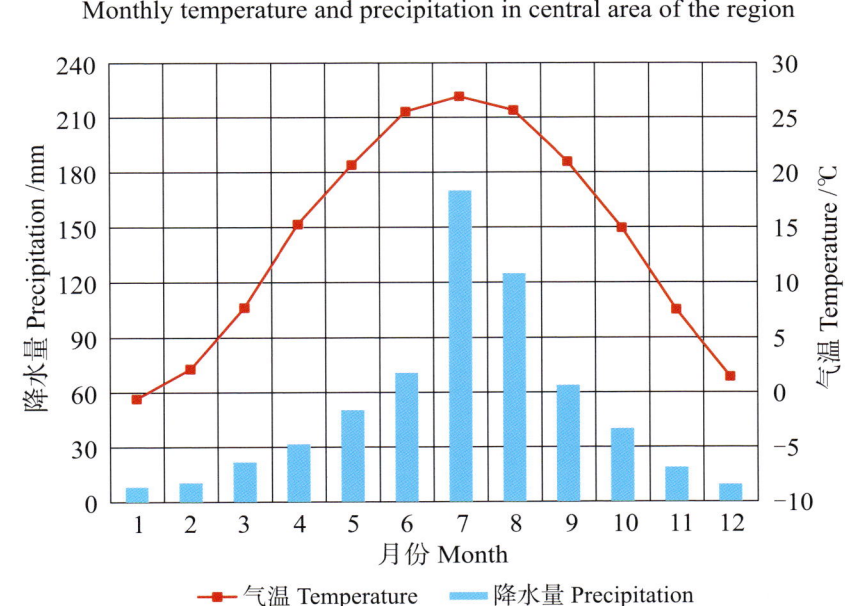

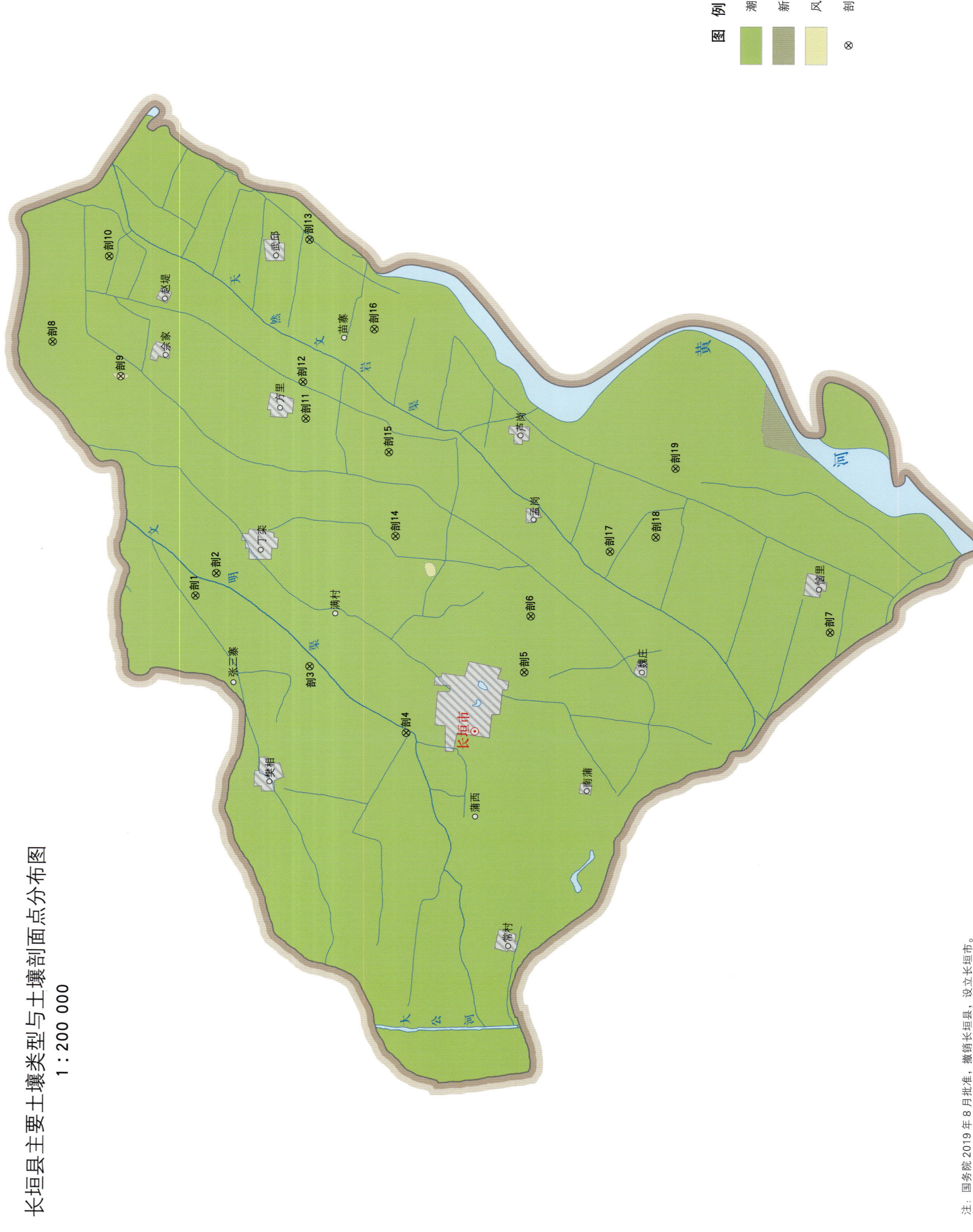

长垣县主要土壤类型与土壤剖面点分布图
1∶200 000

长垣市土壤剖面理化性状表

剖面号 Soil profile	土纲 Soil order	土类 Soil great group	亚类 Soil subgroup	土属 Soil genus	土种 Soil species	土层码 Layer code	土层厚度 Depth/cm	颜色 Soil color	质地 Soil texture	土壤结构 Soil structure	pH	有机质 OM/(g/kg)	全氮 TN/(g/kg)	全磷 TP/(g/kg)	阳离子交换量 CEC/(cmol/kg)	土壤母质 Parent material	剖面点坐标 Profile coordinate	匹配指数 Matching index/%
剖1	半水成土	潮土	黄潮土	淤土	淤土	1	0—19	棕红色	黏土	块状	8.1	12.5	0.87	0.63	18.6	河流冲积物	E 114°44′02.4″ N 35°18′51.8″	97
						2	19—23	浅黄色	黏土	块状	8.3	8.3	0.47	0.64	11.8			
						3	23—73	浅棕红色	轻壤土	粒状	8.8	3.7	0.27	0.54	6.2			
						4	73—111	棕红色	重壤土	块状	7.4	5.3	0.35	0.59	9.7			
						5	111—150	浅灰黄色	黏土	块状	9.0	7.9	0.58	0.60	18.2			
剖2	半水成土	潮土	黄潮土	两合土	夹黏两合土	1	0—25	浅灰黄色	中壤土	粒状	8.2	9.2	0.51	0.66	8.3	河流冲积物	E 114°44′45.6″ N 35°18′21.2″	97
						2	25—29	浅黄色	中壤土	粒状	8.9	5.1	0.40	0.63	7.1			
						3	29—40	棕红色	黏土	片状	8.7	3.1	0.15	0.54	6.1			
						4	40—59	棕红色	轻壤土	块状	8.1	8.3	0.51	0.60	21.7			
						5	59—79	浅灰黄色	重壤土	块状	8.4	2.5	0.17	0.58	5.9			
						6	79—150	灰黄色	轻壤土	粒状	8.1	6.5	0.37	0.63	18.4			
剖3	半水成土	潮土	黄潮土	两合土	体黏两合土	1	0—20	棕红色	重壤土	块状	8.4	4.9	0.26	0.56	4.9	河流冲积物	E 114°41′53.2″ N 35°15′57.6″	97
						2	20—27	棕红色	中壤土	粒状	8.1	6.1	0.44	0.60	10.0			
						3	27—65	棕红色	黏土	块状	7.9	8.7	0.65	0.58	21.2			
						4	65—150	棕红色	黏土	块状	8.1	5.9	0.46	0.57	10.4			
剖4	半水成土	潮土	黄潮土	淤土	淤土	1	0—20	棕红色	黏土	块状	7.9	10.2	0.74	0.66	20.5	河流冲积物	E 114°39′51.5″ N 35°13′30.4″	97
						2	20—27	棕红色	黏土	块状	8.9	9.4	0.71	0.63	19.1			
						3	27—70	棕红色	黏土	片状	8.0	7.3	0.58	0.60	16.5			
						4	70—95	灰黄色	黏土	块状	8.0	7.5	0.65	0.54	22.7			
						5	95—150	灰黄色	中壤土	粒状	7.8	4.0	0.37	0.57	8.3			
剖5	半水成土	潮土	黄潮土	两合土	两合土	1	0—21	灰黄色	中壤土	块状	8.2	8.6	0.54	0.63	5.8	河流冲积物	E 114°41′52.4″ N 35°10′35.8″	98
						2	21—29	灰黄色	中壤土	块状	8.6	6.6	0.51	0.57	3.0			
						3	29—109	浅灰橄色	中壤土	粒状	8.2	5.0	0.44	0.58	7.7			
						4	109—150	浅灰黄色	松砂土	粒状	8.6	5.0	0.39	0.56	5.9			
剖6	半水成土	潮土	盐化潮土	氯化物潮壤土	湿中盐土	1	0—20	灰黄色	松砂土	无结构	8.4	2.2	0.14	0.51	5.1	河流冲积物	E 114°43′39.4″ N 35°10′28.6″	95
						2	20—25	浅黄色	松砂土	无结构	8.4	3.5	0.24	0.50	4.7			
						3	25—100	浅黄色	松砂土	无结构	8.0	1.5	<0.10	0.49	3.9			
						4	100—150	浅黄色	黏砂土	无结构	8.3	1.0	<0.10	0.47	3.4			
剖7	半水成土	潮土	黄潮土	砂土	细砂土	$A_{11}z$	0—20	灰橄榄色	黏壤土	小块状	9.3	7.0	0.43	0.54	5.1	河流冲积物	E 114°43′23.2″ N 35°02′59.3″	95
						A_{12}	20—25	灰橄榄色	黏壤土	块状	9.0	6.9	0.40	0.56	5.6			
						C	25—55	油黄色	壤土	块状	8.3	6.1	0.39	0.63	5.5			
						Cu	55—100	浅黄色	砂质壤土	小块状	8.6	4.4	0.31	0.52	4.8			
剖8	半水成土	潮土	黄潮土	砂土	底黏砂壤土	1	0—20	浅黄色	砂壤土	粒状	8.6	4.6	0.28	0.50	5.1	河流冲积物	E 114°51′58.0″ N 35°22′35.8″	95
						2	20—25	浅黄色	砂壤土	粒状	8.7	2.9	0.16	0.53	3.7			
						3	25—65	浅黄色	松砂土	无结构	9.0		<0.10	0.45	3.2			
						4	65—100	红棕色	黏土	块状	8.2	7.2	0.45	0.52	20.3			
						5	100—128	红棕色	黏土	块状	8.7	4.7	0.29	0.51	9.5			
						6	128—150	灰黄色	砂壤土	粒状	8.6	1.7	<0.10	0.46	3.2			
剖9	初育土	风沙土	冲积性风沙土	固定砂丘风沙土	固定砂丘细砂风沙土	1	0—20	浅黄色	紧砂土	无结构						风积型母质	E 114°50′55.3″ N 35°20′52.4″	75
						2	20—30	浅黄色	紧砂土	无结构								
						3	30—150	浅黄色	紧砂土	无结构								

续表 Continued

剖面号 Soil profile	土纲 Soil order	土类 Soil great group	亚类 Soil subgroup	土属 Soil genus	土种 Soil species	土层码 Layer code	土层厚度 Depth/cm	颜色 Soil color	质地 Soil texture	土壤结构 Soil structure	pH	有机质 OM/(g/kg)	全氮 TN/(g/kg)	全磷 TP/(g/kg)	阳离子交换量CEC/(cmol/kg)	土壤母质 Parent material	剖面点坐标 Profile coordinate	匹配指数 Matching index/%
剖10	半水成土	潮土	盐化潮土	硫酸盐氯化物盐化潮土	轻盐渍土	1	0~23	灰黄色	重壤土	块状	9.2	6.1	0.38	0.59	7.0	河流冲积物	E 114°54′41.8″ N 35°21′14.4″	95
						2	23~41	灰黄色	中壤土	碎块状	9.4	4.4	0.30	0.57	5.9			
						3	41~96	浅灰黄色	中壤土	碎块状	9.2	3.9	0.28	0.54	7.6			
						4	96~115	棕黄色	轻黏土	块状	8.9	5.4	0.27	0.55	9.2			
						5	115~150	浅灰黄色	中壤土	碎块状	9.1	2.7	0.37	0.54	5.0			
剖11	半水成土	潮土	盐化潮土	硫酸盐氯化物盐化潮土	轻盐砂壤土	1	0~17	浅灰黄色	砂壤土	单粒状	8.3	1.4	<0.10	0.41	3.7	河流冲积物	E 114°49′43.0″ N 35°16′13.4″	95
						2	17~30	浅灰黄色	轻壤土	粒状	8.4	1.7	0.10	0.43	3.8			
						3	30~100	浅灰黄色	砂壤土	单粒状	7.5	2.2	0.13	0.40	3.5			
						4	100~150	浅灰黄色	砂壤土	粒状								
剖12	半水成土	潮土	黄潮土	两合土	夹黏小两合土	1	0~16	灰黄色	轻壤土	粒状	8.4	4.5	0.32	0.61	6.4	河流冲积物	E 114°50′52.8″ N 35°16′19.2″	97
						2	16~27	棕红色	黏土	块状	8.3	10.4	0.67	0.63	15.4			
						3	27~49	浅灰黄色	砂壤土	单粒状	8.5	2.4	0.19	0.60	3.4			
						4	49~64	棕红色	黏土	块状	8.1	10.1	0.77	0.65	15.2			
						5	64~100	浅灰黄色	砂壤土	单粒状	8.3	3.1	0.23	0.58	4.1			
						6	100~150	浅灰黄色	中壤土	粒状	8.5	4.6	0.28	0.59	6.8			
剖13	半水成土	潮土	黄潮土	两合土	腰黏小两合土	1	0~20	浅灰黄色	轻壤土	粒状	8.0	6.8	0.34	0.57	6.1	河流冲积物	E 114°55′21.7″ N 35°16′14.5″	97
						2	20~25	浅灰黄色	轻壤土	粒状	8.1	6.6	0.34	0.54	5.4			
						3	25~40	浅灰黄色	轻壤土	块状	8.2	4.4	0.22	0.54	5.4			
						4	40~75	浅灰棕色	黏土	块状	8.2	5.4	0.47	0.62	19.5			
						5	75~150	浅灰黄色	中壤土	粒状	8.5	5.4	0.23	0.61	6.7			
剖14	半水成土	潮土	黄潮土	砂土	砂壤土	1	0~23	浅灰黄色	砂壤土	粒状	9.1	6.5	0.45	0.54	5.38	河流冲积物	E 114°46′04.1″ N 35°13′54.5″	95
						2	23~30	浅灰黄色	砂壤土	粒状	9.3	3.7	0.21	0.53	4.95			
						3	30~60	浅灰黄色	砂壤土	粒状	9.3	2.7	0.17	0.51	4.16			
						4	60~150	浅灰黄色	砂壤土	粒状	9.5	1.9		0.49	3.74			
剖15	半水成土	潮土	黄潮土	两合土	底砂两合土	1	0~15	灰黄色	中壤土	碎块状	7.7	10.2	0.65	0.61	9.7	河流冲积物	E 114°48′42.8″ N 35°14′07.8″	97
						2	15~21	灰黄色	中壤土	碎块状	7.9	8.4	0.59	0.58	9.3			
						3	21~42	棕黄色	重壤土	碎块状	8.4	5.3	0.29	0.54	6.9			
						4	42~71	棕黄色	重壤土	块状	8.4	7.0	0.46	0.56	9.8			
						5	71~150	浅灰黄色	砂壤土	单粒状	8.9	1.7	0.14	0.51	3.7			
剖16	半水成土	潮土	黄潮土	两合土	底黏小两合土	1	0~20	浅棕黄色	壤土	碎块状	8.2	4.9	0.28	0.53	4.9	河流冲积物	E 114°52′35.4″ N 35°14′34.1″	95
						2	20~25	浅灰黄色	轻壤土	粒状	8.3	3.2	0.19	0.50	4.4			
						3	25~54	棕黄色	黏土	粒状	8.4	2.5	0.15	0.53	3.7			
						4	54~74	棕黄色	中壤土	块状	8.4	6.2	0.37	0.62	13.0			
						5	74~104	棕黄色	砂壤土	块状	8.5	4.3	0.26	0.63	7.4			
						6	104~150	浅灰黄色	砂壤土	单粒状	9.0	1.8	0.11	0.50	3.4			
剖17	半水成土	潮土	黄潮土	淤土	底砂淤土	1	0~15	棕红色	黏土	碎块状	7.9	12.1	0.71	0.68	13.5	河流冲积物	E 114°45′45.0″ N 35°08′32.3″	98
						2	15~20	棕红色	重壤土	块状	8.0	9.5	0.65	0.61	14.4			
						3	20~67	棕红色	重壤土	块状	8.5	8.2	0.47	0.59	9.8			
						4	67~130	浅灰黄色	砂壤土	单粒状	8.6	2.2	<0.10	0.50	≤1.0			
剖18	半水成土	潮土	黄潮土	淤土	体砂淤土	1	0~20	棕红色	重壤土	碎块状	7.9	11.2	0.73	0.61	11.4	河流冲积物	E 114°46′14.2″ N 35°07′24.6″	99
						2	20~25	棕红色	重壤土	块状	8.3	9.2	0.56	0.61	10.2			
						3	25~40	棕红色	重壤土	块状	8.4	7.0	0.38	0.59	9.8			
						4	40~150	浅灰黄色	紧砂土	无结构	8.4	1.2	<0.10	0.51	2.6			

续表 Continued

剖面号 Soil profile	土纲 Soil order	土类 Soil great group	亚类 Soil subgroup	土属 Soil genus	土种 Soil species	土层码 Layer code	土层厚度 Depth/cm	颜色 Soil color	质地 Soil texture	土壤结构 Soil structure	pH	有机质 OM/(g/kg)	全氮 TN/(g/kg)	全磷 TP/(g/kg)	阳离子交换量CEC/(cmol/kg)	土壤母质 Parent material	剖面点坐标 Profile coordinate	匹配指数 Matching index/%
剖19	半水成土	潮土	黄潮土	两合土	体黏两合土	1	0—18	灰黄色	中壤土	粒状	7.9	9.5	0.48	0.63	8.4	河流冲积物	E 114°48′24.5″ N 35°06′57.6″	97
						2	18—24	灰黄色	中壤土	粒状	8.1	5.7	0.31	0.62	8.4			
						3	24—36	灰黄色	轻壤土	粒状	8.6	3.8	0.22	0.60	5.0			
						4	36—89	浅棕红色	黏土	块状	8.4	8.3	0.53	0.60	15.9			
						5	89—150	浅黄色	砂壤土	单粒状	8.5	2.7	0.17	0.49	5.1			

焦 作 市

市 辖 区

主要土类说明

褐土是焦作市主要土壤类型，占本市地域面积的 47%。本市褐土主要位于暖温带半湿润区，具有黏化与钙质淋移、淀积等特征，具 A-B-Bk-C 剖面构型。盐基饱和，处于硅铝风化阶段，有明显黏淀层与假菌丝状钙积层。B 层呈棕褐色，pH 为 7.0—7.5，盐基饱和度在 80% 以上，有时过饱和。

石质土是焦作市第二大土壤类型，占本市地域面积的 17%，广泛分布于侵蚀严重岩石裸露的石质山地、侵蚀残丘，以及丘顶、山脊、山坡等坡度陡峻的地形部位。表层岩石裸露，风化层浅薄，一般小于 10cm。风化度低，富含砾石，多碎屑岩粒，属 A-R 型土。

潮土是焦作市第三大土壤类型，占本市地域面积的 13%、多位于近代河流冲积平原或低平阶地。其所分布地区地下水位浅，潜水参与成土过程，底土氧化还原作用交替发生，形成锈色斑纹和小型铁子。长期耕作，表层有机质含量为 10—15g/kg，具 A_{11}-A_{12}-Cu 或 A_{11}-C-Cu 剖面构型。

粗骨土占焦作市地域面积的 9%，广泛分布在河谷阶地、丘陵、低山和中山等多种地貌单元和地形部位。粗骨土属于 A-C 型，甚至（A）-C 型土壤。A 层发育不明显，与母质土层性状相似，略显有机质累积。有时母质层富含砾石，甚少剖面分异与发育特征。

小于本市地域面积 3% 的土壤类型还有砂姜黑土等。

本区域中心区气候特征

本区域中心区气候特征值
Regional climate characteristics in central area of the region

气候带：暖温带亚湿润气候 Climate region: Warm temperate subhumid climate	
年平均气温 /℃ Annual average temperature /℃	13.9
年平均最高气温 /℃ Annual average maximum temperature /℃	19.8
年平均最低气温 /℃ Annual average minimum temperature /℃	8.8
年降水量 /mm Annual precipitation /mm	581
≥10℃的积温 /℃ Daily temperature accumulated in a year（≥10℃）/℃	5066
年日照时数 /h Annual sunshine /h	2208
年平均相对湿度 /% Annual average relative humidity /%	65
干燥度 Dryness	1.43

本区域中心区月平均气温与月平均降水量
Monthly temperature and precipitation in central area of the region

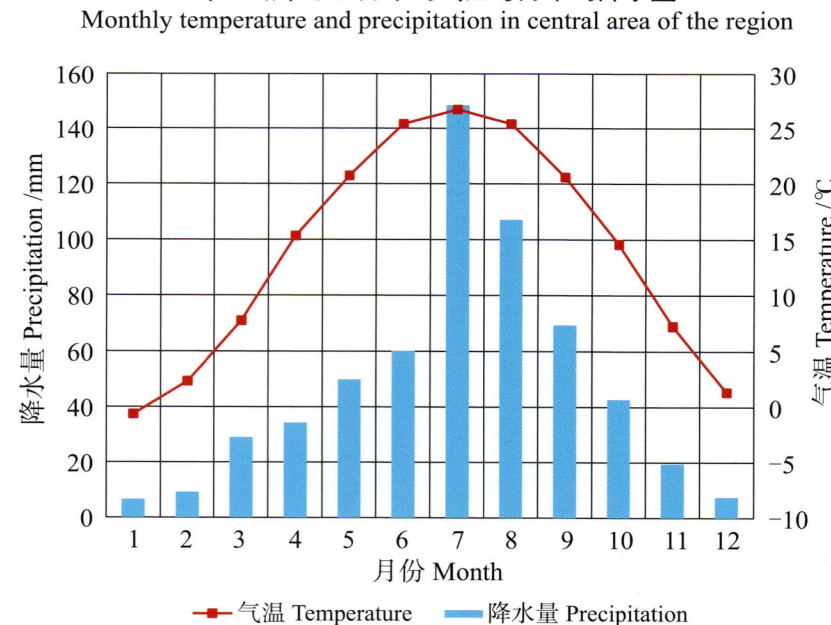

焦作市市辖区主要土壤类型与土壤剖面点分布图

1∶110 000

图 例

	褐土
	石质土
	潮土
	粗骨土
	砂姜黑土
⊗	剖面点

第二编　分县土壤图与土壤剖面数据

焦作市土壤剖面理化性状表

剖面号 Soil profile	土纲 Soil order	土类 Soil great group	亚类 Soil subgroup	土属 Soil genus	土种 Soil species	土层码 Layer code	土层厚度 Depth/cm	颜色 Soil color	质地 Soil texture	土壤结构 Soil structure	pH	有机质 OM/(g/kg)	全氮 TN/(g/kg)	全磷 TP/(g/kg)	阳离子交换量CEC/(cmol/kg)	剖面点坐标 Profile coordinate	匹配指数 Matching index/%
剖1	半淋溶土	褐土	褐土性土	耕种灰石土	中层耕种灰石土	1	0—20	黄褐色	中壤土	粒状	8.3	7.8	0.41	1.51	12.4	E 113°07′46.6″ N 35°17′58.6″	75
						2	20—60	褐色	中壤土	块状	8.3	4.6	0.34	1.49	10.5		
剖2	半淋溶土	褐土	褐土性土	耕种灰石土	厚层耕种灰石土	1	0—20	灰褐色	中壤土	块状	8.1	20.2	1.09	1.08	18.5	E 113°07′51.2″ N 35°14′52.1″	95
						2	20—50	浅褐色	重壤土	块状	8.3	10.1	0.56	0.86	19.2		
						3	50—80	褐色	重壤土	块状	8.2	4.4	0.28	0.65	22.9		
						4	80—100	褐色	轻黏土	块状	7.9	2.6	0.12	0.51	35.2		
剖3	半淋溶土	褐土	潮褐土	潮护土	潮黑护土	1	0—26	灰褐色	重壤土	块状	8.3	18.7	0.99	1.29	12.7	E 113°08′32.3″ N 35°13′00.8″	95
						2	26—50	黄褐色	重壤土	块状	8.1	10.4	0.52	1.15	12.3		
						3	50—110	浅黄褐色	轻黏土	块状	8.1	8.3	0.34	0.93	15.6		
剖4	半淋溶土	褐土	石灰性褐土	砂砾褐土	砂砾腰褐土	1	0—20	灰棕色	中壤土	粒状	8.3	23.4	0.87	1.03	13.0	E 113°20′28.0″ N 35°17′17.5″	93
						2	20—40	灰黄色	中壤土	块状	8.2	26.1	0.59	1.06	15.6		
						3	40—70	褐黄色			8.2	6.5	0.46	0.78	18.3		
						4	70—100	褐黄色	重壤土	块状							

修 武 县

主要土类说明

褐土是修武县主要土壤类型，占本县地域面积的48%，分布在本县太行山南麓及其浅山、丘陵地区。其成土母质是残积物、坡积物、洪积物和黄土状母质。半干旱的季风气候，夏季温暖而多雨，冬季寒冷干燥而少雪，春季多干热风，年蒸发量超过年降水量的两倍以上，为褐土的形成提供了干湿交替、寒暖交替、土体中物质分解与上下运行的条件。褐土成土过程的主要特点表现在以下方面：土体中部有不同程度的黏化现象，形成黏化层。从剖面分析结果可以看出，黏粒含量自上而下有增加的趋势。同时，典型黏化层中的黏土矿物，随不同季节不断收缩和膨胀，加之植物根系穿插，重力水下渗，使土体沿结构面产生裂缝，土壤中的钙、镁等物质在结构面上凝结成胶膜，能形成比较稳定的棱柱状结构，这是褐土的重要特征之一。由于黄土母质中含有大量的碳酸钙，在适宜的物理、化学和生物化学作用下，钙元素随土壤水沿空隙下渗，土体状态发生变化时积聚于土壤孔隙中，经过年复一年的淀积，产生菌丝状的碳酸钙新生体。随着时间的推移，还有形状各异、大小不同的砂姜形成，形成比较深厚的熟化层。本县褐土分为褐土、潮褐土、淋溶褐土、褐土性土等亚类。

潮土是修武县第二大土壤类型，占本县地域面积的45%，分布在中部的交接洼地与南部的河流冲积平原上，受地下水的作用发生潮化成土过程。在本县山前洪积扇缘以南，地形平坦开阔，由西北向东南微倾斜，海拔在105m以下。本县成土母质有太行山洪积物、冲积物和黄沁河冲积物、沉积物两类，母质富含碳酸钙。土壤地下水埋藏深度一般在1—6m，年内变幅在2—5m。土壤毛管水移动活跃时，可接近或达到地表，因而地下水直接参与成土过程，有明显的夜潮现象。土壤地下水位的变化幅度，随气候与干湿季节的变化而异。由于地下水的频繁升降，加剧了土壤中干湿交替作用的进行，使土壤中氧化还原交替发生，促进了土壤中物质的溶解、移动和积聚，在土壤剖面中沿结构面或孔隙壁形成锈色斑纹。本县潮土分为黄潮土、褐潮土、盐化潮土等亚类。

棕壤是修武县第三大土壤类型，占本县地域面积的5%，分布于海拔900m以上的深山区，其下界线与褐土相接。成土母岩为石灰岩。在深山区温凉而湿润的气候条件下，母岩能够较彻底地进行风化，从而形成大量黏粒，使土层中出现黏化现象与棱柱状结构。同时，由于植被覆盖度较高，土壤表层有一定的有机质层，土层厚薄和有机质层的厚度因所处地形部位、植被覆盖度的不同差异很大。在棕壤分布区，山高坡陡，交通不便，人为活动轻微，土壤仍处于自然成土过程之中，其特征是：全剖面呈棕色或暗棕色，上部因腐殖质影响而色暗，下部颜色较鲜；风化作用比较强烈，心土层土质黏重，有黏化现象；整个剖面无石灰反应，表层有机质含量高，向下则锐减。本县棕壤分为棕壤、粗骨性棕壤等亚类。

小于本县地域面积3%的土壤类型还有砂姜黑土和草甸盐土。

本区域中心区气候特征

本区域中心区气候特征值
Regional climate characteristics in central area of the region

气候带：暖温带亚湿润气候 Climate region: Warm temperate subhumid climate	
年平均气温 /℃ Annual average temperature /℃	14.0
年平均最高气温 /℃ Annual average maximum temperature /℃	19.8
年平均最低气温 /℃ Annual average minimum temperature /℃	8.9
年降水量 /mm Annual precipitation /mm	585
≥10℃的积温 /℃ Daily temperature accumulated in a year（≥10℃）/℃	5097
年日照时数 /h Annual sunshine /h	2208
年平均相对湿度 /% Annual average relative humidity /%	66
干燥度 Dryness	1.42

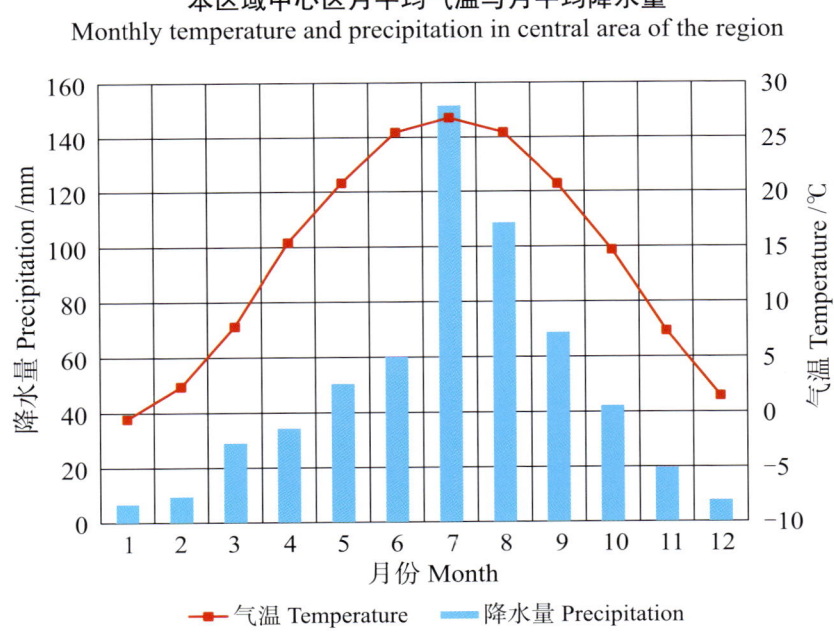

本区域中心区月平均气温与月平均降水量
Monthly temperature and precipitation in central area of the region

修武县主要土壤类型与土壤剖面点分布图
1∶160 000

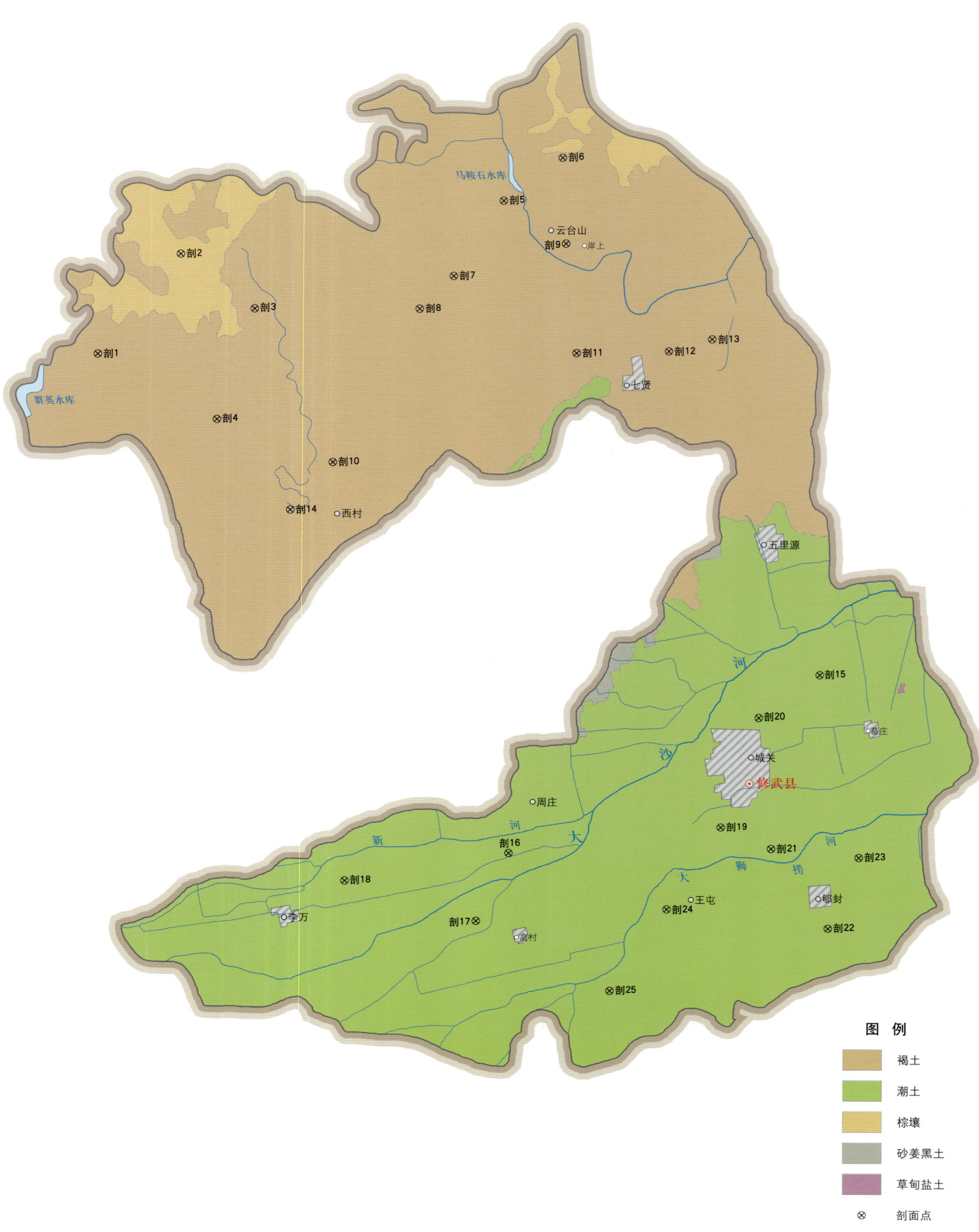

修武县土壤剖面理化性状表

剖面号 Soil profile	土纲 Soil order	土类 Soil great group	亚类 Soil subgroup	土属 Soil genus	土种 Soil species	土层码 Layer code	土层厚度 Depth/cm	颜色 Soil color	质地 Soil texture	土壤结构 Soil structure	pH	有机质 OM/(g/kg)	全氮 TN/(g/kg)	全磷 TP/(g/kg)	碱解氮 AN/(mg/kg)	有效磷 AP/(mg/kg)	速效钾 AK/(mg/kg)	阳离子交换量CEC/(cmol/kg)	土壤母质 Parent material	剖面点坐标 Profile coordinate	匹配指数 Matching index/%
剖1	半淋溶土	褐土	淋溶褐土	坡黄土	中层红土	1	0—30	红褐色	重壤土	块状										E 113°10′50.2″ N 35°22′47.3″	98
						2	30—50	浅褐红色	重壤土	棱柱状											
						3	50—80	褐红色	黏土	棱柱状											
剖2	淋溶土	棕壤	棕壤	灰岩棕壤		1	0—10	灰褐色	中壤土	块状	8.0	153.0	6.41	1.35	272	22.4	319	38.8	石灰岩风化物	E 113°12′55.8″ N 35°24′51.1″	95
						2	10—30	黄褐色	重壤土	棱柱状	8.0	80.8	3.57	1.12	176	13.1	158	12.6			
剖3	半淋溶土	褐土	褐土性	灰石土	薄层灰石土	1	0—14	灰褐色	中壤土	块状										E 113°14′43.1″ N 35°23′40.6″	97
						2	14—24	红黄褐色	中壤土	块状											
剖4	半淋溶土	褐土	褐土	山丘立黄土	山丘立黄土	1	0—31	灰黄褐色	中壤土	块状	8.2	16.5	1.06	1.35	63	9.1	158	20.2	黄土	E 113°13′44.0″ N 35°21′22.3″	97
						2	31—100	棕褐色	重壤土	棱柱状	8.3	11.5	0.87	1.23	54	7.0	149	20.6			
剖5	半淋溶土	褐土	褐土性	灰石土	多砾质薄层灰石土	1	0—20	灰褐色	重壤土	块状	8.0	51.8	2.66	2.08	128	19.6	195	22.5		E 113°20′54.6″ N 35°25′49.1″	98
						2	20—														
剖6	半淋溶土	褐土	淋溶褐土	坡黄土	薄层坡黄土	1	0—20	灰褐色	重壤土	块状	7.9	49.9	0.95	1.00	110	5.8	357	23.6		E 113°22′23.2″ N 35°26′41.3″	97
						2	20—30	棕褐色	黏土	块状	8.1	18.5	0.17	0.67	54	1.7	166	24.2			
剖7	半淋溶土	褐土	褐土性	灰石土	多砾质中层灰石土	1	0—31	灰褐色	中壤土	块状	8.1	38.0	2.18	1.69	85	7.5	299	17.2		E 113°19′38.3″ N 35°24′16.6″	99
						2	31—														
剖8	半淋溶土	褐土	褐土性	砂石土	薄层砂石土	1	0—10	棕褐色	重壤土	块状	7.4	47.2	2.99	1.95	92	5.8	129	26.3	砂岩风化物	E 113°18′46.8″ N 35°23′36.2″	97
						2	10—														
剖9	半淋溶土	褐土	褐土性	耕种褐土性土	厚层褐土性土	1	0—30	黄褐色	中壤土	块状	8.0	20.7	1.24	0.78	63	5.0	158	18.5		E 113°22′25.0″ N 35°24′54.0″	100
						2	30—60	浅黄褐色	黏土	块状	8.1	12.2	0.73	0.40	54	3.3	71	15.7			
						3	60—85	黄黄褐色	黏土	块状	8.1	11.2	0.69	0.45	50	1.7	56	33.8			
剖10	半淋溶土	褐土	褐土性	砂石土	多砾质薄层砂石土	1	0—15	暗黄褐色	中壤土	块状	8.3	41.7	1.93	1.23	87	9.1	249	17.0	砂岩风化物	E 113°16′33.6″ N 35°20′25.8″	97
						2	15—														
剖11	半淋溶土	褐土	褐土性	砂石土	薄层灰石渣土	1	0—15	暗褐色	中壤土	块状										E 113°22′36.8″ N 35°22′36.1″	95
						2	15—														
剖12	半淋溶土	褐土	褐土性	夹砾土	浅位夹砾土	1	0—25	黄褐色	中壤土	块状	8.0	15.2	0.87	0.50	63	5.0	139	23.2	洪积物、冲积物	E 113°24′53.3″ N 35°22′35.8″	95
						2	25—50	暗黄褐色	黏土	棱柱状	8.1	9.6	0.58	0.50	58	2.5	100	17.8			
						3	50—100	黄褐色	重壤土	块状	8.0	12.8	0.98	0.95	54	7.5	183	23.9			
剖13	半淋溶土	褐土	褐土性	耕种褐土性土	中层褐土性土	1	0—25	暗红黄色	黏土	块状	8.0	9.8	0.91	0.75	45	2.5	91	31.5		E 113°25′57.7″ N 35°22′49.8″	98
						2	25—70	褐红黄色	重壤土	块状	8.1										
剖14	半淋溶土	褐土	褐土	红土	红土	1	0—25	红棕色	黏土	棱柱状	8.2	5.0	0.50	0.56	39	4.1	133	37.1	灰质红土	E 113°15′29.5″ N 35°19′27.5″	98
						2	25—52	灰黄褐色	轻壤土	块状											
						3	52—100	褐黄褐色	重壤土	块状											
剖15	半水成土	潮土	黄潮土	两合土	休黏小两合土	1	0—35	灰黄褐色	重壤土	块状	8.2	16.7	1.06	1.75	54	4.1	141	20.0	河流冲积物	E 113°28′25.0″ N 35°15′46.1″	95
						2	35—55	褐黄褐色	重壤土	块状	8.1	4.2	0.74	0.98	32	4.1	62	16.2			
						3	55—100	灰黄褐色	中壤土	块状	8.0	4.2	0.74	0.90	34	4.1	129	29.8			
剖16	半水成土	潮土	黄潮土	两合土	两合土	1	0—24	褐灰黄色	重壤土	块状	8.1	8.2	0.64	1.23	48	9.1	87	8.2	河流冲积物	E 113°20′40.6″ N 35°12′10.1″	97
						2	24—76	浅灰黄色	轻壤土	块状	8.2	6.2	0.74	1.12	39	4.1	79	9.6			
						3	76—100	浅灰黄色	轻壤土	块状	8.1	5.5	0.53	1.12	31	4.1	108	16.8			
剖17	半水成土	潮土	黄潮土	两合土	小两合土	1	0—25	棕灰黄色	黏土	块状	8.2	4.5	0.33	0.98	20	4.1	149	31.2	河流冲积物	E 113°19′50.5″ N 35°10′45.8″	95
						2	25—55														
						3	55—85														
						4	85—100														

续表 Continued

剖面号 Soil profile	土纲 Soil order	土类 Soil great group	亚类 Soil subgroup	土属 Soil genus	土种 Soil species	土层码 Layer code	土层厚度 Depth/cm	颜色 Soil color	质地 Soil texture	土壤结构 Soil structure	pH	有机质 OM/(g/kg)	全氮 TN/(g/kg)	全磷 TP/(g/kg)	碱解氮 AN/(mg/kg)	有效磷 AP/(mg/kg)	速效钾 AK/(mg/kg)	阳离子交换量CEC/(cmol/kg)	土壤母质 Parent material	剖面点坐标 Profile coordinate	匹配指数 Matching index/%
剖18	半水成土	潮土	黄潮	脱潴育化潮土	底黑脱潴育淤土	1	0—25	褐黄色	黏土	块状	8.0	13.7	1.38	1.00	40	5.8	178	21.1	河流冲积物	E 113°16′38.3″ N 35°11′39.1″	95
						2	25—60	褐黄色	黏土	块状	7.9	11.8	0.75	0.91	38	4.1	139	26.8			
						3	60—100	褐褐色	黏土	碎块状	8.1	11.0	0.80	1.07	37	2.5	149	41.5			
剖19	半水成土	潮土	褐潮土	褐土化潮土	褐土化淤土	1	0—28	暗黄褐色	重壤土	块状									河流冲积物	E 113°25′54.1″ N 35°12′37.1″	93
						2	28—73	暗黄褐色	重壤土	块状											
						3	73—100	暗黄褐色	中壤土	块状											
剖20	半水成土	潮土	黄潮土	淤土	腰壤淤土	1	0—28	暗灰黄色	黏土	块状	7.8	15.7	1.02	1.23	55	4.1	216	19.1	河流冲积物	E 113°26′53.9″ N 35°14′54.2″	97
						2	28—40	棕灰黄色	黏土	块状	7.8	9.7	0.75	1.08	40	4.1	158	22.4			
						3	40—69	棕灰黄色	轻壤土	块状	8.0	7.2	0.49	1.19	39	4.1	133	8.4			
						4	69—100	暗灰黄色	黏土	块状	8.0	3.0	0.47	1.08	37	4.1	100	20.1			
剖21	半水成土	潮土	黄潮土	两合土	腰黏两合土	1	0—27	棕灰黄色	黏土	块状									河流冲积物	E 113°27′07.6″ N 35°12′08.6″	97
						2	27—53	灰灰黄色	中壤土	块状											
						3	53—67	灰灰黄色	轻壤土	块状											
						4	67—100	浅灰黄色	砂壤土	无结构	7.9	5.9	0.64	1.00	41	8.3	75	8.1			
剖22	半水成土	潮土	黄潮土	砂土	砂壤土	1	0—19	浅灰黄色	轻壤土	块状	8.0	5.5	0.55	1.08	33	6.6	62	9.3	河流冲积物	E 113°28′28.9″ N 35°10′27.5″	95
						2	19—35	灰灰黄色	轻壤土	块状	7.9	3.9	0.36	1.08	32	2.5	54	8.4			
						3	35—100	浅灰黄色	轻壤土	块状	8.1	8.0	0.86	1.08	33	4.1	83	11.5			
剖23	半水成土	潮土	褐潮土	褐土化两合土	褐土化体黏小两合土	1	0—16	灰灰黄色	中壤土	块状	8.3	10.2	0.73	1.35	43	4.1	129	22.5	河流冲积物	E 113°29′16.4″ N 35°11′55.3″	95
						2	16—40	棕灰黄色	黏土	块状	8.3	14.5	0.86	1.08	47	4.1	154	27.8			
						3	40—100	灰灰黄色	砂壤土	无结构	8.3	5.0	0.49	1.12	35	4.1	71	7.6			
剖24	半水成土	潮土	黄潮土	砂土	体黏砂壤土	1	0—24	灰黄色	轻壤土	块状	8.1	3.3	0.44	1.08	31	2.5	66	11.2	河流冲积物	E 113°24′31.7″ N 35°10′55.6″	96
						2	24—42	棕灰黄色	中壤土	块状	8.3	4.2	0.62	1.08	40	4.1	83	16.8			
						3	42—80	棕灰黄色	中壤土	块状	8.3	2.8	0.47	1.08	34	4.1	79	22.1			
						4	80—100	灰黄色	轻壤土	块状											
剖25	半水成土	潮土	黄潮土	两合土	底黏小两合土	1	0—30	黄褐色	中壤土	块状									河流冲积物	E 113°23′05.3″ N 35°09′14.7″	95
						2	30—78	褐褐色	重壤土	块状											
						3	78—100														

博 爱 县

主要土类说明

褐土是博爱县主要土壤类型，占本县地域面积的79%。褐土为本县的地带性土壤，主要发育在山麓阶地及洪积、冲积扇的第四纪洪积、冲积母质上。一般土体中部有不同程度的黏化现象，并产生碳酸钙新生体的淀积。由于长期耕种，耕作层比较深厚且熟化程度较高。土体中的黏化现象，在褐土各亚类中均有不同程度的表现，尤以典型褐土比较明显。这和季节性的干燥与湿润有着密切关系。在温暖湿润的夏秋季节，土体中的物理、化学及生物反应强烈，矿物质颗粒充分分解，加上表层黏粒随水下移，土体中部逐渐黏化，长年累月，就形成了黏化层，黏粒含量自上而下有增加的趋势。由于成土母质中含有丰富的碳酸钙，在特定的生物气候条件下淀积产生碳酸钙新生体。碳酸钙在土壤中的有机酸和无机酸的作用下，能转变为可溶性的重碳酸钙，随水沿孔隙下渗，到土体中部，在酸性逐渐被中和、水分减少的情况下，重碳酸钙重新变为碳酸钙而依附于土壤结构表面或填充于孔隙、裂隙之间，从而产生菌丝状的碳酸钙新生体。季节性的干湿交替，使得这种下移与积聚反复进行，经年累月，假菌丝胶结成大大小小的块状物，称之为"砂姜"。深厚熟化层的形成，是人为作用的结果。早在3000多年以前就有人类在这里劳作生息，长期连续施用含有大量黄土的"土粪"，使耕作层逐步堆积加厚。本县褐土分为褐土、潮褐土、褐土性土等亚类。

潮土是博爱县第二大土壤类型，占本县地域面积的17%。地下水直接参与土壤形成过程，其成土特点与褐土有质的差别。由于河流的多次沉积，加上流水速度对冲积物的分选作用，形成了潮土质地复杂和剖面层次明显且厚薄不一的特征。又因地下水位较高，在干湿交替影响下，土壤水分与地下水每年都发生周期性的变化。夏秋季节，地下水上升，土壤剖面下部的一定层段浸水，发生潜育化现象，铁、锰等易变价的元素被还原，出现蓝灰色锈纹和锈斑。干旱季节，地下水位明显降低，被还原的层段变成氧化态，低价的铁、锰等元素变为高价，而出现红褐色斑纹，这样反复作用，就形成了剖面下层蓝灰色或红褐色锈纹、锈斑相互间杂的土壤新生体，为潮土的第二个重要剖面特征。潮土中钾、钙、镁等元素的含量比较丰富，这主要取决于成土母质，但有机质和氮素比较缺乏。另外，在洼地与岗地交接的"二坡地"，如地下水流动不畅，易产生盐渍化现象。本县潮土分布范围主要包括孝敬镇、金城乡的大部，还有许良镇、磨头镇沿丹河一线，金城乡沿蒋沟北侧也有小面积呈条带状的分布。本县潮土分为黄潮土和褐潮土等亚类。

小于本县地域面积3%的土壤类型还有新积土和水稻土。

本区域中心区气候特征

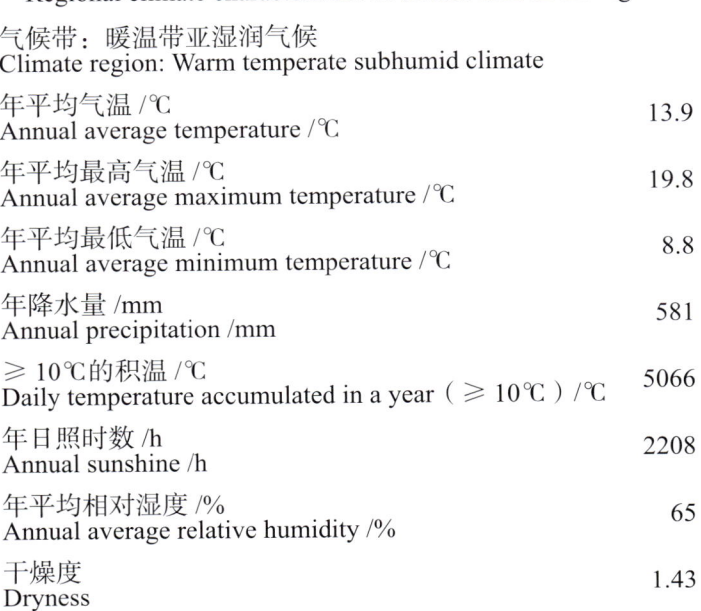

本区域中心区气候特征值
Regional climate characteristics in central area of the region

气候带：暖温带亚湿润气候 Climate region: Warm temperate subhumid climate	
年平均气温 /℃ Annual average temperature /℃	13.9
年平均最高气温 /℃ Annual average maximum temperature /℃	19.8
年平均最低气温 /℃ Annual average minimum temperature /℃	8.8
年降水量 /mm Annual precipitation /mm	581
≥10℃的积温 /℃ Daily temperature accumulated in a year (≥10℃) /℃	5066
年日照时数 /h Annual sunshine /h	2208
年平均相对湿度 /% Annual average relative humidity /%	65
干燥度 Dryness	1.43

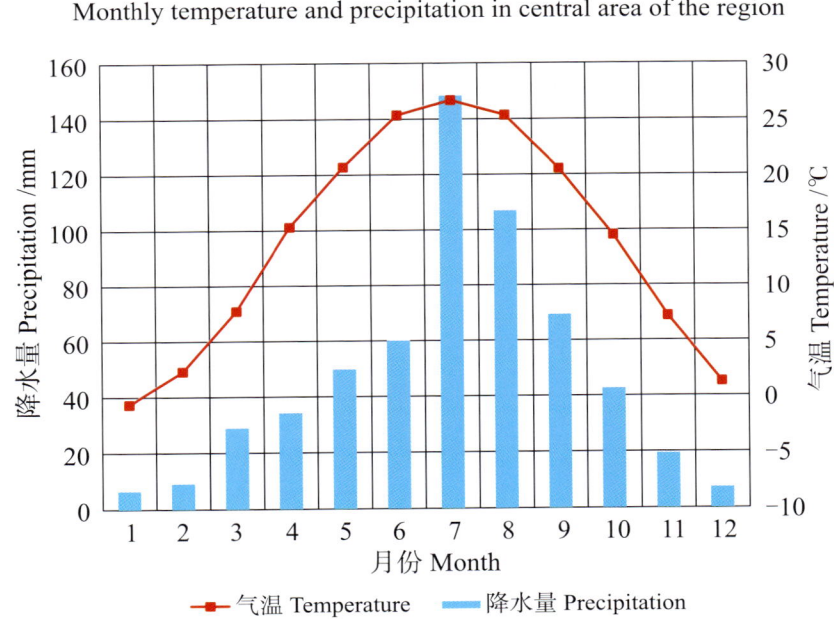

本区域中心区月平均气温与月平均降水量
Monthly temperature and precipitation in central area of the region

博爱县主要土壤类型与土壤剖面点分布图
1:120 000

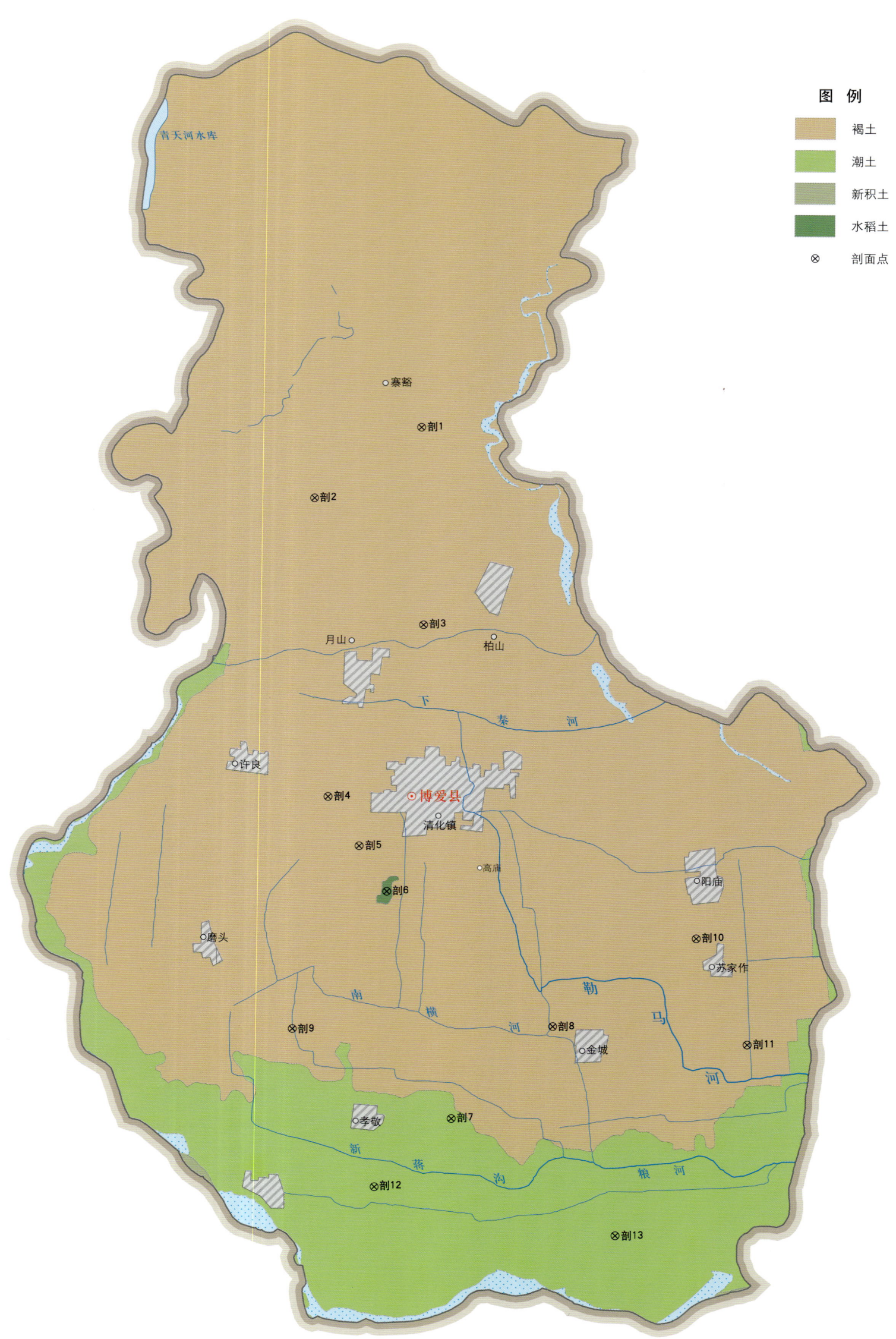

博爱县土壤剖面理化性状表

剖面号 Soil profile	土纲 Soil order	土类 Soil great group	亚类 Soil subgroup	土属 Soil genus	土种 Soil species	土层码 Layer code	土层厚度 Depth/cm	颜色 Soil color	质地 Soil texture	土壤结构 Soil structure	pH	有机质 OM/(g/kg)	全氮 TN/(g/kg)	全磷 TP/(g/kg)	阳离子交换量 CEC/(cmol/kg)	土壤母质 Parent material	剖面点坐标 Profile coordinate	匹配指数 Matching index/%
剖1	半淋溶土	褐土	褐土	红土	红土	1	0—20	灰红褐色	重壤土	碎块状	8.2	12.0	0.70	0.36	17.6	石灰岩风化物	E 113°03′44.3″ N 35°15′45.0″	95
						2	20—32	红褐色	重壤土	块状	8.3	6.4	0.34	0.27	16.1			
						3	32—100	棕褐色	轻黏土	块状	8.2	3.1	0.20	0.20	23.3			
剖2	半淋溶土	褐土	褐土性土	耕种灰石土		1	0—15	灰白色	中壤土	块状	8.2	13.5	1.22	0.45	7.3		E 113°01′50.2″ N 35°14′42.4″	95
						2	15—80	灰灰色	中壤土	块状	8.3	12.5	1.12	0.42	7.3			
剖3	半淋溶土	褐土	潮褐土	潮垆土	黏质鸡粪土	1	0—17	褐色	重壤土	块状	8.3	12.5	0.98	0.56	15.5	冲积物、洪积物	E 113°03′43.2″ N 35°12′47.5″	81
						2	17—52	褐色	轻黏土	块状	8.1	8.5	0.54	0.53	15.7			
						3	52—90	暗褐色	轻黏土	块状	8.1	<1.0	0.51	0.46	17.6			
						4	90—100	暗褐色	轻黏土	碎块状	8.1	11.1	0.64	0.45	22.9			
剖4	半淋溶土	褐土	典型褐土	垆土	红垆土	1	0—25	浅褐色	轻黏土	块状	8.0	26.3	1.46	0.90	23.8	洪积物、冲积物	E 113°01′59.9″ N 35°10′13.8″	95
						2	25—50	褐色	轻黏土	块状	8.2	18.9	1.25	0.60	25.5			
						3	50—100	褐色	轻黏土	块状	8.2	15.3	1.22	0.62	23.1			
剖5	半淋溶土	褐土	潮褐土	潮垆土	潮红垆土	1	0—20	暗红褐色	重壤土	碎块状	8.3	17.6	0.95	0.50	17.8	冲积物、洪积物	E 113°02′31.9″ N 35°09′29.5″	99
						2	20—40	红褐色	重壤土	块状	8.2	15.3	0.74	0.60	16.0			
						3	40—100	红褐色	重壤土	块状	8.2	8.8	0.30	0.43	14.1			
剖6	人为土	水稻土	潜育水稻土	褐土性潜育水稻土	黑泥田	1	0—10	浅灰色	轻黏土	团块状	7.8	31.9	2.03	0.45	13.1		E 113°03′00.4″ N 35°08′48.1″	75
						2	10—36	黄灰色	轻黏土	块状	8.0	30.9	1.82	0.38	12.7			
						3	36—61	灰蓝色	轻黏土	块状	7.9	14.7	0.94	0.32	13.9			
						4	61—100	灰蓝色	轻黏土	团块状	7.9	18.3	0.71	0.36	12.6			
剖7	潮土	潮土	黄潮土	两合土	两合土	1	0—30	灰灰色	中壤土	块状	8.0	10.0	0.67	0.62	5.8	河流冲积物	E 113°04′05.2″ N 35°05′23.3″	98
						2	30—59	浅黄色	中壤土	碎块状	8.3	5.3	0.32	0.52	3.3			
						3	59—100	浅黄色	中壤土	碎块状	8.3	4.0	0.24	0.55	3.3			
剖8	半淋溶土	褐土	典型褐土	砂砾腰褐土	砂砾腰褐土	1	0—25	黄暗褐色	中壤土	粒状	8.5	11.4	0.38	0.44	8.6	洪积物	E 113°05′53.5″ N 35°06′43.9″	93
						2	25—45	褐黄色	中壤土	块状	8.3	4.7	0.24	0.29	13.6			
						3	45—110	灰灰色	重壤土	碎块状	8.4	11.1	0.48	0.48	14.0			
剖9	半淋溶土	褐土	潮褐土	潮垆土	潮黑垆土	1	0—35	红褐色	轻壤土	块状	8.4	10.3	0.47	0.39	16.8	洪积物、冲积物	E 113°01′18.8″ N 35°06′44.6″	98
						2	35—65	棕红色	轻壤土	块状	8.4	7.6	0.27	0.34	8.2			
						3	65—100	红黄色	中壤土	碎块状	8.4	10.6	0.61	0.46	7.1			
剖10	半淋溶土	褐土	潮褐土	二潮黄土		1	0—23	棕黄色	轻壤土	块状	8.5	6.2	0.49	0.36	5.8	洪积、冲积黄土状母质	E 113°08′26.5″ N 35°08′01.3″	95
						2	23—46	棕黄色	中壤土	块状	8.6	6.1	0.28	0.34	9.0			
						3	46—84	棕黄色	轻壤土	块状	8.6	5.2	0.21	0.36	6.8			
						4	84—100	浅黄色	中壤土	块状	8.3	11.2	0.65	0.61	6.0			
剖11	半淋溶土	褐土	潮褐土	两合土	体砂小两合土	1	0—25	黄灰色	中壤土	粒状	8.2	8.7	0.53	0.54	5.1	河流冲积物	E 113°02′43.1″ N 35°04′22.8″	97
						2	25—55	灰黄色	中壤土	粒状	8.1	6.3	0.56	0.49	4.2			
						3	55—100	灰黄色	中壤土	块状	8.6	7.1	0.38	0.49	4.6			
剖12	半水成土	潮土	黄潮土	两合土		1	0—18	灰黄色	轻壤土	块状	8.5	7.3	0.30	0.44	5.5	河流冲积物	E 113°09′18.7″ N 35°06′25.2″	95
						2	18—27	灰黄色	中壤土	块状	8.4	6.7	0.30	0.43	≤1.0			
						3	27—45	灰黄色	紧砂土	单粒状	8.5	1.4		0.49	≤1.0			
						4	45—59	黄褐色	紧砂土	单粒状	8.6	<1.0	0.56	0.45	7.0			
						5	59—100	浅灰褐色	中壤土	粒状	8.3	9.3	0.26	0.59	6.6			
剖13	半水成土	潮土	褐潮土	褐土化两合土	褐土化两合土	1	0—28	灰褐色	中壤土	块状	8.3	4.7	0.35	0.55	13.6	河流冲积物	E 113°06′56.5″ N 35°03′36.7″	98
						2	28—56		中壤土	块状	8.4	7.2		0.51				
						3	56—100		轻黏土									

武 陟 县

主要土类说明

潮土是武陟县主要土壤类型，占本县地域面积的 89%。潮土是发育在近代黄河、沁河沉积物上，受地下水活动显著影响，经过耕种熟化而形成的农业土壤。其形成和发育过程具备以下特点：河流冲积物的多次沉积，形成了潮土剖面明显的质地层次，对土壤的农业生产性状产生重要影响；地下水参与土壤形成过程，下部土层锈纹、锈斑的产生是土体中氧化还原作用交替发生的结果；在潮土区地势相对较高的部位，土壤以潮化过程为主而附加褐土化过程；人为的耕作活动，是潮土熟化最积极、最活跃的因素。本县土壤的熟化过程，大体上可以分为改造熟化和培肥熟化两个阶段。根据地形和水文地质条件对土壤发育的影响，本县潮土土类分为黄潮土、褐潮土等亚类。黄潮土亚类是本县潮土中面积最大的一个亚类，其地下水埋深一般为 1—3m，水位变幅较大。黄潮土的主要特征是土层深厚，耕作层随熟化程度不同而厚薄不一；土壤有机质含量较缺乏，颜色较浅，以黄色为主；通体有碳酸钙反应；剖面质地层次明显而发生层次不明显；一般下部土层有红褐色斑纹。

褐土是武陟县第二大土壤类型，占本县地域面积的 5%。褐土为地带性土壤，其剖面有明显的发生层次，土体中部有棕褐色或暗棕色的黏化层形成，黄土母质中大量的碳酸盐类物质呈白色假菌丝状在心土层或心土层以下的土层中淀积，土壤呈棱柱状结构，孔隙壁及结构面上覆有棕褐色胶膜。本县褐土分布在洪积、冲积平原末端和交接洼地的北部边缘，分布地区地面平缓，地下水埋藏深度一般为 2—4m，发育在洪积、冲积黄土母质上，土层深厚，耕种历史悠久。由于处于太行山洪积、冲积扇缘，地下水活动对土体下部产生一定影响。土壤剖面褐土化发育不典型，部分底土出现锈色斑纹。1m 土体中部分有石灰结核。

小于本县地域面积 3% 的土壤类型还有新积土等。

本区域中心区气候特征

本区域中心区气候特征值
Regional climate characteristics in central area of the region

气候带：暖温带亚湿润气候 Climate region: Warm temperate subhumid climate	
年平均气温 /℃ Annual average temperature /℃	14.0
年平均最高气温 /℃ Annual average maximum temperature /℃	19.9
年平均最低气温 /℃ Annual average minimum temperature /℃	9.0
年降水量 /mm Annual precipitation /mm	597
≥10℃的积温 /℃ Daily temperature accumulated in a year (≥10℃) /℃	5127
年日照时数 /h Annual sunshine /h	2198
年平均相对湿度 /% Annual average relative humidity /%	66
干燥度 Dryness	1.40

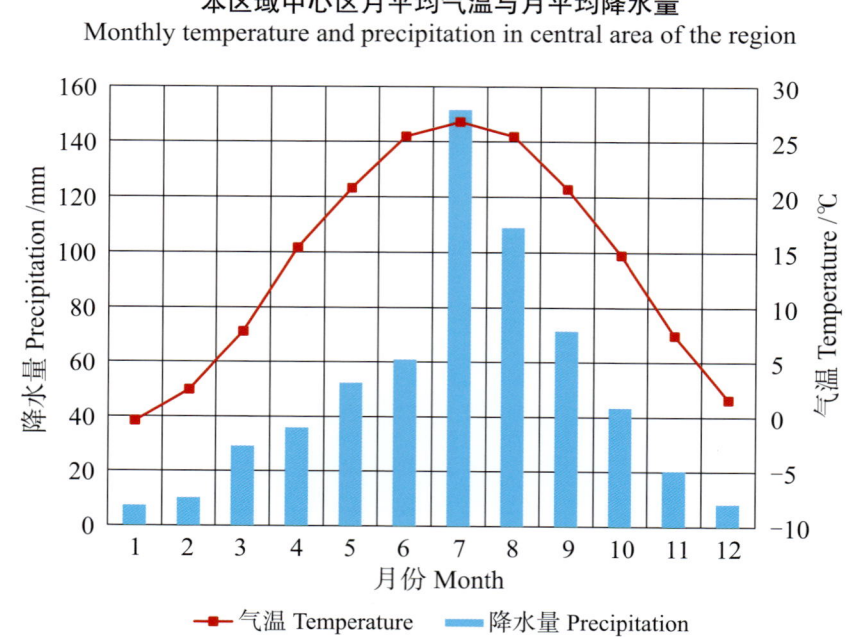

本区域中心区月平均气温与月平均降水量
Monthly temperature and precipitation in central area of the region

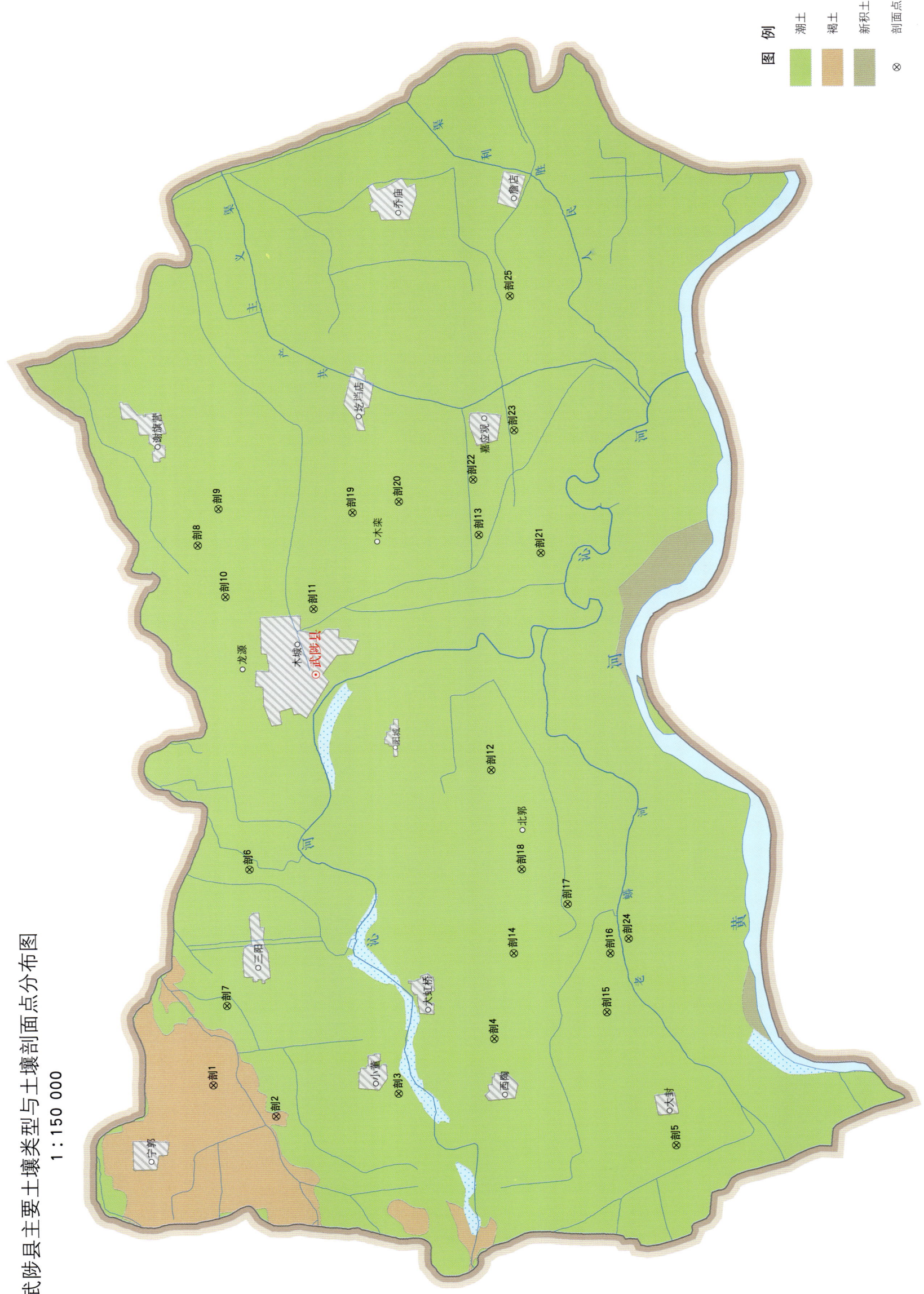

武陟县土壤剖面理化性状表

剖面号 Soil profile	土纲 Soil order	土类 Soil great group	亚类 Soil subgroup	土属 Soil genus	土种 Soil species	土层码 Layer code	土层厚度 Depth/cm	颜色 Soil color	质地 Soil texture	土壤结构 Soil structure	pH	有机质 OM/(g/kg)	全氮 TN/(g/kg)	全磷 TP/(g/kg)	阳离子交换量 CEC/(cmol/kg)	土壤母质 Parent material	剖面点坐标 Profile coordinate	匹配指数 Matching index/%
剖1	半淋溶土	褐土	潮褐土	潮护土	潮红护土	1	0—23	红褐色	轻黏土	粒块状	8.0	12.2	1.07	0.45	18.2	冲积物、洪积物	E 113°13′48.4″ N 35°07′45.5″	97
						2	23—52	红褐色	轻黏土	块状	8.1	9.4	0.72	0.41	16.6			
						3	52—100	棕灰色	重壤土	块状	8.2	5.8	0.51	0.37	10.2			
剖2	半淋溶土	褐土	潮褐土	脱沼泽型褐土	壤质鸡粪土	1	0—26	灰褐色	中壤土	粒块状	8.2	15.7	0.91	0.52	12.0	洪积、冲积黄土	E 113°13′00.8″ N 35°06′34.9″	97
						2	26—80	浅褐色	重壤土	块状	8.2	6.9	0.50	0.34	12.0			
						3	80—100	黑棕色	轻壤土	块状	8.1	10.5	0.62	0.47	21.6			
剖3	半水成土	潮土	黄潮土	淤土	底砂淤土	1	0—25	暗黄棕色	中壤土	块状	8.2	13.7	1.01	0.48	24.0	河流冲积物	E 113°13′27.8″ N 35°04′14.2″	97
						2	25—72	暗黄棕色	轻黏土	块状	8.3	9.0	0.70	0.45	14.9			
						3	72—120	灰黄色	紧砂土		8.5	<1.0	0.19	0.37	6.6			
剖4	半水成土	潮土	褐潮土	褐土化砂土	褐土化两合土	1	0—23	暗黄棕色	中壤土	碎块状	8.2	12.7	0.83	0.66	13.0	河流冲积物	E 113°14′42.0″ N 35°02′22.9″	95
						2	23—87	暗黄棕色	中壤土	块状	8.2	6.6	0.50	0.56	12.1			
						3	87—120	灰黄棕色	重壤土	块状	8.1	7.8	0.56	0.57	17.7			
剖5	半水成土	潮土	褐潮土	褐土化淤土	褐土化淤土	1	0—25	暗黄棕色	重壤土	粒块状	8.1	13.1	0.89	0.63	14.9	河流冲积物	E 113°12′01.4″ N 34°58′59.2″	95
						2	25—53	暗黄棕色	中壤土	块状	8.2	8.3	0.65	0.60	18.8			
						3	53—79	灰黄棕色	重壤土	块状	8.2	5.8	0.51	0.54	11.0			
						4	79—120	浅灰棕色	重壤土	块状	8.2	6.1	0.49	1.00	12.7			
剖6	半水成土	潮土	黄潮土	淤土	腰瓊淤土	1	0—20	暗黄棕色	轻壤土	碎块状	8.4	14.9	0.99	0.83	14.3	河流冲积物	E 113°18′55.8″ N 35°06′55.8″	95
						2	20—48	暗黄棕色	重壤土	块状	8.6	9.2	0.73	0.96	12.2			
						3	48—69	灰黄棕色	砂壤土	碎块状	8.8	3.5	0.37	0.63	5.4			
						4	69—100	浅黄棕色	中壤土		8.8	6.9	0.58	0.55	17.1			
剖7	半水成土	潮土	黄潮土	砂土	腰黏砂壤土	1	0—23	灰黄色	砂壤土	碎块状	8.4	2.9	0.28	0.38	6.5	河流冲积物	E 113°15′40.7″ N 35°07′26.8″	95
						2	23—43	灰黄色	轻壤土	块状	8.3	6.1	0.39	0.45	11.1			
						3	43—63	灰黄色	重壤土	块状	8.1	7.5	0.62	0.48	16.1			
						4	63—75	灰黄棕色	砂壤土	块状	8.5	1.8	0.16	0.38	6.7			
						5	75—95	灰黄棕色	砂土		8.6	1.6	0.15	0.39	6.7			
						6	95—110	灰黄棕色	中壤土		8.5	2.2	0.24	0.45	8.3			
剖8	半水成土	潮土	褐潮土	褐土化砂土	褐土化小两合土	1	0—22	暗棕黄色	轻壤土	碎块状	8.6	8.8	0.54	0.59	9.5	河流冲积物	E 113°26′45.2″ N 35°07′42.6″	95
						2	22—44	灰黄色	重壤土	块状	8.5	7.4	0.44	0.54	9.9			
						3	44—110	灰黄色	砂壤土	块状	8.5	4.0	0.26	0.45	9.5			
剖9	半水成土	潮土	褐潮土	褐土化砂土	褐土化腰小两合土	1	0—20	灰黄色	轻壤土			6.8	0.46	0.47	9.3	河流冲积物	E 113°27′36.7″ N 35°07′17.4″	95
						2	20—47	暗黄棕色	重壤土	碎块状	8.3	4.3	0.26	0.45	8.4			
						3	47—76	暗黄棕色	轻壤土	块状	8.1	5.9	0.45	0.42	17.6			
						4	76—110	暗黄棕色	轻壤土	块状	8.5	3.0	0.20	0.45	9.6			
剖10	半水成土	潮土	黄潮土	砂土	夹黏砂壤土	1	0—22	灰黄色	砂壤土	碎块状	8.3	6.7	0.44	0.39	8.1	河流冲积物	E 113°25′30.4″ N 35°07′12.7″	95
						2	22—37	浅棕黄色	重壤土	块状	8.1	4.8	0.45	0.40	13.2			
						3	37—77	灰棕色	轻壤土	块状	8.3	2.3	0.25	0.35	8.6			
						4	77—100	灰黄棕色	轻壤土	碎块状	8.3	2.3	0.27	0.47	8.9			
剖11	半水成土	潮土	黄潮土	两合土	体砂小两合土	1	0—21	暗黄棕色	紧砂土	碎块状	8.8	5.7	0.34	0.49	6.8	河流冲积物	E 113°25′09.1″ N 35°05′32.6″	82
						2	21—120	灰黄色	砂壤土	块状	8.3	<1.0	<0.10	0.39	2.9			
剖12	半水成土	潮土	黄潮土	两合土	腰黏小两合土	1	0—20	浅黄棕色	轻壤土	碎块状	8.3	7.5	0.56	0.55	7.9	河流冲积物	E 113°21′08.5″ N 35°02′16.1″	95
						2	20—48	浅黄棕色	轻壤土	块状	8.3	4.5	0.34	0.50	8.1			
						3	48—73	浅黄棕色	重壤土	块状	8.3	7.1	0.63	0.41	17.0			
						4	73—100	灰黄色	砂壤土	碎块状	8.8	2.2	0.22	0.53	5.8			

续表 Continued

剖面号 Soil profile	土纲 Soil order	土类 Soil great group	亚类 Soil subgroup	土属 Soil genus	土种 Soil species	土层码 Layer code	土层厚度 Depth/cm	颜色 Soil color	质地 Soil texture	土壤结构 Soil structure	pH	有机质 OM/(g/kg)	全氮 TN/(g/kg)	全磷 TP/(g/kg)	阳离子交换量CEC/(cmol/kg)	土壤母质 Parent material	剖面点坐标 Profile coordinate	匹配指数 Matching index/%
剖13	半水成土	潮土	黄潮土	两合土	体黏小两合土	1	0—30	灰黄色	轻壤土	碎块状	8.5	9.6	0.60	0.48	8.0	河流冲积物	E 113°26′48.0″ N 35°02′21.1″	95
						2	30—83	暗黄棕色	轻黏土	块状	8.8	10.9	0.77	0.42	18.2			
						3	83—120	浅黄棕色	轻壤土	碎块状	8.8	8.5	0.50	0.41	10.3			
剖14	半水成土	潮土	黄潮土	淤土	淤土	1	0—30	灰黄棕色	中黏土	块状	8.1	17.7	1.22	0.54	24.5	河流冲积物	E 113°16′42.2″ N 35°01′57.4″	98
						2	30—72	暗黄棕色	重黏土	块状	8.1	11.3	0.85	0.44	25.7			
						3	72—100	暗棕色	重黏土	块状	8.2	8.0	0.58	0.48	17.4			
剖15	半水成土	潮土	褐潮土	褐土化砂土	褐土化砂黏壤土	1	0—13	浅黄棕色	砂壤土	碎块状	8.5	4.5	0.34	0.33	7.9	河流冲积物	E 113°15′14.8″ N 35°00′13.3″	95
						2	13—37	浅黄棕色	砂壤土	碎块状	8.4	4.0	0.38	0.33	8.5			
						3	37—96	灰黄色	砂壤土	块状	8.3	2.9	0.24	0.33	9.0			
						4	96—120	灰黄色	砂壤土	块状	8.4	1.9	0.20	0.40	8.1			
剖16	半水成土	潮土	黄潮土	两合土	体黏两合土	1	0—24	暗黄棕色	中壤土	碎块状、核状	8.4	5.4	0.48	0.48	7.6	河流冲积物	E 113°16′37.9″ N 35°00′07.2″	97
						2	24—100	灰黄棕色	中黏土	块状	8.3	7.5	0.65	0.55	21.2			
剖17	半水成土	潮土	黄潮土	淤土	体砂淤土	1	0—23	暗黄棕色	重壤土	块状	8.3	9.1	0.71	0.51	14.6	河流冲积物	E 113°17′51.4″ N 35°00′54.0″	97
						2	23—30	暗黄棕色	重黏土	块状	8.4	6.7	0.49	0.47	12.7			
						3	30—45	浅黄棕色	中壤土	块状	8.4	4.9	0.33	0.45	10.1			
						4	45—100	灰黄色	松砂土		8.6	<1.0	<0.10	0.36	3.1			
剖18	半水成土	潮土	黄潮土	砂土	底黏砂壤土	1	0—24	暗黄棕色	砂壤土	块状	8.2	6.3	0.32	0.43	8.9	河流冲积物	E 113°18′43.9″ N 35°01′45.1″	95
						2	24—50	暗黄棕色	中壤土	块状	8.1	3.4	0.34	0.38	8.3			
						3	50—100	浅黄棕色	中壤土	块状	8.2	4.9	0.34	0.46	12.2			
剖19	半水成土	潮土	黄潮土	砂土	底黏砂土	1	0—25	暗黄棕色	砂土		8.4	4.7	0.40	0.39	6.8	河流冲积物	E 113°27′25.2″ N 35°04′44.4″	95
						2	25—56	黄棕色	砂土	块状	8.5	1.9	0.19	0.33	6.5			
						3	56—82	黄棕色	重黏土	块状	8.1	5.9	0.54	0.41	25.0			
						4	82—100	浅黄棕色	轻壤土	块状	8.4	2.7	0.22	0.42	10.1			
						5	100—120	暗黄棕色	砂壤土		8.5	1.7	0.13	0.30	7.4			
剖20	半水成土	潮土	黄潮土	灌淤土	薄层灌淤土	1	0—23		中壤土	块状		7.7	0.47	0.51	9.5	河流冲积物	E 113°27′38.9″ N 35°03′51.1″	95
						2	23—38		重壤土	块状	8.1	9.1	0.58	0.49	14.1			
						3	38—63		重壤土	块状	8.4	8.2	0.56	0.59	10.9			
						4	63—100		轻壤土			7.5	0.59	0.60	14.3			
剖21	半水成土	潮土	褐潮土	褐土化砂土	褐土化底黏砂两合土	1	0—20		砂壤土	块状	8.7	9.5	0.69	0.56	10.6	河流冲积物	E 113°26′19.3″ N 35°01′10.9″	93
						2	20—68	暗黄棕色	中壤土	块状	8.9	2.7	0.24	0.48	7.8			
						3	68—120	灰黄棕色	重壤土	块状	8.8	6.3	0.52	0.38	19.4			
剖22	半水成土	潮土	黄潮土	灌淤土	厚层灌淤土	1	0—22	栗色	轻壤土	块状	8.7	14.2	0.86	0.64	18.8	河流冲积物	E 113°28′07.7″ N 35°02′25.4″	99
						2	22—47	黄色	中壤土	块状	8.1	4.4	0.37	0.50	7.6			
						3	47—120	浅棕黄色	重壤土	块状	8.4	5.7	0.69	0.53	16.0			
剖23	半水成土	潮土	黄潮土	砂土	底黏砂土	1	0—20	浅黄棕色	中壤土	块状	8.7	10.7	0.74	0.62	11.0	河流冲积物	E 113°29′17.2″ N 35°01′36.8″	97
						2	20—40	浅棕黄色	中壤土	块状	8.1	11.3	0.81	0.65	11.0			
						3	40—70	栗色	重壤土	块状	8.4	6.5	0.57	0.45	12.2			
						4	70—110	黄色	中黏土	块状	8.1	9.2	0.75	0.51	21.7			
剖24	半水成土	潮土	黄潮土	淤土	腰黏淤土	1	0—16	浅黄棕色	轻壤土	块状	8.1	14.1	1.13	0.47	15.8	河流冲积物	E 113°16′58.1″ N 34°59′45.6″	97
						2	16—33	暗黄棕色	中黏土	块状	8.1	13.4	0.99	0.46	21.1			
						3	33—80	灰黄色	中壤土	块状	8.4	4.9	0.25	0.39	8.6			
						4	80—100	灰黄色	砂壤土	块状	8.1	5.2	0.35	0.44	10.8			
剖25	半水成土	潮土	黄潮土	砂土	砂壤土	1	0—22	暗黄棕色	砂壤土		8.4	3.9	0.34	0.42	6.5	河流冲积物	E 113°32′30.5″ N 35°01′36.5″	95
						2	22—49	灰黄棕色	砂壤土		8.4	3.3	0.28	0.33	7.3			
						3	49—100	浅黄棕色	轻壤土	碎块状	8.2	2.1	0.27	0.43	7.3			

温 县

主要土类说明

潮土是温县主要土壤类型，占本县地域面积的 93%。潮土是受地下水的影响，经过耕种熟化而发育成的土壤。成土母质为河流冲积物。土壤剖面质地层次明显、厚薄不一。本县潮土剖面一般分三个类型：上轻下重型、上重下轻型和通体型。地下水参与土壤形成过程，下部土层锈斑的产生是土体中水位升降，氧化还原作用交替发生的结果。潮土区地势较高的部位，土壤以潮化过程为主，而附加褐土化过程。潮土是发育在河流冲积母质上的地域性土壤，根据地形和水文地质条件对土壤发育的影响，本县潮土土类可分为黄潮土、褐潮土等亚类。黄潮土是本县面积最大的一个亚类，其地下水位为 2—8m。黄潮土的主要特征是：表层呈灰黄色，质地层次明显而发生层次不明显。由于地下水位季节性升降变化的影响，一般剖面下部有红褐色斑纹。通体有石灰反应，pH 在 8.0 左右。土壤有机质含量较低，耕作层一般都在 20—26cm。

小于本县地域面积 3% 的土壤类型还有新积土等。

本区域中心区气候特征

本区域中心区气候特征值
Regional climate characteristics in central area of the region

气候带：暖温带亚湿润气候 Climate region: Warm temperate subhumid climate	
年平均气温 /℃ Annual average temperature /℃	14.0
年平均最高气温 /℃ Annual average maximum temperature /℃	19.9
年平均最低气温 /℃ Annual average minimum temperature /℃	9.0
年降水量 /mm Annual precipitation /mm	606
≥10℃的积温 /℃ Daily temperature accumulated in a year (≥10℃) /℃	5131
年日照时数 /h Annual sunshine /h	2180
年平均相对湿度 /% Annual average relative humidity /%	66
干燥度 Dryness	1.39

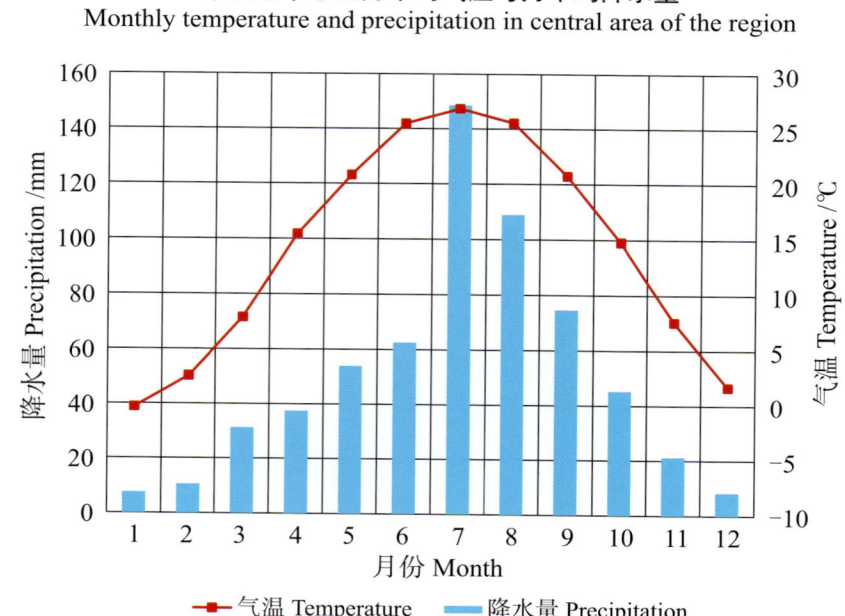

本区域中心区月平均气温与月平均降水量
Monthly temperature and precipitation in central area of the region

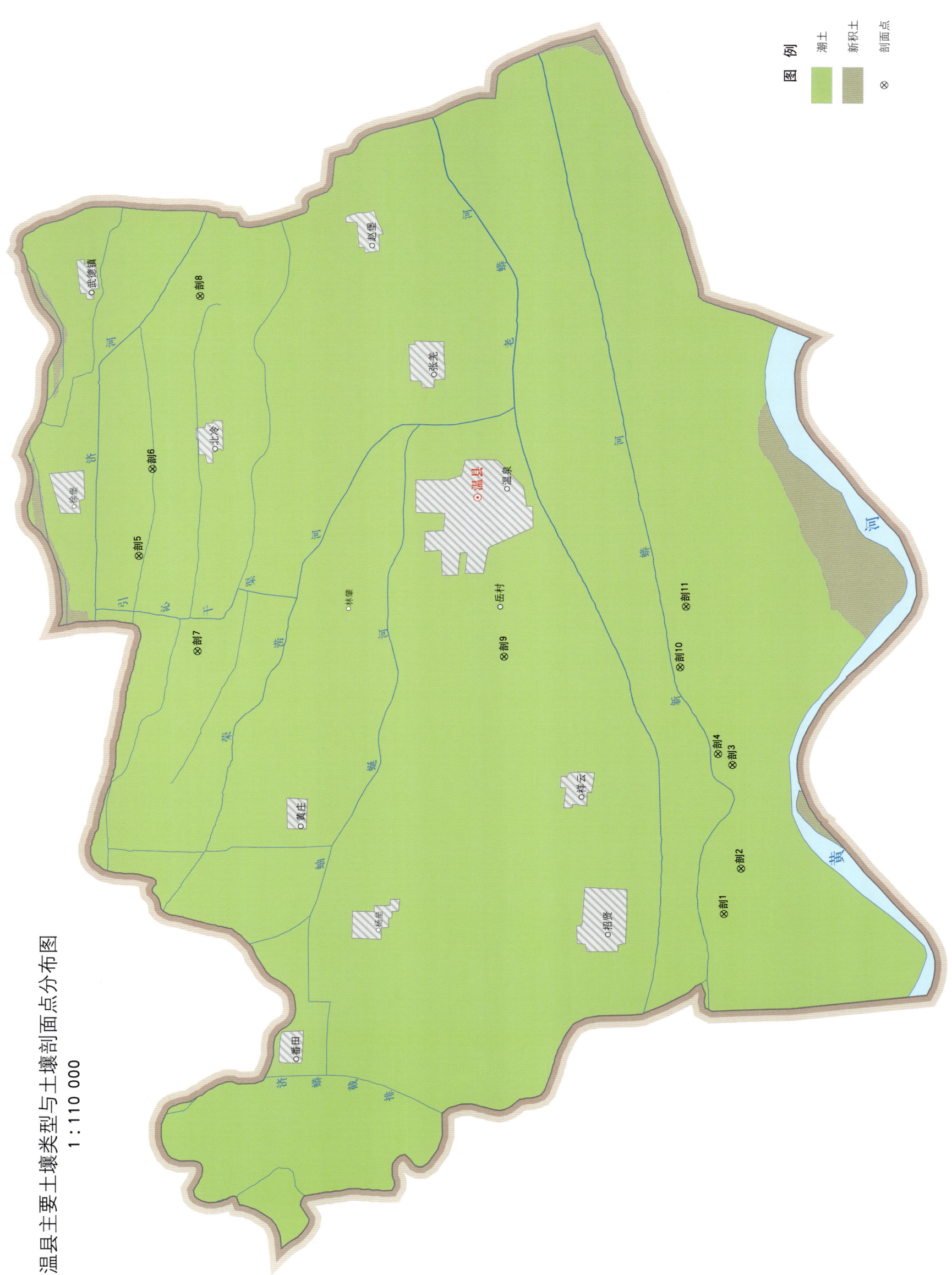

温县土壤剖面理化性状表

剖面号 Soil profile	土纲 Soil order	土类 Soil great group	亚类 Soil subgroup	土属 Soil genus	土种 Soil species	土层码 Layer code	土层厚度 Depth/cm	颜色 Soil color	质地 Soil texture	土壤结构 Soil structure	pH	有机质 OM/(g/kg)	全氮 TN/(g/kg)	全磷 TP/(g/kg)	阳离子交换量 CEC/(cmol/kg)	土壤母质 Parent material	剖面点坐标 Profile coordinate	匹配指数 Matching index/%
剖1	半水成土	潮土	黄潮土	两合土	底黏小两合土	1	0—28	灰黄色	轻壤土	碎块状	8.8	9.4	0.71	1.42	18.4	河流冲积物	E 112°57′06.1″ N 34°53′00.2″	97
						2	28—43	棕红色	黏土	片状	8.9	7.1	0.55	1.31	16.0			
						3	43—77	灰黄色	轻壤土	碎块状	8.5	3.4	0.27	1.18	6.0			
						4	77—100	棕红色	重壤土	片状	8.4	8.5	0.67	1.39	25.4			
剖2	半水成土	潮土	黄潮土	淤土	腰壤淤土	1	0—20	褐黄色	重壤土	块状	8.5	11.6	0.81	1.38	20.3	河流冲积物	E 112°57′55.1″ N 34°52′44.8″	97
						2	20—40	浅黄色	重壤土	块状	8.6	10.3	0.67	1.38	20.4			
						3	40—62	黄灰色	轻壤土	块状	9.0	2.6	0.20	1.26	1.8			
						4	62—100	棕黄色	重壤土	块状	8.7	2.0	0.10	1.17	3.2			
剖3	半水成土	潮土	黄潮土	淤土	体砂淤土	1	0—30	棕褐色	重壤土	块状	8.6	1.2	<0.10	2.32	1.6	河流冲积物	E 112°59′47.4″ N 34°52′50.2″	97
						2	30—50	棕色	砂土	无结构	8.6	14.6	0.88	1.21	18.1			
						3	50—100	灰黄色	砂土	无结构								
剖4	半水成土	潮土	黄潮土	砂土	细砂土	1	0—25	褐黄色	砂土	无结构	8.6	11.4	0.81	1.10	18.8	河流冲积物	E 112°59′59.6″ N 34°53′02.4″	97
						2	25—100	灰黄色	砂土	无结构	8.5	10.6	0.59	1.04	20.7			
剖5	半水成土	潮土	黄潮土	淤土	淤土	1	0—20	棕黄色	重壤土	块状	8.4	7.3	0.43	1.20	13.6	河流冲积物	E 113°03′46.4″ N 35°01′15.6″	98
						2	20—34	棕黄色	中壤土	块状	8.6	13.2	0.86	1.20	16.5			
						3	34—47	黄棕色	中壤土	块状	8.5	7.8	0.59	1.06	17.4			
						4	47—100	灰棕色	重壤土	块状	8.5	6.7	0.47	0.84	17.4			
剖6	半水成土	潮土	褐潮土	褐土化淤土	褐土化两合土	1	0—22	灰黄色	中壤土	碎块状	8.4	10.3	0.68	1.19	15.3	河流冲积物	E 113°05′20.4″ N 35°01′02.3″	98
						2	22—75	灰黄色	中壤土	块状	8.5	11.0	0.73	1.23	16.2			
						3	75—100	棕褐色	中壤土	团粒状	8.6	6.1	0.47	1.06	14.7			
剖7	半水成土	潮土	褐潮土	褐土化两合土	褐土化两合土	1	0—26	灰黄色	中壤土	碎块状	8.5	7.5	0.46	1.04	10.9	河流冲积物	E 113°02′02.8″ N 35°00′27.0″	98
						2	26—60	灰黄色	中壤土	块状	8.4	7.2	0.54	1.15	15.1			
						3	60—100	暗黄色	中壤土	块状	8.5	6.2	0.42	0.97	16.7			
剖8	半水成土	潮土	黄潮土	两合土	褐土化岗地两合土	1	0—23	黄黄色	中壤土	碎块状	8.8	11.7	0.73	1.73	14.6	河流冲积物	E 113°08′26.2″ N 35°00′18.4″	97
						2	23—43	棕黄色	中壤土	块状	8.8	6.4	0.49	1.39	12.0			
						3	43—100	黄棕色	重壤土	块状	8.8	7.0	0.50	1.16	18.4			
						4	100—											
剖9	半水成土	潮土	褐潮土	淤土	腰砂淤土	1	0—26	黄棕色	重壤土	块状	8.5	12.6	0.85	1.47	21.4	河流冲积物	E 113°01′50.2″ N 34°56′04.2″	98
						2	26—50	灰黄色	砂土	无结构	8.9	2.2	0.13	1.00	2.9			
						3	50—100	浅棕色	中黏土	块状	8.6	8.0	0.53	1.47	25.3			
剖10	半水成土	潮土	黄潮土	淤土	粗砂土	1	0—37	灰黄色	重壤土	块状	8.5	12.6	0.85	1.47	21.4	河流冲积物	E 113°01′34.7″ N 34°53′33.4″	97
						2	37—64	灰黄色	砂土	无结构	8.9	2.2	0.13	1.00	2.9			
						3	64—100	浅棕色	松砂土	无结构	8.6	8.0	0.53	1.47	25.3			
剖11	半水成土	潮土	黄潮土	砂土	粗砂土	1	0—20	灰白色	砂土	无结构	8.6	1.8	0.16	1.01	2.9	河流冲积物	E 113°02′40.2″ N 34°53′27.2″	97
						2	20—100	灰白色	砂土	无结构	8.7	1.8	0.13	1.26	4.0			

沁 阳 市

主要土类说明

潮土是沁阳市主要土壤类型，占本市地域面积的58%。本市潮土主要发育在沁河、丹河的冲积母质上，受地下水活动的影响很明显，是经耕种熟化而形成的农业土壤。沁河的多次泛滥沉积覆盖，形成了本市潮土土体深厚、剖面质地层次明显且厚薄不一的特点。该区地下水位较高，一般为1.5—2.5m，地下水季节性升降，干湿交替作用的周期性变化、氧化还原作用交替发生，使土体下部产生了大量红褐色的铁锈斑纹；地势低洼处的常年积水，使土体下部产生了灰褐色或蓝灰色的潜育层。因土壤毛管水作用而呈现明显的夜潮现象。该地区土壤表层颜色较浅，多呈浅灰黄色或灰黄色，个别呈浅灰褐色，下层多为黄棕色或棕色，石灰反应强烈。根据地形及局部水文地质条件对土壤发育的影响，本市潮土分为黄潮土和褐潮土等亚类。

褐土是沁阳市第二大土壤类型，占本市地域面积的38%，广泛分布在海拔130m以上的丘陵、山区及山前倾斜平原。本市褐土是发育在富含石灰的黄土、黄土状母质及洪积母质上，在半干旱的季风气候作用下所形成的地带性土壤。按照其形成条件、形成过程及属性，本市褐土分为褐土、淋溶褐土、褐土性土和潮褐土等亚类。其共同特点是：剖面中的碳酸钙及黏粒均有不同程度的淋溶与淀积，碳酸钙的积聚形式主要是假菌丝或砂姜。另外，由于人为长期耕作施肥的影响，普通褐土亚类具有明显的发育层次和深厚的耕作熟化层，在剖面形态和生产属性上与其他亚类相比，都具有明显的差异。

小于本市地域面积3%的土壤类型还有棕壤等。

本区域中心区气候特征

本区域中心区气候特征值
Regional climate characteristics in central area of the region

气候带：暖温带亚湿润气候 Climate region: Warm temperate subhumid climate	
年平均气温 /℃ Annual average temperature /℃	13.9
年平均最高气温 /℃ Annual average maximum temperature /℃	19.8
年平均最低气温 /℃ Annual average minimum temperature /℃	8.7
年降水量 /mm Annual precipitation /mm	582
≥10℃的积温 /℃ Daily temperature accumulated in a year (≥10℃) /℃	4894
年日照时数 /h Annual sunshine /h	2190
年平均相对湿度 /% Annual average relative humidity /%	65
干燥度 Dryness	1.42

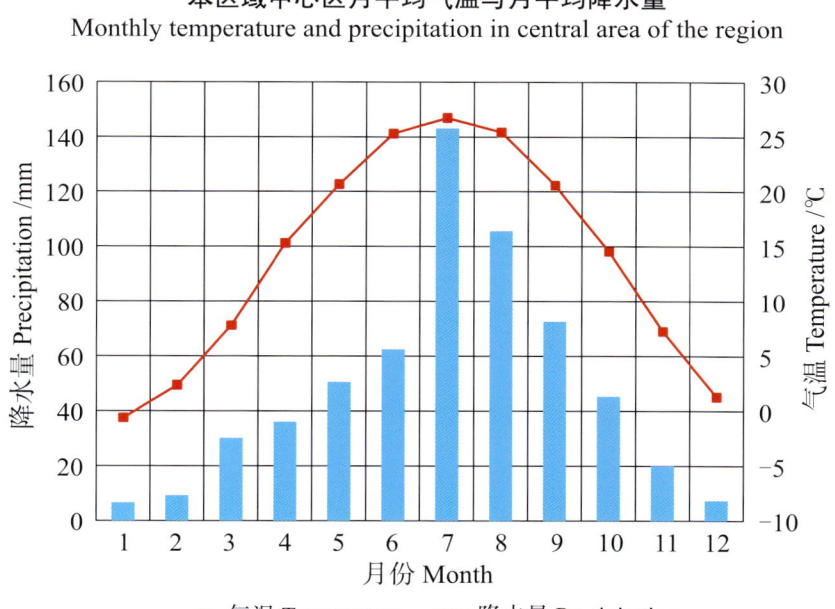

本区域中心区月平均气温与月平均降水量
Monthly temperature and precipitation in central area of the region

沁阳市主要土壤类型与土壤剖面点分布图
1:130 000

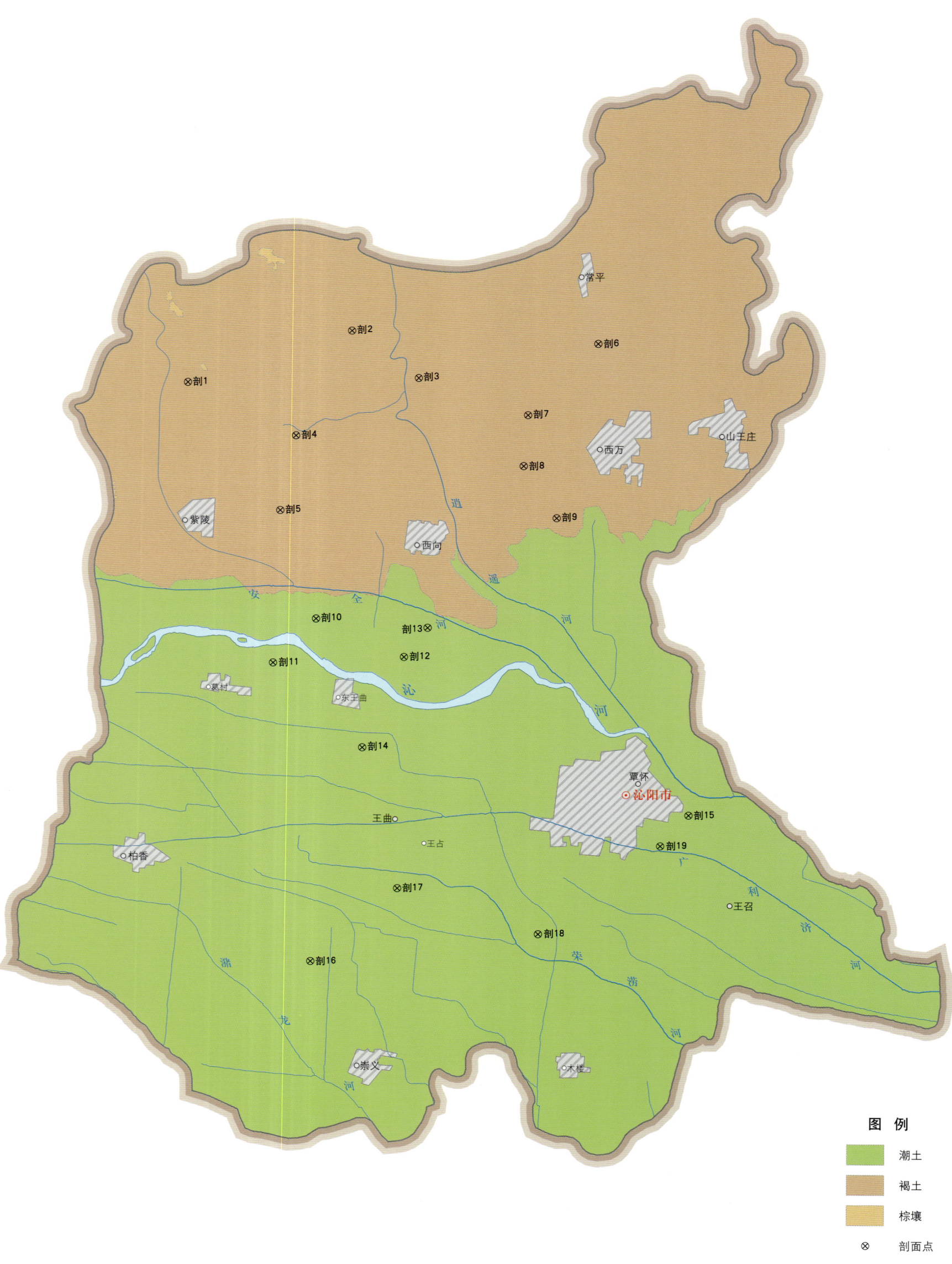

图 例
- 潮土
- 褐土
- 棕壤
- ⊗ 剖面点

沁阳市土壤剖面理化性状表

剖面号 Soil profile	土纲 Soil order	土类 Soil great group	亚类 Soil subgroup	土属 Soil genus	土种 Soil species	土层码 Layer code	土层厚度 Depth/cm	颜色 Soil color	质地 Soil texture	土壤结构 Soil structure	pH	有机质 OM/(g/kg)	全氮 TN/(g/kg)	全磷 TP/(g/kg)	阳离子交换量 CEC/(cmol/kg)	土壤母质 Parent material	剖面点坐标 Profile coordinate	匹配指数 Matching index/%
剖1	半淋溶土	褐土	淋溶褐土	坡黄土	中层坡黄土	1	0—22	灰褐色	中壤土	碎块状	7.6	27.4	1.41	1.03	12.9	坡积物	E 112°47′24.4″ N 35°12′43.2″	97
						2	22—72	灰褐色	中壤土	块状	8.0	3.9	0.27	0.99	4.8			
剖2	半淋溶土	褐土	褐土	堆垫褐土	厚层堆垫褐土	1	0—20	黄褐色	中壤土	碎块状	8.3	12.5	0.79	1.41	11.8	堆垫物	E 112°50′47.4″ N 35°13′34.7″	75
						2	20—57	黄褐色	中壤土	块状	8.2	10.3	0.72	1.35	10.5			
						3	57—90	黄褐色	中壤土	碎块状		5.4	0.38	1.14	8.3			
剖3	半淋溶土	褐土	褐土性	灰石土	多砾质薄层灰石土	1	0—10	灰褐色	重壤土	碎块状	7.3	7.7	0.54	0.39		石灰岩风化物	E 112°52′08.4″ N 35°12′43.9″	99
剖4	半淋溶土	褐土	褐土性	耕种褐土性土	多砾质厚层褐土性土	1	0—20	黄褐色	重壤土	碎块状	8.3	18.1	1.34	1.57	19.8	洪积物、冲积物和人工堆垫物	E 112°49′36.5″ N 35°11′46.0″	97
						2	20—37	黄褐色	重壤土	块状	8.3	10.7	0.92	1.20	19.6			
						3	37—100	棕褐色	重壤土		8.2	4.6	0.49	0.64	14.3			
剖5	半淋溶土	褐土	潮褐土	二潮黄土	壤黄土	1	0—26	黄褐色	中壤土	团块状	8.4	13.1	0.91	1.31	12.8	洪积物、冲积物	E 112°49′15.6″ N 35°10′28.2″	98
						2	26—47	浅黄褐色	中壤土	块状	8.3	6.7	0.47	1.17	13.5			
						3	47—100	黄棕色	重壤土	块状	8.3	7.4	0.49	0.89	17.0			
剖6	半淋溶土	褐土	褐土性	砂石土	多砾质中层砂石土	1	0—17	棕褐色	中壤土	碎块状	7.9	24.0	1.46	0.97	17.7	紫色砂页岩风化物	E 112°55′50.2″ N 35°13′17.0″	97
						2	17—38	暗红棕色	重壤土	块状	8.1	10.8	0.76	0.62	29.8			
剖7	半淋溶土	褐土	潮褐土	潮垆土	黏质鸡粪土	1	0—20	灰褐色	轻黏土	碎块状	8.0	13.6	1.09	1.25	15.6	冲积物、洪积物	E 112°54′22.3″ N 35°12′03.6″	95
						2	20—70	暗棕褐色	重壤土	块状	8.1	8.2	0.91	1.16	17.3			
						3	70—100	黑色	重壤土	块状	8.1	10.1	0.83	1.12	23.8			
剖8	半淋溶土	褐土	褐土性	砾质土	少量砾质土	1	0—30	黄棕色	中壤土	粒状	8.3	14.7	1.15	1.22	13.9	洪积物	E 112°54′15.8″ N 35°11′10.7″	97
						2	30—60	暗黄棕色	中壤土	碎块状	8.3	6.6	0.61	0.93	11.9			
						3	60—70	暗黄棕色	中壤土	碎块状	8.2	6.5	0.60	0.93	12.6			
						4	70—100	暗黄棕色	轻壤土	粒状	8.3	5.7	0.55	0.91	12.5			
剖9	半淋溶土	褐土	褐土	立黄土	立黄土	1	0—20	灰黄色	中壤土	团块状	8.5	10.3	0.71	1.26	13.2	黄土	E 112°54′55.1″ N 35°10′15.6″	93
						2	20—50	灰黄色	重壤土	块状	8.5	8.5	0.57	1.29	12.9			
						3	50—100	灰褐色	重壤土	柱状	8.4	8.3	0.53	1.16	15.3			
剖10	半水成土	潮土	黄潮土	两合土	体砂小两合土	1	0—15	灰黄色	轻壤土	粒状	8.4	4.8	0.46	1.02	8.6	河流冲积物	E 112°49′57.4″ N 35°08′33.7″	97
						2	15—42	黄棕色	轻壤土	碎块状	8.2	4.5	0.43	0.94	7.0			
						3	42—100	灰黄色	紧砂土	无结构	8.3	1.4	0.15	0.72	6.2			
剖11	半水成土	潮土	黄潮土	砂土	腰黏砂壤土	1	0—23	灰黄色	砂壤土		8.4	6.2	0.36	1.06	8.0	河流冲积物	E 112°49′03.7″ N 35°07′48.4″	95
						2	23—51	浅黄棕色	重壤土	碎块状	8.1	10.8	0.68	1.18	15.7			
						3	51—65	黄棕色	紧砂土	无结构	8.3	1.3	0.24	1.14	6.3			
						4	65—75	黄棕色	紧砂土	无结构	8.3	<1.0	0.21	1.00	5.4			
						5	75—100	灰棕色	紧砂土	无结构	8.2	<1.0	0.18	1.01	6.4			
剖12	半水成土	潮土	黄潮土	砂土	腰壤砂壤土	1	0—20	灰黄色	砂壤土	单粒状	8.2	3.7	0.27	0.93	8.7	河流冲积物	E 112°51′44.6″ N 35°07′52.3″	95
						2	20—55	棕色色	中壤土	碎块状	8.2	6.9	0.31	1.03	14.3			
						3	55—69	灰黄色	紧砂土	无结构	8.2	1.7	0.20	0.95	9.4			
						4	69—89	浅黄色	砂壤土	单粒状	8.0	2.9	0.29	0.95	3.7			

续表 Continued

剖面号 Soil profile	土纲 Soil order	土类 Soil great group	亚类 Soil subgroup	土属 Soil genus	土种 Soil species	土层码 Layer code	土层厚度 Depth/cm	颜色 Soil color	质地 Soil texture	土壤结构 Soil structure	pH	有机质 OM/(g/kg)	全氮 TN/(g/kg)	全磷 TP/(g/kg)	阳离子交换量CEC/(cmol/kg)	土壤母质 Parent material	剖面点坐标 Profile coordinate	匹配指数 Matching index/%
剖13	半水成土	潮土	黄潮土	两合土	腰砂两合土	1	0—25	黄棕色	中壤土	团块状	8.3	10.8	0.72	1.16	14.9	河流冲积物	E 112°52′14.5″ N 35°08′22.6″	97
						2	25—36	黄棕色	中壤土	碎块状	8.2	6.8	0.42	1.01	5.7			
						3	36—80	灰黄色	紧砂土	无结构	8.3	5.8	0.39	0.85	5.9			
						4	80—100	棕褐色	重壤土	块状	8.4	2.5	0.15	0.89	16.3			
剖14	半水成土	潮土	褐潮土	褐土化淤土	褐土化淤土	1	0—24	黄褐色	重壤土	碎块状	8.2	16.9	1.07	1.53	20.4	河流冲积物	E 112°50′51.7″ N 35°06′18.4″	95
						2	24—82	棕色	重壤土	块状	8.1	8.6	0.67	1.06	20.7			
						3	82—100	浅黄褐色	中壤土	粒状	8.1	6.1	0.56	1.10	15.1			
剖15	半水成土	潮土	黄潮土	两合土	小两合土	1	0—30	灰黄色	轻壤土	粒状	8.3	7.1	0.55	1.23	11.9	河流冲积物	E 112°57′31.3″ N 35°05′01.7″	97
						2	30—72	灰黄色	轻壤土	碎块状	8.2	6.3	0.43	1.08	12.0			
						3	72—100	灰黄色	砂壤土	单粒状	8.3	3.2	0.37	1.01	8.8			
剖16	半水成土	潮土	黄潮土	两合土	两合土	1	0—21	灰黄色	中壤土	团块状	8.2	14.9	1.07	1.90	16.9	河流冲积物	E 112°49′44.0″ N 35°02′34.1″	98
						2	21—42	灰褐色	中壤土	块状	8.1	8.2	0.83	1.44	16.4			
						3	42—100	灰褐色	重壤土	块状	8.3	7.3	0.69	1.07	20.0			
剖17	半水成土	潮土	黄潮土	淤土	淤土	1	0—20	灰褐色	重壤土	碎块状	8.4	8.4	0.58	1.09	16.7	河流冲积物	E 112°51′32.0″ N 35°03′49.7″	98
						2	20—75	黄棕色	重壤土	块状	8.3	6.8	0.51	1.02	17.3			
						3	75—100	黄棕色	重壤土	块状	8.4	5.2	0.48	0.92	18.0			
剖18	半水成土	潮土	黄潮土	两合土	底砂两合土	1	0—30	黄褐色	中壤土	团块状	8.1	10.4	0.69	1.13	9.6	河流冲积物	E 112°54′24.1″ N 35°02′59.6″	97
						2	30—60	褐黄色	轻壤土	碎块状	8.0	4.5	0.40	1.11	8.4			
						3	60—80	灰棕色	砂壤土	单粒状	8.1	2.2	0.24	1.01	6.3			
						4	80—100	灰棕色	中壤土	碎块状	8.2	5.7	0.47	1.05	11.2			
剖19	半水成土	潮土	黄潮土	淤土	底砂淤土	1	0—26	灰褐色	重壤土	块状	8.1	18.2	1.04	1.69	19.4	河流冲积物	E 112°56′56.0″ N 35°04′30.0″	97
						2	26—65	棕色	轻黏土	块状	8.1	10.8	0.72	1.29	19.3			
						3	65—100	灰黄色	砂壤土	碎块状	8.2	2.8	0.17	1.03	7.1			

孟 州 市

主要土类说明

潮土是孟州市主要土壤类型，占本市地域面积的55%，主要分布在靠近黄河、蟒河一带的乡村。潮土是在特定水文地质条件下，发育在近代河流冲积物上的地域性土壤。本市潮土主要发育在黄河、蟒河冲积母质上。古往今来，由于黄河、蟒河多次泛滥，形成了本市潮土土体深厚且厚薄不一的主要特征。该土受地下水活动的影响很明显，是经过耕作熟化而成的农业土壤。潮土剖面质地层次明显，下层有明显的铁锈斑纹，表层多呈灰黄色，全剖面有石灰反应，土壤呈微碱性。根据地形和水文地质条件对土壤发育的影响，本市潮土分为黄潮土、褐潮土、盐化潮土等亚类。其中，黄潮土是面积最大的一个亚类，地下水埋深为1—3m，由于近年来严重干旱和超采，其变化幅度较大。黄潮土的主要特征是：土层深厚，耕作层随着熟化程度不同而厚薄不一；土壤有机质含量较缺乏，颜色较淡，以黄色为主；通体有碳酸盐反应；剖面质地层次明显，一般下部有红褐色、蓝灰色的斑纹。

褐土是孟州市第二大土壤类型，占本市地域面积的39%，分布于本县西孟洛公路以北，包括整个丘陵及半丘陵。按照其碳酸盐的淋溶情况、发育程度及属性，本县褐土分为褐土、石灰性褐土、褐土性土等亚类。褐土亚类主要分布在赵和、槐树、西虢、会昌和大定等街道乡镇。成土母质多为第四纪黄土、黄土状母质，剖面形态具有明显的发育层次和黏化层，结构多呈棱柱状，剖面下部有明显的假菌丝或砂姜形态的碳酸钙新生体淀积产生，通体有石灰反应。

本区域中心区气候特征

本区域中心区气候特征值
Regional climate characteristics in central area of the region

气候带：暖温带亚湿润气候 Climate region: Warm temperate subhumid climate	
年平均气温 /℃ Annual average temperature /℃	13.9
年平均最高气温 /℃ Annual average maximum temperature /℃	19.9
年平均最低气温 /℃ Annual average minimum temperature /℃	8.8
年降水量 /mm Annual precipitation /mm	595
≥10℃的积温 /℃ Daily temperature accumulated in a year（≥10℃）/℃	4921
年日照时数 /h Annual sunshine /h	2174
年平均相对湿度 /% Annual average relative humidity /%	66
干燥度 Dryness	1.40

本区域中心区月平均气温与月平均降水量
Monthly temperature and precipitation in central area of the region

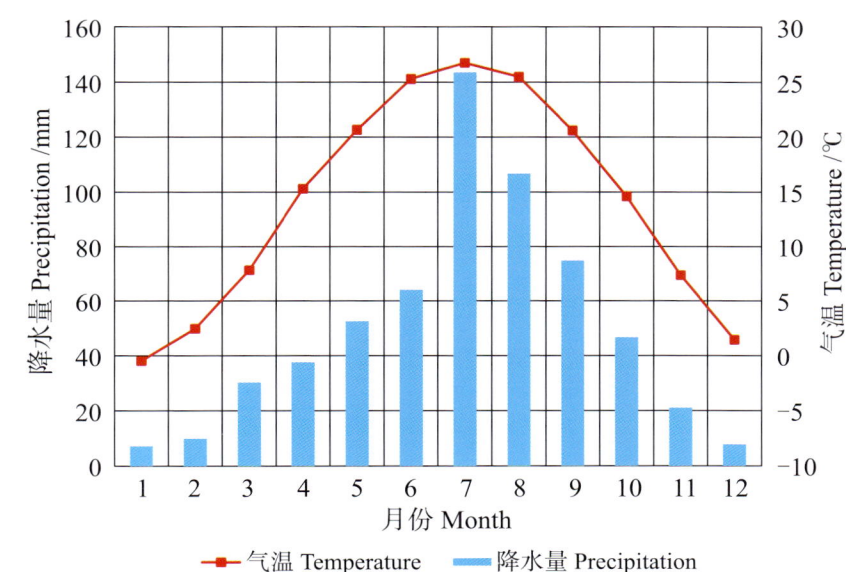

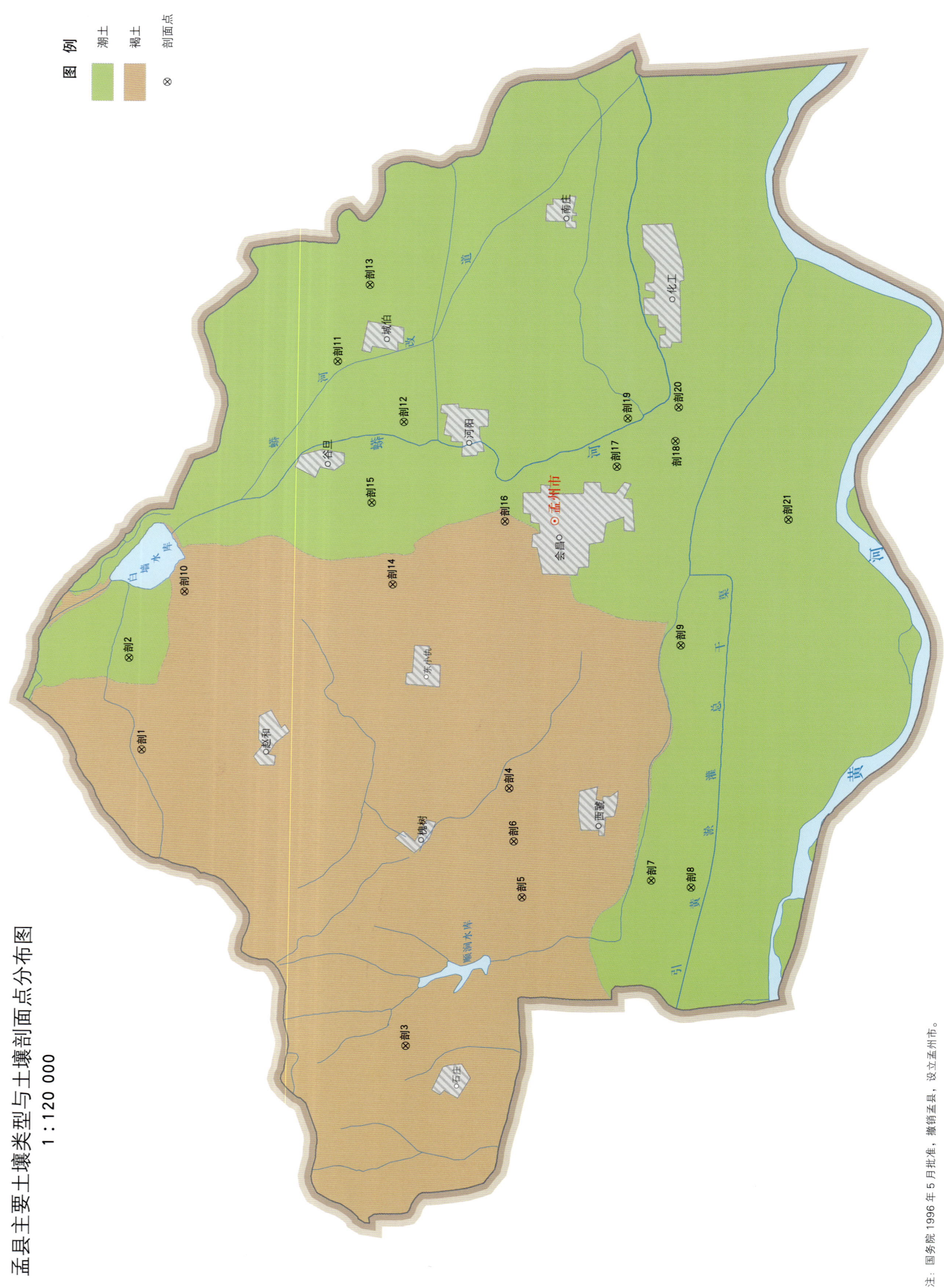

孟州市土壤剖面理化性状表

剖面号 Soil profile	土纲 Soil order	土类 Soil great group	亚类 Soil subgroup	土属 Soil genus	土种 Soil species	土层码 Layer code	土层厚度 Depth/cm	颜色 Soil color	质地 Soil texture	土壤结构 Soil structure	pH	有机质 OM/(g/kg)	全氮 TN/(g/kg)	全磷 TP/(g/kg)	阳离子交换量 CEC/(cmol/kg)	土壤母质 Parent material	剖面点坐标 Profile coordinate	匹配指数 Matching index/%
剖1	半淋溶土	褐土	褐土	立黄土	立黄土	1	0–25	黄棕色	中壤土	粒状	8.2	10.8	6.40	0.52	15.4	黄土	E 112°42′43.2″ N 35°00′52.2″	97
						2	25–55	黄褐色	中壤土	柱状	8.2	8.6	0.60	0.50	12.8			
						3	55–100	棕褐色	中壤土	碎块状	8.2	3.4	0.35	0.45	11.6			
剖2	半水成土	潮土	褐土化潮土	褐土化潮土	褐土化潊土	1	0–25	灰褐色	重壤土	碎块状	8.0	10.5	0.50	0.59	16.5	河流冲积物	E 112°44′27.6″ N 35°01′02.6″	95
						2	25–55	棕褐色	重壤土	块状	8.1	6.3	0.39	0.52	18.3			
						3	55–100	棕褐色	中壤土	块状	8.1	3.7	0.20	0.46	13.4			
剖3	半淋溶土	褐土	褐土	立黄土	浅位少量砂姜立黄土	1	0–20	黄褐色	中壤土	碎块状	8.4	9.0	0.51	0.52	15.3	黄土	E 112°37′03.7″ N 34°56′56.8″	98
						2	20–100	棕褐色	重壤土	棱块状	8.4	4.8	0.34	0.47	15.4			
剖4	半淋溶土	褐土	褐土	立黄土	少量砂姜立黄土	1	0–22	黄褐色	中壤土	块状	8.3	6.4	0.45	0.50	9.6	黄土	E 112°41′55.7″ N 34°55′21.0″	97
						2	22–100	棕褐色	重壤土	柱状	8.3	2.5	0.20	0.33	9.8			
剖5	半淋溶土	褐土	褐土	红土	红土	1	0–20	棕红色	重壤土	碎块状	8.2	9.4	0.62	0.55	15.8	石灰岩风化物	E 112°39′50.8″ N 34°55′10.6″	95
						2	20–40	棕红色	重壤土	块状	8.2	6.6	0.41	0.53	16.6			
						3	40–100	棕红色	重壤土	块状	8.3	3.9	0.19	0.45	13.8			
剖6	半淋溶土	褐土	褐土	立黄土	浅位薄层砂姜立黄土	1	0–20	浅褐色	中壤土	粒状	8.3	6.5	0.37	0.51	10.1	黄土	E 112°40′55.2″ N 34°55′17.4″	97
						2	20–43	黄褐色	中壤土	碎块状	8.4	1.8	<0.10	0.32	9.8			
						3	43–57	黄褐色	中壤土	块状	8.4	5.0	0.26	0.31	10.5			
						4	57–100	棕黄色	轻壤土	碎块状	8.4	1.3	<0.10	0.30	9.6			
剖7	半水成土	潮土	盐化潮土	盐化潮土	轻盐砂潮土	1	0–20	灰黄色	砂壤土	无结构	9.0				2.3	河流冲积物	E 112°40′08.8″ N 34°53′13.9″	97
						2	25–100	黄黄色	砂土	无结构	9.2				2.6			
						3	0–5				9.0				2.7			
						4	5–10				9.3				2.3			
						5	10–20				9.3				2.1			
						6	20–50				9.2							
						7	50–100				9.0							
剖8	半水成土	潮土	黄潮土	淤土	体砂淤土	1	0–33	灰褐色	重壤土	块状	8.2	8.3	0.62	0.56	12.3	河流冲积物	E 112°40′00.5″ N 34°52′37.9″	97
						2	33–63	灰黄色	砂壤土	无结构	8.4	5.5	0.35	0.48	4.3			
						3	63–84	浅黄色	砂壤土	无结构	8.3	5.5	0.34	0.48	3.5			
						4	84–100	灰黄色	砂土	无结构	8.5	5.7	0.20	0.43	2.0			
剖9	半水成土	潮土	黄潮土	两合土	底黏小黄土	1	0–24	灰黄色	轻壤土	碎块状	8.5	5.4	0.25	0.61	9.0	河流冲积物	E 112°44′35.9″ N 34°52′44.8″	97
						2	24–38	灰黄色	砂壤土	无结构	8.5	<1.0	<0.10	0.78	7.1			
						3	38–69	灰黄色	砂壤土	无结构	8.6	<1.0	0.12	0.45	7.9			
						4	69–100	棕红色	重壤土	块状	8.3	7.3	<0.10	0.54	14.6			
剖10	半淋溶土	褐土	褐土	立黄土	砂砾底立黄土	1	0–32	黄褐色	中壤土	碎块状	8.2	10.4	0.69	0.68	9.2	黄土	E 112°45′42.8″ N 35°00′11.9″	75
						2	32–87	棕黄色	轻壤土	无结构	8.2	3.9	0.39	0.52	9.2			
						3	87–100	灰黄色	中壤土	无结构	8.4	2.9	0.10	<0.10	7.0			
剖11	半水成土	潮土	黄潮土	两合土	小两合土	1	0–27	浅灰色	砂壤土	碎状	8.5	6.6	0.44	0.57	6.2	河流冲积物	E 112°50′02.8″ N 34°57′51.1″	95
						2	27–67	灰黄色	中壤土	无结构	8.4	2.4	0.18	0.52	5.0			
						3	67–100	浅黄色	中壤土	块状	8.4	5.2	0.36	0.52	10.2			
剖12	半水成土	潮土	黄潮土	两合土	两合土	1	0–25	灰黄色	中壤土	块状	8.5	13.8	0.86	0.72	12.8	河流冲积物	E 112°48′52.6″ N 34°56′52.1″	98
						2	25–47	棕黄色	中壤土	块状	8.3	7.1	0.45	0.55	11.7			
						3	47–110	浅灰黄色	轻壤土	碎状	8.4	3.8	0.24	0.48	8.3			

续表 Continued

剖面号 Soil profile	土纲 Soil order	土类 Soil great group	亚类 Soil subgroup	土属 Soil genus	土种 Soil species	土层码 Layer code	土层厚度 Depth/cm	颜色 Soil color	质地 Soil texture	土壤结构 Soil structure	pH	有机质 OM/(g/kg)	全氮 TN/(g/kg)	全磷 TP/(g/kg)	阳离子交换量CEC/(cmol/kg)	土壤母质 Parent material	剖面点坐标 Profile coordinate	匹配指数 Matching index/%
剖13	半水成土	潮土	黄潮	两合土	底黏两合土	1	0—26	深棕褐色	中壤土	碎块状	8.3	11.1	0.64	0.62	10.9	河流冲积物	E 112°51′29.2″ N 34°57′20.9″	95
						2	26—73	灰黄色	轻壤土	碎块状	8.4	2.6	0.18	0.58	6.2			
						3	73—100	红棕色	重壤土	块状	8.5	3.0	0.25	0.57	8.1			
剖14	半淋溶土	褐土	石灰性褐土	白面土	白面土	1	0—25	浅灰黄色	轻壤土	粒状	8.3	6.6	0.37	0.55	8.3	马兰黄土	E 112°45′48.6″ N 34°57′04.0″	93
						2	25—100	棕黄色	轻壤土	碎块状	8.5	6.2	0.35	0.55	8.5			
剖15	半水成土	潮土	黄潮	砂土	粗砂土	1	0—25	灰黄色	松砂土	无结构	8.4	2.9	0.16	0.35	3.0	河流冲积物	E 112°47′21.5″ N 34°57′22.0″	95
						2	25—100	灰黄色	松砂土	无结构	8.5	<1.0	<0.10	0.52	2.0			
剖16	半淋溶土	褐土	褐土	垆土	红垆土	1	0—30	棕褐色	重壤土	块状	8.4	14.8	0.95	0.76	13.9	黄土状母质洪积物、冲积物	E 112°46′58.8″ N 34°55′22.1″	97
						2	30—65	黄褐色	重壤土	块状	8.4	7.2	0.36	0.50	16.1			
						3	65—100	红褐色	重壤土	块状	8.3	5.5	0.45	0.48	16.0			
剖17	半水成土	潮土	黄潮	淤土	淤土	1	0—25	黄褐色	重壤土	碎块状	8.3	12.6	0.85	0.61	15.8	河流冲积物	E 112°47′59.3″ N 34°53′40.6″	98
						2	25—55	红褐色	重壤土	块状	8.2	7.6	0.48	0.53	14.8			
						3	55—88	褐黄色	重壤土	块状	8.3	6.5	0.36	0.51	12.5			
						4	88—120	灰黄色	轻黏土	块状	8.2	6.7	0.32	0.56	17.3			
剖18	半水成土	潮土	黄潮	砂土	砂壤土	1	0—30	浅黄色	砂壤土	无结构	8.3	5.3	0.40	0.59	3.9	河流冲积物	E 112°48′27.4″ N 34°52′47.3″	95
						2	30—60	褐黄色	中壤土	无结构	8.1	2.4	0.31	0.58	3.8			
						3	60—75	红黄色	重壤土	碎块状	8.3	4.5	0.36	0.59	10.6			
						4	75—100	黄灰色	砂土	无结构	8.4	1.0	<0.10	0.46	2.9			
剖19	半水成土	潮土	黄潮	两合土	腰砂小两合土	1	0—27	灰黄色	轻壤土	碎块状	8.3	9.7	0.70	0.66	8.8	河流冲积物	E 112°48′53.6″ N 34°53′30.1″	97
						2	27—53	浅黄色	砂土	无结构	8.5	7.1	0.42	0.47	8.4			
						3	53—105	红黄色	中壤土	块状	8.3	7.6	0.44	0.63	12.0			
剖20	半水成土	潮土	黄潮	淤土	体壤淤土	1	0—22	棕色	中壤土	块状	8.2	11.7	0.62	0.67	14.1	河流冲积物	E 112°49′05.9″ N 34°52′44.0″	97
						2	22—40	棕黄色	重壤土	碎块状	8.4	4.8	0.37	0.55	10.6			
						3	40—100	黄灰色	轻壤土	无结构	8.5	1.4	0.11	0.54	7.9			
剖21	半水成土	潮土	黄潮	砂土	细砂土	1	0—27	黄灰色	紧砂土	无结构	8.7	2.0	<0.10	0.53	3.1	河流冲积物	E 112°46′57.4″ N 34°51′06.5″	95
						2	27—37	黄褐色	松砂土	无结构	8.6	<1.0	<0.10	0.52	3.1			
						3	37—47	黄褐色	松砂土	无结构	8.6	<1.0	<0.10	0.41	3.3			
						4	47—100	黄褐色	松砂土	无结构	8.6	1.5	0.14	0.49	3.3			

濮 阳 市

清 丰 县

主要土类说明

潮土是清丰县主要土壤类型，占本县地域面积的94%。潮土是发育在近代河流冲积物上，受地下水的影响经耕作熟化而成的土壤。在各种自然和人为因素的作用下，潮土在发生、发育与演变过程中又产生了新的属性。潮土的土层深厚，质地层次排列组合明显，有的通体均一，有的砂土层、壤土层、黏土层相间排列。潮土的发生层次一般不明显，但也有与成土过程相关联的土壤属性，如在剖面不同的部位，有的有红棕色的铁锈斑纹，有的有石灰假菌丝体或石灰粉末。该土富含碳酸钙，石灰反应强烈，土壤呈微碱性。同一层次的土壤质地、颜色、结构基本相同，不同的层次则差别很大。土壤养分含量较低，氮、磷、钾不协调。本县潮土分为黄潮土和褐潮土等亚类。

小于本县地域面积3%的土壤类型还有风沙土等。

本区域中心区气候特征

本区域中心区气候特征值
Regional climate characteristics in central area of the region

气候带：暖温带亚湿润气候 Climate region: Warm temperate subhumid climate	
年平均气温 /℃ Annual average temperature /℃	14.1
年平均最高气温 /℃ Annual average maximum temperature /℃	19.6
年平均最低气温 /℃ Annual average minimum temperature /℃	9.3
年降水量 /mm Annual precipitation /mm	589
≥10℃的积温 /℃ Daily temperature accumulated in a year (≥10℃) /℃	5200
年日照时数 /h Annual sunshine /h	2338
年平均相对湿度 /% Annual average relative humidity /%	66
干燥度 Dryness	1.42

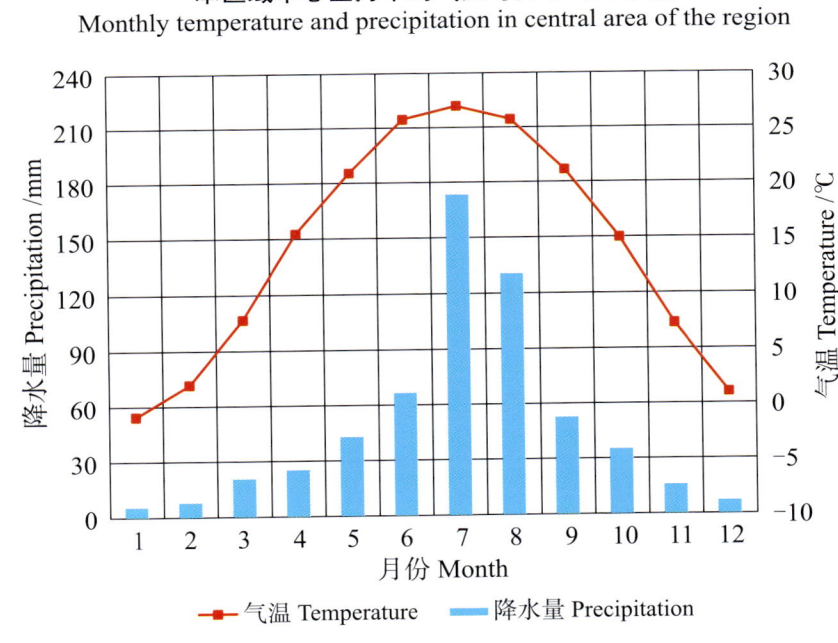

本区域中心区月平均气温与月平均降水量
Monthly temperature and precipitation in central area of the region

清丰县主要土壤类型与土壤剖面点分布图

1:160 000

图例：潮土　风沙土　⊗ 剖面点

清丰县土壤剖面理化性状表

剖面号 Soil profile	土纲 Soil order	土类 Soil great group	亚类 Soil subgroup	土属 Soil genus	土种 Soil species	土层码 Layer code	土层厚度 Depth/cm	颜色 Soil color	质地 Soil texture	土壤结构 Soil structure	pH	有机质 OM/(g/kg)	全氮 TN/(g/kg)	全磷 TP/(g/kg)	阳离子交换量CEC/(cmol/kg)	土壤母质 Parent material	剖面点坐标 Profile coordinate	匹配指数 Matching index/%
剖1	半水成土	潮土	黄潮土	两合土	底黏小两合土	1	0—20	暗黄色	轻壤土	粒状	7.8	10.6	0.83	0.63	17.5	河流冲积物	E 114°58′27.8″ N 36°02′57.5″	99
						2	20—70	浅黄色	轻壤土	粒状	7.9	7.2	0.56	0.60	13.8			
						3	70—100	棕红色	黏土	块状	7.8	4.9	0.48	0.47	28.1			
剖2	半水成土	潮土	褐潮土	褐土化砂土	褐土化底黏砂壤土	1	0—20	灰黄色	砂壤土	单粒状	7.9	6.0	0.58	0.52	11.9	河流冲积物	E 114°59′45.5″ N 35°53′13.2″	95
						2	20—52	浅黄色	砂壤土	粒状	7.8	3.2	0.22	0.51	16.3			
						3	52—100	灰黄棕色	重壤土	块状	8.2	8.0	0.40	0.57	33.1			
剖3	半水成土	潮土	褐潮土	褐土化两合土	褐土化小两合土	1	0—30	黄黄色	轻壤土	粒状	8.2	11.3	0.85	0.71	24.4	河流冲积物	E 115°02′35.5″ N 35°58′36.5″	95
						2	30—80	灰黄色	轻壤土	粒状	8.3	6.4	0.47	0.62	20.8			
						3	80—100	浅黄棕色	轻壤土	块状	8.0	4.8	0.31	0.60	18.4			
剖4	半水成土	潮土	褐潮土	褐土化两合土	褐土化两合土	1	0—24	灰黄色	中壤土	粒状	8.0	6.8	0.55	0.68	24.3	河流冲积物	E 115°06′49.7″ N 35°59′39.5″	96
						2	24—49	棕红色	中壤土	粒状	7.9	4.6	0.31	0.67	20.5			
						3	49—100	灰黄色	中壤土	块状	7.6	2.6	0.15	0.57	18.8			
剖5	半水成土	潮土	褐潮土	褐土化两合土	褐土化腰黏两合土	1	0—25	棕红色	中壤土	粒状	8.0	10.5	0.69	0.69	25.0	河流冲积物	E 115°06′17.0″ N 35°57′19.6″	95
						2	25—54	浅黄黄色	重壤土	粒状	7.7	6.8	0.58	0.58	26.9			
						3	54—100	灰黄黄色	中壤土	粒状	8.0	4.9	0.39	0.54	17.6			
剖6	半水成土	潮土	黄潮土	两合土	腰黏两合土	1	0—20	棕黄色	中壤土	粒状	8.3	5.3	0.47	0.53	18.8	河流冲积物	E 115°07′34.0″ N 35°59′38.8″	97
						2	20—55	棕黄色	重壤土	块状	8.1	5.9	0.41	0.55	28.8			
						3	55—100	浅灰黄色	中壤土	粒状	8.2	3.0	0.21	0.53	12.5			
剖7	半水成土	潮土	黄潮土	两合土	两合土	1	0—20	灰黄色	中壤土		7.8	7.2	0.55	0.66	20.6	河流冲积物	E 115°10′23.9″ N 35°58′59.9″	97
						2	20—70	浅黄色	轻壤土	块状	8.2	3.8	0.39	0.57	18.6			
						3	70—100	灰棕色	轻壤土	粒状	7.9	4.6	0.32	0.64	16.1			
剖8	半水成土	潮土	褐潮土	褐土化两合土	褐土化底黏两合土	1	0—20	浅黄色	轻壤土	碎块状	8.0	8.3	0.51	0.66	19.4	河流冲积物	E 115°11′24.4″ N 35°57′00.7″	95
						2	20—79	浅黄黄色	轻壤土	单粒状	8.3	3.6	0.22	0.62	18.6			
						3	79—100	浅棕黄色	重壤土	块状	8.2	7.6	0.47	0.56	25.6			
剖9	半水成土	潮土	黄潮土	两合土	底黏两合土	1	0—25	灰黄色	中壤土	粒状	7.8	6.8	0.55	0.54	24.9	河流冲积物	E 115°08′53.9″ N 35°57′18.0″	98
						2	25—52	浅黄色	轻壤土	块状	7.9	8.0	0.51	0.54	20.8			
						3	52—100	灰黄色	重壤土	粒状	7.9	6.8	0.47	0.49	28.3			
剖10	半水成土	潮土	褐潮土	褐土化两合土	褐土化腰黏两合土	1	0—25	浅黄色	中壤土	粒状	7.7	7.5	0.62	0.65	26.3	河流冲积物	E 115°07′59.7″ N 35°58′26.3″	95
						2	25—51	棕红色	中壤土	块状	8.1	6.8	0.54	0.60	23.8			
						3	51—100	浅黄色	黏土	块状	8.0	7.5	0.47	0.48	29.4			
剖11	半水成土	潮土	褐潮土	褐土化砂土	褐土化夹黏砂壤土	1	0—20	浅黄黄色	砂壤土	单粒状	7.9	4.4	0.47	0.46	16.9	河流冲积物	E 115°01′46.6″ N 35°50′31.6″	95
						2	20—45	黄黄色	重壤土	块状	7.9	4.0	0.38	0.43	15.4			
						3	45—63	灰黄色	砂壤土	块状	8.0	4.2	0.41	0.53	22.5			
						4	63—100	红棕色	中壤土	单粒状	7.8	1.5	0.11	0.41	15.0			
剖12	半水成土	潮土	黄潮土	砂土	细砂土	1	0—30	灰黄色	黏土	块状	8.0	9.0	0.73	0.70	20.6	河流冲积物	E 115°14′12.5″ N 35°54′01.4″	95
						2	30—100	棕黄色	松砂土	无结构	7.7	6.4	0.55	0.59	29.5			
剖13	半水成土	潮土	黄潮土	淤土	淤土	1	0—25	红棕色	松砂土	无结构	7.8	2.1	0.14	0.45	8.5	河流冲积物	E 115°10′05.9″ N 35°52′29.3″	95
						2	25—100	棕红色	黏土	块状	8.0	1.0	<0.10	0.39	6.5			
剖14	半水成土	潮土	黄潮土	淤土	淤土	1	0—28	灰黄色	重壤土	块状	7.9	9.8	0.75	0.69	28.0	河流冲积物	E 115°15′33.5″ N 35°58′15.6″	99
						2	28—100	红棕黄色	中壤土	粒状	8.3	7.1	0.56	0.51	24.4			
剖15	半水成土	潮土	黄潮土	两合土	体黏两合土	1	0—33	浅黄黄色	重壤土	块状	8.3	7.6	0.62	0.65	26.9	河流冲积物	E 115°17′37.0″ N 35°58′39.4″	99
						2	33—60	棕黄色	重壤土	块状	8.3	7.6	0.57	0.60	29.4			
						3	60—100	棕红色	黏土	块状	8.2	9.4	0.68	0.51	28.5			

续表 Continued

剖面号 Soil profile	土纲 Soil order	土类 Soil great group	亚类 Soil subgroup	土属 Soil genus	土种 Soil species	土层码 Layer code	土层厚度 Depth/cm	颜色 Soil color	质地 Soil texture	土壤结构 Soil structure	pH	有机质 OM/(g/kg)	全氮 TN/(g/kg)	全磷 TP/(g/kg)	阴离子交换量 CEC/(cmol/kg)	土壤母质 Parent material	剖面点坐标 Profile coordinate	匹配指数 Matching index/%
剖16	半水成土	潮土	褐潮土	褐土化两合土	褐土化体黏小两合土	1	0—30	灰黄色	轻壤土	粒状	8.0	8.9	0.63	0.76	22.6	河流冲积物	E 115°10′12.0″ N 35°48′35.6″	95
						2	30—48	浅灰黄色	轻壤土	粒状	8.0	5.9	0.41	0.70	20.6			
						3	48—100	红棕色	黏土	块状	7.9	8.0	0.63	0.53	28.8			
剖17	半水成土	潮土	褐潮土	褐土化两合土	褐土化底砂土两合土	1	0—20	灰黄色	轻壤土	粒状	8.0	8.4	0.65	0.54	22.5	河流冲积物	E 115°18′01.8″ N 35°52′57.4″	95
						2	20—54	浅灰黄色	轻壤土	粒状	7.8	6.3	0.51	0.52	25.0			
						3	54—100	浅黄色	松砂土	无结构	7.8	5.0	0.39	0.49	16.3			
剖18	半水成土	潮土	黄潮土	两合土	小两合土	1	0—20	灰黄色	轻壤土	粒状	8.2	7.9	0.63	0.71	20.8	河流冲积物	E 115°17′53.2″ N 35°48′14.8″	98
						2	20—90	浅棕黄色	中壤土	粒状	8.0	6.4	0.35	0.52	23.5			
						3	90—100	浅黄色	砂壤土	单粒状	8.0	2.6	0.14	0.43	10.6			

南 乐 县

主要土类说明

潮土是南乐县主要土壤类型，占本县地域面积的96%。潮土是河流冲积母质在地下水的参与下，经过旱耕熟化过程形成的农业土壤。母质和地下水对土壤形成有极大影响，由于河流多次泛滥沉积，每次泛滥时挟带泥沙的粗细和数量多不一样，故成土差异较大。主流处水流急，沉积物以砂土为主；缓斜坡地流速减缓，沉积物以壤土为主；浅平洼地静水沉积，沉积物以黏土为主。又因河流多次泛滥，交互沉积，故在同一土壤剖面上下层质地也有差异，形成不同质地相间的层状土，对土壤的理化性状有显著影响。潮土形成的另一个重要特征是地下水参与了土壤的形成过程。潮土区地下水位一般在1—3m，随着季节的变化，地下水发生上下移动，在低水位时，土壤以氧化过程为主，在高水位时则以还原过程为主，氧化还原交替进行，影响土壤中物质的溶解、移动和淀积。特别是铁锰化合物，干旱时水位下降，铁、锰由低价转化为高价的氧化状态，形成红棕色的铁锈斑纹或结核，同样，碳酸钙也可以形成假菌丝或石灰结核；湿润时或长期浸水的层段，铁锰还原成低价的化合物，使土壤呈青灰色、灰蓝色，通常称为潜育层。本县潮土的大部分剖面的中部或下部，或多或少存在着锈色斑纹，只是在排水良好的砂土、砂壤土中没有。褐潮土的氧化还原层在1m以下出现。在潮土所处地区较高的地形部位上，由于地下水位较深，地表排水良好，土壤通气性强，土体中、上部温度、湿度比较稳定，土壤矿物质分解作用较强，其中一价元素钾、钠被淋失，二价元素钙、镁等分解出来后，随水下渗，在剖面的中部淀积下来，于土壤孔隙中或土壤结构体的表面集结成粉末状或菌丝状的物体，即假菌丝体，发生钙积现象。与此同时，土体中矿物质颗粒变细，黏土矿物逐渐增多，加之上层黏粒随水下移，在剖面中、下部淀积产生黏化过程，使质地均一的土体中部比上部黏粒稍多。黏化层和钙积层是褐土化过程的主要诊断层次。褐潮土由于成土时间短，褐土化作用的强度较弱，只是初步阶段，因此多数剖面钙积层、黏化层都不明显。潮土在熟化过程中，如果措施不当，易溶盐会随地下水沿毛管上升至地表而聚积，形成盐化潮土。潮土的形态特征：质地层次及其排列组合较为明显，有的通体比较均一，有的黏土层、壤土层、砂土层相间排列；发生层次不明显，但也具有与成土过程相关联的土壤属性；在剖面不同深度都有红棕色的铁锈斑纹，有的有石灰质假菌丝体；大部分土壤富含碳酸钙，石灰反应强烈，土壤呈碱性或微碱性；同一层次的土壤质地、颜色、结构基本相同，而不同层次质地有很大差异；土壤有机质含量低，且氮、磷、钾不协调，钾、钙等元素含量丰富。本县潮土分为黄潮土、褐潮土等亚类。

小于本县地域面积3%的土壤类型还有风沙土等。

本区域中心区气候特征

本区域中心区气候特征值
Regional climate characteristics in central area of the region

气候带：暖温带亚湿润气候 Climate region: Warm temperate subhumid climate	
年平均气温 /℃ Annual average temperature /℃	14.1
年平均最高气温 /℃ Annual average maximum temperature /℃	19.6
年平均最低气温 /℃ Annual average minimum temperature /℃	9.4
年降水量 /mm Annual precipitation /mm	586
≥10℃的积温 /℃ Daily temperature accumulated in a year（≥10℃）/℃	5187
年日照时数 /h Annual sunshine /h	2341
年平均相对湿度 /% Annual average relative humidity /%	66
干燥度 Dryness	1.44

本区域中心区月平均气温与月平均降水量
Monthly temperature and precipitation in central area of the region

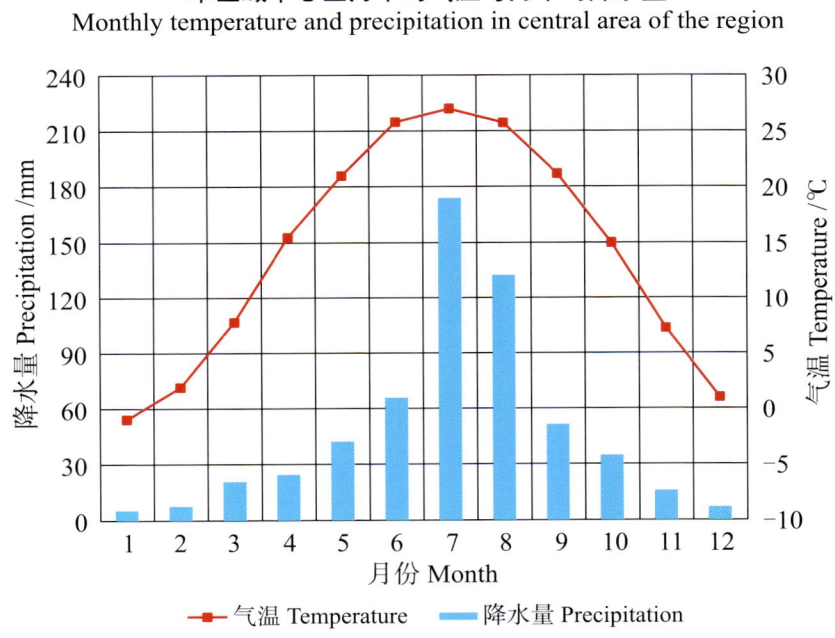

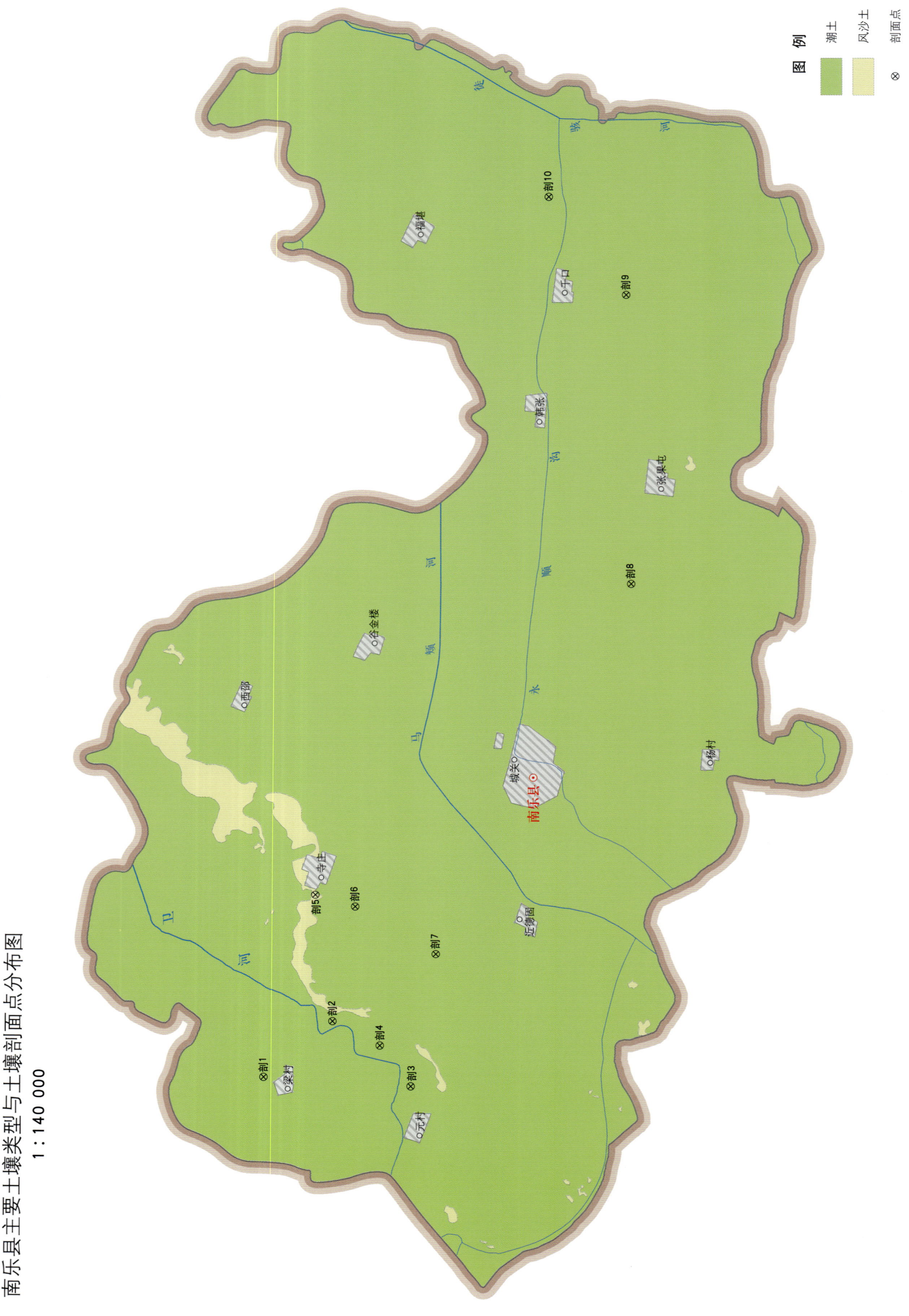

南乐县主要土壤类型与土壤剖面点分布图
1:140 000

南乐县土壤剖面理化性状表

剖面号 Soil profile	土纲 Soil order	土类 Soil great group	亚类 Soil subgroup	土属 Soil genus	土种 Soil species	土层码 Layer code	土层厚度 Depth/cm	颜色 Soil color	质地 Soil texture	土壤结构 Soil structure	pH	有机质 OM/(g/kg)	全氮 TN/(g/kg)	全磷 TP/(g/kg)	速效钾 AK/(mg/kg)	阳离子交换量 CEC/(cmol/kg)	土壤母质 Parent material	剖面点坐标 Profile coordinate	匹配指数 Matching index/%
剖1	半水成土	潮土	黄潮土	淤土	底馒淤土	1	0—18	浅棕红色	轻黏土	块状	8.7	11.2	0.87	1.20	201	20.2	河流冲积物	E 115°04′44.8″ N 36°08′60.0″	97
						2	18—34	棕红色	中黏土	片状	8.4	8.7	0.75	1.03	193	25.9			
						3	34—55	浅黄色	中壤土	块状	8.2	6.3	0.41	1.08	153	17.9			
						4	55—100	浅灰黄色	中壤土	块状	8.1	4.3	0.47	1.36	105	9.3			
剖2	半水成土	潮土	黄潮土	淤土	底砂淤土	1	0—28	灰褐色	轻黏土	块状	8.7	11.5	0.70	1.20	174	18.4	河流冲积物	E 115°06′02.2″ N 36°07′48.0″	97
						2	28—59	棕褐色	中黏土	块状	9.0	15.4	0.99	1.24	223	26.7			
						3	59—100	浅黄色	砂壤土	粒状	8.6	2.0	0.16	0.93	56	6.2			
剖3	半水成土	潮土	黄潮土	两合土	腰黏小两合土	1	0—28	灰黄色	轻壤土	粒状	8.6	5.9	0.43	1.25	71	7.5	河流冲积物	E 115°04′37.2″ N 36°06′22.7″	97
						2	28—48	浅黄色	轻壤土	块状	8.4	5.1	0.41	1.29	76	7.2			
						3	48—73	棕红色	中黏土	块状	8.2	6.0	0.57	1.12	155	17.7			
						4	73—100	浅黄色	砂壤土	粒状	8.1	<1.0	0.21	0.98	131	4.3			
剖4	半水成土	潮土	黄潮土	淤土	体砂淤土	1	0—32	暗灰色	重壤土	块状	8.7	6.8	0.43	1.52	179	6.9	河流冲积物	E 115°05′31.2″ N 36°06′56.9″	97
						2	32—50	暗黄色	重黏土	粒状	8.4	9.9	0.74	1.05	123	14.8			
						3	50—100	浅黄色	砂壤土	粒状	8.4	2.6	0.21	0.95	46	6.2			
剖5	初育土	风沙土	半固定风沙土	半固定砂丘风沙土	半固定砂丘细砂风沙土	1	0—20	浅黄色	砂壤土	单粒状	8.9	1.9	0.17	1.00	36	4.4	风积型母质	E 115°08′55.3″ N 36°08′10.0″	97
						2	20—100	浅黄色	中壤土	单粒状	8.8	1.9	0.16	1.07	37	4.2			
剖6	半水成土	潮土	褐潮土	褐土化两合土	褐土化底黏小两合土	1	0—25	灰黄色	轻壤土	粒状	8.7	6.8	0.43	1.38	124	8.1	河流冲积物	E 115°08′40.6″ N 36°07′27.1″	95
						2	25—58	灰黄色	轻壤土	块状	8.7	4.4	0.33	1.30	72	7.9			
						3	58—100	棕红色	重黏土	块状	8.3	6.3	0.54	1.31	122	14.8			
剖7	半水成土	潮土	褐潮土	褐土化砂土	褐土化体砂壤土	1	0—31	黄色	砂壤土	单粒状	8.5	3.9	0.30	1.10	99	4.8	河流冲积物	E 115°07′37.9″ N 36°05′59.6″	95
						2	31—85	浅灰黄色	轻壤土	片状	8.4	2.5	0.26	1.04	48	5.2			
						3	85—100	浅黄色	轻壤土	粒状	8.3	4.6	0.37	1.08	51	6.5			
剖8	半水成土	潮土	黄潮土	两合土	底黏两合土	1	0—45	浅黄色	中壤土	粒状	8.5	7.9	0.45	1.67	131	8.1	河流冲积物	E 115°16′09.5″ N 36°02′41.3″	99
						2	45—65	黄棕色	中壤土	块状	8.4	4.5	0.24	1.29	100	10.3			
						3	65—100	红棕色	重黏土	片状	8.2	6.5	0.43	1.14	169	19.4			
剖9	半水成土	潮土	黄潮土	两合土	腰黏两合土	1	0—30	浅黄色	中壤土	粒状	8.4	6.6	0.45	1.53	146	8.9	河流冲积物	E 115°22′43.3″ N 36°02′53.5″	97
						2	30—70	棕黄色	中壤土	块状	8.4	4.9	0.35	1.21	111	13.9			
						3	70—100	灰黄色	轻壤土	块状	8.3	2.9	0.24	1.08	71	7.0			
剖10	半水成土	潮土	黄潮土	两合土	两合土	1	0—20	浅灰黄色	中壤土	粒状	8.6	7.4	0.50	1.31	190	8.9	河流冲积物	E 115°24′55.4″ N 36°04′18.1″	98
						2	20—100	灰黄色	轻壤土	粒状	9.3	3.4	0.29	1.34	115	6.8			

范 县

主要土类说明

潮土是范县主要土壤类型，占本县地域面积的 90%。本县潮土土类有黄潮土、盐化潮土和褐潮土等亚类。黄潮土亚类是潮土土类的典型亚类，其剖面构型是耕作层、犁底层、氧化还原层。耕作层是黄潮土的熟化层，也称活土层或腐殖质层，厚度一般只有 20cm，土质松散，孔隙度较大，结构较好，土壤微生物活跃，水、肥、气、热比较协调。犁底层是常年耕作形成的比较紧实的土层，由于耕作深度不稳定，一般厚度只有 7—10cm，对托水保肥有一定作用，但影响根系深扎。黄潮土的氧化还原层多出现在 40—100cm 的范围内，此层铁锈斑纹比较明显，是土壤中氧化还原交替发生的层次，还原过程中产生的低价铁、锰对作物有害，但此层的水分对抗旱保墒起着良好的作用。

水稻土是范县第二大土壤类型，占本县地域面积的 5%。本县水稻土只有一个潜育型亚类，其剖面构型为耕作层、渗育层、潜育层。潮土性潜育型水稻土土属分六个土种：潮粉泥田、潮两合泥田、底沙潮两合泥田、腰黏潮两合泥田、潮淤泥田、底沙潮淤泥田，分布于背河洼地。水稻土的理化性状：耕作层有机质含量为 7.5—9.5g/kg，平均约为 9.0g/kg；全氮变幅为 0.04%—0.07%，平均为 0.06%；全磷平均为 0.06%；容重平均为 1.5g/cm³，比潮土平均容重 1.34g/cm³ 高 0.12g/cm³；阳离子交换量平均为 10.2cmol/kg；pH 平均为 8.0；黏粒含量平均为 37.54%。土壤紧实，孔隙度小。

本区域中心区气候特征

本区域中心区气候特征值
Regional climate characteristics in central area of the region

气候带：暖温带亚湿润气候 Climate region: Warm temperate subhumid climate	
年平均气温 /℃ Annual average temperature /℃	13.9
年平均最高气温 /℃ Annual average maximum temperature /℃	19.5
年平均最低气温 /℃ Annual average minimum temperature /℃	9.2
年降水量 /mm Annual precipitation /mm	612
≥10℃的积温 /℃ Daily temperature accumulated in a year (≥10℃) /℃	5174
年日照时数 /h Annual sunshine /h	2407
年平均相对湿度 /% Annual average relative humidity /%	67
干燥度 Dryness	1.35

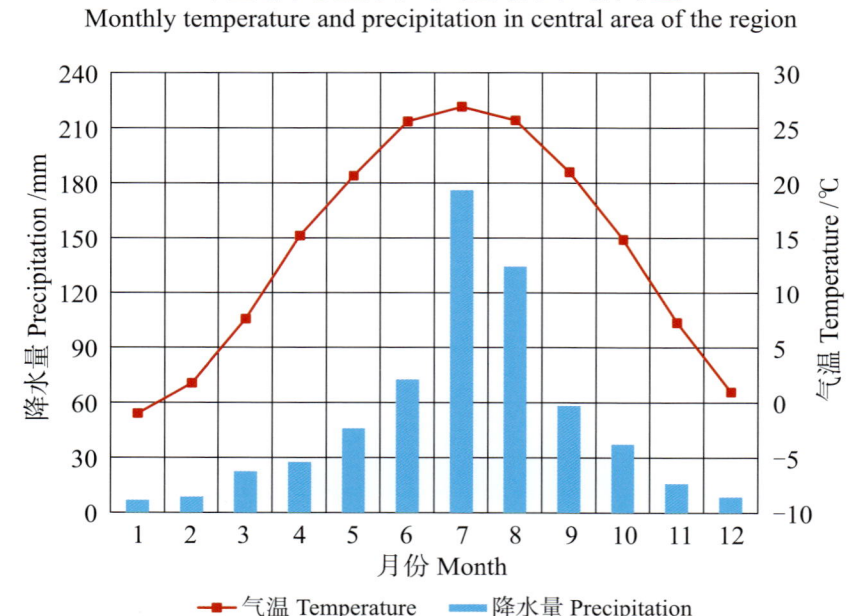

本区域中心区月平均气温与月平均降水量
Monthly temperature and precipitation in central area of the region

范县土壤剖面理化性状表

剖面号 Soil profile	土纲 Soil order	土类 Soil great group	亚类 Soil subgroup	土属 Soil genus	土种 Soil species	土层码 Layer code	土层厚度 Depth/cm	颜色 Soil color	质地 Soil texture	土壤结构 Soil structure	pH	有机质 OM/(g/kg)	全氮 TN/(g/kg)	全磷 TP/(g/kg)	阳离子交换量CEC/(cmol/kg)	土壤母质 Parent material	剖面点坐标 Profile coordinate	匹配指数 Matching index/%
剖1	半水成土	潮土	褐潮土	褐土化两合土	褐土化小两合土	1	0—20	浅灰黄色	轻壤土	粒状	8.0	8.7	0.66	0.57	7.5	河流冲积物	E 115°29′10.3″ N 35°47′27.2″	93
						2	20—112	浅黄色	砂壤土	无结构	8.0	4.8	0.32	0.44	6.8			
						3	112—150	棕黄色	中壤土	粒状	8.2	5.0	0.42	0.53	8.3			
剖2	半水成土	潮土	黄潮土	两合土	体砂两合土	1	0—25	灰黄色	中壤土	粒状	7.9	7.5	0.49	0.62	8.8	河流冲积物	E 115°24′09.4″ N 35°44′53.9″	97
						2	25—34	浅黄色	中壤土	碎块状	7.8	4.9	0.35	0.48	7.9			
						3	34—104	浅黄色	砂壤土	无结构	8.0	2.2	0.15	0.48	4.1			
						4	104—150	棕黄色	中壤土	块状	8.3	3.1	0.20	0.48	7.3			
剖3	人为土	水稻土	潜育水稻土	潮土性潜育水稻土	潮两合泥田	1	0—19	暗灰黄色	中壤土	粒状	8.0	7.5	0.43	0.53	9.5	河流冲积物	E 115°28′20.6″ N 35°44′24.4″	97
						2	19—47	浅灰黄色	轻壤土	粒状	7.8	3.3	0.21	0.48	4.8			
						3	47—123	浅黄色	中壤土	块状	7.9	2.3	0.18	0.48	5.5			
						4	123—150	棕黄色	重壤土	片状	7.9	2.3	0.19	0.48	14.8			
剖4	人为土	水稻土	潜育水稻土	潮土性潜育水稻土	底砂潮淤泥田	1	0—20	暗灰黄色	重壤土	碎块状	7.8	9.9	0.74	0.57	13.6	河流冲积物	E 115°28′05.5″ N 35°43′26.0″	95
						2	20—44	浅灰黄色	轻壤土	粒状	8.0	5.3	0.34	0.48	15.8			
						3	44—72	浅灰黄色	中壤土	粒状	7.8	3.2	0.24	0.48	5.9			
						4	72—112	棕黄色	砂壤土	无结构	7.6	2.1	0.13	0.48	4.3			
						5	112—131	棕红色	重壤土	块状	8.0	4.6	0.40	0.53	19.0			
						6	131—150	棕红色	重壤土	块状	8.0	2.5	0.20	0.44	15.0			
剖5	半水成土	潮土	黄潮土	灌淤土	体壤薄层灌淤土	1	0—16	棕灰色	中壤土	碎屑状	8.1	13.0	0.91	0.44	19.8	河流冲积物	E 115°26′14.3″ N 35°42′15.1″	99
						2	16—32	棕黄色	重壤土	块状	8.2	10.0	0.69	0.44	20.0			
						3	32—49	灰黄色	中壤土	块状	8.2	5.6	0.41	0.44	10.8			
						4	49—150	浅灰黄色	砂壤土	粒状	8.1	3.4	0.35	0.53	9.3			
剖6	半水成土	潮土	盐化潮土	盐化潮土	轻盐化体壤小两合土	1	0—20	浅灰黄色	轻壤土	碎块状	8.4	6.4	0.43	0.57	6.9	河流冲积物	E 115°24′31.7″ N 35°39′54.0″	97
						2	20—46	棕灰色	重壤土	块状	8.2	2.7	0.20	0.53	6.8			
						3	46—120	棕红色	中壤土	碎块状	8.0	7.1	0.53	0.48	7.1			
						4	120—200	灰黄色	重壤土	块状	8.0	3.4	0.26	0.53	4.9			
剖7	半水成土	潮土	黄潮土	淤土	体壤淤土	1	0—23	棕黄色	中壤土	碎块状	8.0	10.8	0.71	0.53	15.8	河流冲积物	E 115°33′30.2″ N 35°53′06.4″	97
						2	23—34	浅黄色	轻壤土	块状	8.3	8.8	0.66	0.48	11.4			
						3	34—89	棕黄色	重壤土	片状	7.9	3.6	0.28	0.44	10.9			
						4	89—150	浅灰黄色	中壤土	粒状	8.2	1.8	<0.10	0.44	6.3			
剖8	半水成土	潮土	黄潮土	淤土	淤土	1	0—20	棕红色	中壤土	碎块状	8.2	12.0	0.91	0.48	19.8	河流冲积物	E 115°34′44.8″ N 35°53′24.4″	97
						2	20—67	棕红色	轻壤土	块状	8.1	10.4	0.87	0.48	17.8			
						3	67—82	棕黄色	重壤土	粒状	8.1	5.7	0.49	0.44	14.8			
						4	82—112	棕黄色	重壤土	片状	8.3	5.4	0.46	0.44	14.3			
						5	112—150	浅灰黄色	轻壤土	粒状	8.5	5.6	0.47	0.53	10.4			
剖9	半水成土	潮土	黄潮土	淤土	底砂淤土	1	0—20	棕红色	中壤土	碎块状	7.9	11.4	0.99	0.48	18.3	河流冲积物	E 115°34′03.4″ N 35°52′27.5″	99
						2	20—64	棕黄色	重壤土	粒状	8.0	8.0	0.49	0.44	12.3			
						3	64—86	浅黄色	轻壤土	无结构	7.8	6.0	0.46	0.40	7.1			
						4	86—150	棕红色	轻壤土	粒状	8.1	3.0	0.28	0.53	13.8			
剖10	半水成土	潮土	黄潮土	两合土	体黏小两合土	1	0—20	浅灰黄色	重壤土	块状	8.0	4.7	0.33	0.53	6.8	河流冲积物	E 115°36′02.2″ N 35°52′00.8″	95
						2	20—30	棕黄色	重壤土	块状	8.1	2.6	0.10	0.44	15.2			
						3	30—38	浅黄色	中壤土	片状	8.2	2.6	0.11	0.48	9.5			
						4	38—150	棕黄色	重壤土	块状	8.4	4.8	0.36	0.48	8.3			

续表 Continued

剖面号 Soil profile	土纲 Soil order	土类 Soil great group	亚类 Soil subgroup	土属 Soil genus	土种 Soil species	土层码 Layer code	土层厚度 Depth/cm	颜色 Soil color	质地 Soil texture	土壤结构 Soil structure	pH	有机质 OM/(g/kg)	全氮 TN/(g/kg)	全磷 TP/(g/kg)	阳离子交换量CEC/(cmol/kg)	土壤母质 Parent material	剖面点坐标 Profile coordinate	匹配指数 Matching index/%
剖11	半水成土	潮土	黄潮土	砂土	粗砂土	1	0–20	浅黄色	松砂土	单粒状	7.5	2.6	0.12	0.44	2.6	河流冲积物	E 115°30′39.2″ N 35°50′40.2″	95
						2	20–80	浅黄色	松砂土	单粒状	7.7	2.1	0.11	0.53	2.4			
						3	80–96	浅黄色	轻壤土	粒状	7.8	5.4	0.38	0.44	6.4			
						4	96–150	浅灰黄色	砂壤土	无结构	7.6	3.4	0.21	0.48	3.8			
剖12	半水成土	潮土	黄潮土	灌淤土	厚层灌淤土	1	0–23	棕红色	中壤土	碎块状	8.2	11.5	0.76	0.48	23.8	河流冲积物	E 115°37′43.0″ N 35°54′14.0″	95
						2	23–51	棕红色	重黏土	块状	8.1	9.0	0.60	0.52	22.5			
						3	51–79	浅黄色	中壤土	粒状	8.2	6.2	0.50	0.57	8.5			
						4	79–150	浅黄色	砂壤土	无结构	7.8	3.7	0.29	0.53	7.8			
剖13	半水成土	潮土	黄潮土	两合土	底黏两合土	1	0–24	浅灰黄色	中壤土	粒状	7.8	6.9	0.46	0.62	10.8	河流冲积物	E 115°37′41.9″ N 35°52′50.5″	97
						2	24–60	浅黄色	轻壤土	块状	7.7	4.1	0.28	0.53	6.9			
						3	60–116	棕红色	中黏土	粒状	7.6	6.2	0.43	0.53	14.0			
						4	116–150	浅灰黄色	砂壤土	无结构	7.9	2.6	0.15	0.57	3.8			
剖14	半水成土	潮土	黄潮土	两合土	小两合土	1	0–20	灰黄色	轻壤土	粒状	8.1	7.7	0.56	0.53	7.3	河流冲积物	E 115°37′42.0″ N 35°52′41.5″	97
						2	20–56	棕黄色	中壤土	粒状	8.1	3.0	0.19	0.53	4.8			
						3	56–65	浅黄色	中黏土	块状	8.2	4.3	0.36	0.48	10.3			
						4	65–115	浅黄色	中壤土	块状	8.0	2.6	0.13	0.53	8.3			
						5	115–150	棕黄色	重黏土	块状	8.1	6.2	0.43	0.48	18.0			
剖15	半水成土	潮土	黄潮土	淤土	体砂淤土	1	0–25	棕黄色	轻壤土	粒状	8.1	5.4	0.34	0.53	11.7	河流冲积物	E 115°38′39.2″ N 35°49′12.7″	99
						2	25–35	棕黄色	轻黏土	块状	7.8	5.0	0.35	0.53	17.5			
						3	35–130	浅黄色	砂壤土	无结构	8.0	1.4	0.10	0.53	4.6			
						4	130–150	浅黄色	中壤土	粒状	7.9	5.4	0.34	0.53	6.8			
剖16	人为土	水稻土	潜育水稻土	潮土性潜育水稻土	潮粉泥田	1	0–20	灰黄色	轻壤土	粒状	7.9	9.8	0.64	0.57	7.7	河流沉积物	E 115°34′34.0″ N 35°46′15.6″	98
						2	20–37	浅黄色	重壤土	块状	8.0	4.0	0.36	0.48	7.6			
						3	37–48	棕黄色	轻壤土	块状	8.2	3.9	0.29	0.48	15.1			
						4	48–109	浅灰黄色	砂壤土	无结构	7.9	1.1		0.44	2.8			
						5	109–150	浅灰黄色	紧砂土	无结构	7.9	1.1		0.44	1.8			
剖17	半水成土	潮土	黄潮土	砂土	体黏砂壤土	1	0–21	浅灰黄色	砂壤土	粒状	7.9	3.5	0.30	0.48	2.9	河流冲积物	E 115°37′12.4″ N 35°46′32.5″	95
						2	21–30	棕黄色	重壤土	块状	8.0	7.7	0.47	0.44	10.3			
						3	30–102	棕黄色	中壤土	粒状	8.0	5.8	0.41	0.48	12.3			
						4	102–118	棕黄色	重壤土	粒状	8.2	2.2	0.18	0.48	7.9			
						5	118–150	棕黄色	重壤土	粒状	8.4	6.3	0.43	0.48	12.5			
剖18	半水成土	潮土	盐化潮土	盐化潮土	中盐小两合土	1	0–20	浅灰黄色	轻壤土	粒状	8.5	5.6	0.36	0.57	7.4	河流冲积物	E 115°39′35.3″ N 35°49′36.8″	98
						2	20–39	浅灰黄色	砂壤土	无结构	8.3	2.0	0.11	0.53	4.8			
						3	39–100	浅灰黄色	中壤土	粒状	8.0	1.7	<0.10	0.48	5.4			
						4	100–200	灰黄色	中壤土	块状	8.0	2.1	0.11	0.18	4.8			

台 前 县

主要土类说明

潮土是台前县主要土壤类型，占本县地域面积的92%。成土母质为近代河流冲击物。受地下水影响，土体中产生锈色斑纹，出现氧化还原层。质地层次及其排列组合方式决定于母质的沉积，具有明显的冲积质地层次，有的通体一致，有的砂壤黏土层相间。土壤发生层次不明显，但也产生了与成土过程相关联的土壤属性，如由氧化还原作用产生的铁锈斑纹和潜育化作用产生的蓝灰色潜育层及盐化过程产生的积盐层。耕作层有机质及氮、磷含量较低，而钾、钙、镁丰富，中性偏碱，盐基饱和度在80%以上。母质具有强烈的石灰反应，同一质地层次的颜色结构比较一致，而不同质地层次则变化较大。黄潮土亚类是本县潮土类土壤中的典型亚类，土壤的剖面构型为耕作层、犁底层、氧化还原层。耕作层也称活土层或腐殖质层，厚度一般为20cm，土质松散，孔隙度较大，有机质和作物养分含量较多，结构良好，微生物活动活跃，水、肥、气、热比较协调。犁底层是长年耕作形成的比较紧实的土层，由于耕作深度不稳定，此层较薄，一般小于10cm，对托水保肥有一定作用，但影响根系下扎。氧化还原层在30—80cm内，是受土壤水分升降变化而引起氧化还原交替发生形成的层次，此层水分对抗旱保墒具有良好作用。母质的沉积层次比较明显，并往往由于质地不同，影响土壤水分的运动，而具有不同的肥力特征。潜育层一般出现在1m以下，土壤水分过多，呈还原状态，性状不良。本县黄潮土亚类分砂土、两合土、淤土三个土属。

小于本县地域面积3%的土壤类型还有新积土等。

本区域中心区气候特征

本区域中心区气候特征值
Regional climate characteristics in central area of the region

气候带：暖温带亚湿润气候 Climate region: Warm temperate subhumid climate	
年平均气温 /℃ Annual average temperature /℃	13.9
年平均最高气温 /℃ Annual average maximum temperature /℃	19.5
年平均最低气温 /℃ Annual average minimum temperature /℃	9.2
年降水量 /mm Annual precipitation /mm	617
≥10℃的积温 /℃ Daily temperature accumulated in a year (≥10℃) /℃	5192
年日照时数 /h Annual sunshine /h	2424
年平均相对湿度 /% Annual average relative humidity /%	66
干燥度 Dryness	1.34

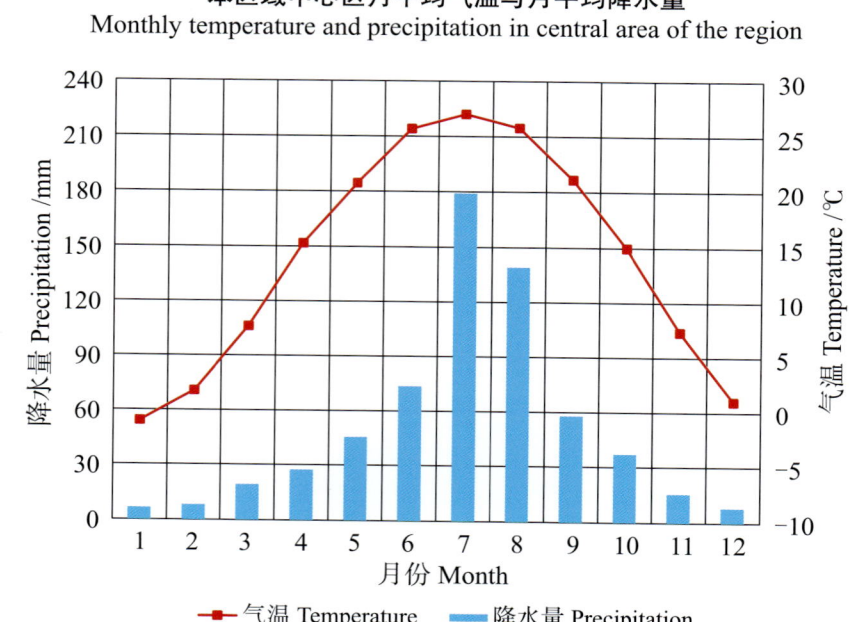

本区域中心区月平均气温与月平均降水量
Monthly temperature and precipitation in central area of the region

台前县主要土壤类型与土壤剖面点分布图
1∶140 000

图例：潮土　新积土　⊗ 剖面点

台前县土壤剖面理化性状表

剖面号 Soil profile	土纲 Soil order	土类 Soil great group	亚类 Soil subgroup	土属 Soil genus	土种 Soil species	土层码 Layer code	土层厚度 Depth/cm	颜色 Soil color	质地 Soil texture	土壤结构 Soil structure	pH	有机质 OM/(g/kg)	全氮 TN/(g/kg)	全磷 TP/(g/kg)	阳离子交换量 CEC/(cmol/kg)	土壤母质 Parent material	剖面点坐标 Profile coordinate	匹配指数 Matching index/%
剖1	半水成土	潮土	潮土	两合土	底砂两合土	1	0—21	棕黄色	中壤土	粒状	8.0					河流冲积物	E 115° 56′ 21.1″ N 36° 00′ 54.7″	95
						2	21—31	棕红色	重壤土	粒状	8.0							
						3	31—52	棕红色	重壤土	块状	8.0							
						4	52—74	棕黄色	中壤土	粒状	8.1							
						5	74—150	浅黄色	砂壤土	单粒状	8.0							
剖2	半水成土	潮土	潮土	砂土	底黏砂壤土	1	0—20	浅灰黄色	砂壤土	单粒状	7.5					河流冲积物	E 115° 50′ 21.1″ N 35° 57′ 22.0″	95
						2	20—57	灰黄色	砂壤土	单粒状	7.5							
						3	57—77	棕黄色	中壤土	块状	8.0							
						4	77—94	棕红棕色	黏土	块状	7.5							
						5	94—150	红棕色	重黏土	碎块状	8.5							
剖3	半水成土	潮土	潮土	砂土	腰壤砂土	1	0—20	浅黄色	紧砂土	粒状	8.6	<1.0	0.13	0.53	3.0	河流冲积物	E 115° 51′ 21.2″ N 35° 56′ 16.8″	95
						2	20—24	浅黄色	砂壤土	单粒状	8.5	<1.0	0.23	0.50	4.2			
						3	24—31	棕红棕色	重壤土	块状	8.5	<1.0	0.36	0.59	9.7			
						4	70—150	红棕色	中壤土	碎块状	8.1	7.8	0.40	0.59	21.1			
剖4	半水成土	潮土	潮土	两合土	体砂小两合土	1	0—25	浅黄色	轻壤土	粒状	8.6	3.8	0.28	0.58	7.0	河流冲积物	E 115° 52′ 07.7″ N 35° 56′ 08.9″	95
						2	25—150	浅红棕色	松砂土	单粒状	8.6	1.4	0.13	0.62	2.5			
剖5	半水成土	潮土	潮土	淤土	底壤淤土	1	0—22	浅红棕色	重壤土	碎块状	7.5					河流冲积物	E 115° 47′ 21.1″ N 35° 55′ 27.8″	95
						2	22—31	浅黄色	黏土	棕块状	7.5							
						3	31—56	灰黄色	重壤土	碎块状	7.5							
						4	56—150	灰黄色	中壤土	粒状	8.7	2.2	0.52	0.58	8.0			
剖6		潮土	盐化潮土	盐化潮土	轻盐腰黏壤土	1	0—5	灰黄色	中壤土	粒状	8.1	7.3	0.50	0.60	7.4	河流冲积物	E 115° 52′ 45.5″ N 35° 57′ 59.0″	97
						2	5—10	灰黄色	中壤土	块状	8.6	3.9	0.33	0.58	7.5			
						3	10—20	青灰色	中壤土	块状	8.4	3.6	0.35	0.51	7.4			
						4	20—25	浅黄色	中壤土	碎块状	8.3	2.9	0.28	0.73	8.4			
						5	25—40	浅黄色	重壤土	碎块状	8.2	6.9	0.61	0.58	28.2			
						6	40—67	红棕色	重壤土	碎块状	8.3	5.1	0.47	0.60	11.9			
						7	67—150	红棕色	轻壤土	粒状	8.2	3.9	0.28	0.63	5.6			
剖7	半水成土	潮土	湿潮土	湿潮土	壤质湿潮土	1	0—18	浅黄色	中壤土	粒状	8.6	4.5	0.33	0.67		河流冲积物	E 115° 55′ 27.8″ N 35° 58′ 42.2″	97
						2	18—23	浅黄色	中壤土	块状	8.6	3.8	0.34	0.73	10.6			
						3	23—150	浅黄色	轻壤土	单粒状	8.6	5.0		0.49	4.1			
剖8	半水成土	潮土	黄土	两合土	小两合土	1	0—20	浅黄色	砂壤土	单粒状	8.6	3.2	0.18	0.46	3.9	河流冲积物	E 115° 46′ 22.4″ N 35° 53′ 50.6″	95
						2	20—28	浅黄色	砂壤土	单粒状	8.6	2.2	0.15	0.49	3.0			
						3	28—150	棕红色	黏土	块状	8.0							
剖9	半水成土	潮土	潮土	两合土	腰黏两合土	3	41—62	浅黄色	轻壤土	粒状	8.0					河流冲积物	E 115° 50′ 01.7″ N 35° 54′ 46.4″	95
						4	62—110											

濮 阳 县

主要土类说明

潮土是濮阳县主要土壤类型，占本县地域面积的96%。本县潮土发育在黄河冲积物上。特征如下：质地层次及其排列组合分外明显，有的通体比较均一，有的砂土层、壤土层、黏土层相间排列。发生层次不明显，但也具有与成土过程相关联的土壤属性，如不同深度的剖面都有蓝灰色或红棕色斑纹，有的亚类有石灰质假菌丝体，有些亚类有不同程度的积盐现象等。有机质和氮、磷含量较低，而钾、钙、镁等无机盐类含量丰富。富含碳酸钙，石灰反应强烈，土壤呈碱性至强碱性。同一层次的土壤颜色、质地、结构基本一致，而不同层次质地差异较大。本县潮土分为黄潮土、褐潮土、盐化潮土、碱化潮土等亚类。

小于本县地域面积3%的土壤类型还有风沙土和新积土。

本区域中心区气候特征

本区域中心区气候特征值
Regional climate characteristics in central area of the region

气候带：暖温带亚湿润气候 Climate region: Warm temperate subhumid climate	
年平均气温 /℃ Annual average temperature /℃	14.0
年平均最高气温 /℃ Annual average maximum temperature /℃	19.5
年平均最低气温 /℃ Annual average minimum temperature /℃	9.3
年降水量 /mm Annual precipitation /mm	602
≥10℃的积温 /℃ Daily temperature accumulated in a year (≥10℃) /℃	5207
年日照时数 /h Annual sunshine /h	2370
年平均相对湿度 /% Annual average relative humidity /%	68
干燥度 Dryness	1.37

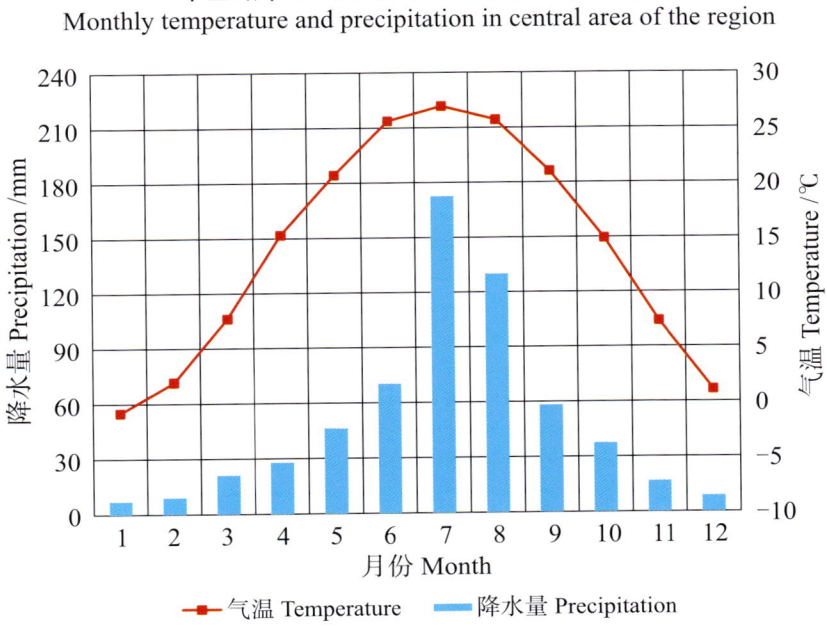

本区域中心区月平均气温与月平均降水量
Monthly temperature and precipitation in central area of the region

濮阳县主要土壤类型与土壤剖面点分布图
1:220 000

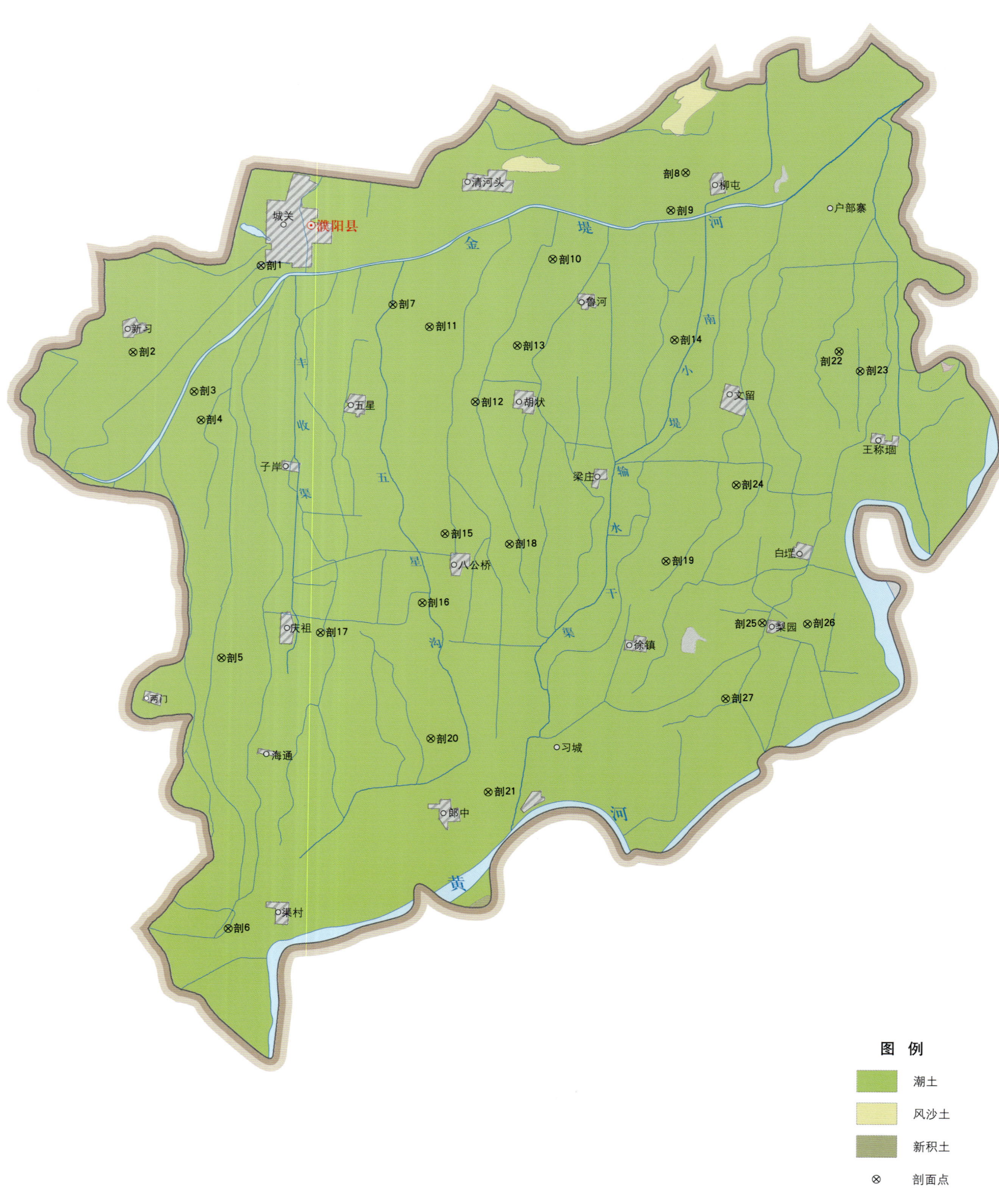

图 例
- 潮土
- 风沙土
- 新积土
- ⊗ 剖面点

濮阳县土壤剖面理化性状表

剖面号 Soil profile	土纲 Soil order	土类 Soil great group	亚类 Soil subgroup	土属 Soil genus	土种 Soil species	土层码 Layer code	土层厚度 Depth/cm	颜色 Soil color	质地 Soil texture	土壤结构 Soil structure	pH	有机质 OM/(g/kg)	全氮 TN/(g/kg)	全磷 TP/(g/kg)	阳离子交换量CEC/(cmol/kg)	土壤母质 Parent material	剖面点坐标 Profile coordinate	匹配指数 Matching index/%
剖1	初育土	风沙土	半固定风沙土	半固定砂丘风沙土	半固定砂丘细砂土	1	0~20		紧砂土		7.9	3.6	0.37	0.37	2.7	风积型母质	E 114°59′52.1″ N 35°41′20.0″	75
						2	20~100		紧砂土		8.0	2.5	0.16	0.44	3.3			
剖2	半水成土	潮土	褐潮土	褐土化两合土	褐土化小两合土	1	0~25		轻壤土		8.2	6.9	0.38	0.69	11.4	河流冲积物	E 114°55′45.8″ N 35°38′51.4″	97
						2	25~100		中壤土			3.9	0.28	0.64	11.6			
剖3	半水成土	潮土	褐潮土	褐土化两合土	褐土化腰黏小两合土	1	0~40		轻壤土		8.4	8.2	0.59	0.74	8.3	河流冲积物	E 114°57′46.8″ N 35°37′48.0″	75
						2	40~90		重壤土		8.3	6.5	0.39	0.64	10.1			
						3	90~120		重壤土		9.0	2.5	0.27	0.52	7.3			
剖4	半水成土	潮土	碱化潮土	碱化潮土	轻碱体砂淤土	1	0~38	灰棕色	中壤土	粒状	9.0	8.9	0.41	0.65	11.0	河流冲积物	E 114°58′01.9″ N 35°37′01.2″	97
						2	38~126	浅灰色	中壤土	无结构	8.5	1.9	<0.10	0.54	6.5			
						3	126~150	棕黄色	中壤土	块状	8.3	4.1	0.19	0.57	9.1			
剖5	半水成土	潮土	黄潮土	两合土	底黏体两合土	1	0~25		中壤土			12.2	0.63	0.54	9.3	河流冲积物	E 114°58′53.0″ N 35°30′27.7″	97
						2	25~63		中壤土		8.1	11.7	0.64	0.58	8.3			
						3	63~100		重黏土			7.1	0.43	0.51	10.1			
剖6	半水成土	潮土	黄潮土	灌淤土	厚层灌淤土	1	0~20	黄棕色	中黏土	块状	8.4	10.9	0.88	0.57	11.7	河流冲积物	E 114°59′19.3″ N 35°22′58.4″	97
						2	20~60	浅棕色	中黏土	块状		9.2	0.76	0.58	12.5			
						3	60~100	灰黄色	轻壤土	粒状		2.8	0.10	0.53	5.5			
剖7	半水成土	潮土	黄潮土	两合土	体粘小两合土	1	0~27	浅棕灰色	中壤土	块状	7.9					河流冲积物	E 115°04′12.4″ N 35°40′20.3″	98
						2	27~41	棕黄色	重壤土	片状								
						3	41~84	黄棕色	中壤土	块状								
						4	84~100	灰棕色	轻壤土	粒状	8.2	9.4	0.78	0.73	14.8			
剖8	半水成土	潮土	褐潮土	褐土化两合土	褐土化两合土	2	0~35	红黏色	重黏土	粒状	8.3	9.0	0.67	0.63	11.7	河流冲积物	E 115°13′40.1″ N 35°44′08.2″	97
						3	35~70	灰灰色	轻壤土	无结构		2.0	0.27	0.56	10.7			
							70~100											
剖9	半水成土	潮土	褐潮土	褐土化砂土	褐土化底黏砂壤土	1	0~30		砂壤土		8.1	7.4	0.54	0.57	9.1	河流冲积物	E 115°13′12.4″ N 35°43′05.5″	97
						2	30~50		砂壤土		8.2	6.1	0.42	0.56	6.4			
						3	50~100		重黏土			6.4	0.42	0.54	12.7			
剖10	半水成土	潮土	黄潮土	淤土	淤土	1	0~27	棕黄色	轻黏土	块状	8.3	9.9	0.79	0.64	10.8	河流冲积物	E 115°09′23.4″ N 35°41′41.3″	98
						2	27~100	红黏色	重黏土	块状	8.5	9.4	0.68	0.66	17.6			
剖11	半水成土	潮土	黄潮土	淤土	腰壤淤土	1	0~29	灰灰色	轻黏土	块状	8.4	8.7	0.70	0.62	10.3	河流冲积物	E 115°05′24.7″ N 35°39′44.6″	99
						2	29~48	灰黄色	中壤土	粒状		4.3	0.31	0.61	8.3			
						3	48~65	棕黄色	中壤土	块状		5.4	0.52	0.60	11.3			
						4	65~100	棕红色	重黏土	块状		7.6	0.64	0.61	12.3			
剖12	半水成土	潮土	盐化潮土	盐化潮土	轻盐合小两合土	1	0~32		轻壤土		8.6	6.2	0.49	0.63	8.5	河流冲积物	E 115°06′57.6″ N 35°37′41.5″	97
						2	32~67		轻壤土		8.4	3.8	0.28	0.61				
						3	67~108	灰棕色	中壤土	块状		5.9	0.51	0.64	12.4			
剖13	半水成土	潮土	黄潮土	淤土	体砂淤土	1	0~20	红棕色	轻壤土		8.5	9.4	0.68	0.54	13.9	河流冲积物	E 115°08′17.2″ N 35°39′16.9″	99
						2	20~24	浅黄色	中壤土	无结构	8.5	7.1	0.59	0.51	4.3			
						3	40~100	灰黄色	紧砂土	无结构		5.4	0.34	0.60				
剖14	半水成土	潮土	黄潮土	两合土	体砂两合土	1	0~43	灰黄色	中壤土	粒状						河流冲积物	E 115°13′25.0″ N 35°39′31.3″	99
						2	43~100	浅黄色	砂壤土	无结构								

续表 Continued

剖面号 Soil profile	土纲 Soil order	土类 Soil great group	亚类 Soil subgroup	土属 Soil genus	土种 Soil species	土层码 Layer code	土层厚度 Depth/cm	颜色 Soil color	质地 Soil texture	土壤结构 Soil structure	pH	有机质 OM/(g/kg)	全氮 TN/(g/kg)	全磷 TP/(g/kg)	阳离子交换量CEC/(cmol/kg)	土壤母质 Parent material	剖面点坐标 Profile coordinate	匹配指数 Matching index/%
剖15	半水成土	潮土	黄潮土	两合土	小两合土	1	0~25	灰黄色	轻壤土	粒状						河流冲积物	E 115° 06′ 04.0″ N 35° 34′ 03.4″	98
						2	25~45	浅黄色	轻壤土	粒状								
						3	45~90	浅黄色	轻壤土	粒状								
						4	90~100	棕红色	中壤土	粒状								
						5	100~140	浅灰色	松砂土	无结构								
剖16	半水成土	潮土	黄潮土	砂土	底黏砂壤土	1	0~20		砂壤土		8.2	6.9	0.46	0.48	6.1	河流冲积物	E 115° 05′ 22.9″ N 35° 32′ 07.1″	97
						2	20~45		砂壤土			4.3	0.23	0.53	6.0			
						3	45~57		砂壤土			5.3	0.35	0.54	6.1			
						4	57~100		中壤土			4.7	0.26	0.54	8.3			
剖17	半水成土	潮土	黄潮土	两合土	底黏两合土	1	0~25	灰黄色	中壤土	粒状						河流冲积物	E 115° 02′ 05.3″ N 35° 31′ 13.4″	98
						2	25~63	浅黄色	中壤土	块状								
						3	63~100	灰黄色	黏土	块状								
剖18	半水成土	潮土	褐潮土	褐土化两合土	褐土化腰黏小两合土	1	0~30	棕色	中壤土	粒状						河流冲积物	E 115° 08′ 10.3″ N 35° 33′ 48.2″	95
						2	30~65	浅黄色	重壤土	块状								
						3	65~130	灰黄色	砂壤土	粒状								
剖19	半水成土	潮土	黄潮土	砂土	腰黏砂壤土	1	0~45	棕黄色	轻壤土	粒状	8.4	2.1	0.30	0.67	6.3	河流冲积物	E 115° 13′ 17.8″ N 35° 33′ 25.6″	97
						2	45~73	棕红色	轻黏土	块状		7.9	0.69	0.67	10.1			
						3	73~100	棕黄色	砂壤土	粒状		3.6	0.49	0.54	6.0			
剖20	半水成土	潮土	黄潮土	砂土	砂壤土	1	0~20	浅灰黄色	中壤土	粒状	8.4	5.3	0.50	0.58	6.6	河流冲积物	E 115° 05′ 45.6″ N 35° 28′ 22.8″	98
						2	20~46	浅棕黄色	轻壤土	无结构		2.2	0.23	0.59	6.1			
						3	46~100	蓝灰色	砂壤土	粒状		3.5	0.17	0.61	9.5			
剖21	半水成土	潮土	黄潮土	灌淤土	体砂薄层灌淤土	1	0~19	灰棕色	中壤土	块状	8.3	7.9	0.65	0.59	8.9	河流冲积物	E 115° 07′ 40.1″ N 35° 26′ 56.4″	99
						2	19~37	红棕色	中壤土	棱块状		7.8	0.56	0.60	12.8			
						3	37~100	浅黄色	紧砂土	无结构		3.0	0.33	0.45	4.2			
剖22	半水成土	潮土	黄潮土	两合土	小两合土	1	0~30	灰黄色	轻壤土	粒状	8.2	8.1	0.59	0.62	7.3	河流冲积物	E 115° 18′ 47.9″ N 35° 39′ 17.6″	99
						2	30~100	灰黄色	轻壤土	粒状		3.0	0.11	0.62	7.0			
剖23	半水成土	潮土	黄潮土	两合土	体砂小两合土	1	0~20	浅黄色	中壤土	粒状						河流冲积物	E 115° 19′ 30.0″ N 35° 38′ 45.6″	99
						2	20~50	棕黄色	轻壤土	块状								
						3	50~90	棕黄色	松砂土	无结构								
						4	90~140	灰黄色	松砂土	无结构								
剖24	半水成土	潮土	盐化潮土	盐化潮土	轻盐体砂两合土	1	0~5	灰黄色	中壤土	块状						河流冲积物	E 115° 15′ 32.0″ N 35° 35′ 33.4″	98
						2	5~10	灰黄色	中壤土	块状								
						3	10~20	浅黄色	中壤土	棱块状								
						4	20~40	浅黄色	中壤土	单粒状								
						5	40~100	浅黄色	砂壤土	无结构								
剖25	半水成土	潮土	盐化潮土	盐化潮土	中盐体壤淤土	1	0~5	灰棕色	轻壤土	粒状	8.3	7.2	0.51	0.47	11.0	河流冲积物	E 115° 16′ 28.2″ N 35° 31′ 45.8″	97
						2	5~10	灰棕色	重壤土	块状	8.3	7.2	0.51	0.47	11.0			
						3	10~20	浅棕色	重壤土	块状	8.3	7.2	0.51	0.44	11.0			
						4	20~60	浅黄色	中壤土	块状	8.7	5.3	0.43	0.44	11.9			
						5	60~150	浅黄色	中壤土	无结构	8.7	5.3	0.43	0.44	11.9			
剖26	半水成土	潮土	黄潮土	两合土	体砂两合土	1	0~40	浅棕色	中壤土	块状	8.2	5.5	0.38	0.56	8.9	河流冲积物	E 115° 17′ 57.1″ N 35° 31′ 45.5″	98
						2	40~63		砂壤土	块状		4.4	0.30	0.40	6.3			
						3	63~100		砂壤土	块状		3.0	0.29	0.47	6.0			
剖27	半水成土	潮土	黄潮土	两合土	体黏小两合土	1	0~31		中壤土	块状	8.2	7.1	0.66	0.71	7.9	河流冲积物	E 115° 15′ 20.2″ N 35° 29′ 39.1″	98
						2	31~58		中黏土	块状		8.6	0.71	0.65	11.2			
						3	58~100		中黏土	块状		7.0	0.56	0.65	10.3			

许 昌 市

市 辖 区

主要土类说明

潮土是许昌市主要土壤类型，占本市地域面积的47%。潮土是发育在近代河流沉积物上，地下水的直接参与下，经人为耕作熟化而成的土壤，地下水位较浅，一般在2—8m。许昌市地处黄淮冲积平原，潮土成土物质颗粒粗细不仅与水平分布有关，与流水速度也相关，"紧出砂，慢出淤，不紧不慢出两合"，而流水速度又与地形、距离河道主流远近等因素密切相关。因此，本市潮土具有如下特征：土层深厚，质地层次明显，土壤发生层次不明显；颜色较浅，有机质、全氮含量较低，钾、钙含量较丰富；土体内富含碳酸钙，土壤呈微碱性，pH为8.0—8.6；土壤剖面底部常有铁锰结核和蓝灰色或红褐色的斑纹。

砂姜黑土是许昌市第二大土壤类型，占本市地域面积的33%。砂姜黑土是在排水不良的低洼环境条件下，经长期地质作用与人为排水耕作，使土壤发生脱沼泽过程而形成的一种暗黑色的耕作土壤。成土母质为黑色或黑灰色亚黏土河湖相沉积物。过去由于长期嫌气性的生物积累，形成了"黑土层"，质地黏重。后又被古黄河冲积物所覆盖，因此沉积物富含碳酸钙。本市砂姜黑土的1m土体内具有以下剖面特征：耕作层颜色发灰，质地偏黏，为重壤或中壤，有机质含量较高，速效养分含量较低，潜在养分含量大；心土层颜色发黑，土质黏重，有机质含量相对较高，具有锈色斑纹、铁子或少量砂姜；底土层呈蓝灰色，土质较重，棱柱状或棱块状结构面上有灰色胶膜。土壤呈中性或微碱性。

褐土是许昌市第三大土壤类型，占本市地域面积的20%。褐土是暖温带半干旱半湿润浅山、丘陵区的地带性土壤，主要分布于桂村、灵井、椹涧、河街、苏桥等地的岗地一带。夏季高温多雨，土壤中的物理、化学及生物化学过程强烈进行，土体中部逐渐黏化，形成黏化层。由于黄土性母质的碳酸钙比较丰富，在生物气候条件的影响下，碳酸钙发生淋溶淀积，在土体中部形成假菌丝状或粉末状淀积。

本区域中心区气候特征

本区域中心区气候特征值
Regional climate characteristics in central area of the region

气候带：暖温带亚湿润气候 Climate region: Warm temperate subhumid climate	
年平均气温 /℃ Annual average temperature /℃	14.4
年平均最高气温 /℃ Annual average maximum temperature /℃	20.1
年平均最低气温 /℃ Annual average minimum temperature /℃	9.6
年降水量 /mm Annual precipitation /mm	739
≥10℃的积温 /℃ Daily temperature accumulated in a year（≥10℃）/℃	5314
年日照时数 /h Annual sunshine /h	2127
年平均相对湿度 /% Annual average relative humidity /%	69
干燥度 Dryness	1.20

本区域中心区月平均气温与月平均降水量
Monthly temperature and precipitation in central area of the region

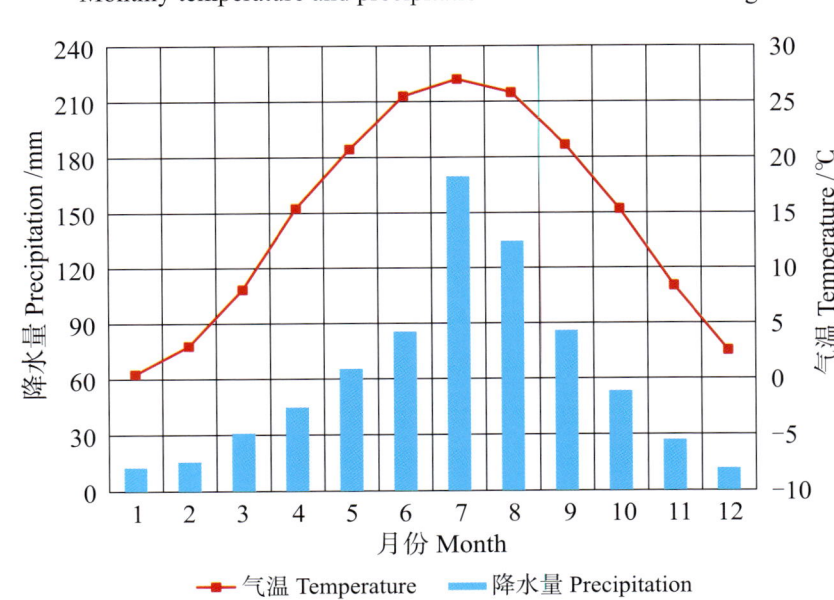

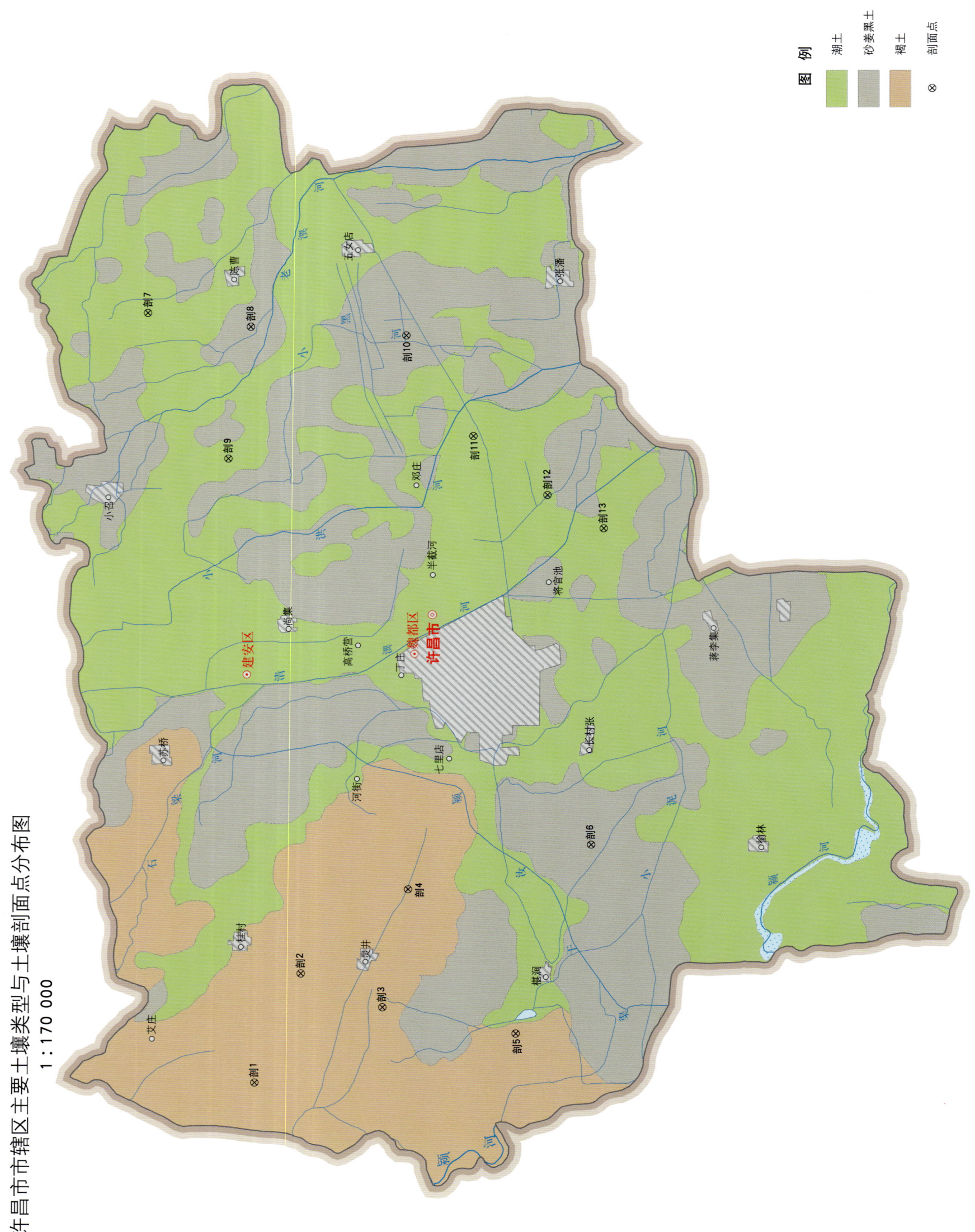

许昌市市辖区主要土壤类型与土壤剖面点分布图
1:170 000

许昌市土壤剖面理化性状表

剖面号 Soil profile	土纲 Soil order	土类 Soil great group	亚类 Soil subgroup	土属 Soil genus	土种 Soil species	土层码 Layer code	土层厚度 Depth/cm	颜色 Soil color	质地 Soil texture	土壤结构 Soil structure	pH	有机质 OM/(g/kg)	全氮 TN/(g/kg)	全磷 TP/(g/kg)	阳离子交换量CEC/(cmol/kg)	土壤母质 Parent material	剖面点坐标 Profile coordinate	匹配指数 Matching index/%
剖1	半淋溶土	褐土	褐土	垆土	黑垆土	1	0—22	灰黄色	重壤土	粒状	8.1	10.7	0.57	0.61	14.8	洪积物、冲积物	E 113°37′50.9″ N 34°06′31.7″	99
						2	22—49	浅灰黄色	重壤土	棱块状	8.1	8.3	0.48	0.61	16.8			
						3	49—82	灰棕黄色	中壤土	块状	8.1	6.6	0.46	0.56	11.6			
						4	82—115	浅棕灰色	中壤土	块状	8.2	7.6	0.48	0.51	11.2			
剖2	半淋溶土	褐土	褐土	立黄土	立黄土	1	0—18	黄褐色	轻壤土	粒状	8.2	9.3	0.61	0.42	13.0	黄土状亚砂土	E 113°40′44.4″ N 34°05′28.0″	97
						2	18—37	灰黄色	轻壤土	块状	8.2	7.0	0.51	0.40	12.5			
						3	37—78	黄棕色	中壤土	柱状	8.1	4.7	0.37	0.25	14.2			
						4	78—105	棕黄色	中壤土	块状	8.1	3.7	0.35	0.37	14.0			
剖3	半淋溶土	褐土	潮褐土	潮垆土	潮垆土	1	0—22	暗灰色	中壤土	粒状	8.2	12.0	0.74	0.50	15.7	冲积物、洪积物	E 113°39′47.5″ N 34°03′42.5″	95
						2	22—53	黄棕色	中壤土	块状	8.2	10.5	0.65	0.48	14.3			
						3	53—80	暗黄棕色	中壤土	块状	8.1	6.6	0.51	0.37	17.5			
						4	80—150	灰黄色	重壤土	块状	8.0	6.7	0.43	0.27	22.0			
剖4	半淋溶土	褐土	潮褐土	二潮黄土	黄土	1	0—22	浅黄色	轻壤土	粒状	8.2	8.1	0.54	0.38	10.9	冲积物、洪积物	E 113°42′58.0″ N 34°03′05.4″	98
						2	22—52	暗黄棕色	中壤土	块状	8.1	5.0	0.43	0.31	13.7			
						3	52—97	黄棕色	中壤土	块状	8.1	3.9	0.35	0.37	13.2			
						4	97—130	灰黄色	轻壤土	块状	8.2	2.1	0.25	0.41	11.7			
剖5	半淋溶土	褐土	褐土	立黄土	少量砂姜立黄土	1	0—28	灰褐色	轻壤土	粒状	8.2	9.2	0.57	0.41	12.8	黄土状亚砂土	E 113°39′01.1″ N 34°00′49.3″	97
						2	28—49	棕褐色	轻壤土	块状	8.1	6.2	0.44	0.42	12.1			
						3	49—130	黄褐色	中壤土	块状	8.0	3.2	0.31	0.76	13.4			
剖6	半水成土	砂姜黑土	砂姜黑土	灰质砂姜黑土	灰质深位砂姜黑土	1	0—24	黑色	重黏土	棱块状						湖相沉积物	E 113°44′04.6″ N 33°59′04.9″	99
						2	24—87	青灰色	重壤土	块状					7.9			
						3	87—150	灰黄色	轻壤土	粒状	8.4	10.3	0.65	0.85	9.8			
剖7	半水成土	潮土	褐潮土	褐土化两合土	褐土化小两合土	1	0—32	浅灰黄色	轻壤土	碎块状	8.5	5.3	0.40	0.80	11.7	河流冲积物	E 113°58′47.6″ N 34°08′23.6″	95
						2	32—65	黄褐色	轻壤土	碎块状	8.4	5.6	0.40	0.81	10.2			
						3	65—103	灰黄色	轻壤土	块状	8.4	4.2	0.30	0.74	11.4			
						4	103—140	灰黄色	中壤土	块状	8.0	9.7	0.64	0.54	11.4			
剖8	半水成土	砂姜黑土	砂姜黑土	灰质黑老土	灰质壤质老土	1	0—24	褐棕色	中壤土	碎块状	8.3	5.5	0.42	0.49	22.2	湖相沉积物	E 113°58′20.6″ N 34°06′10.1″	99
						2	24—65	灰黄色	重壤土	碎块状	8.2	7.2	0.43	0.24	15.0			
						3	65—97	灰黄灰色	中壤土	块状	8.3	4.4	0.28	0.28	9.7			
						4	97—145	灰黄色	中壤土	粒状	8.2	7.3	0.47	0.62	13.6			
剖9	半水成土	潮土	褐潮土	褐土化两合土	褐土化两合土	1	0—19	灰黄色	中壤土	棱块状	8.3	6.0	0.41	0.59	13.6	河流冲积物	E 113°54′46.4″ N 34°06′44.6″	95
						2	19—36	浅灰黄色	中壤土	棱块状	8.2	5.2	0.34	0.43	12.5			
						3	36—128	浅灰黄色	中壤土	块状	8.2	3.4	0.24	0.58	17.9			
						4	128—150	灰棕色	中壤土	块状	8.4	11.3	0.70	0.52	27.3			
剖10	半水成土	砂姜黑土	盐化砂姜黑土	盐化灰质砂姜黑土	轻盐化质少量砂姜黑土	1	0—24	灰黑色	中黏土	粒状	8.7	15.7	0.73	0.41	21.5	湖相沉积物	E 113°57′59.8″ N 34°02′47.8″	95
						2	20—72	青灰色	重黏土	棱块状	8.9	11.6	0.46	0.36	6.6			
						3	72—100	灰黄色	中壤土	粒状	8.6	5.1	0.34	0.41	7.1			
剖11	半水成土	潮土	盐化潮土	盐化潮土	轻盐化小两合土	1	0—25	黄灰色	轻壤土	块状	9.3	2.3	0.19	0.39	14.2	河流冲积物	E 113°55′13.4″ N 34°01′24.2″	95
						2	25—50	浅灰黄色	重壤土	块状	9.0	5.5	0.42	0.44	9.0			
						3	50—93	浅灰黄色	中壤土	块状	9.0	3.1	0.23	0.39				
						4	93—140											

续表 Continued

剖面号 Soil profile	土纲 Soil order	土类 Soil great group	亚类 Soil subgroup	土属 Soil genus	土种 Soil species	土层码 Layer code	土层厚度 Depth/cm	颜色 Soil color	质地 Soil texture	土壤结构 Soil structure	pH	有机质 OM/(g/kg)	全氮 TN/(g/kg)	全磷 TP/(g/kg)	阳离子交换量CEC/(cmol/kg)	土壤母质 Parent material	剖面点坐标 Profile coordinate	匹配指数 Matching index/%
剖12	半水成土	潮土	黄潮土	两合土	腰砂两合土	1	0—20	灰黄色	中壤土	粒状						河流冲积物	E 113°53′34.1″ N 33°59′49.9″	98
						2	20—40	棕灰色	中壤土	块状								
						3	40—70	浅黄色	砂壤土	块状								
						4	70—100	棕灰色	中壤土	块状								
						5	100—130	棕黄色	轻壤土	块状								
剖13	半水成土	潮土	黄潮土	两合土	两合土	1	0—20	灰黄色	中壤土	粒状	8.3	9.2	0.57	0.58	16.6	河流冲积物	E 113°52′37.9″ N 33°58′37.6″	99
						2	20—36	黄灰色	中壤土	块状	8.2	7.7	0.51	0.59	12.1			
						3	36—100	灰棕色	中壤土	块状	8.0	5.8	0.38	0.31	17.6			
						4	100—120	黄棕色	中壤土	块状	8.1	6.3	0.39	0.39	15.6			

鄢 陵 县

主要土类说明

潮土是鄢陵县主要土壤类型，占本县地域面积的67%，广泛分布于全县各地。本县潮土发育在黄河、双洎河沉积物上，在地下水的参与下，经耕作熟化而成。本县潮土深受河流沉积物母质的影响，由于河流的多次泛滥，以不同沉积方式堆积起来的砂质、壤质和黏质沉积物，使广大平原中不同时期和不同部位沉积物质的颗粒大小差异很大，构成不同质地剖面的沉积物。因河流泛滥的流水速度、方向与地形有密切关系，多次交错沉积使本县的潮土具有明显的层理。北部双洎河两侧以砂质沉积物为主，中部平原随地形的起伏，沉积物砂、壤、黏交错明显，东南部低洼地区以静水沉积为主，将过去沼泽化黑黏土埋藏于下层，且厚薄不一。因此，本县潮土土层深厚，质地层次明显，土壤发生层次不明显，颜色较浅，有机质和氮素含量少，钾、钙等较为丰富，pH为7.5—8.5，土壤呈中性至微碱性，剖面下部有时有蓝灰色或红褐色斑纹或细小的铁锰结核等主要特征。依据地形及水文地质条件对土壤发育的影响，本县潮土分为黄潮土、褐潮土和盐化潮土等亚类。

砂姜黑土是鄢陵县第二大土壤类型，占本县地域面积的31%。砂姜黑土是在暖温带南部和北亚热带湿润、半湿润气候区的潜育土层上发育的旱作熟化土壤，是在低洼排水不良的环境条件下，经长期地质作用与人为排水耕作，使土壤发生脱沼泽过程而形成的一种暗黑色的耕作土壤。其成土母质为第四纪浅湖相沉积物。这里曾生长过湿生性草本植物，由于嫌气性的积累，形成了"黑土层"。同时有机质分解产生二氧化碳，形成碳酸，使碳酸钙变成碳酸氢钙，随水下渗到底土层或地下水中，旱季来到时水位下降，碳酸氢钙脱水凝聚为钙积层或砂姜。地下水中的碳酸氢钙在减压增温的条件下，亦可变为碳酸钙析出，所以在深厚的沉积物中，有多次砂姜或砂姜盘出现。典型的砂姜黑土，在1m土体的剖面中，具有耕作层、犁底层、残余黑土层（或淡黑土层）、潜育层和砂姜层，其主要诊断层为黑土层、潜育层和砂姜层。主要特征是质地偏黏，比较均一，没有明显的沉积层理；土壤呈中性或微碱性；盐基高度饱和，水分主要为上下运行；棱块状结构面上有灰色胶膜，碳酸钙淋溶淀积明显；黑土层颜色偏暗，有机质含量相对较高，一般在10g/kg以上。

本区域中心区气候特征

本区域中心区气候特征值
Regional climate characteristics in central area of the region

气候带：暖温带亚湿润气候 Climate region: Warm temperate subhumid climate	
年平均气温 /℃ Annual average temperature /℃	14.5
年平均最高气温 /℃ Annual average maximum temperature /℃	20.1
年平均最低气温 /℃ Annual average minimum temperature /℃	9.6
年降水量 /mm Annual precipitation /mm	746
≥10℃的积温 /℃ Daily temperature accumulated in a year (≥10℃) /℃	5307
年日照时数 /h Annual sunshine /h	2138
年平均相对湿度 /% Annual average relative humidity /%	70
干燥度 Dryness	1.19

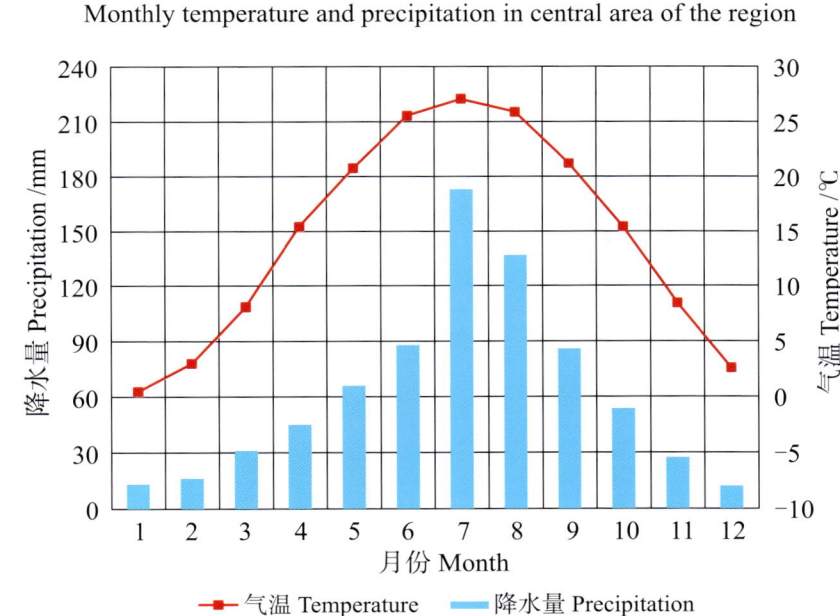

本区域中心区月平均气温与月平均降水量
Monthly temperature and precipitation in central area of the region

鄢陵县主要土壤类型与土壤剖面点分布图
1:180 000

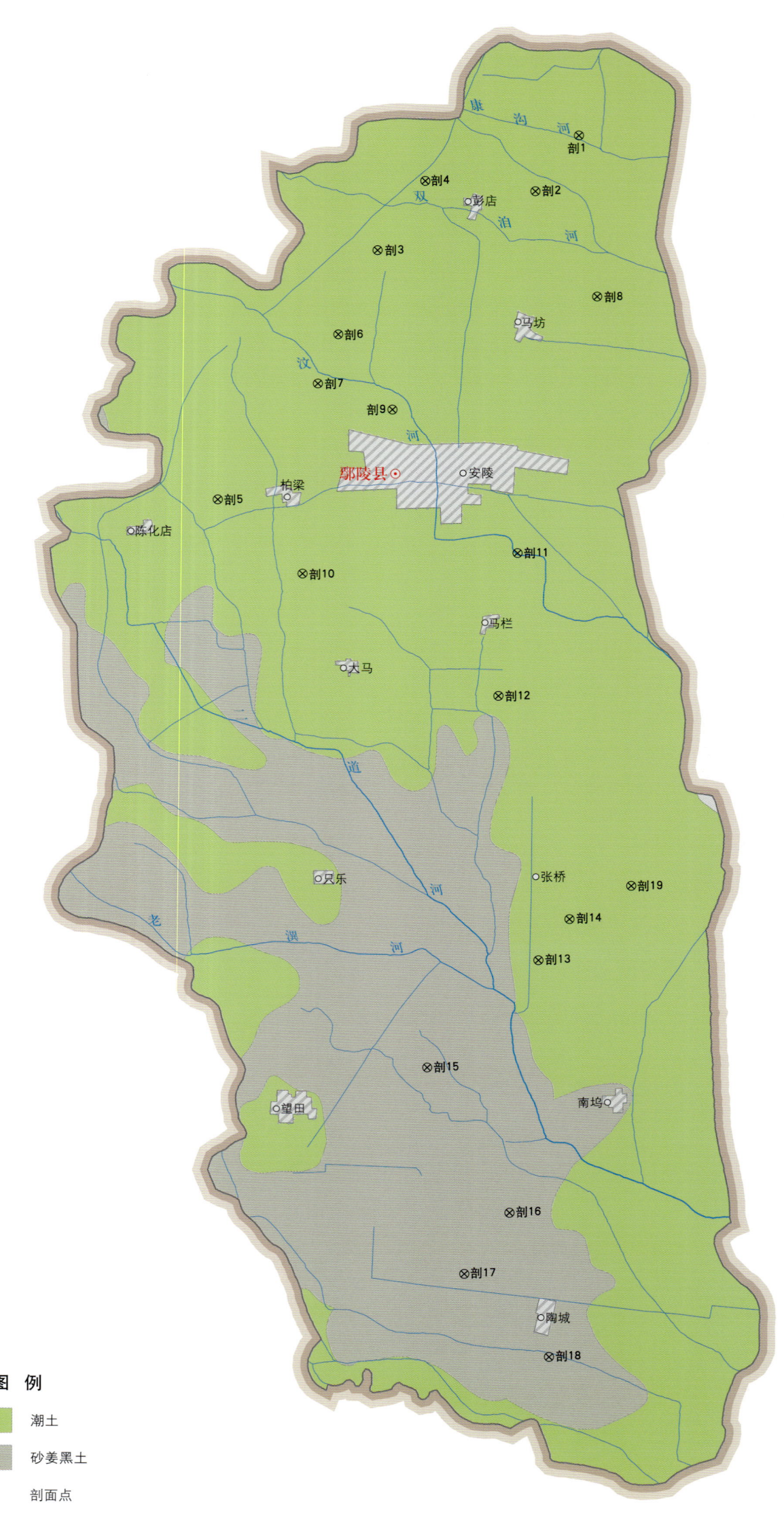

图 例
- 潮土
- 砂姜黑土
- ⊗ 剖面点

鄢陵县土壤剖面理化性状表

剖面号 Soil profile	土纲 Soil order	土类 Soil great group	亚类 Soil subgroup	土属 Soil genus	土种 Soil species	土层码 Layer code	土层厚度 Depth/cm	颜色 Soil color	质地 Soil texture	土壤结构 Soil structure	pH	有机质 OM/(g/kg)	全氮 TN/(g/kg)	全磷 TP/(g/kg)	阳离子交换量CEC/(cmol/kg)	土壤母质 Parent material	剖面点坐标 Profile coordinate	匹配指数 Matching index/%
剖1	半水成土	潮土	黄潮土	砂土	砂壤土	1	0—21	褐黄色	砂壤土	粒状	8.4	5.7	0.46	0.53	6.4	河流冲积物	E 114°14′11.0″ N 34°12′45.7″	95
						2	21—57	褐黄色	砂壤土	碎块状	8.5	4.4	0.31	0.52	5.5			
						3	57—83	浅棕色	砂壤土	碎块状	8.6	2.5	0.18	0.62	3.7			
						4	83—150	棕色	砂壤土	碎块状	8.6	3.5	0.23	0.57	7.5			
剖2	半水成土	潮土	黄潮土	两合土	小两合土	1	0—22	灰黄色	轻壤土	粒状	8.1	11.0	0.64	0.73	8.6	河流冲积物	E 114°13′13.8″ N 34°11′38.8″	95
						2	22—54	黄褐色	轻壤土	碎块状	8.3	7.3	0.55	0.74	8.2			
						3	54—83	棕黄色	轻壤土	碎块状	8.2	5.1	0.39	0.80	10.5			
						4	83—140	浅棕黄色	轻壤土	碎块状	8.5	3.7	0.30	0.49	10.2			
剖3	半水成土	潮土	脱潮土	脱潮泥土	脱潮两合土	A_{11}	0—23	浊黄棕色	黏壤土	粒状	7.9	8.0	0.52	0.24	8.2	河流冲积物	E 114°09′40.0″ N 34°10′24.6″	95
						Ck	23—46	棕色	黏壤土	块状	7.9	6.4	0.60	0.24	11.9			
						Cu	46—100	黄棕色	粉砂质黏壤土	块状	8.0	5.1	0.47	0.29	12.3			
剖4	半水成土	潮土	黄潮土	两合土	体砂小两合土	1	0—20	灰黄色	轻壤土	粒状						河流冲积物	E 114°10′42.6″ N 34°11′47.4″	95
						2	20—40	黄棕色	砂土	块状								
						3	40—150	黄褐色	砂土	碎块状								
剖5	半水成土	潮土	黄潮土	淤土	夹壤淤土	1	0—35	黄棕色	黏土	块状						河流冲积物	E 114°06′11.9″ N 34°05′25.4″	95
						2	35—50	浅黄棕色	轻壤土	块状								
						3	50—88	黄棕色	黏土	块状								
						4	88—108	褐棕色	重壤土	块状								
剖6	半水成土	潮土	黄潮土	两合土	腰砂两合土	1	0—19	灰黄色	中壤土	粒状						河流冲积物	E 114°08′49.9″ N 34°08′44.2″	95
						2	19—40	灰黄色	砂土	块状								
						3	40—61	浅灰黄色	中壤土	块状								
						4	61—150	灰黄色	中壤土	无结构								
剖7	半水成土	潮土	黄潮土	两合土	两合土	1	0—22	灰黄色	轻壤土	粒状	8.3	7.7	0.51	0.56	11.8	河流冲积物	E 114°08′24.0″ N 34°07′45.1″	95
						2	22—45	浅黄褐色	中壤土	碎块状	8.4	4.9	0.43	0.50	9.9			
						3	45—73	黄棕色	中壤土	碎块状	8.3	4.5	0.41	0.44	10.1			
						4	73—110	棕色	轻壤土	碎块状	8.5	2.2	0.25	0.36	5.6			
剖8	半水成土	潮土	褐潮土	褐土化砂土	褐土化壤土	1	0—20	黄棕色	砂壤土	粒状						河流冲积物	E 114°14′42.0″ N 34°09′37.1″	75
						2	20—41	棕棕色	砂壤土	碎块状								
						3	41—98	浅黄棕色	砂壤土	碎块状								
						4	98—150	褐黄色	砂壤土	粒状								
剖9	半水成土	潮土	黄潮土	淤土	老淤土	1	0—18	棕灰色	轻黏土	粒状	7.9	13.1	0.95	0.61	18.3	河流冲积物	E 114°10′06.6″ N 34°07′16.7″	75
						2	18—80	棕色	轻黏土	块状	8.2	9.2	0.67	0.56	20.3			
						3	80—110	棕灰褐色	中黏土	块状	8.1	9.0	0.71	0.35	26.1			
						4	110—140	棕褐灰色	中黏土	块状	8.0	9.7	0.59	0.35	28.8			
剖10	半水成土	潮土	黄潮土	两合土	底砂小两合土	1	0—22	灰黄色	砂壤土	粒状						河流冲积物	E 114°08′10.7″ N 34°04′01.2″	95
						2	22—56	浅黄棕色	轻壤土	块状								
						3	56—110	浅灰黄色	砂土	无结构								
剖11	半水成土	潮土	黄潮土	两合土	两合土	1	0—15		中壤土	粒状	8.2	10.0	0.64	0.63	10.5	河流冲积物	E 114°13′03.0″ N 34°04′32.5″	95
						2	15—40		中壤土	块状	8.2	6.8	0.50	0.58	8.9			
						3	40—54		中壤土	块状	8.2	5.0	0.40	0.45	11.6			
						4	54—93		砂土	无结构	8.4	2.9	0.26	3.31	8.1			

续表 Continued

剖面号 Soil profile	土纲 Soil order	土类 Soil great group	亚类 Soil subgroup	土属 Soil genus	土种 Soil species	土层码 Layer code	土层厚度 Depth/cm	颜色 Soil color	质地 Soil texture	土壤结构 Soil structure	pH	有机质 OM/(g/kg)	全氮 TN/(g/kg)	全磷 TP/(g/kg)	阳离子交换量 CEC/(cmol/kg)	土壤母质 Parent material	剖面点坐标 Profile coordinate	匹配指数 Matching index/%
剖12	半水成土	潮土	褐潮土	褐土化两合土	褐土化小两合土	1	0—18	浅棕黄色	轻壤土	粒状	8.1	8.0	0.52	0.58	7.8	河流冲积物	E 114°12′42.8″ N 34°01′43.0″	75
						2	18—57	棕黄色	轻壤土	块状	8.3	6.2	0.83	0.58	6.7			
						3	57—73	黄棕色	中壤土	块状	8.2	4.1	0.34	0.41	9.0			
						4	73—125	浅棕色	中壤土	块状	8.3	3.0	0.28	0.39	8.1			
剖13	半水成土	潮土	黄潮土	两合土	体黏两合土	1	0—23	灰黄色	黏土	粒状						河流冲积物	E 114°13′48.4″ N 33°56′32.6″	95
						2	23—100	棕黄色	轻壤土	块状								
剖14	半水成土	潮土	黄潮土	两合土	腰砂小黄两合土	1	0—25	灰黄色	砂土	粒状						河流冲积物	E 114°14′29.0″ N 33°57′22.3″	95
						2	25—60	浅黄黄色	砂土	块状								
						3	60—110	浅棕褐色	中壤土	块状								
						4	110—140	浅褐灰色	重壤土	块状								
剖15	半水成土	砂姜黑土	砂姜黑土	灰质砂姜黑土	灰黑土	1	0—22	灰褐黑色	轻黏土	碎块状	8.2	10.8	0.71	0.48	19.1	湖相沉积物	E 114°11′21.5″ N 33°54′22.3″	95
						2	22—56	灰黄色	中黏土	块状、棱块状	8.1	10.7	0.55	0.32	32.4			
						3	56—88	褐黄褐色	轻黏土	块状	8.2	6.4	0.49	0.36	25.5			
						4	88—150	灰黄色	中壤土	块状	8.2	3.6	0.26	0.35	22.6			
剖16	半水成土	砂姜黑土	砂姜黑土	灰质黑老土	灰质黏质厚覆黏老土	1	0—32	黄棕色	重壤土	碎块状	8.3	10.8	1.05	0.54	20.5	湖相沉积物	E 114°13′19.6″ N 33°51′33.5″	95
						2	32—55	褐灰色	重壤土	碎块状	8.3	7.8	0.74	0.46	16.0			
						3	55—74	黑灰色	轻壤土	块状、棱块状	8.1	11.3	0.84	0.33	26.7			
						4	74—110	浅灰灰色	重壤土	块状	8.2	8.6		0.37	22.5			
剖17	半水成土	砂姜黑土	砂姜黑土	灰质黑老土	灰质壤质老土	1	0—20	灰黄色	轻壤土	粒状						湖相沉积物	E 114°12′20.9″ N 33°50′20.4″	75
						2	20—35	浅黄灰色	中壤土	块状								
						3	35—100	浅褐灰色	黏土	碎块状								
剖18	半水成土	砂姜黑土	砂姜黑土	灰质黑老土	灰质黏厚老土	1	0—25	浅褐灰色	中壤土	块状	8.2	11.3	0.86	0.54	21.0	湖相沉积物	E 114°14′19.7″ N 33°48′47.2″	95
						2	25—65	褐灰褐色	重壤土	块状	8.2	7.5	0.60	0.34	19.3			
						3	65—108	浅灰褐色	中壤土	块状	8.2	5.9	0.40	0.47	14.8			
						4	108—150	浅黄灰色	重壤土	块状	8.2	3.6	0.28	0.35	17.4			
剖19	半水成土	潮土	黄潮土	两合土	腰黏两合土	1	0—20	灰黄色	中壤土	粒状	8.2	8.8	0.64	<0.10	10.1	河流冲积物	E 114°15′51.8″ N 33°58′03.7″	95
						2	20—46	浅棕褐色	轻黏土	块状	8.2	8.0	0.56	0.56	13.1			
						3	46—83	棕褐色	轻黏土	块状	8.1	7.3	0.59	0.49	16.3			
						4	83—110	黄棕褐色	轻壤土	块状	8.4	3.8	0.32	0.42	9.3			

襄 城 县

主要土类说明

褐土是襄城县主要土壤类型，占本县地域面积的 41%，是分布在暖温带半湿润山丘地区的地带性土壤，主要发育在第四纪黄土、黄土状母质及岩石风化物和洪积、冲积母质上。一般在 1m 土体内，特别是心土层有不同程度的黏化现象和碳酸钙新生体的淀积，由于人类长期的耕作活动，表土层熟化程度较高。按土壤的形成条件、形成过程及属性，本县褐土分为褐土、潮褐土与褐土性土等亚类。

潮土是襄城县第二大土壤类型，占本县地域面积的 32%。本县潮土是一种半水成土壤，发育在汝河、颍河沉积物上，在地下水的直接参与下，经耕作熟化而成，主要分布在汝河、颍河两岸的十里铺、城关、山头店、丁营、麦岭、范湖、双庙、颍桥等乡镇街道。汝河、颍河发源和流经褐土地区，洪水季节从上流挟带颗粒粗细不等的沉积物，沉积在中下游的缓平地区。汝河、颍河的流量较小，挟带物质的能力稍差，在河床、河漫滩上的沉积物颗粒粗，河流决口处，可见交互沉积层部里的沉积物，而广大平缓地带壤质沉积物质地均一，局部洼地的沉积物颗粒细、质地重。发育在汝河、颍河沉积物上的潮土土体深厚，有质地层次，但土壤发生层次不明显；土壤颜色较浅，有机质积累较少，钾、钙、镁等较为丰富；富含碳酸钙，土壤呈微碱性，pH 为 8.0 左右；剖面下部有时有蓝灰色或红褐色的斑纹。依据地形及水文地质条件对土壤发育的影响，本县潮土分为黄潮土和褐潮土等亚类。

砂姜黑土是襄城县第三大土壤类型，占本县地域面积的 20%。砂姜黑土是在暖温带南部和北亚热带湿润、半湿润气候区的潜育土上发育的旱耕熟化土壤，也就是说在低洼排水不良的环境条件下，经长期地质作用与人为排水耕作，使土壤发生脱沼泽过程而形成的一种暗黑色的耕作土壤。成土母质为第四纪浅湖相沉积物。典型的砂姜黑土在 1m 土体的剖面中，具有耕作层、犁底层、残余黑土层（或淡黑土层）、潜育层和砂姜层，其主要诊断层为黑土层、潜育层和砂姜层。该土类主要特征是质地偏黏，比较均一，没有明显的沉积层理；土壤呈中性或微碱性，盐基高度饱和，水分上下运行，棱柱状或棱块状结构面上有灰色胶膜；碳酸钙淋溶淀积明显；黑土层颜色偏暗，有机质含量相对较高，一般在 10g/kg 以上。此外，土壤全磷含量较高，一般在 1.0g/kg 以上，但速效磷含量却很低，大多在 5.0mg/kg 以下。本县砂姜黑土只有砂姜黑土一个亚类，集中分布在县东南部的浅平洼地和中部局部低平洼地。黑土层一般有 30—80cm 厚，被汝河、颍河冲积的富含碳酸钙的黄土性物质所覆盖，覆盖厚度一般在 30—50cm，使土体（特别是表层）有较强的石灰反应。

小于本县地域面积 3% 的土壤类型还有粗骨土、石质土、黄褐土等。

本区域中心区气候特征

本区域中心区气候特征值
Regional climate characteristics in central area of the region

气候带：暖温带亚湿润气候 Climate region: Warm temperate subhumid climate	
年平均气温 /℃ Annual average temperature /℃	14.5
年平均最高气温 /℃ Annual average maximum temperature /℃	20.1
年平均最低气温 /℃ Annual average minimum temperature /℃	9.6
年降水量 /mm Annual precipitation /mm	774
≥10℃的积温 /℃ Daily temperature accumulated in a year（≥10℃）/℃	5293
年日照时数 /h Annual sunshine /h	2061
年平均相对湿度 /% Annual average relative humidity /%	70
干燥度 Dryness	1.15

本区域中心区月平均气温与月平均降水量
Monthly temperature and precipitation in central area of the region

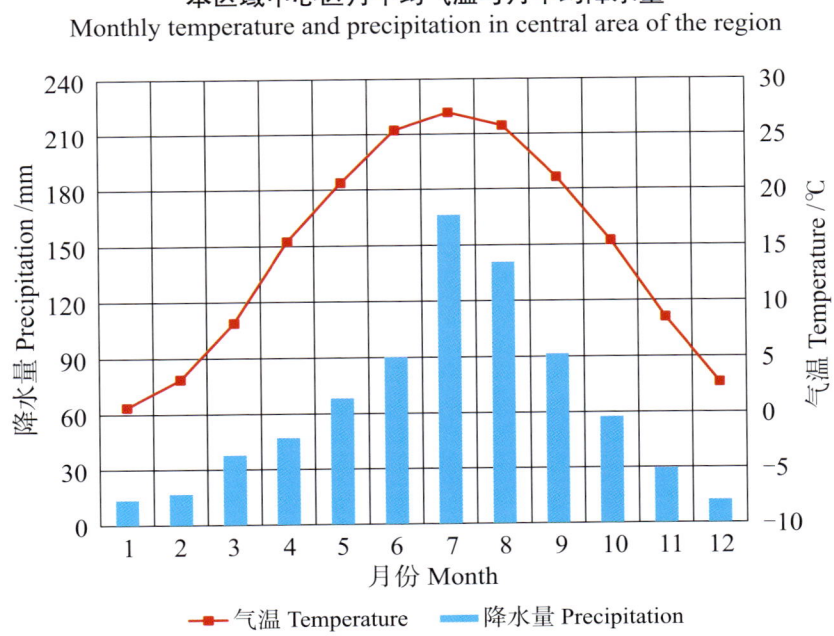

襄城县主要土壤类型与土壤剖面点分布图

1∶170 000

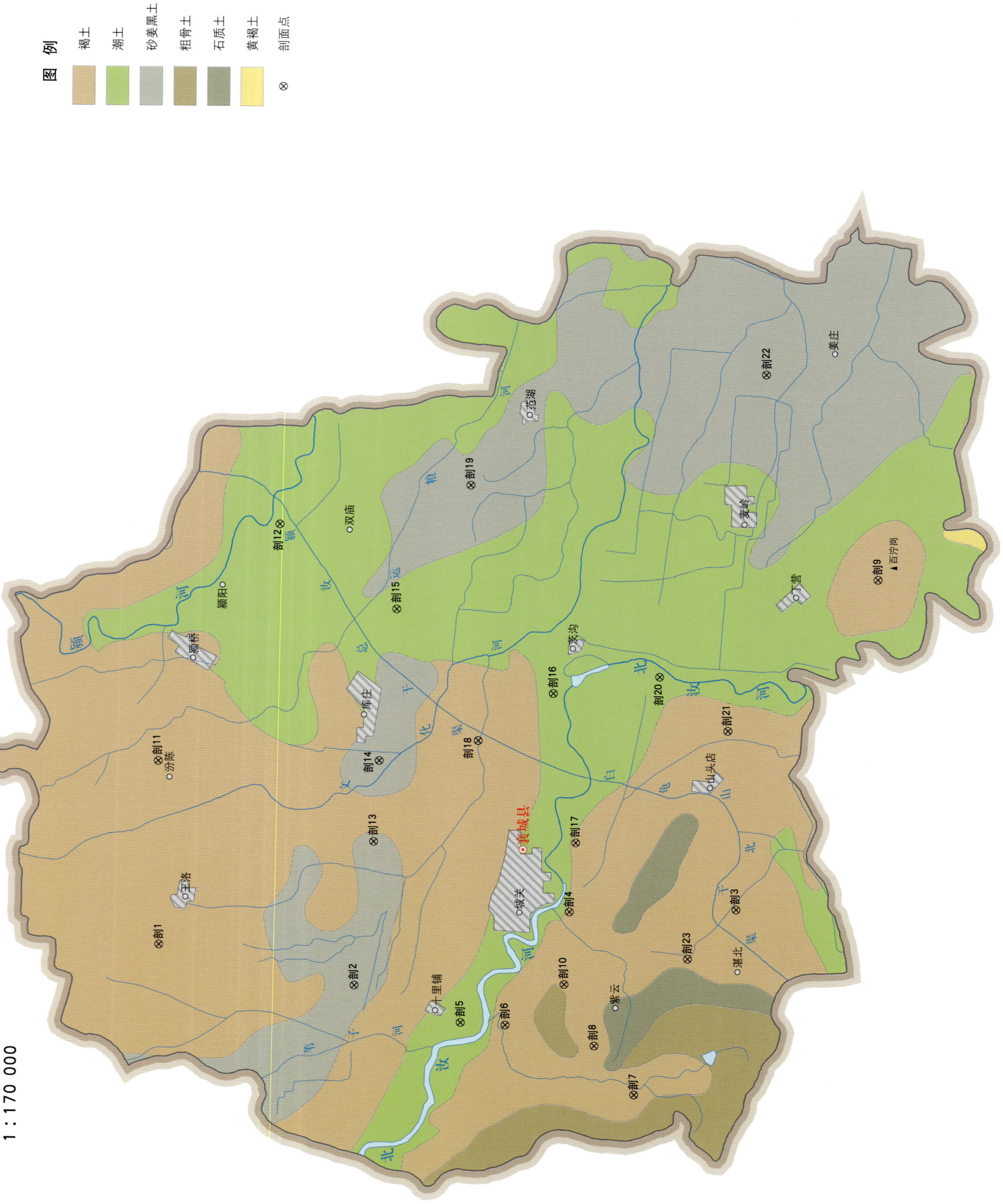

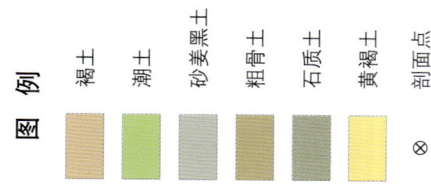

图 例:褐土、潮土、砂姜黑土、粗骨土、石质土、黄褐土、剖面点

襄城县土壤剖面理化性状表

剖面号 Soil profile	土纲 Soil order	土类 Soil great group	亚类 Soil subgroup	土属 Soil genus	土种 Soil species	土层码 Layer code	土层厚度 Depth/cm	颜色 Soil color	质地 Soil texture	土壤结构 Soil structure	pH	有机质 OM/(g/kg)	全氮 TN/(g/kg)	全磷 TP/(g/kg)	阳离子交换量CEC/(cmol/kg)	土壤母质 Parent material	剖面点坐标 Profile coordinate	匹配指数 Matching index/%
剖1	半淋溶土	褐土	褐土	立黄土	立黄土	1	0—24	灰黄色	中壤土	粒状	8.1	8.7	0.56	0.40	11.3	马兰黄土	E 113°27′36.7″ N 33°58′28.9″	95
						2	24—50	浅黄棕色	中壤土	棱块状	8.1	5.0	0.36	0.26	11.6			
						3	50—114	浅棕色	中壤土	块状	8.2	4.5	0.37	0.22	16.7			
						4	114—130	黄棕色	中壤土	棱块状	7.9	3.4	0.30	0.38	15.7			
剖2	半水成土	砂姜黑土	砂姜黑土	灰顶黑老土	灰质黏质厚覆黑老土	1	0—20				8.4	13.4	0.55	0.56	19.7	河湖相沉积物	E 113°26′30.1″ N 33°54′29.9″	95
						2	20—52				8.2	8.7	0.53	0.40	24.0			
						3	52—92				8.0	12.5	0.60	0.32	32.1			
						4	92—116				8.2	4.0	0.27	0.30	19.4			
						5	116—145				8.1	3.5	0.26	0.34	23.4			
剖3	半淋溶土	褐土	褐土	立黄土	立黄土	1	0—18	灰灰黄色	中壤土	粒状	8.2	10.2	0.67	0.46	16.2	马兰黄土	E 113°28′17.0″ N 33°46′39.7″	75
						2	18—44	浅灰黄色	中壤土	块状	8.2	5.5	0.42	0.46	14.6			
						3	44—94	黄棕褐色	中壤土	棱块状	8.3	5.2	0.34	0.47	15.1			
						4	94—150	黄灰色	中壤土	块状、棱块状	8.3	4.0	0.36	0.40	16.5			
剖4	半淋溶土	褐土	潮褐土	潮护土	潮黄护土	1	0—20		中壤土	粒状	8.2	12.0	0.74	0.45	13.4	洪积物、冲积物	E 113°28′17.4″ N 33°50′04.6″	75
						2	20—67		中壤土		8.2	3.7	0.35	0.27	12.9			
						3	67—103		中壤土		8.3	2.9	0.25	0.25	13.1			
						4	103—147		中壤土		8.3	2.9	0.24	0.29	14.3			
剖5	半水成土	潮土	褐潮土	褐土化两合土	褐土化两合土	1	0—22		中壤土		8.2	12.5	0.68	0.79	11.3	河流冲积物	E 113°25′31.4″ N 33°52′20.3″	95
						2	22—84		中壤土		8.5	8.3	0.49	0.79	15.2			
						3	84—132		中壤土		8.4	3.2	0.29	0.63	11.0			
剖6	半淋溶土	褐土	褐土	立黄土	立黄土	1	0—20	灰黄色	中壤土	粒状	8.3	10.3	0.64	0.41	9.2	马兰黄土	E 113°25′26.8″ N 33°51′25.2″	95
						2	20—50	浅黄棕色	中壤土	块状	8.6	8.8	0.52	0.37	12.6			
						3	50—89	棕色	中壤土	棱块状	8.2	6.0	0.34	0.20	14.0			
						4	89—150		中壤土	棱块状	8.5	4.3	0.29	0.44	13.8			
剖7	半淋溶土	褐土	褐土	红黄土	红黄土	1	0—16	浅棕黄色	中壤土	粒状	8.3	11.0	0.69	0.51	15.1	红黄土	E 113°23′38.0″ N 33°48′48.6″	95
						2	16—32	浅黄黄色	中壤土	块状	8.4	8.1	0.54	0.48	13.8			
						3	32—67	黄棕色	中壤土	棱块状	8.3	5.1	0.37	0.37	16.9			
						4	67—110	红黄色	中壤土	棱块状	8.2	5.1	0.44	0.32	15.9			
剖8	半淋溶土	褐土	褐土	红黄土	红黄土	1	0—20		中壤土		8.4	10.0	0.65	0.55	14.4	红黄土	E 113°24′53.3″ N 33°49′36.5″	95
						2	20—35		中壤土		8.4	7.6	0.53	0.57	13.4			
						3	35—89		中壤土		8.4	3.2	0.30	0.45	13.8			
						4	89—150		中壤土		8.4	3.4	0.33	0.42	14.2			
剖9	半淋溶土	褐土	褐土	立黄土	立黄土	1	0—18		中壤土		8.1	10.3	0.69	0.48	14.5	洪积、冲积黄土或黄土性母质	E 113°36′36.7″ N 33°43′38.6″	95
						2	18—35				8.1	9.0	0.58	<0.10	14.9			
						3	35—60				8.0	3.5	0.31	0.45	14.7			
						4	120—150					3.3	0.30	0.50	17.7			
剖10	半淋溶土	褐土	褐土性土	砂石土	多砾质薄层砂石土	1	0—10	灰褐色							15.7		E 113°26′27.2″ N 33°50′12.5″	95
剖11	半淋溶土	褐土	褐土	立黄土	立黄土	1	0—15				8.3	11.3	0.76	0.36	14.2	马兰黄土	E 113°32′18.2″ N 33°58′26.0″	95
						2	15—41				8.5	8.8	0.57	0.39	16.9			
						3	41—117				8.0	4.2	0.34	0.32	14.8			
						4	117—150				7.9	3.0	0.26	0.37				

续表 Continued

剖面号 Soil profile	土纲 Soil order	土类 Soil great group	亚类 Soil subgroup	土属 Soil genus	土种 Soil species	土层码 Layer code	土层厚度 Depth/cm	颜色 Soil color	质地 Soil texture	土壤结构 Soil structure	pH	有机质 OM/(g/kg)	全氮 TN/(g/kg)	全磷 TP/(g/kg)	阳离子交换量CEC/(cmol/kg)	土壤母质 Parent material	剖面点坐标 Profile coordinate	匹配指数 Matching index/%
剖12	半水成土	潮土	褐潮土	褐土化两合土	褐土化小两合土	1	0—28	灰黄色	轻壤土	粒状	8.4	10.5	0.64	0.63	12.1	河流冲积物	E 113° 38′ 17.2″ N 33° 55′ 51.2″	95
						2	28—53	浅棕黄色	轻壤土	碎块状	8.5	5.7	0.46	0.44	10.1			
						3	53—110	棕黄色	中壤土	块状	8.4	5.6	0.35	0.31	11.7			
						4	110—150	浅棕黄色	砂壤土	碎块状	8.4	3.0	0.20	0.29	8.1			
剖13	半水成土	砂姜黑土	砂姜黑土	灰质黑老土	灰质壤质厚覆黑土	1	0—23				8.3	11.9	0.72	0.49	14.9	河湖相沉积物	E 113° 30′ 09.4″ N 33° 54′ 03.2″	75
						2	23—54				8.3	8.6	0.53	0.46	15.3			
						3	54—100				8.3	12.5	0.75	0.35	22.1			
剖14	半水成土	砂姜黑土	砂姜黑土	灰质黑老土	灰质黏质厚覆黑老土	1	0—26				8.2	11.3	0.72	0.57	17.8	河湖相沉积物	E 113° 32′ 13.6″ N 33° 53′ 54.6″	95
						2	26—46				8.5	9.4	0.73	0.47	22.3			
						3	46—63				8.1	10.7	0.70	0.32	30.4			
						4	63—102				8.1	9.9	0.63	0.39	33.4			
剖15	半水成土	潮土	黄潮土	两合土	两合土	1	0—25	浅灰黄色	中壤土	粒状	8.3	9.3	0.56	0.49	12.4	河流冲积物	E 113° 36′ 04.0″ N 33° 53′ 30.1″	95
						2	25—104	黄棕色	中壤土	块状	8.5	4.0	0.80	0.22	19.5			
						3	104—140	浅棕黄色	轻壤土	块状	8.3	2.1	0.15	0.44	9.9			
						4	140—150	灰棕褐色	中壤土	块状、棱块状	8.4	4.1	0.24	0.45	16.8			
剖16	半水成土	潮土	黄潮土	两合土	两合土	1	0—22	灰黄色	中壤土	粒状	8.2	12.2	0.81	0.50	15.6	河流冲积物	E 113° 33′ 51.8″ N 33° 51′ 19.7″	95
						2	22—50	浅黄色	重壤土	块状	8.6	7.6	0.53	0.46	16.2			
						3	50—71	浅褐黄色	中壤土	碎块状	8.5	6.3	0.44	0.43	17.2			
						4	71—110	黑灰色	轻黏土	粒状	8.2	10.1	0.55	0.26	18.9			
剖17	半淋溶土	褐土	褐土性土	砂石土	少砾质中层砂石土	1	0—23	浅灰褐色								洪积、冲积母质或黄土性母质	E 113° 30′ 03.2″ N 33° 50′ 01.0″	75
						2	23—45	灰黄色	中壤土	粒状	8.2	10.3	0.67	0.49	11.3			
剖18	半淋溶土	褐土	潮褐土	二潮褐土	黄土	1	0—20	浅棕灰色	中壤土	块状	8.5	5.5	0.38	0.47	13.2	洪积、冲积黄土或黄土性母质	E 113° 32′ 42.0″ N 33° 51′ 52.9″	95
						2	20—76	棕黄色	轻壤土	块状	8.4	3.8	0.28	0.37	9.2			
						3	76—123	棕褐色	中壤土	块状	8.4	4.1	0.29	0.37	10.0			
						4	123—150				8.2	11.7	0.76	0.53	17.9			
剖19	半水成土	砂姜黑土	砂姜黑土	灰质黑老土	灰质黏质厚覆黑老土	1	0—20	灰黄色	重壤土	粒状	8.3	8.2	0.62	0.46	24.8	河流冲积物	E 113° 39′ 11.9″ N 33° 51′ 56.2″	95
						2	20—42	浅棕黄色	重壤土	块状	8.2	12.3	0.71	0.39	31.9			
						3	42—100	浅黄色	重壤土	块状	8.3	6.3	0.35	0.36	23.5			
						4	100—115				8.6	11.2	0.75	0.60	16.0			
剖20	半水成土	褐土	潮褐土	褐土化两合土	褐土化两合土	1	0—20	灰黄色	中壤土	粒状	8.4	9.4	0.68	0.56	15.9	河流冲积物	E 113° 34′ 14.2″ N 33° 48′ 08.6″	95
						2	20—40	浅棕黄色	轻壤土	块状	8.5	4.3	0.31	0.47	10.8			
						3	40—120	棕黄色	中壤土	块状	8.3	6.3	0.39	0.46	18.4			
						4	120—140				8.2	16.0	1.00	0.62	21.0			
剖21	半水成土	褐土	潮褐土	潮护土	潮黄护土	1	0—25	灰黄色	重壤土	粒状	8.4	11.1	0.73	0.58	21.1	洪积物、冲积物	E 113° 32′ 50.3″ N 33° 46′ 46.2″	95
						2	25—40	黄棕色	中壤土	块状	8.4	6.9	0.48	0.48	16.1			
						3	40—65	浅黑灰色	重壤土	碎块状	8.4	6.1	0.44	0.46	16.5			
						4	65—105				8.2	11.4	0.71	0.47	15.6			
剖22	半水成土	砂姜黑土	砂姜黑土	灰质黑老土	灰质壤质厚覆黑老土	1	0—20	灰黑灰色	中壤土	粒状	8.4	8.6	0.56	0.44	14.6	河湖相沉积物	E 113° 41′ 51.4″ N 33° 45′ 50.8″	95
						2	20—52		重壤土	块状	8.2	8.4	0.50	0.29	25.2			
						3	52—92	棕黑灰色	中壤土	碎块状	8.5	4.3	0.23	0.34	12.3			
						4	92—130				8.1	15.7	0.86	0.68	14.9			
剖23	半淋溶土	潮褐土	二潮褐土	黄土		1	0—23				8.3	8.5	0.58	0.65	14.3	马兰黄土	E 113° 27′ 03.2″ N 33° 47′ 40.2″	95
						2	23—53				8.5	9.5	0.54	0.59	19.8			
						3	53—110				8.4	6.1	0.55	0.46	21.1			
						4	110—145											

禹 州 市

主要土类说明

褐土是禹州市主要土壤类型，占本市地域面积的81%。本市地貌类型繁多，土壤母质种类复杂，水土流失严重和地下水参与土壤形成过程，因此本市褐土分为典型褐土、潮褐土、石灰性褐土、淋溶褐土和山地褐土等。典型褐土的特征：土体深厚，上虚下实，熟化耕作层在18—30cm；表层质地是轻壤土，表层以下50cm左右出现棕褐色的黏化层，该层质地多为中壤土或重壤土，较紧实；有假菌丝状的钙淀积，有的土体内有数量不等、大小不一的钙结核、砂姜；表层多呈粒状或碎块状结构，下层多呈棱块状、棱柱状结构。土体垂直裂隙明显，易被冲刷而倒塌。全剖面有不同程度的石灰反应，碳酸钙含量为1%—3%，pH 为7.0—8.0。土壤表层容重为 $1.20g/cm^3$，黏化层容重为 $1.40g/cm^3$ 左右。总孔隙度为54.72%，通气性良好，适宜种植多种作物。

粗骨土是禹州市第二大土壤类型，占本市地域面积的14%，广泛分布在河谷阶地、丘陵、低山和中山等多种地貌单元和地形部位。粗骨土属于A–C型，甚至（A）–C型土壤。A层发育不明显，与母质土层性状相似，略显有机质累积。有时母质层富含砾石，甚少有剖面分异与发育特征。

小于本市地域面积3%的土壤类型还有潮土、石质土、砂姜黑土和棕壤等。

本区域中心区气候特征

本区域中心区气候特征值
Regional climate characteristics in central area of the region

气候带：暖温带亚湿润气候 Climate region: Warm temperate subhumid climate	
年平均气温 /℃ Annual average temperature /℃	14.4
年平均最高气温 /℃ Annual average maximum temperature /℃	20.1
年平均最低气温 /℃ Annual average minimum temperature /℃	9.5
年降水量 /mm Annual precipitation /mm	715
≥10℃的积温 /℃ Daily temperature accumulated in a year（≥10℃）/℃	5267
年日照时数 /h Annual sunshine /h	2096
年平均相对湿度 /% Annual average relative humidity /%	69
干燥度 Dryness	1.23

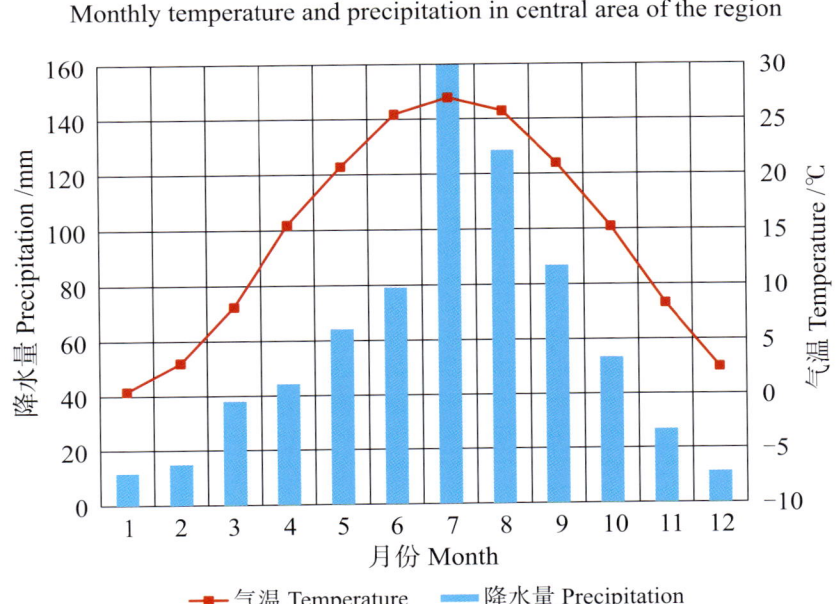

本区域中心区月平均气温与月平均降水量
Monthly temperature and precipitation in central area of the region

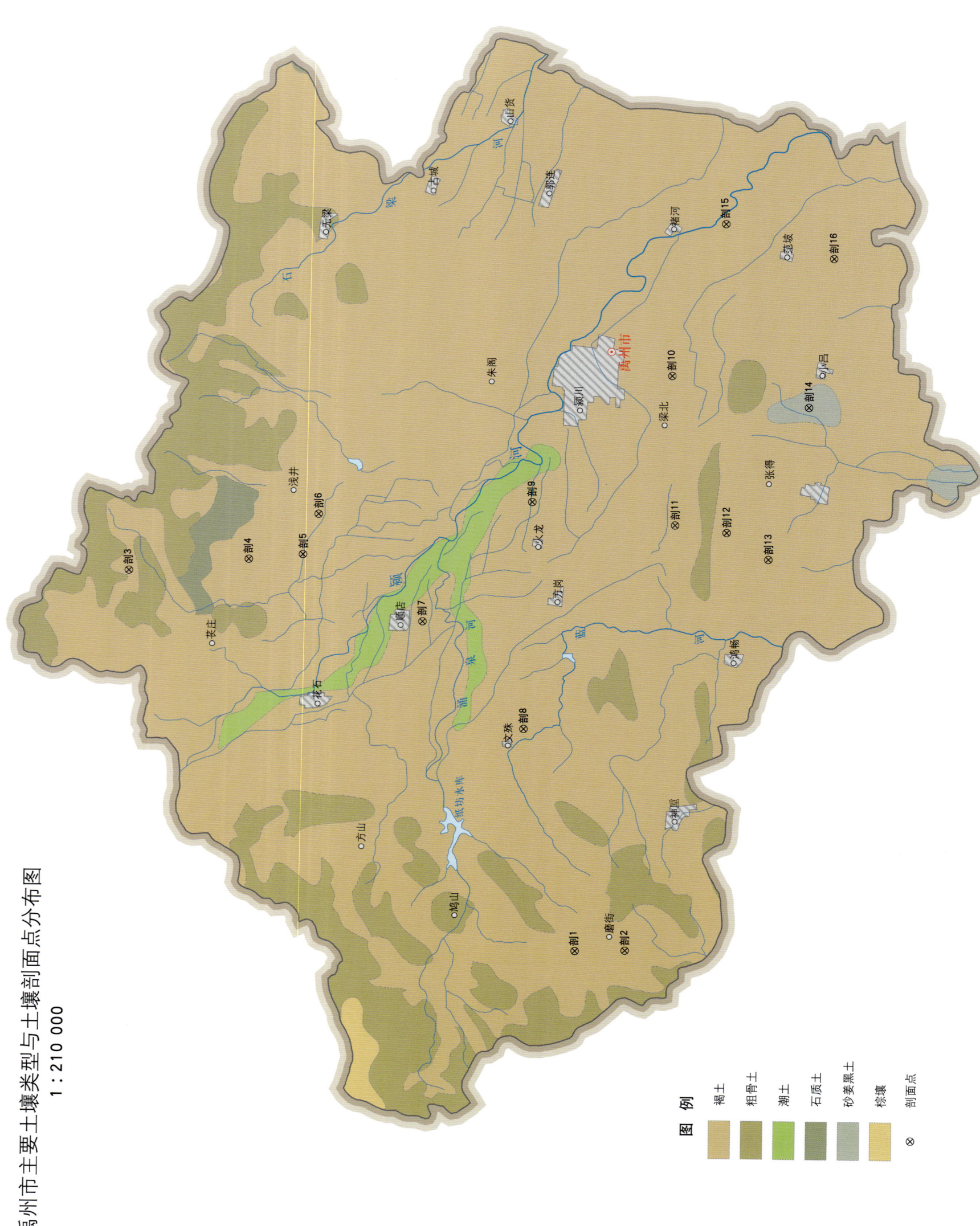

禹州市主要土壤类型与土壤剖面点分布图

1:210 000

禹州市土壤剖面理化性状表

剖面号 Soil profile	土纲 Soil order	土类 Soil great group	亚类 Soil subgroup	土属 Soil genus	土层码 Layer code	土层厚度 Depth/cm	颜色 Soil color	质地 Soil texture	土壤结构 Soil structure	pH	有机质 OM/(g/kg)	全氮 TN/(g/kg)	全磷 TP/(g/kg)	全钾 TK/(g/kg)	阳离子交换量CEC/(cmol/kg)	土壤母质 Parent material	剖面点坐标 Profile coordinate	匹配指数 Matching index/%
剖1	半淋溶土	褐土	潮褐土	潮黄土	1	0—24	浅灰褐色	轻壤土	屑粒状	7.2						第四纪沉积物	E 113°09′00.4″ N 34°09′54.4″	75
					2	24—44	浅灰褐色	轻壤土	块状	7.2								
					3	44—86	浅棕褐色	轻壤土	块状	7.9								
					4	86—130	浅棕褐色	中壤土	块状	7.2								
剖2	半淋溶土	褐土	典型褐土	垆土	1	0—20	灰褐色	中壤土	粒状		24.3	1.04	1.06	16.8		洪积物、冲积物	E 113°09′00.4″ N 34°08′35.2″	93
					2	20—40	暗灰褐色	中壤土	碎块状		24.6	0.76	0.54	16.0	7.6			
					3	40—108	浅灰褐色	中壤土	块状		10.8	0.76	0.57	16.0	7.5			
					4	108—118	浅棕褐色	砂壤土	碎块状									
					5	118—150	浅黄褐色	轻壤土	粒状			0.36	0.41	16.3	7.4			
剖3	半淋溶土	褐土	潮褐土	潮黄土	1	0—20	浅黄褐色	砂壤土	粒状	7.9						第四纪沉积物	E 113°21′45.0″ N 34°21′32.0″	95
					2	20—29	浅黄褐色	砂壤土	碎块状	7.9								
					3	29—49	浅黄褐色	轻壤土	碎块状	8.0								
					4	49—72	浅棕褐色	中壤土	块状	8.0								
					5	72—135	浅棕褐色	中壤土	粒状									
剖4	半淋溶土	褐土	潮褐土	潮黄土	1	0—26				8.1	9.8	0.61	0.45	17.3	12.6	第四纪沉积物	E 113°22′04.1″ N 34°18′22.0″	95
					2	26—71				8.2	3.8	0.39	0.38	17.1	11.5			
					3	71—106				8.3	6.1	0.41	0.36	18.3	14.6			
					4	106—150				8.3	3.5	0.39	0.36	17.9	11.8			
剖5	半淋溶土	褐土	潮褐土	潮垆土	1	0—28	浅灰褐色	中壤土	粒状							冲积物、洪积物	E 113°22′12.0″ N 34°16′56.3″	95
					2	28—46	浅棕褐色	中壤土	块状									
					3	46—90	浅黄褐色	重壤土	棱块状									
					4	90—130	灰棕褐色	中壤土	碎块状									
剖6	半淋溶土	褐土	典型褐土	红土	1	0—20	灰棕褐色	轻黏土	棱柱状	7.2						第四纪红色黄土	E 113°23′31.6″ N 34°16′30.4″	93
					2	20—40	红白黄相间	重壤土	棱柱状	7.2								
					3	40—70	棕色	轻壤土	粒状	7.1								
					4	70—150		轻壤土	块状	7.0								
剖7	半淋溶土	褐土	典型褐土	垆土	1	0—18	浅灰褐色	中壤土	块状	7.0	8.3	0.71	0.54	19.2	19.6	洪积物、冲积物	E 113°19′55.6″ N 34°13′48.7″	93
					2	18—59	灰棕褐色	中壤土	碎块状	7.4	7.2	0.54	0.52	18.9	18.8			
					3	59—95	棕黄褐色	中壤土	棱块状	7.5	3.3	0.54	0.51	19.9	20.3			
					4	95—140	棕褐色	重壤土	块状	7.8	3.6	0.52	0.51	18.6	18.2			
剖8	半淋溶土	褐土	典型褐土	红黄土	1	0—15	浅棕褐色	中壤土	粒状	7.3	13.2	0.94	0.60	18.4	12.4	第四纪黄土沉积	E 113°16′21.7″ N 34°11′11.0″	95
					2	15—29	灰棕褐色	轻壤土	碎块状	7.5	14.0	0.92	0.44	17.5	11.4			
					3	29—62	棕黄褐色	中壤土	棱柱状	7.2	4.6	0.42	0.47	19.8	13.8			
					4	62—120	棕褐色	重壤土	块状	7.0	2.3	0.34	0.59	19.8	11.7			
剖9	半淋溶土	褐土	潮褐土	潮垆土	1	0—20	浅灰褐色	轻壤土	粒状	7.4	9.3	0.74	0.51	18.3	12.8	冲积物、洪积物	E 113°23′49.6″ N 34°10′52.0″	95
					2	20—33	浅黄褐色	轻壤土	碎块状	7.9	6.9	0.59	0.52					
					3	33—90	棕褐色	中壤土	棱柱状	7.5	5.0	0.43	0.43	20.4	18.0			
					4	90—145	黄棕褐色	中壤土	块状	7.7	2.7	0.43	0.53	20.7	15.0			
剖10	半淋溶土	褐土	典型褐土	立黄土	1	0—20										第四纪黄土状黄土状母质	E 113°27′54.4″ N 34°07′07.3″	93
					2	20—36												
					3	36—80												
					4	80—120												

续表 Continued

剖面号 Soil profile	土纲 Soil order	土类 Soil great group	亚类 Soil subgroup	土属 Soil genus	土层码 Layer code	土层厚度 Depth/cm	颜色 Soil color	质地 Soil texture	土壤结构 Soil structure	pH	有机质 OM/(g/kg)	全氮 TN/(g/kg)	全磷 TP/(g/kg)	全钾 TK/(g/kg)	阳离子交换量CEC/(cmol/kg)	土壤母质 Parent material	剖面点坐标 Profile coordinate	匹配指数 Matching index/%
剖11	半淋溶土	褐土	潮褐土	潮护土	1	0—32	浅灰褐色	中壤土	粒状	8.0						冲积物、洪积物	E 113°22′59.9″ N 34°07′06.6″	95
					2	32—62	浅棕褐色	重壤土	碎块状	7.2								
					3	62—90	灰棕褐色	重壤土	块状	7.7								
					4	90—120	褐灰色	重壤土	块状	7.2								
					5	120—150	暗棕褐色	轻黏土	屑粒状	7.1								
剖12	半淋溶土	褐土	典型褐土	立黄土	1	0—20	浅棕褐色	轻壤土	棱粒状							第四纪黄土或黄土状母质	E 113°22′43.7″ N 34°05′45.2″	93
					2	20—55	浅棕褐色	中壤土	棱块状	7.4								
					3	55—90	浅棕褐色	中壤土	块状	7.3								
					4	90—150	浅黄褐色	中壤土	块状									
剖13	半淋溶土	褐土	典型褐土	立黄土	1	0—20	浅黄褐色	轻壤土	碎块状	7.4						第四纪黄土或黄土状母质	E 113°21′49.3″ N 34°04′39.7″	95
					2	20—57	浅棕褐色	轻壤土	棱块状	7.3								
					3	57—100	浅棕褐色	中壤土	棱块状	7.2								
					4	100—150	浅黄褐色	轻壤土	棱块状	7.2								
					5	150—200	黄褐色	轻壤土	无明显结构									
剖14	半水成土	砂姜黑土	石灰性砂姜黑土	灰顶黑土	1	0—20	浅灰褐色	轻壤土	屑粒状	7.9						湖相沉积物	E 113°26′47.4″ N 34°03′32.0″	95
					2	20—52	暗黑褐色	中壤土	碎块状	8.0								
					3	52—108	暗黑褐色	中壤土	块状	8.0								
					4	108—145	灰色	重壤土	块状	8.0								
剖15	半淋溶土	褐土	典型褐土	护土	1	0—27	浅黄褐色	轻壤土	碎块状							洪积物、冲积物	E 113°32′51.7″ N 34°05′38.0″	93
					2	27—44	浅黄褐色	中壤土	块状									
					3	44—65	浅棕褐色	中壤土	块状									
					4	65—128	浅灰褐色	中壤土	块状									
剖16	半淋溶土	褐土	典型褐土	立黄土	1	0—30	浅灰褐色	中壤土	块状		6.4					第四纪黄土或黄土状母质	E 113°31′40.4″ N 34°02′48.1″	93
					2	30—50	浅棕褐色	中壤土	棱块状		5.0							
					3	50—												

长葛市

主要土类说明

潮土是长葛市主要土壤类型，占本市地域面积的 65%。潮土是发育在近代河流沉积物上，在地下水的直接参与下，经人为耕作熟化而成的较年轻的土壤。本市潮土的形成有三大特点：①土体层理明显，而发育不明显。成土母质为近代河流沉积物，故成土物质颗粒粗细不仅与水平分布有关，与流速也相关，"紧出砂，慢出淤，不紧不慢出两合"。而流水速度又与地形、距离河道主流远近等因素密切有关，通常距河道愈近流速愈快，以沉积砂粒为主；离河道愈远则流速愈慢，以沉积黏粒为主。同时由于河流多次泛滥改道，每次流经地区不同，因而在广大冲积平原上就沉积了土层深厚、质地层理明显而厚薄不一的土层。再者，由于成土时间短，土体发育不明显。②土壤全剖面石灰反应强烈，黄土母质富含碳酸钙。由于本市属半湿润气候区，淋洗作用较弱。再加上成土时间短，所以全剖面有较强的石灰反应。③土壤剖面下部有较明显的锈色斑纹。潮土分布区地形部位较低，地下水较浅，一般为 1—3m，地下水又受降雨大小、季节的影响而变化。夏秋雨水集中，地下水上升，土壤剖面下部的一定层段就浸没于水面之下，发生潜育化现象，易变价元素如铁、锰等即被还原，从而出现蓝灰色条纹或锈斑；干旱季节，地下水下降，原被浸没层段即脱水而出，由还原状态变为氧化状态，低价铁、锰即被氧化而变成高价，出现红褐色的斑纹。年复一年，就形成了土壤剖面下部蓝灰色、红褐色相互间杂的土壤新生体。另外，土壤中有机质、氮素缺乏，也是本市潮土的一个特征。本市潮土分为黄潮土、褐潮土、盐化潮土等亚类。

褐土是长葛市第二大土壤类型，占本市地域面积的 30%。本市褐土是发育在洪积、坡积的黄土母质上，在自然因素和人为因素综合作用下，特别是在人类长期耕作熟化的条件下形成的发育明显而肥力较高的一种土壤。褐土的基本特征：①具有深厚的熟化耕作层。②土体中部具有黏化层。在温暖湿润的季节，土壤中的物理、化学及生物化学过程强烈进行。特别是在土体中部，温度、湿度较稳定，黏土矿物质充分分解，由粗变细，黏粒与胶粒逐渐增加，再加上表层黏粒随水下移，使土层中部逐渐黏化，久而久之，在土体中部形成了黏化层。③土体中部具有碳酸钙淀积。黄土母质中的大量碳酸钙，在土壤中有机酸和无机酸的作用下，转变成可溶性的重碳酸钙，随水沿孔隙下渗，至土体中部酸性逐渐被中和，水分减少，重碳酸钙即重新变为碳酸钙而积聚在土壤孔隙中，或覆盖于结构面上，从而产生粉末状、菌丝状的碳酸钙淀积，群众称之为"白筋"。本市褐土分为褐土、潮褐土、褐土性土等亚类。

小于本市地域面积 3% 的土壤类型还有砂姜黑土等。

本区域中心区气候特征

本区域中心区气候特征值
Regional climate characteristics in central area of the region

气候带：暖温带亚湿润气候 Climate region: Warm temperate subhumid climate	
年平均气温 /℃ Annual average temperature /℃	14.4
年平均最高气温 /℃ Annual average maximum temperature /℃	20.1
年平均最低气温 /℃ Annual average minimum temperature /℃	9.5
年降水量 /mm Annual precipitation /mm	707
≥10℃的积温 /℃ Daily temperature accumulated in a year (≥10℃) /℃	5288
年日照时数 /h Annual sunshine /h	2135
年平均相对湿度 /% Annual average relative humidity /%	69
干燥度 Dryness	1.25

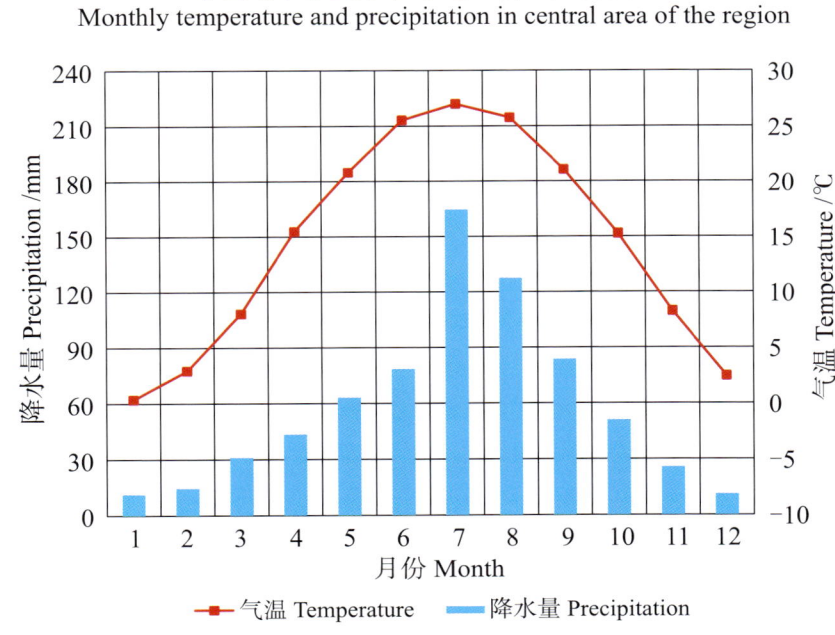

本区域中心区月平均气温与月平均降水量
Monthly temperature and precipitation in central area of the region

长葛市主要土壤类型与土壤剖面点分布图
1∶170 000

图 例
潮土
褐土
砂姜黑土
⊗ 剖面点

284 | 中国土壤剖面数据集·河南卷

长葛市土壤剖面理化性状表

剖面号 Soil profile	土纲 Soil order	土类 Soil great group	亚类 Soil subgroup	土属 Soil genus	土种 Soil species	土层码 Layer code	土层厚度 Depth/cm	颜色 Soil color	质地 Soil texture	土壤结构 Soil structure	pH	有机质 OM/(g/kg)	全氮 TN/(g/kg)	全磷 TP/(g/kg)	阳离子交换量 CEC/(cmol/kg)	土壤母质 Parent material	剖面点坐标 Profile coordinate	匹配指数 Matching index/%
剖1	半淋溶土	褐土	潮褐土	潮护土	潮黑护土	1	0—35	黄灰色	轻壤土	粒状	8.2	11.8	0.71	0.74	20.7	老冲积物	E 113°37′12.4″ N 34°14′20.8″	99
						2	35—66	黄灰色	轻壤土	块状	8.3	7.9	0.55	0.59	11.9			
						3	66—104	灰黑色	重壤土	棱块状	7.9	9.3	0.85	0.37	20.6			
						4	104—145	浅灰褐色	中壤土	块状	8.0	6.0	0.31	0.39	12.4			
剖2	半淋溶土	褐土	潮褐土	二潮黄土	黄土	1	0—20	灰黄色	轻壤土	粒状	8.2	9.2	0.82	0.54	10.9	洪积、冲积的富含碳酸钙的黄土状母质	E 113°42′29.9″ N 34°10′32.2″	95
						2	20—38	灰黄色	轻壤土	块状	8.3	6.0	0.57	0.52	10.6			
						3	38—67	黄棕色	轻壤土	块状	8.3	4.6	0.32	0.24	15.2			
						4	67—180	黄棕色	中壤土	棱块状	8.1	6.1	0.47	0.22	17.8			
剖3	半淋溶土	褐土	潮褐土	二潮黄土	油黄土	1	0—20	灰黄色	轻壤土	粒状	7.9	13.1	0.79	0.57	8.7	富含碳酸钙的黄土状母质	E 113°43′54.5″ N 34°12′18.0″	95
						2	20—73	浅棕黄色	轻壤土	碎块状	8.0	5.3		0.43	9.0			
						3	73—130	棕黄色	中壤土	块状	8.1	5.8		0.39	11.0			
剖4	半水成土	潮土	褐潮土	褐土化两合土	褐土化底砂小两合土	1	0—20	浅灰黄色	中壤土	粒状	8.0		0.66	0.74	9.3	河流冲积物	E 113°46′14.9″ N 34°16′30.4″	75
						2	20—35	浅灰褐色	中壤土	块状	8.2	4.5	0.35	0.53	13.7			
						3	35—75	浅棕灰色	中壤土	块状	8.5	4.9	0.48	0.55	8.1			
						4	75—120	灰黄色	紧砂土	无结构	8.4	2.7	0.19	0.44	6.2			
剖5	半水成土	潮土	褐潮土	褐土化两合土	褐土化底黏两合土	1	0—20	灰黄色	中壤土	粒状	8.2	11.1	0.74	0.71	10.2	河流冲积物	E 113°45′55.4″ N 34°15′23.4″	98
						2	20—40	浅棕色	中壤土	碎块状	8.5	7.1	0.54	0.62	7.8			
						3	40—65	棕色	中壤土	块状	8.3	5.0	0.46	0.42	13.3			
						4	65—140	棕黄色	重黏土	棱块状	8.2	8.4	0.56	0.29	18.8			
剖6	半水成土	潮土	褐潮土	褐土化两合土	褐土化腰砂两合土	1	0—24	黑灰色	重壤土	粒状	8.1	8.1	0.82	0.64	11.1	河流冲积物	E 113°46′53.8″ N 34°15′18.0″	97
						2	24—48	灰黄色	砂壤土	碎块状	8.1	6.6	0.54	0.54	12.3			
						3	48—79	浅黄棕色	重黏土	块状	8.0	12.8	0.52	0.62	14.4			
						4	79—130	黄灰色	中壤土	棱柱状	7.8	13.9	0.52	0.43	27.5			
剖7	半水成土	潮土	褐潮土	褐土化砂壤土	褐土化腰砂壤土	1	0—20	灰黄色	砂壤土	块状						河流冲积物	E 113°52′38.3″ N 34°15′43.6″	95
						2	20—55	浅黄棕色	轻黏土	块状	8.2	10.7	0.66	0.23	9.9			
						3	55—116	棕黄色	中壤土	碎块状	8.0	7.9	0.52	0.22	10.6			
剖8	半水成土	潮土	褐潮土	褐土化两合土	褐土化腰砂两合土	1	0—22	棕黄色	中壤土	碎块状	8.3	<1.0	0.47	0.22	9.9	河流冲积物	E 113°47′39.8″ N 34°13′45.1″	97
						2	22—47	灰褐色	轻壤土	碎块状		9.3	0.68	0.56	10.5			
						3	47—110	浅灰黄色	紧砂土	碎块状	8.0	7.8	0.44	0.56	11.7			
剖9	半水成土	潮土	褐潮土	褐土化两合土	褐土化体砂小两合土	1	0—20	浅灰黄色	中壤土	无结构	8.1	3.8	0.17	0.35	6.1	河流冲积物	E 113°49′45.5″ N 34°12′40.6″	95
						2	20—40	浅黄棕色	中壤土	碎块状	8.2	6.9	0.50	0.61	12.0			
						3	40—60	暗黄棕色	重壤土	块状	8.4	13.0	0.85	0.82	14.0			
						4	60—125	暗黄棕色	重黏土	块状	8.4	8.7	0.78	0.65	19.4			
剖10	半水成土	潮土	褐潮土	褐土化两合土	褐土化体砂两合土	1	0—18	暗黄棕色	轻黏土	块状	8.0	7.9	0.97	0.59	25.0	河流冲积物	E 113°52′23.9″ N 34°12′43.6″	97
						2	18—60	浅灰黄色	中壤土	粒状	8.3	10.4	0.69	0.58	9.2			
						3	60—120	浅灰黄色	轻壤土	碎块状	8.3	5.5	0.31	0.32	10.4			
剖11	半淋溶土	褐土	褐土	立黄土	立黄土	1	0—22	浅黄棕色	中壤土	棱柱状	8.4	4.6	0.21	0.27	16.3	第四纪黄土或黄土状母质	E 113°45′21.2″ N 34°12′08.6″	99
						2	22—36	灰黄色	轻壤土	碎块状	8.3	2.5	0.68	0.45	11.2			
						3	36—97	黄棕色	轻壤土	粒状		11.1	0.32	0.26	7.1			
剖12	半水成土	潮土	褐潮土	褐土化两合土	褐土化体砂小两合土	1	0—25	灰褐色	砂壤土	碎块状	8.3	2.5	0.32	0.20	6.3	河流冲积物	E 113°46′36.1″ N 34°12′13.0″	98
						2	25—28	黄棕色	砂壤土	无结构		<1.0	0.16	0.17	5.8			
						3	28—140	黄棕色	紧砂土									

续表 Continued

剖面号 Soil profile	土纲 Soil order	土类 Soil great group	亚类 Soil subgroup	土属 Soil genus	土种 Soil species	土层码 Layer code	土层厚度 Depth/cm	颜色 Soil color	质地 Soil texture	土壤结构 Soil structure	pH	有机质 OM/(g/kg)	全氮 TN/(g/kg)	全磷 TP/(g/kg)	阳离子交换量CEC/(cmol/kg)	土壤母质 Parent material	剖面点坐标 Profile coordinate	匹配指数 Matching index/%
剖13	半水成土	潮土	褐潮土	褐土化砂土	褐土化砂壤土	1	0–20	浅灰黄色	砂壤土	碎块状	8.4	4.3	0.33	0.27	9.5	河流冲积物	E 113°53′22.9″ N 34°13′37.2″	95
						2	20–65	浅棕黄色	砂壤土	碎块状	8.3	4.2	0.14	0.25	6.0			
						3	65–100	棕黄色	砂壤土	碎块状	8.4	2.7	0.13	0.25	6.5			
剖14	半水成土	潮土	黄潮土	两合土	两合土	1	0–17	浅灰黄色	中壤土	粒状	8.2	8.1	0.58	<0.10	16.4	河流冲积物	E 113°54′09.7″ N 34°12′43.2″	97
						2	17–43	浅灰黄色	中壤土	块状	8.4	5.4	0.45	0.46	17.1			
						3	43–89	浅黄棕色	中壤土	块状	8.4	6.1	0.52	0.53	7.9			
						4	89–100	浅黄棕色	轻壤土	块状	8.1	3.4	0.32	0.53				
剖15	半水成土	潮土	黄潮土	砂土	砂土	1	0–17	浅黄色	松砂土	无结构		<1.0	0.11	0.17	4.8	河流冲积物	E 113°58′04.4″ N 34°13′17.0″	95
						2	17–50	灰黄色	松砂土	无结构		<1.0	0.17	0.15	3.5			
						3	50–100	灰黄色	松砂土	无结构		<1.0	0.10	0.18	4.2			
剖16	半水成土	潮土	褐潮土	褐土化两合土	褐土化小两合土	1	0–40	浅黄棕色	轻壤土	粒状	8.4	7.7	0.49	0.56	14.0	河流冲积物	E 114°01′49.1″ N 34°13′26.4″	98
						2	40–100	褐棕黄色	轻壤土	碎块状	8.2	3.1	0.46	0.52	8.6			
						3	100–145	褐棕黄色	轻壤土	碎块状	8.5	3.0	0.36	0.42	9.7			
剖17	半水成土	潮土	盐化潮土	盐化两合土	轻盐化小两合土	1	0–18	灰黄棕色	轻壤土	粒状	8.2	17.3	0.61	0.53	9.3	河流冲积物	E 114°04′12.0″ N 34°10′56.6″	95
						2	18–32	暗黄棕色	中壤土	块状	8.4	6.4	0.57	0.64	9.0			
						3	32–100	暗黄棕色	中壤土	块状	8.1	6.1	0.50	0.49	12.4			
剖18	半水成土	潮土	黄潮土	两合土	底砂两合土	1	0–20	黄棕色	中壤土	粒状	8.4	10.8	0.73	0.52	11.6	河流冲积物	E 114°03′11.2″ N 34°10′09.1″	97
						2	20–70	暗棕黄色	中壤土	块状	8.1	7.3	0.51	0.24	11.9			
						3	70–130	黄棕色	砂壤土	碎块状	8.4	2.9	0.26	0.33	7.2			

漯河市

市辖区

主要土类说明

潮土是漯河市主要土壤类型，占本市地域面积的39%。潮土是发育在河流沉积物上，在地下水的直接参与下，经耕作熟化而成的土壤，地下水位一般在2—5m。潮土土层深厚，质地层次明显，土壤发生层次不明显。土壤颜色较浅，有机质累积较少，钾、钙等较为丰富。土壤呈中性至微碱性，pH为7.0—8.0。剖面下部有时有蓝灰色或红褐色的斑纹。

砂姜黑土是漯河市第二大土壤类型，占本市地域面积的37%。砂姜黑土是在暖温带南部和北亚热带湿润、半湿润气候区的潜育土上发育的旱耕熟化土壤。其成土母质为第四纪浅湖相沉积物。典型的砂姜黑土在1m土体的剖面中，具有耕作层、犁底层、残余黑土层（或淡黑土层）、潜育层和砂姜层，其主要诊断层为黑土层、潜育层和砂姜层。土壤质地偏黏，比较均一，没有明显的沉积层理。土壤呈中性或微碱性，盐基高度饱和，水分上下运行。棱柱状和棱块状结构面上有灰色胶膜。碳酸钙淋溶淀积明显。黑土层颜色偏暗，有机质含量相对较高，一般在10g/kg以上。

黄褐土是漯河市第三大土壤类型，占本市地域面积的14%。土壤剖面形态特征是具有明显的黏化层和铁锰淀积层；盐基淋溶作用较强，盐基饱和度一般为70%—80%；全剖面无石灰反应；土壤呈中性，pH为7.0左右；下部有时有石灰结核。有些地区地下水位较高，底土层季节性受地下水浸润的影响，具有较明显的渗育化特征。

褐土占漯河市地域面积的8%，是分布在暖温带东部半湿润、半干旱山丘地区的地带性土壤。其土体深厚，上虚下实。表层质地为轻壤土至中壤土，表层以下80cm左右出现棕褐色的黏粒移动现象，质地多为中壤土，有较多的铁锰结核，结构面上有较明显的棕褐色铁锰胶膜。表层多呈粒状结构，下层多呈棱块状或棱柱状结构，垂直裂隙比较明显。碳酸钙已被淋洗，表层无石灰反应（或弱石灰反应）。pH为7.0左右。

本区域中心区气候特征

本区域中心区气候特征值
Regional climate characteristics in central area of the region

气候带：暖温带亚湿润气候 Climate region: Warm temperate subhumid climate	
年平均气温/℃ Annual average temperature /℃	14.7
年平均最高气温/℃ Annual average maximum temperature /℃	20.2
年平均最低气温/℃ Annual average minimum temperature /℃	9.9
年降水量/mm Annual precipitation /mm	852
≥10℃的积温/℃ Daily temperature accumulated in a year (≥10℃) /℃	5366
年日照时数/h Annual sunshine /h	2039
年平均相对湿度/% Annual average relative humidity /%	71
干燥度 Dryness	1.05

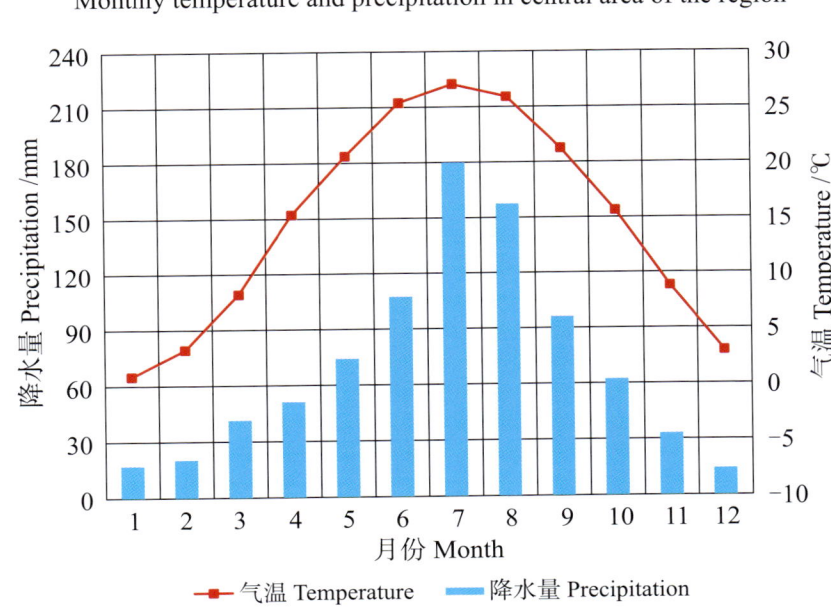

本区域中心区月平均气温与月平均降水量
Monthly temperature and precipitation in central area of the region

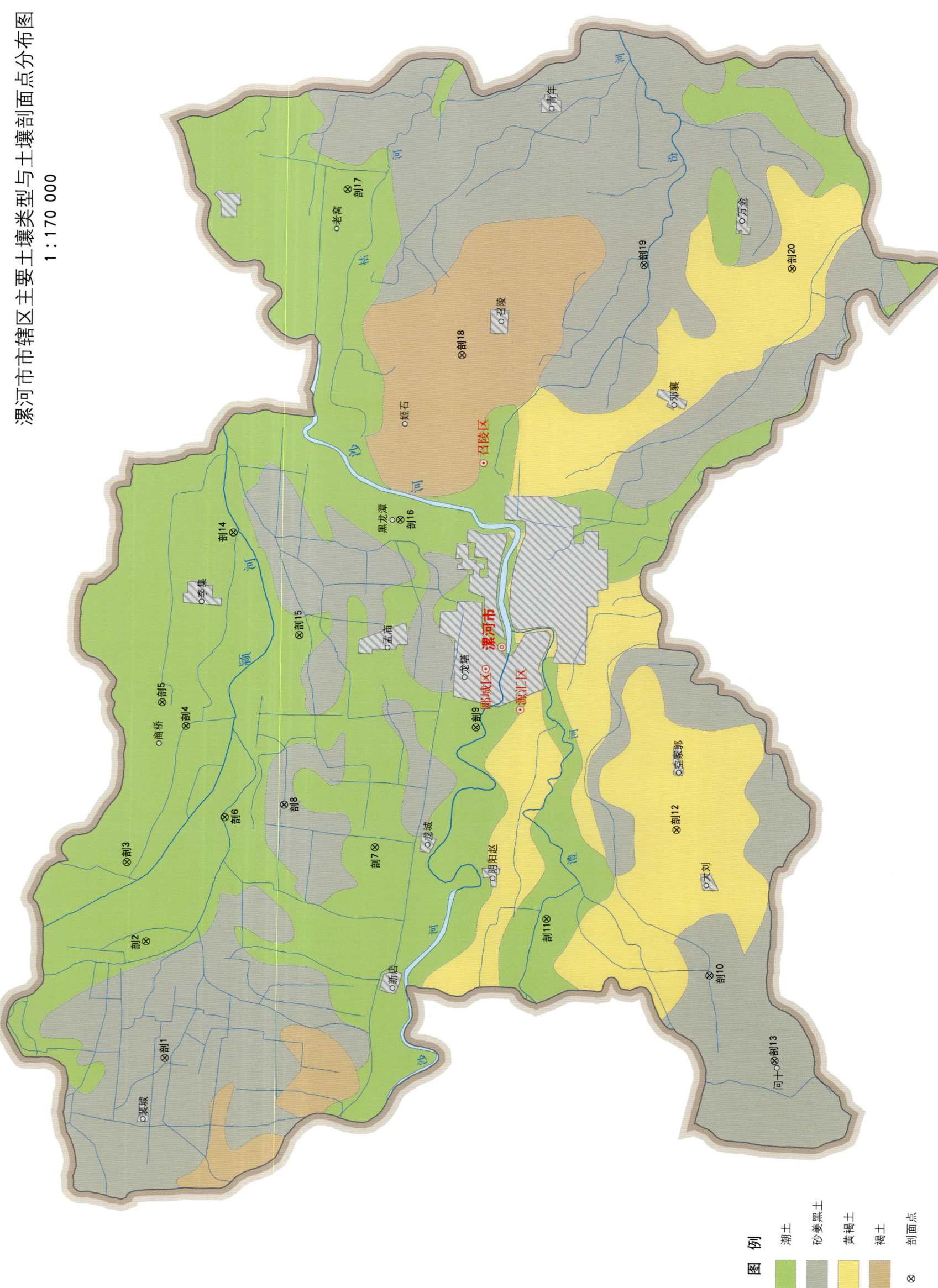

漯河市土壤剖面理化性状表

剖面号 Soil profile	土纲 Soil order	土类 Soil great group	亚类 Soil subgroup	土属 Soil genus	土种 Soil species	土层码 Layer code	土层厚度 Depth/cm	颜色 Soil color	质地 Soil texture	土壤结构 Soil structure	pH	有机质 OM/(g/kg)	全氮 TN/(g/kg)	全磷 TP/(g/kg)	阳离子交换量CEC/(cmol/kg)	土壤母质 Parent material	剖面点坐标 Profile coordinate	匹配指数 Matching index/%
剖1	半水成土	砂姜黑土	砂姜黑土	灰顶黑老土	灰顶老土	1	0—35	浅黄褐色	中壤土							湖相沉积物	E 113°48′51.5″ N 33°41′59.6″	95
						2	35—75	浅灰褐色	中壤土									
						3	75—110	褐灰褐色	重壤土									
						4	110—150	灰黄褐色	中壤土									
剖2	半水成土	潮土	黄潮土	砂土	底壤砂壤土	1	0—19	灰黄褐色	砂壤土	粒状	6.4	6.6	0.46	0.83	8.6	河流冲积物	E 113°52′01.2″ N 33°42′29.9″	75
						2	19—82	浅灰黄色	砂壤土	碎块状	7.3	2.8	0.23	0.63	7.8			
						3	82—105	黄棕色	中壤土	块状	7.0	7.2	0.49	0.56	17.2			
						4	105—125	棕黄色	轻壤土	块状	7.1	2.6	0.27	0.46				
剖3	半水成土	潮土	黄潮土	淤土	黑底淤土	1	0—20	灰黄棕色	重黏土	粽状、碎块状	7.2	14.8	1.05	0.46	33.2	河流冲积物	E 113°54′11.5″ N 33°42′59.0″	95
						2	20—39	灰棕褐色	中黏土	核状	7.3	13.3	0.83	0.42	31.9			
						3	39—87	灰棕黄色	中黏土	碎块状	7.5	11.2	0.70	0.36	38.6			
						4	87—140	黑灰色	中黏土	碎块状	7.4	10.8	0.75	0.26				
剖4	半水成土	潮土	黄潮土	两合土	底黏小两合土	1	0—15	灰黄色	轻壤土	粒状						河流冲积物	E 113°57′57.6″ N 33°41′47.0″	75
						2	15—27	灰黄色	轻壤土	碎块状								
						3	27—40	灰黄色	轻壤土	碎块状								
						4	40—68	灰棕色	重壤土	块状								
						5	68—109	黄棕色	重壤土	块状								
						6	109—136	褐棕褐色	轻壤土	粒状								
剖5	半水成土	潮土	灰潮土	灰两合土	灰小两合土	1	0—24	棕黄色	轻壤土	碎块状						河流冲积物	E 113°58′35.4″ N 33°42′19.8″	75
						2	24—42	浅灰黄色	轻壤土	碎块状								
						3	42—86	浅灰黄色	砂壤土	碎块状								
						4	86—135	黄灰色	轻壤土	碎块状								
剖6	半水成土	潮土	黄潮土	两合土	小两合土	1	0—23	浅灰黄色	砂壤土	粒状	7.3	7.9	0.57	0.44	10.7	河流冲积物	E 113°55′30.0″ N 33°40′52.0″	95
						2	23—37	灰黄色	轻壤土	碎块状	7.5	4.5	0.51	0.33	6.6			
						3	37—56	灰灰色	轻壤土	单粒状	7.5	5.5	0.39	0.40	10.4			
						4	56—105	灰灰色	砂壤土	单粒状	7.5	<1.0	0.26	0.39	8.3			
剖7	半水成土	潮土	黄潮土	砂土	砂土	1	0—20	暗黄褐色	砂土	单粒状						河流冲积物	E 113°54′49.0″ N 33°37′32.5″	95
						2	20—43	黄褐色	砂土	碎块状								
						3	43—90	浅黄褐色	砂壤土	碎块状								
						4	90—130	棕黄色	砂土	单粒状								
剖8	半水成土	砂姜黑土	砂姜黑土	砂姜黑土	青黑土	1	0—20	黄灰色	中壤土	棱块状						河湖相沉积物	E 113°55′53.8″ N 33°39′34.2″	95
						2	20—46	灰黑色	重壤土	棱块状								
						3	46—88	棕黑色	黏土	块状								
						4	88—150	棕褐色	重壤土	粒状	7.8	14.7	0.55	0.84	13.6			
剖9	半水成土	潮土	黄潮土	两合土	两合土	1	0—25	浅黄褐色	中壤土	块状	8.0	9.1	0.44	0.80	11.9	河流冲积物	E 113°58′10.6″ N 33°35′24.7″	75
						2	25—55	浅黄褐色	中壤土	块状	8.1	6.2	0.40	0.53				
						3	55—92	棕褐色	中壤土	块状	8.1	3.4	0.28	0.46				
						4	92—130	黄棕色	轻壤土	块状								

续表 Continued

剖面号 Soil profile	土纲 Soil order	土类 Soil great group	亚类 Soil subgroup	土属 Soil genus	土种 Soil species	土层码 Layer code	土层厚度 Depth/cm	颜色 Soil color	质地 Soil texture	土壤结构 Soil structure	pH	有机质 OM/(g/kg)	全氮 TN/(g/kg)	全磷 TP/(g/kg)	阳离子交换量 CEC/(cmol/kg)	土壤母质 Parent material	剖面点坐标 Profile coordinate	匹配指数 Matching index/%
剖10	半水成土	砂姜黑土	砂姜黑土	黑老土	垫浆厚覆黑老土	1	0—16	灰棕黄色	轻黏土	粒状、碎块状	7.1	14.7	0.90	0.65	23.4	河湖相沉积物	E 113°51′36.4″ N 33°30′05.0″	75
						2	16—30	棕灰色	中黏土	核块状	7.3	11.3	0.71	0.41	27.0			
						3	30—68	灰黑色	中黏土	棱块状	7.1	11.5	0.59	0.36	30.0			
						4	68—105	黄灰色	轻黏土	棱块状	7.4	9.0	0.50	0.25	35.3			
						5	105—123	灰黄色	重黏土	碎块状	7.4	7.0	0.24					
						6	123—140				7.5	4.2	0.35	0.39				
剖11	半水成土	潮土	灰潮土	灰两合土	灰两合土	1	0—16	灰褐色	中壤土	粒状	7.4	8.5	0.68	0.37	10.6	河流冲积物	E 113°53′00.6″ N 33°33′42.8″	95
						2	16—34	褐棕色	中壤土	碎块状	6.8	6.3	0.43	0.36	11.5			
						3	34—82	黄棕色	轻壤土	棱块状	7.0	3.6	0.46	0.32	11.3			
						4	82—110	浅棕黄色	轻壤土	棱块状	7.0	3.7	0.30	0.30	11.5			
						5	110—130	黄灰色	中壤土	块状	6.6	5.2	0.44	0.28				
剖12	淋溶土	黄褐土	黄褐土	黄老土	黄老土	1	0—20	灰褐色	重壤土	粒状	7.4	14.3	0.99	0.67	20.4	老河流沉积物	E 113°55′33.6″ N 33°30′55.4″	74
						2	20—39	灰黄褐色	中壤土	碎块状	7.1	14.3	0.80	0.53	19.5			
						3	39—62	浅黄棕色	重壤土	块状	7.1	7.2	0.57	0.33	20.0			
						4	62—77	黄棕色	重壤土	块状	7.0	8.6	0.93	0.35	23.0			
						5	77—100	棕褐色	轻黏土	棱块状	7.0	8.9	0.66	0.41	26.8			
剖13	半水成土	砂姜黑土	砂姜黑土	砂姜黑土	深位少量砂姜黑土	1	0—24	暗黄色	重壤土	粒状、碎块状	7.3	14.8	0.90		26.9	河流冲积物	E 113°49′21.7″ N 33°28′35.4″	95
						2	24—53	暗棕色	轻黏土	碎块状	7.3	17.1	0.91	0.49	37.8			
						3	53—89	黑灰色	中黏土	棱块状	7.2	17.9	0.87	0.41	35.4			
						4	89—135	青灰色	中壤土	块状	6.8	4.0	0.33	0.77	16.5			
剖14	半水成土	潮土	黄潮土	淤土	淤土	1	0—17	灰棕褐色	中黏土	粒状、碎块状	7.3	15.9	1.02	0.44	23.3	河流冲积物	E 114°03′17.3″ N 33°40′53.0″	95
						2	17—63	灰棕色	重壤土	核状、块状	7.4	10.1	0.67	0.41	31.3			
						3	63—94	灰黄棕色	重壤土	棱状、块状	7.4	9.6	7.25	0.45	30.7			
						4	94—147		重壤土	块状	7.2	7.2	0.55					
剖15	半水成土	潮土	黄潮土	两合土	黑底两合土	1	0—15	暗黄色	中壤土	粒状						河流冲积物	E 114°00′33.1″ N 33°39′21.6″	95
						2	15—40	黄棕色	中壤土	块状								
						3	40—85	褐棕色	重壤土	棱块状								
						4	85—109	黄灰色	重壤土	棱块状								
						5	109—135	黄棕色	中壤土	块状								
剖16	半水成土	潮土	黄潮土	两合土	腰砂两合土	1	0—18	褐棕色	中壤土	块状						河流冲积物	E 114°03′46.8″ N 33°37′13.4″	75
						2	18—47	浅棕灰色	中壤土	棱块状								
						3	47—74	黄棕色	砂壤土	碎块状								
						4	74—120	棕黄色	中壤土	棱块状								
剖17	半水成土	潮土	黄潮土	两合土	底砂两合土	1	0—20	暗黄色	中壤土	粒状	7.0	10.5	0.73	0.46	13.8	河流冲积物	E 114°12′45.7″ N 33°38′35.5″	75
						2	20—38	棕黄色	中壤土	块状	7.1	5.5	0.44	0.34	12.5			
						3	38—80	棕黄色	砂壤土	碎块状	7.3	5.9	0.45	0.27	14.4			
						4	80—115	棕黄色	砂壤土	碎块状	7.2	5.4	0.37	0.43	16.9			
						5	115—180	灰白夹棕黄色	中壤土	单粒状								
剖18	半淋溶土	褐土	淋溶褐土	暗黄土	有底壤质暗黄土	1	0—26	灰黄色	轻壤土	碎块状		14.6	0.97	0.61	28.1	河湖冲积物	E 114°08′19.0″ N 33°35′58.6″	95
						2	26—53	棕黄色	中壤土	棱块状		14.0	0.70	0.48	31.3			
						3	53—86	黄棕色	中壤土	碎块状		5.4	0.35	0.39				
						4	86—130	暗棕色	中壤土	碎块状								
剖19	半水成土	砂姜黑土	砂姜黑土	灰质砂姜黑土	灰质深位少量砂姜黑土	1	0—34	浅黄灰色	轻黏土	粒状、碎块状						湖相沉积物	E 114°10′54.8″ N 33°32′01.7″	95
						2	34—66	灰黑色	重黏土	碎块状、棱块状								
						3	66—90	灰白夹棕黄色	重黏土	碎块状								

续表 Continued

剖面号 Soil profile	土纲 Soil order	土类 Soil great group	亚类 Soil subgroup	土属 Soil genus	土种 Soil species	土层码 Layer code	土层厚度 Depth/ cm	颜色 Soil color	质地 Soil texture	土壤结构 Soil structure	pH	有机质 OM/ (g/kg)	全氮 TN/ (g/kg)	全磷 TP/ (g/kg)	阳离子 交换量CEC/ (cmol/kg)	土壤母质 Parent material	剖面点坐标 Profile coordinate	匹配指数 Matching index/%
剖20	淋溶土	黄褐土	黄褐土	黄胶土	浅位中层黄胶土	1	0—25	褐黄色	重壤土	粒状	6.6	10.4	0.77	0.33	20.2	下蜀系黄土	E 114°10′55.6″ N 33°28′46.2″	78
						2	25—55	黄棕色	重壤土	块状	7.3	4.5	0.38	0.25	19.9			
						3	55—80	黄棕色	轻黏土	棱块状	7.0	8.0	0.51	0.19	25.8			
						4	80—125	浅棕黄色	重壤土	棱块状	6.8	8.6	0.62	0.28	21.2			

舞阳县

主要土类说明

黄褐土是舞阳县主要土壤类型，占本县地域面积的42%。黄褐土所处地区的生物气候条件具有南北过渡的特点，夏季高温多雨，淋溶作用比较强烈，因此土壤剖面形态特征具有明显的黏化层和铁沉积层。盐基淋溶作用较强，盐基饱和度一般为70%—80%。全剖面无石灰反应，土壤呈中性，pH为7.5左右。土体下部有时有石灰结核。有些地区地下水位较高，底土层受地下水的影响，具有较明显的潜育化现象。

砂姜黑土是舞阳县第二大土壤类型，占本县地域面积的26%。砂姜黑土是在暖温带南部和北亚热带湿润、半湿润气候区的潜育土上发育的旱耕熟化土壤，是在低洼排水不良的环境条件下，经长期地质作用与人为排水耕作，使土壤脱沼泽过程而形成的一种暗黑色的耕作土壤。砂姜黑土的成土母质为第四纪浅湖相沉积物。典型的砂姜黑土1m土体的剖面有耕作层、犁底层、残余黑土层（或淡黑土层）、潜育层和砂姜层，主要诊断层为黑土层、潜育层和砂姜层。其土壤质地黏重，比较均一，没有明显的沉积层理；土壤呈中性或微碱性；盐基饱和，棱柱状或棱块状结构面上有灰色胶膜；碳酸钙淋溶淀积明显；黑土层颜色偏暗，有机质含量相对较高，一般在10g/kg以上。

潮土是舞阳县第三大土壤类型，占本县地域面积的23%。潮土是发育于河流沉积物上，在地下水的直接参与下，经人为耕作熟化而成的土壤。本县潮土主要发育于沙河、里河沉积物上，但也受到汝河、颍河的很大影响。因其来源不同，矿物组成也不一样。沙河、里河发源和流经黄棕壤地区，所挟带的物质中碳酸钙含量很少，所形成的土壤一般无石灰反应。汝河、颍河均发源和流经褐土地区，沉积物中碳酸钙含量较高，而汝河又从西北部的章化注入沙河，故沙河沿岸一线的土壤有不同程度的石灰反应。同时，由于河水的分选作用，在"紧砂、慢淤"沉积规律的影响下，砂土、两合土、淤土的分布具有明显的成带性。再加上各河流常互相窜扰，交错沉积，使不同地区沉积物的性质有很大的差异，即使在同一地区，上层和下层的沉积物也不相同，故潮土又具有明显的成层性。总之，潮土土层深厚，质地层次明显，土壤发生层次不明显；土壤有机质累积较少，颜色较浅；呈中性至微碱性；剖面下部有时有黄灰色或棕褐色的斑纹。

褐土占舞阳县地域面积的7%，发育在北亚热带与暖温带过渡的气候条件下，局部高地的洪积、冲积黄土性母质上。由于夏季高温多雨，淋溶作用较强，土体内发生黏粒移动和碳酸钙的淋溶以及铁锰淋溶淀积作用。本县褐土土体深厚，上虚下实，上部质地为轻壤土至中壤土，80cm左右出现明显的黏粒移动现象，有较多的铁锰结核，结构面上有明显的棕褐色铁锰胶膜。碳酸钙已被淋洗，表层无石灰反应，但心土层仍可见弱石灰反应。所处地形部位较高，地下水位较低，肥力水平中等，土壤有机质含量一般在10g/kg左右，全氮含量为0.75g/kg。

本区域中心区气候特征

本区域中心区气候特征值
Regional climate characteristics in central area of the region

气候带：暖温带亚湿润气候 Climate region: Warm temperate subhumid climate	
年平均气温 /℃ Annual average temperature /℃	14.5
年平均最高气温 /℃ Annual average maximum temperature /℃	20.1
年平均最低气温 /℃ Annual average minimum temperature /℃	9.8
年降水量 /mm Annual precipitation /mm	818
≥10℃的积温 /℃ Daily temperature accumulated in a year (≥10℃) /℃	5331
年日照时数 /h Annual sunshine /h	2014
年平均相对湿度 /% Annual average relative humidity /%	71
干燥度 Dryness	1.09

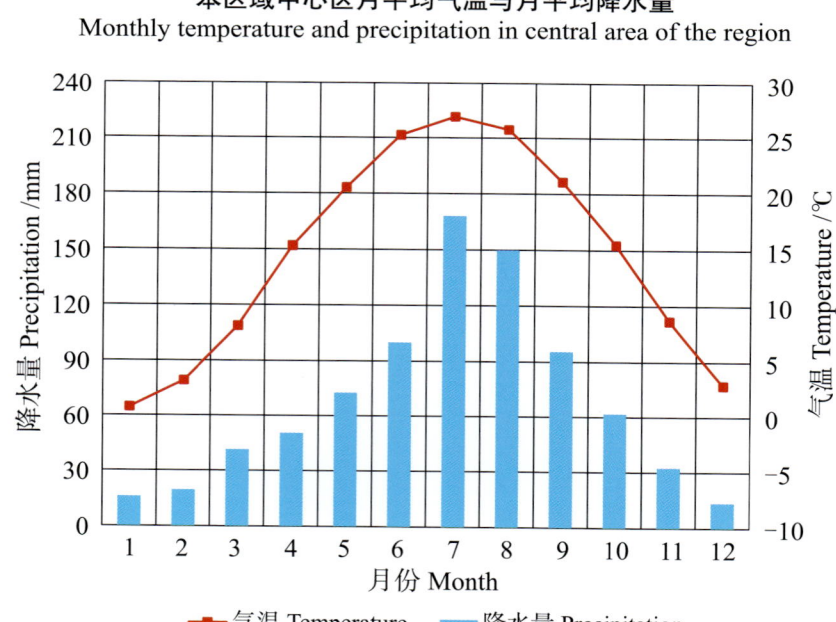

本区域中心区月平均气温与月平均降水量
Monthly temperature and precipitation in central area of the region

舞阳县主要土壤类型与土壤剖面点分布图

1:160 000

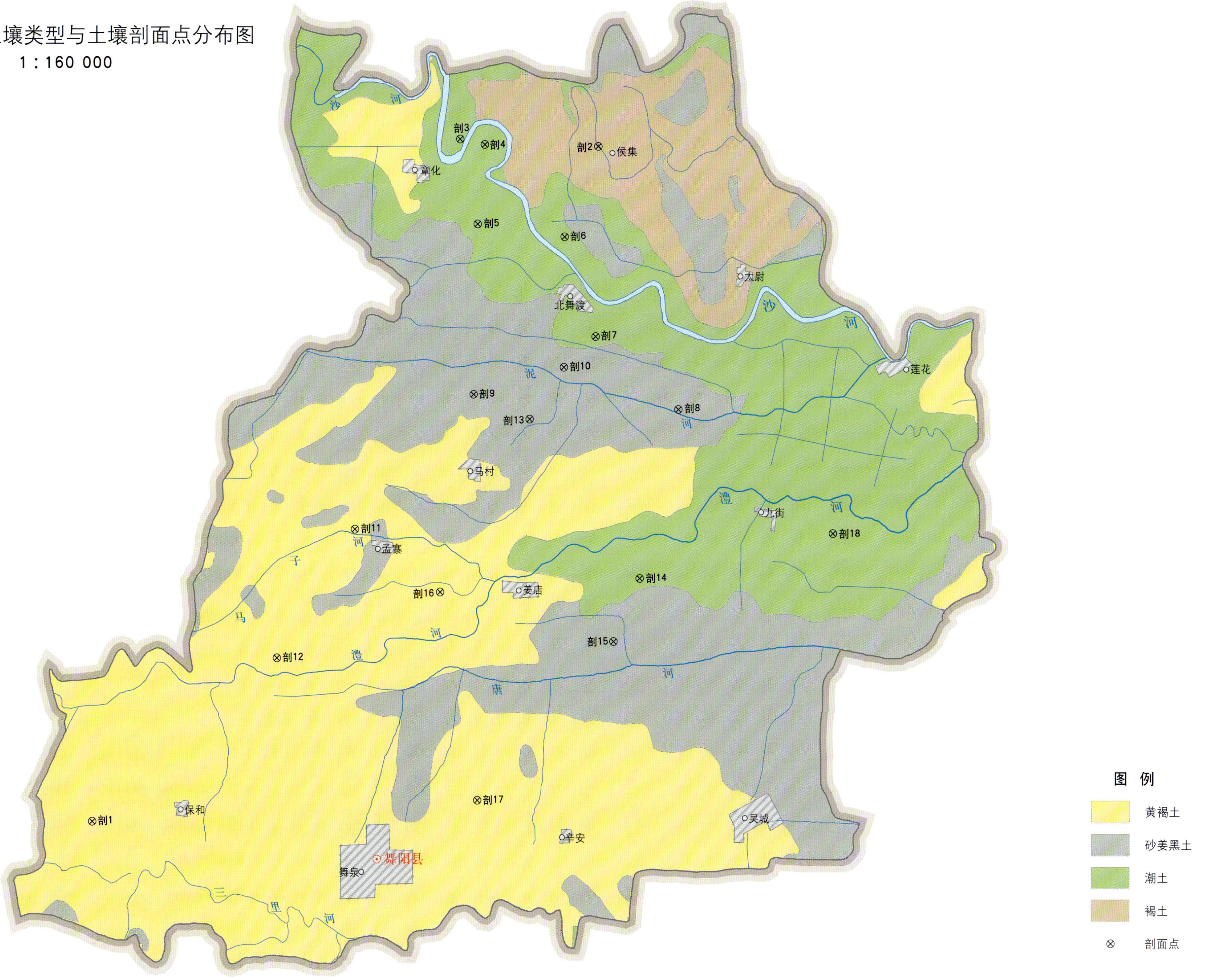

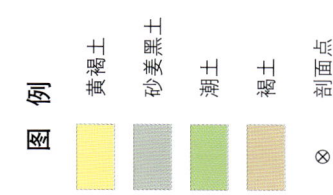

第二编　分县土壤图与土壤剖面数据

舞阳县土壤剖面理化性状表

剖面号 Soil profile	土纲 Soil order	土类 Soil great group	亚类 Soil subgroup	土属 Soil genus	土种 Soil species	土层码 Layer code	土层厚度 Depth/cm	颜色 Soil color	质地 Soil texture	土壤结构 Soil structure	pH	有机质 OM/(g/kg)	全氮 TN/(g/kg)	全磷 TP/(g/kg)	阳离子交换量 CEC/(cmol/kg)	土壤母质 Parent material	剖面点坐标 Profile coordinate	匹配指数 Matching index/%
剖1	淋溶土	黄褐土	黄褐土	黄胶土	深位厚层黄胶土	1	0—19	灰黄色	中壤土	粒状	6.3	10.7	0.75	0.16	16.1	下蜀系黄土	E 113°29′15.0″ N 33°27′17.6″	97
						2	19—30	棕黄色	中壤土	碎块状	6.7	8.5	0.66	0.14	12.9			
						3	30—50	浅棕黄色	中壤土	块状	6.6	4.6	0.41	<0.10	10.2			
						4	50—82	褐棕褐色	中壤土	块状	6.7	4.4	0.42	<0.10	11.9			
						5	82—110		重壤土	棱块状	6.6	5.7	0.47	0.11	19.0			
剖2	半淋溶土	褐土	淋溶褐土	暗黄土	有底壤质暗黄土	1	0—21	灰黄色	中壤土	粒状	7.6	14.0	0.75	0.40	12.6		E 113°42′00.4″ N 33°40′20.3″	97
						2	21—67	暗黄棕色	轻壤土	块状	7.6	4.8	0.34	0.28	10.4			
						3	67—101	暗黄棕色	中壤土	块状	7.8	3.8	0.39	0.23	16.9			
						4	101—140	暗黄棕色	中壤土	块状	7.9	4.6	0.33	0.30	16.5			
剖3	半水成土	潮土	灰潮土	灰砂土	灰砂壤土	1	0—16	灰黄色	砂壤土	粒状						河流冲积物	E 113°38′42.0″ N 33°40′31.4″	75
						2	16—28	暗黄色	砂壤土	碎块状								
						3	28—100	暗黄棕色	中壤土	碎块状								
剖4	半水成土	潮土	黄潮土	两合土	底砂厚两合土	1	0—26	灰黄色	中壤土	粒状		10.8	0.66	0.43	12.2	河流冲积物	E 113°39′13.7″ N 33°40′26.0″	75
						2	26—70	暗黄棕色	砂壤土	块状		5.7	0.54	0.36	12.9			
						3	70—140	棕黄色	重壤土	单粒状		2.6	0.47	0.40	7.5			
剖5	半水成土	潮土	黄潮土	淤土	黑底淤土	1	0—14	灰褐色	重壤土	粒块状、碎块状						河流冲积物	E 113°39′00.0″ N 33°38′52.4″	97
						2	14—30	棕褐色	重壤土	碎块状								
						3	30—60	黑褐色	重壤土	块状								
						4	60—150	灰黄色	轻壤土	粒状								
剖6	半水成土	潮土	黄潮土	两合土	小两合土	1	0—23	浅灰黄色	轻壤土	块状		9.6	0.69	0.25	12.4	河流冲积物	E 113°41′07.8″ N 33°38′34.1″	98
						2	23—46	暗黄棕色	轻壤土	块状		4.9	0.41	0.17	10.7			
						3	46—86	浅黄棕色	中壤土	块状		4.3	0.35	0.12	11.7			
						4	86—150	灰黄色	轻壤土	块状		3.0	0.23	0.19	10.2			
剖7	半水成土	潮土	黄潮土	淤土		1	0—28	棕色	中黏土	粒状	7.2	15.9	1.15	0.38	22.7	河流冲积物	E 113°41′49.2″ N 33°36′35.3″	97
						2	28—49	棕色	中壤土	块状	7.3	12.1	0.90	0.34	22.7			
						3	49—70	暗黄棕色	重黏土	块状	7.3	9.8	0.85	0.39	28.7			
						4	70—115	暗黄棕色	轻黏土	块状	7.4	9.6	0.65	0.26	27.1			
						5	115—135	灰黄色	中黏土	粒状		12.2	0.59	0.15	16.9			
剖8	半水成土	砂姜黑土	砂姜黑土	黑老土	黏质厚覆黑老土	1	0—18	棕褐色	重黏土	块状		8.5	0.73	0.24	17.5	河湖相沉积物	E 113°43′46.9″ N 33°35′06.4″	97
						2	18—32	棕褐色	轻黏土	块状		12.4	0.68	0.17	32.0			
						3	32—64	褐棕色	重黏土	块状		<1.0	0.63	0.13	26.1			
						4	64—110	灰黄色	中壤土	粒状			0.41	0.13				
剖9	半水成土	砂姜黑土	砂姜黑土	黑老土	壤质薄覆黑老土	1	0—19	浅灰黄色	中壤土	块状		13.2	0.74	0.22	23.3	河湖相沉积物	E 113°38′47.8″ N 33°35′30.8″	97
						2	19—38	灰棕色	重黏土	棱块状		12.5	0.66	0.13	29.5			
						3	38—62	黑灰色	重黏土	棱块状		11.5	0.48	0.12	31.1			
						4	62—112	灰黄棕色	重黏土	块状		9.0	0.45	0.12	31.4			
剖10	半水成土	砂姜黑土	砂姜黑土	黑老土	黏质薄覆黑老土	1	0—24	灰黄色	轻黏土	粒状	7.0					河湖相沉积物	E 113°41′01.7″ N 33°36′00.0″	97
						2	24—50	灰黄色	重黏土	块状	7.1							
						3	50—82	黑灰色	重黏土	块状	7.2							
						4	82—125	黄棕色	中黏土	块状	7.2							

续表 Continued

剖面号 Soil profile	土纲 Soil order	土类 Soil great group	亚类 Soil subgroup	土属 Soil genus	土种 Soil species	土层码 Layer code	土层厚度 Depth/cm	颜色 Soil color	质地 Soil texture	土壤结构 Soil structure	pH	有机质 OM/(g/kg)	全氮 TN/(g/kg)	全磷 TP/(g/kg)	阳离子交换量 CEC/(cmol/kg)	土壤母质 Parent material	剖面点坐标 Profile coordinate	匹配指数 Matching index/%
剖11	淋溶土	黄褐土	黄褐土	潮黄老土	潮黄老土	1	0—18	灰黄色	中壤土	粒状	6.6	9.0	0.67	<0.10	9.5		E 113°35′48.8″ N 33°32′55.0″	97
						2	18—40	灰黄色	中壤土	块状	6.6	6.9	0.55	0.18	13.3			
						3	40—85	棕黄色	中壤土	块状	6.8	5.5	0.45	0.11	16.3			
						4	85—105	棕褐色	轻黏土	块状	6.9	6.8	0.51	0.16	17.1			
剖12	淋溶土	黄褐土	黄褐土	黄老土	黄墡土	1	0—22	浅灰黄色	轻壤土	碎块状	6.9	9.8	0.69	0.22	10.0	老河流沉积物	E 113°33′49.3″ N 33°30′25.2″	98
						2	22—41	浅灰黄色	轻壤土	块状	6.7	7.5	0.60	0.22	10.7			
						3	41—80	浅棕黄色	轻壤土	块状	6.8	4.2	0.38	0.14	14.0			
						4	80—150	黄棕黄色	轻壤土	块状	6.8	4.6	0.39	0.13	14.7			
剖13	半水成土	砂姜黑土	砂姜黑土	黑老土	壤质薄覆老黑土	1	0—25	灰黑色	中壤土	粒状	7.4	9.4	0.36	0.19	17.4	河湖相沉积物	E 113°40′09.5″ N 33°34′59.5″	97
						2	25—57	灰黑黄色	重壤土	块状	7.3	9.7	0.48	0.13	20.9			
						3	57—110	浅棕黄色	中壤土	块状	7.4	3.3		0.12	12.9			
剖14	半水成土	灰潮土	灰潮土	灰两合土	灰两合土	1	0—16	浅灰黄色	中壤土	粒状		11.0	0.64	0.24	17.3	河流冲积物	E 113°42′44.6″ N 33°31′47.6″	97
						2	16—43	浅灰黄色	中壤土	块状		8.2	0.48	0.21	14.7			
						3	43—87	浅棕黄色	中壤土	块状		5.1	0.44	0.11	15.2			
						4	87—110	浅棕黄色	中壤土	块状		4.3	0.39	0.13	19.5			
剖15	半水成土	砂姜黑土	砂姜黑土	砂黑土	深位少量砂姜黑土	1	0—26	暗黄褐色	重壤土	碎块状	7.3	14.6	0.83	0.31	25.0	河湖相沉积物	E 113°42′04.0″ N 33°30′33.8″	95
						2	26—63	灰黑色	重黏土	块状	7.4	21.6	0.88	0.31	29.0			
						3	63—120	浅灰黄色	重壤土	块状	7.5	8.4	0.27	0.23	18.1			
剖16	淋溶土	黄褐土	黄褐土	黄老土	黄老土	1	0—20	灰灰黄色	中壤土	粒状	6.7	9.9	0.60	0.17	12.4	老河流沉积物	E 113°37′51.2″ N 33°31′37.9″	98
						2	20—63	浅黄棕色	中壤土	块状	6.9	6.0	0.51	0.18	18.6			
						3	63—91	浅黄棕色	重壤土	块状	6.7	6.2	0.45	0.14	18.0			
						4	91—125	黄黄棕色	重壤土	块状	6.6	6.7	0.42	0.16	19.8			
剖17	淋溶土	黄褐土	黄褐土	黄胶土	深位厚黄层胶土	1	0—20	棕灰色	中壤土	粒状	6.7	11.2	0.85	0.15	11.5	下蜀系黄土	E 113°38′38.0″ N 33°27′30.6″	98
						2	20—42	灰灰黄色	重壤土	碎块状	6.7	4.4	0.42	<0.10	17.8			
						3	42—75	暗黄棕色	重壤土	棱块状	7.2	4.6	0.37	<0.10	18.5			
						4	75—107	暗黄棕色	重壤土	棱块状	7.0	4.0	0.41	0.12	21.1			
						5	107—150	黄黄棕色	重壤土	棱块状	7.1	3.9	0.32	0.19	20.0			
剖18	半水成土	潮土	灰潮土	灰两合土	灰小两合土	1	0—26	棕灰色	轻壤土	碎块状		10.6	0.72	0.20	13.3	河流冲积物	E 113°47′29.8″ N 33°32′34.8″	99
						2	26—40	浅黄棕色	轻壤土	块状		3.7	0.38	0.15	9.8			
						3	40—57	浅黄棕色	轻壤土	块状		5.5	0.35	0.17	12.1			
						4	57—138	浅棕黄色	砂壤土	块状		2.9	0.28	0.13	12.9			

临颍县

主要土类说明

潮土是临颍县主要土壤类型，占本县地域面积的50%。本县潮土是发育在汝颍河、清潩河沉积物上，在地下水的直接参与下，经耕作熟化而成的土壤。潮土的成土物质受河水的分选作用，在不同时期和不同部位沉积物质的颗粒大小差异很大，在广大平原中形成不同质地剖面的沉积物。流水速度不仅在水平分选上有差异，"紧出砂，慢出淤，不紧不慢出两合"，还与地形、距离河道主流远近和季节等因素密切相关。通常距河道愈近流速愈快，以沉积砂粒为主；距河道愈远流速渐缓，静水以沉积黏粒为主。由于河流多次泛滥改道，每次流经地区不同就在广大平原上沉积了土层深厚、质地层次明显且厚薄不一的土层。所以，潮土土体深厚，质地层次明显，土壤发生层次不明显，颜色较浅，有机质和氮素含量少，钾、钙等较为丰富，pH 为7.0—8.0，呈中性至微碱性，剖面下部有时有蓝灰色或红褐色斑纹或细小的铁锰结核。依据地形及水文地质条件对土壤发育的影响，本县潮土分为黄潮土和褐潮土等亚类。

砂姜黑土是临颍县第二大土壤类型，占本县地域面积的48%。砂姜黑土是在北亚热带和暖温带南部湿润、半湿润气候区的潜育土上发育的旱耕熟化土壤，是在低洼排水不良的环境条件下，经过长期的地质作用与人为的排水耕作，使土壤发生脱沼泽过程而形成的一种暗黑色的耕作土壤。成土母质为第四纪浅湖相沉积物。据古地理科研工作者的研究，淮北平原在史前为黄河冲积扇的前缘，因此沉积物富含碳酸钙。根据地质资料，这里曾生长过湿生性草本植物，由于嫌气性的生物积累，形成了"黑土层"。同时，有机质分解产生二氧化碳，形成碳酸，使碳酸钙变成碳酸氢钙，随水下渗到底土层或地下水中，旱季来到，水位下降，碳酸氢钙脱水，凝聚为钙层或砂姜。同时，地下水中的碳酸氢钙在减压增温的条件下亦可使碳酸钙析出，所以在深厚的沉积物中，有多次砂姜或砂姜盘出现。典型的砂姜黑土，在1m土体的剖面中具有耕作层、犁底层、残余黑土层（包括淡黑土层）、潜育层和砂姜层（钙积层），主要诊断层为黑土层、潜育层和砂姜层。砂姜黑土的主要特征是质地偏黏，比较均一，没有明显的沉积层理；土壤呈中性或微碱性；盐基高度饱和，水分主要是上下运行；棱块状结构面上有灰色胶膜，碳酸钙淋溶淀积明显；黑土层颜色偏暗，有机质含量相对较高，一般在10g/kg以上；黏土矿物以蒙脱石为主，其次为水云母，因此胶体部分的阳离子交换量高，为50—60cmol/kg。

本区域中心区气候特征

本区域中心区气候特征值
Regional climate characteristics in central area of the region

气候带：暖温带亚湿润气候 Climate region: Warm temperate subhumid climate	
年平均气温 /℃ Annual average temperature /℃	14.5
年平均最高气温 /℃ Annual average maximum temperature /℃	20.1
年平均最低气温 /℃ Annual average minimum temperature /℃	9.7
年降水量 /mm Annual precipitation /mm	791
≥10℃的积温 /℃ Daily temperature accumulated in a year (≥10℃) /℃	5328
年日照时数 /h Annual sunshine /h	2078
年平均相对湿度 /% Annual average relative humidity /%	70
干燥度 Dryness	1.13

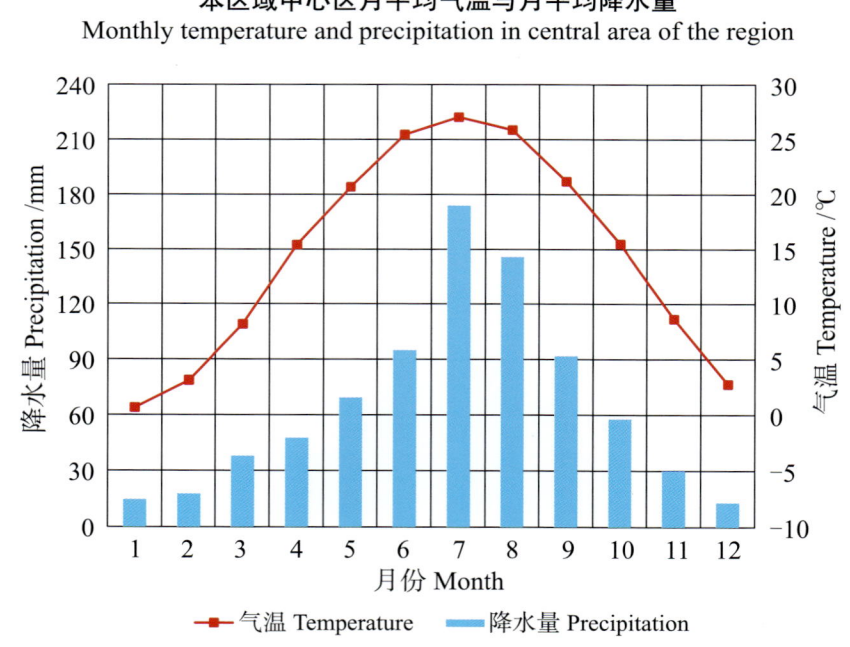

本区域中心区月平均气温与月平均降水量
Monthly temperature and precipitation in central area of the region

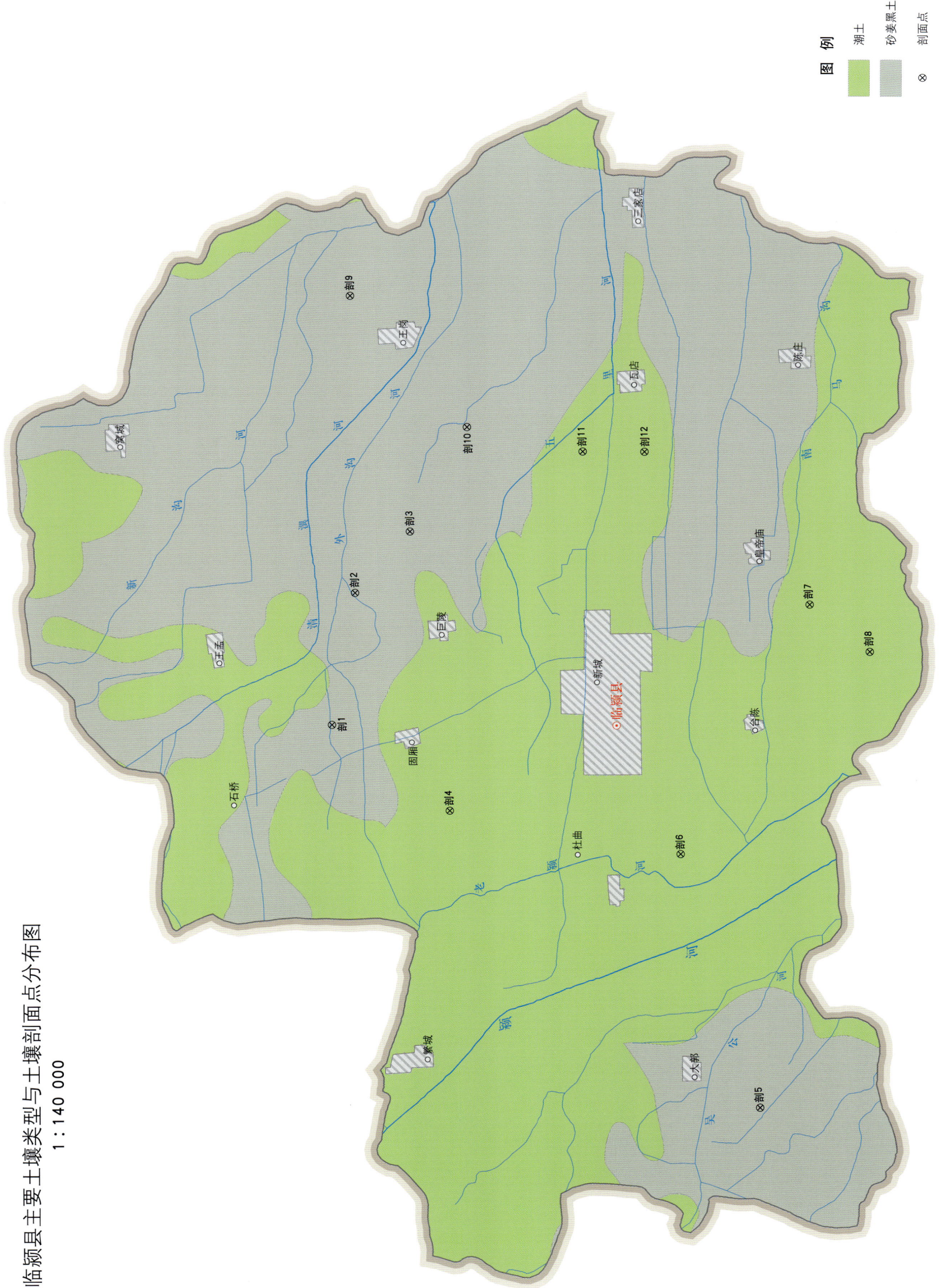

临颍县土壤剖面理化性状表

剖面号 Soil profile	土纲 Soil order	土类 Soil great group	亚类 Soil subgroup	土属 Soil genus	土种 Soil species	土层码 Layer code	土层厚度 Depth/cm	颜色 Soil color	质地 Soil texture	土壤结构 Soil structure	pH	有机质 OM/(g/kg)	全氮 TN/(g/kg)	全磷 TP/(g/kg)	阳离子交换量CEC/(cmol/kg)	土壤母质 Parent material	剖面点坐标 Profile coordinate	匹配指数 Matching index/%
剖1	半水成土	砂姜黑土	砂姜黑土	灰质黑老土	灰质黏质厚覆黑老土	1	0—25	灰黄色	轻黏土	粒状、碎块状	7.5					湖相沉积物	E 113°55′37.6″ N 33°53′42.0″	75
						2	25—35	棕灰色	轻黏土	块状	7.6							
						3	35—78	黑灰色	轻黏土	块状、棱块状	7.6							
						4	78—120	褐黄色	轻黏土	块状	7.4							
剖2	半水成土	砂姜黑土	砂姜黑土	灰质黑老土	灰质壤质厚覆黑老土	1	0—20	灰黄色	中壤土	粒状	7.2	9.3	0.67	0.49	13.6	湖相沉积物	E 113°58′32.2″ N 33°53′12.8″	75
						2	20—55	浅灰褐色	重壤土	块状	7.4	7.0	0.49	0.26	16.8			
						3	55—104	褐灰色	轻壤土	块状、棱块状	7.4	7.6	0.46	0.32	20.7			
						4	104—140	黄灰色	中壤土	块状	7.4	5.1	0.36	0.40	16.1			
剖3	半水成土	砂姜黑土	砂姜黑土	灰质黑老土	灰质黏质厚覆黑老土	1	0—22	浅褐棕色	轻黏土	碎块状	7.3					湖相沉积物	E 113°59′51.7″ N 33°52′12.0″	75
						2	22—44	褐棕色	轻黏土	块状	7.1							
						3	44—75	黑灰色	轻黏土	块状、棱块状	7.1							
						4	75—115	浅灰黄色	重壤土	块状	7.4							
剖4	半水成土	潮土	黄潮土	两合土	腰砂小两合土	1	0—13	灰黄色	轻壤土	粒状	7.4	13.1	0.93	0.55	15.1	河流冲积物	E 113°53′38.0″ N 33°51′38.9″	95
						2	13—35	黄灰色	轻壤土	块状	7.4	9.3	0.77	0.49	17.5			
						3	35—62	棕灰色	砂土	无结构	7.6	6.7	0.47	0.45	15.8			
						4	62—103		轻壤土	块状	7.6	4.4	0.29	0.38	12.3			
剖5	半水成土	砂姜黑土	砂姜黑土	灰质砂姜黑土	灰质深位少量砂姜黑土	1	0—30	黄灰色	中壤土	粒状	7.1	12.2	0.98	0.71	18.9	湖相沉积物	E 113°46′52.0″ N 33°46′16.7″	95
						2	30—73	黄灰色	轻壤土	碎块状	7.2	10.8	0.60	0.32	33.9			
						3	73—120	浅灰黄色	轻壤土	碎块状	7.4	3.9	0.27	0.37	13.9			
剖6	半水成土	潮土	黄潮土	两合土	小两合土	1	0—20	灰黄色	中壤土	粒状	7.6	9.8	0.65	0.53	10.9	河流冲积物	E 113°52′30.7″ N 33°47′33.0″	95
						2	20—37	褐棕色	重壤土	碎块状	7.4	6.8	0.51	0.46	11.3			
						3	37—53	浅灰褐色	中壤土	块状	7.7	6.8	0.46	0.44	11.7			
						4	53—110	浅棕黄色	轻壤土	块状	8.1	4.3	0.37	0.38	8.0			
剖7	半水成土	潮土	黄潮土	两合土	底砂两合土	1	0—14	灰黄色	中壤土	块状	7.4					河流冲积物	E 113°57′58.7″ N 33°45′06.1″	95
						2	14—35	棕灰褐色	中壤土	块状	7.4							
						3	35—62	灰黄色	砂土	无结构	7.6							
						4	62—109	浅灰黄色	轻壤土	碎块状	7.3	12.9	0.82	0.49	25.1			
剖8	半水成土	潮土	黄潮土	两合土	两合土	1	0—19	灰黄色	中壤土	块状	7.4	16.8	0.92	0.39	36.0	河流冲积物	E 113°56′53.9″ N 33°44′03.1″	95
						2	19—47	褐黄色	重壤土	块状	7.5	5.6	0.34	0.41	18.0			
						3	47—85	浅棕黄色	中壤土	块状、碎块状	7.7	2.9	0.21					
						4	85—140	褐黄色	轻壤土	碎块状	7.3	13.9	0.81	0.60	27.1			
剖9	半水成土	砂姜黑土	砂姜黑土	灰质砂姜黑土	灰质深位少量砂姜黑土	1	0—30	黑灰色	中黏土	块状、碎块状	7.3	13.7	0.51	0.32	44.8	湖相沉积物	E 114°05′08.2″ N 33°53′08.2″	95
						2	30—75	褐灰色	重黏土	块状、棱块状	7.2	6.9	0.40	0.28	27.6			
						3	75—100	浅灰棕色	重黏土	碎块状	7.6	10.2	0.63	0.60	11.5			
						4	100—115	灰黄色	中壤土	粒状	7.3							
剖10	半水成土	砂姜黑土	砂姜黑土	灰质砂姜黑土	灰质深位少量砂姜黑土	1	0—26	黄灰色	轻壤土	块状、碎块状	7.4	5.5	0.37	0.48	10.8	湖相沉积物	E 114°02′09.2″ N 33°51′07.2″	95
						2	26—78	棕褐色	中壤土	块状、棱块状	7.4	4.0	0.34	0.36	11.7			
						3	78—102	黄褐色	重壤土	块状、棱块状								
剖11	半水成土	潮土	褐潮土	褐土化两合土	褐土化两合土	1	0—18	灰黄褐色	中壤土	粒状						河流冲积物	E 114°01′32.2″ N 33°49′04.1″	93
						2	18—50	黄褐色	中壤土	块状、棱块状								
						3	50—97	棕褐色	中壤土	块状、棱块状								
						4	97—120	黄棕色	重壤土	块状、棱块状		4.5	0.34					

续表 Continued

剖面号 Soil profile	土纲 Soil order	土类 Soil great group	亚类 Soil subgroup	土属 Soil genus	土种 Soil species	土层码 Layer code	土层厚度 Depth/cm	颜色 Soil color	质地 Soil texture	土壤结构 Soil structure	pH	有机质 OM/(g/kg)	全氮 TN/(g/kg)	全磷 TP/(g/kg)	阳离子交换量CEC/(cmol/kg)	土壤母质 Parent material	剖面点坐标 Profile coordinate	匹配指数 Matching index/%
剖12	半水成土	潮土	黄潮土	淤土	淤土	1	0—20	灰棕色	中黏土	粒状、碎块状	7.3	13.0	0.88	0.60	23.9	河流冲积物	E 114°01′29.3″ N 33°47′57.8″	95
						2	20—103	黄棕色	重黏土	核状、块状	7.3	11.2	0.68	0.42	28.9			
						3	103—120	暗棕色	中黏土	块状	7.3	13.4	0.78					

三 门 峡 市

市 辖 区

主要土类说明

褐土是三门峡市主要土壤类型，占本市地域面积的73%，主要发育在第四纪黄土和冲积、洪积的黄土状母质上。土体中含有丰富的碳酸盐类，受到暖温带季风气候的降水时空分布不均的影响，即冬春寒冷少雨、夏秋炎热雨水连绵的干湿交替作用，使土壤中可溶性碳酸盐类溶解于水，渗到一定的深度而聚积，年复一年、周而复始淋溶的结果是碳酸盐淀积成白色假菌丝体，进而形成具有砂姜的钙积层。土体中湿度、温度相对较为稳定的部位，由于其物理化学风化较强烈，加上土体上部黏粒的淋溶淀积，就形成了一个黏粒含量较高，以残积黏化为主的黏化层。因此分布于本市的地带性土壤，具有淋溶钙积、黏化过程，且以淋溶钙积最为明显。

粗骨土是三门峡市第二大土壤类型，占本市地域面积的8%，广泛分布在河谷阶地、丘陵、低山和中山等多种地貌单元和地形部位。粗骨土属于A-C型，甚至（A）-C型土壤。A层发育不明显，与母质土层性状相似，略显有机质累积。有时母质层富含砾石，甚少有剖面分异与发育特征。

小于本市地域面积3%的土壤类型还有石质土等。

本区域中心区气候特征

本区域中心区气候特征值
Regional climate characteristics in central area of the region

气候带：暖温带亚湿润气候 Climate region: Warm temperate subhumid climate	
年平均气温 /℃ Annual average temperature /℃	13.6
年平均最高气温 /℃ Annual average maximum temperature /℃	19.7
年平均最低气温 /℃ Annual average minimum temperature /℃	8.5
年降水量 /mm Annual precipitation /mm	567
≥10℃的积温 /℃ Daily temperature accumulated in a year（≥10℃）/℃	4971
年日照时数 /h Annual sunshine /h	2170
年平均相对湿度 /% Annual average relative humidity /%	65
干燥度 Dryness	1.45

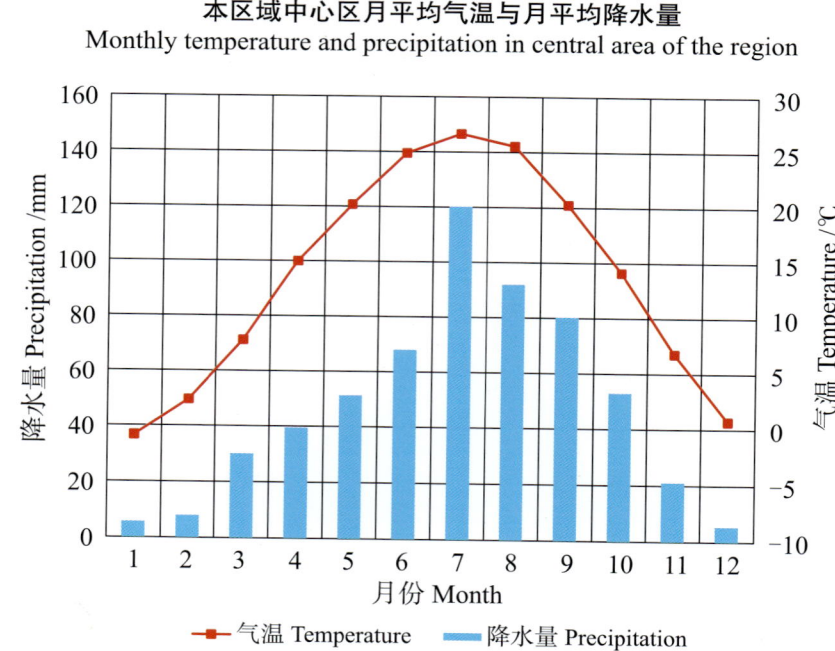

本区域中心区月平均气温与月平均降水量
Monthly temperature and precipitation in central area of the region

三门峡市市辖区（部分）主要土壤类型与土壤剖面点分布图

1∶90 000

图 例

褐土	
粗骨土	
石质土	
⊗	剖面点

第二编　分县土壤图与土壤剖面数据 | 301

三门峡市土壤剖面理化性状表

剖面号 Soil profile	土纲 Soil order	土类 Soil great group	亚类 Soil subgroup	土属 Soil genus	土种 Soil species	土层码 Layer code	土层厚度 Depth/cm	颜色 Soil color	质地 Soil texture	土壤结构 Soil structure	pH	有机质 OM/(g/kg)	全氮 TN/(g/kg)	全磷 TP/(g/kg)	阳离子交换量 CEC/(cmol/kg)	土壤母质 Parent material	剖面点坐标 Profile coordinate	匹配指数 Matching index/%
剖1	半淋溶土	褐土	褐土性土	石灰质岩始成褐土		1	0—14	棕褐色	重壤土	粒状	8.1	44.0	2.09	0.32	25.1	石灰岩	E 111°20′05.3″ N 34°47′18.6″	93
						2	14—23	棕褐色	轻黏土	块状	8.2	32.7	1.53	0.22	23.7			
剖2	半淋溶土	褐土	褐土性土	石灰质岩始成褐土	石灰质岩中层砾质始成褐土	1	0—15	浅红色	重黏土	粒状	8.1	28.5	1.12	0.28	18.4	石灰岩	E 111°16′22.8″ N 34°45′44.6″	75
						2	15—29	浅红色	轻黏土	块状	8.8	19.5	0.78	0.25	19.3			
						3	29—52	浅红色	中黏土		8.3	6.1	0.29	0.11	16.2			
剖3	半淋溶土	褐土	褐土性土	堆垫始成褐土	堆垫厚层始成褐土	1	0—15	浅棕红色	中壤土	块状	8.2	8.8	0.39	0.88	10.7	堆垫物	E 111°11′59.6″ N 34°45′33.8″	75
						2	15—50	浅棕红色	中壤土	块状	8.4	4.3	0.25	0.64	11.7			
						3	50—57	暗棕红色	砂壤土	无结构	8.4	3.5	<0.10	0.78	7.9			
						4	57—70	暗棕红色	中壤土	核状	8.3	5.0	0.27	0.65	9.9			
剖4	半淋溶土	褐土	石灰性褐土	红黄土质石灰性褐土	红黄土质少量砂姜石灰性褐土	1	0—20	棕黄色	轻黏土	粒状	8.4	13.5	0.55	0.42	14.8	红黄土	E 111°22′19.2″ N 34°48′07.2″	93
						2	20—30	黄棕色	重黏土	块状	8.4	12.8	0.63	0.39	≥50.0			
						3	30—87	黄棕色	重黏土	块状	8.3	10.2	0.50	0.37	13.7			
						4	87—120	黄棕色	重壤土	块状	8.2	8.4	0.43	0.30	13.2			
剖5	半淋溶土	褐土	石灰性褐土	白面土	白面土	1	0—20	浅灰色	砂壤土	粒状	8.3	11.9	0.54	0.96	6.2	黄土	E 111°14′17.2″ N 34°46′00.1″	94
						2	20—70	灰黄色	砂壤土	块状	8.5	7.4	0.33	0.90	6.4			
						3	70—100	浅黄色	轻壤土	块状	8.3	6.2	0.22	0.90	7.2			
剖6	半淋溶土	褐土	石灰性褐土	白面土	低位少量砂姜白面土	1	0—30	灰黄色	中壤土	块状	8.3	13.1	0.58	0.47	12.8	黄土	E 111°10′12.7″ N 34°46′42.2″	93
						2	30—60	浅黄色	重壤土		8.3	7.0	0.38	0.34	11.2			
						3	60—90	灰黄色	重壤土	块状	8.2	6.0	0.31	0.28	11.6			
						4	90—120	浅黄色	重壤土		8.3	5.4	0.19	0.24	12.9			

陕 州 区

主要土类说明

褐土是陕州区主要土壤类型，占本区地域面积的96%，分布在南部山地棕壤之下的广大区域，中山、低山、原、川、丘陵等地貌类型均有分布。根据褐土碳酸盐的淀积、黏化作用以及有机质累积或耕层熟化等成土过程，土壤剖面具有明显的发生层次，通常由腐殖质层（或熟化层）、黏化层（心土层）、钙积层和母质层组成。植被较好的山地褐土，地表可见1—2cm的枯枝落叶层。褐土呈中性至微碱性。有机质含量变化幅度较大，耕地在10g/kg左右，山荒地为20—90g/kg。根据其形成过程和土层中碳酸钙的含量与黏化状况，本区褐土分为淋溶褐土、褐土、石灰性褐土和始成褐土等亚类。

小于本区地域面积3%的土壤类型还有棕壤。

本区域中心区气候特征

本区域中心区气候特征值
Regional climate characteristics in central area of the region

气候带：暖温带亚湿润气候 Climate region: Warm temperate subhumid climate	
年平均气温 /℃ Annual average temperature /℃	13.5
年平均最高气温 /℃ Annual average maximum temperature /℃	19.7
年平均最低气温 /℃ Annual average minimum temperature /℃	8.4
年降水量 /mm Annual precipitation /mm	580
≥10℃的积温 /℃ Daily temperature accumulated in a year (≥10℃) /℃	4964
年日照时数 /h Annual sunshine /h	2144
年平均相对湿度 /% Annual average relative humidity /%	66
干燥度 Dryness	1.40

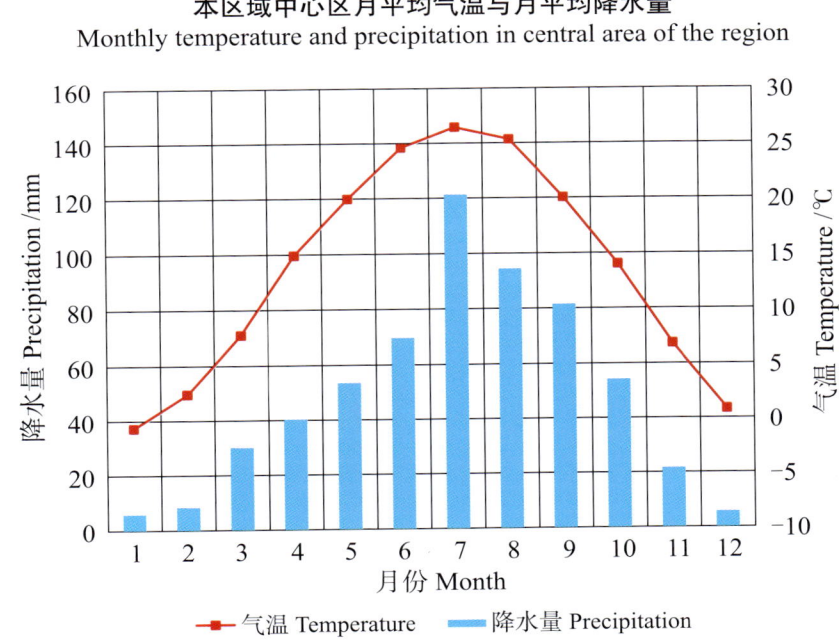

本区域中心区月平均气温与月平均降水量
Monthly temperature and precipitation in central area of the region

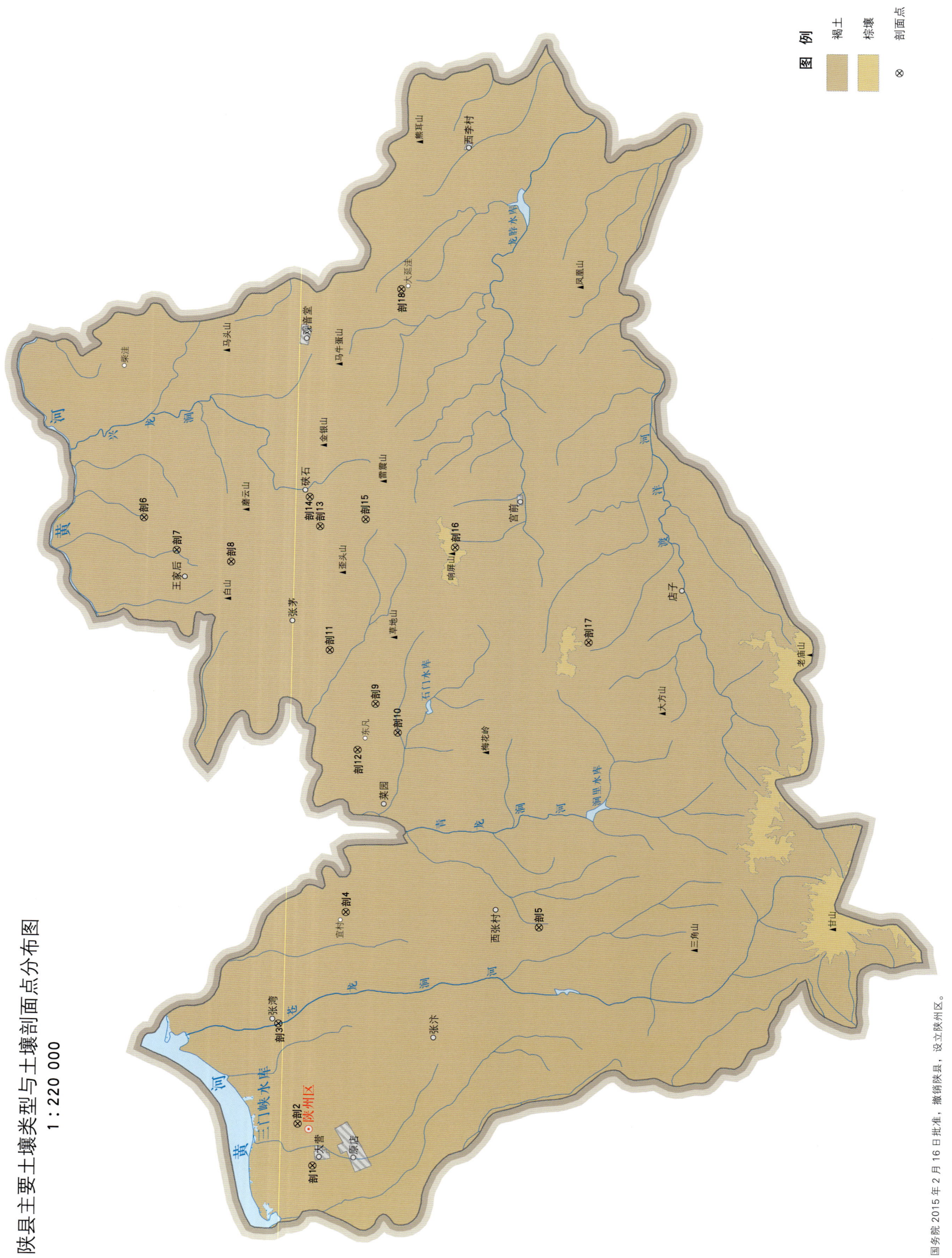

陕州区土壤剖面理化性状表

剖面号 Soil profile	土纲 Soil order	土类 Soil great group	亚类 Soil subgroup	土属 Soil genus	土种 Soil species	土层码 Layer code	土层厚度 Depth/cm	颜色 Soil color	质地 Soil texture	土壤结构 Soil structure	pH	有机质 OM/(g/kg)	全氮 TN/(g/kg)	全磷 TP/(g/kg)	全钾 TK/(g/kg)	有效磷 AP/(mg/kg)	速效钾 AK/(mg/kg)	阳离子交换量CEC/(cmol/kg)	土壤母质 Parent material	剖面点坐标 Profile coordinate	匹配指数 Matching index/%
剖1	半淋溶土	褐土	褐土性土	幼褐垫土	幼褐垫土	A₁₁	0~19	棕色	粉砂质黏壤土	屑粒状	8.1	10.9	0.64	0.65	20.3	20.0	174	13.2	人工堆垫物	E 111°03′39.2″ N 34°42′33.8″	93
						A₁₂	19~28	棕色	粉砂质黏壤土	块状	8.4	9.8	0.66	0.60				13.2			
						Bv	28~37	棕色	黏壤土	块状	8.5	7.6	0.50	0.58				12.8			
						C	37~65	棕色	黏壤土	块状	8.5	5.1	0.37	0.55				13.7			
剖2	半淋溶土	褐土	石灰性褐土	白垆土	黏质白垆土	1	0~18	浅黄橙色	重壤土	粒状	8.5	8.0	0.49	0.59	17.8	8.3	218	13.3		E 111°05′08.5″ N 34°43′00.1″	97
						2	18~32	浅黄橙色	重壤土	块状	8.6	3.4	0.29	0.54				12.6			
						3	32~62	浅棕色	中壤土	块状	8.6	2.9	0.25	0.51				12.6			
						4	62~95	浅红橙色	中壤土	块状	8.4	2.6	0.23	0.51				10.2			
						5	95~100	浅红橙色	重壤土	块状	8.9	1.8	0.17	0.27				12.4			
剖3	半淋溶土	褐土	石灰性褐土	白垆土	壤质白垆土	1	0~20	浅棕色	中壤土	粒状	8.3	11.1	0.68	0.64	19.2	16.8	202	10.4		E 111°08′44.5″ N 34°43′37.6″	97
						2	20~39	浅棕色	中壤土	块状	8.4	7.4	0.49	0.58				10.1			
						3	39~48	黄棕色	中壤土	块状	8.3	5.2	0.38	0.55				9.7			
						4	48~86	暗黄棕色	中壤土	柱状	8.4	3.9	0.30	0.55				12.2			
						5	86~96	暗黄棕色	中壤土	柱状	8.4	3.3	0.27	0.53				11.1			
						6	96~100	黄棕色	中壤土	块状	8.5	3.1	0.29	0.50				12.4			
剖4	半淋溶土	褐土	褐土	立黄土	立黄土	1	0~19	浅棕色	中壤土	粒状	8.1	10.0	0.77	0.57	19.1	4.4	118	13.0	马兰黄土	E 111°12′45.0″ N 34°41′41.3″	98
						2	19~27	浅棕色	中壤土	块状	8.2	10.0	0.64	0.58				12.6			
						3	27~42	红棕色	中壤土	块状	8.3	6.6	0.45	0.55				11.7			
						4	42~67	红棕色	重壤土	块状	8.1	6.8	0.50	0.46				17.3			
						5	67~80	红红棕色	重壤土	块状	8.3	5.5	0.39	0.57				13.0			
						6	80~110	浅红棕色	重壤土	块状	8.3	5.4	0.38	0.58				14.0			
剖5	半淋溶土	褐土	石灰性褐土	黄土质碳酸盐褐土	黄土质薄层碳酸盐褐土	1	0~17	浅棕色	重壤土	粒状	8.2	12.8	0.88	0.54	19.9	4.6	185	16.2	黄土	E 111°12′16.6″ N 34°36′08.6″	95
						2	17~31	红棕色	重壤土	碎屑状	8.3	7.9	0.62	0.53				17.4			
						3	31~50	暗黄棕色	中壤土	块状	8.4	5.4	0.44	0.48				17.3			
						4	50~77	暗黄棕色	中壤土	块状	8.4	5.7	0.44	0.52				17.3			
						5	77~100	浅黄棕色	重壤土	块状	8.4	5.0	0.62	0.51				15.5			
剖6	半淋溶土	褐土	始成褐土	泥质岩始成褐土	泥质岩薄层砾质始成褐土	1	0~4	灰棕色	重壤土	碎屑状	7.0	36.4	1.47	0.29	17.8	1.9	281	19.3	泥质岩	E 111°26′57.1″ N 34°47′34.1″	97
						2	4~9	灰棕色	重壤土	碎屑状	7.3	28.8	1.29	0.23				20.0			
						3	9~20	棕色	中壤土	碎屑状	7.6	20.2	0.88	0.19				20.4			
						4	20~27	棕色	中壤土	碎屑状	7.7	19.8	0.62	0.18				19.2			
						5	27—														
剖7	半淋溶土	褐土	始成褐土	红黄土质始成褐土	红黄土质始成褐土	1	0~17	浅黄橙色	重壤土	块状	8.0	11.6	0.80	0.43	18.6	8.1	143	20.4	红黄土	E 111°25′46.9″ N 34°46′37.6″	97
						2	17~31	暗黄棕色	重壤土	块状	8.0	7.6	0.64	0.28				19.3			
						3	31~45	暗黄棕色	中壤土	块状	7.9	6.8	0.56	0.21				22.2			
						4	45~58	浅黄棕色	中壤土	块状	7.8	4.9	0.44	0.26				22.1			
						5	58~80	黄棕色	重壤土	块状	7.9	5.4	0.46	0.27				20.2			
						6	80~100	暗棕色	重壤土	块状	7.8	5.3	0.48	0.24				21.9			
剖8	半淋溶土	褐土	始成褐土	石灰岩始成褐土	石灰岩薄层质始成褐土	1	0~7	浅红棕色	重壤土	粒状	7.8	40.7	1.97	0.41	18.7	1.3	153	25.8	石灰岩	E 111°25′22.1″ N 34°45′03.6″	97
						2	7~15	浅红棕色	重壤土	块状	7.9	34.1	1.75	0.38				29.3			
						3	15~24	浅红棕色	轻壤土	块状	8.0	32.6	1.43	0.41				31.5			
						4	24~28	浅红棕色	重壤土	块状	7.9	16.4	0.85	0.37				32.3			
						5	28—														

续表 Continued

剖面号 Soil profile	土纲 Soil order	土类 Soil great group	亚类 Soil subgroup	土属 Soil genus	土种 Soil species	土层码 Layer code	土层厚度 Depth/cm	颜色 Soil color	质地 Soil texture	土壤结构 Soil structure	pH	有机质 OM/(g/kg)	全氮 TN/(g/kg)	全磷 TP/(g/kg)	全钾 TK/(g/kg)	有效磷 AP/(mg/kg)	速效钾 AK/(mg/kg)	阳离子交换量CEC/(cmol/kg)	土壤母质 Parent material	剖面点坐标 Profile coordinate	匹配指数 Matching index/%
剖9	半淋溶土	褐土	褐土	暗立黄土	暗立黄土	1	0—17	浅红棕色	中壤土	粒状	8.2	11.2	0.71	0.41	19.6	4.3	123	16.5	马兰黄土	E 111°20′17.9″ N 34°40′53.4″	98
						2	17—33	浅红棕色	中壤土	块状	8.3	9.8	0.65	0.39				16.4			
						3	33—89	红棕色	重壤土	块状	8.1	6.2	0.46	0.35				19.9			
						4	89—100	红棕色	重壤土	块状	8.4	6.8	0.45	0.39				16.5			
剖10	半淋溶土	褐土	石灰性褐土	白面土	白面土	1	0—20	浅黄橙色	中壤土	粒状	8.4	7.3	0.51	0.63	18.4	5.6	127	9.9	黄土	E 111°19′15.6″ N 34°40′14.9″	100
						2	20—40	浅黄橙色	中壤土	块状	8.4	4.1	0.37	0.60				9.6			
						3	40—64	黄橙色	中壤土	块状	8.4	3.8	0.34	0.59				9.6			
						4	64—100	黄橙色	中壤土	块状	8.5	2.4	0.28	0.61				8.8			
剖11	半淋溶土	褐土	褐土	暗立黄土	暗立黄土	1	0—22	浅红棕色	中壤土	粒状	8.0	11.5	0.81	0.47	19.8	9.9	152	16.5	马兰黄土	E 111°22′12.7″ N 34°42′13.0″	99
						2	22—34	浅红棕色	中壤土	块状	8.3	6.5	0.49	0.29				16.2			
						3	34—58	浅红棕色	轻黏土	块状	8.3	6.3	0.52	0.22				18.2			
						4	58—79	红棕色	轻黏土	柱状	8.2	7.4	0.57	0.23				21.0			
						5	79—100	灰棕色	重黏土	块状	8.1	7.8	0.55	0.25				23.5			
剖12	半淋溶土	褐土	褐土	立黄土	立黄土	1	0—16	浅棕色	中壤土	粒状	8.1	11.8	0.79	0.60	19.5	3.4	105	14.5	马兰黄土	E 111°18′37.4″ N 34°41′23.6″	98
						2	16—27	浅棕色	中壤土	块状	8.2	8.6	0.61	0.54				13.6			
						3	27—39	浅棕色	中壤土	块状	8.4	6.4	0.45	0.51				13.2			
						4	39—66	浅棕色	中壤土	柱状	8.3	4.6	0.37	0.46				13.5			
						5	66—101	浅棕色	中壤土	柱状	8.1	6.6	0.47	0.51				19.0			
						6	101—110	浅棕色	中壤土	柱状	8.5	5.0	0.39	0.55				13.4			
剖13	半淋溶土	褐土	始成褐土	红黏土质始成褐土	红黏土质始成褐土	1	0—20	浅红棕色	轻黏土	粒状	7.4	12.5	0.67	0.45	24.4	1.1	169	21.6	保德红土	E 111°26′40.6″ N 34°42′30.6″	95
						2	20—34	棕红色	轻黏土	梭块状	7.7	3.3	0.43	0.47				21.9			
						3	34—52	棕红色	轻黏土	梭块状	7.7	1.3	0.34	0.47				20.3			
						4	52—100	棕红色	中壤土	块状	7.8	1.6	0.35	0.36				21.7			
剖14	半淋溶土	褐土	始成褐土	堆垫始成褐土	堆垫厚层始成褐土	1	0—19	浅灰黄色	重壤土	粒状	8.1	10.9	0.64	0.65	20.3	19.4	209	13.2	堆垫物	E 111°27′44.3″ N 34°42′49.0″	97
						2	19—28	浅灰黄色	中壤土	块状	8.4	9.8	0.66	0.60				13.2			
						3	28—37	浅灰黄色	中壤土	块状	8.5	7.6	0.50	0.58				12.8			
						4	37—48	浅灰黄色	中壤土	块状	8.6	5.3	0.40	0.54				13.6			
						5	48—65	浅灰黄色	中壤土	块状	8.6	5.1	0.37	0.55				13.7			
剖15	半淋溶土	褐土	始成褐土	中性岩始成褐土	中性岩薄层砾质始成褐土	1	0—5	暗棕色	中壤土	粒状	7.3	35.7	1.87	0.41	19.4	3.2	190	29.2	中性岩类	E 111°26′56.0″ N 34°41′12.5″	97
						2	5—14	灰棕色	中壤土	块状	7.5	30.7	1.32	0.31				31.3			
						3	14—22	棕色	中壤土	块状	7.5	15.1	0.67	0.49				26.3			
						4	22—29	棕色	中壤土	块状	7.4	9.9	0.51	0.47				30.5			
						5	29—														
剖16	淋溶土	棕壤	始成棕壤	酸性岩始成棕壤	酸性岩薄层始成棕壤	Ao	2—5													花岗岩等酸性岩类残积物	E 111°25′48.7″ N 34°38′38.0″	97
						2	5—10	暗棕色	轻壤土	粒状	6.7	110.0	6.35	0.76	11.3	8.2	150	39.7			
						3	10—17	暗棕色	轻壤土	粒状	6.5	102.4	4.85	0.76				33.4			
						4	17—22	暗棕色	轻壤土	粒状	6.2	88.3	4.29	0.80				33.6			
						5	22—	暗棕色	轻壤土	块状	6.1	61.9	3.13	0.66				33.0			
剖17	半淋溶土	褐土	淋溶褐土	中性岩淋溶褐土	中性岩薄层砾质淋溶褐土	Ao	0—2													中性岩类	E 111°22′33.2″ N 34°34′47.3″	97
						2	10—18	暗棕色	砂壤土	粒状	6.9	86.1	2.00	0.64	17.2	4.6	168	29.2			
						3	18—25	灰棕色	轻壤土	块状	7.1	56.6	1.98	0.53				24.3			
						4	25—30	暗棕色	中壤土	块状	7.1	37.9	1.79	0.48				26.2			
						5	30—	暗棕色	轻壤土	块状	7.1	37.5	1.98	0.49				22.5			
						6	0—2															

续表 Continued

剖面号 Soil profile	土纲 Soil order	土类 Soil great group	亚类 Soil subgroup	土属 Soil genus	土种 Soil species	土层码 Layer code	土层厚度 Depth/cm	颜色 Soil color	质地 Soil texture	土壤结构 Soil structure	pH	有机质 OM/(g/kg)	全氮 TN/(g/kg)	全磷 TP/(g/kg)	全钾 TK/(g/kg)	有效磷 AP/(mg/kg)	速效钾 AK/(mg/kg)	阳离子交换量CEC/(cmol/kg)	土壤母质 Parent material	剖面点坐标 Profile coordinate	匹配指数 Matching index/%
剖18	半淋溶土	褐土	始成褐土	石英质岩始成褐土	石英质岩薄层砾质始成褐土	1	0—7	灰棕色	中壤土	块状	7.5	42.4	2.45	0.56	18.1	2.2	126	18.6	石英质岩	E 111°35′19.7″ N 34°40′07.0″	95
						2	7—13	灰棕色	中壤土	块状	7.1	29.8	1.72	0.50				17.6			
						3	13—18	灰棕色	中壤土	块状	7.4	22.9	1.32	0.50				18.2			
						4	18—29	灰棕色	轻壤土	块状	7.4	20.6	1.13					17.2			
						5	29—														

渑 池 县

主要土类说明

褐土是渑池县主要土壤类型，占本县地域面积的93%，分布于棕壤之下的广大地区，中山、低山山前洪积扇、丘陵等地貌类型均有分布，其中以丘陵、山前洪积扇面积最大。褐土是在暖温带半湿润区发育形成的具有黏化与钙质淋移淀积的土壤。该土壤盐基饱和，处于硅铝风化阶段，有明显黏淀层。土壤剖面具有较明显的发育层次，通常由腐殖质层（或熟化层）、黏化层（心土层）、钙积层和母质层组成。植被较好的褐土，地表可见1—2cm的枯枝落叶层。褐土呈中性至微碱性。有机质含量变化幅度较大，耕地有机质含量在10g/kg左右，山荒地有机质含量为20—90g/kg。根据其形成过程和中层碳酸钙含量与黏化状况，本县褐土分为褐土、石灰性褐土、淋溶褐土、褐土性土、潮褐土等亚类。

小于本县地域面积3%的土壤类型还有棕壤、潮土等。

本区域中心区气候特征

本区域中心区气候特征值
Regional climate characteristics in central area of the region

气候带：暖温带亚湿润气候 Climate region: Warm temperate subhumid climate	
年平均气温 /℃ Annual average temperature /℃	13.6
年平均最高气温 /℃ Annual average maximum temperature /℃	19.7
年平均最低气温 /℃ Annual average minimum temperature /℃	8.5
年降水量 /mm Annual precipitation /mm	582
≥10℃的积温 /℃ Daily temperature accumulated in a year (≥10℃) /℃	4863
年日照时数 /h Annual sunshine /h	2171
年平均相对湿度 /% Annual average relative humidity /%	65
干燥度 Dryness	1.41

本区域中心区月平均气温与月平均降水量
Monthly temperature and precipitation in central area of the region

渑池县主要土壤类型与土壤剖面点分布图
1:200 000

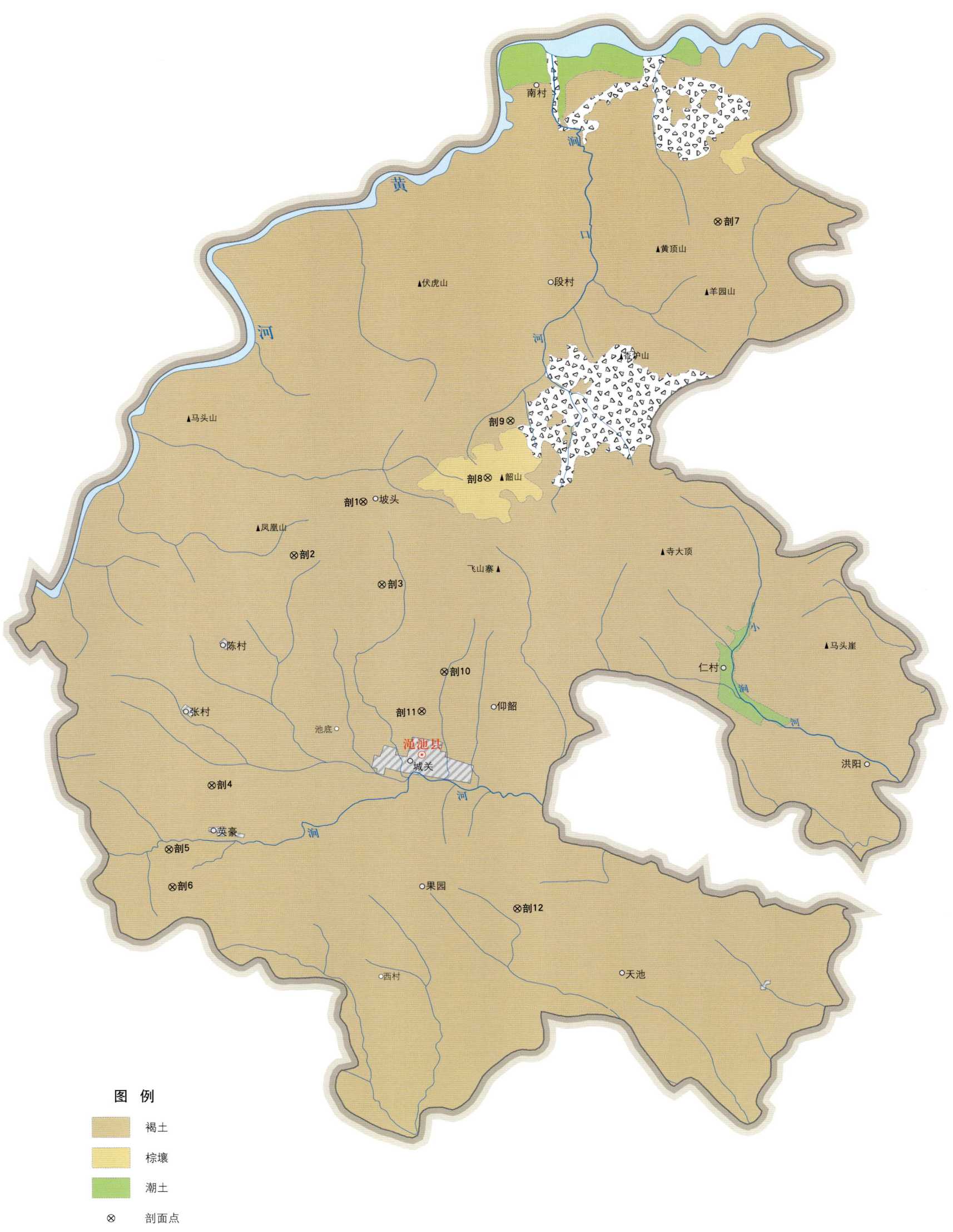

图例
- 褐土
- 棕壤
- 潮土
- ⊗ 剖面点

渑池县土壤剖面理化性状表

剖面号 Soil profile	土纲 Soil order	土类 Soil great group	亚类 Soil subgroup	土属 Soil genus	土种 Soil species	土层码 Layer code	土层厚度 Depth/cm	颜色 Soil color	质地 Soil texture	土壤结构 Soil structure	pH	有机质 OM/(g/kg)	全氮 TN/(g/kg)	全磷 TP/(g/kg)	阳离子交换量 CEC/(cmol/kg)	土壤母质 Parent material	剖面点坐标 Profile coordinate	匹配指数 Matching index/%
剖1	半淋溶土	褐土	石灰性褐土	红黄土质石灰性褐土	红黄土质薄层石灰性褐土	1	0—10	暗褐色	重壤土	粒状	8.1	21.3	1.04	0.48	18.5	红黄土	E 111°43′39.0″ N 34°52′43.0″	100
						2	10—30	暗褐色	重壤土	团状	7.9	19.1	0.96	0.47	19.1			
						3	30—63	暗褐色	重壤土	团状	8.0	13.3	0.75	0.42	19.7			
						4	63—90	棕红色	重壤土	块状	8.0	5.2	0.42	0.30	20.3			
						5	90—130	棕红色	重壤土	块状	8.0	5.9	0.47	0.30	18.5			
剖2	半淋溶土	褐土	褐土性土	石灰岩质褐土性土	石灰岩质薄层砾质褐土性土	1	0—8	浅褐色			7.5	67.6	0.21	0.71	26.5	石灰岩	E 111°41′28.0″ N 34°51′17.6″	95
						2	8—16	暗褐色			7.6	63.6	3.64	0.69	28.7			
						3	16—27	暗褐色			7.6	60.1	3.38	0.84	32.0			
						4	27—											
剖3	半淋溶土	褐土	石灰性褐土	红黄土质石灰性褐土	红黄土质少量砂姜石灰性褐土	1	0—20	红黄色	重壤土	碎屑状	7.7	17.8	0.69	0.40	18.1	红黄土	E 111°44′12.5″ N 34°50′30.5″	98
						2	20—38	红黄色	重壤土	碎屑状	7.7	10.1	0.62	0.38	18.8			
						3	38—80	灰黄色	重壤土	块状	7.8	5.4	0.28	0.31	16.1			
						4	80—100	红棕色	重壤土	块状	7.8	4.5	0.28	0.22	19.0			
剖4	半淋溶土	褐土	褐土性土	石灰岩质褐土性土	石灰岩质中层砾质褐土性土	1	0—5	黑黄色	中壤土	粒状	7.4	110.1	5.03	0.65	32.2	石灰岩	E 111°38′50.3″ N 34°45′10.1″	95
						2	5—20	灰褐色	重壤土	碎屑状	7.6	24.8	1.55	0.30	24.1			
						3	20—40	棕红色	轻黏土	块状	7.7	18.9	0.97	0.22	33.7			
						4	40—											
剖5	半淋溶土	褐土	褐土	垆土	红垆土	1	0—15	灰黄色	中壤土	粒状	7.8	17.4	1.10	0.51	18.9	洪积物、冲积物	E 111°37′29.3″ N 34°43′28.6″	98
						2	15—35	棕黄色	重壤土	块状	8.0	14.4	0.85	0.67	18.3			
						3	35—70	红棕色	重壤土	块状	7.2	11.0	0.58	0.43	13.0			
						4	70—110	红棕色	中壤土	块状	7.2	7.9	0.53	0.40	18.8			
剖6	半淋溶土	褐土	淋溶褐土	泥质岩褐土性土	泥质岩中层褐土性土	1	0—22	浅黄色	中壤土	碎屑状	7.2	11.7	0.59	0.32	15.3	泥质岩	E 111°37′35.0″ N 34°42′28.4″	95
						2	22—42	浅黄色	轻壤土	碎屑状	7.5	7.1	0.40	0.27	17.6			
						3	42—											
剖7	半淋溶土	褐土	淋溶褐土	红黄土质淋溶褐土	红黄土质淋溶褐土	1	0—20	棕红色	中壤土	块状	7.9	5.4	0.42	0.55	18.2	红黄土	E 111°54′49.7″ N 35°00′07.2″	97
						2	20—44	棕红色	中壤土	块状	7.8	2.5	0.26	0.58	16.9			
						3	44—64	红棕色	中壤土	块状	7.5	2.0	0.25	0.58	17.1			
						4	64—100	红棕色	中壤土	块状	7.5	1.4	0.21	0.65	15.1			
剖8	淋溶土	棕壤	棕壤性土	石英质岩棕壤土	石英岩中层棕壤性土	1	0—4	灰棕色	轻壤土	粒状	6.7	66.6	2.85	0.40	18.3	石英质岩	E 111°47′33.0″ N 34°53′20.4″	95
						2	4—25	暗棕色	中壤土	粒状	5.9	40.3	1.84	0.33	13.2			
						3	25—37	深灰棕色	中壤土	块状	5.7	25.0	1.21	0.66	11.1			
						4	37—											
剖9	半淋溶土	褐土	淋溶褐土	石英质岩中层淋溶褐土	石英岩中层淋溶褐土	1	0—21	黄黑色	重壤土	块状	7.3	18.2	2.34	0.39	26.8	石英岩	E 111°48′16.6″ N 34°54′51.1″	98
						2	21—42	黄棕色	轻黏土	块状	7.3	5.8	0.97	0.32	24.8			
						3	42—61	黄棕色	重壤土	核状	7.4	15.8	0.73	0.36	22.6			
						4	61—											
剖10	半淋溶土	褐土	褐土	红黄土质褐土	红黄土质褐土	1	0—17	灰黄色	重壤土	块状	7.5	14.6	0.78	0.45	13.8	红黄土	E 111°46′08.0″ N 34°48′10.1″	99
						2	17—38	黄棕色	中壤土	块状	7.8	11.8	0.58	0.40	13.5			
						3	38—67	红褐色	轻壤土	核状	7.5	7.2	0.51	0.30	21.1			
						4	67—100	红褐色	重壤土	块状	7.7	6.8	0.44	0.35	17.2			
						5	100—120	红黄色	重壤土	块状	7.7	6.3	0.43	0.35	15.4			

续表 Continued

剖面号 Soil profile	土纲 Soil order	土类 Soil great group	亚类 Soil subgroup	土属 Soil genus	土种 Soil species	土层码 Layer code	土层厚度 Depth/cm	颜色 Soil color	质地 Soil texture	土壤结构 Soil structure	pH	有机质 OM/(g/kg)	全氮 TN/(g/kg)	全磷 TP/(g/kg)	阳离子交换量CEC/(cmol/kg)	土壤母质 Parent material	剖面点坐标 Profile coordinate	匹配指数 Matching index/%
剖11	半淋溶土	褐土	石灰性褐土	火褐黄土	姜石阳黄土	A₁₁	0—38	橙色	黏壤土	碎块状	8.0	5.6	0.42	0.50	16.7	离石黄土、午城黄土	E 111°45′25.2″ N 34°47′06.7″	93
						Bvtk	38—67	橙色	壤质黏土	棱块状	8.0	5.7	0.47	0.50	16.1			
						Bvk₁	67—87	橙色	黏壤土	块状	7.8	3.4	0.26	0.44	14.0			
						Bvk₂	87—120	橙色	黏壤土	块状	7.8	2.4	0.17	0.34	11.6			
						Bvk₃	14—38	橙色	黏壤土	块状	7.9	2.4	0.24	0.35	13.1			
剖12	半淋溶土	褐土	石灰性褐土	红黄土质石灰性褐土	红黄土质深位多量砂姜石灰性褐土	1	0—14	浅黄色	重壤土		8.0	5.6	0.42	0.22	16.7	红黄土	E 111°48′20.2″ N 34°41′49.2″	97
						2	14—22	黄红色	重壤土		8.0	5.7	0.47	0.22	16.1			
						3	22—38	黄红色	重壤土		8.0	4.1	0.34	0.22	15.7			
						4	38—51	黄红色	重壤土		8.0	3.8	0.34	0.22	15.0			
						5	51—67	浅黄色	重壤土		7.6	3.4	0.26	0.19	14.0			
						6	67—87	浅黄色	中壤土		7.8	2.4	0.17	0.34	11.6			
						7	87—120	浅黄色	中壤土		7.9	2.4	0.42	0.35	13.1			

卢 氏 县

主要土类说明

　　褐土是卢氏县主要土壤类型，占本县地域面积的 45%，广泛分布在熊耳山以北海拔 850—1200m 的中低山地、丘陵、阶地，在垂直带谱上，上接棕壤，下接潮土。褐土是全县耕地中最主要的土壤类型，处于暖温带半湿润气候区，主要受东南季风气候控制，夏季炎热多雨，冬季寒冷干燥，春季干旱多风。作物多为一年二熟兼二年三熟，少数为一年一熟。自然植被在山区多为落叶阔叶林，在农业区则为半旱生疏林灌丛草原。山麓平原多为农田，作物以粮果为主。地下水多深于 6m 以下，土壤形成不受地下水作用，为本县的地带性土壤。成土母质主要是黄土、红黄土、冲积物、洪积物、坡积物以及各类岩石风化物。褐土成土过程的特点是：①淋溶作用比棕壤弱，但碳酸盐在土壤中的淋溶和淀积非常活跃，形成假菌丝状新生体，其含量和新生体往往与一定的生物气候带相关联，反映土壤亚类的亚地带特征。偏干旱的普通褐土亚地带和石灰性褐土亚地带，即使母质不含碳酸盐，也能次生累积，大多呈中性至弱碱性。②黏化作用明显，以就地黏化为主。褐土的特点是残积、坡积母质黏化程度较轻，黏化层往往在 26—35cm，为小于 0.001mm 黏粒的聚积层。黄土性沉积母质，黏化层埋藏较深，多在 65—86cm。③有机质累积弱于山地棕壤，荒地表层多为 25g/kg 左右，耕地 12—15g/kg，有机质含量在剖面中的分布呈上大下小，陡降型分布。褐土有明显的发生层次，由腐殖质层、黏化层及半风化母质层（少数为钙积层）三个基本层段组成。在森林植被条件下，地表可见 1—2cm 的枯枝落叶层。腐殖质层呈灰棕色至棕灰色，呈粒状或团块状结构，厚 10—80cm，无或弱石灰反应；黏化层紧实而质地黏重，呈棕褐色至赤褐色，具核状、棱块状结构，结构面上有赤褐色胶膜，与结构内部的棕褐色明显不同，厚 30—50cm；半风化母质层呈黄棕色，质地比上层轻，呈棱块状结构，有垂直节理。褐土呈中性至微碱性，pH 为 7.0—8.2，阳离子交换量不高，山荒地可达 15—22cmol/kg，而平原耕地一般只有 10—12cmol/kg。

　　棕壤是卢氏县第二大土壤类型，占本县地域面积的 24%。棕壤分布在海拔 1200m 以上的中山山地，包括狮子坪、瓦窑沟、官坡等乡镇，少数分布在双槐树、范里等乡镇，其下接淋溶褐土。棕壤是山地土壤中植被最茂密，森林最集中，人为破坏较轻，土层较厚，裸岩较少，肥力较高，最宜林的土壤资源，是本县主要林业基地。棕壤所在山地山势陡峻，气温较低，降雨较多，湿度较大，蒸发力较小，原生植被主要是中生性的落叶阔叶林和针阔叶混交林，郁闭度为 0.5—0.8，植物主要为栎林、油松、落叶松、华山松等。当森林破坏后，植被退化为中生灌丛，常见的草本层有华北风毛菊、野菊、唐松草、苔草等，在高海拔的阴湿条件下，苔草常成为优势种。棕壤的母质主要是酸性岩类、硅质岩类及泥质岩类等，石灰岩及黄土母质则无棕壤发育。在针阔叶混交林及较湿润的气候条件下，棕壤的淋溶过程、黏化及腐殖化作用明显，易溶盐及碳酸盐都被淋洗，碳酸钙含量在 0.12% 以下，无石灰反应，黏粒也沿剖面向下移动并发生淀积。但因落叶阔叶林灰分含量高，有助于土壤中盐基的生物循环，加上鲜明的干湿季节变化，使盐基淋失并不强烈，酸度不大，pH 为 6.0—7.0。小于 0.001mm 黏粒含量不高，黏化层一般为 19% 左右，B/A 层黏粒比为 1.2—1.4，明显不如黄棕壤黏化程度高。自然林下的棕壤，侵蚀较轻，土层较厚，多为 30—60cm，厚的可超过 1m，具有 Ao 层（枯枝落叶层），故群众多称为落叶土。A 层（腐殖质层）、B 层（黏化层）及 C 层（母质层）的分化，过渡不明显，表层有厚 2—3cm 的枯枝落叶层，松软有弹性，呈微酸性。其下腐殖质层呈灰棕色、暗棕灰色，厚 10—25cm，多真菌丝体，质地为砂壤土至轻壤土，由于有机质的缓冲作用，酸度较小，多为 6.8—7.4，基本呈中性。心土 25—40cm 的黏化层，有黏粒聚积，多为中壤土，少重壤土，呈鲜棕色或黄棕色，块状结构，结构面有红棕色或暗褐色铁胶膜，该层酸度最大，pH 一般为 5.8—6.5。底土多棕色、黄棕色，砾质砂壤土，夹碎石块，逐渐过渡到岩石半风化体。棕壤的理化特征是：大部分呈微酸性（pH 为 6.0—6.5），少部分为中性（pH 在 7.0 左右），以心土棕色黏化层酸度较大，多小于 6.5。有机质含量以腐殖质层最高，多为 40—80g/kg，向下逐渐递减，南部棕壤有机质显著高于北部，阳离子交换量为 19—21cmol/kg。阴坡土壤有机质含量较阳坡高，土层深厚，酸度较大。养分在剖面中的分布是自上向下逐渐递减，呈缓降型分布特征。由于腐殖质层厚，有机质含量较高，肥力水平属中等，为山地土壤最高者。棕壤土体构型与母质、植被覆盖度、土壤侵蚀状况关系极为密切，在花岗岩、硅质岩母质上多砾质砂壤质土，其他母质上多轻壤质土，部分中壤土，植被较好的地区土层较厚，多壤质土。根据其淋溶或侵蚀程度，本县棕壤分为棕壤、白浆化棕壤及棕壤性土等亚类。

粗骨土是卢氏县第三大土壤类型，占本县地域面积的17%，分布于熊耳山及崤山石质中低山区向阳陡坡及山脊，与石质土呈复区分布。母岩以钙质和硅铝质岩类为主，硅质岩类次之。粗骨土系山区土壤在森林被破坏或陡坡开垦后，表土被侵蚀殆尽，于残余风化岩屑上发育的幼年土壤。所处地形坡度陡峻，植被稀疏，多属中旱生草灌，水土流失严重，土壤粗骨性强，砾石含量愈下愈多。土层多薄于30cm，或厚于30cm，但有30%以上的岩屑，细土较少。土体呈A–C型，在薄层腐殖质表层下，出现不同厚度的风化岩屑层。土壤干旱瘠薄，质地多为重砾质砂壤土，物理性黏粒含量小于15%，小于0.001mm的黏粒少于6%，大于0.05mm的颗粒占20%—30%。

黄棕壤占卢氏县地域面积的9%，分布于熊耳山以南，海拔1100m以下的低山区，属于北亚热带向暖温带过渡区，夏季炎热、多雨，冬季偏寒。植被类型为落叶阔叶林、针阔叶混交林，主要落叶阔叶树种有栓皮栎、麻栎、枫杨，针叶树种有马尾松、杉木、油松等，灌草丛有杜鹃、胡枝子、连翘，经济作物有油桐、漆树等。马尾松和麻栎-杜鹃群落是黄棕壤代表性植物群落。黄棕壤的发生层次可分为枯枝落叶层、弱腐殖质层、过渡层、黏化层、半风化母岩层。碳酸盐淋洗彻底，碳酸钙含量小于0.10%，其性状特征是：土壤呈微酸性，pH为6.0—7.0，心土比表土略酸。通体质地较黏，中壤至重壤质，比棕壤黏化程度深重。小于0.001mm的黏粒含量为16%—22%，占物理黏粒的35%—46%。黏化层多在25—60cm，厚约30cm，多呈黄褐色至褐色，质地为中壤土至重壤土，呈核状、棱块状结构，小于0.001mm的B/A层黏粒比为1.3—2.3，结构面有铁胶膜，心底土有灰褐色铁锈斑。有机质积累较少，含量为16—27g/kg，明显低于棕壤。腐殖质层厚度小于20cm，且不明显，与气温高、分解强、累积弱有关。土壤养分含量偏低，特别是全磷含量较低，为0.3—0.4g/kg，除泥质岩全钾含量略高外，大部分酸性岩（15.0—18.0g/kg）均较低。

小于本县地域面积3%的土壤类型还有黄褐土、红黏土、潮土、紫色土、石质土和新积土等。

本区域中心区气候特征

本区域中心区气候特征值
Regional climate characteristics in central area of the region

气候带：暖温带亚湿润气候 Climate region: Warm temperate subhumid climate	
年平均气温 /℃ Annual average temperature /℃	12.8
年平均最高气温 /℃ Annual average maximum temperature /℃	19.4
年平均最低气温 /℃ Annual average minimum temperature /℃	7.8
年降水量 /mm Annual precipitation /mm	642
≥10℃的积温 /℃ Daily temperature accumulated in a year（≥10℃）/℃	5192
年日照时数 /h Annual sunshine /h	1987
年平均相对湿度 /% Annual average relative humidity /%	71
干燥度 Dryness	1.20

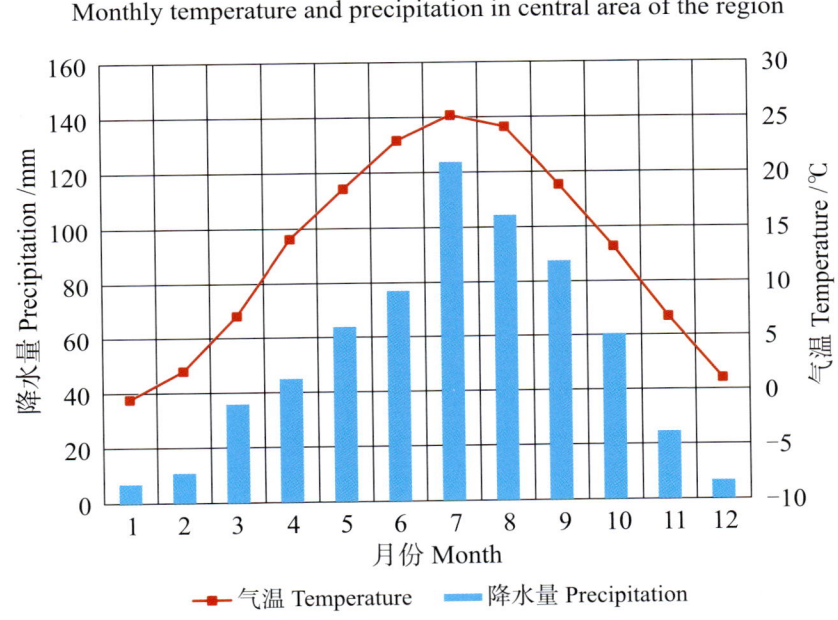

本区域中心区月平均气温与月平均降水量
Monthly temperature and precipitation in central area of the region

卢氏县主要土壤类型与土壤剖面点分布图
1:320 000

图例:
- 褐土
- 棕壤
- 粗骨土
- 黄棕壤
- 黄褐土
- 红黏土
- 潮土
- 紫色土
- 石质土
- 新积土
- ⊗ 剖面点

卢氏县土壤剖面理化性状表

剖面号 Soil profile	土纲 Soil order	土类 Soil great group	亚类 Soil subgroup	土属 Soil genus	土层码 Layer code	土层厚度 Depth/cm	颜色 Soil color	质地 Soil texture	土壤结构 Soil structure	pH	有机质 OM (g/kg)	全氮 TN (g/kg)	全磷 TP (g/kg)	全钾 TK (g/kg)	有效磷 AP (mg/kg)	速效钾 AK (mg/kg)	阳离子交换量 CEC (cmol/kg)	土壤母质 Parent material	剖面点坐标 Profile coordinate	匹配指数 Matching index/%
剖1	半淋溶土	褐土	淋溶褐土	红黄土质淋溶褐土	1	0—18	黄褐色	中壤土	粒状	7.3	28.6	1.52	0.28	17.3	7.9	138	22.8	红黄土	E 110°37′27.8″ N 34°06′27.4″	98
					2	18—41	黄橙色	中壤土	粒状	7.3	13.2	0.86	0.19		2.9	83	20.2			
					3	41—67	黄橙色	重壤土	粒状	7.3	7.2	0.54	0.17		2.3	79	21.3			
					4	67—86	橙色	重壤土	粒状	7.3	3.9	0.36	0.26				19.4			
					5	86—120	浅橙色	重壤土	块状	7.0	3.4	0.39	0.26				20.5			
剖2	半淋溶土	褐土	石灰性褐土	红黄土质石灰性褐土	1	0—10	浅橙色	重壤土	粒状	8.1	11.5	0.67	0.18		2.2	100		红黄土	E 110°41′47.0″ N 34°06′04.3″	95
					2	10—56	黄褐色	重黏土	核粒状	8.3	5.7	0.37	0.18		1.3	70				
					3	56—104	褐色	轻黏土	核粒状	8.1	4.1	0.36	0.14		1.3	95				
					4	104—120	橙色	重壤土	核粒状	8.2	3.2	0.22	0.16							
剖3	半淋溶土	褐土	淋溶褐土	红黄土质褐土	1	0—14	褐色	轻壤土	棱块状	7.1	16.0	0.88	0.16		<1.0	114		红黄土	E 110°57′46.1″ N 34°01′09.8″	95
					2	14—52	褐色	轻黏土	棱块状	7.0	6.3	0.45	0.15		1.2	85				
					3	52—70	橙色	轻黏土	棱状	7.6	4.5	0.41	0.14		2.0	86				
					4	70—108	黄橙色	轻黏土	棱块状	8.1	3.8	0.36	0.14		2.2	80				
					5	108—120	褐橙色	轻黏土	棱块状	8.1	4.0	0.42	<0.10		1.6	102				
剖4	半淋溶土	褐土	淋溶褐土	硅铝质淋溶褐土	1	0—20	灰褐色	砂壤土	粒状	7.7	26.7	1.55	0.32	20.5	16.4	43	14.7	多为花岗岩	E 110°42′29.2″ N 34°04′57.0″	98
					2	20—34	褐色	砂壤土	粒状	7.5	9.0	0.60	0.25		3.4	19	11.6			
					3	34—50	褐色	砂壤土	粒状	7.3	8.0	0.55	0.22		2.8	19	12.1			
					4	50—68	橙色	砂壤土	棱状	7.2	3.9	0.41	0.28							
					5	68—120	黄橙色	轻壤土	块状	7.6	3.7	0.36	0.31							
剖5	初育土	粗骨土	钙质粗骨土	钙质粗骨土	1	0—22	黄褐色	砂壤土	粒状	8.2	32.7	2.03	0.41		2.3	49		石灰岩，少数为凝灰岩类	E 110°39′41.0″ N 34°01′00.1″	98
					2	22—45	褐色	砂壤土	粒状	8.1	13.3	1.66	0.37		2.0	26				
					3	45—60	褐灰色	砂壤土	粒状	8.0	25.6	0.98	0.38		<1.0	37				
剖6	半淋溶土	褐土	褐土性	硅铝质褐土性土	1	0—14	赤灰色	砂壤土	粒状	7.2	104.3	5.21	0.3		64.6	252		多为酸性岩类风化物	E 110°42′22.7″ N 33°55′09.1″	97
					2	14—40	暗紫灰色	紫砂土	团块状	7.7	54.1	2.95	0.18		2.8	91				
					3	40—60	暗紫灰色	紫砂土	团块状	7.5	9.9	0.57	0.10		<1.0	59				
					4	60—95	浅紫灰色	紫砂土	团块状	7.5	8.2	0.46	<0.10							
剖7	半淋溶土	褐土	潮褐土	潮护土	1	0—14	浅黄褐色	重壤土	粒状	8.4	9.0	0.66	0.28	16.9	3.5	183	16.6	冲积物、洪积物	E 110°50′15.4″ N 34°07′07.3″	95
					2	14—28	橙色	重壤土	团块状	8.3	6.3	0.67	0.29	16.7	2.3	159	17.9			
					3	28—60	橙色	重壤土	团块状	8.5	5.8	0.50	0.28	16.8	2.2	152	17.6			
					4	60—90	橙色	重壤土	棱块状	8.6	7.3	0.39	0.22	15.6			18.8			
					5	90—120	橙色	重壤土	团块状	8.4	3.2	0.34	0.28	15.6			16.0			
剖8	半淋溶土	褐土	淋溶褐土	钙质淋溶褐土	1	0—20	橙色	重壤土	屑粒状	8.8	17.7	1.14	0.3	16.3	14.3	183		洪积物、白云质灰岩等	E 110°59′40.2″ N 34°09′10.8″	95
					2	20—40	灰棕色	重壤土	粒状	8.5	10.8	0.70	0.27	16.7	30.7	95	27.4			
					3	40—77	灰棕色	重壤土	小核状	8.5	8.6	0.66	0.26	16.8	5.1	83	26.6			
剖9	半淋溶土	褐土	淋溶褐土							8.5	7.3	0.51	0.27	15.6	24.1	75	28.1	石灰岩、白云质灰岩等	E 110°48′40.3″ N 34°01′35.4″	98
										8.7	3.2	0.50	0.22	15.6	33.2	74				
										8.0	37.7	2.19	0.24	16.8	1.9	107				
										7.6	30.5	1.76	0.25		3.4	99				
										8.1	14.8	0.98	0.21		2.2	143	11.7			
剖10	半淋溶土	褐土	石灰性褐土	护土	Ap	17—37	浅灰棕色	中壤土	粒状	8.3	7.1	0.63	0.63		4.0	156	9.7	洪积物、冲积物	E 110°57′41.0″ N 34°02′46.3″	95
					ABv	0—17	棕灰色	重壤土	碎块状	8.3	7.1	0.51	0.68		<1.0	121	14.5			
					Bv₁	37—72	浅棕黄色	重壤土	碎块状	8.5	4.7	0.45	0.69		1.2	124	13.8			
					Bv₂	72—80	浅棕黄色	中壤土	块状、碎块状	8.4	4.0	0.38	0.54		4.1	102				

续表 Continued

剖面号 Soil profile	土纲 Soil order	土类 Soil great group	亚类 Soil subgroup	土属 Soil genus	土层码 Layer code	土层厚度 Depth/cm	颜色 Soil color	质地 Soil texture	土壤结构 Soil structure	pH	有机质 OM/(g/kg)	全氮 TN/(g/kg)	全磷 TP/(g/kg)	全钾 TK/(g/kg)	有效磷 AP/(mg/kg)	速效钾 AK/(mg/kg)	阳离子交换量CEC/(cmol/kg)	土壤母质 Parent material	剖面点坐标 Profile coordinate	匹配指数 Matching index/%
剖11	半淋溶土	褐土	石灰性褐土	垆土	1	0~24	赤褐色	中壤土	粒状	7.8	10.9	0.81	0.26		4.7	199		洪积物、冲积物	E 110°42′39.6″ N 34°05′55.3″	95
					2	24~50	明赤褐色	中壤土	块状	7.9	7.7	0.63	0.23		2.0	98				
					3	50~70	明赤褐色	中壤土	块状	7.8	7.5	0.60	0.23		1.7	92				
					4	70~90	赤褐色	中壤土	块状	8.0	8.0	0.61	0.24							
					5	90~120	橙色	重黏土	粒状	8.0	7.9	0.59	0.23							
剖12	半淋溶土	褐土		红黄土质褐土	1	0~16	暗赤橙色	轻黏土	棱状	7.9	10.7	0.88	0.24		4.0	142		红黄土	E 110°57′03.6″ N 33°57′37.8″	95
					2	16~27	赤褐色	重黏土	棱状	8.0	9.9	0.80	0.24		2.8	116				
					3	27~49	橙色	重黏土	小棱状	7.9	4.1	0.53	0.25		2.2	99				
					4	49~73	赤褐橙色	重黏土	小棱状	7.9	4.6	0.45	0.24							
					5	73~95	橙色	轻黏土	小棱状	8.0	4.6	0.41	0.25							
					6	95~120	橙色	轻黏土	小棱状	8.1	4.9	0.46	0.25							
剖13	淋溶土	棕壤		硅铝质棕壤	1	0~13	灰黄褐色	重黏土	粒状	7.2	41.8	2.09	0.14	14.5	2.4	232	20.8	硅铝质岩类	E 110°55′39.4″ N 33°55′04.4″	95
					2	13~29	浅黄橙色	重黏土	块状	7.1	13.6	0.76	0.12		1.7	97	18.0			
					3	29~48	浅黄橙色	重黏土	块状	6.7	10.3	0.60	0.15		2.2	12	19.9			
					4	48~61		重黏土	块状	6.2	8.2	0.50	0.16				18.7			
剖14	初育土	粗骨土	硅铝质粗骨土		1	0~15	灰色	重黏土	散粒	7.5	10.4	0.46	0.38		3.1	39		硅铝质岩类	E 110°50′35.9″ N 33°53′35.2″	98
					2	15~40	黄褐色	重黏土	颗粒状	6.7	8.9	0.20	0.43		3.4	33				
剖15	淋溶土	黄棕壤		硅铝质黄棕壤性土	Ao	1~17		中壤土	碎块状	6.4	17.2	1.13	0.17	19.1	68.9	81	13.5	硅铝质岩类	E 110°52′27.1″ N 33°50′30.8″	95
					ABv	0~1	浅灰棕黄色	重黏土	碎块状	5.7	9.3	0.71	0.16	22.4	44.8	85	17.1			
					Bv₁	17~32	浅黄棕色	重黏土	碎块状	6.1	6.9	0.60	0.16	20.4	2.2	96	19.0			
					Bv₂	32~45	暗棕色	重黏土	块状	6.7	5.1	0.49	0.26	21.6	3.7	96	18.6			
剖16	淋溶土	棕壤	棕壤性土		Ao	2~15	暗灰色	砂壤土	粒状	5.9	76.8	3.48	0.52		7.9	197	21.0	酸性岩类及硅质岩类	E 110°57′56.2″ N 33°54′06.5″	97
					A	0~2	灰棕色	砂壤土	粒状	6.2	26.3	1.34	0.33		3.2	77	11.0			
					AC	15~35		轻壤土	团块状	6.6	36.5	1.90	0.12	15.9	2.0	203	18.3			
					C	35~		砂壤土	碎块状	5.9	18.8	0.86	<0.10		1.2	85	15.4			
剖17	淋溶土	黄棕壤	黄棕壤性土		1	0~11	橙色	砂壤土	碎块状	5.5	10.9	0.48	<0.10		1.2	39	12.9	花岗岩类残积物、坡积物	E 110°58′25.3″ N 33°50′44.5″	97
					2	11~29	橙色	砂壤土	碎块状	5.7	13.1	0.57	<0.10				13.3			
					3	29~47	暗棕色	轻壤土	团块状	8.0	13.7	1.04	0.24		2.7	136				
剖18	淋溶土	黄褐土	黄褐土		1	0~19	棕色	轻黏土	团块状	8.1	12.2	1.20	0.24		2.8	108		下蜀系黄土	E 110°57′39.5″ N 33°50′37.0″	97
					2	19~38	棕色	重黏土	碎块状	8.2	5.5	0.52	0.13		1.9	89				
					3	38~61	褐棕色	重黏土	团块状	8.0	4.7	0.49	0.17							
					4	61~95	棕色	重黏土	块状	7.8	4.6	0.48	0.23							
					5	95~115	棕色	重黏土	团块状	6.3	82.7	3.85	0.31	13.4	18.3	96	23.2			
剖19	淋溶土	棕壤	棕壤性土	幼棕壤土	Ah	0~15	油黄棕色	粉砂质壤土	团块状	5.9	38.9	1.98	0.31	14.2	6.6	66	16.4	花岗岩类风化残积物、坡积物	E 110°52′14.2″ N 33°47′04.6″	93
					Bv	15~36	油黄棕色	粉砂质壤土	碎块状	6.0	26.2	1.22	0.21	14.6	4.1	35	12.3			
					BvC	36~51	油黄棕色	砂质壤土	块状	6.1	8.3	0.43	0.14	16.0		39	8.2			
					C₁	51~69	油黄橙色	砂质壤土	小块状	6.2	6.3	0.37	0.18	16.1		39	6.5			
					C₂	69~95	橙色	轻壤土	单粒状	6.5	21.0	1.04	0.17	12.9	1.5	71	26.0			
剖20	淋溶土	黄棕壤	黄棕壤	硅铝质黄棕壤	1	0~13	橙色	中壤土	粒状	6.4	8.1	0.55	0.10		1.4	60	15.7	硅铝质岩类	E 110°59′38.8″ N 33°41′09.6″	98
					2	13~28	橙色	中壤土	块状	6.5	6.4	0.45	0.10		1.2	57	15.6			
					3	28~51			块状											

续表 Continued

剖面号 Soil profile	土纲 Soil order	土类 Soil great group	亚类 Soil subgroup	土属 Soil genus	土层码 Layer code	土层厚度 Depth/cm	颜色 Soil color	质地 Soil texture	土壤结构 Soil structure	pH	有机质 OM/(g/kg)	全氮 TN/(g/kg)	全磷 TP/(g/kg)	全钾 TK/(g/kg)	有效磷 AP/(mg/kg)	速效钾 AK/(mg/kg)	阳离子交换量 CEC/(cmol/kg)	土壤母质 Parent material	剖面点坐标 Profile coordinate	匹配指数 Matching index/%
剖21	半淋溶土	褐土	淋溶褐土	红黄土质淋溶褐土	A	0—4	灰黄棕色	重壤土	粒状	7.3	52.9	2.81	0.56	21.9	16.3	292	24.5	红黄土	E 111°05′60.0″ N 34°14′19.3″	98
					ABv	4—50	黄棕色	重壤土	粒状	8.2	21.9	1.46	0.45	20.8	5.9	108	21.0			
					Bv₁	50—75	棕色	重壤土	碎块状	8.0	7.0	0.55	0.24	21.9	4.1	122	20.7			
					Bv₂	75—	红棕色	轻黏土	棱块状	7.9	7.0	0.53	0.35	21.6	6.6	163	27.9			
剖22	半淋溶土	褐土	石灰性褐土	红黄土质石灰性褐土	A	0—17	黄棕色	重壤土	粒状及碎块状	8.1	9.5	0.73	0.36	20.6	10.2	165	17.9	红黄土	E 111°05′40.2″ N 34°05′47.8″	98
					Bv	17—55	暗棕色	重壤土	棱块状	7.9	5.9	0.47	0.28	21.5	10.7	195	19.3			
					Bv₂	55—80	棕褐色	重壤土	棱块状	8.1	5.3	0.32	0.34	22.4	2.5	179	18.6			
剖23	初育土	红黏土	红黏土	红黏土	1	0—20	明赤褐色	重壤土	粒状	8.0	8.6	0.75	0.22		<1.0	96		第四纪红色黏土	E 111°03′01.1″ N 34°05′26.2″	97
					2	20—35	明赤褐色	重壤土	棱状	8.2	6.5	0.59	0.18		<1.0	94				
					3	35—63	赤褐色	重壤土	棱状	8.0	5.5	0.46	0.25		<1.0	92				
					4	63—85	赤褐色	重壤土	块状	7.9	5.7	0.48	0.24							
					5	85—101	明赤褐色	重壤土	棱状	8.1	5.8	0.45	0.26							
					6	101—120	赤褐色	重壤土	棱状	7.9	4.1	0.40								
剖24	半淋溶土	褐土	石灰性褐土	黄土质石灰性褐土	1	0—16	橙色	重壤土	团块状	8.1	5.9	0.48	0.28	15.1	5.6	87	11.5	黄土	E 111°07′31.1″ N 34°06′28.4″	95
					2	16—27	浅黄橙色	轻壤土	块状	8.2	5.3	0.45	0.28		6.0	84	12.4			
					3	27—68	橙色	重壤土	块状	8.3	6.1	0.44	0.28		5.6	86	11.8			
					4	68—92	橙色	重壤土	团块状	8.3	5.5	0.39	0.23				12.7			
					5	92—107	橙色	重壤土	棱块状	8.3	4.5	0.32	0.25				10.1			
					6	107—120	浅黄橙色	重壤土	碎块状	8.2	8.6	0.28	0.27				9.7			
剖25	半水成土	潮土	灰潮土	壤质灰潮土	1	0—20	黄褐色	中壤土	粒状	8.1	15.5	1.10	0.31	16.5	14.4	93	14.0	河流冲积物	E 111°03′15.8″ N 34°03′01.4″	75
					2	20—42	黄褐色	轻壤土	粒状	8.0	17.1	0.92	0.32		9.5	60	14.4			
					3	42—73	黄褐色	中壤土	碎块状	8.1	6.3	0.62	0.24		4.3	51	13.0			
					4	73—120	灰黄褐色	轻壤土	碎块状	8.0	5.8	0.57	0.24				11.8			
剖26	半淋溶土	褐土	石灰性褐土	垆土	1	0—15	黄褐色	重壤土	粒状	7.0	17.1	1.19	0.4		11.5	202		洪积物、冲积物	E 111°05′27.2″ N 34°04′37.6″	95
					2	15—29	黄色	中壤土	块状	8.3	13.7	0.91	0.42		14.4	236	17.5			
					3	29—65	黄色	中壤土	块状	8.1	10.4	0.76	0.39		8.2	148	17.5			
					4	65—120	黄褐色	重壤土	块状	8.0	7.1	0.56	0.32				17.8			
剖27	半淋溶土	褐土	石灰性褐土	钙质石灰性褐土	1	0—13	黄褐色	中壤土	细粒状	8.0	40.4	2.15	0.21	20.2	3.1	107		石灰岩	E 111°06′20.9″ N 34°03′18.4″	95
					2	13—25	褐色	中壤土	核粒状	8.1	43.4	1.98	0.24		1.1	97				
					3	25—42	褐色	中壤土	核粒状	8.2	30.2	1.91	0.24		1.2	91				
					4		褐色	重壤土	粒状	8.0	7.1	1.69	0.21		1.9	163				
剖28	半淋溶土	褐土	褐土性土	钙质褐土性土	1	0—14	明赤褐色	重壤土	核块状	7.7	32.5	1.96	0.22		1.9	168		钙质岩	E 111°14′38.8″ N 34°00′30.6″	98
					2	14—27	赤褐色	重壤土	核块状	7.9	26.1	1.48	0.2		1.1	144				
					3	27—50	暗赤褐色	重壤土	棱块状	7.9	14.1	0.85	0.13							
					4	50—90	暗赤褐色	中壤土		7.4	15.1	1.52	0.17		2.2	71	21.5			
剖29	半淋溶土	褐土	淋溶褐土	硅质淋溶褐土	1	0—15	赤褐色	中壤土	核粒状	7.1	9.4	0.65	0.13	15.4			20.5	砂岩、石英岩及砾岩	E 111°07′49.4″ N 33°57′47.9″	97
					2	15—39	赤褐色	中壤土	核状	7.0	7.7	0.57	0.13		3.6	59	20.9			
					3	39—60	赤褐色	重壤土	核状	7.2	10.9	0.81	0.13							
					4	60—82	中壤土		粒状	8.2	59.9	2.41	0.22	18.6	2.0	182	32.4			
剖30	半淋溶土	褐土	褐土性土	泥质褐土性土	1	0—13	赤褐色	重壤土	核状	8.0	18.9	1.15	0.22		2.7	96	25.7	泥质岩	E 111°11′35.2″ N 33°56′27.2″	98
					2	13—29	暗褐色	重壤土	核状	8.5	14.8	0.94	0.23		2.9	101	29.0			
					3	29—42	赤褐色	中壤土	粒状	8.2	19.4	1.11	0.23		1.4	87				
剖31	初育土	紫色土	石灰性紫色土		1	0—10	赤褐色	中壤土	粒状	8.1	12.7	0.81	0.15		1.7	74		紫色砂岩	E 111°01′17.4″ N 33°46′48.7″	95
					2	10—21	暗褐色	中壤土	块状	8.0	8.9	0.61	0.11		2.0	73				
					3	21—55	暗棕褐色	中壤土	块状											
					4	55—60		中壤土	块状	8.0	5.7	0.45	0.12		2.2	62				

续表 Continued

剖面号 Soil profile	土纲 Soil order	土类 Soil great group	亚类 Soil subgroup	土属 Soil genus	土层码 Layer code	土层厚度 Depth/cm	颜色 Soil color	质地 Soil texture	土壤结构 Soil structure	pH	有机质 OM/(g/kg)	全氮 TN/(g/kg)	全磷 TP/(g/kg)	全钾 TK/(g/kg)	有效磷 AP/(mg/kg)	速效钾 AK/(mg/kg)	阳离子交换量 CEC/(cmol/kg)	土壤母质 Parent material	剖面点坐标 Profile coordinate	匹配指数 Matching index/%
剖32	淋溶土	黄褐土	黄褐土	黄壃土	1	0—13	黄橙色	中壃土	碎块状	6.7	13.3	0.82	0.19	16.0	7.5	110	18.0	下蜀系黄土	E 111°02′44.5″ N 33°39′15.1″	95
					2	13—46	褐色	重壃土	块状	6.5	4.7	0.42	0.24	17.8	13.1	89	20.5			
					3	46—68	褐色	重壃土	棱柱状	6.6	5.0	0.41	0.24	18.7	15.1	84	19.2			
剖33	淋溶土	棕壤	棕壤	泥质棕壤	1	0—15	灰黄色	中壃土	粒状	6.8	40.0	1.98	0.15	14.1	1.9	90	19.3	泥质岩	E 111°18′56.2″ N 34°05′20.4″	95
					2	15—34	黄褐色	中壃土	块状	6.7	26.0	1.40	0.14		3.5	41	17.3			
					3	34—52	黄褐色	中壃土	块状	6.7	14.3	0.79	0.12		4.3	58	15.5			

灵 宝 市

主要土类说明

褐土是灵宝市主要土壤类型，占本市地域面积的 84%。本市属季风性暖温带气候，冬春干旱、寒冷，夏秋温暖、湿润，是褐土发育的主要气候条件。夏秋季节温暖湿润，加剧了土壤中的物理化学及生物化学过程，特别是在剖面中部 30—60cm 的土层中出现温度、湿度较稳定的土层，在此层中，矿物质颗粒充分分解，由粗变细，黏粒与胶粒逐渐增加。再加上降水量多集中于夏季，30cm 以上的表层土壤温度、湿度变化剧烈，尤其在夏收季节，处于高温高湿环境，风化成土作用强烈，黏粒增加，同时表层受雨水淋溶下移，久而久之，即形成黏化层。在季节性的干旱与湿润气候交替变化过程中，黏化层中黏土矿物的不断收缩和膨胀，使土体结构面上产生裂缝，在植物根系穿插与土体中重力水下渗的情况下，黏化层纵裂缝加大，成为水分下渗的通道，随水下渗的黏粒覆盖于结构面上，经长时间后，凝结而成黏土胶膜，水分不易渗入结构体内，而成为比较稳定的棱柱状或拟柱状结构。黄土母质中含有大量碳酸钙（即石灰），在土壤中有机酸与无机酸的作用下，易转变成为可溶性的重碳酸钙随水沿空隙下渗，至土壤下层酸性逐渐被中和；随着水分减少，重碳酸钙重新变为碳酸钙，积聚于土壤空隙中，或覆于结构面上，从而产生了白筋，形如菌丝状，为假菌丝状态的石灰淀积，经过年复一年的淀积，由菌丝状而胶结成形状大小不一、黄白色的块状物。土体中出现了砂姜，就意味着土壤肥力的下降，砂姜愈近地表，含量愈多，则土壤肥力愈低，由于碳酸钙不断淋溶淀积积累，因而就出现了厚薄不一的砂姜层。根据褐土的发育程度、石灰淋溶淀积及地下水的影响等方面，本市褐土分为褐土、碳酸盐褐土、淋溶褐土、潮褐土、褐土性土等亚类。

棕壤是灵宝市第二大土壤类型，占本市地域面积的 11%，主要分布于海拔 1000—2413m 的豫灵、苏村、阳平、朱阳等乡镇和河西林场。棕壤是发育在暖温带湿润的中山区的土壤，其下与淋溶褐土衔接，自然植被生长茂密，主要为针叶、阔叶或针阔叶混生林，树种有华山松、油松、青冈、山杨等，在稀疏林下，空旷地段长有极其繁茂的灌丛和藤本、草本等植物，如胡枝子、卫矛、六道木、山竹、葛条、五味子等。由于自然植被茂密，光照不足，气候湿润，温度较低，有机质分解缓慢，水分含量高，黏粒聚积作用明显，有黏化现象和核状结构，可溶性盐类和钙物质也被淋溶，表层的盐基饱和度高于下层，pH 为 6.0—6.5。根据其发育程度，本市棕壤分为棕壤和粗骨性棕壤等亚类。

小于本市地域面积 3% 的土壤类型还有风沙土、潮土、新积土。

本区域中心区气候特征

本区域中心区气候特征值
Regional climate characteristics in central area of the region

气候带：暖温带亚湿润气候 Climate region: Warm temperate subhumid climate	
年平均气温 /℃ Annual average temperature /℃	13.2
年平均最高气温 /℃ Annual average maximum temperature /℃	19.5
年平均最低气温 /℃ Annual average minimum temperature /℃	8.1
年降水量 /mm Annual precipitation /mm	574
≥10℃的积温 /℃ Daily temperature accumulated in a year (≥10℃) /℃	5440
年日照时数 /h Annual sunshine /h	2076
年平均相对湿度 /% Annual average relative humidity /%	67
干燥度 Dryness	1.38

本区域中心区月平均气温与月平均降水量
Monthly temperature and precipitation in central area of the region

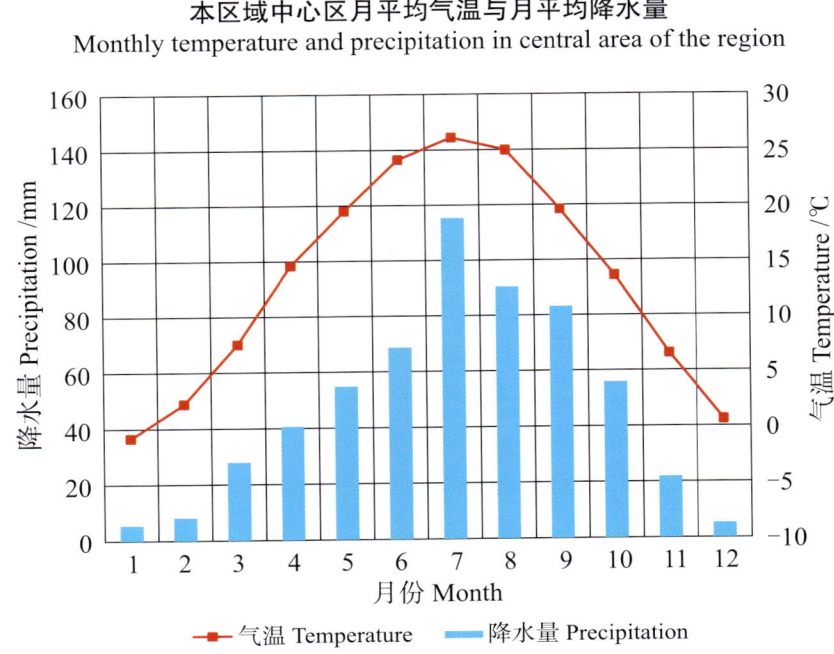

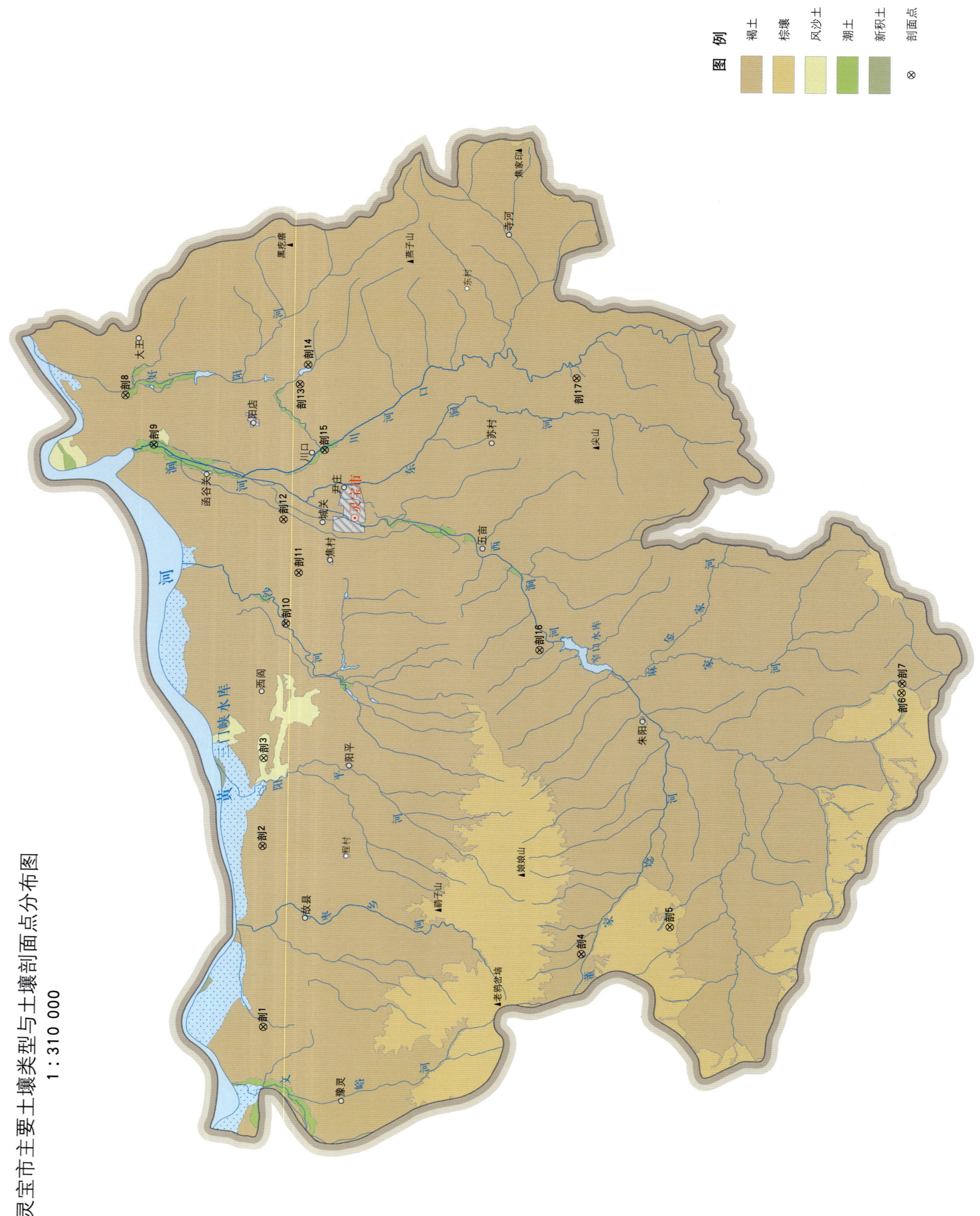

灵宝市主要土壤类型与土壤剖面点分布图
1∶310 000

灵宝市土壤剖面理化性状表

剖面号 Soil profile	土纲 Soil order	土类 Soil great group	亚类 Soil subgroup	土属 Soil genus	土种 Soil species	土层码 Layer code	土层厚度 Depth/cm	颜色 Soil color	质地 Soil texture	土壤结构 Soil structure	pH	有机质 OM/(g/kg)	全氮 TN/(g/kg)	全磷 TP/(g/kg)	全钾 TK/(g/kg)	有效磷 AP/(mg/kg)	速效钾 AK/(mg/kg)	阳离子交换量CEC/(cmol/kg)	土壤母质 Parent material	剖面点坐标 Profile coordinate	匹配指数 Matching index/%
剖1	半淋溶土	褐土	褐土	褐黄土	灵宝立黄土	A₁₁	0—17	油黄橙色	砂质黏壤土	小块状	8.4	11.8	0.60	0.32	17.7	10.8	174		马兰黄土	E 110°27′17.3″ N 34°34′16.0″	95
						A₁₂	17—42	油黄橙色	砂质黏壤土	块状	8.4	5.4	0.33	0.3	18.3	1.7	110				
						Bvt₁	105—137	油橙色	黏壤土	核块状	8.5	5.9	0.42	0.33	20.3	1.7	139				
						Bvt₂	42—55	油棕色	壤质黏土	核块状	8.5	6.5	0.44	0.35	20.9		139				
						Bvt₃	55—74	油橙色	壤质黏土	核块状	8.5	6.5	0.39	0.25	19.8		132				
						Bvk	74—105	油橙色	黏壤土		8.5	5.0	0.28	0.25	16.9		105				
剖2	半淋溶土	褐土	石灰性褐土	白面土	砂质白面土	1	0—18	黄灰色	砂土	粒状	8.2	8.7	0.37	0.66				2.8	黄土	E 110°36′11.5″ N 34°34′25.0″	98
						2	18—36	黄灰色	轻壤土	粒状	8.7	4.6	0.29	0.65				3.1			
						3	36—69	浅黄色	壤土	粒状	8.8	4.5	0.27	0.61				3.5			
						4	69—100	黄黄色	砂壤土	块状	8.7	2.6	0.19	0.59				3.0			
剖3	初育土	风沙土	冲积性风沙土	固定冲积性风沙土	固定砂壤丘细砂风沙土	1	0—22	灰黄色	砂壤土		8.3	3.2	0.24	0.59				≤1.0	风积型母质	E 110°40′34.0″ N 34°34′25.3″	95
						2	22—100	黄黄色	砂壤土		8.4	1.9	0.13	0.41				≤1.0			
剖4	半淋溶土	褐土	褐土	垆土	灰垆土	1	0—19	棕黄色	重壤土	粒状	8.0	8.6	0.72	0.43				9.2	洪积物、冲积物	E 110°31′06.2″ N 34°21′49.0″	95
						2	19—87	棕黄色	重壤土	粒状	7.5	8.0	0.48	0.48				7.1			
						3	87—100	褐黄色	重壤土	块状	7.5	11.6	0.76	0.50				7.8			
剖5	淋溶土	棕壤	粗骨性棕壤	淡岩粗骨性棕壤	中层淡岩粗骨性棕壤	1	0—10	黑褐色	轻壤土	粒状	7.0	73.6	5.19	0.64				23.0	酸性岩石风化物	E 110°32′29.8″ N 34°18′21.6″	95
						2	10—20	灰黑色	中壤土	粒状	6.9	23.0	1.98	0.44				12.7			
						3	20—50														
剖6	淋溶土	棕壤	棕壤	淡岩棕壤	厚有机质薄层淡岩棕壤	1	0—5	暗棕色	中壤土	粒状	6.2	32.5	0.29	1.38				15.5	酸性岩石风化物	E 110°44′09.2″ N 34°09′22.7″	75
						2	5—40	浅黄色	中壤土	粒状	6.8	29.1	1.26	1.01				9.5			
						3	40—70														
						4	70—														
剖7	半淋溶土	褐土	褐土性土	褐土性土	厚层褐土性土	1	0—18	浅黄色	轻壤土	粒状	8.2	11.0	0.65	0.55				7.8		E 110°44′36.6″ N 34°09′21.2″	97
						2	18—26	浅黄色	中壤土	块状	8.4	10.1	0.54	0.53				8.2			
						3	26—53	灰黄色	中壤土	块状	8.8	5.4	0.34	0.51				8.1			
						4	53—100	棕黄色	轻壤土	粒状	8.1	12.2	0.31	0.75				9.1			
剖8	淋溶土	褐土	黄潮土	二潮黄土	休耕薄层灌淤土	1	0—20	灰黄色	中壤土	块状	8.5	1.4	0.65	0.58				7.0	河流冲积物	E 110°58′23.2″ N 34°40′00.1″	75
						2	20—38	棕黄色	中壤土	块状	8.5	4.2	0.54	0.52				7.7			
						3	38—100	棕黄色	紧砂土	块状	8.1	2.7	0.18	0.63				≤1.0			
剖9	褐土	褐土	潮褐土	灌淤土	底砂黄土	1	0—24	灰黄色	中壤土	块状	8.8	7.5	0.40	0.65				5.1		E 110°55′58.1″ N 34°38′52.4″	97
						2	24—57	浅黄色	轻壤土	块状	8.5	3.2	0.15	0.62				4.8			
						3	57—100	灰黄色	中壤土	块状	8.5	2.4	0.11	0.76				4.6			
剖10	半淋溶土	褐土	褐土	立黄土	立黄土	1	0—20	灰黄色	中壤土	块状	7.3	14.6	0.67	0.71				5.5	马兰黄土	E 110°47′12.1″ N 34°33′36.7″	97
						2	21—42	褐黄色	重壤土	柱状	8.0	8.6	0.36	0.67				10.5			
						3	42—84	黄棕色	中壤土	块状	7.6	8.7	0.45	0.37				8.5			
						4	84—100	黄棕色	中壤土	块状	7.8	8.5	0.89	0.50				8.1			
剖11	半淋溶土	褐土	褐土	白面土	白面土	1	0—24	灰黄色	中壤土	粒状	8.0	10.2	0.46	0.71				2.2	黄土	E 110°49′43.7″ N 34°33′07.9″	98
						2	24—57	褐黄色	中壤土	块状	8.2	6.5	0.23	0.61				5.5			
剖12	半淋溶土	褐土	石灰性褐土				3	57—100	棕黄色	中壤土	块状	8.1	7.1	0.82	0.61				5.9		E 110°52′21.4″ N 34°33′45.0″	99

续表 Continued

剖面号 Soil profile	土纲 Soil order	土类 Soil great group	亚类 Soil subgroup	土属 Soil genus	土种 Soil species	土层码 Layer code	土层厚度 Depth/cm	颜色 Soil color	质地 Soil texture	土壤结构 Soil structure	pH	有机质 OM/(g/kg)	全氮 TN/(g/kg)	全磷 TP/(g/kg)	全钾 TK/(g/kg)	有效磷 AP/(mg/kg)	速效钾 AK/(mg/kg)	阳离子交换量CEC/(cmol/kg)	土壤母质 Parent material	剖面点坐标 Profile coordinate	匹配指数 Matching index/%
剖13	半淋溶土	褐土	褐土	垆土	墡垆土	1	0—20	灰黄色	中壤土	粒状	7.9	11.6	0.78	0.79				6.7	洪积物、冲积物	E 110°58′59.9″ N 34°33′08.6″	98
						2	20—74	黄色	中壤土	块状	7.7	7.3	0.58	0.72				7.5			
						3	74—100	棕黄色	轻壤土	块状	7.7	7.1	0.43	0.69				11.3			
剖14	半淋溶土	褐土	褐土性	褐土性黄土	有底褐土性黄土	1	0—20	棕黄色	重壤土	粒状	8.1	12.5	0.70	0.53				9.4	黄土或黄土状母质	E 110°59′58.9″ N 34°32′49.9″	97
						2	20—53	褐黄色	重壤土	块状	7.9	6.8	0.39	0.50				13.6			
						3	53—100	黄色	重壤土	块状	7.9	4.4	0.34	0.56				9.7			
剖15	半水成土	潮土	黄潮土	灌淤土	厚层灌淤土	1	0—27	灰黄色	中壤土	粒状	8.2	8.1	0.64	0.60				8.4	河流冲积物	E 110°55′46.9″ N 34°32′09.6″	97
						2	27—88	灰黄色	中壤土		8.3	4.8	0.40	0.54				6.7			
						3	88—				8.5	10.0	0.53	0.49				7.6			
剖16	半淋溶土	褐土	褐土性	山地砂砾土	多砾质厚层砂砾土	1	0—10	灰红色	中壤土	片状	8.3	5.2	0.69	0.38				8.5		E 110°46′02.6″ N 34°23′37.7″	95
						2	10—29	褐红色	中壤土	块状	8.7	5.2	0.29	0.38				8.4			
						3	29—100	褐红色	中壤土	块状	8.8	2.2	0.16	0.37				7.9			
剖17	半淋溶土	褐土	褐土性	褐土性黄土	厚层褐土性黄土	1	0—18	灰棕色	重壤土	粒状	8.0	30.2	1.28	0.57				9.3	黄土或黄土状母质	E 110°59′24.7″ N 34°22′16.7″	98
						2	18—37	棕黄色	中壤土	块状	8.2	20.1	0.89	0.29				10.1			
						3	37—52	黄色	重壤土	块状	8.4	5.4	0.33	0.30				9.1			
						4	52—68	褐黄色	重壤土	块状	8.3	3.4	0.25	0.29				9.4			
						5	68—100	黄色	中壤土	块状	8.4	2.4	0.21	0.53				9.7			

南 阳 市

市 辖 区

主要土类说明

黄褐土是南阳市主要土壤类型，占本市地域面积的39%。根据成土母质的不同，黄褐土在本市可分黄胶土、黄老土、山黄土。黄胶土主要分布在本市北部和西北部的缓丘垄岗地区及东部和南部的局部缓岗上，成土母质为第四纪洪积物、坡积物。黄胶土土体中黏化作用较强，最明显的是具有黄棕色或棕褐色的心土层，心土层和底土层质地黏重，为黏土，呈块状或棱块状结构，结构面上有棕褐色的铁锰胶膜和铁子，下部有的出现砂姜。黄老土主要分布在白河及其支流沿岸的一、二级阶地上，是在河流冲积物上发育而成的土壤，或在洪积物、坡积物上覆盖一层厚度不同的洪积物、冲积物发育而成的土壤，其表层质地为轻壤土、中壤土或重壤土，灰黄色，呈粒状结构，下层质地较黏重，呈棕黄色或黄褐色，块状结构，有铁子和铁锰胶膜出现。山黄土分布在王村、安皋、潦河坡的丘陵谷地，以及龙王沟风景区，属在第四纪黄土母质上覆盖的厚度不同的洪积物、坡积物。山黄土覆盖层质地轻，砂壤到中壤，呈灰黄色，粒状结构，发育层次不明显，质地粗，土体中夹有大量的粗砂粒。

砂姜黑土是南阳市第二大土壤类型，占本市地域面积的36%。其典型特征：具有腐泥状的黑土层，多为青黑色或灰黑色，质地重壤到黏土，有铁锰胶膜和铁锰结核，一般无石灰反应，呈中性。黑土层以下为棕黄色或黄褐色黏土，有潜育特征和锈色斑纹，有的出现砂姜。其形成过程主要是生物积累、淋溶淀积、旱耕熟化三个过程。生物积累过程：过去地势低洼，地下水埋藏较浅，一般为1—2m，雨季可上升到1m之内，排水条件很差，每年有较长的积水时期，但积水不深。当气候温和，生长湿生、水生草本植物，植物死亡后，在有水条件下进行嫌气分解，这一段以腐殖化过程为主。当积水退干，土壤水分相应减少，土温升高，通气状况好转，只进行好气分解，这一段以矿质化过程为主。如此反复循环，在漫长的生物积累和渍水的共同影响下，形成了黑土层。淋溶淀积过程：干湿交替的气候特点，是淋溶淀积的主导因素。一是铁锰淀积，淹水时铁锰呈还原状态向下淋溶，干季时呈氧化状态而淀积为铁锰结核和铁锰胶膜；二是碳酸钙的淋溶淀积，在湿润的气候条件下，土壤上层的碳酸钙被淋溶淀积于底层，形成不同形态的砂姜。这是由于原来河湖相沉积物中的碳酸钙，在生物作用下产生的二氧化碳，与水形成碳酸，加大了土壤上层碳酸钙的溶解度，使之成为水溶性的重碳酸钙，随水运动，向下淋溶。由于地下水去路不畅，水位较高，底土比较湿润，所以淋溶不深。当旱季来临之后，地下水位降低，底土层水分含量减少，通气条件有所改善，重碳酸钙经脱水后，又重新以碳酸钙在土壤底土层淀积下来，如此淋溶淀积，反复进行。在这一过程中，碳酸钙往往与土粒黏结在一起，体积渐大，即形成大小不同的砂姜。旱耕熟化过程：主要是在沼泽草甸的基础上，开始以脱沼泽为主的旱耕熟化过程。在人们长期采用排水、耕作、施肥、种植等措施的影响下，改变了土壤的水、肥、气、热状况，使土壤的形态、性状发生了显著变化，潜育程度减轻，潜育部位降低，逐步分化出耕作层，质地变轻，颜色变浅，而演变成现在的砂姜黑土。

潮土是南阳市第三大土壤类型，占本市地域面积的 13%。潮土是发育在近代河流冲积物上，受地下水的影响，经旱耕熟化而形成的土壤。本市潮土无石灰反应，只有灰潮土一个亚类。灰潮土亚类呈带状分布在白河及其支流沿岸，质地轻。由于受河流分选作用的影响，靠近河床的质地为砂土和砂壤土，向外依次为轻壤土、中壤土、重壤土。地下水位为 1.5—3.0m。土壤有明显的质地层次，而无明显的发育层次。由于地下水季节性升降频繁，使土体中产生氧化还原交替过程，进而在土体下部形成黄棕色斑纹。土壤呈中性。

黄棕壤占南阳市地域面积的 6%。黄棕壤是北亚热带与暖温带过渡地区的地带性土壤。由于受东南季风的影响，夏季炎热多雨，有利于岩石矿物的风化，分解出来的盐基离子如钾、钠、钙、镁等，随着下渗雨水向下淋洗，产生较为强烈的淋溶过程，使整个土体没有游离的碳酸盐存在，因而黄棕壤整个剖面无石灰反应。由于较强的淋洗作用，一、二价盐基离子多被淋洗，铁、锰等可变价离子亦向下移动，而氢离子的含量相对增加，故土壤呈微酸性至中性。铁锰化合物在周期性干湿交替作用下，随下渗水向土壤下层移动。由于黄棕壤的心土层和底土层质地黏重，滞水性强，铁锰淋溶淀积显著，在剖面一定深度淀积，一般在 20—30cm 以下形成各种形态的新生体，如铁锰胶膜和铁锰结核等，接近地表的铁子较软，易碎，而下层的铁子则较坚硬。铁锰化合物随水下渗附着于土壤结构面上，年复一年，积累渐厚，形成表面光滑、棕褐色的胶膜，从而使黄棕壤具备了独特的剖面特点。同时，伴随着淋溶与淀积作用的不断进行，在风化过程中分解出来的黏粒也随水向下移动，使下层土体黏粒含量日益增高，产生了显著的黏化现象，形成了紧实黏重的心土层，呈块状或棱块状结构，特别是黄土母质的黄褐土亚类，其黏化现象更为显著。

小于本市地域面积 3% 的土壤类型还有水稻土和风沙土。

本区域中心区气候特征

本区域中心区气候特征值
Regional climate characteristics in central area of the region

气候带：北亚热带湿润气候 Climate region: North subtropical humid climate	
年平均气温 /℃ Annual average temperature /℃	14.8
年平均最高气温 /℃ Annual average maximum temperature /℃	20.3
年平均最低气温 /℃ Annual average minimum temperature /℃	10.3
年降水量 /mm Annual precipitation /mm	851
≥10℃的积温 /℃ Daily temperature accumulated in a year (≥10℃) /℃	5309
年日照时数 /h Annual sunshine /h	1908
年平均相对湿度 /% Annual average relative humidity /%	74
干燥度 Dryness	1.05

本区域中心区月平均气温与月平均降水量
Monthly temperature and precipitation in central area of the region

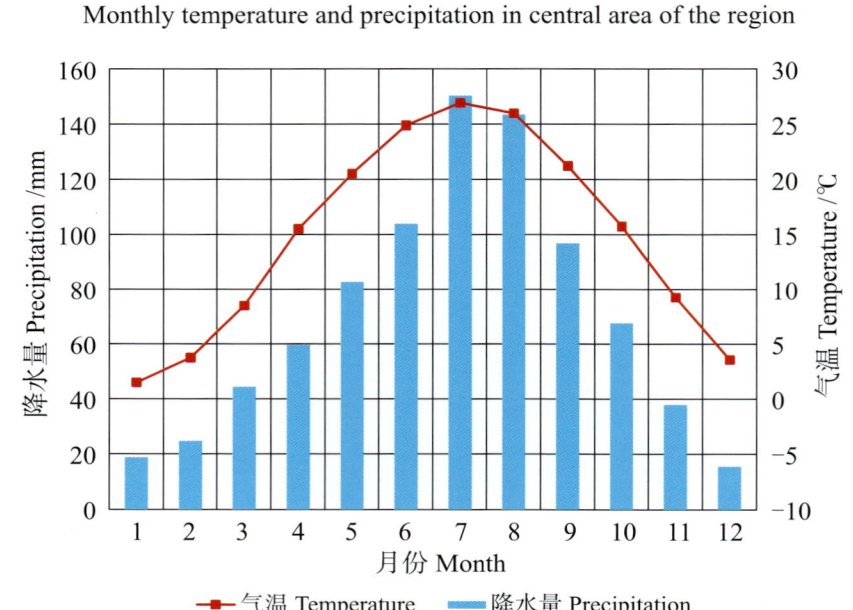

南阳市市辖区主要土壤类型与土壤剖面点分布图
1∶240 000

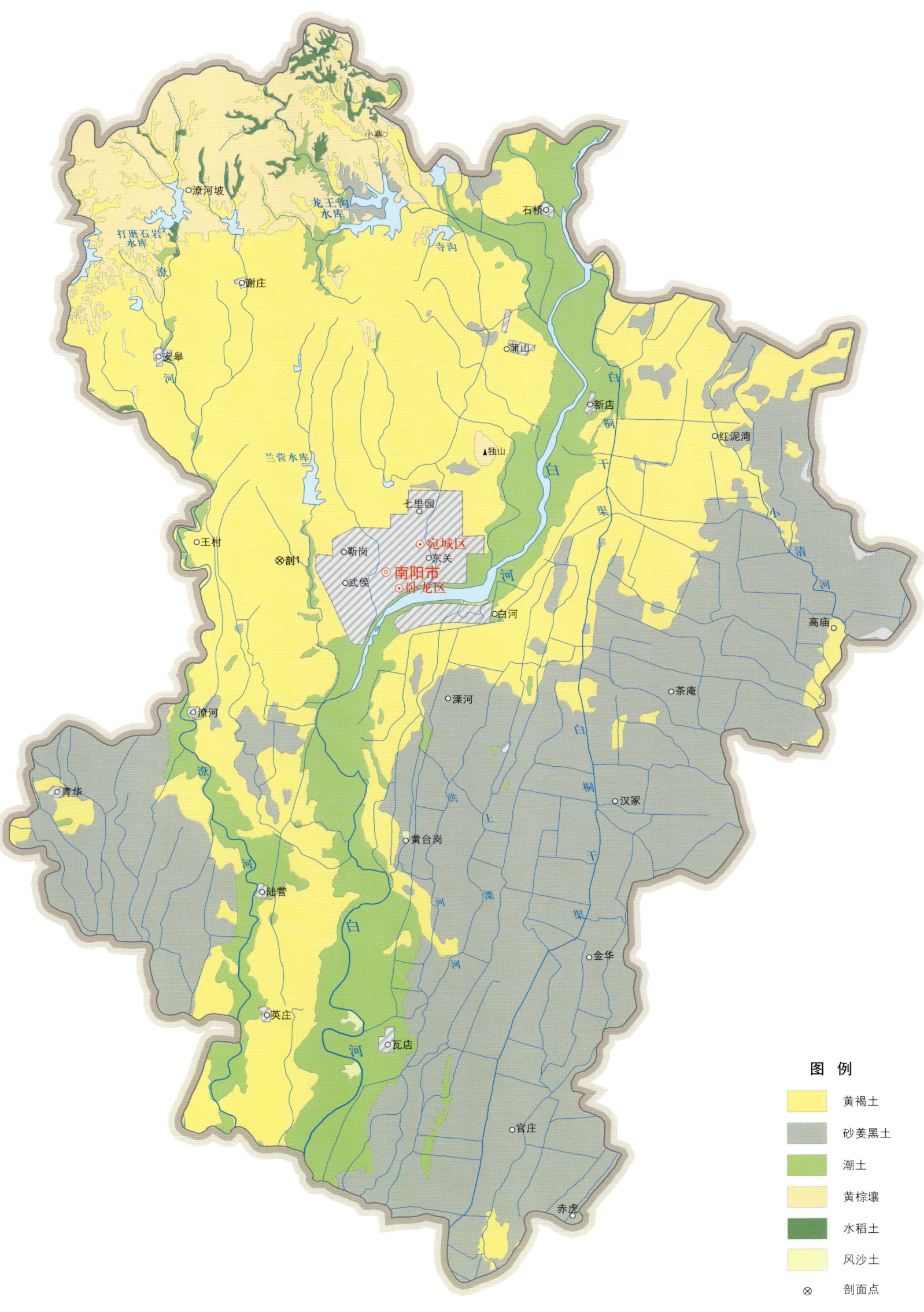

南阳市土壤剖面理化性状表

剖面号 Soil profile	土纲 Soil order	土类 Soil great group	亚类 Soil subgroup	土属 Soil genus	土种 Soil species	土层码 Layer code	土层厚度 Depth/cm	颜色 Soil color	质地 Soil texture	土壤结构 Soil structure	pH	有机质 OM/(g/kg)	全氮 TN/(g/kg)	全磷 TP/(g/kg)	有效磷 AP/(mg/kg)	阳离子交换量CEC/(cmol/kg)	剖面点坐标 Profile coordinate	匹配指数 Matching index/%
剖1	淋溶土	黄褐土	黄褐土	僵黄土	南阳僵黄土	A₁₁	0—17	浊棕色	壤质黏土	团块状	7.1	8.4	0.61	0.39	3.3	24.1	E 112°27′21.2″ N 33°00′15.8″	95
						Bvt	58—102	浊橙色	黏土	块状	7.1	4.5	0.44	0.39	5.0	25.1		
						Bvtm₀	17—42	浊棕色	壤质黏土	棱块状	7.5	4.4	0.34	0.39		27.2		
						Bvk	42—58	橙色	壤质黏土	棱块状	7.5	2.2	0.24	0.39		25.8		

方 城 县

主要土类说明

黄褐土是方城县主要土壤类型，占本县地域面积的 90%。黄褐土为本县的主要耕作土壤，在全县平原、垄岗和山间沟谷广为分布。本县黄褐土依据成土母质分为土黄胶土、砂姜黄胶土、黄老土、石灰红土、山砂土土属。其中黄老土面积最大，土质好、生产水平高，是本县的主要农业用地，分布在广大平原和较宽的岗间平地，肥力强、耐旱耐涝，土壤中水、肥、气、热状况比较协调，供水肥性能良好，适宜种植各种作物。

砂姜黑土是方城县第二大土壤类型，占本县地域面积的 6%。砂姜黑土是区域性土壤，本县面积较少，分布零散，全县除柳河、四里店、拐河等镇外，均有分布，以赵河、博望、二郎庙、独树、广阳等乡镇面积较大，余者甚少。砂姜黑土形成过程可分为沼泽化、脱沼泽化、耕种熟化三个阶段。沼泽化阶段：洼地长期积水，水生、湿生植物繁茂，年复一年，植物残体在嫌气条件下，以腐殖化作用为主，残体中的纤维素、半纤维素、木质素等难以分解的物质逐渐积累。此间以还原反应为主，有机质分解产生较多的氮、甲烷、硫化氢等作用于土壤中易变化的铁、锰等矿质元素，还原为亚氧化物，或在嫌气性细菌作用下，将铁锰氧化物去氧变成亚氧化物，使腐泥层呈暗灰色或青黑色，有机质含量高。在长期的地质作用下，洼地不断抬升，使沼泽逐渐向脱沼泽化方向发展。脱沼泽化阶段：洼地摆脱长期渍水状态后，随着降水的季节性变化，干湿交替，氧化还原交替进行，土壤水分较多时，铁锰呈低价游离状态淋洗下移，地下水退下时，铁锰是高价氧化状态而淀积，形成铁锰结核及铁锰斑纹等新生体。植物的根呼吸及有机物分解产生二氧化碳，溶于水生成碳酸，与土壤中的碳酸钙作用，形成重碳酸钙，溶解度加大，随水淋洗下渗，当水分减少时，酸性中和，重新以碳酸钙淀积结成砂姜，至于厚度不同的砂姜层，则是长期受重碳酸钙水补给，转化淀积的结果。耕种熟化阶段：洼地接受长期流水搬运堆积，不断抬升，地下水位相对下降，经脱沼泽化过程，再由人类耕种，进入熟化阶段，在长期耕种、施肥、排水等农业措施的实施中，有效地改变了土壤的理化性状，调整了水、热、气的状况，改善了土壤环境，加速了土壤中不可给态养分的分解，使之成为目前较好的农业用地。本县砂姜黑土只有砂姜黑土一个亚类，黑老土和砂姜黑土两个土属。

小于本县地域面积 3% 的土壤类型还有黄棕壤、潮土等。

本区域中心区气候特征

本区域中心区气候特征值
Regional climate characteristics in central area of the region

气候带：暖温带亚湿润气候 Climate region: Warm temperate subhumid climate	
年平均气温 /℃ Annual average temperature /℃	14.7
年平均最高气温 /℃ Annual average maximum temperature /℃	20.2
年平均最低气温 /℃ Annual average minimum temperature /℃	10.1
年降水量 /mm Annual precipitation /mm	860
≥10℃的积温 /℃ Daily temperature accumulated in a year（≥10℃）/℃	5380
年日照时数 /h Annual sunshine /h	1947
年平均相对湿度 /% Annual average relative humidity /%	72
干燥度 Dryness	1.04

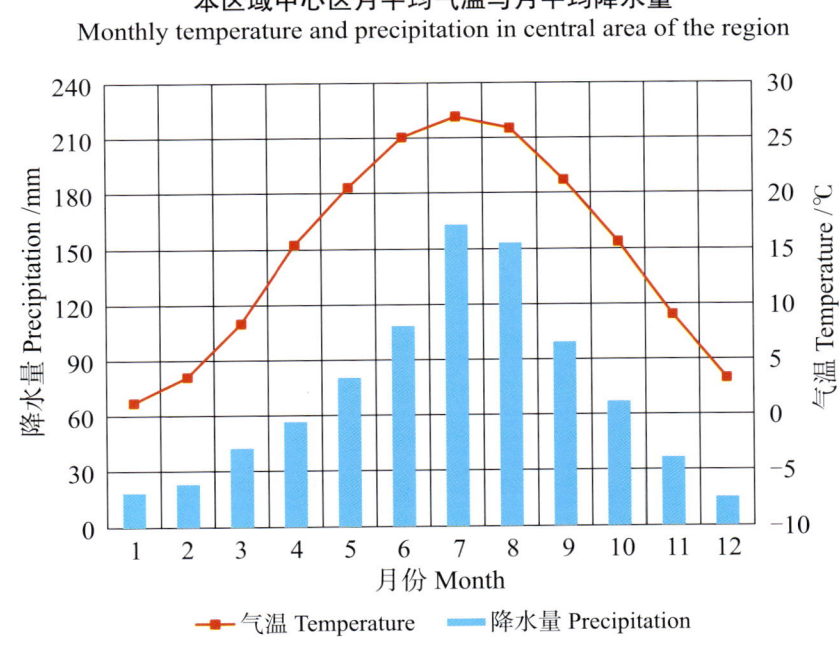

本区域中心区月平均气温与月平均降水量
Monthly temperature and precipitation in central area of the region

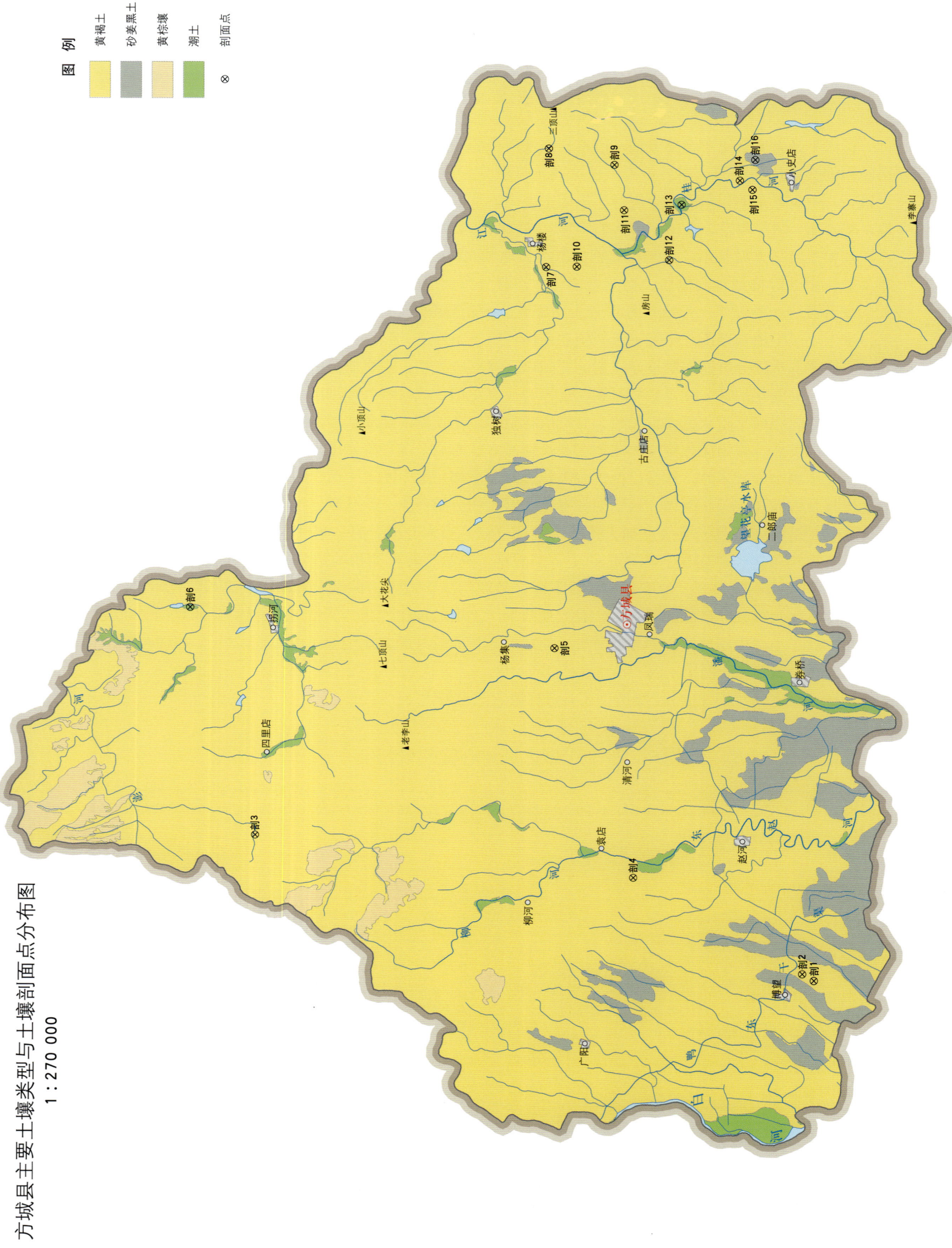

方城县土壤剖面理化性状表

剖面号 Soil profile	土纲 Soil order	土类 Soil great group	亚类 Soil subgroup	土属 Soil genus	土种 Soil species	土层码 Layer code	土层厚度 Depth/cm	颜色 Soil color	质地 Soil texture	土壤结构 Soil structure	pH	有机质 OM/(g/kg)	全氮 TN/(g/kg)	全磷 TP/(g/kg)	有效磷 AP/(mg/kg)	速效钾 AK/(mg/kg)	阳离子交换量CEC/(cmol/kg)	土壤母质 Parent material	剖面点坐标 Profile coordinate	匹配指数 Matching index/%
剖1	淋溶土	黄褐土	黄褐土	砂姜黄胶土	深位厚层砂姜黄胶土	1	0—20	灰黄色	重壤土	小块状	7.4	7.9	0.53	0.31	4.1	119	22.7	下蜀系黄土	E 112°44′42.0″ N 33°08′55.3″	97
						2	20—29	灰黄色	重壤土	块状	7.4	7.8	0.52	0.32	3.3	109	24.9			
						3	29—62	灰黄棕色	重壤土	块状	7.5	6.3	0.44	0.32	1.7	117	27.3			
						4	62—100				7.6	3.7	0.29	0.16	<1.0	95	31.9			
剖2	淋溶土	黄褐土	黄褐土	砂姜黄胶土	浅位厚层砂姜黄胶土	1	0—16	灰黄色	重壤土	小块状	7.5	11.0	0.72	0.44	8.5	125	22.3	下蜀系黄土	E 112°44′58.9″ N 33°09′19.8″	97
						2	16—30	灰黄色	重壤土	块状	7.5	8.8	0.64	0.38	2.7	105	20.4			
						3	30—100				7.5	5.6	0.45	0.20	1.5	101	24.9			
剖3	淋溶土	黄褐土	黄褐土	黄老土	壤黄土	1	0—24	灰黄色	中壤土	粒状	7.4	9.3	0.59	0.34	1.9	72	13.1	老河流沉积物	E 112°51′20.5″ N 33°28′27.8″	98
						2	24—39	灰黄色	中壤土	小块状	7.5	9.1	0.59	0.36	1.7	72	12.2			
						3	39—71	浅灰黄色	中壤土	小块状	7.5	6.4	0.49	0.27	<1.0	68	13.6			
						4	71—100	浅灰黄色	中壤土	小块状	7.5	4.2	0.32	0.26	<1.0	67	13.7			
剖4	淋溶土	黄褐土	黄褐土	砂姜黄胶土	浅位多量砂姜黄胶土	1	0—17	浅灰黄棕色	重壤土	小块状	7.5	9.3	0.68	0.29	8.5	168	25.4	下蜀系黄土	E 112°49′14.5″ N 33°15′13.3″	99
						2	17—39	棕黄色	轻黏土	棱块状	7.4	6.7	0.50	0.28	1.2	114	28.6			
						3	39—100	浅灰黄色	重黏土	块状	7.3	5.9	0.49	0.22	7.1	139	27.8			
剖5	淋溶土	黄褐土	黄褐土	黄胶土	浅位厚层黄黏土	1	0—15	棕红色	重壤土	粒状	6.9	7.6	0.49	0.34	10.1	99	19.7	下蜀系黄土	E 112°59′15.0″ N 33°17′51.7″	98
						2	15—50	红棕色	轻黏土	棱块状	7.0	2.6	0.27	0.22	9.4	64	15.2			
						3	50—100	棕褐色	轻黏土	棱块状	7.2	3.6	0.34	0.21	5.6	132	23.4			
剖6	半水成土	潮土	灰潮土	灰两合土	底砂灰两合土	1	0—19	灰黄色	轻壤土	粒状	7.1	6.7	0.44	0.58	3.5	77	11.3	河流冲积物	E 113°01′16.3″ N 33°30′36.7″	97
						2	19—40	灰黄色	轻壤土	小块状	7.1	4.6	0.27	0.56	2.5	69	9.7			
						3	40—81	浅黄色	轻壤土	小块状	7.0	3.4	0.19	0.49	4.1	44	7.8			
						4	81—100		松砂土	单粒状	7.0	1.9	0.11	0.35	36.5	16	4.8			
剖7	淋溶土	黄褐土	黄褐土	灰石红土	灰石红土	1	0—18	浅棕红色	重壤土	粒状	7.3	12.9	0.71	0.52	19.3	107	17.7	石灰岩风化残积物、坡积物	E 113°15′45.0″ N 33°17′55.0″	99
						2	18—60	棕红色	重壤土	块状	7.0	4.5	0.31	0.44	18.3	109	18.7			
						3	60—100	暗红棕色	重壤土	块状	7.0	3.4	0.30	0.40	19.1	103	18.7			
剖8	淋溶土	黄褐土	黄褐土	黄胶土	中砾质灰黄石渣土	1	0—24	灰黄色	中壤土	粒块状	7.3	10.0	0.67	0.39	5.9	106	16.6	下蜀系黄土	E 113°20′53.5″ N 33°17′43.8″	97
						2	24—37	浅黄棕色	轻黏土	块状	7.3	6.3	0.51	0.18	<1.0	119	27.9			
						3	37—57	棕黄色	重壤土	块状	7.4	4.8	0.40	0.15	<1.0	123	28.1			
						4	57—85	黄棕色	中壤土	棱块状	7.6	4.4	0.39	0.21	1.7	105	26.7			
						5	85—100	浅灰黄色	轻黏土	粒状	7.5	2.6	0.29	0.21	1.2	112	26.4			
剖9	淋溶土	黄褐土	粗骨性黄褐土	灰黄石渣土	中砾质灰黄石渣土	1	0—15	红黑红色	重壤土	小块状	7.5	7.2	0.47	0.21	2.0	117	29.6	石灰岩风化残积物、坡积物	E 113°15′07.8″ N 33°15′26.6″	95
						2	18—60	暗红棕色	重壤土	块状	7.5	2.3	0.15	0.20	1.8	90	27.1			
剖10	淋溶土	黄褐土	粗骨性黄褐土	淡黄石渣土	中砾质淡黄石渣土	1	0—15	浅黄棕色	中壤土	块状	7.4	9.7	0.61	0.31	10.0	117	15.7	酸性岩类风化残积物、坡积物	E 113°15′44.6″ N 33°16′49.8″	75
						2	15—30	黄棕色	轻黏土	块状	7.6	9.3	0.53	0.31	8.8	106	15.8			
						3	30—100	黄棕色	重壤土	棱块状	7.5	9.2	0.49	0.21	<1.0	117	25.9			
剖11	淋溶土	黄褐土	黄褐土	黄老土	老黄土	1	0—17	灰黄色	中壤土	粒状	7.3	10.1	0.68	0.36	5.3	112	18.6	老河流沉积物	E 113°18′08.6″ N 33°15′08.3″	97
						2	17—29	棕黄色	重壤土	小块状	7.4	9.7	0.67	0.36	4.4	110	18.4			
						3	29—41	褐黄色	重黏土	块状	7.5	9.1	0.62	0.24	1.9	107	20.3			
						4	41—100	黄灰色	轻黏土	棱块状	7.5	7.7	0.51	0.17	1.5	115	29.5			
剖12	淋溶土	黄褐土	粗骨性黄褐土	淡黄石渣土	多砾质淡黄石渣土	1	0—14	黄黄色	重壤土	粒状	7.2	9.3	0.54	0.24	4.1	129	20.6	酸性岩类风化残积物、坡积物	E 113°15′56.9″ N 33°13′35.4″	95
						2	14—31	黄棕色	中壤土	块状	7.2	6.2	0.42	0.21	2.7	112	21.1			
						3	31—57	黄棕色	中壤土	块状	7.3	3.0	0.21	0.19	<1.0	92	18.7			
						4	57—100	黄棕色	重壤土	块状	7.1	2.4	0.20	0.16	1.9	105	19.1			

续表 Continued

剖面号 Soil profile	土纲 Soil order	土类 Soil great group	亚类 Soil subgroup	土属 Soil genus	土种 Soil species	土层码 Layer code	土层厚度 Depth/cm	颜色 Soil color	质地 Soil texture	土壤结构 Soil structure	pH	有机质 OM/(g/kg)	全氮 TN/(g/kg)	全磷 TP/(g/kg)	有效磷 AP/(mg/kg)	速效钾 AK/(mg/kg)	阳离子交换量CEC/(cmol/kg)	土壤母质 Parent material	剖面点坐标 Profile coordinate	匹配指数 Matching index/%
剖13	半水成土	潮土	灰潮土	灰两合土	灰两合土	1	0—20	灰黄色	中壤土	粒状	7.1	9.5	0.53	0.43	4.6	105	15.9	河流冲积物	E 113°18′20.2″ N 33°13′07.0″	97
						2	20—42	灰黄色	中壤土	碎块状	7.1	5.1	0.25	0.44	2.1	66	14.8			
						3	42—100	浅灰黄色	中壤土	碎块状	7.1	6.3	0.29	0.50	4.3	50	12.6			
剖14	淋溶土	黄褐土	黄褐土	黄老土	黄老土	1	0—25	灰黄色	中壤土	粒状	7.1	9.2	0.59	0.38	14.2	76	15.4	老河流沉积物	E 113°19′19.9″ N 33°11′02.8″	98
						2	25—52	浅灰黄色	中壤土	团块状	7.3	5.0	0.40	0.26	1.9	65	16.2			
						3	52—100	棕黄色	轻黏土	块状	7.1	6.6	0.46	0.32	1.7	80	23.2			
剖15	淋溶土	黄褐土	粗骨性黄褐土	灰黄石渣土	中薄质厚层灰黄石渣土	1	0—25	灰黄色	重壤土	粒状	7.1	14.2	0.69	0.29	2.3	115	22.0	灰质岩类风化残积物、坡积物或洪积物	E 113°18′55.4″ N 33°10′36.8″	95
						2	25—70	暗红棕色	重壤土	块状	7.5	4.7	0.30	0.20	5.6	98	22.9			
						3	70—													
剖16	半水成土	砂姜黑土	砂姜黑土	砂姜黑土	青黑土	1	0—25	暗黄灰色	轻黏土	碎块状	7.3	15.8	0.90	0.39	6.3	167	33.1	湖相沉积物	E 113°20′13.6″ N 33°10′29.6″	97
						2	25—45	褐灰色	重黏土	棱块状	7.3	17.6	0.88	0.28	<1.0	168	42.1			
						3	45—100	青灰色	中黏土	块状	7.3	11.5	0.65	0.15		144	36.0			

西 峡 县

主要土类说明

黄棕壤是西峡县主要土壤类型，占本县地域面积的77%。黄棕壤是在北亚热带向暖温带过渡性生物气候条件下发育而成的地带性土壤。在夏季高温多雨、冬季寒冷干燥、干湿交替的季风型气候影响下，岩石风化分解出来的钾、钠、钙、镁等盐基离子及铁锰化合物伴随比较强烈的淋溶作用随水下移至一定深度聚结成铁锰结核新生体。土体中游离的碳酸钙因受较强的淋洗已不复存在，故1m土体内无石灰反应。氢离子也因易变价的铁、锰等离子随水下移而相对增加，使土壤呈微酸性至中性。随水下移附着在土壤结构面上的铁锰化合物，因其特有的不可逆性，逐年累积形成棕红色、有光泽的铁锰胶膜。土壤中的黏粒也因随水下移，聚积成明显的黏化层。

紫色土是西峡县第二大土壤类型，占本县地域面积的10%。紫色土是由紫色岩类风化发育而成的一种岩性土壤。紫色岩吸热性强，物理风化强烈，但其矿物质的化学风化相当微弱，所以在粉砂粒中除含石英外，尚有较多长石、云母等原生矿物颗粒。受母岩影响，发育在紫色砂岩上的紫色土多含石英砂粒，颗粒较粗，土体疏松，透水性强，保水、保肥能力差，不耐旱。母岩为页岩、泥质页岩，颗粒较细，土体致密，透水性较差，但保水、保肥性能好。因其成土时间短，所以剖面质地层次分明，发育层次多不明显，只有在坡度较缓，土壤颗粒较细，沉积较久，受淋溶影响时间较长的局部地区，心土层有铁锰胶膜、锈色斑纹和黏化现象。耕种紫色土受耕作、施肥影响，耕作层熟化度较高，土壤粒状构造体的水稳性增强，肥力水平也有很大提高。

棕壤是西峡县第三大土壤类型，占本县地域面积的8%。棕壤是在暖温带生物气候条件下发育而成的地带性土壤。其形成过程及特点是：温暖而湿润的气候条件下，母岩风化比较彻底，多为轻壤土或中壤土，土壤中残存砾石量少，块小；一般植被覆盖率高，大量有机物长期积累并不断分解，使土壤表面积累了厚5—25cm的腐殖质层；有机质分解产生的有机酸和一、二价离子淋失，氢离子浓度相对增高，故土壤呈微酸性至酸性，pH为4.9—6.6；雨量适中，土体有一定的淋洗作用，全剖面均无石灰反应；受地貌形态制约，一般土层较薄，沟谷地脚、局部缓平洼地土层厚可达100cm以上；成土时间较短，土壤水分运行比较缓慢，整个土层无淀积现象。

黄褐土占本县地域面积的5%，成土母质为河流冲积物，表层为灰黄色，质地为中壤土或重壤土，呈粒状结构，心土层有铁锰淀积。

小于本县地域面积3%的土壤类型还有潮土等。

本区域中心区气候特征

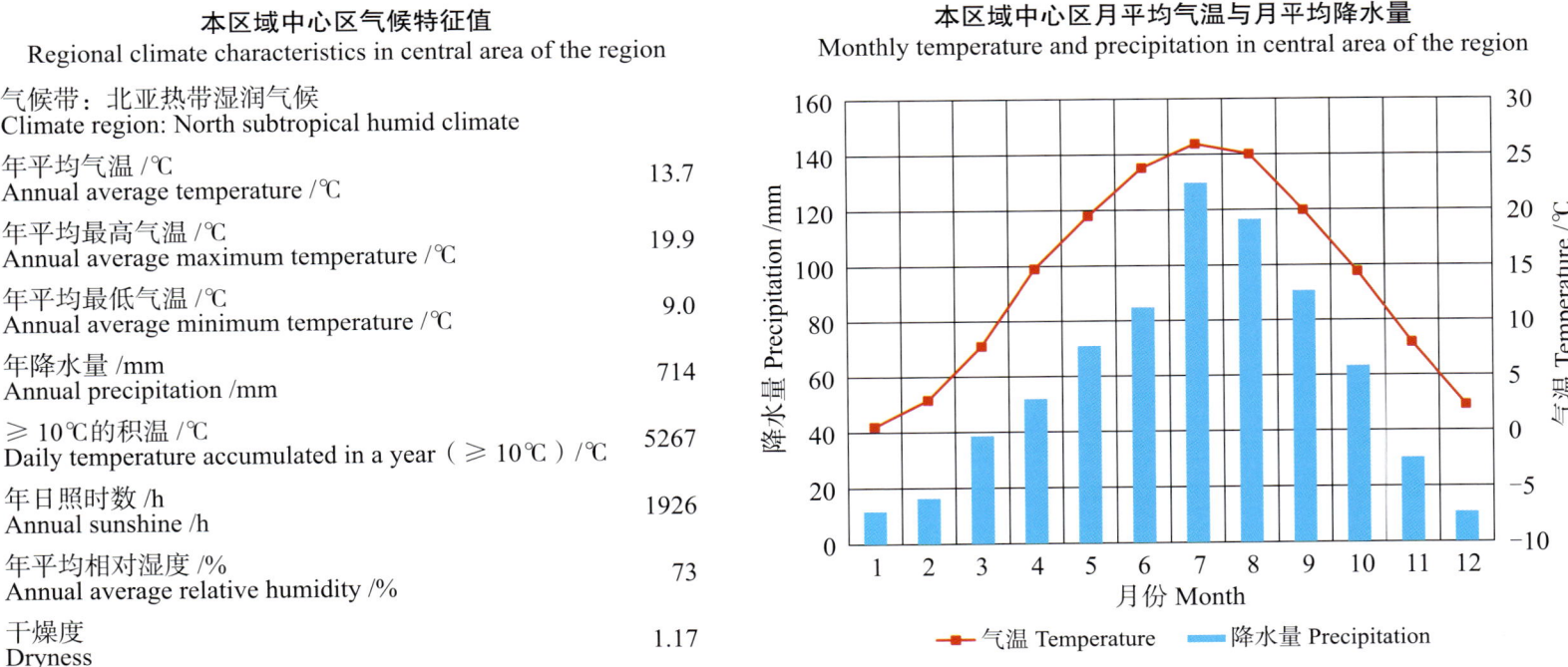

本区域中心区气候特征值
Regional climate characteristics in central area of the region

气候带：北亚热带湿润气候 Climate region: North subtropical humid climate	
年平均气温 /℃ Annual average temperature /℃	13.7
年平均最高气温 /℃ Annual average maximum temperature /℃	19.9
年平均最低气温 /℃ Annual average minimum temperature /℃	9.0
年降水量 /mm Annual precipitation /mm	714
≥10℃的积温 /℃ Daily temperature accumulated in a year (≥10℃) /℃	5267
年日照时数 /h Annual sunshine /h	1926
年平均相对湿度 /% Annual average relative humidity /%	73
干燥度 Dryness	1.17

本区域中心区月平均气温与月平均降水量
Monthly temperature and precipitation in central area of the region

西峡县主要土壤类型与土壤剖面点分布图
1∶350 000

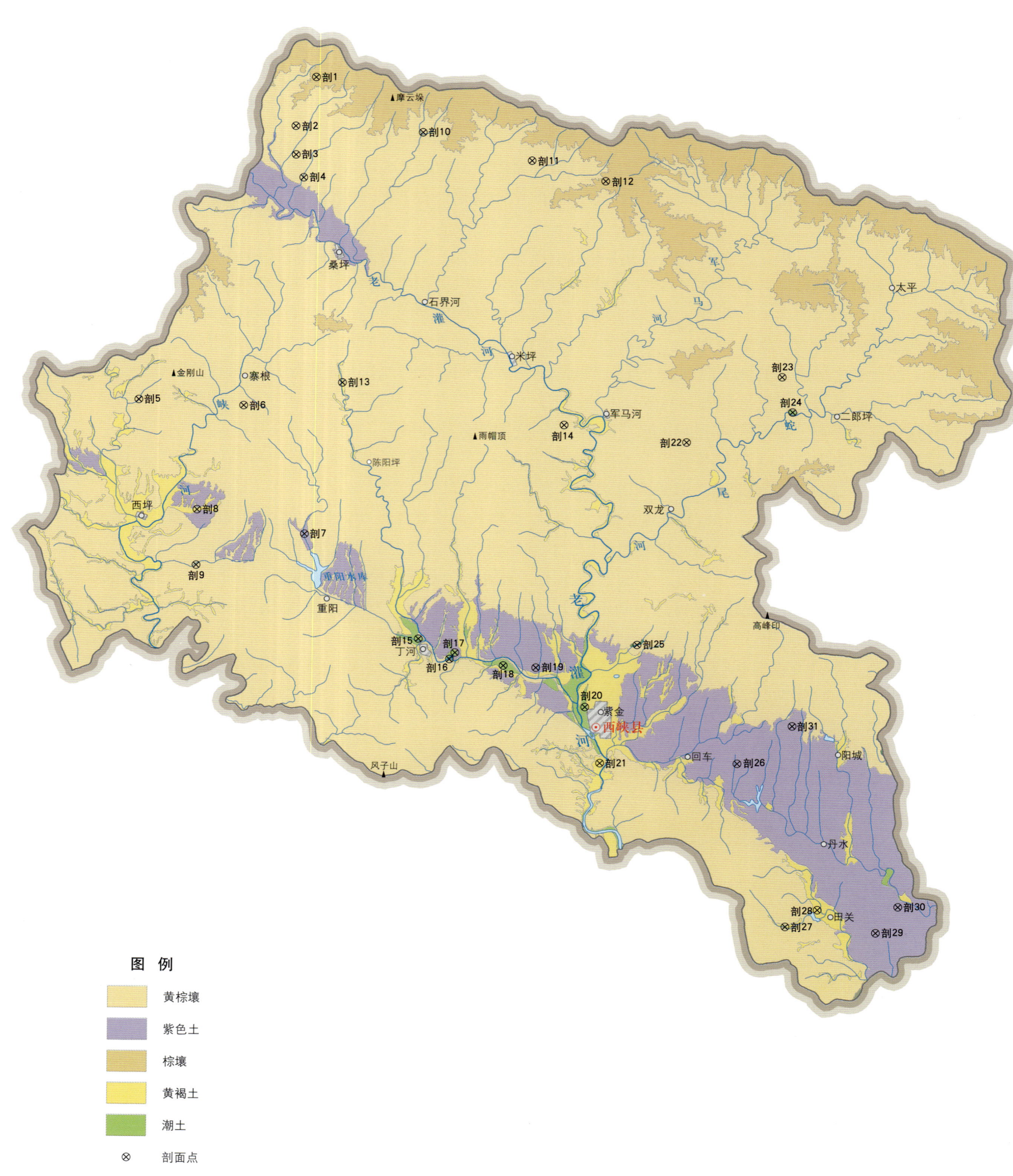

西峡县土壤剖面理化性状表

剖面号 Soil profile	土纲 Soil order	土类 Soil great group	亚类 Soil subgroup	土属 Soil genus	土种 Soil species	土层码 Layer code	土层厚度 Depth/cm	颜色 Soil color	质地 Soil texture	土壤结构 Soil structure	pH	有机质 OM/(g/kg)	全氮 TN/(g/kg)	全磷 TP/(g/kg)	全钾 TK/(g/kg)	有效磷 AP/(mg/kg)	速效钾 AK/(mg/kg)	阳离子交换量CEC/(cmol/kg)	土壤母质 Parent material	剖面点坐标 Profile coordinate	匹配指数 Matching index/%
剖1	淋溶土	棕壤	棕壤	淡岩石棕壤	厚有机质中层淡岩石棕壤	1	0—23	灰黑色	中壤土	粒状	6.4	21.4	5.92	0.76		10.8	446	31.9	酸性岩类风化残积物、坡积物	E 111°14′12.1″ N 33°46′31.1″	97
						2	23—37	褐灰色	中壤土	粒状	5.8	55.4	2.49	0.56		7.5	183	19.6			
						3	37—58	暗灰黄色	砂壤土	小块状	6.0	26.9	1.33	0.50		3.3	97	14.4			
						4	58—														
剖2	淋溶土	黄棕壤	粗骨性黄棕壤	淡岩黄砂石土	多砾质薄层淡岩黄砂石土	1	0—10	黄灰色	砂壤土	粒状	6.5	17.1	6.60	0.25		2.5	71	9.2	酸性岩类风化残积物、坡积物	E 111°13′09.8″ N 33°44′20.0″	99
						2	10—23	黄棕色	砂壤土	粒状	6.1	7.6	3.30	0.25		1.7	39	10.2			
						3	23—														
剖3	淋溶土	黄棕壤	粗骨性黄棕壤	砂页岩黄砂石土		1	0—15	黄灰色	轻壤土	粒状	7.4	29.4	1.34	0.47		3.3	9	12.6		E 111°13′10.9″ N 33°43′03.0″	98
						2	15—														
剖4	淋溶土	黄棕壤	粗骨性黄棕壤	灰质岩黄砂石土		1	0—25	黄灰色	重壤土	粒状	8.0	42.8	2.14	0.57		9.1	145	21.6	灰质砂岩	E 111°13′34.0″ N 33°42′01.8″	97
						2	25—														
剖5	淋溶土	黄棕壤	粗骨性黄棕壤	灰质岩黄砂石土	薄层灰质岩黄砂石土	1	0—14	黄灰色	中壤土	粒状	8.1	34.9	2.02	0.59		5.0	96	21.4	灰质岩	E 111°05′10.3″ N 33°32′06.7″	98
						2	14—														
剖6	淋溶土	黄棕壤	黄棕壤	砂岩黄砂石土	薄有机质薄层砂岩黄棕壤	1	0—7	灰黑色	轻壤土	粒状	5.5	138.0	5.29	0.55		19.9	419	29.4	砂岩	E 111°10′32.2″ N 33°31′52.0″	97
						2	7—26	暗灰色	轻壤土	小块状	5.4	26.7	1.04	0.27		24.9	137	7.5			
						3	26—														
剖7	初育土	紫色土	紫色土	紫色土	厚层紫色土	1	0—15	浅黄红色	中壤土	粒状	7.0	12.7	0.96	0.48		4.1	159	16.0	紫色砂岩	E 111°13′41.2″ N 33°26′11.0″	97
						2	15—36	黄红色	中壤土	小块状	7.0	8.0	0.64	0.41		3.3	119	14.7			
						3	36—77	浅紫红色	重壤土	块状	7.4	5.0	0.44	0.36		1.7	98	18.3			
						4	77—100	黄红色	中壤土	块状	7.5	3.7	0.33	0.28		<1.0	75	14.1			
剖8	淋溶土	黄褐土	黄褐土	黄老土	黄老土	1	0—15	灰黄色	中壤土	粒状	7.5	10.8	0.69	0.67		16.6	89	15.1	河流冲积物	E 111°08′10.7″ N 33°27′14.4″	98
						2	15—30	灰黄色	中壤土	块状	7.8	8.9	0.52	0.60		8.3	83	14.5			
						3	30—60	灰黄色	中壤土	块状	7.8	6.6	0.40	0.39		5.0	85	16.6			
						4	60—100	灰黄色	重壤土	块状	7.8	4.8	0.38	0.40		28.2	85	18.8			
剖9	淋溶土	山黄土	山黄土	山黄土	山黄土	1	0—15	灰黄色	中壤土	粒状	7.1	14.8	0.94	0.68		14.9	146	14.4	坡积物、洪积物	E 111°08′08.5″ N 33°24′46.4″	98
						2	15—25	灰黄色	中壤土	碎块状	7.3	14.2	0.89	0.60		10.0	124	14.0			
						3	25—100	灰黄色	中壤土	块状	7.4	7.7	0.53	0.56		5.0	99	11.3			
剖10	淋溶土	黄棕壤	黄棕壤	淡岩黄棕壤	薄有机质薄层淡岩黄棕壤	1	0—15	浅黄黄色	中壤土	粒状	7.0	11.1	0.69	0.38		1.7	74	13.2	坡积物、洪积物	E 111°19′41.2″ N 33°44′03.5″	97
						2	15—23	浅黄黄色	中壤土	小块状	7.2	10.2	0.64	0.41		3.3	32	11.9			
						3	23—43	褐黄黄色	重壤土	块状	7.6	5.1	0.29	0.33		2.5	72	10.3			
						4	43—64	褐黄黄色	重壤土	块状	7.7	6.7	0.39	0.34		<1.0	54	13.2			
						5	64—85	黄黄色	重壤土	块状	7.8	8.3	0.52	0.34		<1.0	69	19.8			
						6	85—														
剖11	淋溶土	黄棕壤	棕壤	淡岩黄棕壤		1	0—9	灰黑色	中壤土	粒状	6.9	107.0	5.05	0.89		19.1	326	17.9	酸性岩类风化残积物、坡积物	E 111°25′16.7″ N 33°42′48.6″	97
						2	9—21	黑灰色	中壤土	粒状	6.9	57.1	2.13	0.76		10.0	149	24.9			
						3	21—														
剖12	淋溶土	棕壤	棕壤	淡岩黄棕壤	薄有机质薄层淡岩淡棕壤	1	0—8	灰黑色	中壤土	团粒状	6.5	135.0	5.49	0.47		18.3	328	34.5	酸性岩类风化残积物、坡积物	E 111°29′03.1″ N 33°41′53.9″	97
						2	8—24	暗黄黄色	中壤土	粒状	5.3	31.4	1.44	0.23		7.5	208	22.1			
						3	24—														
剖13	淋溶土	黄褐土	黄褐土	人工堆垫土	中层人工堆垫	1	0—13	灰黄色	中壤土	粒状	6.6	13.4	0.96	0.40		12.4	116	14.3	人工堆垫物	E 111°15′34.9″ N 33°32′54.6″	98
						2	13—43	灰黄色	中壤土	小块状	7.0	8.7	0.49	0.33		8.3	56	13.3			
						3	43—														

续表 Continued

剖面号 Soil profile	土纲 Soil order	土类 Soil great group	亚类 Soil subgroup	土属 Soil genus	土种 Soil species	土层码 Layer code	土层厚度 Depth/cm	颜色 Soil color	质地 Soil texture	土壤结构 Soil structure	pH	有机质 OM/(g/kg)	全氮 TN/(g/kg)	全磷 TP/(g/kg)	全钾 TK/(g/kg)	有效磷 AP/(mg/kg)	速效钾 AK/(mg/kg)	阳离子交换量CEC/(cmol/kg)	土壤母质 Parent material	剖面点坐标 Profile coordinate	匹配指数 Matching index/%
剖14	淋溶土	黄棕壤	黄棕壤	淡岩黄棕壤	薄层淡岩黄棕壤	1	0—28	灰黄色	中壤土	粒状	6.8	18.3	0.86	0.26		3.3	67	19.8		E 111°26′56.4″ N 33°31′03.0″	97
						2	28—														
剖15	半水成土	潮土	灰潮土	灰两合土	底砂灰两合土	1	0—13	灰黄色	中壤土	粒状	6.7	15.6	0.90	0.50		10.0	112	16.1	河流冲积物	E 111°19′31.4″ N 33°21′31.0″	97
						2	13—24	灰黄色	中壤土	粒状	6.7	15.0	0.87	0.50		5.8	111	16.1			
						3	24—74	棕黄色	中壤土	小块状	6.7	7.8	0.52	0.38		12.4	93	17.5			
						4	74—100	暗黄色	砂壤土	块状	7.4	5.1	0.24	0.80		1.7	51	8.2			
剖16	半水成土	潮土	灰潮土	灰砂土	休壤灰砂土	1	0—24	灰黄色	砂壤土	粒状	7.8	6.7	0.42	0.26		1.7	51	10.2	河流冲积物	E 111°21′09.7″ N 33°20′38.8″	75
						2	24—75	褐黄色	轻壤土	小块状	7.6	3.9	0.26	0.22		1.7	49	12.5			
						3	75—100	暗黄黄色	轻壤土	粒状	7.6	3.6	0.26	0.14		1.7	40	10.3			
剖17	半水成土	潮土	黄潮土	两合土	休砂小两合土	1	0—17	灰黄色	轻壤土	小块状	7.9	15.1	0.87	0.61		4.1	99	13.6	河流冲积物	E 111°21′24.1″ N 33°20′54.2″	75
						2	17—44	灰黄色	轻壤土	小块状	7.8	10.6	0.56	0.59		3.3	78	11.4			
						3	44—100	灰白色	松砂土	单粒状	7.8	4.9	0.20	0.40		4.5	49	4.5			
剖18	半水成土	潮土	灰潮土	灰两合土	灰两合土	1	0—19	灰黄色	中壤土	粒状	7.6	12.0	0.72	0.53		19.1	117	11.0	河流冲积物	E 111°23′52.1″ N 33°20′20.0″	98
						2	19—28	灰黄色	中壤土	小块状	7.3	10.6	0.77	0.57		28.2	126	14.0			
						3	28—100	灰黄色	中壤土	小块状	7.6	6.0	0.44	0.32		1.6	91	14.6			
剖19	初育土	紫色土	石灰性紫色土	灰质紫色土	厚层灰质紫色土	1	0—15	棕红色	中壤土	粒状	7.8	9.0	0.69	0.45		1.7	128	14.4	紫色岩类风化物	E 111°25′32.5″ N 33°20′15.0″	98
						2	15—30	棕红色	中壤土	块状	7.9	5.9	0.62	0.44		1.7	88	14.2			
						3	30—60	棕红色	重壤土	块状	7.9	3.9	0.42	0.35		1.7	71	17.5			
						4	60—100	棕红色	中壤土	块状	7.9	6.2	0.52	0.35		<1.0	94	18.1			
剖20	半水成土	潮土	灰潮土	两合土	小两合土	1	0—20	灰黄色	轻壤土	粒状	7.8	16.3	0.76	2.03		≥100.0	245	9.6	河流冲积物	E 111°28′02.6″ N 33°18′30.6″	97
						2	20—35	灰黄色	轻壤土	小块状	7.9	15.9	0.72	2.10		90.4	164	10.6			
						3	35—100	褐黄色	轻壤土	小块状	7.9	10.8	0.51	1.06		45.6	80	12.7			
剖21	淋溶土	黄褐土	黄褐土	山砂土	少砾质厚层山砂土	1	0—17	灰黄色	砂壤土	粒状	7.3	9.1	0.62	1.36		12.4	39	11.7	岩石风化坡积物、洪积物	E 111°28′48.4″ N 33°16′01.9″	95
						2	17—34	灰黄色	砂壤土	块状	7.3	3.7	0.27	0.81		13.3	32	9.7			
						3	34—100	灰黄色	中壤土	块状	7.9	3.9	0.27	0.93		20.7	41	8.5			
剖22	淋溶土	黄棕壤	粗骨性黄棕壤	灰质黄砂石土	中砾质薄层灰质黄砂石土	1	0—26	棕褐色	轻壤土	粒状	7.9	10.6	1.54	0.52		3.3	134	19.3	灰质岩	E 111°33′12.2″ N 33°30′17.3″	97
						2	26—														
剖23	淋溶土	黄棕壤	粗骨性黄棕壤	淡岩黄砂石土	淡岩黄砂石土	1	0—10	黄褐色	砂壤土	粒状	6.4	71.5	2.57	0.34		6.6	178	18.0	酸性岩类风化残积物、坡积物	E 111°38′06.4″ N 33°33′11.9″	98
						2	10—20	黄褐色	砂壤土	单粒状	6.8	29.3	1.44	0.28		3.3	73	15.5			
						3	20—														
剖24	半水成土	潮土	灰潮土	灰两合土	腰砂灰小两合土	1	0—20	灰黄色	轻壤土	粒状	7.3	13.2	0.69	0.29		2.5	84	10.6	河流冲积物	E 111°33′38.0″ N 33°30′37.6″	98
						2	20—27	灰黄色	砂壤土	粒状	7.4	5.8	0.25	0.22		2.5	57	7.0			
						3	27—49	灰白色	紧砂土	单粒状	7.5	3.6	0.17	0.23		2.5	43	5.0			
						4	49—100	暗黄色	中壤土	块状	7.6	10.1	0.46	0.19		<1.0	67	16.2			
剖25	人为土	水稻土	淹育水稻土	黄棕壤性淹育水稻土	老黄土田	1	0—20	黄褐色	中壤土	小块状	5.4	14.9	0.91	0.61		35.7	158	13.0		E 111°30′41.8″ N 33°21′16.9″	97
						2	20—31	黄褐色	重壤土	块状	7.5	10.0	0.66	0.55		17.4	108	14.4			
						3	31—100	浅黄棕色	轻壤土	块状	7.5	5.7	0.49	0.26		34.9	107	17.3			
剖26	初育土	紫色土	石灰性紫色土	灰质紫色土	薄层灰质紫色土	1	0—9	黄黄棕色	中壤土	粒状	7.8	4.5	0.36	0.50		1.7	72	11.7	紫色岩类风化物	E 111°35′49.2″ N 33°16′01.2″	98
						2	9—														
剖27	淋溶土	黄褐土	黄褐土	黄老土	老黄土	1	0—17	灰黄色	中壤土	粒状	7.5	16.3	1.02	0.53		10.8	164	16.7	河流冲积物	E 111°38′17.9″ N 33°08′43.1″	98
						2	17—38	褐黄色	轻黏土	粒状	7.5	11.7	0.73	0.47		2.5	128	15.5			
						3	38—100	暗黄棕色	轻黏土	棱块状	7.8	12.2	0.74	0.37		1.7	148	24.3			
剖28	淋溶土	黄褐土	黄褐土	黄胶土	浅位厚层黄胶土	1	0—18	灰黄色	重壤土	粒状	7.6	9.5	0.64	0.33		10.8	151	24.8	下蜀系黄土	E 111°39′55.8″ N 33°09′28.1″	97
						2	18—29	灰黄棕色	轻黏土	块状	7.6	7.1	0.47	0.28		4.1	122	25.8			
						3	29—100	浅黄棕色	轻黏土	棱块状	7.6	4.2	0.32	0.15		2.5	132	28.4			

续表 Continued

剖面号 Soil profile	土纲 Soil order	土类 Soil great group	亚类 Soil subgroup	土属 Soil genus	土种 Soil species	土层码 Layer code	土层厚度 Depth/cm	颜色 Soil color	质地 Soil texture	土壤结构 Soil structure	pH	有机质 OM/(g/kg)	全氮 TN/(g/kg)	全磷 TP/(g/kg)	全钾 TK/(g/kg)	有效磷 AP/(mg/kg)	速效钾 AK/(mg/kg)	阳离子交换量CEC/(cmol/kg)	土壤母质 Parent material	剖面点坐标 Profile coordinate	匹配指数 Matching index/%
剖29	初育土	紫色土	石灰性紫色土	灰质紫色土	少砾质薄层灰质紫色土	1	0—10	灰紫色	中壤土	粒状	8.0	16.5	0.98	0.67		1.7	83	12.2	紫色岩类风化物	E 111°42′54.7″ N 33°08′27.2″	95
						2	10—24	灰紫色	中壤土	粒状	8.0	13.5	0.78	0.59		2.5	58	11.9			
						3	24—	紫色													
剖30	初育土	紫色土	紫色土	紫色黏土	浅位厚层紫色黏土	1	0—17	红棕色	重壤土	粒状	7.7	13.8	0.88	0.41		12.4	173	22.8	紫色砂岩	E 111°44′02.8″ N 33°09′36.4″	97
						2	17—24	红棕色	重壤土	块状	7.6	10.0	0.75	0.36		5.8	144	23.8			
						3	24—100	棕红色	轻黏土	棱块状	7.5	5.5	0.53	0.27		8.3	141	26.2			
剖31	初育土	紫色土	石灰性紫色土	灰质紫色土	中砾质薄层灰质紫色土	1	0—7	黄红色	砂壤土	粒状	7.9	8.0	0.49	0.41		1.7	37	8.4	紫色岩类风化物	E 111°38′37.7″ N 33°17′40.7″	95
						2	7—28	棕红色	轻壤土	粒状	8.0	6.3	0.36	0.42			32	12.0			
						3	28—														

镇 平 县

主要土类说明

黄褐土是镇平县主要土壤类型,占本县地域面积的48%。黄褐土分布范围广,遍及全县各地,多出现在海拔300m以下的地带。依据成土母质分为砂姜黄胶土、黄胶土、灰石红土、非灰石红土、黄老土、淡岩黄褐土、山黄土、山砂土、白底黄土、灰质黄老土和灰质黄胶土。其中黄老土面积最大,主要分布在河流沿岸一、二级阶地上,洪积扇边缘及垄岗下部平洼处,是成土时间较久的洪积物、冲积物。其表层呈灰黄色,粒状结构,质地轻壤到重壤,小于0.001mm物理性黏粒的含量为25.67%—51.21%,平均为39.39%,阳离子交换量为11.94—25.24cmol/kg,平均为18.32cmol/kg;表层以下质地较重,呈棕褐色或黄褐色,块状结构,有铁锰结核、胶膜、锈斑出现。剖面具有明显的发生层次,无石灰反应。

砂姜黑土是镇平县第二大土壤类型,占本县地域面积的27%。砂姜黑土形成于第四纪浅湖沼相沉积物之上,是在沼泽草甸基础上经脱沼泽耕种熟化而发育成的一种区域性土壤。本县砂姜黑土分布在南部,在区域上属南阳盆地新野县,过去因地势低洼,排水条件差,集水面积广,加之地下水去路不畅,形成了长期积水现象,地面上生长着湿生性和水生性草本植物,由于嫌气性的生物积累,形成了"黑土层"。后来,洼地继续接受沉积物质,地面逐步抬高,慢慢摆脱了常年积水状态,同时地下水位也相对下降,在干湿交替的气候条件下,有机质分解产生二氧化碳形成碳酸,使碳酸钙变为碳酸氢钙,随水下沉到底土层或地下水中,在旱季碳酸氢钙脱水,与土粒黏结在一起,形成砂姜及砂姜层。经2000多年的旱耕熟化,人们采用了排水、耕作、施肥和种植等措施,土壤形态特征发生了相应的改变,首先是土壤潜育程度减弱和潜育层部位降低,其次黑土层上部颜色逐渐变淡,并逐步分化出耕作层、犁底层及埋藏黑土层。此外,赵河以东由于受到北部浅山区有强烈石灰反应的母质为来源的石灰性冲积物的影响,土壤产生覆钙作用,因此有一部分砂姜黑土有石灰反应。本县砂姜黑土只有砂姜黑土一个亚类。

黄棕壤是镇平县第三大土壤类型,占本县地域面积的20%。黄棕壤是北亚热带向暖温带过渡的地带性土壤类型,由于受东南季风的影响,夏季多雨,冬春干旱,这一干温交替的气候特点,导致生物循环与母质风化强烈进行,进而使钾、钠、钙、镁等盐基离子不断从岩石矿物中解离出来,并随雨水下渗淋洗,产生较为强烈的淋溶过程。矿物风化释放出的铁锰离子,随下渗雨水,向土壤下部移动,由于该土类心土层和底土层质地黏重,结构紧实,滞水性强,故淋溶不深,一般在40cm上下。在周期性干湿交替作用下,形成铁锰胶膜和铁锰结核等新生体。

小于本县地域面积3%的土壤类型还有紫色土、潮土等。

本区域中心区气候特征

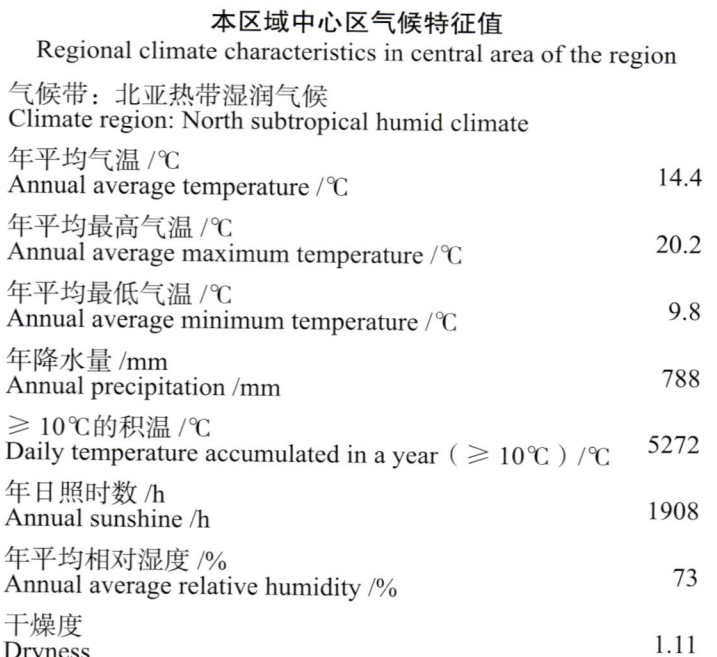

本区域中心区气候特征值
Regional climate characteristics in central area of the region

气候带:北亚热带湿润气候 Climate region: North subtropical humid climate	
年平均气温 /℃ Annual average temperature /℃	14.4
年平均最高气温 /℃ Annual average maximum temperature /℃	20.2
年平均最低气温 /℃ Annual average minimum temperature /℃	9.8
年降水量 /mm Annual precipitation /mm	788
≥10℃的积温 /℃ Daily temperature accumulated in a year (≥10℃) /℃	5272
年日照时数 /h Annual sunshine /h	1908
年平均相对湿度 /% Annual average relative humidity /%	73
干燥度 Dryness	1.11

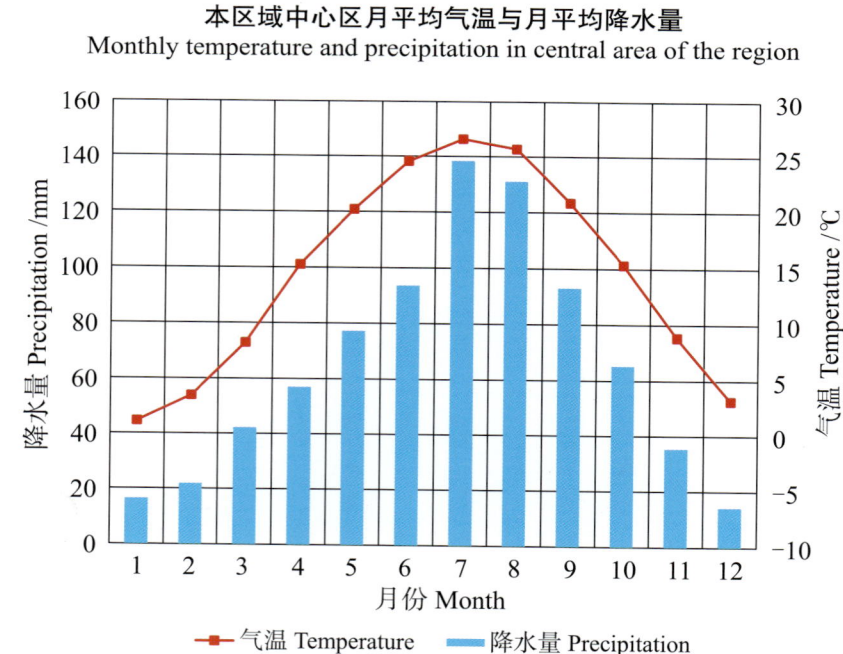

本区域中心区月平均气温与月平均降水量
Monthly temperature and precipitation in central area of the region

镇平县主要土壤类型与土壤剖面点分布图
1:190 000

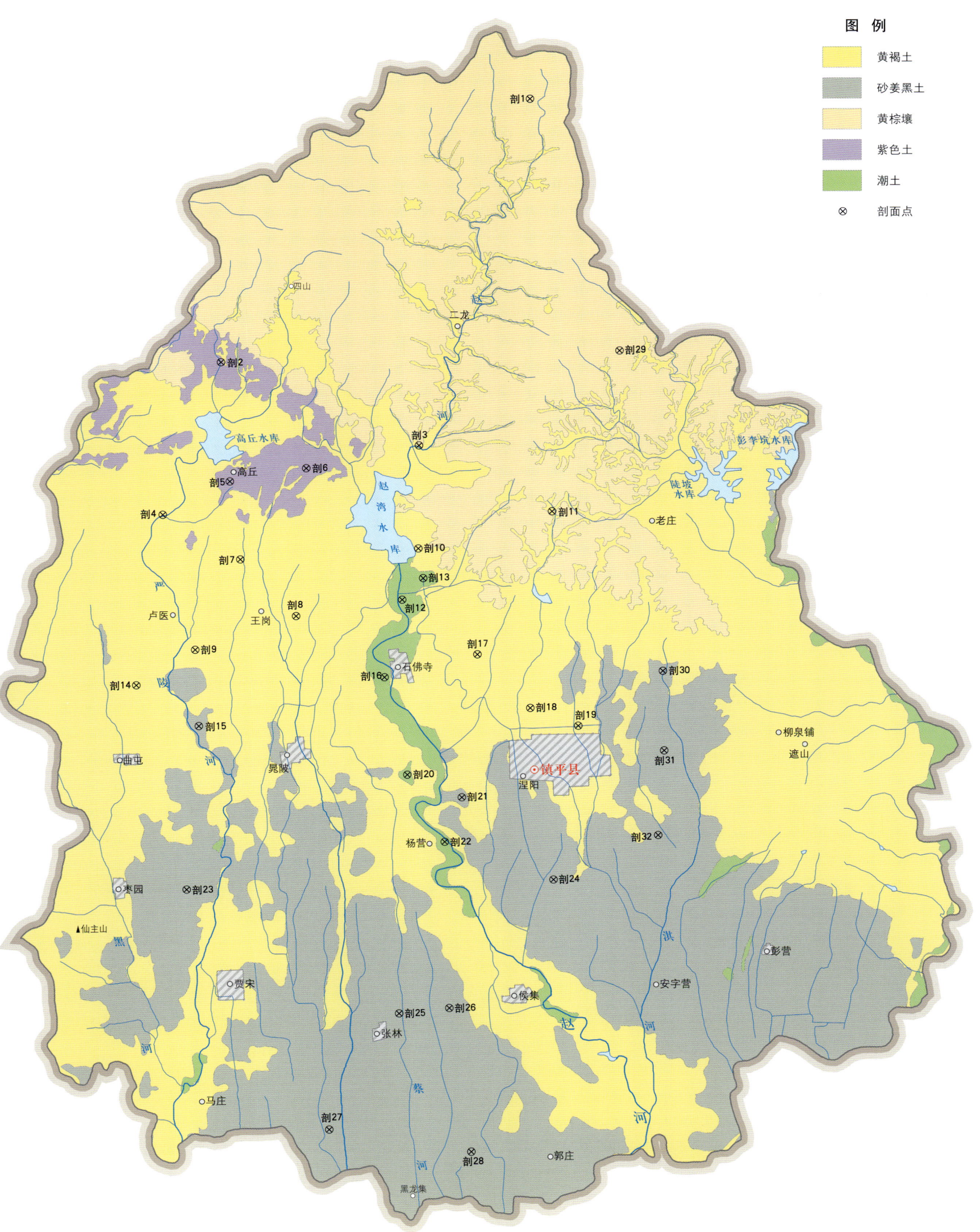

镇平县土壤剖面理化性状表

剖面号 Soil profile	土纲 Soil order	土类 Soil great group	亚类 Soil subgroup	土属 Soil genus	土种 Soil species	土层码 Layer code	土层厚度 Depth/cm	颜色 Soil color	质地 Soil texture	土壤结构 Soil structure	pH	有机质 OM/(g/kg)	全氮 TN/(g/kg)	全磷 TP/(g/kg)	有效磷 AP/(mg/kg)	速效钾 AK/(mg/kg)	阳离子交换量CEC/(cmol/kg)	土壤母质 Parent material	剖面点坐标 Profile coordinate	匹配指数 Matching index/%
剖1	淋溶土	黄棕壤	黄棕壤	淡岩黄棕壤	薄有机质薄层淡岩黄棕壤	1	0~5	暗灰色	轻壤土	团粒状	7.0	130.0	4.77	0.35	38.2	402	34.8	酸性岩类风化物	E 112°13′11.3″ N 33°18′38.9″	95
剖2	初育土	紫色土	中性紫色土	紫泥土	厚紫泥土	2	5~13	暗褐色	轻壤土	粒状	7.1	132.0	4.59	0.41	35.7	317	28.6		E 112°04′16.3″ N 33°12′12.6″	81
						3	13~													
						A_{11}	0~13	亮黄棕色	壤质黏土	小块状	7.6	9.7	0.69	0.24	2.5	125	23.9			
						A_{12}	13~24	油红棕色	壤质黏土	块状	7.3	9.2	0.56	0.22	1.7	113	24.8			
						C_1	24~74	油红棕色	壤质黏土	块状	7.3	6.3	0.42	0.19	<1.0	106	21.6			
						C_2	74~100	红棕色	壤质黏土	块状	7.3	5.1	0.37	0.16	<1.0	104	23.1			
剖3	淋溶土	黄褐土	黄褐土	山黄土	山黄土	1	0~15	灰黄色	中壤土	碎粒状	7.4	11.0	0.66	1.09	6.6	129	16.6	洪积物、坡积物	E 112°09′52.9″ N 33°10′04.1″	92
						2	15~40	棕黄色	中壤土	碎块状	7.4	12.0	0.55	1.03	4.1	121	17.6			
						3	40~100	黄褐色	中壤土	块状	7.4	7.5	0.48	0.83	5.0	118	15.7			
剖4	淋溶土	黄褐土	粗骨性黄褐土	灰黄石渣土	少砾质薄层灰黄石渣土	1	0~15	浅灰黄色	轻壤土	粒状	7.8	9.1	0.38	0.46	1.7	84	14.8		E 112°02′33.0″ N 33°08′26.9″	78
						2	15~													
剖5	初育土	紫色土	紫色土	紫色黏土	浅位厚层紫色黏土	1	0~13	紫红色	中壤土	粒状	7.6	9.7	0.69	0.45	5.8	150	24.0	下蜀系黄土	E 112°04′28.6″ N 33°09′14.8″	98
						2	13~24	紫红色	重壤土	碎块状	7.7	9.2	0.56	0.49	3.3	135	24.8			
						3	24~74	紫红色	重壤土	块状	7.7	6.3	0.42	0.44	<1.0	127	21.6			
						4	74~100	紫褐色	中壤土	块状	7.6	5.1	0.37	0.36	<1.0	124	23.1			
剖6	初育土	紫色土	石灰性紫色土	灰砾质紫色土	多砾质薄层灰质紫色土	1	0~24	紫红色	中壤土	粒状	7.5	7.4	0.42	0.45	5.8	110	21.7	下蜀系黄土	E 112°06′39.6″ N 33°09′32.8″	95
						2	24~50	紫红色	中壤土	碎块状	7.5	5.0	0.24	0.41	<1.0	77	27.6			
						3	50~100	紫红色	中壤土	碎块状	7.5	3.6	0.23	0.40		69	13.6			
剖7	淋溶土	黄褐土	黄褐土	砂姜黄胶土	浅位厚层砂姜黄胶土	1	0~14	灰黄色	重壤土	碎块状	7.8	7.7	0.60	0.38	3.3	189	25.0	酸性岩类风化物	E 112°04′44.4″ N 33°07′18.8″	92
						2	14~42	黄褐色	重黏土	块状	7.8	6.3	0.45	0.33	<1.0	155	32.7			
						3	42~100		轻黏土	碎块状										
剖8	淋溶土	黄褐土	黄褐土	黄胶土	浅位厚层黄胶土	1	0~11	灰黄色	重壤土	碎块状	7.3	8.8	0.69	0.32	3.3	124	18.4		E 112°06′18.4″ N 33°05′53.2″	92
						2	11~25	灰黄色	重壤土	棱块状	7.3	6.4	0.49	0.24	3.3	101	17.9			
						3	25~47	棕黄色	重黏土	棱块状	7.3	6.3	0.52	0.23	1.7	174	22.3			
						4	47~100	黄褐色	轻黏土	碎块状	7.3	6.5	0.47	0.23	2.5	168	26.0			
剖9	淋溶土	黄褐土	黄褐土	淡岩黄褐土	中层淡岩黄褐土	1	0~20	灰黄色	重壤土	碎块状	7.6	10.0	0.63	0.40	5.8	125	25.2	酸性岩类风化物	E 112°03′25.2″ N 33°05′04.9″	85
						2	20~56	灰黄色	中壤土	碎块状	7.6	6.8	0.46	0.24	<1.0	124	35.4			
						3	56~100													
剖10	淋溶土	黄褐土	黄褐土	山砂土	厚层山砂土	1	0~20	灰黄色	砂壤土	碎块状	7.3	6.5	0.31	0.41	14.9	122	10.1	酸性岩类风化物	E 112°06′49.0″ N 33°07′31.4″	92
						2	20~40	灰黄色	砂壤土	碎块状	7.3	3.8	0.25	0.41	6.6	114	11.5			
						3	40~100	棕黄色	轻壤土	碎块状	7.3	3.5	0.25	0.41	11.6	111	14.9			
剖11	淋溶土	黄褐土	黄褐土	黄老土	壤黄土	1	0~19	灰黄色	中壤土	碎块状	7.5	8.9	0.48	0.41	5.8	95	13.9	洪积物、冲积物	E 112°13′38.3″ N 33°08′23.6″	92
						2	19~30	浅褐黄色	中壤土	碎块状	7.6	8.7	0.46	0.40	3.3	93	16.1			
						3	30~58	浅褐黄色	中壤土	粒状	7.7	7.3	0.40	0.44	6.6	100	15.1			
剖12	半水成土	潮土	黄潮土	两合土	两合土	1	0~19	灰黄色	中壤土	小块状	7.7	11.7	0.66	0.59	13.3	155	15.5	河流冲积物	E 112°09′19.8″ N 33°06′15.1″	98
						2	19~48	浅灰黄色		块状	7.7	8.0	0.49	0.58	2.5	107	15.7			
						3	48~100	浅灰黄色		单粒状	7.7	7.9	0.48	0.52	2.5	114	19.9			
剖13	半水成土	潮土	灰潮土	灰砂土	灰粗砂土	1	0~30	浅灰色	松砂土	单粒状	7.4	1.9	0.19	0.30	2.5	33	4.4	河流冲积物	E 112°09′56.5″ N 33°06′46.8″	75
						2	30~60	浅灰色	松砂土	单粒状	7.4		0.10	0.23	3.3	25	3.6			
						3	60~100	浅灰色	松砂土	单粒状	7.5	1.2	<0.10	0.21	2.5	32	4.3			

续表 Continued

剖面号 Soil profile	土纲 Soil order	土类 Soil great group	亚类 Soil subgroup	土属 Soil genus	土种 Soil species	土层码 Layer code	土层厚度 Depth/cm	颜色 Soil color	质地 Soil texture	土壤结构 Soil structure	pH	有机质 OM/(g/kg)	全氮 TN/(g/kg)	全磷 TP/(g/kg)	有效磷 AP/(mg/kg)	速效钾 AK/(mg/kg)	阳离子交换量 CEC/(cmol/kg)	土壤母质 Parent material	剖面点坐标 Profile coordinate	匹配指数 Matching index/%
剖14	淋溶土	黄褐土	黄褐土	灰质砂姜黄胶土	灰质浅位厚层砂姜黄胶土	1	0—13	灰黄色	重壤土	碎块状	7.7	14.9	0.85	0.56	8.3	161	26.2	下蜀系黄土	E 112° 01′ 44.0″ N 33° 04′ 13.1″	92
						2	13—36	黄棕色	重壤土	块状	7.7	12.1	0.71	0.48	3.3	115	25.3			
						3	36—100													
剖15	半水成土	砂姜黑土	砂姜黑土	黑老土	黏质厚覆黑老土	1	0—20	灰黄色	重壤土	碎块状	7.5	9.8	0.65	0.42	3.3	125	24.4	湖相沉积物	E 112° 03′ 29.5″ N 33° 03′ 11.2″	98
						2	20—55	灰黄色	重壤土	块状	7.5	10.0	0.68	0.42	3.3	120	23.7			
						3	55—100	暗灰色	中黏土	棱块状	7.5	13.6	0.78	0.28	1.7	139	34.0			
剖16	半水成土	潮土	灰潮土	灰两合土	灰两合土	1	0—25	灰黄色	中壤土	粒状	7.2	9.1	0.52	0.45	3.3	87	14.8	河流冲积物	E 112° 08′ 47.8″ N 33° 04′ 19.6″	95
						2	25—57	浅棕黄色	中壤土	碎块状	7.3	4.9	0.37	<0.10	3.3	72	12.9			
						3	57—100	浅棕黄色	中壤土	块状	7.3	4.7	0.32	0.57	2.5	75	14.9			
剖17	淋溶土	黄褐土	黄褐土	白底黄土	中层白底黄土	1	0—13	灰黄色	重壤土	碎块状	7.6	10.0	0.61	0.60	8.3	167	22.8	灰质岩	E 112° 11′ 26.5″ N 33° 04′ 51.6″	92
						2	13—29	浅棕黄色	重壤土	碎块状	7.7	7.9	0.45	0.59	3.3	131	24.5			
						3	29—44	黄褐色	轻黏土	块状	7.7	6.4	0.44	0.59	3.3	104	26.0			
						4	44—100	白色	轻黏土	块状	7.6	3.9	0.26	0.35	2.5	91	26.4			
剖18	淋溶土	黄褐土	黄褐土	灰质黄老土	灰质黄老土	1	0—18	灰黄色	中壤土	粒状	7.7	12.7	0.83	0.65	14.1	154	21.7	洪积物、冲积物	E 112° 12′ 55.8″ N 33° 03′ 30.6″	92
						2	18—32	黄棕色	中壤土	碎块状	7.8	9.7	0.59	0.59	4.1	123	18.9			
						3	32—85	黄褐色	重壤土	块状	7.7	9.4	0.51	0.71	7.5	129	21.7			
						4	85—100	棕褐色	中壤土	块状	7.7	10.0	0.85	0.29	5.8	189	26.6			
剖19	淋溶土	黄褐土	黄褐土	黄老土	黄老土	1	0—20	灰黄色	中壤土	粒状	7.2	11.3	0.72	0.31	5.0	124	18.7	河流冲积物	E 112° 14′ 17.2″ N 33° 03′ 03.2″	92
						2	20—30	棕褐色	中壤土	碎块状	7.2	9.4	0.58	0.31	3.3	105	17.6			
						3	30—54	黄棕色	重壤土	块状	7.4	7.4	0.47	0.24	2.5	85	23.5			
						4	54—100	黄褐色	重壤土	棱块状	7.4	7.5	0.51	0.22	<1.0	110	26.6			
剖20	半水成土	潮土	灰潮土	灰两合土	底砂灰两合土	1	0—25	灰黄色	中壤土	粒状	7.5	8.7	0.61	0.44	6.6	113	20.8	河流冲积物	E 112° 09′ 23.8″ N 33° 01′ 54.1″	75
						2	25—80	浅棕黄色	重壤土	碎块状	7.6	9.8	0.51	0.47	2.5	84	17.5			
						3	80—100	灰白色	松砂土	单粒状	7.5	4.8	<0.10	0.40	2.5	13	3.8			
剖21	半水成土	砂姜黑土	砂姜黑土	灰质砂姜黑老土	灰黏质厚覆黑老土	1	0—18	棕灰黄色	重壤土	碎块状	7.7	12.3	0.69	0.37	5.0	155	25.0	湖相沉积物	E 112° 10′ 55.9″ N 33° 01′ 18.8″	95
						2	18—28	棕灰黄色	重壤土	块状	7.8	8.9	0.55	0.28	2.5	118	24.5			
						3	28—60	棕灰黄色	重壤土	块状	7.5	9.0	0.59	0.31	<1.0	110	29.6			
						4	60—100	灰黄色	轻黏土	棱块状	7.6	21.2	0.96	0.31	1.7	147	44.3			
剖22	半水成土	潮土	灰潮土	灰两合土	灰小两合土	1	0—15	灰黄色	轻壤土	粒状	7.6	7.7	0.48	0.64	4.1	72	11.7	河流冲积物	E 112° 10′ 26.0″ N 33° 00′ 12.2″	75
						2	15—32	灰黄色	轻壤土	碎块状	7.5	6.8	0.48	0.65	2.5	67	9.7			
						3	32—100	灰黄色	轻壤土	碎块状	7.5	2.8	0.25	0.60	1.7	46	7.6			
剖23	半水成土	砂姜黑土	砂姜黑土	灰质砂姜黑土	灰质浅位厚层砂姜黑土	1	0—14	黄灰黄色	重壤土	碎块状	7.6	13.3	0.82		6.6	150	25.7	湖相沉积物	E 112° 03′ 04.7″ N 32° 59′ 06.7″	98
						2	14—35	灰青色	重壤土	碎块状	7.6	14.8		0.38	<1.0	115	30.6			
						3	35—100	灰青色	重壤土	小块状	7.6			0.27						
剖24	半水成土	砂姜黑土	砂姜黑土	灰质砂姜黑老土	灰瓘质厚覆黑老土	1	0—14	浅灰色	中壤土	块状	7.7	17.2	0.85	0.59	7.5	168	32.8	湖相沉积物	E 112° 13′ 30.4″ N 32° 59′ 13.2″	95
						2	14—40	青灰色	重壤土	块状	7.7	20.5	1.02	0.40	1.7	122	35.1			
						3	40—100	灰黄色	中壤土	粒状	7.7	13.7	0.90	0.41	5.0	143	25.4			
剖25	半水成土	砂姜黑土	砂姜黑土	砂姜黑土	深位厚层砂黑土	1	0—25	黄灰色	重壤土	碎块状	7.8	8.5	0.56	0.31	1.7	98	24.8	湖相沉积物	E 112° 09′ 03.2″ N 32° 55′ 59.5″	95
						2	25—70	黑灰色	重壤土	块状	7.6	13.4	0.74	0.37	1.7	119	31.7			
						3	70—100	黄灰色	重壤土	块状	7.5	14.8	0.80	0.37	3.3	141	31.7			
剖26	半水成土	砂姜黑土	砂姜黑土	砂姜黑土		1	0—18	青灰色	重壤土	块状	7.7	13.4	0.76	0.36	1.7	113	30.5	湖相沉积物	E 112° 10′ 28.9″ N 32° 56′ 06.4″	98
						2	18—26	灰黑色	重壤土	块状	7.6	12.6	0.65	0.30	1.7	119	33.4			
						3	26—65													
						4	65—100													

续表 Continued

剖面号 Soil profile	土纲 Soil order	土类 Soil great group	亚类 Soil subgroup	土属 Soil genus	土种 Soil species	土层码 Layer code	土层厚度 Depth/cm	颜色 Soil color	质地 Soil texture	土壤结构 Soil structure	pH	有机质 OM/(g/kg)	全氮 TN/(g/kg)	全磷 TP/(g/kg)	有效磷 AP/(mg/kg)	速效钾 AK/(mg/kg)	阳离子交换量CEC/(cmol/kg)	土壤母质 Parent material	剖面点坐标 Profile coordinate	匹配指数 Matching index/%
剖27	半水成土	砂姜黑土	砂姜黑土	黑老土	黏质薄覆黑老土	1	0—15	灰黄色	重壤土	碎块状	7.5	12.9	0.80	0.38	5.8	154	29.2	湖相沉积物	E 112°07′00.8″ N 32°53′09.2″	98
						2	15—30	灰黄色	重壤土	块状	7.5	11.6	0.72	0.34	2.5	133	28.8			
						3	30—100	灰黑色	轻黏土	块状	7.6	10.3	0.51	0.20	<1.0	108	36.5			
剖28	半水成土	砂姜黑土	砂姜黑土	黑老土	壤质厚覆黑老土	1	0—21	灰黄色	中壤土	粒状	7.6	12.9	0.73	0.39	6.6	138	23.3	湖相沉积物	E 112°11′02.0″ N 32°52′33.2″	99
						2	21—58	浅棕黄色	中壤土	碎块状	7.7	8.1	0.46	0.35	2.5	83	22.2			
						3	58—100	灰黑色	轻黏土	块状	7.7	14.9	0.73	4.15	1.7	130	32.5			
剖29	淋溶土	黄棕壤	粗骨性黄棕壤	淡当黄砂石土	多砾质薄层淡砾性岩类石土	1	0—12	灰黄色	轻壤土	粒状	7.0	21.0	0.83	0.17	6.6	113	13.8	花岗岩、片麻岩等酸性岩类风化物	E 112°15′37.8″ N 33°12′21.6″	99
						2	12—25	棕黄色	中壤土	碎块状	7.2	12.0	0.49	0.14	3.3	63	16.0			
						D	25—	棕褐色												
剖30	半水成土	砂姜黑土	砂姜黑土	灰质砂姜黑土	灰黑土	1	0—16	青灰色	重壤土	碎块状	7.6	16.0	0.84	0.47	5.8	178	26.0	湖相沉积物	E 112°16′43.0″ N 33°04′22.8″	99
						2	16—31	灰黄色	重壤土	块状	7.6	16.5	0.79	0.50	2.5	147	28.5			
						3	31—100	灰黄色	轻黏土	棱块状	7.7	30.4	0.99	0.96	1.7	144	38.6			
剖31	半水成土	砂姜黑土	砂姜黑土	白底黑土	中层白底黑土	1	0—20	黄灰色	重壤土	碎块状	7.5	14.8	0.85	0.51	2.5	175	28.7	湖相沉积物	E 112°16′43.0″ N 33°02′24.4″	97
						2	20—33	灰白色	重壤土	块状	7.6	11.0	0.66	0.48	3.3	161	28.9			
						3	33—100	灰白色	轻壤土	块状	7.6	2.0	0.22	0.17	<1.0	117	19.0			
剖32	半水成土	砂姜黑土	砂姜黑土	灰质砂姜老土	灰黏质厚覆深位厚层砂姜黑土	1	0—15	灰黄色	重壤土	碎块状	7.6	13.7	0.83	0.60	6.6	213	26.7	湖相沉积物	E 112°16′30.4″ N 33°00′17.3″	95
						2	15—39	灰黄色	重壤土	块状	7.6	13.0	0.73	0.58	3.3	182	26.8			
						3	39—64	黑灰色	轻黏土	棱块状	7.6	16.0	0.93	0.57	<1.0	128	41.1			
						4	64—100													

内 乡 县

主要土类说明

黄棕壤是内乡县主要土壤类型，占本县地域面积的48%。本县地处北亚热带向暖温带过渡地带，植被为常绿针叶阔叶与落叶阔叶混交林。温湿与干冷交替的生物气候特征，是黄棕壤形成的决定因素。夏季高温多雨，为母质分化提供了条件，同时，风化过程中分解出来的钾、钠、钙、镁、铁、铝、锰等盐基离子遭受强烈的淋溶。其中钾、钠等盐基离子多被淋洗；钙、镁等盐基离子，一部分被淋洗，一部分随下渗雨水向土壤下层淋溶；铁、锰、铝等易变价元素亦随水流向下淋溶。有机质被微生物分解矿化，含量较低。干旱季节，上述被淋溶的盐基，在剖面的一定深度或呈胶膜状态附着于结构面上，或呈结核形状而聚积；伴随着淋溶与淀积过程，土壤上层黏粒也不断下移，使土体下部黏粒日益增多，尤其是黄土母质上发育的土壤更是如此，从母质上为黄棕壤下层出现黏化现象提供了物质基础，加速了土壤次生黏化作用的产生。各种盐基离子淋溶的结果，导致氢离子浓度的相对增加，使黄棕壤多呈中性至微酸性。在长期耕作、施肥、排水、灌溉等农业措施的影响下，该土壤由低肥力向高肥力方向不断发展，具备了较疏松的表土层，坚实黏重的心土层与底土层。

黄褐土是内乡县第二大土壤类型，占本县地域面积的42%。成土母质大部分为黄土、洪积物、冲积物，少部分为残积物或坡积物。一般来说，剖面中黏化层明显，铁、锰等呈铁子或胶膜状态淀积于土体的一定深度，有些地方钙呈结核形状聚积于土体下部。由于质地分选过程中颗粒组成、物质淋溶淀积程度等方面的不同，不同分布地区的黄褐土理化生物性质及生产性能表现出很大差异。

紫色土是内乡县第三大土壤类型，占本县地域面积的3%，呈条带和斑点状分布在马山口、七里坪、赤眉、赵店等乡镇和城郊的低山丘陵、垄岗一带与冲谷处，并多与黄褐土或粗骨性黄褐土呈复式状态分布。紫色土是在紫色岩上发育的一种岩性土。由于这些岩石吸热性强，昼夜温差大，热胀冷缩剧烈，易剥落成碎屑状物质，在季节性暴雨的冲刷下极易随地表径流流失，所以土层的侵蚀与堆积作用频繁。紫色土的成土母岩除一部分为酸性紫色沉积岩外，大部分为含有不同数量碳酸钙的紫色砂岩、砾岩等。当岩石裸露地表，游离碳酸钙淋失作用加强，尤其是经物理风化为碎屑后更为显著；同时，风化物累经侵蚀，成土物质不断更新或堆积，碳酸钙的淋溶作用也持续不断进行，使土壤发育时间相对较短。剖面的显著特征是：通体以紫色为基本色调，土壤剖面上下无显著差异，土体下部出现不同程度的淀积现象。依岩性或碳酸钙淋溶程度不同，本县紫色土分为紫色土、灰质紫色土等亚类。

小于本县地域面积3%的土壤类型还有潮土、棕壤、水稻土、砂姜黑土等。

本区域中心区气候特征

本区域中心区气候特征值
Regional climate characteristics in central area of the region

气候带：北亚热带湿润气候 Climate region: North subtropical humid climate	
年平均气温 /℃ Annual average temperature /℃	14.2
年平均最高气温 /℃ Annual average maximum temperature /℃	20.1
年平均最低气温 /℃ Annual average minimum temperature /℃	9.5
年降水量 /mm Annual precipitation /mm	755
≥10℃的积温 /℃ Daily temperature accumulated in a year（≥10℃）/℃	5206
年日照时数 /h Annual sunshine /h	1926
年平均相对湿度 /% Annual average relative humidity /%	73
干燥度 Dryness	1.13

本区域中心区月平均气温与月平均降水量
Monthly temperature and precipitation in central area of the region

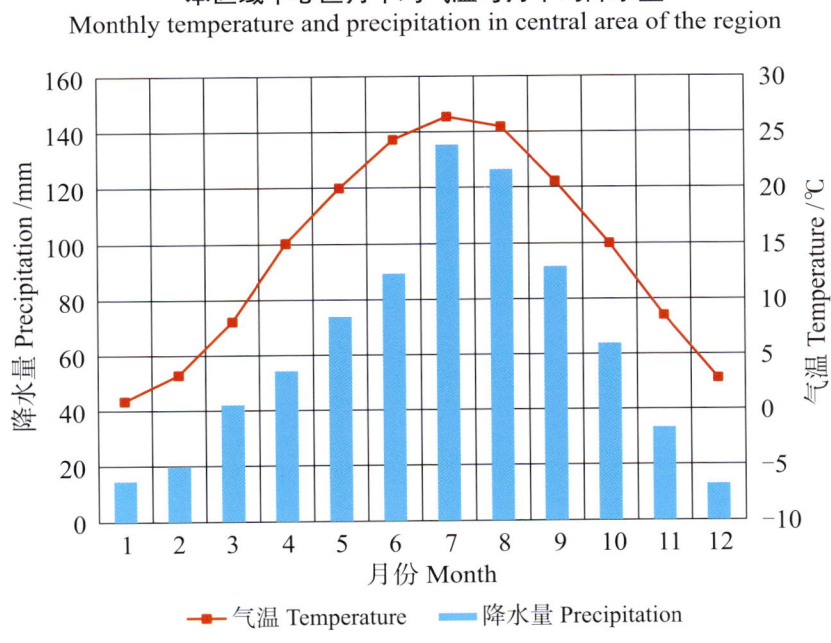

内乡县主要土壤类型与土壤剖面点分布图
1 : 290 000

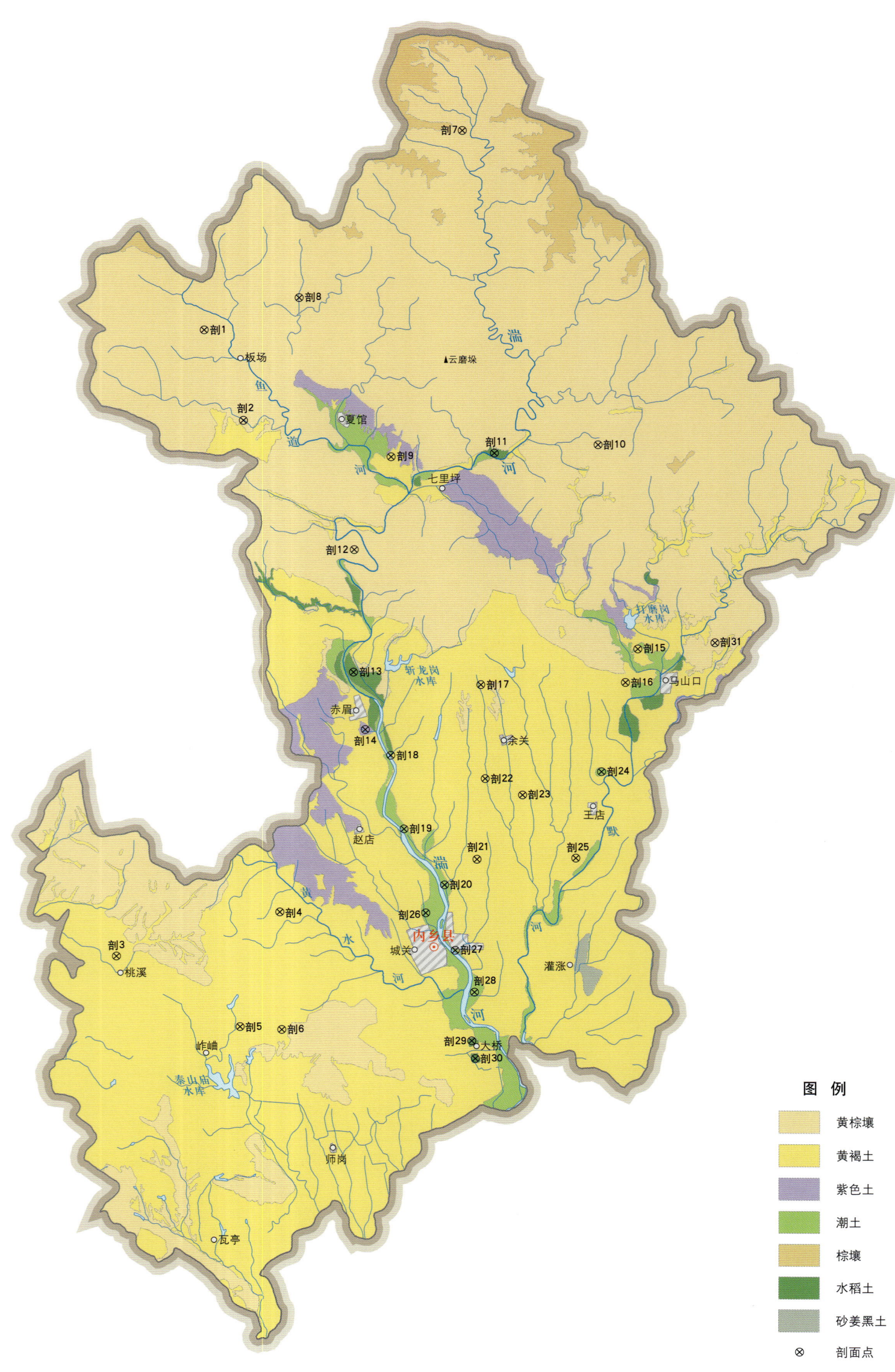

图例
- 黄棕壤
- 黄褐土
- 紫色土
- 潮土
- 棕壤
- 水稻土
- 砂姜黑土
- ⊗ 剖面点

内乡县土壤剖面理化性状表

剖面号 Soil profile	土纲 Soil order	土类 Soil great group	亚类 Soil subgroup	土属 Soil genus	土种 Soil species	土层码 Layer code	土层厚度 Depth/cm	颜色 Soil color	质地 Soil texture	土壤结构 Soil structure	pH	有机质 OM/(g/kg)	全氮 TN/(g/kg)	全磷 TP/(g/kg)	有效磷 AP/(mg/kg)	速效钾 AK/(mg/kg)	阳离子交换量 CEC/(cmol/kg)	土壤母质 Parent material	剖面点坐标 Profile coordinate	匹配指数 Matching index/%
剖1	淋溶土	黄棕壤	黄棕壤	灰岩黄棕壤	薄有机质中层灰岩黄棕壤	1	0—11	灰黑色	重壤土	粒状	7.1	45.6	3.39	0.96	12.4	111	29.7	灰岩	E 111°41′21.1″ N 33°25′12.7″	97
						2	11—24	棕黄色	重壤土	块状	7.1	28.6	1.63	0.48	4.1	51	26.5			
						3	24—39	暗红棕色	轻黏土	块状	7.2	25.8	1.45	0.48	2.5	47	35.4			
						4	39—													
剖2	淋溶土	黄棕壤	黄棕壤	山黄土	山黄土	1	0—16	暗棕黄色	重壤土	粒状	7.6	13.1	1.00	1.38	14.9	135	21.9		E 111°42′56.2″ N 33°21′58.0″	98
						2	16—40	黄棕色	重壤土	块状	7.6	8.4	0.64	1.09	2.5	100	20.7			
						3	40—52	黄棕色	中壤土	小块状	7.5	4.2	<0.10	0.79	1.7	86	21.0			
						4	52—100	黄棕色	重壤土	块状	7.5	5.1	<0.10	0.79	<1.0	109	28.0			
剖3	淋溶土	黄褐土	粗骨性黄褐土	砂黄石渣土	多砾质厚层砂黄石渣土	1	0—10	黄灰色	轻壤土	粒状	7.8	4.4	0.35	1.75	1.7	61	20.8		E 111°37′35.0″ N 33°02′48.5″	97
						2	10—25	灰黄色	轻壤土	碎块状	7.8	3.7	0.25	1.60	<1.0	62	19.7			
						3	25—45	黄灰色	轻壤土	碎块状	7.8	2.8	0.20	1.82	<1.0	56	20.0			
						4	45—70	暗黄灰色	轻壤土	碎块状	7.8	1.9	0.12	2.00	<1.0	50	18.4			
						5	70—													
剖4	淋溶土	黄褐土	黄褐土	非灰质红土	非灰质红土	1	0—14	浅红棕色	轻壤土	小块状	7.5	4.0	0.44	0.65	5.0	270	33.6		E 111°44′17.2″ N 33°04′21.7″	95
						2	14—51	红棕色	轻黏土	块状	7.5	1.6	0.38	0.67	5.8	280	32.3			
						3	51—100	浅红棕色	轻黏土	块状	7.4	1.5	0.36	0.63	4.1	194	33.3			
剖5	淋溶土	黄褐土	黄褐土	黄胶土	浅位厚层黄胶土	1	0—15	浅灰黄色	轻黏土	小块状	7.8	4.2	0.46	0.42	1.7	173	26.1	下蜀系黄土	E 111°42′38.2″ N 33°00′14.4″	99
						2	15—24	浅灰黄色	轻黏土	小块状	7.8	3.2	0.37	0.41	1.7	158	24.6			
						3	24—100	棕黄色	中壤土	棱块状	7.7	1.8	0.25	0.36	1.7	140	29.6			
剖6	淋溶土	黄褐土	粗骨性黄褐土	砂黄石渣土	少砾质薄层砂黄石渣土	1	0—25	灰黄色	中壤土	碎块状	7.5	4.9	<0.10	1.60	2.5	90	26.3		E 111°44′20.4″ N 33°00′07.9″	98
						2	25—													
剖7	淋溶土	黄棕壤	粗骨性黄棕壤	淡岩黄砂土	少砾质薄层淡岩黄砂土	1	0—14	黄灰色	轻壤土	粒状	7.2	112.1	6.09	0.93	40.7	≥500	37.1	酸性岩	E 111°52′01.9″ N 33°32′16.1″	99
						2	14—													
剖8	淋溶土	黄棕壤	粗骨性黄棕壤	淡岩黄砂土	少砾质薄层淡岩黄砂土	1	0—16	灰黄色	中壤土	粒状	7.0	17.5	1.12	1.92	19.9	65	10.6	酸性岩	E 111°45′15.8″ N 33°26′20.4″	99
						2	16—30	浅黄棕色	中壤土	块状	7.3	16.0	0.99	1.32	14.1	80	8.3			
						3	30—90	浅黄棕色	中壤土	碎块状	7.3	7.4	0.42	0.60	5.0	95	14.2			
						4	90—													
剖9	淋溶土	黄褐土	黄褐土	灰岩红土	灰岩红土	1	0—22	红棕色	中壤土	粒状	7.7	8.8	0.69	2.10	6.6	121	20.4	石灰岩风化残积物、坡积物	E 111°48′59.4″ N 33°20′38.0″	98
						2	22—36	黄棕色	重壤土	块状	7.7	5.2	0.53	1.85	2.5	98	21.8			
						3	36—100	棕黄色	重壤土	块状	7.7	3.1	0.36	1.79	4.1	106	22.6			
剖10	淋溶土	黄棕壤	粗骨性黄棕壤	淡岩黄砂土	中砾质薄层淡岩黄砂土	1	0—22	灰黄色	中壤土	粒状	7.6	27.5	1.41	1.00	4.1	165	12.2	酸性岩	E 111°57′29.9″ N 33°21′00.4″	97
						2	6—30	灰黄色	中壤土	小块状	7.5	34.7	1.68	0.78	1.7	159	15.9			
						3	30—62	灰黄色	重壤土											
						4	62—													
剖11	人为土	水稻土	潴育水稻土	黄棕壤潴育水稻土	浅位薄层老黄泥田	1	0—18	灰黄色	轻壤土	粒状	6.5	19.0	1.21	1.13	16.6	95	11.3		E 111°53′14.6″ N 33°20′44.2″	95
						2	18—61	褐灰色	中壤土	小块状	6.6	13.7	0.81	1.08	11.6	74	12.2			
						3	61—100	黄棕色	重壤土	块状	7.2	5.0	0.35	0.99	13.3	85	15.6			
剖12	淋溶土	黄棕壤	粗骨性黄棕壤	淡岩黄砂土	少砾质中层淡岩黄砂土	1	0—13	灰黄色	轻壤土	粒状	6.1	38.2	1.58	0.45	8.3	115	14.6	酸性岩	E 111°47′26.9″ N 33°17′19.0″	97
						2	13—33	黄灰色	轻壤土	碎块状	6.0	9.4	0.81	0.24	<1.0	41	13.0			
						3	33—60	棕黄色												
						4	60—													

续表 Continued

剖面号 Soil profile	土纲 Soil order	土类 Soil great group	亚类 Soil subgroup	土属 Soil genus	土种 Soil species	土层码 Layer code	土层厚度 Depth/cm	颜色 Soil color	质地 Soil texture	土壤结构 Soil structure	pH	有机质 OM/(g/kg)	全氮 TN/(g/kg)	全磷 TP/(g/kg)	有效磷 AP/(mg/kg)	速效钾 AK/(mg/kg)	阳离子交换量CEC/(cmol/kg)	土壤母质 Parent material	剖面点坐标 Profile coordinate	匹配指数 Matching index/%
剖13	人为土	水稻土	淹育水稻土	黄棕壤性潴育水稻土	浅位薄层黄胶土田	1	0—21	浅黄灰色	中壤土	小块状	7.4	16.1	1.02	1.29	12.4	122	19.4	下蜀系黄土	E 111°47′22.6″ N 33°12′56.2″	95
						2	21—30	重灰色	重壤土	块状	7.4	9.7	0.68	1.01	5.0	128	21.3			
						3	30—100	暗棕黄色	轻黏土	粒状	7.3	9.1	0.66	0.99	3.3	115	26.4			
剖14	初育土	紫色土	紫色土	紫色土	厚层紫色土	1	0—17	浅紫红色	中壤土	粒状	7.5	13.5	0.94	1.15	10.8	93	12.7	紫色砂岩	E 111°47′50.3″ N 33°10′53.0″	99
						2	17—26	紫红色	中壤土	碎块状	7.5	8.3	0.71	0.90	3.3	111	15.6			
						3	26—51	暗紫红色	重壤土	块状	7.6	5.3	0.44	0.80	<1.0	97	23.5			
						4	51—100	紫红色	重壤土	块状	7.6	5.1	0.44	0.68	1.7	99	24.3			
剖15	淋溶土	黄褐土	粗骨性黄褐土	淡黄石渣土	中砾质中层淡黄石渣土	1	0—12	灰黄色	砂壤土	粒状	7.5	3.1	0.25	1.80	1.7	35	17.5	酸性岩风化残积物、坡积物	E 111°59′03.1″ N 33°13′40.8″	99
						2	12—40	灰黄色	砂壤土	碎块状										
						3	40—													
剖16	淋溶土	黄褐土	黄褐土	砂姜黄胶土	多量砂层砂黄胶土	1	0—14	灰黄色	重壤土	小块状	7.0	10.0	0.80	0.73	2.5	61	22.2	下蜀系黄土	E 111°58′31.8″ N 33°12′30.2″	98
						2	14—25	灰黄色	重壤土	块状	7.0	4.3	0.36	0.58	7.5	55	22.5			
						3	25—42	黄棕色	轻黏土	块状	7.0	5.3	0.43	0.63	10.8					
						4	42—100	浅黄棕色	轻黏土	块状	7.2	8.9	0.77	1.31	9.1					
剖17	淋溶土	黄褐土	粗骨性黄褐土	砂黄石渣土	少砾质中层砂黄石渣土	1	0—18	灰黄色	轻壤土	粒状	7.5	5.9	0.52	1.25	5.0	70	10.1		E 111°48′35.8″ N 33°12′28.1″	98
						2	18—32	暗灰黄色	轻壤土	碎块状	7.5	5.7	0.36	1.35	<1.0	51	9.0			
						3	32—													
剖18	半水成土	潮土	灰潮土	灰两合土	灰色冲积物	1	0—20	灰黄色	轻壤土	碎块状	6.8	5.2	0.39	1.34	<1.0	56	10.6	河流冲积物	E 111°48′52.6″ N 33°09′57.2″	97
						2	20—31	灰黄色	松软土	单粒状	6.5	5.4	0.38	1.10	<1.0	40	10.0			
						3	31—47	灰黄色	砂壤土	单粒状	7.7	9.3	0.83	1.03	10.0	150	17.3			
						4	47—100	灰黄色	砂壤土	单粒状	8.0	7.3	0.73	0.86	5.0	122	18.4			
剖19	半水成土	潮土	黄潮土	砂土	砂壤土	1	0—14	灰黄色	砂壤土	梭块状	8.0	3.4	0.34	0.59	<1.0	101	13.3	河流冲积物	E 111°49′24.2″ N 33°07′18.1″	98
						2	14—41	灰白色	砂壤土	碎块状	8.0	1.6	<0.10	0.59	1.7	29	3.8			
						3	41—65	灰黄色	砂壤土	碎块状	7.8	6.1	0.49	0.56	1.7	150	28.7			
						4	65—100	黄棕色	中壤土	碎块状	7.8	4.3	0.29	0.46	<1.0	143	33.2			
剖20	半水成土	潮土	黄潮土	灰两合土	底砂灰两合土	1	0—18	灰黄色	轻黏土	碎块状	7.8	3.7	0.24	0.30	<1.0	135	33.3	河流冲积物	E 111°52′22.4″ N 33°06′11.9″	97
						2	18—45	黄棕色	轻黏土	块状	7.3	9.0	0.62	1.13	6.6	101	18.2			
						3	45—100	灰黄黄色	中壤土	碎块状	7.3	8.3	0.57	1.02	2.5	90	18.4			
剖21	淋溶土	黄褐土	黄褐土	黄老土	老黄土	1	0—19	浅灰黄色	中壤土	碎块状	7.7	5.9	0.50	0.91	5.0	118	22.6	老河流沉积物	E 111°52′44.8″ N 33°08′29.8″	98
						2	19—31	黄棕色	重壤土	小块状	7.9	7.8	0.60	0.77	1.7	136	27.1			
						3	31—100	浅灰黄色	重壤土	块状	7.9	6.0	0.49	0.59	<1.0	144	29.7			
剖22	淋溶土	黄褐土	黄褐土	砂姜黄胶土	浅位厚层砂姜黄胶土	1	0—10	灰黄色	轻壤土	粒状	7.4	6.7	0.50	0.91	9.1	60	8.2	下蜀系黄土	E 111°54′16.2″ N 33°05′4″	97
						2	10—25	浅灰黄色	轻壤土	粒状	7.4	5.6	0.45	0.82	2.5	46	8.7			
						3	25—	灰灰黄色	紧砂土	单粒状	7.9	3.0	0.19	1.39	2.5	46	5.7			
剖23	半水成土	潮土	灰潮土	灰石红土	体砂灰小两合土	1	0—12	浅红棕色	轻壤土	小块状	7.6	7.5	0.63	2.48	12.4	274	21.4	河流冲积物	E 111°57′31.0″ N 33°09′18.4″	98
						2	12—40	红棕色	轻黏土	块状	7.6	1.9	0.32	1.32	9.1	166	33.7			
						3	40—100	褐棕色	轻黏土	块状	7.8	2.4	0.35	2.09	9.1	210	35.5			
剖24	淋溶土	黄褐土	黄褐土	灰石红土	深位多层砂姜石红土	1	0—13	灰黄色	中壤土	粒状	7.7	10.8	1.08	1.67	6.6	116	16.0	石灰岩风化残积物、坡积物	E 111°56′26.2″ N 33°06′13.0″	95
						2	13—71	灰棕黄色	中壤土	粒状	7.7	10.8	1.08	1.67	6.6	116	16.0			
						3	71—100													
剖26	半水成土	潮土	黄潮土	两合土	两合土	1	0—25	浅棕黄色	中壤土	碎块状	8.0	3.5	0.25	1.18	1.7	56	16.0	河流冲积物	E 111°50′16.1″ N 33°04′18.1″	97
						2	25—100													

续表 Continued

剖面号 Soil profile	土纲 Soil order	土类 Soil great group	亚类 Soil subgroup	土属 Soil genus	土种 Soil species	土层码 Layer code	土层厚度 Depth/cm	颜色 Soil color	质地 Soil texture	土壤结构 Soil structure	pH	有机质 OM/(g/kg)	全氮 TN/(g/kg)	全磷 TP/(g/kg)	有效磷 AP/(mg/kg)	速效钾 AK/(mg/kg)	阳离子交换量 CEC/(cmol/kg)	土壤母质 Parent material	剖面点坐标 Profile coordinate	匹配指数 Matching index/%
剖27	半水成土	潮土	灰潮土	灰砂土	灰砂壤土	1	0—15	浅灰黄色	砂壤土	单粒状	7.5	5.9	0.57	1.00	10.8	45	6.7	河流冲积物	E 111°51′27.0″ N 33°02′57.1″	97
						2	15—30	灰黄色	砂壤土	单粒状	7.5	4.1	0.36	0.97	7.5	54	6.0			
						3	30—100	褐黄色	砂壤土	单粒状	7.7	2.9	0.20	0.86	3.3	36	5.1			
剖28	半水成土	潮土	灰潮土	灰两合土	灰两合土	1	0—19	灰黄色	中壤土	粒状	7.6	10.7	1.00	1.21	29.9	171	14.4	河流冲积物	E 111°52′14.2″ N 33°01′26.4″	98
						2	19—30	浅灰黄色	中壤土	碎块状	7.8	7.6	0.78	1.00	5.0	119	16.9			
						3	30—100	灰黄色	中壤土	碎块状	7.7	4.4	0.49	0.64	<1.0	112	19.6			
剖29	人为土	水稻土	潴育水稻土	潮土性潴育水稻土	底砂灰潮淤泥田	1	0—15	黄灰色	重壤土	粒状	6.6	14.7	0.78	0.74	5.0	134	17.0	河流沉积物	E 111°52′09.8″ N 32°59′38.8″	75
						2	15—25	黄灰色	中壤土	碎块状	6.7	7.1	0.44	0.98	5.0	112	11.5			
						3	25—47	暗灰色	轻壤土	碎块状	6.6	5.6	0.33	1.17	10.0	87	7.9			
						4	47—100	棕黄色	紧砂土	单粒状	7.0	2.9	0.14	0.68	7.5	43	3.4			
剖30	人为土	水稻土	潴育水稻土	黄棕壤潴育水稻土	深位中层老黄泥田	1	0—13	灰黄色	中壤土	碎块状	6.8								E 111°52′15.2″ N 32°59′02.8″	75
						2	13—45	暗灰黄色	中壤土	碎块状	6.6									
						3	45—74	浅灰黄色	轻壤土	碎块状	6.6									
						4	74—100	褐黄棕色	中壤土	粒状	6.8									
剖31	淋溶土	黄棕壤	黄棕壤	山黄土	中层山黄土	1	0—12	灰黄色	轻壤土	碎块状	6.8	5.5	0.40	1.76	10.0	44	13.4		E 112°02′13.2″ N 33°13′52.3″	98
						2	12—30	灰黄色	轻壤土	碎块状	6.8									
						3	30—45	棕黄色	轻壤土	碎块状	7.3									
						4	45—													

淅 川 县

主要土类说明

黄褐土是淅川县主要土壤类型，占本县地域面积的 53%。其基本特征为 1m 土体有明显或较为明显的黏化层，铁锰淀积，有的有石灰结核，成土母质为第四纪黄土、冲积物或坡积物、洪积物，主要分布在沟谷、垄岗、坡脚地带，是本县的主要耕作土壤。

黄棕壤占本县地域面积的 28%。黄棕壤是在北亚热带向暖温带过渡的生物气候条件作用下发育而成的地带性土壤，其发育是在季风型气候影响下，高温多雨、寒冷干燥交替的过程中进行的。岩石风化分解出来的一、二价钾、钠、钙、镁等盐基离子及铁锰化合物，伴随比较强烈的淋溶作用随水下移，至一定深度聚结成铁锰结核新生体，土体中游离碳酸钙因受较强淋洗已不复存在，在无重碳酸盐溶液补给的条件下，1m 土体均无石灰反应，氢离子也因易变价的铁、锰等离子随水下移而相对增加，土壤趋向中性。由于本县土壤多处在灰岩区，所以多呈中性至微碱性。随水下移附着在土壤结构面上的铁锰化合物，因其特有的不可逆性，逐渐积累形成棕褐色有光泽的铁锰胶膜，土壤中黏粒也随水下移，聚积成明显的黏化层。

紫色土占本县地域面积的 7%。紫色土是由紫色岩类风化发育而成的一种岩性土壤，该土壤吸热性能强，物理风化强烈，在冷热、干湿交替变化过程中，母岩物理崩解剥落成碎块状物质，特别是在高温多雨的气候条件下，这种物理风化更为强烈。相反，其矿物质风化则相当微弱，所以土壤粉砂粒中除石英外，尚有较多长石等原生矿物颗粒。黏粒部分的矿物组成，硅铝率并不随游离碳酸钙的含量而变化，却与母岩性质直接相关，故在同一剖面表层、心土层、底层均无明显差异。成土母岩除部分紫色砂岩、砂砾岩外，大部分都含有相当数量的碳酸钙，母岩分解后，游离碳酸钙虽易淋失，但其母岩风化快，风化物受流水剥蚀及堆积亦快，一般成土时间较短，故其成土母岩含碳酸钙者石灰反应比较强烈。本土类发育在紫色砂砾岩上的紫色土，多含石英砂粒，颗粒较粗，土体较松，透水性强，保肥能力差，不耐旱，母岩为紫色砂页岩、紫色泥质页岩者，颗粒较细，土体致密，透水性较差，但保水、保肥性能好。一般发育层次多不明显，只有堆积较久，土壤颗粒较细，受淋溶时间较长的一些土种，才有铁锰胶膜、锈纹锈斑和黏化层出现。该土类是在高温干燥气候条件下发育而成的一个土壤类型，生物积累甚微，土壤中一般养分含量偏低。耕种紫色土，受长期耕作施肥影响，耕作层熟化度较高，土壤团粒结构体水稳性增强，氮、磷、钾含量也有较大提高。根据有无石灰反应，本县紫色土分为紫色土、石灰性紫色土等亚类。

小于本县地域面积 3% 的土壤类型还有潮土、砂姜黑土。

本区域中心区气候特征

本区域中心区气候特征值
Regional climate characteristics in central area of the region

气候带：北亚热带湿润气候 Climate region: North subtropical humid climate	
年平均气温 /℃ Annual average temperature /℃	14.6
年平均最高气温 /℃ Annual average maximum temperature /℃	20.3
年平均最低气温 /℃ Annual average minimum temperature /℃	10.1
年降水量 /mm Annual precipitation /mm	784
≥10℃的积温 /℃ Daily temperature accumulated in a year（≥10℃）/℃	5527
年日照时数 /h Annual sunshine /h	1818
年平均相对湿度 /% Annual average relative humidity /%	74
干燥度 Dryness	1.13

本区域中心区月平均气温与月平均降水量
Monthly temperature and precipitation in central area of the region

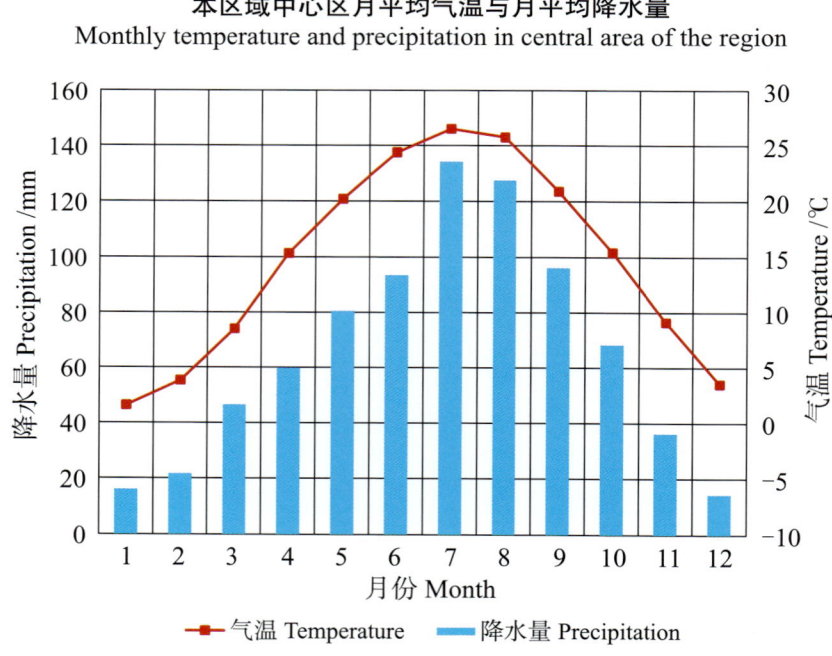

淅川县主要土壤类型与土壤剖面点分布图
1 : 370 000

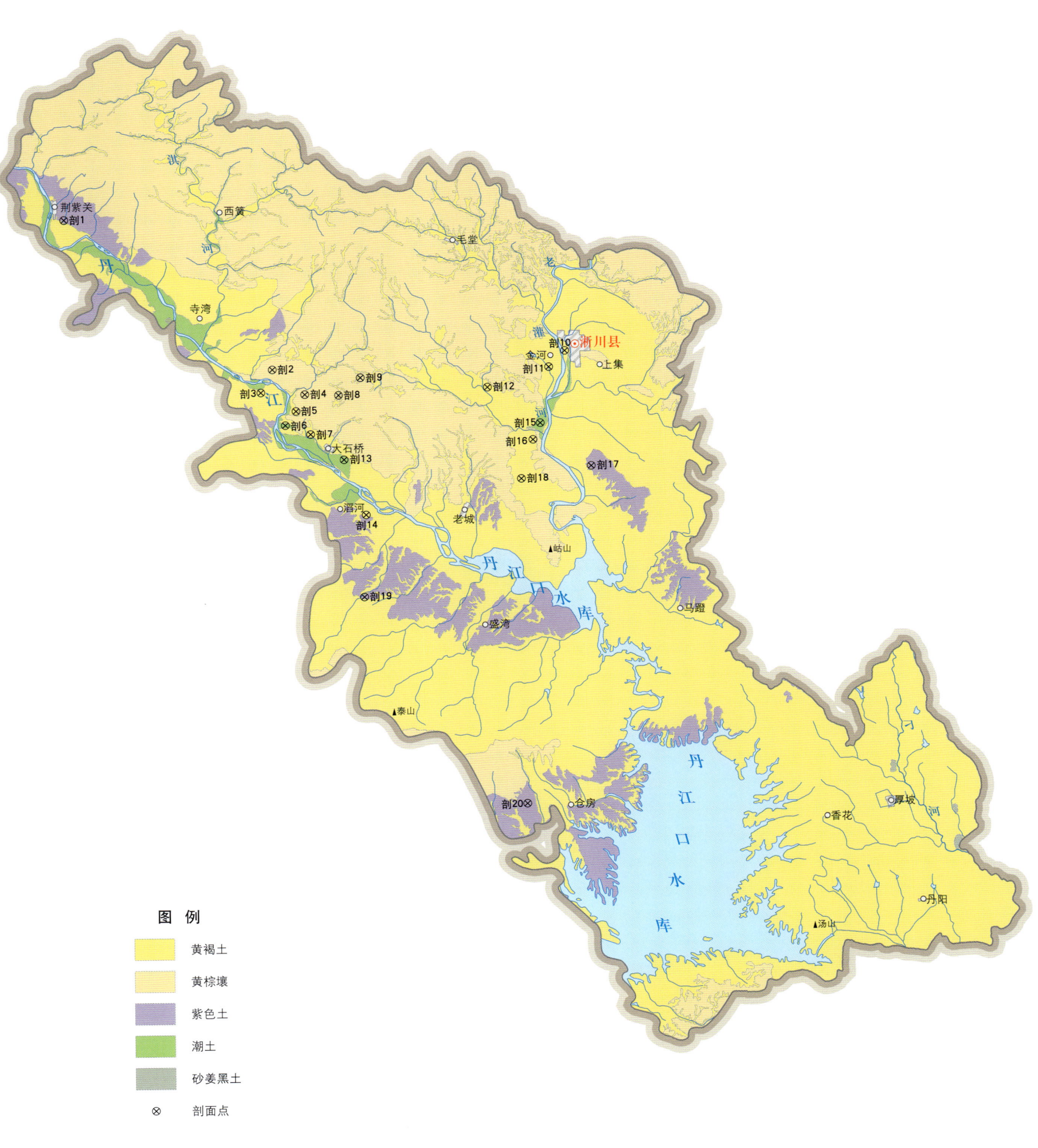

淅川县土壤剖面理化性状表

剖面号 Soil profile	土纲 Soil order	土类 Soil great group	亚类 Soil subgroup	土属 Soil genus	土种 Soil species	土层码 Layer code	土层厚度 Depth/cm	颜色 Soil color	质地 Soil texture	土壤结构 Soil structure	pH	有机质 OM/(g/kg)	全氮 TN/(g/kg)	全磷 TP/(g/kg)	有效磷 AP/(mg/kg)	速效钾 AK/(mg/kg)	阳离子交换量CEC/(cmol/kg)	土壤母质 Parent material	剖面点坐标 Profile coordinate	匹配指数 Matching index/%
剖1	初育土	紫色土	石灰性紫色土	灰质紫色土	厚层灰质紫色土	1	0—17	紫棕色	中壤土	粒状	7.8	12.7	0.75	0.47	11.6	102	19.1	紫质砂岩	E 111°01′34.0″ N 33°14′11.8″	97
						2	17—38	浅红棕色	中壤土	小块状	7.9	8.4	0.56	0.53	2.5	57	19.0			
						3	38—100	红褐色	重壤土	块状	7.9	6.3	0.44	0.47	1.7	49	20.3			
剖2	淋溶土	黄棕壤	粗骨性黄棕壤	灰质岩黄砂石土		1	0—15	黄棕色	重壤土	小块状	7.8	5.8	1.36	0.91	3.3	115	21.3	灰质岩	E 111°12′43.2″ N 33°07′06.6″	97
						2	15—													
剖3	淋溶土	黄褐土	黄褐土	黄老土	壤黄土	1	0—15	灰黄色	中壤土	粒状	7.4	23.0	1.20	0.55	15.8	168	14.4	老河流沉积物	E 111°12′05.8″ N 33°06′02.5″	92
						2	15—53	浅灰黄色	中壤土	小块状	7.4	13.4	0.77	0.53	4.1	110	15.8			
						3	53—100	棕黄色	重壤土	小块状	7.6	8.0	0.36	0.53	2.5	78	14.6			
剖4	淋溶土	黄棕壤	粗骨性黄棕壤	灰质岩黄砂石土	中砾质薄层灰质岩黄砂石土	1	0—10	暗黄灰色	重壤土	粒状	7.8	109.0	4.60	3.48	19.1	331	32.2	灰质岩	E 111°14′26.9″ N 33°05′56.4″	97
						2	10—30	黄灰黄色	轻黏土	块状	7.8	28.0	1.36	3.88	4.1	216	19.5			
						3	30—													
剖5	淋溶土	黄褐土	黄褐土	黄老土	黄老土	1	0—20	灰黄色	中壤土	粒状	7.5	10.8	0.68	0.14	5.8	102	18.2	老河流沉积物	E 111°13′58.1″ N 33°05′09.6″	92
						2	20—53	灰黄色	中壤土	碎块状	7.5	10.2	0.65	0.63	2.5	83	16.3			
						3	53—100	黄灰黄色	重壤土	块状	7.7	7.0	0.48	0.31	1.7	95	21.2			
剖6	半水成土	潮土	黄褐土	两合土	休砂两合土	1	0—12	灰黄色	中壤土	粒状	7.7	7.1	0.56	0.70	4.1	67	13.5	河流冲积物	E 111°13′23.9″ N 33°04′30.0″	97
						2	12—28	浅灰黄色	砂壤土	小块状	7.7	5.1	0.38	0.70	3.3	78	16.5			
						3	28—60	灰黄色	中壤土	块状	7.5	4.7	0.31	0.62	3.3	27	7.3			
						4	60—100	灰黄色	中壤土	小块状	7.6	2.8	0.38	<0.10	1.7	36	13.1			
剖7	淋溶土	黄褐土	黄褐土	山黄土	山黄土	1	0—17	灰黄色	中壤土	粒状	7.5	23.6	0.97	0.44	5.8	92	19.6		E 111°14′44.5″ N 33°04′04.8″	92
						2	17—39	灰黄色	重壤土	小块状	7.4	14.7	0.52	0.40	2.5	138	20.7			
						3	39—61	浅灰黄色	重壤土	块状	7.8	17.1	0.28	0.42	2.5	51	21.2			
						4	61—100	灰黄色	重壤土	块状	7.5	14.6	0.63	0.45	5.0	64	22.7			
剖8	淋溶土	黄褐土	黄褐土	灰质山黄土	灰质中砾质山黄土	1	0—18	黄褐色	重壤土	粒状	8.0	11.7	0.75	0.50	15.8	134	21.7		E 111°16′15.6″ N 33°05′53.5″	92
						2	18—46	褐黄色	轻壤土	块状	7.9	8.8	0.57	0.42	7.5	96	19.1			
						3	46—74	浅灰黄色	重壤土	块状	7.9	12.2	0.64	0.45	9.1	105	21.3			
						4	74—100	棕黄色	重壤土	块状	8.0	11.9	0.72	0.53	16.6	87	23.1			
剖9	淋溶土	黄褐土	黄褐土	山黄土	山黄土	1	0—15	灰黄色	轻黏土	小块状	7.8	13.1	0.86	0.41	8.3	176	29.7		E 111°17′26.2″ N 33°06′42.5″	92
						2	15—42	灰黄色	中壤土	粒状	7.8	7.4	0.59	0.27	<1.0	140	43.4			
						3	42—													
剖10	淋溶土	黄褐土	黄褐土	人工堆垫土	中层人工堆垫土	1	0—19	灰黄色	轻黏土	碎块状	7.6	13.0	0.43	0.42	8.3	118	26.3	人工堆垫物	E 111°28′25.3″ N 33°07′54.1″	93
						2	19—41	棕黄色	中壤土	块状	7.7	10.2	0.55	0.41	8.3	119	25.6			
						3	41—													
剖11	淋溶土	黄褐土	黄褐土	非灰石红土	非灰石红土	1	0—12	灰黄色	中黏土	小块状	7.7	8.5	0.64	1.07	19.1	245	35.8		E 111°27′33.8″ N 33°07′08.8″	78
						2	12—40	棕黄色	中黏土	块状	7.4	3.4	0.34	1.13	34.0	219	34.3			
						3	40—100	浅红棕色	中黏土	棱块状	7.0	3.6	0.37	1.37	49.0	246	35.6			
剖12	淋溶土	黄褐土	黄褐土	灰质山黄土	灰质少砾质山黄土	1	0—20	灰黄色	重壤土	粒状	7.9	9.4	0.72	0.57	2.5	124	25.6	灰质岩	E 111°24′02.9″ N 33°06′11.5″	85
						2	20—55	黄棕色	中壤土	块状	7.9	8.0	0.66	0.49	3.3	93	25.2			
						3	55—100	灰棕色	中壤土	粒状	8.0	7.4	0.50	0.44	2.5	83	24.0			
剖13	半水成土	潮土	黄潮土	两合土	小两合土	1	0—15	灰黄色	轻壤土	小块状	7.7	7.3	0.48	0.79	12.4	63	7.9	河流冲积物	E 111°16′31.8″ N 33°02′52.4″	97
						2	15—27	灰黄色	轻壤土	块状	7.7	9.7	0.38	0.78	10.0	49	7.8			
						3	27—70	浅灰黄色	轻壤土	块状	7.8	5.5	0.27	0.87	6.6	34	7.9			
						4	70—100	棕黄色	轻壤土	小块状	7.8	4.7	0.30	0.80	5.8	37	13.1			

续表 Continued

剖面号 Soil profile	土纲 Soil order	土类 Soil great group	亚类 Soil subgroup	土属 Soil genus	土种 Soil species	土层码 Layer code	土层厚度 Depth/cm	颜色 Soil color	质地 Soil texture	土壤结构 Soil structure	pH	有机质 OM/(g/kg)	全氮 TN/(g/kg)	全磷 TP/(g/kg)	有效磷 AP/(mg/kg)	速效钾 AK/(mg/kg)	阳离子交换量CEC/(cmol/kg)	土壤母质 Parent material	剖面点坐标 Profile coordinate	匹配指数 Matching index/%
剖14	淋溶土	黄褐土	黄褐土	砂姜黄胶土	少量砂姜黄胶土	1	0—10	灰棕黄色	轻黏土	小块状	7.8	6.3	0.46	0.20	<1.0	158	30.8	下蜀系黄土	E 111°17′41.3″ N 33°00′16.6″	92
						2	10—22	浅棕黄色	轻黏土	块状	7.8	7.4	0.55	0.21	<1.0	176	30.9			
						3	22—47	黄褐色	轻黏土	棱块状	7.6	6.9	0.34	0.16	<1.0	155	31.1			
						4	47—82	棕褐色	轻黏土	棱块状	7.7	4.6	0.29	0.18	1.7	137	27.3			
						5	82—100	暗黄棕色	轻黏土	棱块状	7.7	3.4	0.26	0.32	1.7	177	33.5			
剖15	半水成土	潮土	灰潮土	灰两合土	灰两合土	1	0—18	灰黄色	中壤土	粒状	7.5	9.5	0.64	0.79	29.9	8	12.8	河流冲积物	E 111°27′04.7″ N 33°04′31.8″	99
						2	18—37	暗灰黄色	中壤土	小块状	7.6	9.4	0.53	0.79	25.7	58	13.4			
						3	37—100	灰黄色	中壤土	小块状	7.5	4.9	0.26	0.64	10.0	140	14.4			
剖16	淋溶土	黄褐土	粗骨性黄褐土	灰黄石渣土	少砾质薄层灰黄石渣土	1	0—25	棕黄色	中黏土	碎块状	7.7	25.5	1.11	0.31	3.3	80	36.7	石灰岩风化残积物、坡积物	E 111°26′40.9″ N 33°03′45.4″	78
						2	25—													
剖17	初育土	紫色土	紫色土	砾质紫色土	多砾质薄层紫色土	1	0—15	灰紫色	中壤土	小块状	7.1	22.1	0.82	0.74	3.3	110	10.4	紫色砂岩	E 111°29′47.8″ N 33°02′30.5″	97
						2	15—													
剖18	淋溶土	黄褐土	黄褐土	白底黄土	中层白底黄土	1	0—15	灰黄色	中壤土	粒状	7.9	7.2	0.42	0.72	5.0	110	17.8		E 111°26′01.7″ N 33°01′55.6″	85
						2	15—38	灰黄色	中壤土	小块状	7.9	4.8	0.31	0.70	3.3	85	19.1			
						3	38—60	灰黄色	重壤土	块状	7.9	5.8	0.36	0.71	2.5	71	22.0			
						4	60—100	灰白色	轻黏土	块状	7.9	2.5	<0.10	0.60	3.3	65	24.3			
剖19	初育土	紫色土	石灰性紫色土	灰砾质紫色土	中砾质薄层灰质紫色土	1	0—20	紫红色	中黏土	粒状	7.9	5.1	0.39	0.24	3.3	122	17.1	紫色砂岩	E 111°17′33.7″ N 32°56′25.1″	98
						2	20—													
剖20	初育土	紫色土	石灰性紫色土	灰砾质紫色土	多砾质薄层灰质紫色土	1	0—23	紫红色	轻黏土	小块状	7.9	8.3	0.81	0.44	3.3	181	26.4	紫色砂岩	E 111°26′10.0″ N 32°46′38.3″	98
						2	23—													

社 旗 县

主要土类说明

　　黄褐土是社旗县主要土壤类型，占本县地域面积的 61%。黄褐土主要分布于暖温带半湿润区，是具有黏化与钙质淋移淀积的土壤，具 A-B-Bk-C 剖面构型。盐基饱和，处于硅铝风化阶段，有明显黏淀层与假菌丝状钙积层。B 层呈棕褐色，pH 为 7.0—7.5，盐基饱和度在 80% 以上，有时过饱和。根据成土母质类型的不同分为麻岗土、黄胶土、黄老土、山黄土。麻岗土分布在李店、饶良两个乡镇的岗坡上，其成土母质为第四纪黄土。通体质地黏重，结构面上布满了胶膜，铁锰结核多，土层浅薄，肥力低，全剖面无石灰反应，呈中性。黄胶土主要分布在东部和南部垄缓岗地区，成土母质为第四纪黄土。黄胶土土体中黏化作用较强，表层灰黄色，呈碎块状结构，质地重壤土。心土层和底土层质地黏重，呈块状或棱块状结构，结构面上有棕褐色的铁锰胶膜，有铁子，有的出现砂姜或砂姜层。黄老土主要分布在河流沿岸的一、二级阶地或岗间浅平洼地上。黄褐土是在河流冲积物上发育而成的土壤，或在下蜀黄土上覆盖一层厚度不同的洪积物、冲积物发育而成的土壤。表层质地为中壤土或重壤土，呈灰黄色，粒状结构。下层质地较重，为棕黄色或黄褐色，块状结构，并有铁子、锈色斑纹或铁锰胶膜新生体出现，出现部位和数量有所差异。山黄土分布在下洼乡镇的低山、丘陵谷地上，是在洪积物、坡积物上发育而成的土壤，表层质地为轻壤土至中壤土，呈灰黄色，粒状结构，无明显的发育层次。全剖面无石灰反应，呈中性。

　　砂姜黑土是社旗县第二大土壤类型，占本县地域面积的 38%。砂姜黑土是在湖相沉积母质、沼泽草甸基础上，经脱沼泽旱耕熟化发育而成的一种独特的区域性土壤。其剖面典型特征是具有腐泥状的黑土层，多为青黑色或灰黑色，质地重壤土到黏土，有铁锰胶膜和铁锰结核。一般无石灰反应，土壤呈中性。黑土层以下为棕黄色或黄褐色的黏土层，有潜育特征和锈色斑纹，有的含有砂姜，但出现部位不同。其形成主要有三个过程：①生物积累过程，在漫长的生物积累和渍水的共同影响下，形成了黑土层。②淋溶淀积过程，干湿交替的气候特点，是淋溶淀积的主导因素。一是铁锰淀积，淹水时铁锰呈还原状态向下淋溶，水分落干后则呈氧化状态，并以铁锰结核或铁锰胶膜而淀积。二是碳酸钙的淋溶淀积，在半湿润的气候条件下，土壤上层的碳酸钙被淋溶淀积于底土层，形成不同形态的砂姜。③旱耕熟化过程，主要是在沼泽草甸的基础上，开始以脱沼泽为主的旱耕熟化过程。在人们长期采用排水、耕作、施肥、种植等措施的影响下，改变了土壤的水、肥、气、热状况，使土壤的形态、性状发生了显著变化，潜育程度减轻，潜育部位降低，逐步分化出耕作层，质地变轻，颜色变浅，而演变成现在的砂姜黑土。

　　小于本县地域面积 3% 的土壤类型还有潮土等。

本区域中心区气候特征

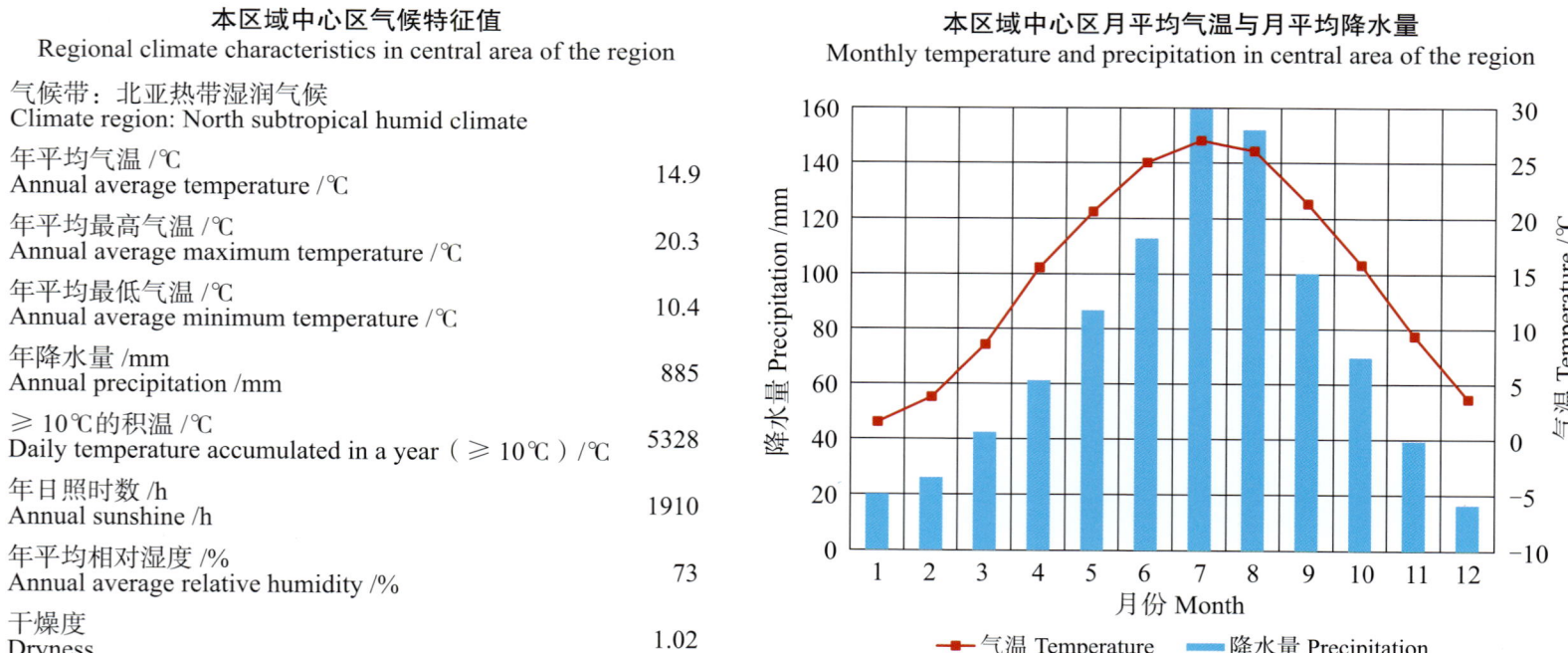

本区域中心区气候特征值
Regional climate characteristics in central area of the region

气候带：北亚热带湿润气候 Climate region: North subtropical humid climate	
年平均气温 /℃ Annual average temperature /℃	14.9
年平均最高气温 /℃ Annual average maximum temperature /℃	20.3
年平均最低气温 /℃ Annual average minimum temperature /℃	10.4
年降水量 /mm Annual precipitation /mm	885
≥10℃的积温 /℃ Daily temperature accumulated in a year（≥10℃）/℃	5328
年日照时数 /h Annual sunshine /h	1910
年平均相对湿度 /% Annual average relative humidity /%	73
干燥度 Dryness	1.02

本区域中心区月平均气温与月平均降水量
Monthly temperature and precipitation in central area of the region

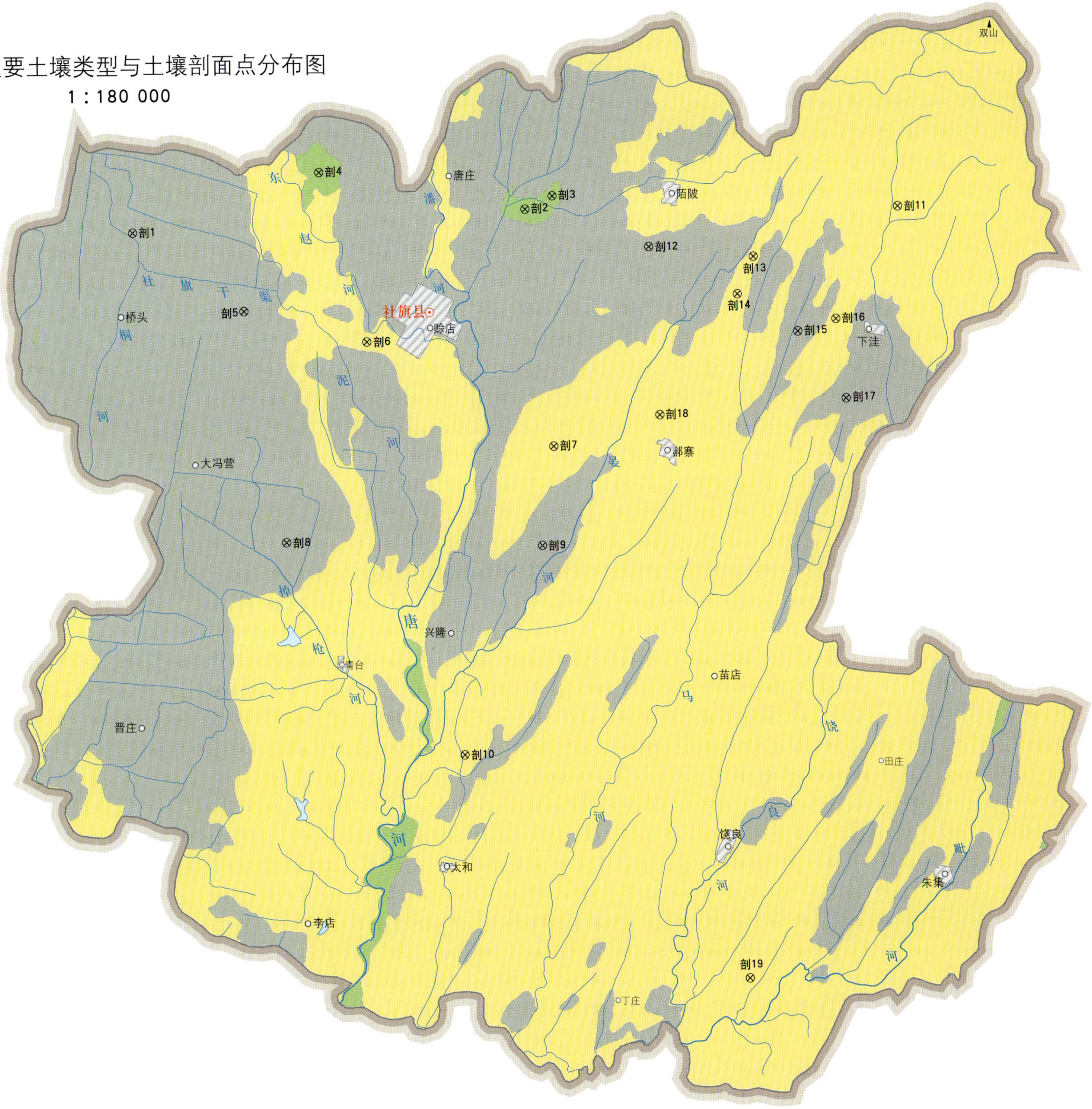

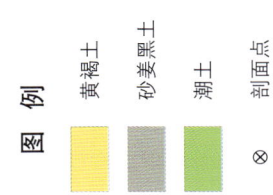

社旗县土壤剖面理化性状表

剖面号 Soil profile	土纲 Soil order	土类 Soil great group	亚类 Soil subgroup	土属 Soil genus	土种 Soil species	土层码 Layer code	土层厚度 Depth/cm	颜色 Soil color	质地 Soil texture	土壤结构 Soil structure	pH	有机质 OM/(g/kg)	全氮 TN/(g/kg)	全磷 TP/(g/kg)	碱解氮 AN/(mg/kg)	有效磷 AP/(mg/kg)	速效钾 AK/(mg/kg)	阴离子交换量CEC/(cmol/kg)	土壤母质 Parent material	剖面点坐标 Profile coordinate	匹配指数 Matching index/%
剖1	半水成土	砂姜黑土	砂姜黑土	砂姜黑土	深位少量砂姜黑土	1	0—23	黄灰色	重壤土	碎块状	6.8	18.5	0.64	0.51	74	6.6	142	30.8	湖相沉积物	E 112°49′01.2″ N 33°05′13.9″	98
						2	23—67	灰黑色	重壤土	块状	6.8	14.2	0.50	0.47	59	3.3	111	34.6			
						3	67—91	灰褐色	重壤土	块状	7.0	13.3	0.47	0.35	49	2.5	100	36.3			
						4	91—100	黄褐色	重壤土	块状	7.0	6.7	0.45	0.33	37	2.5	85	30.4			
剖2	半水成土	潮土	灰潮土	灰两合土	底砂灰小两合土	1	0—25	灰褐色	轻壤土	碎块状	6.9	7.9	0.46	0.36	32	3.3	42	10.9	河流冲积物	E 112°58′46.9″ N 33°05′29.8″	97
						2	25—70	浅棕黄色	轻壤土	碎块状	6.9	6.6	0.38	0.39	44	1.7	54	11.1			
						3	70—100	灰白色	紧砂土	单粒状	6.9	3.7	0.22	0.36	32	3.3	34	4.3			
剖3	半水成土	潮土	灰潮土	灰砂土	底摖灰砂土	1	0—18	灰黄色	紧砂土	单粒状	6.7	6.6	0.40	0.31	40	2.5	57	9.3	河流冲积物	E 112°59′28.0″ N 33°05′45.2″	95
						2	18—28	浅灰黄色	紧砂土	单粒状	6.7	5.8	0.36	0.28	38	2.5	51	8.7			
						3	28—60	灰棕黄色	紧砂土	单粒状	6.7	3.6	0.24	0.25	26	2.5	29	9.9			
						4	60—100	棕黄色	中壤土	碎块状	6.8	8.9	0.38	0.31	51	1.7	76	18.7			
剖4	半水成土	潮土	灰潮土	灰两合土	灰两合土	1	0—20	灰灰黄色	中壤土	粒状	6.9	10.5	0.59	0.40	55	2.5	102	18.4	河流冲积物	E 112°53′39.5″ N 33°06′21.2″	97
						2	20—50	浅灰黄色	中壤土	小块状	6.9	7.5	0.41	0.39	39	1.7	71	13.3			
						3	50—100	灰棕黄色	中壤土	小块状	7.0	6.3	0.39	0.33	35	1.7	76	16.7			
剖5	半水成土	砂姜黑土	砂姜黑土	砂姜黑土	浅位多量砂姜黑土	1	0—18	黄灰色	重壤土	碎块状	7.0	12.7	0.75	0.51	86	7.5	195	32.9	湖相沉积物	E 112°51′43.6″ N 33°03′34.9″	98
						2	18—40	青黑色	重壤土	块状	6.9	11.1	0.57	0.34	69	2.5	110	33.9			
						3	40—100	黄褐色	重壤土	块状	7.0	7.4	0.55	0.25	40	1.7	84	33.9			
剖6	淋溶土	黄褐土	黄褐土	黄老土	壤黄土	1	0—26	灰黄色	中壤土	粒状	6.8	10.8	0.73	0.39	56	4.1	66	13.0	湖相沉积物	E 112°54′44.3″ N 33°02′54.2″	98
						2	26—38	浅灰黄色	中壤土	小块状	6.9	6.2	0.45	0.30	47	3.3	51	11.4			
						3	38—58	棕黄色	中壤土	块状	6.8	5.3	0.35	0.26	42	3.3	54	16.1			
						4	58—100	黄褐色	中壤土	小块状	7.0	3.6	0.29	0.38	33	5.0	67	13.7			
剖7	淋溶土	黄褐土	黄褐土	黄胶土	深位厚层砂姜黄胶土	1	0—15	灰灰黄色	重壤土	碎块状	6.9	9.7	0.63	0.40	46	7.5	90	21.5	下蜀系黄土	E 112°59′20.8″ N 33°00′41.8″	97
						2	15—26	黄灰色	轻黏土	块状	6.9	8.0	0.54	0.25	66	2.5	86	21.8			
						3	26—80	棕黄色	轻黏土	块状	7.0	6.5	0.38	0.26	31	<1.0	88	31.2			
剖8	半水成土	砂姜黑土	砂姜黑土	砂姜黑土	青黑土	1	0—29	黄黑色	中壤土	碎块状	6.9	12.2	0.68	0.36	51	1.7	101	27.5	湖相沉积物	E 112°52′37.9″ N 32°58′53.8″	98
						2	29—52	青黑色	轻黏土	块状	6.9	13.7	0.64	0.24	48	1.7	118	39.8			
						3	52—100	黄褐色	中壤土	块状	7.0	9.7	0.60	0.34	30	<1.0	114	30.7			
剖9	半水成土	砂姜黑土	砂姜黑土	黑老土	壤质厚覆黑老土	1	0—37	浅灰黄色	重壤土	粒状	7.1	11.5	0.82	0.43	55	1.7	117	19.0		E 112°59′00.2″ N 32°58′41.9″	98
						2	37—67	黄灰色	轻黏土	小块状	6.9	12.8	0.82	0.30	46		123	32.7			
						3	67—100	黄褐色	中壤土	块状	6.9	6.4	0.35	0.28	29		115	30.3			
剖10	淋溶土	黄褐土	黄褐土	黄老土	老黄土	1	0—21	灰灰黄色	中壤土	粒状	6.6	10.2	0.70	0.34	59	3.3	101	14.5		E 112°56′56.0″ N 32°54′30.6″	98
						2	21—43	浅灰黄色	中壤土	小块状	6.7	6.4	0.48	0.26	41		82	15.4			
						3	43—69	棕黄色	中壤土	块状	6.7	6.8	0.47	0.17	48	<1.0	90	20.3			
						4	69—100	黄褐色	中壤土	块状	6.7	5.0	0.42	0.22	38	<1.0	100	18.7			
剖11	淋溶土	黄褐土	黄褐土	山黄土	厚层山黄土	1	0—25	灰灰黄色	重壤土	碎块状	6.7	8.2	0.51	0.27	43	<1.0	73	15.6	洪积物, 坡积物	E 113°08′02.4″ N 33°05′21.5″	98
						2	25—60	浅灰黄色	重壤土	块状	6.7	7.3	0.39	0.25	37	<1.0	61	15.0			
						3	60—100	浅灰黄色	中壤土	块状	6.8	3.2	0.20	0.25	16	<1.0	41	20.4			
剖12	半水成土	砂姜黑土	砂姜黑土	黑老土	黏质薄覆黑老土	1	0—16	灰灰黄色	重壤土	碎块状	7.1	9.9	0.55	0.42	51	2.5	80	24.8		E 113°01′49.8″ N 33°04′40.4″	97
						2	16—28	灰黑色	重壤土	块状	7.0	8.7	0.49	0.39	51	2.5	71	25.0			
						3	28—48	灰灰黑色	重壤土	块状	7.0	9.4	0.35	0.25	46	3.3	76	29.9			
						4	48—100	黄褐色	重壤土	块状	7.0	9.2	0.46	0.30	44	<1.0	58	22.1			

续表 Continued

剖面号 Soil profile	土纲 Soil order	土类 Soil great group	亚类 Soil subgroup	土属 Soil genus	土种 Soil species	土层码 Layer code	土层厚度 Depth/cm	颜色 Soil color	质地 Soil texture	土壤结构 Soil structure	pH	有机质 OM/(g/kg)	全氮 TN/(g/kg)	全磷 TP/(g/kg)	碱解氮 AN/(mg/kg)	有效磷 AP/(mg/kg)	速效钾 AK/(mg/kg)	阳离子交换量CEC/(cmol/kg)	土壤母质 Parent material	剖面点坐标 Profile coordinate	匹配指数 Matching index/%
剖13	淋溶土	黄褐土	黄褐土	黄胶土	深位多量砂姜黄胶土	1	0—16	灰黄色	重壤土	碎块状	7.1	10.5	0.66	0.48	52	10.8	124	30.0	下蜀系黄土	E 113°04′25.7″ N 33°04′25.7″	97
						2	16—31	浅灰黄色	重壤土	块状	7.1	17.0	0.45	0.38	41	<1.0	118	30.8			
						3	31—51	黄棕色	轻黏土	块状	6.9	13.3	0.30	0.23	26	<1.0	107	31.0			
						4	51—100	黄褐色	轻黏土	块状	6.9	3.1	0.25	0.16	20	1.7	144	38.2			
剖14	淋溶土	黄褐土	黄褐土	黄胶土	浅位多量砂姜黄胶土	1	0—26	灰黄色	重壤土	碎块状	7.1	9.8	0.66	0.35	49	4.1	166	26.1	下蜀系黄土	E 113°04′00.5″ N 33°03′40.3″	97
						2	26—59	黄棕色	轻黏土	块状	7.0	4.4	0.33	0.20	26	<1.0	139	34.1			
						3	59—100	棕褐色	轻黏土	块状	7.0	3.0	0.26	0.22	20	<1.0	143	33.2			
剖15	半水成土	砂姜黑土	砂姜黑土	黑老土	壤质薄覆黑老土	1	0—20	灰黄色	中壤土	粒状	6.9	12.6	0.72	0.38	55	9.1	110	21.0	下蜀系黄土	E 113°05′29.4″ N 33°02′53.2″	98
						2	20—54	灰黄色	轻黏土	块状	7.1	13.0	0.64	0.24	62	1.7	140	39.6			
						3	54—100	黄褐色	轻黏土	块状	7.0	6.9	0.37	0.22	29	2.5	133	32.0			
剖16	淋溶土	黄褐土	黄褐土	黄胶土	浅位少量砂姜黄胶土	1	0—15	灰黄色	重壤土	碎块状	6.9	9.9	0.65	0.32	51	3.3	117	24.6	下蜀系黄土	E 113°06′26.3″ N 33°03′07.2″	97
						2	15—32	黄棕色	重壤土	块状	6.9	8.2	0.56	0.26	46	<1.0	105	24.9			
						3	32—100	棕褐色	轻黏土	块状	7.2	4.5	0.31	0.21	25	<1.0	155	31.2			
剖17	半水成土	砂姜黑土	砂姜黑土	砂姜黑土	深位厚层砂姜黄胶土	1	0—22	黄灰色	重壤土	碎块状	6.9	12.4	0.85	0.41	88	2.5	105	26.2	湖相沉积物	E 113°06′38.9″ N 33°01′30.4″	98
						2	22—65	灰黄色	重壤土	块状	6.9	11.7	0.81	0.37	89	1.7	111	27.0			
剖18	淋溶土	黄褐土	粗骨性黄褐土	淡黄石渣土	多砾质薄层淡黄石渣土	1	0—15	灰黄色	中壤土	碎块状	7.0	9.9	0.62	0.39	55	7.5	106	12.1		E 113°01′59.9″ N 33°01′16.3″	95
						2	15—28	棕褐色	中壤土	块状	6.9	9.1	0.58	0.34	56	5.8	81	15.0			
剖19	淋溶土	黄褐土	黄褐土	黄老土	黄老土	1	0—19	灰黄色	中壤土	粒状	6.8	7.9	0.57	0.32	68	3.3	87	17.2		E 113°03′53.6″ N 32°49′50.9″	98
						2	19—30	浅灰黄色	中壤土	小块状	6.8	6.2	0.47	0.27	73	1.7	63	17.1			
						3	30—55	浅棕黄色	重壤土	块状	6.7	6.7	0.42	0.21	55	<1.0	63	18.9			
						4	55—100	黄棕色	重壤土	块状	6.7	7.2	0.45	0.26	63	1.7	100	27.6			

唐 河 县

主要土类说明

黄褐土是唐河县主要土壤类型，占本县地域面积的 64%。成土母质大部分为黄土、河流冲积物，也有发育在浅山丘陵灰岩、砂页岩的残积母质上。该土有明显的黏化层，盐基饱和度较高，一般为 70%—80%，全剖面没有石灰反应，有铁子和铁锰胶膜，局部地区下部有石灰结核，土壤呈中性，pH 为 6.9—7.5。

砂姜黑土是唐河县第二大土壤类型，占本县地域面积的 24%。砂姜黑土分布于本县西部及南部低洼平原上。砂姜黑土是在北亚热带向暖温带过渡的气候条件下，以富含碳酸钙的古河、湖相沉积物为母质，以沼泽草甸土为前身，经旱耕熟化脱沼泽过程，而发育形成的一种独特的区域性土壤。其主要形成过程：一是淋溶淀积过程，主要是指土体中的碳酸钙淋溶淀积而形成砂姜的过程。另外由于气候的季节性变化，土壤干湿交替，土壤中铁锰矿物的氧化还原交替发生，因此，土壤剖面的不同部位有铁锰结核及锈色斑纹出现。二是生物积累过程，主要是指土壤的草甸潜育阶段，有机质的积累和黑土层的形成。三是旱耕熟化过程，主要是指土壤旱耕熟化脱沼泽过程。砂姜黑土明显而共同的剖面特征是具有黑土层，有的含有砂姜。耕作层一般为重壤土或轻黏土。心土层坚实，呈棱块状结构，有黄褐色胶膜、锈斑及铁锰结核。黑土层一般露出地表，但有的黑土层上则为近代冲积物所覆盖。砂姜层出现部位一般在 50cm 左右，其厚度、数量不等，呈零星分布。砂姜黑土一般无石灰反应，土体下部有潜育化现象。

潮土是唐河县第三大土壤类型，占本县地域面积的 9%。潮土是发育在近代河流冲积母质上，受地下水影响，经耕种熟化发育而形成的较年轻的土壤，因具有夜间返潮现象，而得名为潮土。潮土母质的形成，是河流多次沉积的结果。在历次沉积过程中，搬运和挟带的泥沙多少、粗细不同，因而在不同的地形部位，离河道的远近，沉积的物质不同。其沉积规律一般是"紧出砂，慢出淤，不紧不慢出两合"。土体砂、壤、黏间层出现，也是冲积分选而成。潮土地下水位高，由于受干湿季节影响，土壤水分和地下水位每年均有周期性的变化，随着水位的上升下降，土体氧化还原交替发生，可溶性变价铁、锰物质，随水移动和淀积，使土体下层形成棕褐色的铁锈斑纹。人们通过耕作、施肥、灌溉、栽培等一系列措施，改善了土壤结构，提高了土壤肥力，培育出适合作物生长的土壤。潮土具备如下特征：土壤发生层次不明显，而质地层次非常明显。通体无石灰反应，pH 为 7.0—7.5。由于质地层次的不同排列，常有夹砂、夹壤、夹黏不同类型的土体构型。

小于本县地域面积 3% 的土壤类型还有水稻土等。

本区域中心区气候特征

本区域中心区气候特征值
Regional climate characteristics in central area of the region

气候带：北亚热带湿润气候 Climate region: North subtropical humid climate	
年平均气温 /℃ Annual average temperature /℃	15.2
年平均最高气温 /℃ Annual average maximum temperature /℃	20.4
年平均最低气温 /℃ Annual average minimum temperature /℃	11.0
年降水量 /mm Annual precipitation /mm	945
≥10℃的积温 /℃ Daily temperature accumulated in a year（≥10℃）/℃	5568
年日照时数 /h Annual sunshine /h	1872
年平均相对湿度 /% Annual average relative humidity /%	74
干燥度 Dryness	0.98

本区域中心区月平均气温与月平均降水量
Monthly temperature and precipitation in central area of the region

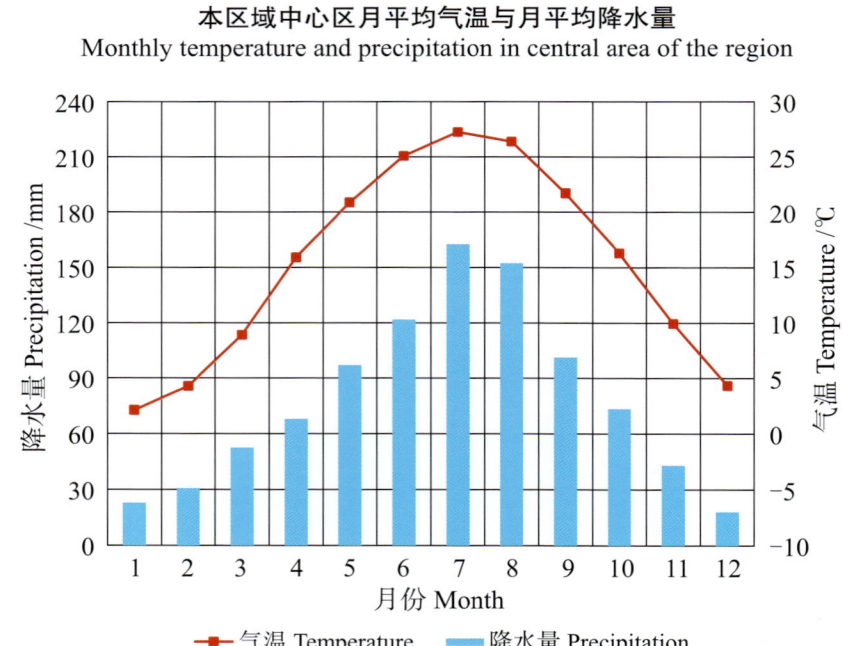

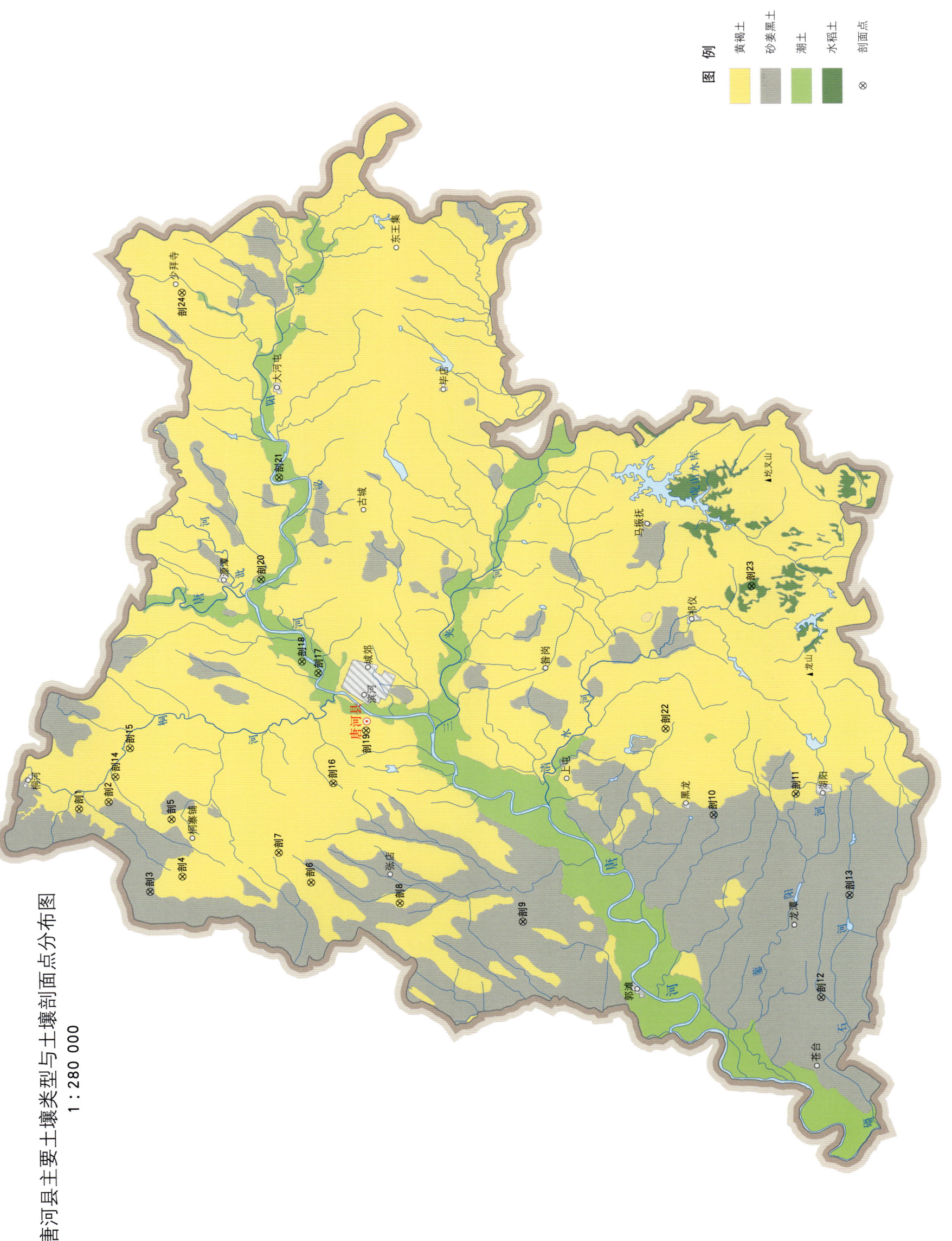

唐河县土壤剖面理化性状表

剖面号 Soil profile	土纲 Soil order	土类 Soil great group	亚类 Soil subgroup	土属 Soil genus	土种 Soil species	土层码 Layer code	土层厚度 Depth/cm	颜色 Soil color	质地 Soil texture	土壤结构 Soil structure	pH	有机质 OM/(g/kg)	全氮 TN/(g/kg)	全磷 TP/(g/kg)	有效磷 AP/(mg/kg)	速效钾 AK/(mg/kg)	阳离子交换量CEC/(cmol/kg)	土壤母质 Parent material	剖面点坐标 Profile coordinate	匹配指数 Matching index/%
剖1	淋溶土	黄褐土	黄褐土	黄老土	老黄土	1	0—32	灰黄色	重壤土	粒状	7.3	9.5	0.71	0.38	6.8	107	18.2	洪积物、冲积物	E 112°44′38.8″ N 32°52′06.6″	97
						2	32—62	棕黄色	轻黏土	棱块状	7.4	4.9	0.49	0.30	2.2	128	27.8			
						3	62—100	棕褐色	重壤土	棱块状	7.4	3.2	0.36	0.27	2.1	127	24.3			
剖2	淋溶土	黄褐土	粗骨性黄褐土	淡黄石渣土	少砾质中层淡黄石渣土	1	0—10	黄色	轻壤土	粒状	7.0	16.9	0.70	0.23		42	13.5	粗粒花岗岩	E 112°44′55.0″ N 32°51′00.7″	75
						2	10—22	黄棕色	轻壤土	碎块状	7.3	12.0	0.65	0.21		51	13.9			
						3	22—48	黄棕色	重壤土	碎块状	7.4	10.8	0.54	0.12		77	13.2			
						4	48—													
剖3	半水成土	砂姜黑土	砂姜黑土	砂姜黑土	浅位厚层砂姜黄黑土	1	0—17	褐灰色	重壤土	碎屑状	7.1	10.3	0.85	0.35	1.2	90	23.5	富含碳酸钙的古河、湖相沉积物	E 112°40′49.4″ N 32°49′33.6″	97
						2	17—55	灰黑色	重壤土	块状	7.4	7.9	0.56	0.32		94	23.0			
						3	55—100	棕黄色	重黏土	块状	7.5	4.7	0.34	0.31		97	24.1			
剖4	淋溶土	黄褐土	黄褐土	黄胶土	浅位厚层砂姜黄褐土	1	0—20	灰黄色	重壤土	碎屑状	7.5	7.4	0.48	0.26		111	21.3	下蜀系黄土	E 112°41′28.7″ N 32°48′21.2″	97
						2	20—100	棕黄色	重黏土	块状	7.5	2.9	0.27	0.18		134				
剖5	淋溶土	黄褐土	黄褐土	黄老土	黄老土	1	0—22	灰黄色	重壤土	粒状	6.9	8.6	0.58	0.30	4.4	56	12.8	洪积物、冲积物	E 112°44′04.6″ N 32°48′42.1″	97
						2	22—40	灰黄色	重壤土	小块状	7.0	5.5	0.46	0.18	3.4	43	12.8			
						3	40—74	黄褐色	重壤土	块状	7.0	5.3	0.41	0.24	2.9	74	20.4			
						4	74—100	黄棕色	重黏土	块状	7.0	3.7	0.28	0.24	1.3	90	20.9			
剖6	淋溶土	黄褐土	黄褐土	黄胶土	深位厚层砂姜黄褐土	1	0—22	灰黄色	重壤土	碎屑状	6.5	7.9	0.67	0.31		134	22.8	下蜀系黄土	E 112°41′04.6″ N 32°43′35.4″	97
						2	22—60	褐黄色	轻壤土	块状	7.0	5.8	0.45	0.30		135	24.1			
						3	60—100	灰黄棕色	重黏土	块状	7.5	2.6	0.29	0.21		120				
剖7	淋溶土	黄褐土	黄褐土	黄胶土	深位少量砂姜黄褐土	1	0—29	棕黄色	中壤土	碎屑状	7.0	6.9	0.58	0.28		80	20.7	下蜀系黄土	E 112°42′27.7″ N 32°44′46.0″	99
						2	29—50	棕黄色	重壤土	块状	7.0	4.9	0.45	0.27	2.9	90	27.3			
						3	50—70	棕黄色	重黏土	块状	7.0	4.8	0.38	0.19		88	24.8			
						4	70—100	棕黄色	重黏土	块状	7.0	3.2	0.33	0.25		96	25.2			
剖8	淋溶土	黄褐土	黄褐土	黄胶土	浅位少量砂姜黄褐土	1	0—16	灰棕色	重壤土	碎屑状	7.6	5.4	0.49	0.27		129	20.5	下蜀系黄土	E 112°44′03.0″ N 32°40′19.9″	97
						2	16—40	棕黄色	重壤土	块状	7.6	2.6	0.28	0.26		134	24.1			
						3	40—100	棕黄色	重黏土	块状	7.6	2.6	0.25	0.26		134	25.4			
剖9	半水成土	砂姜黑土	砂姜黑土	砂姜黑土	青黑土	1	0—25	浅黑黄色	中壤土	碎屑状	7.1	12.5	0.68	0.37	4.0	79	20.8	富含碳酸钙的古河、湖相沉积物	E 112°39′06.1″ N 32°35′48.1″	98
						2	25—40	黑黄色	中壤土	棱块状	7.3	8.9	0.42	0.16	<1.0	80	23.0			
						3	40—100	黄黄色	中壤土	棱块状	7.4	7.1	0.62	0.16		80	25.1			
剖10	半水成土	砂姜黑土	砂姜黑土	灰质黑老土	壤质厚度覆灰质黑老土	1	0—25	灰黄色	中壤土	碎屑状	7.8	9.2	0.79	0.37	2.9	90	19.8	洪积物、冲积物	E 112°43′43.0″ N 32°28′39.0″	97
						2	25—52	棕黄色	中壤土	棱块状	7.9	6.8	0.51	0.33	2.0	98	20.2			
						3	52—100	黄棕色	重壤土	块状	7.6	8.7	0.49	0.33	1.7	170	25.0			
剖11	淋溶土	黄褐土	黄褐土	黄老土	浅位黑质黄褐土	1	0—31	浅灰黄色	中壤土	粒状	6.9	7.7	0.56	0.37	11.7	99	15.0	富含碳酸钙的古河、湖相沉积物	E 112°44′34.8″ N 32°25′35.8″	97
						2	31—60	灰黄色	中壤土	碎屑状	7.1	5.7	0.43	0.30	7.1	81	21.6			
						3	60—100	黄棕色	中黏土	碎屑状	7.2	4.7	0.37	0.28	5.7	54	18.4			
剖12	半水成土	砂姜黑土	砂姜黑土	砂姜黑土	黑黏土	1	0—20	浅灰黑色	轻黏土	碎屑状	7.4	14.0	0.91	0.39	7.0	137	23.1	富含碳酸钙的古河、湖相沉积物	E 112°35′23.6″ N 32°24′50.4″	97
						2	20—40	灰黑色	重黏土	棱块状	7.5	6.8	0.64	0.20		105	28.4			
						3	40—100	灰黄色	重壤土	碎屑状	7.5	6.3	0.36	0.23		87	27.1			
剖13	半水成土	砂姜黑土	砂姜黑土	砂姜黑土	深位少量砂姜黄黑土	1	0—25	灰灰色	重壤土	粒状	7.5	11.1	0.66	0.40	3.9	110	21.8	富含碳酸钙的古河、湖相沉积物	E 112°39′58.0″ N 32°23′41.6″	97
						2	25—55	灰黑色	重黏土	棱块状	7.5	11.0	0.61	0.22		105	27.1			
						3	55—100	黄褐色	重黏土	棱块状	7.5	7.2	0.51	0.22		168	27.9			

续表 Continued

剖面号 Soil profile	土纲 Soil order	土类 Soil great group	亚类 Soil subgroup	土属 Soil genus	土种 Soil species	土层码 Layer code	土层厚度 Depth/cm	颜色 Soil color	质地 Soil texture	土壤结构 Soil structure	pH	有机质 OM/(g/kg)	全氮 TN/(g/kg)	全磷 TP/(g/kg)	有效磷 AP/(mg/kg)	速效钾 AK/(mg/kg)	阳离子交换量CEC/(cmol/kg)	土壤母质 Parent material	剖面点坐标 Profile coordinate	匹配指数 Matching index/%
剖14	淋溶土	黄褐土	黄褐土	黄胶土	浅位多量砂姜黄壤土	1	0~21	灰黄色	重壤土	碎屑状	7.3	6.0	0.45	0.25	1.8	81	20.0	下蜀系黄土	E 112°46′05.2″ N 32°50′44.2″	97
						2	21~40	黄棕色	轻黏土	块状	7.5	4.9	0.36	0.24		93	21.0			
						3	40~100	黄棕色	轻黏土	块状	7.5	2.1	0.22	0.25		92	22.3			
剖15	淋溶土	黄褐土	黄褐土	黄胶土	浅位厚层黄褐土	1	0~26	灰黄色	重壤土	碎屑状	6.9	7.8	0.61	0.38	3.2	81	16.8	下蜀系黄土	E 112°47′22.2″ N 32°50′10.3″	97
						2	26~45	灰黄色	轻黏土	块状	7.1	6.1	0.52	0.19		129	27.9			
						3	45~100	黄褐色	轻黏土	棱块状	7.2	5.4	0.44	0.21		121	25.0			
剖16	淋溶土	黄褐土	粗骨性黄褐土	淡黄石渣土	多砾质薄层淡黄石渣土	1	0~12	黄褐色	砂壤土	粒状	6.9	16.6	0.94	0.21	<1.0	46	8.6	粗粒花岗岩	E 112°45′33.1″ N 32°42′41.0″	97
						2	12~28	黄棕色	砂壤土	粒状	7.0	12.7	0.46	0.15		50	5.4			
						3	28~													
剖17	半水成土	潮土	灰潮土	淡灰潮砂土	灰砂土	A	0~23	浅灰色	砂土	单粒状	7.5	4.3	0.24	0.17	2.5	44	5.2	河流冲积砂质沉积物	E 112°50′34.8″ N 32°43′08.0″	75
						C	23~55	浅黄色	砂质壤土	单粒状	7.5	2.4	0.16	0.17	3.3	40	5.8			
						Cu	55~100	油黄橙色	砂质壤土	单粒状	7.5	3.9	0.21	0.16	2.5	39	7.0			
剖18	半水成土	潮土	灰潮土	灰砂土	灰细砂土	1	0~23	灰黄色	紧砂土	单粒状	7.5	4.3	0.14	0.39	5.6	53	5.2	河流冲积物	E 112°51′07.2″ N 32°43′44.0″	75
						2	23~55	灰黄色	紧砂土	单粒状	7.5	2.4	0.14	0.40	7.0	48	5.8			
						3	55~100	棕褐色	紧砂土	单粒状	7.5	3.9	0.21	0.37	6.6	46	7.0			
剖19	淋溶土	黄褐土	粗骨性黄褐土	砂黄石渣土	少砾质薄层砂黄石渣土	1	0~12	黄褐色	中壤土	粒状	7.5	4.6	0.46	0.45	5.6	85	11.1	砂页岩风化物	E 112°47′56.9″ N 32°41′25.4″	97
						2	12~42	灰白色	紧砂土	碎块状	7.7	1.2	0.21	0.66	4.4	53	7.9			
						3	42~													
剖20	半水成土	潮土	灰潮土	灰砂土	体壤灰砂土	1	0~42	灰黄色	紧砂土	单粒状	7.1	5.0	0.13	0.38	19.3	44	4.7	河流冲积物	E 112°54′52.1″ N 32°45′09.7″	75
						2	42~100	棕褐色	轻壤土	粒状	7.2	3.3	0.19	0.37	16.1	56	5.7			
剖21	半水成土	潮土	灰两合土	灰两合土	底砂灰小两合土	1	0~17	灰黄色	轻壤土	粒状	7.0	6.3	0.42	0.48	14.8	46	10.2	河流冲积物	E 112°59′28.7″ N 32°44′24.4″	75
						2	17~33	棕褐色	轻壤土	粒状	7.1	5.4	0.54	0.45	4.0	41	8.6			
						3	33~46	黄棕色	轻壤土	粒状	7.1	2.8	0.22	0.52	3.7	53	10.3			
						4	46~73	浅红棕色	紧砂土	粒状	7.3	2.2	0.17	0.70	2.1	50	9.0			
						5	73~100	棕褐色	轻壤土	粒状	7.3	2.4	0.18	0.56	4.2	56	9.3			
剖22	淋溶土	黄褐土	黄褐土	灰石红土	少黏质灰石红土	1	0~17	红棕色	中壤土	碎屑状	7.4	9.9	0.67	0.48	11.7	87	20.0	石灰岩、变质岩、大理岩风化残积物、坡积物	E 112°47′42.0″ N 32°30′20.9″	97
						2	17~34	红棕色	中壤土	碎屑状	7.2	6.7	0.38	0.33	7.4	100	18.3			
						3	34~57	浅红棕色	中壤土	块状	7.2	5.2	0.30	0.31	7.0	103	17.9			
						4	57~100	棕褐色	轻壤土	块状	7.2	3.1	0.29	0.30	4.1	102	23.8			
剖23	人为土	水稻土	淹育水稻土	黄棕潴性淹育水稻土	浅位中层黄胶土田	1	0~20	灰黄色	重壤土	小块状	7.2	15.9	0.88	0.43	1.2	155	20.5	下蜀系黄土	E 112°54′02.5″ N 32°27′02.5″	97
						2	20~30	黄褐色	重壤土	棱块状	7.4	6.8	0.35	0.24		134	19.8			
						3	30~100	棕褐色	轻壤土	棱块状	7.5	6.1	0.37	0.25		159	21.9			
剖24	淋溶土	黄褐土	黄褐土	黄胶土	深位多量砂姜黄胶土	1	0~19	浅灰黄色	重壤土	小块状	7.0	6.1	5.62	0.30	3.3	115	20.5	下蜀系黄土	E 113°07′55.9″ N 32°47′49.2″	95
						2	19~54	棕褐色	轻黏土	棱块状	7.0	4.3	0.39	0.28	1.7	116	23.5			
						3	54~100	棕褐色	轻黏土	棱块状	7.0	3.5	0.29	0.26		107	25.1			

新 野 县

主要土类说明

砂姜黑土是新野县主要土壤类型，占本县地域面积的59%。砂姜黑土是暖温带南部由草甸潜育土经过脱潜育、耕作、熟化而发育成的一种独特的区域性土壤。成土母质多为黄土性河湖相冲积物。该土具有腐泥状的黑土层，呈暗灰色或黑色，重壤土到黏土，一般土体内无石灰反应。黑土层下为棕黄色的重壤土到黏土，有潜育特征和锈色斑纹，有的夹有砂姜。其形成过程主要有两个阶段：首先是草甸潜育阶段。过去地形低洼，排水条件很差，地下水埋藏深度较浅，一般为1—2m，雨季可上升到1m以内，一年要有2—3个月的积水时间，但积水不深，生长着湿生草本植物，植物死后在积水和湿润条件下进行嫌气分解；次年雨季到来之前，积水退干，气温升高，又进行好气分解。如此循环反复，由于生物积累和渍水作用的共同影响，形成了黑土层。砂姜黑土的淋溶淀积过程：一是有铁锰淀积，淹水时铁锰成为还原状态向下淋溶，干季时成氧化状态而淀积为结核或胶膜。二是土壤上层的碳酸钙被淋溶于底层，形成不同形态的砂姜。这是在生物作用下产生的二氧化碳与水形成碳酸，加大了土壤中碳酸钙的溶解度，使之成为水溶性的重碳酸钙，向下层淋溶。由于地下水去路不畅，水位较高，底土比较湿润，所以淋溶不深，旱季重碳酸钙又重新以碳酸钙在土壤底层淀积出来，在这一过程中往往与土壤黏在一起，体积渐大，形成砂姜。第二阶段是在草甸潜育土的基础上，开始排水、旱耕、熟化阶段。通过长期耕种熟化，土层上部颜色变淡，逐步分化出耕作层、犁底层和底土层，而成为现在的砂姜黑土。

黄褐土是新野县第二大土壤类型，占本县地域面积的20%。本县受东南季风的影响，夏季炎热多雨，土壤淋溶作用较强，一、二价盐基离子多被淋洗，三价离子亦有向下移动，而氢离子含量相对增加，故土壤呈微酸性至中性。土壤剖面形态特征是：下层有一定黏化现象，有较紧实、黏重的心土层，呈块状或棱柱状结构，有棕褐色的铁锰胶膜或铁锰结核新生体出现。

潮土是新野县第三大土壤类型，占本县地域面积的19%。潮土是长期受地下水活动和人为耕作熟化而逐渐发育起来的比较年轻的土壤。由于流水分选沉积使剖面层次明显，但发育层次不明显，主要是在历次沉积的过程中，由于流速、流量和离河道远近的不同，以"紧砂慢淤"的规律沉积，所以沉积物的层次有厚薄之分，质地有粗细之别，加之地下水埋藏较浅，参与潮土化过程，这也是潮土形成的一个重要特征。地下水产生季节性的升降，致使土壤中氧化还原交替发生，进而影响土体中物质的溶解、移动和淀积，使土体下层出现不同程度的铁锈斑纹。本县潮土呈带状分布，土壤呈中性，pH在7.0左右，地下水矿化度均小于1g/L，为钙质重碳酸盐水型。

小于本县地域面积3%的土壤类型还有风沙土。

本区域中心区气候特征

本区域中心区气候特征值
Regional climate characteristics in central area of the region

气候带：北亚热带湿润气候 Climate region: North subtropical humid climate	
年平均气温 /℃ Annual average temperature /℃	15.2
年平均最高气温 /℃ Annual average maximum temperature /℃	20.5
年平均最低气温 /℃ Annual average minimum temperature /℃	10.9
年降水量 /mm Annual precipitation /mm	879
≥10℃的积温 /℃ Daily temperature accumulated in a year (≥10℃) /℃	5496
年日照时数 /h Annual sunshine /h	1856
年平均相对湿度 /% Annual average relative humidity /%	75
干燥度 Dryness	1.04

本区域中心区月平均气温与月平均降水量
Monthly temperature and precipitation in central area of the region

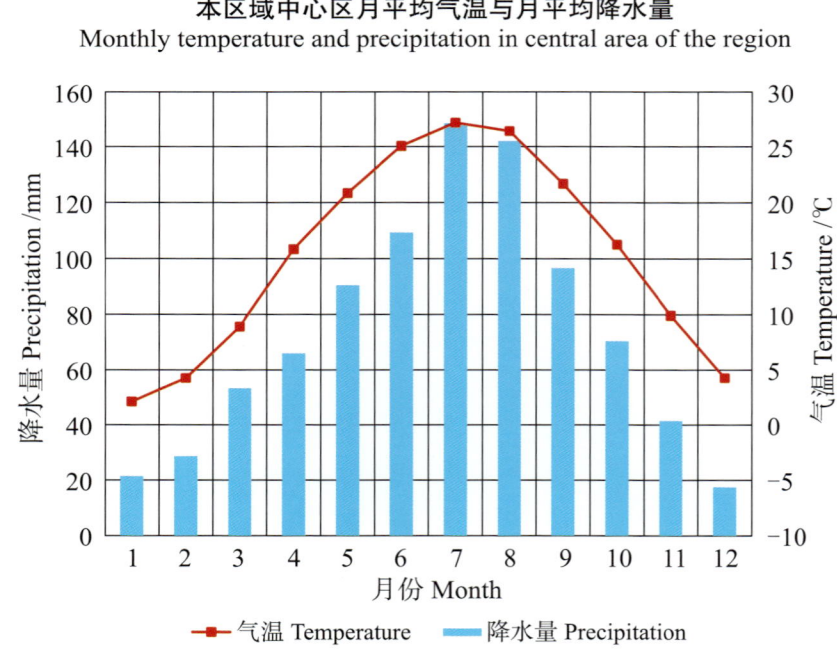

新野县主要土壤类型与土壤剖面点分布图
1∶190 000

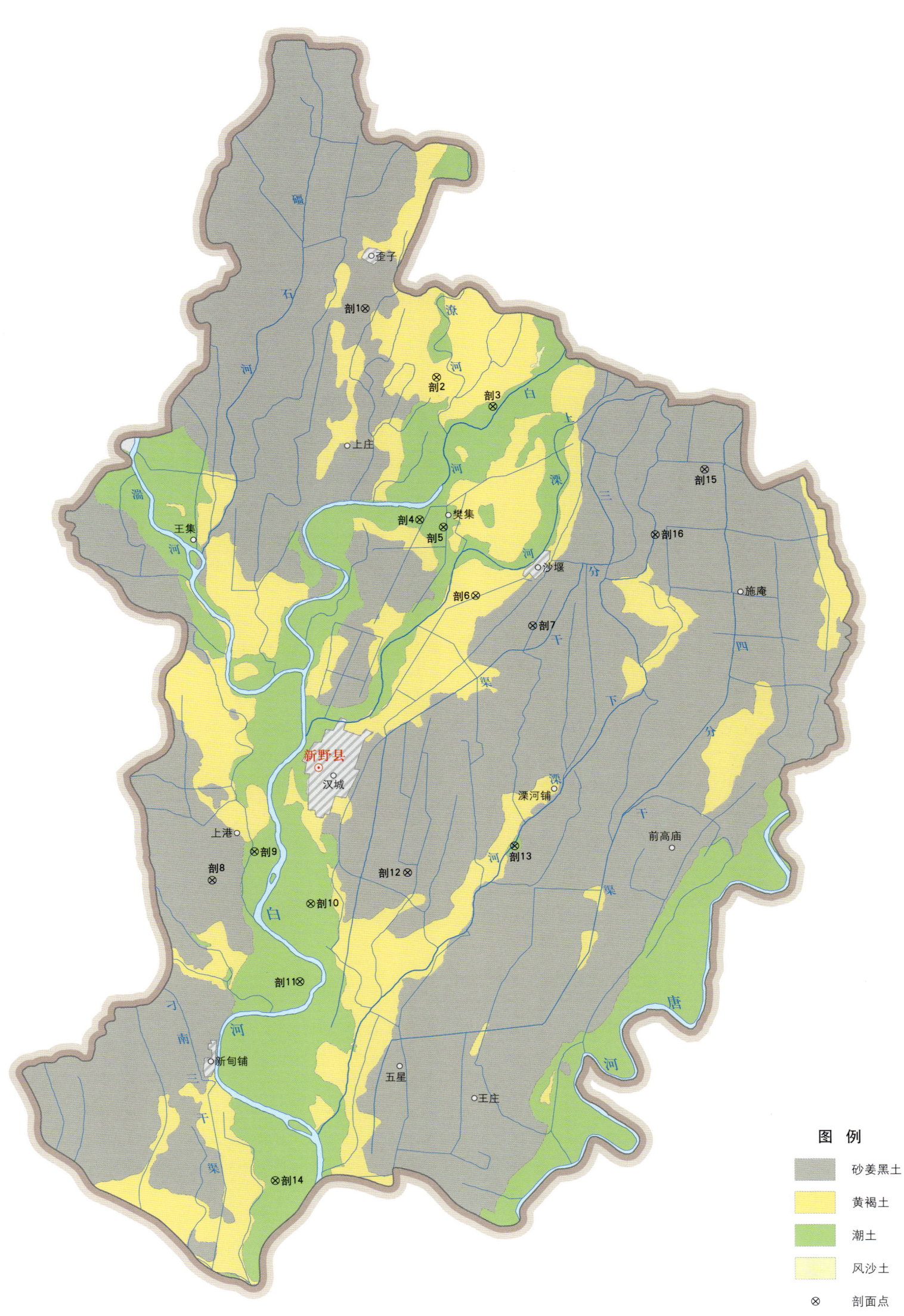

图 例

- 砂姜黑土
- 黄褐土
- 潮土
- 风沙土
- ⊗ 剖面点

新野县土壤剖面理化性状表

剖面号 Soil profile	土纲 Soil order	土类 Soil great group	亚类 Soil subgroup	土属 Soil genus	土种 Soil species	土层码 Layer code	土层厚度 Depth/cm	颜色 Soil color	质地 Soil texture	土壤结构 Soil structure	pH	有机质 OM/(g/kg)	全氮 TN/(g/kg)	全磷 TP/(g/kg)	碱解氮 AN/(mg/kg)	有效磷 AP/(mg/kg)	速效钾 AK/(mg/kg)	阳离子交换量CEC/(cmol/kg)	土壤母质 Parent material	剖面点坐标 Profile coordinate	匹配指数 Matching index/%
剖1	半水成土	砂姜黑土	砂姜黑土	黑老土	壤质厚覆黑老土	1	0—17	灰黄色	中壤土	粒状	7.6	13.5	0.82	0.46	64	4.1	130	18.3	河湖相沉积物	E 112°22′46.2″ N 32°42′27.4″	97
						2	17—40	灰黄色	中壤土	粒状	7.0	10.8	0.74	0.43	58	3.3	129	19.6			
						3	40—60	褐灰色	重壤土	块状	6.9	7.7	0.52	0.34	37	2.9	94	27.5			
						4	60—100	青黄色	重壤土	块状	7.0	4.4	0.49	0.31	35	3.4	156	26.9			
剖2	淋溶土	黄褐土	黄褐土	黄老土	黄老土	1	0—24	灰黄色	重壤土	粒状	6.9	11.2	0.65	0.49	54	12.0	156	22.3	老河流沉积物	E 112°24′39.2″ N 32°40′48.7″	75
						2	24—75	浅灰黄色	重壤土	块状	6.7	7.4	0.48	0.33	37	2.7	91	22.5			
						3	75—100	灰黄色	重壤土	块状	6.7	6.5	0.43	0.34	34	1.4	100	22.0			
剖3	半水成土	潮土	灰潮土	灰淤土	底砂灰淤土	1	0—20	灰黄色	重壤土	团粒状	7.2	10.5	0.77	0.50	49	5.7	178	39.4	河流冲积物	E 112°26′10.0″ N 32°40′05.9″	75
						2	20—51	浅灰黄色	重壤土	块状	7.1	7.7	0.49	0.43	30	2.7	120	42.5			
						3	51—87	浅灰棕色	重壤土	块状	7.2	6.8	0.41	0.43	28	<1.0	94	≥50.0			
						4	87—100	灰黄色	砂壤土	粒状	7.0	2.5	0.16	0.38	15	<1.0	47	≥50.0			
剖4	半水成土	潮土	灰潮土	灰砂土	底黏灰砂土	1	0—23	浅灰黄色	砂壤土	粒状	6.6	4.6	0.26	0.36	14	13.8	72	6.6	河流冲积物	E 112°24′07.9″ N 32°37′26.0″	95
						2	23—37	浅灰黄色	砂壤土	粒状	6.6	2.2	0.15	0.27	14	11.3	64	4.6			
						3	37—55	浅灰黄色	轻壤土	粒状	6.9	4.0	0.25	0.33	24	10.9	95	10.2			
						4	55—100	灰黄色	重壤土	粒状	6.8	5.1	0.46	0.23	31	3.3	146	25.2			
剖5	半水成土	潮土	灰潮土	淡灰潮砂土	灰青砂土	A₁₁	0—25	浊黄橙色	砂壤土	小碎块状	6.8	4.5	0.23	0.22		2.5	54	5.6	河流冲积物	E 112°24′45.7″ N 32°37′15.2″	96
						C	25—40	浊黄橙色	砂壤土	小碎块状	6.9	3.6	0.26	0.23		1.7	46	5.6			
						Cu	40—100	黄灰黄色	砂壤土	小块状	6.9	3.4	0.20	0.20		1.7	47	8.3			
剖6	淋溶土	黄褐土	黄褐土	黄老土	壤黄土	1	0—25	浅灰黄色	中壤土	粒状	6.7	9.6	0.46	0.39	46	6.3	71	15.7	老河流沉积物	E 112°25′36.1″ N 32°35′37.7″	95
						2	25—50	灰黄色	中壤土	碎块状	6.6	8.7	0.45	0.24	30	3.3	62	17.0			
						3	50—80	棕灰色	中壤土	碎块状	6.7	3.4	0.29	0.14	24	2.9	100	16.1			
						4	80—100	青黄色	中壤土	碎块状	6.7	3.7	0.28	<0.10	18	<1.0	87	16.5			
剖7	半水成土	砂姜黑土	砂姜黑土	黑老土	壤质薄覆黑老土	1	0—20	灰黄色	重壤土	团粒状	6.8	13.7	0.71	0.43	64	6.8	80	20.1	河湖相沉积物	E 112°27′07.6″ N 32°34′53.8″	98
						2	20—48	黄灰黄色	重壤土	块状	7.0	10.7	0.66	0.37	44	5.3	78	28.4			
						3	48—80	黄灰黄色	重壤土	块状	7.2	10.1	0.62	0.32	53	3.6	119	32.6			
						4	80—100	暗黄色	轻壤土	块状	7.2	9.5	0.62	0.34	38	2.2	118	29.1			
剖8	砂姜黑土	砂姜黑土	砂姜黑土	黑老土	黏质薄覆黑老土	1	0—28	浅灰黄色	轻壤土	碎块状	7.0	13.4	0.80	0.44	57	1.4	158	26.6	河湖相沉积物	E 112°18′22.0″ N 32°28′58.1″	97
						2	28—45	黄灰黄色	轻壤土	块状	6.9	10.8	0.69	0.33	45	<1.0	127	31.9			
						3	45—100	青灰黄色	中壤土	棱状	7.1	9.1	0.61	0.31	44	<1.0	188	46.0			
剖9	半水成土	潮土	灰潮土	油膜灰淤土	油膜灰淤土	1	0—35	灰黄色	重壤土	碎块状	7.0	9.9	0.71	0.57	47	8.1	184	49.0	河流冲积物	E 112°19′31.1″ N 32°29′38.0″	97
						2	35—47	灰黄色	重壤土	团粒状	7.2	6.0	0.32	0.45	31	1.2	89	≥50.0			
						3	47—60	浅灰黄色	重壤土	块状	7.2	6.6	0.48	0.40	32	1.2	115	46.8			
						4	60—92	黄色	轻壤土	块状	7.2	6.9	0.61	0.36	41	1.2	149	32.0			
						5	92—100	浅灰黄色	轻壤土	粒状	7.0	3.4	0.18	0.21	19	1.2	66	≥50.0			
剖10	半水成土	潮土	灰潮土	灰两合土	灰两合土	1	0—20	灰黄色	中壤土	团粒状	6.0	9.8	0.68	0.53	56	10.6	74	14.2	河流冲积物	E 112°21′00.4″ N 32°28′22.1″	97
						2	20—39	浅灰黄色	中壤土	碎块状	6.0	7.8	0.48	0.51	44	3.9	63	14.5			
						3	39—72	黄色	中壤土	小块状	6.0	6.2	0.30	0.40	30	2.2	44	13.8			
						4	72—100	浅灰黄色	中壤土	小块状	6.0	6.2	0.36	0.41	30	7.1	52	14.3			
剖11	半水成土	潮土	灰潮土	灰砂土	灰细砂土	1	0—19	灰黄色	紧砂土	单粒状	6.7	1.9	0.18	0.40	14	1.7	23	3.2	河流冲积物	E 112°20′40.6″ N 32°26′31.9″	95
						2	19—40	浅灰黄色	砂壤土	粒状	6.7	1.4	<0.10	0.26	9	1.1	18	7.5			
						3	40—52	灰黄色	砂壤土	粒状	6.7	3.2	0.18	0.49	17	1.6	49	4.9			
						4	52—100	浅灰黄色	紧砂土	单粒状	6.7	1.1	<0.10	0.28	10	1.4	39	43.1			

续表 Continued

剖面号 Soil profile	土纲 Soil order	土类 Soil great group	亚类 Soil subgroup	土属 Soil genus	土种 Soil species	土层码 Layer code	土层厚度 Depth/cm	颜色 Soil color	质地 Soil texture	土壤结构 Soil structure	pH	有机质 OM/(g/kg)	全氮 TN/(g/kg)	全磷 TP/(g/kg)	碱解氮 AN/(mg/kg)	有效磷 AP/(mg/kg)	速效钾 AK/(mg/kg)	阳离子交换量 CEC/(cmol/kg)	土壤母质 Parent material	剖面点坐标 Profile coordinate	匹配指数 Matching index/%
剖12	半水成土	砂姜黑土	砂姜黑土	砂姜黑土	青黑土	1	0—15	黄灰色	中黏土	碎屑状	6.8	17.5	0.99	0.39	68	1.7	141	32.2	河湖相沉积物	E 112°23′38.0″ N 32°29′04.9″	97
						2	15—25	黑灰色	中黏土	块状	7.0	15.9	0.88	0.36	64	1.2	139	35.9			
						3	25—48	黑灰色	重黏土	棱块状	7.2	16.8	0.98	0.28	44	<1.0	162	43.7			
						4	48—100	黄灰色	中黏土	块状	7.0	7.0	0.75	<0.10	28	<1.0	149	39.7			
剖13	半水成土	潮土	灰潮土	灰两合土	灰小两合土	1	0—17	灰黄色	轻壤土	粒状	6.8	7.8	0.47	0.45	40	14.8	77	10.4	河流冲积物	E 112°26′31.9″ N 32°29′40.6″	97
						2	17—48	浅灰黄色	轻壤土	粒状	6.9	5.2	0.34	0.46	25	4.5	61	10.8			
						3	48—100	灰黄色	轻壤土	粒状	6.9	4.3	0.26	0.43	23	3.6	53	12.9			
剖14	半水成土	潮土	灰潮土	灰淤土	灰淤土	1	0—24	灰黄色	重壤土	碎块状	7.1	11.9	0.84	0.42	59	<1.0	144	47.7	河流冲积物	E 112°19′55.2″ N 32°21′52.2″	97
						2	24—100	浅棕黄色	重壤土	块状	7.2	7.4	0.54	0.32	41	<1.0	83	48.0			
剖15	半水成土	砂姜黑土	砂姜黑土	砂姜黑土	深位少量砂姜黑土	1	0—18	浅黄灰色	重壤土	碎块状	7.2	12.0	0.82	0.38	52	1.2	90	26.5	河湖相沉积物	E 112°31′50.5″ N 32°38′30.8″	98
						2	18—28	暗灰色	轻黏土	块状	7.0	10.6	0.76	0.35	46	<1.0	85	25.6			
						3	28—53	灰褐色	轻黏土	块状	7.2	10.5	0.71	0.24	45	<1.0	99	32.7			
						4	53—75	黄灰色	重壤土	块状	7.2	7.9	0.53	0.29	30	<1.0	105	30.4			
						5	75—100	灰黄色	重黏土	块状	7.2	6.5	0.43	0.29	26		103	28.9			
剖16	半水成土	砂姜黑土	砂姜黑土	黑老土	黏质厚覆黑老土	1	0—20	灰黄色	轻黏土	碎块状	7.3	15.6	0.93	0.34	65	2.8	140	30.9	河湖相沉积物	E 112°30′28.8″ N 32°36′59.8″	98
						2	20—31	灰黄色	轻黏土	块状	7.3	13.5	0.85	0.38	56	1.2	129	32.6			
						3	31—46	青黄色	中黏土	块状	7.3	11.8	0.81	0.34	54	<1.0	137	39.3			
						4	46—100	灰棕色	轻黏土	块状	7.2	7.1	0.47	0.31	26	<1.0	134	34.6			

桐柏县

主要土类说明

黄褐土是桐柏县主要土壤类型，占本县地域面积的56%，主要分布在海拔300m以下平缓的岗间洼地上。根据成土母质类型的不同，分为黄胶土、黄老土。黄胶土主要分布在西北部和东部岗丘地区。成土母质为第四纪黄土。表层灰黄色，质地为重壤土到黏土，呈碎块状结构。土体中黏化作用较强，具有黄棕色或棕褐色的心土层，心土层和底土层质地黏重，呈块状或棱块状结构。结构面上有棕褐色的铁锰胶膜和铁子。本县黄胶土，由于质地黏重，通气透水性能差，土性偏冷，有机质分解缓慢，养分含量低。全剖面无石灰反应，土壤呈中性。黄老土分布在河流两侧的阶地及岗间洼地上，是在河流冲积物上发育而成，或在下蜀系黄土上覆盖一层厚度不同的洪积物、冲积物发育而成的土壤。表层质地为轻壤土、中壤土或重壤土，呈灰黄色、粒状结构。下层质地较重，呈棕黄色或黄褐色、块状结构，并有铁子、锈色斑纹或铁锰胶膜新生体出现。黏、砂比例较为适中。土壤疏松多孔，非毛管孔隙较多，通透性好，水、肥、气、热状况比较协调，故土性湿暖而稳定，有机质的分解和养分释放较快。全剖面无石灰反应，土壤呈中性。

水稻土是桐柏县第二大土壤类型，占本县地域面积的20%，是在黄棕壤和潮土上长期种植水稻，经过水耕熟化过程形成的一种特殊土壤。由于稻田干湿交替，土壤氧化还原交替发生，有机质合成与分解、盐基淋溶与复盐基、黏粒聚积和淋失过程的不断进行，促使土体剖面发生明显分异，从而改变了土壤的原有形态，形成了水稻土的独特剖面结构。通常有淹育层（耕作层）、渗育层（犁底层）、潴育层（斑纹层）和潜育层（青泥层）等层次。

黄棕壤是桐柏县第三大土壤类型，占本县地域面积的17%。黄棕壤的形成发育具有明显的淋溶、淀积和黏化过程。在高温多雨的情况下，岩石矿物风化分解出来的钾、钠、钙、镁等盐基离子，随水向下淋洗，使整个土体没有游离的碳酸盐存在，因而整个剖面无石灰反应，土壤呈微酸性至中性。铁、锰、铝等易变价元素，在周期性干湿交替作用下，随下渗水向土壤下层移动。由于下蜀系黄土质地黏重，滞水性强，铁、锰淋溶淀积显著，在土体的一定深度淀积下来，一般20—30cm以下即有锈色斑纹和胶膜铁子出现。在风化过程中分解出来的黏粒也随水向下移动，使土体下层黏粒日益增多，产生显著的黏化现象，黏化层明显，尤其在下蜀系黄土母质上形成发育的土壤黏粒含量多，黏化层更为明显，有的形成黏盘层。

潮土占桐柏县地域面积的5%，是发育在近代河流冲积物上，受地下水的影响，经旱耕熟化而成的土壤。由于受流水分选作用的影响，从靠近河床向外的土壤类型依次为砂土、砂壤土、小两合土、两合土，土壤剖面有明显的质地层次，而无明显的发育层次。地下水位较浅，一般在1.5—3.0m。地下水季节性升降频繁，土体产生氧化还原交替过程，进而影响土体中物质的溶解、移动和淀积，使土体下部形成棕黄色的斑纹。

小于本县地域面积3%的土壤类型还有砂姜黑土和棕壤。

本区域中心区气候特征

本区域中心区气候特征值
Regional climate characteristics in central area of the region

气候带：北亚热带湿润气候 Climate region: North subtropical humid climate	
年平均气温 /℃ Annual average temperature /℃	15.2
年平均最高气温 /℃ Annual average maximum temperature /℃	20.3
年平均最低气温 /℃ Annual average minimum temperature /℃	11.0
年降水量 /mm Annual precipitation /mm	1005
≥10℃的积温 /℃ Daily temperature accumulated in a year (≥10℃) /℃	5566
年日照时数 /h Annual sunshine /h	1908
年平均相对湿度 /% Annual average relative humidity /%	74
干燥度 Dryness	0.91

本区域中心区月平均气温与月平均降水量
Monthly temperature and precipitation in central area of the region

桐柏县主要土壤类型与土壤剖面点分布图

1:250 000

图例

黄褐土	
水稻土	
黄棕壤	
潮土	
砂姜黑土	
棕壤	
⊗	剖面点

第二编 分县土壤图与土壤剖面数据 | 363

桐柏县土壤剖面理化性状表

剖面号 Soil profile	土纲 Soil order	土类 Soil great group	亚类 Soil subgroup	土属 Soil genus	土种 Soil species	土层码 Layer code	土层厚度 Depth/cm	颜色 Soil color	质地 Soil texture	土壤结构 Soil structure	pH	有机质 OM/(g/kg)	全氮 TN/(g/kg)	全磷 TP/(g/kg)	有效磷 AP/(mg/kg)	速效钾 AK/(mg/kg)	阳离子交换量CEC/(cmol/kg)	土壤母质 Parent material	剖面点坐标 Profile coordinate	匹配指数 Matching index/%
剖1	半水成土	潮土	灰潮土	灰砂土	灰粗砂土	1	0~25	灰黄色	紧砂土	单粒状	7.2	2.3	0.14	0.36	2.5	41	6.3	河流冲积物	E 113°03′43.9″ N 32°32′52.4″	95
						2	25~100	浅灰黄色	紧砂土	单粒状	7.2	3.6	0.11	0.31	3.3	35	5.0			
剖2	人为土	水稻土	淹育水稻土	黄棕壤性淹育水稻土	老黄土田	1	0~12	黄黄灰色	中壤土	粒状	6.5	16.8	1.04	0.49	10.8	154	19.7	下蜀系黄土	E 113°03′54.7″ N 32°33′32.4″	95
						2	12~22	浅黄灰色	中壤土	碎块状	6.8	15.6	0.92	0.61	8.3	160	20.3			
						3	22~35	黄棕色	中壤土	碎块状	7.1	9.5	0.65	0.51	5.8	156	21.9			
						4	35~100	重壤土		块状	7.2	5.7	0.59	0.48	6.6	166	23.4			
剖3	半水成土	潮土	灰潮土	灰两合土	底砂灰黄合土	1	0~18	灰黄色	中壤土	粒状	7.1	9.7	0.62	0.39	4.1	101	18.0	河流冲积物	E 113°04′32.2″ N 32°32′46.3″	97
						2	18~30	浅灰黄色	中壤土	碎块状	7.1	9.1	0.65	0.38	3.3	93	17.6			
						3	30~59	浅灰黄色	轻壤土	碎块状	7.2	6.5	0.34	0.44	3.3	83	16.5			
						4	59~100	浅灰黄色	松砂土	单粒状	7.4	1.1	<0.10	0.41	2.5	22	4.8			
剖4	半水成土	潮土	灰潮土	灰砂土	灰砂黄壤土	1	0~16	黄黄灰色	砂壤土	单粒状	7.0	7.7	0.48	0.44	16.6	80	10.9	河流冲积物	E 113°06′24.6″ N 32°32′40.3″	75
						2	16~32	浅黄灰色	砂壤土	单粒状	7.1	4.5	0.27	0.35	6.6	71	12.6			
						3	32~100	浅黄灰色	砂壤土	碎粒状	7.0	3.7	0.26	0.43	5.0	53	12.4			
剖5	淋溶土	黄褐土	黄褐土	黄老土	老黄土	1	0~12	灰黄色	中壤土	粒状	7.2	10.6	0.82	0.31	5.0	103	18.5	下蜀系黄土	E 113°05′31.3″ N 32°31′12.2″	92
						2	12~36	黄棕色	中壤土	小块状	7.3	7.5	0.67	0.31	2.5	99	18.5			
						3	36~100	棕褐色	重壤土	块状	7.3	4.1	0.38	0.18	5.8	100	19.2			
剖6	淋溶土	黄褐土	黄褐土	黄胶土	浅位厚黄胶	1	0~18	灰黄色	重壤土	碎块状	7.2	9.9	0.66	0.32	5.8	136	20.2	河流冲积物,或下蜀系黄土上覆盖洪积物、冲积物	E 113°03′00.7″ N 32°31′23.9″	92
						2	18~32	黄棕色	重壤土	碎粒状	7.3	9.0	0.50	0.25	2.5	147	24.3			
						3	32~100	棕褐色	重壤土	块状	7.3	6.7	0.42	0.38	5.0	138	24.0			
剖7	半水成土	潮土	灰潮土	灰两合土	体砂灰小两合土	1	0~14	灰黄色	轻壤土	粒状	7.3	10.6	0.61	0.40	21.6	114	15.3	下蜀系黄土	E 113°11′39.5″ N 32°32′16.4″	97
						2	14~37	浅灰黄色	轻壤土	碎块状	7.4	6.2	0.38	0.37	6.6	76	15.7			
						3	37~100	黄黄灰色	紧砂土	单粒状	7.1	6.1	0.40	0.33	9.1	26	7.6			
剖8	人为土	水稻土	潴育水稻土	黄棕壤性潴育水稻土	浅位薄层老黄泥田	1	0~13	灰灰黄色	中壤土	粒状	7.4	16.0	0.84	0.25	5.0	120	16.6	洪积物、冲积物	E 113°05′24.0″ N 32°28′34.0″	95
						2	13~31	棕灰色	中壤土	碎块状	7.3	8.3	0.58	0.24	3.3	128	20.2			
						3	31~47	青灰色	中壤土	块状	7.3	6.3	0.48	0.23	3.3	113	19.9			
						4	47~100	棕灰色	重壤土	块状	7.4	4.8	0.41	0.25	4.1	111	22.8			
剖9	人为土	水稻土	潴育水稻土	黄棕壤性潴育水稻土	浅位厚层黄黄泥田	1	0~10	灰灰黄色	中壤土	小块状	7.5	25.8	1.64	0.55	17.4	160	22.6	下蜀系黄土	E 113°05′39.8″ N 32°27′42.8″	95
						2	10~19	棕灰色	中壤土	块状	7.6	25.0	1.50	0.55	9.1	158	23.0			
						3	19~100	浅棕色	重壤土	块状	7.5	9.7	0.61	0.42	9.1	107	19.0			
剖10	人为土	水稻土	潴育水稻土	黄棕壤性潴育水稻土	浅位厚层老黄泥田	1	0~17	灰黄色	重壤土	粒状	6.7	18.6	1.09	0.32	19.1	76	14.4	洪积物、冲积物	E 113°06′26.3″ N 32°25′47.3″	95
						2	17~32	棕灰色	重壤土	碎块状	6.8	11.8	0.73	0.31	16.6	72	16.1			
						3	32~100	黄棕色	重壤土	块状	6.9	9.0	0.58	0.30	10.0	107	21.6			
剖11	人为土	水稻土	淹育水稻土	浅马肝泥田	浅马肝泥田	Aa	0~13	油棕色	砂质黏壤土	屑粒状	6.6	16.0	0.89	0.14	8.3	62	17.6	黄褐土	E 113°10′40.1″ N 32°28′53.0″	95
						Ap	13~23	油棕色	砂质黏壤土	块状	6.3	11.4	0.64	0.13			14.2			
						C_1	23~65	橙色	黏质壤土	块状	6.8	6.9	0.42	0.18			15.3			
						C_2	65~100	亮棕色	壤质黏土	块状	7.0	6.9	0.33	0.12			16.4			
剖12	人为土	水稻土	潴育水稻土	黄棕壤性潴育水稻土		1	0~15	黄黄灰色	中壤土	粒状	7.7	21.3	1.25	0.83	10.0	88	22.8	洪积物、冲积物	E 113°11′54.2″ N 32°28′53.0″	95
						2	15~22	浅黄灰色	重壤土	块状	7.7	11.3	0.74	0.63	4.1	115	27.2			
						3	22~42	青灰色	重壤土	块状	7.5	11.4	0.74	0.53	3.3	134	23.1			
						4	42~100	灰黄色	重壤土	糊泥状	7.5	16.3	0.90	0.60	7.5	129	31.0			
剖13	淋溶土	黄褐土	稻耕性黄褐土	灰黄石渣土	中砾质浅层灰黄石渣土	1	0~7	灰黄色	中壤土	粒状	7.8	34.3	1.77	0.68	4.1	135	16.9	石灰岩风化残积物、坡积物	E 113°14′28.0″ N 32°27′25.9″	92
						2	7~30	棕褐色	中壤土	小块状	7.8	23.7	1.16	0.53	4.1	147	13.2			

续表 Continued

剖面号 Soil profile	土纲 Soil order	土类 Soil great group	亚类 Soil subgroup	土属 Soil genus	土种 Soil species	土层码 Layer code	土层厚度 Depth/cm	颜色 Soil color	质地 Soil texture	土壤结构 Soil structure	pH	有机质 OM/(g/kg)	全氮 TN/(g/kg)	全磷 TP/(g/kg)	有效磷 AP/(mg/kg)	速效钾 AK/(mg/kg)	阳离子交换量CEC/(cmol/kg)	土壤母质 Parent material	剖面点坐标 Profile coordinate	匹配指数 Matching index/%
剖14	人为土	水稻土	潴育水稻土	黄棕壤性潴育水稻土	浅位中层青泥田	1	0—10	黄灰色	重壤土	粒状	6.8	22.8	1.55	0.67	27.4	190	21.2	洪积物、冲积物	E 113°08′41.6″ N 32°26′24.4″	95
						2	10—20	浅黄灰色	重壤土	块状	7.0	27.0	1.32	0.65	25.7	183	21.9			
						3	20—60	青灰色	重壤土	块状	7.1	23.1	0.96	0.56	32.4	236	21.9			
						4	60—100	灰棕色	中壤土	拟块状	7.4	15.4	0.44	0.35	8.3	139	21.7			
剖15	淋溶土	黄棕壤	粗骨性黄棕壤	淡岩质黄砂土	多砾质薄层淡岩黄砂石土	1	0—9	棕灰色	中壤土	粒状	6.7	17.4	2.44	0.43	9.1	141	16.7	酸性岩风化残积物、坡积物	E 113°04′52.7″ N 32°24′52.6″	95
						2	9—24	暗黄色	中壤土	块状	6.9	12.6	1.57	0.41	7.5	106	13.9			
						3	24—38	红棕色												
剖16	人为土	水稻土	潴育水稻土	黄棕壤性潴育水稻土	表潜青泥田	1	0—24	青灰色	重壤土	糊泥状	7.8	17.7	1.17	0.36	8.3	160	23.8	洪积物、冲积物	E 113°20′25.4″ N 32°32′17.9″	95
						2	24—36	棕灰色	中壤土	块状	7.8	10.4	0.81	0.33	6.6	203	22.9			
						3	36—100	棕黄色	中壤土	碎块状	7.8	6.1	0.49	0.29	6.6	149	23.2			
剖17	人为土	水稻土	潴育水稻土	黄棕壤性潴育水稻土	深位厚层老黄泥田	1	0—19	灰黄色	重壤土	碎块状	6.8	20.1	1.27	0.38	13.3	207	20.8	洪积物、冲积物	E 113°21′10.1″ N 32°30′06.5″	95
						2	19—31	浅黄黄色	重壤土	块状	7.4	12.4	0.77	0.39	9.1	161	21.3			
						3	31—55	灰黄色	重壤土	块状	7.5	7.4	0.52	0.34	9.1	135	19.8			
						4	55—100	青灰色	重壤土	块状	7.5	8.8	0.52	0.24	8.3	116	18.3			
剖18	淋溶土	黄褐土	粗骨性黄褐土	淡黄砂石渣土	多砾质薄层淡黄砂石土	1	0—14	灰黄色	轻壤土	粒状	6.8	13.4	0.62	0.17	3.3	88	12.9	酸性岩风化残积物、坡积物	E 113°27′54.7″ N 32°30′25.9″	93
						2	14—27	棕褐色	中壤土	碎块状	6.6	15.1	0.74	0.21	2.5	120	17.5			
						3	27—	黄褐色												
剖19	人为土	水稻土	沼泽型湿沼水稻土	黄棕壤性沼泽水稻土	薄层烂泥田	1	0—12	蓝灰色	重壤土	无结构	7.8	17.9	1.12	0.35	8.3	168	24.4	洪积物、冲积物	E 113°24′52.9″ N 32°31′37.6″	97
						2	12—35	青灰色	重壤土	无结构	7.8	16.3	1.10	0.33	8.3	187	21.5			
						3	35—100	青灰色	中壤土	碎块状	7.9	7.9	0.61	0.32	6.6	143	25.1			
剖20	淋溶土	黄棕壤	粗骨性黄棕壤	淡岩质黄砂土	—	1	0—15	黄灰色	轻壤土	碎块状	6.4	42.0	1.86	0.34	9.1	137	26.5	酸性岩风化残积物、坡积物	E 113°21′31.0″ N 32°21′23.4″	99
						2	15—28													
剖21	人为土	水稻土	潴育水稻土	潮土质潴育水稻土	灰潮质壤泥田	1	0—15	灰黄色	中壤土	粒状	6.5	15.0	0.91	0.38	21.6	61	12.2	河流冲积物	E 113°26′21.8″ N 32°22′18.5″	95
						2	15—26	浅黄灰色	中壤土	碎块状	7.1	8.0	0.52	0.42	19.9	47	12.6			
						3	26—100	棕灰色	中壤土	碎块状	7.2	19.6	0.35	0.51	48.1	40	11.2			
剖22	淋溶土	黄褐土	粗骨性黄褐土	淡黄石渣土	少砾质薄层淡黄石渣土	1	0—13	黄棕色	轻壤土	粒状	5.4	16.9	0.98	0.53	4.1	101	10.2	酸性岩风化残积物、坡积物	E 113°41′21.1″ N 32°40′02.3″	74
						2	13—28	灰黄色	轻壤土	碎块状	6.1	10.0	0.54	0.19	5.8	62	13.0			
						3	28—													
剖23	半水成土	潮土	灰潮土	灰两合土	灰两合土	1	0—18	灰黄色	中壤土	粒状	7.4	8.8	0.53	0.34	5.0	85	18.5	河流冲积物	E 113°40′07.0″ N 32°40′06.2″	97
						2	18—31	浅黄灰色	中壤土	碎块状	7.0	7.8	0.54	0.44	3.3	93	17.9			
						3	31—79	棕灰色	中壤土	碎块状	7.3	6.6	0.47	0.35	3.3	92	17.1			
						4	79—100	褐灰色	中壤土	碎块状	7.3	5.7	0.37	0.38	5.8	112	18.0			
剖24	黄褐土	黄褐土	粗骨性黄褐土	砂岩质黄石渣土	少砾质薄层砂黄石渣土	1	0—15	灰黄色	轻壤土	粒状	7.0	21.2	0.94	0.55	6.6	131	12.1	砂页岩类风化残积物、坡积物	E 113°41′13.6″ N 32°40′52.3″	92
						2	15—28	灰黄色	轻壤土	粒状	6.9	15.0	0.90	0.49	3.3	42	15.0			
剖25	淋溶土	黄褐土	粗骨性黄褐土	淡岩质黄砂石渣土	中砾质薄层淡黄砂石渣土	1	0—19	棕黄色	轻壤土	碎块状	6.9	9.9	0.47	0.32	2.5	49	19.5	酸性岩风化残积物、坡积物	E 113°38′42.0″ N 32°33′15.1″	93
						2	19—28	黄棕色												
						3	28—													
剖26	半水成土	潮土	灰潮土	灰两合土	底砂灰小两合土	1	0—14	灰黄黄色	轻壤土	粒状	7.2	8.7	0.41	0.42	5.0	65	15.2	河流冲积物	E 113°42′37.1″ N 32°32′48.5″	97
						2	14—37	浅黄灰色	轻壤土	碎块状	7.1	6.2	0.32	0.41	2.5	61	15.4			
						3	37—66	褐灰色	轻壤土	碎块状	7.3	5.0	0.30	0.40	2.5	69	15.2			
						4	66—100	棕灰色	松砂土	单粒状	7.5	1.3	0.28	0.34	4.1	20	6.7			
剖27	人为土	水稻土	淹育水稻土	黄棕壤性淹育水稻土	浅位厚层黄胶泥田	1	0—12	灰黄色	重壤土	块状	6.9	20.0	1.32	0.58	44.0	359	20.8	下蜀系黄土	E 113°44′05.8″ N 32°35′00.4″	95
						2	12—19	褐黄色	中壤土	块状	7.0	7.3	0.51	0.57	34.0	299	15.3			
						3	19—62	棕黄色	重壤土	块状	7.0	16.0	1.01	0.41	8.3	90	23.4			
						4	62—100	黄棕色	重壤土	块状	7.0	6.6	0.52	0.28	5.0	101	22.5			

邓 州 市

主要土类说明

黄褐土是邓州市主要土壤类型，占本市地域面积的48%。本市地处北亚热带向暖温带过渡的生物气候带，但偏西北边缘，因此，降水量低于同地带东南部的信阳、南阳、新野等地，干湿季节尤其明显。在雨热同期、干湿分明的条件下，一方面为第四纪黄土母质充分风化提供了条件，化学风化作用十分强烈，另一方面，使母质风化过程中分解出来的可溶性物质被强烈淋溶，尤其一价盐基离子如钾离子、钠离子等基本淋失殆尽，二价盐基离子，如钙离子、镁离子，部分被土壤胶体吸收保留下来，使土壤胶体上吸收的阳离子仍以钙离子为主。难溶性碳酸盐类在溶有二氧化碳的水的作用下，转变为易溶的重碳酸盐类亦被淋溶下移，并在一定深度重新结晶为碳酸盐类而淀积，即今日所见之砂姜。铁、锰等易变价离子，在周期性干湿交替条件下，湿时被还原淋溶到土体下部，干时则被氧化淀积下来，形成各种形态的新生体，如铁锰胶膜、锈色斑纹及铁锰结核等。母质风化过程中产生的黏粒也随水向下移动，使土壤下层黏粒含量不断增加，产生了显著的黏化现象，形成了紧实黏重的心土层。本市黄褐土分为黄褐土和粗骨性黄褐土等亚类。黄褐土亚类占本土类面积的99%以上，主要分布在垄岗和冲积平原地势较高的地带，其所处地下水位较低，土壤形成过程已摆脱地下水的影响。

砂姜黑土是邓州市第二大土壤类型，占本市地域面积的47%，是在过渡性气候条件下，以富含碳酸钙的古河、湖相沉积物为母质，经脱沼泽化（或潜育化）和旱耕熟化过程逐渐演变而成的独特区域性土壤。其形成过程有两个方面：一为脱沼泽化和生物积累过程。形成了砂姜黑土所特有的剖面特征，即具有有机质含量较高的黑土层和剖面不同部位具有数量不等、大小不一的铁锰结核、铁锰胶膜与锈色斑纹以及砂姜等特征，而且黑土层以下往往有潜育化特征。二为耕种熟化过程。经过排水疏干、耕作施肥等措施，水热条件不断改善，除脱沼泽化过程继续进行外，还开始了以旱耕熟化为主要特点的耕种土壤形成过程。土壤剖面发生了显著变化，即黑土层颜色变浅，水气矛盾有一定的协调，潜育程度不断减弱，潜育部位日益降低，并分化出耕作层，逐渐演变为今日的砂姜黑土。本市砂姜黑土只有砂姜黑土一个亚类。

小于本市地域面积3%的土壤类型还有潮土等。

本区域中心区气候特征

本区域中心区气候特征值
Regional climate characteristics in central area of the region

气候带：北亚热带湿润气候 Climate region: North subtropical humid climate	
年平均气温 /℃ Annual average temperature /℃	15.0
年平均最高气温 /℃ Annual average maximum temperature /℃	20.5
年平均最低气温 /℃ Annual average minimum temperature /℃	10.6
年降水量 /mm Annual precipitation /mm	829
≥10℃的积温 /℃ Daily temperature accumulated in a year (≥10℃) /℃	5468
年日照时数 /h Annual sunshine /h	1845
年平均相对湿度 /% Annual average relative humidity /%	75
干燥度 Dryness	1.09

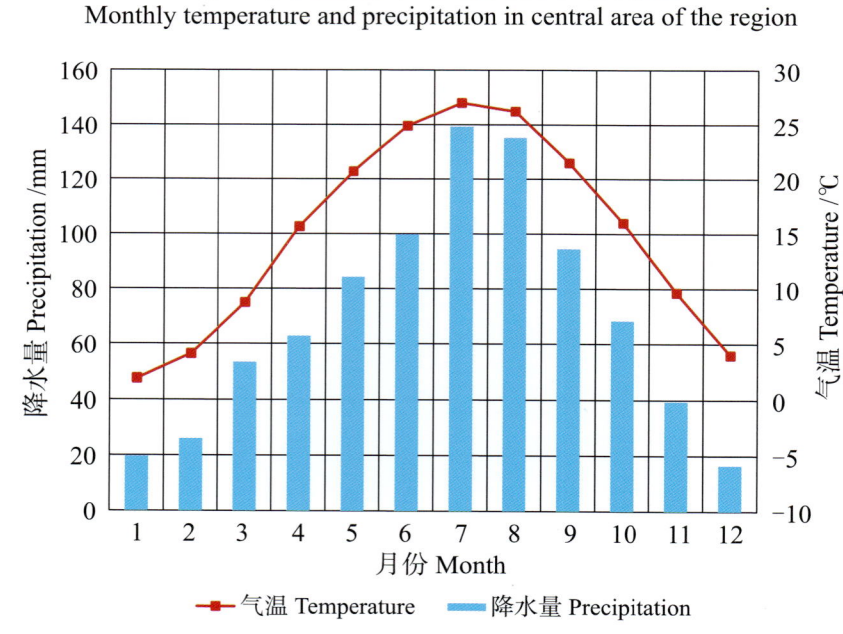

本区域中心区月平均气温与月平均降水量
Monthly temperature and precipitation in central area of the region

邓州市主要土壤类型与土壤剖面点分布图
1:300 000

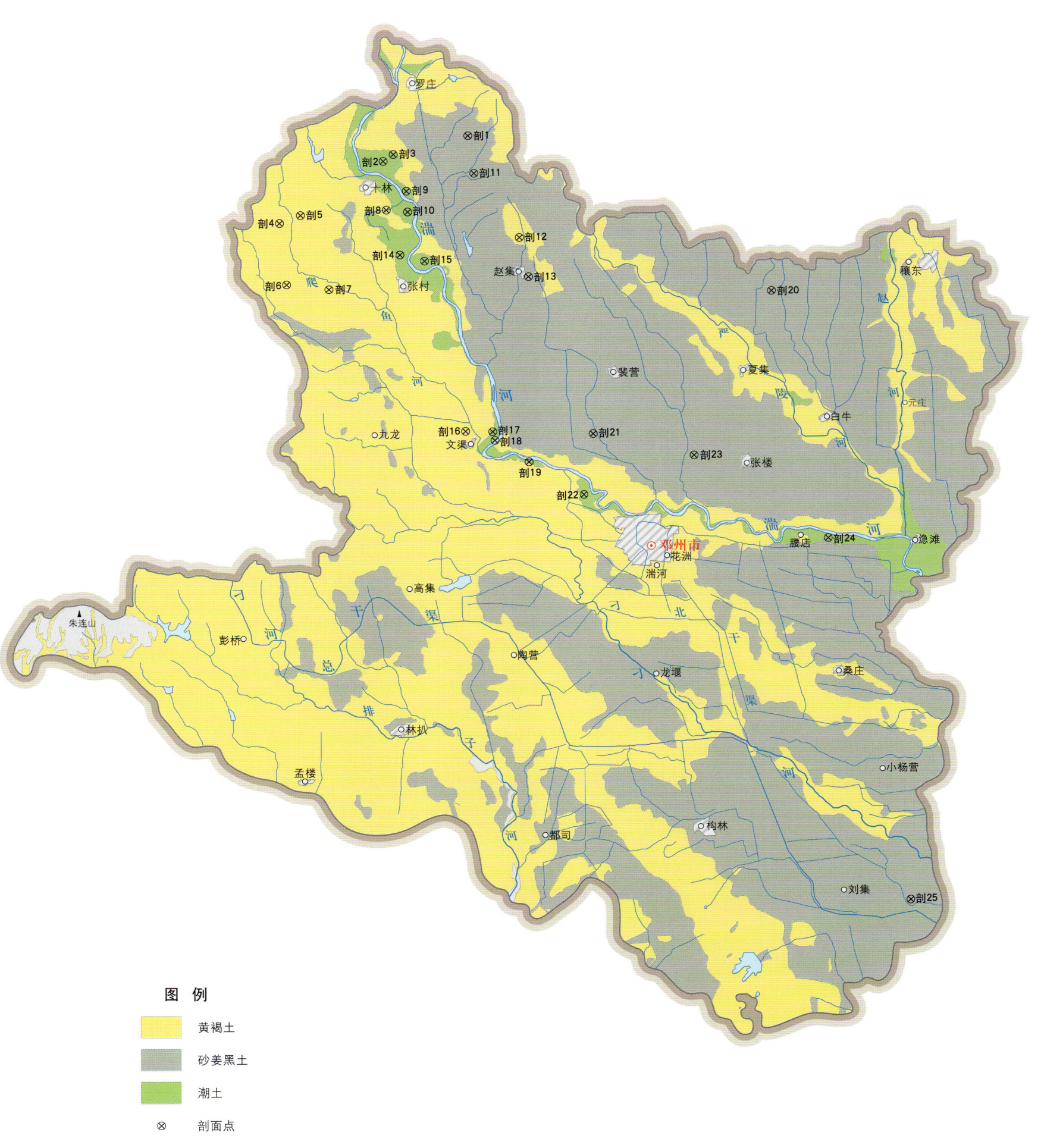

图 例
- 黄褐土
- 砂姜黑土
- 潮土
- ⊗ 剖面点

邓州市土壤剖面理化性状表

剖面号 Soil profile	土纲 Soil order	土类 Soil great group	亚类 Soil subgroup	土属 Soil genus	土种 Soil species	土层码 Layer code	土层厚度 Depth/cm	颜色 Soil color	质地 Soil texture	土壤结构 Soil structure	pH	有机质 OM/(g/kg)	全氮 TN/(g/kg)	全磷 TP/(g/kg)	有效磷 AP/(mg/kg)	速效钾 AK/(mg/kg)	阳离子交换量CEC/(cmol/kg)	土壤母质 Parent material	剖面点坐标 Profile coordinate	匹配指数 Matching index/%
剖1	半水成土	砂姜黑土	砂姜黑土	砂姜黑土	浅位多量砂姜黑土	1	0—27	黄灰色	重壤土	屑粒状	7.1	15.2	0.85	0.89	4.1	135	30.0	古河、湖相沉积物	E 111°57′21.6″ N 32°56′07.1″	97
						2	27—40	黑灰色	重壤土	块状	7.0	14.6	0.81	0.82	<1.0	132	31.2			
						3	40—100	棕黄色	轻壤土	块状	7.0	4.6	0.37	0.64	<1.0	133	31.4			
剖2	半水成土	潮土	黄潮土	两合土	体砂小两合土	1	0—25	灰白色	轻壤土	粒状	6.9	5.4	0.35	0.95	12.4	56	11.3	河流冲积物	E 111°53′43.4″ N 32°55′10.9″	97
						2	25—100	黄白色	松砂土	单粒状	7.0	<1.0	<0.10	0.39	<1.0	38	4.1			
剖3	半水成土	潮土	黄潮土	砂土	体壤砂小壤土	1	0—21	灰灰色	砂壤土	粒状	6.9	8.2	0.48	1.26	5.8	68	10.3	河流冲积物	E 111°54′09.7″ N 32°55′26.0″	97
						2	21—37	浅褐黄色	砂壤土	单粒状	6.9	5.2	0.22	1.13	2.5	49	10.0			
						3	37—100	浅棕黄色	中壤土	碎块状	7.1	5.9	0.31	1.17	1.7	56	15.5			
剖4	淋溶土	黄褐土	黄褐土	砂姜黄胶土	浅位厚层砂姜黄胶土	1	0—20	灰灰色	重壤土	粒状	7.3	8.3	0.80	0.89	2.5	146	25.2	下蜀系黄土	E 111°49′16.7″ N 32°52′53.8″	97
						2	20—40	暗棕黄色	轻黏土	块状	7.3	7.7	0.77	0.76	1.7	109	24.9			
						3	40—100	姜黄色												
剖5	淋溶土	黄褐土	黄褐土	黄胶土	浅位厚层黄胶土	1	0—26	灰黄色	重壤土	粒状	6.9	10.0	0.65	0.75	7.5	144	22.8	下蜀系黄土	E 111°50′10.3″ N 32°53′11.0″	98
						2	26—58	褐黄色	轻黏土	棱块状	7.2	7.9	0.56	0.65	3.3	137	32.8			
						3	58—100	棕黄色	重壤土	块状	7.2	5.9	0.43	0.55	2.5	113	27.8			
剖6	淋溶土	粗骨性黄褐土	淡黄石渣土	多砾质中层淡黄石渣土		1	0—22	灰黄色	轻壤土	棱块状	7.0	7.5	0.46	0.66	5.0	66	11.7	花岗岩、石英闪长岩等酸性岩类风化物	E 111°49′34.0″ N 32°50′36.6″	95
						2	22—60	浅黄色	轻壤土	粒状	7.0	4.5	0.34	0.34	1.7	36	13.9			
						3	60—100													
剖7	淋溶土	黄褐土	黄褐土	黄老土	老黄土	1	0—21	灰黄色	重壤土	粒状	7.1	15.9	0.99	1.31	23.2	220	24.0	老河流沉积物	E 111°51′22.0″ N 32°50′25.1″	97
						2	21—33	灰灰色	中壤土	块状	7.1	13.1	0.80	1.18	12.4	192	25.2			
						3	33—54	灰黄色	轻黏土	块状	7.1	7.8	0.50	0.48	<1.0	153	28.2			
						4	54—86	黄棕色	重壤土	块状	7.1	6.2	0.49	0.71	<1.0	142	26.4			
						5	86—100	灰黄色	重壤土	粒状	7.1	5.6	0.46	0.76	<1.0	143	26.8			
剖8	淋溶土	黄褐土	黄褐土	黄老土	壤黄土	1	0—25	棕黄色	中壤土	粒状	7.1	10.0	0.70	1.45	10.0	91	15.9	老河流沉积物	E 111°53′50.6″ N 32°53′22.2″	98
						2	25—54	浅黄棕色	中壤土	碎块状	6.9	8.7	0.59	1.43	8.3	92	16.9			
						3	54—100	灰黄色	重壤土	碎块状	7.1	6.7	0.50	1.33	4.1	83	18.5			
剖9	半水成土	潮土	黄潮土	两合土	体砂两合土	1	0—19	灰黄色	中壤土	粒状	7.1	9.5	0.57	1.12	2.5	85	18.8	河流冲积物	E 111°54′42.5″ N 32°54′04.3″	97
						2	19—28	灰灰色	松砂土	碎块状	7.1	6.2	0.35	1.08	2.5	56	12.6			
						3	28—100	黄白色	松砂土	单粒状	7.1	1.5	<0.10	0.67	<1.0	19	4.1			
剖10	半水成土	潮土	灰潮土	灰砂土	灰细砂土	1	0—27	灰黄色	松砂土	单粒状	7.1	1.5	<0.10	0.92	1.7	21	4.7	近代河流冲积物	E 111°54′45.7″ N 32°53′17.5″	97
						2	27—62	浅黄色	松砂土	单粒状	7.0	1.8	0.16	0.87		22	5.6			
						3	62—100	黄色	松砂土	单粒状	7.0	<1.0	<0.10	0.63		16	2.6			
剖11	半水成土	砂姜黑土	砂姜黑土	黑老土	壤质薄覆老黑土	1	0—17	浅灰黄色	重壤土	粒状	7.2	10.1	0.65	1.08	6.6	110	18.1	湖相沉积物	E 111°57′36.7″ N 32°54′42.8″	95
						2	17—28	黄灰色	中黏土	碎块状	7.1	9.6	0.60	0.95	3.3	115	19.3			
						3	28—61	青黑色	中黏土	棱块状	7.1	13.4	0.75	0.71	2.5	129	33.4			
						4	61—100	棕黄色	轻黏土	棱块状	7.1	7.8	0.61	0.62	<1.0	125	31.3			
剖12	淋溶土	黄褐土	黄褐土	砂姜黄胶土	深位多量砂姜黄胶土	1	0—22	灰黄色	重壤土	粒状	7.1	10.0	0.62	0.69	2.5	126	29.6	下蜀系黄土	E 111°59′31.9″ N 32°52′19.2″	97
						2	22—41	褐黄色	轻黏土	碎块状	7.1	9.2	0.56	0.64	<1.0	116	30.2			
						3	41—68	褐黄色	轻黏土	块状	7.2	5.2	0.41	0.42	<1.0	113	35.3			
						4	68—100	褐黄色	轻黏土	块状	7.2	5.0	0.37	0.38	<1.0	102	31.9			

续表 Continued

剖面号 Soil profile	土纲 Soil order	土类 Soil great group	亚类 Soil subgroup	土属 Soil genus	土种 Soil species	土层码 Layer code	土层厚度 Depth cm	颜色 Soil color	质地 Soil texture	土壤结构 Soil structure	pH	有机质 OM (g/kg)	全氮 TN (g/kg)	全磷 TP (g/kg)	有效磷 AP (mg/kg)	速效钾 AK (mg/kg)	阳离子交换量CEC (cmol/kg)	土壤母质 Parent material	剖面点坐标 Profile coordinate	匹配指数 Matching index/%
剖13	半水成土	砂姜黑土	砂姜黑土	砂姜黑土	浅位厚层砂姜黑土	1	0—14	褐灰色	重壤土	碎块状	7.1	14.6	0.78	0.96	4.1	135	28.9	古河、湖相沉积物	E 111°59′54.6″ N 32°50′51.4″	97
						2	14—28	褐灰色	重壤土	碎块状	7.1	16.0	0.78	1.08	7.5	142	26.8			
						3	28—41	青黑色	重壤土	块状	7.2	13.6	0.77	0.85	2.5	101	31.6			
						4	41—64	褐黄色												
						5	64—100	灰白色												
剖14	半水成土	潮土	黄潮土	两合土	底砂小两合土	1	0—20	灰黄色	轻壤土	粒状	6.9	7.3	0.42	1.32	7.5	69	12.2	河流冲积物	E 111°54′25.2″ N 32°51′41.4″	97
						2	20—71	浅灰黄色	轻壤土	粒状	7.1	5.1	0.30	1.04	2.5	55	11.7			
						3	71—100	灰白色	松砂土	单粒状	7.0	1.7	0.13	1.16	<1.0	43	5.3			
剖15	半水成土	潮土	黄潮	两合土	底砂两合土	1	0—19	浅棕黄色	中壤土	粒状	7.0	9.2	0.54	1.52	7.5	92	16.3	河流冲积物	E 111°55′28.6″ N 32°51′27.7″	97
						2	19—56	浅棕黄色	中壤土	碎块状	7.1	8.1	0.49	1.46	6.6	90	16.7			
						3	56—85	浅棕黄色	轻壤土	碎块状	7.1	6.3	0.28	1.20	2.5	51	14.0			
						4	85—100	黄白色	砂壤土	单粒状	7.1	2.6	0.13	1.05	<1.0	35	7.8			
剖16	淋溶土	黄褐土	黄褐土	黄老土	黄老土	1	0—19	灰黄色	中壤土	粒状	7.1	11.1	0.71	1.48	10.0	98	15.0	老河流沉积物	E 111°57′09.7″ N 32°45′04.3″	99
						2	19—51	灰黄色	中壤土	碎块状	6.9	7.5	0.58	1.16	7.5	81	14.6			
						3	51—63	暗灰黄色	轻黏土	块状	7.3	6.8	0.54	0.84	5.0	95	22.0			
						4	63—100	黄褐色	轻黏土	块状	6.9	5.2	0.48	0.77	4.1	113	20.6			
剖17	半水成土	潮土	灰潮土	灰两合土	灰两合土	1	0—24	灰黄色	中壤土	粒状	6.9	7.3	0.42	1.32	6.6	92	11.9	近代河流冲积物	E 111°58′23.2″ N 32°44′49.9″	97
						2	24—33	暗灰黄色	轻壤土	碎块状	7.0	5.6	0.34	1.33	5.0	80	10.3			
						3	33—100	灰黄色	轻壤土	碎块状	7.0	2.9	0.21	1.22	1.7	33	11.5			
剖18	半水成土	潮土	黄潮土	砂土	底砂砂土	1	0—74	黄白色	松砂土	单粒状	7.0	1.8	0.25	0.74	1.7	18	3.0	河流冲积物	E 111°58′24.2″ N 32°44′43.4″	97
						2	74—100	黄色	轻壤土	粒状	7.1	4.0	0.27	1.83	6.6	53	9.4			
剖19	半水成土	潮土	灰潮土	灰两合土	腰砂灰小两合土	1	0—15	暗黄色	中壤土	粒状	6.9	6.8	0.41	1.06	5.0	85	13.0	近代河流冲积物	E 111°59′52.1″ N 32°43′54.8″	97
						2	15—39	黄灰色	轻壤土	碎块状	7.1	4.4	0.31	1.02	3.3	81	11.0			
						3	39—59	黄灰色	松砂土	单粒状	7.2	1.9	0.13	1.20	3.3	36	5.0			
						4	59—100	暗灰棕色	中壤土	块状	7.0	3.3	0.21	1.08	4.1	46	10.0			
剖20	半水成土	砂姜黑土	砂姜黑土	砂姜黑土	深位多层砂姜黑土	1	0—20	黑灰色	重壤土	屑粒状	7.2	17.0	0.89	1.07	5.0	161	33.4	古河、湖相沉积物	E 112°10′18.1″ N 32°50′15.7″	95
						2	20—29	青黑色	重壤土	棱块状	6.9	16.1	0.86	1.03	4.1	147	35.2			
						3	29—45	黑灰色	重壤土	棱块状	7.2	12.6	0.65	0.53	<1.0	95	39.6			
						4	45—80	暗黄棕色	重壤土	棱块状	7.2	8.0	0.54	0.55	<1.0	107	38.7			
						5	80—100	褐色	重壤土	棱块状	7.0	5.0	0.37	0.60	4.1	95	27.1			
剖21	半水成土	砂姜黑土	砂姜黑土	黑老土	壤质厚层黑老土	1	0—19	黄灰色	中壤土	碎块状	7.2	10.2	0.69	1.14	2.5	111	18.4	湖相沉积物	E 112°02′11.4″ N 32°42′41.0″	99
						2	19—40	黄灰色	中壤土	碎块状	7.2	9.8	0.62	1.02	2.5	88	18.9			
						3	40—75	黑灰色	中黏土	棱块状	7.2	15.9	0.79	0.70	<1.0	128	37.4			
						4	75—100	暗黄棕色	中壤土	棱块状	7.2	13.7	0.67	0.66	<1.0	129	38.7			
剖22	半水成土	潮土	灰潮土	灰砂土	灰砂壤土	1	0—28	灰黄色	砂壤土	碎块状	7.0	6.0	0.35	1.84	14.9	63	7.2	近代河流冲积物	E 112°02′37.0″ N 32°44′57.1″	99
						2	28—40	灰黄色	砂壤土	单粒状	7.0	3.9	0.22	1.07	11.6	53	5.8			
						3	40—100	灰黄色	砂壤土	单粒状	7.0	3.4	0.20	1.22	6.6	51	5.1			
剖23	半水成土	砂姜黑土	砂姜黑土	砂姜黑土	深位厚层砂姜黑土	1	0—15	褐灰色	重壤土	碎块状	7.0	13.1	0.85	0.85	2.5	135	25.2	古河、湖相沉积物	E 112°06′55.1″ N 32°44′07.1″	98
						2	15—30	褐灰色	重壤土	碎块状	7.2	10.7	0.70	0.76	<1.0	109	24.6			
						3	30—51	黑灰色	轻黏土	棱块状	7.1	11.7	0.66	0.56	<1.0	118	31.7			
						4	51—100	灰白色												
剖24	半水成土	潮土	灰潮土	灰两合土	灰两合土	1	0—20	灰灰色	中壤土	粒状	6.9	10.8	0.63	1.12	6.6	85	14.6	近代河流冲积物	E 112°12′36.4″ N 32°40′59.2″	98
						2	20—30	灰黄色	中壤土	碎块状	7.1	7.4	0.50	1.07	2.5	76	18.0			
						3	30—100	灰白色	中壤土	碎块状	7.1	5.4	0.30	0.96	1.7	63	15.3			

续表 Continued

剖面号 Soil profile	土纲 Soil order	土类 Soil great group	亚类 Soil subgroup	土属 Soil genus	土种 Soil species	土层码 Layer code	土层厚度 Depth/cm	颜色 Soil color	质地 Soil texture	土壤结构 Soil structure	pH	有机质 OM/(g/kg)	全氮 TN/(g/kg)	全磷 TP/(g/kg)	有效磷 AP/(mg/kg)	速效钾 AK/(mg/kg)	阳离子交换量 CEC/(cmol/kg)	土壤母质 Parent material	剖面点坐标 Profile coordinate	匹配指数 Matching index/%
剖25	半水成土	砂姜黑土	砂姜黑土	砂姜黑土	青黑土	1	0—20	褐灰色	轻黏土	屑粒状	7.1	17.7	0.92	0.99	5.0	136	30.8	古河、湖相沉积物	E 112°15′55.4″ N 32°27′20.2″	98
						2	20—33	青灰色	重壤土	小块状	7.0	16.6	0.85	1.01	1.7	136	30.9			
						3	33—50	灰黑色	轻黏土	棱块状	7.1	16.9	0.87	0.79	1.7	118	35.4			
						4	50—100	褐黄色	重壤土	块状	7.1	6.6	0.89	0.91	<1.0	134	26.7			

商 丘 市

市 辖 区

主要土类说明

潮土是商丘市主要土壤类型，占本市地域面积的93%。本市潮土的主要特征为：土层深厚，砂黏相间，质地层次分明；成土年代较短，发育层次不明显；富含碳酸钙，多呈微碱性；土壤养分不足；土壤颜色较浅，以黄色为主；剖面下层有红褐色、蓝灰色的斑纹，少数地方1m土体下层出现少量小砂姜。根据地形、水文地质条件对土壤发育的影响，本市潮土分为黄潮土、褐潮土、盐化潮土和碱化潮土等亚类，各亚类在发生学上有着密切联系，具有潮土的共性，但因各自的附加成土过程不同，在形态特征和农业生产性状上有一定差异。黄潮土亚类占本土类面积的80%，其下的两合土土属占本土类的49%，是本市潮土土类中面积最大的土属，除孙福集乡外，所有乡镇均有较大面积的分布，主要在本市东部、西部和西南部。两合土是在壤质沉积物上发育而成的。其中小两合土和两合土是典型的代表土种。该土属分布于距河道两侧、较砂土属远的开阔平原上，地下水位多在2—4m，耕作层色泽稍暗，多为浅灰黄色或棕灰色，疏松，团粒结构良好，根系较多。心土层以下结构紧实，有锈色斑纹。全剖面石灰反应强烈。

风沙土是商丘市第二大土壤类型，占本市地域面积的1%，是在黄河主流沉积母质上形成的，主要分布在黄河故道河床上沿的刘口镇、李庄镇和洮河两岸的勒马乡。土壤颗粒较粗，砂层较厚，单粒结构，肥力瘠薄，风起沙扬，易流动，经风力再搬运形成低矮的盾形沙丘和沙滩。经1949年后植树造林，防风固沙，目前已处于半固定状态。因养分含量低，水热条件变化剧烈，不宜农业生产，只能发展林业、牧业。

小于本市地域面积3%的土壤类型还有碱土、新积土。

本区域中心区气候特征

本区域中心区气候特征值
Regional climate characteristics in central area of the region

气候带：暖温带亚湿润气候 Climate region: Warm temperate subhumid climate	
年平均气温 /℃ Annual average temperature /℃	14.3
年平均最高气温 /℃ Annual average maximum temperature /℃	19.9
年平均最低气温 /℃ Annual average minimum temperature /℃	9.6
年降水量 /mm Annual precipitation /mm	720
≥10℃的积温 /℃ Daily temperature accumulated in a year（≥10℃）/℃	5277
年日照时数 /h Annual sunshine /h	2299
年平均相对湿度 /% Annual average relative humidity /%	70
干燥度 Dryness	1.19

本区域中心区月平均气温与月平均降水量
Monthly temperature and precipitation in central area of the region

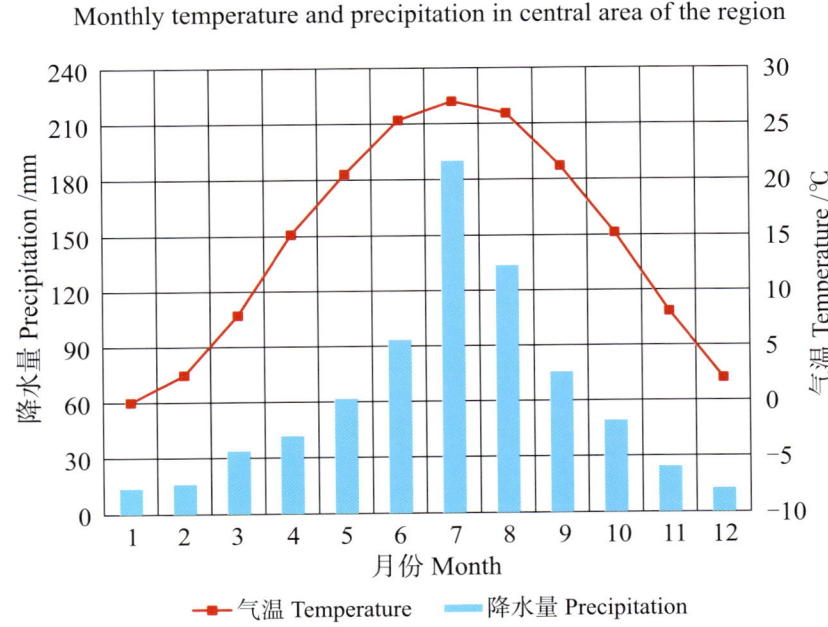

商丘市市辖区主要土壤类型与土壤剖面点分布图
1:220 000

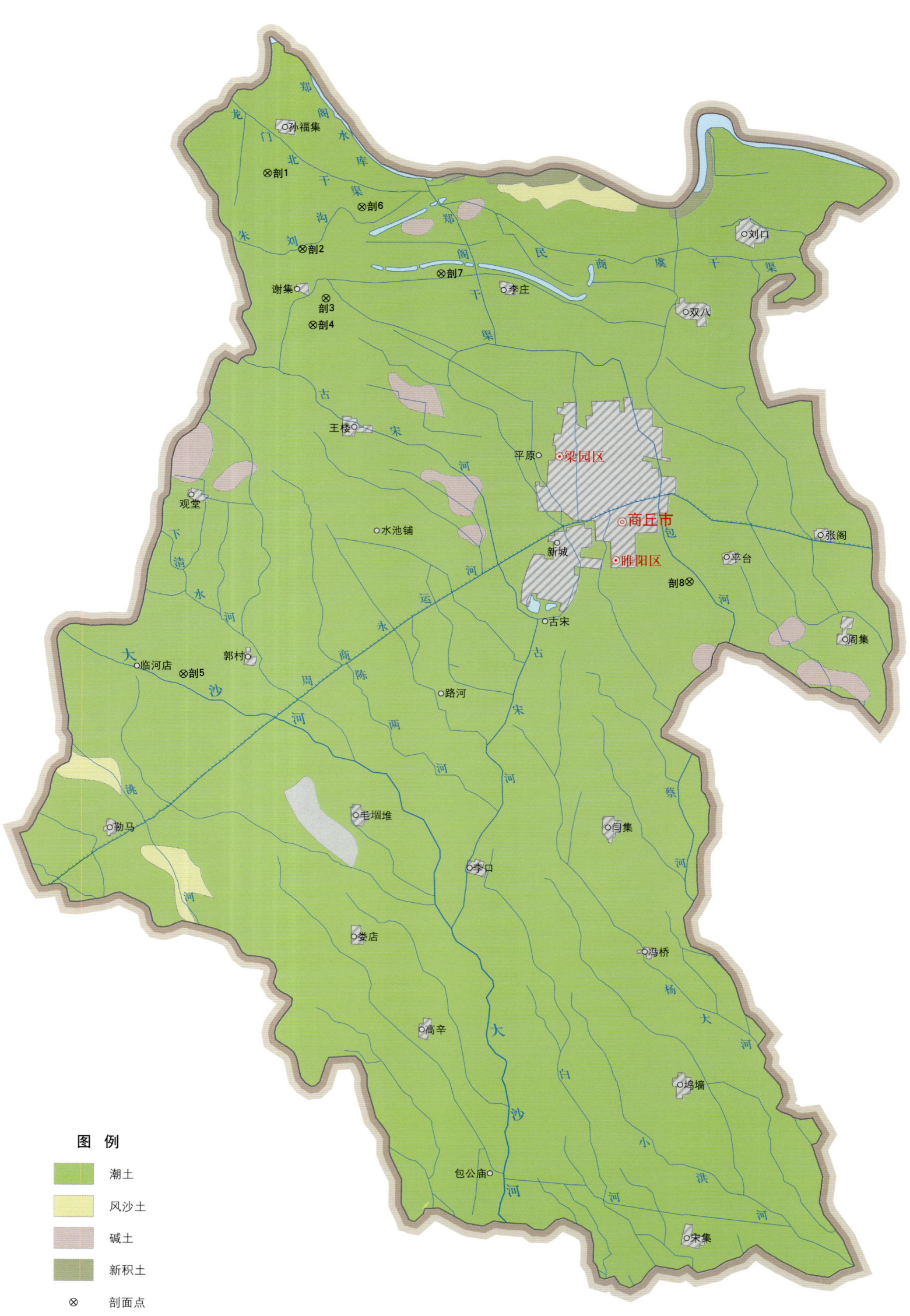

商丘市土壤剖面理化性状表

剖面号 Soil profile	土纲 Soil order	土类 Soil great group	亚类 Soil subgroup	土属 Soil genus	土层码 Layer code	土层厚度 Depth/cm	颜色 Soil color	质地 Soil texture	土壤结构 Soil structure	pH	有机质 OM/(g/kg)	全氮 TN/(g/kg)	全磷 TP/(g/kg)	阳离子交换量 CEC/(cmol/kg)	土壤母质 Parent material	剖面点坐标 Profile coordinate	匹配指数 Matching index/%
剖1	半水成土	潮土	黄潮土	两合土	1	0—24	灰黄色	轻壤土	团粒状	7.4	10.2	0.60	1.40	6.2	河流冲积物	E 115°27′14.8″ N 34°34′27.5″	95
					2	24—69	浅黄色	砂壤土	粒状	7.4	3.4	0.20	1.00	3.7			
					3	69—100	红棕色	中黏土	碎块状	7.5	9.9	0.71	1.10	19.9			
剖2	半水成土	潮土	碱化潮土	碱潮泥土	A_{11}	0—20	浊黄棕色	壤土	粒状	9.5	5.8	0.38	0.52	5.5	河流冲积物	E 115°28′25.3″ N 34°32′20.8″	95
					C	20—50	黄棕色	壤土	小块状	9.2	4.7	0.35	0.52	6.0			
					Cu_1	50—70	黄棕色	壤土	小块状	9.7	5.3	0.39	0.47	5.6			
					Cu_2	70—100	黄棕色	壤土	小块状	9.4	4.0	0.39	0.46	6.5			
剖3	半水成土	潮土	黄潮土	两合土	1	0—18	灰黄色	中壤土	团粒状	7.4	9.7	0.50	1.40	8.9	河流冲积物	E 115°29′13.2″ N 34°30′58.0″	95
					2	18—35	黄灰色	中壤土	粒状	7.4	8.2	0.41	1.30	9.6			
					3	35—100	灰黄色	砂壤土	单粒状	7.5	2.5	0.18	1.10	3.3			
剖4	半水成土	潮土	黄潮土	淤土	1	0—20	灰棕色	轻黏土	碎块状	7.4	12.3	0.81	1.30	24.8	河流冲积物	E 115°28′48.0″ N 34°30′12.6″	75
					2	20—46	红棕色	中黏土	块状	7.6	9.3	0.62	1.20	23.1			
					3	46—100	浅黄色	砂壤土	粒状	7.9	2.0	0.17	1.30	3.5			
剖5	半水成土	潮土	黄潮土	两合土	1	0—20	棕灰色	中壤土	团粒状、碎屑状	7.0	11.2	0.72	1.50	8.9	河流冲积物	E 115°24′46.4″ N 34°20′24.0″	95
					2	20—60	灰黄色	中壤土	碎屑状	7.5	7.1	0.55	1.30	7.6			
					3	60—100	浅黄色	中壤土	粒状	7.5	4.0	0.46	1.30	6.1			
剖6	半水成土	潮土	盐化潮土	盐化土	1	0—5	棕黄色	中壤土	粒状	7.4	3.2	0.22	1.10	6.6	河流冲积物	E 115°30′20.5″ N 34°33′33.5″	95
					2	5—10	棕黄色	中壤土	粒状	7.4	3.2	0.22	1.10	6.6			
					3	10—20	棕黄色	中壤土	碎屑状	7.4	4.1	0.34	0.91	7.4			
					4	20—35	黄色	中壤土	块状	7.4	3.7	0.27	0.91	5.1			
					5	35—83	浅黄色	轻壤土	粒状	7.6	2.6	0.20	0.99	4.9			
					6	83—100											
剖7	半水成土	潮土	褐潮土	褐土化两合土	1	0—20	浅黄色	轻壤土	粒状	8.2	5.7	0.27	1.20	4.3	河流冲积物	E 115°32′57.5″ N 34°31′43.0″	95
					2	20—100	浅灰黄色	砂壤土	粒状	8.2	2.4	0.18	0.69	3.9			
剖8	半水成土	潮土	黄潮土	砂土	1	0—28	浅灰黄色	砂壤土	粒状	7.5	4.3	0.20	0.98	3.5	河流冲积物	E 115°41′12.5″ N 34°23′10.7″	95
					2	28—100	浅黄色	砂土	单粒状	7.5	2.3	0.15	0.85	2.2			

民 权 县

主要土类说明

潮土是民权县主要土壤类型，占本县地域面积的91%。本县潮土土类划分为黄潮土、盐化潮土、碱化潮土、褐潮土、湿潮土等亚类。在成土过程中，由于受黄河冲积物分选作用的影响，土壤质地差异甚大，剖面层次非常明显，石灰反应强烈，呈中性至微碱性，pH在7.8以上。由于地下水埋藏较浅，如果排水不当，易形成盐化土。由于地下水发生季节性升降，在土壤剖面中产生氧化还原的交替过程，影响着土壤物质的转化、溶解、移动和淀积，因而形成红褐色或蓝灰色的斑纹。

风沙土是民权县第二大土壤类型，占本县地域面积的4%。风沙土是由黄河主流沉积颗粒较粗的砂粒，经过风力的再搬运堆积而成的，多呈沙丘、沙垄状存在。由于风力作用的大小不同，所形成的沙丘、沙垄的形状大小也不同，有的低矮成条状沙垄，有的高达十多米。由于黄河在本县多次泛滥、决堤，使该土主要分布在黄河故道河床的两侧和历次大型决口的河道两侧。本县风沙土只有冲积性风沙土一个亚类。

小于本县地域面积3%的土壤类型还有草甸盐土、碱土。

本区域中心区气候特征

本区域中心区气候特征值
Regional climate characteristics in central area of the region

气候带：暖温带亚湿润气候 Climate region: Warm temperate subhumid climate	
年平均气温 /℃ Annual average temperature /℃	14.1
年平均最高气温 /℃ Annual average maximum temperature /℃	19.8
年平均最低气温 /℃ Annual average minimum temperature /℃	9.4
年降水量 /mm Annual precipitation /mm	669
≥10℃的积温 /℃ Daily temperature accumulated in a year (≥10℃) /℃	5250
年日照时数 /h Annual sunshine /h	2308
年平均相对湿度 /% Annual average relative humidity /%	70
干燥度 Dryness	1.26

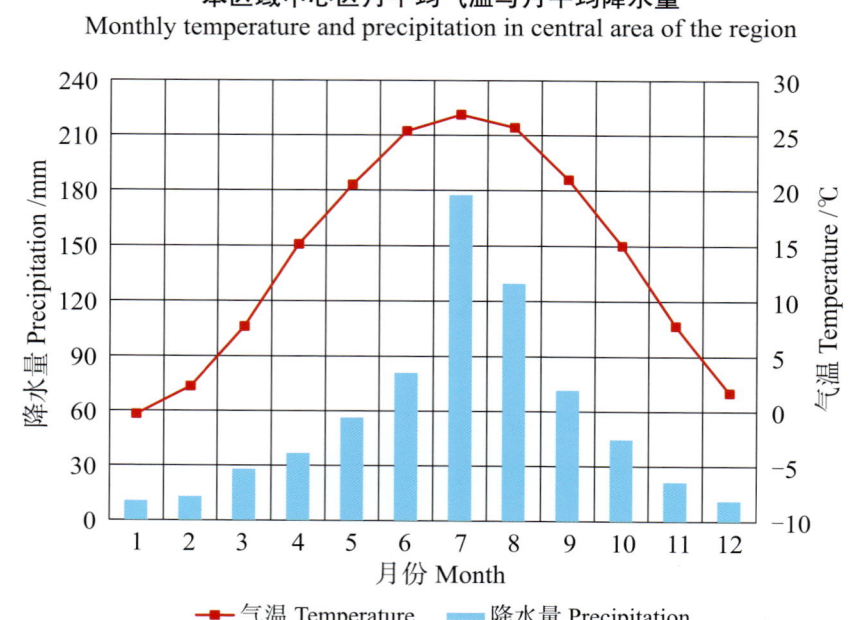

本区域中心区月平均气温与月平均降水量
Monthly temperature and precipitation in central area of the region

民权县主要土壤类型与土壤剖面点分布图

1∶190 000

图例
- 潮土
- 风沙土
- 草甸盐土
- 碱土
- ⊗ 剖面点

第二编　分县土壤图与土壤剖面数据 ｜ 375

民权县土壤剖面理化性状表

剖面号 Soil profile	土纲 Soil order	土类 Soil great group	亚类 Soil subgroup	土属 Soil genus	土种 Soil species	土层码 Layer code	土层厚度 Depth/cm	颜色 Soil color	质地 Soil texture	土壤结构 Soil structure	pH	有机质 OM/(g/kg)	全氮 TN/(g/kg)	全磷 TP/(g/kg)	阳离子交换量CEC/(cmol/kg)	土壤母质 Parent material	剖面点坐标 Profile coordinate	匹配指数 Matching index/%
剖1	半水成土	潮土	褐潮土	褐土化两合土	褐土化小两合土	1	0—22	棕黄色	轻壤土	粒状	7.6	1.2	0.34	0.70	8.6	河流冲积物	E 114°58′42.6″ N 34°39′33.1″	95
						2	22—37	灰黄色	轻壤土	粒状	8.5	6.5	0.54	0.74	8.2			
						3	37—56	灰白色	砂壤土	粒状	8.0	5.9		0.70	5.9			
						4	56—100	灰白色	砂壤土	粒状	8.0	1.6	0.21	0.59	4.0			
剖2	半水成土	潮土	黄潮土	两合土	小两合土	1	0—23	灰黄色	轻壤土	碎块状	8.1	8.3	0.47	0.70	6.2	河流冲积物	E 114°59′17.2″ N 34°38′17.5″	97
						2	23—80	浅黄色	砂壤土	粒状	8.9	3.5	0.34	0.65	5.3			
						3	80—100	浅黄色	砂壤土	粒状	8.9	2.2		0.34				
剖3	半水成土	潮土	黄潮土	砂土	腰黏砂壤土	1	0—25	灰黄色	砂壤土	粒状	7.5	3.5	0.47	0.58	5.2	河流冲积物	E 114°57′07.2″ N 34°36′44.3″	95
						2	25—60	红棕色	轻黏土	块状	8.0	5.8	0.62	0.72	18.2			
						3	60—100	浅黄色	砂壤土	粒状	8.2	3.4	0.27	0.65	4.8			
剖4	半水成土	潮土	黄潮土	两合土	体砂小两合土	1	0—33	浅灰棕色	中壤土	团粒状	8.2	9.4	0.54	0.65	9.8	河流冲积物	E 115°09′56.9″ N 34°45′32.8″	95
						2	33—100	浅黄色	紧砂土	粒状	8.3	1.1		0.76	4.8			
剖5	半水成土	潮土	黄潮土	淤灌土	体砂薄层淤灌土	1	0—30	浅黄色	轻黏土	碎块状	8.0	7.1	0.34	0.62	13.9	河流冲积物	E 115°01′15.6″ N 34°43′06.2″	98
						2	30—80	浅黄色	紧砂土	单粒状	7.9	1.6	0.13	0.41	3.8			
						3	80—100	浅黄色	紧砂土	单粒状	7.9	1.6	0.13	0.41	3.3			
剖6	初育土	风沙土	冲积性风沙土	固定砂丘沙土	固定细砂沙土	1	0—20	棕黄色	紧砂土	单粒状	8.1	2.7	0.44	0.34	4.2	风积型母质	E 115°04′55.6″ N 34°43′31.8″	95
						2	20—100	棕黄色	中壤土	单粒状	8.1	3.0		0.33	3.4			
剖7	半水成土	潮土	褐潮土	褐土化两合土	褐土化两合土	1	0—20	棕黄色	中壤土	团粒状	8.0	7.1	0.66	0.65	9.7	河流冲积物	E 115°06′26.6″ N 34°44′06.0″	98
						2	20—70	浅黄色	中壤土	粒状	8.1	4.4	0.47	0.70	9.5			
						3	70—100	浅黄色	轻壤土	碎屑状	8.2	5.3	0.53	0.75	9.7			
剖8	半水成土	潮土	黄潮土	两合土	腰黏小两合土	1	0—22	灰黄色	砂壤土	粒状	8.2	7.6	0.13	0.58	6.5	河流冲积物	E 115°10′03.0″ N 34°43′28.9″	97
						2	22—40	灰黄色	砂壤土	粒状	8.1	2.5		0.46	6.3			
						3	40—60	红棕色	轻黏土	块状	8.3	6.5	0.14	0.63	12.3			
						4	60—100	灰棕色	轻黏土	粒状	8.3	3.1		0.73	5.5			
剖9	半水成土	潮土	黄潮土	两合土	底黏小两合土	1	0—20	浅黄色	中壤土	团块状	8.0	5.6	0.60	0.58	5.6	河流冲积物	E 115°12′46.1″ N 34°43′22.4″	98
						2	20—55	浅黄色	轻壤土	碎块状	8.0	4.4	0.47	0.64	10.0			
						3	55—100	红棕色	轻黏土	块状	8.2	5.3	0.57	0.59	20.6			
剖10	半水成土	潮土	黄潮土	淤灌土	淤灌土	1	0—20	棕红色	轻黏土	块状	8.1	10.9	0.69	0.60	15.0	河流冲积物	E 115°09′17.6″ N 34°41′43.4″	97
						2	20—50	棕红色	重黏土	块状	8.1	7.0		0.46	20.2			
						3	50—100	灰黄色	砂壤土	粒状	8.1	3.6	0.20	0.45	6.8			
剖11	半水成土	潮土	黄潮土	褐土化砂土	褐土化体黏砂壤土	1	0—20	浅黄色	砂壤土	块状	7.7	6.7	0.90	0.41	4.9	河流冲积物	E 115°10′50.5″ N 34°41′24.7″	95
						2	20—44	红棕色	轻黏土	块状	7.7	3.9	0.90	0.40	5.7			
						3	44—100	灰黄色	砂壤土	单粒状	7.9	6.9		0.47	11.4			
剖12	半水成土	潮土	褐潮土	褐土化砂土	褐土化砂壤土	1	0—20	棕黄色	中壤土	单粒状	7.5	3.2	0.13	0.53	5.8	河流冲积物	E 115°04′57.7″ N 34°38′56.8″	95
						2	20—40	浅黄色	紧砂土	单粒状	7.6	1.8	0.20	0.46	2.4			
						3	40—100	灰黄色	轻壤土	块状	7.6	2.2		0.48	5.0			
剖13	半水成土	潮土	褐潮土	褐土化两合土	褐土化小两合土	1	0—20	棕黄色	轻黏土	团粒状	8.0	2.5	0.45	0.77	6.1	河流冲积物	E 115°05′59.6″ N 34°38′49.9″	95
						2	20—94	浅黄色	轻黏土	块状	8.1	2.5	0.45	0.60	5.7			
						3	94—100	红棕色	轻黏土	块状	8.1	3.7		0.57	13.7			
剖14	半水成土	潮土	黄潮土	两合土	两合土	1	0—20	灰黄色	中壤土	团粒状	8.1	9.2	0.54	0.64	9.5	河流冲积物	E 115°04′14.9″ N 34°36′39.6″	98
						2	20—70	灰棕色	重壤土	块状	8.7	6.9	0.46	0.52	1.7			
						3	70—100	灰黄色	轻壤土	粒状	8.2	3.9	0.13	0.53	4.0			

续表 Continued

剖面号 Soil profile	土纲 Soil order	土类 Soil great group	亚类 Soil subgroup	土属 Soil genus	土种 Soil species	土层码 Layer code	土层厚度 Depth/cm	颜色 Soil color	质地 Soil texture	土壤结构 Soil structure	pH	有机质 OM/(g/kg)	全氮 TN/(g/kg)	全磷 TP/(g/kg)	阳离子交换量CEC/(cmol/kg)	土壤母质 Parent material	剖面点坐标 Profile coordinate	匹配指数 Matching index/%
剖15	半水成土	潮土	褐潮土	褐土化砂土	褐土化底襟砂壤土	1	0–35	灰黄色	砂壤土	粒状	8.1	7.0	0.20	0.58	4.1	河流冲积物	E 115° 04′ 45.1″ N 34° 35′ 20.4″	95
						2	35–50	棕红色	中壤土	块状	8.3	4.9	0.43	0.65	8.4			
						3	50–65	灰白色	砂壤土	粒状	8.2	3.4		0.54	3.2			
						4	65–81	棕黄色	中壤土	块状	8.1	5.4		0.50	8.6			
						5	81–100	黄棕色	中壤土	块状	8.1	4.7		0.53	8.6			
剖16	半水成土	潮土	黄潮土	两合土	体黏小两合土	1	0–20	灰黄色	轻壤土	团粒状	8.3	2.2	0.14	0.60	5.6	河流冲积物	E 114° 58′ 53.4″ N 34° 40′ 16.5″	95
						2	20–37	浅黄色	轻壤土	单粒状	8.4	4.9	0.15	0.23	7.2			
						3	37–100	棕红色	重黏土	块状	8.2	8.8	0.41	0.60	20.6			
剖17	半水成土	潮土	灌淤潮土	淤潮黏土	厚淤潮黏土	A_{11}	0–20	淤红棕色	粉砂质黏土	块状	8.2	10.9	0.69	0.26	15.0	上部为人工灌淤淤积物，下部为河流冲积物	E 115° 08′ 10.7″ N 34° 37′ 34.3″	81
						C	20–50	淤红棕色	粉砂质黏土	块状	8.1	7.0	0.44	0.20	20.2			
						Cub	50–100	棕色	砂质壤土	单粒状	8.1	3.6	0.20	0.19	6.8			
剖18	半水成土	潮土	湿潮土	湿潮土	砂质湿潮土	1	0–20	灰灰色	紧砂土	单粒状	8.0	2.5	0.33	0.32	3.5	河流冲积物	E 115° 10′ 55.9″ N 34° 38′ 04.2″	97
						2	20–45	黄灰色	砂壤土	单粒状	8.0	2.9	0.27	0.36	6.3			
						3	45–100	黄灰色	砂壤土	单粒状	8.0	4.4	0.53	0.45				
剖19	半水成土	潮土	盐化潮土	盐化砂土	轻盐砂壤土	1	0–20	灰黄色	砂壤土	粒状	8.3	5.9	0.27	0.74	4.9	河流冲积物	E 115° 13′ 03.4″ N 34° 39′ 02.9″	95
						2	20–100	灰黄色	砂壤土	单粒状	8.4	2.1	<0.10	0.40	4.5			
剖20	盐碱土	草甸盐土	潮化盐土	白潮土	砂质盐土	1	0–20	浅黄色	砂壤土	单粒状	8.7	2.6	0.11	0.50	3.7	河流冲积物	E 115° 13′ 52.0″ N 34° 39′ 02.5″	97
						2	20–100	浅黄色	砂壤土	单粒状	8.5	<1.0		0.49	2.6			
剖21	半水成土	潮土	褐化潮土	褐土化淤土	褐土化淤土	1	0–20	灰棕色	重壤土	碎块状	8.2	9.1	0.40	0.62	14.8	河流冲积物	E 115° 14′ 55.7″ N 34° 38′ 48.1″	97
						2	20–100	灰棕色	轻壤土	碎块状	8.0	5.9	0.47	0.66	12.6			
剖22	半水成土	潮土	盐化潮土	盐化淤土	轻盐两合土	1	0–23	灰黄色	重壤土	单粒状	8.3	5.5	0.27	0.70	5.3	河流冲积物	E 115° 06′ 24.5″ N 34° 33′ 29.5″	95
						2	23–100	浅黄色	中壤土	单粒状	8.5	3.4		0.64	6.1			
剖23	半水成土	潮土	黄潮土	淤土	体壤淤土	1	0–20	暗棕色	砂壤土	碎粒状	7.9	9.2	0.53	0.76	14.2	河流冲积物	E 115° 20′ 34.1″ N 34° 46′ 58.4″	98
						2	20–40	暗棕色	砂壤土	块状	8.2	6.0	0.48	0.76	10.4			
						3	40–100	灰黄色	砂壤土	粒状	8.6	3.3	0.14	0.61	5.5			
剖24	半水成土	潮土	盐化潮土		重盐腰黏砂壤土	1	0–20	浅黄色	砂壤土	粒状	8.9	3.2	0.13	0.65	4.4	河流冲积物	E 115° 17′ 10.0″ N 34° 38′ 38.4″	95
						2	20–44	红黄色	紧砂土	粒状	8.9	2.5	<0.10	0.57	4.7			
						3	44–78	浅黄色	重壤土	块状	8.1	3.7	0.20	0.69	11.0			
						4	78–100	浅黄色	砂壤土	粒状	8.2	4.7		0.45	2.2			
剖25	半水成土	潮土	褐化潮土	褐土化砂土	褐土化砂壤土	1	0–23	灰棕色	中壤土	单粒状	7.5	3.8		0.65	4.9	河流冲积物	E 115° 10′ 21.5″ N 34° 41′ 48.3″	95
						2	23–55	红棕色	重壤土	块状	8.2	6.9	0.49	0.48	12.0			
						3	55–100	浅黄色	紧砂土	粒状	8.2	1.6	<0.10	0.28	3.5			
剖26	半水成土	潮土	碱化潮土	碱化潮土	重碱两合土	1	0–18	浅棕色	砂壤土	粒状	9.5	4.4		0.72	6.1	河流冲积物	E 115° 20′ 59.3″ N 34° 38′ 04.6″	95
						2	18–81	红棕色	紧砂土	粒状	9.0	4.1		0.85	6.4			
						3	81–100	浅黄色	砂壤土	粒状	9.0	1.6		0.71	3.9			
剖27	半水成土	潮土	黄潮土	砂土	底黏砂壤土	1	0–25	灰黄色	砂壤土	粒状	8.1	4.5	0.33	0.50	3.5	河流冲积物	E 115° 24′ 46.4″ N 34° 39′ 21.2″	95
						2	25–85	灰黄色	砂壤土	粒状	7.9	2.3	0.20	0.53	4.0			
						3	85–110	灰棕色	重壤土	块状	8.1	5.6	0.35	0.67	17.3			
剖28	半水成土	潮土	褐潮土	褐土化两合土	褐土化底黏小两合土	1	0–20	灰黄色	轻壤土	团粒状	8.1	7.1	0.28	0.76	4.8	河流冲积物	E 115° 23′ 53.9″ N 34° 37′ 10.2″	98
						2	20–65	浅黄色	轻壤土	粒状	8.3	4.0		0.46	5.5			
						3	65–100	红棕色	轻黏土	块状	8.3	6.1	0.25	0.70	13.8			

睢 县

主要土类说明

睢县土壤只有潮土一个土类。本县潮土具有潮土的共同特征：土层深厚而耕作层厚薄不一，砂黏相间，质地层次分明；成土过程较短，因而发育层次不明显；富含碳酸钙，pH 为 7.0—8.0，呈微碱性；土壤中有机质、氮素较缺乏，而钾、钙、镁比较丰富；土壤颜色较浅，以浅黄色为主；剖面受地下水影响，有夜潮现象，且有红褐色、蓝灰色的斑纹。本县潮土分为黄潮土、盐化潮土和碱化潮土等亚类，其中，黄潮土亚类占本土类面积的 98%。

黄潮土亚类中，两合土土属占该亚类面积的 65%，各乡镇街道均有分布，以董店、周堂、尤吉屯、白庙、河集、平岗、孙聚寨、匡城、蓼堤和白楼等地分布面积较大。两合土是由河水漫流冲积物发育而成，冲积物为壤土，其中的小两合土和两合土是典型的代表土种。该土属分布在距离河道两侧、较砂土属远的开阔平原上，地下水多为 2—4m，耕作层多为浅灰黄色或黄棕色，由于砂黏比例适中，故疏松易耕，团粒结构较多，养分含量比较丰富，保水、保肥能力较强，耐旱涝，适种作物广泛，心土层以下结构紧实，有锈色斑纹，全剖面石灰反应强烈。两合土土属是本县的主要土壤，为本县农业发展提供了有利的土壤条件。

淤土土属占黄潮土亚类面积的 26%，仅次于两合土，主要分布在远离河道的稍低处，以涧岗、白庙、胡堂、河堤、潮庄、后台、长岗、匡城和西陵寺等地面积较大，是在黏质沉积物上发育而成的。该土属黏粒含量较多，土壤质地黏重，耕作层在长期施肥和耕作影响下，质地稍轻，多为重壤土，呈小块状或碎屑状结构，呈棕灰色或暗褐色，孔隙较多并较疏松，有机质含量高，平均约为 10g/kg；下层紧实，呈块状或棱柱状，结构面上有发亮的有机胶膜，多锈色斑纹，全剖面石灰反应强烈。该土养分含量丰富，作物生长后劲足；缺点是质地黏重紧实，通透性差，地温偏低，耕作困难。

砂土土属占黄潮土亚类面积的 9%，主要分布在县西北茅草河两侧、惠济河上游两岸，东北部的废黄河两旁，以董店、尤吉屯、西陵寺、蓼堤和尚屯等地面积较大。该土属有砂土、砂壤土两个土种，发育在近代河流主流冲积母质上，成土时间短，因而发育微弱，呈单粒状结构。石英、云母及正长石等原生矿物较多，剖面发育层次不明显，质地为紧砂土、砂壤土的沉积层次分明，呈浅黄色，全剖面石灰反应强，下层有锈斑。耕作层疏松好耕，不怕涝，但养分含量低，保水、保肥能力差，后期往往有脱肥现象，是本县的低产土壤。

本区域中心区气候特征

本区域中心区气候特征值
Regional climate characteristics in central area of the region

气候带：暖温带亚湿润气候 Climate region: Warm temperate subhumid climate	
年平均气温 /℃ Annual average temperature /℃	14.3
年平均最高气温 /℃ Annual average maximum temperature /℃	19.9
年平均最低气温 /℃ Annual average minimum temperature /℃	9.5
年降水量 /mm Annual precipitation /mm	701
≥10℃的积温 /℃ Daily temperature accumulated in a year（≥10℃）/℃	5276
年日照时数 /h Annual sunshine /h	2271
年平均相对湿度 /% Annual average relative humidity /%	70
干燥度 Dryness	1.23

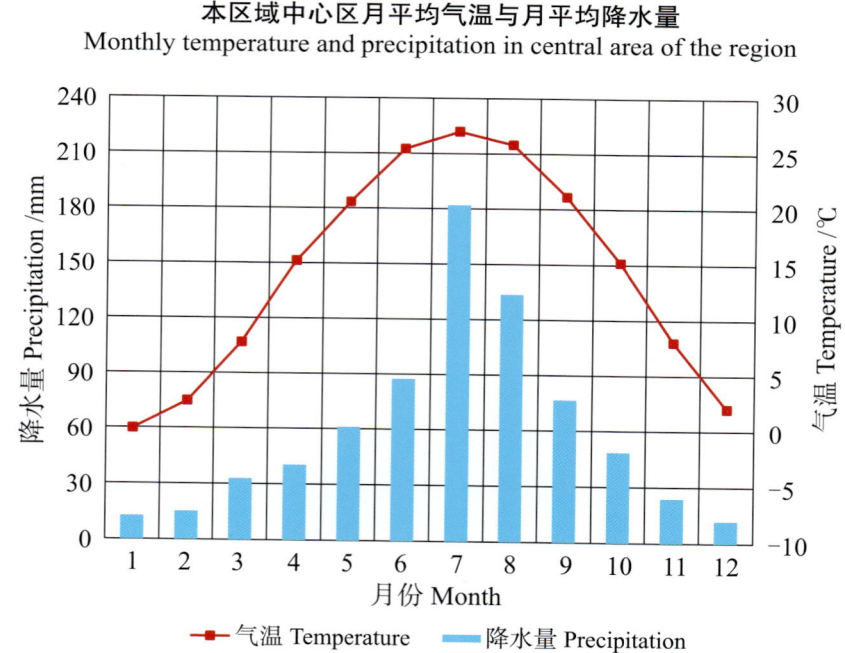

本区域中心区月平均气温与月平均降水量
Monthly temperature and precipitation in central area of the region

睢县主要土壤类型与土壤剖面点分布图
1∶150 000

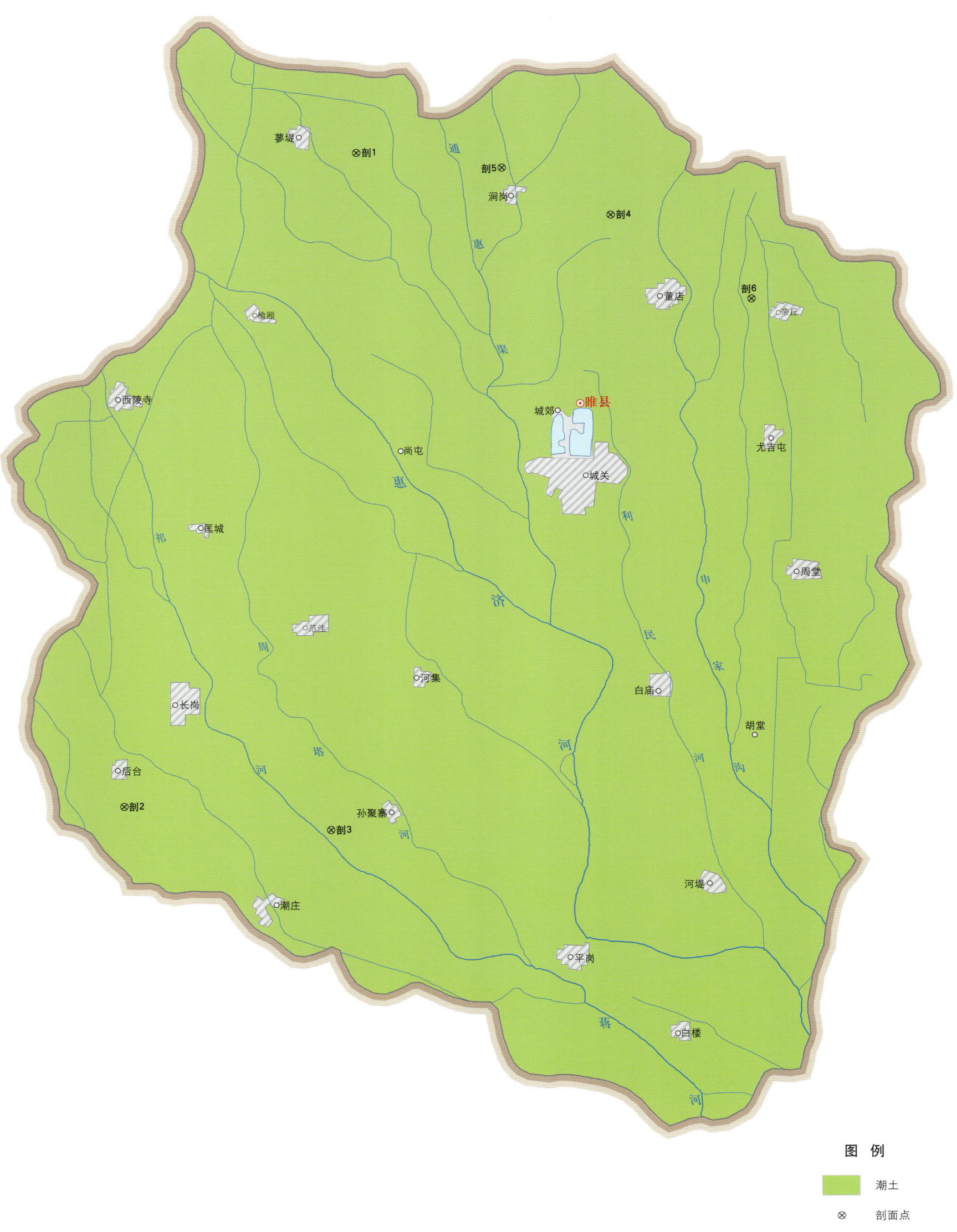

睢县土壤剖面理化性状表

剖面号 Soil profile	土纲 Soil order	土类 Soil great group	亚类 Soil subgroup	土属 Soil genus	土种 Soil species	土层码 Layer code	土层厚度 Depth/cm	颜色 Soil color	质地 Soil texture	土壤结构 Soil structure	pH	有机质 OM/(g/kg)	全氮 TN/(g/kg)	全磷 TP/(g/kg)	阳离子交换量 CEC/(cmol/kg)	土壤母质 Parent material	剖面点坐标 Profile coordinate	匹配指数 Matching index/%
剖1	半水成土	潮土	黄潮土	两合土	两合土	1	0—20	黄棕色	中壤土	团粒状、碎块状	8.2	7.4	0.62	0.65	9.7	河流冲积物	E 114°58′32.9″ N 34°31′53.0″	97
						2	20—55	黄灰色	中壤土	碎块状	8.0	4.8	0.60	0.53	10.0			
						3	55—100	浅黄色	轻壤土	碎块状	8.0	3.1	0.40	0.50	5.5			
剖2	半水成土	潮土	黄潮土	两合土	底砂两合土	1	0—20	灰黄色	中壤土	团粒状	8.2	6.7	0.20	0.59	9.2	河流冲积物	E 114°53′23.3″ N 34°18′40.3″	95
						2	20—29	褐黄色	中壤土	碎块状	8.3	5.4	0.40	0.62	8.4			
						3	29—42	棕黄色	重壤土	块状	8.6	7.0	0.34	0.59	12.4			
						4	42—59	灰黄色	中壤土	块状	8.4	4.1	0.39	0.65	10.2			
						5	59—100	浅黄色	砂壤土	单粒状	8.4	2.7	0.13	0.61	3.0			
剖3	半水成土	潮土	碱化潮土	碱潮化土	轻碱两合土	1	0—18	白灰黄色	轻壤土	单粒状、块状	≥10.0	1.9	0.29	0.55	4.4	河流冲积物	E 114°58′13.4″ N 34°18′15.8″	81
						2	18—53	黄灰色	轻壤土	碎块状	≥10.0	1.6	<0.10	0.71	4.6			
						3	53—100	浅黄色	轻壤土	碎块状	9.7	2.0	0.13	0.60	5.2			
剖4	半水成土	潮土	盐化潮土	盐化潮土	轻盐两合土	1	0—19	浅灰黄色	轻壤土	碎块状、粒状	8.3	5.6	0.66	0.52	7.5	河流冲积物	E 115°04′31.1″ N 34°30′44.3″	95
						2	19—60	红棕色	轻黏土	碎块状	8.4	5.3	0.68	0.52	8.5			
						3	60—71	浅黄色	砂壤土	块状	9.3	7.0	0.95	0.43	17.2			
						4	71—100			小碎块状		3.1	0.42	0.38				
剖5	半水成土	潮土	黄潮土	淤土	淤土	1	0—20	暗棕色	重壤土	团粒状、碎屑状	7.8	10.3	0.68	0.65	8.2	河流冲积物	E 115°01′57.4″ N 34°31′38.6″	98
						2	20—100	红棕色	重壤土	块状	7.6	6.3	0.39	0.60	9.7			
剖6	半水成土	潮土	黄潮土	砂土	细砂土	1	0—20	浅黄色	紧砂土	单粒状	7.8	1.3	0.31	0.41	3.0	河流冲积物	E 115°07′50.9″ N 34°29′05.6″	95
						2	20—100	浅黄色	松砂土	单粒状	7.5	1.3	0.20	0.40	2.7			

宁 陵 县

主要土类说明

宁陵县的土壤由黄河冲积物沉积发育而成，全部为潮土土类。其形成与发育同地下水活动的强度、沉积物的特征、剖面质地层次的排列，以及微域地形、水文地质条件的变化和人为的耕作活动关系极为密切。这些因素直接影响土壤的透气性和水盐运行的强度，同时影响土壤的耕性和其他肥力因素的变化。因此，这些条件的改变常引起土壤个体类型与肥力状况的相应变化，因而有黄潮土、褐潮土、盐化潮土、碱化潮土亚类。其中，黄潮土亚类面积最大，占本土类面积的85%。黄潮土亚类是发育在河流沉积物上，受地下水的影响，经过长期耕作而形成的土壤，具有以下特征：剖面构型为耕作层、犁底层、氧化还原层、潜育层；耕作层有机质含量在10g/kg左右，色稍暗；心土层、底土层有明显锈色斑纹；沉积层次明显，发育层次不明显。

根据土壤表层质地，黄潮土亚类下分为砂土、两合土、淤土三个土属。其中，两合土土属占黄潮土亚类面积的65%，是发育在河流漫流沉积物上或由砂土和淤土经耕作掺合熟化而成，分布遍及本县各地，以张弓、黄岗、刘楼、华堡、程楼、城郊、乔楼、石桥面积最大。质地砂黏适中，水、肥、气、热性状良好，保水供肥能力强，耕性良好，适种多种作物，是全县发展农业生产举足轻重的土壤类型。砂土土属占本亚类面积的21%，主要分布在大沙河、洮河、黄茶排水沟、上清水河两侧，以逻岗、阳驿、柳河、程楼、城郊等地面积较大。砂土由黄河主流冲积物沉积后发育而成，成土时间短，发育弱，沉积层次明显，质地粗，通风透气性能好，易耕作，适耕期长，但漏水漏肥，既不耐旱又不耐涝，发小苗不发老苗，作物生长后期往往出现脱肥现象。由于通气性好，有机质矿化快，易分解，因而有机质积累较少，是本县的低产土壤，其特点是耕作层质地为砂土或砂壤土，因表层以下土层质地不同，分为砂土、砂壤土、腰黏砂壤土、底黏砂壤土四个土种。淤土土属占本亚类面积的13%，该土属发育在河流静水沉积物上，主要分布在远离河道的洼平地带，以黄岗、华堡、张弓、刘楼等乡镇面积较大。由于质地黏重，大孔隙少，因而通透性差，雨后水分不易下渗，湿时一团糟，不耐涝。干后因胶体收缩，地表开裂，表层水分大量蒸发，因毛管孔隙少，水分向上补给缓慢，而形成干时"一把刀"的现象，因而适耕期短，不耐旱、不耐涝。由于通气欠佳，养分矿化慢，因而潜在肥力高，有后劲，适宜种植小麦、大豆等粮食作物。

本区域中心区气候特征

本区域中心区气候特征值
Regional climate characteristics in central area of the region

气候带：暖温带亚湿润气候
Climate region: Warm temperate subhumid climate

年平均气温 /℃ Annual average temperature /℃	14.3
年平均最高气温 /℃ Annual average maximum temperature /℃	19.9
年平均最低气温 /℃ Annual average minimum temperature /℃	9.6
年降水量 /mm Annual precipitation /mm	713
≥10℃的积温 /℃ Daily temperature accumulated in a year (≥10℃) /℃	5277
年日照时数 /h Annual sunshine /h	2293
年平均相对湿度 /% Annual average relative humidity /%	70
干燥度 Dryness	1.20

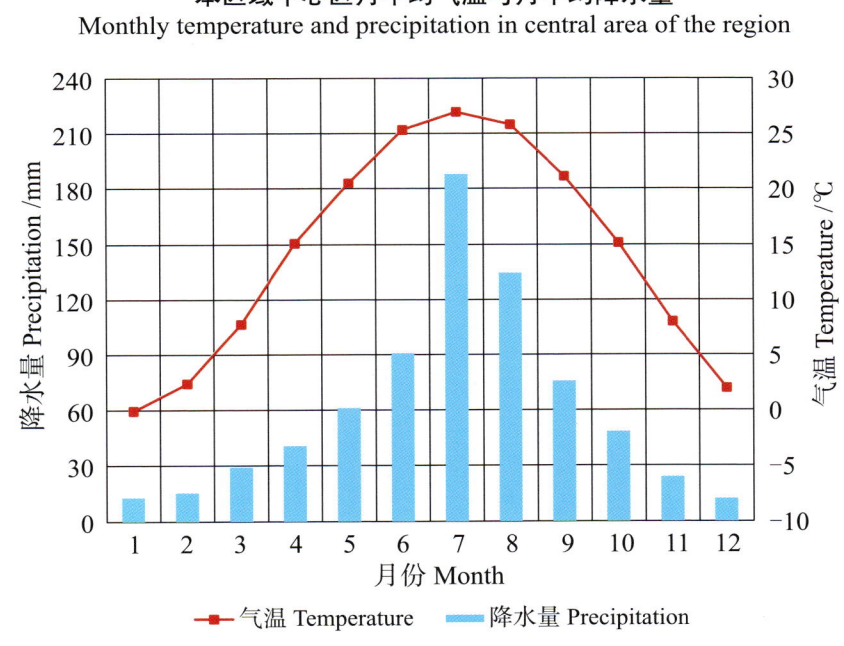

本区域中心区月平均气温与月平均降水量
Monthly temperature and precipitation in central area of the region

宁陵县主要土壤类型与土壤剖面点分布图
1∶140 000

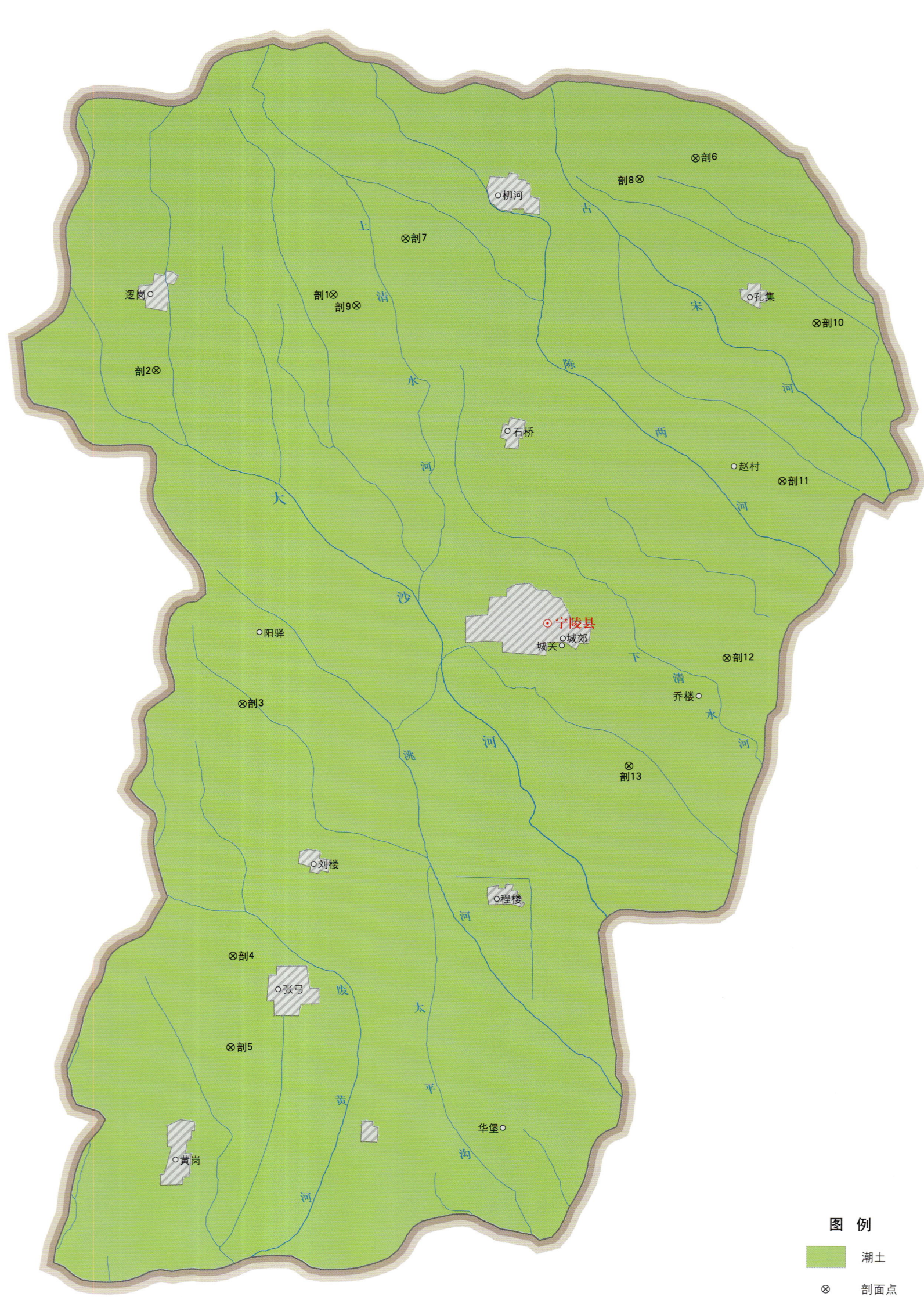

宁陵县土壤剖面理化性状表

剖面号 Soil profile	土纲 Soil order	土类 Soil great group	亚类 Soil subgroup	土属 Soil genus	土种 Soil species	土层码 Layer code	土层厚度 Depth/cm	颜色 Soil color	质地 Soil texture	土壤结构 Soil structure	pH	有机质 OM/(g/kg)	全氮 TN/(g/kg)	全磷 TP/(g/kg)	阳离子交换量CEC/(cmol/kg)	土壤母质 Parent material	剖面点坐标 Profile coordinate	匹配指数 Matching index/%
剖1	半水成土	潮土	盐化潮土	盐化潮土	中盐砂壤土	1	0—22	灰黄色	砂壤土	粒状	8.2	4.1	0.69	0.47	5.5	河流冲积物	E 115°14′49.9″ N 34°32′39.5″	97
						2	22—100	黄灰色	砂土	粒状	8.1	1.8	0.27	0.45	4.3			
剖2	半水成土	潮土	碱化潮土	碱化潮土	重瓦碱潮泥土	A₁₁n	0—20	浊棕色	砂壤土	粒状	9.8	4.5	0.49	0.24	5.7	河流冲积物	E 115°11′10.0″ N 34°31′14.5″	95
						C	20—73	棕色	粉砂质壤土	块状	≥10.0	5.8	0.51	0.21	5.4			
						Cu	73—100	浊棕色	砂土	单粒状	9.5	2.0	0.21	0.20	5.6			
剖3	半水成土	潮土	黄潮土	砂土	砂土	1	0—25	黄色	砂土	单粒状	7.7	3.4	0.28	0.35	3.2	河流冲积物	E 115°13′06.6″ N 34°25′17.4″	95
						2	25—100	黄色	砂土	单粒状	7.7	2.3	0.17	0.36	3.3			
剖4	半水成土	潮土	黄潮土	两合土	两合土	1	0—22	棕黄色	中壤土	团粒状	7.7	12.1	0.85	0.75	10.6	河流冲积物	E 115°13′01.9″ N 34°20′45.6″	98
						2	22—100	棕黄色	中壤土	块状	7.9	7.0	0.66	0.62	10.3			
剖5	半水成土	潮土	黄潮土	淤土	底砂质淤土	1	0—25	灰棕色	重黏土	碎屑状	7.7	10.4	0.85	0.61	13.7	河流冲积物	E 115°13′01.6″ N 34°19′08.0″	98
						2	25—60	红棕色	轻黏土	块状	7.7	5.8	0.70	0.56	14.3			
						3	60—100	浅黄色	砂土	单粒状	7.7	<1.0	0.29	0.62	3.2			
剖6	半水成土	潮土	褐潮土	褐土化淤土	褐土化淤土	1	0—20	棕黄色	轻黏土	碎块状	7.5	10.3	0.94	0.41	14.3	河流冲积物	E 115°22′20.3″ N 34°35′12.5″	98
						2	20—70	棕色	中黏土	块状	7.6	6.5	0.69	0.36	14.1			
						3	70—74	黄色	轻壤土	粒状	7.6	2.5	0.36	0.43	7.9			
						4	74—100	棕色	重黏土	块状	7.6	10.0	0.78	0.40	14.4			
剖7	半水成土	潮土	黄潮土	两合土	小两合土	1	0—28	灰黄色	轻壤土	粒状	7.7	9.0	0.69	0.60	7.0	河流冲积物	E 115°16′18.8″ N 34°33′41.0″	95
						2	28—88	浅黄色	砂壤土	单粒状	7.6	3.2	0.29	0.54	5.4			
						3	88—100	灰黄色	中壤土	粒状	7.6	4.4	0.34	0.48	7.4			
剖8	半水成土	潮土	黄潮土		底砂质潮土	1	0—14	黄色	轻壤土	粒状	7.6	6.2	0.70	0.51	4.7	河流冲积物	E 115°21′10.4″ N 34°34′49.1″	95
						2	14—32	灰黄色	中壤土	块状	7.6	3.5	0.37	0.44	5.3			
						3	32—55	棕黄色	轻壤土	粒状	7.5	2.0	0.23	0.40				
						4	55—75	黄色	重壤土	粒状	7.5	2.8	0.33	0.54				
						5	75—100	灰黄色	重壤土	块状	7.6	4.0	0.59	0.50	4.8			
剖9	半水成土	潮土	碱化潮土	碱潮泥土	臭碱潮泥土	A₁₁n	0—20	浊黄棕色	壤土	团粒状	9.2	5.5	0.61	0.23	5.5	河流冲积物	E 115°15′19.1″ N 34°32′28.3″	95
						C	20—67	浊黄棕色	粉砂质壤土	碎块状	9.1	3.8	0.34	0.22	5.5			
						Cu₁	67—81	浊黄棕色	粉砂质壤土	小块状	9.2	5.0	0.49	0.21	5.3			
						Cu₂	81—100	浊黄棕色	砂土	单粒状	9.2	3.5	0.39	0.22				
剖10	半水成土	潮土	碱化潮土	碱化潮土		1	0—18	浅黄色	轻壤土	粒状	9.1	7.1	0.51	0.60	5.8	河流冲积物	E 115°24′55.4″ N 34°32′18.2″	97
						2	18—45	黄色	中壤土	粒状	9.1	1.0	0.23	0.56	4.1			
						3	45—63	浅黄色	中壤土	块状	9.1	4.4	0.23	0.55	9.9			
						4	63—90	黄色	中壤土	块状	9.1	1.7	0.43	1.78	5.0			
						5	90—100	浅黄色	重壤土	块状	9.1	5.0	0.43	0.56	9.7			
剖11	半水成土	潮土	盐化潮土	盐化潮土	轻盐两合土	1	0—14	灰黄色	轻壤土	团粒状	8.1	4.5	0.33	0.60		河流冲积物	E 115°24′15.8″ N 34°29′27.6″	98
						2	14—45	棕色	中壤土	粒状	8.0	2.6	0.19	0.57				
						3	45—100	棕色	砂壤土	单粒状	8.0	<1.0	<0.10	0.54				
剖12	半水成土	潮土	黄潮土	两合土	体砂两合土	1	0—22	棕色	中壤土	团粒状	7.6	8.4	0.64	0.62	9.4	河流冲积物	E 115°23′10.7″ N 34°26′17.2″	98
						2	22—100	黄色	砂壤土	粒状	7.6	1.9	0.20	0.57	3.2			
剖13	半水成土	潮土	黄潮土	砂土	砂壤土	1	0—18	浅黄色	砂土	单粒状	7.9	6.4	0.30	0.47	4.9	河流冲积物	E 115°21′11.2″ N 34°24′19.4″	95
						2	18—100	浅黄色	砂土	单粒状	7.9	<1.0	0.25	0.47	3.4			

柘 城 县

主要土类说明

潮土是柘城县主要土壤类型，占本县地域面积的98%。本县潮土具有潮土的共同特征：土层深厚，砂黏相间，质地层次分明；成土年代较短，发育层次不明显；富含碳酸钙，多呈微碱性；土壤养分不足；土壤颜色较浅，以黄色为主；剖面下层有红褐色、蓝灰色斑纹；地下水埋深为2—7m，直接参与成土过程。土壤毛管水移动活跃时可接近或达到地表，因而有明显的夜潮现象。根据地形、水文条件对土壤发育的影响，本县潮土分为黄潮土和盐化潮土等亚类，其在发生学上有密切联系，具有潮土的共性，但因各自的附加成土过程不同，在形态特征和农业生产性状上有一定差异。

其中，黄潮土亚类面积最大，盐化潮土仅有少量分布。黄潮土亚类分淤土、两合土、砂土三个土属。淤土土属面积最大，占本亚类面积的50%，本县各地均有分布。该土属是由静水沉积物发育而成，土壤内物理性黏粒在45%以上，结构紧密，通气透水性能不良，耕性差，不宜耕作，宜耕期短。湿时泥泞，干时龟裂，其吸水性、可塑性、膨胀性大，播种不易出苗。但土壤养分含量高，有机质含量一般都在9g/kg以上。保水、保肥，土壤持水能力强，但抗旱能力弱。阳离子交换量为12.3—19.6cmol/kg，平均约为14.9cmol/kg。两合土土属占本亚类面积的49%，分布面积较广，以伯岗、大仵、陈青集、李原、皇集、岗王、申桥、张桥分布较多。两合土砂黏比例适中，疏松易耕，保水、保肥能力强，耐旱耐涝。养分含量比较多，据365个农化样分析，有机质含量在2.5—13.8g/kg，平均为7.9g/kg。全氮含量在0.3—0.8g/kg，平均约为0.6g/kg。阳离子交换量在7.5—13.1cmol/kg，平均约为10.8cmol/kg。保水、保肥能力较强，适种各种作物。该土属地下水位多在3—5m，团粒结构良好。根系较多，耕作层以下结构紧实，有锈色斑纹，石灰反应强烈。

小于本县地域面积3%的土壤类型还有砂姜黑土。

本区域中心区气候特征

本区域中心区气候特征值
Regional climate characteristics in central area of the region

气候带：暖温带亚湿润气候 Climate region: Warm temperate subhumid climate	
年平均气温 /℃ Annual average temperature /℃	14.5
年平均最高气温 /℃ Annual average maximum temperature /℃	20.1
年平均最低气温 /℃ Annual average minimum temperature /℃	9.9
年降水量 /mm Annual precipitation /mm	767
≥10℃的积温 /℃ Daily temperature accumulated in a year (≥10℃) /℃	5343
年日照时数 /h Annual sunshine /h	2233
年平均相对湿度 /% Annual average relative humidity /%	71
干燥度 Dryness	1.14

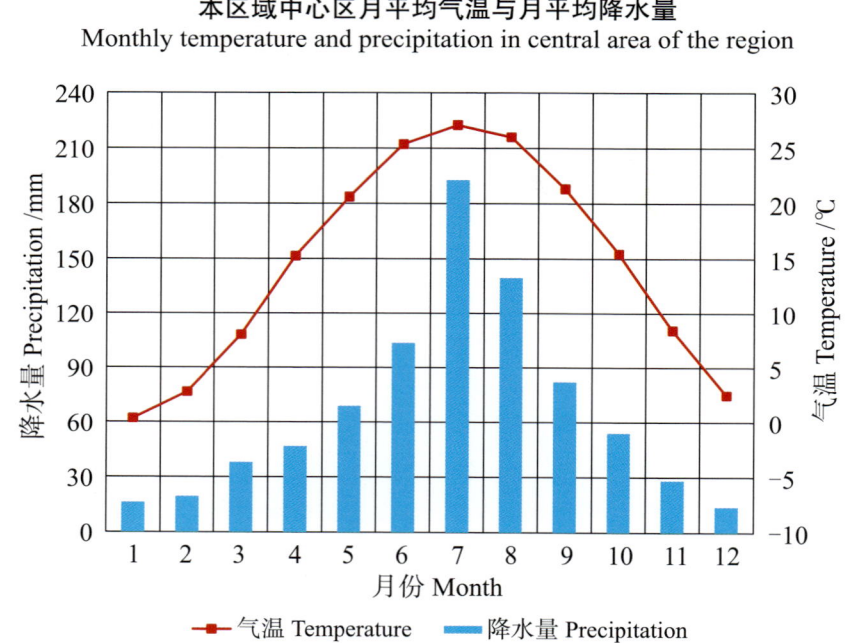

本区域中心区月平均气温与月平均降水量
Monthly temperature and precipitation in central area of the region

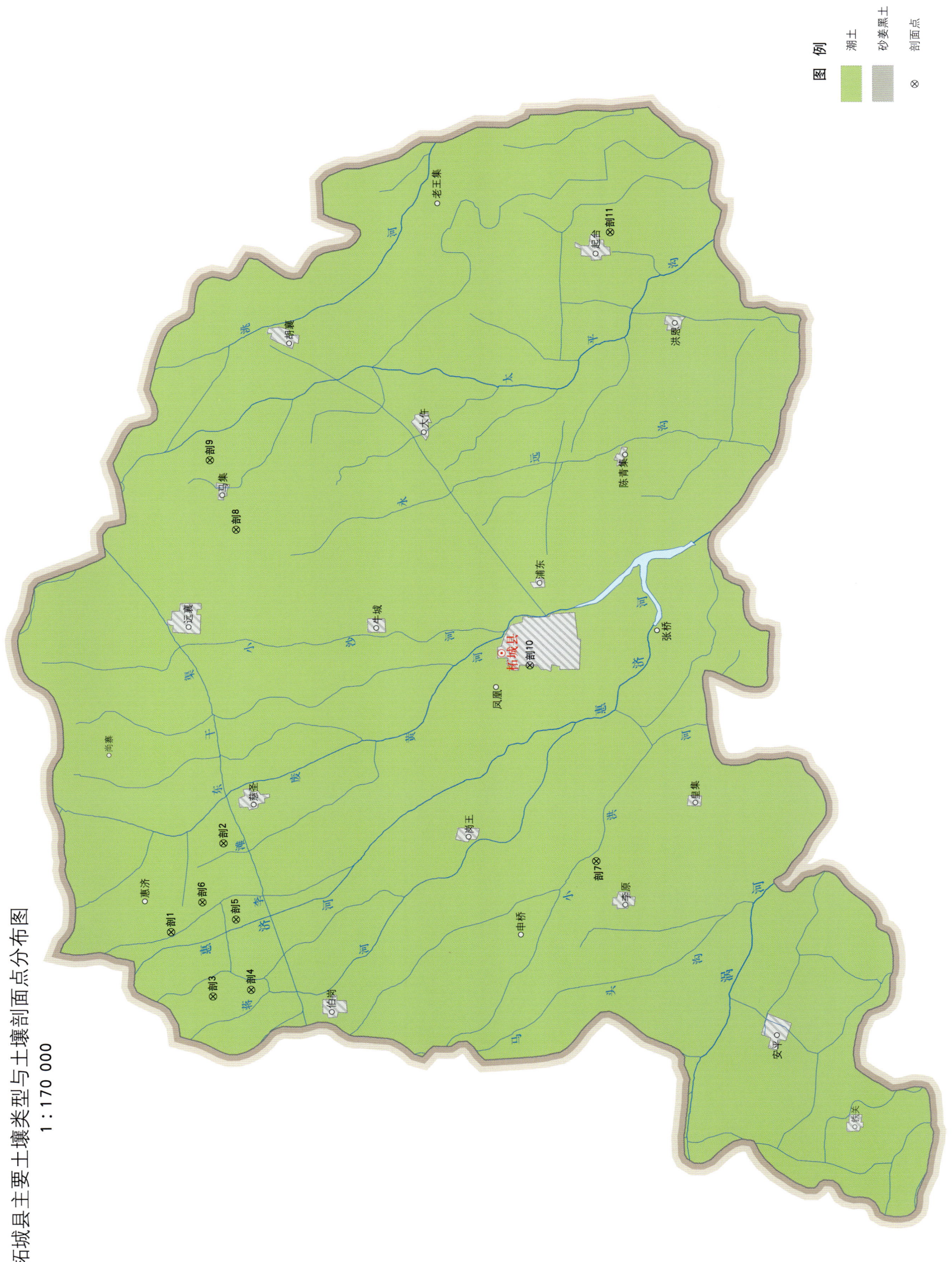

柘城县土壤剖面理化性状表

剖面号 Soil profile	土纲 Soil order	土类 Soil great group	亚类 Soil subgroup	土属 Soil genus	土种 Soil species	土层码 Layer code	土层厚度 Depth/cm	颜色 Soil color	质地 Soil texture	土壤结构 Soil structure	pH	有机质 OM/(g/kg)	全氮 TN/(g/kg)	全磷 TP/(g/kg)	阳离子交换量CEC/(cmol/kg)	土壤母质 Parent material	剖面点坐标 Profile coordinate	匹配指数 Matching index/%
剖1	半水成土	潮土	黄潮土	两合土	两合土	1	0—25	灰棕色	中壤土	粒状	8.5	14.5	0.71	0.64	11.4	河流冲积物	E 115°10′01.6″ N 34°12′49.0″	97
						2	25—65	浅黄色	中壤土	粒状	8.8	4.1	0.50	0.51	9.3			
						3	65—90	棕色	重壤土	块状	9.1	5.2	0.52	0.56	11.5			
						4	90—100	黄棕色	轻壤土	粒状	9.2	5.0	0.51	0.5	8.2			
剖2	半水成土	潮土	黄潮土	淤土	底砂淤土	1	0—22	灰棕色	重壤土	碎块状	8.3	16.2	0.67	0.64	14.7	河流冲积物	E 115°12′28.1″ N 34°11′41.6″	97
						2	22—76	棕色	重壤土	块状	8.2	12.6	0.59	0.55	13.6			
						3	76—100	浅黄色	砂土	单粒状	8.3	2.1	0.33	0.48	5.6			
剖3	半水成土	潮土	黄潮土	淤土	体壤淤土	1	0—35	灰棕色	重壤土	碎屑状	8.2	16.3	0.78	0.62	13.2	河流冲积物	E 115°08′18.2″ N 34°11′52.8″	97
						2	35—74	黄棕色	轻壤土	粒状	8.2	6.0	0.44	0.58	7.5			
						3	74—100	黄黄色	轻壤土	粒状	8.2	4.4	0.44	0.53	8.1			
剖4	半水成土	潮土	黄潮土	淤土	体砂淤土	1	0—18	灰黄色	重壤土	碎屑状	8.7	13.5	1.31	0.54	15.9	河流冲积物	E 115°08′29.8″ N 34°11′02.4″	75
						2	18—50	红棕色	黏土	块状	8.1	15.1	1.20	0.43	26.7			
						3	50—100	浅黄色	砂土	单粒状	8.2	5.6	0.39	0.39	5.4			
剖5	半水成土	潮土	黄潮土	两合土	小两合土	1	0—18	浅灰黄色	轻壤土	粒状	7.5	10.0	0.50	0.55	8.1	河流冲积物	E 115°10′23.5″ N 34°11′23.6″	75
						2	18—60	黄棕色	轻壤土	粒状	7.5	5.0	0.51	0.59	8.1			
						3	60—100	棕黄色	轻壤土	粒状	7.4	3.0	0.56	0.58	8.1			
剖6	半水成土	潮土	黄潮土	淤土	淤土	1	0—20	灰棕色	中壤土	碎块状	8.1	20.6	0.74	0.49	18.3	河流冲积物	E 115°10′50.9″ N 34°12′08.3″	97
						2	20—100	红棕色	黏土	块状	8.2	15.8	0.75	0.52	15.2			
剖7	半水成土	潮土	盐化潮土	盐化土	轻盐土	1	0—23	灰黄色	中壤土	粒状	8.0	6.1	0.50	0.58	5.4	河流冲积物	E 115°12′06.5″ N 34°03′30.6″	96
						2	23—38	黄黄色	重壤土	粒状	8.4	4.0	0.39	0.63	5.4			
						3	38—100	浅黄色	中壤土	粒状	8.4	4.0	0.50	0.51	9.2			
剖8	半水成土	潮土	盐化潮土	盐化土	轻盐腰砂两合土	1	0—33	浅黄色	中壤土	单粒状	7.9	10.8	0.61	0.55	8.1	河流冲积物	E 115°21′05.0″ N 34°11′30.8″	93
						2	33—76	黄黄色	砂土	粒状	8.3	1.7	0.33	0.41	5.4			
						3	76—100	棕黄色	轻壤土	粒状	7.9	4.7	0.50	0.45	8.1			
剖9	半水成土	潮土	黄潮土	两合土	体砂两合土	1	0—18	灰黄色	中壤土	团粒状、粒状	8.5	11.0	0.73	0.61	10.9	河流冲积物	E 115°22′57.7″ N 34°12′06.8″	97
						2	18—35	浅黄色	轻壤土	粒状	8.7	7.0	0.46	0.59	8.1			
						3	35—100	浅黄色	砂土	单粒状	8.8	1.2	0.44	0.31	4.3			
剖10	砂姜黑土	砂姜黑土	砂姜黑土	灰质黑老土	黏顶薄腰黑老土	1	0—25	棕灰白色	重壤土	块状	8.8	10.9	0.56	0.72	11.7	湖相沉积物	E 115°17′27.6″ N 34°05′01.7″	75
						2	25—65	灰黑色	重壤土	块状	8.8	8.6	6.53	0.84	15.2			
						3	65—100	棕黑色	中壤土	块状	8.6	4.1	0.33	0.74	14.7			
剖11	半水成土	潮土	黄潮土	两合土	腰砂两合土	1	0—18	黄黄色	中壤土	碎屑状	8.0	15.7	0.89	0.65	13.1	河流冲积物	E 115°29′20.4″ N 34°03′23.8″	97
						2	18—44	黄黄色	轻壤土	粒状	8.1	8.3	0.51	0.43	8.1			
						3	44—80	浅黄色	松砂土	单粒状	8.1	5.6	0.39	0.51	4.3			
						4	80—100	红棕色	黏土	块状	8.2	12.7	0.71	0.51	22.6			

虞 城 县

主要土类说明

虞城县只有潮土一个土类。潮土是发育在近代河流冲积物上，经过自然成土因素和人为因素综合作用，但主要受地下水的明显影响而形成的幼年土壤，因经常保持湿润状态，故称为潮土，曾称之为冲积性土壤、浅色草甸土，20 世纪 70 年代后称之为潮土。潮土具有以下特征：土层深厚，砂黏相间，沉积层次分明；成土时间较短、发育层次不明显；土体富含碳酸钙，呈微碱性；有机质含量偏低，钾、钙、镁含量较为丰富，全磷含量中等，速效磷含量较低；土壤颜色较浅，以黄色为主；剖面下层有红褐色、蓝灰色斑纹；地下水埋深为 2—5m，直接参与成土过程；土壤毛管水移动活跃时可接近或达到地表，因而有明显的夜潮现象。根据地形、水文条件对土壤的发育影响，本县潮土分为黄潮土、盐化潮土、碱化潮土等亚类。它们在发生学上有密切联系，具有潮土的共性，但因各自的附加成土过程不同，在形态特征和农业生产性状上有一定的差异。

其中，黄潮土亚类面积最大，占本土类面积的 95%。本县黄潮土亚类分为两合土、淤土、砂土三个土属。其中，两合土土属面积最大，为本亚类面积的 63%；两合土是在漫流沉积物上发育而成的，砂黏适中，耕性良好，保水供肥关系协调，适种作物广，是本县较好的土壤类型，本县各地均有分布，以黄家、杜集、店集、芒种桥、刘店、闻集、城郊、郑集、李老家等地的面积较大。本县两合土土属按其表层质地和土体构型又分为小两合土、底黏小两合土、两合土、腰砂两合土、体砂两合土、底砂两合土六个土种。淤土土属占本亚类面积的 34%。淤土是由静水冲积母质发育而成，分布在离河道较远的洼平地或交接洼地中，由西北向东南呈条带状分布，以杜集、界沟、城郊、利民、大杨集、镇里堌、刘集、乔集等乡镇面积较大。本县淤土属有三个土种，即淤土、体砂淤土、底砂淤土。砂土土属占本亚类面积的 3%，是在黄泛主流沉积物上发育而成的，主要分布在黄河故滩地及南岸地区。砂土土质疏松，通透性良好，易耕作，但漏水漏肥，既不耐旱又不耐涝，发小苗不发老苗，有机质矿化快、积累少、含量较低，是本县的低产土壤。

本区域中心区气候特征

本区域中心区气候特征值
Regional climate characteristics in central area of the region

气候带：暖温带亚湿润气候 Climate region: Warm temperate subhumid climate	
年平均气温 /℃ Annual average temperature /℃	14.3
年平均最高气温 /℃ Annual average maximum temperature /℃	19.9
年平均最低气温 /℃ Annual average minimum temperature /℃	9.6
年降水量 /mm Annual precipitation /mm	737
≥10℃的积温 /℃ Daily temperature accumulated in a year（≥10℃）/℃	5279
年日照时数 /h Annual sunshine /h	2300
年平均相对湿度 /% Annual average relative humidity /%	70
干燥度 Dryness	1.16

本区域中心区月平均气温与月平均降水量
Monthly temperature and precipitation in central area of the region

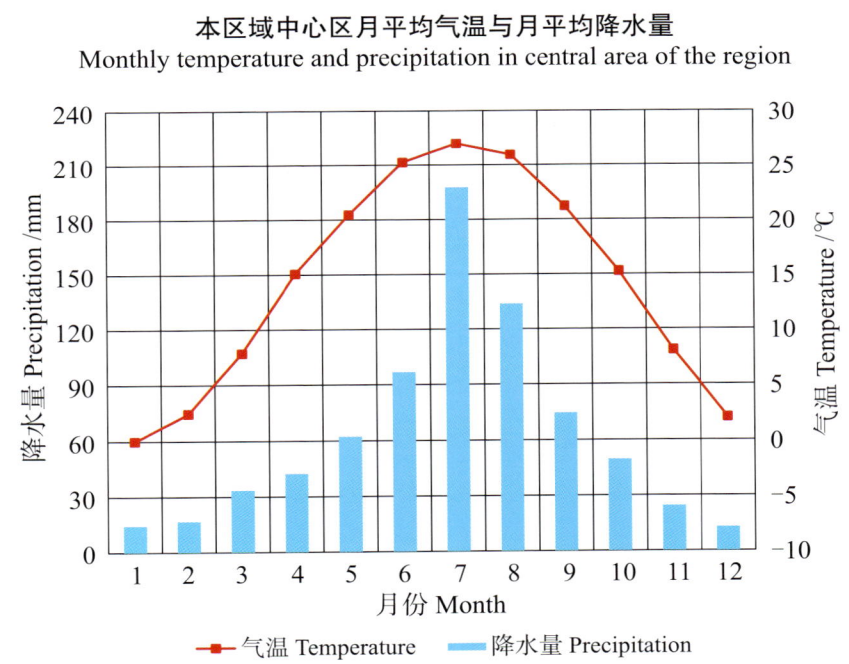

虞城县主要土壤类型与土壤剖面点分布图
1∶230 000

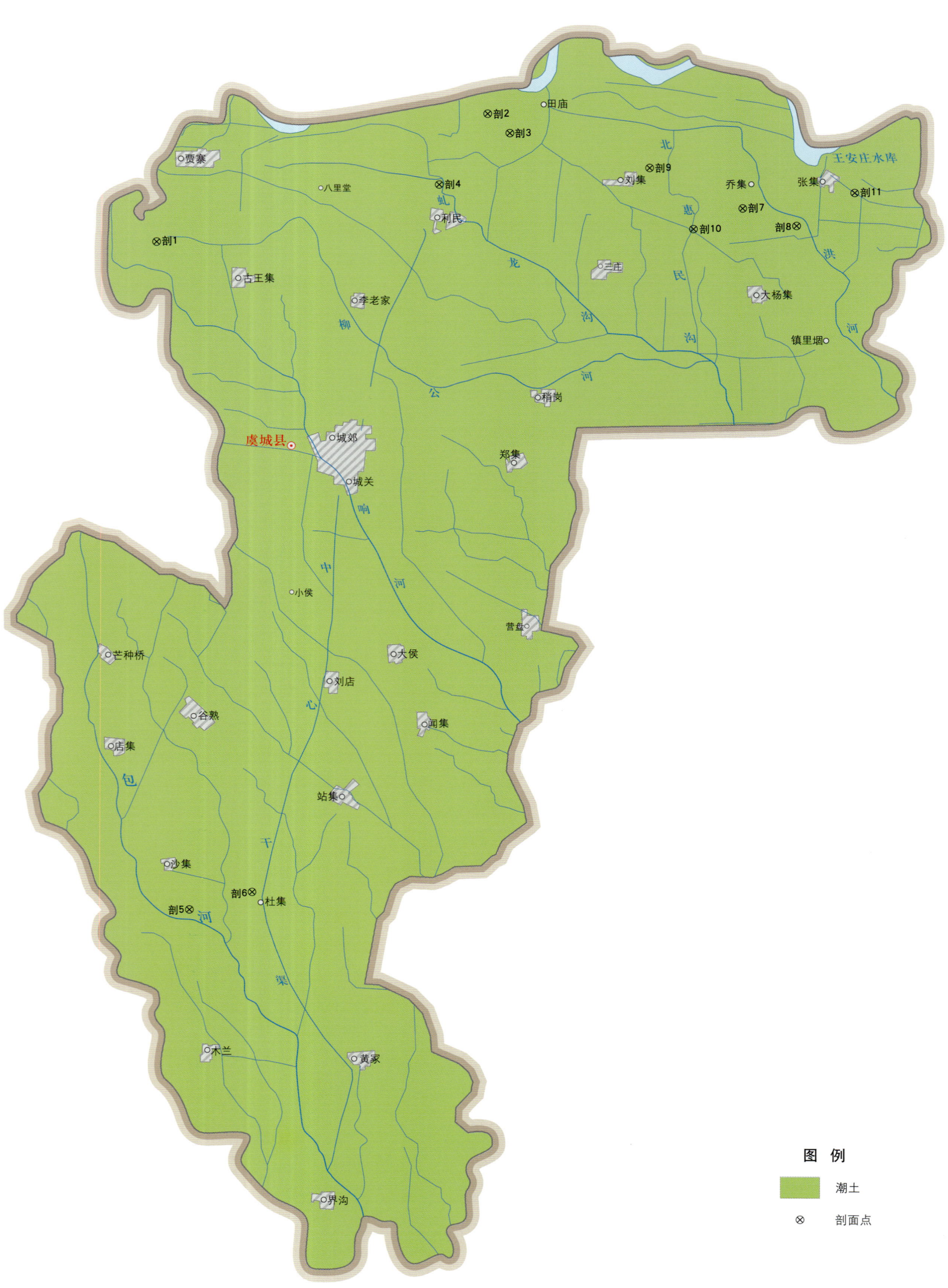

图 例
潮土
⊗ 剖面点

虞城县土壤剖面理化性状表

剖面号 Soil profile	土纲 Soil order	土类 Soil great group	亚类 Soil subgroup	土属 Soil genus	土种 Soil species	土层码 Layer code	土层厚度 Depth/cm	颜色 Soil color	质地 Soil texture	土壤结构 Soil structure	pH	有机质 OM/(g/kg)	全氮 TN/(g/kg)	全磷 TP/(g/kg)	阳离子交换量 CEC/(cmol/kg)	土壤母质 Parent material	剖面点坐标 Profile coordinate	匹配指数 Matching index/%
剖1	半水成土	潮土	盐化潮土	碱化潮土	重碱两合土	1	0—15	灰黄色	轻壤土	单粒状	≥10.0	4.8	0.55	1.47	6.4	河流冲积物	E 115°44′58.9″ N 34°30′02.2″	75
						2	15—50	黄色	砂壤土	单粒状	9.2	3.6	0.43	1.12	5.7			
						3	50—100	浅黄色	轻壤土	粒状	8.6	3.2	0.40	1.14	6.2			
剖2	半水成土	潮土	盐化潮土	盐化潮土	轻盐砂壤土	1	0—5	浅黄色	砂壤土	单粒状	9.0	5.7	0.53	0.95	4.2	河流冲积物	E 115°56′15.0″ N 34°33′54.0″	97
						2	5—10	浅黄色	砂壤土	单粒状	9.0	5.7	0.53	0.95	4.2			
						3	10—20	浅黄色	砂壤土	粒状	9.0	4.0	0.47	0.97	5.7			
						4	20—40	灰黄色	轻壤土	粒状	9.1	2.9	0.26	0.85	4.0			
						5	40—100	黄色	松砂土	单粒状	8.8	5.6	0.54	1.13	4.8			
剖3	半水成土	潮土	黄潮土	砂土	体黏砂两土	1	0—15	浅黄色	砂壤土	单粒状	8.7	3.3	0.47	1.06	4.3	河流冲积物	E 115°57′01.4″ N 34°33′20.2″	96
						2	15—50	棕黄色	砂壤土	块状	8.8	5.5	0.43	1.24	15.9			
						3	50—100	灰棕色	黏土	碎块状	8.7	11.8	1.03	1.29	13.0			
剖4	半水成土	潮土	黄潮土	淤土	淤土	1	0—20	棕红色	重壤土	块状	8.8	10.6	0.94	1.12	18.1	河流冲积物	E 115°54′37.4″ N 34°31′48.4″	97
						2	20—57	棕黄色	中黏土	块状	8.7	5.3	0.46	1.14	8.0			
						3	57—100	棕黄色	中壤土	团粒状	8.6	10.1	<0.10	1.47	11.1			
剖5	半水成土	潮土	黄潮土	两合土	腰砂两合土	1	0—20	红棕色	重壤土	碎块状	8.8	8.3	0.78	1.21	14.6	河流冲积物	E 115°46′22.4″ N 34°10′24.6″	97
						2	20—43	浅黄色	砂壤土	单粒状	9.0	6.8	0.56	1.01	5.7			
						3	43—93	红棕色	紧砂土	碎屑状	8.9	5.3	0.48	1.01	11.7			
						4	93—100	灰黄色	重壤土	粒状	8.7	7.6	0.71	1.21	7.1			
剖6	半水成土	潮土	黄潮土	两合土	小两合土	1	0—25	浅黄色	轻壤土	粒状	8.8	7.2	0.80	1.21	7.1	河流冲积物	E 115°48′29.9″ N 34°10′57.4″	95
						2	25—60	浅黄色	轻壤土	单粒状	8.8	3.9	0.34	0.85	6.8			
						3	60—100	灰黄色	重壤土	碎屑状	8.8	11.6	1.02	1.23	14.4			
剖7	半水成土	潮土	黄潮土	淤土	底砂淤土	1	0—20	灰棕色	重壤土	块状	8.7	8.4	0.76	1.04	17.2	河流冲积物	E 116°05′00.2″ N 34°31′10.2″	97
						2	20—80	浅黄色	松砂土	粒状	9.0	2.5	0.29	0.93	4.7			
						3	80—100	浅黄色	重壤土	单粒状	8.8	11.6	1.02	0.97	4.0			
剖8	半水成土	潮土	黄潮土	砂土	底黏砂壤土	1	0—19	浅黄色	砂壤土	单粒状	8.7	4.6	0.43	0.93	3.5	河流冲积物	E 116°06′50.8″ N 34°30′40.0″	95
						2	19—64	浅黄色	重壤土	碎块状	8.7	4.2	0.48	0.93	13.7			
						3	64—100	浅黄色	砂壤土	碎块状	8.8	4.5	0.41	1.07	5.9			
剖9	半水成土	潮土	黄潮土	砂土	砂壤土	1	0—22	浅灰黄色	重壤土	单粒状	9.0	4.3	0.49	0.93	6.2	河流冲积物	E 116°01′48.4″ N 34°32′20.8″	95
						2	22—100	灰棕黄色	重壤土	单粒状	8.4	3.3	0.37	0.93	15.0			
剖10	半水成土	潮土	黄潮土	淤土	体砂淤土	1	0—20	棕红色	重黏土	碎块状	8.8	11.6	0.90	1.27	25.6	河流冲积物	E 116°03′19.4″ N 34°30′33.1″	97
						2	20—42	棕黄色	轻黏土	块状	8.7	10.2	0.82	1.23	6.6			
						3	42—100	浅黄色	砂壤土	粒状	8.8	4.3	0.34	1.17	3.8			
剖11	半水成土	潮土	黄潮土	砂土	细砂土	1	0—20	浅黄色	紧砂土	单粒状	8.7	4.6	0.41	1.13	4.9	河流冲积物	E 116°08′49.6″ N 34°31′39.0″	95
						2	20—100	黄色	紧砂土	单粒状	8.8	3.3	0.36	0.83				

夏 邑 县

主要土类说明

夏邑县只有潮土一个土类。潮土是本县的主要农耕土壤，是由近代河流沉积物久经人类耕作熟化发育而成的。其分布区地势较平，地下水位较高，一般为1.5—4.0m。受干湿季节的影响，土壤水分与地下水位每年均有周期性的变化。水位上升时期，土壤剖面下部的一定层段就浸没于潜水面之下，发生潜育化现象，易变价元素如铁、锰等即被还原，从而出现蓝灰色锈纹、锈斑；地下水位下降时期，原被浸没层段即脱水而出，还原状态变为氧化状态，低价元素即被氧化变为高价，则出现红褐色的斑纹。年复一年就形成了潮土剖面形态的典型特征。加之农业生产活动的影响，土壤物理和化学性质有着明显的差别。由于上述形成过程中的特点，潮土具备以下主要特征：质地变化较大，沉积层次明显，发育层次不明显；土体富含石灰质，石灰反应强烈，呈微碱性，pH为7.0—8.5；局部低洼地区，地下水矿化度在1—3g/L，如耕作不当、排水不畅，易形成盐碱化土壤；土壤颜色较浅，以黄色为主；有机质及氮、磷元素缺乏，而钾素较丰富；土壤深厚，砂黏相间，易于耕作。本县潮土分为黄潮土、碱化潮土、盐化潮土等亚类。

其中，黄潮土亚类占本县潮土面积的95%，分为两合土、淤土两个土属。两合土面积占黄潮土亚类的76%，分布遍及全县各乡镇。其发育在河流慢流沉积物之上，经自然和人为因素影响熟化而成。该土属质地砂黏适中，水、肥、气、热性状良好，保水、保肥能力强，适种多种作物，是全县发展农业生产最理想的土壤类型。根据表层质地和剖面构型，该土属有小两合土、两合土、体砂两合土、底砂两合土四个土种。淤土属发育在静水沉积物之上，多分布于距黄泛主流较远的低平地带，除曹集、城关、郭庄、中峰、刘店集及农贸区分布较少外，其余各乡镇都有大片分布，但以骆集、韩道口、歧河、会亭、胡桥、火店分布面积最大。由于淤土质地黏重、孔隙度小、通透性差，雨后水分不易下渗，湿时一团糟，干后因胶体收缩、地表开裂，形成干时"一把刀"的现象。此土适耕期短，即不耐旱又不耐涝，不易捉苗，加之通气不畅、养分矿化慢，故潜在肥力高，适种小麦、玉米、大豆等作物。根据土体构型，该土属分淤土、腰砂淤土、体砂淤土、底砂淤土四个土种。

碱化潮土亚类占本县潮土面积的4.5%，是本县低产土壤之一。碱化潮土主要分布在本县冲积平原的槽形与碟形洼地之上，多与潮土呈复区存在，呈带状和斑状分布，主要分布于罗庄、李集、刘店集、王集、北岭等乡镇。

本区域中心区气候特征

本区域中心区气候特征值
Regional climate characteristics in central area of the region

气候带：暖温带亚湿润气候
Climate region: Warm temperate subhumid climate

年平均气温 /℃ Annual average temperature /℃	14.4
年平均最高气温 /℃ Annual average maximum temperature /℃	19.9
年平均最低气温 /℃ Annual average minimum temperature /℃	9.8
年降水量 /mm Annual precipitation /mm	762
≥10℃的积温 /℃ Daily temperature accumulated in a year (≥10℃) /℃	5308
年日照时数 /h Annual sunshine /h	2276
年平均相对湿度 /% Annual average relative humidity /%	70
干燥度 Dryness	1.13

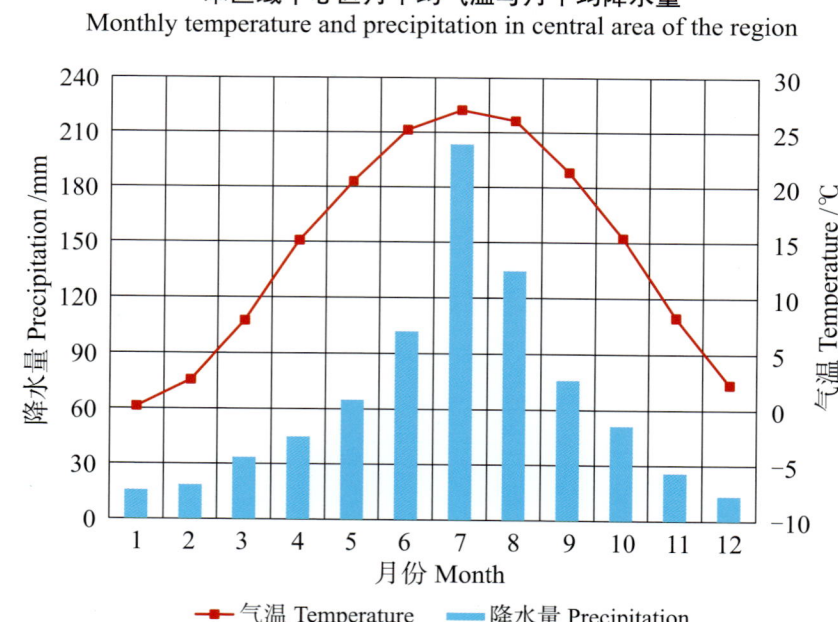

本区域中心区月平均气温与月平均降水量
Monthly temperature and precipitation in central area of the region

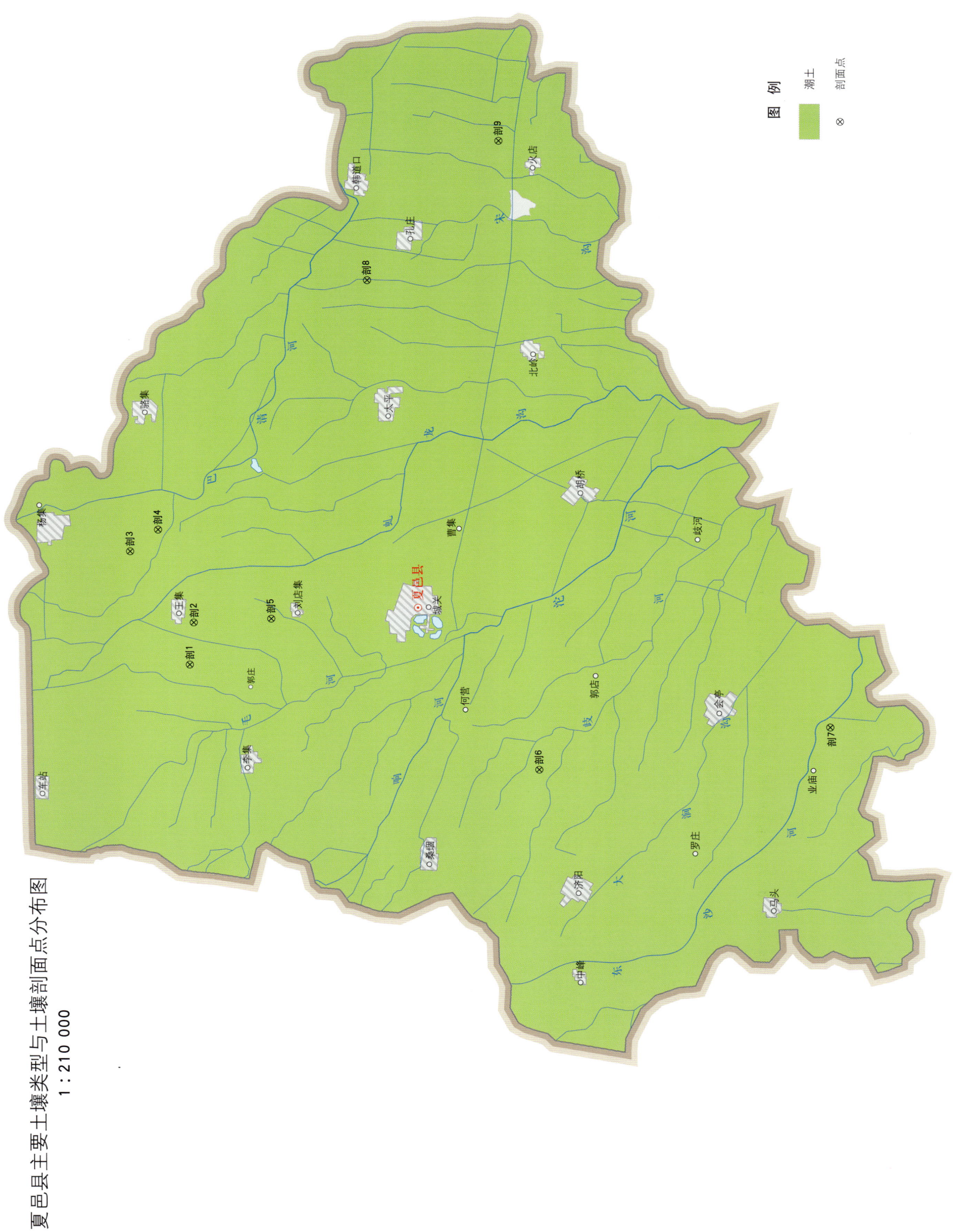

夏邑县主要土壤类型与土壤剖面点分布图
1∶210 000

夏邑县土壤剖面理化性状表

剖面号 Soil profile	土纲 Soil order	土类 Soil great group	亚类 Soil subgroup	土属 Soil genus	土种 Soil species	土层码 Layer code	土层厚度 Depth/cm	颜色 Soil color	质地 Soil texture	土壤结构 Soil structure	pH	有机质 OM/(g/kg)	全氮 TN/(g/kg)	全磷 TP/(g/kg)	阳离子交换量CEC/(cmol/kg)	土壤母质 Parent material	剖面点坐标 Profile coordinate	匹配指数 Matching index/%
剖1	半水成土	潮土	碱化潮土	碱化潮土	轻碱两合土	1	0—26	灰黄色	中壤土	碎块状	9.5	4.5	0.56	0.51		河流冲积物	E 116°05′40.9″ N 34°20′26.9″	97
						2	26—51	黄白色	中壤土	碎块状	9.3	4.5	0.55	0.51				
						3	51—89	棕黄色	重壤土	块状	9.2	4.2	0.76	0.50				
						4	89—100	浅黄色	紧砂土	单粒状	9.3	3.0	0.47	0.45				
剖2	半水成土	潮土	潮土	淤土	淤土	1	0—19	棕色	轻黏土	碎块状	8.8	13.0	0.97	0.48	18.0	河流冲积物	E 116°07′09.1″ N 34°20′20.8″	95
						2	19—100	红棕色	中黏土	块状	8.6	11.3	1.09	0.52	21.2			
剖3	半水成土	潮土	黄潮土	两合土	两合土	1	0—24	灰色	中壤土	团块状	8.5	10.8	0.87	0.52	9.1	河流冲积物	E 116°09′37.1″ N 34°22′07.7″	95
						2	24—63	黄色	中壤土	碎块状	8.7	9.8	0.98	0.47	12.0			
						3	63—100	浅黄色	轻壤土	单粒状	8.7	4.8	0.47	0.51	8.5			
剖4	半水成土	潮土	潮土	两合土	体砂体两合土	1	0—18	灰棕色	中壤土	碎块状	8.7	10.4	1.02	0.59	11.9	河流冲积物	E 116°10′22.4″ N 34°21′21.6″	95
						2	18—37	黄棕色	中壤土	碎块状	8.5	8.3	0.93	0.57	14.3			
						3	37—100	浅棕色	砂壤土	单粒状		3.6	0.54	0.50	6.4			
剖5	半水成土	潮土	盐化潮土	盐化潮土	重盐体砂两合土	1	0—20	棕色	中壤土	碎块状	8.5	6.4	0.59	0.52	8.7	河流冲积物	E 116°07′18.1″ N 34°18′11.5″	95
						2	20—68	灰黄色	砂壤土	单粒状	8.1	5.2	0.47	0.49	6.4			
						3	68—72	棕黄色	中壤土	块状	8.2	4.5	0.65	0.46	11.8			
						4	72—100	浅黄色	砂壤土	单粒状	8.1	4.2	0.56	0.46	5.4			
剖6	半水成土	潮土	黄潮土	淤土	底砂淤土	1	0—20	灰黄色	重壤土	碎块状	8.7	9.4	0.95	0.39	13.5	河流冲积物	E 116°02′07.8″ N 34°10′43.0″	95
						2	20—75	棕色	重黏土	块状	8.8	8.8	0.77	0.40	21.9			
						3	75—100	浅黄色	砂壤土	单粒状	9.6	3.1	0.46	0.40	6.3			
剖7	半水成土	潮土	碱化潮土	碱化潮土	轻碱体砂两合土	1	0—25	灰棕色	中壤土	粒状	≥10.0	6.0	0.32	0.52		河流冲积物	E 116°03′40.0″ N 34°02′38.8″	93
						2	25—48	灰黄色	轻壤土	单粒状	9.5	3.2	0.50	0.44				
						3	48—57	红棕色	重壤土	块状	9.2	6.9	0.96	0.44				
						4	57—100	浅黄色	中壤土	单粒状	9.5	<1.0	0.37	0.53				
剖8	半水成土	潮土	黄潮土	底砂两合土	底砂两合土	1	0—26	灰黄色	中壤土	团块状	9.1	8.9	0.85	0.53	8.1	河流冲积物	E 116°19′04.6″ N 34°15′35.7″	95
						2	26—74	黄棕色	中壤土	碎块状	9.0	6.0	0.79	0.51	12.3			
						3	74—100	浅灰黄色	轻壤土	单粒状	8.6	2.5	0.52	0.52	5.0			
剖9	半水成土	潮土	碱化潮土	碱化潮土	中两合土	1	0—20	灰黄色	中壤土	粒状	8.7	5.3	0.60	0.52		河流冲积物	E 116°23′56.0″ N 34°11′57.8″	95
						2	20—100	黄色	砂壤土	单粒状	8.7	3.4	0.46	0.45				

永 城 市

主要土类说明

潮土是永城市主要土壤类型，占本市地域面积的81%，除李寨镇以外，本市其余乡镇都有分布，多集中分布在市北和市西南部。潮土是发育在近代河流冲积物上经人为耕作熟化而形成的幼年土壤。其形成过程包括两个方面：一是由地下水借毛管作用的上下运动所引起的土壤氧化还原交替发生的潮化过程。在夏秋季节，高水位时，土壤剖面下部的一定层段全部或部分为水分所饱和，发生潜育现象，铁、锰等易变价元素被还原，出现蓝灰色条纹；到冬春干旱季节，地下水位明显下降，被还原的层段变成氧化态，低价铁、锰等元素变成高价，出现红褐色锈纹、锈斑等新生体，形成潮土剖面形态的典型特征。二是耕作熟化过程。由于农业生产活动的影响，土壤物理和化学性质发生明显变化。潮土的特征：质地变化较大，沉积层次明显，发育层次不明显；土体富含石灰质，石灰反应强烈，呈中性至微碱性，pH为7.0—8.5；局部低洼地区，地下水矿化度在1—3g/L，如耕作不当、排水不畅，易形成盐碱化；生物积累较弱，有机质一般低于砂姜黑土，特别是盐化潮土更低；土壤含钾较丰富，全磷含量中等，速效磷含量较低，但一般高于砂姜黑土。本市潮土分为黄潮土、盐化潮土等亚类。

砂姜黑土是永城市第二大土壤类型，占本市地域面积的18%。砂姜黑土集中分布在原隋堤，东起市境，西至西十八里以南的低平湖地上，是本市最古老的耕作土壤。根据资料分析，砂姜黑土的成土过程包括富含碳酸钙的河湖相沉积母质，经历草甸潜育化和脱潜旱耕熟化两个阶段。在草甸潜育化阶段，这一地区为低平湖地，生长着水生植物和耐湿草本植物。雨季土壤处于淹水或过于潮湿状态，河湖沉积母质中的碳酸钙成为水溶性的重碳酸钙，随水分向下淋溶，植物残体嫌气水解，以腐殖化过程为主，土壤中的铁锰矿物处于还原态。旱季水位下降，通气条件改善，土体内淋溶聚积的重碳酸钙脱水重新形成碳酸钙，土壤有机质转为好气分解，以矿化过程为主，部分难分解的有机质如纤维素等在土体中缓慢增加，铁锰矿物处于氧化态。土层上部因长期受有机质的分解与积累及矿物质的氧化还原作用，逐渐形成了黑土层，下部形成了碳酸钙的淋溶淀积层（砂姜层）。上部黑土层和下部砂姜层是典型砂姜黑土的两个基本发生层次。在草甸潜育化的基础上，砂姜黑土被垦殖，开始脱潜，经历长期旱耕熟化，土壤环境发生变化，潜育程度减轻，层位降低，同时原始黑土层上部黑色变淡，逐步分化为耕作层、犁底层和埋藏黑土层。其犁底层容重比耕作层大得多，相应的总孔隙度也小得多，故耕作层土壤的水、肥、气、热状况也逐步得到改善。本市砂姜黑土只有砂姜黑土一个亚类。

小于本市地域面积3%的土类还有褐土等。

本区域中心区气候特征

本区域中心区气候特征值
Regional climate characteristics in central area of the region

气候带：暖温带亚湿润气候 Climate region: Warm temperate subhumid climate	
年平均气温 /℃ Annual average temperature /℃	14.7
年平均最高气温 /℃ Annual average maximum temperature /℃	20.0
年平均最低气温 /℃ Annual average minimum temperature /℃	10.2
年降水量 /mm Annual precipitation /mm	814
≥10℃的积温 /℃ Daily temperature accumulated in a year（≥10℃）/℃	5378
年日照时数 /h Annual sunshine /h	2216
年平均相对湿度 /% Annual average relative humidity /%	70
干燥度 Dryness	1.08

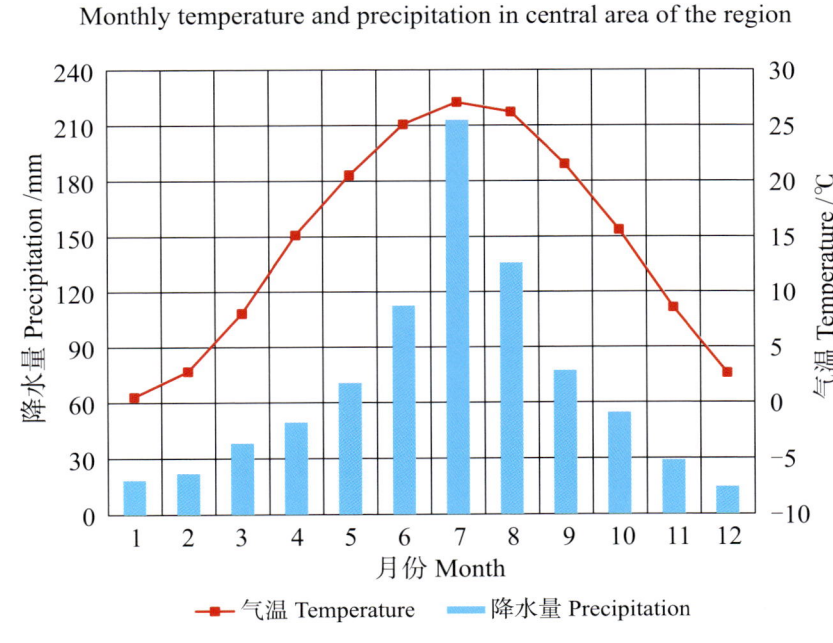

本区域中心区月平均气温与月平均降水量
Monthly temperature and precipitation in central area of the region

永城市主要土壤类型与土壤剖面点分布图
1∶280 000

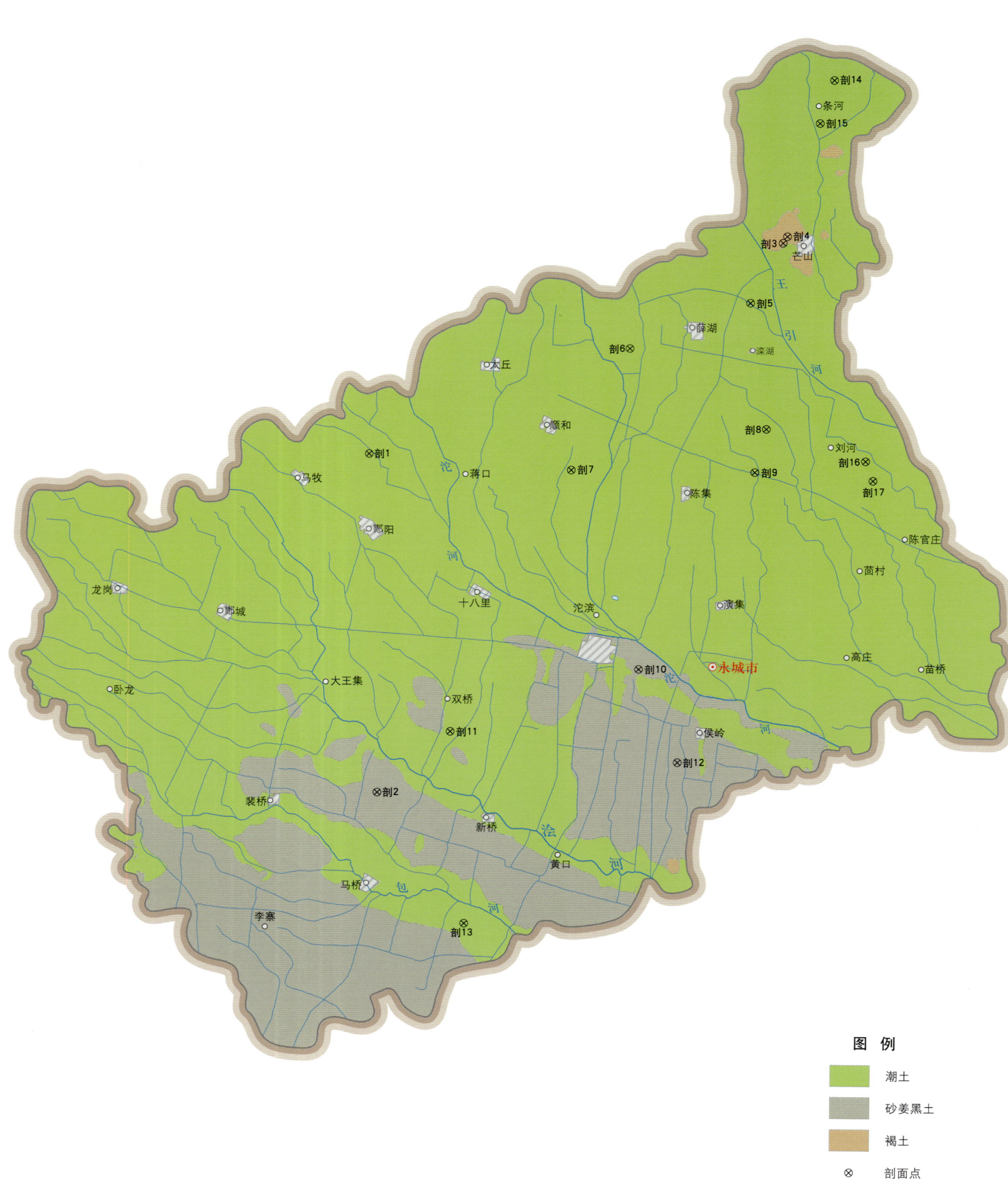

永城市土壤剖面理化性状表

剖面号 Soil profile	土纲 Soil order	土类 Soil great group	亚类 Soil subgroup	土属 Soil genus	土种 Soil species	土层码 Layer code	土层厚度 Depth/cm	颜色 Soil color	质地 Soil texture	土壤结构 Soil structure	pH	有机质 OM/(g/kg)	全氮 TN/(g/kg)	全磷 TP/(g/kg)	速效钾 AK/(mg/kg)	阳离子交换量 CEC/(cmol/kg)	土壤母质 Parent material	剖面点坐标 Profile coordinate	匹配指数 Matching index/%
剖1	半水成土	潮土	盐化潮土	盐化潮土	中盐两合土	1	0—32	黄灰色	轻壤土	粉粒状	8.2	2.0	0.20	1.37		3.2	河流冲积物	E 116°12′32.4″ N 34°03′11.9″	97
						2	32—41	浅灰黄色	砂壤土	粒状	7.7	1.4	0.20	1.54		2.9			
						3	41—100	浅灰黄色	砂壤土	单粒状	7.8	2.2	0.67	1.45		3.6			
剖2	半水成土	砂姜黑土	砂姜黑土	灰质黑老土	黏质薄腐灰质黑老土	1	0—28	棕灰色	中壤土	块状	7.4	9.1	0.68	1.29		27.1	湖相沉积物	E 116°13′04.8″ N 33°51′10.8″	75
						2	28—68	灰黄色	中壤土	碎块状	7.2	9.2	0.68	0.82		16.1			
						3	68—100	棕灰色	重壤土	棱柱状	7.3	5.6	0.43	0.82		13.9			
剖3	半淋溶土	褐土	潮褐土	潮褐土	黏质二黄潮褐土	1	0—20	棕褐色	重壤土	块状	7.5	12.7	1.10	1.49		14.1		E 116°29′28.7″ N 34°10′50.5″	95
						2	20—45	棕褐色	重壤土	块状	7.4	7.0	0.89	0.89		17.9			
						3	45—70	棕褐色	中壤土	碎块状	7.4	4.0	0.89	0.85		14.9			
						4	70—100	棕褐色	中壤土	小块状	7.4	3.5	0.87	0.54		7.9			
剖4	半淋溶土	褐土	褐土性土	耕种褐土性土	少砾质褐厚层褐土性土	1	0—27	棕褐色	重壤土	块状	7.4	8.7	0.76	1.34		16.3	石灰岩坡积物、洪积物	E 116°29′39.1″ N 34°11′04.6″	95
						2	27—100	棕褐色	重壤土	棱柱状	7.2	5.1	0.47	0.86		21.6			
剖5	半水成土	潮土	黄潮土	淤土	体壤淤土	1	0—20	红棕色	重壤土	碎块状	7.7	10.1	0.87	1.43		18.8	河流冲积物	E 116°28′09.5″ N 34°08′42.7″	98
						2	20—45	红棕色	重壤土	块状	7.7	10.1	0.87	1.43		13.8			
						3	45—100	黄灰色	轻壤土	单粒状	7.5	4.5	0.35	1.40		8.1			
剖6	半水成土	潮土	碱化潮土	碱潮泥土	湿碱潮泥土	A₁₁n	0—20	浊黄棕色	砂壤土	粒状	9.5	3.7	0.30	0.55	52	4.2	河流冲积物	E 116°23′12.8″ N 34°07′04.1″	95
						C₁	20—42	黄灰棕色	粉砂质壤土	小块状	≥10.0	3.3	0.25	0.46					
						C₂	42—76	黄棕色	砂壤土	单粒状	9.0	2.8		0.52					
						Cu	76—100	棕色	粉砂质壤土	块状	9.0	7.7	0.73	0.52					
剖7	半水成土	潮土	黄潮土	两合土	两合土	1	0—19	灰棕色	中壤土	团粒状	7.7	10.2	0.60	1.47		7.2	河流冲积物	E 116°20′51.7″ N 34°02′42.7″	98
						2	19—50	黄棕色	轻壤土	粒状	7.6	5.5	0.47	1.39		6.0			
						3	50—100	红棕色	重壤土	块状	7.8	7.3	0.40	1.31		8.9			
剖8	半水成土	潮土	黄潮土	两合土	底砂两合土	1	0—20	灰棕色	中壤土	团粒状	7.6	6.9	0.67	1.42		6.8	河流冲积物	E 116°28′51.6″ N 34°04′14.2″	98
						2	20—50	棕黄色	中壤土	块状	7.7	4.6	0.95	1.45		9.6			
						3	50—100	浅黄棕色	紧砂土	单粒状	7.9	1.3	0.78	1.18		3.3			
剖9	半水成土	潮土	碱化潮土	碱潮泥土	瓦碱潮泥土	A₁₁n	0—20	油黄棕色	壤土	碎块状	9.3	7.3	0.60	0.55	45	4.6	河流冲积物	E 116°28′24.6″ N 34°02′41.6″	95
						C	20—74	油黄棕色	粉砂质壤土	小块状	9.5	4.1	0.51	0.54					
						Cu	74—100	油黄棕色	壤土	块状	9.7	3.1	0.45	0.53					
剖10	半水成土	砂姜黑土	砂姜黑土	灰质黑老黑土	黏质厚腐灰质黑老土	1	0—20	红棕色	轻黏土	团粒状	7.5	9.3	0.59	1.17		19.7	湖相沉积物	E 116°23′44.2″ N 33°55′39.4″	95
						2	20—35	黑色	重黏土	块状	7.5	9.3	0.56	1.17		19.7			
						3	35—70	黑色	重黏土	棱块状	7.4	9.0	0.33	1.44		14.3			
						4	70—100	灰黄色	中壤土	棱块状	7.4	7.2	1.30	1.10		16.7			
剖11	半水成土	潮土	黄潮土	黑底潮土	黑底两合土	1	0—23	棕灰色	轻壤土	团粒状	7.7	9.2	0.29	1.27		7.7	河流冲积物	E 116°16′02.6″ N 33°53′21.8″	98
						2	23—88	灰黄色	重壤土	粒状	7.7	3.6	1.20	1.25		5.1			
						3	88—100	黑黄色	重壤土	块状	7.9	8.5	0.85	0.56		18.1			
剖12	半水成土	砂姜黑土	砂姜黑土	灰质砂位砂姜黑土	灰质深位砂姜黑土	1	0—30	黑棕色	轻黏土	碎屑状	7.4	6.9	0.88	0.56		24.4	湖相沉积物	E 116°25′22.4″ N 33°52′22.1″	97
						2	30—73	黑色	轻黏土	棱块状	7.3	9.6	0.21	0.68		24.4			
						3	73—100	棕色	轻黏土	块状	7.2	4.1	0.21	0.93		20.8			
剖13	半水成土	潮土	黄潮土	黑底潮土	黑底淤土	1	0—20	红棕色	轻黏土	块状	7.4	9.9	1.10	1.25		16.1	河流冲积物	E 116°16′43.3″ N 33°46′31.4″	98
						2	20—60	棕红色	重黏土	块状	7.2	7.6	1.90	1.17		21.1			
						3	60—100	灰黑色	轻黏土	碎屑状	7.3	8.3	1.50	0.43		26.0			

续表 Continued

剖面号 Soil profile	土纲 Soil order	土类 Soil great group	亚类 Soil subgroup	土属 Soil genus	土种 Soil species	土层码 Layer code	土层厚度 Depth/cm	颜色 Soil color	质地 Soil texture	土壤结构 Soil structure	pH	有机质 OM/(g/kg)	全氮 TN/(g/kg)	全磷 TP/(g/kg)	速效钾 AK/(mg/kg)	阳离子交换量CEC/(cmol/kg)	土壤母质 Parent material	剖面点坐标 Profile coordinate	匹配指数 Matching index/%
剖14	半水成土	潮土	潮土	潮黏土	黑底淤土	A₁₁	0—20	浊棕色	粉砂质黏土	块状	8.4	9.9	1.10	0.55	164	16.1	河流冲积物	E 116°31′31.4″ N 34°16′38.6″	81
						C	20—60	浊橙色	粉砂质黏土	块状	8.2	7.6	0.60	0.51		21.1			
						Cu	60—100	浊黄橙色	壤质黏土	棱块状	8.3	8.3	0.50	0.43		26.6			
剖15	半水成土	潮土	黄潮土	淤土	底砂淤土	1	0—20	黄棕色	轻黏土	碎块状	7.5	10.3	1.10	1.35		16.7	河流冲积物	E 116°30′57.6″ N 34°15′06.8″	97
						2	20—60	红棕色	轻黏土	块状	7.5	7.3	1.00	1.24		15.0			
						3	60—100	浅黄色	砂壤土	单粒状	7.5	5.7	0.74	1.20		3.6			
剖16	半水成土	潮土	盐化潮土	盐化潮土	轻盐底砂两合土	1	0—27	灰黄色	轻壤土	粉粒状	8.1	5.3	0.46	1.33		4.1	河流冲积物	E 116°32′58.2″ N 34°03′07.2″	97
						2	27—67	浅灰黄色	轻壤土	粉粒状	7.9	4.1	0.47	1.27		4.1			
						3	67—100	浅灰黄色	紧砂土	单粒状	7.9	1.6	0.48	1.30		4.0			
剖17	半水成土	潮土	黄潮土	两合土	腰砂两合土	1	0—20	灰黄色	中壤土	团粒状	7.5	7.0	0.66	1.34		8.3	河流冲积物	E 116°33′16.6″ N 34°02′26.2″	98
						2	20—38	黄灰色	中壤土	碎块状	7.8	4.1	0.47	1.77		7.4			
						3	38—75	浅黄色	紧砂土	单粒状	8.0	3.4	0.40	1.31		3.6			
						4	75—100	黄棕色	中壤土	碎块状	7.9	3.1	0.73	1.31		5.9			

信 阳 市

市 辖 区

主要土类说明

水稻土是信阳市主要土壤类型，占本市地域面积的 34%。其主要特征为耕作层松软，犁底层板实，土层分异明显，具有氧化还原层；新生体和黏粒下移聚积明显，铁锈新生体在耕作层多以锈斑出现，而耕作层以下则以铁锰结核、铁锰胶膜、黏土胶膜等形式附着于结构面上，或有明显的上少下多聚积特征；水热状况稳定。典型剖面由耕作层（包括犁底层）、渗育层、潴育层、潜育层和母质层组成。

黄褐土是信阳市第二大土壤类型，占本市地域面积的 27%。其发育于第四纪下蜀系黄土，全剖面质地黏重，呈黄褐色或棕褐色，物理性黏粒（小于 0.01mm）含量在 30% 以上。具有比较明显的发育层次，一般腐殖质层较薄，而淀积层较厚且黏，形成黏盘。有大量铁锰斑块、铁子等新生体。pH 为 5.5—7.0，全剖面无石灰反应，无游离碳酸钙，下层有时有少量砂姜出现。土层较薄，土体中往往有较多的砾石和碎石块。

黄棕壤是信阳市第三大土壤类型，占本市地域面积的 16%。其发育在多种岩石风化物上，一般具有 Ao 层（枯枝落叶层）、A 层（腐殖质与矿物质颗粒结合层）、B 层（淀积层）、C 层（母质层）。Ao 层和 A 层一般有机质含量丰富，呈棕褐色，粒状、碎屑状结构。B 层呈黄棕色，质地一般较上层重。剖面发育不明显，无明显的铁锰结核新生体淀积。土壤呈微酸性，pH 为 5.5—6.5。盐基中度不饱和。黏土矿物以伊利石为主，伴有蛭石，并有高岭石。

石质土占信阳市地域面积的 10%，广泛分布于侵蚀严重岩石裸露的石质山地、侵蚀残丘，以及丘顶、山脊、山坡等陡峻的地形部位。该土表层岩石裸露，风化层浅薄，一般小于 10cm，风化度低，富含砾石，多碎屑岩粒，属 A-R 型土。

粗骨土占信阳市地域面积的 5%。粗骨土属于 A-C 型，甚至（A）-C 型土壤。A 层发育不明显，与母质土层性状相似，略显有机质累积。有时母质层富含砾石，甚少剖面分异与发育特征。

小于本市地域面积 3% 的土壤类型还有潮土、砂姜黑土、棕壤和红黏土等。

本区域中心区气候特征

本区域中心区气候特征值
Regional climate characteristics in central area of the region

气候带：北亚热带湿润气候 Climate region: North subtropical humid climate	
年平均气温 /℃ Annual average temperature /℃	15.2
年平均最高气温 /℃ Annual average maximum temperature /℃	20.2
年平均最低气温 /℃ Annual average minimum temperature /℃	11.2
年降水量 /mm Annual precipitation /mm	1085
≥ 10℃的积温 /℃ Daily temperature accumulated in a year（≥ 10℃）/℃	5588
年日照时数 /h Annual sunshine /h	1966
年平均相对湿度 /% Annual average relative humidity /%	75
干燥度 Dryness	0.84

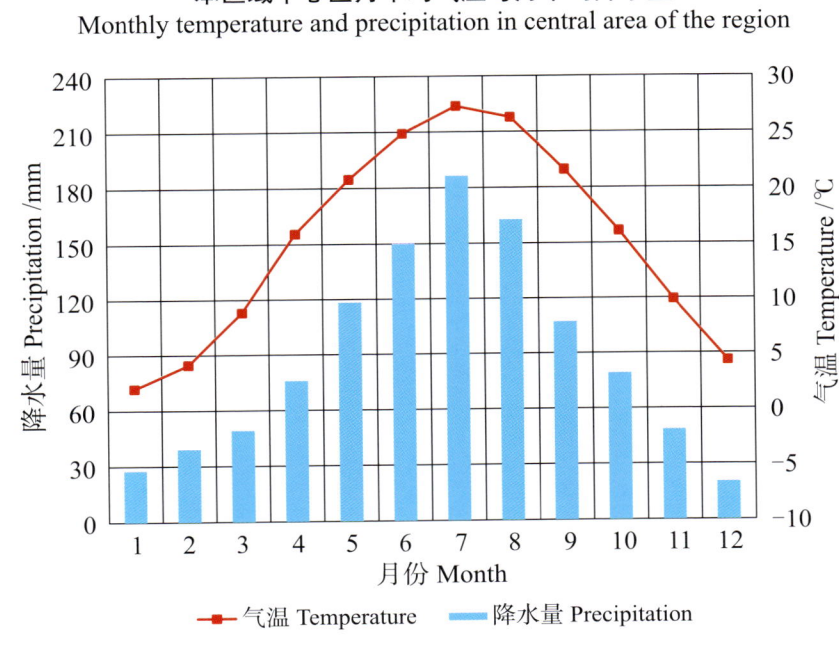

本区域中心区月平均气温与月平均降水量
Monthly temperature and precipitation in central area of the region

信阳市市辖区主要土壤类型与土壤剖面点分布图
1:320 000

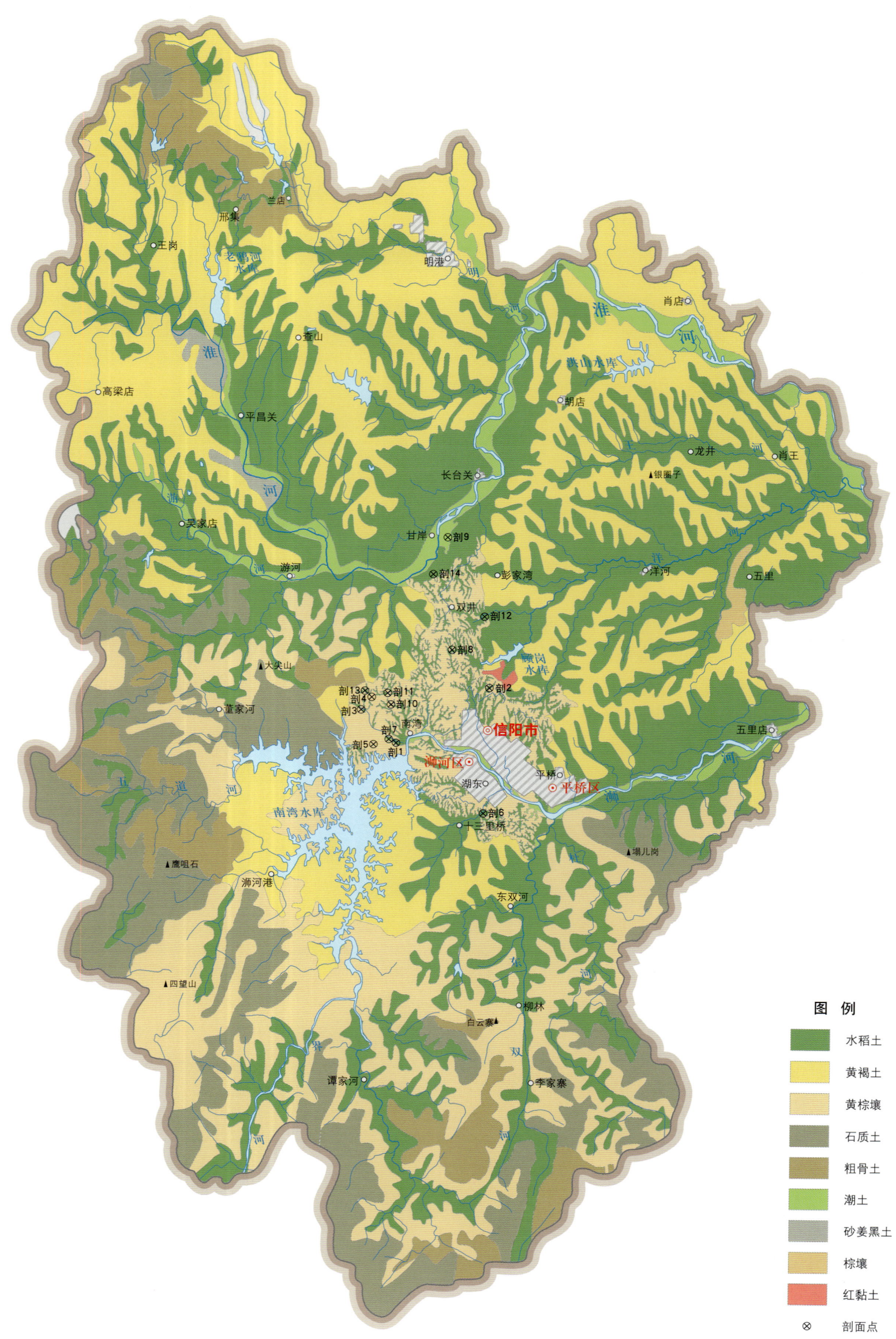

信阳市土壤剖面理化性状表

剖面号 Soil profile	土纲 Soil order	土类 Soil great group	亚类 Soil subgroup	土属 Soil genus	土种 Soil species	土层码 Layer code	土层厚度 Depth/cm	颜色 Soil color	质地 Soil texture	土壤结构 Soil structure	pH	有机质 OM/(g/kg)	全氮 TN/(g/kg)	全磷 TP/(g/kg)	有效磷 AP/(mg/kg)	速效钾 AK/(mg/kg)	阳离子交换量 CEC/(cmol/kg)	土壤母质 Parent material	剖面点坐标 Profile coordinate	匹配指数 Matching index/%
剖1	人为土	水稻土	潜育水稻土	青潮泥砂田	信阳青泥田	Aa	0—18	浅灰色	壤质黏土	小块状	6.3	22.9	1.34	0.41	3.3	98	21.6	洪积物、冲积物	E 113°59′35.2″ N 32°08′03.5″	75
						Apg	18—32	浅橄榄灰色	壤质黏土	块状	6.8	15.7	1.03	0.40			18.7			
						G	32—100	青灰色	黏质黏土	软糊状无结构	6.9	9.2	0.65	0.33			17.5			
剖2	人为土	水稻土	潜育水稻土	黄棕壤性潜育水稻土	浅位薄层青泥田	1	0—20	灰黄色	重壤土	块状	6.7	13.0	0.82	0.52		68	20.6		E 114°04′03.9″ N 32°10′10.7″	75
						2	20—30	青灰色	重壤土	糊泥状	6.7	10.4	0.94	0.77		68	17.6			
						3	30—100	灰黄棕色	重壤土	棱块状	6.9	21.3	1.45	0.87		64	21.1			
剖3	人为土	水稻土	淹育水稻土	黄棕壤性淹育水稻土	堆黄土田	1	0—18	灰黄色	中壤土	碎屑状	6.3	10.9	0.69	0.56		56	11.3	古河流冲积物、堆积物	E 113°58′03.7″ N 32°09′24.1″	75
						2	18—45	浅黄棕色	中壤土	小块状	6.8	4.5	0.37	0.63		63	11.8			
						3	45—100	黄棕色	中壤土	块状	6.7	7.0	0.47	0.46		46	12.4			
剖4	人为土	水稻土	淹育水稻土	黄棕壤性淹育水稻土	浅位厚层胶黄土田	1	0—18	灰黄色	中壤土	碎屑状	6.8	14.1	1.11	1.22		73	22.0	下蜀系黄土	E 113°58′28.6″ N 32°09′59.4″	75
						2	18—38	黄棕色	重壤土	棱块状	6.9	11.3	0.85	0.82		83	26.2			
						3	38—100	深棕褐色	重壤土	棱块状	6.9	12.0	1.04	0.92		64	20.2			
剖5	淋溶土	黄棕壤		麻黄棕泥土	鸡公山麻黄棕土	Ah	15—32	棕黑色	砂壤土	团粒状	5.8	72.5	3.00	0.52		153	15.1	花岗岩类风化残积物、坡积物	E 113°58′36.1″ N 32°07′57.0″	95
						ABv	5—15	绿灰色	砂壤土	块状	4.9	32.3	1.32	0.52		101				
						Bv	32—55	绿灰色	砂壤土	块状	5.2	16.9	0.81	0.35		90				
						BvC	55—110	橄榄黄色	砂壤土	块状	4.5	7.7	0.55	0.35						
剖6	人为土	水稻土	潜育水稻土	黄棕壤性潜育水稻土	浅位厚层青泥田	1	0—15	黄棕色	重壤土	碎屑状	6.4	11.2	0.71	0.77		71	16.2	河流冲积物	E 114°03′39.1″ N 32°05′00.3″	75
						2	15—45	青灰色	重壤土	糊泥状	6.8	18.4	1.35	0.71		108	20.3			
						3	45—100	灰黄色	砂壤土	片状	6.6	13.7	1.20	0.52		122	7.7			
剖7	半水成土	潮土		灰砂土	灰砂壤土	1	0—20	浅黄棕色	砂壤土	碎屑状	6.5	12.6	0.73	0.74		64	10.9	河流冲积物	E 113°59′19.7″ N 32°08′09.2″	75
						2	20—60	黄棕色	紧砂土	小碎块状	6.7	7.2	0.37	0.75		25	7.1			
						3	60—100	灰黄色	重壤土	单粒状	6.9	7.2	0.38	0.81		21				
剖8	人为土	水稻土	潜育水稻土	黄棕壤性潜育水稻土	表潜青泥田	1	0—18	青灰色	重壤土	糊泥状	6.3	22.9	1.34	0.93		104	21.6		E 114°02′21.5″ N 32°11′46.3″	95
						2	18—30	浅黄棕色	中壤土	块状	6.8	15.7	1.03	0.93		108	18.7			
						3	30—100	黄棕褐色	轻壤土	块状	6.9	9.2	0.65	0.76		77	17.5			
剖9	半水成土	潮土		灰两合土	灰小两合土	1	0—15	灰棕色	重壤土	粒状	6.7	13.7	1.25	1.23		37	17.3	河流冲积物	E 114°02′16.1″ N 32°16′24.2″	97
						2	15—33	浅黄棕色	轻壤土	碎屑状	6.8	12.7	0.88	1.22		31	9.0			
						3	33—100	青灰色	轻壤土	块状	6.6	8.3	0.50	0.86		29	13.1			
剖10	人为土	水稻土	侧渗水稻土	黄棕壤性渗水稻土	死白散泥田	1	0—16	黄棕褐色	中壤土	块状	6.4	15.8	0.98	0.50		64	19.7	下蜀系黄土	E 113°59′27.2″ N 32°09′34.9″	82
						2	16—35	黄棕色	重壤土	棱块状	6.8	10.5	0.74	0.72		29	14.7			
						3	35—100	灰黄色	重壤土	棱块状	6.5	7.8	0.39	0.41		29	12.4			
剖11	人为土	水稻土	潴育水稻土	黄棕壤性潴育水稻土	浅位厚层胶黄泥田	1	0—16	灰黄棕色	轻壤土	小块状	5.9	22.4	1.34	0.91		68	20.8	下蜀系黄土	E 113°59′19.0″ N 32°10′03.4″	95
						2	16—30	暗黄棕色	重壤土	块状	6.6	22.4	1.06	0.94		54	17.2			
						3	30—48	黄棕色	重壤土	棱块状	6.7	16.6	0.78	0.88		64	19.9			
						4	48—100	黄灰色	中壤土	棱块状	6.5	9.3	0.62	0.56		44	17.3			
剖12	人为土	水稻土	淹育水稻土	潮土性淹育水稻土	潮小两合土田	1	0—20	灰黄色	中壤土	碎屑状	6.9	13.8	0.86	0.97		64	17.6	河流冲积物	E 114°03′54.7″ N 32°13′06.6″	95
						2	20—40	黄棕色	中壤土	块状	6.9	12.8	0.77	0.86		54	16.4			
						3	40—100	黄棕色	中壤土	碎屑状	6.9	12.1	0.90	1.30		62	24.6			
剖13	人为土	水稻土	潴育水稻土	黄棕壤性潴育水稻土	浅位厚层黄老泥田	1	0—16	黄棕色	重壤土	棱块状	7.0	9.7	1.01	0.62		39	23.6	下蜀系黄土	E 113°58′15.6″ N 32°10′10.2″	95
						2	16—38	灰黄棕色	轻黏土	块状	6.7	16.8	1.64	0.42		77	24.3			
						3	38—100	棕灰色	轻黏土	棱块状	6.9	18.3	0.65	0.40		77	17.5			

续表 Continued

剖面号 Soil profile	土纲 Soil order	土类 Soil great group	亚类 Soil subgroup	土属 Soil genus	土种 Soil species	土层码 Layer code	土层厚度 Depth/cm	颜色 Soil color	质地 Soil texture	土壤结构 Soil structure	pH	有机质 OM/(g/kg)	全氮 TN/(g/kg)	全磷 TP/(g/kg)	有效磷 AP/(mg/kg)	速效钾 AK/(mg/kg)	阳离子交换量 CEC/(cmol/kg)	土壤母质 Parent material	剖面点坐标 Profile coordinate	匹配指数 Matching index/%
剖14	人为土	水稻土	潴育水稻土	黄棕壤性潴育水稻土	壤黄泥田	1	0—19	黄棕色	重壤土	碎屑状	6.1	9.2	1.12	0.81		89	24.4	下蜀系黄土	E 114°01′33.6″ N 32°14′53.5″	95
						2	19—51	浅黄棕色	轻黏土	块状	6.0	14.0	0.71	1.34		68	28.3			
						3	51—100	黄棕褐色	重壤土	块状	6.4	10.3	0.53	0.83		52	18.6			

罗 山 县

主要土类说明

水稻土是罗山县主要土壤类型，占本县地域面积的54%。在长期的水耕或水旱轮作以及施肥的条件下，土体经常处于干湿交替的环境中，氧化与还原、有机质的积累与分解、盐基的淋溶与复盐基等过程不断循环往复进行，促使土壤剖面发生明显分异。剖面形态因水分状况的不同而各异，但共同点是都具有干湿异状的氧化还原层（淹育层）、板结紧实的犁底层和下渗水通过的渗育层。水热状况比较稳定。有机质累积多，分解慢。土壤供肥能力较强。在水耕过程中，土壤呈糊软状态，养分的含量在生物化学作用下增加，供应能力也大大提高。

石质土是罗山县第二大土壤类型，占本县地域面积的13%，广泛分布于侵蚀严重岩石裸露的石质山地、侵蚀残丘，以及丘顶、山脊、山坡等陡峻的地形部位。该类土壤表层岩石裸露，风化层浅薄，一般小于10cm，风化度低，富含砾石，多碎屑岩粒，属A-R型土。

黄棕壤是罗山县第三大土壤类型，占本县地域面积的11%。黏化过程是其最主要、最显著的表现。黏化过程包括黏粒的形成和黏粒的淋溶淀积。在北亚热带高温多雨的条件下，风化作用和淋溶作用都很强烈，矿物在彻底分解过程中，释放出来的大量一、二价盐基离子，随着下渗雨水向下淋洗。同时，易变价的铁、锰等离子也有移动，在土体一定深度聚积下来，形成各种形态的新生体，如铁锰结核（铁子）等。其附于土壤结构面上的铁锰化合物，失水形成凝胶，年复一年地积累，形成表面光滑、呈黄棕褐色的铁锰胶膜和透明的黏土胶膜。其剖面具有以下特征：发育在多种岩石风化物上，一般具有A（腐殖质与矿物质颗粒结合的表层）、B（淀积层）、C（母质层）三种发生层次，A层一般有较多有机质，呈棕黑色，粒状结构；B层呈黄棕色，质地较上层稍黏，无明显的铁锰新生体淀积。土壤呈微酸性，pH为5.0—6.0；盐基中度不饱和；黏土矿物以伊利石为主，伴有蛭石，并有高岭石。

黄褐土占罗山县地域面积的11%。黄褐土发育在下蜀系黄土上，全剖面质地黏重，一般物理性黏粒（小于0.01mm）含量在35%以上。淀积层极黏，形成黏盘，有大量铁锰斑块、铁子等新生体。全剖面无石灰反应，土壤中性偏酸，pH为6.0—7.0。盐基低度不饱和。

潮土占罗山县地域面积的4%。潮土是发育在河流冲积物上较年轻的非地带性土壤。其地下水位高，因具有夜潮现象而得名。潮土的形成有流水分选的沉积过程、地下水参与的潮化过程和人为耕种的熟化过程。土壤发育层次不明显，而质地层次（沉积层次）明显；心土层、底土层有明显的锈纹、锈斑；母质来源于上游各地，故矿物质种类多，成分复杂；有机质和全氮含量一般缺乏，而钾、磷等矿质元素较为丰富。

小于本县地域面积3%的土壤类型还有红黏土和粗骨土等。

本区域中心区气候特征

本区域中心区气候特征值
Regional climate characteristics in central area of the region

气候带：北亚热带湿润气候 Climate region: North subtropical humid climate	
年平均气温 /℃ Annual average temperature /℃	15.3
年平均最高气温 /℃ Annual average maximum temperature /℃	20.3
年平均最低气温 /℃ Annual average minimum temperature /℃	11.3
年降水量 /mm Annual precipitation /mm	1123
≥10℃的积温 /℃ Daily temperature accumulated in a year（≥10℃）/℃	5616
年日照时数 /h Annual sunshine /h	1971
年平均相对湿度 /% Annual average relative humidity /%	76
干燥度 Dryness	0.81

本区域中心区月平均气温与月平均降水量
Monthly temperature and precipitation in central area of the region

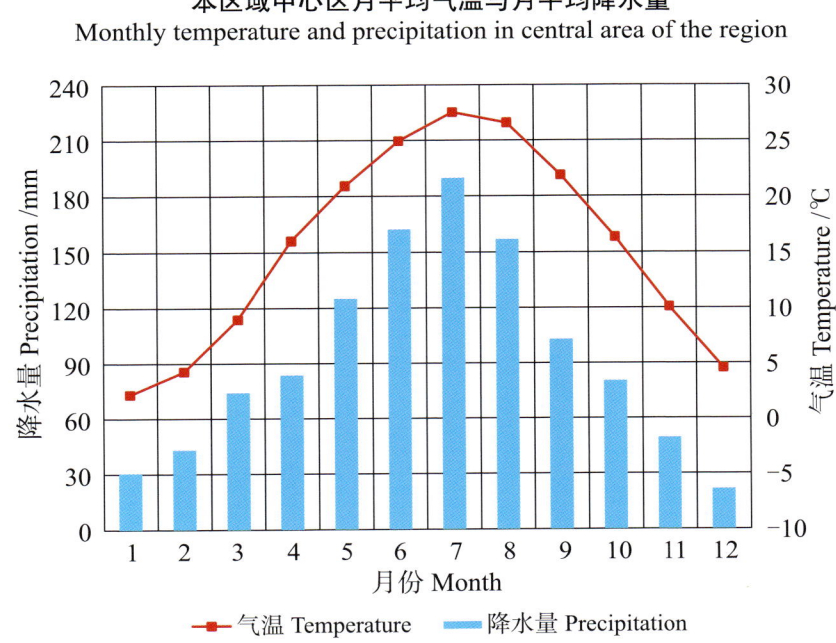

罗山县主要土壤类型与土壤剖面点分布图
1∶230 000

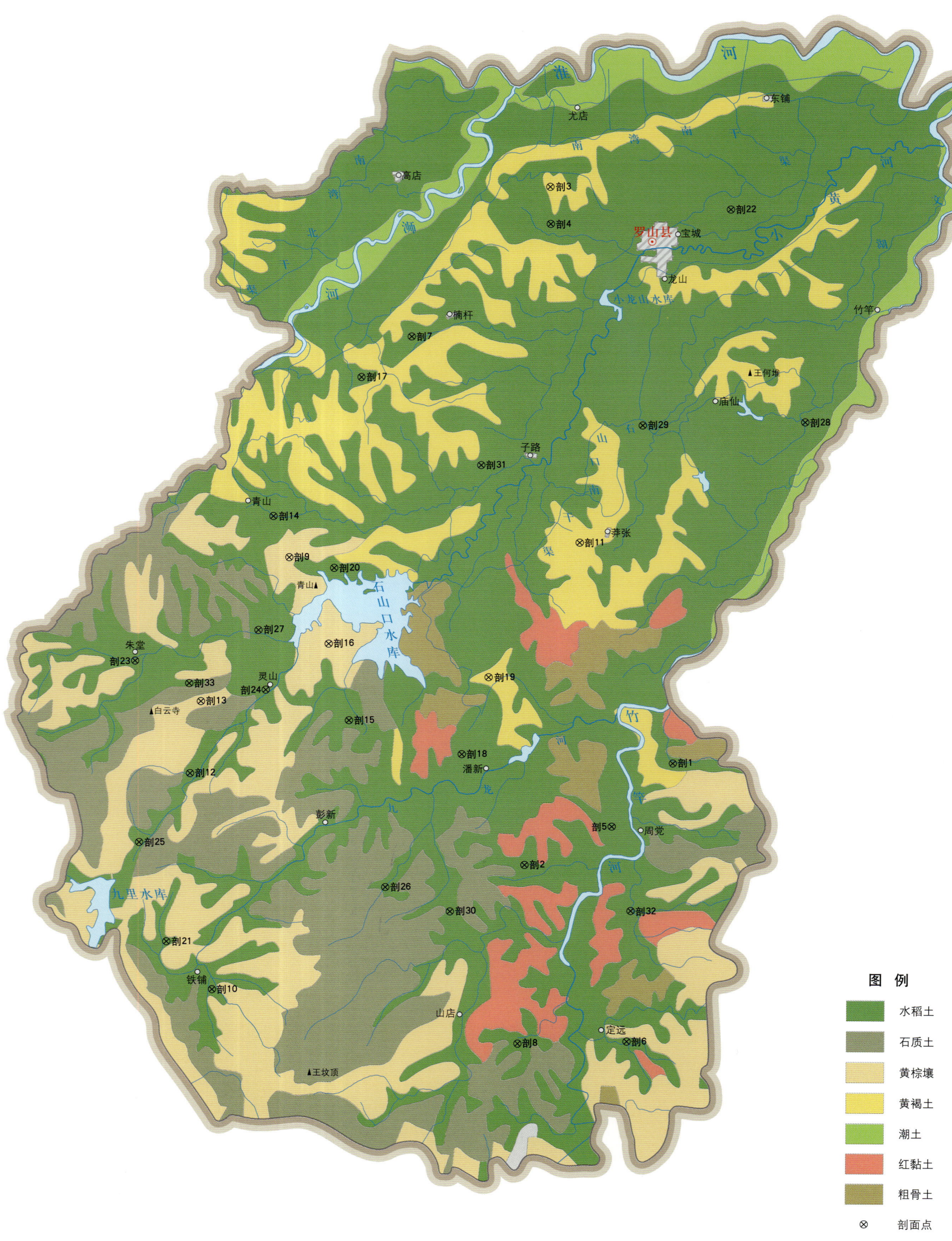

图　例

- 水稻土
- 石质土
- 黄棕壤
- 黄褐土
- 潮土
- 红黏土
- 粗骨土
- ⊗ 剖面点

罗山县土壤剖面理化性状表

剖面号 Soil profile	土纲 Soil order	土类 Soil great group	亚类 Soil subgroup	土属 Soil genus	土层码 Layer code	土层厚度 Depth/cm	颜色 Soil color	质地 Soil texture	土壤结构 Soil structure	pH	有机质 OM/(g/kg)	全氮 TN/(g/kg)	全磷 TP/(g/kg)	有效磷 AP/(mg/kg)	速效钾 AK/(mg/kg)	阳离子交换量 CEC/(cmol/kg)	土壤母质 Parent material	剖面点坐标 Profile coordinate	匹配指数 Matching index/%
剖1	人为土	水稻土	侧渗水稻土	黄棕壤性侧渗水稻土	1	0—17	灰黄色	重壤土	碎块状	5.0	16.6	1.01	0.34	1.2	35	15.5	下蜀系黄土	E 114°32′34.1″ N 31°56′07.4″	95
					2	17—40	黄灰色	中壤土	小块状	6.9	5.8	0.37	0.34			26.4			
					3	40—100	棕褐色	重壤土	块状	6.9	6.9	0.39	0.34			23.0			
剖2	人为土	水稻土	潜育水稻土	黄棕壤性潜育水稻土	1	0—14	灰黄色	重壤土	块状	6.2	25.0	1.35	0.21	<1.0	89	18.0		E 114°27′31.0″ N 31°52′53.0″	95
					2	14—48	棕黄色	轻黏土	块状	6.8	18.2	0.90	0.17			19.5			
					3	48—100	青灰色	重壤土	块状	7.0	19.7	0.95	0.16			19.0			
剖3	淋溶土	黄褐土		白散土	1	0—20	浅灰黄色	中壤土	碎屑状	6.3	11.0	0.70	0.28	10.1	232	10.0	下蜀系黄土	E 114°27′43.9″ N 32°13′45.1″	78
					2	20—52	黄灰色	中壤土	小块状	6.8	5.0	0.35	0.16			10.4			
					3	52—100	黄棕色	轻黏土	块状	6.4	11.7	0.59	0.40			18.5			
剖4	人为土	水稻土	淹育水稻土	黄棕壤性淹育水稻土	1	0—13	黄棕色	中壤土	碎块状	6.2	10.9	0.69	0.24	4.2	56	11.3	古河流冲积物、堆积物	E 114°27′46.8″ N 32°12′37.1″	95
					2	13—57	灰棕色	中壤土	块状	7.0	4.5	0.37	0.28			11.8			
					3	57—100	黄褐色	重壤土	块状	6.8	7.1	0.47	0.20			11.4			
剖5	人为土	水稻土	潜育水稻土	黄棕壤性潜育水稻土	1	0—15	灰黄色	重壤土	碎块状	6.4	15.0	0.87	0.21	18.2	76	14.0		E 114°30′30.2″ N 31°54′08.3″	95
					2	15—44	灰黄棕色	轻黏土	块状	7.2	8.1	0.56	0.25			21.0			
					3	44—58		重壤土	棱块状	7.3	8.1	0.49	0.62			19.9			
					4	58—100		重壤土	块状	7.3	6.5	0.36	0.55			16.4			
剖6	人为土	水稻土	淹育水稻土	黄棕壤性淹育水稻土	1	0—16	灰黄色	重壤土	碎块状	5.3	18.6	1.15	0.30	23.1	69	9.2	坡积物、残积物	E 114°31′14.5″ N 31°47′33.0″	95
					2	16—36	黄灰色	中壤土	块状	7.2	7.1	0.46	0.24			7.5			
					3	36—54	灰棕色	重壤土	块状	7.3	9.1	0.49	0.23			9.9			
					4	54—100		重壤土	块状	7.3	5.5	0.39	0.23			8.7			
剖7	人为土	水稻土	侧渗水稻土	黄棕壤性侧渗水稻土	1	0—14		中壤土	碎块状	5.9	15.0	1.01	0.28	<1.0	78	12.4	下蜀系黄土	E 114°23′02.8″ N 32°09′01.8″	95
					2	14—52	黄灰色	轻壤土	块状	6.9	4.3	0.31	0.26			15.5			
					3	52—100	黄灰色	重壤土	块状	7.1	5.7	0.46	0.32			19.4			
剖8	人为土	水稻土	潜育水稻土	黄棕壤性潜育水稻土	1	0—15	黄灰色	重壤土	碎块状	5.9	19.2	1.10	0.27	7.1	63	14.8	坡积物、残积物	E 114°27′27.4″ N 31°47′23.6″	95
					2	15—37	灰棕色	重壤土	块状	6.1	13.2	0.78	0.26			13.1			
					3	37—100	青灰色	重壤土	块状	6.6	8.8	0.56	0.36			14.3			
剖9	淋溶土	黄棕壤		砂岩黄棕壤	1	0—17	灰黄色	轻壤土	碎屑状	5.9	21.7	0.87	0.25	5.7	141	12.6	砂页岩类风化残积物、坡积物	E 114°19′00.8″ N 32°02′08.5″	95
					2	17—46	黄棕色	轻壤土	碎屑状	5.7	3.1	0.10	0.20			16.7			
					3	46—80	浅灰黄色	重壤土	块状	6.0	8.4	0.47	0.20			20.3			
剖10	人为土	水稻土	潜育水稻土	马肝泥田	Aa	0—15	油黄橙色	粉砂质黏土	团粒状	6.8	20.9	1.09	0.16	2.5	71	16.5	黄褐土	E 114°16′47.6″ N 31°48′45.7″	95
					Ap	15—23	油黄橙色	粉砂质黏土	棱柱状	7.9	12.1	0.87	0.14	1.7	69	18.5			
					W₁	70—100	油橙色	粉砂质黏壤土	大棱块状	8.0	4.8	0.31	<0.10	<1.0	54	12.5			
					W₂	23—45	灰棕色	重壤土	块状	8.0	5.5	0.53	<0.10	<1.0	56	13.4			
					C	45—70	灰黄棕色	轻壤土	大棱块状	7.9	2.6	0.27	<0.10			12.0			
剖11	淋溶土	黄褐土		黄胶土	1	0—14	浅灰黄色	重壤土	碎块状	6.9	15.9	0.59	0.44			22.0	下蜀系黄土	E 114°29′06.0″ N 32°02′50.3″	78
					2	14—25	黄灰色	中壤土	块状	6.8	8.6	0.48	0.49	10.0	139	21.3			
					3	25—41	黄棕色	重壤土	棱块状	7.9	5.4	0.26	0.23			16.7			
					4	41—100	棕黄色	重壤土	块状	8.0	5.0	0.16	0.27			24.8			
剖12	人为土	水稻土	淹育水稻土	潮土性淹育水稻土	1	0—19	黄黄色	中壤土	碎块状	5.4	9.2	0.63	0.35	3.2	111	6.4	河流沉积物	E 114°15′47.2″ N 31°55′24.2″	95
					2	19—73	黄棕色	轻壤土	碎块状	6.6	4.4	0.34	0.31			7.3			
					3	73—100	灰棕色	轻壤土	碎块状	6.8	2.9	0.25	0.32			4.6			
剖13	淋溶土	黄棕壤	粗骨性黄棕壤	砂岩黄砂石土	1	0—23	灰灰棕色	轻壤土	碎块状	5.8	8.5	0.38	0.17			15.0	砂页岩风化残积物、坡积物	E 114°16′05.2″ N 31°57′38.5″	95
					2	23—60	灰黄棕色	轻壤土	碎块状	6.0	3.5	0.31	0.14			17.0			

续表 Continued

剖面号 Soil profile	土纲 Soil order	土类 Soil great group	亚类 Soil subgroup	土属 Soil genus	土层码 Layer code	土层厚度 Depth/cm	颜色 Soil color	质地 Soil texture	土壤结构 Soil structure	pH	有机质 OM/(g/kg)	全氮 TN/(g/kg)	全磷 TP/(g/kg)	有效磷 AP/(mg/kg)	速效钾 AK/(mg/kg)	阳离子交换量 CEC/(cmol/kg)	土壤母质 Parent material	剖面点坐标 Profile coordinate	匹配指数 Matching index/%
剖14	人为土	水稻土	潴育水稻土	黄棕壤性潴育水稻土	1	0—23	灰黄色	重壤土	碎块状	6.4	23.3	1.36	0.22	3.1	58	16.1	坡积物、残积物	E 114°18′24.8″ N 32°03′23.8″	75
					2	23—52	青灰色	重壤土	块状	6.6	11.8	0.70	0.22			16.2			
					3	52—76	灰黄色	中壤土	块状	6.9	8.4	0.45	0.20			14.8			
					4	76—100	黄灰色	中壤土	块状	7.0	6.4	0.38	0.19			29.8			
剖15	人为土	水稻土	潴育水稻土	黄棕壤性潴育水稻土	1	0—15	灰黄色	重壤土	碎块状	5.6	25.4	1.53	0.41	5.7	130	14.4	坡积物、残积物	E 114°21′15.5″ N 31°57′11.2″	95
					2	15—25	黄棕色	重壤土	块状	7.0	15.4	1.00	0.39			16.6			
					3	25—67	黄棕色	重壤土	棱块状	7.2	11.4	0.81	0.41			17.9			
					4	67—100	黄棕灰色	重壤土	棱块状	7.5	5.6	0.43	0.25			14.4			
剖16	淋溶土	黄棕壤	粗骨性黄棕壤	红岗土	1	0—12	红黄色	轻黏土	碎块状	7.1	8.2	0.55	0.36			11.6	红色砂页岩风化残积物、坡积物	E 114°20′28.3″ N 31°59′31.9″	95
					2	12—30	黄红色	轻壤土	块状	5.7	4.8	0.29	0.19			16.9			
剖17	人为土	水稻土	潴育水稻土	黄棕壤性潴育水稻土	1	0—15	青灰色	轻壤土	块状	6.5	6.6	1.48	0.32	<1.0	120	18.7	坡积物、残积物	E 114°21′20.2″ N 32°07′44.8″	95
					2	15—28	青灰色	重壤土	块块状	7.2	6.6	1.10	0.25			19.2			
					3	28—71	褐灰褐色	重壤土	棱块状	7.2	18.8	0.46	0.29			17.0			
					4	71—100	暗青色	中黏土	棱块状	7.3	6.2	0.81	0.40			25.5			
剖18	人为土	水稻土	潴育水稻土	黄棕壤性潴育水稻土	1	0—15		轻黏土		5.5	21.3	1.28	0.24	4.2	58	18.0	坡积物、残积物	E 114°25′13.1″ N 31°56′13.9″	75
					2	15—60		中壤土	块状	7.4	7.7	0.50	0.26			18.4			
					3	60—81		中壤土	块状	7.0	7.2	0.36	0.24			16.7			
					4	81—100		中壤土		7.1	14.2	0.79	0.35			29.7			
剖19	淋溶土	黄褐土		瘀岗土	1	0—35	灰黄棕色	重壤土	块状	5.9	23.4	1.23	0.18	8.1	13	17.0	下蜀系黄土	E 114°26′03.8″ N 31°58′38.3″	78
					2	35—100	黄棕褐色	砂壤土	棱屑状	6.7	4.6	0.36	0.17			14.1			
剖20	人为土	水稻土	淹育水稻土	潮土性淹育水稻土	1	0—20	黄灰色	砂壤土	碎块状	5.9	10.7	0.61	0.31	<1.0	56	5.7	河流沉积物	E 114°20′35.2″ N 32°01′51.2″	75
					2	20—37	黄灰色	轻壤土	碎块状	6.9	3.9	0.25	0.25			4.8			
					3	37—62	黄褐色	轻壤土	碎块状	7.0	3.9	0.27	0.37			8.4			
					4	62—100	灰黄色	中壤土	块状	6.7	4.4	0.25	0.41			9.6			
剖21	人为土	水稻土	淹育水稻土	黄棕壤性淹育水稻土	1	0—20	灰黄色	重壤土	块状	6.0	22.4	1.18	0.27	15.8	128	11.7	坡积物、残积物	E 114°15′09.0″ N 31°50′11.4″	95
					2	20—30	黄棕色	中壤土	块状	6.5	18.4	0.48	0.29			10.3			
					3	30—100	黄棕色	中壤土	碎块状	7.0	3.9	0.23	0.24			11.2			
剖22	人为土	水稻土	侧渗水稻土	黄棕壤性侧渗水稻土	1	0—18	灰棕色	中壤土	碎块状	5.8	15.4	0.92	0.18	4.5	43	24.5	下蜀系黄土	E 114°34′03.0″ N 32°13′12.0″	95
					2	18—37	黄棕色	重壤土	块状	7.5	6.1	0.49	0.19			12.7			
					3	37—64	黄棕色	重壤土	块状	7.5	3.3	0.86	0.17			17.9			
					4	64—100	灰棕色	重壤土	块状	6.8	2.8	0.23	0.18			9.9			
剖23	人为土	水稻土	侧渗水稻土	黄棕壤性侧渗水稻土	1	0—15	灰棕色	中壤土	碎块状	5.1	17.7	1.14	0.40	10.1	94	9.6	坡积物、残积物	E 114°13′45.5″ N 31°58′50.2″	95
					2	15—31	黄棕色	中壤土	块状	6.5	17.7	0.68	0.37			9.6			
					3	31—100	黄棕色	重壤土	块状	7.1	6.3	0.36	0.34			9.6			
剖24	人为土	水稻土	潴育水稻土	黄棕壤性潴育水稻土	1	0—23		重壤土	碎块状	5.0	22.8	1.23	0.19	17.3	62	16.2	坡积物、残积物	E 114°18′28.4″ N 31°58′10.9″	75
					2	23—55	黄灰色	重壤土	块状	5.7	10.5	0.62	0.24			16.5			
					3	55—73	黄棕色	中壤土	块状	6.4	9.2	0.52	0.24			15.4			
					4	73—100	灰棕色	重壤土	块状	6.9	7.9	0.50	0.23			15.8			
剖25	人为土	水稻土	淹育水稻土	浅马肝泥田	Aa	0—12	浊棕色	壤质黏土	小块状	7.0	21.4	1.29	0.21	4.1	100	20.5	黄褐土	E 114°14′06.0″ N 31°53′13.9″	95
					Ap	12—28	浊红棕色	壤质黏土	块状	8.0	9.8	0.63	0.17			19.7			
					C	28—100	浊红棕色	壤质黏土	大棱块状	8.0	5.2	0.42	0.20			19.9			
剖26	人为土	水稻土	侧渗水稻土	黄棕壤性侧渗水稻土	1	0—12		中壤土		5.1	20.9	1.30	0.21	10.0	180	5.9	坡积物、残积物	E 114°22′41.9″ N 31°52′04.4″	95
					2	12—37		中壤土		5.4	6.2	0.40	0.17			6.8			
					3	37—100		中壤土		5.7	4.6	0.31	0.23			9.7			

续表 Continued

剖面号 Soil profile	土纲 Soil order	土类 Soil great group	亚类 Soil subgroup	土属 Soil genus	土层码 Layer code	土层厚度 Depth/cm	颜色 Soil color	质地 Soil texture	土壤结构 Soil structure	pH	有机质 OM/(g/kg)	全氮 TN/(g/kg)	全磷 TP/(g/kg)	有效磷 AP/(mg/kg)	速效钾 AK/(mg/kg)	阳离子交换量CEC/(cmol/kg)	土壤母质 Parent material	剖面点坐标 Profile coordinate	匹配指数 Matching index/%
剖27	人为土	水稻土	侧渗水稻土	黄棕壤性侧渗水稻土	1	0—16	黄灰色	重壤土	碎块状	6.7	13.3	0.78	0.21	2.3	74	9.7	坡积物、残积物	E 114°18′00.7″ N 31°59′53.2″	95
					2	16—38	灰黄色	重壤土	块状	6.2	16.9	0.96	0.24			10.2			
					3	38—100	灰褐色	重壤土	块状	6.9	25.0	1.26	0.21			17.3			
剖28	人为土	水稻土	潜育水稻土	黄棕壤性潜育水稻土	1	0—17	灰黄色	重壤土	碎块状	5.6	16.6	1.06	0.26	<1.0	87	12.1		E 114°36′50.8″ N 32°06′43.6″	95
					2	17—37	灰黄色	重壤土	块状	7.2	6.6	0.41	0.24			13.1			
					3	37—56	灰黄棕色	重壤土	块状	7.3	3.8	0.29	0.28			16.5			
					4	56—100	灰黄色	重壤土	块状	7.4	3.6	0.27	0.28			15.7			
剖29	人为土	水稻土	潜育水稻土	黄棕壤性潜育水稻土	1	0—13	灰黄色	重壤土	小块状	5.6	20.5	1.19	0.27	7.4	94	17.4	下蜀系黄土	E 114°31′11.3″ N 32°06′30.2″	95
					2	13—36	浅灰黄色	重壤土	棱块状	6.8	16.1	0.99	0.25			17.6			
					3	36—55	棕黄色	重壤土	棱块状	7.3	8.9	0.43	0.26			16.9			
					4	55—100	黄棕褐色	轻黏土	块块状	7.3	10.7	0.63	0.23			18.8			
剖30	人为土	水稻土	潜育水稻土	潮土性潜育水稻土	1	0—16	黄灰色	轻壤土	碎块状	5.6	10.6	0.68	0.44	5.1	75	8.1	河流沉积物	E 114°24′58.3″ N 31°51′23.0″	95
					2	16—47	浅灰黄色	中壤土	块状	7.0	6.9	0.43	0.20			9.2			
					3	47—72	灰褐色	中壤土	块状	7.3	9.5	0.44	0.41			11.6			
					4	72—100	黄褐色	轻壤土	块状	7.5	4.4	0.21	0.44			9.5			
剖31	人为土	水稻土	侧渗水稻土	黄棕壤性侧渗水稻土	1	0—9	中壤土			6.8	7.5	0.51	0.17	<1.0		10.0	下蜀系黄土	E 114°25′35.4″ N 32°05′08.9″	95
					2	9—33	中壤土			6.8	5.1	0.28	0.14			18.3			
					3	33—100	重壤土			6.8	4.2	0.27	0.21			13.4			
剖32	人为土	水稻土	淹育水稻土	黄棕壤性淹育水稻土	1	0—13	灰黄棕色	重壤土	块状	5.3	15.9	1.04	0.44	6.5	28	15.2		E 114°31′14.9″ N 31°51′33.5″	95
					2	13—70	黄棕褐色	重壤土	块状	7.2	7.6	0.51	0.45			15.0			
					3	70—100	棕褐色	中黏土	块状	6.9	8.7	0.61	0.41			30.0			
剖33	人为土	水稻土	潜育水稻土	黄棕壤性潜育水稻土	1	0—18	黄灰色	中壤土	碎块状	5.8	20.9	1.21	0.31	1.8	44	13.6	坡积物、残积物	E 114°15′39.6″ N 31°58′11.3″	95
					2	18—50	青灰色	中壤土	块状	6.7	17.1	0.87	0.28			11.2			
					3	50—100	黄灰色	轻壤土	块状	6.9	3.1	0.14	0.14			10.4			

光 山 县

主要土类说明

水稻土是光山县主要土壤类型，占本县地域面积的59%。水稻土是本县分布范围最广、面积最大，在农业生产上有着举足轻重地位的一个土类。本县水稻土分为淹育型、潴育型、侧渗型、潜育型等亚类。水稻土是在自然土壤和旱作土壤上，经水耕熟化发育而成的土壤。在水稻种植过程中，土壤淹水面通气状况发生了根本变化，加上淋溶作用、氧化还原作用，以及水生植物、微生物的生物作用，引起了土体内一系列物理、化学、生物学变化，如黏粒的下移和聚积，盐基的淋溶与复盐基，亚铁、亚硝酸、硫化氢等还原性物质的生成与氧化，有机质及矿质营养的转化，土壤表面和土体中各种生物、微生物的消长等，从而发育形成了水稻土特有的、与母土有着质的区别的土壤剖面构型和理化、生物学特性。本县水稻土的主要特征有：剖面构型虽然多种多样，但必须具备一个基本的诊断层次，即淹育层。淹育层形成于耕作层，淹水时呈灰色或青灰色，为还原状态。落干后近似母土颜色，有大量铁锰斑纹出现，为氧化状态。黏粒下移明显，铁锰淀积有明显转移。在淹水的嫌气条件下，有机物腐殖质化程度高，矿质化程度低，有机质积累，土壤肥力高。季节温差和昼夜温差变小，土壤缓冲作用加强，保肥能力提高。

黄棕壤是光山县第二大土壤类型，占本县地域面积的19%。黄棕壤是北亚热带生物气候条件下形成的一种地带性土壤。本县地处北亚热带向暖温带过渡的地区，其植被类型主要为常绿针叶、落叶、阔叶混交林，在夏季湿热多雨、冬季低温干燥的气候条件下，黄棕壤的形成发育具有明显的淋溶、淀积和黏化过程。高温多雨，给母质的充分风化提供了有利条件。同时，风化过程中分解出来的一、二价盐离子，变价元素铁、锰、铝等元素亦有移动，随水下渗，在一定深度聚积下来。这种铁锰淀积物在形态上，一种表现为被附于土粒表面的铁锰胶膜，另一种是聚积而成的铁锰结核。伴随着淋溶与淀积作用的不断进行，土壤黏粒不断下移，使土体下部黏粒含量日益增高，常形成黏重的心土层。该土剖面特征：发育在各类岩石风化物上，一般质地比较轻；土体铁锰淀积不明显；呈微酸性；盐基中度不饱和。

黄褐土是光山县第三大土壤类型，占本县地域面积的17%。其成土母质为第四纪黄土，一般质地黏重，有极醒目的铁锰淀积层（呈棕褐色，似马肝，群众称其为"马肝层"）或黏化层；土壤中性偏酸；盐基低度不饱和；全剖面无石灰反应。

小于本县地域面积3%的土壤类型还有潮土等。

本区域中心区气候特征

本区域中心区气候特征值
Regional climate characteristics in central area of the region

气候带：北亚热带湿润气候 Climate region: North subtropical humid climate	
年平均气温 /℃ Annual average temperature /℃	15.4
年平均最高气温 /℃ Annual average maximum temperature /℃	20.4
年平均最低气温 /℃ Annual average minimum temperature /℃	11.4
年降水量 /mm Annual precipitation /mm	1172
≥10℃的积温 /℃ Daily temperature accumulated in a year (≥10℃) /℃	5652
年日照时数 /h Annual sunshine /h	1952
年平均相对湿度 /% Annual average relative humidity /%	77
干燥度 Dryness	0.79

本区域中心区月平均气温与月平均降水量
Monthly temperature and precipitation in central area of the region

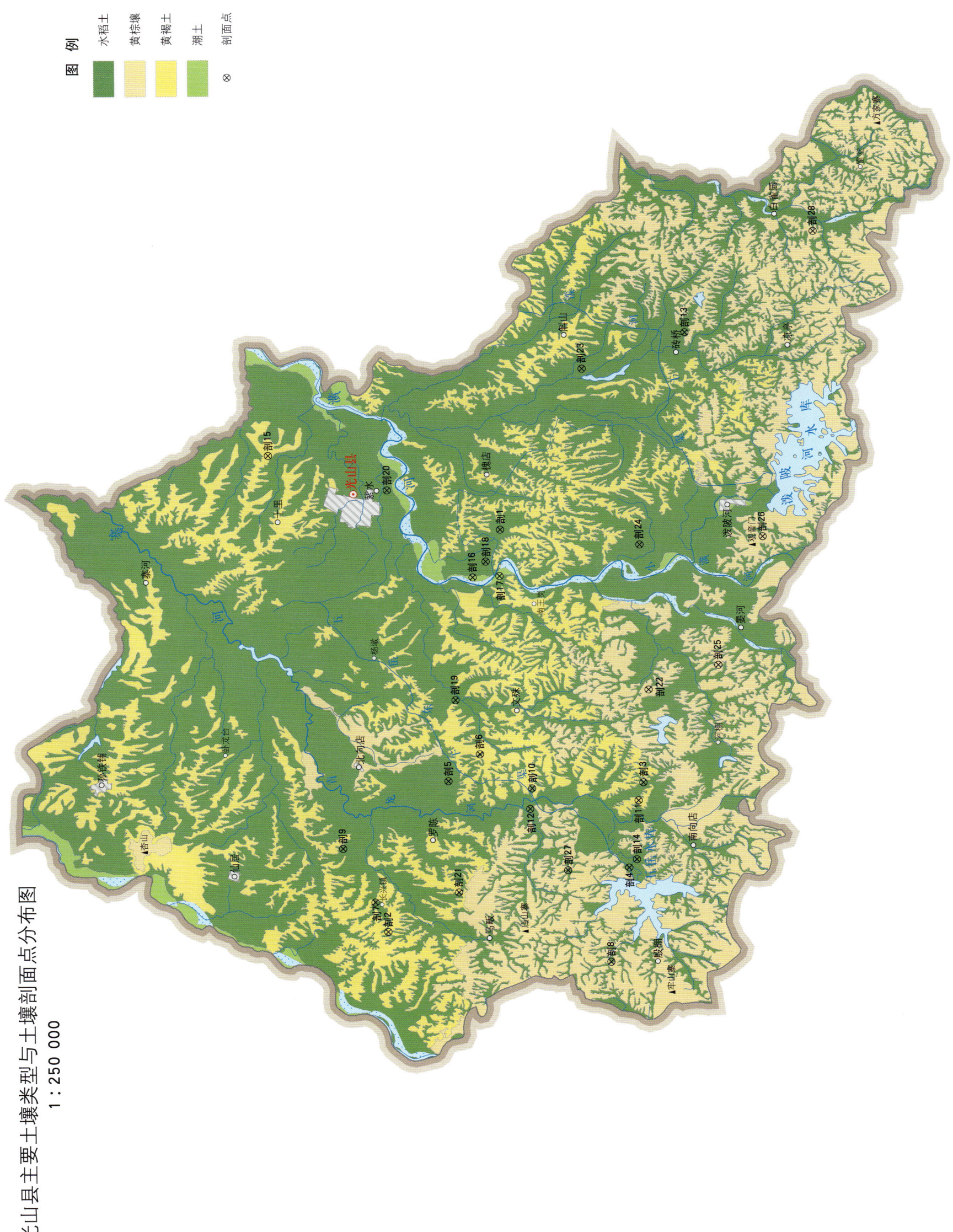

光山县土壤剖面理化性状表

剖面号	土纲	土类	亚类	土属	土种	土层码	土层厚度/cm	颜色	质地	土壤结构	pH	有机质 (g/kg)	全氮 (g/kg)	全磷 (g/kg)	有效磷 (mg/kg)	速效钾 (mg/kg)	阳离子交换量CEC (cmol/kg)	土壤母质	剖面点坐标	匹配指数/%
剖1	人为土	水稻土	淹育水稻土	黄棕壤性潴育水稻土	壤黄土田	1	0—15	黄灰色	中壤土	碎块状	4.4	11.9	1.00	0.34	24.7	55	6.7	古河流冲积物、堆积物	E 114°53′08.2″ N 31°56′06.7″	95
						2	15—60	黄灰色	中壤土	块状	6.7	6.9	0.41	0.25			11.8			
						3	60—100	棕红色	轻壤土	碎块状	6.6	4.4	0.15	0.39			8.5			
剖2	淋溶土	黄褐土	黄褐土	麻岗土		1	0—12	黄褐色	重壤土	块状	6.5	12.5	1.27	0.25	3.8	108	14.1	下蜀系黄土	E 114°37′11.3″ N 31°59′33.0″	92
						2	12—26	黄褐色	黏土	棱块状	6.8	5.9	0.47	0.21			18.5			
						3	26—100	黄褐色	黏土	棱块状	6.3	17.9	0.43	0.19			27.2			
剖3	人为土	水稻土	侧渗水稻土	黄棕壤性侧渗水稻土	浅位薄层黄岗泥田	1	0—18	灰黄色	黏土	小块状	5.6	19.2	1.19	0.29	5.7	110	10.5	坡积物、残积物	E 114°43′13.1″ N 31°51′20.5″	95
						2	18—28	青灰色	重壤土	块状	6.2	15.8	0.90	0.29			9.6			
						3	28—65	棕灰色	轻壤土	棱块状	7.2	6.5	0.36	0.28			11.8			
						4	65—100	黄褐色	中壤土	棱块状	7.2	6.7	0.22	0.29			10.8			
剖4	人为土	水稻土	侧渗水稻土	黄棕壤性侧渗水稻土	浅位厚层黄胶泥田	1	0—20	黄灰色	中壤土	碎屑状	6.2	21.6	0.97	0.21	3.8	70	14.0	下蜀系黄土	E 114°39′51.5″ N 31°51′45.7″	95
						2	20—42	黄灰色	中壤土	块状	6.1	16.9	0.71	0.17			14.4			
						3	42—65	灰棕色	中壤土	棱块状	5.6	9.8	0.46	0.20			15.5			
						4	65—100	黄灰色	中壤土	块状	6.3	14.1	0.66	0.17			13.9			
剖5	人为土	水稻土	潴育水稻土	黄棕壤性潴育水稻土	浅位厚层黄泥田	1	0—18	黄灰色	重壤土	碎块状	6.9	15.9	1.06	0.29	1.9	60	11.9	下蜀系黄土	E 114°43′09.5″ N 31°57′40.3″	75
						2	18—36	黄灰色	重壤土	碎块状	7.2	4.6	0.41	0.28			10.3			
						3	36—72	黄灰色	轻壤土	块状	6.8	5.4	0.16	0.21			11.9			
						4	72—100	黄灰色	中壤土	块状	7.4	3.9	0.23	0.20			13.9			
剖6	人为土	水稻土	淹育水稻土	黄棕壤性潴育水稻土	浅位厚层黄岗土田	1	0—14	黄灰色	重壤土	小块状	5.4	14.2	0.83	0.24	3.8	109	15.9	各类岩石风化坡积物、残积物	E 114°44′15.0″ N 31°56′39.5″	95
						2	14—39	黄灰色	重壤土	块状	6.0	8.0	0.46	0.25			14.9			
						3	39—100	灰棕色	重壤土	大块状	5.1	4.9	0.25	0.10			18.9			
剖7	人为土	水稻土	淹育水稻土	黄棕壤性潴育水稻土	壤黄岗土田	1	0—22	黄灰色	轻壤土	碎块状	5.2	14.7	0.95	0.27	5.7	4	6.3	各类岩石风化坡积物、残积物	E 114°38′16.8″ N 31°59′53.5″	95
						2	22—58	黄灰色		块状	6.8	5.2	0.31	0.35			6.3			
						3	58—100	黄灰色	中壤土	碎块状	7.0	5.2	0.35	0.42			10.4			
剖8	人为土	水稻土	潴育水稻土	黄棕壤性潴育水稻土	浅位厚层黄胶泥田	1	0—14	黄灰色	中壤土	碎块状	5.5	18.6	1.02	0.30	4.8	122	12.3	下蜀系黄土	E 114°36′07.9″ N 31°52′17.8″	95
						2	14—40	黄棕褐色	重壤土	棱块状	6.8	9.6	0.73	0.24			12.6			
						3	40—73	黄棕褐色	轻壤土	大块状	6.3	8.2	0.36	0.24			14.1			
						4	73—100	灰棕色	黏土	屑块状	6.5	6.4	0.28	0.21			13.5			
剖9	人为土	水稻土	潴育水稻土	黄棕壤性潴育水稻土	深位中层黄泥田	1	0—13	灰黄色	中壤土	块状	5.5	19.3	1.14	0.29	4.3	130	11.1	各类岩石风化坡积物、残积物	E 114°40′26.4″ N 32°01′03.4″	95
						2	13—28	黄黄色	中壤土	块状	6.2	14.4	0.81	0.26			10.7			
						3	28—53	黄黄色	中壤土	大块状	7.3	6.8	0.40	0.27			10.7			
						4	53—100	黄黄色	中壤土	大块状	7.5	5.6	0.30	0.24			9.8			
剖10	人为土	水稻土	潴育水稻土	黄棕壤性潴育水稻土	浅位厚层黄老泥田	1	0—15	灰黄色	中壤土	碎块状	4.9	18.2	1.25	0.35	7.6	37	10.3	河流沉积物，下层为下蜀系黄土	E 114°42′55.4″ N 31°54′56.9″	95
						2	15—40	浅黄色	中壤土	块状	6.3	14.4	1.07	0.41			10.6			
						3	40—50	黄棕色	中壤土	棱块状	7.2	3.2	0.42	0.37			8.6			
						4	50—100	黄棕色	中壤土	块状	7.1	2.2	0.28	0.35			6.0			
剖11	淋溶土	黄褐土	黄褐土	黄胶土		1	0—13	灰黄色	中壤土	块状	6.7	9.9	0.74	0.31	4.8	92	15.3	下蜀系黄土	E 114°42′31.0″ N 31°51′29.2″	92
						2	13—41	黄棕色	黏土	块状	6.8	4.8	0.55	0.30			22.4			
						3	41—100	黄褐色	重壤土	棱块状	6.4	6.5	0.37	0.19			36.8			
剖12	人为土	水稻土	侧渗水稻土	黄棕壤性侧渗水稻土	表潜青泥田	1	0—23	灰青色	重壤土	糊泥状	5.6	14.3	1.08	0.22	1.9	77	14.4	下蜀系黄土	E 114°42′07.2″ N 31°55′00.1″	95
						2	23—38	灰白色	中壤土	碎屑状	7.3	2.2	0.12	0.37			12.1			
						3	38—100	黄灰色	重壤土	块状	7.3	4.4	0.31	0.20			12.5			

续表 Continued

剖面号 Soil profile	土纲 Soil order	土类 Soil great group	亚类 Soil subgroup	土属 Soil genus	土种 Soil species	土层码 Layer code	土层厚度 Depth/cm	颜色 Soil color	质地 Soil texture	土壤结构 Soil structure	pH	有机质 OM/(g/kg)	全氮 TN/(g/kg)	全磷 TP/(g/kg)	有效磷 AP/(mg/kg)	速效钾 AK/(mg/kg)	阳离子交换量CEC/(cmol/kg)	土壤母质 Parent material	剖面点坐标 Profile coordinate	匹配指数 Matching index/%
剖13	人为土	水稻土	侧渗水稻土	黄棕壤性侧渗水稻土	活白散泥田	1	0—18	灰黄色	中壤土	碎块状	6.7	10.9	0.72	0.30	3.8	23	10.8	下蜀系黄土	E 115°01′01.2″ N 31°50′12.1″	95
						2	18—30	黄灰色	重壤土	块状	7.6	2.8	0.30	0.17			7.6			
						3	30—80	棕褐色	轻黏土	块状	7.0	4.6	0.41	0.15			9.3			
						4	80—100	黄灰色	轻黏土	块状	7.1	2.8	0.35	0.18			11.7			
剖14	人为土	水稻土	潴育水稻土	黄棕壤性潴育水稻土	浅位厚层壤黄岗泥田	1	0—19	灰黄色	重壤土	碎块状	6.2	12.8	0.79	0.34	15.2	51	9.6	各类岩石风化坡积物、残积物	E 114°40′11.3″ N 31°51′31.0″	95
						2	19—44	灰黄色	重壤土	小块状	7.2	5.5	0.52	0.41			9.8			
						3	44—100	浅灰黄色	重壤土	块状	7.5	3.4	0.31	0.36			9.8			
剖15	淋溶土	黄褐土	黄褐土	白散土	活白散土	1	0—20	黄灰色	轻壤土	碎块状	6.2	8.1	0.63	0.19	4.8	47	9.7	下蜀系黄土	E 114°55′56.6″ N 31°32′03′40.7″	92
						2	20—40	黄灰色	重壤土	块状	7.0	3.2	0.23	0.12			6.8			
						3	40—100	黄棕色	轻壤土	梭块状	7.3	4.2	0.37	0.15			28.3			
剖16	半水成土	潮土	灰潮土	灰砂土	体壤灰砂土	1	0—18	灰黄色	砂壤土	粒状								河流冲积物	E 114°51′14.4″ N 31°56′58.6″	75
						2	18—100	浅黄色	中壤土	块状	6.0	9.4	0.44	0.34	11.4	40	2.6			
						3	0—22				6.4	7.9	0.33	0.49			9.8			
						4	22—57				5.1	5.2	0.27	0.35			11.5			
						5	57—100													
剖17	半水成土	潮土	灰潮土	灰砂土	灰砂壤土	1	0—25	灰黄色	砂壤土	粒状	5.4	5.3	0.34	0.34	14.3	78	6.7	河流冲积物	E 114°51′18.4″ N 31°56′06.4″	75
						2	25—56	灰黄色	中壤土	小块状	6.0	3.8	0.23	0.36			5.0			
						3	56—100	黄灰色	砂壤土	粒状	6.2	1.4	<0.10	0.38			7.6			
剖18	人为土	水稻土	淹育水稻土	黄棕壤性淹育水稻土	黄老土田	1	0—16	灰黄色	轻壤土	碎块状	6.4	16.9	0.96	0.41	6.7	52	13.1	河流沉积物，下层为下蜀系黄土	E 114°51′52.6″ N 31°56′33.7″	95
						2	16—53	灰黄色	中壤土	块状	7.1	5.7	0.27	0.33			13.1			
						3	53—100	黄褐色	重壤土	块状	7.0	5.4	0.25	0.33			9.9			
剖19	人为土	水稻土	淹育水稻土	黄棕壤性淹育水稻土	浅位厚层黄胶土田	1	0—17	黄褐色	重壤土	块状	5.4	13.3	0.66	0.34	8.6	65	10.6	下蜀系黄土	E 114°46′22.8″ N 31°57′28.4″	95
						2	17—62	黄褐色	重壤土	块状	7.0	5.9	0.17	0.32			13.2			
						3	62—100	黄褐色	黏土	梭块状	7.1	6.6	0.21	0.30			21.8			
剖20	人为土	水稻土	淹育水稻土	潮土性淹育水稻土	潮两合土田	1	0—13	黄灰色	中壤土	小块状	5.4	16.0	1.07	0.50	25.7	105	11.4	河流冲积物	E 114°54′37.8″ N 31°59′47.8″	95
						2	13—90	青黄灰色	中壤土	块状	6.9	5.5	0.30	0.45			13.0			
						3	90—100	灰黄色	重壤土	小块状	6.8	5.5	0.23	0.46			12.8			
剖21	人为土	水稻土	潴育水稻土	黄棕壤性潴育水稻土	浅位薄层黄胶泥田	1	0—20	灰黄色	重壤土	小块状	6.0	16.7	0.80	0.27	1.9	78	19.8	下蜀系黄土	E 114°38′46.7″ N 31°57′16.2″	97
						2	20—50	黄褐色	黏土	块状	6.0	6.0	0.19	0.27			10.8			
						3	50—70	黄灰色	黏土	梭块状	6.0	6.0	0.11	0.25			9.9			
						4	70—100	黄棕色	中壤土	块状	6.7	7.5	0.29	0.29			17.8			
剖22	淋溶土	黄棕壤	粗骨性黄棕壤	灰岩性黄砂石土	死白散泥田	1	0—13	红黄色	轻壤土	碎屑状	6.8	44.1	1.86	0.43		148	31.8	石灰岩风化物	E 114°46′54.5″ N 31°51′13.0″	95
						2	13—	黄灰色	重壤土	碎屑状	5.5	11.9	0.81	0.28	15.2	41	9.2			
剖23	人为土	水稻土	侧渗水稻土	黄棕壤性侧渗水稻土		1	0—18	浅黄灰棕色	中壤土	小块状	7.2	5.8	0.42	0.20			9.7	下蜀系黄土	E 114°59′32.3″ N 31°53′31.6″	95
						2	18—32	灰黄棕色	轻壤土	块状	7.3	5.7	0.44	0.24			14.5			
						3	32—52	青黄灰色	黏土	块状	7.3	5.9	4.30	0.20			22.9			
						4	52—82	黄灰棕色	轻黏土	梭块状	7.3	2.6	2.40	0.29			9.7			
						5	82—100	灰黄色	轻黏土	梭块状	7.3	13.1	0.69	0.28	14.3	59	10.4			
剖24	人为土	水稻土	潴育水稻土	黄棕壤性潴育水稻土		1	0—16	浅黄色	中壤土	碎屑状	6.0	5.0	0.31	0.25			7.0	河流沉积物	E 114°52′37.2″ N 31°51′34.6″	95
						2	16—46	黄灰色	中壤土	块状	6.4	3.4	0.29	0.27			9.8			
						3	46—73	黄灰色	中壤土	块状	6.5	6.4	0.20	0.39			6.9			
						4	73—100	黄灰色	中壤土	碎块状	6.1	6.4	0.55	0.20	11.4	170	12.7			
剖25	淋溶土	黄棕壤	粗骨性黄棕壤	红岗土	多砾质中层红岗土	1	0—12	栗色	重壤土	碎块状	5.0	6.1	0.24	0.19			13.1	红色砂页岩类风化物	E 114°47′55.7″ N 31°48′57.6″	98
						2	12—53	棕红色	重壤土		5.3	1.6								
						3	53—													

续表 Continued

剖面号 Soil profile	土纲 Soil order	土类 Soil great group	亚类 Soil subgroup	土属 Soil genus	土种 Soil species	土层码 Layer code	土层厚度 Depth/cm	颜色 Soil color	质地 Soil texture	土壤结构 Soil structure	pH	有机质 OM/(g/kg)	全氮 TN/(g/kg)	全磷 TP/(g/kg)	有效磷 AP/(mg/kg)	速效钾 AK/(mg/kg)	阳离子交换量CEC/(cmol/kg)	土壤母质 Parent material	剖面点坐标 Profile coordinate	匹配指数 Matching index/%
剖26	淋溶土	黄棕壤	粗骨性黄棕壤	红岗土	少砾质厚层红岗土	1	0—17	浅红色	中壤土	粒状	5.5	19.6	1.00	0.31	2.9	78	14.3	红色砂页岩类风化物	E 114°53′00.2″ N 31°47′34.8″	95
						2	17—76	橙色	重壤土	块状	6.2	8.0	0.30	0.29			21.0			
						3	76—100	棕红色	黏土	棱块状	6.6	7.8	0.12	<0.10			8.9			
剖27	人为土	水稻土	侧渗水稻土	黄棕壤性侧渗水稻土	活白散泥田	1	0—17	灰黄色	轻壤土	碎屑状	5.8	12.6	0.83	0.24	6.7	27	10.1	下蜀系黄土	E 114°39′43.2″ N 31°53′44.5″	95
						2	17—34	棕灰色	中壤土	块状	7.7	4.4	0.39	0.24			7.0			
						3	34—76	黄褐色	中壤土	块状	7.4	4.2	0.32				16.2			
						4	76—100	灰褐色	重壤土	棱块状	7.5	2.9	0.22				15.0			
剖28	淋溶土	黄棕壤	黄棕壤	淡岩黄棕壤		1	0—15	灰黄棕色	轻壤土	粒状	6.1	7.0	0.41	0.63	17.1	52	5.8	酸性岩风化物	E 115°05′05.3″ N 31°46′04.8″	95
						2	15—45	浅黄棕色	砂壤土	粒状	6.5	3.0	0.13				10.5			
						3	45—100				6.3	4.9	0.26	1.11			4.7			

新 县

主要土类说明

黄棕壤是新县主要土壤类型，占本县地域面积的76%。其成土母质有花岗岩、片麻岩、片岩、砂页岩等。黄棕壤发生在北亚热带的生物气候条件下，有机质的分解和合成作用较强烈，地表有薄而不连续的凋落物层，表层有机质累积不多，在较强烈的淋溶作用下，除一、二价盐基离子多被淋洗外，变价的铁、锰、铝等亦有移动，随水下渗，在一定深度下聚积。这种铁锰化合物在形态上，一种表现为覆于土粒表面的铁锰胶膜，另一种是聚积而成的铁锰结核。土壤呈微酸性，并破坏了铝硅酸盐，释放出铝离子，使吸收性复合土体上有一定数量的交换性铝和交换性氢，铁铝在土体中的移动和聚积明显，具有弱富铝化特征。伴随着淋溶与沉积作用的进行，土壤黏粒不断下移，使土体下部黏粒含量日益增高。本县黄棕壤仅有粗骨性黄棕壤一个亚类，分布在海拔300m以上地区，发育于各类岩石风化物上，一般具有A_1层（有机质层）、A层（表土层）、B层（淀积层）、C层（母质层），各土层厚薄不一，表层积累明显，植物根多，呈暗灰黄色或黑棕色，质地偏轻，一般为砂壤土至轻壤土，较疏松；B层呈浅黄色或黄棕色，质地为砂壤土或中壤土，有不明显的铁锰新生体淀积；C层为母岩。土壤呈微酸性，pH为5.0—6.7，黏粒（小于0.01mm）部分的阳离子交换量为30cmol/kg，盐基饱和度为40%—60%。表层有机质含量一般为30—50g/kg，灌丛及旱地有机质含量为60—140g/kg。碳氮比比值范围较宽，一般在13—15。黏粒（小于0.001mm）的硅铝率一般为1.9—3.0。上下土层大体一致，黏土矿物为伊利石、蛭石、绿泥石、高岭石，还有含少量针铁矿、皂石及蒙脱石。

水稻土是新县第二大土壤类型，占本县地域面积的23%。水稻土是在各种母质的自然土壤和旱作土壤的基础上，经过长期的水耕熟化作用发育形成的土壤。在长期人为灌溉、耕作、施肥等农业措施下，土体处于淹水与落干的干湿交替环境中，由此引起氧化还原、有机质分解与合成、盐基淋溶与复盐基、黏粒淋洗与聚积等过程，使土体剖面发生明显分异，从而形成了水稻土所特有的既不同于旱作土壤，又不同于水成土壤的形态、理化和生物学特性。水稻土的主要特征为：耕作层次松散，犁底层板实，土层分异明显，具有氧化还原层；新生体和黏粒下移聚积明显，铁锰新生体在耕作层多以锈纹出现，而耕层以下土层以铁锰结核、铁锰胶膜、黏土胶膜等形式附着于结构面上，或有明显上少下多累积特征；水热状况稳定，淹水期土体水多气少，水层增大了土壤热容量，所以水热动态稳定，温度变化慢、变幅小；有机质积累多、分解慢，稻田灌水后，土体中处于嫌气状态，嫌气微生物得以旺盛活动，加快了有机质腐殖质化过程，而其矿化过程变弱，从而增加了有机质的积累，其含量一般比旱地土壤高；土壤供肥能力较强。

小于本县地域面积3%的土壤类型还有潮土、石质土。

本区域中心区气候特征

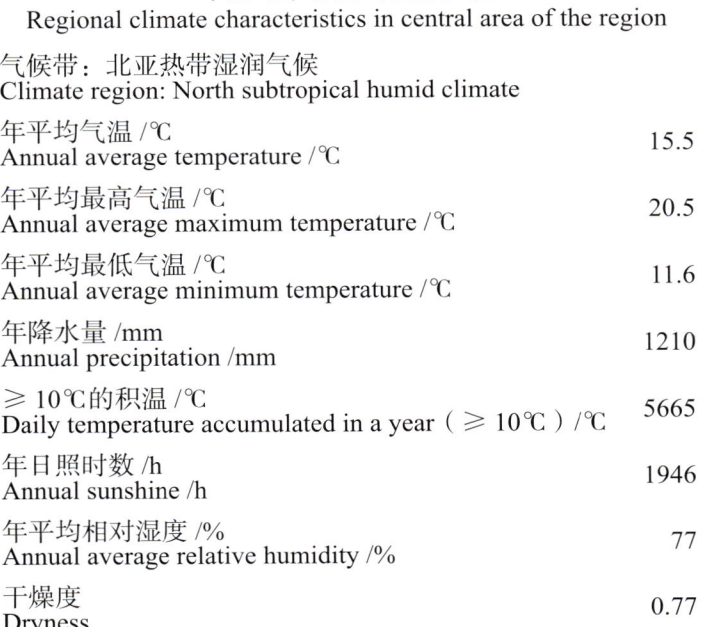

本区域中心区气候特征值
Regional climate characteristics in central area of the region

气候带：北亚热带湿润气候 Climate region: North subtropical humid climate	
年平均气温 /℃ Annual average temperature /℃	15.5
年平均最高气温 /℃ Annual average maximum temperature /℃	20.5
年平均最低气温 /℃ Annual average minimum temperature /℃	11.6
年降水量 /mm Annual precipitation /mm	1210
≥10℃的积温 /℃ Daily temperature accumulated in a year（≥10℃）/℃	5665
年日照时数 /h Annual sunshine /h	1946
年平均相对湿度 /% Annual average relative humidity /%	77
干燥度 Dryness	0.77

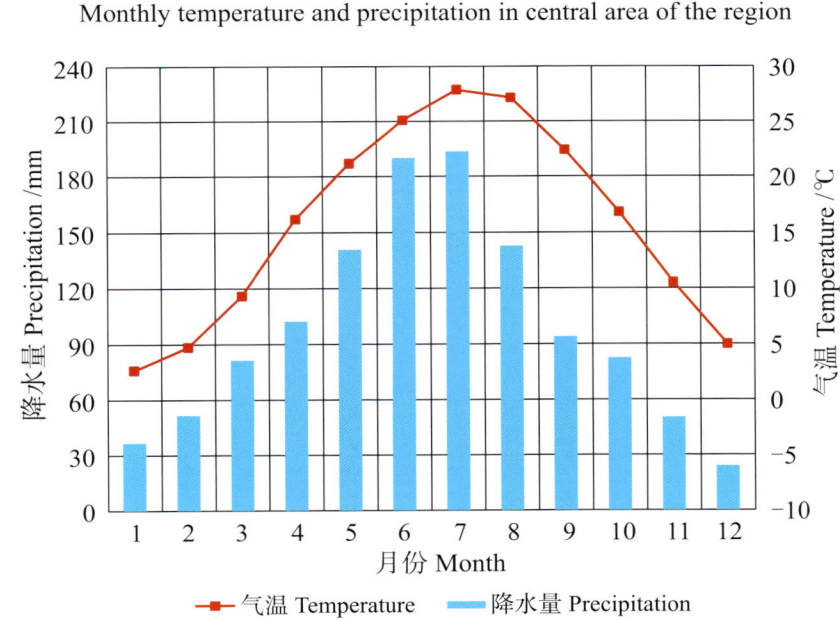

本区域中心区月平均气温与月平均降水量
Monthly temperature and precipitation in central area of the region

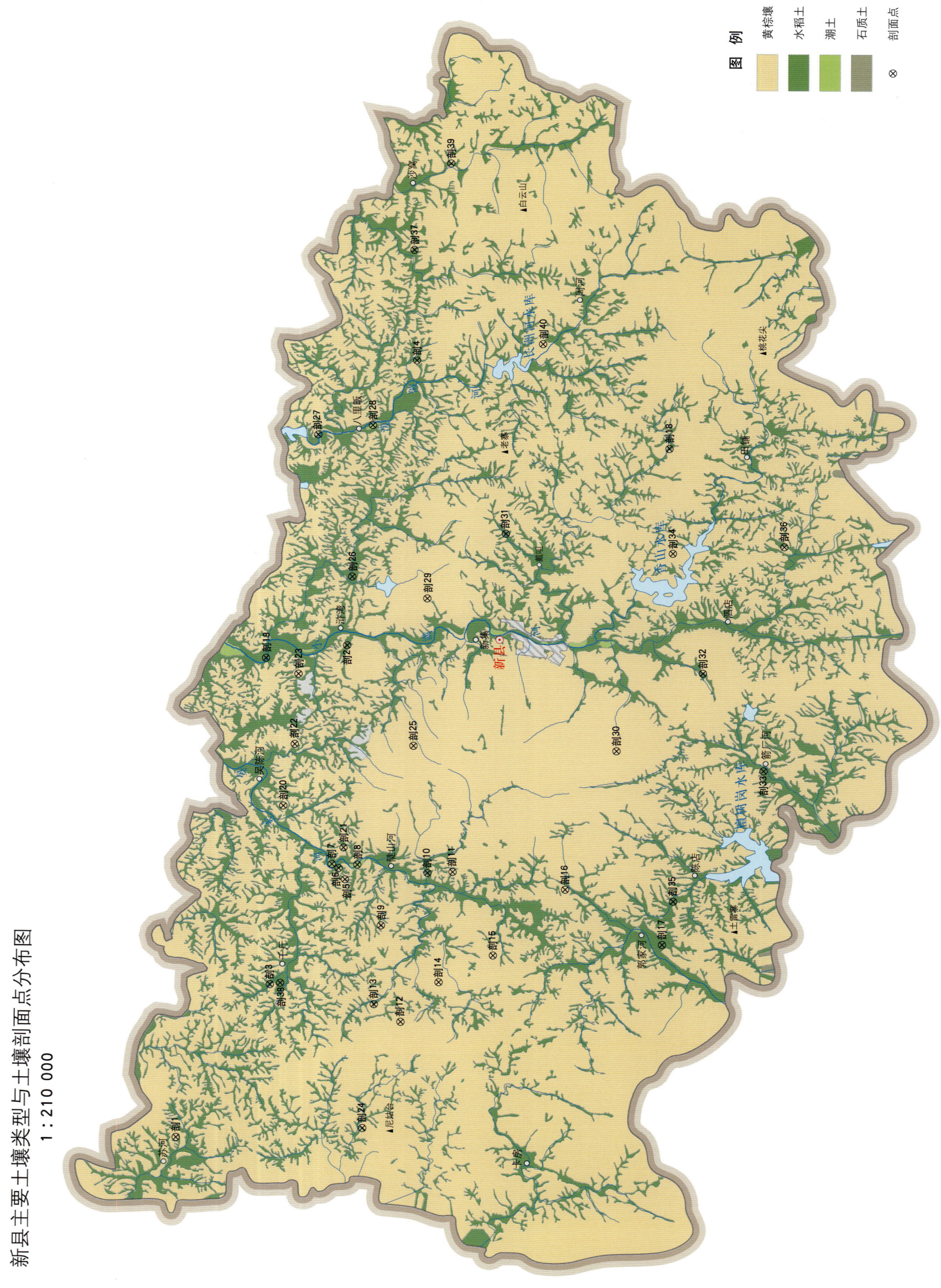

新县主要土壤类型与土壤剖面点分布图
1:210 000

新县土壤剖面理化性状表

剖面号 Soil profile	土纲 Soil order	土类 Soil great group	亚类 Soil subgroup	土属 Soil genus	土种 Soil species	土层码 Layer code	土层厚度 Depth/cm	颜色 Soil color	质地 Soil texture	土壤结构 Soil structure	pH	有机质 OM/(g/kg)	全氮 TN/(g/kg)	全磷 TP/(g/kg)	阳离子交换量 CEC/(cmol/kg)	土壤母质 Parent material	剖面点坐标 Profile coordinate	匹配指数 Matching index/%
剖1	淋溶土	黄棕壤	粗骨性黄棕壤		浅位多砾质厚层黄岗岗土	1	0—17	灰黄色	轻壤土	碎块状	6.3	11.8	1.32	0.47	10.5	砂岩、淡岩	E 114°35′41.3″ N 31°47′25.4″	95
						2	17—35	黄棕色	轻壤土	小块状	6.7	3.5	0.12	0.20	9.2			
						3	35—49	紫黄棕色	砂壤土	块状	6.8	5.2	0.19	0.45	10.4			
						4	49—											
剖2	人为土	水稻土	潜育水稻土	潮土性潜育水稻土	潮砂泥田	A	0—18	灰黄色	轻壤土	碎屑状		13.3	1.06	0.43	9.2	河流冲积物	E 114°52′03.4″ N 31°43′09.8″	95
						W	18—100	棕色	砂壤土	碎屑状		7.2	0.23	0.60	4.0			
剖3	人为土	水稻土	淹育水稻土	潮土性淹育水稻土	潮砂土田	A	0—16	灰黄色	轻壤土	块状	6.4	3.8	<0.10	0.41	1.3	河流冲积物	E 114°40′47.6″ N 31°44′59.6″	95
						P	48—100	黄灰色	砂壤土	块状	6.3	24.6	1.56	0.34	9.2			
						C	16—48	黄白色	砂壤土	单粒状	5.0							
剖4	人为土	水稻土	潴育水稻土	黄棕壤性潴育水稻土	乌砂岗岗泥田	A	0—17	浅黄色	砂壤土	单粒状	5.7	12.4	0.93	0.23	5.4	坡积物、残积物	E 115°01′31.1″ N 31°41′28.3″	95
						P	86—100	浅黄灰色	紧砂土	小块状	5.8	6.9	0.33	0.31	7.5			
						W	17—48	棕栗色	轻壤土	单粒状	6.4	5.3	0.33	0.22	13.1			
						C	48—86	棕褐色	轻壤土	块状	6.0	31.6	1.49	0.29	13.8			
剖5	淋溶土	黄棕壤	粗骨性黄棕壤	灰岩黄砂石土	浅位少砾质厚层灰黄砂石土	A	0—14	灰黄色	轻壤土	块状	6.5	14.1	0.98	0.37	15.8	灰质砂岩风化物	E 114°44′19.3″ N 31°43′02.6″	95
						Bv	14—25	褐红色	轻壤土	块状	6.5	6.5	0.52	0.34	21.9			
						C	25—36	灰黄色	中壤土	小块状	5.9	22.1	1.55	0.29	11.4			
						D	36—100	黄灰色	中壤土	块状	6.1	21.2	1.18	0.46	13.0			
剖6	人为土	水稻土	潜育水稻土	黄棕壤性潜育水稻土	浅位厚层黄岗泥田	A	0—18	青灰色	砂壤土	块状	6.1	11.1	0.58	0.53	11.9	坡积物、残积物	E 114°44′42.4″ N 31°43′14.5″	95
						P	18—38	灰黄色	砂壤土	粉粒状	5.9	17.6	0.95	0.72	4.5			
						W	38—100	浅黄色	砂壤土	拟块状	6.3	11.6	0.62	0.42	3.1			
剖7	半水成土	潮土	灰潮土	灰砂土	灰砂壤土	A	0—15	灰黄色	紫砂土	拟块状	6.0	5.4	0.40	0.29	2.4	河流冲积物	E 114°44′49.2″ N 31°43′25.0″	75
						Bv	15—35	浅黄色	松砂土	单粒状	6.2	6.6	0.53	0.79	4.3			
						C	35—100	浅黄色	砂壤土	单粒状	6.9	3.5	<0.10	0.71	3.1			
剖8	半水成土	潮土	灰潮土	灰砂土	灰砂土	A	0—13	灰黄色	中壤土	碎屑状	6.1	21.2	1.15	0.86	9.9	河流冲积物	E 114°44′49.2″ N 31°42′43.2″	75
						Bv	13—46	灰黄色	轻壤土	小块状	6.4	18.1	1.07	0.57	10.4			
						C	46—100	黄灰色	中壤土	块状	6.7	18.2	0.57	0.58	6.8			
剖9	人为土	水稻土	潜育水稻土	黄棕壤性潜育水稻土	深位厚层青砂岗泥田	A	0—15	黄灰色	轻壤土	碎屑状	6.5	<1.0	1.29	0.25	8.6	坡积物、残积物	E 114°42′50.0″ N 31°42′01.8″	95
						P	33—53	青灰色	中壤土	碎粒状	5.9	18.1	1.34	0.44	13.7			
						G	15—53	棕色	砂壤土	单粒状	6.3	11.3	0.14	0.46	13.7			
剖10	人为土	水稻土	淹育水稻土	黄棕壤性淹育水稻土	浅位多砾质厚层黄岗土田	A	0—13	黄灰色	中壤土	小块状	6.6	6.5	0.37	0.29	11.4	河流冲积物	E 114°44′36.6″ N 31°40′48.4″	95
						P	29—100	灰黄色	砂壤土	碎屑状	6.0	9.4	2.14	0.27	15.4			
						C	13—29	棕色	砂壤土	单粒状	5.6	9.5	0.58	0.29	14.9			
剖11	淋溶土	黄棕壤	粗骨性黄棕壤	红色砂岩黄砂石土	浅位少砾质厚层红色砂岩黄砂石土	A	0—3	黄褐色	砂壤土	碎屑状	5.6	13.4	0.62	1.10	9.5	红色砂岩	E 114°39′39.7″ N 31°41′07.7″	75
						Bv	3—38	棕褐色	中壤土	单粒状	6.1	7.8	0.34	0.46	5.3			
						D	38—100	黄黄色	砂壤土		6.2	7.5	0.39		8.7			
剖12	淋溶土	黄棕壤	粗骨性黄棕壤	砂岩黄砂石土	浅位少砾质厚层黄岗砂石土	A	0—15	灰黄色	中壤土	块状	6.4	18.2	0.83	0.49	11.2	砂岩及部分变质岩风化物	E 114°40′41.0″ N 31°41′25.1″	95
						Bv	15—58	灰黄色	中壤土	块状	6.6	8.1	5.44	0.47	14.8			
						D	58—100	黄褐色	重壤土	梭块状	6.3	5.0	0.43	0.31				
剖13	人为土	水稻土	淹育水稻土	黄棕壤性淹育水稻土	深位中层黄土田	A	0—14										E 114°40′13.8″ N 31°42′09.4″	95
						P	61—100											
						C	14—61											

续表 Continued

剖面号 Soil profile	土纲 Soil order	土类 Soil great group	亚类 Soil subgroup	土属 Soil genus	土种 Soil species	土层码 Layer code	土层厚度 Depth/cm	颜色 Soil color	质地 Soil texture	土壤结构 Soil structure	pH	有机质 OM/(g/kg)	全氮 TN/(g/kg)	全磷 TP/(g/kg)	阳离子交换量CEC/(cmol/kg)	土壤母质 Parent material	剖面点坐标 Profile coordinate	匹配指数 Matching index/%
剖14	淋溶土	黄棕壤	粗骨性黄棕壤	砂岩黄砂石土	浅位多砾质厚层砂质黄砂石土	A	0—17	黄灰色	轻壤土	碎石块		11.8	0.34	0.40	9.2	砂岩及部分变质岩风化物	E 114°41′01.3″ N 31°40′25.0″	75
						Bv	17—49	棕灰色	轻壤土	碎块状		12.9	0.51	0.26	8.1			
						D	49—100	暗黄色	轻壤土	块状		11.4	0.55	0.25	7.3			
剖15	淋溶土	黄棕壤	粗骨性黄棕壤	砂岩黄砂石土	浅位少砾质薄层砂质黄砂石土	A	0—5	浅黄棕色	轻壤土	单粒状	6.9	30.6	1.49	1.29	14.8	砂岩及部分变质岩风化物	E 114°41′57.1″ N 31°38′57.8″	95
						Bv	5—16	浅黄棕色	砂壤土	碎屑状	7.0	4.4	0.43	0.41	10.3			
						D	16—											
剖16	淋溶土	黄棕壤	粗骨性黄棕壤	淡岩黄砂石土		A	0—18	灰黄色	轻壤土	团粒状	6.3	31.7	1.51	0.26	18.3	淡岩风化残积物、坡积物	E 114°44′10.7″ N 31°37′03.7″	95
						D	18—	黄棕色										
剖17	人为土	水稻土	淹育水稻土	潮土性淹育水稻土	体砂两合土田	A	0—16	浅黄色	轻壤土	小块状	5.5	10.3	0.62	0.54	1.3	河流冲积物	E 114°42′27.0″ N 31°34′22.8″	95
						P	37—100	浅黄色	砂壤土	小块状	6.5	12.2	0.42	0.69	3.9			
						C	16—37	浅黄色	紧砂土	单粒状	6.3	3.8	<0.10	0.37	2.2			
剖18	人为土	水稻土	潴育水稻土	黄棕壤性潴育水稻土	浅位厚层乌砂岗泥田	A	0—20	黄褐色	轻壤土	小块状	6.1	27.3	1.81	0.61	10.0	坡积物、残积物	E 114°58′47.3″ N 31°34′33.2″	96
						P	20—40	灰色	轻壤土	块状	6.4	9.7	0.78	0.55	7.1			
						W	40—100	黄棕色	轻壤土	块状	6.4	6.8	0.39	1.19	9.0			
剖19	人为土	水稻土	潴育水稻土	黄棕壤性潴育水稻土	墡黄砂泥田	A	0—20	浅黄褐色	中壤土	碎块状	5.2	18.9	1.32	0.57	12.7	坡积物、残积物	E 114°51′34.6″ N 31°45′21.6″	95
						P	83—100	灰褐色	中壤土	碎块状	6.9	5.5	0.48	0.21	11.4			
						W	20—31	黄棕色	中壤土	块状	6.7	8.2	0.35	0.36	11.8			
						C	31—83	棕黄色	轻壤土	碎屑状	6.7	5.2	0.19	0.45	9.0			
剖20	淋溶土	黄棕壤	粗骨性黄棕壤	粗骨性潴育水稻土	浅位薄层薄黄砂土	1	0—27	浅黄棕色	轻壤土	团粒状		10.4	0.66	0.58	14.1	砂岩、淡岩	E 114°46′43.0″ N 31°44′46.7″	95
						2	27—100	棕黄色		碎屑状								
剖21	淋溶土	黄棕壤	粗骨性黄棕壤	砂岩黄砂石土		A	0—12	灰黑色	砂壤土	单粒状	5.9	30.0	7.65	0.43	12.6	砂岩及部分变质岩风化物	E 114°45′23.0″ N 31°43′06.6″	95
						Bv	12—23	灰褐色	砂壤土	单粒状								
						D	23—100	棕褐色	砂壤土									
剖22	淋溶土	黄棕壤	粗骨性黄棕壤	淡岩黄砂石土	浅位薄层砂岗泥田	A	0—10	暗黄色	轻壤土	碎块状	5.5	25.3	1.06	0.93	9.5	淡岩风化残积物、坡积物	E 114°58′46.1″ N 31°44′30.8″	95
						D	20—100	黑褐色	砂壤土	小块状	6.1	18.5	0.77	0.79	10.1			
剖23	淋溶土	黄棕壤	粗骨性黄棕壤	淡岩黄砂石土		A_1	0—17	黄棕色	中壤土	块状	7.2	11.1	0.58	2.09	13.1	淡岩风化残积物、坡积物	E 114°51′04.7″ N 31°44′28.0″	95
						Bv	17—35	灰灰色	中壤土	块状	6.7	5.1	0.43	0.51	7.1			
						D	34—100	黄棕色	轻壤土	块状								
剖24	人为土	水稻土	潜育水稻土	黄棕壤性潴育水稻土	黄老岗泥田	A	47—100	浅黄色	轻壤土	团粒状	6.3	54.9	3.16	1.07	12.0	坡积物、残积物	E 114°36′10.1″ N 31°42′22.0″	95
						G	0—18	黄棕色	单粒状		6.4	13.8	0.63	0.41	9.1			
						P	18—36	棕黄色										
						4	36—47											
剖25	淋溶土	黄棕壤	粗骨性黄棕壤	淡岩黄砂石土		A	0—12	棕黄色	中壤土	粒状	6.2	9.5	0.51	0.38	7.3	淡岩风化残积物、残积物	E 114°48′48.6″ N 31°41′17.5″	95
						Bv	12—28	灰褐色	砂壤土	团粒状	7.4	5.7	0.19	0.43	9.6			
						D	28—100	黄褐色	砂壤土	团粒状	6.8	3.8	0.35	0.48	9.3			
剖26	人为土	水稻土	潴育水稻土	黄棕壤性潴育水稻土	黄老岗泥田	A	0—14	灰黄色	中壤土	团粒状	5.4	25.3	1.95	0.48	13.0	坡积物、残积物	E 114°54′20.5″ N 31°43′04.8″	95
						P	90—100	灰黄色	砂壤土	块状	6.5	12.0	0.97	0.48	12.5			
						W	14—50	灰褐色	砂壤土	块状	6.5	11.5	0.57	0.17	13.5			
						C	50—90	浅黄色	砂壤土	块状	6.9	4.3	0.25	0.25	10.4			
剖27	人为土	水稻土															E 114°58′59.5″ N 31°44′06.0″	95
剖28	半水成土	潮土	灰潮土	灰两合土	体砂灰两合土	A	0—18	黄灰色	砂壤土	碎屑状						河流冲积物	E 114°59′20.4″ N 31°42′37.4″	75
						Bv	18—40	灰黄色	砂壤土	小块状								
						C	40—100	灰黄色	砂壤土	单粒状								

续表 Continued

剖面号 Soil profile	土纲 Soil order	土类 Soil great group	亚类 Soil subgroup	土属 Soil genus	土种 Soil species	土层码 Layer code	土层厚度 Depth/cm	颜色 Soil color	质地 Soil texture	土壤结构 Soil structure	pH	有机质 OM/(g/kg)	全氮 TN/(g/kg)	全磷 TP/(g/kg)	阳离子交换量 CEC/(cmol/kg)	土壤母质 Parent material	剖面点坐标 Profile coordinate	匹配指数 Matching index/%
剖29	淋溶土	黄棕壤	粗骨性黄棕壤	红色砂岩黄砂石土	浅位少砾质厚层红色砂岩黄砂石土	A	0—18	黄红色	中壤土	小块状	5.9	20.0	1.03	0.32	12.7	红色砂岩	E 114°53′40.6″ N 31°41′01.3″	95
						Bv	18—37	棕红色	中壤土	小块状	5.7	7.6	0.61	0.35	17.9			
						D	37—100	红色	中壤土		5.9	3.1	<0.10	0.48	16.4			
剖30	淋溶土	黄棕壤	粗骨性黄棕壤	砂岩黄砂石土		A₁	0—34	暗黄色	轻壤土	团粒状	5.8	147.1	7.95	0.89	33.4	砂岩及部分变质岩风化物	E 114°48′48.6″ N 31°35′46.7″	95
						Bv	34—49	棕褐色	砂壤土	团粒状	6.2	75.6	4.25	0.71	21.4			
						D	49—100											
剖31	人为土	水稻土	淹育水稻土	黄棕壤性淹育水稻土	中层堆垫黄砂岗土田	A	0—20	灰黄色	砂壤土	粒状	5.7	13.3	0.75	0.46	6.3	堆垫物	E 114°55′53.0″ N 31°38′56.4″	95
						P	34—100	灰黄色	砂壤土	碎粒状	5.7	8.3	0.37	0.54	4.0			
						C	20—34	黄棕色	松砂土	颗粒状								
剖32	人为土	水稻土	潴育水稻土	黄棕壤性潴育水稻土	黄砂岗泥田	A	0—18	黄灰色	轻壤土	小块状	5.9	20.9	1.30	0.35	15.9	坡积物、残积物	E 114°51′25.2″ N 31°33′29.2″	95
						P	50—100	棕黄色	轻壤土	块状	6.6	9.2	0.43	0.29	8.3			
						W	18—38	棕黄色	轻壤土	块状	6.5	7.2	0.29	0.27	7.7			
						C	38—50	褐黄色	砂壤土	碎块状	6.4	5.2	0.22	0.47	7.1			
剖33	人为土	水稻土	潴育水稻土	黄棕壤性潴育水稻土	浅位中砾质黄砂岗泥田	A	0—14	灰黄色	中壤土	碎块状	5.5	20.3	1.36	0.30	15.5	坡积物、残积物	E 114°48′16.6″ N 31°31′45.8″	95
						P	70—100	灰黄色	中壤土	小块状	6.5	8.1	0.41	0.24	13.1			
						W	14—45	褐黄色	中壤土	小块状	7.3	7.6	0.48	0.25	13.9			
						C	45—70	黄棕色	中壤土	小块状	7.3	2.9	0.22	0.28	14.7			
剖34	淋溶土	黄棕壤	粗骨性黄棕壤	黄棕壤性潴育水稻土	浅位少砾质厚层黄砂岗土	1	0—15	黄灰色	砂壤土	单粒状	6.6	2.3	0.16	1.86	11.2	砂岩、泥岩	E 114°55′21.4″ N 31°34′23.5″	95
						2	15—45	棕黄色	砂壤土	单粒状	6.3	2.4	0.34		6.8			
						3	45—100	浅黄色	轻壤土	碎块状	6.3	2.1			13.3			
剖35	人为土	水稻土	潴育水稻土	黄棕壤性潴育水稻土	底锈黄砂岗泥田	A	0—15	黄灰色	中壤土	块状	6.1	24.2	1.53	0.74	13.9	坡积物、残积物	E 114°43′53.0″ N 31°34′07.0″	95
						P	65—100	灰棕黄色	轻壤土	块状	7.5	7.1	0.59	0.74	11.8			
						G	15—65	青灰色	砂壤土	拟块状	7.0	8.5	0.38	0.67	7.5			
剖36	淋溶土	黄棕壤	粗骨性黄棕壤	堆垫土	表潜青砂岗泥田	1	0—18	灰黄色	砂壤土	粒状						堆垫物	E 114°55′39.7″ N 31°31′22.1″	95
						2	18—100	灰黄色	砂壤土	单粒状								
剖37	人为土	水稻土	潴育水稻土	黄棕壤性潴育水稻土	底锈黄砂岗泥田	A	0—13	灰青色	轻壤土	碎屑状	5.6	20.7	1.18	0.62	7.2	坡积物、残积物	E 115°05′09.6″ N 31°41′37.0″	95
						P	90—100	浅棕黄色	轻壤土	碎屑状	6.2	14.0	0.81	0.62	5.9			
						W	13—30	黄黄色	轻壤土	块状	6.0	11.9	0.73	0.66	7.0			
						C	30—70	浅黄色	中壤土	块状								
剖38	人为土	水稻土	潴育水稻土	黄棕壤性潴育水稻土	浅位厚层黄砂岗泥田	G	35—100	棕黄色	轻壤土	碎屑状						坡积物、残积物	E 114°40′51.2″ N 31°44′43.1″	95
						P	0—17	黄黄色	轻壤土	碎块状								
						C	17—35	浅黄色	砂壤土	碎块状								
剖39	人为土	水稻土	淹育水稻土	黄棕壤性淹育水稻土	浅位厚层黄砂岗土田	A	0—15	棕黄色	砂壤土	小块状	6.2	9.2	0.33	0.59	12.6		E 115°08′02.0″ N 31°40′40.1″	95
						P	40—100	浅黄色	砂壤土	碎块状	6.7	7.6	0.46	0.52	5.8			
						C	15—40	浅黄色	砂壤土	粒状	6.8	6.1	0.43	0.50	7.4			
剖40	淋溶土	黄棕壤	粗骨性黄棕壤	黄岗土	浅位厚层黄砂岗土	1	0—15									砂岩、泥岩	E 115°02′09.6″ N 31°38′03.8″	95
						2	15—38											
						3	38—100											

商 城 县

主要土类说明

黄棕壤是商城县主要土壤类型，占本县地域面积的58%。黄棕壤是在北亚热带气候条件下形成的一种地带性土壤，是由黄壤向棕壤与褐土过渡的土壤类型，兼有黄壤、棕壤与褐土的某些特征。本县黄棕壤有黄棕壤、粗骨性黄棕壤、黄褐土、粗骨性黄褐土等亚类。本县地处北亚热带，植被以常绿针叶、阔叶、落叶混交林为主，高温多雨，给成土母岩以充分风化的条件。在风化过程中，被分解出来的一、二价盐基离子如钾、钠、钙、镁等随下渗水向下淋洗，同时，易变价的铁、锰等亦随水下渗，在一定深度聚积，形成不同形态的新生体，一种是聚集胶结浓缩而成的铁锰结核，另一种是被附于土壤结构面上的铁锰化合物，失水形成凝胶，经干缩而紧贴于结构面上形成表面光滑、呈黄棕褐色的胶膜。由于淋溶与淀积作用的不断进行，土壤黏粒也不断下移，使土体下部黏粒剧增，特别是发育在黄土母质上的黄褐土亚类，其黏化现象更为突出。本县黄棕壤的主要特征：发育在各种岩石风化物上，具有腐殖质层或腐殖质与矿物颗粒结合的表层；剖面发育不明显，无明显的铁锰新生体淀积；全剖面无石灰反应，无游离碳酸钙；土壤偏酸，pH为5.0—6.0；盐基中度不饱和。

水稻土是商城县第二大土壤类型，占本县地域面积的30%。在长期人为耕种、灌溉、施肥条件下，土壤经常处于干湿交替的环境中，发生氧化与还原、有机质积累与分解、盐基淋溶与复盐基、黏粒淋溶与聚积等过程，不断循环往复，使土体表面发生明显的分异，从而形成了水稻土特有的与母土有着本质区别的土壤剖面构型和理化、生物学特性。本县水稻土的主要特征：剖面形态因水的分布状态不同而分异，但皆具有潜育层（氧化还原层）、板结紧实的犁底层和下渗水通过的渗育层；新生体和黏粒下移聚积明显；水热状况稳定，在稻田淹水时，土体水多气少，使水层增大了土壤热能量；土湿的季节变化也比旱作土壤稳定程度高，故人们常以灌水与排水、深灌与浅灌来调节稻田水土湿度；有机质积累多、分解慢，土壤肥力高；土壤供肥能力较强。本县水稻土分为淹育型、潴育型、侧渗型、潜育型等亚类。

黄褐土是商城县第三大土壤类型，占本县地域面积的7%，分布在垄岗地区、河流两侧二级阶地上。黄褐土由较细粒的黄土状母质发育而成，该土壤土体中游离碳酸钙已不复存在，呈灰黄棕色，在底部可散见圆形石灰结核，黏化淀积明显；B层黏聚，黏粒硅铝率在3.0左右；表层pH为6.0—6.8，底层为7.5；盐基饱和度由表层向底层逐渐趋向饱和。

小于本县地域面积3%的土壤类型还有潮土和棕壤等。

本区域中心区气候特征

本区域中心区气候特征值
Regional climate characteristics in central area of the region

气候带：北亚热带湿润气候 Climate region: North subtropical humid climate	
年平均气温 /℃ Annual average temperature /℃	15.4
年平均最高气温 /℃ Annual average maximum temperature /℃	20.6
年平均最低气温 /℃ Annual average minimum temperature /℃	11.3
年降水量 /mm Annual precipitation /mm	1209
≥10℃的积温 /℃ Daily temperature accumulated in a year（≥10℃）/℃	5614
年日照时数 /h Annual sunshine /h	1917
年平均相对湿度 /% Annual average relative humidity /%	78
干燥度 Dryness	0.76

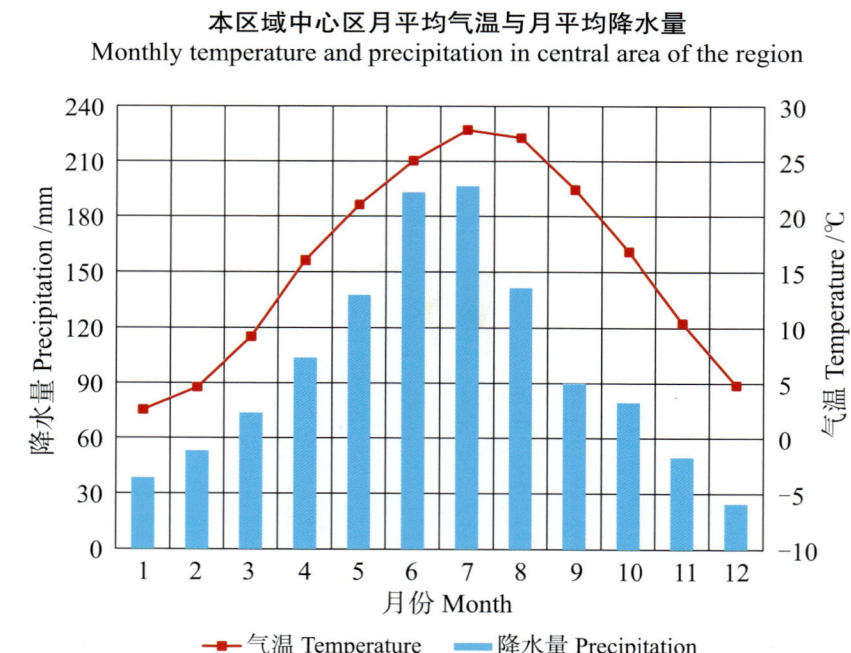

本区域中心区月平均气温与月平均降水量
Monthly temperature and precipitation in central area of the region

商城县主要土壤类型与土壤剖面点分布图
1:260 000

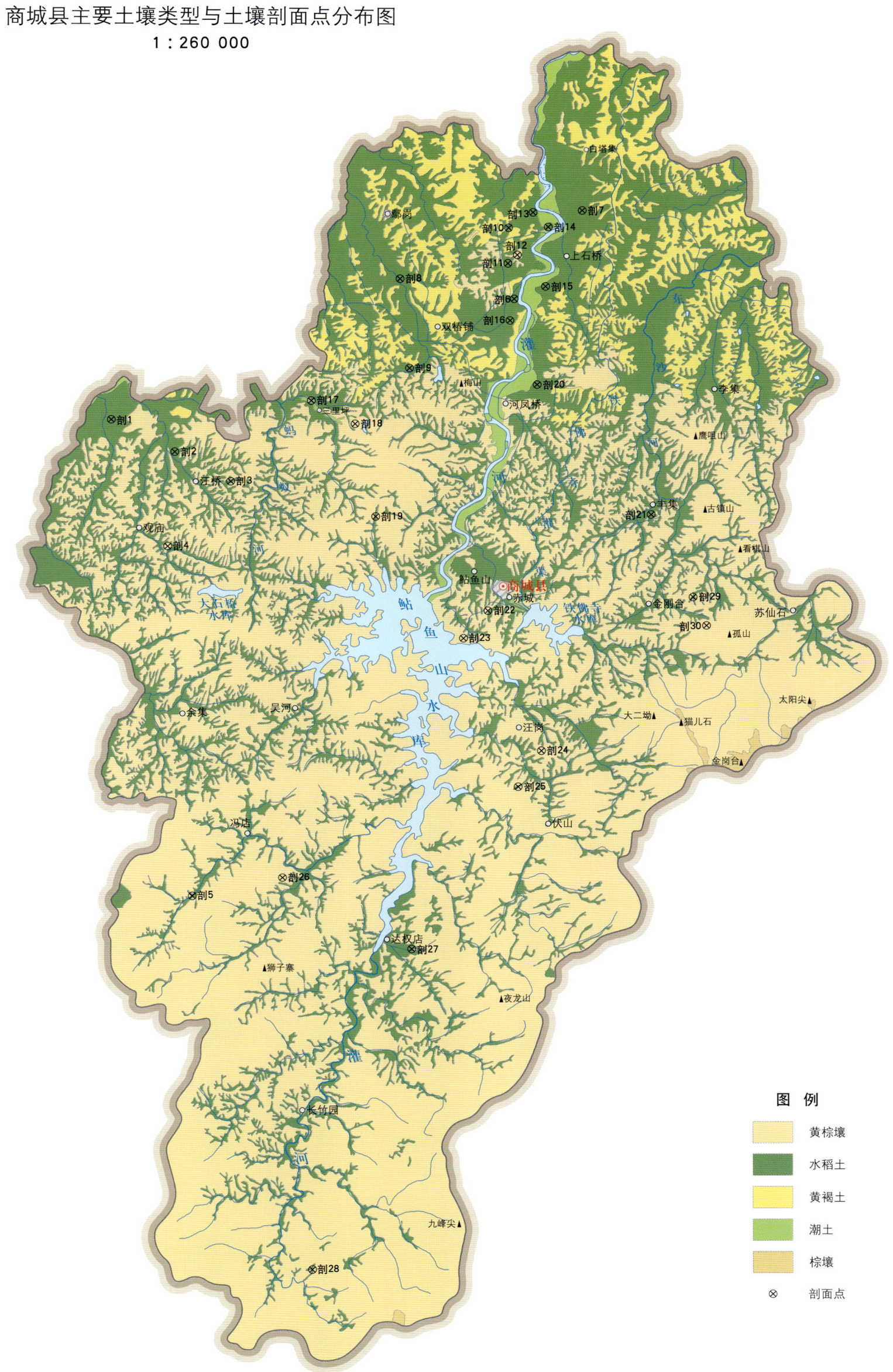

商城县土壤剖面理化性状表

剖面号 Soil profile	土纲 Soil order	土类 Soil great group	亚类 Soil subgroup	土属 Soil genus	土种 Soil species	土层码 Layer code	土层厚度 Depth/cm	颜色 Soil color	质地 Soil texture	土壤结构 Soil structure	pH	有机质 OM/(g/kg)	全氮 TN/(g/kg)	全磷 TP/(g/kg)	有效磷 AP/(mg/kg)	速效钾 AK/(mg/kg)	阳离子交换量CEC/(cmol/kg)	土壤母质 Parent material	剖面点坐标 Profile coordinate	匹配指数 Matching index/%
剖1	人为土	水稻土	潴育水稻土	黄棕壤性潴育水稻土	浅位厚层黄老泥田	1	0—14	黄灰色	重壤土	碎块状	5.4	20.5	1.03	0.88	13.1	31	15.2	下蜀系黄土	E 115°09′23.8″ N 31°53′18.2″	95
						2	14—26	灰黄色	重壤土	块状	6.8	5.8	0.28	0.79			15.2			
						3	26—44	灰黄色	重壤土	块状	6.8	6.1	0.18	0.92			31.7			
						4	44—100	灰黄棕色	重壤土	棱块状	7.3	6.4	0.22	1.03			31.9			
剖2	人为土	水稻土	潴育水稻土	黄棕壤性潴育水稻土	浅位厚层黄岗青泥田	1	0—15	黄灰色	重壤土	碎块状	5.3	24.5	1.03	0.84	25.1	120	14.8	坡积物、残积物	E 115°11′47.0″ N 31°52′16.7″	97
						2	15—36	灰黄色	中壤土	碎块状	5.0	17.2	0.92	0.81			14.8			
						3	36—100	青黄色	重壤土	大块状	6.6	19.3	0.46	0.91			14.6			
剖3	人为土	水稻土	潴育水稻土	黄棕壤性潴育水稻土	表潴青冈泥田	1	0—18	浅灰色	中壤土	碎块状	6.1	18.5	1.01	0.85	35.1	94	13.2	坡积物、残积物	E 115°13′53.6″ N 31°51′20.4″	97
						2	18—60	青灰色	中壤土	块状	6.3	10.0	0.30	0.66			10.5			
						3	60—100	棕黄色	轻壤土	块状	6.8	1.6	<0.10	1.11			9.7			
剖4	淋溶土	黄棕壤	粗骨性黄棕壤	砂岩黄砂石土	浅位多砾质薄层砂岩砂石土	1	0—11	灰黄色	中壤土	碎块状	5.7	13.6	0.62	0.63	74.7	16	17.3	砂岩	E 115°11′34.8″ N 31°49′10.9″	98
						2	11—25	黄黄棕色	中壤土	块状	5.8	<1.0	0.18	0.52			15.0			
						3	25—30	黄黄棕色	轻壤土	块状	6.5	7.1	0.91	1.11			10.6			
剖5	人为土	水稻土	潴育水稻土	黄棕壤性潴育水稻土	底砾浅位厚层青冈泥田	1	0—14	浅灰色	轻壤土	碎块状	5.3	22.7	1.44	1.66	65.9	116	9.8	坡积物、残积物	E 115°12′43.2″ N 31°37′38.6″	95
						2	14—35	青灰色	中壤土	块状	6.1	15.9	0.48	1.10			10.8			
						3	35—100		砂砾	碎块状	5.2	6.5	0.16	0.85			6.9			
剖6	人为土	水稻土	淹育水稻土	黄棕壤性淹育水稻土	壤黄泥田	1	0—18	灰黄色	重壤土	块状	5.8	16.2	0.87	0.58	29.5	108	18.1	古河流冲积物、堆积物	E 115°24′21.5″ N 31°57′31.1″	95
						2	18—64	灰黄色	中壤土	块状	6.7	7.9	0.53	0.58			17.0			
						3	64—100	黄黄棕色	重壤土	块状	6.8	6.9	0.36	0.59			18.6			
剖7	人为土	水稻土	潴育水稻土	黄棕壤性潴育水稻土	浅位厚层黄胶泥田	1	0—18	黄灰色	中壤土	碎块状	6.6	14.8	0.68		9.5	54	14.6	下蜀系黄土	E 115°26′50.3″ N 32°00′27.0″	98
						2	18—34	浅灰黄色	中壤土	块状	6.8	10.7	0.17	0.47			15.0			
						3	34—66	棕黄色	中壤土	块状	5.3	4.3	<0.10	0.46			14.7			
						4	66—100	棕黄色	中壤土	大块状	6.6	3.4	<0.10	0.41			10.3			
剖8	人为土	水稻土	侧渗水稻土	黄棕壤性侧渗水稻土	活白散泥田	1	0—20	黄灰白色	中壤土	碎块状	6.9	5.0	0.32	0.16	5.2	48	14.9	下蜀系黄土	E 115°20′04.9″ N 31°58′06.6″	97
						2	20—38	灰黄灰色	中壤土	块状	6.6	8.5	0.33	0.31			11.9			
						3	38—68	灰黄色	中壤土	块状	6.8	12.1	0.52	0.14			13.7			
						4	68—100	灰黄色	重壤土	块状	5.4	2.6					14.2			
剖9	人为土	水稻土	潴育水稻土	黄棕壤性潴育水稻土	浅位厚层黄胶泥田	1	0—15	黄灰色	重壤土	碎块状	5.5	18.1	0.89	0.96	5.7	90	15.2	下蜀系黄土	E 115°20′29.3″ N 31°55′10.1″	97
						2	15—37	黄黄色	中壤土	大块状	6.3	8.3	0.30	0.62			14.4			
						3	37—100	棕黄色	重壤土	块状	6.7	6.7	0.28	0.48			23.0			
剖10	人为土	水稻土	潴育水稻土	黄棕壤性潴育水稻土	表潴青冈泥田	1	0—13	黄灰色	重壤土	碎块状	5.6	19.6	0.89	0.78	21.5	136	26.1	下蜀系黄土	E 115°24′06.1″ N 31°59′50.6″	97
						2	13—27	灰褐色	中壤土	块状	6.4	13.8	0.61	0.99			24.8			
						3	27—51	灰黄色	重壤土	块状	6.7	8.6	0.31	0.55			15.9			
						4	51—100	黄黄色	重壤土	糊泥状	5.7	21.9	1.04	0.62						
剖11	人为土	水稻土	潴育水稻土	黄棕壤性潴育水稻土	浅位少砾质厚层黄冈田	1	0—16	青黄色	重壤土	碎块状	6.4	14.8	0.82	0.72	25.8	84	16.4	下蜀系黄土	E 115°24′05.6″ N 31°58′40.6″	98
						2	16—46	青黄色	中壤土	块状	7.4	5.7	0.17	0.40			12.8			
						3	46—100	灰黄色	轻壤土	碎屑状	5.1	7.2	0.38	0.60			12.2			
剖12	淋溶土	黄棕壤	粗骨性黄棕壤	粗骨黄岗土	浅位中层黄厚层黄冈土	1	0—16	灰黄色	轻壤土	碎块状	4.6	1.3	<0.10	1.02	39.7	55	11.9		E 115°24′27.4″ N 31°59′57.1″	95
						2	16—61	灰黄色	重壤土	块状	5.4	17.7	0.92	1.20			16.6			
						3	61—	浅黄棕色	重壤土	块状	6.7	5.9	0.16	0.81			11.4			
剖13	人为土	水稻土	潴育水稻土	黄棕壤性潴育水稻土	浅位中层黄冈泥田	1	0—21	灰黄色	中壤土	碎块状	5.4	5.9	0.16	0.32	45.2	92	15.5	坡积物、残积物	E 115°25′00.5″ N 32°00′21.5″	97
						2	21—57	浅黄棕色	重壤土	块状	6.7	8.1	0.16	0.81			23.8			
						3	57—100	黄黄棕色	重壤土	棱块状	7.2			0.72						

续表 Continued

剖面号 Soil profile	土纲 Soil order	土类 Soil great group	亚类 Soil subgroup	土属 Soil genus	土种 Soil species	土层码 Layer code	土层厚度 Depth/cm	颜色 Soil color	质地 Soil texture	土壤结构 Soil structure	pH	有机质 OM/(g/kg)	全氮 TN/(g/kg)	全磷 TP/(g/kg)	有效磷 AP/(mg/kg)	速效钾 AK/(mg/kg)	阳离子交换量CEC/(cmol/kg)	土壤母质 Parent material	剖面点坐标 Profile coordinate	匹配指数 Matching index/%
剖14	人为土	水稻土	淹育水稻土	湖砂潮淹育水稻土	底砂潮小两合土田	1	0~19	黄灰色	轻壤土	碎屑状	6.0	9.1	0.39	1.02	16.4	57	10.9	河流冲积物	E 115°25′35.0″ N 31°59′53.5″	97
						2	19~68	棕黄色	松砂土	碎块状	6.4	3.3	0.12	1.07			9.7			
						3	68~100	灰砂色	松砂土	单粒状	6.4	1.9	<0.10	1.01			3.9			
剖15	人为土	水稻土	潴育水稻土	黄棕壤性潴育水稻土	壤黄泥田	1	0~17	黄黄色	中壤土	碎屑状	5.1	14.4	0.76	0.81	44.4	74	27.6		E 115°25′31.1″ N 31°57′56.5″	97
						2	17~38	黄黄色	中壤土	块状	6.7	6.7	0.20	1.06			12.4			
						3	38~100	黄黄色	中壤土	碎块状	6.7	7.8	0.16	0.89			10.6			
剖16	人为土	水稻土	潴育水稻土	黄棕壤性潴育水稻土	浅位厚层黄砂岗田	1	0~17	黄黄色	中壤土	碎屑状	4.6	7.8	0.26	0.55	12.3	89	11.5	坡积物、残积物	E 115°24′12.6″ N 31°56′48.1″	97
						2	17~48	灰黄色	重壤土	块状	6.4	8.9	0.29	0.23						
						3	48~100	棕黄色	中壤土	块状	6.5	10.5	0.50	0.71						
剖17	半水成土	潮土		灰合土		1	0~15	灰黄色	轻壤土	碎屑状	5.7	12.7	0.59	1.08	35.0	42	7.5	河流冲积物	E 115°16′50.9″ N 31°54′02.2″	97
						2	15~63	棕黄色	砂壤土	块状	5.3	9.7	0.38	1.04			6.7			
						3	63~100	灰黄色	砂壤土	碎屑状	4.8	4.2	0.11	0.80			10.5			
剖18	淋溶土	黄棕壤	粗骨性黄棕壤	紫岩黄砂石土	浅位多砾质中层紫岩岗砂石土	1	0~15	浅紫红色	重壤土	块状	6.3	29.7	0.99	0.53	44.1	87	10.0	紫色岩	E 115°18′29.9″ N 31°53′17.5″	97
						2	15~47	紫红黄色	轻黏土	块状	6.3	119.9	0.51	0.49			15.6			
						3	47~													
剖19	人为土	水稻土	潜育水稻土	黄棕壤性潜育水稻土	表潜青砂岗泥田	1	0~21	青灰色	重壤土	块状	5.6	26.5	1.43	1.31	60.5	87	12.0	坡积物、残积物	E 115°19′19.6″ N 31°50′15.7″	97
						2	21~41	浅灰黄色	中壤土	块状	6.4	13.7	0.73	1.05			12.0			
						3	41~60	黄黄色	中壤土	块状	6.3	14.7	0.64	1.24			12.2			
						4	60~100	青黄灰色	中壤土	块状	5.8	15.3	0.74	1.16			13.7			
剖20	人为土	水稻土	潴育水稻土	黄棕壤性潴育水稻土	浅位厚层老黄泥田	1	0~17	黄黄色	重壤土	碎块状	5.7	22.9	1.18	1.42	≥100.0	120	16.3		E 115°25′16.0″ N 31°54′41.4″	97
						2	17~42	灰黄色	重壤土	块状	6.6	11.7	0.64	1.42			14.7			
						3	42~69	灰黄色	重壤土	块状	6.8	3.5	0.21	0.83			11.6			
						4	69~100	灰黄棕色		棱块状	6.6	<1.0	0.11	2.42			11.8			
剖21	人为土	水稻土	潴育水稻土	黄棕壤性潴育水稻土	壤黄岗泥田	1	0~24	黄黄色	轻壤土	碎屑状	5.0	12.5	0.56	1.27	78.2	67	10.1	坡积物、残积物	E 115°29′35.5″ N 31°50′28.1″	97
						2	24~45	黄棕色	中壤土	碎块状	6.4	8.6	0.36	1.41			11.8			
						3	45~72	灰黄色	砂壤土	块状	6.5	4.3	0.16	1.27			9.5			
						4	72~100	灰褐色	中壤土	块状	6.6	10.9	0.47	1.97			26.5			
剖22	淋溶土	黄棕壤	粗骨性黄棕壤	砂岩黄岗土	浅位小砾质中层红岗土	1	0~20	黄红色	中壤土	块状	5.4	6.4	<0.10	0.80	5.2	128	15.2	砂岩	E 115°23′33.8″ N 31°47′12.7″	97
						2	20~45	浅红黄色	重壤土	块状	5.3	15.8	0.49				15.0			
剖23	淋溶土	黄棕壤	粗骨性黄棕壤	灰岩黄石土	浅位多砾质黄灰岩黄石土	1	0~11	黄黄色	重壤土	块状	7.0	8.3	0.63	2.28	19.4	136	≥50.0	灰岩	E 115°22′39.7″ N 31°46′17.4″	97
						2	11~31	灰黄色	重壤土	块状	7.5	20.4	0.82	1.97			22.5			
						3	31~													
剖24	淋溶土	黄棕壤	粗骨性黄棕壤	砂岩黄岗石土	浅位少砾质中层砂岩岗石土	1	0~8	黄灰色	轻壤土	碎块状	6.4	15.8	0.57	0.92	81.9	203	11.2	砂岩	E 115°24′47.5″ N 31°41′25.8″	97
						2	8~35	黄黄色	中壤土	碎块状	6.0	6.7	0.13	0.69						
						3	35~													
剖25	人为土	水稻土	潴育水稻土	黄棕壤性潴育水稻土	浅位薄层青砂岗泥田	1	0~12	黄灰色	中壤土	糊泥状	5.2	21.9	1.29	1.18	80.1	71	22.6	坡积物、残积物	E 115°24′37.9″ N 31°42′37.4″	97
						2	12~27	青灰色	中壤土	块状	6.0	13.3	0.56	1.04			19.2			
						3	27~61	黄黄色	中壤土	块状	6.8	10.5	0.46	0.89			19.4			
						4	61~100	黄黄色	中壤土	块状	5.6	21.1	1.16	1.00			18.7			
剖26	淋溶土	黄棕壤	淡位黄棕壤	淡位黄砂石土	浅位多砾质中层淡砂岩黄石土	1	0~2	黄灰色	轻壤土	团粒状	5.7	5.1	1.23	1.85	44.5	124	13.9	酸性岩	E 115°16′03.9″ N 31°38′17.9″	98
						2	2~31	黄棕色	轻壤土	碎屑状	4.5	13.5	0.58	1.53			10.3			
						3	31~													
剖27	人为土	水稻土	潴育水稻土	黄棕壤性潴育水稻土	浅位薄层黄砂岗泥田	1	0~16	浅灰黄色	轻壤土	碎屑状	4.5	22.1	1.09	1.31	11.8	153	10.8	坡积物、残积物	E 115°20′54.6″ N 31°35′60.0″	100
						2	16~26	黄灰色	轻壤土	碎块状	4.9	21.4	1.04	1.20			13.2			
						3	26~100	黄黄色	砂壤土	碎块状	5.4	6.2	0.25	1.76			7.4			

续表 Continued

剖面号 Soil profile	土纲 Soil order	土类 Soil great group	亚类 Soil subgroup	土属 Soil genus	土种 Soil species	土层码 Layer code	土层厚度 Depth/cm	颜色 Soil color	质地 Soil texture	土壤结构 Soil structure	pH	有机质 OM/(g/kg)	全氮 TN/(g/kg)	全磷 TP/(g/kg)	有效磷 AP/(mg/kg)	速效钾 AK/(mg/kg)	阳离子交换量CEC/(cmol/kg)	土壤母质 Parent material	剖面点坐标 Profile coordinate	匹配指数 Matching index/%
剖28	人为土	水稻土	潜育水稻土	黄棕壤性潴育水稻土	乌砂岗泥田	1	0—20	黄灰色	中壤土	碎块状	5.4	30.7	1.53	1.18	58.6	90	19.1	坡积物、残积物	E 115°17′23.6″ N 31°25′28.6″	98
						2	20—35	浅灰色	中壤土	碎块状	5.8	30.5	1.34	1.39			15.2			
						3	35—60	深灰色	中壤土	碎块状	5.8	34.2	1.26	1.53			14.0			
						4	60—100	暗灰色	中壤土	块状		51.7	1.98	2.61			24.4			
剖29	人为土	水稻土	潜育水稻土	黄棕壤性潴育水稻土	浅位厚层青砂岗泥田	1	0—18	灰黄色	中壤土	碎块状	4.7	24.3	1.06	0.88	29.7	66	12.2	坡积物、残积物	E 115°31′12.0″ N 31°47′45.6″	98
						2	18—57	青灰色	重壤土	糊泥状	6.1	10.4	0.34	1.06			14.0			
						3	57—100	灰褐色	重壤土	块状	5.8	14.6	0.59	0.97			11.7			
剖30	淋溶土	黄棕壤	粗骨性黄棕壤	淡石黄砂石土	浅位少砾质中层漂岩黄砂石土	1	0—17	黄灰色	砂壤土	碎屑状	5.3	10.5	0.46	0.98	3.4	66	8.5	酸性岩	E 115°31′43.0″ N 31°46′49.6″	98
						2	17—48	灰黄色	砂壤土	碎块状	5.5	3.2	<0.10	0.63			10.1			
						3	48—													

固 始 县

主要土类说明

水稻土是固始县主要土壤类型，占本县地域面积的 65%。本县水稻土是在黄棕壤、潮土或砂姜黑土的基础上，经长期水耕熟化发育而成的一种地域性土壤。水稻土土体层次明显，一般都具有氧化还原层，即淹育层，还有板实的犁底层和下渗水通过的渗育层。氧化还原层（一般指耕作层）疏松绵软，铁锰新生体在耕层多以锈色斑纹出现。耕作层以下土层则以铁锰结核、铁锰胶膜等形式存在，有明显的上少下多聚积特征。水热状况稳定，稻田水层增大了热容量，水温变化幅度较小。在耕作管理中常以灌水与排水、深灌与浅灌来调节水土温度。保肥、供肥能力强。

黄褐土是固始县第二大土壤类型，占本县地域面积的 17%。黄褐土发育在下蜀系黄土母质和古代河流冲积物上。该土壤土体中游离碳酸钙已不复存在，呈灰黄棕色，在底部可散见圆形石灰结核，黏化淀积明显，B 层黏聚，黏粒硅铝率在 3.0 左右，表层 pH 为 6.0—6.8，底层为 7.5，盐基饱和度由表层向底层逐渐趋向饱和。

潮土是固始县第三大土壤类型，占本县地域面积的 8%。潮土是发育在近代河流冲积物上，经旱耕熟化而成的一种非地带性耕地土壤，因其地下水位较高，具有夜潮回润现象而得名。潮土形成过程中，因受水流分选作用的影响，离主河道愈近，水流速度愈快，沉积物质愈粗。反之，沉积物质愈细，即所谓"紧砂慢淤"。同时，由于季节、年降雨量的差异，各期河水流量、流速不同，搬运和挟带的泥沙量、粗细也不同，造成土体上下质地层次排列发生变化，形成明显的水平层理。地下水参与了潮化过程，潮土地下水位较浅，一般为 1.0—2.5m，可通过毛细管作用上下运动。同时，地下水位季节性升降频繁，使土体氧化还原作用交替进行，进而影响土体中物质的溶解、移动和淀积，并在土体下部形成锈色斑纹。人为的耕作活动又改善了潮土土壤结构，提高了土壤肥力。

黄棕壤占固始县地域面积的 7%。黄棕壤是北亚热带地带性土壤。本县处于北亚热带大陆性半湿润季风型气候带，夏季炎热多雨，冬季寒冷干燥，具有明显的干湿交替特征，使黄棕壤的形成发育具有明显的淋溶、淀积和黏化过程。高温多雨给岩石矿物的充分风化提供了有利条件，风化释放出来的一、二价盐基离子如钾、钠、钙、镁等，随雨水向下淋洗，产生较为强烈的淋溶过程，土壤呈微酸性至中性。变价的铁、锰、铝等也随水下渗，在一定深度聚积。这种铁锰化合物在形态上一种表现为被覆于土粒表面的锰铁胶膜，另一种是聚积而成的铁锰结核等新生体。同时，原生矿物风化而成的次生黏土矿物的淋溶聚积过程亦甚强烈，使土体下部黏粒含量逐步增多，形成黏化层。

小于本县地域面积 3% 的土壤类型还有砂姜黑土、新积土等。

本区域中心区气候特征

本区域中心区气候特征值
Regional climate characteristics in central area of the region

气候带：北亚热带湿润气候 Climate region: North subtropical humid climate	
年平均气温 /℃ Annual average temperature /℃	15.3
年平均最高气温 /℃ Annual average maximum temperature /℃	20.5
年平均最低气温 /℃ Annual average minimum temperature /℃	11.2
年降水量 /mm Annual precipitation /mm	1156
≥10℃的积温 /℃ Daily temperature accumulated in a year（≥10℃）/℃	5509
年日照时数 /h Annual sunshine /h	1933
年平均相对湿度 /% Annual average relative humidity /%	77
干燥度 Dryness	0.80

本区域中心区月平均气温与月平均降水量
Monthly temperature and precipitation in central area of the region

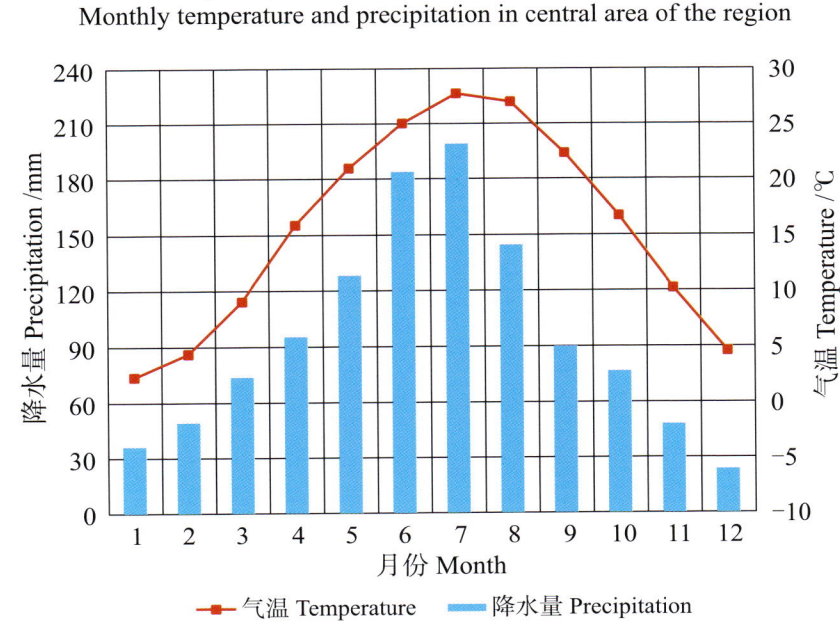

固始县主要土壤类型与土壤剖面点分布图
1∶300 000

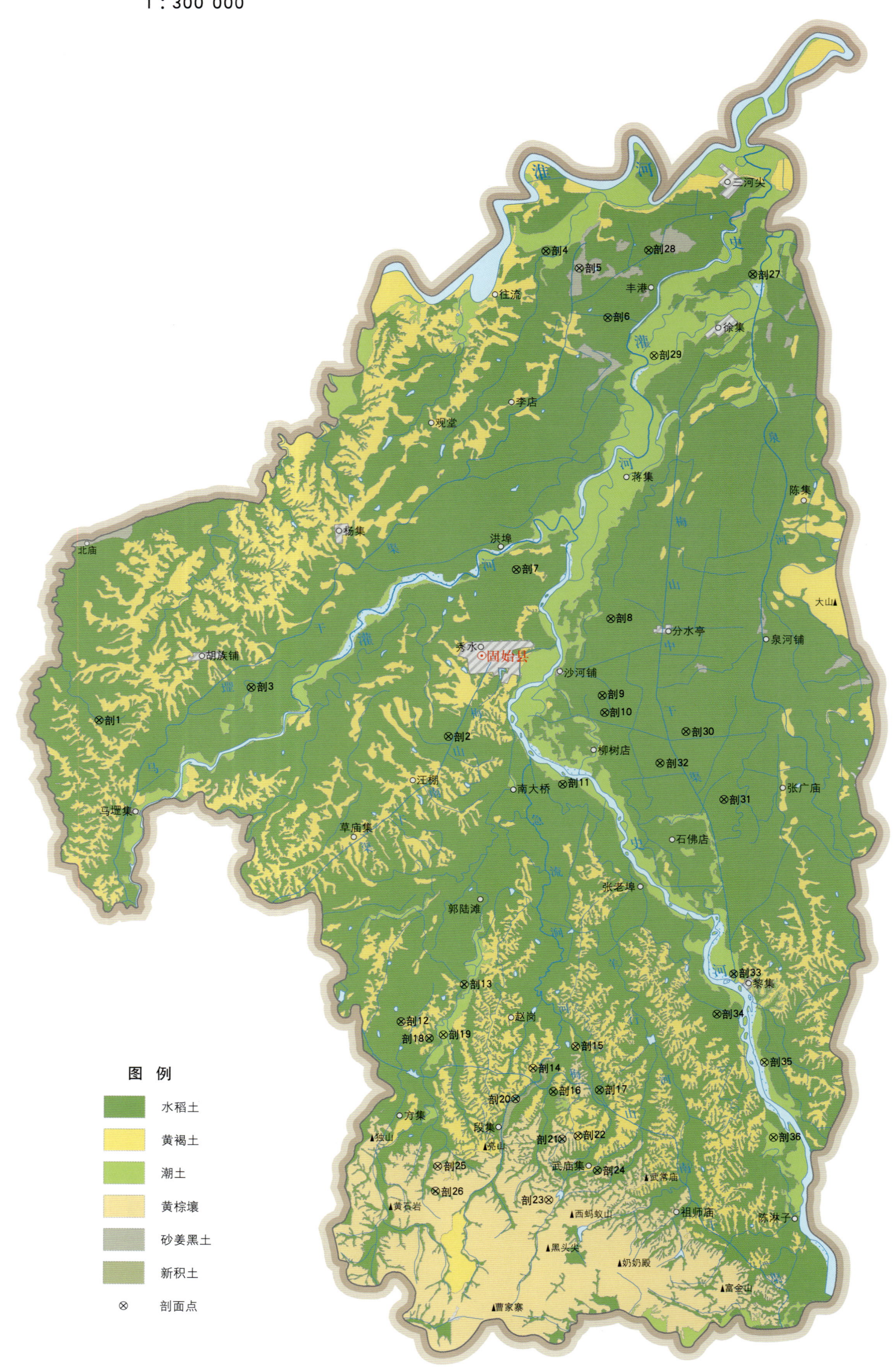

固始县土壤剖面理化性状表

剖面号 Soil profile	土纲 Soil order	土类 Soil great group	亚类 Soil subgroup	土属 Soil genus	土种 Soil species	土层码 Layer code	土层厚度 Depth/cm	颜色 Soil color	质地 Soil texture	土壤结构 Soil structure	pH	有机质 OM/(g/kg)	全氮 TN/(g/kg)	全磷 TP/(g/kg)	有效磷 AP/(mg/kg)	速效钾 AK/(mg/kg)	阳离子交换量CEC/(cmol/kg)	土壤母质 Parent material	剖面点坐标 Profile coordinate	匹配指数 Matching index/%
剖1	人为土	水稻土	潴育水稻土	黄棕壤性潴育水稻土	浅位薄层黄胶泥田	1	0—13	浅黄黄色	重壤土	小块状	5.7	17.0	1.02	<0.10	1.7	46	21.7	下蜀系黄土	E 115° 23′ 26.9″ N 32° 08′ 32.3″	98
						2	13—36	浅灰棕色	重壤土	碎块状	6.0	7.0	0.64	<0.10	1.7	46	16.6			
						3	36—48	白灰色	轻黏土	碎屑状	6.3	13.5	0.43	<0.10	<1.0	47	16.0			
						4	48—100	黄灰黄土	重壤土	棱状	6.5	5.9	0.33	<0.10	<1.0	59	15.8			
剖2	人为土	水稻土	淹育水稻土	黄棕壤性淹育水稻土	黄老土田	1	0—21	浅灰黄色	重壤土	小块状	5.5	16.4	0.97	0.46	8.6	39	18.6	古河流冲积物、堆积物	E 115° 38′ 07.0″ N 32° 08′ 09.5″	95
						2	21—58	浅灰褐色	轻壤土	棱柱状	6.6	7.6	0.45	0.40	6.9	27	16.9			
						3	58—100	浅灰黄色	重壤土	棱状	6.5	4.7	0.24	0.12	5.2	31	11.6			
剖3	人为土	水稻土	侧渗水稻土	黄棕壤性侧渗水稻土	活白散土田	1	0—26	灰白色	重壤土	碎屑状	6.5	11.8	0.70	<0.10	1.4	27	11.4	下蜀系黄土	E 115° 29′ 48.5″ N 32° 09′ 50.8″	97
						2	26—38	浅灰色	重壤土	棱状	6.5	9.0	0.50	<0.10		23	12.0			
						3	38—100	深灰褐色	重壤土	棱状	6.4	7.6	0.42	<0.10		35	18.2			
剖4	人为土	水稻土	淹育水稻土	黄棕壤性淹育水稻土	浅位厚层黄胶泥田	1	0—22	浅黄棕色	中壤土	棱状	6.0	12.4	0.68	0.17	9.5	35	13.4	下蜀系黄土	E 115° 41′ 52.8″ N 32° 26′ 09.6″	99
						2	22—50	浅黄黄色	轻壤土	棱状	6.0	10.8	0.56	<0.10	3.6	102	13.7			
						3	50—100	黄褐色	轻壤土	片状	6.4	7.1	0.33	<0.10	<1.0	102	14.9			
剖5	半水成土	砂姜黑土	砂姜黑土	老	壤质老土	1	0—21	浅灰黄色	中壤土	棱块状	6.2	12.4	0.72	0.23	16.6	68	19.8	下蜀系黄土	E 115° 43′ 17.8″ N 32° 25′ 32.9″	97
						2	21—100	蓝褐色	中壤土	小块状	6.6	6.3	0.40	0.26	16.2	59	30.4			
剖6	人为土	水稻土	淹育水稻土	砂姜黑土性淹育水稻土	壤质厚层黄胶泥田	1	0—18	白灰色	中壤土	核块状	6.0	13.6	0.80	0.10	1.7	73	18.9	湖相沉积物	E 115° 44′ 31.9″ N 32° 23′ 44.9″	97
						2	18—40	深灰色	中壤土	块状	6.0	7.3	0.43	<0.10	3.6	33	16.6			
						3	40—100	黄褐色	中壤土	棱块状	6.4	6.8	0.33	<0.10	<1.0	71	17.0			
剖7	人为土	水稻土	淹育水稻土	黄棕壤性淹育水稻土	浅位厚层黄胶泥田	1	0—16	浅灰黄色	中壤土	碎块状	5.6	15.2	0.93	0.11	2.6	68	25.2	湖相沉积物	E 115° 44′ 51.2″ N 32° 14′ 22.9″	99
						2	16—56	黄灰黄色	重壤土	碎屑状	6.7	10.5	0.63	<0.10	<1.0	56	25.6			
						3	56—100	黑灰色	重壤土	片状	6.6	4.9	0.27	<0.10	3.4	42	25.5			
剖8	人为土	水稻土	淹育水稻土	砂姜黑土性淹育水稻土	黄白老泥田	1	0—13	黄白色	重壤土	碎屑状	5.2	10.9	0.64	<0.10	<1.0	39	14.2	湖相沉积物	E 115° 44′ 31.9″ N 32° 12′ 36.7″	98
						2	13—45	灰白色	重壤土	大块状	6.7	8.2	0.48	<0.10	<1.0	27	16.0			
						3	45—100	灰黑色	重壤土	棱块状	6.5	6.3	0.37	<0.10	6.2	98	22.7			
剖9	人为土	水稻土	潴育水稻土	砂姜黑土性潴育水稻土	浅位厚层黄胶泥田	1	0—18	浅灰黄色	重壤土	小块状	6.4	18.0	1.06	0.12	2.6	97	21.3	湖相沉积物	E 115° 40′ 50.6″ N 32° 09′ 45.4″	97
						2	18—40	浅灰褐色	重壤土	碎块状	6.7	15.9	0.90	0.10	10.5	68	18.0			
						3	40—100	浅灰棕色	轻壤土	块状	6.5	10.6	0.63	0.13	2.6	98	24.6			
剖10	人为土	水稻土	淹育水稻土	砂姜黑土性淹育水稻土	黏质老泥田	1	0—18	深灰色	轻壤土	大块状	5.9	21.5	1.27	0.10	10.5	54	22.1	湖相沉积物	E 115° 44′ 39.1″ N 32° 09′ 07.6″	97
						2	18—36	黑灰色	重壤土	碎块状	6.1	10.5	0.62	<0.10	2.6	47	21.9			
						3	36—80	灰黄色	重壤土	碎屑状	6.4	7.1	0.42	<0.10	1.8	76	22.0			
						4	80—100	黄棕色	重壤土	棱块状	6.5	2.5	0.15	0.15	<1.0	71	23.5			
剖11	人为土	水稻土	淹育水稻土	黄棕壤性淹育水稻土	壤黄土田	1	0—14	黄白色	重壤土	碎屑状	5.8	14.0	0.82	0.17	7.7	78	9.4	湖相沉积物	E 115° 42′ 55.4″ N 32° 06′ 27.7″	98
						2	14—26	灰白色	重壤土	碎屑状	6.4	10.0	0.73	0.17	5.1	75	9.0			
						3	26—100	灰黄色	重壤土	棱柱状	6.4	5.5	0.31	0.23	2.6	58	10.0			
剖12	人为土	水稻土	潴育水稻土	黄棕壤性潴育水稻土	浅位厚层黄胶泥田	1	0—17	浅灰黄色	重壤土	小块状	5.5	13.7	1.07	0.13	3.5	54	16.9	古河流冲积物、堆积物	E 115° 36′ 19.8″ N 31° 57′ 33.8″	98
						2	17—32	浅灰棕色	重壤土	碎块状	6.0	12.6	0.72	0.10	<1.0	46	14.5			
						3	32—70	灰灰棕色	轻壤土	块状	6.7	9.8	0.50	0.10	3.8	35	12.5			
						4	70—100	灰灰色	重壤土	棱柱状	7.0	7.6	0.46	0.22	4.4	39	11.9			
剖13	人为土	水稻土	潴育水稻土	黄棕壤性潴育水稻土	黄老泥田	1	0—20	浅灰黄色	重壤土	碎块状	5.9	14.6	0.83	0.22	5.2	46	15.9	下蜀系黄土	E 115° 38′ 56.8″ N 31° 58′ 58.1″	97
						2	20—42	浅灰棕色	中壤土	块状	6.3	10.8	0.60	0.22	3.8	50	15.6			
						3	42—100	黄棕色	重壤土	块状	6.3	6.8	0.40	0.23	4.4	21	13.3			
剖14	淋溶土	黄褐土	黄褐土	麻岗土	浅位厚层麻岗土	1	0—20	黄棕褐色	中壤土	块状	5.6	13.4	0.79	0.12	3.6	73	17.0	下蜀系黄土	E 115° 41′ 52.8″ N 31° 55′ 54.8″	97
						2	20—100	棕褐色	重壤土	棱块状	5.9	5.8	0.21	0.10		68	16.5			

剖面号 Soil profile	土纲 Soil order	土类 Soil great group	亚类 Soil subgroup	土属 Soil genus	土种 Soil species	土层码 Layer code	土层厚度 Depth/cm	颜色 Soil color	质地 Soil texture	土壤结构 Soil structure	pH	有机质 OM/(g/kg)	全氮 TN/(g/kg)	全磷 TP/(g/kg)	有效磷 AP/(mg/kg)	速效钾 AK/(mg/kg)	阳离子交换量CEC/(cmol/kg)	土壤母质 Parent material	剖面点坐标 Profile coordinate	匹配指数 Matching index/%
剖15	淋溶土	黄褐土	黄褐土	黄胶土	浅位厚层黄胶土	1	0–16	浅灰黄色	重壤土	碎块状	6.0	13.2	0.81	0.10	1.8	77	15.8	下蜀系黄土	E 115°43′39.0″ N 31°56′45.2″	97
						2	16–100	棕褐色	轻黏土	棱块状	6.1	8.2	0.48	<0.10		63	16.1			
剖16	人为土	水稻土	潴育水稻土	黄棕壤性潴育水稻土	浅位厚层黄胶泥田	1			重壤土		5.5	17.6	1.01	<0.10	<1.0	71	12.7	下蜀系黄土	E 115°42′44.6″ N 31°55′04.4″	97
						2			轻黏土		5.7	15.5	0.90	<0.10	<1.0	50	11.9			
						3					6.4	7.4	0.44	<0.10		46	10.2			
						4					6.3	5.5	0.33	<0.10		26	14.4			
剖17	人为土	水稻土	侧渗水稻土	黄棕壤性侧渗水稻土	活位散泥田	1	0–36	浅灰黄色	重黏土	碎块状	6.0	12.7	0.71	0.22	1.7	56	18.2	下蜀系黄土	E 115°44′40.6″ N 31°55′09.5″	97
						2	36–50	白灰色	中壤土	碎屑状	6.5	8.1	0.47	<0.10	2.6	54	11.6			
						3	50–81		重壤土	大块状	6.2	6.8	0.40	<0.10	<1.0	41	5.5			
						4	81–100		重黏土	棱块状	6.5	4.9	0.25	<0.10		68	11.8			
剖18	人为土	水稻土	潴育水稻土	黄棕壤性潴育水稻土	浅位薄层青泥田	1	0–16	浅黄黄色	轻壤土	碎块状	6.2	14.1	0.81	0.10	11.3	46	13.0	下蜀系黄土	E 115°37′31.1″ N 31°56′57.8″	98
						2	16–32	黄褐色	重壤土	糊泥状	6.2	11.2	0.66	<0.10	2.6	47	13.0			
						3	32–57	青灰色	重壤土	块状	6.7	8.3	0.40	<0.10	1.7	33	9.7			
						4	57–100	浅黄褐色	重黏土	块状	6.8	5.3	0.27	<0.10	<1.0	39	9.4			
剖19	半成土	潮土	灰潮土	灰两合土	灰小两合土	1	0–18	灰黄色	轻壤土	碎块状	6.1	12.8	0.62	0.51	4.2	39	5.8	河流冲积物	E 115°38′06.4″ N 31°57′05.8″	98
						2	18–100		轻壤土	块状	6.5	6.6	0.39	0.38	3.4	19	6.1			
剖20	人为土	水稻土	潴育水稻土	黄棕壤性潴育水稻土	壤黄泥田	1	0–19		轻壤土	块状	6.0	13.2	0.76	0.22	7.3	39	12.5	下蜀系黄土	E 115°41′10.7″ N 31°54′47.2″	97
						2	19–40		中壤土		6.6	9.0	0.36	0.18	2.0	23	10.0			
						3	40–100		重壤土		6.4	5.2	0.29	0.14	1.7	23	9.4			
剖21	人为土	水稻土	潴育水稻土	黄棕壤性潴育水稻土	浅位厚层岗泥田	1	0–17	灰黄色	轻壤土	碎块状	5.4	18.8	1.09	0.17	3.4	33	10.5	坡积物、残积物	E 115°43′08.8″ N 31°53′19.7″	97
						2	17–58	灰黄色	重壤土	块状	5.9	12.6	0.67	0.17	2.7	31	9.6			
						3	58–100	浅黄褐色	重黏土	棱块状	6.0	9.8	0.60	0.16	3.4	31	9.5			
剖22	淋溶土	黄棕壤	粗骨性黄棕壤	麻岗土	灰位厚层岗土	1	0–20	浅黄黄色	中壤土	粒状	5.9	10.6	0.67	0.10	<1.0	71	16.9	下蜀系黄土	E 115°43′49.1″ N 31°53′27.2″	98
						2	20–100		重壤土	块状	6.2	8.1	0.32	0.10	4.4	60	22.4			
剖23	淋溶土	黄棕壤	粗骨性黄棕壤	砂岩黄砂石土		1	0–11		重黏土		5.0	22.2	1.08	<0.10		50	16.5	砂页岩类风化残积物、坡积物	E 115°42′38.2″ N 31°51′05.4″	98
						2	11–													
剖24	人为土	水稻土	潴育水稻土	黄棕壤性潴育水稻土	紫色岗泥田	1	0–15	紫黄色	重壤土	碎块状	4.7	14.5	0.85	0.16	19.8	46	9.8	砂页岩类风化残积物、坡积物	E 115°44′38.8″ N 31°52′11.6″	97
						2	15–66	黄紫色	重壤土	块状	5.6	10.1	0.57	0.24	11.2	39	6.2			
						3	66–100	紫灰色	重壤土	小棱块状	6.5	8.7	0.48	0.22	1.8	38	6.0			
剖25	淋溶土	黄棕壤	粗骨性黄棕壤	紫岩黄砂石土	浅位多砾质厚层紫岩黄砂石土	1	0–13	紫黄色	轻壤土	粒状	4.6	18.2	1.02	<0.10	1.7	29	15.8	紫色砂岩风化坡积物、残积物	E 115°37′58.1″ N 31°52′14.9″	95
						2	13–37	紫色	中壤土	块状	4.5	7.0	0.32	0.15	<1.0	89	13.1			
						3	37–		重壤土		4.5	7.0	0.32	0.15	<1.0	89	13.1			
剖26	人为土	水稻土	潴育水稻土	黄棕壤性潴育水稻土	乌砂岗泥田	1	0–16	乌灰色	重壤土	碎块状	5.1	16.2	0.96	0.17	6.0	64	10.8	坡积物、残积物	E 115°37′53.8″ N 31°51′20.2″	97
						2	16–60	浅灰黄色	重壤土	棱块状	4.7	11.1	0.61	0.14	1.7	46	7.3			
						3	60–100	棕灰色	重壤土	粒状	5.9	7.2	0.40	0.34	2.5	35	7.4			
剖27	淋溶土	黄棕壤	潴育水稻土	潮土壤土	潮两合土田	1	0–23	浅灰黄色	中壤土	碎块状	5.3	12.6	0.76	0.25	14.5	46	11.7	河流冲积物	E 115°50′36.2″ N 32°25′24.2″	98
						2	23–60	浅黄灰色	重壤土	碎块状	5.9	6.2	0.35	0.24	5.1	46	8.5			
						3	60–100	浅灰黄色	重壤土	碎块状	6.7	4.8	0.28	0.23	3.4	29	5.9			
剖28	人为土	水稻土	潴育水稻土	砂姜土性潴育水稻土	黏质灰黑土田	1	0–17	浅灰色	轻黏土	碎块状	6.0	7.3	0.41	<0.10	2.6	48	9.0	湖泊沉积物	E 115°37′53.8″ N 31°51′20.2″	97
						2	17–66	棱灰色	重黏土	棱块状	6.3	5.0	0.31	0.10	1.7	39	6.5			
						3	66–100	青灰色	轻壤土	粒状	6.5	6.0	0.37	0.12		71	9.6			
剖29	半成土	潮土	灰潮土	灰砂土	灰砂壤土	1	0–16	浅灰黄色	砂壤土	粒状	5.4	11.2	0.36	0.38	5.1	33	4.4	河流冲积物	E 115°46′12.0″ N 32°22′14.6″	97
						2	16–50	浅灰黄色	轻壤土	碎屑状	5.7	7.0	0.37	0.34	3.4	25	5.8			
						3	50–100	黄棕色	轻壤土	碎屑状	6.3	3.1	0.18	0.31	1.7	31	7.6			

续表 Continued

剖面号 Soil profile	土纲 Soil order	土类 Soil great group	亚类 Soil subgroup	土属 Soil genus	土种 Soil species	土层码 Layer code	土层厚度 Depth/cm	颜色 Soil color	质地 Soil texture	土壤结构 Soil structure	pH	有机质 OM/(g/kg)	全氮 TN/(g/kg)	全磷 TP/(g/kg)	有效磷 AP/(mg/kg)	速效钾 AK/(mg/kg)	阳离子交换量CEC/(cmol/kg)	土壤母质 Parent material	剖面点坐标 Profile coordinate	匹配指数 Matching index/%
剖30	人为土	水稻土	潴育水稻土	砂姜黑土性潴育水稻土	黏质老泥田	1	0–16		轻黏土		6.5	18.0	1.04	0.27	3.1	64	25.7	湖相沉积物	E 115°48′04.3″ N 32°08′28.0″	97
						2	16–33		轻黏土		6.1	15.1	0.88	0.25	1.8	52	25.2			
						3	33–61		轻黏土		6.8	13.4	0.80	<0.10	1.8	60	23.9			
						4	61–100		重黏土		6.8	10.1	0.57	0.14	4.5	38	22.8			
剖31	人为土	水稻土	潴育水稻土	黄棕壤性潴育水稻土	黄老泥田	1	0–25	灰黄色	重壤土	碎块状	5.9	13.9	0.79	0.29	9.5	66	13.0		E 115°49′42.2″ N 32°05′58.9″	98
						2	25–75	棕褐色	重黏土	块状	6.2	10.7	0.61	0.21	2.6	60	15.4			
						3	75–100	棕褐色	轻黏土	棱块状	6.4	8.0	0.45	0.11		54	25.4			
剖32	人为土	水稻土	潴育水稻土	砂姜黑土性潴育水稻土	壤质老泥田	1	0–16	灰黄色	中壤土	碎块状	6.0	12.8	0.74	0.21	7.7	48	13.6	湖相沉积物	E 115°47′00.6″ N 32°07′17.4″	98
						2	16–31	灰黄色	中壤土	块状	6.9	9.2	0.54	0.30	<1.0	29	14.0			
						3	31–67	浅黄色	中壤土	棱块状	6.4	4.0	0.38	<0.10		33	19.2			
						4	67–100	浅黄褐色	重壤土	核块状	6.5	2.5	0.13	0.11	2.6	25	20.6			
剖33	人为土	水稻土	淹育水稻土	潮土性淹育水稻土	潮小两合田	1	0–20	浅黄黄色	轻壤土	碎屑状	5.2	13.5	0.75	0.43	8.4	31	7.1	河流冲积物	E 115°50′13.6″ N 31°59′30.5″	97
						2	20–100	浅黄黄色	重壤土	碎块状	5.8	7.6	0.49	0.40	6.8	21	7.5			
剖34	人为土	水稻土	潴育水稻土	黄棕壤性潴育水稻土	壤黄泥田	1	0–20	浅黄黄色	重壤土	块状	5.8	14.0	0.85	0.12	<1.0	35	12.7	河流冲积物	E 115°49′32.9″ N 31°58′01.2″	98
						2	20–45	灰黄色	重黏土	大块状	6.2	10.0	0.36	<0.10	<1.0	23	9.9			
						3	45–100	棕黄色	重壤土	碎块状	6.9	5.4	0.34	0.10		17	10.3			
剖35	半水成土	潮土	灰潮土	灰两合土	灰两合土	1	0–18	浅黄色	重壤土	碎块状	5.9	14.6	0.83	0.14	14.8	36	12.2	河流冲积物	E 115°51′34.2″ N 31°56′15.7″	97
						2	18–53	浅黄灰色	重壤土	小块状	6.0	6.5	0.35	0.15	10.4	26	10.7			
						3	53–100	浅黄灰色	重壤土	小块状	6.4	2.8	0.16	<0.10	5.2	21	10.5			
剖36	半水成土	潮土	灰潮土	灰两合土	灰两合土	1	0–23	浅黄灰色	中壤土		6.4	13.3	0.74	0.34	9.3	35	10.2	河流冲积物	E 115°51′59.8″ N 31°53′30.8″	97
						2	23–100		中壤土		6.0	7.5	0.40	0.34	12.8	31	10.1			

潢川县

主要土类说明

水稻土是潢川县主要土壤类型，占本县地域面积的74%。水稻土是在各种母质类型的自然土壤和旱作土壤的基础上，经过长期的水耕熟化作用发育而成的土壤。在长期人为灌溉、耕作、施肥的条件下，土体处于淹水与落干的干湿交替环境中，由此引起氧化与还原、有机质分解与合成、盐基淋溶与复盐基、黏粒淋洗与聚积等过程，使土体剖面发生明显分异。耕作层松软，犁底层板实，土层分异明显，具有氧化还原层；新生体和黏粒下移聚积明显，铁锰新生体在耕作层多以锈斑、锈纹出现，耕作层以下土层则以铁锰结核、铁锰胶膜、黏土胶膜等形式附着于结构面上，或有明显的上少下多聚积特征；水热状况稳定，淹水时期，土体中水多气少，水层增大了土壤热容量，所以水热动态稳定，即温度变化慢、变幅小；有机质积累多、分解慢，稻田灌水以后，土体中非毛管孔隙充满水分，处于嫌气状态，使土壤中嫌气微生物得以旺盛活动，加快了有机质腐殖质化过程，矿化过程变弱，增加了有机质的积累。因此，水稻土有机质含量一般比旱地土壤高；土壤供肥能力较强。水分状况决定着水稻土的形态特征。

黄褐土是潢川县第二大土壤类型，占本县地域面积的18%。成土母质为下蜀系黄土或古代河流沉积物，分布在南部丘陵、中部三条垄岗地及河流两侧的二级阶地上。该土壤土体中游离碳酸钙已不复存在，呈灰黄棕色，在底部可散见圆形石灰结核，黏化淀积明显，B层黏聚。黏粒硅铝率在3.0左右，表层pH为6.0—6.8，底层pH为7.5，盐基饱和度由表层向底层逐渐趋向饱和。

潮土是潢川县第三大土壤类型，占本县地域面积的4%。潮土是在近代河流冲积物上，经过人为耕作熟化发育而成的年轻土壤。因其地下水位高，具有夜潮回润现象而得名。潮土形成有三个明显过程：①流水分选沉积过程。形成潮土的物质是河流多次沉积的结果，沉积规律一般是"紧出砂，慢出淤，不紧不慢出两合"。②地下水参与的潮化过程。地下水埋藏较浅是潮土形成的一个重要特征，地下水通过毛管作用上下运动，地下水位季节性的升降，使土体产生氧化还原交替过程，进而影响土体中物质的溶解、移动和淀积，并在土体下部形成灰棕色的斑纹。③人为的耕种熟化过程。人们通过耕作、施肥、灌溉、栽培作物等一系列的措施，改善了土壤结构，提高了土壤肥力，培育出了适合作物生长的土壤。土壤发生层次不明显，而质地层次（沉积层次）非常显著；有机质和全氮含量一般较低，而钾、磷等矿质元素较为丰富；由于质地层次的不同排列，常有不同类型的土体构型，这对土壤理化性状、耕作管理都有一定的影响。

小于本县地域面积3%的土壤类型还有黄棕壤、砂姜黑土、石质土等。

本区域中心区气候特征

本区域中心区气候特征值
Regional climate characteristics in central area of the region

气候带：北亚热带湿润气候 Climate region: North subtropical humid climate	
年平均气温 /℃ Annual average temperature /℃	15.3
年平均最高气温 /℃ Annual average maximum temperature /℃	20.4
年平均最低气温 /℃ Annual average minimum temperature /℃	11.2
年降水量 /mm Annual precipitation /mm	1153
≥10℃的积温 /℃ Daily temperature accumulated in a year（≥10℃）/℃	5623
年日照时数 /h Annual sunshine /h	1957
年平均相对湿度 /% Annual average relative humidity /%	77
干燥度 Dryness	0.80

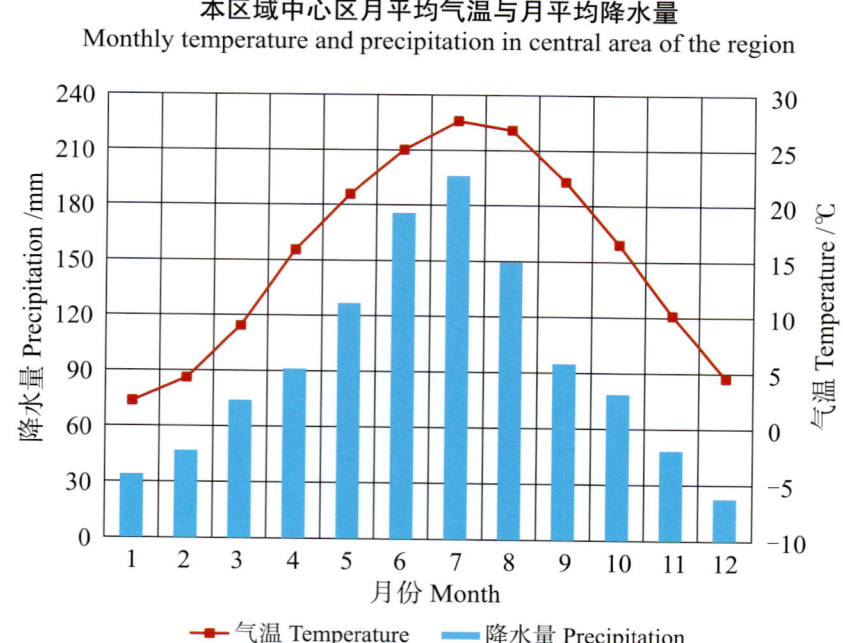

本区域中心区月平均气温与月平均降水量
Monthly temperature and precipitation in central area of the region

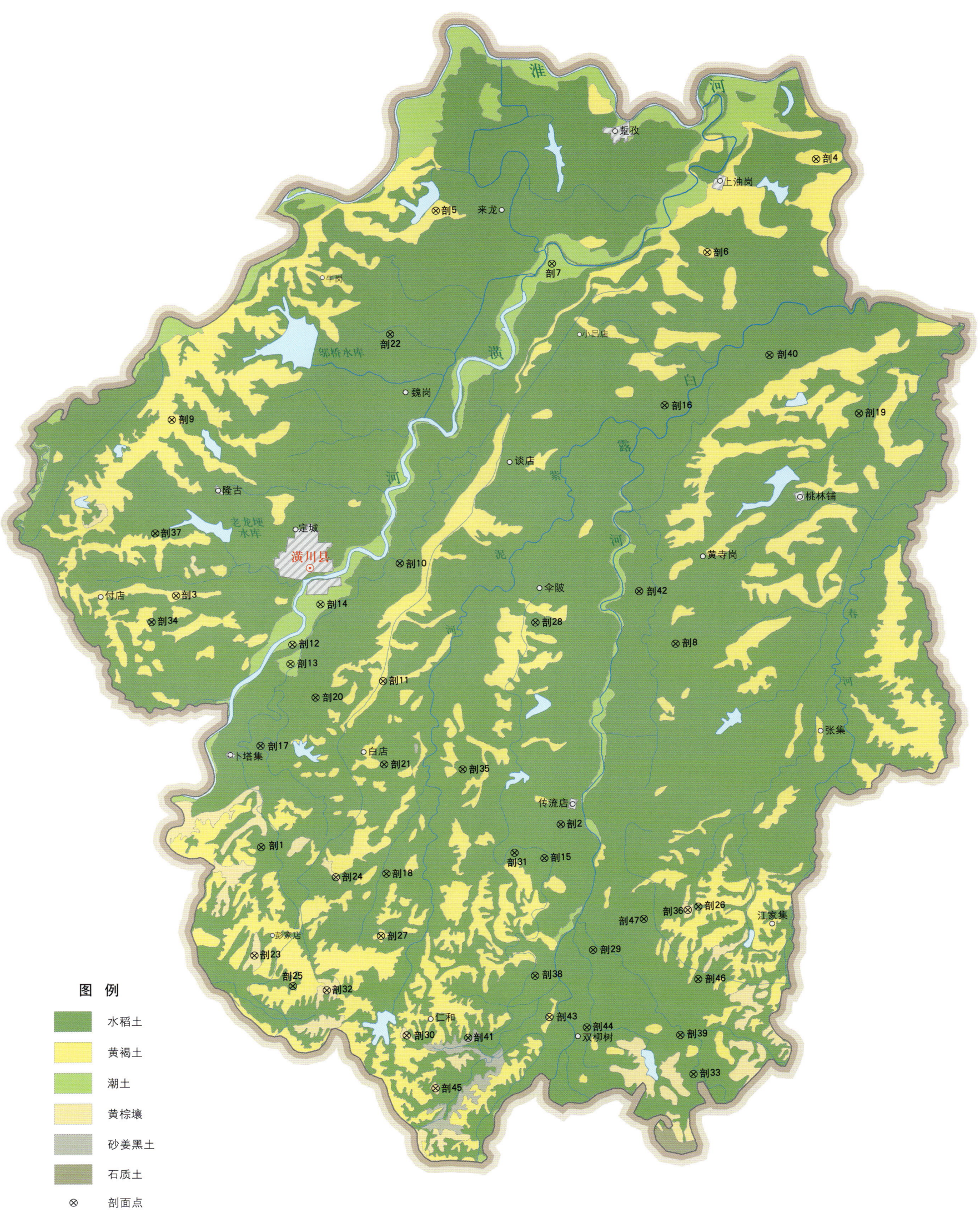

潢川县主要土壤类型与土壤剖面点分布图
1:200 000

图 例
- 水稻土
- 黄褐土
- 潮土
- 黄棕壤
- 砂姜黑土
- 石质土
- ⊗ 剖面点

潢川县土壤剖面理化性状表

剖面号 Soil profile	土纲 Soil order	土类 Soil great group	亚类 Soil subgroup	土属 Soil genus	土种 Soil species	土层码 Layer code	土层厚度 Depth/cm	颜色 Soil color	质地 Soil texture	土壤结构 Soil structure	pH	有机质 OM/(g/kg)	全氮 TN/(g/kg)	全磷 TP/(g/kg)	全钾 TK/(g/kg)	有效磷 AP/(mg/kg)	速效钾 AK/(mg/kg)	阳离子交换量CEC/(cmol/kg)	土壤母质 Parent material	剖面点坐标 Profile coordinate	匹配指数 Matching index/%
剖1	人为土	水稻土	潜育水稻土	黄棕壤性潜育水稻土	浅位厚层青泥田	A	0~19	黄棕色	重壤土	块状	6.1	19.4	1.10	0.78				14.5		E 115°01′16.2″ N 32°00′37.4″	95
						G	70~100	青灰色	轻黏土	拟块状	6.2	<1.0	0.60	0.37				11.6			
						C	19~70	灰黄棕色	重壤土	块状	6.8	10.3	0.43	0.23				12.3			
剖2	人为土	水稻土	淹育水稻土	黄棕壤性淹育水稻土	浅位中层黄胶土田	1	0~17		中壤土		6.2	17.7	1.01	0.60				12.6	下蜀系黄土	E 115°10′19.2″ N 32°01′21.1″	95
						2	17~32		重壤土		7.0	11.7	0.70	0.50				12.3			
						3	32~69		重壤土		7.7	4.8	0.34	0.32				12.0			
						4	69~100		重壤土		7.7	6.5	0.36	0.48				22.1			
剖3	淋溶土	黄褐土	黄褐土	白散土	活散土	1	0~15	黄棕色	中壤土		6.7	8.8	0.30	0.54				7.2	下蜀系黄土	E 114°58′33.6″ N 32°07′19.2″	92
						2	15~28		轻壤土		7.1	7.5	0.30	0.35				24.9			
						3	28~100		中壤土		7.1	6.6	0.41	0.42				9.9			
剖4	淋溶土	黄褐土	黄褐土	白散土	浅位少量砂姜白散土	1	0~12		轻壤土		7.4	4.6	0.34	0.35				5.8	下蜀系黄土	E 115°17′44.2″ N 32°19′17.9″	92
						2	12~37		重壤土		7.3	4.6	0.34	0.27				5.4			
						3	37~100		中壤土		7.3	5.9	0.53	0.39				19.2			
剖5	淋溶土	黄褐土	黄褐土	黄老土	壤黄土	A	0~23	棕黄色	重壤土	块状	6.6	11.1	1.21	0.72				13.0	古代河流沉积物	E 115°06′13.3″ N 32°17′44.5″	78
						Bv	23~100	黄棕色	轻壤土	块状	6.3	4.1	0.76	0.35				11.3			
剖6	淋溶土	黄褐土	黄褐土	白散土	死散土	1	0~21		重壤土		6.3	7.5	0.34	0.55				7.5	下蜀系黄土	E 115°14′29.0″ N 32°16′45.5″	92
						2	21~59		重壤土		6.8	6.7	0.41	0.53				23.3			
						3	59~100		轻壤土		5.8	6.9	0.23	0.31				23.5			
剖7	半水成土	潮土	灰潮土	灰小两合土	灰小两合土	1	0~21		中壤土	碎屑状	5.9	10.5	0.63	0.72				10.1	河流冲积物	E 115°09′46.4″ N 32°16′22.8″	98
						2	21~100		中壤土	块状	5.9	<1.0	0.43	0.83				14.3			
剖8	人为土	水稻土	侧渗水稻土	黄棕壤性侧渗水稻土	体黑活散土田	A	0~25	黄白色	重壤土	块状	6.3	14.4	0.60	0.62				25.3	下蜀系黄土	E 115°13′42.6″ N 32°06′15.5″	95
						P	49~100	黄棕色	重壤土	块状	6.9	4.2	0.31	0.23				24.5			
						C	25~49	棕褐色	轻壤土	棱块状	7.2	<1.0	0.41	0.28							
剖9	淋溶土	黄褐土	黄褐土	白散土	活白散土	1	0~20		中壤土		6.6	18.5	0.62	0.91				13.0	下蜀系黄土	E 114°58′19.9″ N 32°12′01.6″	92
						2	20~69		重壤土		6.9	8.5	0.41	0.45				8.9			
						3	69~100		重壤土		6.6	7.4	0.28	0.36				5.0			
剖10	人为土	水稻土	淹育水稻土	潮土性淹育水稻土	潮小两合土田	1	0~30	灰黄色	轻壤土	碎屑状	5.7	16.3	0.89	2.22				13.9	下蜀系黄土	E 115°05′19.3″ N 32°08′16.8″	95
						2	30~100	浅棕黄色	中壤土	块状	6.8	5.3	0.33	0.69				22.2			
剖11	淋溶土	黄褐土	黄褐土	黄老土	黄老土	A	0~12	棕褐色	重壤土	棱块状	6.6	12.6	0.67	0.70				16.7	古代河流沉积物	E 115°04′52.3″ N 32°05′07.8″	78
						Bv	12~80	棕褐色	重壤土	块状	6.6	12.6	0.87	0.67				7.1			
						C	80~100		重壤土		7.0	8.1	0.94	0.51							
剖12	半水成土	潮土	灰潮土	灰砂壤土	灰砂壤土	1	0~23	黄黄色	砂壤土	单粒状	5.3	11.4	0.71	0.73				7.1	河流冲积物	E 115°02′06.4″ N 32°06′04.0″	97
						2	23~42	灰黄色	砂壤土	碎屑状、粒状	6.1	10.7	0.38	1.24				7.7			
						3	42~100	暗黄灰色	砂壤土	碎屑状	6.2	6.2	0.31	1.38							
剖13	半水成土	潮土	灰潮土	灰两合土	灰两合土	1	0~29	灰黄色	重壤土	碎块状、粒状	5.8	14.5	0.88	1.38				12.7	河流冲积物	E 115°02′03.5″ N 32°05′33.0″	98
						2	29~100	浅黄色	轻壤土	粒状	6.3	7.2	0.50	0.83				10.6			
剖14	半水成土	潮土	灰潮土	灰两合土	体砂灰小两合土	1	0~20	灰黄色	砂壤土	单粒状	6.4	10.8	0.66	1.93				7.4	河流冲积物	E 115°02′56.4″ N 32°07′09.1″	95
						2	20~70	灰黄色	轻壤土	碎片状	6.5	5.7	0.34	1.79				6.8			
						3	70~100				6.7	4.1	0.60	1.35				4.0			
剖15	人为土	水稻土	淹育水稻土	黄棕壤性淹育水稻土	底砾壤土田	1	0~20		重壤土		6.5	18.3	1.06	1.58				10.4	河流冲积物	E 115°09′50.4″ N 32°00′26.6″	95
						2	20~63		重壤土		6.9	6.0	0.40	0.64				13.8			
						3	63~100		轻黏土		6.9	10.6	0.65	0.89				20.9			

续表 Continued

剖面号 Soil profile	土纲 Soil order	土类 Soil great group	亚类 Soil subgroup	土属 Soil genus	土种 Soil species	土层码 Layer code	土层厚度 Depth/cm	颜色 Soil color	质地 Soil texture	土壤结构 Soil structure	pH	有机质 OM/(g/kg)	全氮 TN/(g/kg)	全磷 TP/(g/kg)	全钾 TK/(g/kg)	有效磷 AP/(mg/kg)	速效钾 AK/(mg/kg)	阳离子交换量CEC/(cmol/kg)	土壤母质 Parent material	剖面点坐标 Profile coordinate	匹配指数 Matching index/%
剖16	人为土	水稻土	淹育水稻土	黄棕壤性潴育水稻土	壤黄土田	1	0~21		轻壤		6.2	10.7	0.60	0.67				8.5	古河流冲积物、堆积物	E 115°13′15.9″ N 32°12′38.2″	95
						2	21~47		中壤		6.9	7.4	0.32	0.69				9.3			
						3	47~100		中壤		7.0	7.4	0.32	0.76				9.7			
剖17	人为土	水稻土	潴育水稻土	黄棕壤性潴育水稻土	浅位厚层壤黄泥田	A	0~22	黄棕色	轻壤	碎屑状	5.9	22.1	1.27	0.71				12.1	古河流冲积物、堆积物	E 115°01′12.0″ N 32°03′20.2″	95
						P	22~58	浅黄棕色	重壤	块状	6.8	6.9	0.50	0.64				11.5			
						W	58~100	黄棕褐色	重壤	块状	6.9	4.6	0.35	0.41				9.4			
剖18	人为土	水稻土	淹育水稻土	潮土性淹育水稻土	腰位潮小两合土田	A	0~16	灰黄色	轻壤	碎屑状	5.1	8.4	0.70	1.03				6.9	河流冲积物	E 115°05′03.8″ N 31°59′57.8″	95
						P	37~70	灰黄色	轻壤	碎块状	6.5	7.6	0.50	1.35				5.9			
						C₁	70~100		紧砂土	单粒状	7.0	2.4	0.15	1.51				2.9			
						C₂	16~37	灰黄棕色	轻壤	块状	6.8	6.2	0.34	0.92				9.9			
剖19	人为土	水稻土	潴育水稻土	黄棕壤性潴育水稻土	浅位薄层黄胶泥田	1	0~19		重壤		6.1	14.8	1.04	0.26				17.6	下蜀系黄土	E 115°19′09.7″ N 32°12′30.3″	95
						2	19~38		重壤		6.9	8.1	0.51	0.21				14.9			
						3	38~66		轻黏		7.2	5.6	0.46	0.20				25.5			
						4	66~100		轻黏		7.0	6.0	0.40	0.53				23.1			
剖20	人为土	水稻土	潴育水稻土	黄棕壤性潴育水稻土	浅位厚层黄老泥田	1	0~25		重壤		6.8	16.0	1.07					12.9	下蜀系黄土	E 115°02′50.2″ N 32°04′39.4″	95
						2	25~42		重壤	糊泥状	6.1	17.8	1.10	0.57				13.3			
						3	42~100		重壤	碎块状	6.5	16.2	0.87	0.55				11.0			
剖21	人为土	水稻土	潴育水稻土	黄棕壤性潴育水稻土	表潜青泥田	G	76~100	青灰色	重壤									17.0	河流冲积物	E 115°04′56.6″ N 32°02′52.8″	95
						P	0~26	浅灰棕色	轻壤	块状	6.6	8.1	0.42	0.60				15.2			
						W	26~41	暗棕色	重壤	屑粒状	5.6	17.5	1.21	0.48				13.4			
						C	41~76	黄棕褐色	重壤	单粒状	5.7	3.5						11.8			
剖22	人为土	水稻土	潜育水稻土	黄棕壤性潜育水稻土	底潜活土散泥田	A	0~24	灰黄白色	轻黏	碎屑状	6.8	11.3	0.70	0.11				15.8	下蜀系黄土	E 115°04′54.1″ N 32°14′24.0″	95
						W	70~100	黄棕色	轻黏	块状	7.0	6.4	0.41	0.30				12.1			
						G	24~70	灰黄色	中壤	棱块状	7.4	6.2	0.37	0.37				20.0			
剖23	淋溶土	黄棕壤	粗骨性黄棕壤	黄砂土	少砾质薄层黄砂土	1	0~37	灰棕色	中壤	碎屑状	5.4	22.8	0.46	1.06				10.6	下蜀系黄土	E 115°01′07.0″ N 31°57′44.3″	75
						2	37~100	黄灰棕色	轻壤	块状	5.3	9.4	0.48	0.42				17.6			
剖24	淋溶土	黄棕壤	粗骨性黄棕壤	黄砂土	多砾质薄层黄砂土	1	0~25	浅灰黄棕色	砂壤	屑粒状	5.6	17.5	0.62	0.95				24.6	下蜀系黄土	E 115°03′32.4″ N 31°59′51.0″	75
						2	25~100	黄棕褐色	重壤	单粒状	5.7	3.5	1.21	0.25				10.4			
剖25	人为土	水稻土	侧渗水稻土	黄棕壤性侧渗水稻土	死白散土田	A	0~21	灰白色	轻壤	碎屑状	5.7	13.3	0.90					6.4	下蜀系黄土	E 115°02′17.2″ N 31°56′56.4″	95
						P	50~100	浅黄白色	重黏	块状								8.0			
						C	21~50	黄棕色	轻黏	棱块状	5.2	2.5	0.74	1.21				12.2			
剖26	人为土	水稻土	淹育水稻土	潮土性淹育水稻土	体砂小两合土田	A	0~15	灰黄色	轻壤	碎块状	6.0	5.2	0.34	0.67				7.2	河流冲积物	E 115°14′31.2″ N 31°59′12.8″	95
						P	45~100	灰黄色	轻壤	块状	6.1	3.9	0.32	0.69				7.7			
						C	15~45	黄灰棕色	中壤	小块状	7.3	101.0	0.74	0.52		8.3	140	7.2			
剖27	淋溶土	黄褐土	黏盘黄褐土	黏黄土	黄胶土	A₁₁	0~18	油橙色	壤质黏土	棱块状	6.5	5.4	0.42	0.37	16.4	1.7	130		下蜀系黄土	E 115°04′55.6″ N 31°58′18.5″	95
						Bvt₁	18~38	亮棕色	壤质黏土	棱块状	6.4	6.7	0.40	0.48	17.6		108				
						Bvt₂	38~70	灰棕色	壤质黏土	棱块状	6.7	7.5	0.70	0.52	18.3	5.8					
						Bvt₃	70~113															
剖28	人为土	水稻土	潴育水稻土	潮土性潴育水稻土	潮两合泥田	A	0~20	灰黄色	中壤	碎屑状	5.4	14.9	0.99	0.85				12.9	河流冲积物	E 115°09′27.4″ N 32°06′45.7″	95
						P	52~100	浅灰黄色	中壤	块状	6.1	10.3	0.60	0.78				9.9			
						W	20~33	黄灰棕色	中壤	小块状	6.8	6.4	0.42	0.32				12.6			
						C	33~52	灰黄棕色	中壤	块状	7.1	<1.0	0.27	0.41				12.5			
剖29	人为土	水稻土	淹育水稻土	黄棕壤性淹育水稻土	浅位厚层黄胶土田	A	0~15	灰黄色	中壤	碎块状	6.0	13.9	0.83	0.63				12.1	下蜀系黄土	E 115°11′21.1″ N 31°58′01.2″	95
						P	47~100	灰黄棕色	中壤	碎块状	6.4	6.6	0.46	0.78				16.8			
						C	15~47	黄棕色	重壤	棱块状	6.2	5.6	0.42	0.65				13.4			

续表 Continued

剖面号 Soil profile	土纲 Soil order	土类 Soil great group	亚类 Soil subgroup	土属 Soil genus	土种 Soil species	土层码 Layer code	土层厚度 Depth/cm	颜色 Soil color	质地 Soil texture	土壤结构 Soil structure	pH	有机质 OM/(g/kg)	全氮 TN/(g/kg)	全磷 TP/(g/kg)	全钾 TK/(g/kg)	有效磷 AP/(mg/kg)	速效钾 AK/(mg/kg)	阳离子交换量CEC/(cmol/kg)	土壤母质 Parent material	剖面点坐标 Profile coordinate	匹配指数 Matching index/%
剖30	淋溶土	黄棕壤	粗骨性黄棕壤	红黏土	少砾质红黏土	A	0~10		重壤土		5.7	19.0	0.75	0.14				27.3	老黄土	E 115° 05′ 45.2″ N 31° 55′ 40.8″	97
						Bv	10~100		轻壤土		5.7	4.1	0.24	0.32				24.5			
剖31	人为土	水稻土	淹育水稻土	黄棕壤性淹育水稻土	壤质红黏土田	A	0~15	黄红棕色	重壤土	小块状	5.8	22.2	0.98	0.53				17.3	老黄土	E 115° 08′ 56.0″ N 32° 00′ 34.6″	75
						Bv	15~35	灰棕色	重壤土	碎屑状	6.0	15.4	1.07	0.44				11.6			
						P	70~100	红棕色	重黏土	块状	6.4	12.9	0.84	0.53				17.1			
						C	35~70	红棕褐色	重黏土	大块状	6.9	15.0	0.33	0.39				18.3			
剖32	淋溶土	黄棕壤	粗骨性黄棕壤	红黏土	少砾质红黏土	A	0~19	红棕色												E 115° 03′ 19.1″ N 31° 55′ 50.6″	75
						Bv	19~82	红棕色													
						C	82~100	红棕褐色													
剖33	人为土	水稻土	淹育水稻土	黄棕壤性淹育水稻土	底砾壤土田	A	0~17	灰黄棕色	重壤土	碎屑状	5.8	16.4	0.99	1.16				13.3	下蜀系黄土	E 115° 14′ 26.1″ N 31° 54′ 46.1″	95
						P	79~100	黄黄棕色	重壤土	块状	7.1	7.7	0.46	1.05				15.1			
						C	17~79	黄棕褐色	重黏土	棱块状	7.2	10.4	0.59	0.71				17.9			
剖34	人为土	水稻土	潴育水稻土	潮土性潴育水稻土	潮淤泥田	1	0~25	灰棕色	重黏土	块状	6.0	18.0	1.09	0.60				17.7	河流冲积物	E 114° 57′ 49.7″ N 32° 06′ 36.4″	95
						2	25~100	灰棕色	轻黏土	棱块状	7.7	5.4	0.41	0.30				18.3			
剖35	人为土	水稻土	淹育水稻土	黄棕壤性淹育水稻土	浅位薄层黄胶泥田	1	0~5		重黏土		6.0	22.9	1.20	1.33				12.3	下蜀系黄土	E 115° 07′ 19.5″ N 32° 02′ 47.1″	75
						2	15~30		重黏土		7.1	5.7	0.40	0.48				13.0			
						3	30~60				7.1	2.2	0.21	0.50				11.8			
						4	60~100				7.2	4.8	0.33	0.35				13.1			
剖36	淋溶土	黄棕壤	粗骨性黄棕壤	红黏土	多砾质红黏土	A	0~25	黄棕色	轻壤土	碎屑状	5.0	17.6	0.79	0.55				29.9	老黄土	E 115° 14′ 11.8″ N 31° 59′ 07.4″	99
						Bv	25~100	红棕色	重壤土	大块状	5.2	5.8	0.35	0.62				14.0			
剖37	人为土	水稻土	淹育水稻土	黄棕壤性淹育水稻土	浅位厚层黄胶泥田	A	0~27	灰棕色	重壤土	小块状	6.5	19.9	1.13	0.50				13.3	下蜀系黄土	E 114° 57′ 53.3″ N 31° 55′ 47.6″	95
						P	27~47	黄棕色	重壤土	碎屑状	7.3	4.2	0.34	0.32				9.8			
						W	47~100	灰棕色	轻壤土	块状	7.2	8.0	0.48	0.34				10.9			
剖38	人为土	水稻土	淹育水稻土	黄棕壤性渗育水稻土	浅位少量姜石散土田	A	0~16	黄棕色	中壤土	碎屑状	6.9	10.4	0.90	0.80				14.6	下蜀系黄土	E 115° 09′ 36.4″ N 31° 57′ 18.4″	95
						P	25~100	黄白色	重壤土	小块状	7.6	3.3	0.45	0.48				12.0			
						C	16~25	黄棕色	重壤土	碎屑状	7.8	2.7	0.34	0.71				20.9			
剖39	人为土	水稻土	淹育水稻土	黄棕壤性淹育水稻土	浅位中层黄胶泥田	1	0~15		中壤土		5.3	16.3	0.99	0.73				11.8	下蜀系黄土	E 115° 14′ 01.7″ N 31° 55′ 47.6″	95
						2	15~30		中壤土		5.5	14.8	0.88	0.62				9.8			
						3	30~100		重壤土		6.2	7.0	0.42	0.73				11.0			
剖40	人为土	水稻土	淹育水稻土	黄棕壤性淹育水稻土	壤黄土散砂土田	A	0~20	灰棕色	中壤土	碎屑状	6.7	9.3	0.58	0.46				12.5	古河流冲积物、堆积物	E 115° 16′ 25.2″ N 31° 57′ 18.4″	95
						P	52~100	灰棕色	中壤土	小块状	6.9	3.4	0.26	0.38				14.3			
						C	20~52	轻壤土	碎屑状		6.4	3.5	0.25	0.34				12.5			
剖41	人为土	水稻土	潴育水稻土	潮土性潴育水稻土	潮两合土田	1	0~20	灰棕色	中壤土	块状	6.1	12.3	0.68	0.94				8.8	河流冲积物	E 115° 07′ 36.8″ N 31° 55′ 38.6″	95
						2	20~54	黄棕色	重壤土	块状	7.0	3.8	0.43	0.80				9.3			
						3	54~100	浅灰黄色	轻壤土	棱块状	7.0	5.1	0.30	0.78				10.4			
剖42	人为土	水稻土	淹育水稻土	黄棕壤性淹育水稻土	浅位薄层黄老泥田	A	0~20	黄棕色	中壤土	碎屑状	5.2	16.6	0.94	0.67				12.0	下蜀系黄土	E 115° 12′ 35.3″ N 32° 07′ 38.7″	92
						Bv	20~40	灰棕色	中壤土	块状	7.5	17.4	0.44	0.55				11.4			
						W₁	86~100	灰棕色	重壤土	块状	7.5	7.3	0.39	0.48				13.0			
						W₂	40~64	灰棕色	重壤土		7.3	7.7	0.44	0.69				19.4			
						C	64~86	浅灰黄色	轻壤土	棱块状	7.1	6.7	0.37	0.28				20.4			
剖43	淋溶土	黄褐土	黄褐土	黄胶泥	浅位薄层黄胶泥	A	0~17	黄棕色	重壤土	碎屑状	6.5	6.3	0.43	0.20				7.8	下蜀系黄土	E 115° 10′ 03.7″ N 31° 56′ 13.2″	95
						Bv	17~44	灰棕色	中壤土	块状	6.5	<1.0	0.35	0.29				16.5			
						C	44~100	棕褐色	重壤土		6.5	5.3	0.39	0.29				21.6			
剖44	人为土	水稻土	淹育水稻土	黄棕壤性淹育水稻土	底砾壤土田	1	0~15		砂壤土		6.8	16.2	0.86	0.71				12.5	下蜀系黄土	E 115° 11′ 11.8″ N 31° 55′ 57.7″	95
						2	15~80		中壤土		6.4	12.5	0.53	0.57				12.5			
						3	80~100		砂壤土		6.6	8.0	0.25	0.64				7.9			

续表 Continued

剖面号 Soil profile	土纲 Soil order	土类 Soil great group	亚类 Soil subgroup	土属 Soil genus	土种 Soil species	土层码 Layer code	土层厚度 Depth/cm	颜色 Soil color	质地 Soil texture	土壤结构 Soil structure	pH	有机质 OM/(g/kg)	全氮 TN/(g/kg)	全磷 TP/(g/kg)	全钾 TK/(g/kg)	有效磷 AP/(mg/kg)	速效钾 AK/(mg/kg)	阳离子交换量 CEC/(cmol/kg)	土壤母质 Parent material	剖面点坐标 Profile coordinate	匹配指数 Matching index/%
剖45	淋溶土	黄棕壤	粗骨性黄棕壤	黄砂石土	少砾质薄层黄砂石土	1	0—10	黄棕色	轻壤土	单粒状	5.7	17.7	0.21	0.75				6.0		E 115°06′38.9″ N 31°54′18.0″	75
						2	10—100	黄红棕色	中壤土	碎屑状	5.2	4.7	0.23	2.30				32.1			
剖46	人为土	水稻土	侧渗水稻土	黄棕壤性侧渗水稻土	死白散泥田	A	0—18	灰白色	中壤土		6.4	13.5	0.86	0.48				12.5	下蜀系黄土	E 115°14′32.9″ N 31°57′16.6″	95
						P	83—100	灰黄色	重壤土	小块状	7.3	4.3	0.34	0.32				17.0			
						W	18—40	灰黄棕色	轻黏土	块状	7.4	3.6	0.27	0.37				11.0			
						C	40—83	黄棕褐色	轻黏土	棱块状	7.6	3.5	0.19	0.44				14.0			
剖47	人为土	水稻土	侧渗水稻土	黄棕壤性侧渗水稻土	活白散泥田	1	0—17		重壤土		6.4	15.7	0.91	1.15				16.2	下蜀系黄土	E 115°12′52.6″ N 31°58′52.0″	95
						2	17—35		重壤土		7.4	10.3	0.62	0.53				15.1			
						3	35—65		重壤土		7.7	5.0	0.23	0.30				10.7			
						4	65—100		轻黏土		7.6	7.3	0.45	0.39				26.5			

淮 滨 县

主要土类说明

砂姜黑土是淮滨县主要土壤类型，占本县地域面积的 42%。砂姜黑土是在河湖相沉积物母质上经耕种熟化发育而成的地域性土壤。其形成过程可分为三个阶段：沼泽化（生物积累过程）、脱沼泽化（淋溶淀积过程）、草甸化（旱耕熟化过程）。砂姜黑土剖面的主要特征：剖面中具有黑土层，有时出露地表；耕作层颜色较浅，心土层较深；有砂姜，有的出现在 1m 土体之内，有的埋藏较深；通体质地黏重，重壤土到中黏土；结构面上有胶膜、锈色斑纹和铁锰结核等；有机质含量及潜在肥力高，但氮、磷速效养分含量少，有效性低；地下水位较高，一般埋深多在 2—5m。

黄褐土是淮滨县第二大土壤类型，占本县地域面积的 22%，主要分布在岗地顶部和地势较高的部位，开阔稍有倾斜的平岗地形，以及沿河西侧的二级阶地上。成土母质系第四纪下蜀系黄土和河流沉积物。全剖面质地黏重；通常在表土层 20—30cm 出现淀积层，有大量铁锰斑块、铁子等新生体，呈棕褐色，似马肝，故群众称其为"马肝层"；土壤 pH 为 6.0—7.8；通体无石灰反应。

水稻土是淮滨县第三大土壤类型，占本县地域面积的 18%。水稻土起源于各种母质类型的自然土壤和旱作土壤。在长期人为灌溉、耕作、施肥的条件下，土体处于淹水与落干的干湿交替环境中，产生了循环往复的氧化与还原、盐基的淋溶与复盐基、黏粒的淋洗与聚积、有机质的分解与积累、土壤中元素的黏化和迁移等过程，使土体剖面发生明显分异。水稻土剖面的主要特征：①剖面发生层次分异明显，但共同点是具有氧化还原层、犁底层和渗入层。②新生体和黏粒下移聚积明显，铁锰新生体在耕层多以铁锈斑纹出现，耕层以下土层则以铁锰胶膜、铁锰结核等形式覆于结构面上，有明显的上少下多聚积特征。③水热状况稳定，稻田淹水时期，耕层土壤呈水多气少状态，水层热容量增大，水热动态稳定，即水温变幅小、变速慢。④有机质积累多、分解慢，稻田灌溉以后，土体中非毛管孔隙为水分充塞，使土壤中微生物在嫌气状态下得以旺盛活动，有机质矿化过程减弱，而稻田植物残体的腐殖质化过程加快，有机质得以累积。⑤土壤供肥能力较强，在水耕作用下，土粒和微团聚合后，分散在液相之间，土壤呈糊软状，土壤液相之中的有效态养分大为增加，并且由于水田间的一系列生物化学作用，使养分的供应能力大为提高。

潮土占淮滨县地域面积的 16%。潮土是发育在河流冲积物上，受地下水活动的影响，经过耕种熟化而成的年轻土壤，因具有夜潮回润现象而得名。潮土的形成有三个明显的过程：流水分选和沉积过程、地下水参与的氧化还原过程和人为的耕作熟化过程。土壤发生层次不明显，而质地层次（沉积层次）非常明显；剖面心底土层有明显的锈色斑纹；有机质及氮素含量缺乏，而钾、磷等矿质元素比较丰富；由于土体中母质来源的不同，常出现异体构型，这对土壤理化性状、耕作管理都有影响。

本区域中心区气候特征

本区域中心区气候特征值
Regional climate characteristics in central area of the region

气候带：北亚热带湿润气候 Climate region: North subtropical humid climate	
年平均气温 /℃ Annual average temperature /℃	15.2
年平均最高气温 /℃ Annual average maximum temperature /℃	20.4
年平均最低气温 /℃ Annual average minimum temperature /℃	10.9
年降水量 /mm Annual precipitation /mm	1063
≥10℃的积温 /℃ Daily temperature accumulated in a year (≥10℃) /℃	5555
年日照时数 /h Annual sunshine /h	1977
年平均相对湿度 /% Annual average relative humidity /%	75
干燥度 Dryness	0.86

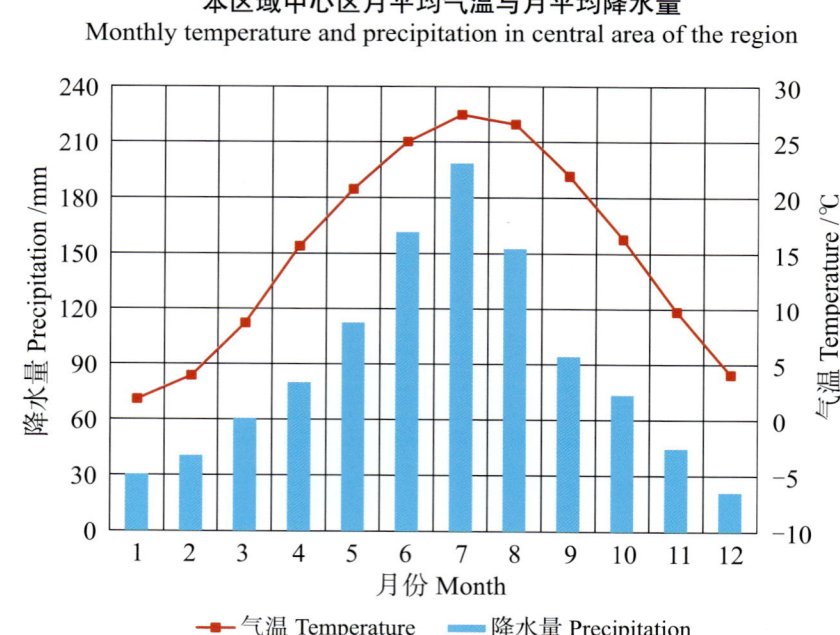

本区域中心区月平均气温与月平均降水量
Monthly temperature and precipitation in central area of the region

淮滨县主要土壤类型与土壤剖面点分布图

1:200 000

图 例

	砂姜黑土
	黄褐土
	水稻土
	潮土
⊗	剖面点

淮滨县土壤剖面理化性状表

剖面号 Soil profile	土纲 Soil order	土类 Soil great group	亚类 Soil subgroup	土属 Soil genus	土种 Soil species	土层码 Layer code	土层厚度 Depth/cm	颜色 Soil color	质地 Soil texture	土壤结构 Soil structure	pH	有机质 OM/(g/kg)	全氮 TN/(g/kg)	全磷 TP/(g/kg)	有效磷 AP/(mg/kg)	速效钾 AK/(mg/kg)	阳离子交换量CEC/(cmol/kg)	土壤母质 Parent material	剖面点坐标 Profile coordinate	匹配指数 Matching index/%
剖1	半水成土	砂姜黑土	砂姜黑土	砂姜黑土性	少量砂姜死黑土	1	0—10	灰黑色	中黏土	碎屑状	8.0	15.7	0.98	0.27	11.4	107	26.0	河湖相沉积物	E 115°09′18.0″ N 32°34′18.5″	96
						2	10—52	灰黑色	中黏土	碎块状	7.8	19.0	1.07	0.21	46.4	72	31.4			
						3	52—100	灰褐色	轻黏土	棱块状	7.5	23.0	1.87	0.32	8.6	111	39.7			
剖2	人为土	水稻土	侧渗水稻土	砂姜黑土性侧渗水稻土	灰白土田	1	0—24	灰黄白色	重壤土	小块状	6.7	11.0	0.81	0.21	8.6	80	20.0	湖湘沉积物	E 115°11′39.1″ N 32°34′01.2″	97
						2	24—39	黄黄褐色	轻黏土	碎块状	7.5	8.2	0.57	0.17	7.7	62	17.6			
						3	39—71	灰黄色	轻黏土	棱块状	7.4	7.1	0.48	0.17	6.3	72	31.9			
						4	71—100	黄黄褐色	重黏土	棱块状	7.3	5.1	0.34	0.26	3.6	84	32.1			
剖3	淋溶土	黄褐土	黄褐土	黄胶土	浅位厚层黄胶泥	1	0—18	浅棕黄色	重黏土	碎屑状	6.5	2.0	0.83	0.30	15.2	26	31.6	下蜀系黄土	E 115°13′26.0″ N 32°33′13.7″	97
						2	18—49	棕黄色	重黏土	块状	6.3	2.9	0.44	0.38	16.2	28	30.0			
						3	49—100	黄褐色	重黏土	棱块状	7.0		0.42	0.37			31.1			
剖4	半水成土	砂姜黑土	砂姜黑土	老土	黏顶老土	1	0—18	黄黄褐色	重黏土	碎屑状	7.2	15.3	0.93	0.36	5.3	130	19.0	河湖相沉积物	E 115°07′39.7″ N 32°31′13.4″	98
						2	18—42	灰褐色	轻黏土	碎块状	7.5	8.1	0.47	0.20	5.3	73	25.2			
						3	42—100	黄黄色	轻黏土	大块状	7.4	10.1	0.61	0.19	6.2	60	20.9			
剖5	半水成土	砂姜黑土	砂姜黑土	黑老土	砂姜黏质黑老土	1	0—21	灰黄色	重黏土	碎屑状	6.7	15.2	0.82	0.27	5.2	123	24.5	河湖相沉积物	E 115°10′18.8″ N 32°31′16.0″	99
						2	21—60	灰黄褐色	轻黏土	碎块状	7.5	11.6	0.53	0.23	3.5	84	30.3			
						3	60—100	黄黄褐色	重黏土	块状	7.6	6.8	0.32	0.14	3.5	97	21.9			
剖6	半水成土	砂姜黑土	砂姜黑土	黑土	黏黑土	1	0—18	灰黄色	轻黏土	碎屑状	7.3	15.4	0.78	0.38	7.1	84	22.2	河湖相沉积物	E 115°11′13.9″ N 32°30′01.4″	97
						2	18—70	灰黄褐色	轻黏土	棱块状	7.5	9.2	0.52	0.30	5.3	49	29.6			
						3	70—100	灰棕色	重黏土	碎屑状	7.5	7.0	0.33	0.44	7.1	65	27.2			
剖7	人为土	水稻土	淹育水稻土	黄棕壤性淹育水稻土	浅位厚层黄胶土田	1	0—16	灰黄色	中壤土	小块状	7.0	15.2	0.97	0.21	7.4	70	20.9	下蜀系黄土	E 115°14′29.8″ N 32°24′27.0″	95
						2	16—41	灰黄色	重黏土	小块状	7.5	5.3	0.44	0.13	6.1	48	18.4			
						3	41—69	黄褐色	重黏土	棱块状	7.8	4.2	0.32	0.19	7.2	59	21.7			
						4	69—100	灰黄色	重黏土	棱块状	8.0	3.6	0.31	0.17	7.3	55	25.1			
剖8	砂姜黑土	砂姜黑土	砂姜黑土	灰白土	灰白土	1	0—17	灰白色	中壤土	碎屑状	7.8	12.8	0.85	0.24	17.2	91	11.6	河湖相沉积物	E 115°21′07.9″ N 32°30′24.1″	98
						2	17—49	灰黄褐色	重黏土	大块状	7.7	8.5	0.48	0.39	26.3	62	19.8			
						3	49—100	褐灰褐色	重黏土	棱块状	8.0	2.1	0.65	0.43	17.5	86	21.5			
剖9	人为土	水稻土	淹育水稻土	砂姜黑土性淹育水稻土	老土田	1	0—16	黄褐色	重黏土	块状	6.4	13.9	1.02	0.33	15.7	65	20.4	湖湘沉积物	E 115°22′20.3″ N 32°30′30.2″	97
						2	16—40	黄黄色	重黏土	碎块状	7.5	15.2	0.65	0.28	16.6	53				
						3	40—100	黄黄色	重黏土	碎块状	6.7	13.9	1.01	0.19	12.5	52				
剖10	人为土	水稻土	淹育水稻土	砂姜黑土性淹育水稻土	黑老土田	1	0—15	黄黄褐色	重黏土	块状	6.9	20.7	1.34	0.38	12.6	69		湖湘沉积物	E 115°15′32.0″ N 32°31′56.6″	97
						2	15—34	黑黑色	重黏土	棱块状	7.8	8.4	0.45	0.35	12.6	66	18.2			
						3	34—100	黄褐色	重黏土	棱块状	6.0	12.6	0.31	0.20	7.1	97	19.0			
剖11	淋溶土	黄褐土	黄褐土	黄老土	壤黄土	1	0—17	浅黄黄色	中壤土	块状	6.5	4.9	0.51	0.44	8.4	61	22.4	老河流沉积物	E 115°22′43.0″ N 32°31′55.9″	95
						2	17—70	黄黄色	重黏土	碎屑状	6.8	8.3	0.79	0.28	10.4	91	14.2			
						3	70—100	黄黄白色	重黏土	碎屑状	6.5	8.4	0.57	0.54	6.9	65	11.9			
剖12	人为土	水稻土	侧渗水稻土	砂姜黑土性侧渗水稻土	灰白泥田	1	0—18	黄黄色	重黏土	碎屑状	6.6	6.8	0.52	0.17	5.2	42	18.1	湖湘沉积物	E 115°25′30.4″ N 32°30′52.2″	97
						2	18—40	浅棕灰色	重黏土	棱块状	7.6	5.9	0.57	0.16	7.1	75	18.9			
						3	40—67	褐色	轻黏土	碎块状	7.4	8.7	0.60	0.19	7.1	77	20.1			
剖13	人为土	水稻土	潴育水稻土	砂姜黑土性潴育水稻土	老泥田	1	0—24	黄黄褐色	重黏土	碎屑状	7.5	15.3	0.91	0.24	8.8	101	15.5	湖湘沉积物	E 115°21′00.7″ N 32°28′43.3″	97
						2	24—71	灰褐色	重黏土	棱块状	7.4	6.1	0.48	0.16	7.1	53	20.7			
						3	71—100	灰黑色	轻黏土	棱块状	7.6	5.0	0.32	0.35	9.0	63				

续表 Continued

剖面号 Soil profile	土纲 Soil order	土类 Soil great group	亚类 Soil subgroup	土属 Soil genus	土种 Soil species	土层码 Layer code	土层厚度 Depth/cm	颜色 Soil color	质地 Soil texture	土壤结构 Soil structure	pH	有机质 OM/(g/kg)	全氮 TN/(g/kg)	全磷 TP/(g/kg)	有效磷 AP/(mg/kg)	速效钾 AK/(mg/kg)	阳离子交换量 CEC/(cmol/kg)	土壤母质 Parent material	剖面点坐标 Profile coordinate	匹配指数 Matching index/%
剖14	半水成土	砂姜黑土	砂姜黑土	灰白土	砂姜灰白土	1	0~27	灰色	中壤土	碎屑状	6.4	8.6	0.64	<0.10	7.1	37	10.4	河湖相沉积物	E 115°21′35.3″ N 32°29′47.4″	97
						2	27~41		轻黏土	碎块状	7.5	9.9	0.81	<0.10	7.8	50	24.9			
						3	41~100		重黏土	碎块状	7.8	8.8	0.63	0.12	6.3	50	19.4			
剖15	人为土	水稻土	淹育水稻土	潮土性淹育水稻土	潮两合土田	1	0~19	浅灰黄色	中壤土	碎屑状	6.7	8.8	0.88	0.48	28.5	112	8.4	河流冲积物	E 115°20′50.3″ N 32°23′04.2″	99
						2	19~59	浅灰黄色	中壤土	碎块状	6.8	6.2	0.58	0.48	26.4	59	9.7			
						3	59~100	灰黄色	中壤土	碎块状	6.8	2.9	0.28	0.42	43.7	53	7.8			
剖16	人为土	水稻土	潜育水稻土	黄棕壤性潜育水稻土	浅位厚层青泥田	1	0~14	灰黄色	重黏土	碎屑状	6.1	21.6	1.24	0.36	10.5	38	9.7	河流冲积物	E 115°22′08.0″ N 32°22′05.9″	97
						2	14~49	黄灰色	重黏土	碎块状	7.6	5.7	0.50	0.24	10.5	57	16.2			
						3	49~100	青灰色	轻黏土	块状	7.6	7.3	0.58	0.22	7.2	77	20.6			
剖17	淋溶土	黄褐土	黄褐土	白散土	活白散土	1	0~18	黄灰色	中壤土	碎屑状	8.0	10.1	0.96	0.25	10.1	102	10.8	下蜀系黄土	E 115°21′41.4″ N 32°20′23.6″	98
						2	18~37	灰白色	重黏土	碎块状	7.7	6.2	0.48	0.24	12.4	29	10.1			
						3	37~100	棕褐色	重黏土	棱块状	6.8	5.7	0.78	0.18	5.5	59	8.1			
剖18	半水成土	潮土	灰潮土	灰砂土	底层灰粉砂土	1	0~20	浅灰黄色	砂壤土	粒状	6.0	5.2	0.38	0.35	11.9	32	4.6	河流冲积物	E 115°25′46.6″ N 32°24′12.6″	95
						2	20~64	棕褐色	砂壤土	粒状	6.0	3.6	0.15	0.39	14.8	27	3.9			
						3	64~100	黄灰色	轻壤土	碎屑状	6.0		0.18	0.36			6.4			
剖19	人为土	水稻土	潴育水稻土	黄棕壤性潴育水稻土	壤黄泥田	1	0~15	浅黄色	中壤土	碎块状	5.8	10.2	0.94	0.33	10.4	35	8.8	老河流冲积物	E 115°25′40.4″ N 32°23′21.1″	97
						2	15~48	灰黄色	中壤土	块状	6.0	7.6	0.66	0.36	12.0	37	14.4			
						3	48~100	棕褐色	重黏土	棱块状	6.5	6.5	0.61	0.39	8.9	51	12.7			
剖20	半水成土	潮土	灰潮土	灰两合土	灰两合土	1	0~19	黄灰色	中壤土	碎屑状	6.5	9.9	0.71	0.31	8.5	32	8.0	河流冲积物	E 115°29′15.0″ N 32°23′07.1″	98
						2	19~50		中壤土	碎块状	6.5	6.2	0.47	0.32	13.7	47	11.8			
						3	50~100		轻壤土	小块状	6.8	1.4	0.13	0.29	11.9	23	6.2			
剖21	人为土	水稻土	侧渗水稻土	黄棕壤性侧渗水稻土	活白散土田	1	0~17	黄白色	中壤土	碎块状	6.5	9.9	0.73	0.22	7.8	56	18.6	下蜀系黄土	E 115°25′47.6″ N 32°22′17.8″	98
						2	17~36	黄灰色	重黏土	棱块状	7.2	4.8	0.48	0.20	8.7	57	17.4			
						3	36~100	棕褐色	轻黏土	碎块状	6.8	4.9	0.39	0.28	8.9	65	21.3			
剖22	半水成土	砂姜黑土	砂姜黑土	砂姜黑土	砂姜黑土	1	0~14	灰黑色	轻黏土	碎块状	6.8	21.2	0.78	0.21	7.0	111	31.6	河湖相沉积物	E 115°25′28.2″ N 32°20′47.4″	97
						2	14~42	灰黑色	轻黏土	棱块状	7.2	14.1	0.87	0.17	11.7	77	30.0			
						3	42~100	黄褐色	轻黏土	棱块状	7.5	8.1	0.47	0.36	3.6	84	31.1			

息 县

主要土类说明

砂姜黑土是息县主要土壤类型,占本县地域面积的 57%。砂姜黑土是在暖温带南部由潜育草甸土经脱潜育、耕垦熟化发育而成的一种独特土壤,属区域性土壤。其典型特征是具有黑土层,多呈暗灰色或黑色,质地为重壤土至黏土,有胶膜与铁子,一般无石灰反应,土壤呈中性至微碱性。黑土层下呈棕黄色,有潜育特征和锈斑,有的夹有砂姜。其形成过程分两个阶段:第一阶段是草甸潜育阶段,过去地形低洼,新蔡组湖相沉积,地下水位很高,排水条件很差,地面长期积水,生长耐湿草本植物,植物死亡后,在有水条件下进行嫌气分解,积水退干,气温升高又进行好气分解,如此不断进行,形成了黑土层。第二阶段是人们在潜育草甸土的基础上进行排水疏干,使土壤潜育程度减轻,潜育部位降低,水热状况得到改善,适应旱作作物生长,通过长期耕种熟化,使黑土层颜色变淡,逐步分化出耕作层,而成为现在的砂姜黑土。

黄褐土是息县第二大土壤类型,占本县地域面积的 17%,分布在淮河以南的缓丘岗地、平原较高部位和淮河两岸的高台地。其成土母质为下蜀系黄土和河流冲积物。土体中游离碳酸钙已不复存在,呈灰黄棕色,在底部可散见圆形石灰结核,黏化淀积明显,B 层黏聚。黏粒硅铝率在 3.0 左右,表层 pH 为 6.0—6.8,底层为 7.5,盐基饱和度由表层向底层逐渐趋向饱和。

水稻土是息县第三大土壤类型,占本县地域面积的 17%,是在黄棕壤、砂姜黑土和潮土上经人为水耕熟化发育而成的土壤。在水的长期作用下,土壤中氧化与还原交替发生、有机质合成与分解、盐基淋溶与复盐基及黏粒聚积和淋失作用不断进行,改变了土壤的原有形态,使剖面发生明显分异,形成了水稻土独特的剖面结构,通常由淹育层、渗育层、潴育层和潜育层等基本层次构成。但由于所处地形部位不同,其剖面具有的层次也有差异。根据剖面所具有的层次,本县水稻土分为淹育型、潴育型、潜育型、侧渗型等亚类。

潮土占息县地域面积的 8%。潮土是发育在河流冲积物上,受地下水影响,经耕种熟化而成的土壤。地下水埋深为 1—3m。其剖面特点是有明显的质地层次,下层有锈色斑纹。本县潮土只有灰潮土亚类,发育在淮河及其支流的沉积物上。土壤盐基淋溶作用比较强烈,土体中没有石灰反应,土壤呈中性,地下水矿化度在 0.5g/L 以下,因此虽然地下水位高,也不会发生盐碱化。

小于本县地域面积 3% 的土壤类型还有黄棕壤。

本区域中心区气候特征

本区域中心区气候特征值
Regional climate characteristics in central area of the region

气候带:北亚热带湿润气候 Climate region: North subtropical humid climate	
年平均气温 /℃ Annual average temperature /℃	15.2
年平均最高气温 /℃ Annual average maximum temperature /℃	20.3
年平均最低气温 /℃ Annual average minimum temperature /℃	11.0
年降水量 /mm Annual precipitation /mm	1091
≥10℃的积温 /℃ Daily temperature accumulated in a year (≥10℃) /℃	5567
年日照时数 /h Annual sunshine /h	1975
年平均相对湿度 /% Annual average relative humidity /%	75
干燥度 Dryness	0.84

本区域中心区月平均气温与月平均降水量
Monthly temperature and precipitation in central area of the region

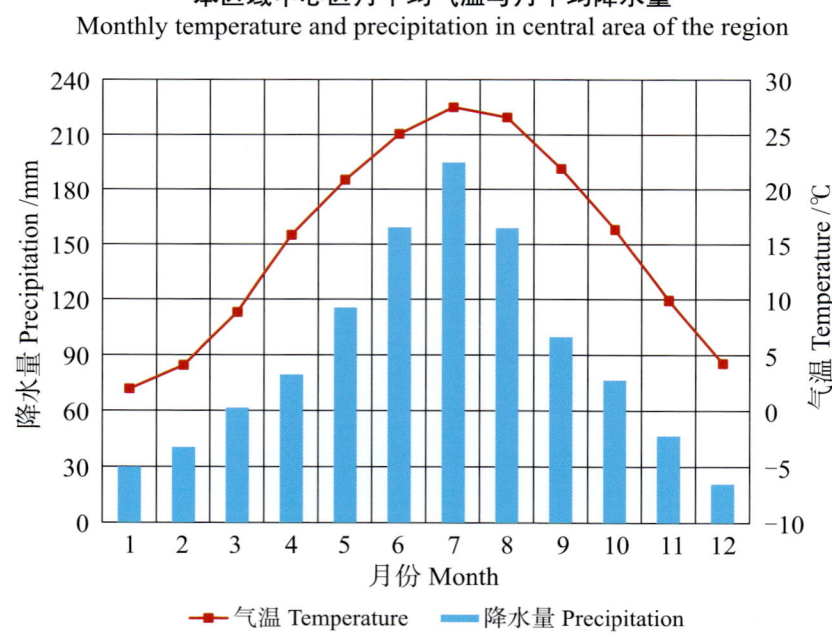

息县主要土壤类型与土壤剖面点分布图
1∶240 000

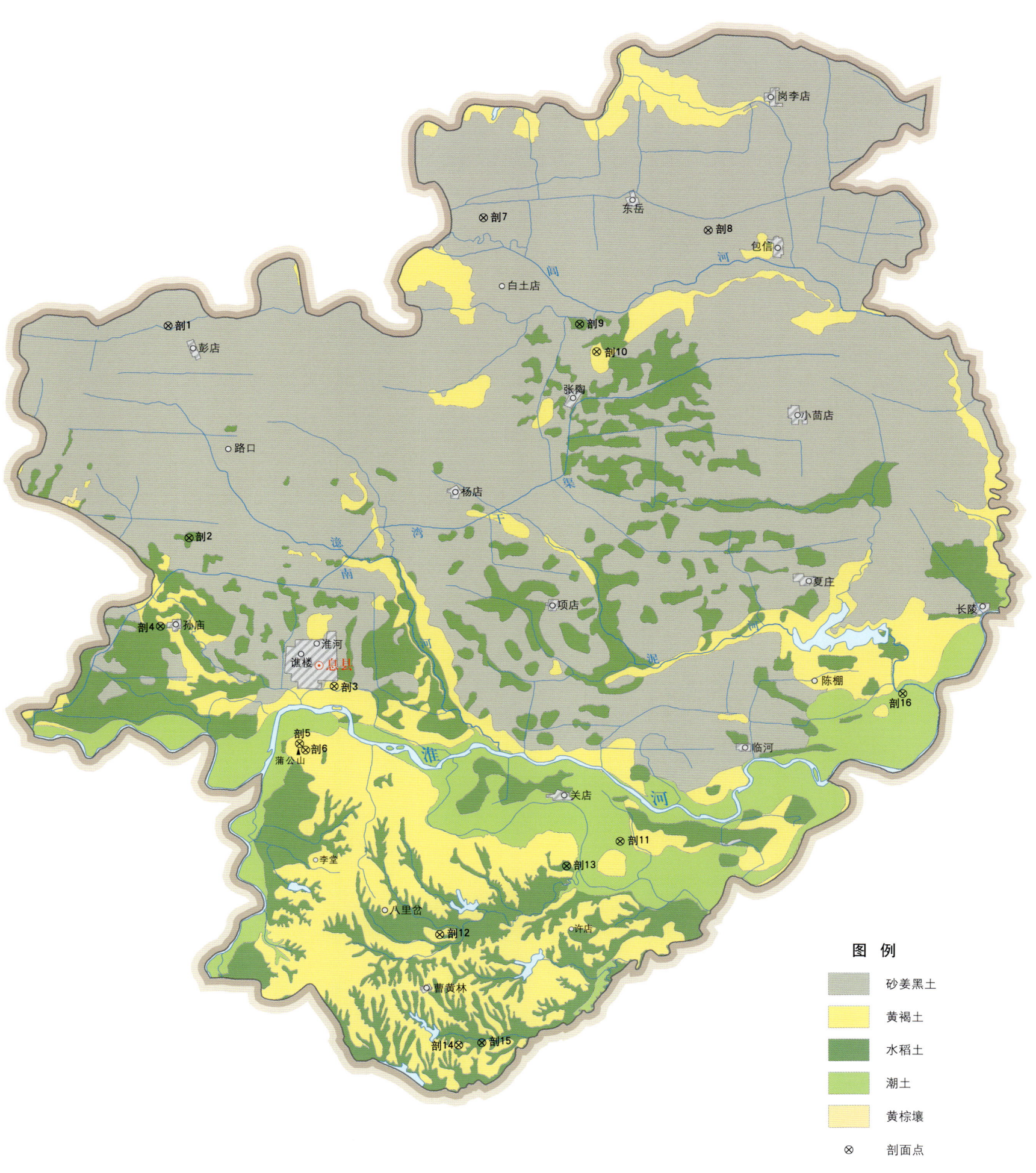

息县土壤剖面理化性状表

剖面号 Soil profile	土纲 Soil order	土类 Soil great group	亚类 Soil subgroup	土属 Soil genus	土种 Soil species	土层码 Layer code	土层厚度 Depth/cm	颜色 Soil color	质地 Soil texture	土壤结构 Soil structure	pH	有机质 OM/(g/kg)	全氮 TN/(g/kg)	全磷 TP/(g/kg)	阳离子交换量 CEC/(cmol/kg)	土壤母质 Parent material	剖面点坐标 Profile coordinate	匹配指数 Matching index/%
剖1	半水成土	砂姜黑土	砂姜黑土	砂姜黑土	厚层黑土	1	0–15	浅灰色	重壤土	碎块状		17.7	0.94	0.14	23.6	河湖相沉积物	E 114°38′47.8″ N 32°30′42.5″	97
						2	15–30	灰黑色	重壤土	碎块状		16.3	0.87	0.13	19.9			
						3	30–62	灰黑色	黏土	块状		11.1	0.58	0.10	34.8			
						4	62–100	棕灰色	黏土	块状		6.4	0.28	0.18	22.3			
剖2	人为土	水稻土	侧渗水稻土	砂姜黑土性侧渗水稻土	灰白泥田	1	0–14	白灰色	轻壤土	小块状		13.4	0.83	<0.10	9.1	湖相沉积物	E 114°39′40.7″ N 32°24′27.4″	98
						2	14–23	浅灰色	轻壤土	小块状		10.4	0.66	0.10	11.3			
						3	23–34	暗灰色	重壤土	块状		5.9	0.37	<0.10	10.7			
						4	34–105	暗灰色	中壤土	块状		5.8	0.37	0.10	25.0			
剖3	淋溶土	黄褐土	黄褐土	老黄土	老黄土	1	0–16	灰黄色	壤土	粒状						老洪积物、冲积物	E 114°44′39.8″ N 32°20′10.3″	97
						2	16–26	灰黄色	壤土	粒状								
						3	26–61	浅棕黄色	壤土	块状								
						4	61–80	黄灰色	重壤土	块状								
						5	80–100	棕灰色	重壤土	块状								
剖4	人为土	水稻土	潴育水稻土	黄棕壤性潴育水稻土	黄胶泥田	1	0–18	灰黄色	重壤土	块状		17.8	0.81	0.10	15.0	下蜀系黄土	E 114°38′46.7″ N 32°21′49.3″	97
						2	18–35	青灰色	黏土	片状		11.2	0.64	0.11	13.6			
						3	35–52	黄灰色	黏土	碎块状		4.3	0.27	<0.10	15.1			
						4	52–71	灰褐色	重壤土	棱块状		7.2	0.35	<0.10	15.3			
						5	71–100	灰黄色	轻黏土	棱块状		5.0	0.27	<0.10	18.8			
剖5	淋溶土	黄褐土	黄褐土	砂页岩黄褐土		1	0–12	橘红色	黏土	块状	6.0						E 114°43′32.5″ N 32°18′27.0″	97
						2	12–25	棕红色	黏土	块状	7.0							
剖6	淋溶土	黄褐土	黄褐土	灰岩黄褐土	中砾质中层灰岩黄褐土	1	0–20	红褐色	黏土	块状	7.5	23.2	1.38	0.11	23.0	砂页岩风化物	E 114°43′44.0″ N 32°18′16.2″	97
						2	20–35	褐色	黏土	棱块状	7.5	8.4	0.66	<0.10	29.9	石灰岩风化残积物、坡积物		
剖7	半水成土	砂姜黑土	砂姜黑土	砂姜黑土	厚层黑黏土	1	0–19	黑灰色	重壤土	碎屑状		14.0	0.80	0.12	11.4	河湖相沉积物	E 114°49′20.3″ N 32°34′07.3″	98
						2	19–48	灰黑色	重壤土	块状		11.1	0.63	<0.10	12.2			
						3	48–100	黄黑色	黏土	块状		4.8	0.29	0.17	12.4			
剖8	半水成土	砂姜黑土	砂姜黑土	黑老土	壤质薄覆黑老土	1	0–13	灰黄色	重壤土	棱块状		18.3	0.98	0.15	21.8	河湖相沉积物	E 114°56′55.3″ N 32°33′54.0″	97
						2	13–20	棕色	重壤土	棱块状		12.7	0.71	0.11	17.7			
						3	20–32	黄黑色	重壤土	棱块状		10.5	0.55	<0.10	18.9			
						4	32–68	灰褐色	重壤土	棱块状		<1.0	0.52	<0.10	17.5			
						5	68–100	棕黑色	壤土	粒状		6.1	0.39	<0.10	19.9			
剖9	人为土	水稻土	潴育水稻土	潴育型砂姜黑土性水稻土	黑黏田	1	0–11	浅黄灰色	壤土	片状						河湖相沉积物	E 114°52′39.4″ N 32°31′01.6″	97
						2	11–19	暗黄灰色	壤土	块状		9.1	0.71	0.16	13.4			
						3	19–29	灰黑色	黏土	棱块状		5.6	0.51	0.12	14.2			
						4	29–63	黄黑色	黏土	棱块状		6.7	0.70	0.12	26.2			
						5	63–100	黄灰色	黏土	块状		4.8	0.62	0.15	27.0			
剖10	淋溶土	黄褐土	黄褐土	黄白土	黄白土	1	0–13	灰白色	壤土	粒状		2.6	0.23	0.12	5.4	河湖相沉积物	E 114°53′15.4″ N 32°30′13.3″	98
						2	13–23	灰白色	壤土	碎块状		2.6	0.31	0.16	8.2			
						3	23–38	黄棕色	黏土	碎块状								
						4	38–100	暗棕色	黏土	碎块状								
剖11	半水成土	潮土	灰潮土	灰砂土	灰粗砂土	1	0–29									淮河及其支流沉积物	E 114°54′23.4″ N 32°15′43.9″	95
						2	29–59								7.2			
						3	59–88											

续表 Continued

剖面号 Soil profile	土纲 Soil order	土类 Soil great group	亚类 Soil subgroup	土属 Soil genus	土种 Soil species	土层码 Layer code	土层厚度 Depth/cm	颜色 Soil color	质地 Soil texture	土壤结构 Soil structure	pH	有机质 OM/(g/kg)	全氮 TN/(g/kg)	全磷 TP/(g/kg)	阳离子交换量CEC/(cmol/kg)	土壤母质 Parent material	剖面点坐标 Profile coordinate	匹配指数 Matching index/%
剖12	淋溶土	黄褐土	黄褐土	黄胶土	通体少量砂姜黄胶土	1	0—13					5.9	0.67	0.12	14.6	下蜀系黄土	E 114°48′23.8″ N 32°12′52.9″	97
						2	13—68					3.0	0.57	<0.10	22.2			
						3	68—150					3.9	0.42	0.11	22.5			
剖13	人为土	水稻土	潜育水稻土	黄棕壤性潜育水稻土	深位厚层青泥田	1	0—13	浅黄色	重壤土	块状	6.5	8.3	0.48	0.20	11.5		E 114°52′36.5″ N 32°14′58.2″	97
						2	13—60	黄灰棕色	重壤土	块状	7.0	18.6	0.81	0.22	13.8			
						3	60—100	青灰色	黏土	块状	7.0	7.8	0.48	0.17	9.9			
剖14	淋溶土	黄褐土	黄褐土	黄胶土	浅位厚层黄胶土	1	0—12	棕色	重壤土	大块状		6.0	0.63	0.11	13.8	下蜀系黄土	E 114°49′06.6″ N 32°09′38.5″	97
						2	12—22	黄棕色	黏土	块状		5.6	0.47	0.11	24.0			
						3	22—100	红棕色	黏土	块状		4.6	0.47	0.15	23.6			
剖15	人为土	水稻土	淹育水稻土	黄棕壤性淹育水稻土	黄胶土田	1	0—13	黄灰色	重壤土	碎块状		10.5	0.68	0.11	16.9	下蜀系黄土	E 114°49′53.0″ N 32°09′43.6″	97
						2	13—29	黄褐色	黏土	梭块状		7.5	0.46	0.12	15.8			
						3	29—100	棕褐色	黏土	块状		5.7	0.35	0.11	18.6			
剖16	半水成土	潮土	灰潮土	灰两合土	灰两合土	1	0—16	灰黄色	壤土	粒状		12.0	0.71	0.13	10.8	慢流沉积物	E 115°03′46.8″ N 32°20′17.5″	97
						2	16—27	灰黄色	壤土	小块状		7.9	0.52	0.12	11.3			
						3	27—40	棕黄色	壤土	块状		7.2	0.42	0.11	12.5			
						4	40—100	棕黄色	壤土	块状		5.1	0.33	0.12	10.6			

周 口 市

淮 阳 区

主要土类说明

潮土是淮阳区主要土壤类型，占本区地域面积的 98%。潮土是发育在河流沉积物上，受地下水影响，经耕种熟化而成的土壤。由于该土壤直接形成于河流沉积物上，因此，沉积物作为母质，密切影响着潮土的发育。地下水的影响以及在此基础上的熟化过程也是潮土形成的重要因素。母质沉积决定了潮土的剖面特点：流水速度对母质的沉积有分选作用，"紧出砂，慢出淤，不紧不慢出两合"。但流水速度又与地形、距离河道主流远近、季节等因素密切相关。同时，由于河流多次泛滥改道，每次流经地区也不同，因而在广大的冲积平原上就沉积了质地层次明显而厚薄不一的土层，这是潮土最突出的剖面特征。潮土形成的另一个重要特征是地下水埋藏较浅。随着地下水位的升降，土壤剖面中产生频繁的氧化还原交替过程，影响土壤物质的溶解、移动和淀积，并在土壤剖面中形成蓝灰色、红褐色的斑纹或细小的铁锰结核和石灰结核。在半干旱平原地区微起伏的岗（平缓岗地）、坡、洼地形及层状沉积物上，地下水埋藏深度和水质有很大的差异。在自然堤及缓岗中、上部，平原中地势相对较高的地段，地下水埋藏较深，一般为 2.5—3.5m，地下水做缓慢的侧渗运动，水质良好，矿化度在 1g/L 以下，毛管运动亦达不到地表，土壤无盐渍化威胁，土壤有向地带性土壤发育的趋势，如褐潮土。向洼地中心过渡的缓斜平地下部，地下水埋藏变浅，而且多见于中、厚夹黏层，有滞水现象，季节性水位变化较大，水质逐渐变差，土壤出现不同程度的积盐现象，即为通称的"二半坡"积盐。及至洼地中心，地下水位更浅，雨季接近地表，甚至地表有季节性积水，容易形成湿潮土。

小于本区地域面积 3% 的土壤类型还有砂姜黑土等。

本区域中心区气候特征

本区域中心区气候特征值
Regional climate characteristics in central area of the region

气候带：暖温带亚湿润气候 Climate region: Warm temperate subhumid climate	
年平均气温 /℃ Annual average temperature /℃	14.6
年平均最高气温 /℃ Annual average maximum temperature /℃	20.1
年平均最低气温 /℃ Annual average minimum temperature /℃	10.0
年降水量 /mm Annual precipitation /mm	814
≥10℃的积温 /℃ Daily temperature accumulated in a year (≥10℃) /℃	5372
年日照时数 /h Annual sunshine /h	2148
年平均相对湿度 /% Annual average relative humidity /%	71
干燥度 Dryness	1.10

本区域中心区月平均气温与月平均降水量
Monthly temperature and precipitation in central area of the region

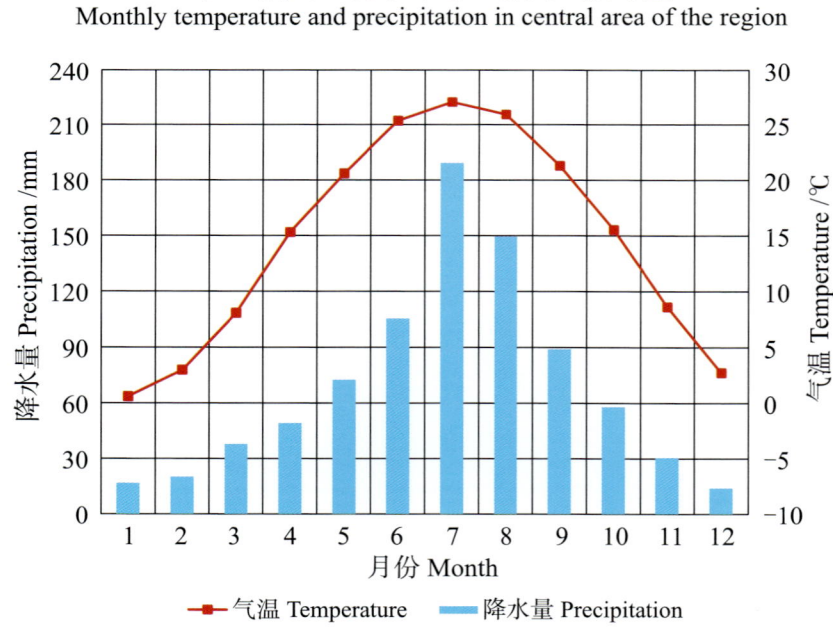

淮阳县主要土壤类型与土壤剖面点分布图
1∶190 000

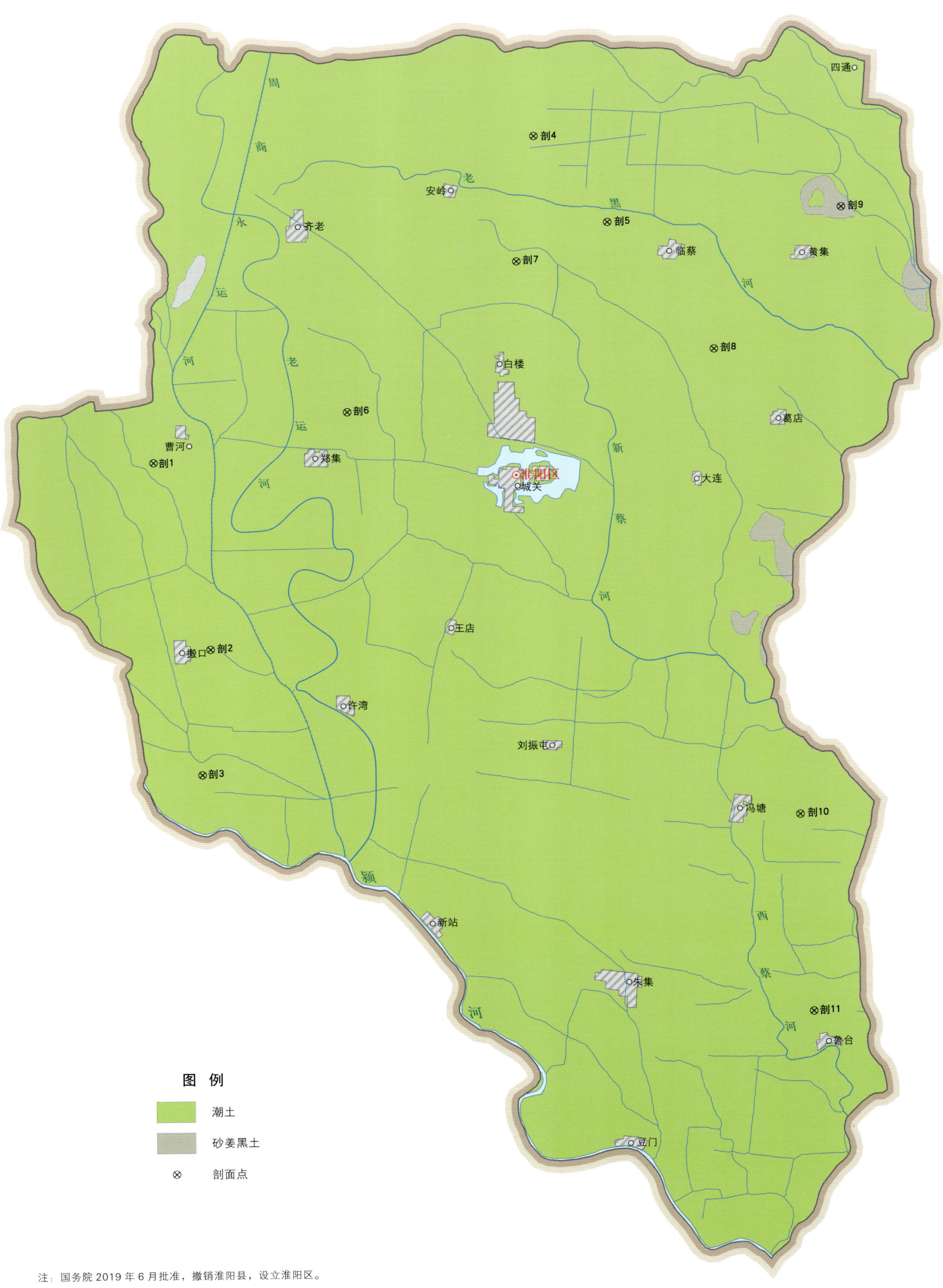

注：国务院2019年6月批准，撤销淮阳县，设立淮阳区。

淮阳县土壤剖面理化性状表

剖面号 Soil profile	土纲 Soil order	土类 Soil great group	亚类 Soil subgroup	土属 Soil genus	土种 Soil species	土层码 Layer code	土层厚度 Depth/cm	颜色 Soil color	质地 Soil texture	土壤结构 Soil structure	pH	有机质 OM/(g/kg)	全氮 TN/(g/kg)	全磷 TP/(g/kg)	阳离子交换量 CEC/(cmol/kg)	土壤母质 Parent material	剖面点坐标 Profile coordinate	匹配指数 Matching index/%
剖1	半水成土	潮土	黄潮土	淤土	淤土	1	0—20	灰棕色	重黏土	块状	8.6	14.7	0.95	0.61	17.6	河流冲积物	E 114°42′46.4″ N 33°44′14.3″	95
						2	20—46	浅灰棕色	重黏土	块状	8.3	10.0	0.76	0.60	16.5			
						3	46—100	灰棕色	重黏土	块状	8.6	6.8	0.47	3.20	13.5			
剖2	半水成土	潮土	黄潮土	砂土	腰黏砂壤土	1	0—20	灰黄色	砂壤土	粒状	8.5	7.6	0.47	0.65	5.4	河流冲积物	E 114°44′29.0″ N 33°39′38.5″	95
						2	20—45	浅灰黄色	轻壤土	碎块状	8.7	3.6	0.27	0.61	5.2			
						3	45—75	黄棕色	轻壤土	块状	8.4	8.2	0.56	0.62	18.7			
						4	75—100	灰棕红色	砂壤土	碎块状	8.7	2.6	0.21	0.51				
剖3	半水成土	潮土	黄潮土	淤土	底砂淤土	1	0—31	灰棕色	重黏土	块状	8.4	10.6	0.72	0.65	15.4	河流冲积物	E 114°44′18.2″ N 33°36′31.0″	95
						2	31—54	浅棕色	轻黏土	块状	8.5	8.9	0.63	0.59	17.5			
						3	54—100	灰黄色	砂壤土	碎块状	8.7	3.8	0.29	0.55	7.0			
剖4	半水成土	潮土	黄潮土	砂土	夹黏砂壤土	1	0—22	浅灰黄色	砂壤土	碎块状	8.5	6.2	0.41	0.57	4.3	河流冲积物	E 114°53′30.5″ N 33°52′29.6″	95
						2	22—38	浅灰黄色	砂壤土	碎块状	8.5	5.5	0.34	0.56	4.3			
						3	38—52	浅灰黄色	中黏土	块状	8.6	7.2	0.48	0.55	15.4			
						4	52—67	浅灰黄色	轻黏土	块状	8.5	4.6	0.26	0.50	7.5			
						5	67—79	灰黄色	轻黏土	块状	8.6	6.2	0.44	0.58	13.5			
						6	79—100	浅灰黄色	轻壤土	碎块状	8.5	4.9	0.30	0.56	6.1			
剖5	半水成土	潮土	盐化潮土	盐化潮土	轻盐小两合土	1	0—20	灰黄色	中壤土	团块状	8.4	5.7	0.32	0.59	6.4	河流冲积物	E 114°55′39.7″ N 33°50′22.9″	93
						2	20—35	浅灰黄色	中壤土	碎块状	8.7	5.9	0.31	0.59	8.4			
						3	35—45	浅灰黄色	轻黏土	团块状	8.8	2.8	0.21	0.55	8.7			
						4	45—84	浅灰黄色	轻壤土	碎块状	8.8	3.3	0.20	0.52	5.8			
						5	84—107	灰黄色	中壤土	碎块状	8.8	3.4	0.21	0.54	6.6			
						6	107—150		砂壤土	碎块状	8.9	2.2	0.18	0.62				
剖6	半水成土	潮土	湿潮土	湿潮土	湿潮土	1	0—20	浅灰色	中壤土	块状	8.4	23.3	0.76	1.42	10.4	河流冲积物	E 114°48′17.6″ N 33°45′34.6″	95
						2	20—47	暗黄黄色	轻壤土	块状	8.6	11.0	0.59	1.39	10.0			
剖7	半水成土	潮土	黄潮土	淤土	腰砂淤土	1	0—20	灰棕色	轻黏土	团块状	8.4	11.3	0.72	0.59	15.9	河流冲积物	E 114°53′04.6″ N 33°49′22.1″	95
						2	20—45	灰棕色	中黏土	块状	8.4	7.4	0.47	0.58	10.9			
						3	45—80	浅灰黄色	重黏土	块状	8.1	3.8	0.33	0.63	5.6			
						4	80—100	浅灰黄色	重黏土	块状	8.5	5.5	0.39	0.49	14.2			
剖8	半水成土	潮土	黄潮土	两合土	体黏小两合土	1	0—20	浅灰黄色	重壤土	团块状	8.8	4.2	0.27	0.58	4.0	河流冲积物	E 114°58′46.6″ N 33°47′16.8″	95
						2	20—56	浅灰黄色	中黏土	团块状	8.9	5.6	0.34	0.60	8.3			
						3	56—88	浅灰黄色	重壤土	块状	8.7	7.1	0.50	0.52	14.9			
						4	88—100	浅灰黄色	中壤土	碎块状	8.6	4.4	0.28	0.62	4.3			
剖9	半水成土	砂姜黑土	砂姜黑土	灰质黑老土	黏质厚覆灰质黑老土	1	0—24	棕黄色	重壤土	团块状	7.0	9.3	0.64	0.59	13.3	湖相沉积物	E 115°02′21.5″ N 33°50′51.0″	75
						2	24—36	灰黑色	中黏土	粒状	7.0	7.9	0.61	0.50	18.5			
						3	36—100	浅灰黄色	重黏土	粒状	7.5	9.7	0.54	0.36	26.0			
剖10	半水成土	潮土	黄潮土	两合土	底黏小两合土	1	0—20	灰黄色	轻壤土	碎块状	8.5	5.7	0.37	0.58	6.2	河流冲积物	E 115°01′24.6″ N 33°35′43.8″	95
						2	20—56	棕黄色	砂壤土	块状	8.6	2.8	0.19	0.56	3.5			
						3	56—100	灰黄色	重黏土	块状	8.4	8.8	0.67	0.60	18.5			
剖11	半水成土	潮土	盐化潮土	盐化潮土	中盐小合土	1	0—20	浅灰黄色	中壤土	碎块状	9.9	4.2	0.25	0.56		河流冲积物	E 115°01′51.6″ N 33°30′50.8″	93
						2	20—35	浅灰黄色	中壤土	碎块状	9.3	4.3	0.22	0.57				
						3	35—143	暗黄色	轻壤土	小块状	9.1	3.1	0.21	0.51				
						4	143—150	灰棕黄色	重黏土	块状	8.8	4.0	0.28	0.58				

扶 沟 县

主要土类说明

潮土是扶沟县主要土壤类型，占本县地域面积的 94%。本县潮土发育于近代河流冲积物上，是黄河多次泛滥淀积后，经人们长期耕作、施肥和灌水发育而成的耕作土壤。由于流水速度对泥砂淀积具有分选作用，靠近古河道的土壤质地较轻，多为砂土和亚砂土类型；远离河道的慢淤土质地较重，多为黏土和亚黏土类型。本县潮土的特征为：土层较厚，地势平坦，土壤剖面层次明显，地下水位较高（1—3m），季节性升降频繁，土体中氧化还原作用交替发生，在土壤剖面中，下层形成灰蓝色的斑纹。潮土已有数千年悠久的耕作历史，经过连年的收割耕种，土壤有机质分解强烈，腐殖质积累不多，但在耕作的影响下，土壤的水、热、气状况有所改善。本县潮土只有黄潮土一个亚类。黄潮土是黄土性冲积物沉积后经耕作熟化而形成的土壤，以黄色为主，间有灰色，石灰反应强烈，属石灰性土壤，偏弱碱性。

褐土是扶沟县第二大土壤类型，占本县地域面积的 4%。褐土是在半湿润、半干旱区旱生林下经长期耕作熟化演变而来的古老农业土壤。分布在山麓平原上的褐土，成土母质为第四纪洪积物、冲积物、沉积物，地下水埋深 4—6m，属钙质重碳酸盐土。本县褐土所处地势较高，并有一定的坡度，排水较好，本县褐土只有潮褐土一个亚类，是褐土向潮土过渡的中间型土壤，多以缓岗地貌类型出现，有些缓岗受自然和人为因素的影响已变成高平地。成土母质为第四纪洪积物、沉积物，由于受黄河多次泛滥的影响，河流沉积物覆盖了古地貌类型，一些原始的矮岗和洪沟已被河流淀积物所覆盖，现在残留的多为地势较高的岗陵。由于多年受雨水的影响，土体中碳酸钙发生淋溶和淀积，致使土壤心土层和底土层出现了假菌丝体等新生体。由于土体亚表土或心土层的水热条件比较稳定，在各种因素的影响下，形成了残积黏化层，对土壤的保墒抗旱有重要作用。本县潮褐土黏化作用较弱，直观上不太明显。受地下水季节性升降变化的影响，土体中氧化还原作用交替进行，使地下水参与成土过程，并促使褐土向潮土类型过渡，在心土层和底土层形成灰蓝色的斑纹，但受地下水影响较弱，锈色斑纹不甚明显。褐土为古老耕作土壤，受人为因素的影响较大，通过人为的耕作、施肥、灌水和平整，土壤结构和理化性能都有所改善，形成了现在生长各种作物的耕作土壤。潮褐土具有悠久的耕作历史，地势较高，地下水位为 4—6m，土壤以黄色为主，质地为砂壤土至中壤土，质地均匀，土壤疏松，无明显犁底层，通气透水性较好，但保水保肥、供水供肥能力不如黄潮土，后期易脱肥，土壤耕作层养分含量偏低。

小于本县地域面积 3% 的土壤类型还有砂姜黑土等。

本区域中心区气候特征

本区域中心区气候特征值
Regional climate characteristics in central area of the region

气候带：暖温带亚湿润气候 Climate region: Warm temperate subhumid climate	
年平均气温 /℃ Annual average temperature /℃	14.5
年平均最高气温 /℃ Annual average maximum temperature /℃	20.1
年平均最低气温 /℃ Annual average minimum temperature /℃	9.7
年降水量 /mm Annual precipitation /mm	752
≥10℃的积温 /℃ Daily temperature accumulated in a year（≥10℃）/℃	5314
年日照时数 /h Annual sunshine /h	2151
年平均相对湿度 /% Annual average relative humidity /%	70
干燥度 Dryness	1.18

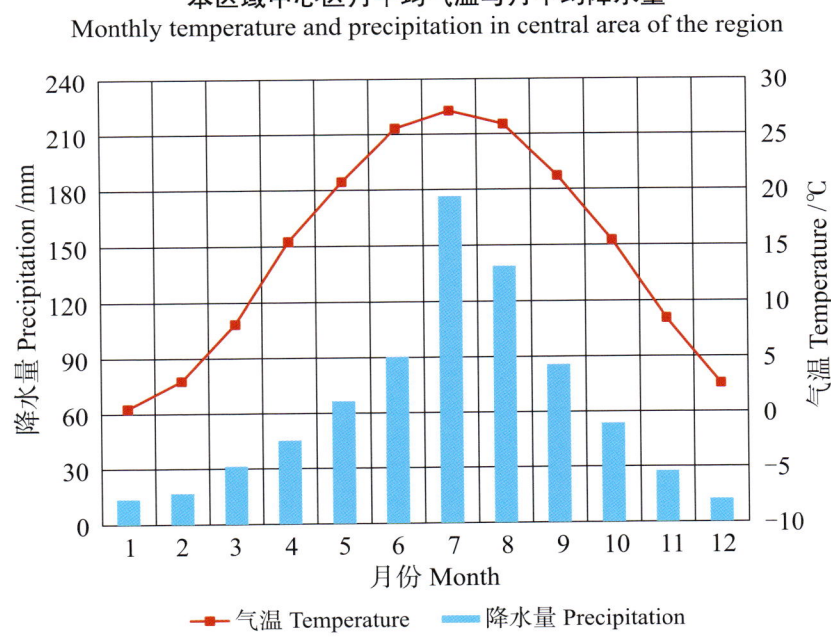

本区域中心区月平均气温与月平均降水量
Monthly temperature and precipitation in central area of the region

扶沟县主要土壤类型与土壤剖面点分布图
1∶180 000

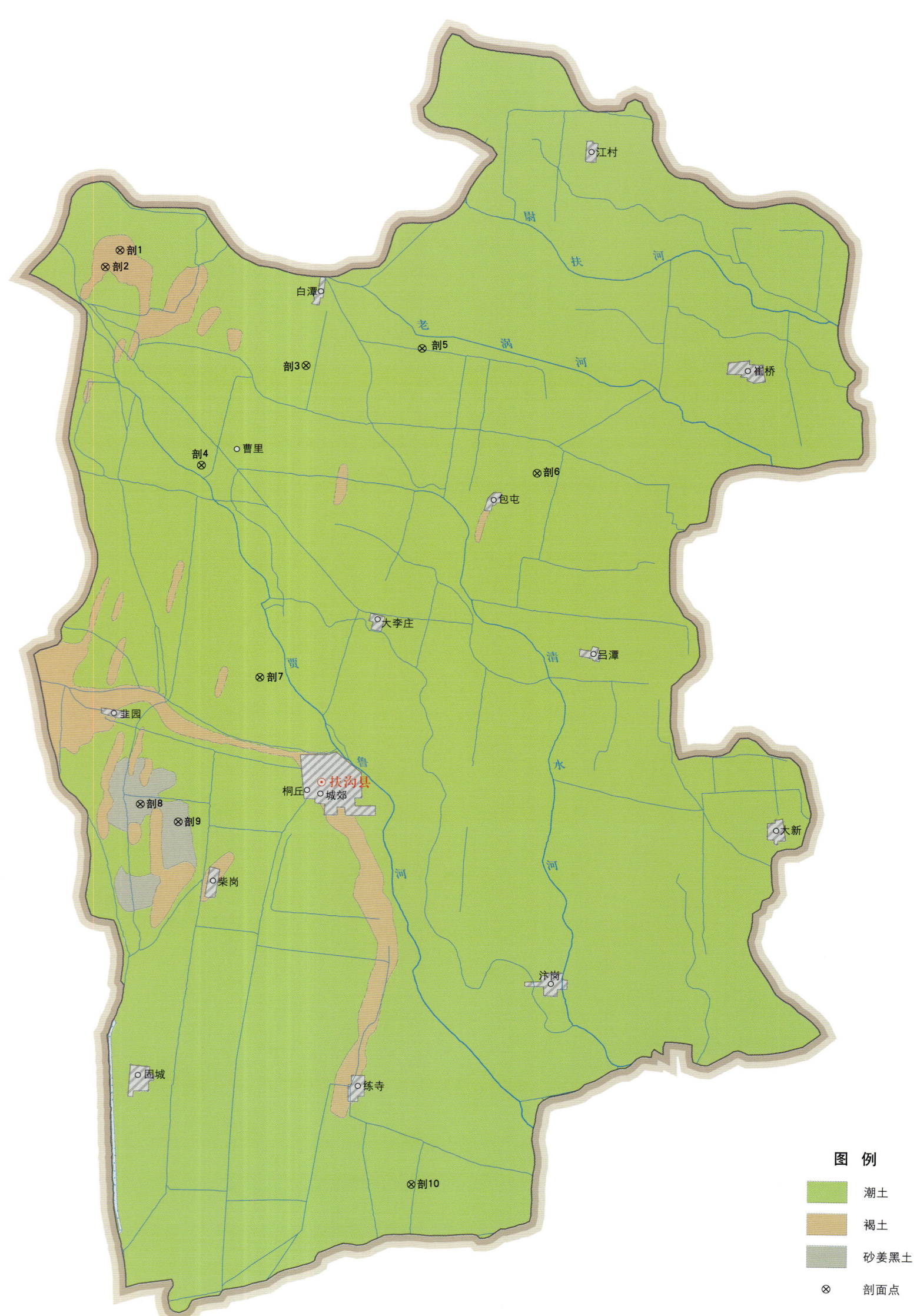

扶沟县土壤剖面理化性状表

剖面号 Soil profile	土纲 Soil order	土类 Soil great group	亚类 Soil subgroup	土属 Soil genus	土种 Soil species	土层码 Layer code	土层厚度 Depth/cm	颜色 Soil color	质地 Soil texture	土壤结构 Soil structure	pH	有机质 OM/(g/kg)	全氮 TN/(g/kg)	全磷 TP/(g/kg)	阳离子交换量 CEC/(cmol/kg)	土壤母质 Parent material	剖面点坐标 Profile coordinate	匹配指数 Matching index/%
剖1	半淋溶土	褐土	潮褐土	二潮黄土	黄土	1	0~25	灰黄色	轻壤土	块状	8.1	10.6	0.61	0.55	6.7	第四纪洪积物、冲积物、沉积物	E 114°17′10.7″ N 34°15′06.8″	97
						2	25~58	黄色	轻壤土	块状	8.4	3.4	0.30	0.40	6.4			
						3	58~100	黄色	轻壤土	块状	8.4	6.4	0.39	0.49	5.8			
剖2	半淋溶土	褐土	潮褐土	二潮黄土	砂性黄土	1	0~25	浅棕黄色	砂壤土	碎块状	8.3	10.5	0.58	0.52	4.2	第四纪洪积物、冲积物、沉积物	E 114°16′48.4″ N 34°14′43.4″	97
						2	25~56	浅棕黄色	紧砂土	无结构	8.4	7.4	0.53	0.43	2.9			
						3	56~100	浅棕黄色	砂壤土	碎块状	8.3	<1.0	0.16	0.40	3.6			
剖3	半水成土	潮土	黄潮土	砂土	夹黏砂壤土	1	0~23	灰黄色	砂壤土	块状	8.1	7.9	0.56	0.58	4.1	河流冲积物	E 114°22′10.6″ N 34°12′37.8″	95
						2	23~40	棕黄色	紧砂土	无结构	8.2	2.7	0.49	0.53	2.2			
						3	40~59	棕黄色	重壤土	块状	8.3	5.4	0.51	0.56	6.7			
						4	59~100	灰黄色	砂壤土	碎块状	8.4	1.9	0.15	0.55	3.2			
剖4	半水成土	潮土	黄潮土	砂土	砂土	1	0~22	灰黄色	紧砂土	无结构	8.4	7.2	0.47	0.48	3.5	河流冲积物	E 114°19′31.1″ N 34°10′17.8″	95
						2	22~58	浅灰黄色	紧砂土	无结构	8.5	7.5	0.36	0.59	3.6			
						3	58~100	浅灰黄色	紧砂土	无结构	8.5	4.4	0.18	0.47	3.5			
剖5	半水成土	潮土	黄潮土	砂土	底黏砂壤土	1	0~20	灰黄色	砂壤土	碎块状	8.2	8.5	0.44	0.54	3.9	河流冲积物	E 114°25′13.3″ N 34°13′05.9″	95
						2	20~45	浅灰黄色	砂壤土	碎块状	8.3	4.4	0.31	0.50	2.9			
						3	45~58	灰黄色	中壤土	块状	8.3	4.4	0.35	0.49	5.8			
						4	58~100	棕黄色	重壤土	块状	8.4	6.4	0.40	0.53	10.3			
剖6	半水成土	潮土	黄潮土	两合土	体砂小两合土	1	0~20	灰黄色	轻壤土	块状	7.9	9.0	0.58	0.67	4.5	河流冲积物	E 114°28′21.4″ N 34°10′21.7″	97
						2	20~52	棕黄色	紧砂土	无结构	8.5	1.6	0.12	0.54	2.3			
						3	52~100	棕黄色	紧砂土	无结构	8.7	1.5	0.11	0.55	2.2			
剖7	半水成土	潮土	黄潮土	砂土	砂壤土	1	0~24	棕黄色	砂壤土	碎块状	8.5	8.1	0.47	0.50	4.1	湖相沉积物	E 114°21′15.1″ N 34°05′31.6″	95
						2	24~55	灰黄色	砂壤土	碎块状	8.5	4.5	0.26	0.55	3.4			
						3	55~100	浅灰黄色	砂壤土	碎块状	8.5	3.0	0.19	0.46	3.4			
剖8	半水成土	砂姜黑土	砂姜黑土	灰质黑老土	黏质厚覆灰质黑老土	1	0~20	灰黄色	重壤土	块状	8.2	11.5	0.87	0.79	7.7	湖相沉积物	E 114°18′14.0″ N 34°02′32.6″	97
						2	20~37	棕黄色	重壤土	块状	8.5	9.2	0.68	0.55	11.5			
						3	37~57	棕黄色	轻壤土	块状	8.5	6.9	0.50	0.45	16.1			
						4	57~100	棕黄色	轻黏土	块状	8.5	1.2	0.84	0.38	24.8			
剖9	半水成土	砂姜黑土	砂姜黑土	灰质黑老土	黏质薄覆灰质黑老土	1	0~28	棕黄色	重壤土	块状	8.2	9.9	0.64	0.27	10.6	湖相沉积物	E 114°19′14.9″ N 34°02′10.0″	97
						2	28~55	黑色	中壤土	块状	8.4	6.8	0.55	0.62	14.8			
						3	55~100	黑色	中壤土	块状	8.6	5.2	0.32	0.45	11.4			
剖10	半水成土	潮土	黄潮土	两合土	小两合土	1	0~20	灰黄色	轻壤土	块状	8.3	4.7	0.60	0.58	4.4	河流冲积物	E 114°25′42.6″ N 33°54′08.6″	99
						2	20~52	浅灰黄色	砂壤土	碎块状	8.4	1.7	0.42	0.56	3.6			
						3	52~100	浅灰黄色	砂壤土	碎块状	8.6	1.9	0.31	0.72	3.2			

西 华 县

主要土类说明

潮土是西华县主要土壤类型，占本县地域面积的87%。潮土是发育在河流冲积物上，受地下水影响，经耕作熟化而成的土壤。其剖面特点是有明显的质地层次，下层有铁锈斑纹，发育层次不明显。根据其成土母质、受地下水影响大小、盐碱化程度以及所分布地区的水热条件的不同，本县潮土分为黄潮土、灰潮土、盐化潮土、褐潮土等亚类。其中，黄潮土亚类占本土类面积的90%以上。

褐土是西华县第二大土壤类型，占本县地域面积的6%。本县褐土只有潮褐土一个亚类，分布在奉母、址坊和逍遥等地势较高的地方。成土母质为颍河洪积物、冲积物，剖面内有褐色黏化层和钙淀积层。土壤质地较均一。地下水埋深一般为4—6m。土壤剖面发生层次不明显，下层具有铁锈斑纹，全剖面石灰反应强度不一。该土壤耕性较好，生产潜力较大，适宜种植小麦、玉米、大豆和烟叶等作物。土壤耕作层有机质含量约为11g/kg，全氮含量为0.7g/kg。

砂姜黑土是西华县第三大土壤类型，占本县地域面积的4%，零星分布在奉母、艾岗和逍遥等乡镇。砂姜黑土是第四纪河湖相沉积物在沼泽草甸土基础上发育而成的一种土壤。一般有腐泥状黑土层，下层有砂姜和铁子出现。地下水埋深为1—2m，排水不良，宜受涝灾。该土类在本县只有砂姜黑土一个亚类，表层一般呈灰褐色，碎屑状结构；中层为深灰色，块状结构；底层多呈黄灰色，块状结构。质地黏重，耕性不良。

小于本县地域面积3%的土壤类型还有风沙土等。

本区域中心区气候特征

本区域中心区气候特征值
Regional climate characteristics in central area of the region

气候带：暖温带亚湿润气候 Climate region: Warm temperate subhumid climate	
年平均气温 /℃ Annual average temperature /℃	14.7
年平均最高气温 /℃ Annual average maximum temperature /℃	20.2
年平均最低气温 /℃ Annual average minimum temperature /℃	10.0
年降水量 /mm Annual precipitation /mm	835
≥10℃的积温 /℃ Daily temperature accumulated in a year (≥10℃) /℃	5375
年日照时数 /h Annual sunshine /h	2091
年平均相对湿度 /% Annual average relative humidity /%	71
干燥度 Dryness	1.07

本区域中心区月平均气温与月平均降水量
Monthly temperature and precipitation in central area of the region

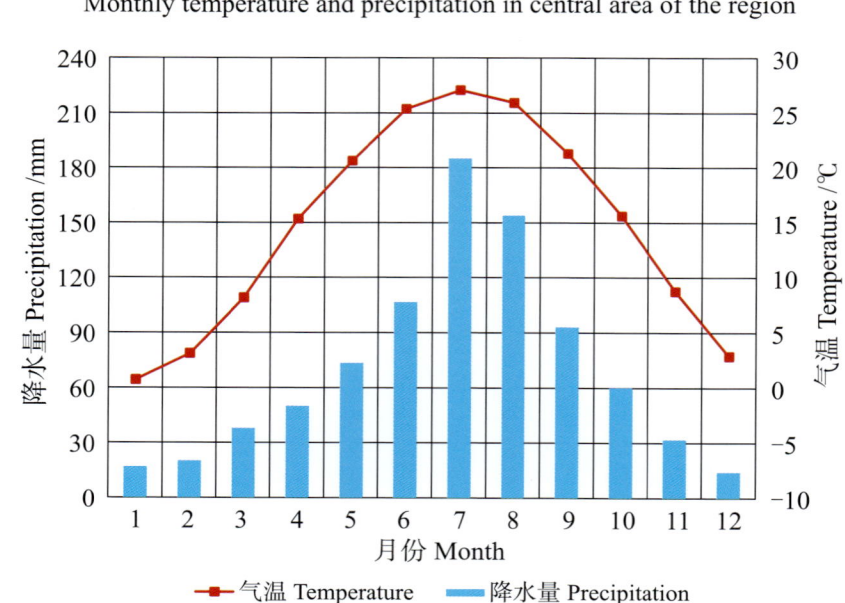

西华县主要土壤类型与土壤剖面点分布图

1:200 000

图 例
- 潮土
- 褐土
- 砂姜黑土
- 风沙土
- ⊗ 剖面点

西华县土壤剖面理化性状表

剖面号 Soil profile	土纲 Soil order	土类 Soil great group	亚类 Soil subgroup	土属 Soil genus	土种 Soil species	土层码 Layer code	土层厚度 Depth/cm	颜色 Soil color	质地 Soil texture	土壤结构 Soil structure	pH	有机质 OM/(g/kg)	全氮 TN/(g/kg)	全磷 TP/(g/kg)	阳离子交换量 CEC/(cmol/kg)	土壤母质 Parent material	剖面点坐标 Profile coordinate	匹配指数 Matching index/%
剖1	半水成土	砂姜黑土	砂姜黑土	灰质黑老土	黏质薄覆灰质黑老土	1	0~23	灰灰色	重壤土	碎屑状	7.5	11.1	0.71	0.48	32.0	湖相沉积物	E 114°09′02.9″ N 33°45′18.7″	97
						2	23~72	深灰色	重壤土	块状	7.0	9.7	0.55	0.27	26.8			
						3	72~100	蓝灰白色	重壤土	块状	7.5	6.7	0.40	3.48	24.8			
剖2	半水成土	砂姜黑土	砂姜黑土	灰质黑老土	黏质厚覆灰质黑老土	1	0~26	灰棕色	黏土	团块状	7.0	12.5	0.94	0.61	26.4	湖相沉积物	E 114°10′21.7″ N 33°45′25.9″	98
						2	26~62	黄棕色	黏土	块状	7.0	10.9	0.86	0.30	36.9			
						3	62~100	深灰色	黏土	块状	7.0	10.1	0.87	0.41	33.6			
剖3	半水成土	潮土	灰潮土	灰潮土	灰底壤淤土	1	0~21	灰灰棕色	重壤土	团块状	7.5	12.6	0.88	0.51	31.2	河流冲积物	E 114°10′21.0″ N 33°44′22.6″	97
						2	21~55	黄棕色	重壤土	块状	7.5	10.1	0.82	0.48	12.7			
						3	55~100	黄黄色	重壤土	碎块状	7.0	4.2	0.28	0.34	12.3			
剖4	半水成土	潮土	灰潮土	灰潮土	灰淤土	1	0~33	浅灰棕色	黏土	团块状	7.5	11.3	0.99	0.59	23.2	河流冲积物	E 114°07′32.2″ N 33°41′47.4″	99
						2	33~66	灰棕色	黏土	块状	7.5	5.7	0.56	0.23	18.7			
						3	66~100	灰黄棕色	黏土	块状	7.0	5.9	0.68	0.30	25.0			
剖5	半水成土	潮土	黄潮土	河滩飞砂土	飞砂土	1	0~24	浅黄黄色	松砂土	单粒状	7.0	1.3	0.12	0.46	2.8	河流冲积物	E 114°27′06.1″ N 33°52′03.7″	95
						2	24~100	黄黄色	砂土	单粒状	7.0	1.4	<0.10	0.61	2.6			
剖6	半水成土	潮土	黄潮土	砂土	砂土	1	0~20	浅黄黄色	砂壤土	单粒状	8.0	1.7	0.17	0.44	4.1	河流冲积物	E 114°22′54.8″ N 33°50′46.0″	95
						2	20~100	黄黄色	砂土	单粒状	7.5	1.3	0.16	0.44	4.2			
剖7	半水成土	潮土	黄潮土	砂土	底黏厚砂壤土	1	0~26	浅黄黄色	砂壤土	单粒状	7.5	4.2	3.10	0.50	4.7	河流冲积物	E 114°24′36.7″ N 33°50′00.2″	97
						2	26~57	浅黄黄色	砂壤土	单粒状	7.0	1.7	0.17	0.50	3.5			
						3	57~100	黄黄色	中壤土	团粒状	7.5	8.8	0.71	0.58	20.2			
剖8	半水成土	潮土	黄潮土	两合土	夹砂两合土	1	0~36	灰黄色	中壤土	团块状	7.4	12.0	0.75	0.60	12.1	河流冲积物	E 114°37′04.8″ N 33°56′09.2″	99
						2	36~48	浅灰黄色	砂壤土	片状	7.4	2.5	0.20	0.61	6.7			
						3	48~62	棕黄色	轻壤土	块状	7.2	8.7	0.59	0.56	25.8			
						4	62~100	红棕色	黏土	无结构	7.6	1.5	0.13	0.58	4.1			
剖9	半水成土	潮土	黄潮土	两合土	腰砂两合土	1	0~27	浅灰黄色	中壤土	团粒状	8.0	11.6	0.84	0.60	20.5	河流冲积物	E 114°37′22.4″ N 33°55′38.6″	98
						2	27~75	黄黄色	重壤土	碎块状	7.5	9.3	0.77	0.58	27.1			
						3	75~90	浅黄黄色	砂壤土	碎块状	8.0	3.6	0.26	0.56	7.8			
						4	90~100	浅黄黄色	轻壤土	团块状	8.0	6.3	0.42	0.58	5.8			
剖10	半水成土	潮土	黄潮土	淤土	底壤淤土	1	0~32	灰黄色	重壤土	团块状	7.5	11.6	0.84	0.60	20.5	河流冲积物	E 114°38′20.0″ N 33°55′08.0″	98
						2	32~56	黄黄色	重壤土	碎块状	7.0	9.3	0.77	0.58	27.1			
						3	56~100	浅黄黄色	轻壤土	碎块状	7.5	3.6	0.26	0.56	7.8			
剖11	半水成土	潮土	黄潮土	砂土	底砂淤土	1	0~33	灰黄色	砂壤土	碎块状	7.0	6.3	0.42	0.58	5.8	河流冲积物	E 114°32′08.9″ N 33°52′41.2″	98
						2	33~61	棕黄色	砂壤土	单粒状	7.5	2.9	0.16	0.59	5.0			
						3	61~100	浅黄黄色	砂壤土	单粒状	7.5	2.3			4.6			
剖12	半水成土	潮土	黄潮土	淤土	底壤淤土	1	0~22	灰黄色	重壤土	团块状	7.8	12.6	0.99	0.58	23.0	河流冲积物	E 114°37′08.0″ N 33°54′55.1″	97
						2	22~59	棕黄色	重壤土	团块状	7.5	9.8	0.77	0.54	24.2			
						3	59~100	灰棕色	砂土	单粒状	7.5	3.3	0.20	0.52	5.7			
剖13	半水成土	潮土	黄潮土	淤土	腰砂淤土	1	0~30	灰黄色	重壤土	团粒状	8.0	8.9	0.62	0.58	13.3	河流冲积物	E 114°36′28.8″ N 33°50′26.9″	99
						2	30~64	浅黄黄色	砂壤土	块状	7.8	2.4	0.46	0.52	5.9			
						3	64~100	浅黄黄色	轻壤土	块状	7.5	6.0	0.18	0.59	10.1			
剖14	半水成土	潮土	黄潮土	两合土	底黏小两合土	1	0~45	灰黄色	轻壤土	团粒状	7.8	8.3	5.39	0.61	7.8	河流冲积物	E 114°36′53.6″ N 33°50′40.6″	97
						2	45~66	浅黄色	砂壤土	块状	7.8	3.0	0.24	0.59	6.4			
						3	66~100	浅棕黄色	重壤土	片状	7.6	6.3	0.53	0.56	13.1			

续表 Continued

剖面号 Soil profile	土纲 Soil order	土类 Soil great group	亚类 Soil subgroup	土属 Soil genus	土种 Soil species	土层码 Layer code	土层厚度 Depth/cm	颜色 Soil color	质地 Soil texture	土壤结构 Soil structure	pH	有机质 OM/(g/kg)	全氮 TN/(g/kg)	全磷 TP/(g/kg)	阳离子交换量CEC/(cmol/kg)	土壤母质 Parent material	剖面点坐标 Profile coordinate
剖15	半水成土	潮土	盐化潮土	轻盐湖土	轻盐两合土	1	0—5	灰黄色	中壤土	块状	9.0					河流冲积物	E 114°33′15.5″ N 33°51′31.0″
						2	5—10	灰黄色	中壤土	块状	8.5						
						3	10—20	灰黄色	中壤土	块状	8.5						
						4	20—50	浅黄色	中壤土	片状	8.5						
						5	50—100	浅黄色	中壤土	片状	8.5						
剖16	半水成土	潮土	黄潮土	两合土	腰黏小两合土	1	0—35	灰黄色	轻壤土	团粒状	8.0	7.3	0.49	0.56	7.4	河流冲积物	E 114°38′04.9″ N 33°54′34.2″
						2	35—64	棕黄色	重壤土	块状	7.8	8.3	0.69	0.58	21.0		
						3	64—77	浅黄色	轻壤土	碎块状	7.0	3.3	0.25	0.56	4.6		
						4	77—100	灰棕黄色	重壤土	块状	7.5	2.4	0.23	0.51	2.9		
剖17	半水成土	潮土	黄潮土	两合土	体砂两合土	1	0—24	灰黄色	中壤土	团粒状	7.0					河流冲积物	E 114°38′38.8″ N 33°54′00.7″
						2	24—100	浅黄色	砂壤土	片状	7.5						
剖18	半水成土	潮土	黄潮土	两合土	体黏小两合土	1	0—48	灰黄色	轻壤土	团粒状	7.6	6.4	0.41	0.56	6.5	河流冲积物	E 114°39′55.4″ N 33°54′21.6″
						2	48—100	棕黄色	重壤土	块状	7.8	8.0	0.66	0.54	22.9		
剖19	半水成土	潮土	黄潮土	两合土	小两合土	1	0—25	灰黄色	轻壤土	团粒状	7.5	7.1	5.79	0.56	8.3	河流冲积物	E 114°40′14.9″ N 33°54′32.4″
						2	25—60	浅灰黄色	轻壤土	块状	7.5	4.0	0.42	0.54	7.0		
						3	60—100	浅黄色	砂壤土	块状	7.0	2.2	0.26	0.50	4.2		
剖20	半水成土	潮土	黄潮土	淤土	腰壤淤土	1	0—40	灰棕色	重壤土	团粒状	7.8	10.0	0.75	0.65	16.2	河流冲积物	E 114°39′46.8″ N 33°50′04.9″
						2	40—81	灰黄色	轻壤土	块状	7.8	6.0	0.49	0.70	10.9		
						3	81—100	棕黄色	重壤土	块状	8.0	7.9	0.60	0.51	21.3		
剖21	半水成土	潮土	黄潮土	砂土	体黏砂壤土	1	0—22	灰黄色	砂壤土	粒状	8.0	7.7	0.49	0.59	7.8	河流冲积物	E 114°40′24.2″ N 33°47′35.2″
						2	22—45	灰黄色	中壤土	粒状	8.0	7.4	0.47	0.60	9.0		
						3	45—100	灰棕色	重壤土	块状	8.0	8.0	0.55	0.81	14.6		
剖22	半水成土	潮土	黄潮土	两合土	体砂小两合土	1	0—22	浅灰黄色	轻壤土	团块状	7.5	7.3	0.53	0.58	8.3	河流冲积物	E 114°31′44.4″ N 33°39′52.9″
						2	22—100	灰棕黄色	砂土	单粒状	7.5	2.2	0.19	0.50	4.3		
剖23	半水成土	潮土	黄潮土	淤土	体淤土	1	0—22	灰黄色	中黏土	团块状	8.0	7.3	0.52	0.56	13.3	河流冲积物	E 114°31′57.4″ N 33°39′47.2″
						2	22—35	浅灰黄色	重壤土	块状	7.7	9.5	0.61	0.49	10.5		
						3	35—100	浅黄色	砂壤土	碎块状	7.5	2.3	0.21	0.37	6.0		
剖24	半水成土	潮土	灰潮土	灰砂土	灰体黏砂壤土	1	0—20	灰棕黄色	重壤土	块状	7.0					河流冲积物	E 114°33′40.3″ N 33°38′27.6″
						2	20—50	灰棕黄色	重壤土	块状	7.0						
						3	50—100	灰棕黄色	重壤土	块状	7.0						

剖面号	匹配指数 Matching index/%
剖15	95
剖16	97
剖17	98
剖18	97
剖19	98
剖20	97
剖21	97
剖22	97
剖23	97
剖24	95

商 水 县

主要土类说明

潮土是商水县主要土壤类型，占本县地域面积的46%。潮土是发育在近代河流冲积物上，受地下水影响，经耕种熟化而成的较年轻的土壤。地下水埋深一般为1—3m。潮土的剖面特点：质地层次明显，下层有铁锈斑纹。因有夜潮现象，故名潮土。本县潮土土类分黄潮土和灰潮土等亚类。黄潮土是黄土性冲积物质沉积后即行耕作熟化的旱作土壤，主要发育于黄河沉积物上，但亦受沙颍河沉积物影响。本县黄潮土具备以下主要特征：土层深厚；耕作层随土壤质地、熟化程度不同而厚薄不一；土壤发生层次不明显，而质地层次非常明显，只是厚薄有异；富含钙、钾、镁，而有机质、氮素缺乏；石灰反应较强，呈微碱性；颜色较浅，以黄色为主；剖面下层多具蓝灰色或红褐色斑纹。

砂姜黑土是商水县第二大土壤类型，占本县地域面积的45%。砂姜黑土是在暖温带半湿润气候条件下，以富含碳酸钙的古湖相沉积物为母质，经过沼泽化、脱沼泽化、旱耕熟化过程而形成的具有黑土层、砂姜层的独特的区域性耕作土壤。砂姜黑土质地一般为重壤土至黏土。表层颜色常呈灰色或灰黄色，心土层呈灰黑色或灰褐色，底土层呈黄灰色或灰棕色。表层结构多呈屑粒状或碎屑状，下层呈棱块状或棱柱状。剖面发生层次明显，黑土层、砂姜层尤其显著：黑土层厚度一般为30—50cm，最厚可达100cm左右，有机质含量多在13—15g/kg；砂姜层埋深不等，一般在40cm以下，厚度、砂姜含量不一，有的零星散布，有的成层分布。土壤呈微碱性，pH多在8.1—8.5。耕作层下即出现锈斑、软铁子，越下层铁子、铁锰胶膜、锈色斑纹愈多。土体有不同程度潜育现象。土壤通透性差，耕性不良，潜在肥力较高。

褐土是商水县第三大土壤类型，占本县地域面积的5%。商水县褐土是在冲积物、洪积物母质上，经自然、人为因素综合作用，特别是在人们长期耕作熟化条件下，形成的发育较明显且肥力较高的一种土壤。本县褐土分为潮褐土、淋溶褐土等亚类。潮褐土亚类是发育在颍河石灰性冲积物、洪积物上，经耕种熟化而成的肥力较高的旱作土壤，主要分布在郝岗镇北部的低平岗地。潮褐土的特征为：表层质地为轻壤土或中壤土，下层较重；颜色以黄色为主，上层略显灰黄色；熟化层较厚，土体较松；剖面发生层次不明显，有黏化现象和假菌丝状钙淀积层；土壤呈微碱性，石灰反应强度不一；下层有时有锈色斑纹；耕性好，保水保肥，耐旱耐涝，能发苗拔籽，适种小麦、大豆、玉米、烟草、棉花等。淋溶褐土亚类是在非石灰性冲积物、洪积物上，经耕种熟化而成的肥力较高的旱作土壤。其熟化过程、下部黏化现象与潮褐土亚类基本相同，但黏化现象不太明显。淋溶褐土与其他褐土亚类的主要区别在于其淋溶作用强，剖面中石灰已经淋失，石灰含量很低，1m土体内无钙积层存在。

小于本县地域面积4%的土壤类型还有黄褐土等。

本区域中心区气候特征

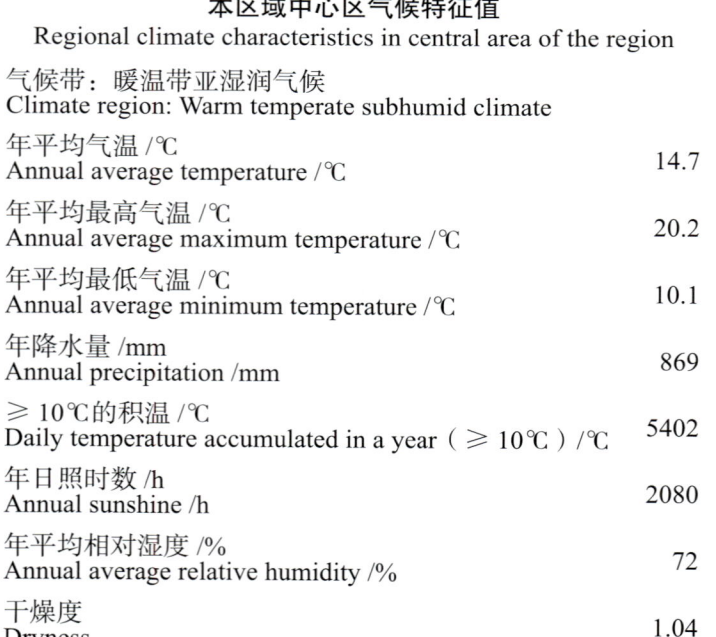

本区域中心区气候特征值
Regional climate characteristics in central area of the region

气候带：暖温带亚湿润气候 Climate region: Warm temperate subhumid climate	
年平均气温 /℃ Annual average temperature /℃	14.7
年平均最高气温 /℃ Annual average maximum temperature /℃	20.2
年平均最低气温 /℃ Annual average minimum temperature /℃	10.1
年降水量 /mm Annual precipitation /mm	869
≥10℃的积温 /℃ Daily temperature accumulated in a year (≥10℃) /℃	5402
年日照时数 /h Annual sunshine /h	2080
年平均相对湿度 /% Annual average relative humidity /%	72
干燥度 Dryness	1.04

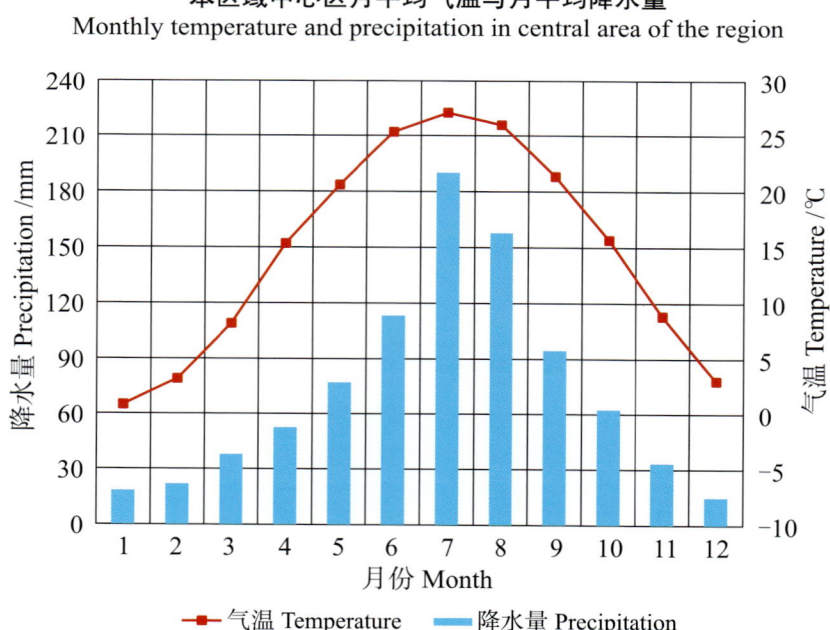

本区域中心区月平均气温与月平均降水量
Monthly temperature and precipitation in central area of the region

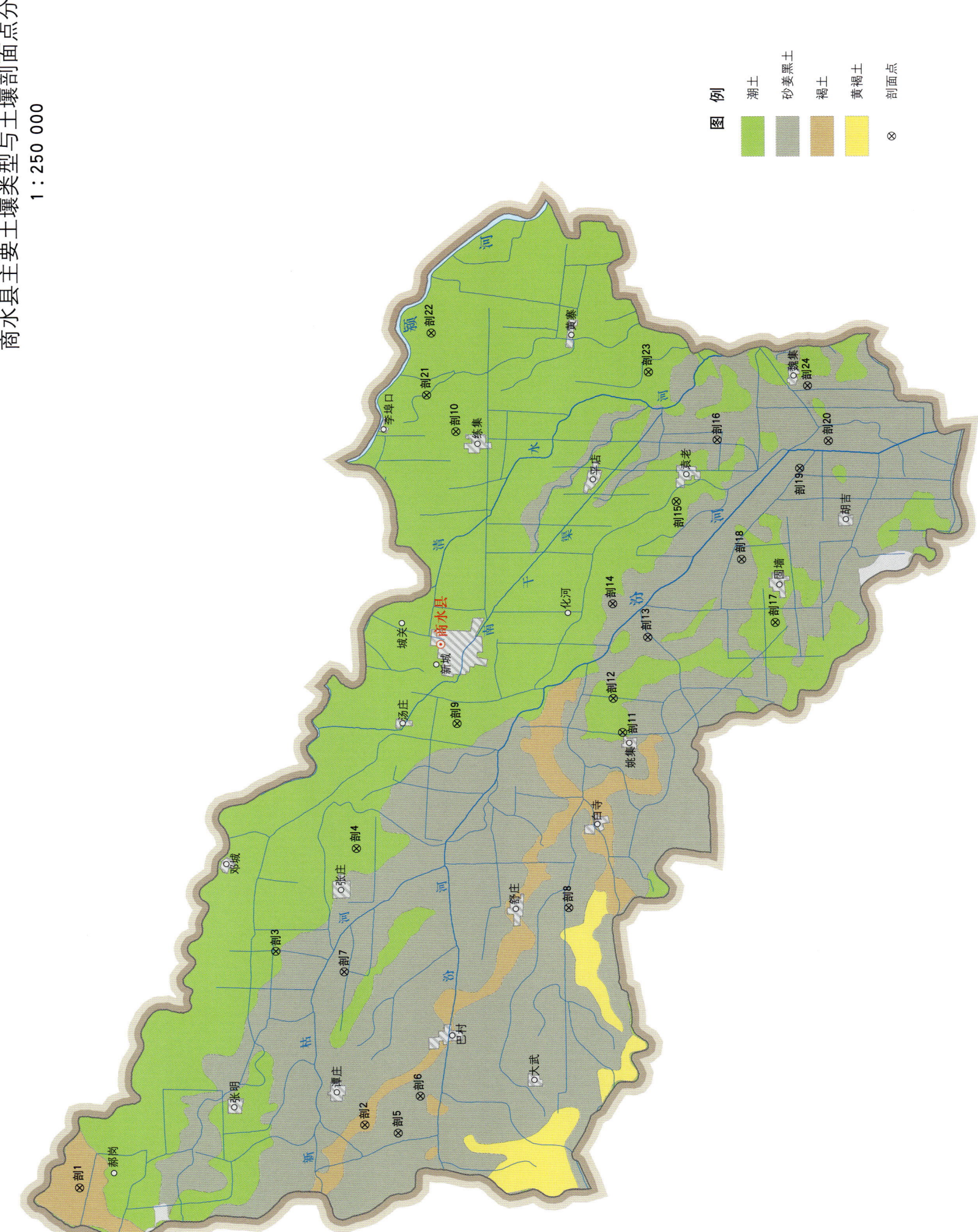

商水县土壤剖面理化性状表

剖面号 Soil profile	土纲 Soil order	土类 Soil great group	亚类 Soil subgroup	土属 Soil genus	土种 Soil species	土层码 Layer code	土层厚度 Depth/cm	颜色 Soil color	质地 Soil texture	土壤结构 Soil structure	pH	有机质 OM/(g/kg)	全氮 TN/(g/kg)	全磷 TP/(g/kg)	阳离子交换量CEC/(cmol/kg)	土壤母质 Parent material	剖面点坐标 Profile coordinate	匹配指数 Matching index/%
剖1	半淋溶土	褐土	潮褐土	二潮黄土	黄土	1	0—25	浅灰黄色	轻壤土	团粒状	8.2	7.9	0.42	0.57	10.3		E 114°16′22.1″ N 33°43′22.8″	99
						2	25—59	灰棕色	轻壤土	块状	8.5	6.8	0.45	0.55	11.7			
						3	59—100	黄棕色	重壤土	块状	8.5	6.3	0.37	0.45	14.5			
剖2	半淋溶土	褐土	淋溶褐土	暗黄土	壤质暗黄土	1	0—20	浅黄色	轻壤土	团粒状	8.4	6.2	0.47	0.41	13.0		E 114°18′49.7″ N 33°35′04.2″	98
						2	20—48	棕黄色	轻壤土	团块状	8.2	6.2	0.47	0.42	13.7			
						3	48—80	浅黄色	轻壤土	块状	8.3	4.9	0.45	0.58	12.3			
						4	80—100	黄灰色	重壤土	块状	8.2	5.4	0.45	0.26	18.6			
剖3	半水成土	潮土	黄潮土	淤土	腰砂淤土	1	0—20	棕灰褐色	重壤土	团粒状	8.3	12.0	0.84	0.51	19.9	河流冲积物	E 114°24′59.8″ N 33°37′46.2″	97
						2	20—46	浅棕灰色	中壤土	块状	8.3	7.3	0.52	0.40	16.0			
						3	46—87	棕灰色	砂壤土	块状	8.6	2.5	0.13	0.31	7.7			
						4	87—100	暗棕灰色	中壤土	块状	8.4	7.4	0.42	0.43	17.4			
剖4	半水成土	潮土	黄潮土	两合土	体砂两合土	1	0—23	浅黄色	中壤土	团粒状	8.8	9.1	0.60	0.65	14.0	河流冲积物	E 114°28′48.0″ N 33°35′28.3″	95
						2	23—37	浅黄色	中壤土	小块块状	8.6	8.8	0.57	0.62	13.8			
						3	37—49	浅黄色	砂壤土	碎块状	8.7	4.2	0.28	0.57	5.8			
						4	49—88	浅黄色	砂壤土	碎块状	8.9	2.8	0.21	0.54	6.5			
						5	88—100	黄灰色	中壤土	块状	8.7	3.2	0.28	0.56	8.1			
剖5	半水成土	砂姜黑土	砂姜黑土	灰砂姜黑土	深位薄层多量灰质砂姜黑土	1	0—25	黄灰色	重壤土	屑粒状	8.4	14.5	0.86	0.60	26.5	湖相沉积物	E 114°18′33.1″ N 33°34′05.2″	75
						2	25—45	深灰色	重壤土	小块状	8.3	12.9	0.74	0.52	32.8			
						3	45—73	深灰色	重壤土	棱块状	8.2	16.2	0.74	0.50	36.7			
						4	73—87	深灰色	中壤土	棱块状	8.3	6.8	0.36	0.48	21.9			
						5	87—100	黄灰色	中壤土	块状	8.4	4.9	0.29	0.45	13.4			
剖6	半水成土	砂姜黑土	砂姜黑土	黑老土	壤质厚覆黑老土	1	0—20	灰黄色	中壤土	碎屑状	8.1	8.4	0.52	0.21	26.5	湖相沉积物	E 114°19′54.1″ N 33°33′27.7″	97
						2	20—54	棕灰色	重壤土	块状	8.3	8.3	0.55	0.37	18.9			
						3	54—100	棕灰色	中壤土	棱块状	8.3	10.1	0.66	0.38	18.2			
剖7	半水成土	砂姜黑土	砂姜黑土	灰质黑老土	黏质厚层灰质黑老土	1	0—20	灰灰色	中壤土	团块状	8.5	10.1	0.64	0.46	20.2	湖相沉积物	E 114°24′17.3″ N 33°35′45.4″	95
						2	20—55	灰灰色	中壤土	棱块状	8.4	9.0	0.61	0.41	19.5			
						3	55—100	黄灰色	中壤土	棱块状	8.2	7.2	0.41	0.24	10.1			
剖8	半水成土	砂姜黑土	砂姜黑土	灰砂姜黑土	深位薄层少量砂姜黑土	1	0—29	棕灰色	重壤土	碎屑状	8.1	12.6	0.76	0.56	22.6	河湖相沉积物	E 114°26′46.7″ N 33°29′13.2″	97
						2	29—55	灰灰黄色	重壤土	块状	8.3	18.1	0.91	0.39	46.0			
						3	55—72	灰灰色	重壤土	块状	8.3	6.3	0.39	0.19	27.3			
						4	72—100	灰灰色	中壤土	棱块状	8.5	4.9	0.26	0.38	17.5			
剖9	半水成土	潮土	黄潮土	两合土	底砂两合土	1	0—30	灰灰色	中壤土	团粒状	8.5	9.8	0.55	0.63	7.8	河流冲积物	E 114°33′23.4″ N 33°32′35.9″	95
						2	30—54	浅灰黄色	砂壤土	块状	8.9	4.7	0.34	0.59	9.2			
						3	54—100	黄灰色	砂壤土	块状	8.8	1.6	0.10	0.55	4.5			
剖10	半水成土	潮土	黄潮土	淤土	体砂淤土	1	0—23	灰灰色	重壤土	团块状	8.2	16.1	1.12	0.79	22.6	河流冲积物	E 114°43′58.1″ N 33°32′47.4″	98
						2	23—48	棕灰黄色	重壤土	块状	8.7	12.1	0.78	0.76	21.3			
						3	48—100	浅灰黄色	紧砂土	块状	8.9	2.8	0.14	0.49	4.3			
剖11	半水成土	潮土	灰淤土	灰两合土	灰底砂两合土	1	0—17	灰灰色	中壤土	团粒状	8.4	10.6	0.62	0.57	16.8	河流冲积物	E 114°33′10.4″ N 33°27′45.0″	98
						2	17—27	灰灰色	中壤土	碎块状	8.5	9.2	0.54	0.54	17.6			
						3	27—41	黄灰黄色	中壤土	块状	8.7	5.8	0.40	0.45	14.1			
						4	41—74	浅灰黄色	中壤土	块状	8.4	5.1	0.33	0.37	15.3			
						5	74—100	黄色	紧砂土	粒状	8.5	1.4	0.87	0.90	6.2			

续表 Continued

剖面号 Soil profile	土纲 Soil order	土类 Soil great group	亚类 Soil subgroup	土属 Soil genus	土种 Soil species	土层码 Layer code	土层厚度 Depth/cm	颜色 Soil color	质地 Soil texture	土壤结构 Soil structure	pH	有机质 OM/(g/kg)	全氮 TN/(g/kg)	全磷 TP/(g/kg)	阳离子交换量CEC/(cmol/kg)	土壤母质 Parent material	剖面点坐标 Profile coordinate	匹配指数 Matching index/%
剖12	半水成土	潮土	灰潮土	灰淤土	灰淤土	1	0—16	灰黄色	重壤土	团块状	8.3	11.5	0.74	0.58	24.8	河流冲积物	E 114°34′24.2″ N 33°28′02.6″	98
						2	16—23	灰黄色	重壤土	块状	8.4	10.6	0.70	0.45	25.0			
						3	23—50	浅灰色	重壤土	棱状	8.4	9.1	0.55	0.28	31.3			
						4	50—100	灰黄色	重壤土	块状	8.2	7.5	0.36	0.32	24.8			
剖13	半水成土	砂姜黑土	砂姜黑土	砂姜黑土	浅位厚层少量砂姜黑土	1	0—17	青灰色	重壤土	碎粒状	8.3	13.0	0.79	0.43	26.9	河湖沉积物	E 114°36′39.2″ N 33°27′03.6″	97
						2	17—36	青灰棕色	重壤土	棱块状	8.3	11.1	0.72	0.43	25.6			
						3	36—100	浅棕褐色	重壤土	棱块状	8.4	8.8	0.52	0.34	15.6			
剖14	半水成土	砂姜黑土	砂姜黑土	灰质黑老土	壤质厚覆灰质黑老土	1	0—27	灰棕色	中壤土	团粒状	8.5	10.0	0.67	0.62	15.7	湖相沉积物	E 114°37′50.9″ N 33°28′06.6″	97
						2	27—80	浅灰棕色	轻黏土	块状	8.5	5.8	0.38	0.59	36.5			
						3	80—100	蓝黑色	轻黏土	棱块状	8.3	15.8	0.90	0.39	24.2			
剖15	半水成土	潮土	黄潮土	淤土	淤土	1	0—18	灰黄色	重壤土	碎块状	8.3	14.8	0.92	0.74	22.7	河流冲积物	E 114°41′33.7″ N 33°26′17.9″	98
						2	18—30	暗灰黄色	重壤土	块状	8.4	11.5	0.75	0.68	25.2			
						3	30—55	灰棕黄色	轻黏土	块状	8.5	9.3	0.60	0.52	28.4			
						4	55—100	浅棕色	中壤土	块状	8.5	12.2	0.45	0.53	23.9			
剖16	半水成土	砂姜黑土	砂姜黑土	灰质砂姜黑土	浅位薄层少量灰质砂姜黑土	1	0—20	浅灰黄色	重壤土	团粒状	8.3	9.1	0.72	0.48	42.8	湖相沉积物	E 114°43′49.4″ N 33°25′08.4″	95
						2	20—30	浅灰黄色	重壤土	块状	8.4	15.6	0.62	0.48	38.0			
						3	30—48	灰黄色	重壤土	棱块状	8.2	11.7	0.86	0.46	14.9			
						4	48—64	灰黄色	轻壤土	块状	8.3	8.3	0.64	0.43	14.3			
						5	64—100	灰色	中壤土	棱块状	8.3	9.5	0.47	0.42	14.4			
剖17	半水成土	潮土	灰潮土	灰两合土	灰两合土	1	0—19	灰黄色	中壤土	团粒状	7.7	6.2	0.63	0.61	20.4	河流沉积物	E 114°37′16.3″ N 33°23′20.4″	98
						2	19—46	灰黄色	重壤土	块状	7.5	7.7	0.44	0.83	25.6			
						3	46—100	棕灰色	重壤土	块状	7.3	14.9	0.48	1.06	48.9			
剖18	半水成土	砂姜黑土	砂姜黑土	灰质砂姜黑土	灰黑土	1	0—20	浅灰黄色	轻黏土	碎屑状	8.3	19.4	0.85	0.49	24.3	湖相沉积物	E 114°39′31.7″ N 33°24′21.6″	98
						2	20—65	黄灰色	中壤土	棱块状	8.2	6.6	0.93	0.41	44.7			
						3	65—100	灰黄色	重壤土	块状	8.4	15.9	0.37	0.40	29.5			
剖19	半水成土	砂姜黑土	砂姜黑土	砂姜黑土	深位中层少量砂姜黑土	1	0—18	灰色	轻黏土	屑粒状	8.1	8.2	1.02	0.48	40.0	河湖相沉积物	E 114°37′50.8″ N 33°22′43.0″	97
						2	18—32	灰灰色	轻黏土	棱块状	8.2	17.4	0.46	0.25	33.2			
						3	32—55	灰褐色	轻黏土	块状	8.3	13.9	0.94	0.38	≥50.0			
						4	55—75	灰棕色	轻黏土	块状	8.2	18.4	0.68	0.34	38.9			
						5	75—100	黄灰黄色	轻黏土	块状	8.4	19.5	0.89	0.32	43.0			
剖20	半水成土	砂姜黑土	砂姜黑土	砂姜黑土	青黑土	1	0—16	灰色	重黏土	碎屑状	8.6	17.2	1.05	0.49	≥50.0	河流冲积物	E 114°42′51.6″ N 33°21′52.9″	98
						2	16—28	黑色	重壤土	棱柱状	8.3	22.5	0.97	0.44	24.3			
						3	28—63	黄灰色	重壤土	块状	8.2	6.1	1.05	0.47	21.4			
						4	63—85	灰灰色	轻壤土	块状	8.5	4.7	0.37	0.39	16.3			
						5	85—100	灰黄色	重壤土	粒状	8.6	11.1	0.29	0.44	14.8			
剖21	半水成土	潮土	黄潮土	两合土	底砂淤土	1	0—24	灰黄黄色	重壤土	碎块状	7.2	7.6	0.66	0.67	4.0	河流冲积物	E 114°45′16.6″ N 33°33′39.6″	98
						2	24—54	浅灰黄色	砂壤土	碎块状	7.7	1.8	0.56	0.59	8.0			
						3	54—100	浅灰黄色	轻壤土	团粒状	7.6	6.6	0.15	0.55	9.5			
剖22	半水成土	潮土	黄潮土	两合土	小两合土	1	0—23	灰灰色	中壤土	碎块状	8.7	5.5	0.38	0.65	6.6	河流冲积物	E 114°47′31.9″ N 33°33′33.5″	98
						2	23—46	浅灰黄色	砂壤土	碎块状	8.7	3.3	0.23	0.63	10.0			
						3	46—100	浅灰黄色	中壤土	团粒状	8.8	8.4	0.15	0.49	5.8			
剖23	半水成土	潮土	黄潮土	两合土	腰砂两合土	1	0—19	浅灰黄色	中壤土	碎块状	8.7	4.3	0.50	0.53	4.7	河流冲积物	E 114°46′15.2″ N 33°27′10.8″	97
						2	19—31	灰黄色	砂壤土	块状	8.8	1.8	0.37	0.57	19.2			
						3	31—71	棕黄色	重壤土	棱柱状	8.6	7.4	0.16	0.56				
						4	71—100						0.47	0.59				

续表 Continued

剖面号 Soil profile	土纲 Soil order	土类 Soil great group	亚类 Soil subgroup	土属 Soil genus	土种 Soil species	土层码 Layer code	土层厚度 Depth/cm	颜色 Soil color	质地 Soil texture	土壤结构 Soil structure	pH	有机质 OM/(g/kg)	全氮 TN/(g/kg)	全磷 TP/(g/kg)	阳离子交换量CEC/(cmol/kg)	土壤母质 Parent material	剖面点坐标 Profile coordinate	匹配指数 Matching index/%
剖24	半水成土	砂姜黑土	砂姜黑土	黑老土	黏质厚覆黑老土	1	0—22	暗灰黄色	重壤土	团粒状	8.1	13.7	0.86	0.48		河湖相沉积物	E 114°45′51.5″ N 33°22′31.4″	98
						2	22—39	浅灰黄色	重壤土	块状	8.2	9.7	0.68	0.39	31.8			
						3	39—68	浅灰色	重壤土	棱块状	8.1	11.0	0.60	0.34	34.5			
						4	68—100	黄灰色	重壤土	块状	8.2	6.8	0.42	0.39	26.8			

沈 丘 县

主要土类说明

潮土是沈丘县主要土壤类型，占本县地域面积的55%。潮土是在近代河流沉积物上，经耕种熟化而成的土壤。其形成有三大特点：成土母质质地层次明显，受地下水影响，人为耕种熟化。首先，河流冲积对沉积母质质地有分选作用，质地分选受水流流速大小的影响，一般在近河处质地粗，远河处质地较细，故有"紧砂、慢淤"之说。由于河流每次泛滥流经的地区不同，泛滥一次就沉积一层，多次泛滥就多次沉积，从而形成了沉积母质颗粒粗细、土层厚薄不一而质地层次明显的剖面特征。其次，由于潮土地处平原，地下水位较高，一般为2—3m，加上干湿季节的影响，土壤水分与地下水位均有周期性变化，凡水位上升时期，土壤剖面下部就浸没于浅水面之下，发生潜育化现象，易变价元素铁、锰即被还原，从而出现蓝灰色锈纹或锈斑，当地下水位下降时，这些元素又转为氧化状态，低价铁、锰被氧化而变成高价，从而出现褐色或红褐色的锈纹或锈斑，年复一年，就形成了潮土剖面下层蓝灰色或红棕色锈斑、锈纹相间的土壤新生体，成为潮土重要的剖面特征。最后，人们通过耕作、施肥、排灌和栽培农作物等农事活动，改善了土壤结构，提高了土壤肥力，逐步培育出适合农作物生长的良好土壤条件。

砂姜黑土是沈丘县第二大土壤类型，占本县地域面积的43%。砂姜黑土是在暖温带半湿润气候条件下，以富含碳酸钙的河湖相沉积物为母质，经过耕垦熟化而成的一种独特的区域性旱作土壤，其形成主要经历草甸潜育化和脱潜旱耕熟化两个阶段。前期在该地区形成巨大的低洼汇水区，生长着耐渍的草甸植物，在干湿交替的水文条件下，土壤产生潜育和碳酸钙淋溶淀积作用，土体内形成了两个基本发生层，即黑土层和砂姜层，这是砂姜黑土的典型特征。砂姜黑土的形成相当复杂，大体可分为三个过程：①碳酸钙淋溶淀积过程，主要指土体中碳酸钙经淋溶淀积而成为砂姜的过程，土壤干湿交替，使土壤中的铁、锰矿物质的氧化还原交替进行，故土壤剖面常有铁锰结核和锈纹、锈斑，矿物质土层因经常渍水，有明显的潜育现象，使下部土层呈蓝灰色。②腐泥层形成过程，主要指黑土层的形成过程。③耕作熟化过程，即人们通过耕作、施肥，改善了排水条件，使土壤剖面发生了显著变化，逐渐形成了农业土壤的基本特点，即具有耕作层、犁底层和心土层，土壤质地变轻，颜色变浅，腐殖质含量较高，但低洼易涝至今仍是阻碍该土区农业生产的主要因素。

本区域中心区气候特征

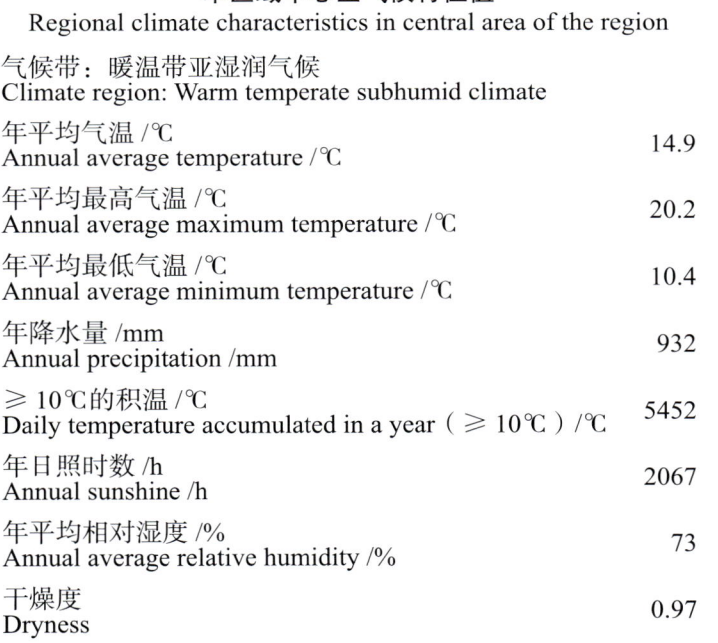

本区域中心区气候特征值
Regional climate characteristics in central area of the region

气候带：暖温带亚湿润气候 Climate region: Warm temperate subhumid climate	
年平均气温 /℃ Annual average temperature /℃	14.9
年平均最高气温 /℃ Annual average maximum temperature /℃	20.2
年平均最低气温 /℃ Annual average minimum temperature /℃	10.4
年降水量 /mm Annual precipitation /mm	932
≥10℃的积温 /℃ Daily temperature accumulated in a year (≥10℃) /℃	5452
年日照时数 /h Annual sunshine /h	2067
年平均相对湿度 /% Annual average relative humidity /%	73
干燥度 Dryness	0.97

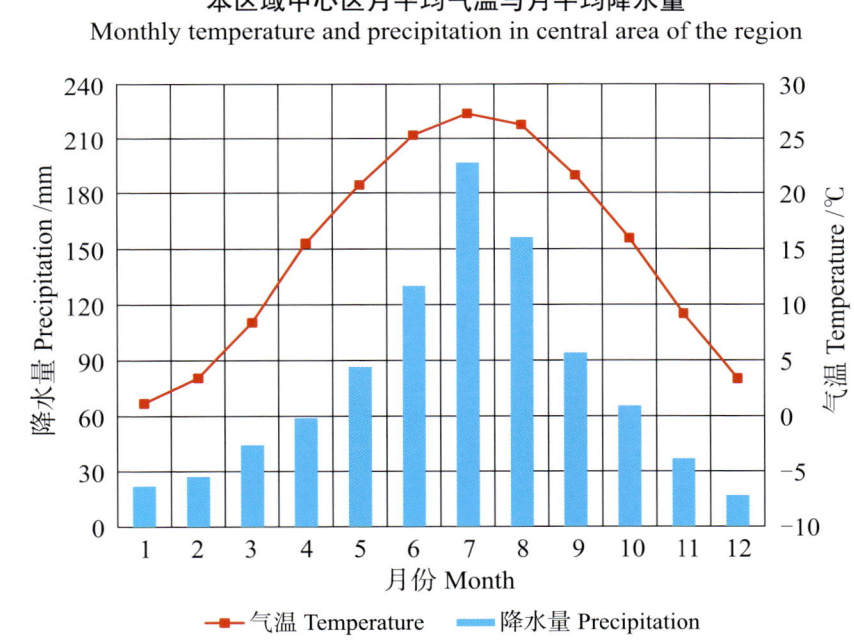

本区域中心区月平均气温与月平均降水量
Monthly temperature and precipitation in central area of the region

沈丘县主要土壤类型与土壤剖面点分布图
1 : 170 000

沈丘县土壤剖面理化性状表

剖面号 Soil profile	土纲 Soil order	土类 Soil great group	亚类 Soil subgroup	土属 Soil genus	土种 Soil species	土层码 Layer code	土层厚度 Depth/cm	颜色 Soil color	质地 Soil texture	土壤结构 Soil structure	pH	有机质 OM/(g/kg)	全氮 TN/(g/kg)	全磷 TP/(g/kg)	阳离子交换量CEC/(cmol/kg)	土壤母质 Parent material	剖面点坐标 Profile coordinate	匹配指数 Matching index/%
剖1	半水成土	潮土	黄潮土	淤土	体壤淤土	1	0—17	灰黄色	重壤土	团粒状	8.5	12.0	0.84	1.54	5.7	河流冲积物	E 115°04′24.2″ N 33°28′01.6″	97
						2	17—30	灰黄色	重壤土	块状	8.7	10.4	0.75	1.41	15.1			
						3	30—45	棕灰黄色	重壤土	棱块状	8.7	19.0	0.62	1.32	15.3			
						4	45—100	浅灰黄色	轻壤土	块状	8.8	3.7	0.31	1.22	17.9			
剖2	半水成土	潮土	黄潮土	淤土	底砂淤土	1	0—17	棕灰黄色	重壤土	团粒状	8.2	13.5	0.91	1.54	17.2	河流冲积物	E 115°04′32.2″ N 33°25′31.8″	97
						2	17—33	棕灰黄色	重壤土	块状	8.3	9.2	0.67	1.27	16.2			
						3	33—78	棕灰色	重壤土	块状	8.3	7.6	0.54	1.29	19.4			
						4	78—100	浅灰黄色	砂壤土	块状	8.7	1.9	0.14	1.24	4.1			
剖3	半水成土	砂姜黑土	砂姜黑土	灰质黑老土	黏质薄覆灰质黑老土	1	0—16	灰棕色	重壤土	团粒状	8.4	7.6	0.51	0.64	22.9	湖相沉积物	E 115°16′21.4″ N 33°24′12.3″	95
						2	16—28	灰黄色	重壤土	块状	8.3	9.5	0.57	0.39	27.5			
						3	28—59	灰黄色	重壤土	棱块状	8.2	6.7	0.34	0.76	23.6			
						4	59—100	浅黄色	重壤土	块状	8.3	3.9	0.30	0.91	16.9			
剖4	半水成土	砂姜黑土	砂姜黑土	砂姜黑土	深位少量砂姜黑土	1	0—17	浅灰褐色	重壤土	碎屑状	8.9	14.4	0.87	1.38	13.7	河湖相沉积物	E 115°11′34.1″ N 33°24′55.1″	95
						2	17—25	浅灰褐色	重壤土	棱块状	8.7	10.8	0.69	1.38	13.8			
						3	25—46	灰褐色	重壤土	棱块状	8.2	13.2	0.76	1.28	16.3			
						4	46—74	褐棕黄色	重壤土	棱块状	8.3	9.1	0.63	1.42	15.3			
						5	74—100	褐棕黄色	重壤土	棱块状	8.2	6.6	0.42	1.40	15.0			
剖5	半水成土	砂姜黑土	砂姜黑土	灰质黑老土	黏质厚覆灰质黑老土	1	0—22	灰黄褐色	重壤土	团粒状	8.4	13.8	0.57	1.24	20.5	湖相沉积物	E 115°09′01.2″ N 33°19′04.4″	95
						2	22—54	黄灰色	重壤土	块状	8.3	3.0	0.66	1.24	24.9			
						3	54—76	灰黑色	重壤土	块状	8.4	6.2	0.48	1.07	23.2			
						4	76—100	青黑色	重壤土	块状	8.0	5.9	0.82	0.51	23.4			
剖6	半水成土	砂姜黑土	砂姜黑土	灰黄砂姜黑土	深位少量灰质砂姜黑土	1	0—18	褐灰色	重壤土	团粒状	8.1	12.9	0.90	1.60	22.3	湖相沉积物	E 115°14′09.2″ N 33°24′18.0″	95
						2	18—46	褐灰黄色	重壤土	块状	8.3	8.2	0.59	0.70	22.0			
						3	46—67	褐灰黄色	重壤土	块状	8.3	6.3	0.41	0.81	22.8			
						4	67—100	灰黄棕色	重壤土	棱块状	8.4	5.3	0.87	0.95	16.3			
剖7	半水成土	潮土	黄潮土	淤土		1	0—19	黄灰色	重壤土	团粒状	8.1	12.0	0.90	1.64	12.8	河流冲积物	E 115°14′01.0″ N 33°17′57.5″	98
						2	19—38	灰灰色	重壤土	块状	8.1	6.7	0.54	1.42	12.8			
						3	38—65	灰黄色	重壤土	块状	8.1	10.2	0.64	1.29	20.9			
						4	65—100	棕灰色	中壤土	块状	8.3	6.9	0.64	1.15	20.3			
剖8	半水成土	潮土	黄潮土	淤土	体壤淤土	1	0—18	灰黄色	中壤土	块状	7.8	11.8	0.82	1.32	17.4	河流冲积物	E 115°10′21.4″ N 33°17′03.1″	98
						2	18—45	黄灰色	砂壤土	块状	7.5	8.4	0.66	1.21	15.9			
						3	45—100	灰黄色	砂壤土	块状	8.0	2.1	0.13	1.03	7.6			
剖9	半水成土	潮土	黄潮土	两合土	体砂两合土	1	0—20	黄灰色	中壤土	团粒状	7.9	13.6	0.90	1.78	13.5	河流冲积物	E 115°09′11.9″ N 33°13′02.3″	99
						2	20—34	灰黄色	砂壤土	块状	8.1	9.1	0.64	1.60	13.6			
						3	34—65	灰黄色	砂壤土	块状	7.7	3.1	0.24	1.38	5.2			
						4	65—100	灰褐色	砂壤土	块状	8.3	2.7	0.16	1.19	5.7			
剖10	半水成土	砂姜黑土	砂姜黑土	灰质砂姜黑土	灰黑土	1	0—16	灰黄褐色	重壤土	碎屑状	8.4	14.6	0.88	1.26	17.9	湖相沉积物	E 115°12′50.4″ N 33°11′08.5″	95
						2	16—34	灰黄色	重壤土	块状	8.4	9.3	0.67	1.11	22.4			
						3	34—50	褐灰色	重壤土	棱块状	8.2	8.4	0.54	0.70	23.0			
						4	50—100	浅灰褐色	重壤土	棱块状	8.3	2.6	0.21	0.93	26.9			

续表 Continued

剖面号 Soil profile	土纲 Soil order	土类 Soil great group	亚类 Soil subgroup	土属 Soil genus	土种 Soil species	土层码 Layer code	土层厚度 Depth/cm	颜色 Soil color	质地 Soil texture	土壤结构 Soil structure	pH	有机质 OM/(g/kg)	全氮 TN/(g/kg)	全磷 TP/(g/kg)	阳离子交换量CEC/(cmol/kg)	土壤母质 Parent material	剖面点坐标 Profile coordinate	匹配指数 Matching index/%
剖11	半水成土	砂姜黑土	砂姜黑土	黑老土	黏质厚覆黑老土	1	0—18	灰黄色	重壤土	团粒状	8.1	8.9	1.06	1.01	19.9	河湖相沉积物	E 115°15′25.9″ N 33°25′16.0″	95
						2	18—33	灰黄色	重壤土	块状	8.2	10.3	0.61	0.70	20.4			
						3	33—65	灰褐色	重壤土	块状	8.0	10.1	0.62	0.80	29.1			
						4	65—100	褐棕黄色	重壤土	棱块状	8.2	13.4	0.45	0.88	21.9			

郸 城 县

主要土类说明

砂姜黑土是郸城县主要土壤类型，占本县地域面积的59%。砂姜黑土是在暖温带半湿润气候条件下，以富含碳酸钙的河湖相沉积物为母质而形成的一种区域性旱作土壤。本县砂姜黑土只有砂姜黑土一个亚类。其形成过程，主要经历前期沼泽草甸过程和旱耕熟化过程两个阶段。前期由于该地区地势低平，地表水和地下水流通不畅，排水困难，形成巨大的低洼汇水区，生长着草甸沼泽植物，在干湿交替的气候条件下，土壤经草甸沼泽化和碳酸钙淋溶淀积作用，在土体内形成了两个基本发生层，即黑土层和砂姜层，是砂姜黑土的典型特征。本县砂姜黑土亚类的主要特征：所处地势较低洼，地下水位较高，一般埋深为1.5—2.5m。土壤剖面具有明显或不明显的黑土层，其厚度一般为25—38cm，且含有数量不等的砂姜。全剖面质地较重，一般为重壤土或黏土；下层多呈棱块状结构；土壤呈微碱性；有机质、全氮含量比较高，有机质含量一般在13g/kg左右，全氮含量一般在0.9g/kg左右；耕作层以下即有锈斑、软铁子等新生体；土体下部有不同程度的潜育现象；土壤通透性差，耕性不良，潜在肥力较高。

潮土是郸城县第二大土壤类型，占本县地域面积的38%。潮土是在近代河流冲积物上，受地下水影响，经耕种熟化发育而成的较年轻的土壤。因有夜潮现象，故称其为潮土。形成潮土的母质是河流沉积物，母质的沉积受"紧出砂，慢出淤，不紧不慢出两合"的沉积规律支配，一般在近河处分布着质地较轻的砂土，流水缓慢的远河处分布着淤土，两者之间分布着两合土。由于河流每次泛滥流经地区不同，泛滥一次就沉积一层，多次泛滥就多次沉积，从而形成了沉积母质颗粒粗细、土层厚薄不一而质地层次明显的剖面特征。由于潮土地处平原，地下水位较高，一般埋深为1—3m，加上干湿季节的影响，土壤水分与地下水位每年均有周期性变化。在低水位时期，地下水位以上的土层为氧化层；高水位时期，全部或部分土层为水分所饱和而产生还原过程。变化频繁的氧化还原过程，影响土壤物质的溶解、积累和沉积，并在土壤剖面中形成了下层蓝灰色、红褐色斑纹相互间杂的土壤新生体，成为潮土剖面形态的特征之一。人们通过耕作、施肥、排灌等农业生产活动，改善了土壤结构，提高了土壤肥力，使土壤物理和化学性质发生显著变化，逐步培育出适合农作物生长的良好土壤。本县潮土只有黄潮土一个亚类。

本区域中心区气候特征

本区域中心区气候特征值
Regional climate characteristics in central area of the region

气候带：暖温带亚湿润气候 Climate region: Warm temperate subhumid climate	
年平均气温 /℃ Annual average temperature /℃	14.8
年平均最高气温 /℃ Annual average maximum temperature /℃	20.2
年平均最低气温 /℃ Annual average minimum temperature /℃	10.2
年降水量 /mm Annual precipitation /mm	842
≥10℃的积温 /℃ Daily temperature accumulated in a year (≥10℃) /℃	5399
年日照时数 /h Annual sunshine /h	2154
年平均相对湿度 /% Annual average relative humidity /%	72
干燥度 Dryness	1.06

本区域中心区月平均气温与月平均降水量
Monthly temperature and precipitation in central area of the region

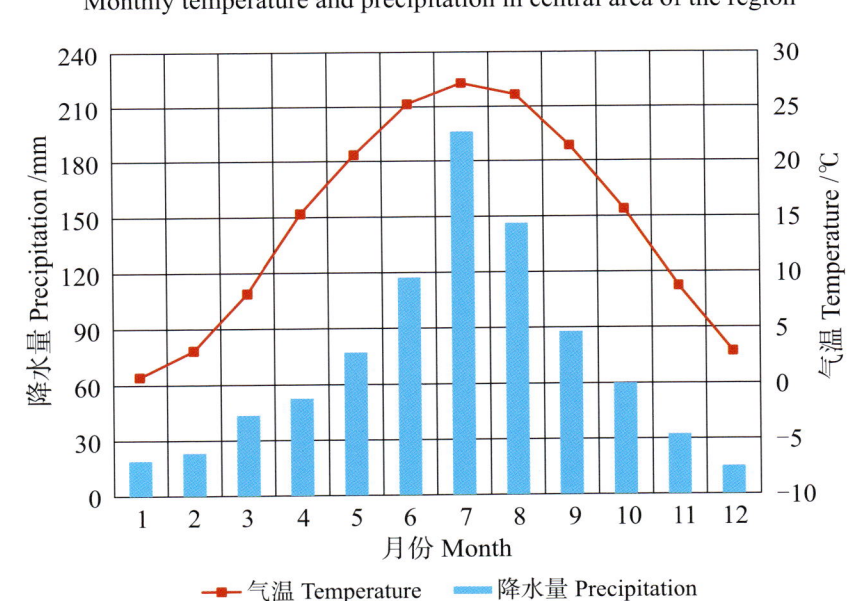

郸城县主要土壤类型与土壤剖面点分布图

1∶200 000

图 例

砂姜黑土
潮土
⊗ 剖面点

郸城县土壤剖面理化性状表

剖面号 Soil profile	土纲 Soil order	土类 Soil great group	亚类 Soil subgroup	土属 Soil genus	土种 Soil species	土层码 Layer code	土层厚度 Depth/cm	颜色 Soil color	质地 Soil texture	土壤结构 Soil structure	pH	有机质 OM/(g/kg)	全氮 TN/(g/kg)	全磷 TP/(g/kg)	阳离子交换量CEC/(cmol/kg)	土壤母质 Parent material	剖面点坐标 Profile coordinate	匹配指数 Matching index/%
剖1	半水成土	潮土	黄潮土	两合土	腰砂两合土	1	0~18	浅灰黄色	中壤土	碎块状	8.6	8.6	0.61	1.57	9.6	河流冲积物	E 115° 04′ 12.0″ N 33° 43′ 41.5″	97
						2	18~33	浅灰黄色	中壤土	块状	8.7	7.9	0.50	1.53	10.5			
						3	33~48	灰黄色	轻壤土	块状	8.6	5.6	0.26	1.41	6.9			
						4	48~73	浅黄色	紧砂土	碎块状	8.6	2.2	0.16	1.51	2.9			
						5	73~100	棕黄色	轻黏土	片状	8.9	7.1	0.53	1.64				
剖2	半水成土	潮土	黄潮土	淤土	底砂淤土	1	0~27	灰黄棕色	中壤土	碎块状	8.4	12.6	0.84	1.56	12.1	河流冲积物	E 115° 08′ 48.5″ N 33° 44′ 42.7″	98
						2	27~38	浅黄棕色	轻壤土	块状	8.7	5.6	0.38	1.81	8.6			
						3	38~59	浅黄棕色	轻壤土	块状	8.9	4.3	0.37	1.44	6.6			
						4	59~100	浅黄色	砂壤土	碎块状	8.8	2.7	0.16	1.33	5.1			
剖3	半水成土	潮土	黄潮土	两合土	两合土	1	0~17	浅黄色	中壤土	块状	8.4	8.2	0.52	1.42	9.5	河流冲积物	E 115° 13′ 41.2″ N 33° 44′ 18.2″	98
						2	17~32	浅黄色	中壤土	块状	8.6	6.3	0.40	1.39	8.1			
						3	32~48	浅黄色	中壤土	块状	8.6	5.1	0.38	1.38	8.9			
						4	48~80	浅黄色	重壤土	块状	8.7	7.4	0.45	1.49	18.0			
						5	80~100	浅黄灰色	中壤土	块状	8.4	5.1	0.37	0.74	14.5			
剖4	半水成土	砂姜黑土	砂姜黑土	灰质砂姜黑土	深位少量砂质砂姜黑土	1	0~18	黄灰色	重壤土	碎屑状	8.1	12.6	0.89	1.64	18.9	河湘相沉积物	E 115° 05′ 16.1″ N 33° 38′ 48.5″	97
						2	18~26	浅灰黄色	重壤土	棱块状	8.1	8.7	0.64	1.29	18.9			
						3	26~46	灰黑色	重壤土	棱块状	8.4	10.4	0.64	1.27	29.2			
						4	46~58	灰黄色	重壤土	块状	8.4	7.1	0.44	1.30	21.9			
						5	58~100	灰黄色	重壤土	块状	8.4	4.8	0.37	1.52	16.8			
剖5	半水成土	砂姜黑土	砂姜黑土	灰质黑老土	黏质厚覆灰质黑老土	1	0~27	灰黄色	中黏土	碎块状	8.4	10.3	0.92	1.46	23.2	湖相沉积物	E 115° 06′ 13.3″ N 33° 35′ 17.9″	98
						2	27~40	灰黄色	中黏土	块状	8.9	12.0	0.76	1.36	24.5			
						3	40~74	灰色	轻黏土	碎块状	8.8	10.5	0.66	1.02	25.4			
						4	74~100	灰黑色	轻黏土	碎块状	8.6	10.4	0.57	0.94	33.5			
剖6	半水成土	砂姜黑土	砂姜黑土	灰质黑老土	壤质厚覆灰质黑老土	1	0~16	浅黄棕色	中壤土	团粒状	8.7	11.9	0.80	0.91		河湘相沉积物	E 115° 11′ 47.0″ N 33° 39′ 40.3″	96
						2	16~25	浅黄棕色	中壤土	碎块状	8.7	10.9	0.80	0.48				
						3	25~46	灰黄色	中壤土	块状	8.5	6.8	0.55	0.59				
						4	46~67	灰黄色	中壤土	块状	8.4	5.9	0.33	0.32				
						5	67~100	灰黄色	中壤土	棱块状	8.1	6.1	0.41	0.63	8.0			
剖7	半水成土	潮土	黄潮土	两合土	小两合土	A_{11}	0~20	灰黄色	轻壤土	碎块状	8.6	10.4	0.61	1.66	9.1	河流冲积物	E 115° 04′ 28.2″ N 33° 34′ 52.3″	97
						A_{12}	20~33	黄黄色	轻壤土	碎块状	8.5	7.9	0.42	1.44	5.9			
						C	33~58	浅黄色	砂壤土	碎块状	8.8	4.0	0.24	1.24	5.8			
						Cu	58~100	灰黄色	中壤土	块状	8.8	3.0	0.12	1.23	8.6			
剖8	半水成土	潮土	黄潮土	潮壤土	腰砂小两合土	1	0~19	灰黄色	壤土	碎块状	8.5	9.8	0.58	0.68	8.6	河流冲积物	E 115° 05′ 04.6″ N 33° 33′ 59.0″	81
						2	19~34	浅黄色	中壤土	碎块状	8.6	6.8	0.36	0.71	9.6			
						3	34~73	浅黄色	壤质砂黏土	碎块状	8.4	2.8	0.12	0.72	4.6			
						4	73~100	灰黄色	粉砂质黏土	碎块状	8.4	10.7	0.75	0.75	15.4			
剖9	半水成土	砂姜黑土	砂姜黑土	灰质黑老土	壤质厚覆灰质黑老土	1	0~20	灰黄色	中壤土	碎块状	8.1	8.7	0.61	0.94	19.0	河湖沉积物	E 115° 12′ 16.2″ N 33° 32′ 39.1″	98
						2	20~30	灰黑色	重壤土	块状	8.2	8.2	0.60	0.78	19.2			
						3	30~83	灰黑色	重壤土	棱块状	8.0	8.3	0.67	0.40	22.9			
						4	83~100	灰黄色	中壤土	块状	8.1	5.5	0.23	0.95	19.4			

续表 Continued

剖面号 Soil profile	土纲 Soil order	土类 Soil great group	亚类 Soil subgroup	土属 Soil genus	土种 Soil species	土层码 Layer code	土层厚度 Depth/cm	颜色 Soil color	质地 Soil texture	土壤结构 Soil structure	pH	有机质 OM/(g/kg)	全氮 TN/(g/kg)	全磷 TP/(g/kg)	阳离子交换量CEC/(cmol/kg)	土壤母质 Parent material	剖面点坐标 Profile coordinate	匹配指数 Matching index/%
剖10	半水成土	潮土	黄潮土	淤土	体砂淤土	1	0—20	棕黄色	重壤土	团粒状	8.9	10.2	0.73	2.19	11.8	河流冲积物	E 115°13′18.5″ N 33°28′29.6″	97
						2	20—40	棕黄色	中壤土	碎块状	8.8	8.8	0.66	2.03	10.7			
						3	40—53	灰黄色	砂壤土	块状	9.0	3.4	0.29	1.59	5.6			
						4	53—100	浅灰黄色	松砂土	粒状	8.6	1.9	0.14	1.51	2.8			
剖11	半水成土	砂姜黑土	砂姜黑土	灰质黑老土	黏质薄覆灰质黑老土	1	0—22	黄灰色	重壤土	碎块状	8.5	11.5	0.74	1.32	26.5	河湖沉积物	E 115°21′16.2″ N 33°36′45.4″	98
						2	22—37	灰黑色	轻黏土	块状	8.7	10.0	0.64	2.19	31.4			
						3	37—51	灰黑色	重黏土	核状	8.5	14.8	0.69	0.93	18.2			
						4	51—100	灰黑色	重黏土	块状	8.6	6.1	0.36	0.94	24.9			
剖12	半水成土	潮土	黄潮土	黑底潮土	黑底淤土	1	0—22	棕黄色	轻黏土	碎块状	8.3	15.5	0.98	1.98	19.7	河流冲积物	E 115°27′01.4″ N 33°36′51.5″	99
						2	22—33	棕黄色	轻黏土	块状	8.7	11.7	0.93	1.77	19.7			
						3	33—66	浅灰黄色	重黏土	块状	8.5	8.8	0.66	1.32	23.7			
						4	66—100	灰黑色	重壤土	核状	8.9	8.8	0.48	0.99	25.6			

太 康 县

主要土类说明

太康县只有潮土一个土壤类型。潮土是在近代河流沉积物上，经过人类耕作熟化，同时受地下水的影响而形成的较年轻的土壤。因此，潮土有母质质地分选明显、受地下水影响和人为耕作熟化三个特点。成土母质是河流沉积物，流水速度对母质的沉积有分选作用，一般在近河处分布着质地较轻的砂土，在水流缓慢的远河处分布着淤土，两者之间则分布着两合土，故有"紧出砂，慢出淤，不紧不慢出两合"的规律。由于河流多次泛滥、多次沉积，且每次泛滥流经地区不同，沉积母质颗粒粗细不一、薄厚不同，即使在同一地点，其剖面常有厚度不同的砂黏间层，这是潮土最突出的剖面特征。由于潮土地处平原，地下水位较高，一般埋深为1—3m，加之干湿季节的影响，土壤水分与地下水位每年均有周期性变化，在水位上升时期，土壤剖面下部被水所浸，发生潜育化现象，易变价的铁、锰元素被还原，从而出现蓝灰色锈纹或锈斑；地下水位下降时期，这些易变价元素又被氧化成为高价，从而出现褐色或红褐色的锈纹或锈斑，年复一年，就形成了潮土剖面下层蓝灰色或红棕色锈斑相互间杂的土壤新生体，成为潮土又一重要的剖面特征。人为耕作熟化也明显影响和改善着潮土的形态特征，人们通过耕作、施肥、排灌和栽培作物等农业生产活动，改善了土壤结构，提高了土壤肥力，逐步培育出适合农作物生长的良好土壤条件。根据受地下水影响大小、水分多少、盐碱化程度以及所分布地区的水热条件不同，本县潮土分为黄潮土和盐化潮土等亚类。其中，黄潮土亚类是本土类的主要亚类，而盐化潮土亚类仅有少量分布。

本区域中心区气候特征

本区域中心区气候特征值
Regional climate characteristics in central area of the region

气候带：暖温带亚湿润气候 Climate region: Warm temperate subhumid climate	
年平均气温 /℃ Annual average temperature /℃	14.5
年平均最高气温 /℃ Annual average maximum temperature /℃	20.1
年平均最低气温 /℃ Annual average minimum temperature /℃	9.8
年降水量 /mm Annual precipitation /mm	763
≥10℃的积温 /℃ Daily temperature accumulated in a year (≥10℃) /℃	5334
年日照时数 /h Annual sunshine /h	2195
年平均相对湿度 /% Annual average relative humidity /%	70
干燥度 Dryness	1.15

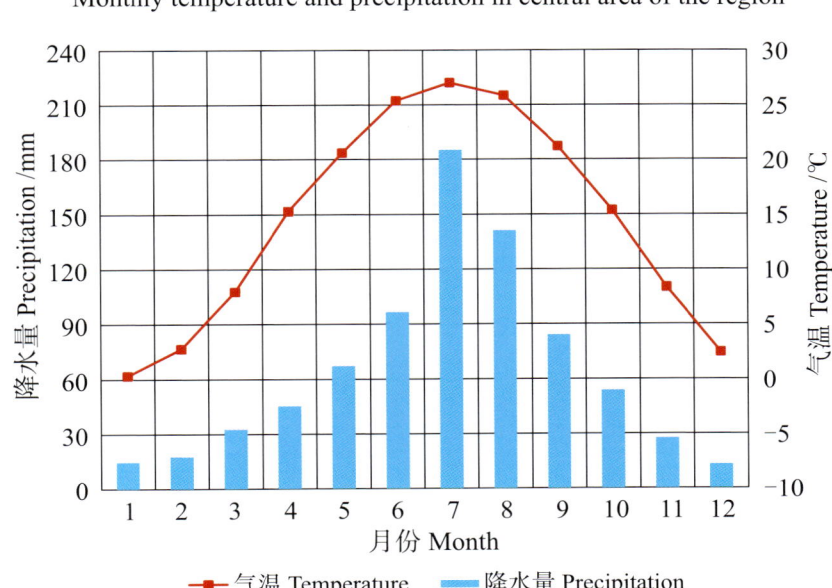

本区域中心区月平均气温与月平均降水量
Monthly temperature and precipitation in central area of the region

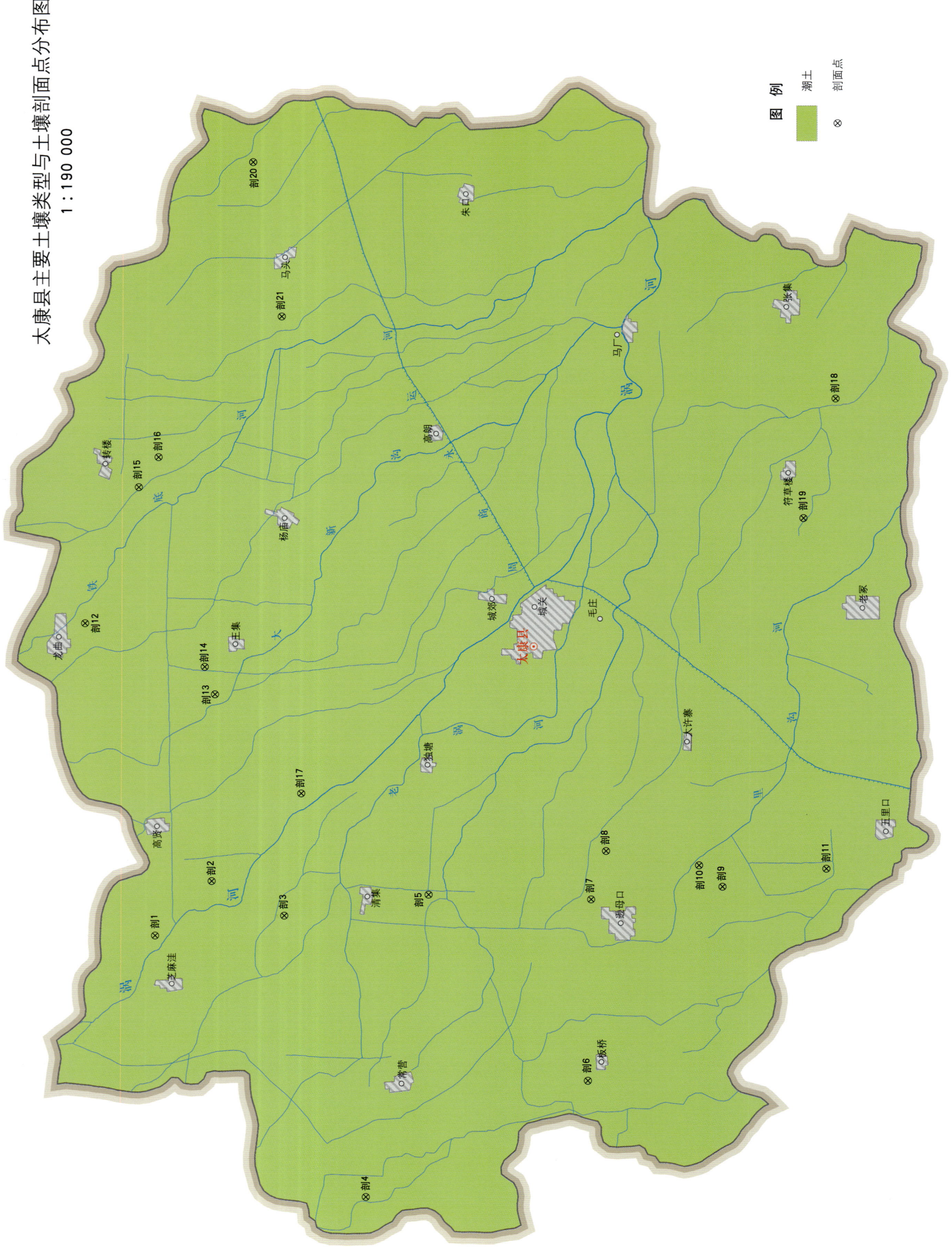

太康县土壤剖面理化性状表

剖面号 Soil profile	土纲 Soil order	土类 Soil great group	亚类 Soil subgroup	土属 Soil genus	土种 Soil species	土层码 Layer code	土层厚度 Depth/cm	颜色 Soil color	质地 Soil texture	土壤结构 Soil structure	pH	有机质 OM/(g/kg)	全氮 TN/(g/kg)	全磷 TP/(g/kg)	阳离子交换量CEC/(cmol/kg)	土壤母质 Parent material	剖面点坐标 Profile coordinate	匹配指数 Matching index/%
剖1	半水成土	潮土	潮土	潮壤土	底砂两合土	A11	0—20	灰黄色	黏壤土	团粒状	8.4	9.4	0.64	0.31	10.8	河流冲积物	E 114°41′05.3″ N 34°13′22.4″	95
						A12	20—38	浅黄色	黏壤土	块状	8.4	8.5	0.63	0.30	10.6			
						C	38—68	浅黄色	黏壤土	块状	8.4	5.1	0.38	0.29	7.8			
						Cu	68—100	浅黄色	砂壤土	小块状	8.5	2.5	0.17	0.25	4.3			
剖2	半水成土	潮土	黄潮土	两合土	体黏小两合土	1	0—25	浅灰黄色	轻壤土	团粒状	8.3					河流冲积物	E 114°42′50.8″ N 34°11′58.9″	97
						2	25—40	浅灰黄色	轻壤土	块状	8.8	11.3	0.83	0.43	14.7			
						3	40—97	棕黄色	重壤土	块状	8.6	9.2	0.69	0.62	14.5			
						4	97—100	灰黄色	砂壤土	块状	8.2	<1.0	0.15	0.55	3.9			
剖3	半水成土	潮土	黄潮土	淤土	腰墰淤土	1	0—20	深灰黄色	重壤土	团粒状	8.5	5.5	0.45	0.65	9.7	河流冲积物	E 114°41′49.2″ N 34°10′08.0″	97
						2	20—35	深灰黄色	重壤土	块状	8.5	7.1	0.57	0.56	7.0			
						3	35—85	浅灰黄色	砂土	粒状	8.7	4.9	0.46	0.59	9.7			
						4	85—100	浅灰黄色	重壤土	块状	8.1	8.3	0.60	0.62	20.5			
剖4	半水成土	潮土	黄潮土	砂土	底黏砂壤土	1	0—24	灰黄色	砂壤土	碎块状	8.4	3.3	0.44	0.62	7.4	河流冲积物	E 114°33′05.4″ N 34°07′53.0″	97
						2	24—76	灰黄色	轻壤土	碎块状	8.5	4.8	0.24	0.58	6.6			
						3	76—100	浅灰黄色	重壤土	块状	≥10.0	4.8	0.23	0.57	5.4			
剖5	半水成土	潮土	盐化潮土	盐化潮土	轻盐两合土	1	0—18	浅灰黄色	中壤土	团粒状	9.9	3.3	0.22	0.51	6.4	河流冲积物	E 114°42′35.6″ N 34°06′30.6″	97
						2	18—39	浅灰黄色	轻壤土	碎块状	9.6	2.4	0.15	0.58	5.0			
						3	39—87	浅灰黄色	轻壤土	碎块状	9.2	11.9	0.80	0.75	11.3			
						4	87—116	浅灰黄色	轻壤土	块状	9.5	2.2	0.13	0.53	3.9			
						5	116—150	浅灰黄色	重壤土	块状	8.3	3.3	0.39	0.61	5.1			
剖6	半水成土	潮土	黄潮土	淤土	体砂淤土	1	0—26	灰黄色	紧砂壤土	块状	8.1	2.2	0.15	0.45	3.6	河流冲积物	E 114°42′53.3″ N 34°02′22.6″	99
						2	26—59	浅灰黄色	紧砂壤土	块状	8.4	4.3	0.25	0.54	4.1			
						3	59—100	灰黄色	砂土	单粒状	8.9	8.2	0.49	0.57	6.0			
剖7	半水成土	潮土	黄潮土	砂土	砂土	1	0—22	浅灰黄色	砂壤土	小块状	8.5					河流冲积物	E 114°42′34.2″ N 34°02′25.1″	97
						2	22—54	浅灰黄色	砂壤土	碎块状	8.4				6.2			
						3	54—100	浅灰黄色	砂土	团粒状	8.7							
剖8	半水成土	潮土	黄潮土	两合土	腰黏小两合土	1	0—22	浅灰黄色	重壤土	团粒状	8.8	9.7	0.63	0.79	9.1	河流冲积物	E 114°44′06.0″ N 34°02′04.6″	97
						2	22—66	浅灰黄色	重壤土	块状	8.9	7.5	0.60	0.72	12.9			
						3	66—100	灰黄色	砂土	块状	8.4	6.9	0.56	1.28	5.7			
剖9	半水成土	潮土	黄潮土	两合土	体砂小两合土	1	0—23	浅灰黄色	重壤土	团粒状	8.7	8.4	0.26	0.63	6.8	河流冲积物	E 114°43′03.7″ N 33°59′07.1″	98
						2	23—39	浅灰黄色	重壤土	碎块状	8.6	6.5	0.48	0.56	9.1			
						3	39—62	浅灰黄色	重壤土	团粒状	8.8	6.8	0.51	0.57	4.4			
						4	62—100	灰黄色	砂土	小块状	8.7	2.6	0.18	0.52	8.8			
剖10	半水成土	潮土	黄潮土	砂土	腰黏砂壤土	1	0—26	灰黄色	砂土	小块状	9.5	9.7	0.46	0.62	6.2	河流冲积物	E 114°43′43.3″ N 33°59′43.4″	99
						2	26—46	浅灰黄色	中壤土	粒状	8.6	6.5	0.42	0.59	16.9			
						3	46—100	浅灰黄色	中壤土	块状	8.9	2.9	0.19	0.60				
剖11	半水成土	潮土	黄潮土	淤土	体壤淤土	1	0—24	灰黄色	重壤土	团粒状	8.4	12.9	0.83	0.73	13.5	河流冲积物	E 114°43′42.6″ N 33°56′30.8″	97
						2	24—57	棕黄色	重壤土	块状	8.6	8.7	0.70	0.67	12.5			
						3	57—100	浅灰黄色	轻壤土	碎块状	9.1	4.2	0.32	0.59	6.1			
剖12	半水成土	潮土	黄潮土			2	20—33									河流冲积物	E 114°50′53.5″ N 34°15′20.2″	98
						3	33—100											

续表 Continued

剖面号 Soil profile	土纲 Soil order	土类 Soil great group	亚类 Soil subgroup	土属 Soil genus	土种 Soil species	土层码 Layer code	土层厚度 Depth/cm	颜色 Soil color	质地 Soil texture	土壤结构 Soil structure	pH	有机质 OM/(g/kg)	全氮 TN/(g/kg)	全磷 TP/(g/kg)	阳离子交换量CEC/(cmol/kg)	土壤母质 Parent material	剖面点坐标 Profile coordinate	匹配指数 Matching index/%
剖13	半水成土	潮土	盐化潮土	盐化潮土	重盐小两合土	1	0—20	灰黄色	轻壤土	团粒状	9.0	6.1	0.50	0.65	5.1	河流冲积物	E 114°48′45.4″ N 34°12′01.4″	97
						2	20—58	灰黄色	轻壤土	碎块状	9.3	4.2	0.34	0.60	4.9			
						3	58—95	灰黄色	中壤土	碎块状	9.1	3.7	0.30	0.53	7.1			
						4	95—150	灰黄色	轻壤土	碎块状	8.8	3.5	0.30	0.56	5.8			
剖14	半水成土	潮土	黄潮土	两合土	小两合土	1	0—20	浅灰黄色	轻壤土	团粒状	8.9	4.9	0.40	0.66	4.5	河流冲积物	E 114°49′36.5″ N 34°12′17.6″	98
						2	20—37	灰黄色	紧砂土	块状	9.3	1.7	0.23	0.52	3.6			
						3	37—100	灰黄色	轻壤土	块状	8.8	3.0	0.24	0.62	6.0			
剖15	半水成土	潮土	盐化潮土	盐化潮土	轻盐底黏小两合土	1	0—20	灰黄色	轻壤土	团粒状	9.6	3.9	0.26	0.52	7.2	河流冲积物	E 114°55′13.8″ N 34°14′03.5″	93
						2	20—56	棕黄色	砂壤土	碎块状	9.4	2.8	0.22	0.41	5.3			
						3	56—125	棕黄色	重壤土	块状	9.1	6.2	0.41	0.43	13.8			
						4	125—135	灰黄色	中壤土	块状	9.0	3.9	0.27	0.41	9.0			
						5	135—150	灰黄色	砂土	单粒状	9.0	1.9	0.14	0.41	4.2			
剖16	半水成土	潮土	黄潮土	淤土	淤土	1	0—20	灰棕黄色	轻黏土	块状	8.2	11.2	0.83	0.64	15.7	河流冲积物	E 114°56′10.7″ N 34°13′34.7″	98
						2	20—60	浅灰黄色	轻壤土	块状	8.5	8.9	0.62	0.61	14.5			
						3	60—100	棕黄色	中黏土	块状	8.3	8.5	0.61	0.55	18.0			
剖17	半水成土	潮土	黄潮土	淤土	底砂淤土	1	0—30	灰黄色	轻黏土	团粒状	9.1	12.6	0.84	0.67	18.3	河流冲积物	E 114°45′41.0″ N 34°09′47.2″	98
						2	30—52	灰黄色	砂黏土	块状	8.9	9.3	0.69	0.65	12.0			
						3	52—100	棕黄色	砂壤土	碎块状	9.7	3.3	0.30	0.52	5.3			
剖18	半水成土	潮土	盐化潮土	盐化潮土	重盐体壤砂小壤土	1	0—28	灰黄色	中壤土	小碎块状	9.1	3.1	0.23	0.41	5.4	河流冲积物	E 114°58′26.4″ N 33°56′33.4″	98
						2	28—76	浅灰黄色	中壤土	块状	8.8	7.2	0.48	0.44	9.4			
						3	76—100	浅灰黄色	轻壤土	碎块状	8.7	8.1	0.53	0.64	10.1			
						4	100—150	灰黄色	中壤土	碎块状	9.5	4.0	0.23	0.40	6.0			
剖19	半水成土	潮土	黄潮土	两合土	底砂小两合土	1	0—20	灰黄色	轻壤土	团粒状	8.8	9.9	0.68	0.50	8.2	河流冲积物	E 114°54′41.4″ N 33°57′18.0″	98
						2	20—66	浅灰黄色	轻壤土	块状	8.9	6.4	0.32	0.50	7.9			
						3	66—100	浅灰黄色	紧砂土	小碎块状	9.2	2.7	0.17	0.44	4.0			
剖20	半水成土	潮土	黄潮土	两合土	两合土	1	0—20	灰黄色	中壤土	团粒状	8.5	12.2	0.89	0.65	11.8	河流冲积物	E 115°05′31.6″ N 34°11′20.4″	98
						2	20—40	灰黄色	重壤土	块状	8.4	6.7	0.58	0.49	12.2			
						3	40—90	棕黄色	重黏土	块状	8.6	9.5	0.65	0.41	23.0			
						4	90—100	灰黄色	轻壤土	块状	8.8	3.5	0.28	0.45	6.0			
剖21	半水成土	潮土	黄潮土	两合土	腰砂两合土	1	0—25	灰黄色	中壤土	团粒块状	8.6	9.0	0.63	0.91	9.1	河流冲积物	E 115°00′41.4″ N 34°10′32.9″	97
						2	25—56	灰黄色	砂土	小碎块状	8.9	9.4	0.67	0.87	5.3			
						3	56—100	浅黄色	重壤土	块状	8.9	3.3	0.17	0.60	11.7			

鹿 邑 县

主要土类说明

潮土是鹿邑县主要土壤类型，占本县地域面积的 97%。潮土是发育在近代河流冲积物上，受地下水影响，经耕作熟化而成的较年轻的土壤，地下水埋深一般为 1—3m。剖面特点是质地层次明显，下层有锈纹。因有夜潮现象，故名潮土。潮土直接发生于冲积母质上，母质的沉积受水流速度分选作用的影响显著，有"紧出砂，慢出淤，不紧不慢出两合"的规律，但水流速度一般与地形、距离河道远近、季节等因素密切相关。通常地形倾斜处流速快，平坦处流速缓；距河道愈近则水流速度愈快，渐远则渐缓；夏季涨水季节流速快，而冬春枯水季节流速缓。流速快时以沉积砂粒为主，流速慢时以沉积黏粒为主。同时，由于河流多次泛滥改道，每次流经的地区、时间也不同，因而在广大的冲积平原上就形成了土层深厚、质地层次明显而厚薄不一的土层，这是潮土最突出的剖面特征。潮土形成的另一个重要特征是地下水埋藏较浅，由于年内降水分配不均，地下水位发生季节性的升降。随着地下水位的升降，土壤剖面中产生氧化还原的交替过程，凡地下水上升期，剖面下部的层段就浸没于潜水面之下，易变价元素如铁、锰即被还原；地下水位下降期，原被浸没层段即脱水而出，由还原状态变为氧化状态，低价铁、锰被氧化而变为高价。这种明显的干湿交替变化，年复一年，形成了潮土剖面层内蓝灰色、红褐色的锈斑、锈纹相互间杂的土壤新生体，成为潮土重要的剖面特征之一。根据其成土母质受地下水影响的大小、分布地区的水文条件，本县潮土分为黄潮土和褐潮土等亚类。其中，黄潮土占本土类面积的 90% 以上。

小于本县地域面积 3% 的土壤类型还有砂姜黑土等。

本区域中心区气候特征

本区域中心区气候特征值
Regional climate characteristics in central area of the region

气候带：暖温带亚湿润气候 Climate region: Warm temperate subhumid climate	
年平均气温 /℃ Annual average temperature /℃	14.6
年平均最高气温 /℃ Annual average maximum temperature /℃	20.1
年平均最低气温 /℃ Annual average minimum temperature /℃	10.0
年降水量 /mm Annual precipitation /mm	789
≥10℃的积温 /℃ Daily temperature accumulated in a year（≥10℃）/℃	5365
年日照时数 /h Annual sunshine /h	2210
年平均相对湿度 /% Annual average relative humidity /%	71
干燥度 Dryness	1.11

本区域中心区月平均气温与月平均降水量
Monthly temperature and precipitation in central area of the region

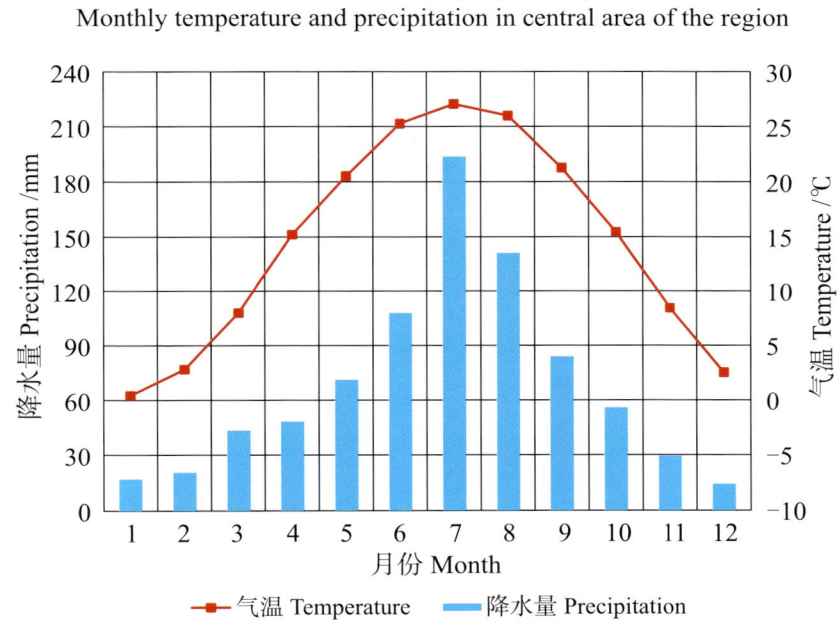

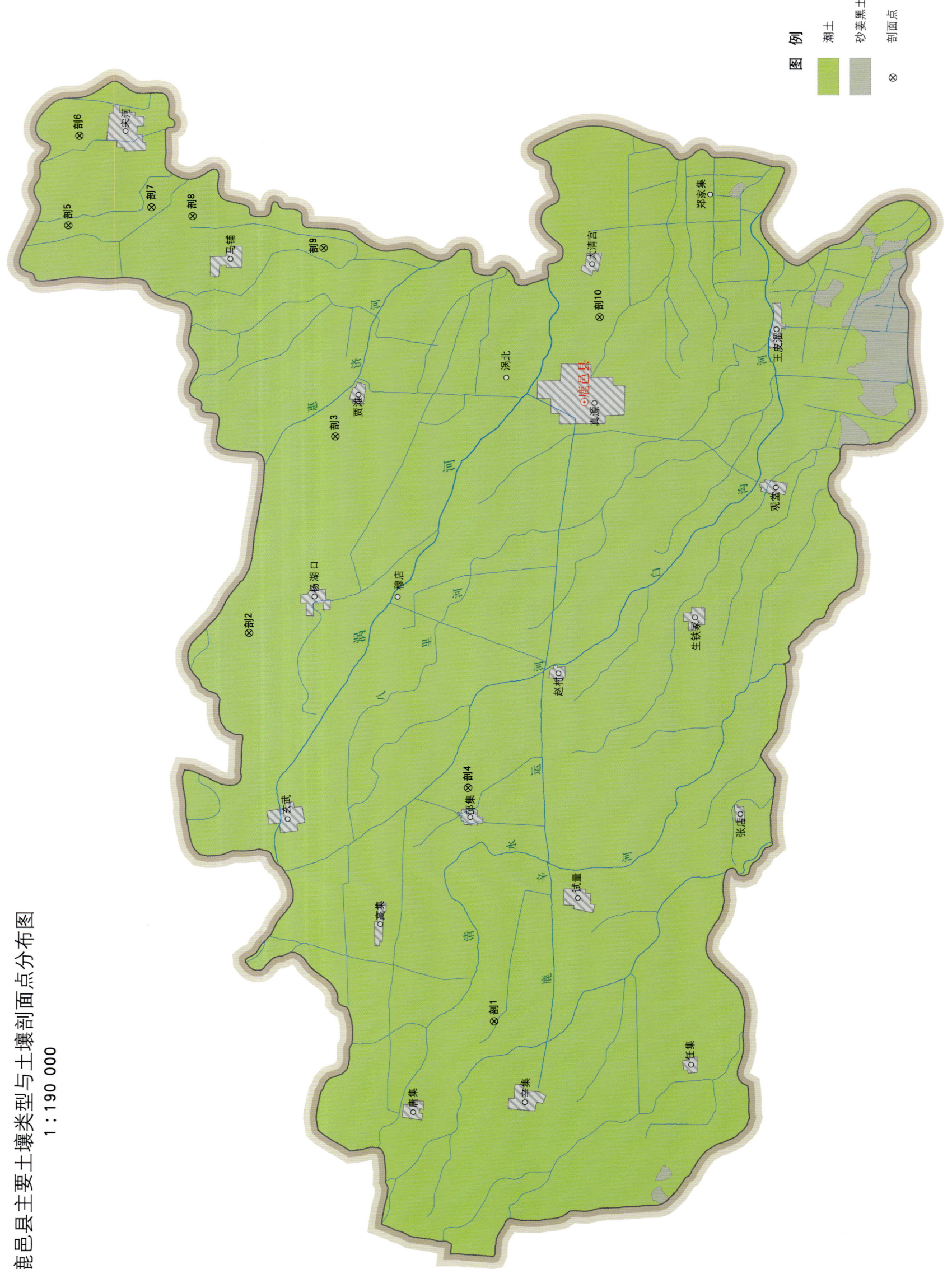

鹿邑县主要土壤类型与土壤剖面点分布图
1:190 000

鹿邑县土壤剖面理化性状表

剖面号 Soil profile	土纲 Soil order	土类 Soil great group	亚类 Soil subgroup	土属 Soil genus	土种 Soil species	土层码 Layer code	土层厚度 Depth/cm	颜色 Soil color	质地 Soil texture	土壤结构 Soil structure	pH	有机质 OM/(g/kg)	全氮 TN/(g/kg)	全磷 TP/(g/kg)	阳离子交换量CEC/(cmol/kg)	土壤母质 Parent material	剖面点坐标 Profile coordinate	匹配指数 Matching index/%
剖1	半水成土	潮土	黄潮土	淤土	底砂淤土	1	0~23	红棕色	轻黏土	团块状	8.5	14.3	0.94	0.63	16.7	河流冲积物	E 115°09′57.2″ N 33°53′32.6″	98
						2	23~63	棕黄色	重壤土	块状	8.8	7.4	0.53	0.61	13.2			
						3	63~75	灰黄色	中壤土	块状	8.8	5.3	0.43	0.55	11.0			
						4	75~100	浅黄色	砂土	粒状	9.1	2.3	0.16	0.58	5.3			
剖2	半水成土	潮土	黄潮土	两合土	体砂小两合土	1	0~20	浅黄色	中壤土	团粒状	8.7	8.0	0.49	0.72	8.2	河流冲积物	E 115°21′34.9″ N 33°59′40.9″	98
						2	20~55	浅黄色	轻壤土	碎块状	9.1	5.6	0.61	0.59	6.9			
						3	55~100	灰黄色	重壤土	块状	9.0	1.7	0.63	3.49	10.3			
剖3	半水成土	潮土	褐潮土	褐土化淤土	褐土化淤土	1	0~23	棕黄色	重壤土	块状	7.0					河流冲积物	E 115°27′33.5″ N 33°57′40.3″	99
						2	23~37	浅黄色	中壤土	块状	7.0							
						3	37~68	棕黄色	中壤土	片状	7.0							
						4	68~80	浅黄色	黏土	块状	7.0							
						5	80~100	浅黄色	轻壤土	片状	7.0							
剖4	半水成土	潮土	黄潮土	淤土	淤土	1	0~22	棕红色	重壤土	团粒状	8.8	11.5	0.87	0.70	14.9	河流冲积物	E 115°17′00.2″ N 33°54′17.6″	98
						2	22~37	黄棕色	中壤土	小碎块状	8.8	6.0	0.49	0.65	11.3			
						3	37~61	黄棕色	中壤土	碎块状	9.0	2.3	0.60	0.52	17.8			
						4	61~73	棕红色	中黏土	块状	9.0	5.2	0.40	0.52	10.2			
						5	73~100	黄棕色	中壤土	中块状	9.2	5.4	0.50	0.57	13.8			
剖5	半水成土	潮土	黄潮土	淤土	腰砂淤土	1	0~19	棕黄色	重壤土	团块状	8.8		1.28	0.91	11.4	河流冲积物	E 115°33′49.3″ N 34°04′14.2″	97
						2	19~35	棕黄色	中壤土	块状	8.9		0.72	0.80	8.6			
						3	35~45	棕黄色	轻壤土	碎块状	9.0		0.52	0.68	6.3			
						4	45~73	浅灰黄色	砂壤土	粒状	9.3		0.33	0.54	6.3			
						5	73~100	浅灰黄色	中壤土	块状	9.1		0.49	0.69	6.8			
剖6	半水成土	潮土	黄潮土	褐土化两合土	褐土化小两合土	1	0~30	浅黄色	轻壤土	块状	8.5	10.0	0.57	0.85	8.8	河流冲积物	E 115°36′32.4″ N 34°04′00.1″	98
						2	30~58	浅黄色	中壤土	碎块状	8.6	4.5	0.32	0.76	6.3			
						3	58~70	浅黄色	砂壤土	片状	8.6	2.7	0.18	0.66	7.9			
						4	70~78	浅黄色	中壤土	粒状	8.6	4.5	0.34	0.63	10.9			
						5	78~100	浅黄色	砂壤土	块状	7.0	2.1	0.13	0.57	5.8			
剖7	半水成土	潮土	褐潮土	褐土化两合土	褐土化底砂两合土	1	0~19	浅黄色	重壤土	小碎块状	7.0					河流冲积物	E 115°34′24.6″ N 34°02′13.2″	97
						2	19~35	浅黄色	中壤土	团粒状	7.0	7.3	0.56	0.43	8.9			
						3	35~55	棕黄色	轻壤土	碎块状	9.2	3.8	0.37	0.41	5.5			
						4	55~77	浅黄色	砂壤土	小块状	9.2	1.9	0.18	0.41	3.0			
						5	77~90	浅灰黄色	紧砂土	块状	9.3	1.1	<0.10	<0.10	2.2			
						6	90~100	棕黄色	中壤土	碎块状	7.0	9.9	0.66	0.29	9.1			
剖8	半水成土	潮土	黄潮土	两合土	小两合土	1	0~22	棕黄色	轻壤土	团粒状	8.8	6.8	0.49	0.35	7.5	河流冲积物	E 115°34′09.1″ N 34°01′13.1″	98
						2	22~45	灰棕黄色	轻壤土	碎块状	7.0	2.3	0.21	0.27	4.7			
						3	45~82	棕黄色	砂壤土	粒状	7.0							
						4	82~100	棕黄色	重壤土	团粒状	8.7	9.3	0.68	0.69	14.2			
剖9	半水成土	潮土	褐潮土	褐土化淤土	褐土化体砂两合土	1	0~24	浅棕色	重壤土	块状	8.7	7.5	0.54	0.66	12.6	河流冲积物	E 115°33′14.4″ N 33°58′01.6″	97
						2	24~36	浅棕色	中壤土	碎块状	8.8	2.3	0.13	0.62	6.5			
剖10	半水成土	潮土	黄潮土	淤土	体砂淤土	1	0~24	灰棕色	砂壤土							河流冲积物	E 115°31′16.3″ N 33°51′18.0″	98
						2	24~36											
						3	36~100	灰黄色	砂壤土	碎块状								

项 城 市

主要土类说明

砂姜黑土是项城市主要土壤类型，占本市地域面积的51%，主要分布在汾河、泥河两岸大大小小、形状不一的坡洼地。其砂姜层的分布规律一般是围绕湖泊洼地中心向四周呈带状分布。碟形洼地或槽形洼地中心，由于积水时间较久，干湿交替机会少，因而一般没有钙淀积现象；越接近洼地边缘，干湿交替机会越多，钙淀积越多，砂姜粒径越大、越坚硬，砂姜层埋得越深。砂姜黑土的形成大体分为三个过程：①碳酸钙淋溶淀积过程，即土体中碳酸钙经淋溶淀积而成为砂姜的过程。另外，由于气候的季节性变化，土壤中的铁、锰矿物的氧化还原交替进行，因此土壤剖面常有数量不等、大小不一的铁锰结核和锈斑、锈纹，中下层土块外表形成了浅灰色的铁锰胶膜，同时使剖面下层出现明显的蓝灰色潜育层。②腐泥层形成过程，即黑土层的形成过程。由于雨季气候湿热，湖泊洼地积水区和退干区水生植物等蔓延生长，其残体嫌气分解，以腐殖质化为主；旱季到来，通气性良好，有机质又进行好气分解，以矿质化为主。往复循环，部分难以分解的有机质如纤维素残留下来，慢慢增加，形成了土壤有机质含量较高的特点，并逐步形成了黑土层。黑土层一般越向洼地中心越厚，颜色越暗；反之土层越薄，颜色越浅。大多数黑土层厚度在34—65cm。③旱耕熟化过程。随着气候条件的变化，原来积水的湖坡洼地，由外向内慢慢退干，原来的沼泽草甸土逐步脱沼泽化而被开垦利用，并进入了熟化阶段。人类耕作、施肥，改善了排水条件，使土壤剖面发生了显著变化，从而逐渐形成了农业土壤的基本特点（即具有耕作层、犁底层和心土层），土壤质地变轻，颜色变浅。

潮土是项城市第二大土壤类型，占本市地域面积的41%。潮土是半水成土壤，是在近代河流沉积物上，经过人类耕种熟化而成的土壤。潮土有质地分选明显、受地下水影响和人为耕种熟化三个特点。质地分选受水流速大小的影响，一般在近河处质地粗，远河处质地较细，故有"紧砂、慢淤"之说。由于潮土地下水位较高，一般埋深为1—3m，加上干湿季节的影响，土壤水分与地下水位均有周期性变化。地下水位上升，易变价元素铁、锰即被还原，从而出现蓝灰色锈纹或锈斑。地下水位下降，这些易变价元素又转为氧化状态，低价铁、锰被氧化成高价，从而出现褐色或红褐色的锈纹、锈斑，形成了潮土剖面下层蓝灰色或红棕色锈斑、锈纹相间的土壤新生体，成为潮土重要的剖面特征。人为耕作熟化过程是指人们通过耕作、施肥、排灌和栽培作物等农事活动，改善了土壤结构，逐步培育出适合农作物生长的良好的土壤条件。

小于本市地域面积4%的土壤类型还有黄褐土等。

本区域中心区气候特征

本区域中心区气候特征值
Regional climate characteristics in central area of the region

气候带：暖温带亚湿润气候 Climate region: Warm temperate subhumid climate	
年平均气温 /℃ Annual average temperature /℃	14.9
年平均最高气温 /℃ Annual average maximum temperature /℃	20.2
年平均最低气温 /℃ Annual average minimum temperature /℃	10.4
年降水量 /mm Annual precipitation /mm	931
≥10℃的积温 /℃ Daily temperature accumulated in a year (≥10℃) /℃	5445
年日照时数 /h Annual sunshine /h	2056
年平均相对湿度 /% Annual average relative humidity /%	73
干燥度 Dryness	0.97

本区域中心区月平均气温与月平均降水量
Monthly temperature and precipitation in central area of the region

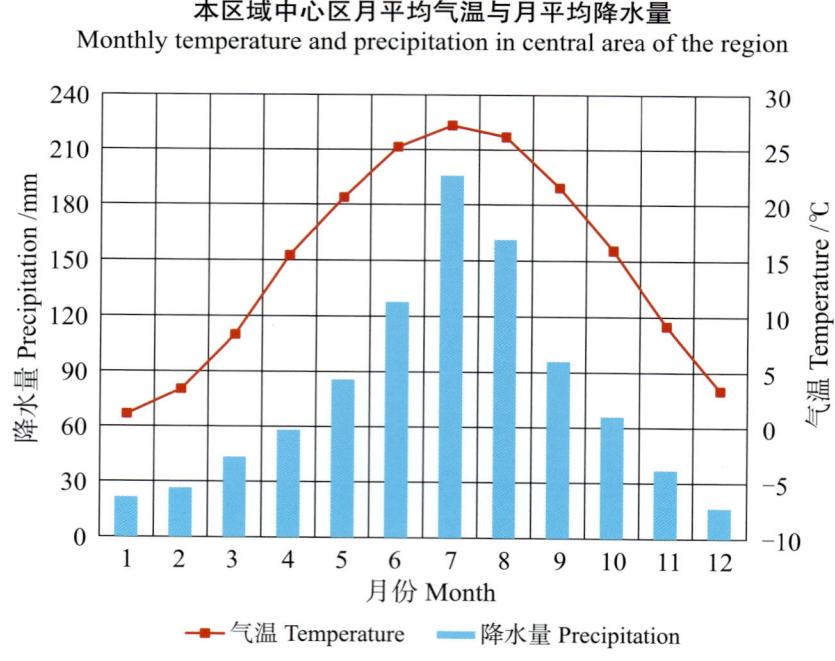

项城市主要土壤类型与土壤剖面点分布图
1:170 000

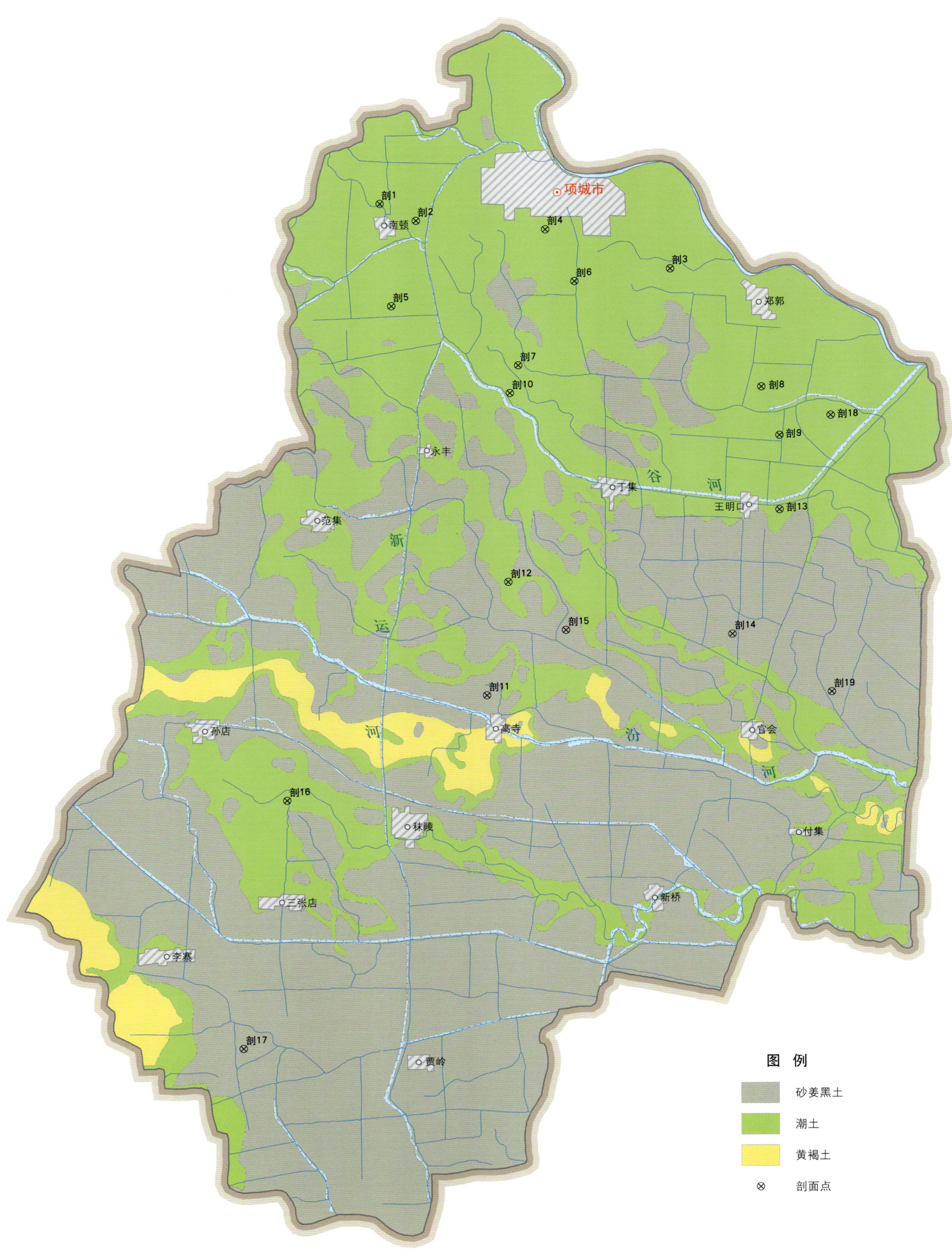

项城市土壤剖面理化性状表

剖面号 Soil profile	土纲 Soil order	土类 Soil great group	亚类 Soil subgroup	土属 Soil genus	土种 Soil species	土层码 Layer code	土层厚度 Depth/cm	颜色 Soil color	质地 Soil texture	土壤结构 Soil structure	pH	有机质 OM/(g/kg)	全氮 TN/(g/kg)	全磷 TP/(g/kg)	全钾 TK/(g/kg)	有效磷 AP/(mg/kg)	速效钾 AK/(mg/kg)	阳离子交换量CEC/(cmol/kg)	土壤母质 Parent material	剖面点坐标 Profile coordinate	匹配指数 Matching index/%
剖1	半水成土	潮土	湿潮土	湿潮黏土	郑郊湿潮黏土	A₁₁	0—24	浊黄棕色	壤质黏土	团块状	8.1	11.4	0.68	0.57				15.8	河流冲积物	E 114°49′19.9″ N 33°26′19.7″	95
						Cu	45—100	浊黄棕色	壤质黏土	块状	8.2	8.1	0.62	0.44				18.8			
						Cg	24—45	青灰色	壤质黏土	块状	8.1	5.4	0.41	0.41				17.8			
剖2	半水成土	潮土	黄潮土	古城废堆土	壤质废堆土	1	0—22	灰黄色	中壤土	团粒状	8.3	10.4	0.64	6.44				10.3	河流冲积物	E 114°50′16.4″ N 33°25′58.1″	99
						2	22—53	灰黄色	中壤土	小块状	8.3	13.3	0.30	6.16				9.1			
						3	53—100	黄灰色	重壤土	块状	8.2	12.4	0.73	6.93				15.6			
剖3	半水成土	潮土	褐潮土	褐土化两合土	褐土化体砂小两合土	1	0—20	浅灰黄色	砂壤土	碎块状	8.4	8.5	0.72	1.48				5.9	河流冲积物	E 114°56′51.0″ N 33°25′00.8″	95
						2	20—43	灰黄色	砂壤土	碎块状	8.6	6.2	0.44	1.46				4.9			
						3	43—100	浅灰黄色	紧砂土	粒状	8.9	1.9	0.22	0.88				3.3			
剖4	半水成土	潮土	黄潮土	两合土	小两合土	1	0—26	棕黄色	中壤土	碎块状	8.0	12.7	0.85	1.27				5.8	河流冲积物	E 114°53′37.0″ N 33°25′50.2″	97
						2	26—50	灰黄色	中壤土	碎块状	8.4	5.3	0.40	1.49				5.9			
						3	50—68	棕黄色	中壤土	粒状	8.6	4.5	0.35	1.29							
						4	68—100	灰棕黄色	轻壤土	碎块状	8.6	3.3	0.25	1.16				3.7			
剖5	半水成土	潮土	黄潮土	淤土	夹壤淤土	1	0—30	浅灰棕黄色	黏土	小团块状	8.2	10.3	0.69	1.47				15.2	河流冲积物	E 114°49′40.8″ N 33°24′02.9″	95
						2	30—42	灰黄色	重壤土	块状	8.1	8.5	0.50	1.35				16.0			
						3	42—56	浅棕黄色	中壤土	小块状	8.4	4.9	0.29	1.25				13.9			
						4	56—71	棕黄色	中壤土	块状	8.3	5.1	0.40	1.39				5.6			
						5	71—92	棕黄色	重壤土	棱块状	8.4	5.9	0.42	1.27				12.5			
						6	92—100	灰棕黄色	重壤土	块状	8.2	12.4	0.70	0.81				26.8			
剖6	半水成土	潮土	褐潮土	褐土化两合土	褐土化底砂两合土	1	0—22	暗棕黄色	中壤土	团粒状	8.2	10.3	0.62	1.69				7.0	河流冲积物	E 114°54′23.4″ N 33°24′41.4″	95
						2	22—52	灰黄色	中壤土	小团粒状	8.4	8.0	0.49	1.61				9.0			
						3	52—84	棕色	紧砂土	单粒状	8.5	2.5	0.17	1.11				5.1			
						4	84—100	浅黄棕色	轻壤土	小团块状	8.5	4.3	0.29	1.34				10.6			
剖7	半水成土	潮土	黄潮土	两合土	腰砂棕黄土	1	0—17	灰黄色	中壤土	团块状	8.1	10.8	0.73	1.48				11.9	河流冲积物	E 114°52′58.8″ N 33°22′46.6″	95
						2	17—32	棕黄色	轻壤土	碎块状	8.3	8.0	0.59	1.39				10.9			
						3	32—70	棕黄色	砂壤土	块状	8.3	5.9	0.39	1.36				7.7			
						4	70—100	灰棕黄色	轻壤土	棱块状	8.4	6.3	0.49	1.34							
剖8	半水成土	潮土	黄潮土	两合土	腰砂浅黄土	1	0—21	灰棕黄色	轻壤土	团粒状	8.6	8.6	0.54	1.73				5.6	河流冲积物	E 114°59′15.4″ N 33°22′23.5″	95
						2	21—42	灰棕色	紧砂土	单粒状	8.2	1.6	0.15	1.73				1.7			
						3	42—69	棕色	轻壤土	小团块状	8.4	4.4	0.28	1.68				4.6			
						4	69—100	浅棕黄色	砂壤土	碎块状	8.5	2.9	0.20	1.89				3.3			
剖9	半水成土	潮土	湿潮土	湿潮黏土	黏质湿潮黑土	1	0—24	灰黄色	重壤土	团粒状	8.1	11.4	0.68	1.31				15.8	河流冲积物	E 114°59′44.9″ N 33°21′18.7″	97
						2	24—50	灰黄色	中壤土	块状	8.2	8.0	0.62	1.00				18.8			
						3	50—100	青灰色	中壤土	块状	8.1	5.4	0.41	0.47				17.8			
剖10	半水成土	潮土	黄潮土	两合土	两合土	1	0—21	灰棕黄色	中壤土	团块状	8.2	10.1	0.67	1.29				12.7	河流冲积物	E 114°52′46.6″ N 33°22′08.8″	98
						2	21—42	暗棕黄色	重壤土	碎块状	8.1	7.5	0.60	1.42				13.6			
						3	42—71	浅棕黄色	重壤土	块状	8.2	5.4	0.35	1.08				14.6			
						4	71—100	浅灰棕黄色	重壤土	块状	8.2	2.7	0.33	0.84				15.9			
剖11	半水成土	砂姜黑土	砂姜黑土	黑老土	黏质厚覆黑老土	1	0—21	灰黄色	重壤土	团块状	7.5	14.5	0.92	1.11				25.1	河湖相沉积物	E 114°52′19.2″ N 33°15′21.2″	98
						2	21—32	暗黄色	重壤土	块状	7.7	11.5	0.75	1.09				26.6			
						3	32—52	灰黑色	重壤土	块状	8.0	11.9	0.74	0.66				30.8			
						4	52—71	灰黄色	重壤土	块状	8.1	5.7	0.45	0.37				22.3			
						5	71—100	棕灰黄色	中壤土	棱块状	8.2	4.9	0.87	0.57				21.5			

续表 Continued

剖面号 Soil profile	土纲 Soil order	土类 Soil great group	亚类 Soil subgroup	土属 Soil genus	土种 Soil species	土层码 Layer code	土层厚度 Depth/cm	颜色 Soil color	质地 Soil texture	土壤结构 Soil structure	pH	有机质 OM/(g/kg)	全氮 TN/(g/kg)	全磷 TP/(g/kg)	全钾 TK/(g/kg)	有效磷 AP/(mg/kg)	速效钾 AK/(mg/kg)	阳离子交换量CEC/(cmol/kg)	土壤母质 Parent material	剖面点坐标 Profile coordinate	匹配指数 Matching index/%
剖12	半水成土	潮土	黄潮土	黑黏淤土	黑底淤土	1	0—18	灰棕黄色	重壤土	团棱状									河流冲积物	E 114°52′49.4″ N 33°17′54.6″	95
						2	18—34	灰棕黄色	重壤土	块状											
						3	34—79	灰棕黄色	黏土	块状											
						4	79—100		黏土												
剖13	半水成土	潮土	黄潮土	淤土	底砂淤土	1	0—21	灰黄色	重壤土	小团块状	8.0	12.6	0.77	1.59					河流冲积物	E 114°59′47.0″ N 33°19′39.0″	98
						2	21—39	暗棕色	中壤土	块状	8.4	8.1	0.53	1.28							
						3	39—56	棕棕色	重壤土	块状	8.4	9.3	0.64	1.35							
						4	56—100	浅灰黄色	砂壤土	碎块状	8.4	3.1	0.16	1.47				4.5			
剖14	半水成土	砂姜黑土	砂姜黑土	黑姜土	姜底黑姜土	1	0—15	灰黄色	壤质黏土	屑粒状	7.9	14.1	0.99	0.52	14.7	3.3	136	27.8	河流相沉积物	E 114°58′37.2″ N 33°16′49.8″	95
						AC	15—35	黄灰色	壤质黏土	棱块状	7.8	12.2	0.69	0.47	12.7	3.3	88	26.9			
						C	35—58	黄灰色	壤质黏土	棱块状	7.9	5.3	0.36	0.49	14.9	1.7	88	20.3			
						Ck₁	58—82	浅灰黄色	壤质黏土	棱块状	8.0	3.1	0.25	0.51	13.9			13.8			
						Ck₂	82—100	浅灰黄色	壤质黏土	棱块状	8.0	3.1	0.22	0.53	14.4			14.5			
剖15	半水成土	砂姜黑土	砂姜黑土	灰质砂姜黑土	灰黑土	1	0—16	浅灰色	重壤土	碎屑状	8.1	10.1	0.59	0.73				24.2	湖相沉积物	E 114°54′19.8″ N 33°16′51.2″	97
						2	16—40	暗灰色	重壤土	棱块状	8.2	9.8	0.73	0.95				27.9			
						3	40—67	棕灰黄色	重壤土	棱块状	8.1	12.4	0.88	1.17				30.2			
						4	67—100	黄灰色	黏土	棱块状	8.1	5.6	0.39	0.94				25.7			
剖16	半水成土	潮土	灰潮土	灰两合土	灰两合土	1	0—22	灰灰色	中壤土	团粒状	7.4	11.8	0.69	0.97				12.1	河流冲积物	E 114°47′13.6″ N 33°12′54.4″	98
						2	22—32	暗灰黄色	重壤土	碎块状	7.9	5.9	0.36	0.86				16.8			
						3	32—54	暗黄色	重壤土	棱块状	8.1	9.6	0.57	0.64				23.7			
						4	54—81	灰棕黄色	重壤土	棱块状	7.9	7.9	0.52	0.71				16.0			
						5	81—100		中壤土	块状	8.1	3.2	0.21	1.02				11.1			
剖17	半水成土	潮土	褐潮土	褐土化两合土	深位中层砂姜黑姜土	1	0—18	暗棕黄色	黏土	屑粒状	8.2	12.1	0.69	1.09				20.2	河湖相沉积物	E 114°46′13.1″ N 33°07′20.6″	98
						2	18—39	暗黄色	中壤土	棱块状	8.1	14.3	0.83	1.16				26.2			
						3	39—56	浅灰黄色	中壤土	碎块状	8.1	8.8	0.55	1.16				18.6			
						4	56—71	棕棕色	中壤土	棱块状	8.3	7.4	0.44	1.13				13.8			
						5	71—96	棕灰色	重壤土	棱块状	8.4	5.5	0.39	1.09				13.8			
						6	96—100	灰灰色	重壤土	块状	8.3	4.7	0.37	1.14				12.5			
剖18	半水成土	潮土	褐潮土	褐土化两合土	褐土化两合土	1	0—20	暗棕黄色	中壤土	团粒状	8.2	10.5	0.63	1.59				7.8	河湖相沉积物	E 115°01′03.4″ N 33°21′46.8″	95
						2	20—30	棕黄色	中壤土	块状	8.3	8.7	0.53	1.69				8.0			
						3	30—53	浅棕黄色	中壤土	碎块块状	8.3	6.4	0.39	1.69				7.1			
						4	53—83	棕黄色	重壤土	棱块状	8.3	4.3	0.31	1.29				6.4			
						5	83—100	黄棕色	重壤土	棱块状	8.4	5.0	0.67	1.37				11.6			
剖19	半水成土	砂姜黑土	砂姜黑土	灰质砂姜黑土	深位灰灰质砂姜黑土	1	0—18	浅灰黄色	黏土	碎屑状	8.2	12.4	0.79	0.99				23.1	湖相沉积物	E 115°01′12.0″ N 33°15′34.2″	97
						2	18—30	浅灰色	重壤土	棱块状	8.2	11.4	0.73	0.88				26.9			
						3	30—52	棕灰黄色	重壤土	棱块状	8.3	5.4	0.37	0.98				22.0			
						4	52—100	浅灰黄色	黏土	块状	8.3	3.9	0.35	9.09				19.0			

驻 马 店 市

西 平 县

主要土类说明

黄褐土是西平县主要土壤类型，占本县地域面积的46%，主要分布在平缓的岗坡及红澍河、柳堰河之间的沿河高地上。成土母质为第四纪下蜀系黄土及古河流冲积物、洪积物。该地处于北亚热带和暖温带的过渡地区，夏季高温多雨，冬季寒冷干旱，雨热同季，冷热分明，干湿交替，给母质的风化提供了有利的条件。伴随着淋溶与淀积的不断进行，在风化过程中分解出来的黏粒也随水向下移动，使下层黏粒含量日益增加，产生显著的黏化现象，使土壤下层形成紧实黏重的心土层，呈棱柱状或块状结构。水多时胶体膨胀，渗水困难，在坡度较大处往往造成冲刷，低平处多形成"上浸"现象。全剖面无石灰反应，呈微酸性至中性；下层有一定的黏化现象，一般有棕黄色或棕褐色、紧实黏重的心土层；土体中常有不同形态的铁锰新生体。

砂姜黑土是西平县第二大土壤类型，占本县地域面积的32%。砂姜黑土是在湖相沉积物上，通过长期排水疏干、耕作熟化发育而成的一种独特土壤。砂姜黑土的形成大致经历了前期的沼泽化过程、后期的脱沼泽化及旱耕熟化过程。其剖面特点为：表层质地较重，多为中壤土至重壤土，疏松，颜色较浅；心土层质地黏重、紧实，呈暗灰色或黑色，有机质含量较高，土体中有铁子、锈斑、锈纹及砂姜等新生体；底土层有蓝灰色的潜育化现象。

潮土是西平县第三大土壤类型，占本县地域面积的20%。潮土是在近代河流沉积物上，经耕作熟化，同时受地下水的明显影响发育而成的年轻土壤。潮土的形成有三个明显的过程：流水的分选沉积过程、埋深较浅的地下水参与土壤形成的过程、旱耕熟化过程。潮土土层深厚，质地层次明显，表层颜色较浅，下层有蓝灰色、红褐色的斑纹，一般呈微碱性。

本区域中心区气候特征

本区域中心区气候特征值
Regional climate characteristics in central area of the region

气候带：暖温带亚湿润气候 Climate region: Warm temperate subhumid climate	
年平均气温 /℃ Annual average temperature /℃	14.7
年平均最高气温 /℃ Annual average maximum temperature /℃	20.2
年平均最低气温 /℃ Annual average minimum temperature /℃	10.0
年降水量 /mm Annual precipitation /mm	871
≥10℃的积温 /℃ Daily temperature accumulated in a year (≥10℃) /℃	5375
年日照时数 /h Annual sunshine /h	2001
年平均相对湿度 /% Annual average relative humidity /%	72
干燥度 Dryness	1.03

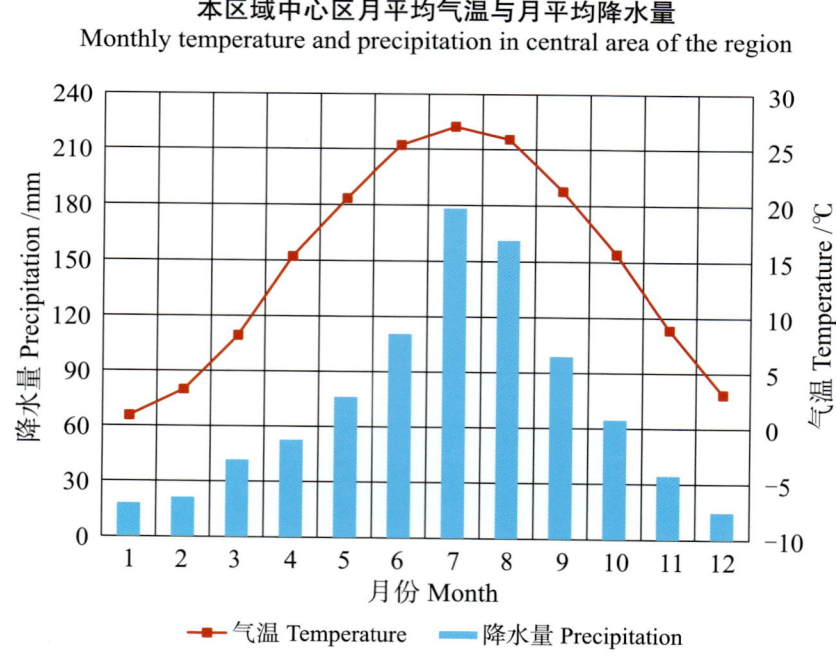

本区域中心区月平均气温与月平均降水量
Monthly temperature and precipitation in central area of the region

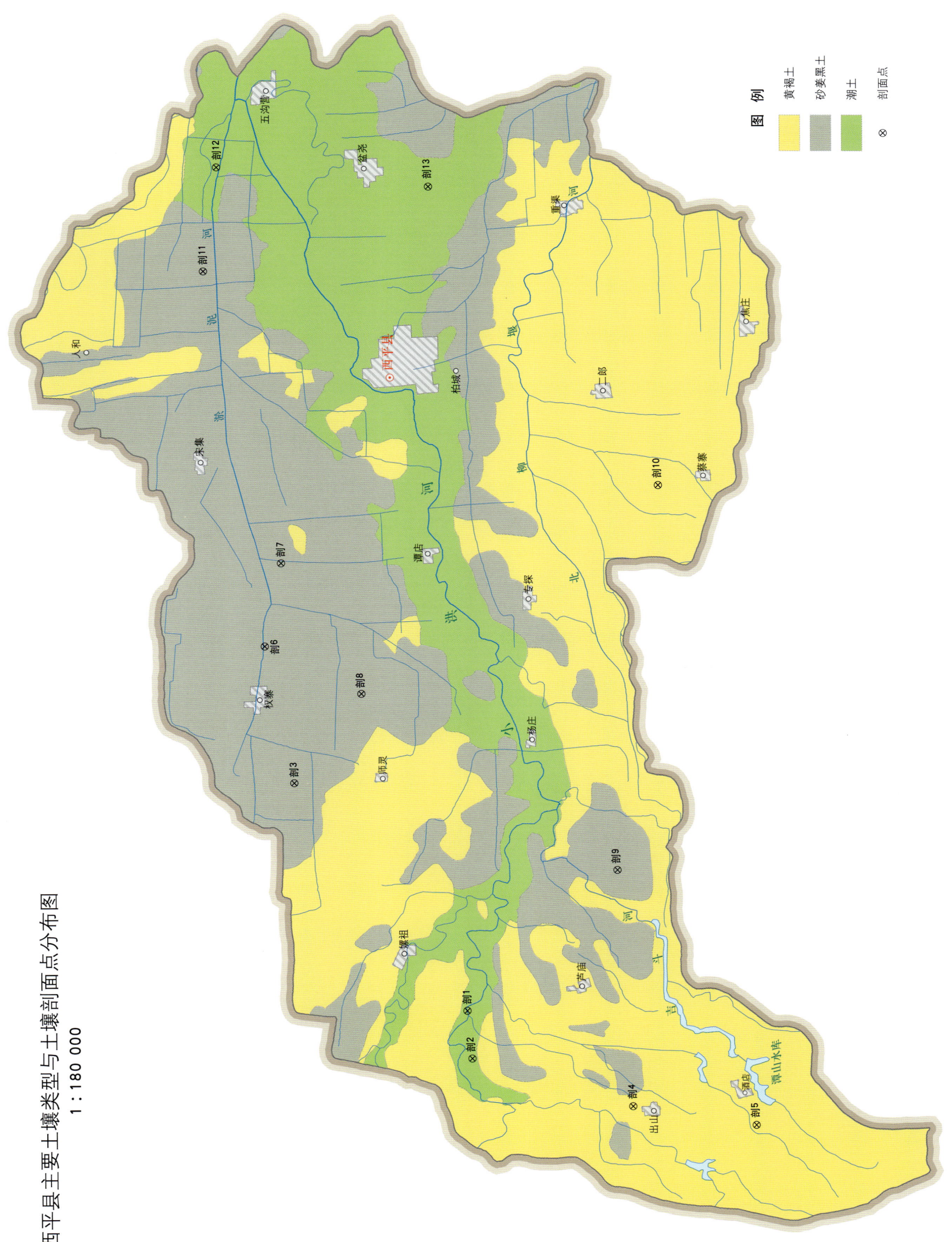

西平县主要土壤类型与土壤剖面点分布图
1∶180 000

西平县土壤剖面理化性状表

剖面号 Soil profile	土纲 Soil order	土类 Soil great group	亚类 Soil subgroup	土属 Soil genus	土种 Soil species	土层码 Layer code	土层厚度 Depth/cm	颜色 Soil color	质地 Soil texture	土壤结构 Soil structure	pH	有机质 OM/(g/kg)	全氮 TN/(g/kg)	全磷 TP/(g/kg)	全钾 TK/(g/kg)	有效磷 AP/(mg/kg)	速效钾 AK/(mg/kg)	阴离子交换量 CEC/(cmol/kg)	土壤母质 Parent material	剖面点坐标 Profile coordinate	匹配指数 Matching index/%
剖1	半水成土	潮土	灰潮土	灰两合土	灰两合土	1	0—30	浅黄色	中壤土	粒状	7.5	9.9	0.64	0.67				11.5	河流冲积物	E 113°42′20.9″ N 33°21′57.2″	98
						2	30—62	浅黄色	中壤土	粒状	8.0		0.42	0.42				11.8			
						3	62—80	黄棕色	中壤土	块状	7.7	3.5	0.31	0.45				12.2			
						4	80—120	黄白色	中壤土	块状	8.1	3.0	0.26	0.49				12.3			
剖2	半水成土	潮土	灰潮土	灰两合土	灰小两合土	1	0—22	灰黄色	轻壤土	粒状		7.2	0.54	0.66				10.3	河流冲积物	E 113°40′57.7″ N 33°21′52.2″	99
						2	22—40	灰黄色	轻壤土	碎块状	7.7	5.4	0.44	0.69				10.4			
						3	40—120	棕黄色	轻壤土	碎块状	7.6	3.5	0.32	0.50				8.8			
剖3	半水成土	砂姜黑土	砂姜黑土	黑老土	黏质薄腐黑老土	1	0—25	暗灰黄色	中黏土	碎屑状	7.5	14.3	0.98	0.97				33.9	河湖相沉积物	E 113°49′05.2″ N 33°25′50.4″	95
						2	25—70	暗黄灰色	重黏土	块状	8.1	13.9	0.78	0.75				44.4			
						3	70—90	暗灰棕色	重黏土	块状	7.9	9.4	0.58	0.85							
						4	90—133	暗黄色	重黏土	块状	8.0	10.5	0.51	0.83				48.4			
剖4	淋溶土	黄褐土	黄褐土	黄老土	黄老土	1	0—25		中壤土	粒状	6.9	7.3	0.56	0.77				12.6	老河流沉积物	E 113°39′26.5″ N 33°18′08.1″	81
						2	25—65	棕黄色	重壤土	粒状	7.5	4.2	0.40	0.61				19.1			
						3	65—135	灰黄棕色	重壤土	块状	7.4	2.9	0.32	0.87				19.2			
剖5	淋溶土	黄褐土	黄褐土	僵黄土	僵黄土	A_{11}	0—17	油棕色	黏土	屑粒状	7.2	8.9	0.71	0.33	17.3	2.5	118	24.6	下蜀系黄土	E 113°38′48.1″ N 33°15′15.1″	95
						A_{12}	17—32	亮红棕色	黏土	棱红状	7.2	7.0	0.61	0.28	17.2	1.7	101	25.3			
						Bvt	32—100	亮红棕色	壤质黏土	棱块状	7.7	2.6	0.34	0.41	13.9	4.1	112	15.9			
剖6	半水成土	砂姜黑土	砂姜黑土	灰质黑老土	壤质灰质老土	1	0—25	浅黄灰色	中壤土	块状	8.0	12.1	0.81	0.75				33.3	湖相沉积物	E 113°53′04.9″ N 33°26′25.4″	95
						2	25—58	棕灰色	重壤土	碎块状	7.8	7.3	0.50	0.71				39.6			
						3	58—106	棕黄色	重壤土	碎块状	7.4	4.3	0.30	0.73				17.9			
剖7	半水成土	砂姜黑土	砂姜黑土	灰质砂姜黑土	灰黑老土	1	0—22	暗黄灰色	重黏土	碎屑状	7.9	32.0	2.24	1.44				28.7	河湖相沉积物	E 113°55′29.6″ N 33°25′58.8″	97
						2	22—77	灰黑色	重黏土	棱块状	8.1	20.0	0.97	0.99				33.6			
						3	77—100	灰黄色	重黏土	块状	8.2	5.0	0.31	0.94				22.3			
剖8	半水成土	砂姜黑土	砂姜黑土	黑老土	青黑土	1	0—30	灰黑色	重黏土	碎屑状	7.8	14.6	1.02	1.14				19.3	河湖相沉积物	E 113°51′37.1″ N 33°24′11.9″	98
						2	30—80	青黑色	重黏土	块状	7.9	14.5	0.92	0.89				19.3			
						3	80—120	灰黄棕色	重黏土	块状	7.8	3.1	0.36	1.03				25.6			
剖9	半水成土	砂姜黑土	砂姜黑土	壤质砂姜黑土	壤质老土	1	0—26	灰黄棕色	重壤土	粒状	7.4	8.1	0.59	0.83				23.2	河湖相沉积物	E 113°46′16.3″ N 33°18′19.4″	98
						2	26—44	暗黄棕色	重壤土	块状	7.6	6.6	0.51	0.71							
						3	44—77	黄棕色	重壤土	块状	7.5	6.9	0.48	0.83							
						4	77—120	灰黄棕相间	重壤土	块状	7.6	5.5	0.37	0.93							
剖10	淋溶土	黄褐土	黄褐土			1	0—20	灰黄色	中黏土	粒状	6.9								河湖相沉积物	E 113°57′25.9″ N 33°17′04.6″	95
						2	20—50	棕灰色	重黏土	块状	7.5							29.5			
						3	50—100	灰黄棕色	重黏土	块状	7.4							30.9			
						4	100—	灰黄棕色	重黏土	块状	7.5										
剖11	半水成土	砂姜黑土	砂姜黑土	黑老土	黏质老土	1	0—23	黄灰色	中黏土	碎屑状	6.9	11.5	0.92	1.14				36.7	河湖相沉积物	E 114°04′01.9″ N 33°27′34.9″	98
						2	23—45	黄灰色	重黏土	块状	6.5	8.7	0.71	1.10				39.3			
						3	45—90	黄灰棕色	重黏土	棱块状	7.9	10.5	0.65	0.79							
						4	90—120	浅灰黄色	重黏土	棱块状	7.9	7.9	0.56	0.65							
剖12	半水成土	潮土	灰潮土	灰淤土	灰淤土	1	0—20	黄灰色	中黏土	碎屑状	7.2	11.9	0.90	1.05				28.2	河流冲积物	E 114°07′02.6″ N 33°27′11.9″	97
						2	20—50	灰黄色	轻黏土	块状	7.5	6.8	0.58	0.73				23.8			
						3	50—135	棕黄色	轻黏土	块状	7.3	6.1	0.54	0.64				21.5			

续表 Continued

剖面号 Soil profile	土纲 Soil order	土类 Soil great group	亚类 Soil subgroup	土属 Soil genus	土种 Soil species	土层码 Layer code	土层厚度 Depth/cm	颜色 Soil color	质地 Soil texture	土壤结构 Soil structure	pH	有机质 OM/(g/kg)	全氮 TN/(g/kg)	全磷 TP/(g/kg)	全钾 TK/(g/kg)	有效磷 AP/(mg/kg)	速效钾 AK/(mg/kg)	阳离子交换量CEC/(cmol/kg)	土壤母质 Parent material	剖面点坐标 Profile coordinate	匹配指数 Matching index/%
剖13	半水成土	潮土	黄潮土	两合土	两合土	1	0—25	灰黄色	中壤土	粒状	8.1	11.5	0.84	0.96				15.6	河流冲积物	E 114°06′18.0″ N 33°22′14.2″	98
						2	25—55	黄色	中壤土	碎块状	8.4	5.8	0.48	0.80				13.3			
						3	55—85	浅黄色	轻壤土		8.4	2.6	0.28					11.4			
						4	85—100	浅黄色	重壤土	块状	8.6	3.9	0.35	0.64				16.7			

上 蔡 县

主要土类说明

砂姜黑土是上蔡县主要土壤类型，占本县地域面积的61%。本县砂姜黑土的成土母质为第四纪湖相沉积物，是在气候温和、雨量充沛和地势低洼排水不良的环境条件下，经脱沼泽旱耕熟化发育而成的一种独特的区域性土壤。砂姜黑土的形成大致经历了前期的沼泽化过程、后期的脱沼泽化及旱耕熟化过程。其剖面的主要特征为：具有腐泥状的黑土层，其黑土层的厚度一般在25—65cm，有机质含量较高，为13—17g/kg；土粒细，土质黏重；砂姜零星分布或成层分布，多分布在下层；全剖面多数无石灰反应，土壤呈中性至碱性；地下水位高，水资源丰富，土温较低，潜在肥力高。砂姜黑土在长期的形成过程中，由于地势高低不同，黑土层有的出露地表，有的被近代河流沉积物所覆盖，覆盖的厚度和质地又各不相同，而这层黑土的性质及其所在部位的高低影响着砂姜黑土的性质。

潮土是上蔡县第二大土壤类型，占本县地域面积的22%。潮土是近代河流沉积物经耕作熟化发育而成的年轻土壤，由于受地下水的影响有夜潮现象而得名。潮土的母质是河流沉积物，地下水以及耕作熟化是影响潮土形成的主要因素。在历次沉积过程中，由于河水的流量、流速不同，搬运和挟带泥沙的多少、粗细也不相同，因而在不同的地形部位上，沉积着不同的物质。其沉积规律一般是"紧出砂，慢出淤，不紧不慢出两合"。由于河流多次泛滥沉积，潮土质地层次明显，并常有砂、壤、黏间层出现。潮土分布在河流沿岸，地下水较高，水分通过毛管上下运行，由于年内降水分配不均，地下水位季节性升降，土体干湿交替，氧化还原反应也交替进行。一些可溶性盐类在旱季可随水上升而在地表积累，雨季又随水下移淋洗，或在土层中重新分配，如此反复进行，当积累大于淋洗时，可溶性盐类在地表逐渐增多。当地下水位上升时，高价铁、锰等即被还原，随水下移；当地下水位下降时，土体呈氧化状态，低价铁、锰被氧化而变为高价，久而久之，在土体下部形成棕褐色的铁锈斑纹，这是潮土剖面重要的特征之一。河流冲积母质经人为耕作、施肥、灌溉等一系列的措施，改善了土壤的理化性质，提高了土壤肥力。

黄褐土是上蔡县第三大土壤类型，占本县地域面积的15%，主要分布在邵店、和店、大路李、百尺、无量寺等地的岗岭或局部高地上。其成土母质为洪积物、冲积物，土体发育明显，心土层有铁锰结核、胶膜、锈斑等新生体，呈黄棕色。

本区域中心区气候特征

本区域中心区气候特征值
Regional climate characteristics in central area of the region

气候带：暖温带亚湿润气候 Climate region: Warm temperate subhumid climate	
年平均气温 /℃ Annual average temperature /℃	14.8
年平均最高气温 /℃ Annual average maximum temperature /℃	20.2
年平均最低气温 /℃ Annual average minimum temperature /℃	10.2
年降水量 /mm Annual precipitation /mm	925
≥10℃的积温 /℃ Daily temperature accumulated in a year（≥10℃）/℃	5425
年日照时数 /h Annual sunshine /h	2010
年平均相对湿度 /% Annual average relative humidity /%	72
干燥度 Dryness	0.97

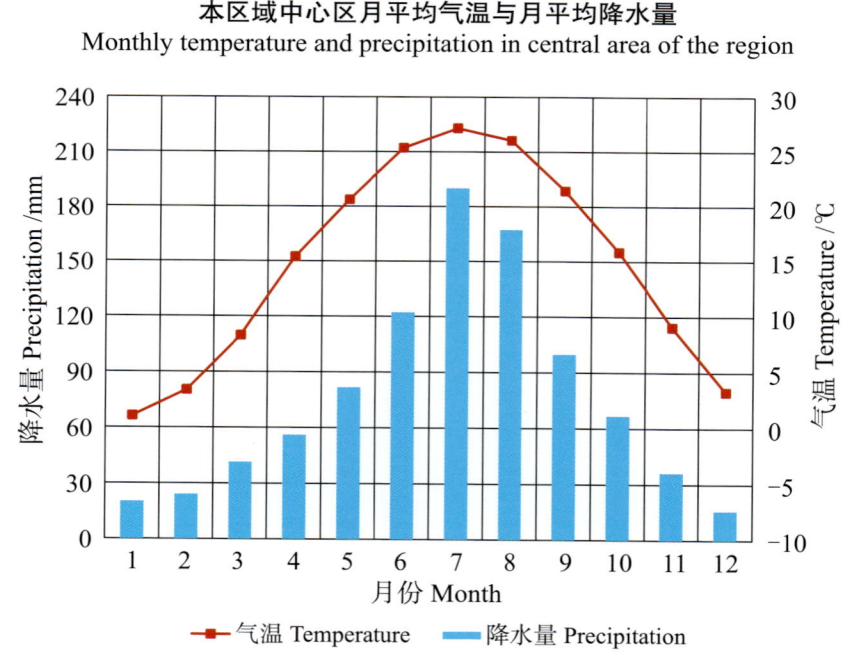

本区域中心区月平均气温与月平均降水量
Monthly temperature and precipitation in central area of the region

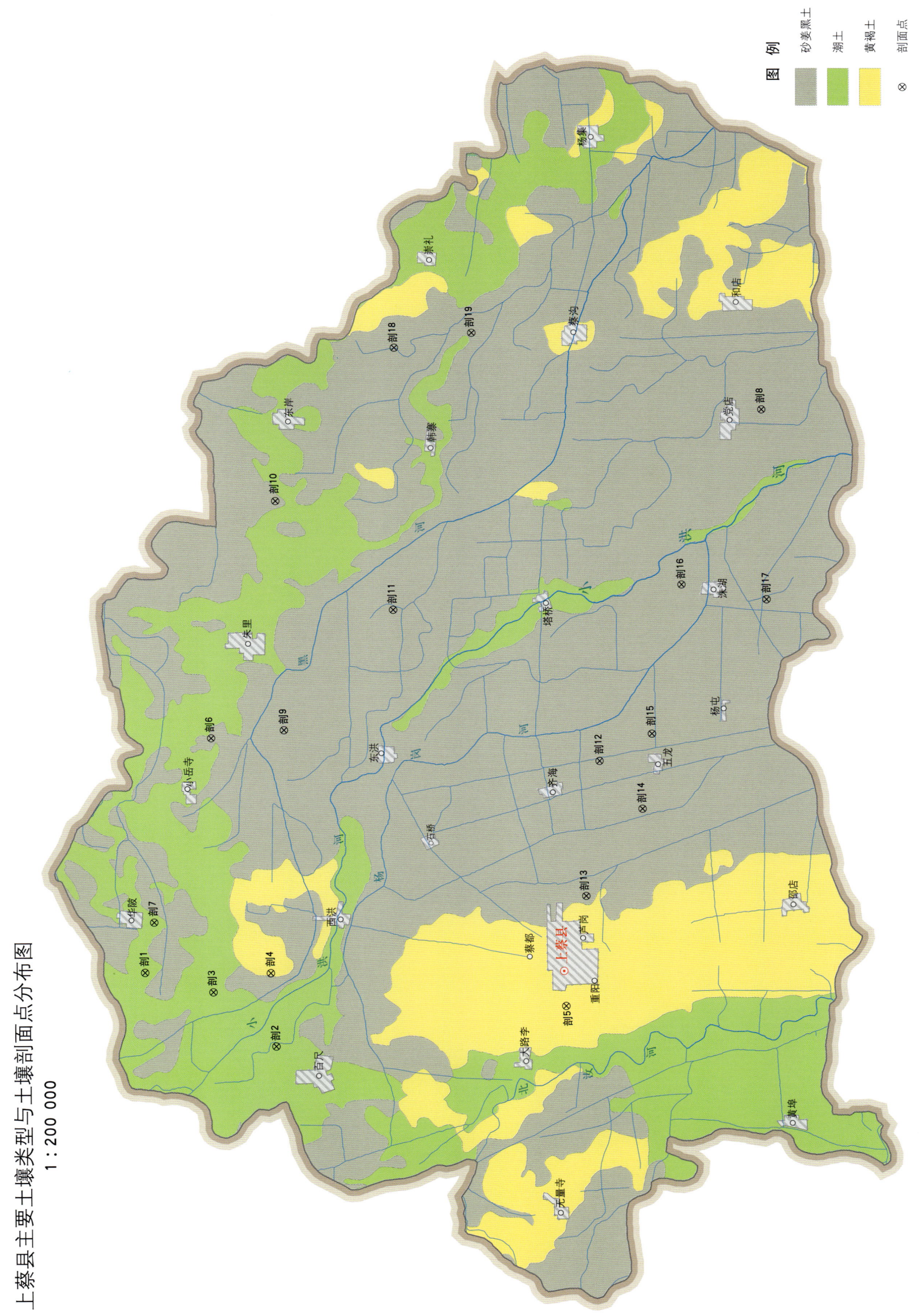
上蔡县主要土壤类型与土壤剖面点分布图

上蔡县土壤剖面理化性状表

剖面号 Soil profile	土纲 Soil order	土类 Soil great group	亚类 Soil subgroup	土属 Soil genus	土种 Soil species	土层码 Layer code	土层厚度 Depth/cm	颜色 Soil color	质地 Soil texture	土壤结构 Soil structure	pH	有机质 OM/(g/kg)	全氮 TN/(g/kg)	全磷 TP/(g/kg)	阳离子交换量CEC/(cmol/kg)	土壤母质 Parent material	剖面点坐标 Profile coordinate	匹配指数 Matching index/%
剖1	半水成土	潮土	灰潮土	灰两合土	灰小两合土	1	0—18	灰黄色	轻壤土	粒状	7.8	11.9	1.00	0.67	14.1	河流冲积物	E 114°14′51.7″ N 33°26′39.1″	97
						2	18—31	灰黄色	轻壤土	小块状	7.3	8.9	0.58	0.59	13.5			
						3	31—100	棕黄色	轻壤土	小块状	7.7	4.4	0.52	0.51	13.7			
剖2	半水成土	潮土	灰潮土	灰淤土	灰淤土	1	0—12	灰黄色	轻黏土	屑粒状	6.5	16.1	1.00	0.64	33.8	河流冲积物	E 114°12′40.3″ N 33°23′17.9″	97
						2	12—48	灰黄色	轻黏土	块状	6.8	11.9	1.03	0.56	35.9			
						3	48—100	灰棕黄色	轻黏土	块状	8.2	5.2	0.83	0.52	32.8			
剖3	半水成土	潮土	灰潮土	灰两合土	灰两合土	1	0—26	浅黄色	中壤土	粒状	7.1	11.2	0.74	0.76	18.7	河流冲积物	E 114°14′18.2″ N 33°24′55.1″	97
						2	26—34	浅黄色	中壤土	碎块状	7.6	8.3	0.59	0.72	17.0			
						3	34—44	灰黄色	中壤土	碎块状	7.6	6.7	0.53	0.53	21.6			
						4	44—100	浅黄色	中壤土	碎块状	8.1	4.3	0.38	0.47	20.6			
剖4	淋溶土	黄褐土	黄褐土	黄老土	壤黄土	1	0—22	灰黄色	中壤土	单粒状	7.7	10.3	0.77	0.47	19.6	洪积物、冲积物	E 114°14′55.7″ N 33°23′28.7″	97
						2	22—76	灰黄色	中壤土	块状	7.8	7.0	0.54	0.45	18.3			
						3	76—130	浅黄色	中壤土	块状	7.8	4.8	0.39	0.37	17.2			
剖5	淋溶土	黄褐土	黄褐土	黄老土	黄老土	1	0—18	灰黄色	中壤土	粒状	6.8	12.2	0.91	0.45	21.1	古洪积物、冲积物	E 114°14′06.7″ N 33°15′59.4″	98
						2	18—27	棕黄色	重壤土	块状	7.0	8.3	0.86	0.42	21.8			
						3	27—115	黄棕色	重壤土	块状	7.3	4.3	0.41	0.46	26.9			
剖6	半水成土	砂姜黑土	砂姜黑土	黑老土	壤质厚覆	1	0—19	灰黄色	中壤土	粒状	6.4	11.9	0.92	0.38	21.5	河流冲积物	E 114°14′26.8″ N 33°26′26.9″	95
						2	19—40	灰黄色	重壤土	块状	7.1	7.2	0.58	0.31	21.7			
						3	40—79	灰黄色	重壤土	棱块状	7.2	9.0	0.74	0.23	34.7			
						4	79—100	浅黄色	重壤土	块状	7.3	5.2	0.44	0.39	29.1			
剖7	半水成土	潮土	灰潮土	灰两合土	底砂灰两合土	1	0—17	灰黄色	中黏土	粒状	7.6	12.3	0.82	0.62	17.3	河湖相沉积物	E 114°22′15.6″ N 33°25′07.0″	97
						2	17—55	灰黄色	中黏土	碎块状	8.2	6.6	0.52	0.59	16.4			
						3	55—140	棕黄色	砂壤土	单粒状	8.4	10.7	0.13	0.53	8.2			
剖8	半水成土	砂姜黑土	砂姜黑土	黑老土	壤质薄覆	1	0—27	灰黄色	中壤土	粒状	6.6	11.5	0.77	0.52	24.4	河流冲积物	E 114°32′55.0″ N 33°11′22.7″	95
						2	27—50	黄灰棕色	重壤土	屑粒状	7.0	6.7	0.59	0.40	26.9			
						3	50—100	棕黄色	重壤土	屑粒状	7.3	4.5	0.35	0.65	28.6			
剖9	半水成土	砂姜黑土	砂姜黑土	黑老土	黏质厚覆	1	0—32	黄灰色	中黏土	碎屑状	6.8	14.9	1.14	0.52	49.0	河流沉积物	E 114°22′33.8″ N 33°23′16.6″	95
						2	32—49	暗黄灰色	中黏土	碎块状	7.1	16.3	1.64	0.53	48.6			
						3	49—67	灰褐色	重黏土	块状	7.6	13.1	0.95	0.45	≥50.0			
						4	67—100	灰灰黄色	重黏土	块状	7.6	12.6	0.81	0.43	≥50.0			
剖10	半水成土	砂姜黑土	砂姜黑土	黑老土	黏质薄覆	1	0—23	灰黄色	轻黏土	屑粒状	6.9	12.4	0.83	0.48	2.6	河湖相沉积物	E 114°16′26.8″ N 33°26′26.9″	95
						2	23—65	灰棕色	重黏土	块状	7.8	5.5	0.40	0.29	30.5			
						3	65—100	黄棕色	重黏土	屑粒状	7.7	4.4	0.41	0.42	27.7			
剖11	半水成土	砂姜黑土	砂姜黑土	黑老土	青黑土	1	0—20	深黑色	重黏土	块状	7.6	16.6	1.17	0.51	33.2	河湖相沉积物	E 114°29′43.4″ N 33°23′37.0″	99
						2	20—33	暗黑色	重黏土	碎块状	7.6	13.6	0.98	0.48	35.4			
						3	33—60	青黑色	轻黏土	块状	7.7	14.8	0.93	0.39	44.8			
						4	60—100	棕灰色	重黏土	屑粒状	7.9	5.8	0.43	0.45	32.0			
剖12	半水成土	砂姜黑土	砂姜黑土	灰质黑老土	灰质黏质厚覆黑土	1	0—18	浅灰黄色	重壤土	屑粒状	8.0	12.6	0.83	0.55	28.2	湖相沉积物	E 114°26′24.4″ N 33°20′34.4″	98
						2	18—38	黄灰色	重壤土	块状	7.9	8.2	0.65	0.43	28.5			
						3	38—70	灰黄色	重壤土	块状	7.5	10.1	0.62	0.48	34.8			
						4	70—100	棕灰黑色	重壤土	块状	8.9	<1.0	0.37	0.58	27.7			

续表 Continued

剖面号 Soil profile	土纲 Soil order	土类 Soil great group	亚类 Soil subgroup	土属 Soil genus	土种 Soil species	土层码 Layer code	土层厚度 Depth/cm	颜色 Soil color	质地 Soil texture	土壤结构 Soil structure	pH	有机质 OM/(g/kg)	全氮 TN/(g/kg)	全磷 TP/(g/kg)	阳离子交换量CEC/(cmol/kg)	土壤母质 Parent material	剖面点坐标 Profile coordinate	匹配指数 Matching index/%
剖13	半水成土	砂姜黑土	砂姜黑土	灰质黑老土	灰质壤质厚覆黑老土	1	0—16	黄灰色	中壤土	粒状	9.0	5.3	0.32	0.83	23.6	湖相沉积物	E 114°17′34.1″ N 33°15′32.8″	97
						2	16—31	暗黄灰色	中壤土	粒状	8.1	15.2	0.97	0.74	25.4			
						3	31—51	红黄灰色	中壤土	块状	8.1	11.2	0.91	0.56	27.1			
						4	51—100	灰黑色	重壤土	块状	8.1	9.2	0.61	0.62	32.2			
剖14	半水成土	砂姜黑土	砂姜黑土	灰质砂姜黑土	灰质深位少量砂姜黑土	1	0—13	灰黑色	轻黏土	屑粒状	8.0	23.1	1.47	0.67	44.2	湖相沉积物	E 114°20′20.4″ N 33°14′10.0″	98
						2	13—20	灰黑色	轻黏土	碎块状	7.9	20.5	1.25	0.63	43.8			
						3	20—40	深灰黑色	轻黏土	碎块状	8.0	24.2	1.29	0.59	46.5			
						4	40—57	灰黄色	中黏土	碎块状	8.1	11.6	0.73	0.45	46.9			
						5	57—88	灰黑色	中黏土	棱块状	8.1	15.1	0.97	0.52	≥50.0			
						6	88—100	暗灰黄色	中壤土	棱块状	8.1	11.1	0.61	0.34	47.8			
剖15	半水成土	砂姜黑土	砂姜黑土	灰质砂姜黑土	灰黑土	1	0—18	灰褐色	重壤土	碎屑状	7.9	18.6	1.22	0.74	33.9	湖相沉积物	E 114°22′41.5″ N 33°13′58.1″	99
						2	18—32	暗灰色	重壤土	块状	7.9	15.3	1.00	0.66	35.1			
						3	32—60	灰黑色	重壤土	棱块状	7.8	18.6	1.14	0.61	36.5			
						4	60—100	灰黄色	中壤土	块状	8.2	9.2	0.67	0.42	34.0			
剖16	半水成土	砂姜黑土	砂姜黑土	黑老土	壤质厚覆黑老土	1	0—20	灰黄色	中壤土	粒状	7.7	11.4	0.74	0.44	27.5	河湖相沉积物	E 114°27′23.0″ N 33°13′18.1″	98
						2	20—51	灰黑色	重壤土	碎块状	7.6	8.7	0.64	0.42	27.8			
						3	51—75	灰黑色	轻黏土	块状	7.6	12.7	0.86	0.36	45.3			
						4	75—100	暗灰色	轻黏土	块状	7.6	12.5	0.80	0.42	44.9			
剖17	半水成土	砂姜黑土	砂姜黑土	黑老土	黏质薄黏质薄覆黑老土	1	0—15	灰黄色	重壤土	碎屑状	7.5	15.2	1.22	0.42	25.7	河湖相沉积物	E 114°26′58.6″ N 33°11′08.5″	98
						2	15—25	暗灰黄色	轻壤土	块状	7.7	14.9	1.09	0.42	29.7			
						3	25—100	灰黑色	重壤土	块状	7.8	16.9	1.28	0.42	44.9			
剖18	半水成土	砂姜黑土	砂姜黑土	灰质黑老土	灰质深位少量砂姜黏质薄覆黑老土	1	0—17	灰黄色	重壤土	屑粒状	7.9	14.5	0.88	0.55	33.2	湖相沉积物	E 114°34′35.8″ N 33°20′41.6″	95
						2	17—28	黄灰色	重壤土	块状	7.9	11.9	0.78	0.53	34.3			
						3	28—68	灰黑色	重壤土	棱块状	7.8	14.8	0.81	0.48	34.4			
						4	68—140	灰白色	重壤土	块状	8.1	5.3	0.32	0.64	23.8			
剖19	半水成土	砂姜黑土	砂姜黑土	砂姜黑土	浅位少量砂姜黑土	1	0—18	暗灰色	轻黏土	碎屑状	7.8	18.3	1.26	0.52	≥50.0	河湖相沉积物	E 114°35′07.4″ N 33°18′44.6″	99
						2	18—55	灰褐色	轻黏土	棱块状	7.9	21.1	1.13	0.57	≥50.0			
						3	55—100	灰棕色	重壤土	块状	8.3	8.3	0.80	0.35	34.4			

正 阳 县

主要土类说明

黄褐土是正阳县主要土壤类型，占本县地域面积的62%，主要分布于寒冻、袁寨、傅寨、汝南埠等乡镇。黄褐土是经过长期耕作熟化而成的旱作土壤，位于平缓的岗地及河流两岸的二级阶地或岗坡下。成土母质为第四纪下蜀系黄土以及洪积物、冲积物。本县气候特点是夏季潮湿多雨，冬季低温干旱，干湿交替明显，为土体中的物质淋溶淀积和黏粒下移创造了条件。本县黄褐土黏化现象和铁锰淀积明显。

砂姜黑土是正阳县第二大土壤类型，占本县地域面积的29%。砂姜黑土是由草甸潜育土经过脱潜育化过程发育而成的具有旱耕熟化特点的土壤类型。在古代的湖泊洼地中，大量水生湿生植物遗体在嫌气条件下，以腐殖质化过程为主，植物残体不能充分分解，逐渐积累形成黑土层。积水状态下，变价元素铁、锰即被还原成亚氧化物，使沉积物具有蓝灰色或灰绿色的潜育层。淹水时植物体根部呼吸与有机体分解产生二氧化碳，溶于水生成碳酸，与土壤中的碳酸钙作用形成重碳酸钙，随水淋洗至下层，待到水分减少，重新以碳酸钙淀积出来。另外，富含碳酸钙的地下水升降，重碳酸钙转化为碳酸钙，并往往与土粒黏结在一起，久而久之，体积变大形成砂姜或砂姜层。由于不断沉积，地面逐渐抬高，由积水到完全脱水，潜育化或沼泽化过程逐渐减弱，开始了脱潜育化过程。经挖沟排水、施肥等措施，不仅大大加快了脱潜育化过程，而且使黑土层颜色变淡，逐步分化出耕作层，从而形成现在的砂姜黑土。砂姜黑土的典型特征是具有黑土层，有的有砂姜或砂姜层，一般质地比较黏重，有机质含量偏高。

水稻土是正阳县第三大土壤类型，占本县地域面积的6%，主要分布在大林、皮店、陡沟、铜钟、彭桥、兰青等乡镇。水稻土是在各种母质类型的土壤上，经过长期水耕熟化发育而成的土壤。在排灌、耕作、施肥等措施的影响下，土体处于干湿交替的环境中，使氧化还原、有机质的合成与分解、盐基淋溶与复盐基及黏粒的聚积和淋洗等交替进行，土壤发生明显的分异，从而形成了水稻土特有的形态、理化和生物学特征。其剖面的主要特征为：耕作层松软，犁底层明显，具有氧化还原层；新生体和黏粒下移聚积明显，耕作层多为锈色斑纹，耕作层以下多为铁锰结核、铁锰胶膜及黏土胶膜，附着于结构面上；有机质累积多、分解慢，灌水后，土体非毛管孔隙充满水分，处于嫌气状态，使土壤中嫌气微生物活动旺盛，加快了有机质腐殖质化过程，而有机质矿化过程减弱，有利于有机质的积累，因此水稻土有机质含量比旱地高；水热状况稳定；土壤供肥能力强。

小于本县地域面积3%的土壤类型还有潮土等。

本区域中心区气候特征

本区域中心区气候特征值
Regional climate characteristics in central area of the region

气候带：北亚热带湿润气候 Climate region: North subtropical humid climate	
年平均气温 /℃ Annual average temperature /℃	15.1
年平均最高气温 /℃ Annual average maximum temperature /℃	20.2
年平均最低气温 /℃ Annual average minimum temperature /℃	10.8
年降水量 /mm Annual precipitation /mm	1052
≥10℃的积温 /℃ Daily temperature accumulated in a year (≥10℃) /℃	5538
年日照时数 /h Annual sunshine /h	1962
年平均相对湿度 /% Annual average relative humidity /%	74
干燥度 Dryness	0.86

本区域中心区月平均气温与月平均降水量
Monthly temperature and precipitation in central area of the region

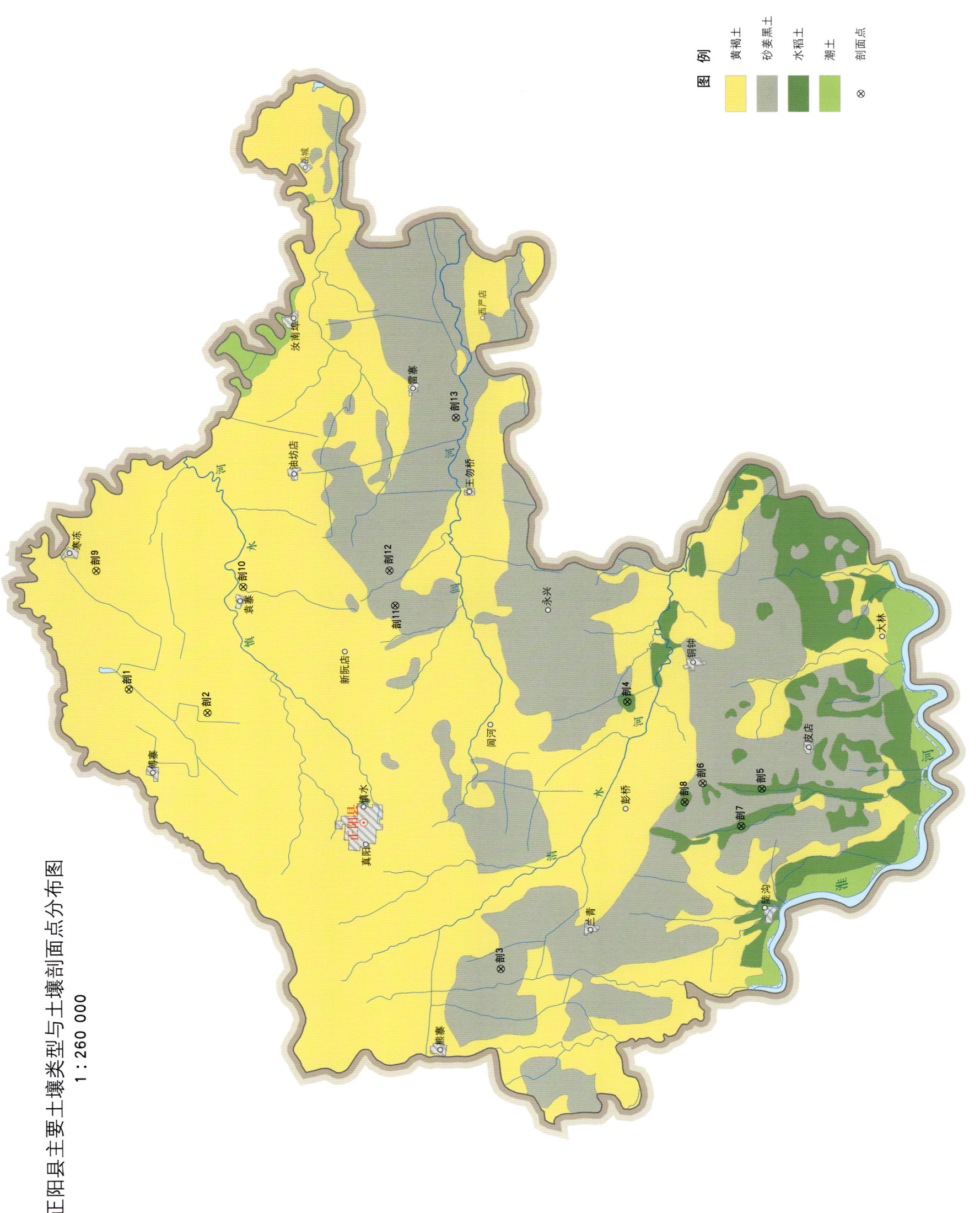

正阳县土壤剖面理化性状表

剖面号 Soil profile	土纲 Soil order	土类 Soil great group	亚类 Soil subgroup	土属 Soil genus	土种 Soil species	土层码 Layer code	土层厚度 Depth/cm	颜色 Soil color	质地 Soil texture	土壤结构 Soil structure	pH	有机质 OM/(g/kg)	全氮 TN/(g/kg)	全磷 TP/(g/kg)	阳离子交换量CEC/(cmol/kg)	土壤母质 Parent material	剖面点坐标 Profile coordinate	匹配指数 Matching index/%
剖1	淋溶土	黄褐土	黄褐土	老黄土	壤黄土	1	0—19	浅灰色	中壤土	粒状	5.0	13.2	0.96	0.58	12.0	洪积物、冲积物	E 114°28′30.4″ N 32°44′16.4″	98
剖2	淋溶土	黄褐土	黄褐土	黄胶土	活白散土	2	19—50	灰黄色	中壤土	碎块状	6.9	5.8	0.49	0.41	12.7	下蜀系黄土	E 114°27′36.0″ N 32°41′36.6″	95
						3	50—100	棕黄色	中壤土	块状	7.3	5.8	0.47	0.21	17.2			
剖3	半水成土	砂姜黑土	砂姜黑土	灰白土	壤质厚层灰白土	1	0—20	灰白色	中壤土	粒状	8.3	8.6	1.00	0.56	13.5	湖相沉积物	E 114°17′16.8″ N 32°31′31.8″	98
						2	20—50	浅灰黄色	重壤土	棱块状	7.3	6.0	0.48	0.46	18.3			
						3	50—110	灰褐棕色	重壤土	棱块状	7.6	5.5	0.56	0.59	18.9			
剖4	人为土	水稻土	淹育水稻土	黄棕壤性淹育水稻土	黄老土田	1	0—15	灰白色	中壤土	粒状	6.6	10.9	0.65	0.28	16.0	古老的洪积物、冲积物	E 114°28′24.6″ N 32°27′26.6″	97
						2	15—25	黄灰白色	中壤土	碎块状	7.2	8.2	0.64	0.27	15.6			
						3	25—47	暗灰色	轻黏土	块状	7.9	8.1	0.42	0.19	26.9			
						4	47—100	灰棕黄色	轻黏土	棱块状	6.8	6.6	0.40	0.23	26.2			
剖5	人为土	水稻土	淹育水稻土	砂姜黑土性淹育水稻土	壤质厚层灰白土田	1	0—18	灰白黄色	中壤土	块状	7.1	18.9	1.14	0.35	16.3	湖相沉积物	E 114°24′55.4″ N 32°22′50.9″	95
						2	18—30	黄灰色	重壤土	块状	6.7	7.8	0.54	0.44	16.3			
						3	30—100	棕黄色	重壤土	块状	5.7	5.9	0.43	0.52	16.5			
剖6	半水成土	砂姜黑土	砂姜黑土	黑老土	黏质薄覆黑老土	1	0—15	青灰色	中壤土	小块状	7.0	10.2	0.61	0.20	—	湖相沉积物	E 114°25′06.2″ N 32°24′50.8″	97
						2	15—20	灰黄色	重壤土	块状	7.7	7.3	0.45	0.15	27.0			
						3	20—34	灰黄色	轻黏土	块状	7.6	7.2	0.50	0.14	20.8			
						4	34—100	灰褐色	轻黏土	块状	7.6	6.7	0.37	0.21	27.8			
剖7	人为土	水稻土	潴育水稻土	黄棕潴育水稻土	黄老泥田	1	0—13	灰黄色	重壤土	碎屑状	6.9	14.2	0.92	0.32	27.8	湖相沉积物	E 114°23′21.8″ N 32°23′31.2″	95
						2	13—22	暗灰黄色	重壤土	块状	7.0	12.3	0.86	0.29	21.3			
						3	22—44	暗灰黄色	轻壤土	块状	7.1	11.0	0.79	0.20	15.6			
						4	44—80	灰黄棕色	重壤土	块状	7.4	5.2	0.38	0.50	17.1			
						5	80—100	灰黄黄色	重壤土	块状	7.2	3.6	0.27	0.43	23.8			
剖8	人为土	水稻土	淹育水稻土	砂姜黑土性淹育水稻土	黏质薄覆黑老土田	1	0—21	浅灰黄白色	中壤土	碎屑状	5.7	18.3	1.14	0.25	20.7	湖相沉积物	E 114°24′18.5″ N 32°25′26.5″	95
						2	21—57	暗灰黄色	重壤土	块状	6.9	5.3	0.36	0.16	25.4			
						3	57—100	灰棕黄色	重壤土	小块状	7.3	5.1	0.32	0.26	24.8			
						4	74—100	棕黄色	重壤土	块状	6.3	18.6	1.04	0.41	34.1			
剖9	淋溶土	黄褐土	黄褐土	老黄土	黄老土	1	0—14	灰黄色	中壤土	块状	6.8	14.6	0.89	0.51	36.3	洪积物、冲积物	E 114°33′24.1″ N 32°45′27.4″	97
						2	14—72	黄褐色	重壤土	碎块状	6.9	10.2	0.58	0.44	13.0			
						3	72—100	棕褐色	重壤土	棱块状	7.0	11.1	0.55	0.53	16.1			
剖10	淋溶土	黄褐土	黄褐土	黄胶土	浅位厚层黄胶土	1	0—21	暗黄黄色	中壤土	偏重粒状	7.0	11.3	0.53	0.76	17.4	下蜀系黄土	E 114°32′51.7″ N 32°40′29.3″	98
						2	22—57	黄灰黄色	轻壤土	棱块状	6.6	10.1	0.75	0.33	20.2			
						3	57—74	灰棕黄色	重壤土	块状	7.4	5.7	0.46	0.25	17.5			
剖11	半水成土	砂姜黑土	砂姜黑土	黑老土	黏质老土	1	0—21	黄灰褐色	重壤土	碎屑状	7.5	6.7	0.48	0.26	15.9	湖相沉积物	E 114°33′12.5″ N 32°35′20.4″	97
						2	21—70	黄棕色	重壤土	块状	7.2	4.8	0.42	0.41	18.5			
						3	70—100	灰棕色	轻黏土	块状	6.5	5.0	0.72	0.41	23.1			
剖12	半水成土	砂姜黑土	砂姜黑土	黑老土	黏质厚覆黑老土	1	0—20	浅灰黄色	重黏土	碎屑状	7.2	5.2	0.41	0.42	31.1	湖相沉积物	E 114°33′39.2″ N 32°35′33.7″	99
						2	20—40	浅灰黄色	重壤土	块状	6.9	5.2	0.37	0.46	28.7			
						3	40—100	灰黄黑色	轻黏土	块状	7.1	11.9	0.76	0.34	22.9			

续表 Continued

剖面号 Soil profile	土纲 Soil order	土类 Soil great group	亚类 Soil subgroup	土属 Soil genus	土种 Soil species	土层码 Layer code	土层厚度 Depth/cm	颜色 Soil color	质地 Soil texture	土壤结构 Soil structure	pH	有机质 OM/(g/kg)	全氮 TN/(g/kg)	全磷 TP/(g/kg)	阳离子交换量 CEC/(cmol/kg)	土壤母质 Parent material	剖面点坐标 Profile coordinate	匹配指数 Matching index/%
韵13	半水成土	砂姜黑土	砂姜黑土	黑老土	壤质老土	1	0—25	灰黄色	中壤土	粒状	6.9	11.4	0.83	0.31	16.2	湖相沉积物	E 114°40′01.9″ N 32°33′25.6″	97
						2	25—37	灰黄色	重壤土	块状	7.0	7.3	0.52	0.21	18.0			
						3	37—63	灰黄色	重壤土	块状	7.3	6.5	0.44	0.19	18.7			
						4	63—80	黄灰棕色	重壤土	块状	7.3	8.2	0.47	0.18	21.7			
						5	80—100	棕黄色	重壤土	块状	7.3	5.2	0.41	0.24	23.6			

确 山 县

主要土类说明

黄褐土是确山县主要土壤类型，占本县地域面积的87%。本县夏季高温多雨、冬季寒冷干旱，在雨热同季、干湿交替的气候条件下，黄褐土的形成发育具有明显的淋溶、淀积和黏化过程。高温多雨有利于母质风化，风化过程中分解出来的一、二价盐基离子，随雨水向下淋洗，使整个土体没有游离钙的存在，剖面无石灰反应。在较强烈的淋溶作用下，除一、二价盐基离子被淋洗外，易变价的铁、锰化合物亦随水下渗到一定深度聚积起来，附着于土壤结构面上，日积月累就形成了红褐色的铁锰胶膜和铁锰结核。与此同时，土壤黏粒也不断下移，使土体下部的黏粒不断增多，加上第四纪黄土母质本身质地黏重，有利于黏粒的淀积，因而心土层黏化现象明显，质地黏重。黄褐土的主要特征为：具有棕褐色或黄棕色的底土层，结构面上有大量铁锰胶膜和铁锰结核；土体深厚而黏重；通体无石灰反应，整个剖面呈微酸性至中性；有机质含量偏低。

潮土是确山县第二大土壤类型，占本县地域面积的6%。潮土是发育在近代河流冲积物上，经过人类耕作熟化而形成的一种较年轻的土壤。由于地下水位高，质地偏轻，具有夜间返潮现象，因而得名为潮土。其母质为河流沉积物，地下水的影响和人类的耕作熟化是形成潮土的主导因素。所以其形成过程包括水力分选沉积过程、地下水参与过程和人为耕作熟化过程。潮土土层深厚，土壤发生层次不明显，而质地层次非常明显。故潮土出现砂、壤、黏间层，并组合成不同的土体构型，对土体的理化性状、改良利用等都有较大影响。

砂姜黑土是确山县第三大土壤类型，占本县地域面积的4%。砂姜黑土是在第四纪河湖相沉积物上经过长期排水疏干、耕作熟化发育而成的一种独特的区域性土壤。砂姜黑土的形成大致经历了前期的沼泽化过程和后期的脱沼泽化及旱耕熟化过程。在古代湖泊洼地中，湿生、水生植物残体在积水嫌气的情况下以腐殖质化作用为主，在好气状况下以矿质化为主，如此反复循环形成了有机质含量较高的黑土层。流水带来大量表层细土而沉积，不断将洼地填高，逐渐摆脱了长年积水状态，形成了季节性积水，出现了氧化还原交替进行的情况。淹水时，铁、锰呈低价游离状态向下淋洗，退干时，铁、锰呈高价氧化状态而淀积，从而使土体中形成铁子、锈色斑纹等新生体。同时植物根部呼吸和有机质分解过程中产生了大量二氧化碳，溶于水生成碳酸，与土壤中的碳酸钙作用生成重碳酸钙随水下移，在干湿交替的情况下，便以碳酸钙淀积下来。另外，含碳酸钙的地下水反复升降，碳酸钙与土壤黏粒结合在一起，体积逐渐增大而形成砂姜或砂姜层。由于泥沙不断淀积，积水减少到脱水，潜育化过程减弱，开始了脱沼泽化过程，特别是开垦以后，经挖沟排水、耕种施肥等措施使砂姜黑土逐步熟化，土壤肥力不断提高。

小于本县地域面积3%的土壤类型还有水稻土、黄棕壤。

本区域中心区气候特征

本区域中心区气候特征值
Regional climate characteristics in central area of the region

气候带：北亚热带湿润气候 Climate region: North subtropical humid climate	
年平均气温 /℃ Annual average temperature /℃	15.0
年平均最高气温 /℃ Annual average maximum temperature /℃	20.2
年平均最低气温 /℃ Annual average minimum temperature /℃	10.6
年降水量 /mm Annual precipitation /mm	1001
≥10℃的积温 /℃ Daily temperature accumulated in a year (≥10℃) /℃	5502
年日照时数 /h Annual sunshine /h	1928
年平均相对湿度 /% Annual average relative humidity /%	74
干燥度 Dryness	0.90

本区域中心区月平均气温与月平均降水量
Monthly temperature and precipitation in central area of the region

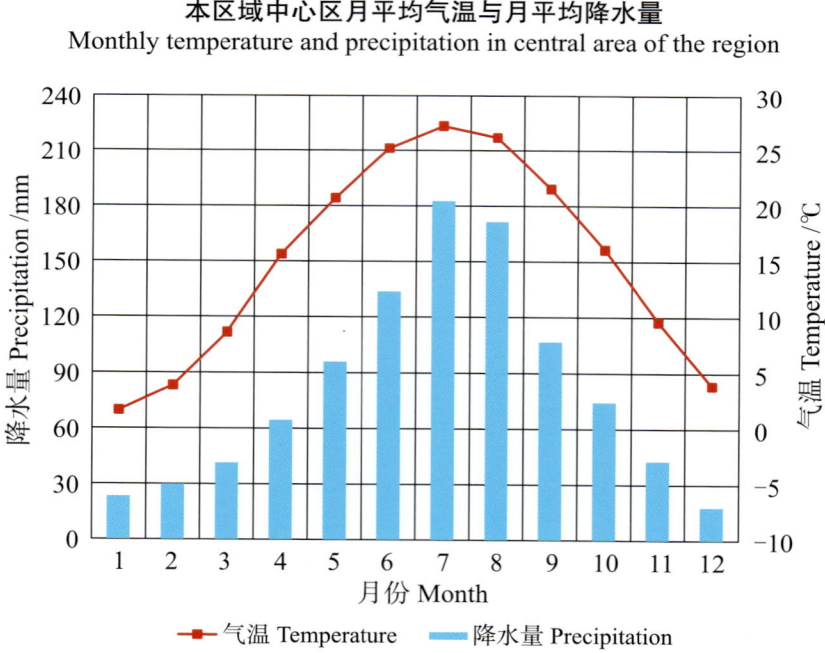

确山县主要土壤类型与土壤剖面点分布图
1:260 000

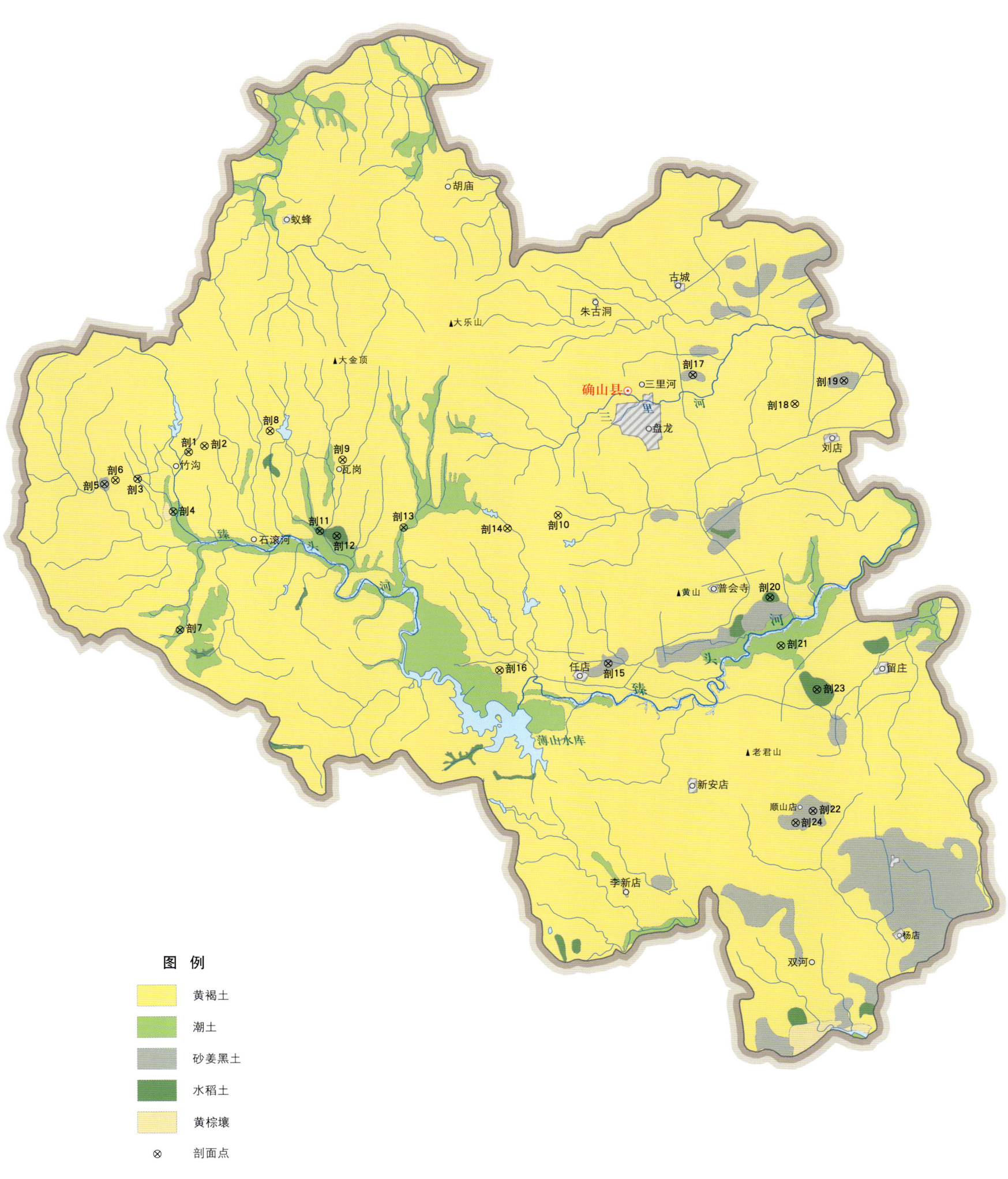

确山县土壤剖面理化性状表

剖面号 Soil profile	土纲 Soil order	土类 Soil great group	亚类 Soil subgroup	土属 Soil genus	土种 Soil species	土层码 Layer code	土层厚度 Depth/cm	颜色 Soil color	质地 Soil texture	土壤结构 Soil structure	pH	有机质 OM/(g/kg)	全氮 TN/(g/kg)	全磷 TP/(g/kg)	全钾 TK/(g/kg)	有效磷 AP/(mg/kg)	速效钾 AK/(mg/kg)	阳离子交换量CEC/(cmol/kg)	土壤母质 Parent material	剖面点坐标 Profile coordinate	匹配指数 Matching index/%
剖1	淋溶土	黄褐土	黄褐土	黄老土	少砾质壤黄土	1	0—20	灰黄色	轻壤土	粒状	6.7	11.7	0.85	0.26				12.5	老河流沉积物	E 113°43′57.7″ N 32°47′40.9″	98
						2	20—28	灰黄色	中壤土	小块状	7.4	5.2	0.42	0.18				13.6			
						3	28—42	浅黄色	中壤土	碎块状	7.4	4.2	0.34	0.15				11.1			
						4	42—100	灰棕黄色	中壤土	块状	7.4	3.6	0.31	0.15				15.0			
剖2	淋溶土	黄褐土	黄褐土	黄老土	壤黄土	1	0—22	灰黄色	轻壤土	粒状	6.2	11.4	0.76	0.31				10.4	老河流沉积物	E 113°44′34.4″ N 32°47′52.4″	98
						2	22—31	灰黄色	轻壤土	碎块状	6.2	9.8	0.79	0.28				10.6			
						3	31—60	黄灰色	轻壤土	块状	6.9	6.3	0.43	0.26				11.8			
						4	60—80	棕黄色	轻壤土	块状	7.3	4.6	0.36	0.25				11.2			
剖3	淋溶土	黄褐土	粗骨性黄褐土	石英岩石渣土	多砾质薄层石英岩石渣土	1	0—6	灰黄色	轻壤土	粒状	6.9	34.1	0.23	0.97				12.9	石英岩	E 113°41′58.9″ N 32°46′50.2″	95
						2	6—28	棕黄色	中壤土	粒状	6.6	17.6	2.15	0.41				15.3			
						3	28—														
剖4	半水成土	潮土	灰潮土	灰两合土	灰两合土	1	0—19	灰黄色	中壤土	粒状	6.7	14.4	0.85	0.38				13.7	河流冲积物	E 113°43′18.5″ N 32°45′43.2″	97
						2	19—35	黄灰色	中壤土	碎块状	6.9	9.8	0.74	0.44				13.8			
						3	35—100	棕黄色	中壤土	块状	7.5	2.5	0.27	0.32				14.2			
剖5	半水成土	砂姜黑土	砂姜黑土	黑老土	黏质薄层黑老土	1	0—20	黑色	轻壤土	碎屑状	7.1	24.2	1.53	0.56				31.5	河流湖沉积物	E 113°40′43.3″ N 32°46′41.5″	97
						2	20—51	灰黄色	重壤土	棱块状	7.6	13.9	0.77	0.47				37.4			
						3	51—77	黄灰色	重壤土	棱块状	7.5	11.1	0.62	0.75				42.7			
						4	77—100	黄灰黄色	重壤土	块状	7.5	4.6	0.27	0.33				19.2			
剖6	淋溶土	黄褐土	粗骨性黄褐土	酸性岩石渣土	少砾质中层酸性岩石渣土	1	0—21	黄灰色	中壤土	粒状	6.5	10.9	0.69	0.49				16.1	花岗岩等酸性岩类残积物	E 113°41′08.2″ N 32°46′48.7″	97
						2	21—31	黄灰色	中壤土	块状	6.7	7.1	0.45	0.64				19.1			
						3	31—														
剖7	半水成土	潮土	灰潮土	灰两合土	底砾石层灰小两合土	1	0—18	灰黄色	轻壤土	粒状	6.6	6.7	0.50	0.47				10.5	河流冲积物	E 113°43′26.0″ N 32°41′44.9″	98
						2	18—41	黄灰色	中壤土	小块状	6.4	7.4	0.49	0.48				10.0			
						3	41—82	棕黄色	中壤土	小块状	7.4	3.4	0.29	0.41				11.8			
						4	82—140	灰黄色	砂壤土		7.4	2.6	0.20	0.55				7.8			
剖8	淋溶土	黄褐土	黄褐土	偏黄泥砂土	壤黄土	A₁₁	0—18	油橙色	砂质黏壤土	屑粒状	6.6	16.4	1.06	0.28	20.8	8.3	87	次生堆土堆积物	次生堆土堆积物	E 113°47′05.6″ N 32°48′18.7″	95
						A₁₂	18—34	油橙色	砂质黏壤土		6.7	6.1	0.45	0.17	20.2	<1.0	55				
						ABv	34—63	油棕色	黏壤土	棱块状	7.0	6.0	0.42	0.13	19.7	1.7	55				
						Bvtn01	63—90	红棕色	黏壤土	棱块状	7.2	5.4	0.39	0.14	22.0	4.1	57				
						Bvtn02	90—150	红棕色	黏壤土	棱块状	7.3	6.0	0.44	0.12	20.5	4.1	51				
剖9	淋溶土	黄褐土	粗骨性黄褐土	泥质岩石渣土	多砾质薄层泥质岩石渣土	1	0—10	暗黄棕色	重壤土	粒状	6.3	18.3	0.83	0.67				17.8	泥质岩	E 113°49′50.2″ N 32°47′17.2″	95
						2	10—21	灰黄棕色	重壤土	小块状	6.4	20.0	0.99	0.68				23.6			
						3	21—														
剖10	淋溶土	黄褐土	粗骨性黄褐土	石英岩石渣土	多砾质厚层石英岩石渣土	1	0—9	灰红黄色	中壤土	粒状	6.3	47.0	2.28	0.38				16.7	石英岩	E 113°57′59.4″ N 32°45′14.8″	95
						2	9—20	棕红色	中壤土	块状	6.2	28.2	1.41	0.27				16.2			
						3	20—	暗棕红色	中壤土	块状	7.4	12.1	0.81	0.23				29.8			
剖11	人为土	水稻土	潴育水稻土	潮土性潴育水稻土	灰两合土田	1	0—16	灰黄间棕色	中壤土	粒状	6.7	15.1	1.06	0.38				16.6	河流冲积物	E 113°48′52.9″ N 32°44′56.4″	95
						2	16—27	棕灰黄色	中壤土	块状	7.8	11.0	0.83	0.44				16.6			
						3	27—100	灰棕黄色	中壤土	块状	7.9	6.4	0.52	0.37				17.5			
剖12	人为土	水稻土	潴育水稻土	砂姜黑土性潴育水稻土	黏质厚覆盖黑老土田	1	0—20	灰棕黄色	轻壤土	碎块状	6.5	17.9	1.20	0.33				21.4	湖相沉积物	E 113°49′31.8″ N 32°44′45.6″	95
						2	20—42	棕灰色	重壤土	块状	7.2	9.5	0.73	0.32				27.4			
						3	42—130	灰黑色	重壤土	块状	7.3	6.5	0.45	0.17				19.1			

续表 Continued

剖面号 Soil profile	土纲 Soil order	土类 Soil great group	亚类 Soil subgroup	土属 Soil genus	土种 Soil species	土层码 Layer code	土层厚度 Depth/cm	颜色 Soil color	质地 Soil texture	土壤结构 Soil structure	pH	有机质 OM/(g/kg)	全氮 TN/(g/kg)	全磷 TP/(g/kg)	全钾 TK/(g/kg)	有效磷 AP/(mg/kg)	速效钾 AK/(mg/kg)	阳离子交换量 CEC/(cmol/kg)	土壤母质 Parent material	剖面点坐标 Profile coordinate	匹配指数 Matching index/%
剖13	半水成土	潮土	灰潮土	灰两合土	灰小两合土	1	0—20	浅黄色	轻壤土	粒状	6.8	11.7	0.81	0.42				11.5	河流冲积物	E 113°52′05.2″ N 32°44′58.9″	98
						2	20—33	灰黄色	轻壤土	小块状	6.8	8.6	0.59	0.41				11.6			
						3	33—68	灰黄色	砂壤土	单粒状	7.3	5.3	0.35	0.32				11.0			
						4	68—120	黄灰色	轻壤土	块状	7.5	3.8	0.32	0.31				9.9			
剖14	淋溶土	粗骨性黄褐土		山黑土	少砾质山黑土	1	0—16	灰褐色	中壤土	粒状	6.5	22.4	1.25	1.27				16.4		E 113°56′02.4″ N 32°44′51.4″	98
						2	16—26	暗灰色	中壤土	碎块状	6.6	22.7	1.18	1.23				15.6			
						3	26—70	灰棕色	中壤土	碎块状	7.1	23.2	1.03	1.87				17.9			
						4	70—130	灰棕色	中壤土	块状	7.2	21.0	0.96	1.45				18.9			
剖15	半水成土	砂姜黑土		黑老土	黏质厚覆黑老土	1	0—18	黄灰色	轻黏土	屑粒状	6.8	15.4	1.09	0.45				27.7	河湖相沉积物	E 113°59′43.4″ N 32°40′13.4″	97
						2	18—70	黄灰褐色	中黏土		7.2	7.5	0.64	0.31				29.7			
						3	70—120	灰黑色	中黏土		7.1	19.9	1.31	0.33				46.3			
剖16	淋溶土	黄褐土		黄老土	壤质厚覆黄老土	1	0—14	灰黄色	中壤土	粒状	7.2	9.9	0.71	0.38				15.0	老河流沉积物	E 113°55′34.7″ N 32°40′05.9″	98
						2	14—38	暗黄褐色	中壤土	碎块状	7.4	4.5	0.55	0.33				17.7			
						3	38—100	棕黄色	重壤土	粒状	7.2	6.4	0.43	0.43				20.9			
剖17	半水成土	砂姜黑土		黑老土	壤质厚覆黑老土	1	0—16	灰黄色	中壤土	粒状	6.7	11.0	0.70	0.38				14.8	河湖相沉积物	E 114°03′18.0″ N 32°49′48.0″	97
						2	16—50	灰黄色	重壤土	块状	7.4	7.0	0.52	0.30				16.4			
						3	50—100	灰棕色	中黏土	粒状	7.5	9.2	0.61	0.24				23.7			
剖18	淋溶土	黄褐土		黄老土	壤质厚覆黄老土	1	0—15	棕黄色	中壤土	小块状	7.2	10.5	0.67	0.27				11.7	下蜀系黄土	E 114°07′09.5″ N 32°48′43.6″	98
						2	15—38	黄棕色	重壤土	棱块状	7.4	6.2	0.44	0.20				12.5			
						3	38—100	棕褐色	重壤土	块状	7.7	4.9	0.39	0.27				22.3			
剖19	半水成土	砂姜黑土		灰白土	白散土	1	0—20	黄白色	中壤土	粒状	6.5	13.8	0.90	0.29				14.7	河湖相沉积物	E 114°09′04.0″ N 32°49′27.5″	97
						2	20—30	灰灰褐色	重壤土	块状	6.6	11.1	0.73	0.25				15.1			
						3	30—38	灰黄色	重壤土	小块状	7.0	8.2	0.60	0.20				19.8			
						4	38—100	灰灰色	轻壤土	块状	7.1	7.5	0.54	0.23				23.9			
剖20	人为土	水稻土	潴育水稻土	砂黑土性潴育水稻土	黏质薄覆黑老土田	1	0—20	暗黄色	重壤土	小碎块状	6.3	17.9	1.08	0.33				28.9	湖相沉积物	E 114°05′58.1″ N 32°42′16.7″	95
						2	20—48	灰黑色	轻黏土	块状	7.7	8.4	0.60	0.27				32.0			
						3	48—100	黄褐色	重壤土	块状	7.7	4.2	0.32	0.42				24.0			
剖21	半水成土	潮土	灰潮土	灰两合土	体砾石层灰小两合土	1	0—15	灰黄色	砂壤土	粒状	6.4	10.3	0.66	0.31				13.3	河湖相沉积物	E 114°06′19.4″ N 32°40′38.6″	95
						2	15—18	灰褐色	中壤土	小碎块状	6.6	7.2	0.57	0.38				12.3			
						3	18—80	棕灰色	中壤土	单粒状	6.7	2.1	0.11	0.48				5.7			
剖22	半水成土	砂姜黑土		黑老土	壤质厚覆黑老土	1	0—18	灰黄色	中壤土	粒状	6.1	12.2	0.91	0.28				16.4	河湖相沉积物	E 114°07′20.3″ N 32°35′04.6″	98
						2	18—48	棕黄色	轻黏土	碎块状	7.4	9.5	0.65	0.28				17.6			
						3	48—100	暗黄色	中黏土	块状	7.4	18.2	0.86	0.28				34.3			
剖23	人为土	水稻土	潴育水稻土	浅潮泥田	确山浅潮泥田	Aa	0—16	油黄橙色	黏壤土	团粒状	6.7	15.1	1.06	0.17		7.5	92	16.6	河流冲积物	E 114°07′38.6″ N 32°39′08.6″	95
						Ap	16—27	油黄橙色	黏壤土	块状	7.7	11.0	0.83	0.19				16.6			
						C	27—100	油黄橙色	黏壤土	大块状	7.9	6.4	0.52	0.16				17.5			
剖24	半水成土	砂姜黑土		黑老土	黏质薄覆老土	1	0—14	灰黄色	轻黏土	碎屑状	6.6	15.6	1.00	0.36				30.6	河湖相沉积物	E 114°06′39.2″ N 32°34′41.5″	97
						2	14—25	灰黄色	轻黏土	块状	6.6	15.9	0.98	0.34				29.2			
						3	25—70	灰棕色	中黏土	棱状	7.0	10.9	0.72	0.33				30.7			
						4	70—120	灰黄色	轻黏土	块状	7.1	6.5	0.52	0.55				31.6			

泌 阳 县

主要土类说明

黄褐土是泌阳县主要土壤类型，占本县地域面积的79%。本县黄褐土分为黄褐土和粗骨性黄褐土等亚类。其中，黄褐土亚类占本土类面积的57%，本县各乡镇均有分布，主要分布在垄岗地形和浅山、丘陵的山脚处，为本县主要农地土壤，其成土母质为下蜀系黄土，色黄质黏。粗骨性黄褐土主要分布在浅山、丘陵地区，是本县主要的林草用地土壤，其成土母质为各类岩石的风化物，主要特征是全剖面含有不同程度的砾质土，下部为基岩或其风化物，一般砾石含量为10%—70%，黏粒含量很少，风化层厚度一般为15—40cm，风化层之下为基岩。

潮土是泌阳县第二大土壤类型，占本县地域面积的12%。潮土发育在近代河流沉积物上，经人为耕作熟化而形成。土壤质地偏轻，地下水埋藏浅，有夜潮现象。成土母质为近代河流沉积物。流水分选沉积、地下水升降、人为耕作熟化共同参与了潮土的形成过程。①流水的分选沉积过程。河流经无数次泛滥和沉积，因其季节性雨量的变化，河水流量、流速的不同，搬运挟带泥沙的多少、粗细也不同，从而在不同的地形部位上沉积着不同的物质，其沉积规律是"紧出砂，慢出淤，不紧不慢出两合"。由于多次分选沉积，土体中有砂、壤、黏间层出现。并且有质地层次多而明显的特点。②地下水升降引起的氧化还原交替发生，地下水埋藏浅，平时地下水通过毛细管作用向上运行，地下水随季节性降水量变化而升降，从而引起土体中氧化还原作用交替进行，易变价元素铁、锰因滞水呈还原态，剖面中表现为蓝灰色条纹，脱水时呈氧化态，为红褐色斑纹，年复一年，就形成潮土剖面下部红褐色的斑纹。③人为耕作熟化过程。人们通过耕作、施肥、栽培、灌溉等一系列措施，不仅改善了潮土的理化性状，还大大提高了土壤肥力，为作物生长发育创造了良好的土壤条件。本县潮土只有灰潮土一个亚类。

砂姜黑土是泌阳县第三大土壤类型，占本县地域面积的7%。本县砂姜黑土是第四纪湖相沉积物历经沼泽化、脱沼泽化、耕作熟化发育而成的独特区域性土壤。砂姜黑土的形成主要经历生物积累过程、淋溶淀积过程和旱耕熟化过程。砂姜黑土的主要特征为：具有腐泥状的黑土层，有机质含量较高；土粒细、土质黏重；有时有砂姜，零星分布或成层分布，多分布在下层；全剖面多数无石灰反应，土壤呈中性；地下水位高，水资源丰富，土温较低，潜在肥力高。本县砂姜黑土只有砂姜黑土一个亚类。

小于本县地域面积3%的土壤类型还有水稻土、黄棕壤等。

本区域中心区气候特征

本区域中心区气候特征值
Regional climate characteristics in central area of the region

气候带：北亚热带湿润气候 Climate region: North subtropical humid climate	
年平均气温 /℃ Annual average temperature /℃	14.9
年平均最高气温 /℃ Annual average maximum temperature /℃	20.3
年平均最低气温 /℃ Annual average minimum temperature /℃	10.4
年降水量 /mm Annual precipitation /mm	923
≥10℃的积温 /℃ Daily temperature accumulated in a year (≥10℃) /℃	5456
年日照时数 /h Annual sunshine /h	1920
年平均相对湿度 /% Annual average relative humidity /%	73
干燥度 Dryness	0.98

本区域中心区月平均气温与月平均降水量
Monthly temperature and precipitation in central area of the region

泌阳县主要土壤类型与土壤剖面点分布图
1∶290 000

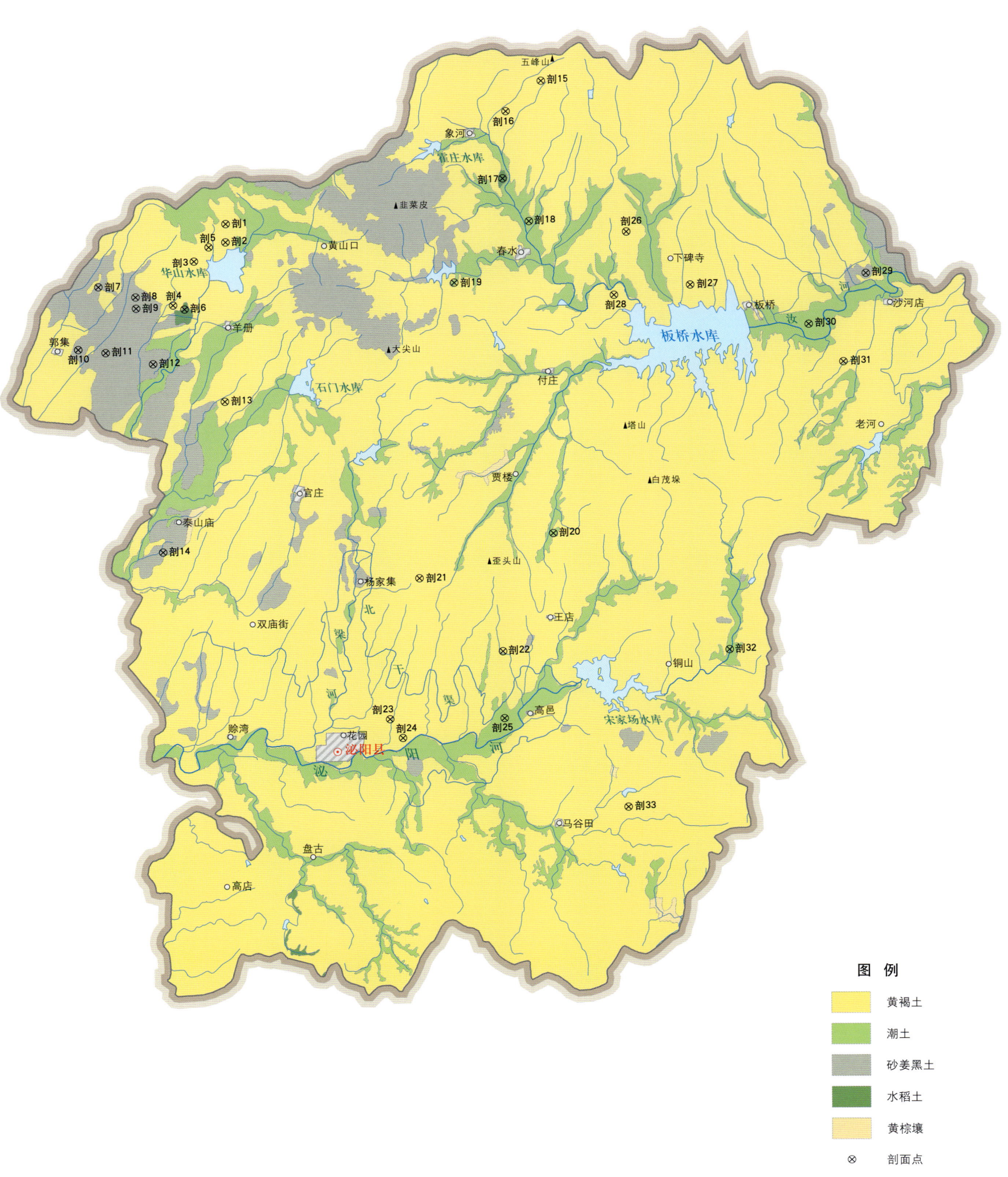

泌阳县土壤剖面理化性状表

剖面号 Soil profile	土纲 Soil order	土类 Soil great group	亚类 Soil subgroup	土属 Soil genus	土种 Soil species	土层码 Layer code	土层厚度 Depth/cm	颜色 Soil color	质地 Soil texture	土壤结构 Soil structure	pH	有机质 OM/(g/kg)	全氮 TN/(g/kg)	全磷 TP/(g/kg)	阳离子交换量 CEC/(cmol/kg)	土壤母质 Parent material	剖面点坐标 Profile coordinate	匹配指数 Matching index/%
剖1	淋溶土	黄褐土	黄褐土	老黄土	黄老土	1	0—8	浅黄色	重壤土	碎屑状	6.1	7.3	0.44	1.14	16.4	下蜀系黄土	E 113°14′52.4″ N 33°03′19.1″	98
						2	8—17	浅黄色	重壤土	块状	6.0	6.2	0.50	1.12	18.5			
						3	17—100	黄棕色	重壤土	棱块状	6.3	4.7	0.32	1.32	17.3			
剖2	淋溶土	黄褐土	黄褐土	老黄土	山砂土	1	0—15	浅黄色	砂壤土	单粒状	7.7	6.6	0.41	0.55	7.2	下蜀系黄土	E 113°14′51.0″ N 33°02′38.0″	97
						2	15—28	浅黄色	砂壤土	碎块状	7.7	4.5	0.37	0.55	6.8			
						3	28—100	浅棕黄色	砂壤土	碎块状	7.4	4.5	0.34	0.47	8.5			
剖3	淋溶土	黄褐土	粗骨性黄褐土	酸性岩石渣土	多砾质薄层砂酸性岩石渣土	1	0—16	棕黄色	轻壤土	粒状	8.3	14.2	0.76	0.73	15.8		E 113°13′27.8″ N 33°01′56.3″	98
						2	16—				7.1	6.3	0.37	0.43	15.7			
剖4	淋溶土	黄褐土	粗骨性黄褐土	酸性岩石渣土	少砾质中层酸性岩石渣土	1	0—14	灰黄色	轻壤土	粒状	6.9	8.2	0.49	1.92	11.9	花岗岩、片麻岩等酸性岩类	E 113°12′31.3″ N 33°00′17.6″	97
						2	14—37	棕黄色		块状								
						3	37—				7.6	6.0	0.50	1.50	21.8			
剖5	淋溶土	黄褐土	黄褐土	老黄土	少砾质黄老土	1	0—18	灰棕色	中壤土	粒状	7.1	11.0	0.65	0.77	22.7	下蜀系黄土	E 113°14′07.1″ N 33°02′27.6″	97
						2	18—37	灰棕色	中壤土	块状	7.0	6.3	0.46	0.77	24.9			
						3	37—100	棕黄色	中壤土	碎块状	7.3	6.4	0.38	0.52	18.1			
剖6	人为土	水稻土	淹育水稻土	潮土性淹育水稻土	体黏灰两合土田	1	0—20	灰黄色	中壤土	粒状	6.2	9.7	0.57	0.80	15.9	河流沉积物	E 113°13′00.8″ N 33°00′07.9″	75
						2	20—26	黄灰褐色	中壤土	块状	6.2	10.0	0.60	0.83	15.9			
						3	26—80	浅灰褐色	轻黏土	粒状	7.4							
剖7	半水成土	砂姜黑土	砂姜黑土	砂姜黑土	浅位厚砾石层青黑土	1	0—20	灰黑色	中壤土	粒状	7.5	19.6	1.04	1.13	25.4	湖相沉积物	E 113°09′18.7″ N 33°01′02.3″	97
						2	20—42		中壤土	块状	7.8	19.0	0.92	0.93	39.6			
						3	42—68		中壤土		8.1	13.4	0.75	0.90	33.7			
						4	68—100	灰白色	中壤土	碎屑状	8.2	3.8	0.18	0.93	29.3			
剖8	半水成土	砂姜黑土	砂姜黑土	砂姜黑土	深位厚砾石层青黑土	1	0—20	暗黄色	轻壤土	块状	7.2	16.6	0.93	0.93	24.3	湖相沉积物	E 113°10′54.1″ N 33°00′37.8″	97
						2	20—65		中壤土	块状	7.9	16.7	0.67	0.46	39.1			
						3	65—100		中壤土	粒状	8.0	18.1	0.96	0.70	26.8			
剖9	半水成土	砂姜黑土	砂姜黑土	黑老土	壤质薄覆老土	1	0—18	黄灰色	中壤土	块状	7.2	15.1	0.87	0.90	24.9	湖相沉积物	E 113°10′54.8″ N 33°00′12.2″	75
						2	18—55	灰黄色	重壤土	粒状	7.9	13.3	0.69	0.53	39.5			
						3	55—100	棕黄色			8.0	12.2	0.56	0.48	38.6			
剖10	半水成土	砂姜黑土	砂姜黑土	老土	壤质薄覆老土	1	0—17	暗黄色	中壤土	粒状	7.0	13.0	0.97	1.17	26.7	湖相沉积物	E 113°08′22.6″ N 32°58′40.8″	98
						2	17—37	灰黄色	重壤土	块状	7.0	10.6	0.76	0.58	26.8			
						3	37—57	灰黄棕色	重壤土	块状	7.1	7.6	0.45	0.39	25.2			
						4	57—100	灰黄色	重壤土	块状	7.2	6.4	0.37	0.46	28.4			
剖11	半水成土	砂姜黑土	砂姜黑土	老土	浅位厚砾质壤质薄覆老土	1	0—15	黄灰色	中壤土	粒状	8.0	14.8	0.89	1.10	20.4	湖相沉积物	E 113°09′33.8″ N 32°58′32.5″	99
						2	15—29	黄灰色	重壤土		8.0	14.2	0.42	0.91	27.8			
						3	29—49	灰黄色	中壤土	棱块状	8.2	13.9	0.85	0.70	24.2			
						4	49—100	棕黄色	重壤土	块状	8.0	5.2	0.38	0.31	30.5			
剖12	半水成土	砂姜黑土	砂姜黑土	黑老土	黏质厚覆老土	1	0—24	棕黄色	轻壤土	屑粒状	6.8	11.9	0.72	0.71	21.6	湖相沉积物	E 113°11′35.5″ N 32°58′04.8″	98
						2	24—35	棕黄色	重壤土	块状	7.4	10.2	0.59	0.20	20.7			
						3	35—90	灰黄色	中壤土	棱块状	7.5	18.2	0.80	0.51	28.0			
						4	90—100		重壤土		7.7	9.7	2.53	0.46	27.5			
剖13	淋溶土	黄褐土	黄褐土	老黄土	少砾质黄老土	1	0—15	灰黄色	重壤土	粒状	7.5	13.8	0.89	0.88	24.0	下蜀系黄土	E 113°14′39.1″ N 32°56′36.6″	98
						2	15—37	灰黄色	中壤土	块状	7.3	8.0	0.70	0.66	24.1			
						3	37—40	灰黄色	重壤土	碎块状	7.2	6.5	0.45	0.52	24.1			

续表 Continued

剖面号 Soil profile	土纲 Soil order	土类 Soil great group	亚类 Soil subgroup	土属 Soil genus	土种 Soil species	土层码 Layer code	土层厚度 Depth/cm	颜色 Soil color	质地 Soil texture	土壤结构 Soil structure	pH	有机质 OM/(g/kg)	全氮 TN/(g/kg)	全磷 TP/(g/kg)	阳离子交换量CEC/(cmol/kg)	土壤母质 Parent material	剖面点坐标 Profile coordinate	匹配指数 Matching index/%
剖14	半水成土	砂姜黑土	砂姜黑土	老土	壤质厚覆老土	1	0—18	灰黄色	中壤土	粒状	6.9	8.8	0.57	0.54	15.2	湖相沉积物	E 113° 11′ 48.8″ N 32° 50′ 58.9″	98
						2	18—38	灰黄色	重壤土	块状	7.0	8.2	0.53	0.54	16.8			
						3	38—73	灰褐色	重壤土	棱块状	7.7	13.2	0.89	0.70	23.4			
						4	73—120	棕褐色	重壤土	块状	7.4	7.5	0.44	0.64	25.3			
剖15	淋溶土	黄褐土	粗骨性黄褐土	石英岩石渣土	多砾质厚层石英岩石渣土	1	0—10	红灰黄色	中壤土	粒状	6.7	24.6	1.15	0.64	17.4	石英岩风化物	E 113° 28′ 39.4″ N 33° 08′ 26.5″	97
						2	10—25	红灰黄色	中壤土	块状	7.1	16.5	1.05	0.61	16.9			
						3	25—100	灰黄色	中壤土	块状	7.2	12.5	0.94	0.61	19.5			
剖16	淋溶土	黄褐土	黄褐土	老黄土	底砾石层黄渣土	1	0—18	灰黄色	轻壤土	粒状	6.7	10.8	0.62	0.73	10.3	下蜀系黄土	E 113° 27′ 05.8″ N 33° 07′ 19.6″	98
						2	18—35	灰黄色	中壤土	粒状	7.5	4.4	0.25	0.48	11.3			
						3	35—44	黄灰黄色	中壤土	块状	7.5	4.0	0.22	0.36	22.3			
						4	44—100	黄棕色		块状	7.6	3.0	0.15	0.25	26.0			
剖17	人为土	水稻土	潴育水稻土	潮土性潴育水稻土	表青潜泥田	1	0—15	青灰黄色	轻壤土	粒状	7.8	14.1	0.72	1.43	12.3	河流沉积物	E 113° 26′ 53.2″ N 33° 04′ 47.6″	75
						2	15—50	青灰黄色	中壤土	块状	7.9	8.4	0.50	1.39	11.0			
						3	50—80	棕黄色	中壤土	碎块状	7.5	5.3	0.36	1.12	12.7			
								灰黄色	中壤土	粒状	7.1	12.3	0.74	1.39	12.2			
剖18	半水成土	潮土	灰潮土	灰两合土	灰砂水两合土	1	0—18	浅灰黄色	中壤土	粒状	7.4	9.6	0.58	1.25	12.5	近代河流沉积物	E 113° 27′ 58.3″ N 33° 03′ 09.7″	98
						2	18—25	浅灰黄色	中壤土	碎块状	7.5	3.4	0.23	0.81	12.2			
						3	25—82	灰黄色	中壤土	碎块状	7.6	3.3	0.30	1.11	13.1			
						4	82—100	灰黄色	轻壤土	粒状	7.7	11.4	0.76	2.77	9.5			
剖19	半水成土	潮土	灰潮土	灰两合土	底砂灰小两合土	2	28—58	暗灰黄色	轻壤土	碎块状	7.9	7.6	0.53	3.66	13.0	近代河流沉积物	E 113° 24′ 41.0″ N 33° 00′ 54.4″	97
						3	58—80	棕黄色	砂壤土	单粒状	8.0	4.5	0.31	2.76	11.3			
						4	80—120	浅灰黄色	紧砂土	单粒状	7.8	1.7	0.14	1.24	14.7			
剖20	半水成土	黄褐土	灰潮土	灰两合土	底砂灰两合土	1	0—20	黄灰黄色	中壤土	粒状	7.7	18.2	1.06	1.94	17.4	近代河流沉积物	E 113° 28′ 39.4″ N 32° 51′ 22.3″	95
						2	20—84	棕灰黄色	中壤土	块状	7.9	5.9	0.42	1.16	12.0			
						3	84—100	灰黄色	砂壤土	单粒状	7.8	4.2	0.30	1.67	17.6			
剖21	淋溶土	黄褐土	粗骨性黄褐土	石英岩石渣土	多砾质薄层石英岩石渣土	1	0—8	棕黄色	中壤土	粒状	6.6	35.8	1.83	1.30	17.2	石英岩风化物	E 113° 22′ 50.2″ N 32° 49′ 46.2″	99
						2	8—26	红色	中壤土	块状	6.7	30.3	1.57	1.23				
						3	26—100	灰黄色	中壤土	粒状	7.4	11.6		0.78	22.4			
剖22	淋溶土	黄褐土	黄褐土	老黄土	深位红色砂岩红黄老土	1	0—17	灰黄色	重壤土	碎块状	7.5	8.5	0.38	0.73	22.2	下蜀系黄土	E 113° 21′ 24.1″ N 32° 44′ 29.0″	99
						2	17—29	棕黄色	重壤土	块状	7.7	5.4	0.15	0.77	26.4			
						3	29—58	红棕色	重壤土	小块状	7.9	2.3	0.52	0.65	31.7			
						4	58—100	红色	中壤土	粒状	7.3	13.5	1.01	0.97	19.5			
剖23	淋溶土	黄褐土	黄褐土	老黄土	壤黄土	1	0—17	灰黄色	中壤土	块状	8.1	6.8	0.57	0.86	17.8	下蜀系黄土	E 113° 21′ 55.8″ N 32° 43′ 45.5″	98
						2	17—41	黄棕色	中壤土	块状	7.8	4.1	1.00	0.78	16.5			
						3	41—100	浅红灰黄色	中壤土	粒状	7.0	11.9	0.64	1.34	22.3			
剖24	淋溶土	黄褐土	粗骨性黄褐土	红色砂岩石渣土	少砾质薄层红色砂岩石渣土	1	0—11	浅红灰黄色	中壤土	小块状	7.0	12.3	0.14	1.31	22.7	红色砂岩风化物	E 113° 26′ 20.4″ N 32° 46′ 57.0″	95
						2	11—20	红色	中壤土	碎屑状	7.6	1.6	0.51	2.30	12.6			
						D	20—100											
剖25	半水成土	潮土	灰潮土	灰砂土	灰青砂土	1	0—20	灰黄色	砂壤土	单粒状	6.9	8.1	0.38	1.03	14.5	近代河流沉积物	E 113° 26′ 19.3″ N 32° 44′ 25.4″	95
						2	20—58	灰黄色	砂壤土	单粒状	7.0	5.5	0.30	1.17	12.0			
						3	58—100	灰黄色	砂壤土	小块状	7.1	4.0	0.69	0.98	13.4			
剖26	淋溶土	黄褐土	黄褐土	黄胶土	浅位少量砂姜黄胶土	1	0—17	浅黄色	轻黏土	碎屑状	8.1	10.0	0.63	0.65	27.0	下蜀系黄土	E 113° 32′ 09.6″ N 33° 02′ 40.9″	97
						2	17—23	浅黄色	轻黏土	块状	8.1	9.6	0.29	0.61	28.9			
						3	23—62	棕黄色	轻黏土	棱块状	8.0	2.5	0.38	31.0				
						4	62—100	棕黄色		棱块状	6.8	2.3	0.24	0.45	31.9			

续表 Continued

剖面号 Soil profile	土纲 Soil order	土类 Soil great group	亚类 Soil subgroup	土属 Soil genus	土种 Soil species	土层码 Layer code	土层厚度 Depth/cm	颜色 Soil color	质地 Soil texture	土壤结构 Soil structure	pH	有机质 OM/(g/kg)	全氮 TN/(g/kg)	全磷 TP/(g/kg)	阳离子交换量CEC/(cmol/kg)	土壤母质 Parent material	剖面点坐标 Profile coordinate	匹配指数 Matching index/%
剖27	淋溶土	黄褐土	黄褐土	黄胶土	浅位厚层黄胶老土	1	0—17	浅棕黄色	重壤土	碎屑状	6.6	7.4	0.47	0.73	22.2	下蜀系黄土	E 113°34′52.0″ N 33°00′37.1″	98
						2	17—28	暗棕黄色	重壤土	块状	6.5	8.1	0.48	0.68	20.6			
						3	28—105	棕黄色	轻黏土	棱块状	6.6	3.1	0.29	0.44	21.3			
剖28	淋溶土	黄褐土	黄褐土	黄老土	表砾石厚层黄老土	1	0—20	灰褐色	重壤土	碎屑状	7.8	19.2	1.16	0.89	15.6	下蜀系黄土	E 113°31′33.6″ N 33°00′18.4″	95
						2	20—40	浅灰黄色	中壤土	碎块状	8.2	11.0	0.78	0.80	13.6			
						3	40—64	黄褐色	重壤土	块状	8.2	5.8	0.47	0.41	16.6			
						4	64—100	棕黄色	轻黏土	块状	8.1	5.0	0.40	0.79	25.7			
剖29	半水成土	砂姜黑土	砂姜黑土	黑老土	黏质薄覆黑老土	1	0—18	灰黄色	重壤土	碎屑状	7.0	11.6	0.69	0.65	20.0	湖相沉积物	E 113°42′27.4″ N 33°00′53.3″	97
						2	18—25	黄灰色	重黏土	碎块状	6.9	10.4	0.65	0.63	20.8			
						3	25—55	暗灰褐色	轻黏土	块状	7.4	10.6	0.60	0.44	29.4			
						4	55—100	棕黄色	轻黏土	棱块状	7.4	6.5	0.35	0.43	28.2			
剖30	半水成土	潮土	灰潮土	人工堆垫土	中层人工堆垫土	1	0—20	浅黄色	砂壤土	单粒状	7.1	8.3	0.48	0.84	9.1	近代河流沉积物	E 113°39′56.2″ N 32°59′01.0″	98
						2	20—77	灰黄色	中壤土	碎屑状	7.6	6.9	0.48	0.61	12.8			
						3	77—100	灰黄色	重壤土	块状	7.5	5.8	0.36	0.67				
剖31	淋溶土	黄褐土	黄褐土	白散土	活白散土	1	0—13	黄白色	中壤土	粒状	6.5	13.1	0.78	0.67	11.1	下蜀系黄土	E 113°41′22.9″ N 32°57′33.5″	97
						2	13—18	棕黄色	中壤土	块状	7.0	9.4	0.62	0.61	12.7			
						3	18—40	棕黄色	重壤土	棱块状	7.2	7.8	0.54	0.44	15.5			
						4	40—100	棕黄色	重壤土	棱块状	7.0	6.2	0.37	0.60	16.9			
剖32	半水成土	潮土	灰潮土	灰两合土	灰小两合土	1	0—18	黄灰色	轻壤土	粒状	8.1	8.4	0.51	0.88	13.1	近代河流沉积物	E 113°36′06.5″ N 32°46′48.0″	98
						2	18—28	暗黄色	轻壤土	块状	8.1	8.4	0.52	1.30	12.5			
						3	28—46	浅黄色	轻壤土	块状	8.3	5.0	0.37	1.10	13.9			
						4	46—100	浅黄色	轻壤土	粒状	8.3	4.3	0.34	1.00	12.5			
剖33	淋溶土	黄褐土	粗骨性黄褐土	酸性岩岩渣土	少砾质厚酸性岩石渣土	1	0—16	黄灰色	中壤土	粒状	7.2	12.6	0.67	0.65	30.2	花岗岩、片麻岩等酸性岩类	E 113°31′32.5″ N 32°40′55.6″	98
						2	16—60	黄棕色	重壤土	块状	7.5	6.2	0.37	0.44	27.6			
						3	60—											

汝 南 县

主要土类说明

黄褐土是汝南县主要土壤类型，占本县地域面积的41%。本县夏季湿热多雨、冬季干燥，黄褐土的形成发育具有明显的黏化、铁锰淋溶淀积过程。由于高温多雨有利于母质的充分风化，土壤黏粒也不断下移淀积，使土体下部的黏粒不断增多，加之第四纪黄土母质本身质地黏重，有利于黏粒的淀积，因而心土层黏化现象明显，质地黏重。同时，风化过程中分解出来的一、二价盐基离子，如钾、钠、钙、镁等，随下渗雨水向下淋洗，产生较为强烈的淋溶作用，易变价的铁、锰化合物亦随水下渗到一定深度聚积。这种铁锰化合物在形态上表现为附着于土壤结构面上的铁锰胶膜和聚积而成的铁锰结核（群众叫铁子或无明子）。另外，通过耕作、施肥等生产活动，黄褐土的表层质地、结构、耕性、肥力等方面都得到了不同程度的改善。黄褐土的主要特征为：土层深厚而黏重，黏化层出现在30cm左右；具有棕褐色的心土层、底土层（淀积层），结构面上有大量的铁锰胶膜，并常见有铁锰结核；通体无石灰反应，土壤呈中性。本县黄褐土分为黄褐土一个亚类。

砂姜黑土是汝南县第二大土壤类型，占本县地域面积的34%。砂姜黑土属区域性土壤，成土母质为第四纪湖相沉积物，是在低洼排水不良的环境条件下，经过长期地质作用与人为排水耕作，使土壤发生脱沼泽过程而形成的一种耕作土壤。砂姜黑土的形成主要有三个过程：①生物积累过程，形成腐泥状的黑土层。②淋溶淀积过程，形成砂姜、铁锰结核或铁锰胶膜新生体。③旱耕熟化过程。地面逐渐抬高，积水减少到完全脱水，开始了脱潜育过程。特别是开垦后，大大加快了脱潜育化速度，而且使砂姜黑土逐步熟化，发展成今天的砂姜黑土。砂姜黑土的主要特征为：具有腐泥状的黑土层和潜育层，其黑土层厚度为27—60cm，有机质含量较高；由于静水沉积，土粒细，土质黏重；有时有砂姜，零星分布或成层分布，多分布在下层；全剖面大多数无石灰反应，土壤呈中性，pH在7.0左右。本县砂姜黑土只有砂姜黑土一个亚类。

潮土是汝南县第三大土壤类型，占本县地域面积的17%。潮土是发育在近代河流冲积物上，经过人为耕作熟化而形成的一种较年轻的土壤。形成过程包括水力分选沉积过程、地下水参与潮土的形成过程和人为耕作熟化过程。潮土的主要特征为：具有明显的质地层次（砂壤黏层），而发生层次不明显；有夜潮现象；由于质地层次排列不同，常砂、壤、黏相间出现，组合成不同的土体构型，对土壤的理化性质及其在种植、施肥、改良、灌溉等耕作措施上都有很大影响。本县潮土只有灰潮土一个亚类。

小于本县地域面积3%的土壤类型还有水稻土等。

本区域中心区气候特征

本区域中心区气候特征值
Regional climate characteristics in central area of the region

气候带：北亚热带湿润气候 Climate region: North subtropical humid climate	
年平均气温 /℃ Annual average temperature /℃	14.9
年平均最高气温 /℃ Annual average maximum temperature /℃	20.2
年平均最低气温 /℃ Annual average minimum temperature /℃	10.4
年降水量 /mm Annual precipitation /mm	984
≥10℃的积温 /℃ Daily temperature accumulated in a year（≥10℃）/℃	5468
年日照时数 /h Annual sunshine /h	1971
年平均相对湿度 /% Annual average relative humidity /%	73
干燥度 Dryness	0.91

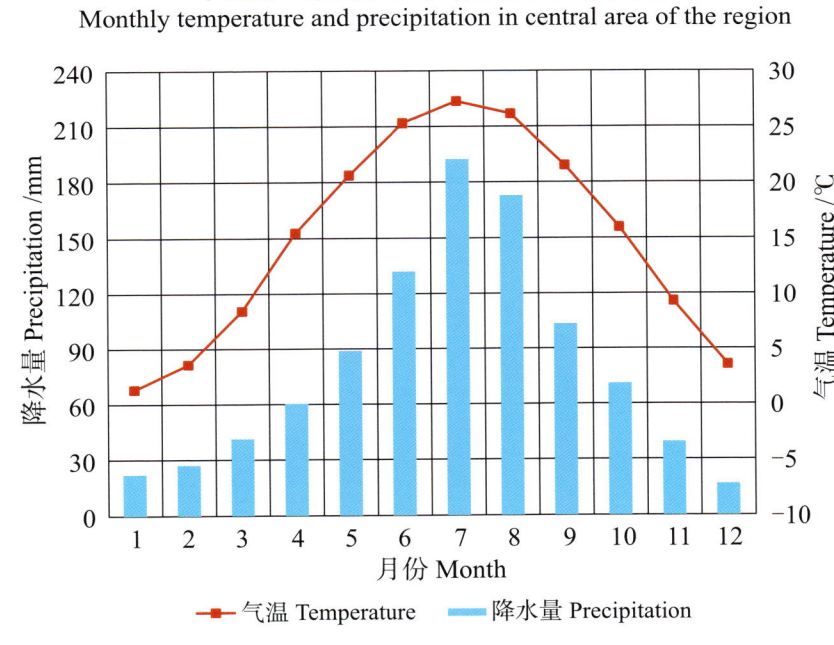

本区域中心区月平均气温与月平均降水量
Monthly temperature and precipitation in central area of the region

汝南县主要土壤类型与土壤剖面点分布图
1 : 220 000

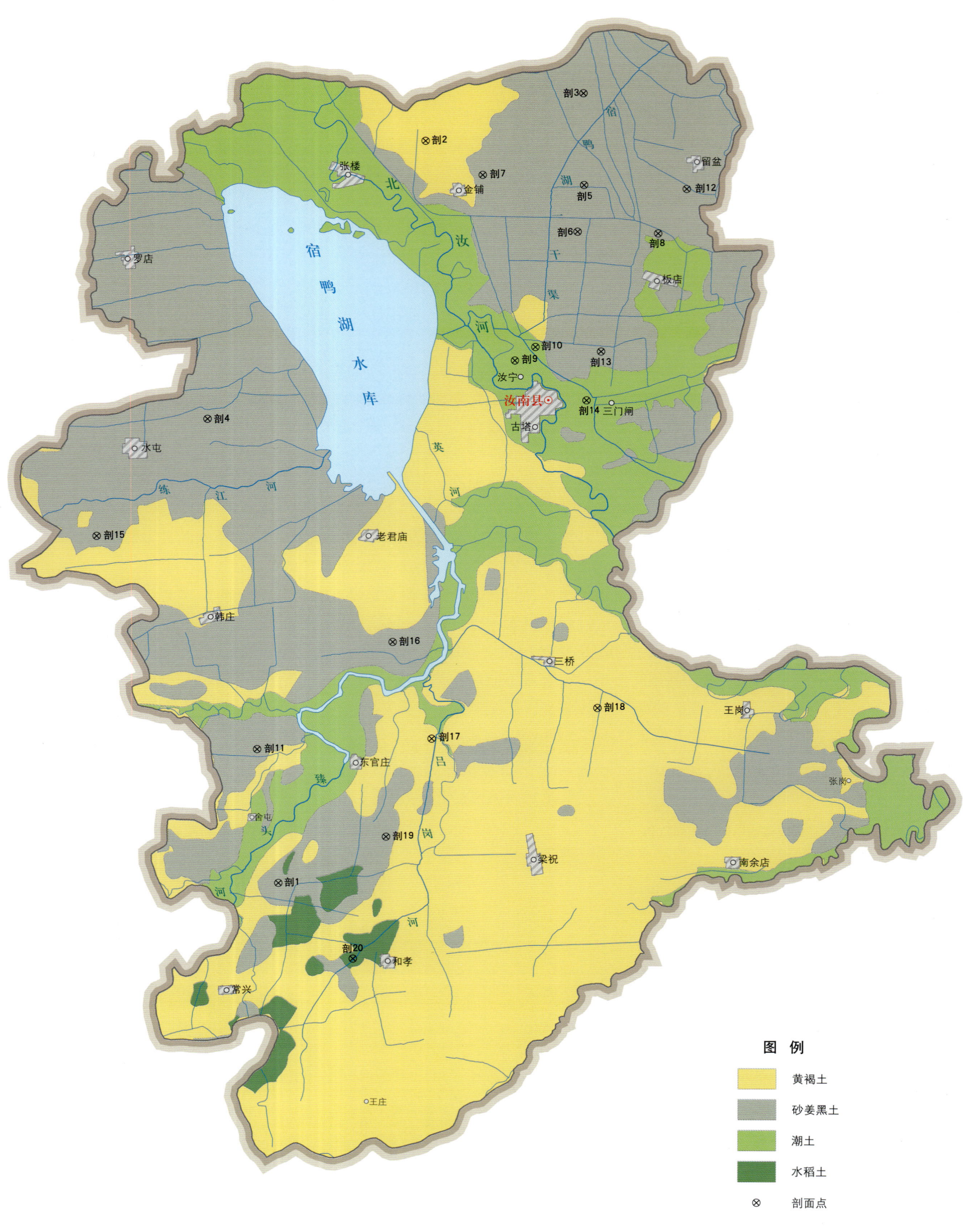

图 例
- 黄褐土
- 砂姜黑土
- 潮土
- 水稻土
- ⊗ 剖面点

汝南县土壤剖面理化性状表

剖面号 Soil profile	土纲 Soil order	土类 Soil great group	亚类 Soil subgroup	土属 Soil genus	土种 Soil species	土层码 Layer code	土层厚度 Depth/cm	颜色 Soil color	质地 Soil texture	土壤结构 Soil structure	pH	有机质 OM/(g/kg)	全氮 TN/(g/kg)	全磷 TP/(g/kg)	全钾 TK/(g/kg)	有效磷 AP/(mg/kg)	速效钾 AK/(mg/kg)	阳离子交换量CEC/(cmol/kg)	土壤母质 Parent material	剖面点坐标 Profile coordinate	匹配指数 Matching index/%
剖1	半水成土	砂姜黑土	砂姜黑土	黑老土	黏质厚覆黑老土	1	0~23	黄灰色	轻黏土	碎黏状	7.8	14.8	1.07	0.48				23.4	湖相沉积物	E 114°12′58.7″ N 32°45′58.3″	76
						2	23~48	黄灰色	轻黏土	碎块状	8.3	9.1	0.70	0.38				27.8			
						3	48~100	灰黑色	中黏土	棱块状	7.6	14.9	1.17	0.36				34.2			
剖2	淋溶土	黄褐土	黄褐土	老黄土	黄老土	1	0~20	灰灰色	中黏土	粒状	7.0	10.0	0.68	0.34				14.0	第四纪黄土	E 114°17′08.2″ N 33°07′41.5″	98
						2	20~52	灰黑色	中壤土	碎块状	7.5	6.1	0.46	0.22				13.4			
						3	52~100	黄棕色	重壤土	块状		5.3	0.42	0.34				21.0			
剖3	半水成土	砂姜黑土	砂姜黑土	砂黑老土	深位少量砂姜黑土	1	0~25	暗灰色	重黏土	碎屑状	7.9	14.2	0.98	0.55				28.1	湖相沉积物	E 114°22′20.6″ N 33°09′11.2″	85
						2	25~50	灰黑色	重黏土	棱块状	7.8	12.9	0.77	0.40				32.0			
						3	50~100	黄灰色	重黏土	块状	7.7	7.3	0.48	0.43				24.7			
剖4	半水成土	砂姜黑土	砂姜黑土	黑老土	壤质老土	1	0~20	灰黄色	中壤土	粒状	8.5	8.2	0.57	0.41				16.1	湖相沉积物	E 114°10′09.4″ N 32°59′26.1″	74
						2	20~40	棕灰色	中壤土	碎块状	8.2	6.2	0.63	0.26				17.1			
						3	40~85	灰黄色	轻壤土	块状	7.8	10.0	0.68	0.23				28.3			
						4	85~100	暗黄灰色	重黏土	块状	7.7	6.2	0.45	0.38				24.0			
剖5	半水成土	砂姜黑土	砂姜黑土	黑姜土	少量黑姜土	1	0~18	暗橄榄灰色	壤质黏土	屑粒状	7.7	15.4	1.01	0.32	18.1	5.0	146	28.3	河湖相沉积物	E 114°22′26.8″ N 33°06′31.3″	95
						A_{11}	18~29	暗橄榄灰色	壤质黏土	块状	7.7	12.9	0.93	0.34	18.2	2.5	116	29.8			
						A_{12}	29~45	暗黄灰色	壤质黏土	棱块状	7.8	14.9	1.05	0.32		2.5	115	32.0			
						Ck_1	45~83	暗黄灰色	壤质黏土	棱块状	8.0	5.2	0.37	0.28				18.5			
						Ck_2	83~132	灰黄色	壤质黏土	棱块状	7.9	3.4	0.25	0.23				18.7			
剖6	半水成土	砂姜黑土	砂姜黑土	黑老土	黏质薄层黑底灰白土	1	0~18	灰白色	重黏土	碎屑状	7.6	12.0	0.96	0.31				22.6	湖相沉积物	E 114°22′16.3″ N 33°05′09.2″	85
						2	18~50	灰棕色	重黏土	块状	7.6	8.9	0.54	0.16				25.2			
						3	50~100	棕灰色	重黏土	碎屑状	7.7	4.6	0.35	0.27				26.3			
剖7	半水成土	砂姜黑土	砂姜黑土	黑老土	黏质薄层黑老土	1	0~15	灰黄色	轻黏土	碎屑状	7.5	12.9	0.88	0.37				27.2	湖相沉积物	E 114°19′04.3″ N 33°06′44.6″	74
						2	15~55	灰黄色	轻黏土	块状	7.9	8.7	0.58	0.34				35.0			
						3	55~100	黄灰色	轻壤土	块状	7.7	6.0	0.40	0.40				25.8			
剖8	半水成土	砂姜黑土	砂姜黑土	砂黑老土	深位薄层黑砂土	1	0~20	暗黄灰色	重黏土	碎屑状	7.8	19.5	1.18	0.42				31.0	湖相沉积物	E 114°24′57.2″ N 33°05′09.6″	85
						2	20~45	灰黑色	中壤土	棱块状	8.2	9.7	0.66	0.18				31.7			
						3	45~60	棕灰色	中壤土	块状	8.3	9.7	0.40	0.16				23.4			
						4	60~100	灰黄色	紧砂土	单粒状	7.0	6.5	0.38	0.29				27.1			
剖9	半水成土	潮土	灰潮土	灰两合土	灰小两合土	1	0~30	棕灰色	紧砂土	单粒状	6.9	9.3	0.65	0.28				11.6	河湖冲积物	E 114°20′18.6″ N 33°01′22.4″	97
						2	30~45	棕黄色	紧砂土	单粒状	7.4	4.5	0.39	0.26				14.5			
						3	45~100	棕灰色	松砂土	单粒状	7.6	2.4	0.25	0.39				5.5			
剖10	半水成土	潮土	灰潮土	灰砂土	灰细砂土	1	0~20	棕灰色	紧砂土	单粒状	7.0	3.6	0.27	0.57				5.3	河湖冲积物	E 114°20′58.6″ N 33°01′46.9″	95
						2	20~45	棕黄色	砂壤土	单粒状	7.0	1.9	0.14	0.38				7.2			
						3	45~85	棕黄色	砂壤土	单粒状	7.0	2.5	0.17	0.41				3.0			
						4	85~120	棕褐色	松砂土	单粒状	7.4	<1.0	<0.10	0.50				23.1			
剖11	半水成土	砂姜黑土	砂姜黑土	黑老土	黏质厚覆黑老土	1	0~15	暗黑色	重黏土	粗黏状	7.8	12.1	0.81					25.9	湖相沉积物	E 114°12′08.0″ N 32°49′51.6″	85
						2	15~29	灰黑色	轻黏土	块状		11.4	0.73					30.9			
						3	29~69	棕灰色	重壤土	块状	7.8	7.5	0.43	0.29				22.7			
						4	69~100	黄灰色	重壤土	碎屑状	7.7	4.2	0.29	0.40				19.5			
剖12	半水成土	砂姜黑土	砂姜黑土	黑老土	黏质老土	1	0~13	灰棕褐色	重壤土	块状	7.6	9.3	0.66	0.29				18.4	湖相沉积物	E 114°25′52.2″ N 33°06′28.9″	74
						2	13~35	灰棕褐色	重壤土	块状	8.0	9.6	0.60	0.27				20.0			
						3	35~100	灰棕褐色	重壤土	块状	7.9	4.9	0.35	0.23							

续表 Continued

剖面号 Soil profile	土纲 Soil order	土类 Soil great group	亚类 Soil subgroup	土属 Soil genus	土种 Soil species	土层码 Layer code	土层厚度 Depth/cm	颜色 Soil color	质地 Soil texture	土壤结构 Soil structure	pH	有机质 OM/(g/kg)	全氮 TN/(g/kg)	全磷 TP/(g/kg)	全钾 TK/(g/kg)	有效磷 AP/(mg/kg)	速效钾 AK/(mg/kg)	阳离子交换量CEC/(cmol/kg)	土壤母质 Parent material	剖面点坐标 Profile coordinate	匹配指数 Matching index/%
剖13	半水成土	砂姜黑土	砂姜黑土	砂姜土	浅位少量砂浆黑姜土	1	0—16	灰黑色	重壤土	粗粒状	7.4	14.7	0.97	0.37				24.4	湖相沉积物	E 114° 23′ 10.0″ N 33° 01′ 41.9″	85
						2	16—48	灰黑色	轻黏土	棱块状	8.2	14.6	0.30	0.24				32.2			
						3	48—100	灰黄色	重壤土	粒状	8.2	4.1	0.33	0.24				23.6			
剖14	半水成土	潮土	潮土	灰砂土	灰青砂土	1	0—25	灰黄色	砂壤土	粒状	7.2	8.7	0.54	0.61				8.9	河流冲积物	E 114° 22′ 43.3″ N 33° 00′ 16.2″	75
						2	25—35	浅灰黄色	砂壤土	粒状	7.4	4.1	1.10	0.37				10.3			
						3	35—60	灰黄色	砂壤土	粒状	7.5	4.1	0.93	0.34				10.0			
						4	60—100	棕黄色	轻壤土	碎块状	8.0	3.8	0.31	0.39				10.9			
剖15	半水成土	砂姜黑土	砂姜黑土	灰白土	壤质薄层灰白土	1	0—20	黄白色	中壤土	粒状	7.2	9.0	0.62	0.27				14.6	湖相沉积物	E 114° 06′ 35.6″ N 32° 55′ 56.4″	74
						2	20—60	棕褐色	重壤土	块状	7.1	5.8	0.40	0.16				20.8			
						3	60—100	灰黄色	重壤土	块状	7.2	3.6	0.34	<0.10				21.5			
剖16	半水成土	砂姜黑土	砂姜黑土	灰白土	壤质厚层灰白土	1	0—20	黄白色	中壤土	粒状	7.1	8.5	0.62	0.31				13.7	湖相沉积物	E 114° 16′ 31.4″ N 32° 53′ 05.6″	92
						2	20—37	灰白色	中壤土	碎块状	7.6	6.0	0.45	0.23				16.2			
						3	37—77	暗棕灰色	重壤土	块状	7.9	5.7	0.43	0.30				22.1			
						4	77—100	暗黄棕色	重壤土	块状	7.7	4.1	0.36	0.46				20.3			
剖17	淋溶土	黄褐土	黄褐土	老黄土	壤黄土	1	0—20	灰白色	中壤土	粒状	7.9	8.7	0.68	0.38				14.8	第四纪黄土	E 114° 17′ 54.6″ N 32° 50′ 18.6″	97
						2	20—50	灰黄色	重壤土	碎块状	8.5	2.9	0.30	0.39				15.4			
						3	50—100	浅灰黄色	重壤土	块状	8.3	2.0	0.27	0.41							
剖18	淋溶土	黄褐土	黄褐土	白散土	活白散土	1	0—14	黄白色	轻壤土	粒状	6.4	11.4	0.81	0.32				12.9	下蜀系黄土	E 114° 23′ 22.6″ N 32° 51′ 19.4″	98
						2	14—23	灰黄白色	中壤土	粒状	7.1	9.6	0.72	0.28				12.8			
						3	23—47	棕黄色	重壤土	块状	7.5	6.6	0.60	0.24				15.0			
						4	47—100	棕黄色	重壤土	棱块状		7.1	0.48	0.39				20.7			
剖19	半水成土	砂姜黑土	砂姜黑土	灰白土	壤质厚层黑底灰白土	1	0—26	灰白色	中壤土	粒状	7.4	9.5	0.68	0.26				12.7	湖相沉积物	E 114° 16′ 30.0″ N 32° 47′ 25.4″	92
						2	26—40	暗黄色	中壤土	粒状	8.1	5.4	0.43	0.14				14.1			
						3	40—54	暗黄色	中壤土	块状	8.2	3.9	0.37	0.16				13.0			
						4	54—100	暗黄色	重壤土	块状	8.1	4.3	0.41	0.43				19.6			
剖20	人为土	水稻土	淹育水稻土	黄褐土性淹育水稻土	白黄土田	1	0—20	黄白色	重壤土	碎块状	6.0	15.5	0.77	0.33					第四纪黄土	E 114° 15′ 31.3″ N 32° 43′ 49.4″	97
						2	20—27	灰黄色	重壤土	块状	7.3	10.0	0.73	0.34							
						3	27—67	灰黄色	重壤土	块状	8.0	7.3	0.42	0.29							
						4	67—100	棕黄色	中壤土	碎块状	7.9	3.1	0.22	0.31							

遂 平 县

主要土类说明

黄褐土是遂平县主要土壤类型，占本县地域面积的41%，集中分布于褚堂、沈寨、和兴等地的残丘、缓岗地上，汝河两岸的高地亦有分布。土壤干湿交替明显，土体物理、化学风化比较强烈，分解出来的盐基离子如钾、钠、钙、镁等随着下渗雨水向下淋溶，在此过程中易变价的铁、锰化合物随下渗水流向下移动，并在土体中、下部聚结成结核状（铁锰结核），或以胶膜的形态黏附于结构体表面。成土母质多为下蜀系黄土，色黄黏重，给下移黏粒的淀积奠定了物质基础。本县夏季高温多雨，促使黏土矿物的风化分解成黏粒，地表以下的温度、湿度均较稳定，风化更为彻底，又增加了上层下移的黏粒，致使土体下部（约50cm处）有明显的黏化现象，呈棱块状或块状结构。土壤呈中性，盐基饱和度很高。耕作措施使土壤耕作层加厚、土质变轻、土肥相融，促进了土壤团聚体的形成，并使容重减少、孔隙度提高等，从而提高了土壤肥力。黄褐土最主要的特点是心土层即诊断层，呈棕黄色，质地黏重，呈棱块状结构，并有大量而明显的铁锰淀积。

砂姜黑土是遂平县第二大土壤类型，占本县地域面积的33%。成土母质为第四纪湖相沉积物。砂姜黑土的形成过程可分为前期的草甸潜育化和后期的旱耕熟化两个成土阶段。草甸潜育化成土阶段包括生物积累过程和碳酸钙在底层聚积过程，后者即砂姜的形成过程。经过这两个过程，形成了砂姜黑土的两个基本发生层，即黑土层和砂姜层。腐泥状的黑土层是本县砂姜黑土的主要诊断层次，而有砂姜层的砂姜黑土面积很小。旱耕熟化阶段主要是进行以脱潜育为特点的熟化过程。本县的砂姜黑土早在2000—3000年前即已垦殖，通过排水耕作、施肥等作物栽培措施，加速了有机质的矿化分解，增加了养分的有效性，改善了土壤的耕性。剖面逐渐分化出耕作层、犁底层和埋藏黑土层，成为旱耕熟化类型的耕作土壤。其主要特征为：具有腐泥状的黑土层和潜育层，其黑土层厚度为20—100cm，有机质含量较高；有时有砂姜，零星分布或成层分布，多分布在下层；全剖面大多数无石灰反应，土壤呈中性，pH为6.7—7.6。

潮土是遂平县第三大土壤类型，占本县地域面积的19%。潮土是发育在近代河流冲积物上，经过人为耕作熟化而形成的一种较年轻的土壤。由于地下水位偏高，埋深在2—3m，因具有夜潮现象而得名。成土母质是河流冲积物，流水分选沉积、地下水往复运动、人为的耕作熟化共同影响了潮土的形成过程。流水分选沉积规律是"紧出砂，慢出淤，不紧不慢出两合"。地下水位的变化影响潮土的形成过程，致使土体下部有锈色斑纹出现。

粗骨土占遂平县地域面积的5%。粗骨土属于A–C型，甚至（A）–C型土壤。A层发育不明显，与母质土层性状相似，略显有机质累积。有时母质层富含砾石，剖面分异与发育特征不明显。

小于本县地域面积3%的土壤类型还有石质土、黄棕壤。

本区域中心区气候特征

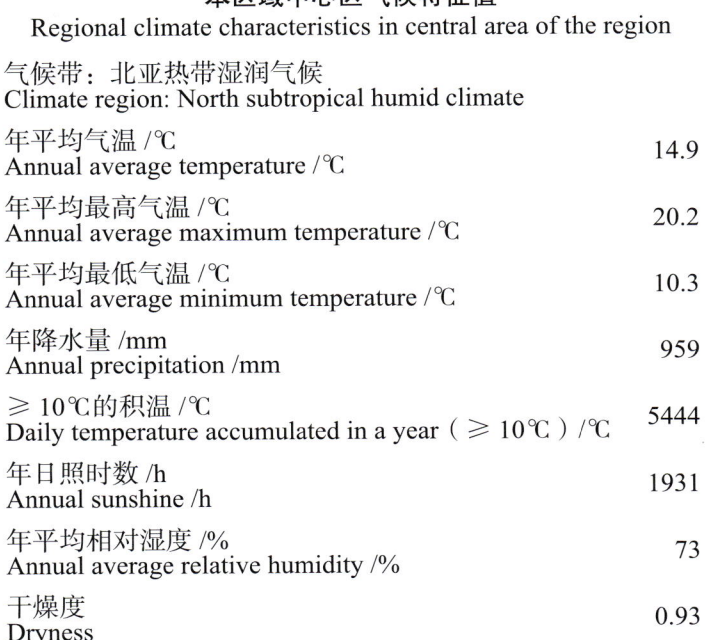

本区域中心区气候特征值
Regional climate characteristics in central area of the region

气候带：北亚热带湿润气候 Climate region: North subtropical humid climate	
年平均气温 /℃ Annual average temperature /℃	14.9
年平均最高气温 /℃ Annual average maximum temperature /℃	20.2
年平均最低气温 /℃ Annual average minimum temperature /℃	10.3
年降水量 /mm Annual precipitation /mm	959
≥10℃的积温 /℃ Daily temperature accumulated in a year（≥10℃）/℃	5444
年日照时数 /h Annual sunshine /h	1931
年平均相对湿度 /% Annual average relative humidity /%	73
干燥度 Dryness	0.93

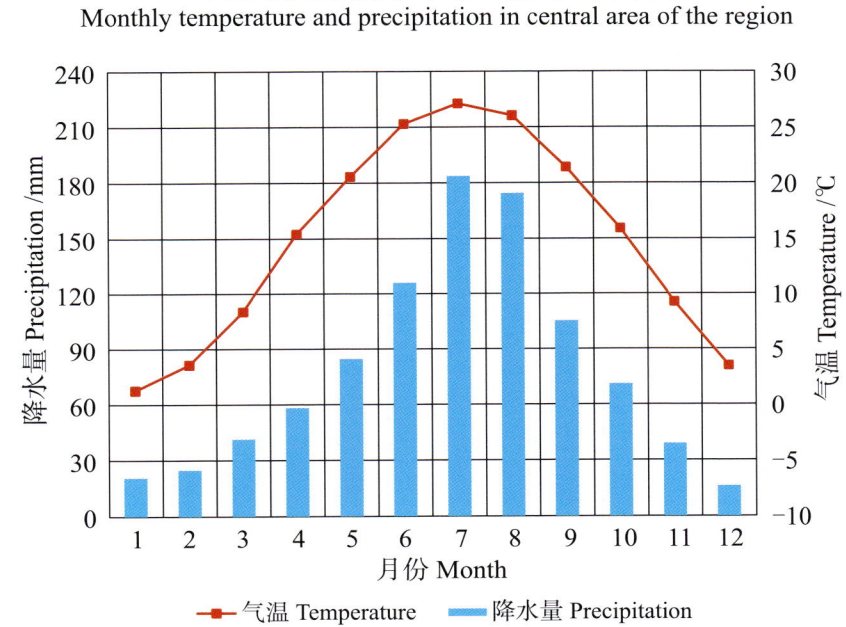

本区域中心区月平均气温与月平均降水量
Monthly temperature and precipitation in central area of the region

遂平县主要土壤类型与土壤剖面点分布图

1∶170 000

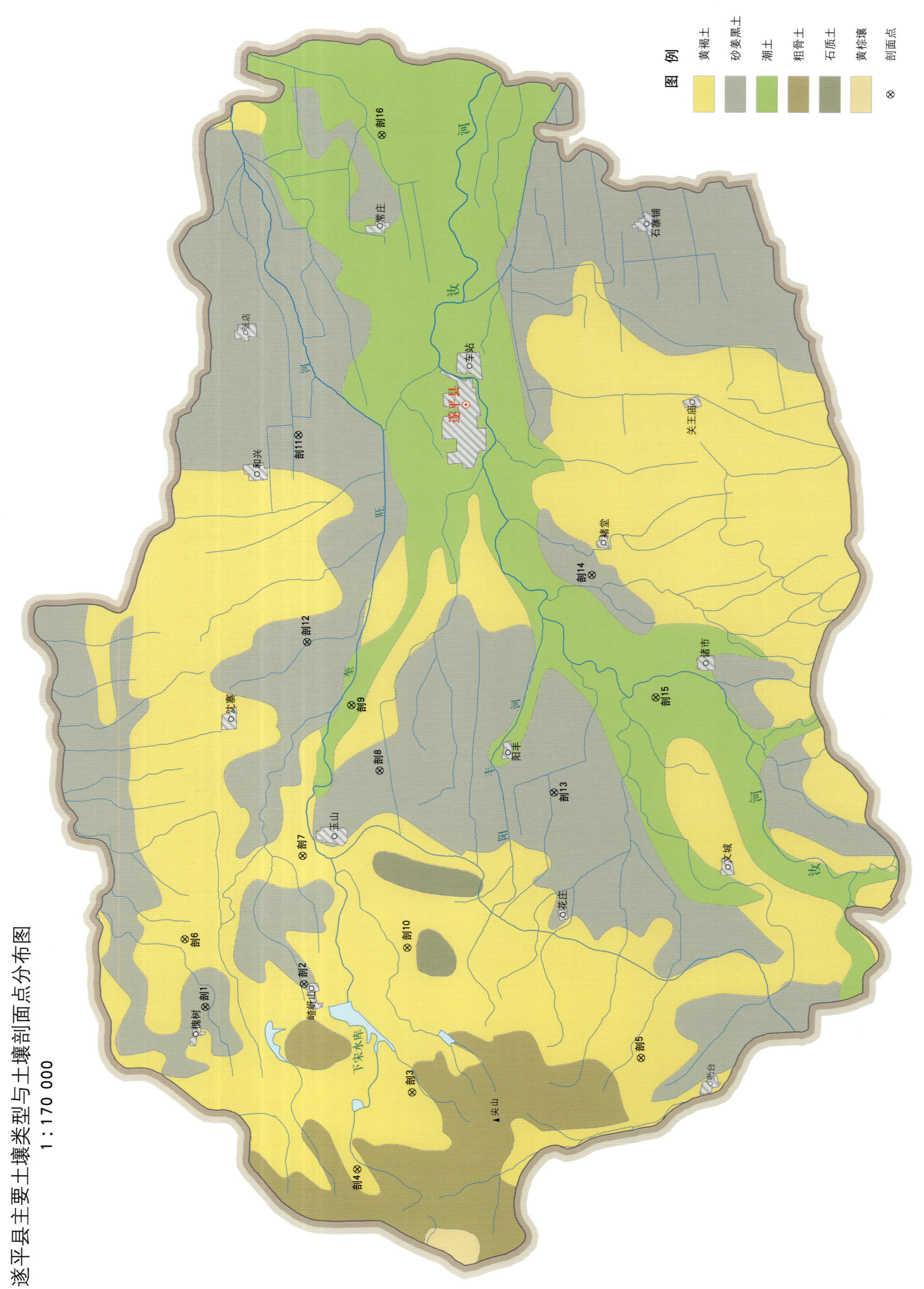

图 例
- 黄褐土
- 砂姜黑土
- 潮土
- 粗骨土
- 石质土
- 黄棕壤
- ⊗ 剖面点

遂平县土壤剖面理化性状表

剖面号 Soil profile	土纲 Soil order	土类 Soil great group	亚类 Soil subgroup	土属 Soil genus	土种 Soil species	土层码 Layer code	土层厚度 Depth/cm	颜色 Soil color	质地 Soil texture	土壤结构 Soil structure	pH	有机质 OM/(g/kg)	全氮 TN/(g/kg)	全磷 TP/(g/kg)	阳离子交换量CEC/(cmol/kg)	土壤母质 Parent material	剖面点坐标 Profile coordinate	匹配指数 Matching index/%
剖1	半水成土	砂姜黑土	砂姜黑土	黑老土	壤质厚覆黑老土	1	0—33	灰黄色	中壤土	粒状	6.7	13.6	0.89	0.36	18.6	湖相沉积物上覆盖河流冲沉积物	E 113°44′22.6″ N 33°14′49.2″	75
						2	33—74	棕灰黑色	重壤土	块状	7.9	10.5	0.57	0.34	30.1			
						3	74—100	灰黄色	重壤土	块状	7.6	<1.0	0.68	0.37	26.7			
剖2	半水成土	砂姜黑土	砂姜黑土	老土	壤质老土	1	0—25	灰黄色	中壤土	碎状	7.2	12.5	0.77	0.72	14.3	河湖相沉积物	E 113°44′56.8″ N 33°12′38.9″	75
						2	25—65	灰黄色	重壤土	碎块状	7.6	7.6	0.52	0.28	16.8			
						3	65—85	灰黄色	重壤土	块状	7.8	9.8	0.66	0.24	25.5			
						4	85—150	棕褐色	黏土	棱块状	8.0	9.0	0.70	0.31	28.5			
剖3	淋溶土	黄褐土	黄褐土	老黄土	黄老土	1	0—33	白黄色	中壤土	粒状	7.2	10.7	0.73	0.33	16.2	下蜀系土上覆盖河流冲积物或洪积物	E 113°41′59.6″ N 33°10′19.9″	79
						2	33—74	黄棕色	中壤土	小碎块状	7.3	9.7	0.69	0.34	16.9			
						3	74—100	暗黄棕色	重壤土	块状	7.7	5.5	0.37	0.28	20.0			
剖4	淋溶土	黄褐土	黄褐土	白散土	白散土	1	0—29	灰白色	中壤土	粒状	7.3	10.4	0.66	0.23	12.8	下蜀系黄土	E 113°39′57.6″ N 33°11′34.1″	78
						2	29—60	白黄色	中壤土	块状	7.6	7.4	0.46	0.21	12.8			
						3	60—150	黄棕色	重壤土	棱块状	7.9	4.3	0.33	0.35	17.3			
剖5	淋溶土	黄褐土	粘胄性黄褐土	淡黄石渣土	多砾质厚层淡黄石渣土	1	0—26	浅灰黄色	中壤土	粒状	6.8	11.6	0.85	0.32	17.9	下蜀系黄土上覆盖河流冲积物或洪积物	E 113°42′47.2″ N 33°05′18.6″	79
						2	26—100	浅黄黄色	中壤土	棱块状	6.8	8.5	0.55	0.24	17.7			
剖6	淋溶土	黄褐土	黄褐土	老黄土	壤黄土	1	0—29	灰黄色	轻壤土	粒状	6.6	10.8	0.62	0.32	10.8	下蜀系黄土	E 113°46′13.8″ N 33°15′14.0″	78
						2	29—91	浅灰黄色	轻壤土	小块状	7.5	4.6	0.25	0.21	10.5			
						3	91—134	棕黄色	中壤土	块状	7.6	4.0	0.27	0.15	22.2			
剖7	淋溶土	黄褐土	粘胄性黄褐土	淡黄石渣土	多砾质薄层淡黄石渣土	1	0—30	黄灰黄色	轻壤土	粒状	6.1	20.7	1.12	0.54		石英岩	E 113°48′25.9″ N 33°12′36.7″	79
						2	30—											
剖8	半水成土	砂姜黑土	砂姜黑土	灰质砂姜黑土	深位厚层灰质砂姜黑土	1	0—20	浅灰黄色	中壤土	粒状	7.7	13.3	0.83	0.33	24.4	湖相沉积物	E 113°50′40.9″ N 33°10′53.0″	85
						2	20—50	灰黑色	黏土	块状	8.3	9.3	0.59	0.27	32.8			
						3	50—87											
剖9	半水成土	潮土	灰潮土	灰两合土	灰小两合土	1	0—20	浅灰黄色	轻壤土	碎块状	6.5	10.3	0.74	0.37	11.2	河湖冲积物	E 113°52′28.6″ N 33°11′28.0″	95
						2	20—100	棕黄色	中壤土	块状	7.2	5.0	0.39	0.30	14.5			
剖10	淋溶土	黄褐土	黄褐土	黄胶土	中位厚层黄胶土	1	0—37	浅灰黄色	中壤土	粒状	6.9	11.7	0.66	0.34	13.5	下蜀系黄土	E 113°45′52.6″ N 33°10′22.4″	78
						2	37—60	棕黄色	重壤土	棱块状	7.5	7.7	0.46	0.24	21.9			
						3	60—144	黄黄色	重壤土	棱块状	7.6	3.8	0.21	0.36	21.7			
剖11	半水成土	砂姜黑土	砂姜黑土	老土	黏质老土	1	0—24	灰黄色	重壤土	碎屑状	7.3	11.5	0.71	0.23	19.7	河湖相沉积物	E 113°59′48.1″ N 33°12′28.4″	75
						2	24—45	灰棕黄色	重壤土	块状	7.4	5.0	0.31	0.14	19.9			
						3	45—72	灰褐色	重壤土	块状	7.9	5.0	0.34	0.17	27.1			
						4	72—150	棕黄色	重壤土	块状	7.5	3.9	0.27	0.41	22.5			
剖12	半水成土	砂姜黑土	砂姜黑土	灰顶老黑土	姜盘底灰黑土	A_{11}	0—20	灰黄色	黏壤土	屑粒状	7.9	13.3	0.83	0.14	24.4	河湖相沉积物	E 113°54′12.2″ N 33°12′24.1″	95
						AC	20—50	橄榄灰色	壤质黏土	块状	8.3	9.3	0.59	0.12	32.8			
剖13	半水成土	砂姜黑土	砂姜黑土	砂姜黑土	砂姜黑土	1	0—25	灰黄色	重壤土	屑粒状	7.4	16.0	0.93	0.41	28.7	河湖相沉积物	E 113°49′59.2″ N 33°07′04.8″	85
						2	25—70	灰黄色	重壤土	块状	7.7	14.0	0.74	0.36	30.2			
						3	70—100	灰黄色	重壤土	块状	7.2	17.2	0.43	0.41	24.0			
剖14	半水成土	砂姜黑土	砂姜黑土	黑老土	黏质薄覆黑老土	1	0—19	灰黄色	中壤土	碎屑状	6.6	13.7	0.93	0.34	49.9	湖相沉积物上覆盖河流冲沉积物	E 113°55′49.4″ N 33°06′08.3″	76
						2	19—33	黄灰黄色	重壤土	碎块状	6.9	9.9	0.69	0.34				
						3	33—70	暗黄色	重壤土	棱块状	7.4	11.3	0.61	0.33	29.5			
						4	70—100	灰黄棕色	重壤土	棱块状	7.7	5.3	0.40	0.44	20.3			

续表 Continued

剖面号 Soil profile	土纲 Soil order	土类 Soil great group	亚类 Soil subgroup	土属 Soil genus	土种 Soil species	土层码 Layer code	土层厚度 Depth/cm	颜色 Soil color	质地 Soil texture	土壤结构 Soil structure	pH	有机质 OM/(g/kg)	全氮 TN/(g/kg)	全磷 TP/(g/kg)	阳离子交换量CEC/(cmol/kg)	土壤母质 Parent material	剖面点坐标 Profile coordinate	匹配指数 Matching index/%
剖15	半水成土	潮土	灰潮土	灰砂土	灰青砂土	1	0—26	灰黄色	砂壤土	单粒状	7.2	6.7	0.55	0.49	7.7	河流冲积物	E 113°52′30.0″ N 33°04′48.0″	95
						2	26—36	棕黄色	砂壤土	单粒状	7.7	2.8	0.27	0.40	7.0			
						3	36—50	棕黄色	砂壤土	单粒状		9.2	0.20		6.5			
						4	50—65	灰黄色	砂壤土	小块状		3.0	0.20		7.6			
						5	65—100	浅黄色	砂壤土	单粒状		2.3	0.17		7.0			
剖16	半水成土	潮土	灰潮土	灰砂土	体壤灰砂土	1	0—27	灰黄色	砂壤土	单粒状	6.8	6.2	0.35	0.44	6.9	河流冲积物	E 114°07′49.8″ N 33°10′28.6″	95
						2	27—33	灰黄色	轻壤土	小块状	7.5	5.6	0.40	0.29	16.9			
						3	33—150	灰黄色	轻壤土	小块状		3.8	0.28	0.24	11.1			

新 蔡 县

主要土类说明

砂姜黑土是新蔡县主要土壤类型，占本县地域面积的54%。成土母质为第四纪湖相沉积物。本县砂姜黑土是在气候温和、雨量充沛集中和地势低洼排水不良的环境条件下，经脱沼泽、垦耕熟化发育而成的一种独特的区域性土壤。形成过程可分为草甸潜育化和旱耕熟化两个成土阶段。草甸潜育化成土阶段包括生物积累过程和碳酸钙在底层的聚积过程，后者即砂姜的形成过程。经过这两个过程，形成了砂姜黑土的两个基本发生层，即黑土层和砂姜层。旱耕熟化阶段主要是进行以脱潜育为特点的熟化过程。砂姜黑土的主要特征为：具有腐泥状的黑土层，其黑土层的厚度一般为25—65cm，有机质含量较高；由于静水沉积，土粒细、土质黏重；有时有砂姜，零星分布或成层分布，多分布在下层；全剖面多数无石灰反应，土壤呈中性；地下水位高，水资源丰富，土温较低，潜在肥力高。

黄褐土是新蔡县第二大土壤类型，占本县地域面积的23%。黄褐土发育具有明显的淋溶、淀积和黏化过程。高温多雨，给母质的充分风化提供了有利的条件，同时风化过程中分解出来的一、二价盐基离子，随着下渗雨水向下淋洗，土体无游离碳酸盐存在，整个剖面无石灰反应。在较强烈的淋溶作用下，易变价的铁、锰、铝也有移动，随水下渗，在一定的深度聚积起来。这种铁锰化合物在形态上表现为附着于土壤结构面上的铁锰胶膜和聚积而成的铁锰结核。伴随着淋溶与淀积作用的不断进行，土壤黏粒不断下移，使土体下部黏粒含量日益增高，产生了显著的黏化现象，逐渐形成了黏重的心土层。黏化现象的发展，使土壤下层形成棱柱状与块状结构，影响土壤的通透性能，给农业生产带来不良影响。通过人们的耕作、施肥等生产活动，土壤表层质地、结构、耕性、肥力等方面都得到了不同程度的改善。黄褐土的主要特征：①土层深厚而黏重，一般都在20—30cm出现有深厚而坚实的黏化层（棕褐色，色似马肝，故名"马肝层"）。②具有棕褐色的心土层、底土层（淀积层），结构面上有大量的铁锰胶膜和铁锰结核出现。③土壤呈中性至微酸性，通体无石灰反应。④有机质累积偏少。

潮土是新蔡县第三大土壤类型，占本县地域面积的21%。潮土是在近代河流冲积物上，经过耕作熟化发育而成的年轻土壤，因受地下水的影响，有夜潮现象而得名。形成过程为：以河流沉积物作为母质基础，地下水的影响和耕作的熟化是形成潮土的主导因素，密切影响着潮土发育的形成过程有流水分选沉积过程、地下水参与潮土的形成过程和耕作熟化过程。潮土具有明显的质地层次（沉积层次），但厚薄不一，发生层次不明显；由于地下水埋藏较浅，故有夜间返潮现象；由于河流多次泛滥、沉积，而每次沉积的颗粒粗细、数量不一，所以土体中常有砂、壤、黏相间出现，组成不同的土体构型。

本区域中心区气候特征

本区域中心区气候特征值
Regional climate characteristics in central area of the region

气候带：北亚热带湿润气候 Climate region: North subtropical humid climate	
年平均气温 /℃ Annual average temperature /℃	15.0
年平均最高气温 /℃ Annual average maximum temperature /℃	20.3
年平均最低气温 /℃ Annual average minimum temperature /℃	10.6
年降水量 /mm Annual precipitation /mm	1011
≥10℃的积温 /℃ Daily temperature accumulated in a year（≥10℃）/℃	5499
年日照时数 /h Annual sunshine /h	2004
年平均相对湿度 /% Annual average relative humidity /%	74
干燥度 Dryness	0.90

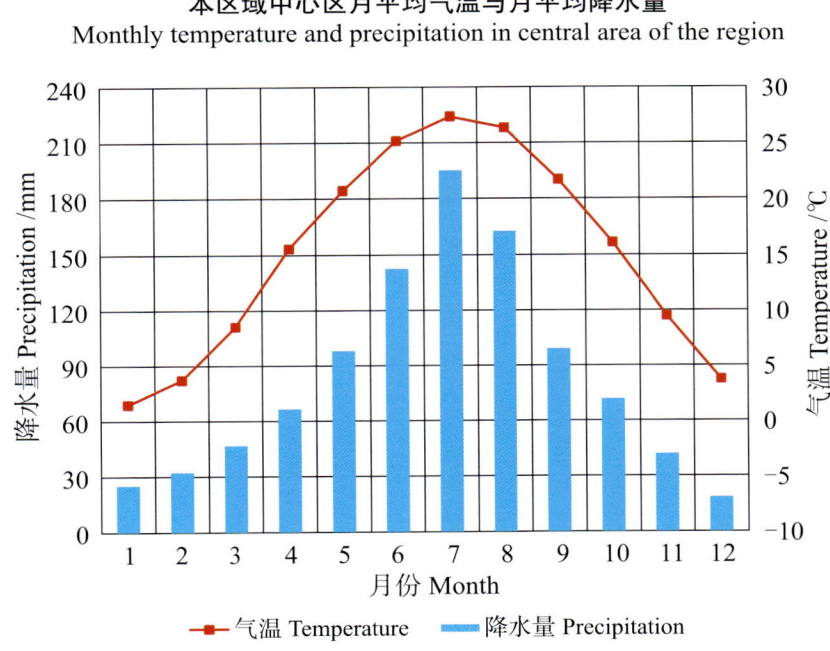

本区域中心区月平均气温与月平均降水量
Monthly temperature and precipitation in central area of the region

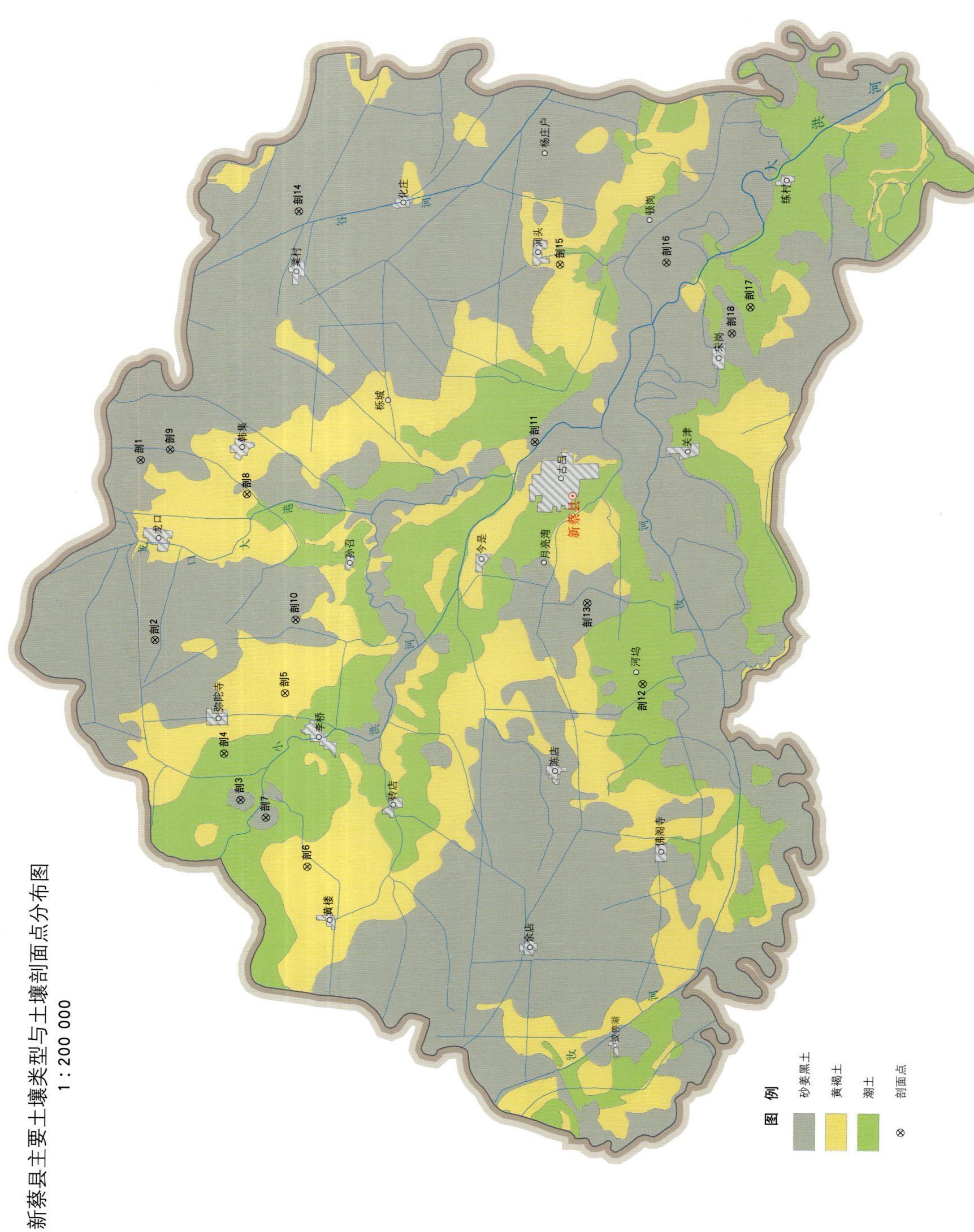

新蔡县主要土壤类型与土壤剖面点分布图

1:200 000

新蔡县土壤剖面理化性状表

剖面号 Soil profile	土纲 Soil order	土类 Soil great group	亚类 Soil subgroup	土属 Soil genus	土种 Soil species	土层码 Layer code	土层厚度 Depth/cm	颜色 Soil color	质地 Soil texture	土壤结构 Soil structure	pH	有机质 OM/(g/kg)	全氮 TN/(g/kg)	全磷 TP/(g/kg)	阳离子交换量 CEC/(cmol/kg)	土壤母质 Parent material	剖面点坐标 Profile coordinate	匹配指数 Matching index/%
剖1	半水成土	砂姜黑土	砂姜黑土	黑老土	黏质薄覆黑老土	1	0—12	暗灰黄色	重壤土	粒状	6.5	12.2	0.56	0.27	22.9	河湖相沉积物	E 114°58′45.5″ N 32°55′39.7″	97
						2	12—22	暗灰黄色	重壤土	粒状	6.6	10.3	0.70	0.28	22.0			
						3	22—62	灰棕黄色	重壤土	块状	6.9	10.0	0.62	0.19	28.9			
						4	62—130	灰灰黄色	重壤土	块状	7.3	4.2	0.29	0.38	24.6			
剖2	半水成土	砂姜黑土	砂姜黑土	灰白土	黏质厚层灰白土	1	0—16	黄白色	重壤土	粒状	6.7	8.2	0.66	0.24	15.5	河湖相沉积物	E 114°53′09.6″ N 32°55′10.9″	98
						2	16—31	浅黄灰色	重壤土	碎屑状	7.0	6.2	0.59	0.16	15.2			
						3	31—77	灰棕色	重壤土	块状	7.2	5.0	0.66	0.29	21.9			
						4	77—130	黄褐色	重壤土	块状	7.1	4.4	0.73	0.38	23.3			
剖3	半水成土	砂姜黑土	砂姜黑土	黑老土	壤质薄覆老土	1	0—18	灰黄色	中壤土	粒状	6.6	10.9	0.66	0.28	14.8	河湖相沉积物	E 114°48′13.7″ N 32°52′54.1″	97
						2	18—35	浅灰黄色	重壤土	块状	7.4	5.5	0.37	0.36	23.9			
						3	35—100	灰棕色	轻黏土	块状	7.2	6.8	0.42	0.29	25.0			
剖4	半水成土	潮土	灰潮土	灰灰两合土	灰小两合土	1	0—21	浅灰黄色	轻壤土	粒状	6.8	8.5	0.57	0.48	10.5	河流冲积物	E 114°49′39.0″ N 32°53′21.5″	98
						2	21—61	浅灰黄色	中壤土	小块状	7.7	3.7	0.31	0.38	9.0			
						3	61—100	浅灰黄色	重壤土	碎屑块状	7.9	4.8	0.39	0.41	15.9			
剖5	淋溶土	黄褐土	黄褐土	黄胶土	浅位厚层黄胶土	1	0—18	棕黄色	重壤土	碎屑状	7.3	9.2	0.63	0.24	17.3	下蜀系黄土	E 114°51′35.6″ N 32°51′51.5″	98
						2	18—30	黄黄色	重壤土	块状	7.4	7.1	0.42	0.18	23.4			
						3	30—120	黄棕色	重壤土	棱块状	7.4	5.1	0.29	0.33	13.2			
剖6	淋溶土	黄褐土	黄褐土	黄胶土	活白散土	1	0—17	黄白色	中壤土	粒状	6.4	11.4	0.72	0.39	9.4	下蜀系黄土	E 114°46′12.0″ N 32°51′09.7″	95
						2	17—35	黄黄色	重壤土	碎屑状	6.9	7.8	0.83	0.31	20.6			
						3	35—62	暗黄棕色	重壤土	块状	7.3	7.0	0.51	0.30	22.9			
						4	62—120	黄棕色	重壤土	棱块状	7.7	5.1	0.47	0.42	44.0			
剖7	半水成土	砂姜黑土	砂姜黑土	砂姜黑土	青黑土	1	0—13	灰黑色	重壤土	碎屑状	6.8	16.5	0.89	0.32	48.7	河湖相沉积物	E 114°47′42.0″ N 32°52′15.2″	97
						2	13—44	灰黑色	轻黏土	棱块状	7.4	11.9	0.62	0.29	18.0			
						3	44—100	黄灰黄色	中壤土	块状	7.5	4.4	0.29	0.38	17.5			
剖8	淋溶土	黄褐土	黄褐土	老黄土	黄老土	1	0—15	灰黄色	中壤土	粒状	6.8	9.7	0.66	0.31	19.2	河湖相沉积物	E 114°57′46.1″ N 32°52′57.0″	95
						2	15—29	灰黄色	中壤土	碎屑状	6.9	7.9	0.51	0.26	24.1			
						3	29—56	棕黄色	重壤土	碎屑状	7.1	7.2	0.47	0.19	36.0			
						4	56—100	棕黄色	重壤土	棱块状	7.5	4.7	0.33	0.27	33.6			
剖9	半水成土	砂姜黑土	砂姜黑土	黑老土	浅位少量砂姜黑土	1	0—19	灰黄色	轻黏土	粒状	7.8	9.0	0.49	0.36	19.7	河湖相沉积物	E 114°59′06.4″ N 32°54′55.4″	97
						2	19—95	灰黄色	轻黏土	粒状	7.9	16.3	0.98	0.41	20.2			
						3	95—120	棕黄灰色	轻黏土	块状	8.2	4.1	0.29	0.45	22.6			
剖10	半水成土	砂姜黑土	砂姜黑土	黑老土	黏质厚覆黑老土	1	0—28	暗灰黄色	重壤土	块状	9.7	10.9	0.51	0.57	19.7	河湖相沉积物	E 114°53′53.9″ N 32°51′38.2″	98
						2	28—63	棕黄色	重壤土	块状	7.0	7.7	0.59	0.55	26.9			
						3	63—80	灰棕色	重壤土	棱块状	6.9	6.6	0.47	0.37	22.8			
						4	80—102	棕黄色	重壤土	块状	6.9	8.9	0.37	0.27	27.0			
						5	102—130	浅灰黄色	重壤土	块状	7.0	6.2	0.27	0.30	27.0			
剖11	半水成土	砂姜黑土	砂姜黑土	砂姜黑土	深位多量砂姜黑土	1	0—20	暗灰黑色	重壤土	碎屑状	6.4	16.0	1.03	0.44	37.5	河湖相沉积物	E 114°59′36.6″ N 32°45′41.8″	97
						2	20—51	灰黄色	轻黏土	棱块状	7.4	11.5	0.69	0.31	28.4			
						3	51—100	棕灰色	重黏土	块状	7.9	6.9	0.66	0.39				
剖12	半水成土	潮土	灰潮土	淡灰潮黏土	灰淤土	A_{11}	0—18	灰黄色	粉砂质黏土	碎屑状	6.8	14.4	0.82	0.18	25.1	河流冲积黏质沉积物	E 114°52′09.8″ N 32°42′48.6″	95
						C	18—56	灰灰色	粉砂质黏土	棱块状	7.3	10.5	0.64	0.17	26.7			
						Cu	56—130	浊黄棕色	粉砂质壤土	块状	7.5	8.4	0.63	0.13	22.9			

续表 Continued

剖面号 Soil profile	土纲 Soil order	土类 Soil great group	亚类 Soil subgroup	土属 Soil genus	土种 Soil species	土层码 Layer code	土层厚度 Depth/cm	颜色 Soil color	质地 Soil texture	土壤结构 Soil structure	pH	有机质 OM/(g/kg)	全氮 TN/(g/kg)	全磷 TP/(g/kg)	阳离子交换量CEC/(cmol/kg)	土壤母质 Parent material	剖面点坐标 Profile coordinate	匹配指数 Matching index/%
剖13	半水成土	砂姜黑土	砂姜黑土	灰白土	废堰灰白土	1	0—20	灰白色	中壤土	粒状	6.5	10.3	0.69	0.56	12.0	河湖相沉积物	E 114°54′38.5″ N 32°44′16.1″	95
						2	20—42	灰黄色	中壤土	粒状	6.7	8.8	0.61	0.66	11.6			
						3	42—100	暗灰色	重壤土	块状	6.6	8.1	0.57	0.72	17.8			
剖14	半水成土	砂姜黑土	砂姜黑土	灰质砂姜黑土	深位少量灰质砂姜黑土	1	0—25	黄灰色	重壤土	碎屑状	7.6	16.2	0.99	0.50	28.2	湖相沉积物	E 115°06′37.4″ N 32°51′48.6″	95
						2	25—46	黄灰色	重黏土	碎块状	7.8	12.2	0.74	0.45	29.6			
						3	46—74	灰黑色	轻黏土	棱块状	7.5	22.3	0.92	0.42	41.3			
						4	74—120	棕灰色	重壤土	块状	7.9	5.5	0.35	0.45	23.9			
剖15	淋溶土	黄褐土	黄褐土	老黄土	白黄土	1	0—24	黄灰白色	中壤土	粒状	6.2	1.0	0.70	0.38	15.3		E 115°05′07.8″ N 32°45′10.1″	95
						2	24—37	黄灰色	重壤土	碎块状	6.5	9.0	0.60	0.32	20.1			
						3	37—58	黄棕色	重壤土	棱块状	6.9	6.7	0.47	0.37	23.2			
						4	58—100	黄棕色	重壤土	棱块状	7.0	5.9	0.39	0.40	22.5			
剖16	半水成土	砂姜黑土	砂姜黑土	砂姜黑土	深位少量砂姜黑土	1	0—20	褐灰色	重壤土	碎屑状	6.4	16.0	1.03	0.44	27.0	河湖相沉积物	E 115°05′15.7″ N 32°42′28.8″	98
						2	20—63	灰黑色	轻黏土	棱块状	7.4	11.5	0.69	0.31	37.5			
						3	63—156	黄褐灰色	重黏土	块状	7.9	6.9	0.66	0.39	28.4			
剖17	半水成土	潮土	灰潮土	灰潮土	灰潮土	1	0—18	灰黄色	轻黏土	碎屑状	6.8	14.4	0.82	0.41	25.1	河流冲积物	E 115°03′55.8″ N 32°40′19.6″	95
						2	18—56	深灰黄色	轻黏土	块状	7.3	10.5	0.64	0.28	26.7			
						3	56—130	深灰黄色	轻黏土	块状	7.5	8.4	0.43	0.19	22.9			
剖18	半水成土	砂姜黑土	砂姜黑土	黑老土	黏顶厚覆黑老土	1	0—20	暗黄灰色	轻黏土	屑粒状	6.7	14.3	1.03	0.37	28.9	河湖相沉积物	E 115°03′06.5″ N 32°40′46.6″	97
						2	20—32	暗黄灰色	轻黏土	碎块状	7.1	12.1	0.86	0.33	28.9			
						3	32—65	灰黑色	轻黏土	块状	7.7	9.1	0.57	0.23	33.8			
						4	65—100	灰棕色	轻黏土	块状	7.8	6.4	0.48	0.44	28.4			

河南省直辖县级市

济 源 市

主要土类说明

褐土是济源市主要土壤类型，占本市地域面积的 88%。成土母质为富含石灰的黄土、黄土状母质即马兰黄土与离石黄土、午城黄土以及洪积物。按其形成条件、碳酸盐淋溶与淀积情况、发育程度、土壤属性以及地下水影响程度，本市褐土分为典型褐土、石灰性褐土、潮褐土、淋溶褐土、褐土性土等亚类。

潮土是济源市第二大土壤类型，占本市地域面积的 5%，主要分布在沁河、黄河两岸及洪积扇下缘地带的五龙口、梨林、坡头，黄河北岸的大峪、下冶和邵原的沿黄河地带也有少量分布。本市潮土是发育在河流冲积物和洪积物、冲积物上，受地下水影响较大的经人为耕种熟化而形成的土壤。本市潮土主要发育在黄河、沁河冲积物上，成土母质多为第四纪黄土、黄土状母质，由于河流的长期冲积作用，大量的黄土年复一年地沉积下来，形成了本市潮土土层深厚、质地层次明显、剖面通体石灰反应强烈的特点。另外，潮土区地下水位一般在 1—2m，地下水参与了土壤形成过程，由于季节性干湿变化和地下水的升降，引起土体中氧化还原作用交替进行，剖面下部有锈色斑纹。旱耕熟化过程也参与了潮土的成土过程，形成了具有深厚熟化层的农业土壤。根据土壤的分布、成土过程及属性，本市潮土只有黄潮土一个亚类。

棕壤是济源市第三大土壤类型，占本市地域面积的 4%，主要分布在本市西北部的太行、王屋海拔 1000m 以上山区。土体中的物质有弱度淋溶现象，黏粒下移及铁锰结核在心土层的积聚较为明显，表层有分解或半分解的枯枝落叶层，厚度一般在 3cm 左右，表层颜色因有机质含量的不同而不同，整个剖面以棕色为主，土壤质地偏重，壤土至黏土，土壤结构多为柱状。盐基呈弱不饱和状态，不含游离碳酸钙，故整个剖面无石灰反应。pH 从上到下与淋溶褐土不同，有下降趋势，有机质含量也由上而下趋低。根据其发育程度的不同，本市棕壤分为棕壤和粗骨性棕壤等亚类。

小于本县地域面积 3% 的土壤类型还有水稻土、粗骨土、石质土等。

本区域中心区气候特征

本区域中心区气候特征值
Regional climate characteristics in central area of the region

气候带：暖温带亚湿润气候 Climate region: Warm temperate subhumid climate	
年平均气温 /℃ Annual average temperature /℃	13.7
年平均最高气温 /℃ Annual average maximum temperature /℃	19.7
年平均最低气温 /℃ Annual average minimum temperature /℃	8.5
年降水量 /mm Annual precipitation /mm	574
≥ 10℃的积温 /℃ Daily temperature accumulated in a year（≥ 10℃）/℃	4820
年日照时数 /h Annual sunshine /h	2216
年平均相对湿度 /% Annual average relative humidity /%	65
干燥度 Dryness	1.43

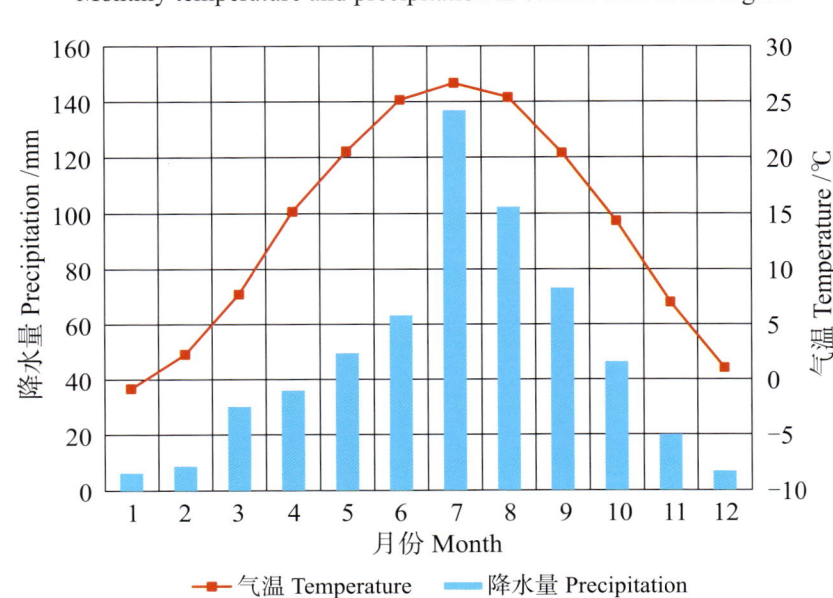

本区域中心区月平均气温与月平均降水量
Monthly temperature and precipitation in central area of the region

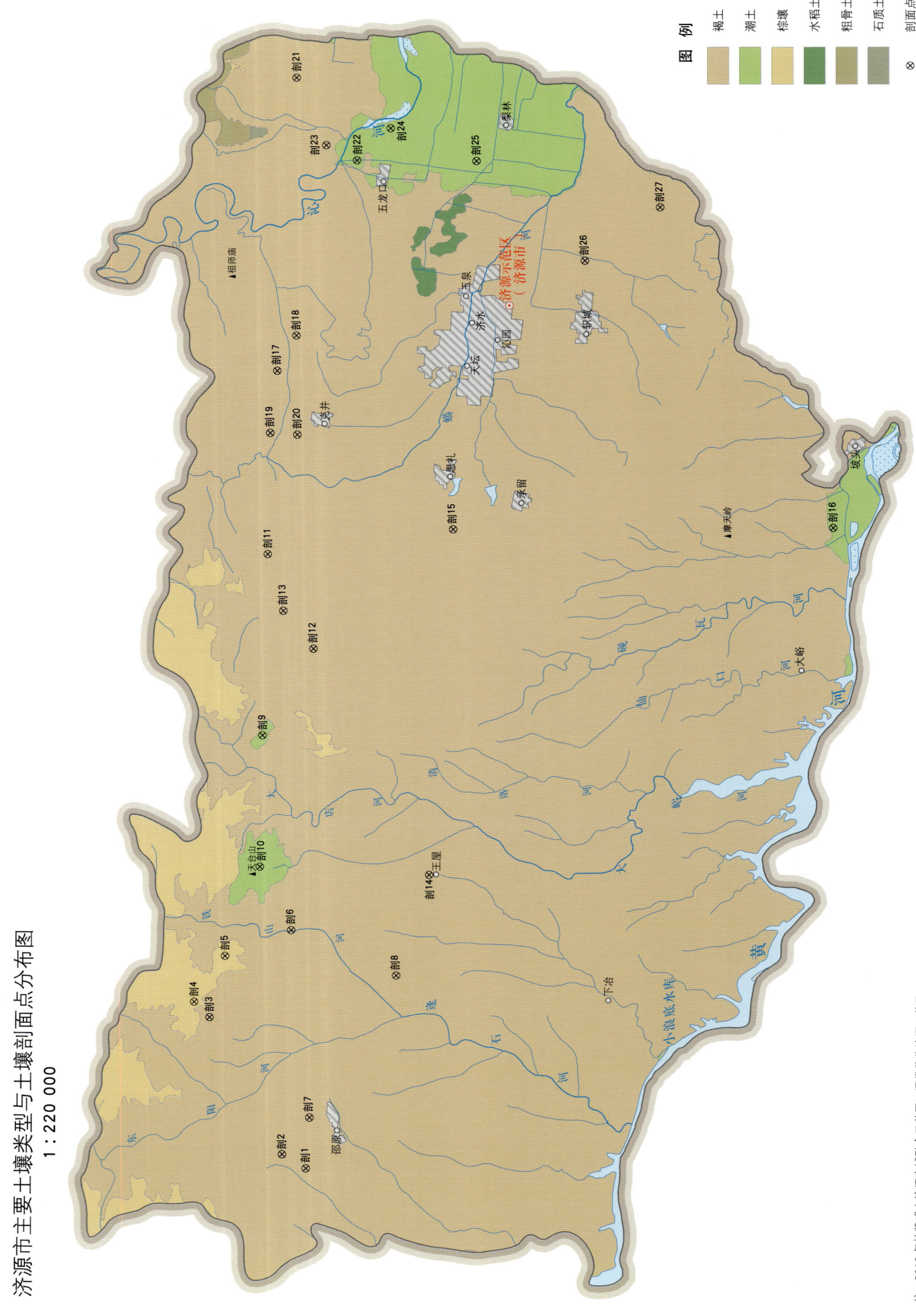

济源市土壤剖面理化性状表

剖面号 Soil profile	土纲 Soil order	土类 Soil great group	亚类 Soil subgroup	土属 Soil genus	土种 Soil species	土层码 Layer code	土层厚度 Depth/cm	颜色 Soil color	质地 Soil texture	土壤结构 Soil structure	pH	有机质 OM/(g/kg)	全氮 TN/(g/kg)	全磷 TP/(g/kg)	速效钾 AK/(mg/kg)	阳离子交换量 CEC/(cmol/kg)	土壤母质 Parent material	剖面点坐标 Profile coordinate	匹配指数 Matching index/%
剖1	半淋溶土	褐土	褐土性	褐土性黄土	少量砂姜厚层褐土性红黄土	1	0~24	黄褐色	重壤土	块状	8.2	7.4	0.60	1.15	164	18.1	黄土或黄土状母质	E 112°05′53.2″ N 35°10′31.1″	95
						2	24~34	黄褐色	重壤土	块状	8.3	5.6	0.52	1.11	128	17.5			
						3	34~100				8.3	7.5	0.63	1.07	138	17.5			
剖2	半淋溶土	褐土	褐土性	砂石土	多砾质中层砂黄土	1	0~35	棕色	轻壤土	块状	7.5	25.5	1.36	0.91	90	27.4		E 112°06′23.0″ N 35°11′10.3″	97
剖3	半淋溶土	褐土	淋溶褐土	坡黄土	薄层坡黄土	1	0~10	黄褐色	轻壤土	块状	7.6	16.2	2.69	1.51	208	19.7		E 112°11′09.2″ N 35°13′09.5″	98
						2	10~30	黄棕色	中壤土	颗粒状	7.4	5.1	0.85	0.82	109	13.2			
剖4	淋溶土	棕壤	粗骨性棕壤	淡岩粗骨性棕壤	中层粗岩骨性棕壤	1	0~12	灰褐色	中壤土	碎块状	7.2	41.9	1.95	1.72	89	25.8	酸性岩风化物	E 112°11′42.4″ N 35°13′34.7″	75
						2	12~42	黄褐色	重壤土	块状	7.3	9.7	0.63	0.80	89	13.3			
剖5	淋溶土	棕壤	粗骨性棕壤	淡岩粗骨性棕壤		1	0~10	褐灰色	重壤土	碎块状	7.0	74.3	3.83	1.46	255	24.3	酸性岩风化物	E 112°13′19.2″ N 35°12′43.2″	75
						2	10—												
剖6	半淋溶土	褐土	褐土性	耕种褐土性土	中层褐土性土	1	0~20	红黄色	中壤土	块状	8.3	16.2	0.97	1.57	150	14.5	洪积物	E 112°14′12.8″ N 35°10′52.3″	97
						2	20~25	红黄色	重壤土	块状	8.4	9.2	0.66	1.36	145	15.5			
						3	25~60	红黄色	重壤土	块状	8.4	8.1	0.56	1.30	121	15.7			
剖7	半淋溶土	褐土	褐土性	褐土性黄土	厚层褐土性粗骨棕壤	1	0~20	棕色	中壤土	块状	8.2	9.5	0.59	1.08	115	16.2	黄土或黄土状母质	E 112°07′38.3″ N 35°10′24.2″	97
						2	20~45	棕色	中壤土	块状	8.3	5.8	0.40	1.08	102	17.5			
						3	45~75	棕色	中壤土	柱状	8.3	5.2	0.41	1.27	110	14.9			
						4	75~95	褐棕色	中壤土	柱状	8.3	1.6	0.22	1.75	99	14.4			
						5	95~150	褐棕色	中壤土	块状	8.4	1.5	0.73	1.66	94	10.9			
剖8	半淋溶土	褐土	褐土性	砂石土	厚层褐土性土	1	0~20	暗褐色	重壤土	块状	8.0	28.6	3.06	1.59	239	34.3	砂页岩（灰质砂页岩除外）风化残积物、坡积物	E 112°12′34.9″ N 35°07′58.1″	97
						2	20~50	棕褐色	轻壤土	块状	8.1	22.8	1.40	1.69	167	30.7			
						3	50~100	红黄色	轻壤土	块状	8.0	3.8	0.49	0.70	156	37.8			
剖9	潮土	潮土	黄潮土	洪积潮土	洪积潮土	1	0~20	红黄色	重壤土	块状	8.3	15.0	4.70	1.28	151	18.1	河流冲积物	E 112°21′04.7″ N 35°11′37.0″	75
						2	20~65	褐红色	重壤土	棱柱状	8.3	11.4	0.68	1.18	123	18.7			
						3	65~100	灰黄色	轻壤土	碎块状	8.4	11.7	0.98	0.72	124	24.1			
剖10	半水成土	潮土	黄潮土	两合土	底砂质小两合土	1	0~18	灰黄色	轻壤土	块状	8.4	9.1	0.40	1.17	79	10.0	河流冲积物	E 112°16′26.8″ N 35°11′43.8″	75
						2	18~40	浅黄色	砂壤土	单粒状	8.5	10.0	0.56	1.01	69	10.6			
						3	40~80	灰黄色	砂壤土	单粒状	8.7	1.3	<0.10	0.87	50	5.7			
						4	80~100	灰黄色	砂壤土	散状	8.6	2.0	<0.10	1.09	50	7.0			
剖11	半水成土	潮土	黄潮土	红黏土	深位薄淀积层红土	1	0~22	灰黄色	重壤土	块状	7.8	30.0	1.33	0.50		18.9	保德红土	E 112°27′25.9″ N 35°11′24.4″	97
						2	22~43	棕黄色	重壤土	块状	7.7	26.4	1.14	0.53		19.3			
						3	43~84	红黄色	重壤土	块状	7.6	9.6	0.35	0.12		17.6			
						4	84~102	红色	中黏土	块状	7.6	10.0	0.65	0.34		20.2			
剖12	半淋溶土	褐土	褐土性	砂石土	薄层砂砾土	1	0~10	红褐色	轻壤土	块状	6.7	<1.0	1.18	1.21	126	18.7		E 112°24′05.4″ N 35°10′10.6″	97
						2	10~21	黄棕色	重壤土	块状	6.9	7.9	0.71	0.70	108	25.0			
剖13	半淋溶土	褐土	褐土性	砂石土	多砾质薄层砂石土	1	0~10	棕褐色	重壤土	柱状	8.2	53.7	2.34	0.74	144	24.3		E 112°25′25.7″ N 35°10′59.5″	98
						2	10~25	棕黄色	重壤土	块状	8.3	21.9	1.24	0.48	103	21.7			
剖14	半淋溶土	褐土	褐土性	褐土性黄土	厚层褐土性红黄土	1	0~22	红黄色	重壤土	柱状	8.1	2.9	0.34	1.14	124	20.7	黄土或黄土状母质	E 112°16′06.6″ N 35°06′54.7″	100
						2	20~39	红黄色	重壤土	棱柱状	8.1	5.7	0.39	0.97	114	21.2			
						3	39~120	黄红色	重壤土	块状	8.1	2.1	0.51	1.34	119	19.9			
剖15	半淋溶土	潮土	潮土	二潮黄土		1	0~29	褐黄色	中壤土	团粒状	8.3	13.6	0.81	2.04	99	12.7	洪积、冲积黄土状母质	E 112°28′13.1″ N 35°06′15.1″	95
						2	29~42	浅黄色	中壤土	块状	8.4	4.9	0.42	1.91	78	12.0			
						3	42~100	黄褐色	中壤土	块状	8.6	6.6	0.50	1.70	79	≤1.0			

续表 Continued

剖面号 Soil profile	土纲 Soil order	土类 Soil great group	亚类 Soil subgroup	土属 Soil genus	土种 Soil species	土层码 Layer code	土层厚度 Depth/cm	颜色 Soil color	质地 Soil texture	土壤结构 Soil structure	pH	有机质 OM/(g/kg)	全氮 TN/(g/kg)	全磷 TP/(g/kg)	速效钾 AK/(mg/kg)	阳离子交换量CEC/(cmol/kg)	土壤母质 Parent material	剖面点坐标 Profile coordinate	匹配指数 Matching index/%
剖16	半水成土	潮土	黄潮土	两合土	两合土	1	0—25	灰黄色	中壤土	碎块状	8.4	8.3	0.49	1.17	89	9.4	河流冲积物	E 112°28′05.9″ N 34°55′41.9″	97
						2	25—46	褐红色	重壤土	块状	8.4	8.9	0.66	1.17	88	14.6			
						3	46—89	浅黄色	中壤土	块状	8.4	10.1	0.53	1.14	84	12.1			
						4	89—100	浅黄色	砂土	单粒状	8.8	1.3	0.70	1.02	50	5.4			
剖17	半淋溶土	褐土	褐土性	砾质土	中量砾质土	1	0—18	灰黄色	重壤土	碎块状	8.4	16.1	1.02	0.90	153	15.9	洪积物、冲积物	E 112°33′51.1″ N 35°11′04.2″	99
剖18	半淋溶土	褐土	褐土性	耕种褐土性土	多砾质厚层褐土性土	1	0—15	灰褐色	中壤土	碎块状	8.3	16.1	0.94	0.84	120	16.5	洪积物	E 112°35′05.3″ N 35°10′31.4″	98
						2	15—27	浅褐色	中壤土	碎块状	8.4	14.7	0.95	0.83	102	16.9			
						3	27—100	浅黄色	中壤土	碎块状	8.3	15.6	1.03	0.88	89	14.0			
剖19	半淋溶土	褐土	褐土性	耕种褐土性土	多砾质中层褐土性土	1	0—34	灰黄色	重壤土	块状	8.3	24.5	1.09	0.99	155	25.2	洪积物	E 112°31′41.2″ N 35°11′17.5″	98
						2	34—63	褐黄色	中壤土	块状	8.4	14.8	0.83	0.76	124	19.8			
剖20	半淋溶土	褐土	褐土性	耕种褐土性土	厚层褐土性土	1	0—19	棕褐色	轻壤土	块状	8.4	6.4	0.49	1.49	94	11.6	洪积物	E 112°31′36.5″ N 35°10′32.5″	98
						2	19—50	棕褐色	中壤土	块状	8.6	4.0	0.22	1.43	74	10.2			
						3	50—100	棕褐色	中壤土	块状	8.5	2.6	0.22	1.29	69	10.4			
剖21	半淋溶土	褐土	褐土性	夹砾土	浅位夹砾土	1	0—35	灰黄色	中壤土	碎块状	8.3	17.6	0.87	1.02	94	9.4	洪积物、冲积物	E 112°44′08.5″ N 35°10′23.9″	97
						2	35—70	红褐色	重壤土	碎块状	8.4	11.0	0.73	0.94	89	13.8			
						3	70—100	灰白色	重壤土	粒状	8.3	14.4	0.93	0.94	107	15.6			
剖22	半水成土	潮土	黄潮土	砂土	底壤砂土	1	0—39	灰黄色	砂土	粒状	8.6	2.7	0.11	1.07	65	7.0	河流冲积物	E 112°41′11.8″ N 35°08′45.6″	95
						2	39—74	浅黄色	砂壤土	单粒状	8.4	8.4	0.30	0.92	68	8.9			
						3	74—110	浅棕色	中壤土	块状	8.4	5.3	0.31	1.07	73	9.8			
剖23	半淋溶土	褐土	褐土性	夹砾土	深位夹砾土	1	0—24	黄褐色	重壤土	块状	8.3	5.1	1.02	1.42	122	13.0	洪积物、冲积物	E 112°41′44.5″ N 35°09′36.7″	99
						2	24—45	褐棕色	重壤土	碎块状	8.3	10.1	0.71	0.97	87	14.8			
						3	45—80	黄棕色	中壤土	碎块状	8.5	6.3	0.46	0.16	84	9.1			
						4	80—100				8.5	8.7	0.45	0.95	101	8.7			
剖24	半水成土	潮土	黄潮土	两合土	小两合土	1	0—20	灰黄色	轻壤土	碎块状	8.3	6.3	0.32	1.91	98	7.1	河流冲积物	E 112°42′18.0″ N 35°07′48.7″	97
						2	20—100	浅黄色	轻壤土	碎块状	8.3	7.1	4.60	2.05	101	8.8			
剖25	半水成土	潮土	黄潮土	砂土	细砂土	1	0—20	灰黄色	砂土	单粒状	8.7	2.0	0.10	1.05	50	7.6	河流冲积物	E 112°41′06.4″ N 35°05′26.9″	95
						2	20—100	灰黄色	砂土	单粒状	8.7	2.7	0.25	1.24	58	5.6			
剖26	半淋溶土	褐土	石灰性褐土	白面土	白面土	1	0—22	浅灰褐色	轻壤土	屑粒状							黄土	E 112°37′34.0″ N 35°02′29.0″	97
						2	22—70	浅黄褐色	轻壤土	碎块状									
						3	70—93	黄褐色	轻壤土	块状									
						4	93—170	黄褐色	轻壤土	无明显结构									
剖27	半淋溶土	褐土	淋溶褐土	红黏土	红黏土	1	0—18	褐色	重壤土	粒状	7.7	17.4	0.55	0.47		13.8	保德红土	E 112°39′23.0″ N 35°00′22.3″	95
						2	18—45	褐红色	重壤土	块状	7.9	22.2	0.93	0.28		14.6			

附 录

附录1 河南省县级行政区及分县主要土壤类型与土壤剖面点分布图地域名对照表

地级行政区划	县级行政区划 [1]	分县主要土壤类型与土壤剖面点分布图地域名 [2]	地级行政区划	县级行政区划 [1]	分县主要土壤类型与土壤剖面点分布图地域名 [2]
郑州市	中原区		洛阳市	老城区	市辖区*
	二七区			西工区	
	管城回族区			瀍河回族区	
	金水区			涧西区	
	惠济区			洛龙区	
	中牟县	中牟县		偃师区	偃师市
	巩义市	巩义市		孟津区	孟津县
	荥阳市	荥阳县		新安县	新安县
	上街区			栾川县	栾川县
	新密市	密县		嵩县	嵩县
	新郑市	新郑县		汝阳县	汝阳县
	登封市	登封县		宜阳县	宜阳县
开封市	龙亭区			洛宁县	洛宁县
	顺河回族区			伊川县	伊川县
	鼓楼区		平顶山市	新华区	
	禹王台区			卫东区	
	祥符区	开封县		石龙区	
	杞县	杞县		湛河区	
	通许县	通许县		宝丰县	宝丰县
	尉氏县	尉氏县		叶县	叶县
	兰考县	兰考县		鲁山县	鲁山县

续表

地级行政区划	县级行政区划[1]	分县主要土壤类型与土壤剖面点分布图地域名[2]	地级行政区划	县级行政区划[1]	分县主要土壤类型与土壤剖面点分布图地域名[2]
平顶山市	郏县	郏县	焦作市	博爱县	博爱县
	舞钢市	舞钢市		武陟县	武陟县
	汝州市	汝州市		温县	温县
安阳市	文峰区	市辖区*		沁阳市	沁阳市
	北关区			孟州市	孟县
	殷都区		濮阳市	华龙区	市辖区*
	龙安区			清丰县	清丰县
	安阳县			南乐县	南乐县
	汤阴县	汤阴县		范县	范县
	滑县	滑县		台前县	台前县
	内黄县	内黄县		濮阳县	濮阳县
	林州市	林县	许昌市	魏都区	市辖区*
鹤壁市	鹤山区	市辖区*		建安区	
	山城区			鄢陵县	鄢陵县
	淇滨区			襄城县	襄城县
	浚县	浚县		禹州市	禹州市
	淇县	淇县		长葛市	长葛市
新乡市	红旗区	市辖区*	漯河市	源汇区	市辖区*
	卫滨区			郾城区	
	凤泉区			召陵区	
	牧野区			舞阳县	舞阳县
	新乡县	新乡县		临颍县	临颍县
	获嘉县	获嘉县	三门峡市	湖滨区	市辖区*
	原阳县	原阳县		陕州区	陕县
	延津县	延津县		渑池县	渑池县
	封丘县	封丘县		卢氏县	卢氏县
	卫辉市	卫辉市		义马市	
	辉县市	辉县市		灵宝市	灵宝市
	长垣市	长垣县	南阳市	宛城区	市辖区*
焦作市	解放区	市辖区*		卧龙区	
	中站区			南召县	
	马村区			方城县	方城县
	山阳区			西峡县	西峡县
	修武县	修武县		镇平县	镇平县

续表

地级行政区划	县级行政区划[1]	分县主要土壤类型与土壤剖面点分布图地域名[2]	地级行政区划	县级行政区划[1]	分县主要土壤类型与土壤剖面点分布图地域名[2]
南阳市	内乡县	内乡县	信阳市	淮滨县	淮滨县
	淅川县	淅川县		息县	息县
	社旗县	社旗县	周口市	川汇区	
	唐河县	唐河县		淮阳区	淮阳县
	新野县	新野县		扶沟县	扶沟县
	桐柏县	桐柏县		西华县	西华县
	邓州市	邓州市		商水县	商水县
商丘市	梁园区	市辖区*		沈丘县	沈丘县
	睢阳区			郸城县	郸城县
	民权县	民权县		太康县	太康县
	睢县	睢县		鹿邑县	鹿邑县
	宁陵县	宁陵县		项城市	项城市
	柘城县	柘城县	驻马店市	驿城区	
	虞城县	虞城县		西平县	西平县
	夏邑县	夏邑县		上蔡县	上蔡县
	永城市	永城县		平舆县	
信阳市	浉河区	市辖区*		正阳县	正阳县
	平桥区			确山县	确山县
	罗山县	罗山县		泌阳县	泌阳县
	光山县	光山县		汝南县	汝南县
	新县	新县		遂平县	遂平县
	商城县	商城县		新蔡县	新蔡县
	固始县	固始县	河南省直辖县级市	济源市	济源市
	潢川县	潢川县			

注：1）为民政部于 2022 年 3 月发布的《2021 年中华人民共和国行政区划代码》中的县级行政区名称。该名称也作为本数据集分县目录。分县排序按《2021 年中华人民共和国行政区划代码》中的地级、县级行政区排列。

2）分县主要土壤类型与土壤剖面点分布图地域名是全国第二次土壤普查中分县采样调查、制图的县级行政区名称。分县主要土壤类型与土壤剖面点分布图采用的县级行政域是从国家测绘局获取的 1∶25 万 DLG（公众版）数据（使用许可协议编号：非 2011—1011）。附录 1 显示了全国第二次土壤普查时的县级行政区域名与《2021 年中华人民共和国行政区划代码》中的县级行政区名称之间的关联。附录 1 中仅有《2021 年中华人民共和国行政区划代码》中的县级行政区名称，而没有对应的分县主要土壤类型与土壤剖面点分布图地域名的分县，表示该县级行政区无土壤剖面数据，未纳入分县目录。

* 在附录 1 中，凡分县主要土壤类型与土壤剖面点分布图地域名表示为"市辖区"的地域，均指在全国第二次土壤普查中，在城市中心区及近郊区完成的采样调查和制图。此时，县级行政区名称与分县主要土壤类型与土壤剖面点分布图地域名不是完全的对应关系。如焦作市市辖区主要土壤类型与土壤剖面点分布图代表土壤调查中焦作市城区及近郊区的土壤分布状况。此时将"市辖区"作为这一节的标题。

附录2 专题图基础地理要素图例

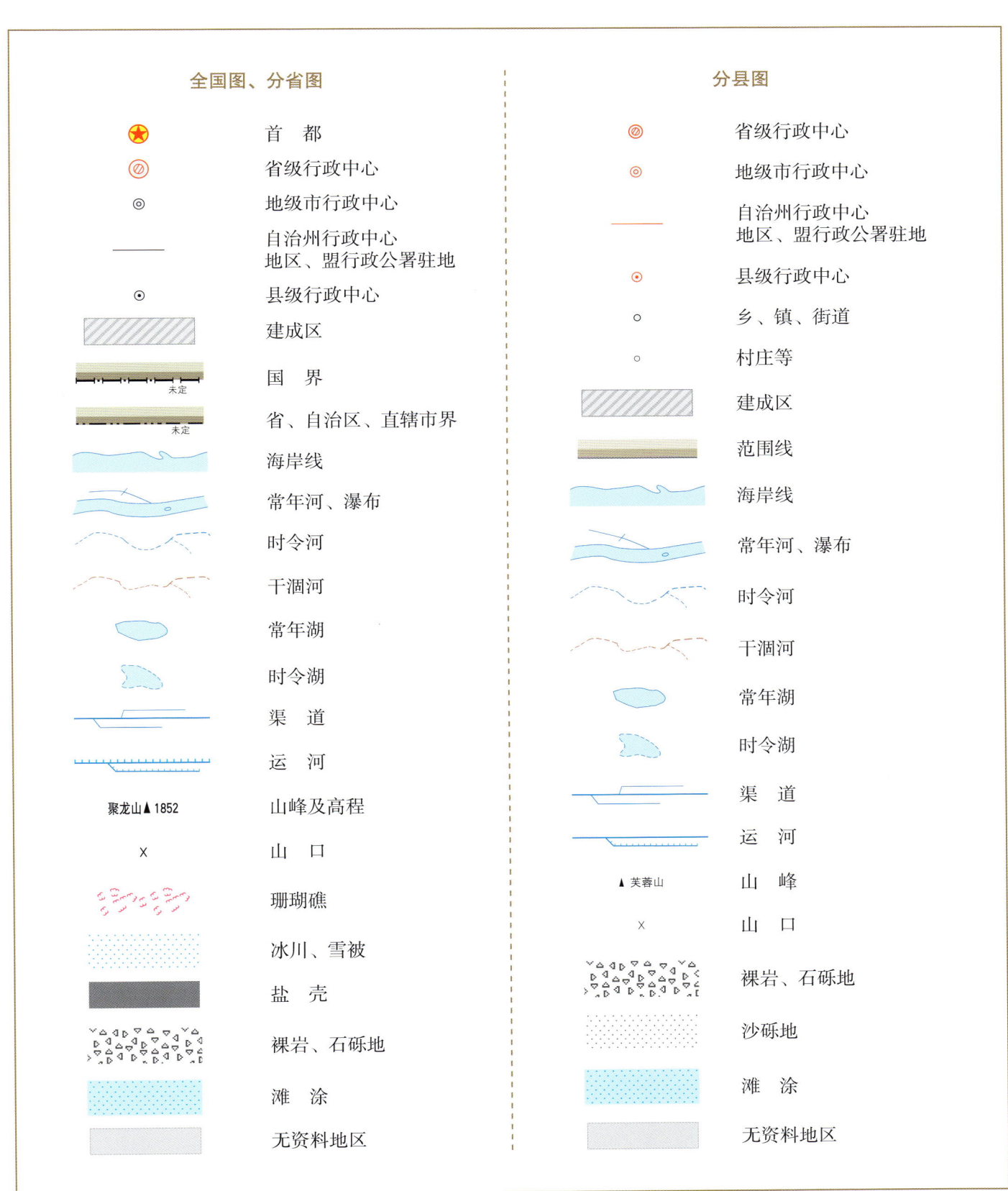

附录3 土壤图土类图例

图例	土类名	色码（RGB）	色码（CMYK）	图例	土类名	色码（RGB）	色码（CMYK）
	砖红壤	253, 139, 149	0, 56, 26, 0		棕钙土	250, 221, 212	2, 17, 13, 0
	赤红壤	253, 160, 170	0, 47, 17, 0		灰钙土	230, 214, 165	11, 15, 40, 1
	红　壤	252, 199, 209	1, 29, 6, 0		灰漠土	246, 237, 182	4, 6, 36, 0
	黄　壤	250, 238, 14	2, 5, 92, 0		灰棕漠土	232, 207, 118	8, 19, 62, 1
	黄棕壤	247, 231, 171	3, 9, 40, 0		棕漠土	238, 220, 86	5, 12, 76, 1
	黄褐土	249, 236, 121	2, 5, 64, 0		黄绵土	249, 223, 2	1, 13, 93, 0
	棕　壤	238, 218, 147	6, 14, 50, 1		红黏土	247, 149, 143	1, 52, 33, 0
	暗棕壤	226, 181, 98	9, 33, 68, 2		新积土	184, 199, 156	30, 11, 44, 2
	白浆土	223, 226, 205	15, 7, 22, 0		龟裂土	254, 252, 55	0, 7, 86, 0
	棕色针叶林土	206, 169, 142	18, 35, 40, 4		风沙土	242, 242, 180	6, 2, 39, 0
	灰化土	183, 169, 182	31, 31, 16, 4		石灰（岩）土	176, 175, 85	28, 21, 75, 9
	漂灰土*	220, 219, 162	15, 9, 44, 1		火山灰土	223, 167, 170	11, 41, 19, 2
	燥红土	250, 161, 9	0, 46, 95, 0		紫色土	199, 177, 221	28, 31, 0, 0
	褐　土	225, 201, 153	12, 21, 43, 1		磷质石灰土	240, 250, 156	7, 1, 51, 0
	灰褐土	228, 219, 186	12, 12, 30, 0		石质土	171, 181, 150	35, 18, 43, 5
	黑　土	142, 164, 151	46, 21, 38, 8		粗骨土	196, 187, 132	23, 21, 53, 4
	灰色森林土	162, 178, 175	40, 19, 27, 4		草甸土	128, 171, 117	51, 14, 63, 7

续表

图例	土类名	色码（RGB）	色码（CMYK）	图例	土类名	色码（RGB）	色码（CMYK）
	黑钙土	230，188，50	6，30，88，1		潮　土	169，219，118	34，1，68，0
	栗钙土	214，195，161	17，22，37，2		砂姜黑土	191，202，188	29，13，26，1
	栗褐土	240，213，157	5，18，43，1		林灌草甸土	171，191，44	31，12，93，5
	黑垆土	201，204，125	22，12，60，3		山地草甸土	132，184，161	52，9，42，3
	沼泽土	144，183，212	49，14，8，2		灌漠土	158，184，110	39，12，67，6
	泥炭土	150，140，173	46，41，10，6		草毡土	150，172，169	45，20，29，6
	草甸盐土	222，145，201	21，49，0，0		黑毡土	129，157，106	48，19，63，14
	滨海盐土	232，206，217	10，22，5，0		寒钙土	198，214，203	26，8，21，1
	酸性硫酸盐土	187，159，184	29，38，9，3		冷钙土	194，194，96	23，15，72，5
	漠境盐土	209，130，159	16，58，11，3		冷棕钙土	183，186，169	31，20，32，3
	寒原盐土	187，159，184	29，38，9，3		寒漠土	235，223，181	9，12，33，0
	碱　土	227，211，211	13，18，11，0		冷漠土	223，197，102	11，22，68，2
	水稻土	107，176，107	59，9，72，3		寒冻土	196，171，79	19，29，77，8
	灌淤土	136，146，47	38，24，90，21				

注：*漂灰土，《中国土壤分类与代码》（GB/T 17296—2009）中无此土类，在全国第二次土壤普查中完成的中国1:100万土壤图和分县土壤图中含漂灰土，主要分布于西藏自治区南部，总面积约为112 km^2。

附录 4 中国主要土壤类型简表

土纲名[1]	土类名[2]	主要成土条件及特征[3]	分布区域	WRB 土组名[4]	MR[5]/%	百分比[6]/%
铁铝土纲 Ferrallisols	砖红壤 Latosols	热带雨林或季雨林下，强烈脱硅富铝化，游离铁占全铁的 80%，土壤呈砖红色，具 A–Bs–Bv–C 剖面构型	海南、广东等	Acrisols	29	0.46
	赤红壤 Latosolic red soils	南亚热带季雨林下，脱硅富铝化程度次于砖红壤、强于红壤，铁的游离度介于二者之间，土壤呈赤红色，具 A–Bs–C 剖面构型	广东、云南、广西、福建等	Acrisols	40	2.23
	红壤 Red soils	中亚热带常绿阔叶林下，中度脱硅富铝化，具有深厚红色土层，具 A–Bs–Bv 或 A–Bs–C 剖面构型	南部的江西、福建、湖南等	Cambisols	35	6.79
	黄壤 Yellow soils	亚热带湿润气候条件下，多见于海拔 700—1200m 的山区，中度富铝化，土壤有机质累积较多，土壤呈黄色，具 O–A–AB–B–C 剖面构型	贵州、四川、云南、西藏、台湾等	Cambisols	45	2.65
淋溶土纲 Alfisols	黄棕壤 Yellow-brown soils	北亚热带暖湿落叶阔叶林下，弱度富铝化，母质多为砂页岩及花岗岩风化物，黏化特征明显，土壤呈黄棕色，具 A–B–C 或 A–(B)–C 剖面构型	长江中下游沿江低山丘陵区，以及云南、贵州、四川、陕西、西藏等	Cambisols	39	2.37
	黄褐土 Yellow-cinnamon soils	北亚热带地区，黄土状母质，无游离碳酸钙，黏化淀积明显，土壤呈灰黄棕色，具 A–B–C 或 A–Bt–C 剖面构型	河南、安徽面积最大，陕南、鄂北、江苏、川东北、江西等地也有分布	Luvisols	58	0.59
	棕壤 Brown soils	湿润暖温带地区，处于硅铝风化阶段，盐基已淋失，土体见黏粒淀积，土壤呈棕色，具 O–A–Bt–C 剖面构型	辽东至苏北低山丘陵，以及内蒙古、河南、西藏、云南、湖北等地的山地垂直带	Luvisols	51	2.73
	暗棕壤 Dark brown soils	湿润温带地区，针阔叶混交林下，弱酸性淋溶，有机质富集明显，土体 B 层呈棕色，具 O–A–B–C 剖面构型	黑龙江、吉林、内蒙古等	Cambisols	48	4.12

续表

土纲名[1]	土类名[2]	主要成土条件及特征[3]	分布区域	WRB 土组名[4]	MR[5]/%	百分比[6]/%
淋溶土纲 Alfisols	白浆土 Bleached baijiang soils	湿润温带平缓岗地森林草原下，上层土壤周期性滞水，还原铁、锰，漂洗形成灰黄色至灰白色白浆土层 E，具 Ah–E–Bt–C 剖面构型	黑龙江、吉林等	Luvisols	46	0.49
	棕色针叶林土 Brown coniferous forest soils	寒温带针叶林下，酸性淋溶，表层盐基饱和度降低，B 层呈棕色，具 O–A–AB–B–C 剖面构型	内蒙古、黑龙江、四川、云南、吉林、新疆等	Cambisols	47	1.15
	灰化土 Podzolic soils	寒冷湿润针叶林下，表层有机质层深厚，强烈淋溶和 SiO_2 淀积形成灰化层 A_2，具 A_1–A_2–B–BC 剖面构型	西藏	Podzols	100	<0.01
半淋溶土纲 Semi-alfisols	燥红土 Torrid red soils	热带、亚热带干旱河谷与雨区稀树草原下形成的盐基饱和的红色土壤，具 A–B–C（D）剖面构型	海南、贵州、云南、四川等	Luvisols	100	0.08
	褐土 Cinnamon soils	暖温带半湿润，黏化与钙质淋移淀积，盐基饱和，B 层呈棕褐色，具 A–B–Bk–C 剖面构型	河北、山西、北京等	Cambisols	48	2.88
	灰褐土 Gray-cinnamon soils	温带干旱、半干旱山地云冷杉下，腐殖质累积与钙积作用明显，弱黏淀特征，具 Ao–A–B–C 剖面构型	甘肃、内蒙古、新疆、西藏、青海、宁夏等地的山地垂直带	Cambisols	43	0.65
	黑土 Black soils	温带半湿润草甸草原下，具深厚的腐殖质层，无石灰性的黑色土壤，底层轻度淋溶，具 A–ABh–BhC–C 剖面构型	东北平原	Phaeozems	31	0.68
	灰色森林土 Gray forest soils	温带森林植被下，腐殖质层深厚，弱度淋溶，剖面下部见硅粉，具 O–A–AB 或（B）–BC–C 剖面构型	内蒙古、新疆、河北	Phaeozems	77	0.34
钙层土 Pedocals	黑钙土 Chernozems	温带半湿润草甸草原下，具深厚的腐殖质层、碳酸钙淋溶淀积层	内蒙古、新疆、吉林、黑龙江、青海、甘肃	Chernozems	50	1.51
	栗钙土 Castanozems	温带半干旱草原下，具有栗色腐殖质层和灰白色钙积层	内蒙古、新疆、河北、山西、吉林等	Kastanozems	61	4.18
	栗褐土 Castano-cinnamon soils	暖温带半干旱草原及灌木下，弱度黏化和弱度淋溶，通体有石灰反应	山西、内蒙古、河北	Cambisols	40	0.47
	黑垆土 Dark loessial soils	黄土高原上，由黄土母质发育，有机质含量低，腐殖质层深厚，无明显黏化层	甘肃面积最大，其次为陕北和宁南地区	Cambisols	59	0.21
干旱土 Aridisols	棕钙土 Brown caliche soils	温带干旱草原向荒漠过渡区，具浅棕色薄腐殖质层、灰白色薄钙积层，钙积层接近地表	内蒙古、甘肃、青海、新疆	Cambisols	36	2.81
	灰钙土 Sierozems	暖温带干旱草原下，母质多为黄土，低腐殖质、弱淋溶，具腐殖质层和钙积层	甘肃、宁夏、新疆、青海、内蒙古、陕西	Cambisols	63	0.50

续表

土纲名[1]	土类名[2]	主要成土条件及特征[3]	分布区域	WRB 土组名[4]	MR[5]/%	百分比[6]/%
漠土 Desert soils	灰漠土 Gray desert soils	温带干旱漠境边缘区	宁夏、内蒙古、甘肃、新疆等	Cambisols	44	0.72
	灰棕漠土 Gray-brown desert soils	温带干旱中心	新疆、内蒙古等	Cambisols	78	3.11
	棕漠土 Brown desert soils	暖温带极干旱漠境中心	新疆、甘肃等	Cambisols	65	2.69
初育土 Amorphic soils	黄绵土 Loessial soils	黄土高原上，由黄土母质直接翻耕形成，具 A-C 剖面构型	陕西、甘肃、山西、宁夏等	Cambisols	33	1.97
	红黏土 Red primitive soils	由第三纪红色黏土及部分第四纪老黄土发育	陕西、甘肃、河南、山西、辽宁等	Regosols	48	0.07
	新积土 Neo-alluvial soils	新近冲积、洪积、坡积、塌积或人工堆垫，具 A-C 或（A）-C 剖面构型	全国各地，以吉林、陕西面积最大，其次为黑龙江、宁夏、四川等	Fluvisols	51	0.57
	龟裂土 Takyr	干旱、漠境地区山前细土洪积微弱发育，表层为不规则龟裂结皮	新疆、甘肃、内蒙古、宁夏	Cambisols	72	0.06
	风沙土 Aeolian soils	半干旱、干旱及滨海地区，由风成沙性母质发育	新疆、内蒙古、甘肃、青海等	Arenosols	75	7.03
	石灰（岩）土 Limestone soils	由热带、亚热带石灰岩母质发育	贵州、广西、四川、湖南等	Cambisols	80	1.73
	火山灰土 Volcanic ash soils	由火山喷发碎屑、粉尘状堆积物发育，具 A-C 剖面构型	黑龙江、江苏、海南等	Andosols	53	0.04
	紫色土 Purplish soils	由热带、亚热带紫红色岩层侵蚀发育，土层浅薄，具 A-C 剖面构型	四川、云南、湖南、贵州、广西等	Cambisols	68	2.44
	磷质石灰土 Phospho-calcic soils	热带珊瑚岛礁上，由海鸟粪与珊瑚礁风化物形成	南海的西沙、南沙、东沙、中沙诸岛	Arenosols	81	<0.01
	石质土 Lithosols	石质山地岩石风化残积物，风化层厚度一般小于 10cm，具 A-R 剖面构型	西北和华北山地	Leptosols	100	1.87
	粗骨土 Skeletal soils	基岩风化残积物、坡积物，属于 A-C 或（A）-C 剖面构型	辽宁、内蒙古、山东、浙江等地的河谷阶地、丘陵、低山和中山	Regosols	93	1.76
水成土 Aqueous soils	沼泽土 Bog soils	所处地势低洼，长期地表积水，还原作用形成潜育层 G，泥炭层或腐泥层厚度小于 50cm，具 H-G 剖面构型	黑龙江、青海、内蒙古等地的沟谷、平原河湖滨低洼地区均有分布，主要分布于东北	Gleysols	53	1.53
	泥炭土 Peat soils	泥炭层 H 厚度大于 50cm，其下为潜育层 G，具 H-G 剖面构型	青海、四川、黑龙江、吉林等	Histosols	48	0.06

续表

土纲名[1]	土类名[2]	主要成土条件及特征[3]	分布区域	WRB 土组名[4]	MR[5]/%	百分比[6]/%
半水成土 Semi-aqueous soils	草甸土 Meadow soils	冷湿条件下受地下水浸润并在草甸植被下发育，有明显腐殖质累积，铁、锰氧化还原形成锈纹层 Cu，具 A–Cu 或 A–C–Cu 剖面构型	黑龙江、内蒙古、新疆、四川等	Cambisols	92	3.54
	潮土 Fluvo–aquic soils	河流冲积平原或低平阶地耕作土壤，地下水位高，底土氧化还原交替形成锈纹层 Cu，具 A_{11}–A_{12}–Cu 或 A_{11}–C–Cu 剖面构型	主要分布于黄淮海平原，内蒙古、辽宁、湖北等地的河谷平原，滨湖低地与山间谷地也有分布	Cambisols	85	3.71
	砂姜黑土 Lime concretion black soils	河湖沉积物经脱沼与长期耕作形成，底土见砂姜	主要分布于安徽、河南、山东、江苏等，河北、湖北、广西等地也有分布	Cambisols	79	0.54
	林灌草甸土 Shrubby meadow soils	漠境河谷平原沿河一带的胡杨林下发育，有交替氧化还原作用，具 Ao–AC–C 剖面构型	新疆、内蒙古、甘肃等	Cambisols	87	0.24
	山地草甸土 Mountain meadow soils	中海拔山顶平台草甸植被下发育的薄层土壤，草皮层 As 下见铁锰锈纹、胶膜，具 As–A–C–D 剖面构型	除青藏高原及西北高山区以外，各省、自治区、直辖市均有分布，以西部为多，西南部次之	Cambisols	60	0.04
盐碱土 Alkali–saline soils	草甸盐土 Meadow solonchaks	草甸土、潮土、沼泽土地区，盐分累积量大于 6g/kg，有盐化表土层 Az，具 Az–C 剖面构型	从长江口到松辽平原均有分布	Solonchaks	55	1.21
	滨海盐土 Coastal solonchaks	母质为滨海沉积物，盐分来自海水和高矿化潜水，通常含盐量为 10g/kg，具 Az–Cz 剖面构型	山东、浙江、福建等沿海地区	Solonchaks	47	0.31
	酸性硫酸盐土 Acid sulphate soils	热带、南亚热带滨海低平原的海潮可及处，红树林残体形成的硫化物经氧化形成硫酸，土壤呈强酸性	海南、广东、广西、福建、台湾等	Solonchaks	36	<0.01
	漠境盐土 Desert solonchaks	极端干旱的漠境条件，含盐量通常在 100g/kg 以上	新疆、青海、甘肃等	Solonchaks	50	0.31
	寒原盐土 Frigid plateau solonchaks	青藏高寒地区退缩内陆湖盆、河间洼地	西藏	Solonchaks	88	0.10
	碱土 Solonetzes	碱化度（交换性钠占阳离子交换量百分比）大于 20%	零星分布于东北、华北、西北的内陆地区	Solonetz	50	0.06
人为土 Anthrosols	水稻土 Paddy soils	长期季节性淹灌、排水，水下翻耕，氧化还原交替，形成多种发生层分异：淹育层 Aa、犁底层 Ap、渗育层 P、潴育层 W 与潜育层 G	全国各地，以四川、江西、湖南等地面积为大	Anthrosols	83	4.93
	灌淤土 Irrigated warped soils	引用高泥沙含量灌溉水淤灌，加厚土层大于 50cm	新疆、宁夏、甘肃、河北、青海、西藏等	Anthrosols	70	0.22

土纲名[1]	土类名[2]	主要成土条件及特征[3]	分布区域	WRB 土组名[4]	MR[5]/%	百分比[6]/%
人为土 Anthrosols	灌漠土 Irrigated desert soils	干旱荒漠地区,坎儿井水长期耕灌	新疆、甘肃、宁夏、青海等地的荒漠绿洲地带	Anthrosols	68	0.12
高山土 Alpine soils	草毡土 Felty soils	高寒区平缓高原面上,强度生草腐殖质累积与弱度氧化还原形成草毡层	青海、西藏、四川、新疆等	Cambisols	69	5.46
	黑毡土 Dark felty soils	高寒区略较温湿的原面上,草毡层初步分解,色泽较暗,有机质含量较高	西藏、四川、新疆、甘肃等	Cambisols	61	2.73
	寒钙土 Frigid calcic soils	高寒半干旱区,弱度腐殖质累积,底层积钙	西藏、青海、新疆、甘肃等	Calcisols	70	7.88
	冷钙土 Cold calcic soils	高寒区冷凉半干旱原面下,具弱腐殖质累积与钙积特征	新疆、西藏、甘肃等	Cambisols	45	1.43
	冷棕钙土 Cold brown calcic soils	高寒区温凉的半干旱河谷处,土壤弱腐殖质累积,弱度淋溶与积钙	西藏	Cambisols	67	0.09
	寒漠土 Frigid desert soils	高寒干旱条件下成土	青藏高原西北部海拔4000m以上地区,涉及新疆、四川、西藏、青海等	Cryosols	87	0.29
	冷漠土 Cold desert soils	亚高山冷凉干旱条件下成土	西藏海拔4500m以下的湖盆、河谷及山地中下部	Cambisols	42	0.03
	寒冻土 Frigid frozen soils	高山冰川冰缘地带条件下,以物理风化为主	青藏高原冰缘地区,涉及新疆、西藏、甘肃等	Leptosols	100	3.23

注:1)中国土壤分类系统中土纲名及土纲英译名。
2)中国土壤分类系统中土类名及土类英译名。
3)本栏所用土层及后缀代码释义。
　　自然土壤:A 表土层,As 草根层、草毡层,A_2 灰化层,B 母质特征消失的表下层,C 受成土作用影响小的母质层,D 未受成土作用影响的碎屑层,R 坚硬岩石层,E 漂白层、白浆层,H 泥炭状有机质层,Hi 纤维状泥炭层,He 半分解泥炭层,O 凋落物有机质层。
　　旱地土壤:A_{11} 旱耕层,A_{12} 亚耕层,C_1 心土层,C_2 底土层。
　　水田土壤:Aa 耕作层(淹育层),Ap 犁底层(淹育层),P 渗育层,W 潴育层,G 潜育层,Gw 脱潜层,M 腐泥层。
　　土层后缀代码:d 漂灰特征,c 铁结核或硬结核,f 冰冻特征,h 有机质淀积,k 石灰聚积,n 碱化特征,q 硅聚积,t 黏粒淀积,v 网纹特征,x 脆盘,z 易溶盐聚积,su 硫化物聚积,b 埋藏或重叠,e 漂洗特征,g 潜育特征,i 弱分解有机质,m 胶结或固结,p 人工扰动,s 三氧化二物聚积,u 锈色斑纹,w 色泽或结构发育,y 石膏聚积,mo 铁锰胶膜。
4)世界土壤资源参比基础(world reference base for soil resources,WRB)工作组发布土组名,WRB 土组划分原则与中国土壤分类系统中土纲接近。
5)WRB 土组对中国土壤分类系统中各土类的最大可参比性(maximum referencibility,MR)。
6)该土类面积占各土类总面积的百分比。

附录 5 河南省主要土壤类型表

土纲名[1]	土类名[2]	WRB 土组名[3]	MR[4]/%	百分比[5]/%
淋溶土纲 Alfisols	黄棕壤 Yellow-brown soils	Cambisols	39	2.1
	黄褐土 Yellow-cinnamon soils	Luvisols	58	13.3
	棕壤 Brown soils	Luvisols	51	3.2
半淋溶土纲 Semi-alfisols	褐土 Cinnamon soils	Cambisols	48	17.0
初育土 Amorphic soils	红黏土 Red primitive soils	Regosols	48	1.9
	新积土 Neo-alluvial soils	Fluvisols	51	0.2
	风沙土 Aeolian soils	Arenosols	75	0.6
	紫色土 Purplish soils	Cambisols	68	0.5
	石质土 Lithosols	Leptosols	100	3.4
	粗骨土 Skeletal soils	Regosols	93	9.5
半水成土 Semi-aqueous soils	潮土 Fluvo-aquic soils	Cambisols	85	31.6
	砂姜黑土 Lime concretion black soils	Cambisols	79	9.7
盐碱土 Alkali-saline soils	碱土 Solonetzes	Solonetz	50	0.1
人为土 Anthrosols	水稻土 Paddy soils	Anthrosols	83	5.5

注：1) 中国土壤分类系统中土纲名及土纲英译名。
2) 中国土壤分类系统中土类名及土类英译名。
3) 世界土壤资源参比基础（World Reference Base for Soil Resources, WRB）工作组发布土组名，WRB 土组划分原则与中国土壤分类系统中土纲接近。
4) WRB 土组对中国土壤分类系统中各土类的最大可参比性（Maximum Referencibility, MR）。
5) 该土类占河南省域面积的百分比，土类面积不足本省面积 0.05% 的土类未列入本表。

附录6 分省土壤有机质含量图有机质含量分级图例

图例	分级序号	色码（CMYK）	色码（RGB）	图例	分级序号	色码（CMYK）	色码（RGB）
	1	2, 2, 17, 0	255, 255, 220		8	38, 0, 74, 0	157, 218, 104
	2	4, 1, 35, 0	248, 255, 190		9	42, 0, 80, 0	146, 210, 90
	3	8, 0, 47, 0	238, 255, 165		10	48, 1, 85, 0	132, 200, 80
	4	17, 0, 53, 0	220, 249, 150		11	52, 4, 89, 1	123, 190, 70
	5	23, 0, 60, 0	203, 242, 135		12	54, 11, 94, 3	115, 175, 55
	6	28, 0, 62, 0	185, 235, 130		13	61, 18, 98, 7	92, 158, 37
	7	34, 0, 68, 0	169, 225, 118		14	64, 24, 100, 15	70, 138, 20

附录7　河南省典型剖面0—20cm土层土壤理化性状中位数与平均数

土壤理化性状[1]	河南省[2]			华北地区[3]			全国[4]		
	中位数	平均数	样本量*	中位数	平均数	样本量*	中位数	平均数	样本量*
有机质/（g/kg）	10.8	13.1	2122	10.8	16.9	12113	18.6	25.4	53243
pH	7.9	7.6	2113	8.1	7.9	11290	6.8	6.8	54014
全氮/（g/kg）	0.71	0.81	2117	0.70	0.99	11933	1.06	1.37	49409
全磷/（g/kg）	0.57	0.70	2127	0.62	0.79	11529	0.60	0.78	50185
全钾/（g/kg）	17.6	18.0	143	22.2	23.2	2998	18.0	17.5	29736
碱解氮/（mg/kg）	63	87	81	50	65	3453	90	114	19316
有效磷/（mg/kg）	5.2	8.0	475	3.9	6.1	3783	4.4	7.5	23100
速效钾/（mg/kg）	105	114	531	103	124	4841	90	110	23841
阳离子交换量/（cmol/kg）	13.8	14.6	2087	12.8	14.2	7432	13.1	14.8	22361

注：1）土壤全氮、全磷、全钾、碱解氮、有效磷、速效钾含量均以N、P、K纯养分量计。
2）本卷收录的河南省典型土壤剖面共计2328个。通过对剖面数据的土层厚度转换，附录7给出了这些典型剖面0—20cm土层土壤理化性状中位数与平均数。全国第二次土壤普查剖面采样为典型土类采样，而非网格化采样。0—20cm土层土壤理化性状中位数与平均数不代表本省土壤理化性状平均状况。但全国第二次土壤普查是我国最早的大样本量调查，附录7所示的0—20cm土层土壤理化性状中位数与平均数对了解河南省20世纪80年代土壤肥力性状量化指标具有一定参考价值。
3）华北地区包括北京、天津、河北、河南、山东、山西和内蒙古7个省（市、区），本数据集收录该地区的剖面共计13828个。
4）本数据集全集收录的剖面共计63792个。
*　样本量的单位为"个"。

附录 8　河南省主要土地利用类型 0—30cm 土层土壤有机质含量[1]

土地利用类型	河南省		华北地区[2]		全国	
	占省域面积百分比 /%[3]	有机质 /（g/kg）	占地域面积百分比 /%	有机质 /（g/kg）	占地域面积百分比 /%	有机质 /（g/kg）
耕地	45.39	11.35	19.51	14.14	13.52	18.65
园地	2.58	11.29	1.93	11.05	2.13	16.68
林地	26.56	14.74	24.52	29.75	30.04	26.96
草地	1.55	13.65	32.56	16.48	27.97	19.18
湿地	0.24	10.83	2.36	20.15	2.48	17.56

注：1）各土地利用类型 0—30cm 土层土壤有机质含量由本卷编制的河南省土壤有机质含量图和自然资源部土地科学数据中心编制的 2019 年 1:100 万比例尺全国土地利用缩编图通过叠加、计算生成。其中，耕地包括水田、水浇地和旱地；园地包括果园、茶园和其他园地；林地包括有林地、灌木林地和其他林地；草地包括天然牧草地、人工牧草地和其他草地；湿地包括沼泽地、沿海滩涂和内陆滩涂。
2）华北地区包括北京、天津、河北、河南、山东、山西和内蒙古 7 个省（区、市）。
3）土地利用类型占省域面积百分比根据第三次全国国土调查发布的 2019 年土地利用现状分类面积汇总数据计算生成。

附录 9 河南省耕地、园地、林地和草地中主要土壤类型占比[1]

河南省								华北地区[2]								全国							
耕地		园地		林地		草地		耕地		园地		林地		草地		耕地		园地		林地		草地	
土类名	占比/%	土类名	占比/%	土类名	占比/%	土类名	占比/%	土类名	占比/%	土类名	占比/%	土类名	占比/%	土类名	占比/%	土类名	占比/%	土类名	占比/%	土类名	占比/%	土类名	占比/%
潮土	43.7	褐土	46.4	粗骨土	29.8	褐土	32.0	潮土	33.5	褐土	42.1	褐土	17.2	栗钙土	28.6	水稻土	14.9	水稻土	14.3	红壤	16.7	寒钙土	21.8
黄褐土	16.8	潮土	20.1	褐土	24.5	粗骨土	31.3	褐土	16.7	粗骨土	19.7	棕色针叶林土	12.5	棕钙土	15.5	潮土	14.3	红壤	13.1	暗棕壤	10.3	草毡土	14.4
砂姜黑土	14.9	黄褐土	8.2	棕壤	11.4	石质土	20.5	栗钙土	8.5	棕壤	15.3	暗棕壤	10.8	风沙土	12.8	草甸土	9.1	砖红壤	11.5	黄壤	7.0	栗钙土	9.7
褐土	11.7	黄棕壤	6.6	石质土	9.7	红粘土	9.7	草甸土	4.9	潮土	13.8	粗骨土	9.0	黑钙土	6.1	褐土	6.1	褐土	10.5	黄棕壤	6.3	棕钙土	7.4
水稻土	6.7	水稻土	5.7	黄褐土	6.9	黄褐土	3.4	砂姜黑土	4.8	栗钙土	1.6	棕壤	8.5	灰棕漠土	6.1	紫色土	4.8	赤红壤	9.6	棕壤	5.8	寒冻土	5.3
红粘土	1.8	粗骨土	3.2	黄棕壤	6.4	潮土	1.0	栗褐土	4.3	石质土	1.6	风沙土	7.1	草甸土	5.3	红壤	4.7	紫色土	5.6	赤红壤	5.1	风沙土	4.8
粗骨土	1.3	石质土	2.2	水稻土	3.6	紫色土	0.4	棕壤	3.9	黄绵土	1.5	栗钙土	4.9	灰漠土	4.3	黑土	3.4	粗骨土	5.0	褐土	4.6	灰棕漠土	4.4
风沙土	0.8	红粘土	1.7	潮土	3.2	砂姜黑土	0.2	黄褐土	3.7	黄褐土	0.6	灰色森林土	4.0	褐土	3.3	黑钙土	3.2	潮土	4.8	紫色土	4.5	黑毡土	4.0
合计	97.8	合计	94.1	合计	95.6	合计	98.4	合计	80.4	合计	96.3	合计	74.1	合计	81.9	合计	60.4	合计	74.5	合计	60.3	合计	71.7

注：1）耕地、园地、林地和草地中主要土壤类型占比由本表编制的河南省土壤图和自然资源部土地科学数据中心编制的 2019 年 1:100 万比例尺全国土地利用综编图通过叠加、计算生成。其中，耕地包括水田、水浇地和旱地；园地包括果园、茶园和其他园地；林地包括有林地、灌木林地和其他林地；草地包括天然牧草地、人工牧草地和其他草地。当某省、区，直辖市中某地类所含土壤类型较多时，本表仅列出占比比较大的土壤类型。

2）华北地区包括北京、天津、河北、河南、山东、山西和内蒙古 7 个省（区、市）。

附录10 《中国土壤剖面数据集》参编单位

国家科技基础性工作专项重点项目"我国1:5万土壤图籍编撰及高精度数字土壤构建"主持与参加单位	
中国农业科学院农业资源与农业区划研究所	湖南农业大学
中国科学院南京土壤研究所	西北农林科技大学
中国农业科学院农业环境与可持续发展研究所	沈阳大学
中国科学院地理科学与资源研究所	山东省国土测绘院
国家基础地理信息中心	辽宁省基础测绘院
全国农业技术推广服务中心	黑龙江省农业科学院土壤肥料与环境资源研究所
中国农业大学	海南省农业科学院
华中农业大学	上海市农业科学院生态环境保护研究所
中国地质大学(北京)	城信迪赛(北京)科技有限公司
参加数据集各分卷审核和修订工作的单位	
北京市农林科学院植物营养与资源研究所	广西农业科学院农业资源与环境研究所
河北省农林科学院农业资源环境研究所	重庆市农业技术推广总站
山西省农业科学院农业环境与资源研究所	贵州省农业科学院土壤肥料研究所
辽宁省农业科学院植物营养与环境资源研究所	云南省农业科学院农业环境资源研究所
吉林省农业科学院农业资源与环境研究所	甘肃省农业科学院土壤肥料与节水农业研究所
江苏省农业科学院农业资源与环境研究所	青海省农林科学院土壤肥料研究所
福建省农业科学院	宁夏农林科学院农业资源与环境研究所
江西省土壤肥料技术推广站	新疆农业科学院土壤肥料与农业节水研究所
山东省农业科学院农业资源与环境研究所	西藏自治区农牧科学院
湖南省土壤肥料研究所	

续表

参加分县大比例尺纸质土壤图与土种志收集的单位	
北京市耕地建设保护中心	福建省农田建设与土壤肥料技术总站
天津市农田建设管理处	山东省土壤肥料总站
河北省土壤肥料总站	河南省土壤肥料站
山西省耕地质量监测保护中心	湖北省耕地质量与肥料工作总站（湖北省土壤肥料调查测试中心）
内蒙古自治区土壤肥料和节水农业工作站	湖南省土壤肥料工作站
辽宁省土壤肥料总站	广东省农业科学院农业资源与环境研究所
吉林省土壤肥料总站	河池市土壤肥料工作站
黑龙江八一农垦大学	成都土壤肥料测试中心
上海市农业技术推广服务中心	云南省土壤肥料工作站
江苏省农业科学院	陕西省耕地质量与农业环境保护工作站
扬州市土壤肥料站	甘肃省耕地质量建设保护总站
安徽省土壤肥料总站	

注：表中各参编单位仅出现一次，参与多项工作的单位不重复列出。

参考文献

[1] 张维理，徐爱国，张认连，等. 土壤分类研究回顾与中国土壤分类系统的修编[J]. 中国农业科学，2014，47（16）：3214-3230.

[2] 张维理，KOLBE H，张认连，等. 世界主要国家土壤调查工作回顾[J]. 中国农业科学，2022，55（18）：3565-3583.

[3] MCBRATNEY A B，MENDONÇA SANTOS M L，MINASNY B. On digital soil mapping [J]. Geoderma，2003（117）：3-52.

[4] USDA. Natural Resources Conservation Service [EB/OL]. Soils National Soil Information System（NASIS）[2021-12-01]. http://www.nrcs.usda.gov/wps/portal/ nrcs/detail/soils/survey/cid=nrcs142p2_053552.

[5] CSIRO Land and Water. Australian Soil Resource Information System（ASRIS）[EB/OL].[2021-12-01]. http://www.asris.csiro.au/asris.

[6] European Soil Data Centre [EB/OL].[2021-12-01]. http://eusoils.jrc.ec.europa.eu/.

[7] 全国土壤普查办公室. 全国第二次土壤普查暂行技术规程[M]. 北京：农业出版社，1979.

[8] 张维理，张认连，徐爱国，等. 中国1∶5万比例尺数字土壤的构建[J]. 中国农业科学，2014，47（16）：3195-3213.

[9] 张维理，傅伯杰，徐爱国，等. 中国土壤调查结果的地统计特征[J]. 中国农业科学，2022，55（13）：2572-2583.

[10] 张维理. 海量空间数据提取、整合与制图表达方法概要[J]. 中国农业科学，2014，47（16）：3231-3249.

[11] 张维理. 智能化海量空间信息分析与地图制图软件包IMAT设计及构建[J]. 中国农业科学，2014，47（16）：3250-3263.

[12]《第一次全国地理国情普查地图集》编纂委员会. 第一次全国地理国情普查地图集[M]. 北京：中国地图出版社，2019.

[13] 中国地图出版社. 中国地图集[M]. 3版. 北京：中国地图出版社，2022.

[14] 全国土壤质量标准化技术委员会. 土壤制图1∶25 000　1∶50 000　1∶100 000中国土壤图用色和图例规范：GB/T 36501—2018[S]. 北京：中国标准出版社，2018.

[15] 张维理，KOLBE H，张认连. 土壤有机碳作用及转化机制研究进展[J]. 中国农业科学，2020，53（2）：317-331.

[16] 周北燕，石家星. 中国地形图[M]. 北京：中国地图出版社，2009.

[17]《中华人民共和国气候图集》编委会. 中华人民共和国气候图集[M]. 北京：气象出版社，2002.

[18] 中国标准化与信息分类编码研究所，全国农业技术推广服务中心. 中国土壤分类与代码：GB/T 17296—1998[S].

[19] 中国标准研究中心. 中国土壤分类与代码：GB/T 17296—2000[S].

[20] 全国信息分类编码标准化技术委员会. 中国土壤分类与代码：GB/T 17296—2009[S]. 北京：中国标准出版社，2009.

[21] ISSS，ISRIC，FAO. World Reference Base for Soil Resources. Wageningen/Rome，1998.

［22］SHI X Z，YU D S，XU S X，et al. Cross-reference for relating Genetic Soil Classification of China with WRB at different scales［J］. Geoderma，2010（155）：344-350.
［23］全国土壤普查办公室. 中国土种志　第一卷［M］. 北京：中国农业出版社，1993.
［24］全国土壤普查办公室. 中国土种志　第二卷［M］. 北京：中国农业出版社，1994.
［25］全国土壤普查办公室. 中国土种志　第三卷［M］. 北京：中国农业出版社，1994.
［26］全国土壤普查办公室. 中国土种志　第四卷［M］. 北京：中国农业出版社，1995.
［27］全国土壤普查办公室. 中国土种志　第五卷［M］. 北京：中国农业出版社，1995.
［28］全国土壤普查办公室. 中国土种志　第六卷［M］. 北京：中国农业出版社，1996.
［29］全国土壤普查办公室. 中国土壤［M］. 北京：中国农业出版社，1998.